U0174299

电力电子应用技术手册

[波兰] 海瑟姆·阿布鲁 (Haitham Abu – Rub)
[波兰] 马柳什·马林诺夫斯基 (Mariusz Malinowski) 等著
[加拿大] 卡马尔 ·哈达德 (Kamal Al – Haddad)

卫三民　宇文博　苏位峰　苟军善
周　友　荣　飞　周京华　白志红　译

机械工业出版社

本书共 24 章，分为三大部分：第一部分由第 1~5 章组成，介绍了电力电子对新兴技术的影响；第二部分由第 6~11 章组成，介绍了分布式发电系统中的电力电子技术；第三部分由第 12~24 章组成，介绍了电力电子技术在运输及工业中的应用。

本书具有当代书籍的典型特征，并以独创性的方法讨论了作者们目前研究的几个方面，其中简洁的语言、易懂的插图十分适合高等院校电气工程、电力系统等专业的师生，以及相关行业的研究人员和工程技术人员阅读。

北京市版权局著作权合同登记　图字：01-2015-2038 号。

图书在版编目（CIP）数据

电力电子应用技术手册/（波）海瑟姆·阿布鲁（Haitham Abu-Rub）等著；卫三民等译.—北京：机械工业出版社，2020.1（2023.6 重印）
书名原文：Power Electronics for Renewable Energy Systems, Transportation and Industrial Applications
ISBN 978-7-111-64464-4

Ⅰ.①电…　Ⅱ.①海…②卫…　Ⅲ.①电力电子技术-技术手册
Ⅳ.①TM76-62

中国版本图书馆 CIP 数据核字（2020）第 000701 号

机械工业出版社（北京市百万庄大街 22 号　邮政编码 100037）
策划编辑：刘星宁　责任编辑：刘星宁　闾洪庆
责任校对：樊钟英　封面设计：马精明
责任印制：李　昂
北京捷迅佳彩印刷有限公司印刷
2023 年 6 月第 1 版第 2 次印刷
184mm×260mm·41.5 印张·2 插页·1140 千字
标准书号：ISBN 978-7-111-64464-4
定价：229.00 元

电话服务　　　　　　　　网络服务
客服电话：010-88361066　机　工　官　网：www.cmpbook.com
　　　　　010-88379833　机　工　官　博：weibo.com/cmp1952
　　　　　010-68326294　金　书　网：www.golden-book.com
封底无防伪标均为盗版　机工教育服务网：www.cmpedu.com

译 者 序

我们非常荣幸地有机会翻译 Haitham Abu – Rub 等来自相关领域/行业的世界著名教授或专家的这本经典之作!

本书全面、详细、深刻地阐述了多个电力电子领域的最新前沿理论技术、工程实践经验、核心技术要点、产品及行业发展趋势等。

在本书翻译中，本人对第 1、2、3、5 章进行了翻译，宇文博博士对第 6、11、15、21 章进行了翻译，苏位峰博士对第 7、14、16、17 章进行了翻译，苟军善高工对第 4、8、10、23 章进行了翻译，周友博士对 9、12、13、18A、18B 章进行了翻译，荣飞博士对第 19、20、22、24 章进行了翻译，周京华博士对前言及第 2、4、6 章中的部分内容进行了翻译，白志红博士对第 13、14、17 章中的部分内容进行了翻译。在翻译过程中，还有以下人员对部分章节的翻译提供了重要的支持与帮助：耿华博士对第 3 章，刘淳博士对第 5 章，高强博士对第 7 章，郭小强博士对第 11 章，杜旭元硕士对第 14 章，郭高鹏博士对第 16 章等。

此外，除了以上主要翻译人员的交叉校核外，本人和宇文博博士、苏位峰博士、周京华博士、白志红博士等一起对所有章节进行了名词术语统一、校核和修订。

在此，衷心感谢清华大学的李发海教授（本人和苏位峰在攻读博士学位时的导师）对翻译过程中的难点给予的释疑和指导！同时，衷心感谢以康劲松博士、郎永强博士、王政博士、贵献国博士、胡安平博士、薄绍宁博士、绳伟辉博士、赵建明教授，以及中车永济电机的郭海军、李宏智、李文科、李伟宏等为代表的众多电力电子、电机、自动控制等方面的学者和专家，感谢针对翻译中遇到的具体技术问题，大家所进行的相关探讨和技术交流。

书中内容涉及的工业领域广泛，新的前沿技术众多，限于时间和翻译人员的水平，书中会有翻译不准确或不正确的地方，欢迎大家多提宝贵意见和进行深入的技术探讨。希望通过本书的翻译，能够对国内电力电子相关行业的发展起到一定的促进作用！

卫三民

原 书 序

我非常高兴且荣幸地为这本走在科技前沿的书籍《电力电子应用技术手册》撰写序言。电力电子与传动控制是一个极其复杂的领域，由贯穿整个电气工程的多个学科组成。因此，由一位专家撰写一本涉及全部领域的图书几乎不可能；特别是大家见证了近些年来，控制理论、信号处理、可再生能源，以及电动汽车和插电式混合动力电动汽车等相关领域的快速发展，这些领域的进步都极大地促进了电力电子系统出现新的解决方案。因此，本书是由这些领域的多位知名专家共同编写完成的。

本书共24章，分为三大部分：第一部分由第1~5章组成，介绍了电力电子对新兴技术的影响；第二部分由第6~11章组成，介绍了分布式发电系统中的电力电子技术；第三部分由第12~24章组成，介绍了电力电子技术在运输及工业中的应用。第1章由世界著名的电力电子专家 Bimal K. Bose 教授执笔；第2章概述了高压直流（HVDC）输电及柔性交流输电系统（FACTS）中的电力电子技术；第3章介绍了智能电网的概念；第4章介绍了电力半导体的最新技术；第5章是第一部分的最后一章，介绍了一种新型交流链路通用功率变流器。本书的第二部分从第6章及第7章开始，概述了可再生能源的技术发展，并由世界知名专家 Frede Blaabjerg 执笔，这两章内容涉及风力发电及光伏（PV）发电中的电力电子内容。接下来的4章（第8~11章）涉及可再生能源系统中的可控性分析、分布式发电、双馈感应电机（DFIM），以及 AC-DC-AC 变流器。本书的第三部分，也是内容最多的部分，是以运输相关的2章（第12、13章）开始，其中一章介绍了关于飞机的现代电力电子解决方案，另一章介绍了关于电动汽车和插电式混合动力电动汽车。继这两章之后，分别讨论并介绍了多电平变流器（第14章）、多相矩阵变换器（第15章）、高功率因数整流器（第16章）、有源电力滤波器（第17章）、带有电力电子的硬件在环仿真系统（第18章）、变频器驱动电机的预测控制（第19章）、电流源变流器（第20章）、传动系统中脉宽调制（PWM）的共模电压抑制和轴承电流抑制（第21章）、工业中的大功率驱动（第22章）、单相电网侧换流器的调制与控制（第23章）、阻抗 Z 源逆变器（ZSI）和准 Z 源逆变器（qZSI）（第24章）。

本书具有当代书籍的典型特征，并以独创性的方法讨论了作者们目前研究的几个方面，其中简洁的语言、易懂的插图十分适合高等院校电气工程、电力系统等专业的师生，以及相关行业的研究人员和工程技术人员阅读。

最后，我要感谢各位作者在本书的编写过程中的无私奉献，才能使本书涉及可再生能源系统、智能电网、分布式发电、运输及其他工业领域的方方面面。这项工作完美地填补了目前电力电子系统方面的知识空白，并有助于更好地理解和进一步应用相关技术。

Marian P. Kazmierkowski, IEEE Fellow
波兰华沙工业大学控制与工业电子学院

原书前言

我们很荣幸地能够在本书中展现最新的电力电子相关技术，以及在可再生能源、交通运输系统和各种工业应用中的最新发展。

我们编写本书的目的，是为了给研究人员、教师及学生们提供最新的、重要的技术研究参考。也希望把我们对行业领域的热爱，通过简单易懂的方式，把相关技术原原本本且形象化地表达出来。考虑到电力电子系统的研究中需要大量的、各行各业的专业知识，我们采用了联合编写的方式。

在本书中，我们广泛讨论了电力电子技术、可再生能源、智能电网、分布式发电及其他多个工业领域的内容。这项工作在一定程度上填补了工程文献的空白，有助于大家更好理解并进一步应用好电力电子技术。电力电子技术及其应用是当今发展最快的工程领域技术之一，也是应对当前环境变化和满足能源需求的关键所在。本书整理了大量资料以解决当前问题，并为日益增长的商业需要和国内电力发展需求等提供了解决方案。

本书讨论了当前研究所涉及的诸多热点。世界知名科学家的参与，也提高了本书的水平，包括 IEEE Life Fellow：Bimal K. Bose 教授、Joachim Holtz 教授等。其余参与编写的科学家包括 Frede Blaabjerg 教授、Leopoldo G. Franquelo 教授、Carlo Cecati 教授、Hamid A. Toliyat 教授、Bin Wu 教授、Fang Zheng Peng 教授、Ralf M. Kennel 教授、Jose Rodriguez 教授等。

本书分为三个主要部分：①第一部分由第 1~5 章组成，介绍了电力电子对新兴技术的影响；②第二部分由第 6~11 章组成，介绍了分布式发电系统中的电力电子技术；③第三部分由第 12~24 章组成，介绍了电力电子技术在运输及工业中的应用。

第 1 章，简要而全面地概述了由于大量燃烧化石燃料，从而引起的世界能源和气候变化问题，以及可能的解决方案或缓解方法。作者在本章中讨论和阐述了 21 世纪中电力电子技术对节能、可再生能源、大容量储能、电动汽车/混合动力电动汽车等方面的影响。

第 2 章，重点论述了电力电子技术在实现高效能量传输及分配、可再生能源在电力系统中的广泛应用，以及对电气化运输系统的贡献。本章还讨论了柔性交流输电系统（FACTS）装置、高压直流（HVDC）输电系统、风力/光伏（PV）发电，以及用于海洋能的电力电子变流器、电动汽车的功率转换以及储能系统等。

第 3 章，概述了分布式发电和智能电网的主要技术、特征及存在的问题。本章对这些新兴主题做了简要而全面的概述。

第 4 章，介绍了功率半导体器件技术的最新发展，重点介绍了宽禁带晶体管。本章简要阐述了目前最先进的碳化硅（SiC）功率器件，以及各种 SiC 功率器件的特性。给出了 SiC 功率器件的各种驱动电路，并通过试验结果说明了开关器件的性能，对器件的具体应用进行了详细的讨论。

第5章，作者把交流链路通用功率变流器归类为一种新的功率变流器，介绍了它们如何在保持单级变换的同时能够有效接入负载和电源。

第6章，阐述了风力发电中的技术发展和市场前景，介绍了各种风电机组的概念以及功率变流器的解决方案，对具体控制方法、电网要求及可靠性研究等做了简要说明。

第7章，对光伏并网发电系统做了全面阐述，其中包括功率曲线、并网结构、多种逆变器拓扑结构（单相和三相）、控制策略、最大功率点跟踪（MPPT）以及防孤岛运行检测方法。本章重点介绍了光伏发电行业现有的主要解决方案，以让读者对光伏逆变器现有技术有宏观和整体的了解。此外，还介绍了最新引进的大型光伏电站的多电平逆变器概念、发展趋势、挑战及未来的解决方案。

第8章，阐述了可再生能源系统的组成，包括选择合适的滤波器，以确保系统稳定工作在最佳运行状态；之后进行设计和实现控制器，以确保系统的稳定性和高动态性能，且具有对扰动和参数变化的鲁棒性。对通过滤波器连接到电网的内置式永磁（IPM）风力发电机的可控性进行了分析，对非线性系统的稳定性及零状态的分析，揭示了它们对控制器结构设计和系统动态特性的影响。

第9章，介绍了功率变流器中控制功能的重要作用及其主要相关问题，其中包括功率控制、电网同步、无功功率控制、公共耦合点的电压调节和电能质量约束等问题。为解决这些问题，本章重点介绍了光伏和中小型风力发电系统，以及在并网运行、独立运行及同步运行等模式之间的切换。

第10章，阐述了双馈感应电机的主要特性和控制方式，包括并网运行和独立运行方式。本章还介绍了采用双馈感应电机的风力发电系统的特性，并对风力发电机的空气动力学、风力发电机先进控制及稳定性能进行了简要的概述。

第11章，介绍了AC-DC-AC变流器的多种拓扑结构及其设计，对基于晶体管的连接两个三相交流系统的经典AC-DC-AC变流器［两电平、二极管钳位式三电平变流器（DCC）、飞跨电容变流器（FCC）］和简化的AC-DC-AC变流器（两电平、三电平的三相到单相及三相到三相的DCC）做了深入阐述。

第12章，阐述了多电飞机技术是如何不断发展并被广泛认为是航空工业未来方向的。本章简要描述了传统飞机和多电飞机（例如，空客380和波音787）的发电、变换和配电等技术，还介绍了电气结构设计、功率分配策略、多电发动机及在高海拔地区时高电压的影响等。

第13章，介绍了电动汽车（EV）和插电式混合动力电动汽车（PHEV）的结构和基本设计，以及电动汽车制造业的未来发展趋势。本章还阐述了将电动汽车与绿色能源、可再生能源相结合的设计理念及系统设计方法。

第14章，介绍了多电平变流器/逆变器相关技术，并描述了应用在具体场景时的优缺点。本章还阐述了多电平逆变器在静止无功发生器（SVG）、静止同步补偿器（STATCOM）及FACTS装置中的应用，并进一步讨论了无磁性器件多电平DC-DC变换器，并对相关的容错性和可靠性进行了分析。

第15章，阐述了多相矩阵变换器的理论和分析方法，其中包括现有和最新提出的拓扑结构及控制策略。本章还给出了多个为系统高效运行而设计的控制算法。

第16章，详细分析了三种用于单相整流器中功率因数调节的升压型预调节器：单开关基本型升压斩波电路、双开关不对称半桥升压斩波电路、交错双升压斩波拓扑结构等。在本章中还介绍了数学建模方法，并将其应用于前两种拓扑中，证明了这些变换器与各自的控制系统相匹配。

第17章，介绍了电力电子应用如何渗透到现代生活的多个领域，相对于线性负载而言，相关技术使得非线性负载得到了大量增加。同时，由于基于电力电子技术设计的负载对谐波畸变比较敏感，从而出现了大量对有源电力滤波器的研究，用于消除或减轻谐波的影响。

第18A章，介绍了所谓的虚拟机（VM）是一个电力电子硬件在环（HiL）系统，使逆变器在模拟真实功率情况下进行测试，而无需装配真实运行的设备。这是因为VM具有与真正的感应电动机甚至同步电动机相同的特性。通过修改软件，可以实现对不同电动机和不同负载情况进行模拟仿真，以检验被测试的传动逆变器能否正常工作。

第18B章，介绍了HiL系统，并详细介绍了模块化多电平换流器（MMC）。本章阐述了标准仿真方法中的局限性，提出了更适合的控制技术；讨论了由于变流器拓扑结构的不同，从而对实现实时仿真的硬件选择而产生的问题，基于前述相关技术，给出了采用OPAL-RT实时仿真器进行仿真的应用实例。

第19章，介绍了模型预测控制（MPC）在电机转速控制中的应用，并阐述了MPC是一种不同概念下的控制技术，其能够在不增加系统复杂度的基础上，为控制不同的电力电子拓扑结构和同时管理多个控制目标提供较高的灵活性。

第20章，介绍了两种由电流源逆变器驱动电机的控制方法，第一种方法是基于电流控制，第二种方法是采用多标量模型的电压控制。分析了这类拓扑结构在控制笼型异步电机、双馈感应电机和永磁同步电机中的应用。

第21章，介绍了逆变器采用脉宽调制（PWM）控制时产生的高 dv/dt，以及产生的共模电压并导致出现轴承电流、轴电压、机端过电压、电机效率下降和电磁干扰等。分析了产生共模电压的等效电路，重点讨论了轴承电流和对其他不同位置电流的限制问题。在本章中还介绍了基于PWM的减小共模电流的有效方法。

第22章，介绍了兆瓦级变频器（VFD）在液化天然气（LNG）工厂中的应用。本章列举了几个大功率变频器的实例，例如使用四套基于NPC拓扑结构的25MW变频器来实现100MW的大功率系统等。本章首先概述了LNG工厂，并描述了采用常规燃气轮机（GT）时对经济和环境的影响；介绍了各种用于LNG工厂的大功率驱动技术，重点阐述了它们的局限性、技术问题以及对未来LNG工厂的影响。

第23章，主要介绍了单相有源前端变流器的调节和控制。第一部分对三种主要的多电平变流器拓扑结构的单极性PWM技术进行了介绍和分析；第二部分主要介绍了单相电压源变流器的电流控制。

第24章即最后一章，对现在及未来的高性能Z源逆变器（ZSI）/准Z源逆变器（qZSI）做了全面而系统的概述，并对阻抗网络参数的设计做了详细说明。本章重点关注 ZSI/qZSI，也即是阻抗源逆变器。由于这种逆变器单级功率变换具有升压/降压功能，且能在较宽范围内调节提供所需幅值的直流电压，从而降低对逆变器的性能要求，并允许同一桥臂的功率器件同时导通，因此现在受到了广泛的关注。本章还介绍了传统 ZSI/qZSI 的工作原理和控制方法，并对一些延伸发展出的新型拓扑结构的优点进行了讨论，例如电池供电的 qZSI 和基于 qZSI 结构的串联多电平系统。

Haitham Abu – Rub

Mariusz Malinowski

Kamal Al – Haddad

目　　录

第1章　21世纪能源、全球变暖及电力电子的影响

Bimal K. Bose

美国田纳西大学电气工程与计算机科学系

1.1　简介

　　电力电子技术是通过功率半导体器件实现对电能的变换和控制，其中功率半导体器件包括二极管、晶闸管、双向晶闸管、门极关断（GTO）晶闸管、功率型金属氧化物半导体场效应晶体管（MOSFET）、绝缘栅双极型晶体管（IGBT）和集成门极换流晶闸管（IGCT）等。这些器件应用在可调节的功率输出（直流或交流）、不间断电源（UPS）系统、电化学过程（例如，电镀、电解、氧化、金属精炼等）、取暖和照明的控制、电焊、输电线路无功补偿（SVC 或者 STAT-COM）、柔性交流输电系统（FACTS）、有源谐波补偿（AHF）、高压直流（HVDC）输电系统、光伏发电和燃料电池发电的变流器、电子断路器、高频加热、能量存储及电动机驱动等。电力电子在全球工业化的广泛应用在某种程度上是前所未有的。我们生活在一个全球化的社会中，在其中所有国家都高度相互依存。以目前的趋势判断，未来的战争将更加可能发生在经济方面而不是军事方面。未来所有的国家为了取得生存和发展，将面临更加严酷的工业竞争。在这种大的环境下，电力电子和运动控制将扮演更加重要的角色。另外，随着能源价格的上涨和越来越严格的环保法规要求，电力电子的应用将无处不在。在 21 世纪中，电力电子将至少和计算机、通信、信息技术等一样，甚至更加重要。

　　需要说明的是，在经历了几十年功率半导体器件、变流器、脉宽调制（PWM）技术、电机、变频驱动装置、先进控制理论和计算机仿真技术的发展和演变后，电力电子技术取得了重大进步，变得非常成熟。根据美国电力科学研究院（EPRI）的估计，美国目前大约 70% 的电能是通过电力电子设备进行变换，且未来将最终达到 100%。在 21 世纪，电力电子不但将在全球工业化和能源系统中产生重大影响，也将在能量变换、可再生能源、大容量储能、电动汽车（EV）和混合动力汽车（HEV）等中发挥重大作用，也必将对解决或减轻环境恶化问题产生积极影响。本章将首先介绍全球能源概况，燃烧化石燃料带来的环境污染问题，气候变化和全球变暖问题及其解决方法；然后介绍电力电子对节能、可再生能源系统、大容量储能和 EV 及 HEV 的影响。最后，结论中介绍了电力电子未来的发展前景。

1.2　能源

　　首先将讨论全球能源的情况[1-6]。图 1.1 给出了全球和美国的能源来源。其中，全球 84% 的能源来自于化石燃料，3% 来自核电，其余 13% 来自可再生能源，例如水电、风力、太阳能、生物燃料、地热、波浪能和潮汐能。美国能源来源大体相似，41% 来自石油，其中大部分通过进口获得。目前随着对页岩气（包括天然气）的开采，正逐渐减少对石油的依赖。根据国际能源署（IEA）的预测，美国将在未来完全摆脱对外部能源的依赖。美国拥有全球总人口的 4.5%（70 亿人口中的约 3.13 亿人口），但消耗了全球能源的 28%，是全世界中人均能源消费最高的国家，

这也反映了美国的生活水平非常高。相比之下，中国是世界第二大经济体，拥有全世界总人口的19%（约13.4亿），但仅消耗了相当于美国所消耗能源的一半。当然，随着中国迅速的工业化发展，这种情况也在快速发生改变。

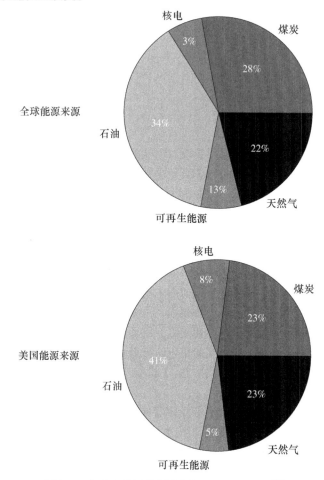

图 1.1　全球和美国能源来源概况（2008 年）[2]

　　图 1.2 给出了世界化石能源和核电能源的理想消耗曲线，大体上是高斯曲线。世界煤炭储量丰富，以目前的消耗速度，大约能够满足约 200 年的需求。从石油枯竭的曲线看，我们目前基本上处于石油消耗的最高峰，石油大约会在 100 年后枯竭。最近，随着石油需求的增加和供应的减少，价格持续上升。天然气的储量预计能够继续供应 150 年。

　　最近，随着对页岩油气的大量开采，在一些国家创造了经济的繁荣，如前所述，尤其是美国。铀（U－235）的存储量很少，预计将在 50 年左右后枯竭。

　　如果储量足够，图中的曲线可以扁平化，以在更长的时间内提供能源供给。随着对新的燃料来源的开采，尤其是近海资源，可以提供更多的石油和天然气。理论上，可再生能源（图中没有给出）可以把能源枯竭的曲线往后扩展到无穷。同时，由于可再生能源具有竞争力的价格、源源不断的可获得性及对自然环境的友好，其在全球获得广泛发展。最近的研究表明，仅可再生能源就可以满足全世界的能源需求。

　　图 1.3 给出了美国、日本、中国、印度根据能源类型在总的发电量中所占比例。例如，美国有 40% 能量是通过电的形式消耗掉的，其中 50% 来源于煤炭，2% 来自于石油，18% 来源于天然

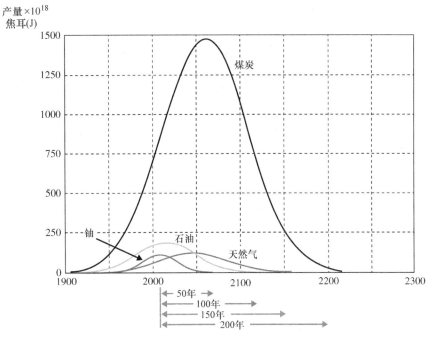

图 1.2　世界化石能源和核电能源的理想消耗曲线[2]

气，20% 来源于核电，其余 10% 来自于可再生能源（以水力发电为主）。天然气发电因其价格便宜、页岩气储量丰富而更受青睐，可以对应减少煤炭消耗。日本 31% 的电来自于核电，但最近的福岛第一核电站的事故正在改变这个格局，日本现在更加注重可再生能源。世界上发展最快的两大经济体——中国和印度，超过 70% 的电来自煤炭。

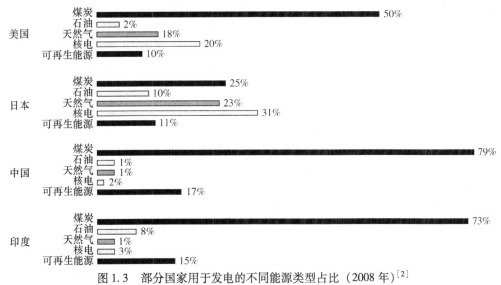

图 1.3　部分国家用于发电的不同能源类型占比（2008 年）[2]

1.3　环境污染：全球变暖问题

遗憾的是，化石燃料产生的气体（SO_2、CO、NO_X、HC 和 CO_2）导致了环境污染。化石燃料燃烧造成的最主要问题是气候变化和全球变暖问题[3,4]，而其罪魁祸首是温室气体（GHG），包括 CO_2 和其他气体。温室气体能够吸收大气中的太阳能，也称温室效应。联合国（UN）政府间气候变化委员会（IPCC）认为正是人类燃烧化石能源而导致全球变暖问题。核电可以说没有传统能源的环境污染问题，但核电的辐射风险一直受到高度关注；核电的另一个问题是核废料历经千年后仍然存在辐射，人们至今仍然不知道该如何合理处置这些废料，它完全有可能在未来对社会造成巨大破坏。

科学家通过对南极地区深层冰的样本进行分析，研究 CO_2 浓度长期以来的历史变化。图1.4给出了数千年来大气中 CO_2 浓度的变化曲线。虽然大气中 CO_2 浓度循环变化（冰河周期）的原因仍然不完全清楚，但是，可以确定的是在过去的1000年来（包括工业革命），CO_2 浓度显著增加（见图1.4中的曲线），远大于正常循环变化的上限值。科学家认为这个峰值正是人类燃烧化石燃料所造成的，过程不可逆且后果是严重的。

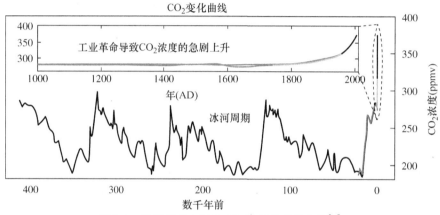

图1.4　数千年来大气中 CO_2 浓度的变化曲线[4]

据估计，大气中80%的 CO_2 是由人类燃烧化石能源造成的，而其中大约50%是用于发电。图1.5给出了人均 CO_2 排放和人口的关系，横轴为人口，纵轴为人均 CO_2 排放（t/年）。美国是世界上人均排放最高的国家，加拿大人均排放和美国非常接近，其后为澳大利亚和欧盟国家，以及俄罗斯和日本，其排放低于美国排放的50%。图中各个国家的总排放量与其矩形面积成比例，对于全球变暖问题都至关重要。

中国的生活水平与美国相比相对较低，因此其人均排放也非常低，但是由于其人口众多，总的排放量很大，实际上自2006年后已经超过美国。巴西生活水平良好，但它的人均排放较低。在巴西，90%的能源（电能）来自于水电，同时有巨大的亚马孙雨林减少了 CO_2 的排放，而且巴西50%的汽车采用的是基于蔗糖生物燃料的可再生能源。生物燃料据说对 CO_2 有中和作用，通过吸收 CO_2 促进植物生长，通过燃烧排放释放 CO_2。

以目前世界能源消耗的增长速度（如果不采取补救措施），CO_2 在2002～2030年之间的潜在增加情况在图1.6中给出。在2002年，世界总的能源消耗大约为410千万亿 Btu[一]（1千万亿 = 10^{24} 单位）[二]，图中同时给出了化石能源和替代能源之间的比例，替代能源主要包括核能和可再生能源。化石燃料所产生的 CO_2 为26亿 t/年。在未来28年内，随着化石燃料的占比的增加，CO_2 水平将上升62%（42亿 t/年），因此可以看出对全球变暖的显著影响。

[一]　1Btu = 1054.350J。

[二]　原书是 10^{24}，似乎应该是 10^{15}。——译者注

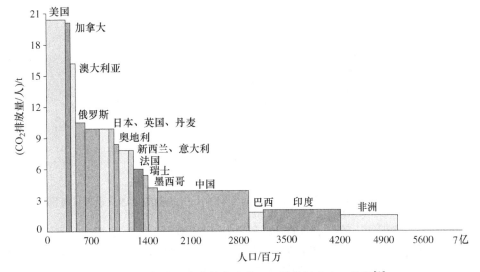

图 1.5　部分国家的单位人均 CO_2 排放量和人口总量[2]

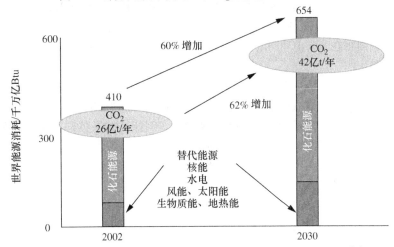

图 1.6　2002～2030 年不采取措施情况下的 CO_2 潜在排放增加[4]

1.3.1　全球变暖影响

如前所述，温室气体会导致地球大气层积聚太阳热能，并提高地球温度，大约每 100 年升高几度。气候科学家正试图模拟气候系统（非常复杂），并通过超级计算机的模拟计算预测大气温度上升情况。图 1.7 给出了世界不同研究机构的研究结果，包括在过去的 100 年（1900～2000）和未来 100 年（2000～2100）的全球变暖预测。不同机构的预测误差源于不同的气候模型，而建立准确的模型极其复杂。但是可以看出，没有任何一个研究结果认为将不会发生全球变暖。

全球变暖最直接的负面影响是冰层的融化，包括北极、南极、格陵兰岛、喜马拉雅山和世界各地的冰川等。事实上，研究表明仅仅在 2006 年北冰洋就有 $500000mile^2$[⊖]的冰层融化了，其远远高于气候科学家的计算机仿真计算研究结果。这给气候科学家造成了很大的震惊。冰层的融化将提升海平面，进而可能淹没低洼地区。据估计，世界上大约有 1 亿人生活在海平面 3ft[⊜]以下。

⊖　1mile = 1609.344m。

⊜　1ft = 0.3048m。

同时，如果所预测的海平面上升出现，孟加拉国有一半的面积将在 300 年的时间里被淹没，预计将有 7500 万人要搬离家园。同样，根据预测结果，如果所有格陵兰岛和南极洲的冰雪融化，海平面将上升 200ft；北极地区预计在 2070 年夏季将成为无冰地区。

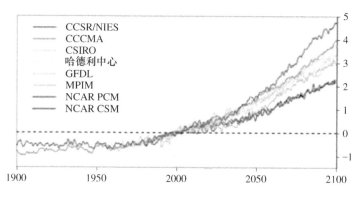

图 1.7　世界不同研究机构的全球变暖现状与预测[3]

极地冰层的融化正在破坏北极熊和企鹅的栖息地，这些物种在未来预计有可能灭绝。随着水温的升高和因为溶解 CO_2 导致的酸度增加，海水中对环境比较敏感的珊瑚正在逐渐死亡。海水酸度的升高也会对海洋生物产生不利影响，人们正在对此进行广泛研究。除了海平面上升外，全球变暖也将对世界气候造成不利影响，将导致热带国家严重干旱，不但会损害农业和植被，而且可能导致飓风、龙卷风、暴雨和洪水等，并带来疾病的传播。自 2012 年以来，这些全球变暖的影响在美国已经非常明显。据联合国估计，如果化石燃料的燃烧完全停止，海平面将在未来 1000 年内仅上升近 5ft。因此，恶劣的气候变化将会导致世界出现严重的动荡与不稳定。

考虑到这些严重后果，1997 年联合国通过了《京都议定书》（国际协议）。根据这项条约，参与国必须有配额内的强制性减排指标。如果一个国家不能达到配额要求，它可以从其他实际排放低于配额的国家购买排放额度（排放权交易政策）。例如，如果英国的实际排放量超过其配额，而巴西的排放量低于其额度，则英国可以从巴西购买排放额度。同样，在一个国家内部，排放配额可以分配给不同的工业企业，企业之间也可以购买或出售排放额度。同样的原则也适用于个人或家庭。与股票交易相类似，有专门的组织来管理额度的买卖。欧洲国家在实施《京都议定书》有关规定的方面走在前列，但不幸的是，近年来的实施并不是很成功。在美国，虽然民间也在尝试各种努力减排温室气体，但美国并没有签署《京都议定书》，也没有承诺强制性的减排计划。

1.3.2　全球变暖问题的减缓方法

对于全球变暖问题，一些可能的解决或减缓方法总结如下：

- 在能源消耗方面，鼓励采用电能的方式。大型的火力发电站可以有效地实施排放控制。
- 削减或消除燃煤发电。与此同时，发展洁净煤技术和 CO_2 捕获及地下封存技术，或整体气化联合循环（IGCC）技术。如前所述，随着更加清洁和便宜的天然气发电的增加，燃煤发电近年来持续降低。
- 增加核电。核电通常具有安全问题和放射性废物问题。在日本福岛第一核电站发生事故后，核电增加的趋势正在发生逆转。
- 由于树木可以吸收 CO_2，加大保护世界各地的雨林力度，促进广泛的造林。
- 控制人类和动物种群，因为他们会呼出温室气体。此外，更多的人口意味着更大的能源消耗。这种方法的实施存在一定困难。
- 广泛推广环境清洁可再生能源系统。
- 用纯电动汽车和混合动力汽车取代采用内燃机（ICE）的车辆。

- 促进大容量运输，特别是电动火车和公共汽车。
- 通过采用更高效的发电、输电、配电和电能的高效利用来节约能源，这些都是未来智能电网的目标（后续章节有详细讨论）。
- 减少能源浪费。通过推广简约生活方式以减少能源消耗。通过这种方法，可能节省世界上近 1/3 的能源消耗。

当然，气候变化也会带来一些有益的影响，包括北极近海的油气勘探，在夏季开通北冰洋航线，在寒冷地区扩大陆地面积和提高取暖的经济性。

1.4 电力电子对能源系统的影响

现在来讨论对于能源系统，尤其是在解决全球变暖的问题上，电力电子为什么如此重要。

1.4.1 节能

以电力电子为基础，提升能源系统的效率在前面已讨论过。通过节约能源可以提高经济效益，尤其是在能源成本高的领域。此外，较低的能源消耗也意味着发电量的减少，可以减轻环境污染和全球变暖。随着功率半导体器件的发展，电力电子控制更加高效。根据美国电力科学研究院（EPRI）的研究，美国电网的电能消耗 60% ~ 65% 是用于电动机传动系统，而这部分能源消耗中约 75% 是工业应用中的泵、风机和压缩机类型的传动。在这些应用中，传统的流量控制是由通过调节阀门或风门的开口实现，其中的感应电动机运行在一个恒定的速度。这种方法会因为流体涡流而导致大量的能源浪费。在这样的应用中，通过采用基于电力电子设备的变频电动机转速控制设备，同时节流阀门处于全开状态，在轻载情况下可以节省约 20% 的能量。此外，在轻载时，通过变流器的编程对磁链进行调节，电动机的效率也可以进一步提高。在基于电力电子技术的空调/热泵控制系统中，通过对负载的转速控制，可以实现 20% 的节能。例如在日本，其电力成本很高，也正因为这个原因，大多数日本家庭使用变速空调进行节能。电力电子器件的额外能耗在很短的时间内就可以收回成本。近年来，电力电子的一种广泛应用是柴油 - 船舶的电力变频推进，功率多为几兆瓦；与传统的柴油机驱动相比，可节省大量的燃料，而且设备在船舶中可灵活布置。据估计，美国电网中约 20% 的能量用于照明。基于电力电子的紧凑型荧光灯（节能灯）的效率是白炽灯的 4 倍，而且寿命约是白炽灯的 10 倍。世界上一些国家，例如澳大利亚和古巴，已经禁止使用白炽灯。在美国，不久的未来白炽灯也将被禁止使用。目前，固态 LED 灯正在越来越多地获得应用，它们比节能灯可进一步节能 50%，而且寿命长 5 倍，但也更加昂贵。高效的感应加热和微波烹调也节省了大量的能源。未来的智能或智慧电网将广泛使用最先进的电力电子技术、计算机和通信技术，将有利于最佳的资源利用，电力消费更加经济，能源效率和可靠性更高，系统更加安全。据估计，通过采用电力电子和其他现有的技术，广泛提高能源利用效率，可以在全球降低 20% 的能源需求。可惜的是，大约 1/3 的全球能源被浪费掉了（尤其是在美国），究其原因是因为能源非常便宜和人民富裕，以及不良的消费习惯。如果通过监管措施或价格上涨消除这些能源浪费，可对解决气候变化问题产生重大影响。

1.4.2 可再生能源系统

前面提到可再生能源[7-9]，如水电、风能、太阳能、生物燃料、地热、波浪能和潮汐能等，对环境友好（称为"绿色能源"）且在自然界中资源丰富，因此在世界各地受到高度重视。《科学美国人》杂志发表了一篇由两位斯坦福大学教授撰写的论文[10]，指出仅仅可再生能源（且具有足够的储存时）可以满足全世界的能源需求。联合国 IPCC 的另一个研究报告指出，到 2050 年，世界能源总量的 50% 可以由可再生能源提供。在日本近期发生的核事故后，无论是在日本还是在德国，都在高度强调可再生能源。风能和太阳能资源，主要依赖电力电子设备对其能量进行变换和控制，对于满足我们日益增长的能源需求和减轻全球变暖问题都至关重要。

1.4.2.1 风能

在风能系统中，风的能量通过与变速风力机连接的发电机而转化为电能。世界上许多早期的装置采用的是定速的笼型感应电机。图 1.8 表明在不同风速情况下，风力机的转矩是速度的函数。如果风速保持不变，风力机的速度增加，则转矩增加，达到峰值后，然后减小。和这组曲线叠加的是峰值恒功率曲线，它和相应的转矩 – 转速曲线相切。对于一个特定的风速，风力机的转速可通过最大功率点跟踪（MPPT）控制而改变，使其可以产生最大功率（最大空气动力效率）。如图 1.8 所示，转矩与转速呈二次方关系，输出功率则与转速呈三次方关系。图 1.9 显示了一个典型的变速风力发电系统，其采用的是感应发电机和双 PWM 变流器。发电机励磁由 PWM 整流器提供保持励磁电流或磁链为恒值（或期望的设定）。转速控制闭环的矢量控制（图中未给出）则控制励磁和有功电流。转速是通过 MPPT 控制根据风速进行设定。频率和电压都不断变化的能量首先被整流为直流，然后再通过变流器变换为恒压恒频，并输送给电网。如图 1.9 所示，网侧变流器控制保持恒定的直流母线电压。图中给出的是采用滞环电流控制的简化控制方法，实际使用中可以采用同步电流控制。可以采用谢尔比斯类型的双馈感应发电机（DFIG）和转差功率控制方法。也可以采用永磁同步发电机（PMSG），同时采用二极管整流/升压的 DC – DC 变换器/PWM 逆变器或双 PWM 变流器系统。

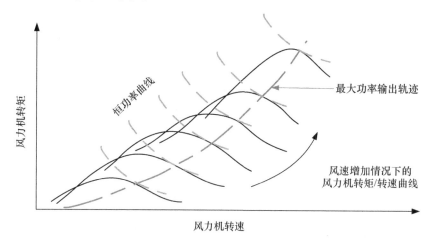

图 1.8　不同风速下变速风力机的转矩 – 转速特性曲线

自然界风能资源巨大，目前它们是最经济的“绿色”能源。斯坦福大学估计，可用风能的 20% 就可以满足全世界的用电需求。变速风力发电机组、电力电子和电机驱动的最新技术进展，使得风力发电非常具有竞争力，几乎和化石燃料能源相当。风能和光伏能源对世界上没有大电网供电的大约 1/3 的人口尤其具有吸引力。例如，在发展中国家的中国和印度就有很大的风能扩张计划。目前，在能源消耗的百分比方面，丹麦处于领先地位，有 25% 能源来自风能，预计将在 2030 年上升到 40%。在风力发电装机容量方面，中国领先于世界，美国占据第二位（与德国和西班牙相当），总占比勉强超过 3%（这是因为美国的能源消耗在世界上最高）。美国有一个雄心勃勃的目标，将在 2030 年把风力发电的比例提高到 20%。风能的一个缺点是它的使用有一定随

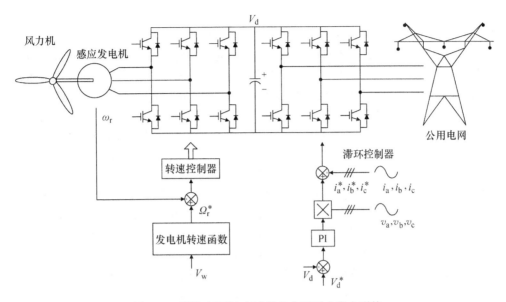

图 1.9　采用双 PWM 变流器的典型风力发电系统

机性，往往需要化石能源或核电作为备用电源。当然，风速高时的风能可以存储起来（后续章节将专门讨论储能），在风速低时进行使用。海上风电场通常比陆地风电场可输出更多的能量，虽然它们的安装和维护也都更加昂贵。

1.4.2.2　太阳能

光伏器件（晶硅、非晶硅、碲化镉或铜铟镓硒）可直接把光能转换为电能。输出的直流电可以转换为交流电并输送到电网，或用于独立负载。在一个独立系统中，通常需要有一个电池备用能源。图 1.10 给出了光伏发电系统的典型结构图，其中光伏串是由串联和并联组合的电池组成。产生的直流电压通过 DC – DC 变换器进行升压，然后经过 PWM 正弦波逆变器变换为交流电。DC – DC 变换器通过 MPPT 控制方法实现光伏串的最大功率输出。各个并行的光伏发电系统在交流侧进行并联，通过升压变压器升压后连接到交流电网，也有提出采用无变压器的多电平串

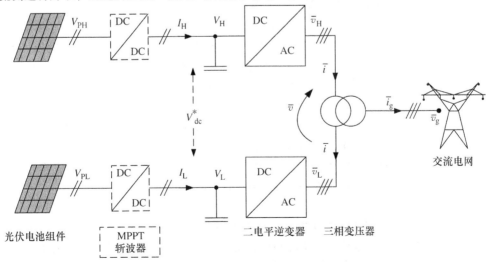

图 1.10　光伏发电系统的典型结构图

联 H 桥（CHB）实现并网。

光伏器件具有静态、安全、可靠、环保（绿色）等优点，像风力发电系统一样，也几乎不需要任何维修和保养。然而，基于目前的技术发展，光伏发电仍然比风力发电更加昂贵（见图 1.14），但它确实取决于安装成本与利用率情况。电力电子设备的成本小于光伏电池组件的成本。虽然目前的光伏发电成本高于光热利用，但是随着目前相关技术和研究的快速发展，预计价格将急剧下降，在未来会更具竞争力，光伏发电有望在全球范围快速推广。IEEE 雄心勃勃地预测，到 2050 年，光伏发电将为全球 11% 的电力需求提供能源。以目前的发展趋势，光伏发电在未来超过风力发电也不足为奇。与常用的非晶硅薄膜材料相比，光伏电池组件的寿命通常是 20年，转换效率典型值为 16%。光伏发电已被广泛应用于空间技术（该应用中成本并不重要）。目前，相关应用正在扩展到屋顶光伏、偏远地区离网应用，以及并网发电应用。日本非常重视光伏技术的研究和应用，因为日本没有太多的能源资源，而且价格昂贵。随着近年在福岛第一核反应堆事故的发生，现在日本已经把重点从核能转为光伏能源。近年来，中国一直以低廉的价格生产制造光伏电池组件。不过一个不足之处是，与风力发电一样，光伏发电在本质上也具有随机性，也需要备用能源或大容量的能量存储。目前正在发展中的智能电网技术，可以通过调整电力需求曲线以匹配供能曲线，稍后将详细讨论。目前有人提出雄心勃勃的发展计划，探索在非洲的沙漠，例如撒哈拉沙漠和卡拉哈里沙漠进行光伏发电，并通过高压直流（HVDC）输电把其所发出的电输送到欧洲电网。

1.4.2.3 波浪能

目前，虽然波浪能和潮汐能（通常被称为海洋能量）[11]的资源仍然相当小，但也正在引起更多重视。波浪能是利用海洋表面由风引起的波浪的能量。这项技术还处于初级发展阶段。海洋表面由于波浪而引起上下振荡的运动，这种机械能可以通过波浪能变换器（WEC）转化成电能。关于 WEC，有超过 1000 个专利。一个广泛应用的类型是海蛇变换器，图 1.11 中所示为安装在苏格兰（2004 年）的产品。在该方案中，海蛇变换器有大量的圆柱部分（固定在海洋底部）通过铰接进

图 1.11　采用海蛇波浪能变换器的
波浪能发电原理[11]

行连接，并产生上下运动，通过活塞进行泵油，并驱动液压电动机。该电动机与永磁（PM）同步发电机相连。发电机输出的不规则电压波形被整流为直流，同时通过许多单元的串联实现直流电压的提升。直流电压可以逆变为交流电，为本地供应能源或者通过升压变压器进行并网。

然而，总的可利用的波浪能仍然很小，而且很昂贵（通常 4～15 美元/W），但每千瓦时的电的成本比较低。波浪能的优点是它持续性好，而且可以预测，这点与风能和光伏发电不同，但它们容易受到恶劣天气条件的影响。2008 年在葡萄牙安装了第一个实验用的波浪能发电场，容量为 2.25MW。除了在夏威夷安装有一个小装置外，在美国基本上没有波浪能利用装置。近期俄勒冈州立大学一直在进行大量的波浪能利用的原创性技术研究。

1.4.2.4 潮汐能

潮汐能[12]是另一种形式的可再生能源，探索利用由于地球－月球引力和地球自转而产生的潮汐能量引潮力与地球自转效应而产生的潮汐的能量。月球引力的周期为 12h，即每 12h 内水位达到高峰。潮汐能利用分为三种不同的类型，即潮流发电、拦坝发电和动力潮汐发电。世界上第一个商用的潮流发电装置（容量为 1.2MW）于 2007 年安装在爱尔兰，如图 1.12 所示。该装置

采用浸没式轴流式水轮机（类似于风力机），按照一个方向缓慢旋转，并带动连接的同步发电机进行发电。在一个潮汐拦坝发电系统中，在高潮时通过拦坝把海水存储在一个蓄水池中，在低潮时，借助蓄水池此时的低水头，驱动水轮机带动同步发电机进行发电。2011 年，韩国安装了世界上最大的潮汐拦坝发电站（254MW）。动力潮汐发电能量包含从上到下水流过大坝时的发电能量。大坝和蓄水池造价高昂，因此潮汐能的利用也变得昂贵。美国目前没有任何潮汐发电厂。

图 1.12 潮汐能发电原理（1.2MW，爱尔兰）[12]

1.4.2.5 地热能

为了比较完整地讨论可再生能源，应该包括地热能[13]。地热能是从地球内部存储和产生的热能中提取能量。这种能量的例子包括火山、温泉等。在后一种情况下，雨水渗入大地，被地热能加热。虽然这些存储的能量来自地球，但最终也是来自太阳的能量；地热所产生的能量来自地球内部矿物质的放射性衰变。地热能源的资源是有限的，主要来源于地球的部分地热带。地热能的利用有三种：一种是直接使用（或区域供热系统），相关能量自然地在地球表面流动（例如温泉）。另一种是用于家庭供暖的地热热泵，热水通过注入水平或垂直的管道提供热量。例如在冰岛，有 93％ 的家庭采用地热能源取暖。第三种是地热发电，热水通过注入管道传递热量，所产生的蒸汽推动类似传统蒸汽发电厂的涡轮发电机。地热发电有三种类型：①干蒸汽发电、②闪蒸法发电和③双循环式发电。

图 1.13 给出了一个采用闪蒸法的地热发电原理（应用最广泛的）。在这种方法中，水被注入管道（可能达到 1mile 或 2mile 深），蒸汽和具有一定压力的热水被收集到另一个管道。如图 1.13 所示，通过分离器，蒸汽与水进行分离，水继续循环，而蒸汽用于驱动涡轮机带动发电系统进行发电。在干蒸汽发电中，水完全转化为蒸汽；而在双循环式发电中，热水将热量转换为与低沸点的液体工质交换的热量，并把工质液体转换成蒸汽驱动涡轮机发电。地热能源是一种经济、可靠，且持续使用的能源，这点与风能和太阳能不同。其成本通常是 3.00 美元/W 和 0.10 美元/kWh。全球的地热能源约为 10.7GW（2010 年），而美国地热能的利用处于世界领先水平（3GW）。有趣的是，冰岛 100％ 的电来自于可再生能源，其中 70％ 是水电，其余 30％ 是来自于地热能。

1.4.2.6 可再生能源成本比较

图 1.14 按照从高到低的顺序给出了不同可再生能源的成本比较，但不包括波浪能和潮汐能。太阳能光伏发电最昂贵，太阳能光热发电成本接近光伏发电成本。光伏发电的最低成本为 18 美分/kWh，而最高的成本是 43 美分/kWh。成本取决于多种因素，例如材料的成本、土地和劳动力成本、一天中发电时间的长度和天气条件等。虽然目前光热发电的成本低于光伏发电的成本，但是预计光伏发电成本的降低速度最终将远远快于光热发电成本的降低速度。生物质能、地热能、海上风力发电和陆上风力发电的最低成本几乎相同，但水力发电最便宜（4 美分/kWh）。海上风力发电机组的安装和维护费用要远远高于陆上，但因为海上风大而连续，所以发电量很高，可平衡高成本的压力。图中没有包括电力电子设备成本及与电网连接的成本。

1.4.2.7 燃料电池能源

燃料电池是一种电化学装置，其中氢气是与氧气结合产生电和水的气体燃料。燃料电池组可看作是串联的低压电池组。由燃料电池产生的直流电压由 DC - DC 变换器进行升压，然后通过逆

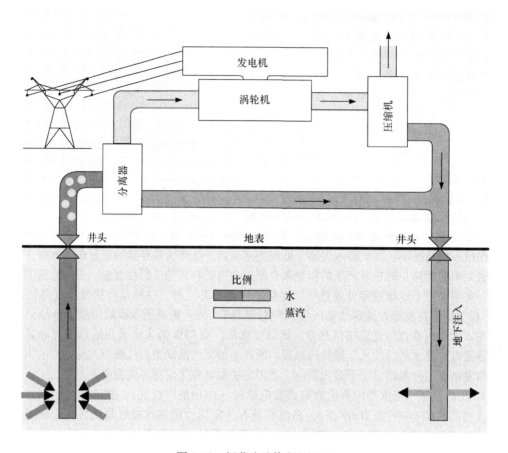

图1.13 闪蒸法地热发电原理

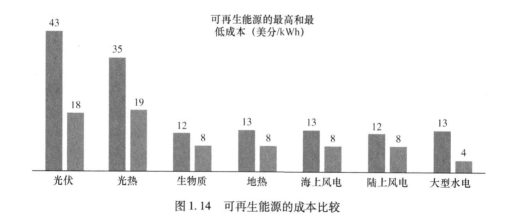

图1.14 可再生能源的成本比较

变器产生交流电压,作为交流电源供电或其他用途。燃料电池具有高性能输出阻抗和暂态响应慢的特点,氢气可以通过电解水产生(燃料电池的反向过程),或者通过碳氢化合物燃料(汽油和甲醇)经过重整催化的转化炉得到。如果氢气通过清洁能源得到,则燃料电池是干净的能源。

燃料电池非常安全且为静态的，具有高效率（典型值为54%）。燃料电池按照电解质的不同，可以分为质子膜燃料电池（PEMFC）、磷酸燃料电池（PAFC）、直接甲醇燃料电池（DMFC）和固态燃料电池（SOFC）等。以上燃料电池都有商业推广，但质子膜燃料电池最为经济，且具有功率密度高、温度低（60～100℃）的优点，因此是可以应用到电动汽车中的最重要的燃料电池。虽然该燃料电池目前仍然体积大、笨重而且昂贵，但是随着大量的研发投入，燃料电池的成本在大幅降低。图1.15给出了一个基于燃料电池的电动汽车原理，并总结了氢气不同的产生方法。在燃料电池电动汽车中，质子膜燃料电池产生直流电源，然后通过DC－DC变换器（图中未给出）进行升压，再转换成变频变压电源来驱动汽车中的电动机。由于燃料电池不能吸收车辆的制动再生能量，在燃料电池的输出侧需要电池或超级电容器［需要通过另一个DC－DC变换器连接（图中未给出）］。在汽车的加速过程中，由于燃料电池响应速度慢，也需要电池或超级电容器提供能量。氢气燃料是由一个燃料箱供应，其中氢气以低温液体或压缩气体存储。氢气通常是从电网中取电通过电解水产生，或从清洁能源，例如风电、光伏发电或核电中取电。燃料电池所需氧气则是通过压缩机从空气中获得。

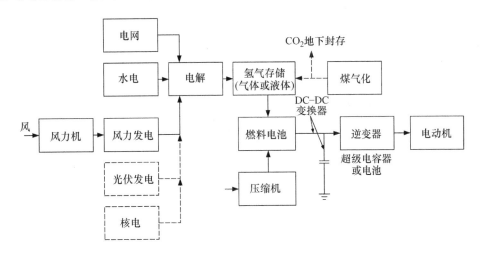

图 1.15　基于燃料电池电动汽车及氢气产生方法

1.4.3　大容量储能

如前所述，可再生能源如风能和太阳能在本质上是波动的，因为它们依赖于天气条件（和一天中的有效时间），因此需要对大量的能量进行存储，使得发电可以匹配电网的负载需求曲线（同样是波动的）。另一方面，化石燃料发电和核电站（也包括水电）可以很容易地调整它们的发电量，以匹配电能消费的波动形式，因此此时大容量储能不是必需的。然而，对于化石燃料发电厂和核电站，由于存在没有负荷或者部分负荷运行模式，一定程度上也需要大容量储能设备把多余的能量存储起来。

对于电网，其储能[14,15]方式大体总结如下。

1.4.3.1　水力发电系统的抽水蓄能发电

水轮发电机可作为电动机运行，在用电低谷时，可以使用便宜的电能，将水从"尾"水库泵抽到"头"水库，把水存储在高水位。在需求高峰期间，和通常一样，利用水头驱动发电机发电，满足用电需求。这可能是最便宜的储能方法，但也必须有一定的有利的场地和设施。否则，成本可能会很昂贵。典型的一个循环周期的能源效率大约是75%，成本可能低于0.01美元/kWh。目前，全世界有超过90GW的抽水蓄能电站。

图1.16给出了日本关西电力公司[16]所建立的400MW的薛比乌斯传动系统，带有变速水电发电机和抽水蓄能系统（全球最大）。通常情况下，采用恒速运行的同步电机作为发电机。

在水力发电系统中，上游水库的水头通常变化很大。可以证明的是，对于可变水头，如果用一个变速驱动系统（水头增加时转速也增加）代替恒速驱动系统，效率可提高3%。在白天，驱动系统作为发电机运行，并向500kV电网送电。当水头增加时，双馈感应发电机（DFIG）的转速可以从次同步速（330r/min）到超同步模式（390r/min）变化。在夜间，当公用电网负载需求低，则电网有多余的能量可以利用，驱动系统作为一个变速电动机，从尾水库抽水到头水库存储起来。在泵送模式下，转速调节范围相同。需要注意的是，周波变换器的滞后无功功率可以通过电机定子超前的无功功率进行抵消，使总的功率因数可以为1。在现代的驱动系统中，周波变换器可以替换为双PWM变流器。

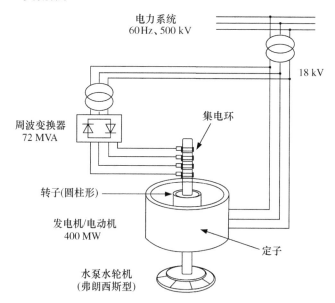

图1.16 带有变速水电发电机和抽水蓄能系统的400MW薛比乌斯传动系统[16]

1.4.3.2 电池储能

电池已经成为电网中最常见的储能形式。在这种方法中，来自电网的电能被转换成直流电，并以化学能的形式存储在电池中。然后，所存储的能量可以通过相同的变换设备转换为交流电，并馈入电网。虽然应用方便、循环效率高（典型值为90%），但是电池储能可能也是最昂贵的（通常大于0.1美元/kWh）。回顾此前，铅酸电池应用最为广泛，但近年来镍镉电池、钠硫电池、锂离子电池和钒液流电池越来越受到青睐。例如，1988年，通用电气（GE）公司在南加利福尼亚爱迪生电网安装了10MVA的铅酸电池。2003年，ABB公司在阿拉斯加的费尔班克斯市安装了世界上最大的电池储能系统，它使用镍镉电池，容量为27MW，供能时间可达15min。液流电池响应速度快，在大规模储能系统中相对更加经济，但系统中具有复杂的"化工厂"，且需要通过泵实现连续的循环电解。

图1.17给出了南加利福尼亚爱迪生电网的电池储能系统[16]。基本上，这是一个基于GTO功率器件的18阶梯波移相方波变流系统，可以对部分谐波进行抵消。系统通过3组H桥系统实现

18 阶梯波的输出电压波形，3 组 H 桥单元中的第 2 组和第 3 组相对于第 1 组分别有 20°和 40°相位超前。变压器的二次侧分成 15 个绕组，以组成 18 阶梯波电压并消除部分谐波（第 17 次、第 19 次等），并提高输出电压。输出侧的电容器组可以进一步对谐波进行滤波。该变流器可以作为 SVC、静止无功发生器（SVG）运行，也可以作为静止同步补偿器（STATCOM）（超前或滞后）运行，并对母线电压进行调节及稳定电力系统。在目前的装置中，可以采用多电平变流器方案。

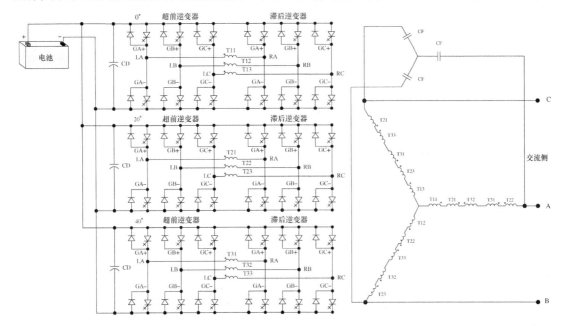

图 1.17　10MVA 电池储能系统

1.4.3.3　飞轮（FW）储能

在这种形式的存储中，电网的电能通过变频驱动系统转换为机械能，驱动飞轮；该变频驱动系统也可以工作在发电模式，获得电能。飞轮系统可以放置在一个真空系统氢气介质中，同时采用主动磁轴承以降低能量损耗。飞轮可以采用钢或复合材料制作，以承受高速旋转时的极大的离心力。飞轮储能比电池储能（0.05 美元/kWh）更经济，并已成功获得应用，但机械储能也有通常的一些劣势。图 1.16 给出的驱动系统可以用于飞轮储能系统。

1.4.3.4　超导储能

在超导储能（SMES）系统中，电能被整流为直流电，并对超导线圈进行充电，以磁性形式存储能量。通过相反的过程可以获得电能。对线圈进行低温冷却，使得电阻趋于零，则能量可无限期地存储。液态氦（0°K）或液态氮（77°）中高温超导材料（HTS）都可以使用。系统循环效率可高于 95%，但这种储能非常昂贵。

1.4.3.5　超级电容器储能

这种储能类似于电解电容器（EC）储能，但它的储能密度可以高达电解电容器的 100 倍以上。超级电容器电压等级比较低（一般 2.5V），但电容值可以非常大（高达几千法拉）。超级电容器通过串联连接和并联连接，获得更高的电压和更大的容量。但是，超级电容器的每千克重量的瓦时数比电池的值要低。但是，超级电容器的功率密度（W/kg）非常高，对于大量的储能循环充放不会导致系统性能的恶化。对于燃料电池电动汽车，这是一个非常好的临时储能设备，如图 1.15 所示。对于大容量储能，目前采用超级电容器仍然非常昂贵。

1.4.3.6 电动汽车到电网（V2G）储能

假设有大量的电动汽车（EV）的电池接入电网，V2G储能是一种新的大容量储能方法。电动汽车可以在用电高峰时段向电网出售电能，然后在用电的低谷时段给电池充电。通过采用V2G技术，把每辆电动汽车20~50kWh的电池组变成了分布式负荷平衡装置或作为应急供电电源。然而与此同时，充放电循环会缩短电池寿命。

1.4.3.7 氢储能

氢气可作为一个大容量储能介质，然后在燃料电池系统中应用或作为内燃机的燃料。这种思路已经产生了氢经济的概念，即把氢气作为未来的清洁能源。氢气可以从大量的可再生能源系统中产生，例如风力发电和光伏发电，并经过压缩或液化后作为高密度燃料。当然，它也可以从碳氢化合物中生成，并把同时产生的不希望的 CO_2 气体在地下进行封存。通过生物质进行大量氢气的生产，并在洞穴、盐丘及枯竭的油气田中进行存储的技术也正在进行研究。氢气存储循环的整体效率为50%~60%，比电池或抽水蓄能系统要低。

1.4.3.8 压缩空气储能

压缩空气储能是另一种电网储能方式，利用电能通过变速驱动器把空气进行压缩，并将其存储在地下。当电力需求高时，压缩空气可以用少量的天然气加热，然后在燃气轮机中燃烧以产生电能。该储能方法已在欧洲获得使用。

1.5 智能电网

目前，美国和一些欧洲国家，对智能或智慧电网的研发活动提供了巨大的激励和支持[17]。遗憾的是，目前的电网系统存在陈旧、过时、效率低、故障保护不足等问题。什么是智能电网？智能电网是未来先进的电网，采用目前最先进的一些技术，包括电力电子技术、计算机与通信技术等。智能电网的目标可以总结如下：

- 最佳资源利用率；
- 对客户的经济配电；
- 更高的能源效率；
- 更高的系统可靠性；
- 更高的系统安全性。

智能电网的基本概念如图1.18所示。智能电网将整合分布式可再生能源系统，如风电、光伏发电等，以及集中发电厂（水力发电、核电和化石燃料能源发电等）。未来电网也将包含大量的储能系统，如抽水蓄能、电池、飞轮储能、超级电容器、氢储能等，这是因为可再生能源的发电量常常会出现波动，而且电力消费需求也是波动的。智能电网的最重要的内容之一是它的供给-需求互动化的能量管理。通常，在电网中发电量跟随电力消费需求的波动。这就会导致在非用电高峰时段，出现剩余电量；而在用电高峰时段，出现电力供应不足。采用先进的智能计量，可以控制需求曲线（需求侧能量管理），以匹配可用的发电量。这意味着一些负荷（如电动汽车的蓄电池充电、洗衣机/烘干机、洗碗机等）通过控制可以安排在非用电高峰时段运行，同时采用降低电费的方式对消费者进行激励。理想情况下，如果电力需求曲线与可用的电力供应曲线相匹配，并且系统中没有故障，则不需要大容量存储或电力系统冗余容量。这时资源利用率最佳。在智能电网中，当某个连接点的电力需求明确后，最佳的发电源和最佳的供电路径都可以进行控制，为用户提供最高效的供电。当然，电网电压和频率应始终保持在允许范围内。智能电网可以使用以电力电子技术为基础的高压直流（HVDC）输电系统、柔性交流输电系统（FACTS）、

STATCOM、UPS 等，实现上述控制目标。智能电网将帮助我们逐步过渡到无碳社会。

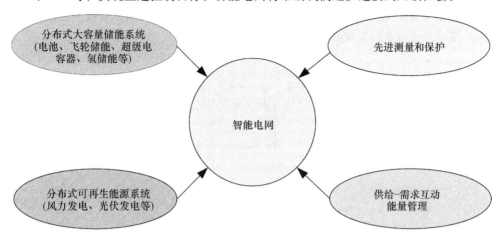

图 1.18　智能电网的概念

1.6　纯电动和混合动力电动汽车

在过去的 30 年中，由于石油短缺和环境污染等问题，全球范围加大了对纯电动/混合动力电动汽车的研发。当然，以纯电动/混合动力电动汽车取代基于内燃机（ICE）的车辆，也有助于解决气候变化问题。

图 1.19 给出了一个典型的电动汽车驱动系统[18]，其中电池（铅酸，204V）是储能设备。通过 PWM 逆变器，把从蓄电池输出的直流电转换为变频变压交流电，进而驱动交流电动机（异步或同步电动机）。在一些特殊驱动系统中（GE – ETXII），采用内嵌式永磁（IPM）同步电动机（钕铁硼，70hp$^{\ominus}$）和矢量控制方法，是由作者在通用电气公司工作时开发的。IPM 同步电动机具有更高的效率、更小的尺寸和更高的弱磁升速范围。对于纯电动汽车，很容易把制动能量再生发电并对电池充电，提高了能源效率。

在混合动力电动汽车中，电池也是储能装置，但需要和其他动力设备一起工作，通常情况是燃烧汽油的内燃机（ICE）。对纯电动汽车来说，续驶里程是一个主要问题；但对于混合动力电动汽车，没有这样的问题。图 1.20 给出的是广受欢迎的丰田普锐斯混合动力电动汽车的驱动结构。轴推进的能量来自 IPM 同步电动机（IPMSM）（50kW，500V）或发动机（5000r/min 时为 57kW），或两者一起提供能量。电动机也可以通过基于 IGBT 的逆变器从镍氢电池获得动力（201.6V，1.2kWh，21kW），这个逆变器也可以把电动机制动时的能量回馈到电池中去。电池通过 DC – DC 升压变换器（图中没有给出）把直流电压升高。没有纯电动汽车驱动模式，但电池可以协助电动机实现加速和爬坡功能，并（部分）吸收制动时的能量。电池由发动机或发电机（非插电式）充电。

纯电动/混合动力电动汽车中电力电子及电动机驱动技术相对比较成熟，成本较为合理。然而，电池技术尚不成熟，价格昂贵、体积大、非常重、循环次数有限，而且每次充电都需要好几个小时。镍氢电池已获得广泛使用，并且市面上可以买到最近改进后的锂离子电池。改进后的电

$\ominus$　1hp≈746W。

池和此前的电池相比，有更高的存储密度，但也更加昂贵。看来，锂离子电池是未来的电池，目前在美国，非常重视相关技术的研究。随着电池技术的成熟，更加经济的长续驶里程的纯电动汽车出现后，混合动力电动汽车有可能在将来从市场上消失。

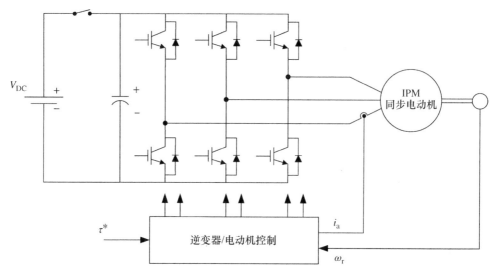

图 1.19　采用 IPM 同步电动机（GE - ETXII）的纯电动汽车驱动系统

　　目前，已经商业化的纯电动汽车和混合动力电动汽车都很多。在混合动力电动汽车中，目前丰田的普锐斯 II 是最流行的。很快，采用锂电池的插电版（可从插座进行充电）纯电动汽车的驱动模式将面世。目前，特斯拉 Roadstar 在美国销售电动汽车（锂离子电池，充电 215kW，充电时间为 3.5h，245mile 的续驶里程），价格也很高。电池寿命通常是 10 万 mile。最近市场上新出现的日产聆风（Leaf）和雪佛兰沃蓝达（Volt），都是采用锂离子电池。

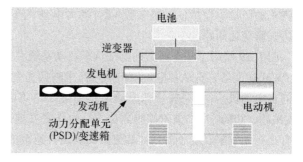

图 1.20　丰田普锐斯 II（2004 年）的
混合动力电动汽车驱动系统

Leaf 是纯电动汽车，续驶里程为 100mile；而 Volt 是混合动力电动汽车，其中电池是由发动机或者外部插电接口充电。在纯电动模式下，续驶里程只有 40mile，可以通过发动机充电提高到 360mile。

1.6.1　电池电动汽车和燃料电池电动汽车的比较

　　电池电动汽车和燃料电池电动汽车的研发目前在同时进行，这里对两种电动汽车进行比较。图 1.21 介绍了这种比较[19]，两种都采用当前批量生产的技术，具有相同的续驶里程（300mile），假定都输出 60kWh 的能量到驱动轮。电池电动汽车假定是接收来自风力发电的电能（虽然目前实际上大多是来自煤电或核电），这就需要一个电源供应 79kWh 的能量，是因为需要考虑线路传输效率 92%、电池充电效率 89%、锂离子电池效率 94% 和电气传动系统效率 89% 等，图 1.21 中都分别给出。通常情况下，计算中假定制动回馈能量为 6kWh。电池电动汽车的总能量的效率则可以计算得到为 68%。车辆的估计成本是 20000 美元，电池的成本为 0.16 美元/W 和 250 美元/kWh。燃料电池电动汽车也假定从风力机获得能源。考虑燃料电池电动汽车的效率，计算得到总的能源效率仅为 30%，这意味着需要风力机提供 202kWh 的能量。图中也给出了相应的成本。请注意，燃料电池电动汽车中的辅助存储非常简单，可以忽略，因此，这里的成本数字偏低。总之，燃料电池电动汽车与电池电动汽车相比，效率低了 38%，重量多了 43%，价格贵了 50%，也正是由于这些缺点，美国燃料电池电动汽车的研究最近已大大减少。

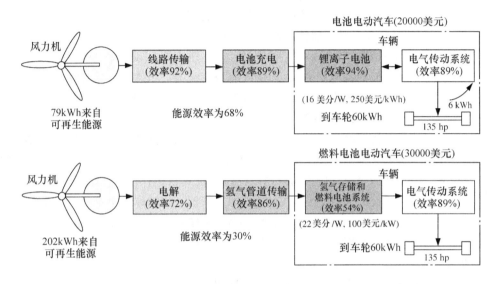

图 1.21   电池电动汽车和燃料电池电动汽车的比较（300mile 续驶里程）

1.7   小结和展望

本章简要介绍了由于化石燃料燃烧而引起的世界能源资源和气候变化问题，同时给出了可能的解决方案或缓解方法。然后，讨论了电力电子对节能、可再生能源系统、大容量储能和纯电动/混合动力电动汽车的影响。虽然潮汐能和地热能可能不使用电力电子，但是为了完整地讨论可再生能源，也进行了介绍。

考虑到目前技术的发展趋于饱和，新出现的电力电子技术就成为电气工程的重要领域，也一定会在 21 世纪的应用中大显身手。它同时也有整合"传统"电力工程领域的趋势。可以预计电力电子技术在未来将一定会非常重要，其在各行各业中都会获得应用，就像当年的计算机和信息技术一样。同时，也有趋势显示计算机技术、信息技术、电力电子和电力系统将获得整合，出现更加复杂的跨学科技术。随着智能电网技术的出现，这种趋势愈加明显。

电力电子技术未来的发展趋势是什么？随着技术越来越成熟，我们会发现针对实际应用的研发变得越来越重要，包括变流器系统的模块化设计、系统建模、系统分析、计算机仿真和实验评价等。这种趋势在最近的出版物中也有明显体现。大体情况下，电力电子的一些进展和趋势包括以下内容。在功率半导体器件方面，IGBT 已经在中功率和大功率应用中成为主导器件，而功率型 MOSFET 普遍应用在小功率和高频系统中。和 IGBT 相比，IGCT 在大功率领域正在丧失竞争优势。传统的硅双极型晶体管（BJT）和 GTO 晶闸管已经完全过时，而晶闸管在将来也会趋于淘汰。宽禁带器件［如碳化硅（SiC）和氮化钾（GaN）］预计将在电力电子的应用中带来重大的变化，尤其是在大功率传动和电力系统的应用中。基于 SiC 的肖特基二极管和功率型半桥 MOS-FET（带续流二极管）目前都已经市场化。事实上，当基于 SiC 的 MOSFET 器件电压等级达到6kV 时，会淘汰大多数的基于硅的功率器件。高压大功率的 SiC MOSFET（最高可达 10kV）、IG-BT（最高可达 25kV）、GTO 晶闸管（最高可达 40kV）、结势垒肖特基（JBS）二极管和 PIN 二极管（高达 10kV）目前都已经处于研发阶段中，它们的出现将对电力电子器件在大功率系统中的应用产生重大影响。目前，人们正在尝试用固态高频隔离的电力电子变压器替代笨重的传统60Hz 变压器。新兴的硅基 GaN 功率器件具有 SiC 器件的所有优点，而且具有成本降低的潜力。

电能质量和位移功率因数（DPF）滞后等问题，正逐渐使得长期以来广为应用的经典的相控电力电子技术趋于淘汰，转而在电网侧采用 PWM 有源变流器。当然，有源谐波滤波器（AHF）和静止无功补偿器，往往也被用来解决传统上采用二极管和晶闸管器件所带来的问题。以作者看，在未来的电力电子系统中，谐波问题将不复存在，因此 AHF 也将没有用武之地。在所有类型的变流器中，电压源变流器将广泛应用，并取代目前电流源变流器和周波变流器等。最近有很多文献提出了 Z 源变频器，未来能够发展到什么程度仍然充满疑问。在高压大功率的电力系统和传动系统中，多电平电压源变流器应用越来越广泛。串联 H 桥拓扑结构（CHB）具有模块化设计和容错的应用优势。传统的采用交流开关的矩阵式变流器（也被称为 Venturini 变流器），自 20世纪 80 年代提出后，发展中出现过多次高潮和低潮，在作者看来，这种结构的发展前景黯淡。与正弦 PWM 相比，空间矢量调制（SVM）技术正变得越来越流行，应用于多电平变流器的 SVM控制方法也越来越简化。传统的基于谐振和软开关技术的变流器，尽管相关技术的进步会延长发展时间，但是这种技术在电动机驱动和其他大功率应用方面显然已经失去了优势。未来变流器的发展重点将主要是模块化和系统集成技术，类似于微电子技术领域中出现的超大规模集成电路（VLSI）技术。如前所述，电力电子将在智能电网中扮演非常重要的角色。随着人们对分布式可再生能源和大容量储能装置与日俱增的重视，逐渐对一些更广泛的系统的研究提出了需求，如最大化地利用可再生能源对系统频率和母线电压的控制、为用户提供更加经济的电力、系统更高的能源利用效率、系统更高的可靠性、操作的容错功能等。

对于电机，虽然其技术几乎完全成熟，但是目前仍然在研究其性能的优化、参数的精度估计、故障诊断和容错控制等。随着日益增加的能源消耗，永磁同步电动机（PMSM）［采用钕铁硼（NdFeB）磁铁］越来越多地被客户接受，虽然它们比感应电动机更加昂贵。IPMSM 的吸引力主要是其弱磁能力，可以提升速度运行范围，以及在恒定的轻负载下效率的提高（通过对磁链进行控制）。如果磁铁的成本变得足够低，永磁同步电动机将在一般工业应用中大量替代感应电动机。轴向磁链永磁同步电动机有望在直接驱动中获得应用，特别是在风力发电系统和电动汽车中。对于非常大功率的应用场合，绕线磁极同步电动机（WFSM）仍将最受欢迎。在作者看来，开关磁阻电动机（SRM）在所有主要工业领域中都没有展现出发展应用前景，趋于淘汰。随着变频器成本的降低和模块化的设计，预计大多数的电动机都会通过变频器进行控制；电动机和变频器一体化的发展，尤其是小功率的用电终端，预计仍然会以一定的速度发展。再次，采用带有集电环的双馈感应发电机（DFIG）和转差功率变流器，以降低变流器功率，并仅仅在一定速度范围内进行调节，会逐步过时，虽然它们目前在风力发电系统中仍然广泛使用。在所有的电动机驱动控制技术中，标量控制技术（包括直接转矩控制技术）将趋于过时，而矢量控制技术将成为通用技术。将复杂的矢量驱动和简单的标量控制进行比较，两者成本上几乎无差别，区别只是前者的软件更加复杂，而两者的控制硬件基本相同。基于 Matlab/Simulink 的仿真，尤其是包含硬件在环（HIL）的实时仿真，最近越来越受到重视。虽然无速度传感器矢量控制的变频器已经商业化，但是零转速（或零频率）的精确速度或位置控制仍然具有挑战性，因为这需要解决电动机的凸极特性、复杂的信号处理、外部的信号注入与精确的电动机参数辨识等问题。和永磁同步电动机（自身具有凸极特性）相比，对于异步电动机的参数辨识要更加复杂。但是，零频率时的无速度传感器永磁同步电动机变频器已经商业化。电动机和变频器作为一个系统进行故障诊断和容错控制的设计，在未来仍然会得到越来越多的重视。随着数字信号处理器（DSP）和现场可编程门阵列（FPGA）［或专用集成电路（ASIC）］的快速发展，采用单个芯片实现无速度传感器矢量控制与容错控制并不遥远。随着人工智能技术的成熟，智能控制和观测（特别是基于神经网络技术）将在电力电子系统中得到越来越多的认可。随着 DSP 和 FPGA 技术的成熟，基于电机模型和系统变量，并采用成熟的控制理论，在电力电子系统中实现预测控制，提高系统性能，正在重新进入人们的视野。最后，对燃料电池、光伏电池、蓄电池、无源电路元器件、高温超导（HTS）、DSP 和 ASIC 等技术的研究，都将在本世纪显著影响电力电子技术的发展。

参 考 文 献

1. Bose, B.K. (2011) Energy scenario and impact of power electronics in 21st. century. Proceedings of Qatar Workshop of Power Electronics for Industrial Applications and Renewable Energy Conversion, held in Doha, Qatar on November 3–4, 2011, pp. 10–22.
2. Bose, B.K. (2013) Global energy scenario and impact of power electronics in 21st century. *IEEE Transactions on Industrial Electronics*, **60**, 2638–2651.
3. Global Warming http://en.wikipedia.org/wiki/Global_warming (accessed 20 September 2011).
4. Bose, B.K. (2010) Global warming. *IEEE Industrial Electronics Magazine*, **4**, 1–17.
5. Bose, B.K. (2010) Energy, global warming and power electronics. Proceedings of the 4th National Power Electronics Conference, Roorkee, India, June 11, 2010.
6. Roth, J.R. (1995) *Long Term Global Energy Issues in Industrial Plasma Engineering*, vol. **1**, Institute of Physics Publishing, Philadelphia, PA.
7. IPCC Summary for Policy Makers (2011) Special Report Renewable Energy Sources, UAE, May 5–8, 2011.
8. Simoes, M.G. and Farret, F.A. (2004) *Renewable Energy Systems*, CRC Press, Boca Raton, FL.
9. Farret, F.A. and Simoes, M.G. (2006) *Integration of Alternate Sources of Energy*, John Wiley/IEEE Press, Piscataway, NJ.
10. Jacobson, M.Z. and Delunocchi, M.A. (2009) A path to sustainable energy by 2030. *Scientific American*, **282**, 58–65.
11. Ocean Energy Regulatory Development, Policy and Guidelines, http://ocsenergy.anl.gov/guide/wave/index.cfm (accessed 10 July 2011).
12. Tidal Power http://en.wikipedia.org/wiki/Tidal_power (accessed 20 September 2011).
13. Geothermal Energy http://en.wikipedia.org/wiki/Geothermal_energy (accessed 22 June 2011).
14. Grid Energy Storage http://en.wikipedia.org/wiki/Grid_energy_storage (accessed 10 June 2011).
15. Vazquez, S., Lukic, S., Galvan, E. *et al.* (2010) Energy storage systems for transport and grid applications. *IEEE Transactions on Industrial Electronics*, **57**, 3881–3895.
16. Bose, B.K. (2006) *Power Electronics and Motor Drives – Advances and Trends*, Academic Press, Burlington, MA.
17. Ipakchi, A. and Albuyeh, F. (2009) Grid of the future. *IEEE Power & Energy Magazine*, **7** (2), 52–62.
18. Bose, B.K. (1988) A high performance inverter-fed drive system of an interior permanent magnet synchronous machine. *IEEE Transactions on Industry Applications*, **24**, 987–997.
19. Eaves, S. and Eaves, J. (2003) A cost comparison of fuel-cell and battery electric vehicles. *Journal of Power Sources*, 24–30.
20. Bose, B.K. (2000) Energy, environment and power electronics. *IEEE Transactions on Power Electronics*, **15** (4), 688–701.
21. Wu, B., Lang, Y., Zargari, N., and Kouro, S. (2011) *Power Conversion and Control of Wind Energy Systems*, John Wiley & Sons, Ltd/IEEE Press, Piscataway, NJ.
22. Teodorescu, T., Liserre, M., and Rodriguez, P. (2011) *Grid Converters for Photovoltaic and Wind Power Systems*, John Wiley & Sons, Ltd/IEEE Press, Piscataway, NJ.
23. Bose, B.K. (2009) Power electronics and motor drives – recent progress and perspective, *IEEE Transactions on Industrial Electronics*, **56** (2), 581–588.

第2章　当前能源面临的挑战：电力电子技术的贡献

Leopoldo G. Franquelo，Jose I. Leon 和 Sergio Vazquez
西班牙塞维利亚大学电子工程系

2.1　简介

当前的能源形势正变得越来越复杂，对智能电网的需求变得越来越迫切。本章介绍了几个亟待解决的挑战，例如不同子网的互连、在一定限度内保持电能质量的要求、电网稳定性的提高、清洁能源发电整合，以及高效大功率储能系统（ESS）的应用等。

目前，电网正在不断变化以满足在额定功率、稳定性和可靠性方面的最低要求[1-3]。随着工业和住房等对能源需求的不断增长，需要新的发电厂投产或从邻近地区或国家购买能源。这就需要实施高度网状化的分布式配电网，使不同性质和不同区域的电力系统能够互连。目前需要不同电网之间进行多重互连，但这会面临一些技术挑战，例如整个发电和配电系统的稳定性和可靠性等问题。

此外，危险的核废料、全球变暖以及燃烧化石燃料产生的二氧化碳的影响，也制约了传统能源电网的安装，转而支持新能源电力系统的发展。这些新的系统主要目标是能够高效发电，尽量减少废弃物。从这个意义上说，可再生能源发挥了很大的促进作用，但由于新能源分布的特点，很多发电系统会无序而零散地并入电网。因此，将新的可再生能源纳入电网［近几十年主要是风电场和光伏（PV）电站］导致了高度分散式的配电系统和大量发电厂的发展。现代电网的分布式结构如图 2.1 所示。这种结构呈高度网状化，比较大容量地吸收了零散分布的可再生能源，且在各个子网之间建立足够容量传输的连接。在本章中介绍了新配电网的概念。这种新结构通过

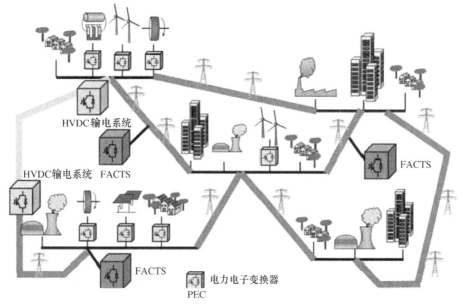

图 2.1　现代电网的结构

广泛使用电力电子变换器解决了传统电网的典型问题。

电力电子变换器提供了高效的解决方案，该方案可应用于新型智能分布式能源电网中。本章简要回顾了当前电力电子变换器的应用情况。重点介绍能源传输和分配系统、可再生能源、运输领域和储能系统，回顾了作为工业产品或在学术界仍作为主流研究方向的各种替代方案和拓扑结构。

2.2　能源传输和分配系统

对电能需求的快速增长将现有的能源传输和分配系统的发展推向高潮。在这种情况下，电气和电子电力系统工程师面临着新的挑战。为了确保静态和动态的电力系统稳定性，采用或正在开发（某些）新系统。这些新系统包括柔性交流输电系统（FACTS）设备和高压直流（HVDC）输电线路。

2.2.1　柔性交流输电系统（FACTS）

FACTS 被 IEEE 定义为"装有电力电子控制器以加强可控性和增大电力传输能力的交流输电系统"[4]。多年来，FACTS 设备一直被用于电力传输和分配以解决电力系统中的稳态控制问题，例如电压调节和通过对特定传输路径的功率流控制优化输电线路的功率负荷，以及提高线路传输能力等。然而，除了静态稳定性和功率流控制任务之外，功率半导体和变换器拓扑的新发展使FACTS 控制器可用于解决电力系统的动态稳定问题[5-8]。

图 2.2 显示了基本输电线路中并联和串联无功补偿的效果。没有补偿的系统及其矢量图如图 2.2a 所示。电源系统由电压源（V_s）、具有阻抗（$Z = R + jX$）的等效传输线模型和电感负荷构

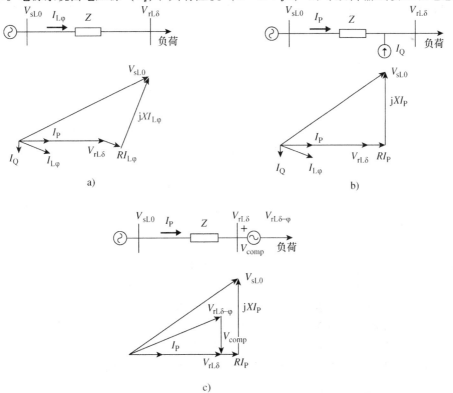

图 2.2　无功补偿原理：a）系统没有补偿；b）并联补偿原理；c）串联补偿原理

成。从该矢量图可以清楚地看出，只有当有功电流（I_p）流过传输线时，才能减小或最小化线路电流（I）。其主要优点是减少了传输线中的功率损耗，改善了负荷终端处的电压调节以及增加有功功率通过传输线的传输能力。无功补偿可以通过使用无源元件（电容器或电抗器）或电压源变流器（VSC）来实现。并联补偿可以通过负荷终端上连接的电流源来表示，如图 2.2b 所示；串联补偿可以通过线路和负荷之间添加的电压源来表示，如图 2.2c 所示。并联补偿由 FACTS 设备通过在负荷的连接点附近提供无功电流（I_Q）来实现。另一方面，串联补偿由 FACTS 设备通过改变电源线的等效阻抗从而改变负荷端的电压来实现[9]。

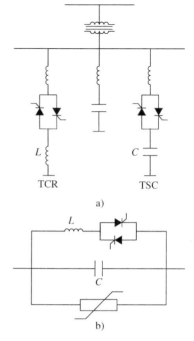

图 2.3　基于晶闸管的 FACTS 设备：
a) SVC；b) TCSC

　　根据半导体技术的使用情况，FACTS 设备可分为基于晶闸管和基于栅控的无功补偿器[9]。基于晶闸管的无功补偿器使用固定电容器和电抗器组，与晶闸管一起工作在并联或串联电路中。功率半导体器件的开关控制以实现可变无功功率交换，包括由晶闸管投切电容器（TSC）、晶闸管控制电抗器（TCR）和晶闸管控制串联电容器（TCSC）组成的静止无功补偿器（SVC）。这些设备的示意图如图 2.3 所示[9]。这些 FACTS 设备可视为一种成熟的技术，因为自引入以来已在实际电力系统应用中得到分析和改进。例如，早在 1971 年就可以找到关于有关设备的参考资料[10]。

　　基于门控的无功补偿器使用内置栅控电源开关的电压源变流器，例如门极关断（GTO）晶闸管、绝缘栅双极型晶体管（IGBT）或集成门极换流晶闸管（IGCT）。为了控制功率变换器产生或吸收的无功功率，定义了功率半导体的触发脉冲。通过这种方式，可以提供电容或电感行为，而无需大量的交流电容器或电抗器；因此，无需使用额外的设备。最常见的电压源变流器 – 柔性交流输电系统（VSC – FACTS）是静止同步补偿器（STATCOM）、静止同步串联补偿器（SSSC）、动态电压恢复器（DVR）和统一潮流控制器（UPFC）。这些设备的模型表示如图 2.4 所示。

　　VSC – FACTS 设备属于正在开发中的技术。与基于晶闸管的补偿器相比，其最显著的优点之一是减小或消除了大型无源元件，从而减小了尺寸和成本。此外，最令人关注的特性是，与基于晶闸管的同类产品相比，VSC – FACTS 具有更快的动态响应。

　　因此，VSC – FACTS 设备可用于解决电力系统中现存的且无法通过使用传统技术解决的问题，例如动态稳定性问题，或风力机与光伏电站的低电压穿越（LVRT）能力[11,12]。在为每个应用建立适当的功率变换器拓扑及开发适用于这些应用的高性能控制算法和调制技术上，开展了大量的研究工作[13]。尽管如此，为了使这项技术达到成熟，仍需要对面临的一些挑战进行研究。例如，由于目前硅基器件（GTO 晶闸管、IGBT 或 IGCT）的反向电压阻断能力有限，电压源变流器与高压系统并非直接连接。在不久的将来，基于宽禁带材料的器件可以缓解这个问题。然而，当使用现有的硅基器件时，可以通过使用多电平功率变换器拓扑来解决这个问题，这似乎是最合适的解决方案[14-16]。此外，从控制和调制策略的角度来看，VSC – FACTS 与电网的连接是一个重要问题。因此，针对多电平变流器的直流连接电压平衡问题[17-19]，新的调制技术应运而生，并提出了新的控制算法以在平衡或不平衡输入电网条件下实现精确的有功和无功功率指令跟踪[20-23]。

2.2.2　高压直流（HVDC）输电

HVDC 输电系统可以视为一种成熟技术，因为第一次商业安装出现在 1954 年[24]。虽然最常使用的是交流输电线路，但在某些条件下，HVDC 输电系统比交流输电系统更具优势。从技术角度来看，可以确定以下问题：

- 在 HVDC 输电系统中传输的电量随着距离的变化保持恒定，而在高压交流（HVAC）输电线路中，输电能力随着线路长度的增加而减小。

- 无法直接连接两个具有不同基础频率的交流输电系统。

- 在考虑经济成本时，存在一个临界距离，超过该距离，建造新的 HVDC 输电线路的投资成本低于相应交流线路的投资成本。虽然线路距离取决于输电线路的额定功率，但架空线路的典型值为 $600 \sim 800km$，海底装置的典型值为 $25 \sim 50km$。

- 与交流输电系统相比，HVDC 输电的环境要求更低，例如视觉冲击较小且对空间要求也较低[25]。

HVDC 输电装置包括几个设备。电力电子变换器是其中最重要的一个。对于 FACTS 设备，用于

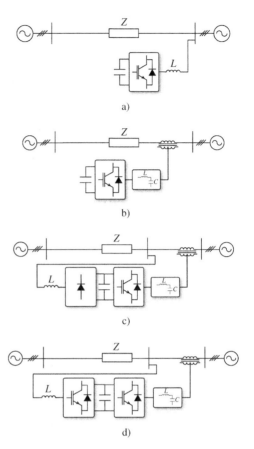

图 2.4　VSC – FACTS 装置：a) STATCOM；b) SSSC；c) DVR；d) UPFC

构建功率变换器的功率半导体器件可以采用晶闸管控制电源开关，也可以采用门控电源器件[26]。

基于晶闸管的 HVDC 输电系统采用电网换相电流源变流器（CSC）作为首选技术，如图 2.5a 所示。最早出现的装置中就采用了该技术，且在大功率开发（通常超过 1000MW）中被视为成熟且完善的技术。

基于栅控的 HVDC 输电功率变换器使用栅控功率器件构建，例如 GTO 晶闸管、IGBT 或 IGCT。其中采用强制换相电压源变流器作为关键技术，如图 2.5b 所示。在目前的发展状态下，所采用的 VSC – HVDC 输电功率范围为 $300 \sim 500MW$。出于这个原因，它主要用于小型孤立的远程负荷和城市中心的馈电，以及远程小型和离岸的发电设备与电网的连接[27]。

根据输电线路的额定功率范围，可以选择不同的直流输电技术。此外，输电系统的用途和位置确定了 HVDC 输电系统最合适的配置结构。对于使用 CSC – HVDC 或 VSC – HVDC 输电技术构建的系统，可以采用不同的有效配置结构[25,26]。最简单的配置结构是背靠背系统，如图 2.6a 所示。这是两个 HVDC 输电功率变换器位于同一个变电站并且不需要远距离的直流连接电缆时的一种选择[28,29]。当需要远距离输电时，有两种可能的选择：单极和双极配置结构。在单极 HVDC 输电系统中，功率变换器使用单根导线连接，如图 2.6b 所示。极性可以是正的，也可以是负的，返回电流采用接地或小金属导体传输。这种配置结构非常适合如海上风电场与电网的海底能量传输[27]。双极 HVDC 输电配置结构是大容量输电的首选。它是架空 HVDC 输电线路中最常见的配置结构方式。它的主要优点是可靠性高。在这种情况下，功率变换器使用两根导线连接，如图

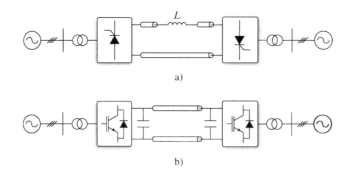

图 2.5　HVDC 输电技术：a）CSC – HVDC 输电；b）VSC – HVDC 输电

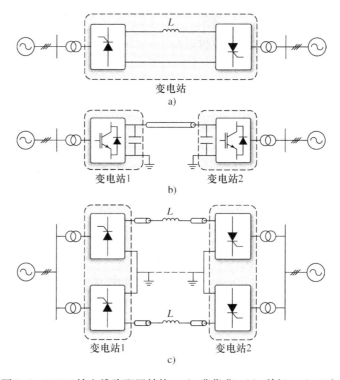

图 2.6　HVDC 输电线路配置结构：a）背靠背；b）单极；c）双极

2.6c 所示。每一极具有正极性和负极性；因此，该系统可被视为两个单极系统的结合。如果一个线路停止运行，另一个线路可以继续独立传输电力[30,31]。

　　将 VSC – HVDC 与 CSC – HVDC 输电进行比较，可以注意到以下特征：

　　● 在 VSC – HVDC 输电的功率变换器中，有功功率和无功功率可以独立控制，因此在换流站不需要无功补偿装置。

　　●若选择合适的换流器拓扑结构，则采用 VSC – HVDC 输电可以避免使用换流变压器。在分析不同的多电平变流器拓扑结构［例如中性点钳位（NPC）、有源 NPC（ANPC）或模块化多电平换流器（MMC）］方面开展了大量的研究。如图 2.7 所示的基于 MMC 拓扑结构的 VSC – HVDC 输电系统，与传统电压源变流器拓扑相比具有如下几个优势[32]。

　　● VSC – HVDC 输电的短路水平较低；因此，在大停电之后，其可以用来启动缺乏发电能力的弱交流网络。

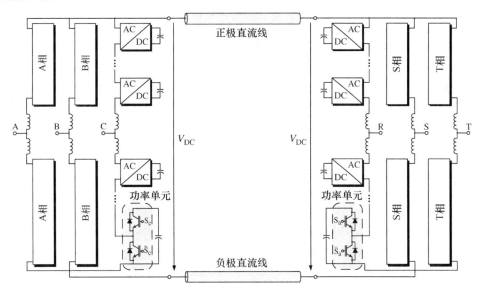

图 2.7　基于 MMC 拓扑结构的 VSC – HVDC 输电

- 采用 VSC – HVDC 输电，直流线路的有功功率可以控制在 0% ~ 100% 之间。相比于传输功率水平极低的 CSC – HVDC 输电，这是其主要优势。
- 与 CSC – HVDC 输电相比，VSC – HVDC 输电需要更小的交流滤波器来消除谐波[25]。

2.3 可再生能源系统

近几十年来，受全球变暖的影响、污染物排放的必要减少以及对化石燃料的巨大依赖（变得越来越昂贵）导致了基于可再生系统的新能源开发。事实上，欧盟提出了一项 2011 ~ 2020 年的计划，为开发可再生能源、减少排放和提高能源效率确定了方向。该计划到 2020 年实现的目标通常被称为 20/20/20，具体如下：

- 温室气体减少 20%，使其低于 1990 年的水平；
- 能源消耗的 20% 必须由可再生能源产生；
- 主要能源消耗减少 20%。

必须注意的是，在 2010 年，这些目标远未实现，因此对欧洲各国政府来说，这仍然是一项重大挑战。事实上，在 2010 年，可再生能源在最终总能耗中仅占 12.5%，而欧洲的经济危机使该拟定目标更加难以实现。主要的可再生能源如下：

- 水力能源；
- 地热能；
- 风能；
- 太阳能（光伏或热能）；
- 波浪能；
- 潮汐能；
- 生物质能；
- 其他替代能源。

图 2.8 根据额定功率、常用的功率变换器和并网所需的相应功率半导体（如有必要）、可再生能源的可利用率以及相应的技术趋势，对当前可再生能源进行了分类。

	住宅用途		太阳能		海洋/河流能			风能	地热能
可再生能源系统	屋顶光伏	太阳能热屋顶	光伏电站	太阳能热	波浪能	潮汐能	水电	风能	地热
最大额定功率	50 kW		250MW	370MW	150kW	256 MW	14GW	每个风力机6MW	720MW
常用变换器拓扑	DC/AC DC/DC	—	DC/DC DC/AC		AC/DC, DC/DC, DC/AC		—	背靠背	—
典型的功率半导体	MOSFET		IGBT IGCT		IGBT, IGCT		—	IGBT IGCT	—
可利用率	取决于太阳辐照度				随机、间歇性、季节性			随机	恒定
技术趋势	↑功率密度 ↑效率		↑额定功率 ↑效率		↑稳健性 暴风雨条件下			无齿轮，离岸， ↑功率	↑开发成本

图 2.8   可再生能源分类

目前，即使考虑到全球经济危机造成的突然制动效应，可再生能源也在能源发电市场中发挥着重要作用且其地位日益突出。事实证明，美国能源信息管理局（EIA）（美国政府的官方能源统计资料）估计，2011 年全球约 10% 的能源消耗来自可再生能源（水力发电、生物质能、生物燃料、风能、地热能和太阳能）。预计到 2035 年该数值将达到 14%。此外，EIA 估计，2011 年全球约 19% 的发电量来自可再生能源，预计到 2035 年该数值将接近 23%。例如，在西班牙，2011 年能源消耗中有 32.4% 来自可再生能源，这是当年最重要的能源来源。

在可再生能源中，水电能源起着最重要的作用，在可再生能源发电中占重要比例。与水力发电相比，目前风能、光伏能源和波浪能等可再生能源的贡献很有限。然而，2011 年全球风力发电量增加了 20%，达到了 238 GW。中国是领先者，占全球市场近 44%，其次是美国和印度，而德国仍然是欧洲最大的市场。应该指出的是，尽管市场份额仍然相对较小，但随着更大的风力机的使用，海上风电场持续扩大，进入了更深的水域，离海岸更远。另一方面，小型风力机的使用也在增加。

截至 2011 年底，全球安装的太阳能光伏发电总量约为 70GW，而 2000 年仅为 1.5GW。在过去 5 年（2006~2011 年）里，太阳能光伏的平均年增长率超过 50%（例如，2011 年从 40GW 增加至 69.3GW）；然而，光伏发电仍然只占每年总发电量的一小部分。德国是这一能源领域的领头羊，在全球市场上占据了近 36% 的份额（25 GW），紧随其后的是意大利（12.7GW）、日本（4.9GW）、美国（4.4GW）、西班牙（4.2GW）和中国（3GW）。2011 年，增长主要集中在意大利（从 3.5GW 至 12.7GW）、中国、英国、法国和美国等少数国家。最后，波浪能和潮汐能是基于波浪和潮汐运动产生的电能。潮汐能和波浪能比风能更容易预测，并且通常在冬季电力需求较高时会增加。然而目前，波浪能和潮汐能并不被认为是一种成熟技术，只初具雏形。

考虑到可再生能源的不同性质、随机行为以及维持最低电能质量的要求，能量变换在可再生能源并网中起着至关重要的作用。另一方面，越来越多的可再生能源发电厂分布广泛，需要有具体的操作和管理程序以便维持甚至改善电网电力的可靠性、质量和稳定性[33]。

2.3.1 风能

如前所述，目前风力发电是一项成熟的技术，在最近的几十年里已成为可行技术，并对能源市场产生了不可忽视的影响[34]。例如，2010 年，丹麦的风电并网率达到 21%，葡萄牙为 18%，西班牙为 16%，德国为 9%。虽然中美两国目前的风电一体化程度仅为 1.5% 左右，但在过去两年中，两国的风电设施都大幅增加。

从历史的角度来看，随着几千年前风车的发明，第一批用于发电的风力机设计于 19 世纪。早在 20 世纪，第一台现代风力机就被设计成在固定速度和失速调节或主动失速的情况下工作。在这种情况下，风力发电机通过变压器直接连接到电网，而不使用任何功率变换器（仅采用变速箱、软启动器、无功功率补偿器和主开关）。这种配置结构简单且便宜，但是不能从风中获取最大功率，在大型风力机中会遭受机械应力并且不符合现行规定。

为了解决这些问题，在 20 世纪 90 年代，风力机技术发展到以变速和桨距调节的方式运行。最初，该系列风力发电机中最成功的配置结构是具有降低容量的背靠背变换器的双馈感应发电机（DFIG），如图 2.9a 所示。这种配置结构允许风力机速度变化 60%，使得最大功率点跟踪（MPPT）目标变得可行。虽然这种配置结构在过去的 20 年里非常成功，但最近其主导地位正在丧失，因为这种风力机在处理每个国家监管当局施加的电压过度校准以提高发生电网故障时的电网稳定性方面存在问题。

目前变得非常具有竞争力（并且在不久的将来有望引领风力机市场）的风力机系列如图 2.9b 所示。该系列采用电机将风力机与电网连接起来，其中电机主要采用永磁同步发电机（PMSG）和全功率背靠背功率变换器。在这种情况下，风力机转速、有功功率和无功功率都是完全可控的，因此，可以以增加功率变换器成本的方式满足指标要求。

最后，设计并测试了其他配置结构，改进了风力发电机的某些功能。例如，可以使用连接到多个分布式背靠背变换器的多绕组 PMSG，如图 2.9c 所示。这种拓扑结构的优点是功率共享，并且系统具有固有的容错能力。另一种可选方案如图 2.9d 所示，其中多个 PMSG 由分布式变速箱馈电。整个系统具有与多绕组 PMSG 相同的特性，但需要使用复合变速箱。第三种解决方案基于无齿轮风力机，如图 2.9e 所示，其中多极电机采用全功率背靠背变换器连接到电网。这种无齿轮拓扑结构可减轻重量并减少维护，但发电机直径更大。

2.3.2 光伏能源

光伏组件价格的不断下降以及各国政府对推动这项技术的大力支持，使得光伏发电和太阳热能成为当前及未来可再生能源市场的重要组成部分。这些能源的一个重要应用是以住房用途（<5kW）为基础，但作为近年来光伏行业发展的一部分，大型光伏电站正在稳步建设中，目前其额定功率高达 250MW（美国 Agua Caliente 太阳能项目）。现今，在全球已经安装的光伏发电系统中，并网型光伏电站占绝大部分，具有离网功能的光伏电站仅占约 2%。

光伏电池板输出的是直流电压，需要使用功率变换器才能输出交流电压。因此，具有不同拓扑结构的光伏逆变器有很大市场[35]。通常有 4 种可能的配置结构，如图 2.10 所示。

- 光伏电池板和三相集中逆变器的串联和并联连接（见图 2.10a）。这种配置结构在光伏电站（功率范围 10~250kW 甚至更高）中很常见，且以低可靠性和低 MPPT 为代价换来了高效率

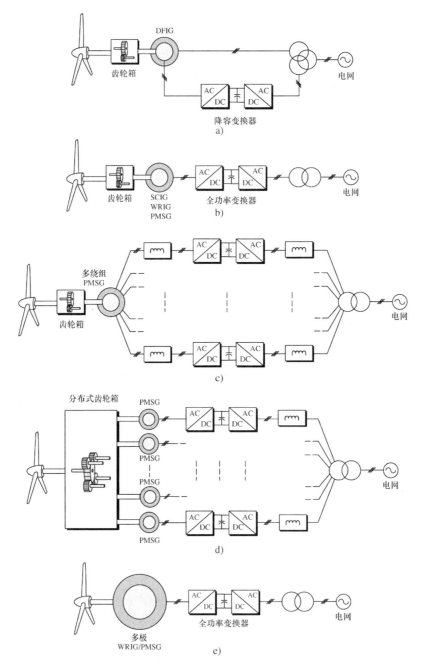

图 2.9　风力机并网的配置结构[5]：a) 双馈感应发电机（DFIG）和降容的
背靠背变换器；b) 电机［绕线转子感应发电机（WRIG）、笼型感应发电机（SCIG）或永磁同步发
电机（PMSG）］和全功率背靠背变换器；c) 带有分布式背靠背变换器的多绕组 PMSG；d) 具有分布
式传动系的多个 PMSG；e) 具有全功率背靠背变换器的多极电机（WRIG 或 PMSG）

和低成本。

　　● 组串式或多层组串式逆变器通常用于住宅用途（<5kW）（见图 2.10b 和 c）。在这些情况
下，每串都有自己的变换器以便以更好的方式获得 MPPT。此外，其组合性更高，从而提高了可

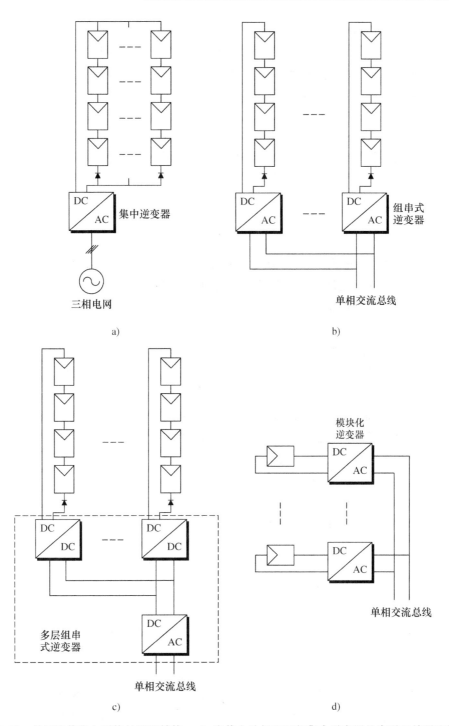

图 2.10　并网光伏发电系统的配置结构：a）光伏电池板和三相集中逆变器的串联和并联连接；
b）形成组串式的光伏电池板和每串单独逆变器的串联连接；c）由多个 DC/DC 变换器和集中逆变器形成的
多层组串式逆变器；d）专用于每个光伏电池板的组合型逆变器

靠性和容错能力。

- 每个光伏电池板都有自己的组合型逆变器的光伏系统（见图 2.10d），通常用于低功率用途（＜500W）。该配置以增加成本为代价实现了最佳 MPPT。

必须注意的是，每个国家都有自己的规定，例如，有时需要变压器。此外，诸如电压和频率要求以及有功和无功功率限制等其他规定也很常见。不仅如此，电网跳闸时光伏逆变器没有立即断开连接，则并网光伏发电系统会出现孤岛效应。这一事实会在电网重新投入时产生问题，或者给那些出现故障时设想电路没有通电的公共电网人员造成安全隐患。为了避免这种情况，规定中包含了称为反孤岛要求的安全措施。

因此，功率变换阶段（DC/DC 变换器和逆变器的拓扑结构）和控制策略必须考虑这些因素。通常采用传统的串联 H 桥、H5 和 H6 逆变器、Heric 逆变器等拓扑结构，并可以在逆变器的输出中添加变压器，或者可以通过此前所述的 DC/DC 电路实现电流隔离[35,36]。

2.3.3 海洋能

海洋能等其他可再生能源是全世界研究人员关注的焦点。海洋能包括从水的运动中获得能量的不同方式，如波浪（动能和势能）、海流（流动的洋流和河流的动能）、潮汐（潮起潮落）、热能（将自然温度梯度作为热带海洋深度的函数）、盐度（由淡水和海水之间的盐浓度差异形成的化学电势）[37]。

在过去的十年中，波浪能和潮汐能一直是研究人员关注的焦点，目前，已经安装了几个样机系统和发电厂。这些技术的效率和可行性将在未来几年中得到证实。这些设备必须满足以下要求：

● 整个系统必须准备好在恶劣的天气条件下（通常在海上）运行。这导致了波浪能样机设计的尺寸较大以便能经受住这些恶劣条件。但是，系统的持续维护操作仍保持不变且通常难以执行，这一重要问题需要在不久的将来得到解决。

● 波浪能转换系统必须从波浪捕获频率极低的能量，并能够将其转换至符合电网要求。该问题可以通过使用储能装置（电池、超级电容器、超导储能装置或液压蓄电池）解决，也可以通过将波浪能装置连接成阵列以缓和从波浪中获得的电力来解决。

在开发波浪能转换系统的多种可行方案中，捕获能量最常用的方法可归纳如下：

● 垂直振荡系统：该装置通过充满海水和空气的腔室内空气的双向运动获得能量。当波浪到达设备时，海水压缩室内的空气，使其通过涡轮机。当波浪离开设备时，会出现相反的现象。

● 超限系统：因为水漫过了设备的边缘，所以波浪的能量被捕获。水位高出海平面几米，涡轮机利用势能产生电能。

● 波激活体：系统由几个装置（通常称为主体）组成，这些装置能够围绕基准点移动和振荡。当系统被放置在水中时，波浪通过移动这些物体来激发系统，而能量来自该运动。

所有这些海洋能转换系统都基于产生交流电压的涡轮机，该交流电压必须进行转换以满足电网的幅度和频率要求。通常，使用直接驱动背靠背配置的变换器，其中考虑了每个系统与交流电网的独立交流连接，或采用了公共直流母线，其中仅每个系统的第一功率级采用集中逆变器与电网进行连接。此外，还需要一种储能装置，以缓和海浪的脉动功率[38]。

目前，已经建造了几个样机且已投入运行。在展示这种可再生能源的潜力方面，Pelamis、Wave Dragon、WaveStar、Limpet、Archimedes Wave Swing 和 PowerBuoy 等公司引起了越来越多的关注。英国、葡萄牙、美国和澳大利亚等国已经建立了一些波浪能电厂，目前正在运行评估中。

由于潮汐能比风能和太阳能更具可预测性，预计潮汐能将成为重要的能源。韩国始华湖潮汐发电厂是目前投入运营的最强大的潮汐发电厂（装机容量为 254MW），但韩国政府计划在未来几年建造一座容量在千兆瓦级的发电厂（仁川潮汐发电厂）。此外，俄罗斯计划建造容量在 100GW 范围内的 Penzhin 潮汐发电厂，尽管这仍处于提议阶段。

2.4　运输系统

交通运输（主要是汽车、火车和飞机）是当今日常生活的基本需求之一。例如，预计到 2020 年之前，空中交通市场将以每年 5% 的速度增长。近几十年来，交通运输系统得到了巨大的发展。其发展重点是提高效率、可靠性、可利用率、容错操作率以及降低燃料消耗和维护费用。通过在传动系统中引入电力电子设备、减少系统的体积和重量、提高容错能力，最终降低燃料消耗，从而减少有毒气体排放和降低对环境的影响。

传统的飞机有 4 种不同的综合能量：气动功率（空调、防冰装置和发动机起动）、电力（航空电子系统和商用负荷）、液压动力（泵和飞行控制制动器）和机械动力（驱动液压或燃油泵）。更多电动飞机（MEA）的概念，则是基于通过电气系统替换这些传统装置来确定的。凭借 A380 和 B787，空中客车和波音公司通过加快向 MEA 的过渡，在航空领域引起了较大轰动。然而，一些挑战仍然存在，例如提高电力系统的集成度、简化飞机的电气结构、设计高压直流标准架构，以及在飞机的传动系统中引入高效和先进的储能系统[39]。

另一方面，燃料成本不断增加及对有害气体排放的关注，是电动汽车（EV）最近取得重大发展的主要原因。尽管电动汽车市场相对年轻，但假设油价上涨、电池成本加速下降以及政府提供更强有力的政治支持，乐观设想预计到 2020 年全球电动汽车销售量将达到 800 万~1000 万辆。

这种预测只能通过使用高效电力电子设备以及储能系统，改进汽车传动系统才能实现[40,41]。

电动汽车实际上包括几种不同的车辆技术，如图 2.11 所示[42]：

- 纯电动汽车：由纯电动机驱动，电动机由车辆内的充电电池供电。
- 混合动力电动汽车（HEV）：以汽油和电动机为动力源，并使用电池来提高燃油效率（通常在低速时）。该汽车不采用任何外部电源。
- 插电式混合动力电动汽车（PHEV）：可以像纯电动汽车一样充电，并且像混合动力电动汽车一样在发动机功率下运行。这种组合使汽车可以行驶的路程更远，并节省大量燃料、降低成本和减少排放。PHEV 有三种类型。并联式 PHEV 是指电动机和内燃机通过变速器机械地耦合到车轮上。串联式 PHEV，也称为增程式电动汽车，是电动机直接连接到车轮，内燃机仅用于在需要时为电池充电。串并联式 PHEV 是串联式和并联式 PHEV 的组合，结合了两种配置的优点。

考虑到日益严峻的环境问题，不断增加的燃料成本和更严格的政府法规，汽车行业目前被迫通过减小规模或混合化改善动力传动系统以优化燃料消耗。首先，汽车将采用以内燃机为主要动力的混合路径，但在不久的将来，解决方案将是发展几乎零排放的纯电力推进的纯电动汽车和 PHEV。

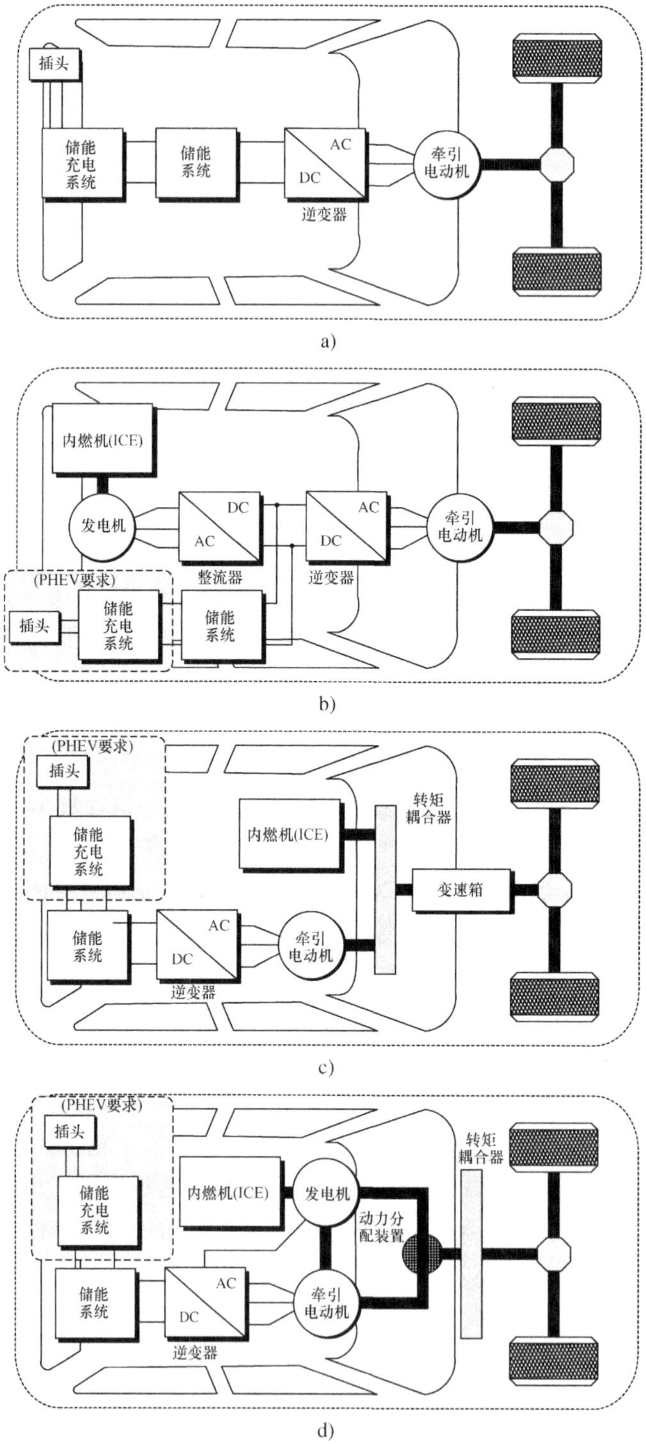

图 2.11 纯电动和混合动力电动汽车传动系的典型布局：a）纯电动汽车的传动系；
b）串联式 PHEV 的传动系；c）并联式 PHEV 的传动系；
d）串并联式 PHEV 的传动系

2.5 储能系统

储能系统需要电力电子技术，以便能够通过变换来连接各种能量。储能系统是非常重要的系统，因为它们允许在输电和配电系统中进行有效的电网管理。该系统还有助于调节可再生能源或电动汽车充电的不连续特性[43,44]。这些只是前面提到过的几个例子。在本节中，将讨论最常见的储能系统。

2.5.1 技术

图2.12介绍了储能系统的不同技术汇总；图2.13显示了根据功率密度对储能系统进行的分类；表2.1总结了这些储能系统的主要特征。

- 电池：电池是最古老的储能系统（铅酸电池），远在电力电子变换器推出之前，已经使用了150多年。铅酸电池仍然用于对成本敏感的应用领域，但往往被其他具有更高能量和功率密度的电池所取代，如表2.1所示。

- 锂离子电池是最常用的，因为具有高能量密度。这些电池在低功耗类应用（相机、手机等）以及纯电动或混合动力电动汽车中变得非常流行。其良好的能效和无记忆特征为应用场景的扩展做出了巨大贡献，但是高价格仍然使低成本应用难以承受。

- 其他电池，如镍氢或镍镉电池，在几十年前很受欢迎，但由于其所具有的高功率和高能量密度，现在正被锂离子或锂聚合物电池所取代。这些电池主要用于大量的消费类应用（手机、照相机等）中，目前是混合动力电动汽车和纯电动汽车的最佳选择。不幸的是，其高成本阻碍了在成本敏感的应用中的推广。

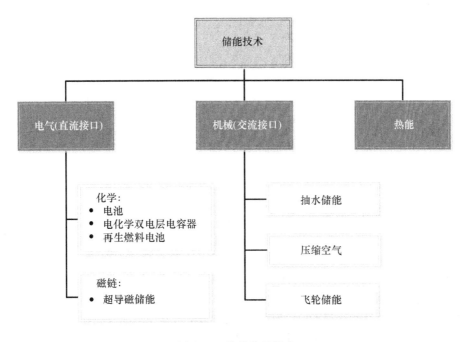

图 2.12　储能装置技术

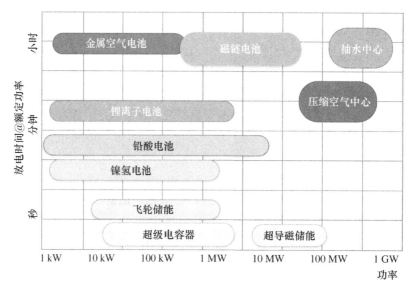

图 2.13　根据功率密度，对储能系统的分类[42]

表 2.1　不同储能技术的特征参数[42]

类型	能源效率（%）	能量密度（Wh = kg）	功率密度（W = kg）	循环寿命（周期）	自放电
铅酸电池	70 ~ 80	20 ~ 35	25	200 ~ 2000	低
镍镉电池	60 ~ 90	40 ~ 60	140 ~ 180	500 ~ 2000	低
镍氢电池	50 ~ 80	60 ~ 80	220	< 3000	高
锂离子电池	70 ~ 85	100 ~ 200	360	500 ~ 2000	中
锂聚合物电池	70	200	250 ~ 1000	> 1200	中
钠硫电池	70	120	120	2000	—
钒电池	80	25	80 ~ 150	> 16000	可以忽略
EDLC	95	< 50	4000	> 50000	非常高
抽水储能	65 ~ 80	0.3	—	> 20 年	可以忽略
压缩空气储能	40 ~ 50	10 ~ 30	—	> 20 年	—
飞轮储能（钢）	95	5 ~ 30	1000	> 20000	非常高
飞轮储能（混合型）	95	> 50	5000	> 20000	非常高

- 还有其他有前景的电池技术，如钠硫电池，其具有良好的性能，但只能在高温下使用。另一个有前景的技术是液流电池（FB），其主要优点是将输出功率与存储的能量进行解耦，换句话说，功率由反应腔的大小来决定，但存储能量取决于存储在低成本储层（塑料）中的流体体积。有两种沉积物：一种含有活性反应物，另一种含有耗尽反应物；因此，难以观察到自放电。可以更换能够使电池快速充电的电抗器。
- 电化学双电层电容器（EDLC）：EDLC 以与传统电容器相同的方式存储能量；因此，不会发生化学/离子反应。这是此电池的一个优势，因为可以期待其具有更高的效率和耐久性。同样，电池功率密度也很高。为了获得高容量，电容器使用渗透性非常好且非常薄的（大表面）材料

构建。这意味着只能使用电压非常低的器件（通常为 2 ~ 3V）。容量可以高达数千法拉，但是在实际应用中，需要串联以便能够连接更高的电压。

- 再生燃料电池（FC）：在某种程度上，可以说燃料电池的工作方式与液流电池类似；然而，在燃料电池中，反应物是气体（氧气和氢气）或气 - 液体（氧气和甲醇）。相关研究工作集中在提高膜的耐久性上。

- 压缩空气能源系统（CAES）：CAES 是一种将能量通过对空气进行压缩而进行存储的技术。通过燃气轮机回收能量，空气在燃气轮机中会膨胀。如果有大型水库（通常是洞穴），建设大型电厂是可行的。压缩空气过程放热，而膨胀过程吸热，这意味着在系统设计中需要额外复杂结构以处理额外热量。

- 飞轮储能系统（FESS）：FESS 将能量存储为旋转质量中的动能。由于能量取决于转速的二次方，而这是要扩展的最重要参数。新材料允许转速超过 10000r/min。转速是简单而准确的测量"充电状态"方法。该接口是一台调速交流电机，需要变频器将系统连接到电网。

- 超导磁储能系统（SMES）：SMES 将能量存储为超导线圈中的磁通量。主要困难是使线圈保持极低的温度。SMES 是具有高动态响应的系统之一，其功率密度在所有其他储能系统中是最高的。

- 热电储能（TEES）：TEES 通过提高合成油或熔盐的温度来储能，将其保持在热隔离罐中以便以后使用。

2.5.2　在输配电系统中的应用

传统上，电力公司需要将多余的电能存储在少数集中的抽水蓄能电站中。这样，当产生电量超过消耗量时，把水从下游水库泵送到较高的水库，从而使产生的额外电能有了用处。当情况相反时，电力公司有两种选择：使用高成本发电厂发出来的电，或者通过水库水流发电，以解决所需的电力。这种模式多年来一直运行良好，但有一定局限性；找到合适的地点并不容易。

如图 2.1 所示，现代"智能电网"往往具有混合分布式发电设备，其中靠近消费者的小型电厂可与较小的分布式存储设施相关联。这样，不同的存储技术一起为电网控制做出贡献，通过削减峰值和负载均衡来补偿发电能力。基本上，当能源价格较低时，系统存储能量；当发电成本更高时，能量返回到电网。

2.5.3　在可再生能源系统中的应用

可再生能源系统（RES）具有不连续性，其取决于风速或太阳辐照度，使其与电网的连接变得困难，因为当注入功率突然发生变化时，电网稳定性会受到影响。这是一个日益严重的问题，因为连接电网的 RES 总量显著增加。这意味着在某些时刻，超过 50% 的总发电量来自 RES。图 2.14 显示的 2012 年 9 月 24 日西班牙电力消耗情况就是关于这方面的一个例子。当天，风电场提供的电量达到了总发电量的 64% 左右。这说明了电网对可再生能源的依赖程度。储能系统允许发电和用电相分离，且其受益于不同的技术，例如电池或压缩空气。

2.5.4　在运输系统中的应用

在运输系统中，储能系统用于电动汽车或混合动力电动汽车（主要基于锂电池），但是与电网直接连接的交通工具（火车）也在使用储能系统情况下间接受益。

车辆的制动能量是可以存储和供后续使用的重要能量。尤其是如果不存储该能量，其可能会引起电网电压的升高。当连接到电网的机车正在加速时，存储的能量被利用；并且该能量可以存储在机车上（主要是电池或 EDLC）或配电站馈线中。

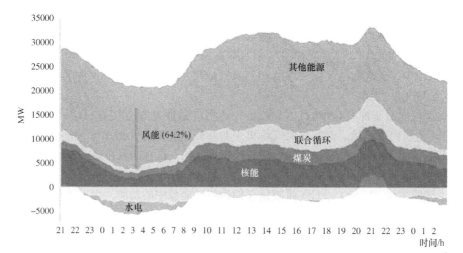

图 2.14　2012 年 9 月 24 日的西班牙电力消耗份额。图中显示了风力发电创纪录地达到了 20. 677MW
　　　　中的 13. 285MW（64. 28%）。来源：https：//demanda. ree. es/generacion_ acumulada. html

2. 6　小结

　　不同区域电网之间的多重互连、可再生能源并网以及地方性消费与发电之间的匹配，正在推动着一种新且更加分散的电网发展。此外，运输部门必须应对化石燃料成本的增加以及更加严格的环境要求。电力电子设备提供了一种可选方案来应对这种新型分布式电网的挑战。

　　可再生能源并网可以通过高效功率变换器来实现，其中必须能够完全控制功率流和新能源的随机性或间歇性。正在安装的新电力电子变换器，例如 FACTS 和 HVDC 输电系统，能在电网规则所要求的稳定裕度和电能质量范围内，实现有效的电力分配。例如，促进海上风电场和内陆电网的连接。最后，上一代的储能系统在电网稳定、发电与消费之间的匹配、可再生能源高效并网以及电动汽车的广泛使用等方面进行了协调。总之，电力电子技术对于当前和未来能源领域发展都至关重要。

参 考 文 献

1. Bose, B.K. (2009) Power electronics and motor drives – recent progress and perspective. *IEEE Transactions on Industrial Electronics*, **56** (2), 581–588.
2. Bouhafs, F., Mackay, M., and Merabti, M. (2012) Links to the future: communication requirements and challenges in the smart grid. *IEEE Power and Energy Magazine*, **10** (1), 24–32.
3. Liserre, M., Sauter, T., and Hung, J.Y. (2010) Future energy systems: integrating renewable energy sources into the smart power grid through industrial electronics. *IEEE Industrial Electronics Magazine*, **4** (1), 18–37.
4. Edris, A.A., Aapa, R., Baker, M.H. *et al.* (1997) Proposed terms and definitions for flexible AC transmission system (FACTS). *IEEE Transactions on Power Delivery*, **12** (4), 1848–1853.
5. Hingorani, N. and Gyugyi, L. (1999) *Understanding FACTS: Concepts and Technology of Flexible AC Transmission Systems*, John Wiley & Sons, Ltd-IEEE Press, December 1999.
6. Jonsson, H.-A. (2000) FACTS: transmission solutions in a changing world. International Conference on Power System Technology (PowerCon 2000), Vol. 1, pp. 375–380.
7. Tyll, H.K. and Schettler, F. (2009) Power system problems solved by FACTS devices. IEEE/PES Power Systems Conference and Exposition (PSCE '09), March 15–18, 2009, pp. 1–5.
8. Tyll, H.K. and Schettler, F. (2009) Historical overview on dynamic reactive power compensation solutions from the begin of AC power transmission towards present applications. IEEE/PES Power Systems Conference and Exposition (PSCE '09), March 15–18, 2009, pp. 1–7.

9. Dixon, J., Moran, L., Rodriguez, J., and Domke, R. (2005) Reactive power compensation technologies: state-of-the-art review. *Proceedings of the IEEE*, **93** (12), 2144–2164.

10. Frank, H. and Landstrom, B. (1971) Power factor correction with thyristor-controlled capacitors. *ASEA Journal*, **44** (6), 180–184.

11. Molinas, M., Vazquez, S., Takaku, T. *et al.* (2005) Improvement of transient stability margin in power systems with integrated wind generation using a STATCOM: an experimental verification. International Conference on Future Power Systems, November 18, 2005, pp. 6.

12. Molinas, M., Suul, J.A., and Undeland, T. (2008) Low voltage ride through of wind farms with cage generators: STATCOM versus SVC. *IEEE Transactions on Power Electron*, **23** (3), 1104–1117.

13. Abido, M.A. (2009) Power system stability enhancement using facts controllers: a review. *The Arabian Journal for Science and Engineering*, **34**, 153–172.

14. Franquelo, L.G., Rodriguez, J., Leon, J.I. *et al.* (2008) The age of multilevel converters arrives. *IEEE Industrial Electronics Magazine*, **2** (2), 28–39.

15. Rodriguez, J., Franquelo, L.G., Kouro, S. *et al.* (2009) Multilevel converters: an enabling technology for high-power applications. *Proceedings of the IEEE*, **97** (11), 1786–1817.

16. Kouro, S., Malinowski, M., Gopakumar, K. *et al.* (2010) Recent advances and industrial applications of multilevel converters. *IEEE Transactions on Industrial Electronics*, **57** (8), 2553–2580.

17. Leon, J.I., Vazquez, S., Portillo, R. *et al.* (2009) Three-dimensional feedforward space vector modulation applied to multilevel diode-clamped converters. *IEEE Transactions on Industrial Electronics*, **56** (1), 101–109.

18. Leon, J.I., Vazquez, S., Sanchez, J.A. *et al.* (2010) Conventional space-vector modulation techniques versus the single-phase modulator for multilevel converters. *IEEE Transactions on Industrial Electronics*, **57** (7), 2473–2482.

19. Leon, J.I., Kouro, S., Vazquez, S. *et al.* (2011) Multidimensional modulation technique for cascaded multilevel converters. *IEEE Transactions on Industrial Electronics*, **58** (2), 412–420.

20. Vazquez, S., Sanchez, J.A., Carrasco, J.M. *et al.* (2008) A model-based direct power control for three-phase power converters. *IEEE Transactions on Industrial Electronics*, **55** (4), 1647–1657.

21. Cortes, P., Ortiz, G., Yuz, J.I. *et al.* (2009) Model predictive control of an inverter with output filter for UPS applications. *IEEE Transactions on Industrial Electronics*, **56** (6), 1875–1883.

22. Reyes, M., Rodriguez, P., Vazquez, S. *et al.* (2012) Enhanced decoupled double synchronous reference frame current controller for unbalanced grid-voltage conditions. *IEEE Transactions on Power Electronics*, **27** (9), 3934–3943.

23. Portillo, R., Vazquez, S., Leon, J.I. *et al.* (2013) Model based adaptive direct power control for three-level NPC converters. *IEEE Transactions on Industrial Informatics*, **9** (2), 1148–1157.

24. Rudervall, R., Charpentier, J.P., and Sharma, R. (2000) High voltage direct current (HVDC) transmission systems technology review paper. Energy Week 2000, Washington, DC, March 7–8, 2000.

25. Setreus, J. and Bertling, L. (2008) Introduction to HVDC technology for reliable electrical power systems. Proceedings of the 10th International Conference on Probabilistic Methods Applied to Power Systems (PMAPS '08), May 25–29, 2008, pp. 1–8.

26. Flourentzou, N., Agelidis, V.G., and Demetriades, G.D. (2009) VSC-based HVDC power transmission systems: an overview. *IEEE Transactions on Power Electronics*, **24** (3), 592–602.

27. Glasdam, J., Hjerrild,J., Kocewiak, L.H., and Bak, C.L. (2012) Review on multi-level voltage source converter based HVDC technologies for grid connection of large offshore wind farms. IEEE International Conference on Power System Technology (POWERCON 2012), October 30–November 2, 2012, pp. 1–6.

28. Bagen, B., Jacobson, D., Lane, G., and Turanli, H.M. (2007) Evaluation of the performance of back-to-back HVDC converter and variable frequency transformer for power flow control in a weak interconnection. IEEE Power Engineering Society General Meeting, June 24–28, 2007, pp. 1–6.

29. Reynolds, M., Stidham, D., and Alaywan, Z. (2012) The golden spike: advanced power electronics enables renewable development across NERC regions. *IEEE Power and Energy Magazine*, **10** (2), 71–78.

30. Shao, Z., Lu, J., Lu, Y. *et al.* (2011) Research and application of the control and protection strategy for the ±500kV Xiluodu-Guangdong double bipole HVDC project. 4th International Conference on Electric Utility Deregulation and Restructuring and Power Technologies (DRPT 2011), July 6–9, 2011, pp. 88–93.

31. Al-Haiki, Z.E. and Shaikh-Nasser, A.N. (2011) Power transmission to distant offshore facilities. *IEEE Transactions on Industry Applications*, **47** (3), 1180–1183.

32. Chuco, B. and Watanabe, E.H. (2010) A comparative study of dynamic performance of HVDC system based on conventional VSC and MMC-VSC. iREP Symposium Bulk Power System Dynamics and Control (iREP 2010), August 1–6, 2010, pp. 1–6.

33. Carrasco, J.M., Franquelo, L.G., Bialasiewicz, J.T. *et al.* (2006) Power-electronic systems for the grid integration of renewable energy sources: a survey. *IEEE Transactions on Industrial Electronics*, **53** (4), 1002–1016.

34. Wu, B., Lang, Y., Zargari, N., and Kouro, S. (2011) *Power Conversion and Control of Wind Energy Systems*, 1st edn, John Wiley & Sons, Ltd-IEEE Press, August 2011.

35. Teodorescu, R., Liserre, M., and Rodriguez, P. (2011) *Grid Converters for Photovoltaic and Wind Power Systems*, 1st edn, John Wiley & Sons, Ltd-IEEE Press, February 2011.

36. Romero-cadaval, E., Spagnuolo, G., Franquelo, L.G., Ramos-Paja, C.A., Suntio, T., and Xiao, W.M., (2013) Grid-Connected Photovoltaic Generation Plants: Components and Operation, *Industrial Electronics Magazine, IEEE*, **3** (7), pp. 6–20.

37. Czech, B. and Bauer, P. (2012) Wave energy converter concepts: design challenges and classification. *IEEE Industrial Electronics Magazine*, **6** (2), 4–16.

38. Igic, P., Zhou, Z., Knapp, W. *et al.* (2011) Multi-megawatt offshore wave energy converters – electrical system configuration and generator control strategy. *IET Renewable Power Generation*, **5** (1), 10–17.

39. Roboam, X., Sareni, B., and Andrade, A.D. (2012) More electricity in the Air: toward optimized electrical networks embedded in more-electrical aircraft. *IEEE Industrial Electronics Magazine*, **6** (4), 6–17.

40. Michael, V.-U. and Wolfgang, B. (2009) *Powertrain 2020 – The Future Drives Electric*, Roland Berger Strategic Consultants.

41. Dickerman, L. and Harrison, J. (2010) A new car, a new grid. *IEEE Power and Energy Magazine*, **8** (2), 55–61.

42. Emadi, A., Williamson, S.S., and Khaligh, A. (2006) Power electronics intensive solutions for advanced electric, hybrid electric, and fuel cell vehicular power systems. *IEEE Transactions on Power Electronics*, **21** (3), 567–577.

43. Vazquez, S., Lukic, S.M., Galvan, E. *et al.* (2010) Energy storage systems for transport and grid applications. *IEEE Transactions on Industrial Electronics*, **57** (12), 3881–3895.

44. Lukic, S. (2008) Charging ahead. *IEEE Industrial Electronics Magazine*, **2** (4), 22–31.

第3章 分布式发电与智能电网的概念与技术概述

Concettina Buccella[1], Carlo Cecati[1] 和 Haitham Abu-Rub[2]

[1] 意大利拉奎拉大学信息工程、计算机科学与数学系；意大利 DigiPower 公司

[2] 卡塔尔得克萨斯农工大学卡塔尔分校电气与计算机工程系

3.1 简介

现有的电力系统可以看作是一个分层系统，其中发电厂在链条的顶层，负荷处于底层。这种情况也就造成了单向的电力管理，而且源和终点之间交换的信息有限，主要有以下严重问题：

- 电力系统对电压、频率的不稳定性以及由负荷变化和动态网络重新配置引起的电力安全问题都十分敏感；
- 一些有助于降低电力系统故障风险和增强电力系统效率的需求侧管理策略难以实施；
- 电力系统不适合可再生能源的接入。

过去的几十年中，电力系统特征发生了明显变化：电力需求日益增长；两项重要的创新，即可再生能源系统（RES）的迅速增长和广泛应用，以及分布式发电（Distributed Generation, DG）系统、智能电网（Smart Grid, SG）技术的快速发展[1-5]。传统的单向电力管理模式在逐渐发生变化：传统电力系统中，网络结构简单，百兆瓦级电厂集中发出的电能通过传输线和变电站组成的树状网络供给负荷；现代电力系统则网络结构复杂，包含大量负荷和发电单元，发电单元的一次能源形式多样（石油、核能、天然气、风能、太阳能、生物质能等），输出容量（从几千瓦到数百兆瓦）、电压等级与静动态特性［例如电气、机械、热、光伏（PV）表面等特性］各异。

综合各种分析，未来的电力系统应具备以下几个特征[6-12]：

- 发电量大：随着工业、住宅、居民用电需求的增长以及新型电动汽车的广泛应用，电能正逐渐成为当前主要的能源形式，可以预计，近几十年人类对于电能的需求将保持稳步增长。当然，该趋势会受经济、政治等外部因素的显著影响。
- 电能的高质量及高可靠性：电能供需应随用随取，必须以最低或无延迟、稳定的电压和频率以及低谐波的方式提供。
- 效率高：发电、输配电各环节的电能损耗尽可能低，通过负荷管理实现电能利用最大化。
- 高灵活性：电力系统应具备灵活的可配置性，允许不同电源之间的平滑接入，负荷与电源动态对电能质量影响较小。
- 具有环境友好特性（可持续发展性）：可再生能源逐步取代传统能源，且在短期内被充分接入现有电力系统。

传统电力系统还不能满足上述要求，未来若干年内，分布式发电与智能电网技术所引入的多种新型控制方法、系统拓扑和运行策略将推动现有电力系统的变革，下一代电力系统的设计、运行与维护方式也将会被重新定义。这一过程需要引入的新技术和方法包括[13-18]：

- 可再生能源的充分利用。
- 储能技术的进步和大规模应用。

- 信息和通信技术（Information and Communication Technologies，ICT）的广泛应用。
- 系统崩溃或自然灾害等恶劣条件下的高度自愈性和灵活运行能力。
- 用户对电能市场的主动参与性。
- 新型产品、服务和市场的引入。

关于最后一点，相同的 ICT 基础设施可以在不同的服务（水、气、电、热等）或不同的服务提供者之间共享。这将使硬件（HW）、软件（SW）资源的优化成为必须，同时也能够保证对通信基础设施的持续大量投资。

本章以下内容将介绍分布式发电、智能电网的主要技术、特征和存在的问题。由于这方面内容涉及范围较广，本章介绍将力求简短但尽量全面。

3.2 分布式发电装置与智能电网的要求

为充分满足负荷的电能需求，传统电力系统需根据负荷情况预测需要供给的电力，同时保证稳定的电压幅值、频率和较高的电能质量。蒸汽发电机惯性较大，为满足负荷高峰时段的电力需求，往往需控制其输出维持在高峰值附近，负荷较轻时会存在大量电力冗余。条件允许时，该多余电力则可被存储起来，典型的方法是采用抽水蓄能等。

可再生能源的大量接入不但没有解决多余电能问题，而且还引入了一些额外的问题，最为典型的是可再生能源导致电能波动极为明显，接入电力系统后不但不利于系统稳定运行，还会导致系统的鲁棒性能下降。应对该问题的一种中短期内可行的方案是：智能化管理发电单元和负荷，且应用可在数分钟甚至数秒内快速起停的中小型全控发电装置，如涡轮机（TG）和热电联产（CHP）系统，根据短期负荷预测补偿电能缺额。

当前技术水平下，除抽水蓄能之外，其他的储能技术还无法消纳如此大量的电能波动。面对如此大量和长时间的电能波动，即便是可应对某些瞬态干扰的静止同步补偿器（STATCOM）和其他大功率电子设备也无能为力。此外，由于对人类健康和自然环境的潜在威胁，其他能源形式（如核能和化石能源）也面临危机。

推动智能电网技术广泛应用的另一根本原因是当前各国对能源结构变革或传输网络重构存在明确需求。一些国家正通过能源政策来推动分布式发电的应用、RES 与清洁传统能源的有机结合、传统发电厂的技术更新和用户节电意识的提升[19]。

未来能源系统将包含大量传输网络，这些网络将运行于不同的功率等级与电压水平，通过智能路由节点进行互联，实现双向潮流条件下的电力维护、检测、控制和计费。

现代电力系统的另一关键技术是 RES 与电网、储能系统之间的接口变换器，该变换器应可有效减少电能波动和传输线损、提高电能质量[20]。

总之，分布式发电和智能电网系统较为复杂，涉及的技术包含但不限于：电力系统、电力电子、通信、计算科学和人工智能等，这些技术可确保发电单元、负荷及传输线的优化互联[21]。

此外，以上技术对于基于经济性能的电力系统能量管理和帮助用户建立合理用电意识也至关重要。

现阶段，应用最为广泛的可再生能源发电装置为光伏、风力和水力发电装置。其他可能适合于分布式发电的装置还包括 CHP 系统、内燃机、地热系统和燃料电池（见图 3.1）。

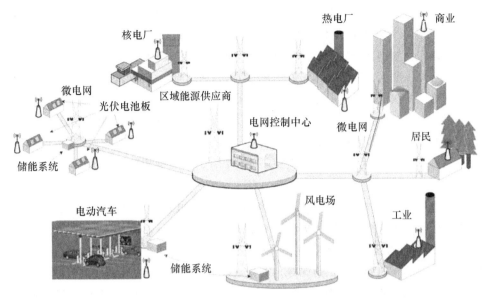

图 3.1　智能电网结构

3.3　光伏发电

　　光伏电池属于直流发电装置，其电压等级取决于光伏电池固有特性、串联电池数目与各光伏电池的温度，输出可用最大电流取决于光伏电池特性、并联电池数目和光照强度。现有技术条件下，单个光伏电池板输出电压等级为 48~60V、功率为 220~250W，为便于应用，其典型尺寸不超过 $1.5~2m^2$。围绕提高光伏电池的能量转换效率，新兴技术不断涌现，如提升光伏电池效率、开发光学集中器以提高光伏电池板表面吸光率等[22]。上述技术可增加光伏电池板的单位面积发电量，但会导致更高的温升，为确保运行安全和效率，需为之匹配相对应的散热系统。目前，还有一些光伏发电系统实现了供电和供热的有机结合，正处于实验阶段（见图 3.2）。

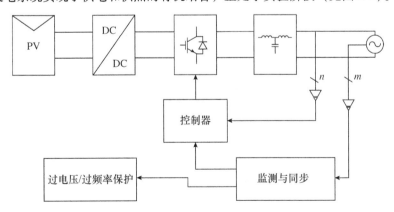

图 3.2　光伏发电系统控制框图

　　为了给标准交流负荷（交流电动机、电灯具、空调、电子设备、工业负荷等）供电，光伏电池板需要先串联再并联、组成阵列以使其输出达到要求的电压和电流等级。通过逆变器将直流电逆变为稳定的标准交流输出（如 400V、50Hz）[23,24]，同时确保高转换效率、电网同步（联网时）、低电压/电流畸变率和低成本。此外，逆变器还需实现功率因数控制和谐波抑制。通常，逆变器采用闭环反馈控制和两电平 PWM，通过无源滤波器接入电网。

无源滤波器则一般为 *LC* 或者 *LCL* 滤波器。为充分利用光伏电能、保证逆变器输出电压等级符合要求，通常在光伏电池板与单相或三相逆变器之间插入具有最大功率点跟踪（MPPT）能力的 DC/DC 变换器。在并网系统中，通常还要求交流侧变换器具有同步功能，确保最大功率输出，避免系统失稳和故障。同步功能一般基于锁相环（PLL）或基于 PLL 的其他方法实现，如同步参考坐标系锁相环（SRF – PLL）、增强型锁相环（EPLL）、正交锁相环（QPLL）或二阶广义积分（SOGI）[25,26]。

决定功率等级和输入/输出电压等级的因素较多。光伏电站和变换器拓扑的选择对于保证光伏转换效率、优化变换器并网特性和实现系统保护均十分重要，需要考虑多种电气因素的制约，如电压与电流等级、功率损耗、鲁棒性、可靠性、可扩展性、复杂性、成本和实际运行环境（日光强度及日/月分布曲线、遮挡情况等）等，这些因素往往比技术层面的因素更重要。通常，大型光伏电站也可视为微电网（MG），即多个互连且/或与传统电网相连的小型自治系统。小功率光伏电站（功率等级为几千瓦）一般会配备简单的高频 DC/DC 变换器（Boost 或 Buck – Boost），可选配高频变压器和单相 PWM 逆变器。

谐振 DC/DC 变换器等新型拓扑可用来提高光伏发电系统效率、降低成本和减小设备体积。通常，系统效率还受光伏组件布局的影响，但由于光伏组件数量极大而发电厂面积有限（约几十平方米），可以在组件布局时提前做好预案，以减小云层遮挡等随机因素的影响，保证光伏发电系统高效运行。此外，为保证运行性能，串联结构的光伏组件对组件电气特性的一致性要求高于并联结构。因此，选择串联还是并联结构需视实际情况而定。

最近，参考文献［27］提出了"即插即用"光伏发电系统方案，给每个光伏组件配备全功率变换器，因此可以直接与电网连接。该方案具有以下优点：模块化程度高，接入速度快，可靠性强，性能优，并且由于直接交流并网、维护容易（单一设备故障不影响其他设备和电站运行），损耗大大减少。此外，每个光伏阵列可以通过独立 DC/DC 变换器实施优化控制，再通过系统级的 DC/AC 变换器并入电网[28]。该方案的吸引力在于 DC/DC 变换器成本较低，且可实现光伏组件级的精确 MPPT 和直流电压控制。

大中型功率的光伏电站设计需考虑多种不同因素，包括：

- 考虑电气和遮挡因素的光伏系统布局方式（如组件串联或并联）。
- 考虑由于大型铁心难以应用引起的隔离型 DC/DC 变换器功率限制。
- 输出电流/电压值选取。
- 变换器组合方式选取（单机或多机并联）。
- 大型系统 MPPT 控制内在的问题。
- 光伏电站和电网之间的低频隔离变压器的应用。

光伏电站一般采用模块化设计方案，光伏组串采用双级型变换器实现能量转换（高频 DC/DC 变换器和 DC/AC 逆变器），其逆变器部分输出功率较大。各光伏组串可采用单相 DC/AC 逆变器，每 3 组构成三相逆变器接入电网中。采用该方法，多个变换器之间不再需要阻断二极管，各光伏组串可独立实现 MPPT 和精确功率控制。

另外也可以将若干台 DC/DC 变换器与高压直流母线相连，直流母线再与单相或三相 DC/AC 逆变器连接。DC/DC 变换器既可采用电流源变流器，也可采用电压源变流器。

上面提到的第一种方法鲁棒性较高而被青睐；第二种方法需要用到较大的电解电容，其体积较大且存在因老化引起的可靠性降低问题。此外，该方案需采用大量成本较高的聚丙烯电容，以避免器件老化或环境温度变化对变换器性能的影响。无论选择哪种方案，模块化设计均可增强系统可靠性，提高其输出性能，其代价为系统成本和复杂性大大提高。

近年来，多种新的变换器拓扑被不断提出以增加光伏发电系统的发电效率和降低成本。其中一个非常好的解决方案是串联 H 桥多电平变换器，即将多个 H 桥级联，每个 H 桥连接一组串联或并联的光伏组件。采用这种拓扑，无需额外升压变换器，其输入电压即可达到指定要求。该变换器也被称为多电平串联变换器（CML）。由于每个 H 桥都可以单独进行 MPPT 控制，该结构可实现光伏的优化利用；另外，其电压等级可灵活设定，因此不需要 DC/DC 变换器就可实现最大电能输出。此外，由于变换器开关频率较低，其开关损耗相应较小，因此其电能转换效率较高。

由于各 H 桥模块电压较低，应用更快速高效的电力电子器件有助于提高系统的整体性能。在高压大功率应用场合，该装置可直接并网，不需要工频变压器或高压直流电源。CML 逆变器的另一显著优势在于其良好的输出波形，所需并网滤波器更小，系统电能转换效率更高。

3.4　风电与小型水电机组

风电系统与小型水电系统采用交流同步发电机或异步发电机将风力或水力产生的机械能转换为电能。

最简单的大功率风电机组采用笼型异步发电机（SCIG），通过变压器与电网直接相连。由于它的简单性和异步发电机的固有特性，机组通常运行在强电网条件，且发电机转速几乎恒定。该结构的风电机组可控性较低，且一般通过机械调节（如变桨距控制）实现，而无功功率控制则需借助 STATCOM 实现。

目前电力电子技术和设备为风电系统提供了更复杂的设计方案，如利用多极永磁或异步发电机通过 AC/AC 或 AC/DC/AC 变换器并网，其输出电压的幅值和频率可由变换器进行控制，稳定运行在所需工况。发电机组输出电压等级从 400V 到几千伏不等（50/60Hz），且输出电压为几千伏的发电机组常应用于兆瓦级系统中。典型风电机组输出电压等级一般低于电网电压，往往需要通过工频升压变压器并入电网。值得一提的是，多电平变换器的解决方案可以省去并网变压器。

根据功率等级和性能要求，功率变换器可以由一个简单的二极管整流器和一个 PWM 逆变器（或任何其他拓扑），通过直流中间电路连接；或者采用更复杂的背靠背变换器耦合而成，可以提供双向功率流动。具体采用哪种方案，取决于功率等级和性能需求。不论采用哪种方案，变换器均需通过低通滤波器并入电网以抑制高频谐波。

超大功率（几百千瓦到几兆瓦）的应用场合，双馈感应发电机（DFIG）更为常见。其效率较高，有功与无功可以独立控制，所需变换器功率仅为发电机容量的 20%～30%。通常，DFIG 定子绕组直接或通过变压器与电网相连，其有功和无功控制则通过转子侧变换器来实现。该方案可大大降低变换器的成本和功率损耗，输出功率范围较宽（受限于功率器件容量）。DFIG 也可工作在千伏电压等级，此时接口变换器可采用矩阵式或者多电平拓扑[29-31]。

小功率应用场合，风电机组可能需要利用 DC/DC 变换器实现 MPPT 控制，由于磁材料技术的限制，其功率等级通常在几十千瓦范围之内（见图 3.3）。

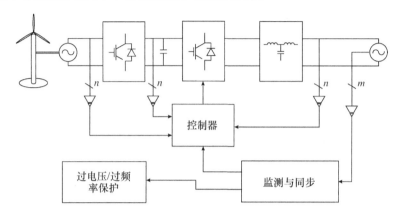

图 3.3　风力发电系统控制框图

3.5　储能系统

储能系统（ESS）可补偿可再生能源系统（RES）输出的间歇性和波动性[32]。

传统的典型储能方式为抽水蓄能，该系统通常容量很大，但离负荷、风电或光伏发电设备距离较远，因而对电压跌落、骤升等暂态扰动的影响较小，但对长期可预测功率扰动的平衡非常重要，一般需要配合合适的能量控制策略来实现。最近，小型和微型水电发展较快，这类系统对安装位置的要求不那么严苛，但除非通过需求预测控制[33]，否则无法满足快速调峰需求。

在对瞬态响应要求较高的场合，储能通常采用电池、超级电容器、飞轮和燃料电池，其中，电池的性价比最高，但其可靠性和寿命并不突出。由于容量更大、充电速度更快，诸如镍氢（Ni-HM）电池和锂离子电池（在某些应用中）等正逐步取代传统的铅酸电池。电池可满足快速暂态响应和最苛刻场合的应用要求，但其缺点是充电时间较长。

超级电容器的能量密度比传统电解电容器大几百倍，其功率密度也远高于电池或燃料电池，其电流响应速度快，但电压等级低，要达到理想电压值需大量电容器串联，因而代价很高，影响其大量的推广应用。

能量的快速传输需要储能系统，对于可预见的气象变化所带来的长期发电波动，需借助基于热源的发电系统作为补充。

储能系统可以是直流源（DC sources），也可以是交流源（AC sources）。对于直流源的情况，储能系统通常和功率变换器共用直流母线，该方案成本较低，但能达到的最大功率有限；此外，由于需与 RES 共享 DC/AC 变换器，该方案的故障生存和恢复能力较差。更好的解决方案是将独立储能系统直连并入交流电网，此时，储能系统各元器件容量可独立设计且易于模块化。

未来智能电网中，本地或住宅微储能系统（MSS）将与终端用户实现集成，允许电网调度本地发电事先存于储能系统中的电量。为了对运行数据进行收集和控制，储能系统应该同其他设备进行通信，例如与电表进行通信以监控功率消耗。

3.6　电动汽车

电动汽车（EV）、混合动力电动汽车（HEV）和插电式混合动力电动汽车（PHEV）使用电能作为主要能源或者提升传统内燃机效率[34]。其储能环节通常采用锂电池（或者其他最新技术）为电动机供电。综合考虑多种经济因素（购买、使用、保养、回收），电动汽车的成本将和传统内燃机汽车相当甚至更低，可以预计在未来几年内将快速增长。因此，电动汽车被视为智能电网（SG）中实现能量存储的可行方案之一，即所谓的电动汽车到电网（V2G）技术：充电时，汽车电池通过充电系统并网，基于合适的需求侧管理策略，利用双向变换器充电并和其他储能系统一样对电网供电[35]。该策略的主要缺点是可用的总电量有限，主要取决于所安装电池的容量。事实上，与静态储能系统不同，由于电池在汽车领域的大量应用，电池的反复充电在 V2G 中十分常见。另一方面，大功率充电方式下，典型的电动汽车可在 20～30min 内完成充电。当前技术条件下，该结果只有在连接到 400V 三相电网且保持充电电流为 150～200A 的条件下才能实现。该方式需精确控制电能质量和主电池参数，否则电池寿命会很短或可能严重损坏[36,37]。显然，大规模电动汽车充电需大量电能，因而在电力系统建设时需加大投资。或者，在停车场附近安装热电联产（CHP）等微型发电机组（几兆瓦），该机组在给电池充电的同时还可为附近建筑物供热。另一种有趣的方案是利用太阳能为电动汽车充电：在购物中心屋顶或非露天停车场顶部铺设光伏电池板。

3.7　微电网

随着分布式发电（DG）和智能电网（SG）的出现，电力系统正发展为由大量的小型微电网（MG）系统组成。微电网之间通过复杂的传输线在配电网层面实现互连，且各节点高度智能化[38-39]。

每个微电网均可自主运行，由发电机、储能、配电线路、负荷、与上一级电网的接口［称为公共连接点（CCP）］组成。其中，高电压的电网通常被称为大电网。微电网运行于中低电压，该模式被称为"孤岛运行模式"。CCP 一般包含工频变压器、保护装置和具有通信能力的智能设备（见图 3.4）。

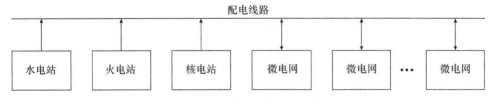

图 3.4　含微电网的电力系统

该运行方式优点较多：由于高度模块化和能量本地消纳，故系统结构大为简化，传输损耗降低，效率提高；可提供主动负荷控制，将外部扰动、故障、供电中断与微电网隔离，简化了电力系统的自恢复过程，从而提高了系统的灵活性[40-41]。

微电网的发电量通常取决于本地需求，其概念也可应用于风电场和其他以发电机为主要元件的系统。微电网一般需要与上级电网相连，通过向其他微电网购电或售电，来满足本地无法处理的峰值功率需求。为弥补可再生能源发电系统的缺点（能量波动和日变化），可将其与基于燃料的发电系统配合使用，如涡轮燃气机（TG）通常与生物质能或者热电联产（CHP）系统联合应用（见图 3.5）。

未来燃料电池有可能取代综合火力发电厂，但目前其价格还较高。

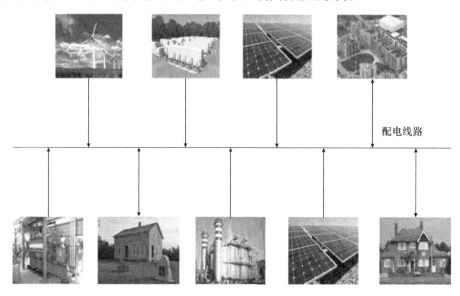

配电线路

图 3.5　典型微电网

非 RES 发电机的使用依赖于系统的智能化水平、预测能力和微电网位置。典型的涡轮发电机可在几秒内实现额定功率输出，因而可基于功率预测运行：在 RES 不满足峰值需求，如夜晚、复杂气象条件引起的阳光或者风速受限等情况下提供能量。这样可避免使用或仅在极端天气情况下使用该"外部能量"[42]。

为了保证稳定运行和电能质量要求，微电网必须包含储能系统，其数量和尺寸取决于负荷的数量和类型、微电网内可用电能的质量、与电网紧密连接运行的可能性。

3.8　智能电网问题

当发电机和用户数量较大且电网供电质量较低时，将 RES 接入电网并实现微电网或智能电网管理将极具挑战。因此，优化运行的前提必须是稳定可靠。此外，分布式发电的特性带来了系统的灵活性和可扩展性。

由波动功率源或变化负荷之间的相互作用所引起的动态扰动常常会导致系统失稳，若控制不当，可能会造成故障或者停电。该问题可通过引入大型储能系统或通过精心设计微电网来避免。并且在设计良好的微电网中，它们本质上不那么频繁，更易于管理。在设计电力系统和变换器时，为消除该影响，应充分考虑稳定性的因素。

通过硬件和软件设计系统保护策略和控制算法，可有效避免系统失稳及电源和功率变换器故障。该方法需实时检测输出量（电压、电流、频率），且需要可实现实时脱网的快速断路器，从而避免系统损坏。设计较好的逆变器应能避免向已失稳系统继续注入额外的能量，在某些场合下还应能像 STATCOM（静止同步补偿器）或者 UPFC（统一功率因数校正器）一样运行，例如提供有功和无功功率。这类系统通常采用锁相环（PLL）（已在前文叙述）或基于非线性变换集成滤波器组的过零点检测（ZCD）技术实现电网电压检测。后一种方法可能受由电磁兼容（EMI）

或其他扰动所引起电能质量问题的影响，例如随机电压跌落、浪涌和暂降，这些都有可能导致误触发和时间延时，但可通过合理的系统设计和滤波器来缓解。

与超级电容相结合，STATCOM 或 UPFC 是应用于电力系统动态稳定的典型功率变换设备。

由长时间等扰动及远程故障引起的不稳定问题只能通过储能系统（如电池）或一定容量的变换器来解决。必要时还需启用抽水蓄能电站，更为严重的情况下，需要断开连接。

广域态势感知（WASA）系统集成技术可实现电力系统的有效管理和监控，是智能电网的关键功能之一，可保障大量互连系统和设备的可靠性、安全性和协同性。同步相量测量是一种新的广域测量技术，其基本任务是在同一时标下实现电力系统不同区域的电压相量测量。利用其结果可同时考察整个电力系统，从而实时简化电力系统不同区域的比较过程。

可靠性是分布式发电系统和智能电网的另一重要需求。与其他领域类似，可靠性可通过优化元件和系统设计来实现。网络传感器和执行器通常用于智能电网的超前预测、故障检测和诊断。智能电网中的功率变换器和其他智能系统通常包含传感器和反馈控制，因而可嵌入自我保护机制，最终实现自愈。

总之，分布式发电系统和智能电网本质上致力于解决潮流优化、灵活性和扩展性的问题。这些性能可逐渐通过新的硬件系统和能解决复杂问题的高性能软件来实现。例如，最近提出的基于智能代理的智能电网控制和管理方法，可将复杂系统分解为若干简单元素（代理）并定义其行为规范集，从而降低了问题的复杂度。当然，也有其他研究采用了不同的方法得到所期望的结果。

3.9　主动配电网管理

主动配电网由多个局部区域组成，每个区域在控制层面上整合了当地的分布式发电机、网络设备和用户，可实现供用电平衡，从而获得更高的能源利用率和运行可靠性。这种方式增强了系统的整体性能，并为系统增加了新的应用服务，如灵活的调节电压、潮流路径优化、拥塞管理、故障隔离、状态感知、停电管理、配电自动化、配电管理、资产管理、智能计量、需求响应管理、个体用户管理以及全网的安全管理等[43-45]。

主动配电网可以在微电网级别上定义，或者在高度复杂的情况下，一个微电网可以包括一个不同的主动配电网区域。

由于广泛使用 ICT 和先进量测系统，配电网可以与供电商、配电网系统运营商（DSO）及客户之间实现完全连接（能量通道、数据通信通道等）。因此，主动配电网允许发电机、电压调节器、无功补偿器、有载分接开关、负荷和所有其他网络设备之间进行充分协调。信息交换被用于网络管理，从而确保最佳操作和高水平的安全性，以及复杂的计费管理，从而充分利用能源市场的运作[46-50]。

该方法显著提高了电力系统的运行效率，同时有效利用了电网已有的基础设施，尤其是配电网络，从而减少了电网投资。已有研究证明：相比于传统的被动控制策略，主动管理可以获得更好的经济效益。

现有主动配电网管理相关的研究课题中，分布式发电系统的互连问题始终是研究的重点。初级阶段的主动配电网，其管理仅包括监测和远程发电控制。处于中级阶段的主动配电网则可根据本地和全局信息，对分布式发电进行优化分配。能否充分利用主动配电网取决于全网的管理策略。

由于投资巨大，新的市场规则还要求平衡参与主动配电网建设的各方的经济投入，以实现政府可再生能源发展目标且为电网运营商赚取利润。因此，在大多数国家，当前主动配电网的相关技术还远未被开发。

3.10　智能电网中的通信系统

通信系统是智能电网的重要组成部分，发输配电的各个环节通过通信系统实现信息互联，确保了智能电网运行的安全性、可靠性、灵活性、需求侧响应和其他重要特性。当前的通信系统采用全数字技术，数字化和智能化使得系统更为可靠。

智能电网通信既可以通过公网也可以利用专网实现。以因特网、2G、3G 和 4G 等移动网络为代表的公共网络通信性能优异且成本低，但现有的通信也可能存在一些问题，最明显的是：高效可靠的实时通信及其安全性难以保证，通过虚拟专用网络（VPN）可解决该问题。配电网线路利用电力线通信（PLC）技术作为通信线缆载体，再结合有线无线技术，可以建立一个复杂但可靠的通信架构[51]。

由于问题的复杂性和重要性，对于智能电网特定通信技术的硬件和软件设计标准化，对其安全运行至关重要。选择合适的通信体系结构具有一定的挑战性，这些限制涉及双向和实时通信、应用程序之间的互操作性以及具有低延迟和足够带宽的可靠通信技术[25]。其中，带宽、传输速度和实时性要求取决于具体的应用场景。例如，计费信息通信所需带宽较低，而系统提前预警和故障恢复信息所需带宽则较高。此外，为防止网络攻击对电力系统稳定性和可靠性的影响，必须确保通信系统安全。

在智能电网通信架构设计中，首先要考虑的是系统的可扩展性，良好的可扩展性可以很大程度上简化系统的设计、运行和维护；另一要考虑的因素是易用性，可以利用 Web 服务器之类的通用接口来实现，如网络服务器，也可通过 SW 级的传统浏览器以常用的接口协议（如以太网、Wi-Fi、ZigBee 等）实现节点互连。这些接口和协议可以很容易地实现，并且配置简单。当然，从安全角度出发，这些通用接口还需要基于实际情况进行改进。

互操作性即智能电网组成部分之间的协同工作能力，也是交换信息的另一个要求。这就需要在整个通信网络中采取相应的统一标准。

在采用层次化架构的通信系统中，有两种可以描述不同组件及其相互关系的 IEC 标准（61970-301 和 61968-11）。此外，IEC 61850 标准旨在提高变电站自动化系统中智能电子设备（IED）之间的互操作性，IEEE P2030 标准则定义了电子电力系统（EPS）和客户应用程序之间的互操作性，同时还有 ANSI C12.22 标准可保证通信模块和智能电表之间的互操作[19]。

服务质量（QoS）也是通信系统的重要需求之一。性能下降、通信延迟或中断可能会影响系统的稳定性，因此，必须提供服务质量评价机制以满足通信需求。通常，服务质量包括平均延迟、抖动和连接故障概率等评价指标。对于服务质量的具体要求，可通过描述可能的电力系统动态且评估不同服务质量参数对智能电网的影响，从而推导出相应的服务质量指标。

在有线和无线网络中，一个非常重要的问题是可靠的路由基础架构的可用性，它是减少通信问题的根本。综合考虑本地灵敏性和集中控制要求的混合路由协议仍需进一步研究。

其他需要考虑的问题还包括：远程节点需实现自适应和可重构的网络操作以保证较强的抗干扰特性，且需要超低功耗的电力电子装置及环境友好性。

智能电网的通信可分为三个不同的层次[19]：

- 广域网络（WAN）；
- 现场网络（FAN）；

- 家庭局域网（HAN）。

处于上述三个网络之间，则主要包括核心骨干网、回程线路和接入点等三层内容。

回程聚合点与核心骨干网中心在不同类型的通信网络上进行通信，如基于光纤的星形网络或无线网络。以下简要介绍各网络层次的特点：

- 广域网提供电力公司和变电站之间的高带宽通信，用于智能电网的传感、监测和控制。蜂窝网络、WiMAX 和有线通信可用于广域网，由于具有更高的带宽和可靠性，光纤和微波通信更受青睐。PLC 也是一种可行方式，但其通信带宽较低[54]。从安全性角度来看，有线通信受到网络攻击的可能性较低，因而是更好的选择。

- 现场网络是连接用户和变电站的网络桥梁。Wi‐Fi、WiMAX 和射频（RF）Mesh 网络技术适合于该场合，应用场景包括智能电表、先进的配电自动化系统和分布式能源并网系统。

- 家庭局域网通过智能电表与场域网相连。家庭局域网支持家用电器与智能电表之间的低带宽通信。通过家庭局域网可以实现很多功能：如智能量测、用户消费信息管理、电力市场能量预测、负荷管理和与其他网络优化等，例如，光伏电池板在今后的家庭局域网层级上，同时也可以与场域网进行通信，例如用户使用光伏发电时，剩余电量可以进入电力市场。未来实现智能负荷管理以后，还有很多有趣的功能可以利用户用局域网实现。ZigBee、Wi‐Fi、HomePlug、Z‐wave 和 M‐Bus 都是适合户用局域网的通信技术。ZigBee 可用于多跳网络拓扑，具有以下优势：ZigBee 网络中的某些网络设备在未激活时可切换至睡眠模式，实现节能。Wi‐Fi 成本较高，也更耗能。Z‐wave 是一种无干扰的无线标准，专门针对家电的远程控制和户用局域网设计的。

3.11　高级量测体系和实时定价

智能电表和其他高级量测体系（AMI）是智能电网的基础。它们建立了供电和用电方信息互通的渠道，从而使远程传感器设备、监测系统、计算机软件及数据管理系统与接入智能电网的现代智能家居之间可协同工作，进一步使得消费者能够参与到能源市场中。高级量测体系包括电表数据管理系统（MDMS），处于现场网络层，负责处理大量的原始数据信息，提取对用户有意义的信息，以辅助用户智能用电。相同的量测体系还可以用于管理水、气等不同网络产生的数据，如果用户使用热电联产（CHP），也可实现对热电网络的管理。引入高级量测体系的优点是，用户可以通过主动改变其能源消耗来参与能源市场，而非被动地以固定价格进行消费，可实现能源供应商和终端用户的双赢，同时可确保智能电网运行于最佳性能（见图 3.6）[55]。

高级量测体系可以采用不同的通信技术，取决于用户数量、覆盖面积、网络连接普及度、可扩展性、所需数据传输速率、期望通信延迟以及预期能源效率等各多方面因素。

在例如需根据传感器信息进行远程故障恢复和故障提前预警等高级量测体系的关键应用中，低延迟和高带宽通信必不可少。电力线通信（PLC）技术在城市中应用广泛，但无法满足一些带宽超过 100kbit/s 实时应用的要求。光纤通信可满足上述要求，但增加了复杂度。相反，射频、GPRS 和其他蜂窝通信技术是连接低密度区域的唯一可行技术。因此，在一些偏远地区，智能电表通过无线通信与测量数据管理系统实现互连。

为实现家庭能量管理（HEM），可通过智能电表采集并汇总各用电设备的用电情况，通过本地数据分析获取用户用电行为并告知用户，同时将用户数据发送到电力公司进行主动管理，进而实现远程需求侧管理。如上文所述，ZigBee 技术是当前家庭能量管理网络最为理想的通信技术。当然，该场合也可以考虑 HomePlug 和蓝牙技术，它们的成本与 ZigBee 相近，但性能通常差一些（见图 3.7）。

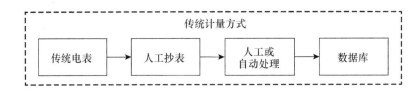

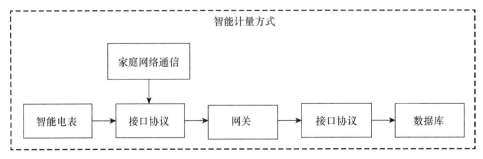

图 3.6　智能计量方式

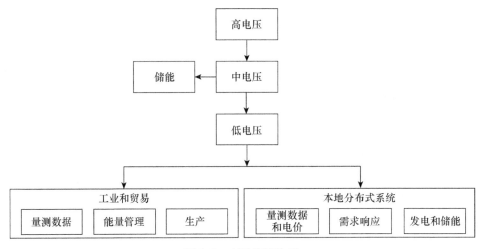

图 3.7　高级量测体系

3.12　智能电网的标准化

为保证分布式发电和智能电网的高效、可靠和安全运行，需要建立完善的设备和协议标准。事实上，只有坚持标准化设计，系统才能够有效可靠地运行。

由于智能电网的复杂性，人们修订了很多不同版本的标准以适应智能电网的发展，同时，新的标准研究也从未停止。

与分布式发电和智能电网相关的重要标准有 IEEE 1547、IEC 61850 - 7 - 420、IEC 61400 - 25、IEEE 1379、IEEE 1344 - IEEE C37. 118 和 IEEE 519。

IEEE 1547 是分布式发电运行标准，于 2003 年颁布，规定了分布式发电单元并网的具体要求。为了扩展和解释最初的 IEEE 1547 标准，设计了 6 个补充标准，其中 2 个已经发布，剩下 4 个还处于草案阶段。

IEC 61850 - 7 - 420 规定了所有分布式发电的通信和控制接口，定义了用于分布式发电单元之间数据交换的信息模型,其中分布式发电单元由分布式发电装置和储能装置组成,包括燃料电池、微型燃气轮机、光伏和光热发电、热电联产等。它尽可能地利用了已有的 IEC 61850 – 7 – 4 逻辑节点,定义了所需的分布式发电逻辑节点。这些标准能够显著地简化工程实施、降低安装成本、简化市场驱动的运行方式、减少维护,从而改善电力系统运行的效率并提高可靠性。

IEC 61400 – 25 定义了风电机组监测和管理通信标准,是风力机设计标准 IEC 61400 的子标准。该标准要求不同风力机供应商按照统一规范的形式提供控制和检测信息。这些层次化信息包括转子、发电机、变流器和电网连接等。它涵盖了气象子系统、电力子系统和风力发电管理系统等风电场运行所需的所有组件。

IEEE 1379 是远程终端单元(RTU)和变电站智能电子设备(IED)之间数据通信标准。此标准发布于 2000 年,提供了一系列针对变电站中远程终端单元和智能电子设备之间通信和协同运行的规范,包含针对监控和数据采集系统(SCADA)的两个常用协议:IEC 60870 – 5 和 DNP3。

IEC 60870 – 5 标准主要针对电力系统的远程控制、远程保护和相关的远程通信。它规定了变电站之间发送远程控制指令的配置文件,定义了运行状态、电力接口、性能需求和传输协议。

DNP3(分布式网络协议)是过程自动化系统中组件通信协议。2010 年,IEEE 在 IEEE 1815 – 2010 标准中采用了 DNP3,并在随后的 IEEE 1815 – 2012 标准中进行了修订。

IEEE C37. 118 是关于电力系统同步相量测量的标准[56]。同步是电力系统正常运行和消除潜在故障的基本保障。它引入了相量检测单元(PMU)估算交流波形的等效同步相量,相量检测单元既可以作为一个独立的物理单元,也可以作为一个功能部件。总误差矢量是指同一瞬间相量检测单元所估计相角/幅值与理论矢量信号之差。标准提供了一种准确评估相量检测单元的方法并建立了稳态条件下的需求指标。该指标规定了相量频率、幅值、相角、谐波失真和带外干扰的等级。值得注意的是,IEEE C37. 118 标准虽然规定了一些动态测试要求,但并未规定动态条件下信号幅值和频率变化时的需求指标。

IEEE 519 标准限定了 PCC 和电力系统(EPS)测量点上的谐波电压/电流幅值。这确保了电力公司可向用户提供相对高质量的电能以防止用电设备出现过热、因谐波电流过大而寿命降低以及谐波电压引起的过电压等问题。

IEEE P2030 针对电力系统和用户端应用中能源和信息技术的互操作性,负责发电和可靠电力传输过程中的双向数据传输。

IEC 62351 标准是关于通信网络安全的,用于保护通信数据避免黑客攻击。

还有其他一些针对广域网、场域网和家域网通信的标准,例如 G3 – PLC、HomePlug、PRIME、U – SNAP、IEEE P1901、Z – Wave、IEC 61970、IEC 61969 和 IEC 60870 – 6 等。

最后,SAE J2293 标准规定了电动汽车接入电网的相关要求;SAE J2836 给出了电动汽车与电网之间通信的规范;SAE J2847 更具体地规定了电动汽车与电网组件之间的通信规范。

综上所述,分布式发电和智能电网的各个方面都已颁布了多项国际标准,设备提供商和用户(服务商、发电机制造商、终端用户)应满足标准要求以保障智能电网的平稳运行。

参 考 文 献

1. Xinghuo, Y., Cecati, C., Dillon, T., and Simões, M.G. (2011) The new frontier of smart grids. *IEEE Industrial Electronics Magazine*, **5** (3), 49–63.
2. Farhangi, H. (2010) The path of the smart grid. *IEEE Power and Energy Magazine*, **8** (1), 18–28.
3. ABB Toward a Smarter Grid: ABB's Vision for the Power System of the Future, http://www02.abb.com /db/db0003/db002698.nsf/0/36cc9a21a024dc02c125761d0050b4fa/$file /Toward_a_smarter_grid_Jul+09.pdf.
4. U.S. Department of Energy The Smart Grid: An Introduction, http://www.oe.energy.gov/DocumentsandMedia /DOE_SG_Book_Single_Pages.pdf (accessed 17 December 2013).

5. Smart Grids Smart Grids European Technology Platform SmartGrids, http://www.smartgrids.eu (accessed 17 December 2013).

6. European SmartGrids Technology Platform (EC) Vision and Strategy for Europe's Electricity Networks of the Future, ftp://ftp.cordis.europa.eu/pub/fp7/energy/docs/smartgrids_en.pdf (accessed 17 December 2013).

7. World Economic Forum Accelerating Smart Grid Investments, http://www.weforum.org/pdf/SlimCity/ Smart-Grid2009.pdf (accessed 27 December 2013).

8. The European Renewable Energy Council & Greenpeace [R]enewables 24/7: Infrastructure Needed to Save the Climate, http://www.greenpeace.org/raw/content/international/press/reports/renewables-24-7.pdf (accessed 27 December 2013).

9. Garrity, T.F. (0000) Getting smart. *IEEE Power and Energy Magazine*, https://w3.energy.siemens.com /cms/us/whatsnew/Documents/Getting%20Smart_Garrity.pdf.

10. Flynn, B. (2007) What is the real potential of the Smart Grid. AMRA International Symposium, 2007, http://www.gepower.com/prod_serv/plants_td/en/downloads/real_potential_grid.pdf (accessed 27 December 2013).

11. Fabro, M., Roxey, T., and Assante, M. (2010) No grid left behind. *IEEE Security and Privacy*, **8** (1), 72–76.

12. Peças Lopes, J.A., Hatziargyriou, N., Mutale, J. *et al.* (2007) Integrating distributed generation into electric power systems: a review of drivers, challenges and opportunities. *Electric Power Systems Research*, **77** (9), 1189–1203.

13. Spagnuolo, G., Petrone, G., Araujo, S.V. *et al.* (2010) Renewable energy operation and conversion schemes: a summary of discussions during the seminar on renewable energy systems. *IEEE Industrial Electronics Magazine*, **4** (1), 38–51.

14. Zobaa, A.F. and Cecati, C. (2006) A comprehensive review on distributed power generation. Proceedings of SPEEDAM 2006, pp. 514–518.

15. Cecati, C., Mokryani, G., Piccolo, A., and Siano, P. (2010) An overview on the smart grid concept. Proceedings of 36th Annual Conference IEEE IECON, pp. 3322–3327.

16. Zhang, P., Li, F., and Bhatt, N. (2010) Next-generation monitoring, analysis, and control for the future smart control center. *IEEE Transactions on Smart Grid*, **1** (2), 186–192.

17. Blaabjerg, F., Teodorescu, R., Liserre, M., and Timbus, A.V. (2006) Overview of control and grid synchronization for distributed power generation systems. *IEEE Transactions on Industrial Electronics*, **53** (5), 1398–1409.

18. Rodriguez, P., Timbus, A.V., Teodorescu, R. *et al.* (2007) Flexible active power control of distributed power generation systems during grid faults. *IEEE Transactions on Industrial Electronics*, **54** (5), 2583–2592.

19. Gungor, V.C., Sahin, D., Koçak, T. *et al.* (2011) Smart grid technologies: communication technologies and standards. *IEEE Transactions on Industrial Informatics*, **7** (4), 529–539.

20. Gungor, V.C., Sahin, D., Koçak, T. *et al.* (2013) A survey on smart grid potential applications and communication requirements. *IEEE Transactions on Industrial Informatics*, **9** (1), 28–42.

21. Gungor, V.C., Sahin, D., Koçak, T. *et al.* (2012) Smart grid and smart homes: key players and pilot projects. *IEEE Transactions on Industrial Electronics Magazine*, **6** (4), 18–34.

22. Cecati, C., Ciancetta, F., and Siano, P. (2010) A multilevel inverter for photovoltaic systems. *IEEE Transactions on Industrial Electronics*, **57** (12), 4115–4125.

23. Vaccaro, A., Velotto, G., and Zobaa, A. (2011) A decentralized and cooperative architecture for optimal voltage regulation in smart grids. *IEEE Transactions on Industrial Electronics*, **58** (10), 4593–4602.

24. Carrasco, J.M., Franquelo, L.G., Bialasiewicz, J.T. *et al.* (2006) Power-electronic systems for the grid integration of renewable energy sources: a survey. *IEEE Transactions on Industrial Electronics*, **53** (4), 1002–1016.

25. Liserre, M., Sauter, T., and Hung, J.Y. (2010) Future energy systems: integrating renewable energy sources into the smart power grid through industrial electronics. *IEEE Transactions on Industrial Electronics Magazine*, **4** (1), 18–37.

26. Balaguer, I.J., Lei, Q., Yang, S. *et al.* (2010) Control for grid-connected and intentional islanding operations of distributed power generation. *IEEE Transactions on Industrial Electronics*, **58** (1), 147–157.

27. Buccella, C., Cecati, C., and Latafat, H. (2012) Digital control of power converters - a survey. *IEEE Transactions on Industrial Informatics*, **8**, 437–447.

28. Buccella, C., Cecati, C., Latafat, H., and Razi, K. (2013) A grid-connected PV system with LLC resonant DC-DC converter, Clean Electrical Power (ICCEP), 2013 International Conference on, pp. 777-782.

29. Portillo, R.C., Martín Prats, M.A., León, J.I. *et al.* (2006) Modeling strategy for back-to-back three-level converters applied to high-power wind turbines. *IEEE Transactions on Industrial Electronics*, **53** (5), 1483–1491.

30. Cárdenas, R., Peña, R., Tobar, G. *et al.* (2009) Stability analysis of a wind energy conversion system based on a doubly fed induction generator fed by a matrix converter. *IEEE Transactions on Industrial Electronics*, **56** (10), 4194–4206.

31. Cecati, C., Citro, C., Piccolo, A., and Siano, P. (2010) Smart operation of wind turbines and diesel generators according to economic criteria. *IEEE Transactions on Industrial Electronics*, **58** (10), 4514–4525.

32. Whittingham, M.S. (2012) History, evolution, and future status of energy storage. *Proceedings of the IEEE*, **100**, S.I., 1518–1534.

33. Li, X., Hui, D., and Lai, X. (2013) Battery Energy Storage Station (BESS)-based smoothing control of photo-voltaic (PV) and wind power generation fluctuations. *IEEE Transactions on Sustainable Energy*, **4** (2), 464–473.

34. Chan, C.C. (2007) The state of the art of electric and hybrid, and fuel cell vehicles. *Proceedings of the IEEE*, **95** (4), 704–718.

35. Emadi, A., Lee, Y.J., and Rajashekara, K. (2008) Power electronics and motor drives in electric, hybrid electric, and plug-in hybrid electric vehicles. *IEEE Transactions on Industrial Electronics*, **55** (6), 2237–2245.

36. Saber, A.Y. and Venayagamoorthy, G.K. (2011) Plug-in vehicles and renewable energy sources for cost and emission reductions. *IEEE Transactions on Industrial Electronics*, **58** (4), 1229–1238.

37. Yilmaz, M. and Krein, P.T. (2013) Review of the impact of vehicle-to-grid technologies on distribution systems and utility interfaces. *IEEE Transactions Power Electronics*, **28** (12), 5673–5689.

38. Hatziargyriou, N., Asano, H., Iravani, R., and Marnay, C. (2007) Microgrids. *IEEE Power and Energy Magazine*, **5**, 78–94.

39. Katiraei, F. and Iravani, M.R. (2005) Power management strategies for a microgrid with multiple distributed generation units. *IEEE Transactions on Power Apparatus and Systems*, **21**, 1821–1831.

40. Katiraei, F., Iravani, R., Hatziargyriou, N., and Dimeas, A. (2008) Microgrids management. *IEEE Power and Energy Magazine*, **6**, 54–65.

41. Colson, C.M. and Nehrir, M.H. (2009) A review of challenges to real-time power management of microgrids. *Proceedings of the IEEE Power & Energy Society General Meeting*, pp. 1–8.

42. Guerrero, J.M., Vasquez, J.C., Matas, J. *et al.* (2011) Hierarchical control of droop-controlled AC and DC microgrids – A general approach toward standardization. *IEEE Transactions on Industrial Electronics*, **58** (1), 158–172.

43. Watanabe, E.H., Aredes, M., Barbosa, P.G. *et al.* (2007) Flexible AC transmission systems, in Power Electronics Handbook, 2nd edn, Elsevier, pp. 822–794.

44. Palensky, P. and Dietrich, D. (2011) Demand side management: demand response, intelligent energy systems, and smart loads. *IEEE Transactions on Industrial Informatics*, **7** (3), 381–388.

45. Chen, Z., Wu, L., and Fu, Y. (2012) Real-time price-based demand response management for residential appli-ances via stochastic optimization and robust optimization. *IEEE Transactions on Smart Grid*, **3** (4), 1822–1831.

46. Lu, D., Kanchev, H., Colas, F. *et al.* (2011) Energy management and operational planning of a microgrid with a PV-based active generator for smart grid applications. *IEEE Transactions on Industrial Electronics*, **58** (10), 4583–4592.

47. Harrison, G.P., Siano, P., Piccolo, A., and Wallace, A.R. (2007) Exploring the trade-offs between incentives for distributed generation developers and DNOs. *IEEE Transactions on Power Apparatus and Systems*, **22** (2), 821–828.

48. Albadi, M.H. and El-Saadany, E.F. (2007) Demand response in electricity markets: an overview. *IEEE Power Engineering Society General Meeting*, pp. 1–5.

49. Paudyal, S., Canizares, C., and Bhattacharya, K. (2011) Optimal operation of distribution feeders in smart grids. *IEEE Transactions on Industrial Electronics*, **10** (58), 4495–4503.

50. Shafiu, A., Bopp, T., Chilvers, I., and Strbac, G. (2004) Active management and protection of distribution net-works with distributed generation. Power Engineering Society General Meeting, **1**, pp. 1098–1103.

51. Yang, Q., Barria, J.A., and Green, T.C. (2011) Communication infrastructures for distributed control of power distribution networks. *IEEE Transactions on Industrial Informatics*, **2** (7), 316–327.

52. McMorran, A.W. (2007) An Introduction to IEC 61970-301 & 61968-11: The Common Information Model, Insti-tute for Energy and Environment, Department of Electronic and Electrical Engineering, University of Strathclyde, Glasgow.

53. Southern Company Services, Inc (2010) Comments Request for Information on Smart Grid Communications Requirements, http://www.alvarion.com/index.php/(accessed 11 February 2014).

54. Paruchuri, V., Durresi, A., and Ramesh, M. (2008) Securing powerline communications. *Procedure of the IEEE International Symposium on Power Line Communications and its Applications (ISPLC)*, pp. 64–69.

55. Benzi, F., Anglani, N., Bassi, E., and Frosini, L. (2011) Electricity smart meters interfacing the households. *IEEE Transactions on Industrial Electronics*, **10** (58), 4487–4494.

56. Martin, K. (2011) Synchrophasor Standards Development – IEEE C37.118 & IEC 61850. *Procedure of the 44th Hawaii International Conference on System Sciences*, Hawaii.

第4章 电力半导体技术的新进展

Jacek Rąbkowski[1,2]，Dimosthenis Peftitsis[2] 和 Hans – Peter Nee[2]
[1] 波兰华沙工业大学排放研究和测量学院
[2] 瑞典皇家理工学院电能转换系

4.1 简介

电力半导体技术的迅速发展是电力电子领域能够急速增长的驱动力之一。毫无疑问，传统的硅技术在所有类型器件中占主导地位，应用范围广泛，小至移动手机和智能手机中的微型晶体管，大到电网高压直流（High – Voltage Direct Current，HVDC）输电应用中的 100 ~ 200mm 尺寸的功率晶体管和晶闸管。硅技术之所以占据主导地位，主要是由于其制造工艺非常成熟，满足应用需求的功率器件制造成本也比较合理。很难想象，在标准开关电源或通用变频器等低成本应用中，基于任何宽禁带（Wide – BandGap，WBG）材料的器件能够替代硅功率器件。而在一些对器件特性要求更高而成本不敏感的应用中，情况可能会有所不同。尽管人们普遍认为硅技术已达到其物理极限，不过硅器件仍在不断改进。许多例子可以说明硅技术的不断发展，比如：通态电阻低至毫欧量级的低电压 MOSFET、击穿电压接近 1kV 并具有优良性能参数（通态电阻×栅极电荷）的超级结 MOSFET 以及改善了热性能（最大结温 175℃）的 IGBT。

同时，碳化硅（Silicon Carbide，SiC）电力电子器件也有了巨大的进步，在需要高效率、高频率或高温度等应用场合，SiC 已经从一种有希望的未来技术转变为现有硅技术的有力替代者。这是因为 SiC 器件可以提供更好的性能：更高的电压等级和更低的电压降、更高的最高允许工作温度和更高的热导率。现如今，一些制造商有充分的技术知识积累，可以用合理的成本来加工高质量的晶体管，这也促进了新产品的诞生，应用 SiC 的系统具有显著的优势。目前，从许多应用的系统角度考虑，SiC 晶体管相比于硅晶体管的额外成本支出，已远低于其为系统所带来的降本增效效果。前述所有实例中，SiC 晶体管是单极型器件，如结型场效应晶体管（JFET）、MOSFET和双极型晶体管（BJT）。BJT 乍一看似乎是双极型器件，然而实验发现，现有的 1.2kV SiC BJT 的特性非常接近单极型器件。在导通和关断时，分别有非常少量的电荷被注入和汲取。这是因为，1.2kV SiC 晶体管的掺杂程度是如此之高，以至于大量载流子注入对于传导机制来说都是多余的。或许当电压等级超过 4.5kV 时，真正的双极型器件才可能是必要的。HVDC 输电这样的高电压大功率应用，对于 SiC IGBT 和 BJT 来说是很好的应用领域，因为这种场合需要大量的器件串联以承受系统电压。然而，由于柔性直流输电趋向于采用模块化多电平换流器，这使得对电压等级超过 10kV 的器件需求并不明确。由于 SiC 内电势大于 3V，可能有相对较高的电压降问题。另外，由于 SiC IGBT 的制造远比 SiC JFET 或 BJT 的制造复杂得多，因此先充分利用这些器件的优点是明智的做法。在 10 ~ 100kW 范围内，开发一款高效率（超过 99.5%）的开关型逆变器是有可能的。例如一个 40kVA 的三相逆变器，每个开关位置上都配有 10 个并联的 SiC JFET，如图 4.1 所示。其通态电阻低至 10mΩ 以下，而且开关切换速度快，使得效率约为 99.7%。

最后，必须注意的是，由另一种宽禁带材料氮化镓（GaN）制成的器件，可提供高达 600V 的电压范围。与 SiC 晶体管相比，其优点是造价并没有那么高。同时，GaN 单极型器件的参数性

图 4.1 40kVA SiC 逆变器（300 × 370 × 100mm）与《IEEE 工业电子杂志》尺寸对比[1]

能优于类似的硅器件，或许是其值得关注的替代品。但 GaN 功率器件技术尚未成熟，还有不少问题需要解决。

4.2 硅功率晶体管

下面简要回顾一下最新型硅基功率晶体管的发展，作为后述的宽禁带功率半导体的一个背景介绍。其中重点介绍 MOSFET 和 IGBT，因为这两种类型的功率晶体管与现有的宽禁带半导体功率晶体管有相匹配的电压和功率等级。大功率器件如晶闸管和集成门极换流晶闸管（IGCT）暂不讨论。

4.2.1 功率 MOSFET

MOSFET 是由霍夫斯坦和海曼在 1963 年首先发现的[2]。该器件的工作依赖于在硅表面顶部形成的一个绝缘氧化物薄层。如果金属化层沉积在氧化层的顶部，则可以通过向氧化层表面上的金属化层施加电压，来控制氧化层下面硅的导电性。如果氧化层下方的硅为 P 型，则在金属化层上施加正电压，会将电子吸引到氧化层下方的 P 型硅。如果吸引足够数量的电子，则 P 型硅表现为 N 型材料。这种现象可以被用来通过一个 P 型区创建一个 N 型导电沟道。这样，导电沟道就可以将氧化层下方 P 型区两侧的两个 N 型区连接起来。图 4.2 给出了一个典型功率 MOSFET 的纵向基本结构。

如果在图 4.2 的漏极和源极端子上施加一个正电压（漏极电位高），则依靠栅极电压可以控制通过漏极和源极通道的电流：电压越高，电流越大。如果栅极电压低于某一阈值（约 5V），则氧化层下面的 P 型区将吸引不到足够的电子，导致电流被阻断。当栅极电压足够高时，电流将达到一个取决于电阻 Rds（on）的饱和值，该电阻即为器件饱和时从源极到漏极的电阻。注意这种传导机制完全依赖于多数载流子的漂移，这意味着该传导机制没有动态效应。然而，为了给栅极充电，必须提供足够的电荷量。导通和关断时的这种电荷传输需要一定的时间，这个时间取决于栅极驱动器的设计。

在导通状态，器件呈现为通态电阻 Rds（on）的饱和特性。电阻 Rds（on）的值取决于结构中各个区域的电导率和从漏极到源极电流流经的总横截面积。在这种情况下，必须指出的是，

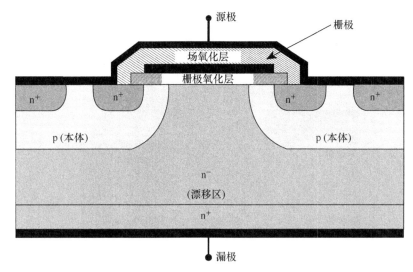

图 4.2 功率 MOSFET 的纵向基本结构

n⁻漂移区的电导率取决于器件的电压等级。对于高阻断电压，为了保证耗尽层的电场低于最大允许值，n⁻漂移区的掺杂度必须很低。当掺杂度降低时，材料的电导率也随之降低。此外，在结构中耗尽层进一步向下延伸，这意味着必须增加 n⁻漂移区的厚度。如果器件的电压等级提高，则电导率降低和厚度增加两方面同时作用，导致通态电阻Rds（on）急剧增加。凭经验估计，通态电阻 Rds（on）约与额定电压的 2.5 次方成正比。当额定电压高于 300V 时，功率晶体管优于标准 MOSFET。

为了提高 MOSFET 的最大有效阻断电压，Deboy 等人在 1998 年提出了超级结 MOSFET[3]。这种新结构如图 4.3 所示。对于 300V 以上电压等级，该设计的通态电阻 Rds（on）要比标准 MOSFET 低得多。对于 600V 电压的设计，通态电阻 Rds（on）低于标准功率 MOSFET 的 1/3。当阻断电压更高时，通态电阻 Rds（on）降低得更多。目前实用的电压等级可达 900V。

降低通态电阻 Rds（on）的基本思想是利用一个从 p 本体深入到结

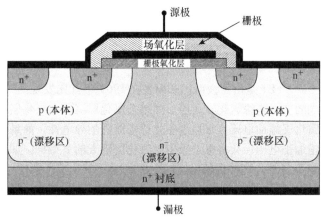

图 4.3 超级结 MOSFET 的基本结构

构中的 p⁻柱。这种排列通常被称为超级结。n⁻漂移区的供体由 p⁻柱中的受体补偿。随着有效的补偿，整个漂移区的垂直电场几乎是恒定的，这意味着漂移区总电压比标准功率 MOSFET 的高得多，其中最大电场只存在于某个点上（理论上）。只是需要精确控制 p⁻柱的掺杂，补偿才是有效的。因此，制造工艺是一个重大的技术挑战，尤其是需要更精细结构的时候。

4.2.2 IGBT

在 20 世纪 70 年代末，功率 MOSFET 优异的开关特性促使研究人员在其基础上进行改进，在通态压降无显著增加的情况下，允许更高的阻断电压。这种新技术的关键是电导调制，这意味着导电过程不仅涉及 n 沟道功率 MOSFET 的电子，还包括空穴。为了进行这种调制，就必须增加一个高度掺杂的 p$^+$ 层，以便向结构中添加必要的空穴。1980 年，Becke 和 Wheatley 提交了一份专利[4]，描述了今天被称为 IGBT 的结构。基本上，IGBT 就是一种在功率 MOSFET 漏极外部增加了高度掺杂 p$^+$ 层的 MOSFET。Baliga 等人首次描述了 IGBT 的优点[5]。在这里，源自功率 MOSFET 的 n$^+$ 漏极被 p$^+$ 集电极所取代。然而，首先商用的器件在集电极和漂移区之间重新引入了更高掺杂的 n 区，也就是缓冲层。由于该层可有效阻止电场，这种器件结构后来被称为穿通（punch - through，PT）型 IGBT。重新引入缓冲层的原因是为了防止在 IGBT 的 4 层结构中产生寄生晶闸管的闩锁效应。该 PT 型 IGBT 器件的基本结构如图 4.4 所示。

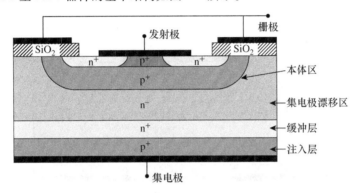

图 4.4　PT 型 IGBT 器件的基本结构

如上所述，IGBT 在导通和开关方面的特性与功率 MOSFET 相似。通过控制栅极电压，可用功率 MOSFET 同样的方法来控制本体区内的 N 沟道。然而，一个重要的区别是，导通过程还涉及从集电极注入低掺杂漂移区的少数载流子。在漂移区中的高电平电荷的产生过程，引入了这种器件结构的一个新的动态特性，因为积聚电荷需要花费一定的时间。因此，只有在经过正向恢复过程后才能达到通态饱和电压，并且在关断期间可能有相当大的拖尾电流。这些效应已在许多文献中描述过，例如 1988 年的文献[6]。

Tihanyi 于 1988 年发明了非穿通（Non - Punch - Through，NPT）型 IG-BT[7]。由于取消了缓冲层，NPT 型 IGBT 的漂移区厚度须大于具有相同的阻断电压的 PT 型 IGBT，以适应阻断状态下的耗尽区。当然这并不是一个优点，但通态压降不一定要高，因为 NPT 型 IGBT 的衬底厚度可以更薄。相对于 PT 型 IGBT，NPT 型 IGBT 的一个优势是其制造工艺的可控性更高。这导致无需缓冲层也可以解决闩锁效应问题。NPT 型 IGBT 与 PT 型 IGBT

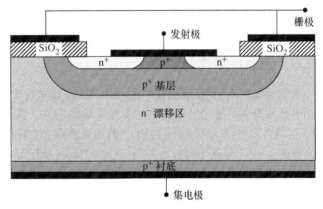

图 4.5　NPT 型 IGBT 的基本结构

的另一个区别是，NPT 型 IGBT 在集电极侧的载流子密度较低，载流子寿命更长。这意味着拖尾电流的幅值更小，但持续时间更长。在软开关应用[6]中，这可能是一个缺点。NPT 型 IGBT 的基本结构如图 4.5 所示。

后来，这种类型的 IGBT 开发出了更高电压和电流等级的产品，几年后就有了高达 6kV 电压等级的 IGBT。这些器件通常具有双极型特性，即明显的电导率调制滞后和拖尾电流。大功率器件也有压接式封装，取消了键合线和焊接工艺，可提高器件的可靠性。

许多现代 IGBT 设计采用沟槽式栅极[8]。沟槽栅结构的主要目的是提高 n⁻ 漂移区发射极侧的载流子密度。实现了这一点，就可以降低漂移区两端的压降[9]。这样乍一看似乎有问题，因为提高载流子密度会导致关断时的拖尾电流增大。不过从经验来看，这并不是一个大问题，因为拖尾电流主要取决于集电极端的载流子。特别是（但不限于）在高压设计中，沟槽栅 IGBT 由于其低通态压降、良好的开关性能和良好的非闩锁特性而得以成功地商业化。图 4.6 给出了沟槽栅型 IGBT 的基本结构。

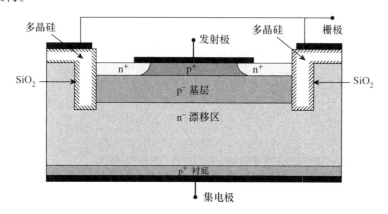

图 4.6　沟道栅型 IGBT 的基本结构

如前所述，由于 NPT 型 IGBT 的电场形状呈三角形，其需要一个较厚的 n⁻ 漂移区。这意味着，如果漂移区能做得更薄，就有可能减少通态损耗和开关损耗。通过在 p⁺ 发射极下增加一个场截止层，可以在不影响 p⁺ 发射极的情况下使电场截止[10]。使用这种方式，可获得更接近梯形的电场形状，从而使厚度减少约 1/3。场截止层必须具有低剂量，以便保持 NPT 的 p⁺ 发射极的低掺杂。否则，拖尾电流的幅值可能会增加。目前，场截止技术是最先进的，且通常与沟槽栅结构结合在一起应用。有时也通过修改集电极侧的结构来集成体内反并联二极管。所有这些新器件都具有低通态损耗和低开关损耗。因此，它们是所有新的宽禁带功率晶体管的重要竞争对手。

4.2.3　大功率器件

虽然高压 IGBT 能够通过多个芯片并联来设计大功率器件，但是在这一领域中真正量身定制的功率开关是 IGCT。由于 IGCT 是一整个晶圆组件，其边缘终端只占很小一部分面积，而高压 IGBT 的芯片尺寸约为 12mm × 12mm，其边缘终端大大降低了有效硅面积，因而 IGCT 的晶圆利用率高得多。IGCT 是基于门极可关断（Gate Turn – Off，GTO）晶闸管的一种改进型产品，其中集成了一个优化的栅极驱动器。与 GTO 晶闸管相比，IGCT 具有以下特点[11]：

- 通过最小化硅厚度以降低通态和关断损耗；
- 无需 dv/dt 缓冲吸收；
- 降低栅极功率需求，尤其是在导通过程中；
- 大幅缩短关断过程的存储时间（从 20μs 降低到 1μs）。

总之，IGCT 接近于终极的功率开关器件，因此适用于各种大功率应用。对 IGCT 唯一不利的是，其固有的开关速度比较慢。这其实是通态损耗优化的结果。从应用的角度来看，是否需要很快的开关速度也是个问题，因为这样会对周边设备的绝缘强度提出更高的要求（见图 4.7）。

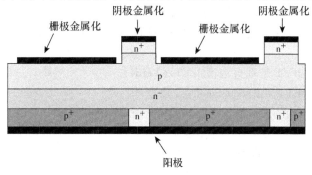

图 4.7　IGCT 的基本结构

4.3　SiC 晶体管设计概述

SiC 材料[12]的高质量改进和卓越的研究与开发相结合，使得 SiC 器件的设计和制造取得了突破，为 SiC 开关器件[12,13]的商业化推广铺平了道路。然而，SiC 器件市场仍处于早期阶段，目前大多数可用的 SiC 晶体管（JFET[13,14]、BJT[15]和 MOSFET[16,17]）还没有实现大规模生产。与相应的硅器件相比，这些 SiC 器件的成本尽管有明显的下降趋势，但仍然偏高。此外，目前可用的分立器件仅适用于小功率应用，因为这些 SiC 器件的电压和电流等级都比较低。特别是，可用器件大多为 1200V 电压和几十安培电流等级。无论何种类型的 SiC 晶体管，当器件在电力电子变换器中工作时，驱动器起到至关重要的作用。不同设备对驱动器的要求不同，其设计应确保运行的可靠性。最后，值得一提的是 SiC IGBT 的研究进展[13]。

4.3.1　SiC JFET

在 20 世纪 90 年代初，首次开始尝试设计和制造 SiC JFET，当时主要的研究问题是设计优化，以实现大功率和高频率的 SiC 器件[18]。正是在这些年，一些研究小组开始注意到 SiC 材料相对于硅的优势特性[19,20]。然而，这些早期的 SiC JFET 遇到具有相对较低的跨导值、较低的通道迁移率以及制造工艺等困难[19,20]。在过去的十年中，SiC 材料的改进以及 3″和 4″晶圆的发展，都促进了现代 SiC JFET 的制造[13]。大约在 2005 年时，第一个 SiC JFET 原型样品发布。

其中，现代 SiC JFET 的一种设计被称为横向沟道 JFET（Lateral Channel JFET，LCJFET），如图 4.8 所示。

漏极电流可以正向和反向流动，这取决于外部施加的电压，由内部的 p⁺栅极和 n⁺源极组成的 p−n 结控制。SiC JFET 是常闭型器件，要关断器件，必须施加一个负的栅−源极电压。通过施加负的栅−源极电压，产生了一个特定的电荷区域，从而使得沟道宽度降低、电流减小。当栅−源极的负电压低于一定值时，没有漏极电流流过。这个栅−源极电压称为"夹断"电压。JFET 的夹断电压范围通常在 −16V ~−26V 之间。这种结构的另一个重要特征是 p⁺源极、n⁻漂移区和 n⁺⁺漏极构成了一个

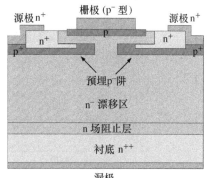

图 4.8　常闭型 SiC LCJFET 横截面[1]

反并联的体二极管。不过，在额定（或较低）电流密度下，体二极管的正向压降高于沟道的通态电压[13,21]。从通态功率损耗的角度来看，沟道更适用于负电流工况。这样，体二极管就可以只在短时换相时工作，以保证安全[22]。这种类型的 SiC JFET 几年前由 SiCED（英飞凌）公司发布。

第二种商用的 SiC JFET 是垂直沟槽 JFET（Vertical Trench JFET，VTJFET），由 SemiSouth 实验室于2008 年发布[23,24]。其结构的横截面示意图如图 4.9 所示。SiC VTJFET 既可以设计为常开型［增强型垂直沟槽 JFET（EMVTIFET）］，也可以设计为常闭型［耗尽型 JFET 垂直沟槽（DMVTJFET）］的晶体管。器件特性的差异主要取决于垂直沟槽厚度和结构掺杂水平的变化。要使常闭耗尽型 JFET 保持关断，需施加负的栅－源极电压。反之，要使常开增强型 JFET 保持导通，则需要一个足够大的栅极电流（30A 器件约需200mA）。DMVTJFET 的夹断电压为负值（－6V 水平），而 EMVTJFET 的夹断电压为正值，约 1V。与LCJFET 相比，由于 DMVTJFET 中缺少反并联的体二极管，使得 LCJFET 在许多应用中更具吸引力。另一

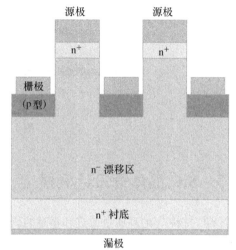

图 4.9　SiC VTJFET 横截面[1]

方面，一个外部的反并联 SiC 肖特基二极管对 VTJFET 似乎是一种很好的解决方案。同样的，这个二极管只用于短时暂态，类似于 LCJFET 的体二极管。除了这些短时暂态期间，反向电流应流过沟道。当 VTJFET 并联运行时，反并联的 SiC 肖特基二极管就是一个特别有吸引力的解决方案，因为晶体管的压降低于二极管的阈值电压。必须指出的是，由于二极管的导通时间短（＜500ns），一个二极管足以满足所有并联的 JFET。

图 4.10a 和 b 分别给出了另外两种 SiC JFET 的设计[25]。首先是埋栅 JFET（Buried Grid JFET，BGJFET），如图 4.10a 所示。由于 BGJFET 的单元间距小，可同时实现低比率的导通电阻和高的饱和电流密度。然而，与 LCJFET 相比，这种方案的一个根本缺陷在于其制造工艺的困难。图4.10b 给出了 Denso 公司提出的双栅垂直沟槽 JFET（Double－Gate Vertical Channel Trench JFET，DGVTJFET）的设计[25]，兼具 LCJFET 和 BGJFET 设计的特性。参考文献［25］中宣称，由于其具有较低的栅－漏极电容，因此可以实现快速的开关性能。此外，小的单元间距和双栅极控制有助于实现低比率的导通电阻。

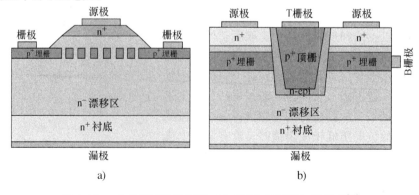

a)　　　　　　　　　　　　b)

图 4.10　a）BGJFET 横截面；b）SiC DGVTJFET 横截面[1]

至 2012 年底，商业化的 SiC JFET 的额定电压基本可达 1200V 和 1700V，常闭和常开型 JFET 的额定电流分别达到 48A 和 30A。

4.3.2　SiC 双极型晶体管

SiC 双极型晶体管是一种常开器件，它兼有低饱和电压（0.32V@100A·cm⁻²）[15] 和非常快速开关性能的优点。图 4.11 所示为一个典型 NPN BJT 的横截面。由于取消了基极 – 发射极和基极 – 集电极的结电压，导致其饱和电压非常低。然而，由于 SiC BJT 是一种电流驱动型器件，为保持器件在深度饱和状态，需要持续提供很大的基极电流。

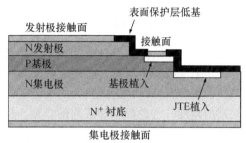

图 4.11　SiC BJT 横截面[1]

据报道，已有 1200V、6~20A 电流等级以及电流增益高于 70 的 SiC BJT[26]。采用改进的表面钝化工艺制备的 SiC BJT，100℃下的额定电流可达 50A，且电流增益高于 100。一个严重的缺点是电流增益显著依赖于温度（当结温增加到 250℃时，电流增益降低 50% 以上）。不考虑基极电流要求的话，未来有望出现千伏级别有竞争力的 SiC BJT。

4.3.3　SiC MOSFET

在 SiC 领域研究和开发 MOSFET 是一个具有挑战性的事情，尤其是考虑到氧化层的制造及稳定性时。图 4.12 给出了一种 SiC MOSFET 典型设计的横截面，由于其常开特性，这对电力电子变换器设计师非常有吸引力。遗憾的是，由于其沟道迁移率较低，导致器件的通态电阻增大，因而也造成额外的导通损耗。此外，特别是在长时间周期和高温下，栅极氧化层和体二极管的可靠性和稳定性尚待验证。制造问题也减缓了 SiC MOSFET 的研发速度。无论如何，在开关特性和通态电

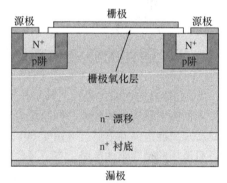

图 4.12　SiC MOSFET 横截面[1]

阻方面，目前可用的 SiC MOSFET 显示出非常不错的性能。可以相信，这种器件将率先被各制造商大规模生产。

首先商用的 SiC MOSFET 由 Cree 公司在 2010 年底发布，而其他厂商（如 ROHM、ST 微电子）也相继发布了他们的产品[12,16]。目前，已有 1200V/20~48A 电流等级（通态电阻为 80mΩ 和 160mΩ）的 SiC MOSFET，也有 25mΩ 的裸芯片。此外，作为 120A 半桥模块的一部分，Cree 公司还报道了标称 10A/10kV 的 SiC MOSFET 芯片[27]。相比于最先进的 6.5kV 硅基 IGBT，10kV 的 SiC MOSFET 提供了更好的性能，但这种单极型 SiC 器件短期内还难以实现商业化。

4.3.4　SiC IGBT

由于性能优异，硅基 IGBT 在许多应用领域占据主导地位，其电压和电流等级范围很宽。已开始制造一种基于 p 型衬底的 n 型硅基 IGBT，而这种衬底也同样适用于 SiC。遗憾的是，其电阻率高的令人无法接受，因为这会导致通态损耗很大，因此限制了这些器件在电力电子变换器中的应用。此外，栅极氧化层的问题也导致了较高的沟道电阻率。许多研究团队已经报道了这些问题，并且认为这样的 SiC 器件将不会在未来 10 年内商业化[13,28]。相比之下，即使高压 SiC IGBT 未来投放市场，也不清楚其功率损耗是否能够做到像高压 SiC JFET（如 3.3kV SiC JFET）那么

低。如果基于模块化概念的换流器［例如模块化多电平换流器（MMC）］用于高压大功率应用中[29]，这可能会是个问题。

4.3.5 SiC 功率模块

为了方便和紧凑地设计采用 SiC 开关器件的大功率变换器主电路，必须要开发出功率模块。最近，为同时达到较大的电流等级和较高的温度，已进行了一系列的尝试。目前为止，最大电流等级的 SiC MOSFET 模块是 880A 模块[12]和 800A 模块[13]。在参考文献［12］中，已有 1600A 模块的计划。另一个有趣的例子是 1200V/770A 模块，如图4.13 所示。这是一个半桥模块，由 14 个常闭的 SiC JFET 并联而成，总额定电流为378A。该模块由 APEI 采用 SemiSouth 实验室的 85mΩ SiC JFET 芯片设计而成。

图 4.13　APEI 功率模块照片

4.4　SiC 器件的栅极和基极驱动

SiC 晶体管的性能优势，尤其是开关暂态过程，只有利用合适的驱动电路才能实现。驱动电路必须能够实现快速的开关，同时也要实现功耗优化。此外，由于 SiC 器件的耐高温特性，驱动器也必须要能在高温下运行。由于 SiC JFET、SiC BJT 和 SiC MOSFET 已开始投放市场，因此也有了各自适用的推荐驱动电路，本节将介绍其中的部分概念。

4.4.1　常闭型 JFET 栅极驱动器

常闭型 SiC JFET 是一种电压控制型器件，无需栅极驱动即能处于导通状态。为切断漏极电流，必须提供一个低于夹断电压的栅 - 源极负电压。不同设计的夹断电压并不相同：LCJFET 的电压在 - 16 ~ - 26V 范围内，而 DMVTJFET 的电压则约为 - 6V。常闭型 JFET 驱动最简单的方法是一个没有正电源的标准图腾柱驱动器，如图 4.14a 所示。当上桥晶体管导通时，栅极电势与源极相同，JFET 导通；否则，输出负电压 V_{EE}，器件被关断。开关速度受栅极电阻 R_G 控制。根据 JFET 的特性，通态下施加一个微小的正电压到栅 - 源结上，可降低器件电阻 10% ~ 15% 。因此，图 4.14a 中的驱动方案中可增加一个 2.5V 的正电源。简单的图腾柱驱动的开关特性如图 4.15a 所示，其中可观察到 1200V/85mΩ JFET 的导通过程。

为了保证驱动器的安全运行，负电源电压 V_{EE} 应低于夹断电压，但高于栅 - 源二极管的反向击穿电压。由于夹断电压与击穿电压之间的裕度较小，且首次发布的 LCJFET 的参数离散性较大，难以选取合适的负电源。参考文献［30］给出了一种 LCJFET 最常用的栅极驱动器，这看起来是一个很好的解决方案。如图 4.14b 所示，该驱动器的主要部分是一个由二极管 D_S、电容 C_S 以及高阻值电阻 R_S 构成的并联网络，然后再串接栅极电阻 R_G。由于电阻 R_S 限制了栅极电流，因此负电源电压 V_{EE} 可低于栅 - 源二极管的反向击穿电压。为保持 JFET 通态，通过短接栅 - 源电势而使图腾柱输出 0V。反之，当器件要关断时，图腾柱输出电压从零跳变为负电源电压。这样，通过栅极电阻 R_G 和电容 C_S 会向 JFET 的栅极注入一个峰值电流。在稳态下，电容 C_S 两端的电压

等于 $-V_{EE}$ 和栅极反向击穿电压之间的电压差。流过电阻 R_S 的栅极电流非常小（几毫安），其功率损耗也可忽略不计。通过选择合适的栅极电阻 R_G 和电容 C_S，开关速度可以调整为任意值，图 4.15b 给出了由该栅极驱动器驱动的 SiC JFET 的开关波形。

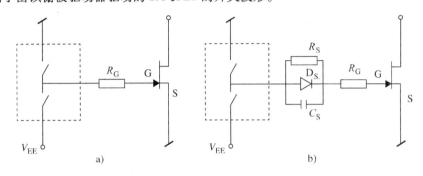

图 4.14　常闭型 SiC JFET 驱动器：a）简单的图腾柱驱动；
b）参考文献［30］给出的带 DRC 网络的驱动器

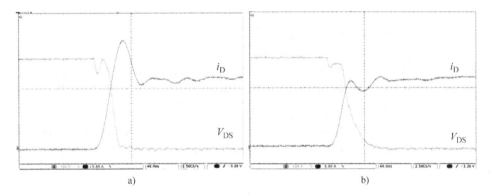

图 4.15　SiC JFET 的开通过程（每格 40ns、100V、5A）：a）2.5V/ - 15V 简单图腾柱驱动器；
b）DRC 驱动器（$C_S = 22nF$，$R_G = 10\Omega$，$V_{EE} = 30V$）

尽管常闭型 SiC JFET 有各种优点，但存在一个严重的问题，就是当栅极驱动器的电源丢失时会发生直通，可能导致该器件损坏。因此，为在实际应用中解决这个问题，需要一个"智能"的栅极驱动器。参考文献［31］中介绍了一种用于常闭型 SiC JFET 的"智能"栅极驱动器成功的例子，即自供电栅极驱动器（Self - Powered Gate Driver，SPGD）。这不仅仅是一个针对直通问题（启动过程）的电路解决方案，而且也能够在稳定运行状态下提供栅极所需的功率。一个 SPGD 的电路原理如图 4.16a 所示。该 SPGD 由两个 DC/DC 变换器组成：启动变换器和稳态变换器。这两个变换器都并接在常闭型 SiC JFET 两端。同时必须指出的是，光耦合器和集成电路（IC）驱动器也是必要的。前者将控制信号与栅极驱动电路隔离，而后者则是由 MOSFET 构成的图腾柱电路。

启动变换器本质上是一个改进的 DC/DC 正激变换器。当常闭型 SiC JFET（J_m）被施加直流电压时，会流过直通电流，而直通电流的能量则驱动启动变换器，可在一定时间内提供一个合适的负电压 V_{su} 以关断 J_m。该变换器的关键部分是常闭的辅助 SiC JFET（J_{aux}）、高变比变压器 T/F_1、二极管 D_1 以及输出电容 C_1。与 J_m 类似，当输出电压 V_{su} 低于其夹断电压时，J_{aux} 也就关断了。

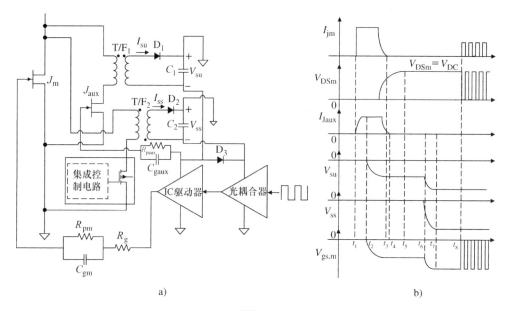

图 4.16 自供电栅极驱动器[31]：a）详细原理；b）启动时序

稳态变换器是一个 DC/DC 反激变换器，将 J_m 两端的高压变换为一个低的负电压 V_{ss}，为栅极驱动器供电。当 MOSFET 的漏 – 源极电压超过一定值时，其内部集成的控制器开始工作。因此，稳态变换器也开始运行，并为光耦合器和 IC 驱动器一起提供一个负电压。从图 4.16a 可清楚看出，IC 驱动器仅驱动主 JFET（J_m）的栅极，而此时辅助 SiC JFET（J_{aux}）的栅极则直接连接到变换器的输出。这意味着 J_{aux} 在栅极驱动器的稳态运行期间总是保持关断，而此时 J_m 由 IC 驱动器控制。

图 4.16b 所示为 SPGD 的启动时序。值得关注的是该图所示的最后一个曲线，即 SiC JFET 的栅 – 源极电压 $V_{gs,m}$。直至 t_6，该电压都等于启动变换器的输出电压；而这段时间之后（当稳态变换器开始运行），则等于 V_{ss}。假定脉宽调制（PWM）在 t_8 时刻开始运行，则可明显看出，$V_{gs,m}$ 从 0 到负电压之间的跳变。

除了单独的测试电路，还用一个半桥变换器对 SPGD 进行了测试，其中包括两个常闭型 SiC JFET J_{m1} 和 J_{m2}。图 4.17 所示为 SPGD 在单独测试电路中的试验结果。如该图所示，直通电流 I_{Jm} 和 I_{Jaux} 在约 20μs 后被消除，同时也给出了 J_m 阻断电压的波形。最后，图 4.18 给出了 SPGD 运行于半桥变换器时的表现。图中可清晰地看出启动变换器与稳态变换器的运行时间间隔，也可观察到当稳态变换器运行一定时间后，开始进行脉宽调制的开关过程。

除了上述分析的解决方法之外，目前还有一些针对常闭问题的解决方案。其中一个众所周知的解决方案是将 SiC JFET 与一个低压的硅基 MOSFET 共源共栅连接[32]。这样，常闭的 SiC JFET 就表现为一个常开关。然而，这种方法的很大缺点在于 MOSFET 有额外压降，同时由于引入了硅器件，就无法实现高温下运行。

参考文献［33］研究了另一种专用于 VSC 的解决方案。该文提出的保护方案是基于一个线性调节器，其中包含一个连接到直流母线的常闭型 SiC JFET。在直通时激发保护方案，一个超快的变换器为 VSC 的下桥臂 SiC JFET 的栅极提供负电压。然而，还需要一个额外的电源，以在稳态时为栅极供电。参考文献［34］提出了另一种基于常闭型 SiC JFET 的 VSC 保护方案。其中，硅基 IGBT 与一个继电器串联连接，然后两者并联连接在一个充电电阻两端。这种保护方案应用

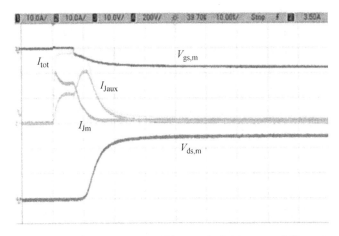

图 4.17　主 SiC JFET（J_m）的栅 – 源极电压 $V_{gs,m}$：每格 10V；
J_m 漏 – 源极电压 $V_{ds,m}$：每格 200V；J_m 直通电流 I_{Jm}：每格 10A；
流过 J_{aux} 的短路电流 I_{Jaux}：每格 10A；总直通电流 I_{tot}：每格 10A、10μs

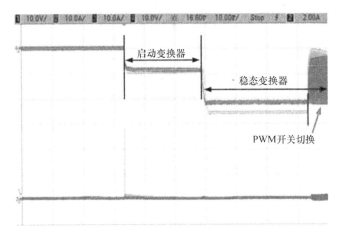

图 4.18　半桥变换器 SPGD 试验波形[31]。上管 SiC JFET（J_{m1}）的栅 – 源极电压：每格 10V；
下管 SiC JFET（J_{m2}）的栅 – 源极电压：每格 10V；J_{m1} 漏极直通电流 I_{Jm1}：
每格 10A；J_{m2} 漏极直通电流 I_{Jm2}：每格 10A、10ms

于直流母线电容的中点，可在很短的时间内消除短路。不过，稳态时还需要额外的电源为 SiC JFET 的栅极驱动供电。参考文献［35］给出了一种常闭型 SiC JFET 的保护电路，用于电网供电的开关电源。在这种情况下，启动过程的浪涌电流被用于关断 JFET。无论正弦输入电压开始于零或者任何其他值，都确保了 JFET 的安全运行。与上述的大部分想法相同，这种方案依然有需要额外供电的缺点，以在稳态运行时为栅极驱动器供电。

4.4.2　SiC BJT 的基极驱动器

　　SiC BJT 是电流驱动型器件，为保持器件处于饱和区，在导通期间需要较大的基极电流。然后，由于 v_{BE} 和 v_{BC} 的压降相抵消，集电极 – 发射极电压显著低于 SiC P – N 结的内建电压。基极驱动单元需要向基极 – 发射极结提供一定的基极电流，电流大小取决于功率电路的工况条件（集电极电流、结温）和 BJT 参数（电流增益 β）。例如，一个用于 2kW DC/DC 升压变换器[36]中的 1200V/6A BJT，其稳态的基极电流为 320 mA，导致集电极 – 发射极电压低于 1V。随着大量的稳态基极电流流过基极 – 发射极结（电压降约 3V），功率损耗成为基极驱动单元的一个关键问题。在集电极电流随时间变化的应用中，为了限制 BJT 驱动的功率损耗，比例驱动器会是一种不错的解决方案。由于 SiC BJT 比同类的硅器件速度更快，常规带变压器的基极比例驱动器电路可能不是最好的选择。最棘手的问题是主电路中引入的寄生电感、电容，这会影响晶体管的开关性能。毫无疑问，使用现代电子器件可以找到更合适的解决方案。总之，有必要在基极驱动器的复杂性和预期功耗节省之间进行合理的权衡。下面的章节中将讨论 SiC BJT 基极驱动器单元的不同方案，所有方案的稳态基极电流都是定值。

图 4.19a 给出了一个 SiC BJT 的基极驱动简单电路，采用了图腾柱电路并串联连接基极电阻 R_B，其阻值用于调节合适的稳态基极电流。因此，采用这种驱动器的 BJT 开关速度很慢。可以通过并联一个加速电容 C_B 来提高开关性能[15]，如图 4.19b 所示。每当图腾柱输出状态变化时，这个电容就被充电或放电，从而导致一个基极电流尖峰。尖峰的边沿越陡，开关速度就越快，可由电源电压 V_{CC} 和电容 C_B 来调节。电源电压和电容容值越高，开关过程就越快。另一方面，基极驱动器的功耗也增大了，因此，看起来需要在开关速度和功耗之间折中考虑。

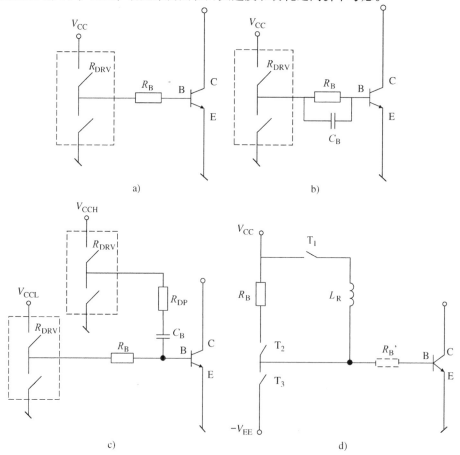

图 4.19　SiC JFET 的基极驱动单元[36,37]：a) 简单的图腾柱驱动器；b) 带加速电容的驱动器；c) 带电阻电容的双电源驱动器（2SRC）；d) 电流源驱动器

　　另一种具有两个电压源的基极驱动电路，可兼顾快速开关性能和低功耗，如图 4.19c 所示[36]。高压电源 V_{CCH} 通过电容器支路提供动态电流峰值，有助于实现快速开关。通过采用低压电源 V_{CCL} 连接一个精心选取的基极电阻，以降低驱动器的功耗。开通过程的波形如图 4.20 所示。从图 4.20a 中可观察到基极的大电流峰值。从图 4.20b 的波形可观察到，1200V/6A SiC BJT 的导通时间约为 30ns。稳态基极电流由低压电源提供，因此导通期间的驱动损耗可以保持在相当低的水平。在 100kHz 开关频率和 50% 占空比的条件下驱动 6A 的 SiC BJT，双电源电路辅助电源所提供的功率为 1.6W，而对应的单电源方案则是 2.5W[36]。而且，双电源方案的 DC/DC 升压变换器的效率接近 99%，而单电源方案的效率则为 98.4%。

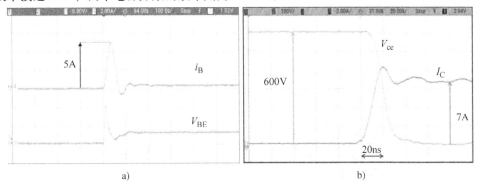

图 4.20　6A SiC BJT 采用双电源基极驱动器的导通过程[36]：a) 基极电流（每格 2V、100ns）
与基极 – 发射极电压（每格 5V）；b) 集电极 – 发射极电压 V_{ce}（每格 100V）；
集电极电流 I_c（每格 2A），时间（每格 20ns）

　　双电源驱动器的性能固然十分优异，但其部分特性在某些应用下却成为缺点。首先，当器件工作于桥臂模式时，没有负电源是一个问题，可能会出现误导通情况。其次，在驱动器准备下一次开通过程之前，基极电容必须完全放电，这就导致了其开关占空比受限。此外，电容 C_B 可能与晶体管封装所固有的寄生电感产生高频振荡，而这种现象必须尽可能地消除。

　　参考文献 [37] 给出了一种克服了上述缺点的基极驱动器方案。与之前的方案类似，当 T_2 开通时，低压电源 V_{CC} 通过基极电阻 R_B 提供了稳态电流，如图 4.19d 所示。因此，可以很容易地优化稳态功耗。快速开通 BJT 所需的动态电流尖峰也通过由 V_{CC} 供电的专用电流源产生。与双电源驱动器不同的是，动态阶段起作用的仅仅是电感 L_R，从而基本解决了高频振荡问题。如图 4.21 所示，在 T_3 导通的情况下开通 T_1，会使得电感电流上升到所需值。然后，当 T_3、T_2 开关切换时，将切断至负电源 V_{EE} 的电流路径，使得电感电流注入 BJT 的基极。应该强调的是，通过改变电感值和/或持续时间，可以很容易地调节电流峰值。通过利用 V_{EE} 提供一个负电压偏置，可确保快速的关断过程，而且通过电阻 R_B 可进行适当的调节。看上去电流源驱动器似乎是一个复杂的设计，特别是由于电感的存在和控制时序。然而关键在于，电感可以仅仅是一个数百 nH 的空心电感；而为了获得合适的逻辑时序，也只需一个基于 4×2 输入与非门芯片的简单电路就足够了，如图 4.21b 所示。参考文献 [37] 中的测量结果显示，其在 100kHz 下的功率损耗为 1.9W，比双电源方案的略高一些，但这看起来是由于没有优化基极驱动电路而导致的。

4.4.3　常开型 JFET 栅极驱动器

　　初看起来，SiC EMVTJFET 似乎是一个压控型器件（阈值电压接近 1V）。然而，为了传导漏极电流，特别是为了实现合适的通态阻抗[38]，一个稳态栅极电流是必需的。此外，为使器件输入电容的充电速度更快，需要为栅极提供一个大电流尖峰。这意味着，常开型 SiC JFET 栅极驱

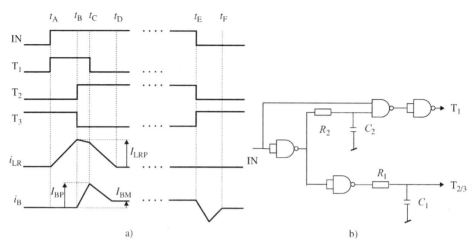

图 4.21　电流源 SiC BJT 驱动器[37]：a）工作原理；b）满足控制时序要求的简单逻辑电路

动器的需求与 SiC BJT 的非常接近，而这已在上一节进行了讨论。因此，上面提到的 BJT 的所有设计，稍加修改后即可用于 JFET。电流源驱动器实例就是一个很好的证明。图 4.19d 所示的同样的驱动板可用来驱动常开型 SiC JFET。唯一的区别是基极（栅极）电阻的阻值，这是因为JFET 所需的稳态电流更低一些。图 4.22 给出了双脉冲试验的测试波形。从图中可以看出，常开型 SiC JFET（1200V/100mΩ）的动态性能非常优秀，其开关时间为数十纳秒。

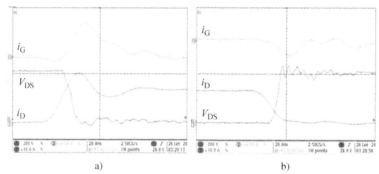

图 4.22　采用电流源驱动器的 SiC EMVTJFET 的双脉冲测试：a）开通；b）关断
（基极电流：每格 4A；漏极电流：每格 10A；漏 - 源极电压：每格 200V；时间：每格 20ns）

　　常开型 JFET 是首先商用且被最广泛测试和应用的 SiC 晶体管。因此，在一些文献尤其是制造商的应用手册中，可以找到不少栅极驱动的方案[39]。除了前面章节讨论过的用于 SiC BJT 的RC 耦合驱动器以外，还有一种两级电阻的栅极驱动方案，如图 4.23a 所示，用于 1200V/30A 常开型 JFET。这种驱动器有两个运行阶段：一个是动态阶段，由一个标准的驱动器和电阻 R_{B2} 构成，提供大电流尖峰以实现晶体管的快速开通与关闭；另一个是稳态阶段，由 DC/DC 降压变换器、BJT 和电阻 R_{B1} 构成。当器件开通后，控制辅助 BJT 导通，以提供约 200mA 的栅极电流。由于取消了加速电容器，因而也消除了充电和放电时间相关的问题。这在某种程度上可被视为这种驱动方案的一个优势，也被推荐用于基于 SiC JFET 的功率模块[40]。

　　最后，为利用 SiC JFET 的快速开关性能，参考文献［41］为常开型 SiC JFET 提出了另一种交流耦合型栅极驱动器，如图 4.23b 所示。导通时，稳态电流由图腾柱驱动电路经电阻 R_{DC} 和二极管 D_{DC} 注入栅极。由于正电源 V_{CC} 非常低，只有约 3V，因此限制了其功率损耗。开通过程由加

速电容 C_{AC} 与正电源 V_{CC} 一起协助实现，而开关速度可通过选择适当的 R_{AC} 阻值来调整。导通后，V_{CAC} 接近零，因此，避免了占空比受限的问题。在关断瞬态过程中，利用 C_{AC} 低阻抗回路实现常开型 SiC JFET 输入电容的快速放电。之后，二极管 $D_1 \sim D_4$ 可使器件保持关闭，并可用以旁路密勒效应引起的电流。由于 SiC EMVTJFET 的夹断电压低、栅 - 漏极的寄生电容较大，使得交流耦合型栅极驱动器的特性显得尤为重要。

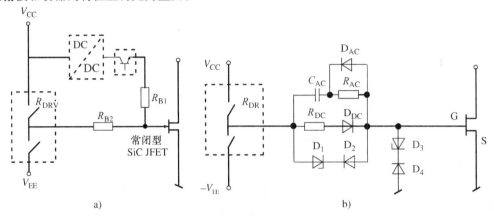

图 4.23　a）常开型 SiC JFET 的两级栅极驱动单元[20]；b）交流耦合型栅极驱动器[41]

4.4.4　SiC MOSFET 栅极驱动器

在所有的 SiC 晶体管中，在考虑栅极驱动器时，MOSFET 似乎与最新的硅基晶体管或 IGBT 最为相似。然而，必须指出 SiC MOSFET 的一些特殊特性。类似于常开型 SiC JFET，其夹断电压很低（约 2.5V），且随结温的升高而降低。这使得器件对 dv/dt 噪声更不敏感。此外，器件跨导低，从噪声抗扰度的角度来看，这算是一个缺点。在主电路快速变化时，易使栅极电路产生畸变。另一个重要特征是，用以开通 MOSFET 所需的驱动电压较高，20V 是制造商的推荐值，这是由低跨导导致的。同时，最小负电压只有 5V。总之，驱动器的拓扑结构可以是众所周知的图腾柱方案，例如图 4.24a，但须倍加注意以使设计更周全，并消除寄生效应。

采用 1200V/160mΩ SiC MOSFET、1200V/30A SiC 肖特基二极管以及简单图腾柱驱动器（见图 4.24a）的开关实验结果如图 4.25 所示。图腾柱驱动器的正电源电压为 24V，使得开通时间约为 30ns。另一方面，由于负电源只有 5V，且栅极电流的动态特性要低得多，因此关断需要约 50ns。

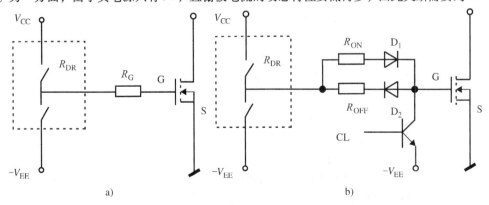

图 4.24　a）SiC MOSFET 的图腾柱驱动；b）针对米勒钳位效应的改进型[42]

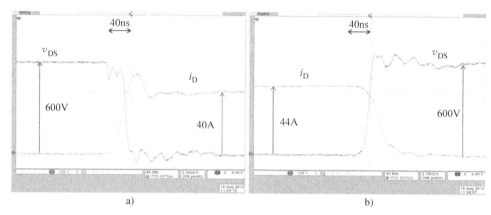

图 4.25 基于图腾柱驱动的 SiC MOSFET（CMF10120D）漏－源极电压 v_{DS}
与漏极电流 i_D 波形：a）导通时；b）关断时

在桥臂结构中，为避免由米勒效应引起干扰问题，参考文献［42］采用了一种改进的图腾柱驱动方案。除了采用单独的导通和关断电阻以外，额外增加了一个双极型晶体管，以在 MOSFET 栅极和负电源之间产生一个低阻抗回路，如图 4.24b 所示。当主晶体管处于关断状态时，钳位晶体管导通，由于漏－栅极电容迅速放电而产生的电流直接流向 V_{EE}。这样，栅极电阻和驱动器阻抗都被旁路了，因此由米勒电流引起的轻微压降仍低于负电源 V_{EE}（－5V）和夹断电压（＋2.5V）之间的差值。如参考文献［42］所述，受益于这种驱动器方案，即使漏极的电位变化非常快，也无法开通 MOSFET。

4.5 晶体管并联

在一些电力电子应用中，已有 SiC 晶体管的芯片尺寸及其额定电流不能满足要求。因此，有必要设计多芯片的模块，或者将分立器件并联。在这两种情况下，重要的是要检验并联芯片的稳态和动态均流。如果晶体管的动态电流分配不均，则其中电流最大的一路的开关损耗也最大，结温也会随之升高。如果稳态电流的分配不均，也同样会导致温度分布不均。

参考文献［43］讨论了常开型 SiC JFET 的并联问题。作者也对 SiC BJT 分立器件的并联进行了类似的研究。研究表明，晶体管的暂态电流分配受器件参数离散性影响，开关速度越快，影响越大。相反，它们在稳态运行时表现出良好的均流性。尽管从常开特性的角度来看，这两个 SiC 器件似乎是首选，但事实也表明，常闭型 SiC JFET 的通态电阻相对较低[44]。因此，有必要深入研究这类 SiC JFET 的并联。

如上所述，有两种类型的常闭型 SiC JFET，既可作为工程样品，也可作为商业产品。参考文献［45］对常闭型 LCJFET 和 DMVTJFET 的并联进行了研究。不论是哪种常闭型 SiC JFET，影响并联性能的器件参数对两种 JFET 设计都是相同的。特别的，有 4 个最关键的参数会同时影响动态和稳态均流。第一个关键参数是并联 JFET 的通态电阻，必须是正温度系数且一致性好。图 4.26 给出了 4 种不同 DMVTJFET 样品在高温下的通态电阻曲线。图中可明显看出，这些 JFET 的通态电阻存在显著差异。不过，随着温度的升高，通态电阻的变化率基本保持不变。

第二个关键参数是并联 JFET 的稳态传输特性（$I-V$ 传递特性）的差异。图 4.27 和图 4.28 分别给出了两个 DMVTJFET 样品在不同栅－源极电压下的稳态传输特性曲线。理想情况下，当栅－源极电压相同时，并联器件的 $I-V$ 特性一定是相同的。然而，从两图中可明显看出，这两

个器件的 $I-V$ 曲线有差异。例如，当栅 – 源极电压 $V_{gs}=-5V$ 时，图 4.27 所示的器件仍然导通，而图 4.28 所示的另一个器件却保持关断状态。如果栅 – 源极电压 $V_{gs}=-4V$，可以观察到类似的情况。通过研究某些栅 – 源极电压所对应的 $I-V$ 曲线，可以发现这样的离散性。$I-V$ 传输特性的差异，导致并联 SiC JFET 的跨导值不同。因此，可能会在开关暂态过程导致电流不匹配。例如在导通时，具有最低跨导值的 JFET 会比其他器件开通的略慢一些。

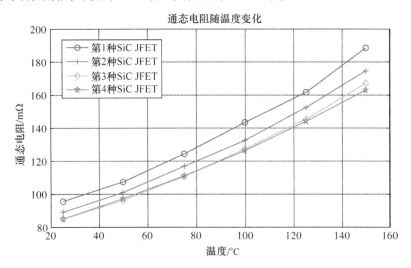

图 4.26　4 种不同的 DMVTJFET 样品的通态电阻随温度的变化[45]

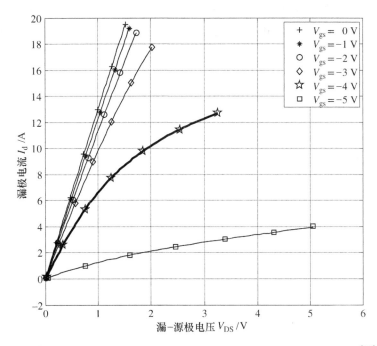

图 4.27　特定 DMVTJFET 样品在不同栅 – 源极电压下的稳态传输特性[45]

　　第三个、第四个关键参数分别是并联 JFET 的夹断电压和栅极反向击穿电压 $V_{br,g}$。由于 SiC 器件是针对高温运行的，因此有必要研究它们的温度依赖性。实验发现，两种类型 JFET 的夹断电压都几乎与温度无关。参考文献［45］对 LCJFET 进行了测试，给出了某个 JFET 在室温和

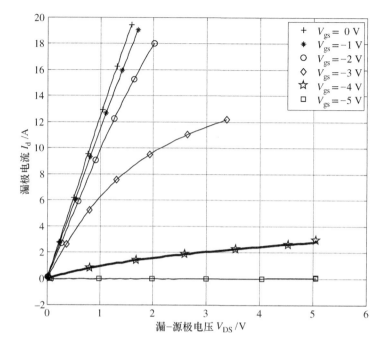

图 4.28　特定 DMVTJFET 样品在不同栅 – 源极电压下的稳态传输特性[45]

150℃下的稳态传输特性，结果表明夹断电压并没有变化。尽管 LCJFET 和 DMVTJFET 这两种结构的 JFET 在高温下的夹断电压恒定，但两者的反向击穿电压 $V_{br,g}$ 随温度变化的特性有所不同。DMVTJFET 的 $V_{br,g}$ 几乎不受温度变化的影响，如图 4.29 所示，而 LCJFET 的 $V_{br,g}$ 则随温度增加而增加[45]。特别是在实验之后，两个不同的 LCJFET 样品的 $V_{br,g}$ 温度相关性可能不同。因此，在并联的 LCJFET 中，夹断电压和 $V_{br,g}$ 之间的裕度也可能不同。最后，在高温下，很明显 $V_{br,g}$ 在增加（换句话说，其绝对值在减小），$V_{br,g}$ 和夹断电压之间的裕度也变得越来越小。

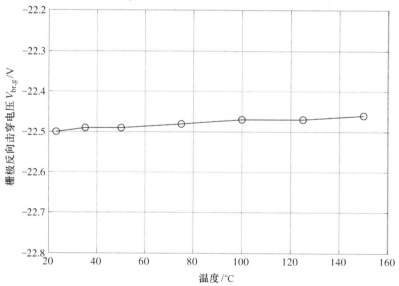

图 4.29　DMVTJFET 栅极反向击穿电压温度相关性测量[45]

当两个或多个具有不同 $V_{\rm br,g}$ 值甚至不同夹断电压的 LCJFET 并联时，可能会面临一个严重的问题。特别是在高温下，这两个参数之间的裕度非常小，甚至可能是负值，以至于可能会导致运行不稳定。这个问题的一个解决方案[45]是采用图 4.14b 所示的栅极驱动器，其供电电压比所有并联器件中最低的 $V_{\rm br,g}$ 还要低，通过一个高阻值的电阻 $R_{\rm p}$ 以限制栅极漏电流。因此，所有的器件都被关断，而没有任何器件的栅-源结会被损坏。相反的，对于 DMVTJFET，其夹断电压和 $V_{\rm br,g}$ 均不受温度的影响，因此并不存在这两个参数之间安全裕度的问题。不过，由于多个并联器件的夹断电压和 $V_{\rm br,g}$ 的参数差异，可能会造成暂态电流不均衡。

除了研究并联 SiC JFET 的稳态特性以外，也有必要研究其开关特性。在详细讨论这一点之前，有必要提到，为了研究开关特性，选择了 DMVTJFET 设计。这个选择主要是基于其夹断电压和 $V_{\rm br,g}$ 之间的裕度不受温度影响的特性。此外，尚未发布的新型 LCJFET 将可能会与 DMVTJFET 的性能相当，也有助于 SiC JFET 的设计选择。

下面研究两对双并联的 DMVTJFET 的开关性能。第一对的 $V_{\rm br,g}$ 的值不同，而另一对的值相同（分别为 -28.1V/ -19.2V 和 -28.1V/ -28V）[45]。实验表明，还有一个参数也会影响 SiC JFET 的并联性能。该参数与器件在电路布局上的位置有关。特别是，不同的位置导致 JFET 分立器件的引脚之间的杂散电感值不同。因此可以预见到，每个并联器件的开关性能将会不同。图 4.30 给出了三种不同的布局方案图。其中，图 4.30c 所示电路基于器件对称布局的原则（二极管安装在 JFET 之间）。

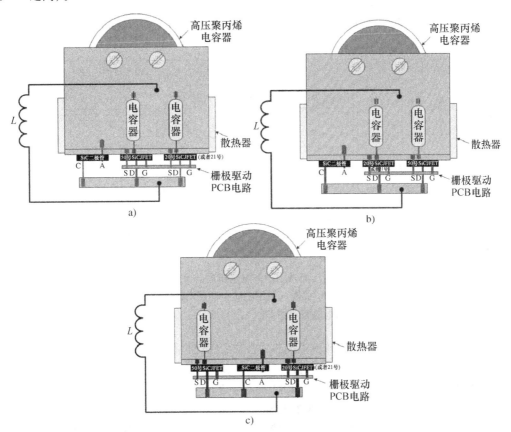

图 4.30　各种电路的布局图形示意图[45]：a) 电路布局图 L1；b) 电路布局图 L2；c) 电路布局图 L3

　　具有相同和不同 $V_{br,g}$ 值的并联 SiC JFET 的开通和关断暂态波形分别如图 4.31 和图 4.32 所示。从这两个图可明显看出，具有相同 $V_{br,g}$ 的器件具有更好的开关性能。此外，JFET 在电路布局上的位置也会影响电流暂态。以图 4.31 为例，相比其他两种电路布局，最下面的曲线也就是对称布局（L3）在某种程度上性能更好一些。然而，这并不是一定的。实际上如图 4.32 所示，采用对称布局并没有解决暂态电流不平衡的问题。因此，我们得出的结论是，并联 SiC JFET 的开关性能取决于多个参数的组合，不仅仅与器件有关，还与电路布局有关。

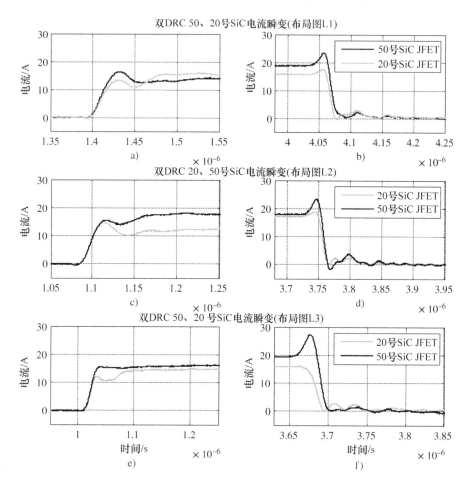

图 4.31　具有相同栅极反向击穿电压而采用不同电路布局的 SiC JFET 开关暂态波形：采用电路
布局图 L1，a）开通，b）关断；采用电路布局图 L2，c）开通，d）关断；
采用电路布局图 L3，e）开通，f）关断

　　为了消除杂散电感的影响，设计基于多芯片并联的模块是必需的。在这种情况下，出现的问题涉及芯片的筛选标准。例如，可以同时按夹断电压和 $V_{br,g}$ 来筛选芯片。

　　图 4.1 和图 4.33 所示为一个成熟的 40kVA 逆变器实例[46]，其中每个开关位置均由 10 个 JFET 并联而成。单个开关的通态电阻低于 10mΩ，但由于相对较低的开关频率（10kHz），大部分功率损耗仍然是通态损耗。因此，在这种情况下，10 个分立器件的开关一致性要求并不是很苛刻。尽管如此，为使所有 JFET 实现近乎一致的驱动工况，对栅极驱动器进行了特殊设计。该逆变器的并联器件数量多（60 个晶体管和 6 个二极管），以额定功率计算，半导体器件的总成本

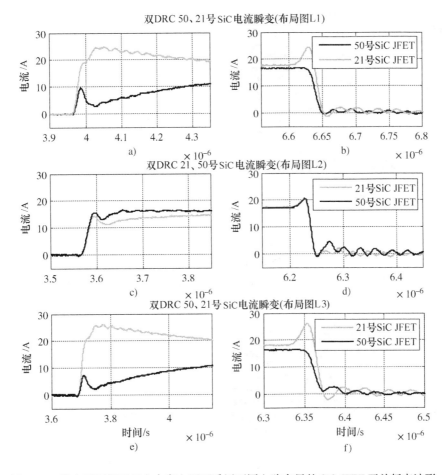

图 4.32　具有不同栅极反向击穿电压而采用不同电路布局的 SiC JFET 开关暂态波形：
采用电路布局图 L1，a）开通，b）关断；采用电路布局图 L2，c）开通，
d）关断；采用电路布局图 L3，e）开通，f）关断

约为 37.5 美元/kW，这比相应基于硅基 IGBT 的逆变器的成本要高。然而，如图 4.33b 所示，SiC JFET 出色的开关性能和极高的效率（超过 99.5%，接近 99.7%），构成了支持投资这种逆变器的两个驱动因素。

　　SiC 器件并联的另一个有趣的例子是用 4 个 SiC BJT 构建的 DC/DC 升压变换器，如图 4.34a 所示。对于双极型晶体管的并联，最重要的参数是通态压降（必须为正温度系数）、电流增益、稳态传输特性和器件的栅极电荷（需要由基极驱动电路提供以便开通）。如果所有的器件由同一个驱动单元驱动，所有并联器件的电流增益必须大致相同，以确保相同的稳态电流分配。如果并联 BJT 具有不同的稳态传输特性和/或不同需求的栅极电荷，可能会导致暂态电流不平衡。此外，如前所述，电路布局也可能影响并联器件的开关性能。例如在 DC/DC 升压变换器中的 BJT 和二极管器件引脚之间连接的杂散电感，可能进一步加剧暂态电流不平衡。但关键的问题是设计一个合适的基极驱动电路，以确保 4 个器件在动态和稳态电流方面都实现近似的驱动条件。对于该 DC/DC 变换器，采用了一个双电源的概念来驱动 4 个 1200V/6A 的 SiC BJT（见图 4.34b）。在开关频率为 250kHz 和 50% 占空比下，测得驱动器的功耗为 8.5W（>2W/器件）。在额定条件下（300V/600V、6kW、250kHz）进行的测试表明，DC/DC 升压变换器性能非常优异（见图 4.35）。

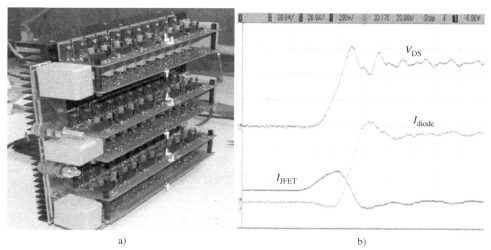

a)   b)

图 4.33   每个开关位置用 10 个并联 JFET 构建的三相逆变器：a）10 个并联 SiC JFET 关断过程；
b）（漏 - 源极电压 V_{DS} 为每格 200V，源极电流 I_{JFET} 为单个 JFET 是每格 20A）
带反并联 SiC 肖特基二极管（二极管电流 I_{diode} 为每格 20A，时基为每格 20ns）

a)   b)

图 4.34   a）基于 4 个并联 SiC BJT 的 DC/DC 升压变换器；b）双电源驱动器[47]

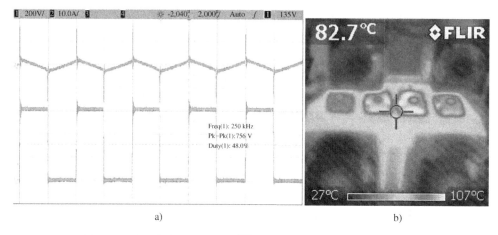

a)   b)

图 4.35   升压变换器试验结果[47]：a）电感电流与中点电压波形；
b）满功率运行时的热成像仪图片（250kHz，6kW）

由于电气测量困难，尤其是 BJT 电流（器件和驱动器彼此很近，用 Rogowski 线圈测量会有干涉），因此用一台热成像仪来验证电流和功率的分配情况。晶体管外壳的温度显然不一致，不过差异处于一个可接受的水平，也没有观察到热失控效应。这证明了并联的性能很好，总功率损耗（包括无源元件共 115W，效率 98.1%）大部分是开关损耗，通态损耗约为每个晶体管 2.1W。

4.6 应用概述

在前面章节所介绍的对可用 SiC 功率器件的性能进行简要分析的基础上，可以清楚地看出，其特性正在推动电力电子技术进入新的领域。当采用 SiC 器件取代传统的硅器件来设计电力电子变换器时，可以选择三种不同的设计方向，如图 4.36 所示。

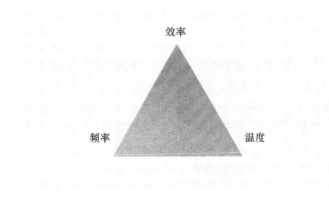

图 4.36　基于 SiC 的电力电子变换器的三个主要设计方向

毫无疑问，最明显的方向是提高开关频率，最高可达几百 kHz，因为 SiC 器件的开关动作时间为纳秒级。这意味着，除非采用软开关技术，否则 SiC 变流器可达到硅器件所无法胜任的开关频率（额定电压高于 600V）[48]。开关频率的增加有助于进一步减小无源元件（例如电感、电容）的体积和重量，从系统的角度来看，这可被视为一个很大的优势[49]。因此，可以构建更紧凑的变流器，尤其是带有无源滤波器的 DC/DC 变换器和逆变器。最后，由于开关速度更快、开关频率更高，电压和电流谐波在频谱中占据更高的频率段。这也导致 EMI（电磁干扰）滤波器的体积减小[50]。

SiC 器件的开关时间和电压降远低于相应的硅器件，从而极大降低了开关损耗和通态功率。在提升开关频率并没有明显优势的应用中，可以选择其余两个设计方向之一。变流器功率损耗的降低，反映到设备上就是冷却装置的体积和重量的减小[46]。此外，当散热量足够低的时候，甚至可以取消水冷或强迫风冷散热系统。对于输电、配电以及光伏发电等应用，高效率是很有价值的。在这些应用中，所降低的功耗可直接换算成收益。

因为 SiC 器件的高温特性（结温超过 450℃），最后一个可能的设计方向是高温场合的变流器。这是电力电子在汽车、太空或钻探应用的一个新领域。然而，高温下的主要障碍不是器件本身，而是封装技术不成熟，缺少高温无源元件和数字芯片。在基于全高温器件的变流器出现以前，可以用现有的 SiC 晶体管迈出一小步。例如，假设结温在 200～250℃ 之间，可通过采用具有更高热阻的散热器，以减小体积和重量。最近，已有高温功率模块封装成功的例子[51]。即使 SiC

器件在250℃结温下运行（壳温低于200℃），在可靠性和长期稳定性方面仍有问题需解决。目前已有基于绝缘体上硅技术的高温栅极驱动器[52,53]。同时，基于SiC的控制电子器件正在开发过程中，并表现出非常有前途的特性[54]。

不可否认的是，SiC功率器件技术目前即便不是处于爆发阶段，也是处于蓬勃发展阶段，因为如新器件、驱动概念或应用实例等新事物正不断出现。毫无疑问，在所有新成就中，仅有一小部分被展示出来。可能最有吸引力的实例还未被公开。这意味着，很难完整呈现当前SiC技术的真实状况，但另一方面，仍然可以对之前所展示的内容进行概述。SiC肖特基二极管是一种成熟的、大规模生产的器件，不但有分立器件，也有模块封装。相比之下，除了少数几个低功耗应用实例以外，SiC晶体管的实际应用看起来仍处于早期发展阶段。然而，利用现有SiC晶体管的数据，对未来SiC变流器的性能进行合理的预测是可能的。这也是为什么世界各地的几个研究小组开发和实验测试了许多实验室原型和示范的原因。

4.6.1　光伏发电

SiC器件的优越特性与光伏产业的需求完全匹配，特别是在提高效率以及逆变器与光伏电池板集成方面[55]。在千瓦级的功率范围内，用SiC器件取代硅，可实现99%以上的效率。即使器件成本仍然较高，但系统效益还是很显著的。此外，在未来，光伏电池板背面可以利用SiC晶体管集成小型逆变器。在光伏应用中，通常会遇到恶劣的环境条件，现有的硅技术可能无法实现高可靠性和长寿命的需求。然而，一些反对SiC器件的观点主要是高成本。最有可能的是，整体系统效益以及器件成本的预期降低，可能有助于将来解决这个问题。

4.6.2　交流传动

SiC器件在交流传动领域大规模应用的机会是有限的。主要原因是其成本高于最新型的硅器件（尤其是IGBT），而后者目前已基本满足了交流变频传动的所有需求。尽管如此，SiC器件的特性还是很可能用于许多细分市场。例如，对于需要 *LC* 滤波器的交流传动应用，可以体现出使用SiC器件的额外优势。提高开关频率可能显著降低此类系统的体积和重量。当需要高效率和高功率密度时[48-50]，SiC晶体管也很有用。最后，也可以考虑用于需要高开关频率的场合，例如驱动高速电动机。

4.6.3　混合动力和插电式电动汽车

当SiC晶体管用于混合动力电动汽车的逆变器中时，可能产生非常高的系统效益[56-59]。变流器与使用普通冷却系统的内燃机（温度高于100℃）集成在一起，被视为当前的趋势。硅基器件不太可能满足所有这些需求。因此，具有更高温度限制的SiC器件似乎是最佳选择。此外，还可以构建高效率的变换器和逆变器。然而，缺乏可靠的高温封装仍然是一个严重问题。最后，像栅极驱动器、电容器等辅助元器件也必须能够在高温下运行，这是一个巨大的挑战。

4.6.4　大功率应用

SiC器件的阻断电压可以做到更高，使其在高压直流（HVDC）等电网应用的大功率换流器领域具有吸引力。据参考文献［27］所述，像JFET等单极型器件将会是高达4.5kV电压等级的最佳选择。对更高的电压等级，未来的双极型器件（BJT、IGBT）或许更具优越性。然而，高电压等级 SiC 器件的可用性目前是受限的，即使可以在文献中找到几个有趣的实例。参考文献［60］讨论了一个 300MVA 模块化多电平换流器的实例，用于 300kV HVDC 输电。由于开关频率只有 150Hz，开关损耗非常低。加上 SiC JFET 的通态电阻低，相比于硅基 IGBT，系统效率可提升 0.3%（900kW）[61]。其好处不仅在于散热量更小，而且能源消耗也更低。参考文献［62］讨论了 20kV SiC GTO 晶闸管在 120kV/1kA HVDC 输电中的可能应用。通过使用器件解析模型和系统仿真，将该装置与 4×5kV 对应的硅基装置进行了对比。采用 20kV SiC GTO 晶闸管，预计在更高的结温下，效率会显著提高。参考文献［48］给出了另一个有趣的实例，体现了 SiC JFET 的高电压能力，其中采用了 6 个 1.2kV 晶体管以超共源共栅方式连接，在 DC/DC 变换器中进行了高达 5kV 的测试。如果采用 6.5kV 的 JFET，则该变换器将能够在配电系统中 20kV 以上的电压水平下运行。此外，10kV 的 SiC MOSFET 通常被考虑用于固态变压器等高压应用[63]。在这种情况下，虽然其功率损耗比 6.5kV IGBT 低几倍，但为了降低高压变压器的尺寸，该变换器的开关频率从 1kHz 增加到 20kHz。在一项关于智能电网应用的研究中，考虑了 15kV n 沟道 SiC IGBT[64]。尽管 n 沟道 SiC IGBT（低导通压降、开关能量大于 6.5kV 相应硅器件等）的仿真结果看起来非常有前途，但仅在实验室中对 12kV/10A SiC IGBT 进行了实验验证[27]。

4.7　GaN 晶体管

氮化镓（GaN）是另一种有趣的宽禁带半导体材料，在电力电子器件领域具有巨大的潜力。表 4.1 中对材料性能的简要分析表明，两种宽禁带材料（SiC 和 GaN）在大多数参数上都优于硅。电力电子器件的可能改进也可在本表中找到。宽禁带半导体的临界场强越高，器件的阻断电压就越高，漏电流也越小。当考虑工作频率时，电子迁移率是一个重要因素，GaN 在这方面的性能要比硅或 SiC 好得多。因此，GaN 器件在高频率下具有优越性，而且这个特性已被用于许多射频（RF）应用中。另一方面，GaN 的导热性与硅相当，限制了其高温运行能力。

表 4.1　硅、4H – SiC 和 GaN 的材料特性

材料特性	硅	4H – SiC	GaN
能带隙/eV	1.1	3.2	3.4
标准场/(10^6V cm^{-1})	0.3	3	3.5
电子漂移/(cm^2 V^{-1} s^{-1})	1450	900	2000
电子饱和速度/(10^6cm s^{-1})	10	22	25
热导系数/(W cm^{-2}K)	1.5	5	1.3

如今，大规模生产的蓝色激光二极管是建立在大量 GaN 基板上的，但要制造射频或功率器件，需要一种高质量的材料（低缺陷数量）。看起来，异质外延晶元是最佳选择，从未来降低成本的预期来看，硅基 GaN 要优于 SiC 基 GaN。另一方面，GaN 的热膨胀系数（5.6）比硅（2.6）高出 2 倍以上，因此器件的热循环寿命可能是个问题。目前，还考虑了蓝宝石基 GaN 衬底的解决方案，但在大多数情况下，使用的还是硅基 GaN 衬底。目前市场上可买到 6″直径的晶元，但 8″晶元也已有展示。

毫无疑问，GaN 电力电子器件的技术发展比 SiC 落后了几年，但其进步非常迅速，除了工程样品外，也开始提供商用器件。

最常见的 GaN 器件是高电子迁移率晶体管（HEMT）。这种晶体管的基本结构（见图 4.37a）与 SiC JFET 的第一种设计具有相同的缺点，即常开特性。为阻断漏极和源极之间的电流，必须给栅极提供一个负电压，如图 4.37a 所示[65]。在 GaN 和 AlGaN 层之间存在着高迁移率的二维电子气（2DEG），导致了很高的导电率和低通态电阻。高临界场导致器件尺寸非常小，因而电容非常低。总之，GaN HEMT 表现出比硅场效应晶体管（FET）更高的品质因数。

为了克服常闭特性的潜在困难，可使用共源共栅电路[66]，也开发了具有常开特性的增强型晶体管[65]。图 4.37b 给出了一个额定值为 200V/12A 的商用器件结构案例[66]。该器件具有低通态电阻，其温度依赖性低于硅基 MOSFET，并且由于其横向结构而具有较低的电容。另一方面，其阈值电压较低（只有 1.6V），可能会导致栅极错误触发的问题。考虑到寄生参数所带来的困难，器件采用栅格阵列（LGA）封装，与其他封装技术相比，可显著降低电极的寄生电感。

参考文献 [66-68] 提出了基于 HEMT 概念的一些其他设计方案。其中，基于 SiC 衬底制作的 600V 等级的器件[67,68]，无疑是最令人关注的。例如，参考文献 [67] 所报道的共源共栅结构的常闭型 HEMT，其通态电阻为 150mΩ，漏极脉冲电流为 70 A[67]。此外，参考文献 [68] 所述器件也具有类似的数据。

另一种被称为栅极注入晶体管（GIT）的器件[69]，也是以更高阻断电压为目标而设计的，其横截面如图 4.37c 所示。p 型 AlGaN 降低了栅极下电子气的电子浓度，允许设计为常开特性。在适当的栅极电压下，空穴也可以被注入沟道区域，发生沟道 – 电导率调制。这将导致更高的漏极

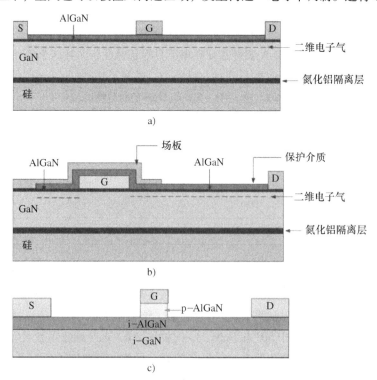

图 4.37　GaN 晶体管结构：a) 常闭型 HEMT；b) 常开型 HEMT；c) GIT

电流, 不过遗憾的是, 这也意味着需要一定的栅极电流。据参考文献 [70] 所述, 可提供 600V/
15A、58mΩ 和 10nC 的 GIT。

　　样品已证明了 GaN 晶体管的竞争性能。据参考文献 [71] 所述, 与基于硅基 MOSFET 的系
统相比, 一个采用了 HEMT 的 DC/DC 隔离变换器 (1.5MHz, 42V/12V) 的效率可提高 5% ~
25%。类似的改进可以在参考文献 [66] 中发现, 例如, DC/DC LCC 谐振变换器 (400kHz,
300V/30V) 比硅基超级结 MOSFET 的效率要高 3% ~ 17%。除了 DC/DC 变换器以外, 还介绍了
采用 GaN 的三相逆变器。参考文献 [67] 报道了一个 2kW/100kHz 的逆变器, 其直流工作电压
为 350V。采用 600V 的 HEMT, 效率可达到 98.5%。同样可以找到采用 GIT 的类似案例, 主要是
低压电动机驱动[72]。采用该器件也可实现像双向开关等其他概念。光伏逆变器被认为是 GaN GIT
未来可能的应用[70]。参考文献 [70] 介绍了一个 250V/350V 的升压变换器, 采用 600V/15A GIT
和 GaN 肖特基二极管, 在 1.2kW 的功率下达到了 98.6% 的效率。

　　GaN 功率晶体管技术的快速成长, 很可能在半导体市场中发挥重要作用。主要的扩展领域可
针对 600V 以下的电压等级。毫无疑问, GaN 器件比相应的硅器件可提供更好的性能, 唯一需要
突破的是将成本降低到可接受的水平。在 1200V 等级与硅和 SiC 进行竞争也是可能的, 但在这个
电压水平下, GaN 晶体管的参数仍然是不确定的, 因此, 它们对应用的影响仍存在疑问。

4.8　小结

　　本章旨在介绍最先进的 SiC 和 GaN 功率晶体管及其应用。作为背景, 本章首先简要介绍了硅
基 MOSFET、IGBT 和 IGCT。然后介绍了 SiC 功率晶体管。除了给出器件结构以外, 重点介绍了
SiC 功率晶体管在千瓦到兆瓦级电力电子变换器中的应用。详细论述了不同功率器件设计的优
点、缺点和特点。

　　本章还特别介绍了 SiC 功率晶体管的栅极和基极驱动电路。本节对那些想对 SiC 电力电子器
件进行测试试验的读者尤其重要, 因为对栅极和基极驱动器的理解, 是电力电子变换器成功运行
的关键问题之一。从本章介绍中可以清楚地看出, 标准硅基 MOSFET 驱动器如果直接用于现有的
SiC 功率晶体管, 通常不会有好的效果。本章还专门用了一节介绍常闭型 SiC JFET 设计中遇到的
一些问题的解决方案。

　　另一个重要问题是并联, 因为现有 SiC 功率晶体管的额定电流值通常较小。本章同时给出了
具体案例的理论基础和实验结果, 以指导读者在这方面开展工作。以 10 个器件并联的直流变换
器设计为例进行了具体介绍。

　　在接下来内容中, 给出了 SiC 功率晶体管的应用综述。首先, 阐述了如何利用 SiC 功率晶体
管的特性来发挥其优点。接下来, 还介绍了其在诸如光伏发电、交流驱动器、混合动力电动汽车
和大功率变流器等中的应用。

　　最后, 概要介绍了 GaN 功率晶体管。重点论述了 HEMT 和 GIT 的设计。

参 考 文 献

1. Rabkowski, J., Peftitsis, D., and Nee, H.-P. (2012) SiC power transistors – a new era in power electronics is
initiated. *IEEE Industrial Electronics Magazine*, **6** (2), 17–26.

2. Hofstein, S.R. and Heiman, F.P. (1963) The silicon insulated-gate field-effect transistor. *Proceedings of the IEEE*, **51** (9), 1190–1202.

3. Deboy, G., März, M., Stengl, J.P. *et al.* (1998) A new generation of high voltage MOSFETs breaks the limit line of silicon. Procedings of International Electron Devices Meeting 1998 (IEDM 1998), pp. 683–685.

4. Becke, H.W. and Wheatley, C.F. Jr, (1980) Power MOSFET with an anode region. US Patent 4,364,073, Dec. 14, 1982, filed Mar. 25, 1980.

5. Baliga, B.J., Adler, M.S., Gray, P.V. *et al.* (1983) The insulated gate rectifier (IGR): a new power switching device. *IEEE Electron Device Letters*, **4** (12), 452–454.

6. Ranstad, P. and Nee, H.-P. (2011) On dynamic effects influencing IGBT losses in soft-switching converters. *IEEE Transactions on Power Electronics*, **26** (1), 260–271.

7. Tihanyi, J. (1988) MOS-Leistungsschalter. ETG-Fachtagung Bad Nauheim. Fachbericht Nr. 23, VDE-Verlag, May 1988, pp. 71–78.

8. Chang, H.-R. and Baliga, B.J. (1989) 500-V n-channel insulated-gate bipolar transistor with a trench gate structure. *IEEE Transactions on Electron Devices*, **36** (9), 1824–1829.

9. Kitagawa, M., Omura, I., Hasegawa, S. *et al.* (1993) A 4500 V injection enhanced insulated gate bipolar transistor (IEGT) operating in a mode similar to a thyristor. Proceedings of International Electron Devices Meeting 1993 (IEDM 1993), pp. 679–682.

10. Laska, T., Münzer, M., Pfirsch, F. *et al.* (2000) The field stop IGBT (FS IGBT) – a new power device concept with a great improvement potential. Proceedings of the 12th International Symposium on Power Semiconductor Devices and ICs (ISPSD 2000), pp. 355–358.

11. Steimer, P.K., Gruning, H.E., Werninger, J. *et al.* (1997) IGCT – a new emerging technology for high power, low cost inverters. Proceedings of IEEE Industry Applications Society Annual Meeting, New Orleans, LA, October 5–9, 1997, pp. 1592–1599.

12. Agarwal, A.K. (2010) An overview of SiC power devices. International Conference on Power, Control and Embedded Systems (ICPCES 2010), November 29–December 1, 2010, pp. 1–4.

13. Friedrichs, P. and Rupp, R. (2005) Silicon carbide power devices – current developments and potential applications. Proceedings European Conference on Power Electronics and Applications.

14. Ritenour, A., Sheridan, D.C., Bondarenko, V., and Casady, J.B. (2010) Saturation current improvement in 1200 V normally-off SiC VJFETs using non-uniform channel doping. 22nd International Symposium on Power Semiconductor Devices and IC's (ISPSD 2010), June 6–10, 2010, pp. 361–364.

15. Lindgren, A. and Domeij, M. (2010) 1200V 6A SiC BJTs with very low VCESAT and fast switching. 6th International Conference on Integrated Power Electronics Systems (CIPS 2010), March 16–18, 2010, pp. 1–5.

16. Cooper, J.A. Jr.,, Melloch, M.R., Singh, R. *et al.* (2002) Status and prospects for SiC power MOSFETs. *IEEE Transactions on Electron Devices*, **49** (4), 658–664.

17. Stephani, D. (2001) Status, prospects and commercialization of SiC power devices. Proceedings of Device Research Conference.

18. Kelner, G., Shur, M.S., Binari, S. *et al.* (1989) High-transconductance β-SiC buried-gate JFETs. *IEEE Transactions on Electron Devices*, **36** (6), 1045–1049.

19. Kelner, G., Binari, S., Sleger, K., and Kong, H. (1987) β-SiC MESFET's and buried-gate JFET's. *IEEE Electron Device Letters*, **8** (9), 428–430.

20. McGarrity, J.M., McLean, F.B., DeLancey, W.M. *et al.* (1992) Silicon carbide JFET radiation response. *IEEE Transactions on Nuclear Science*, **39** (6), 1974–1981.

21. Tolstoy, G., Peftitsis, D., Rabkowski, J., and Nee, H.-P. (2010) Performance tests of a 4.1x4.1mm2 SiC LCVJFET for a DC/DC boost converter application. Proceedings European Conference on Silicon Carbide and Related Materials (ECSCRM 2010), Oslo, Norway, August 29–September 2, 2010.

22. Ållebrand, B. and Nee, H.-P. (2001) On the choice of blanking times at turn-on and turn-off for the diode-less SiC JFET inverter bridge. Proceedings of the European Conference on Power Electronics and Applications (EPE), August 2001.

23. Sankin, I., Sheridan, D.C., Draper, W. *et al.* (2008) Normally-off SiC VJFETs for 800 V and 1200 V power switching applications. 20th International Symposium on Power Semiconductor Devices and IC's (ISPSD '08), May 18–22, pp. 260–262.

24. Kelley, R.L., Mazzola, M.S., Draper, W.A., and Casady, J. (2005) Inherently safe DC/DC converter using a normally-on SiC JFET. Twentieth Annual IEEE Applied Power Electronics Conference and Exposition (APEC 2005), March 6–10, 2005, Vol. 3, pp. 1561–1565.

25. Malhan, R.K., Bakowski, M., Takeuchi, Y. *et al.* (2009) Design, process, and performance of all-epitaxial normally-off SiC JFETs. *Physica Status Solidi A*, **206** (10), 2308–2328.

26. Lindgren, A. and Domeij, M. (2011) Degradation free fast switching 1200 V 50 a silicon carbide BJT's. Twenty-Sixth Annual IEEE Applied Power Electronics Conference and Exposition (APEC), March 6–11, 2011, pp. 1064–1070.

27. Palmour, J.W. (2009) High voltage silicon carbide power devices. Presentation at the ARPA-E Power Technologies Workshop, February 9, 2009.

28. Zhang, Q., Wang, J., Jonas, C. *et al.* (2008) Design and characterization of high-voltage 4H-SiC p-IGBTs. *IEEE Transactions on Electron Devices*, **55** (8), 1912–1919.

29. Peftitsis, D., Tolstoy, G., Antonopoulos, A. *et al.* (2011) High-power modular multilevel converters with SiC JFETs. *IEEE Transactions on Power Electronics*, **27** (1), 28–36.

30. Round, S., Heldwein, M., Kolar, J.W. *et al.* (2005) A SiC JFET driver for a 5 kW, 150 kHz three-phase PWM converter. Conference Record of the Fortieth IAS Annual Meeting – Industry Applications Conference, Vol. 1, pp. 410–416.

31. Peftitsis, D., Rabkowski, J., and Nee, H.-P. (2013) Self-powered gate driver for normally-on silicon carbide junction field-effect transistors without external power supply. *IEEE Transactions on Power Electronics*, **28** (3), 1488–1501.

32. Siemieniec, R. and Kirchner, U. (2011) The 1200V direct-driven SiC JFET power switch. Proceedings of the 14th European Conference on Power Electronics and Applications (EPE).

33. Dubois, F., Bergogne, D., Risaletto, D. *et al.* (2011) Ultrafast safety system to turn-off normally-on SiC JFETs. Proceedings of the 14th European Conference on Power Electronics and Applications (EPE).

34. Rixin, L., Fei, W., Burgos, R. *et al.* (2010) A Shoot-through protection scheme for converters built with SiC JFETs. *IEEE Transactions on Industry Applications*, **46** (6), 2495–2500.

35. Kim, J.-H., Min, B.-D., Baek, J.-W., and Yoo, D.-W. (2009) Protection circuit of normally-on SiC JFET using an inrush current. 31st International Telecommunications Energy Conference (INTELEC 2009), October 18–22, 2009, pp. 1–4.

36. Rabkowski, J., Tolstoy, G., Peftitsis, D., and Nee, H.P. (2012) Low-loss high–performance base-drive unit for SiC BJTs. *IEEE Transactions on Power Electronics*, **27** (5), 2633–2433.

37. Rabkowski, J., Zdanowski, M., Peftitsis, D., and Nee, H.-P. (2012) A simple high-performance low-loss current-source driver for SiC bipolar transistors. Proceedings of 7th International Power Electronics and Motion Control Conference – ECCE Asia, Harbin, China,

38. Kelley, R., Ritenour, A., Sheridan, D., and Casady, J. (2010) Improved two-stage DC-coupled gate driver for enhancement-mode SiC JFET. Proceedings Twenty-Fifth Annual IEEE Applied Power Electronics Conference and Exposition (APEC), pp. 1838–1841.

39. SemiSouth AN-SS3:6A Gate Driver Reference Design and Demoboard, Application Note, www.semisouth.com (accessed 18 December 2012).

40. SemiSouth AN-SS5: Operation and Intended Use of the SGDR2500P2 Dual-Stage Driver Board, www.semisouth.com (accessed 18 December 2013).

41. Wrzecionko, B., Kach, S., Bortis, D. *et al.* (2010) Novel AC coupled gate driver for ultra fast switching of normally-off SiC JFETs. 36th Annual Conference on IEEE Industrial Electronics Society (IECON 2010), November 7–10, 2010, pp. 605–612.

42. Chen, Z., Danilovic, M., Boroyevich, D., and Shen, Z. (2011) Modularized design consideration of a general-purpose, high-speed phase-leg PEBB based on SiC MOSFETs. Proceedings of the 14th European Conference on Power Electronics and Applications (EPE 2011).

43. Chinthavali, M., Ning, P., Cui, Y., and Tolbert, L.M. (2011) Investigation on the parallel operation of discrete SiC BJTs and JFETs. Proceedings of the Twenty-Sixth Annual IEEE Applied Power Electronics Conference and Exposition (APEC), March 6–11, 2011, pp. 1076–1083.

44. Mihaila, A.P., Udrea, F., Rashid, S.J. *et al.* (2005) SiC junction FETs – a state of the art review. Proceedings of the International Semiconductor Conference, Vol. 2, pp. 349–352.

45. Peftitsis, D., Baburske, R., Rabkowski, J. *et al.* (2013) Challenges regarding parallel-connection of SiC JFETs. *IEEE Transactions on Power Electronics*, **28** (3), 1449–1463.

46. Rabkowski, J., Peftitsis, D., and Nee, H.P. (2012) Design steps towards a 40-kVA SiC inverter with an efficiency exceeding 99.5%. Twenty-Seventh Annual IEEE Applied Power Electronics Conference and Exposition (APEC), pp. 1536–1543.

47. Rabkowski, J., Peftitsis, D., and Nee, H.P. (2013) A 6kW, 200kHz boost converter with parallel-connected SiC bipolar transistors. IEEE Applied Power Electronics Conference and Exposition (APEC), pp. 1991–1998.

48. Biela, J., Schweizer, M., Waffler, S., and Kolar, J.W. (2011) SiC vs. Si – evaluation of potentials for performance improvement of inverter and DC-DC converter systems by SiC power semiconductors. *IEEE Transactions on Industrial Electronics*, **57** (7), 2872–2882.

49. Friedli, T., Round, S.D., Hassler, D., and Kolar, J.W. (2009) Design and performance of a 200-kHz All-SiC JFET current DC-link back-to-back converter. *IEEE Transactions on Industry Applications*, **45** (5), 1868–1878.

50. Lai, R., Wang, F., Ning, P. *et al.* (2010) A high-power-density converter. *IEEE Industrial Electronics Magazine*, **4** (4), 4–12.

51. Cilio, E., Homberger, J., McPherson, B. *et al.* (2007) A novel high density 100kW three-phase silicon carbide (SIC) multichip power module (MCPM) inverter. Twenty Second Annual IEEE Applied Power Electronics Conference (APEC), pp. 666–672.

52. Doucet, J.-C. (2011) Gate driver solutions for SiC switches. Proceedings of the International SiC Power Electronics Application Workshop (ISiCPEAW).

53. Greenwell, R.L., McCue, B.M., Zuo *et al.* (2011) SOI-based integrated circuits for high-temperature power electronics applications. 26th Annual IEEE Applied Power Electronics Conference and Exposition (APEC), pp. 836–843.

54. Zetterling, C.-M., Lanni, L., Ghandi, R. *et al.* (2012) Future high temperature applications for SiC integrated circuits. *Physica Status Solidi C*, **9** (7), 1647–1650.

55. Stalter, O., Kranzer, D., Rogalla, S., and Burger, B. (2010) Advanced solar power electronics. 22nd International Symposium on Power Semiconductor Devices and IC's (ISPSD), pp. 3–10.

56. Zhang, H., Tolbert, L.M., and Ozpineci, B. (2011) Impact of SiC devices on hybrid electric and plug-in hybrid electric vehicles. *IEEE Transactions on Industry Applications*, **47** (2), 912–921.

57. Wrzecionko, B., Biela, J., and Kolar, J.W. (2009) SiC power semiconductors in hevs: influence of junction temperature on power density, chip utilization and efficiency. 35th Annual Conference of IEEE Industrial Electronics (IECON '09), pp. 3834–3841.

58. Waffler, S., Preindl, M., and Kolar, J.W. (2009) Multi-objective optimization and comparative evaluation of Si soft-switched and SiC hard-switched automotive DC-DC converters. 35th Annual Conference of IEEE Industrial Electronics (IECON '09), pp. 3814–3821.

59. Bortis, D., Wrzecionko, B., and Kolar, J.W. (2011) A 120°C ambient temperature forced air-cooled normally-off SiC JFET automotive inverter system. Twenty-Sixth Annual IEEE Applied Power Electronics Conference and Exposition (APEC), March 6–11, 2011, pp. 1282–1289.

60. Allebrod, S., Hamerski, R., and Marquardt, R (2008) New transformerless, scalable modular multilevel converters for HVDC-transmission. Proceedings of Power Electronics Specialists Conference (PESC 2008), Rhodes, pp. 174–179.

61. Peftitsis, D., Tolstoy, G., Antonopoulos, A. *et al.* (2012) High-power modular multilevel converters with SiC JFETs. *IEEE Transactions on Power Electronics*, **27** (1), 28–36.

62. Chinthavali, M., Tolbert, L.M., and Ozpineci, B. (2004) SiC GTO thyristor model for HVDC interface. IEEE Power Engineering General Meeting, June 6–10, 2004, Denver, CO, pp. 680–685.

63. Wang, G., Huang, X., Wang, J. *et al.* (2010) Comparisons of 6.5kV 25A Si IGBT and 10-kV SiC MOSFET in solid-state transformer application. Proceedings Energy Conversion Congress and Exposition (ECCE), pp. 100–104.

64. Wang, J., Huang, A., Sung, W. *et al.* (2009) Smart grid technologies. *IEEE Industrial Electronics Magazine*, **3** (2), 16–23.

65. Efficient Power Conversion Corporation (2012 GaN Technology Overview. Efficient Power Conversion, http://www.epc-co.com/epc (accessed 17 December 2013).

66. Briere, M. (2012) The status of GaN power devices at international rectifier. Proceedings of Power Conversion Intelligent Motion (PCIM), Nurnberg, Germany.

67. Wu, Y., Kebort, D., Guerrero, J. *et al.* (2012) High frequency GaN diode-free motor drive inverter with pure sine-wave output. Proceedings of Power Conversion Intelligent Motion (PCIM), Nurnberg, Germany.

68. Sonmez, E., Heinie, U., Daumiller, I., and Kunze, M. (2012) Efficient power electronics for the price of silicon – 3D-GaN technology for GaN-on-silicon. Proceedings of Power Conversion Intelligent Motion (PCIM), Nurnberg, Germany.

69. Uemoto, Y., Hikita, M., Ueno, H. *et al.* (2007) Gate injection transistor (GIT) – a normally-off AlGaN/GaN power transistor using conductivity modulation. *IEEE Transactions on Electron Devices*, **54** (12), 3393–3399.

70. Hensel, A., Wilhelm, C., and Kranzer, D. (2012) Application of a new 600 V GaN transistor in power electronics for PV systems. Proceedings of International Power Electronics and Motion Control Conference (EPE-PEMC), Novi Sad, Serbia.

71. Delaine, J., Jeannin, P.-O., Frey, D., and Guepratte, K. (2012) High frequency DC-DC converter using GaN device. Proceedings of Applied Power Electronics Conference (APEC), Orlando.

72. Otsuka, N. (2012) GaN power electron devices. Proceedings of International SiC Power Electronics Applications Workshop (ISiCPEAW), Kista, Sweden.

第5章 交流链路通用功率变流器：
一种用于可再生能源与交通设备的新型功率变流器

Mahshild Amirabadi[1]和 Hamid A. Toliyat[2]
[1]美国伊利诺伊大学芝加哥分校电气与计算机工程系
[2]美国得克萨斯农工大学电气与计算机工程系

5.1 简介

本章介绍了一类新型的功率变流器，即交流链路（交流链路是指系统连接输入和输出部分的电路为交流电路）通用功率变流器[1-12]。之所以称之为"通用"功率变流器，是因为该类变流器可以任意配置直流或者交流，单相或者多相的输入和输出端口。因此适用于包括（但不限于）光伏发电、电池储能系统、电池充电装置和风力发电系统等在内的各种应用场合。

在交流链路通用功率变流器中，交流链路电路通过高频交流电压和电流，因此不需要直流电解电容，这就避免了电解电容带来的温升、可靠性等一系列问题。因此，该类变流器可以很好地替代直流链路变流器。

事实上，交流链路通用功率变流器是 DC - DC 降压升压电路的扩展形式，通过对该电路添加功率开关并改变调制策略实现通用变流器的功能。其中，交流链路中的电感是该变流器中的主要储能元件，具有通过交流电而不通过直流电的能力。该特点提升了变流器性能，并显著增加了交流链路的利用率。

本章主要介绍了从 DC - DC 降压升压变流器扩展为交流链路 AC - AC 降压升压变流器所必需的主要步骤。5.3 节介绍了采用软开关的交流链路通用功率变流器。结果表明通过交流链路电感并联一个小电容可使变流器运行在软开关模式，大大增加效率。5.4 节介绍了交流链路通用功率变流器具体的软开关工作模式。5.5 节和 5.6 节分别介绍了系统设计过程和分析方法。5.7 节讨论了该类变流器的典型应用，最后 5.8 节为本章总结。

5.2 交流链路通用功率变流器硬开关工作模式

首先从该系统最基本的配置——DC - DC 降压升压变流器开始，如图 5.1 所示。在降压 - 升压变流器中，交流链路首先从输入端充电，从输出端放电。显然，该电路有两种操作模式：模式 1 是充电模式，模式 2 是放电模式。在模式 1 中开关 S1 导通，模式 2 中开关 S2 导通。假设降压 - 升压变流器工作在电流连续状态和断续状态的边界区域。开关 S2 用于隔离反向电压。因此，在图 5.1 中，二极管与开关 S2 串联放置用于隔离反向电压。电压 V_1 和 V_2 都设定为正值。在常规的降压升压变流器中，模式 2 下通常只有二极管工作而不引入开关 S2。同样道理，在图 5.2 中所示电路，开关 S3 和 S4 在这种情况下也不是必需的，但在后续步骤中是必需的。

相比图 5.2 所示电路，为了获得交流电感电流，或者说为了使电感在正向和反向都可以进行

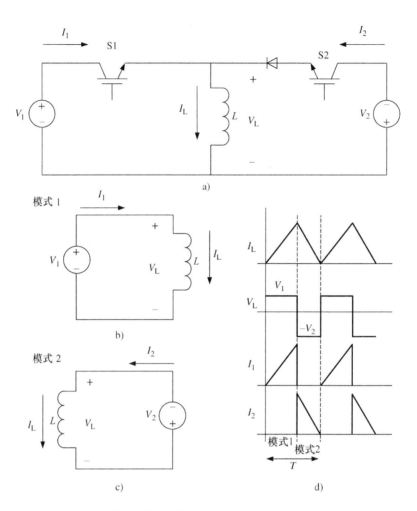

图 5.1   DC – DC 降压升压变流器：a）拓扑结构；b）充电模式（模式 1）；
c）放电模式（模式 2）；d）电压电流波形

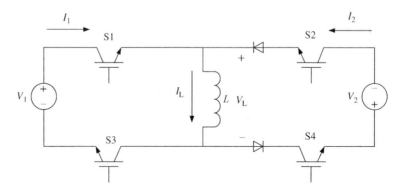

图 5.2   其他结构的 DC – DC 降压升压变流器

充电和放电，应添加如图 5.3 所示的 4 个功率开关。交流链路工作周期从而可以分为两个"半周期"，上半周期为正向导通电流，下半周期为负向导通电流。由此可产生链路的交流电流。变流器在链路部分具有 4 种工作模式：模式 1，正向电流充电模式；模式 2，正向电流放电模式；模式 3，负向电流充电模式；模式 4，负向电流放电模式。交流链路的电感电流为正时，开关 S1、S2、S3 和 S4 工作；电感电流为负时，开关 S5、S6、S7 和 S8 工作。

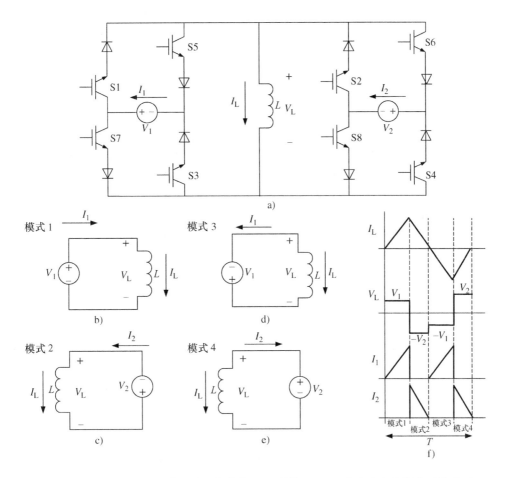

图 5.3 交流链路 DC – DC 降压升压变流器：a）结构；b）正向电流充电模式（模式 1）；
c）正向电流放电模式（模式 2）；d）负向电流充电模式（模式 3）；e）负向电流放电模式（模式 4）；
f）电压电流波形

如果需要双向可逆的功率流动，那么功率开关的数量需要加倍，如图 5.4 所示。开关 S1 ~ S8 从 V_1 端向 V_2 端传输功率，开关 S9 ~ S16 负责从 V_2 端向 V_1 端传输功率。图 5.4 所示变流器实际上是双向可逆的交流链路 DC – DC 降压升压变流器。

通过在变流器每一侧增加多个桥臂可以实现多相系统的双向可逆变流器。如图 5.5 所示，有直流到多相交流变流器、多相交流到直流的变流器和多相交流到多相交流的变流器。该类 DC – AC、AC – DC 以及 AC – AC 降压升压变流器是由 Ngo[13] 首先提出。然而，文献中提出的变流器结构为单向功率流向，连接部分为直流母线形式。

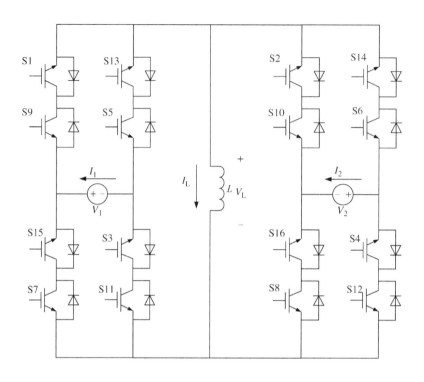

图5.4 双向交流链路 DC-DC 降压升压变流器

多相变流器的充放电工作原理类似于 DC-DC 变流器，然而，其主要的设计挑战在于确定多相系统中的每相桥臂电流对电感充电或放电电流的贡献。假设有如图5.5a 所示的三相逆变器。逆变器输入为直流，在这种情况下，交流链路的充电模式类似于 DC-DC 变流器。然而，在放电模式中，链路电感放电并且对应的两相桥臂从交流链路充电。在三相平衡系统中，任何时刻的相电流之和为零。其中一相具有特定极性的电流幅值最大，而其他两相电流具有相反极性的幅值较小。虽然在三相系统中存在三相桥臂，但考虑到每相中电流的极性，只有两个对应的相桥臂可以为电流提供通路。因此，充电电路通过放电到对应的两组桥臂来输出能量。两组桥臂分别由具有最大电流幅值和第二大电流幅值的相桥臂组成，而另一组是由具有最大电流幅值和最小电流幅值的相桥臂组成。例如，如果三相电流分别是 $I_{a\_o} = -10A$、$I_{b\_o} = 7A$ 和 $I_{c\_o} = 3A$，其中桥臂 ab 相和 ac 相从电感获取能量，因为 bc 相此时不能为电流提供任何通路。因此，在直流到三相交流模式下，有6种工作模式。同样，在三相交流 AC-AC 系统中，每个独立的充电和放电模式将被分成两种模式，从而共有8种工作模式。

必须注意的是，在实际运行中，在关闭输入侧的电流流出开关之前，需要打开输出侧的电流流入开关。然而，由于存在反向偏置，流入开关在流出开关关闭之前不能开通。另一方面，输入侧的电流流入开关可能需要在电路电流为零和输出侧开关断开后才允许打开。这可能导致变流器在断续模式下工作。

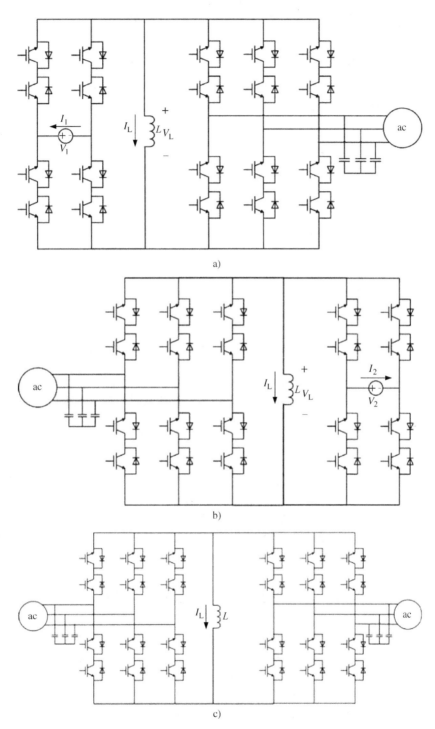

图 5.5   a）双向交流链路 DC – AC 降压升压变流器；b）双向交流链路 AC – DC
降压升压变流器；c）双向交流链路 AC – AC 降压升压变流器

5.3 交流链路通用功率变流器的软开关工作模式

如上一节所述，交流链路通用功率变流器完全通过链路接部分的电感（*L*）传输功率。通过放置一个小电容（*C*）与电感并联连接从而允许功率开关在零电压下导通，得以实现软关断。图5.6 显示了交流链路通用功率变流器实现 AC – AC 软开关的结构。

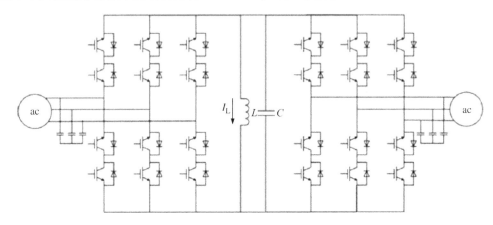

图 5.6 软开关双向交流链路 AC – AC 降压升压变流器

该结构的变流器是部分谐振变流器，也就是说，在每个 *LC* 工作周期中只有很小的时间间隔进入谐振状态。因此，虽然该电路具有有利于零电压导通和软开关的谐振通断过程，但 *LC* 谐振电路依然保持低无功功率和低功耗。这是参考文献［14］中介绍的软开关交流链路通用功率变流器和并联谐振交流变流器之间的主要区别。虽然这些变流器拓扑看起来相似，但它们的运行原理是完全不同的。

第一个部分谐振的 AC – AC 降压升压变流器由 Kim 和 Cho 提出[15]；然而，该结构仅包含单向开关，因此，*LC* 谐振电路的电感电流中具有显著降低利用率的直流分量。

由于使用了软开关，该类交流链路通用功率变流器中的开关损耗可以忽略，并可以大幅提高电路开关频率，这使得该电路的链路电感和滤波器可以设计得非常紧凑。此外，零电压导通也降低了开关上的电压应力。

5.4 软开关交流链路通用功率变流器的运行原理

软开关交流链路通用功率变流器的运行模式与硬开关交流链路通用功率变流器差别不大。主要区别在于在每个充电和放电模式转换过程中存在谐振模式，在谐振模式期间，没有开关导通，并且 *LC* 谐振电路的电感电容发生谐振以产生零电压导通和软关断。

为了进一步阐述软开关的运行原理，以三相 AC – AC 变流器为例。该变流器的基本工作模式和电压电流波形如图 5.7 和图 5.8 所示。每个电路运行周期中交流链路具有 16 种工作模式，其中 8 种功率传输模式和 8 种部分谐振模式交替进行。在模式 1、3、9 和 11 期间，*LC* 谐振电路通过输入相桥臂充电，在模式 5、7、13 和 15 期间，*LC* 谐振电路通过输出相桥臂放电。模式 2、4、6、8、10、12、14 和 16 是谐振模式。以下是不同工作模式的具体细节：

模式 1（充电）：在模式 1 开始之前，输入开关应当导通并处于模式 1 或者模式 3（见图 5.7

中的 S6、S10 和 S11 和图 5.8）；然而，由于开关电压被反向钳位没有立即导通。链路电感在模式 1 之前处于谐振状态，一旦链路电感电压等于最大输入线电压（见图 5.7 和图 5.8 中的 V_{AB}），电路中对应的开关（S6 和 S10）变为正向偏置，启动模式 1。因此，链路电感连接到具有最高电压通孔的输入电压对开关向正方向充电。由于 LC 谐振电路工作在高频状态，V_{AB} 在模式 1 期间可以看作常数。模式 1 期间的链路电感电流（i_{Link}）可以使用下式计算：

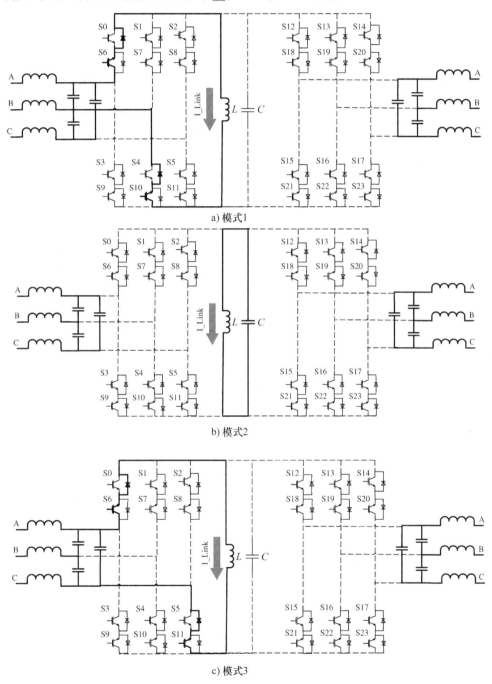

a) 模式1

b) 模式2

c) 模式3

图 5.7　不同工作模式下的电路运行状态[12]

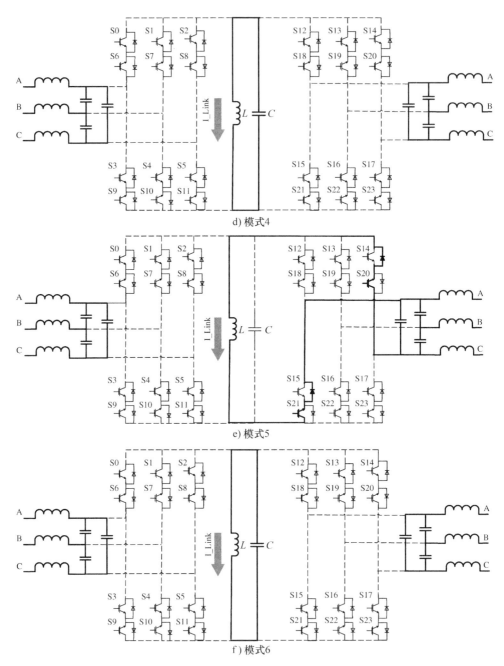

d) 模式4

e) 模式5

f) 模式6

图 5.7 不同工作模式下

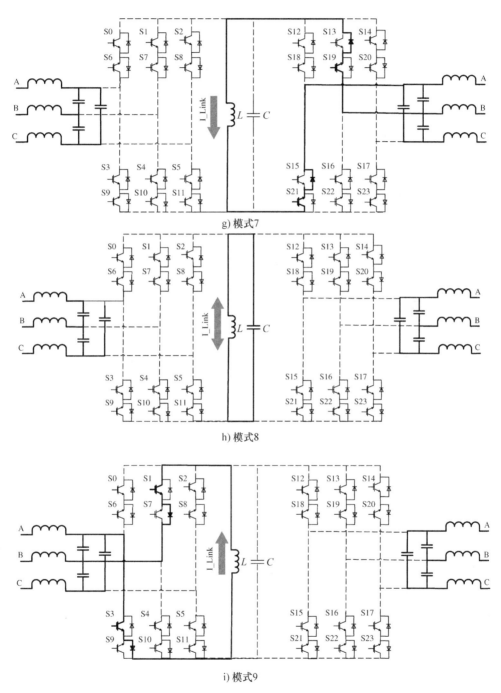

g) 模式7

h) 模式8

i) 模式9

的电路运行状态[12]（续）

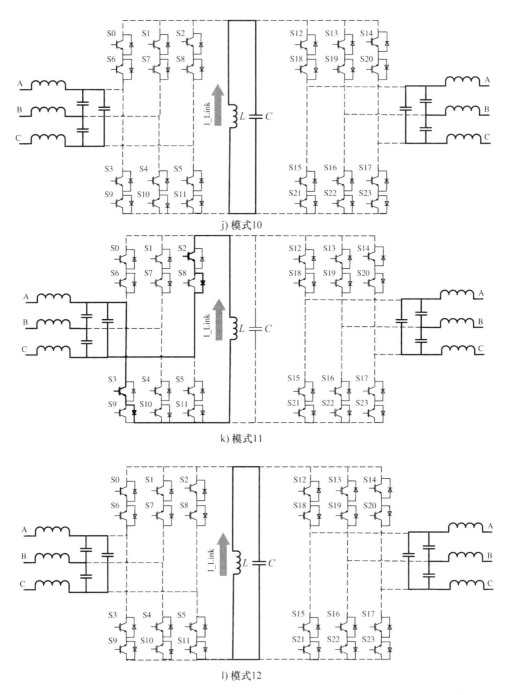

j) 模式10

k) 模式11

l) 模式12

图 5.7   不同工作模式下

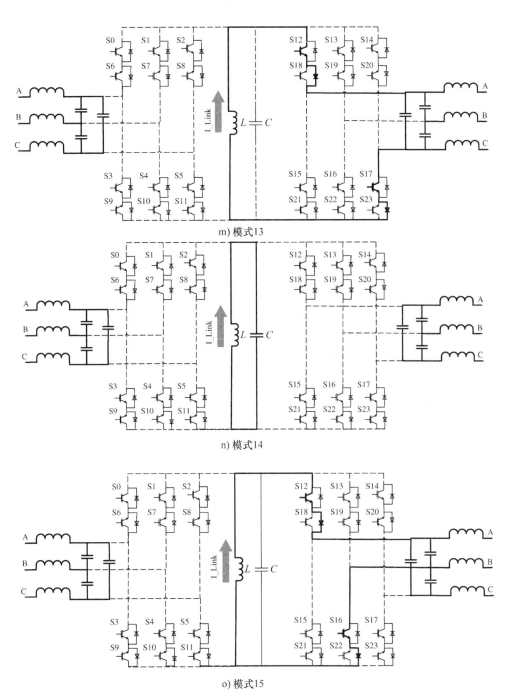

m) 模式13

n) 模式14

o) 模式15

的电路运行状态[12]（续）

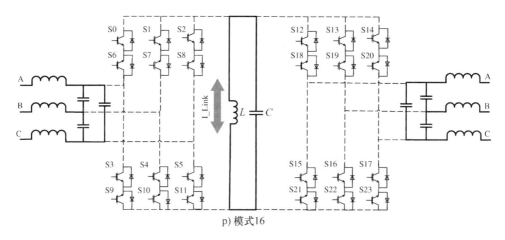

p) 模式16

图 5.7　不同工作模式下的电路运行状态[12]（续）

$$V_{AB} = L \frac{di_{Link}(t)}{dt} \tag{5.1}$$

$$i_{Link}(t) = \frac{1}{L} \int_0^t V_{AB} dt = \frac{V_{AB}t}{L} + i_{Link}(0) \tag{5.2}$$

式中，L 是链路电感。在此模式下，链路电感电压等于 V_{AB}，如图 5.7 所示。

链路电感保持充电状态直到输入侧 B 相的电流在一个周期的平均值达到额定值。假设 A 相承载最大输入电流；因此，它将在模式 1 和模式 3 期间对 LC 谐振电路充电。在模式 1 结束时，开关 S10 断开。如之前提到的，电容在开关关断期间作为缓冲，使得关断损耗可忽略。

模式 2（部分谐振）：在此模式下，没有开关导通，LC 谐振电路处于谐振状态直到其电压等于应该对 LC 谐振电路充电的输入线电压（见图 5.7 和图 5.8 中的 V_{AC}）。该线电压低于在模式 1 期间对 LC 谐振电路充电的线电压。在该模式下，电路处于简单的 LC 运行模式，其运行公式为

$$i_c(t) = -i_{Link}(t) = C \frac{dV_{Link}(t)}{dt} \tag{5.3}$$

$$V_{Link}(t) = L \frac{di_{Link}(t)}{dt} \tag{5.4}$$

式中，$i_c(t)$、$V_{Link}(t)$ 和 C 分别是电容电流、链路电感电压和链路电容容值。由于通过电容的电流等于 "$-i_{Link}(t)$" 并且电感电流为正，$dV_{Link}(t)/dt$ 为负，意味着链路电感电压正在减小。

模式 3（充电）：一旦链路电感电压达到输入 AC 端线电压，开关 S6 和 S11 处于正向偏置并启动模式 3，在此期间，LC 谐振电路继续通过具有第二高电压（V_{AC}）的输入相在正方向上充电。在模式 2 结束时，链路电感电压等于 V_{AC}。因此，在开关导通的瞬间，对应开关两端电压为零。这意味着当开关从反向关断变为正向偏置时，处于零电压导通状态。对应图 5.7 所示情况，在模式 3 期间，LC 谐振电路保持充电直到在一个周期内的 A 相电流达到其参考值。然后所有输入侧开关关断，启动另一个谐振模式。

模式 4（部分谐振）：在模式 4 期间，电路的工作模式类似于模式 2，并且链路电感电压减小直到为零。此时，在模式 5 和 7 期间应该导通的输出端开关被激活（见图 5.7 中的 S19、S20 和 S21 和图 5.8）；然而，由于反向偏置，它们不立即导通。

任何时刻的输出电流之和为零。其中一个幅值最大且具有一个极性，而两个较小幅值的具有另一个极性。如前文所述，充电中的 LC 谐振电路通过放电到两组输出相桥臂对来传输功率。两

组相桥臂中的一组包括具有最大电流幅值和第二大电流幅值的相桥臂，而另一组则包括最大电流幅值和最小电流幅值的相桥臂。其中电流仅从幅值角度考虑被分类为最大、第二大和最小。具有较低线电压的相桥臂对为 LC 谐振电路放电的第一选择。在图 5.7 和图 5.8 中，假设 A 相承载最大输出电流。

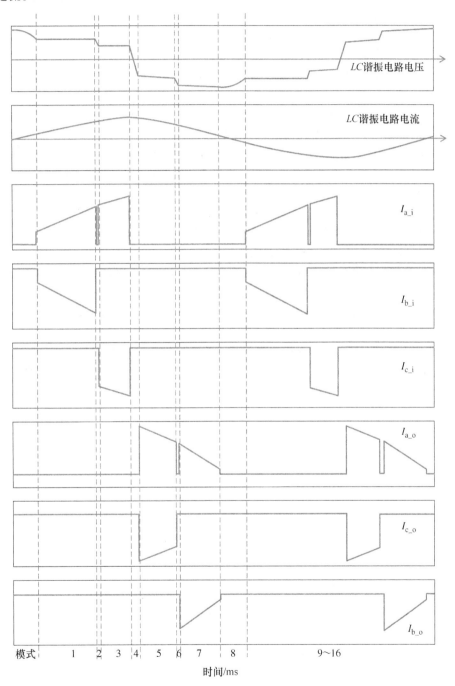

图 5.8　不同工作模式下的电路电压与电流波形

一旦 *LC* 谐振电路电压达到 V_{ACO}（假设 $V_{ACO} < V_{ABO}$），开关 S21 和 S20 将开始正向偏置并导通，启动模式 5。

模式 5（断电）：输出开关（S20 和 S21）在零电压时导通，以允许 *LC* 谐振电路放电到所选择的相桥臂组，直到输出侧的 C 相电流在电路周期上的平均值，达到其参考值。此时，S20 将会关断，启动另一谐振模式。

模式 6（部分谐振）：允许 *LC* 谐振电路电压转换到其在模式 4 期间选择的另一输出相桥臂组的电压；对于图 5.7 和图 5.8 所示的情况，*LC* 谐振电路电压从 V_{ACO} 摆动到 V_{ABO}。

模式 7（断电）：在模式 7 期间，链路 *LC* 谐振电路放电到所选的输出相桥臂组，直到 *LC* 谐振电路刚好剩余足够的能量以转换到预选电压（V_{max}），这一电压略微高于最大输入和输出的线电压。在模式 7 结束时，所有开关关断，允许 *LC* 谐振电路在模式 8 期间谐振。

模式 8（部分谐振）：链路 *LC* 谐振电路电压转换为 V_{max}，然后开始增加（因为电压为负值，绝对值减小）。此时，输入侧开关在模式 9 和 11 期间应该导通；但是，它们并不立即导通，因为它们被反向偏置。一旦 *LC* 谐振电路电压绝对值变为 V_{AB}，开关 S1 和 S3 将正向偏置。

除了链路 *LC* 谐振电路反向充放电外，模式 9~16 与模式 1~8 类似。对于这些模式，与模式 1~8 中的开关相比，每条支路中的互补开关都动作。

在模式 8 和 16 期间选择适当的输入侧开关类似于在模式 4 和 12 期间选择适当的输出侧开关。选择该序列和相桥臂组合是为了使部分谐振时间最小化，并使谐波等级满足要求。因此，首先需要确定可能参与其中的两个相桥臂组合。这些是由具有最大电流的相和其他两个相位形成的相桥臂组合，在充电模式（模式 1 或 9）期间，这些连接到具有较高线电压的输入相桥臂组合的开关导通；而在放电模式（模式 5 或 13）期间，连接到具有较低线电压的输出桥臂组合的开关导通，从而保证部分谐振时间的最小化以及开关的零电压导通状态。

正如电路所示，输入侧和输出侧开关不会同时开通或关断，这意味着输入侧和输出侧是隔离的。然而，如果需要实现完全的电气隔离，可以在交流链路电路添加单相高频变压器。为了使电路整体更为紧凑，可将变压器等效电感设计为 *LC* 谐振电路电感，如图 5.9 所示。实际电路中，*LC* 谐振电路电容需要拆分放置在变压器的一次侧和二次侧。带隔离的变流器运行模式与非隔离变流器一致。

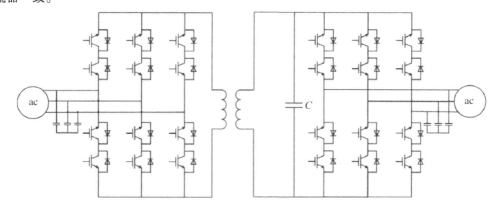

图 5.9 具有电流隔离的软开关双向交流链路 AC‒AC 降压升压电路

5.5 设计流程

为了简化设计流程，额定功率条件下，相对功率传输时间极小的谐振时间将被忽略。此外，假定每个功率周期的充电和放电都发生在一个等效模式期间而不是两个模式期间。为此，假定交流链路通过具有等效输入电流和电压的虚拟输入相进行充电，同样，假定交流链路通过具有等效输出电流和电压的虚拟输出相进行放电。考虑到承载最大输入电流的相在模式 1 和模式 3 期间都参与交流链路的充电过程，而承载最大输出电流的相在模式 5 和模式 7 期间都参与交流链路的放电过程，三相交流通用功率变流器的输入和输出等效电流为

$$I_{\text{i-eq}} = \frac{3I_{\text{i,peak}}}{\pi} \tag{5.5}$$

$$I_{\text{o-eq}} = \frac{3I_{\text{o,peak}}}{\pi} \tag{5.6}$$

式中，$I_{\text{i,peak}}$ 和 $I_{\text{o,peak}}$ 分别是输入和输出的峰值相电流。而电路输入和输出等效电压为

$$V_{\text{i-eq}} = \frac{\pi V_{\text{i,peak}}}{2}\cos\theta_{\text{i}} \tag{5.7}$$

$$V_{\text{o-eq}} = \frac{\pi V_{\text{o,peak}}}{2}\cos\theta_{\text{o}} \tag{5.8}$$

式中，$V_{\text{i,peak}}$、$V_{\text{o,peak}}$、$\cos\theta_{\text{i}}$ 和 $\cos\theta_{\text{o}}$ 分别是输入峰值相电压、输出峰值相电压、输入功率因数和输出功率因数。应该注意的是，对于 DC – DC、AC – DC 或 AC – DC 系统结构条件下，不需要考虑直流侧的任何虚拟相位。所有设计过程都类似于本节所述 AC – AC 系统结构，除了直流侧的等效电流和电压实际上是该侧的平均电流和电压。

图 5.10 表示一个电路周期中的交流链路电流。下式描述了在交流链路充电和放电期间的电流大小

$$I_{\text{Link,peak}} = \frac{V_{\text{i-eq}}t_{\text{charge}}}{L} \tag{5.9}$$

$$I_{\text{Link,peak}} = \frac{V_{\text{o-eq}}t_{\text{discharge}}}{L} \tag{5.10}$$

式中，$I_{\text{Link,peak}}$、t_{charge} 和 $t_{\text{discharge}}$ 分别是交流链路电流的峰值、模式 1 和模式 3 期间的总充电时间以及模式 5 和模式 7 期间的总放电时间。

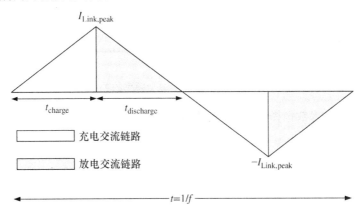

图 5.10 谐振时间不可忽略条件下的交流链路电流

式（5.9）和式（5.10）确定充电时间和放电时间之间的关系为

$$t_{\text{charge}} = \frac{V_{\text{o-eq}}t_{\text{discharge}}}{V_{\text{i-eq}}} \tag{5.11}$$

因此，模式 1 和模式 3 的总持续时间与交流链路电流周期的比率为

$$\frac{t_{\text{charge}}}{T} = \frac{1}{2} \frac{V_{\text{o-eq}}}{V_{\text{i-eq}} + V_{\text{o-eq}}} \tag{5.12}$$

其中交流链路电流周期为充电时间和放电时间总和的 2 倍。

另一方面，等效输入电流可以基于交流链路峰值电流、通电时间和连接电流周期来计算，如下式所示

$$I_{\text{i-eq}} = 2 \times \frac{1}{T} \times \frac{1}{2} \times t_{\text{charge}} \times I_{\text{Link,peak}} \tag{5.13}$$

基于式（5.12）和式（5.13），计算得出下式以确定交流链路峰值电流

$$I_{\text{Link,peak}} = 2 \times I_{\text{i-eq}} \times \left(1 + \frac{V_{\text{i-eq}}}{V_{\text{o-eq}}}\right) = 2 \times (I_{\text{i-eq}} + I_{\text{o-eq}}) \tag{5.14}$$

这意味着根据输入和输出电流可以确定交流链路峰值电流，而交流链路频率 f 可以基于系统额定功率和开关特性进行选择。一旦选定频率，交流链路电感可表示为

$$L = \frac{P}{f(I_{\text{Link,peak}}^2)} \tag{5.15}$$

式中，P 为额定功率。图 5.11 显示了交流链路频率和交流链路电感之间的关系。由此可得，选择较高的交流链路频率导致较低的交流链路电感。

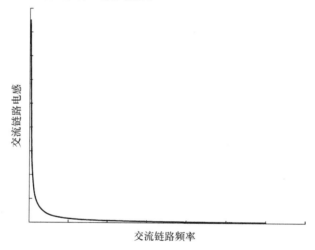

图 5.11　交流链路电感与频率的关系

LC 谐振电路电容的参数选择依据是使谐振周期远小于中间连接电路运行周期：

$$\frac{1}{2\pi\sqrt{LC}} \gg f \tag{5.16}$$

5.6　分析

如前文所述，谐振时间通常在额定功率条件下可以忽略不计。然而，在较低的功率等级，功率传输时间（通电和断电时间）通常短于额定功率条件下的功率传输时间，而谐振时间几乎是不变的。因此，在较低功率等级条件下不能忽略谐振时间。图 5.12 显示了一个电路周期内 LC 谐振电路的电压和电流变化过程，假设谐振时间不可忽略。

如果谐振时间可忽略，则可以使用式（5.14）和式（5.15）来计算不同功率等级条件下的

交流链路峰值电流和频率。然而，当谐振时间不可忽略时，分析将更为复杂。

　　基于电路运行原理，交流链路电流在断电模式下，I_4 可以表示为

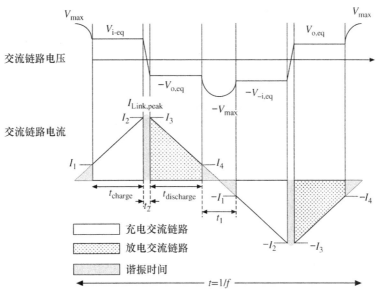

图 5.12　谐振时间不可忽略条件下的交流链路电压与电流

$$I_4 = \sqrt{\frac{C}{L}\left(V_{\max}^2 - V_{o,eq}^2\right)} \tag{5.17}$$

在 t_1 时间段求解谐振 LC 电路，I_1 和 t_1 可以表示为

$$I_1 = \sqrt{\left(I_4^2 + \left(\frac{V_{o,eq}}{L\omega_r}\right)^2 - \left(\frac{V_{i,eq}}{L\omega_r}\right)^2\right)} \tag{5.18}$$

$$t_1 = \frac{1}{\omega_r}\left(\pi + \tan^{-1}\left(\frac{I_1 L\omega_r}{V_{i,eq}}\right) - \pi + \tan^{-1}\left(\frac{I_4 L\omega_r}{V_{o,eq}}\right)\right)$$

$$= \frac{1}{\omega_r}\left(\tan^{-1}\left(\frac{I_1 L\omega_r}{V_{i,eq}}\right) + \tan^{-1}\left(\frac{I_4 L\omega_r}{V_{o,eq}}\right)\right) \tag{5.19}$$

式中，ω_r 为谐振角频率，可以表示为

$$\omega_r = \frac{1}{\sqrt{LC}} \tag{5.20}$$

　　为了计算交流链路峰值电流和频率，通电模式结束时的电流（I_2）、放电模式开始时的电流（I_3）、通电和断电模式之间的谐振时间（t_2）以及总的通电和断电时间应当首先计算。I_2、I_3、t_2、t_{charge} 和 $t_{discharge}$ 的求解方程如下所示：

$$V_{i,eq} = L\frac{I_2 - I_1}{t_{charge}} \tag{5.21}$$

$$V_{o,eq} = L\frac{I_3 - I_4}{t_{discharge}} \tag{5.22}$$

$$I_{i,eq} = \frac{t_{charge}}{2\left(t_{charge} + t_{discharge} + t_1 + t_2\right)}\left(I_2 + I_1\right) \tag{5.23}$$

$$I_{o,eq} = \frac{t_{discharge}}{2\left(t_{charge} + t_{discharge} + t_1 + t_2\right)}\left(I_3 + I_4\right) \tag{5.24}$$

$$t_2 = \frac{1}{\omega_r}\left(\pi - \tan^{-1}\left(\frac{I_3 L\omega_r}{V_{o,eq}} \right) - \tan^{-1}\left(\frac{I_2 L\omega_r}{V_{i,eq}} \right) \right) \tag{5.25}$$

基于以上方程，$I_{Link,peak}$ 和 f 可以计算如下：

$$I_{Link,peak} = \sqrt{\left(I_2^2 + \left(\frac{V_{i,eq}}{L\omega_r} \right)^2 \right)} \tag{5.26}$$

$$f = \frac{1}{2\left(t_{charge} + t_{discharge} + t_1 + t_2 \right)} \tag{5.27}$$

可以看出，通过降低系统功率等级，交流链路峰值电流减小，频率增加。应当注意的是，在该变流器中，交流链路最高工作频率等于谐振频率。图 5.13 和图 5.14 分别表示交流链路峰值电流和随功率变化的频率。

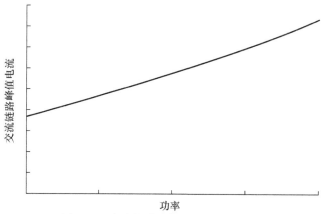

图 5.13　交流链路峰值电流与功率关系

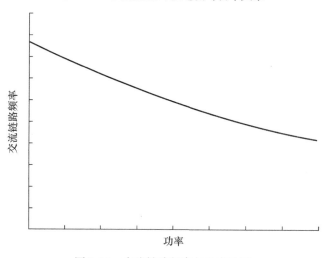

图 5.14　交流链路频率与功率关系

5.7　应用

5.7.1　AC – AC 变流器（风力发电、变频驱动）

AC – AC 变流器主要应用在包括风力发电和变频驱动等几个方面。变速风力发电系统的不同结构如图 5.15 所示。由图可见，工频变压器是这些交流系统不可缺少的组成部件。通常，在风力发电系统中采用由整流器和逆变器组成的直流背靠背型变流装置。在最简单的情况下，整流器可以由二极管桥组成。而为了优化系统性能，可以在整流器和逆变器中应用 PWM 技术。但不论逆变器和整流器采用何种拓扑，直流侧的电解电容器都是直流链路变流器不可或缺的一部分，它会严

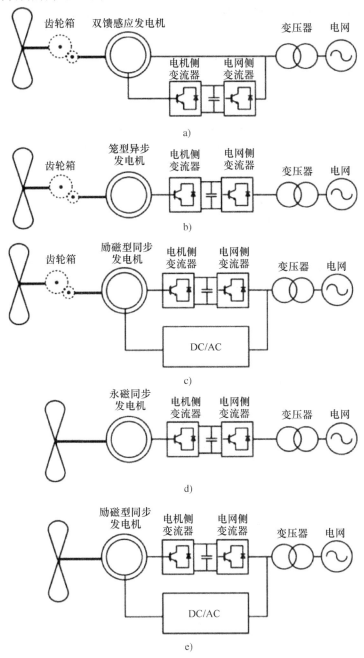

图 5.15　定频变速风力发电系统结构：a）带齿轮箱的双馈感应发电机风力发电系统；
b）带齿轮箱的笼型异步发电机风力发电系统；c）带齿轮箱的励磁型同步发电机风力发电系统；
d）直驱永磁同步发电机风力发电系；e）直驱励磁型同步发电机风力发电系统

重降低电路的可靠性和使用寿命。此外，高开关损耗和高器件应力也是该类变流器的主要缺陷[16,17]。

由于频率可变和幅值可变的电压特性，交流链路通用功率变流器可以用作风力发电机与电网之间的接口电路。其高可靠性、紧凑性和低重量，使得该类变流器是风力发电应用的理想选择。实际中为了采用交流链路通用功率变流器，风力发电系统中的三相变压器需要替代为单相高频变压器。

5.7.2 DC – AC 和 AC – DC 功率变流器

5.7.2.1 光伏发电

在传统设计中，基于集中式变流器的光伏发电系统是最常用的光伏发电系统类型。如图 5.16 所示，系统中光伏组件连接到三相电压源逆变器。逆变器交流输出相连接到 LC 滤波器以限制谐波。三相变压器提升电压并提供电流隔离，实现逆变器的并网[18 – 26]。

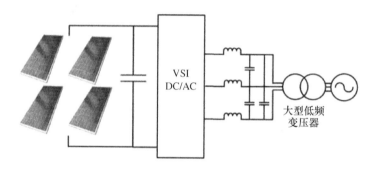

图 5.16 集中式变流器光伏发电系统[6]

由于体积大和效率低，低频变压器在系统中是不受欢迎的部件。为了避免使用低频变压器，在光伏发电系统中广泛采用了多级变流器。最常见的拓扑（见图 5.17）包括电压源逆变器和 DC – DC 变流器。通常，DC – DC 变流器包含高频变压器。尽管提供了高增益和电流隔离，但该变流器系统由多个功率模块组成，降低了整个系统的效率。此外，直流链路需要大体积的电解电容。对温度非常敏感的电解电容可能在逆变器中引起严重的可靠性问题，甚至 10℃ 的温度增加就可以使其寿命减半。因此，包含电解电容的光伏逆变器无法具有与光伏组件相同的寿命。光伏发电系统的实际成本包括定期更换逆变器，这会增加从光伏发电系统中获得能量的平均成本。考虑上述因素，有必要采用更高可靠性和更低成本的逆变器拓扑的设计[18 – 26]。

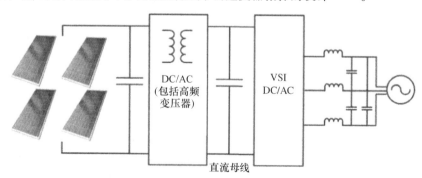

图 5.17 多级变流器光伏发电系统[6]

　　交流链路通用功率变流器可以克服现有光伏逆变器所具有的大多数问题。如前文所述，该类变流器的控制特性保证了输入和输出的电隔离。如果需要更进一步的电隔离，则可用单相高频变压器替换 LC 谐振电路电感，这消除了传统基于集中变流器的光伏发电系统对工频变压器的需求。实际上，不管使用变压器与否，该类逆变器都能够进行升压或降压。此外，该类逆变器消除了直流 LC 谐振电路，并采用交流链路的 LC 组合电路替换在多级变流系统中采用的大量电解电容。

　　光伏逆变器中的功率流方向总是从光伏组件流向负载，因此连接光伏组件的一侧不需要使用全桥结构可逆拓扑。图 5.18 为使用软开关交流链路的光伏逆变器。

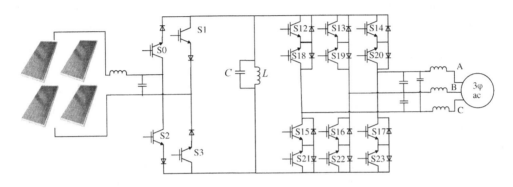

图 5.18　软开关交流链路通用变流器光伏发电装置[6]

　　虽然该逆变器没有直流链路，但可以在电网电压暂降期间向电网注入无功功率。为了提供低电压穿越（LVRT）功能，光伏侧可替换为全桥结构，如图 5.19 所示。该逆变器在电网故障期间与正常运行模式略有不同。在模式 1 期间，交流 LC 谐振电路将通过光伏组件进行一定的充电。然后，与常规运行模式类似，交流 LC 谐振电路向输出相桥臂放电；然而，相桥臂在该过程中并没有从交流链路得到电能。在输出侧器件关断之后，存储在交流 LC 谐振电路中的电能被释放到光伏侧电容中。在上述系统中，光伏侧滤波电容吸收了释放到输入端的能量。因此，为了提供 LVRT 功能，光伏侧滤波电容需要基于逆变器无功功率额定值进行设计。一旦交流 LC 谐振电路完全放电，将从光伏侧相反的电流方向重新进行充电。实际上，该控制方法也可以用于常规运行模式。在常规运行模式中，当输出侧器件关断时，交流链路中的能量释放到光伏电池板侧的电容后，剩余在交流链路中的能量远低于电网故障条件下的能量。

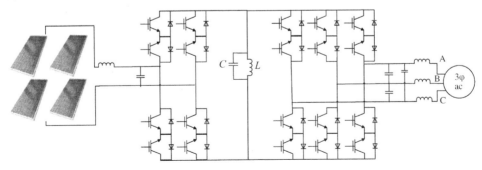

图 5.19　具有低电压穿越功能的交流链路通用变流器光伏发电装置[6]

5.7.2.2 电池并网接口

电池并网接口是双向 DC – AC 变流器。在该系统中，在电网电能过剩时，电池通过 AC – DC 变流器从电网充电，从而将直流电存储在电池中。一旦需要释放存储能量，电池应从充电模式切换到放电模式，向负载供电。此时，系统直流侧应该通过 DC – AC 逆变器转换为交流电。

电化学电池可以非常快速地在充电和放电模式之间切换，因此，系统主要的挑战在于开发可以在充电和放电模式之间快速切换的低成本和高可靠性的双向变流器。

软开关交流链路通用功率变流器的功率反向过程的持续时间，仅受到输入/输出滤波器的谐振周期限制。由于交流中间 LC 谐振电路频率可以达到功率器件及其控制器允许的上限，所以输入和输出滤波器同样可以设置非常高的谐振频率，从而获得较短的功率反向时间。该特性以及软开关交流链路通用功率变流器的其他优点，使其成为电池并网接口电路装置的极佳选择。

5.7.3 多端口变流器

由于光伏和风力的间歇性，混合能量来源在可再生能源系统中应用非常普遍。在混合系统条件下，所有能量来源都需要电力电子接口连接到负载。一种解决方案是使用两个独立的变流器，但更有效和可靠的方法是使用多端口变流器将几个电源同时连接到负载。因此有必要研究多输入/输出变流器。

作为示例，本节将对光伏电池混合系统进行研究。对于包含直流源的混合分布式能量系统，存在两种常见的逆变器配置。第一种方案为混合逆变系统，由两个逆变器并列组成，输出通过工频变压器连接到电网。与传统的单输入/单输出逆变器类似，该方案的主要缺点是存在体积庞大的低频变压器。另一种方案采用多输入 DC – DC 变流器并通过逆变器向负载供电，其与参考文献 [18 – 26] 中论述的多级光伏逆变器具有相同的缺点。

基于上述问题，单级多端口的高频交流链路通用功率变流器可能是该应用场合的最优选择。图 5.20 描述了连接光伏组件、电池和三相交流负载的软开关多端口交流链路通用功率变流器的系统原理图。在该系统中具有三个开关组合用于连接多端口：一个连接光伏组件，一个连接电池，一个连接负载。如图 5.20 所示，光伏组件侧为不可逆开关电路，而电池侧和负载侧包含双

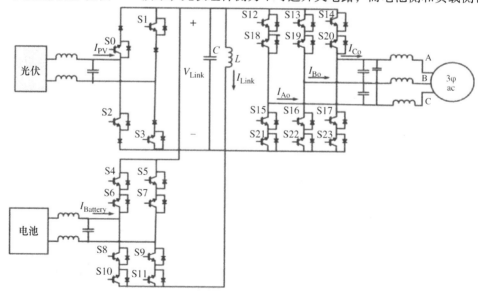

图 5.20 多端口交流链路通用功率变流器[11]

向开关以允许双向功率流。

根据光伏组件产生的功率，电池充电状态（SOC）和负载要求，在该变流系统中存在 4 种可能的功率流：

1）从光伏组件到负载；

2）从电池到负载；

3）从光伏组件到负载和电池；

4）从光伏组件和电池到负载。

如果考虑并网，另一种情况是功率从电网输出到电池。

根据能量流动情况，可能会有不止一个输入相桥臂组用于对链路充电，也可能有不止一个输出相桥臂组为链路放电。为了增强对电流的控制并使输入和输出电流谐波最小化，交流 *LC* 谐振电路的充电或放电模式可以被分成两个或更多个模式进行分析。

图 5.21 ~ 图 5.23 表示每个功率流情形中交流 *LC* 谐振电路的一个电流周期。在交流 *LC* 谐振电路周期中源/负载的充电或放电顺序也取决于它们的电压值。例如，在图 5.23 中，假设电池的电压高于光伏组件电压；因此，电池电压在模式 1 中对交流 *LC* 谐振电路充电，而光伏组件在模式 3 期间对交流 *LC* 谐振电路充电。如果光伏组件电压高于电池电压，则光伏组件电压在模式 1 期间对链路充电，并且电池在模式 3 中对交流 *LC* 谐振电路充电。

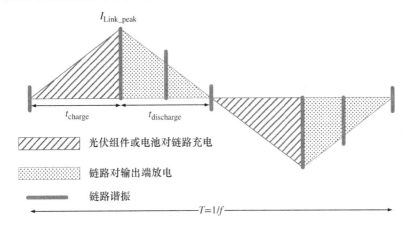

图 5.21　多端口交流链路通用功率变流器在第一种和第二种功率流情况中的链路电流

在第一种和第二种功率流情况中，变流器特性表现为 DC – AC 逆变器。在这种情况下，链路运行周期被分为 12 种模式，分别具有 6 种功率传输模式和 6 种谐振模式。在模式 1 和 7 期间，从电池（第二种功率流动情况）或光伏组件（第一种功率流动情况）给链路充电，并且在模式 3、5、9 和 11 期间放电到负载中。模式 2、4、6、8、10 和 12 是谐振模式。

在第三种功率流情况中，变流器将直流电同时转换为交流和直流（DC/AC + DC）。在这种情况下，*LC* 谐振电路运行周期被分为 16 种模式，包括 8 种功率传输模式和 8 种谐振模式。交流链路在模式 1 和 9 期间由光伏组件供电，并且在模式 3、5、7、11、13 和 15 期间对负载和电池放电。

在第四种功率流情况中，功率从两个直流源输出到交流负载（DC + DC/AC）。在这种情况下，链路运行周期被分为 16 种模式，包括 8 种功率传输模式和 8 种谐振模式。交流链路在模式 1、3、9 和 11 期间由光伏组件和电池供电，并且在模式 5、7、13 和 15 期间向负载放电。

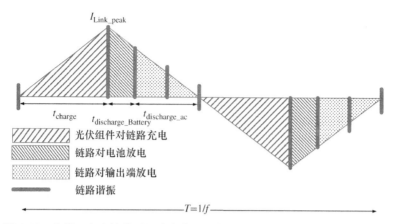

图 5.22 多端口交流链路通用功率变流器在第三种功率流情况中的链路电流

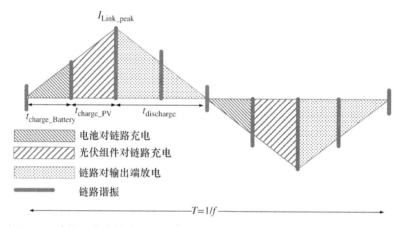

图 5.23 多端口交流链路通用功率变流器在第四种功率流情况中的链路电流

5.8 小结

交流链路通用功率变流器是一种具有较多优点的新型功率变流器。实际上，该变流器是由 DC – DC 降压升压变流器扩展到 DC – AC、AC – DC 和 AC – AC 变流器的创新应用。因此，该变流器中的主要储能部件是具有高频交流电的电感。而将小电容与链路电感并联放置能够实现开关的零电压导通和软关断。同时，在该变流器中，输入和输出是独立的；同时，可以通过添加单相高频变压器的方式实现电隔离。

考虑其极低的开关损耗、更高的效率、更高的可靠性和紧凑性，该变流器是多种应用的理想选择，包括光伏发电、风力发电、电池储能接口和混合能源的电力电子接口。

参考文献

1. Alexander, W.C. (2008) Universal power converter. US Patent 2008/0013351A1, Jan. 17, 2008.
2. Balakrishnan, A., Toliyat, H.A., and Alexander, W.C. (2008) Soft switched ac link buck boost converter. Proceedings of the 23rd Annual IEEE Applied Power Electronics Conference and Exposition, APEC 2008, pp. 1334–1339.

3. Balakrishnan, A.K. (2008) Soft switched high frequency ac-link converter. MS thesis. ECE Department, Texas A&M University, College Station, TX.

4. Toliyat, H.A., Balakrishnan, A., Amirabadi, M., and Alexander, W. (2008) Soft switched ac-link AC/AC and AC/DC buck-boost converter. Proceedings of the IEEE Power Electronics Specialists Conference (PESC), pp. 4168–4176.

5. Amirabadi, M., Balakrishnan, A., Toliyat, H.A., and Alexander, W. (2008) Soft switched ac-link direct-connect photovoltaic inverter. Proceedings of the IEEE International Conference on Sustainable Energy Technologies (ICSET), pp. 116–120.

6. Amirabadi, M., Balakrishnan, A., Toliyat, H., and Alexander, W. (2014) High frequency AC-link PV inverter. *IEEE Transactions on Industrial Electronics*, **61**, 281–291.

7. Balakrishnan, A., Amirabadi, M., Toliyat, H., and Alexander, W. (2008) Soft switched ac-link wind power converter. Proceedings of the IEEE International Conference on Sustainable Energy Technologies (ICSET), pp. 318–321.

8. Amirabadi, M., Toliyat, H.A., and Alexander, W. (2009) Battery-utility interface using soft switched AC Link supporting low voltage ride through. Proceedings IEEE Energy Conversion Congress and Exposition Conference (ECCE), pp. 2606–2613.

9. Amirabadi, M., Toliyat, H.A., and Alexander, W. (2009) Battery-utility interface using soft switched AC link buck boost converter. Proceedings of the IEEE International Electric Machines and Drives (IEMDC) Conference, pp. 1299–1304.

10. Amirabadi, M., (2013) Soft-switching High-Frequency ac-Link Universal Power Converters with Galvanic Isolation, Ph.D. Dissertation, Texas A&M University, College Station, TX, USA.

11. Amirabadi, M., Toliyat, H.A., and Alexander, W.C. (2013) A multi-port AC link PV inverter with reduced size and weight for stand-alone application. *IEEE Transactions on Industry Applications*, **49** (5), 2217–2228.

12. Amirabadi, M., Toliyat, H.A., and Alexander, W.C. (2012) Partial resonant AC link converter: a highly reliable variable frequency drive. Proceedings of the IEEE Industrial Electronics Society Annual Conference (IECON), pp. 1946–1951.

13. Ngo, K. (1984) Topology and analysis in PWM inversion, rectification, and cycloconversion. PhD Dissertation. California Institute of Technology.

14. Lipo, T.A. (1988) Resonant link converters: a new direction in solid state power conversion. Presented at 2nd International Conference Electrical Drives, Eforie Nord, Romania, September 1988.

15. Kim, I.-D. and Cho, G.-H. (1990) New bilateral zero voltage switching ac/ac converter using high frequency partial-resonant link. Proceedings IEEE Industrial Electronics Society Annual Conference (IECON), pp. 857–862.

16. Kolar, J.W., Friedli, T., Rodriguez, J., and Wheeler, P.W. (2011) Review of three-phase PWM AC–AC converter topologies. *IEEE Transactions on Industrial Electronics*, **58** (11), 4988–5006.

17. Abolhassani, M.T. (2004) Integrated electric alternators/active filters. PhD Dissertation. ECE Department, Texas A&M University, College Station, TX.

18. Chakraborty, S., Kramer, B., and Kroposki, B. (2009) A review of power electronics interfaces for distributed energy systems towards achieving low-cost modular design. *Renewable and Sustainable Energy Reviews*, **13** (9), 2323–2335.

19. Kerekes, T., Teodorescu, R., Rodríguez, P. *et al.* (2011) A new high-efficiency single-phase transformerless PV inverter topology. *IEEE Transactions on Industrial Electronics*, **58** (1), 184–191.

20. Grandi, G., Rossi, C., Ostojic, D., and Casadei, D. (2009) A new multilevel conversion structure for grid-connected PV applications. *IEEE Transactions on Industrial Electronics*, **56** (11), 4416–4426.

21. Margolis, R. (2006) *A Review of PV Inverter Technology Cost and Performance Projections*, NREL/SR-620-38771, National Renewable Energy Laboratory, January 2006, http://www.nrel.gov/pv/pdfs /38771.pdf (accessed 17 December 2013).

22. Jain, S. and Agarwal, V. (2008) An integrated hybrid power supply for distributed generation applications fed by nonconventional energy sources. *IEEE Transactions on Energy Conversion*, **23** (2), 622–631.

23. Kjaer, S.B., Pedersen, J.K., and Blaabjerg, F. (2005) A review of single-phase grid-connected inverters for photovoltaic modules. *IEEE Transactions on Industry Application*, **41** (5), 1292–1306.

24. Araujo, S.V., Zacharias, P., and Mallwitz, R. (2010) Highly efficient single-phase transformerless inverters for grid-connected photovoltaic systems. *IEEE Transactions on Industrial Electronics*, **57** (9), 3118–3128.

25. Gonzalez, R., Gubia, E., Lopez, J., and Marroyo, L. (2008) Transformerless single-phase multilevel-based photovoltaic inverter. *IEEE Transaction on Industrial Electronics*, **55** (7), 2694–2702.

26. Kerekes, T., Liserre, M., Teodorescu, R. *et al.* (2009) Evaluation of three-phase transformerless photovoltaic inverter topologies. *IEEE Transactions on Power Electronics*, **24** (9), 2202–2211.

第 6 章 大功率电力电子技术：风力发电的关键技术

Frede Blaabjerg 和 Ke Ma
丹麦奥尔堡大学能源技术系

6.1 简介

如参考文献［1］所示，迄今为止，风力发电仍以其较低的发电成本被认为是最有前途的可再生能源发电技术。现代风力发电系统（WTS）技术从 20 世纪 80 年代的几十千瓦容量发展到如今被广泛应用的兆瓦（MW）级风力机，且风力机容量还在持续增加[2-5]。风力发电在分布式电网中有着广泛应用且越来越多的风电场起着传统发电厂的作用。例如，丹麦大部分地区的风电渗透率都很高，目前其 30% 的耗电来自风力发电[6]。

最初，风力发电并未对电网系统构成严重冲击。最早的风电机组方案基于直接并网的笼型感应发电机（SCIG），因此风能波动几乎直接传递到电网中。此外，这种风电机组对所产生的有功和无功功率具有不可控性，而这是电网系统对频率和电压进行调节的重要控制参数。如今，随着风电渗透率和机组容量的迅速增加，风电对电网运行产生了明显冲击。目前采用更多电力电子技术的风电机组已经成为主流机型[7]；这主要是因为电力电子技术能够将风电机组的发电特性由不可控电源转变为有功功率发电单元。值得一提的是用于风力发电的电力电子技术并非全新技术，但一些仅对风电有效的特殊因素需要认真对待[2-5,8]。

本章主要对风力发电中的电力电子技术进行概述并讨论未来发展趋势。首先，对风电应用的技术发展和市场趋势进行了讨论。其次，对不同风电机组概念进行了评述并提出了几种具有优势和前景的风电变流器解决方案。最后，提出了几种未来风电机组的控制方法和电网需求以及对可靠性的新挑战。

6.2 风力发电的发展现状

全球风电机组累计装机发电量已迅速增长至 282GW，仅 2012 年新装机组发电量就超过 45GW，这一数字远超其他形式的可再生能源[1]。2011 年度的发电设备市场容量约为 238GW，这一数字表明风电已是当代供电系统中的重要组成部分。2010 年全世界风电渗透率为 2.5%，预测 2019 年将超过 8% 或 1TW。2011 年中国以 17.6GW 的风电装机量成为最大的风电市场，加上整个欧盟（EU）（9.6GW）和美国（6.8GW），这三个国家和地区占据了当年全球市场的 85%。图 6.1 给出了 1996 ~ 2012 年全球累计风力发电量。

就市场上的制造商而言，丹麦维斯塔斯（Vestas）公司在 2011 年仍然位居全球最大风电机组制造商的首位，美国通用电气（GE）公司和中国金风科技（Goldwind）公司紧随其后并列市场第二。图 6.2 所示为 2011 年全球顶尖的几家风电机组供应商。值得一提的是，有 4 家中国公司跻身全球制造商前 10 名并拥有 26% 的市场份额。

为降低每 kWh 电的发电成本，风电机组的规模也在快速增加。2011 年风电市场上所销售的

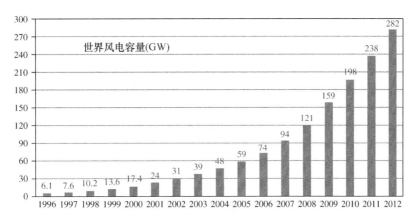

图 6.1　1996 ~ 2012 年风电累计装机发电量[1]

单个机组平均发电量为 1.7MW，其中海上风电机组平均发电量达到 3.6MW。图 6.3 给出了 1980 ~ 2012 年间新装机组直径尺寸的增长趋势[7]。值得注意的是，在 2012 年叶轮直径为 164m 的先进 8MW 风电机组已经推向市场[9]。目前，受降低发电成本的总体目标推动，大部分制造商正在开发 4.5 ~ 8MW 的风力发电系统，预计未来 10 年内，将出现越来越多具有兆瓦级、甚至高达 10MW 的大型风电机组[10]。

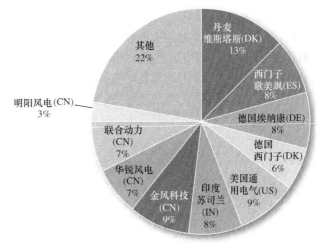

图 6.2　2011 年风电机组在全球顶尖制造商的市场份额[1]

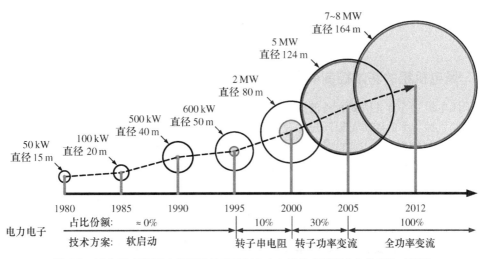

图 6.3　过去 30 年间风电机组叶轮直径和电力电子技术的影响力的变化（圆圈内阴影表明经过变流器处理的功率范围）

6.3 风能转换

风力发电系统采用基于空气动力学设计的叶片捕捉风能，并将其转换为发电机转轴上的旋转机械能。为实现最佳风能捕获，叶片的叶尖线速度应低于一半音速，这样叶轮旋转速度将随着叶片长度的增加而降低。对于典型的兆瓦级风电机组，其叶轮旋转速度通常在 5 ~ 16r/min 之间，从而导致发电机变得笨重并增加了吊装成本。变速箱是用于转换低速大扭矩机械能最省重量的解决方案之一，如图 6.4 所示[6]。

目前，配有大型变速箱和部分功率变流器的高速双馈异步发电机（DFIG）是市场上的主流技术路线。为了获得最优综合性能，采用带简化或不带变速箱及全功率变流器的多极永磁同步发电机（PMSG）型风电机组将取代前者成为未来市场的主流机型。实际上，无论是电励磁还是永磁同步发电机，都是最畅销容量风电机组的首选技术路线[1-4]。然而，永磁材料价格趋势的不确定性可能会改变风电机组对发电机类型和传动链选型的结果，以规避未来高成本的风险。

在电网和发电机之间可以用功率变流器连接，考虑到整个系统的体积和功率损耗，这里变压器和滤波器在整个系统中起着关键性作用。所有风电机组制造商都使用升压变压器来连接变流器/发电机和电网；然而，用功率半导体器件取代变压器，从而得到大功率高压无变压器解决方案的研究正在进行中，这也是未来技术发展面临的挑战[12]。

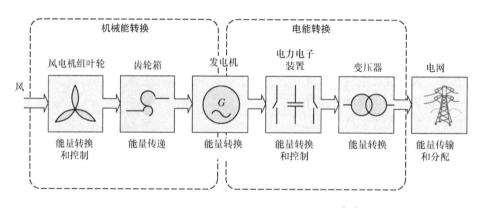

图 6.4　风电机组中风能转换为电能的过程[11]

6.3.1 风电机组的基本控制变量

对于风电机组，首先需要具备的控制能力是在高风速下调节叶轮发出的机械能以防止机组过载。对叶轮机械功率的限制可以通过失速调节（桨叶角固定但沿着叶片出现风的失速现象）、主动失速调节（调整桨叶角以在叶片上产生失速）或者变桨距调节（桨叶顺桨使其和风向平行）实现。图 6.5 对三种功率调节方法下的机械能输出特性进行了比较[3]。可以清楚地看到，变桨距控制能够获得最佳的功率限制性能，而这种控制已经成为目前大多数新装风电机组所采用的主流技术。

叶轮转速是风电机组的另一个可控量。过去定速型风电机组并未使用这个控制自由度，在可运行风速范围内其叶轮旋转速度是基本固定不变的。虽然定速型风电机组具有结构简单、坚固且电气部分成本较低的优点，但其缺点则更为突出，包括输出功率不可控、阵风下的机械载荷偏大以及输出电能质量差等。

目前得到广泛应用的变速型风电机组可以更好实现气动效率和整体控制性能。通过引入变速运行，可以根据风速不断调整叶轮旋转速度从而将叶尖速维持在能够获得叶片最大功率系数的数值上，最终使风电机组实现风能的最大功率捕获。此外，机组通过叶轮转速变化可以吸收风能波动，从而降低了机械应力和机组噪声。最后，用于调整转速的功率变流器还能为机组提供更好的功率控制能力，从而帮助机组满足来自电网调度的更高技术要求。这一特征已成为未来风电技术开发的关键决定性因素[12]。

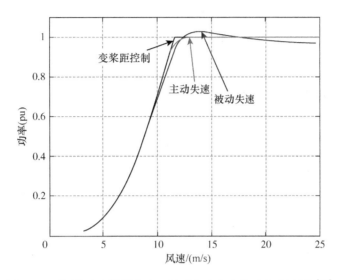

图 6.5　不同的功率限制方法（被动失速方法基于定速运行）[11]

6.3.2　风电机组类型

如图 6.3 所示，经过过去 30 多年间四、五代的发展，风力发电系统的技术方案有了显著变化。一般来说，现存的风电机组结构一般可以划分为 4 种机型[5]。不同机型之间的主要差别在于发电机类型、电力电子装置、速度控制能力和限制风能获取的方式。

6.3.2.1　定速型风电机组（WT – A 型）

如图 6.6 所示，这种结构对应于 20 世纪 80 年代非常流行的所谓丹麦机型。风电机组采用异步笼型感应发电机（SCIG）并配合软启动器以实现平滑并网，软启动器在发电模式下处于旁路状态。

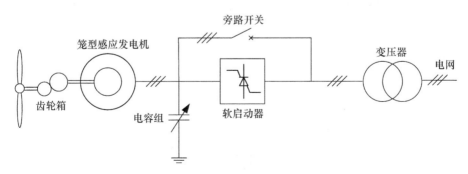

图 6.6　通过软启动器直接并网的定速型风电机组

这种早期机型的一个缺点是需要借助无功补偿装置（例如电容组）来补偿异步发电机（AG）对无功功率的需求。因为机组叶轮旋转速度基本固定且无任何可控性，还需要考虑机械部件必须足够坚固以承受反向机械扭矩，且风速波动会直接传递到输出造成电能波动，可能会在较弱电网中引起电压/频率的不稳定。

6.3.2.2 采用可调转子电阻的转差控制型风电机组（WT – B 型）

如图 6.7 所示的这种机型出现在 20 世纪 90 年代中期，也被称为 OptiSlip（Vestas 品牌）[9,13]。这种机型采用可调转子电阻型发电机以获得有限的转速控制能力。通常这种机型配有绕线转子感应发电机（WRIG）和相应的电容补偿器，发电机通过软启动器直接和电网相连，这点和 A 型风电机组是一样的。

这种机型在技术上的一个改进是通过动态改变转子电阻来实现对叶轮转速的有限调整。这一特性有助于减轻机组的机械应力并使电能平滑输出。然而，转子电阻上有持续能量损耗是这种机型的显著缺点。

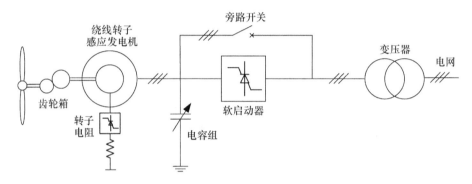

图 6.7 采用可调转子电阻的转差控制型风电机组

6.3.2.3 采用小容量变频器的变速型风电机组（WT – C 型）

这种机型是当前最成熟的方案并从 21 世纪开始就得到了广泛应用。如图 6.8 所示，该机型采用背靠背结构的电力电子变流器和双馈感应发电机（DFIG）协同工作。DFIG 的定子绕组与电网直接相连，而转子绕组通过电力电子变流器与电网相连，这个变流器的容量通常只有整机容量的 30%[14,15]。

通过使用电力电子变流器，可以灵活控制转子频率和电流，从而将叶轮转速调速范围进一步扩展到更高水平。同时，功率变流器能部分调节发电机输出功率、改善输出电能质量并提供有限的电网支撑。从成本角度看，较小的变流器容量使这种机型更具有吸引力。但这种机型的主要缺点是需要使用集电环以及在电网故障时功率可控性不高。这些缺点会影响可靠性并导致机组无法满足未来电网的潜在要求。

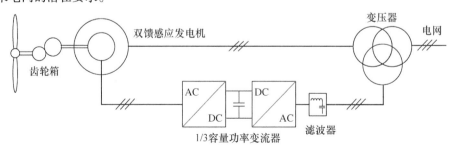

图 6.8 采用小容量功率变流器和双馈感应发电机的变速型风电机组

6.3.2.4 采用全功率变流器的变速型风电机组（WT-D型）

图 6.9 所示为流行于新近开发和新装风电机组中的另一种有前途的机型。这种机型采用全功率变流器连接电网和发电机定子，这样就能控制风电机组发出的全部功率。根据已有报道，这种机型可以采用笼型异步发电机、绕线转子异步发电机（WRSG）和永磁同步发电机（PMSG）。

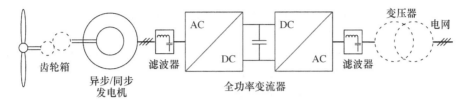

图 6.9　采用全功率变流器的变速型风电机组

与基于 DFIG 的机型相比，没有集电环、简化或取消变速箱、全功率和全转速范围可控以及更好的电网支撑能力是这种机型的主要优点。由于全功率变流器的使用，功率转换部分的电压等级可以根据需要灵活设定。在未来，变流器输出电压可能高到能够直接并网而无需笨重的工频变压器，这一点对未来风力发电系统很有吸引力。然而，众多昂贵且易损的电力电子器件以及永磁材料的价格可能对这种机型未来的进一步商用产生一些不确定性。

6.3.2.5 风电机型之间的比较

不同机型之间的比较暴露了成本和性能之间存在矛盾冲突。表 6.1 对 4 种风电机型的网侧控制、成本、维护和机组本身性能结果进行了比较[11]。可以看出由于电力电子变流器的引入，在考虑旋转速度、控制带宽和所传递的有功/无功功率等因素下，C 型及 D 型风力发电系统与 A 型及 B 型相比能实现对输出功率的更好控制。此外，C 型和 D 型风电机组在并网时能提供很多重要功能，从而更适合应用在电网中。考虑到数十年来电力半导体器件价格持续走低，C 型及 D 型风电机组与 A 型及 B 型相比具有更高的性价比，因此 C 型和 D 型机组目前已经占据了市场的主要地位[3-5]。

表 6.1　不同风电机组配置的系统比较

系统	A 型	B 型	C 型	D 型
可变速度	否	否	是	是
有功功率控制	有限	有限	是	是
无功功率控制	否	否	是	是
短路（故障激活）	否	否	否/是	是
短路功率	提供	提供	提供	有限
控制带宽	1~10s	100ms	1ms	0.5~1ms
待机功能	否	否	是 +	是 + +
闪变（敏感）	是	是	否	否
需要软启动器	是	是	否	否
连续并网容量	是，部分	是，部分	是	是
无功补偿器（C）	是	是	否	否
孤岛运行	否	否	是/否	是
投资	+ +	+ +	+	0
保护	+ +	+ +	0	+

6.4 风电变流器

如图 6.3 所示，随着风力发电量和技术的快速发展，电力电子变流器在风力发电系统中的重要性正在不断增加。然而，电力电子变流器也需要满足风力发电系统前所未有的对可靠性的要求。通常这些要求可按图 6.10 中所示分为三组[7]：

发电机侧：应控制流入发电机转子或定子的电流以便调节发电机转矩，进而调节风电机组的旋转速度。这不仅有助于风电机组在输出最大功率的正常运行模式下的有功功率平衡，而且在发生需要快速降低机组输出有功功率的电网故障时也可保持有功功率平衡。此外，变流器还需具备处理发电机输出的可变基波频率和电压幅值的能力。

电网侧：在任何风速下变流器都必须满足并网规范的要求。这意味变流器应能够控制输送给电网的无功功率 Q 并能够快速响应对有功功率 P 的需求。在正常运行时，电网侧的基波频率和电压幅值应维持不变，且电流总谐波畸变（THD）应限制在较低水平[2,16,17]。

内部：变流器系统应具有性价比高、易于维护和可靠性高的特征。这需要变流器系统的每一部分都采用高功率密度、高可靠性及模块化设计。而且，风电变流器可能需要具备存储部分有功功率并将发电机输出电压升压到符合电网电压水平的能力。

根据现代风电变流器的功能描述，将在下面对一些在风电应用中占主导地位且有前景的变流器拓扑进行介绍和讨论。

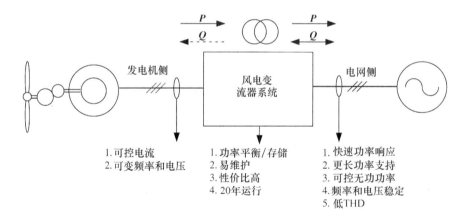

图 6.10 现代风电变流器的要求

6.4.1 两电平功率变流器

两电平 PWM 电压源变流器（2L - PWM - VSC）是风力发电领域中最常用的三相变流器拓扑结构。对这种变流拓扑的研究是广泛而完善的。然而，这种拓扑在 MW 级容量及中压等级存在较大功率损耗和较低效率的问题。为了获得所需功率和电压，可能需要在这种拓扑中将可用的开关器件或变流组件并联或串联[18]。两电平输出电压是 2L - PWM - VSC 的另一个问题是在发电机和变压器绕组上形成相对较高的 dv/dt，因此可能需要笨重的输出滤波器以限制电压上升率并减轻输出谐波[19]。在风电机组中，2L - PWM - VSC 可以用在不同的结构中。

6.4.1.1　单向两电平电压源功率变流器（2L - UNI）

目前在风电机组中采用配有全功率变流器的 PMSG 已成为一种趋势。因为这种发电机不需要额外无功功率且因有功功率从发电机单向流向电网，所以发电机侧只需要简单的二极管整流器，从而大大提高了如图 6.11 所示的解决方案的性价比。然而，二极管整流器可能会引入低频扭矩脉动而激发传动轴的机械谐振[20]。半控整流器也可以用于这种电路拓扑[21]。

如图 6.11 所示，为实现变速运行并固定直流母线电压，可在直流回路中插入 DC/DC 升压变流器，或利用转子外部励磁来控制直流电压。必须指出的是，对于 MW 级的功率等级，DC/DC 变流器需要由几个交错单元或三电平单元构成[22]。

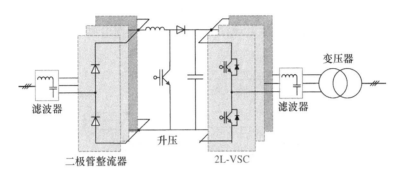

图 6.11　单向两电平电压源功率变流器（2L - UNI）[7]

6.4.1.2　两电平背靠背电压源功率变流器（2L - BTB）

如图 6.12 所示，由两个 2L - PWM - VSC 构成的背靠背结构（2L - BTB）在风力发电系统中非常流行。2L - BTB 的一个技术优势是以相对简单的结构和较少器件实现了全功率可控（四象限运行），从而使得这种成熟结构具有坚固可靠的性能。2L - BTB 拓扑结构是基于双馈感应发电机（DFIG）风电机组的主流解决方案（见参考文献 [3, 4, 23]）。一些制造商也在笼型感应发电机（SCIG）风电机组所应用的全功率变流器中采用这种拓扑。

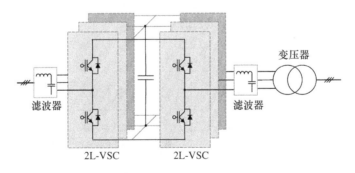

图 6.12　两电平背靠背电压源功率变流器（2L - BTB)[7]

6.4.2　多电平功率变流器

由于具有多电平输出电压波形好、高输出电压幅值和大功率输出能力，多电平功率变流器拓扑逐步成为有吸引力且具有风电应用前景的可选方案[24-26]。通常，多电平功率变流器一般可以分为三类[26-29]：二极管中点钳位式、飞跨电容式和模块串联型。为获得较高性价比，多电平功率变流器主要用于 3~8MW 等级的全功率变流变速型风电机组中。

6.4.2.1 三电平二极管中点钳位式背靠背拓扑（3L-NPC BTB）

三电平二极管中点钳位拓扑是市场上销量最多的多电平拓扑之一。如图 6.13 所示，与 2L-BTB 类似，风电机组中通常将这种拓扑配置成背靠背结构，这里为简化起见称之为 3L-NPC BTB。

相对 2L-BTB，3L-NPC BTB 多了一个输出电平从而降低了 dv/dt，减小了输出滤波器的尺寸。在采用同样电压规格的开关器件时，3L-NPC BTB 能输出比 2L-BTB 高一倍的电压幅值。直流回路中点电压波动曾被认为是 3L-NPC BTB 的一个缺点，但经过深入研究后发现通过控制冗余开关状态可以使这一问题得到显著改善[30]。但是这种拓扑存在桥臂上内部和外部开关器件之间的损耗分布不均衡问题，这导致实际设计时必须考虑降低输出功率。

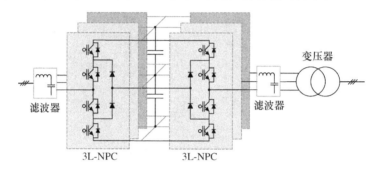

图 6.13　三电平二极管中点钳位式背靠背功率变流器（3L-NPC BTB）[7]

6.4.2.2 三电平 H 桥背靠背拓扑（3L-HB BTB）

如图 6.14 所示，两个三相 H 桥变流器以背靠背结构构成了 3L-HB BTB 方案。这个结构的性能和 3L-NPC BTB 结构类似，但可以避免功率损耗不均衡问题并取消钳位二极管。因此，这种结构可以实现更高的效率、开关器件损耗的均衡分布以及更高的设计容量[24,25,31]。此外，3L-HB BTB 结构只需要 3L-NPC BTB 结构一半的直流母线电压，从而减少了串联电容数并可以取消直流回路中点，这样可以进一步减少直流电容的体积。

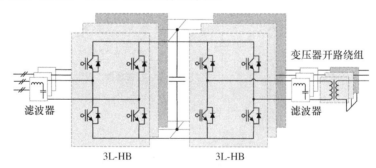

图 6.14　三电平 H 桥背靠背功率变流器（3L-HB BTB）[7]

然而，3L-HB BTB 方案需要采用开放式绕组设计的发电机和变压器以获得相间绝缘。这一特征既有优点也有缺点。一方面能够在发电机一到两相发生故障时获得潜在的冗余运行能力，另一方面则需要双倍的电缆以及额外成本、重量、功耗和电感的增加，这些都是这种变流器结构的主要缺点。

6.4.2.3　五电平 H 桥背靠背拓扑（5L – HB BTB）

5L – HB BTB 变流器由两个用 3L – NPC 结构作为桥臂的三相 H 桥变流器组成，如图 6.15 所示。这是在 3L – HB BTB 方案基础上的扩展并需要发电机和变压器采用同样的开放式绕组设计。在使用相同规格器件时，5L – HB BTB 能获得五电平输出电压且输出电压幅值比 3L – HB BTB 方案高一倍。这些特征减小了输出滤波器尺寸，降低了开关器件和电缆的容量要求[19,32]。然而，5L – HB BTB 变流器引入了更多开关器件，从而降低了整个系统的可靠性。

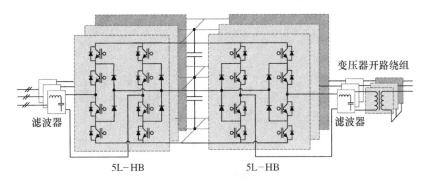

图 6.15　五电平 H 桥背靠背功率变流器（5L – HB BTB）[7]

6.4.3　多模块变流器

目前，大多数新装风电机组容量已达到多 MW 级别。为应对机组容量的快速增长，一些多模块变流器拓扑（例如变流模块串并联）已被开发并广泛应用于工业领域。

6.4.3.1　采用并联变流器模块的多模块变流器（MC – PCC）

图 6.16a 所示为 Gamesa 公司在 4.5MW 风电机组上采用的多模块解决方案，其发电机侧和电网侧都为 2L – BTB 单模块变流器并联结构[33]。西门子公司也在畅销的多兆瓦风电机组上引入如图 6.16b 所示的类似方案[34]。采用经过验证的标准低压变流单元，具备冗余性和模块化特征是这类方案的主要优点。这一变流器结构是 3MW 以上级别风电机组的业内主流解决方案。

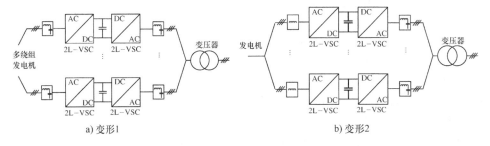

图 6.16　带并联变流器模块的多模块变流器（MC – PCC）

6.4.3.2　采用中频变压器的串联 H 桥变流器（CHB – MFT）

如图 6.17 所示的这种结构和下一代牵引变流器构想类似[35,36]，并已在欧洲 UNIFLEX – PM 项目中应用[37]。这种结构由通过隔离型 DC/DC 变流器连接的背靠背串联 H 桥变流器构成。DC/DC 变流器所采用的中频变压器（MFT）运行在数千到几十千赫兹下，因此大大减小了变压器的尺寸和重量。此外，由于采用了串联结构，这种变流器可以直接连接到配电网上（10 ~ 20kV），并同时具有输出电能质量高、无滤波器和具备冗余能力等特性[35,36]。如果将这种解决方案用于风电机组中会更有吸引力，因为可以用更紧凑并能灵活配置的功率半导体器件取代笨重的工频变压器。

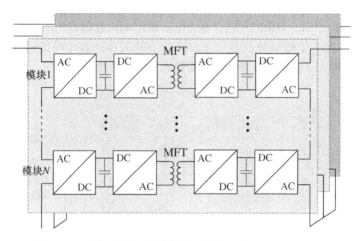

图 6.17　带中频变压器的串联 H 桥变流器（CHB – MFT）

6.4.3.3　模块化多电平变流器（MMC）

　　这种结构和用于高压直流输电的一些新兴变流器拓扑结构相似[38,39]，如图 6.18 所示。这种结构同样采用基于串联 DC/AC 变流单元的背靠背结构。这种结构的优点是很容易提高电压/放大功率容量；因此能够在数十千伏下实现大功率转换且具有很好的模块化和冗余性能。另外，由于电压电平数的显著增加可以取消输出滤波器。然而这种结构在风力发电系统中的运行电压主要受到发电机绝缘性能的限制。此外，MW 级风电机组的发电机输出基波频率一般都比较低，可能会在发电机侧变流器上产生较大的直流电压波动，导致变流器中不得不增加更多笨重的直流电容，而这可能不满足风电应用的要求。

　　可以看到，多模块变流器的模块化和故障冗余能力有助于提高其可靠性。然而，以上三种结构都大大增加了元器件数量，可能会影响系统可靠性并显著增加成本。考虑到功率半导体器件技术还在快速发展，这些多模块变流器在风电应用中的优缺点还有待进一步评估。

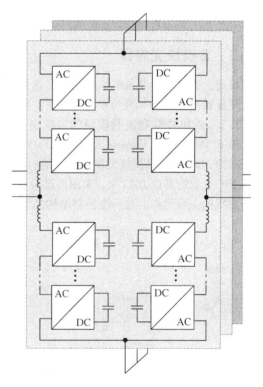

图 6.18　模块化多电平变流器（MMC）

6.5　风电变流器的功率半导体

　　作为变流器的基础器件，功率半导体器件在高性能风电机组的开发中也扮演了重要角色[40]。根据风电产业相关报道，行业中主要选择的功率开关器件为模块化封装绝缘栅双极型晶体管

（IGBT）、预压封装 IGBT 和预压封装集成门极换流晶闸管（IGCT）。这三种功率半导体器件的特性差异较大，它们之间的对比如表 6.2 所示[7]。

IGBT 的模块封装技术已有较长时间的工业应用且对硬件安装要求不高。然而由于其内部芯片采用焊接引线连接技术，这种封装器件可能会存在热阻大、功率密度低和失效率高等问题[7]。预压封装技术通过直接压式连接加强了芯片连接，从而改善了器件可靠性（基于行业经验），提高了功率密度（叠放形式易于连接），并具有了更好的冷却能力，但这是以高于模块式封装器件的成本为代价获得的。预压接式 IGCT 在 20 世纪 90 年代被用于 MW 级变流器且现如今已成为大功率电动机驱动系统的主流技术，但尚未在风电行业得到广泛应用[40-42]。

表 6.2　风电应用的主要功率开关器件

	IGBT 模块	IGBT 压接	IGCT 压接
功率密度	中等	高	高
可靠性	中等	高	高
成本	中等	高	高
故障模式	开路	短路	短路
可维护性	+	–	–
散热器绝缘	+	–	–
吸收回路	–	–	+
热阻	中等	小	小
开关损耗	低	低	高
导通损耗	高	高	低
栅极驱动	小	小	大
主要制造商	Infineon，Mitsubishi ABB，Semikron，Fuji	Westcode，ABB	ABB
额定电压	3.3kV/4.5kV/6.5kV	2.5kV/4.5kV	4.5kV/6.5kV
最大电流	1.5kV/1.2kV/750A	2.2kA/2.4kA	2.1kA/1.3kA

6.6　现代风电机组的控制和并网要求

如图 6.19 所示，风电机组的系统控制中同时涉及快速和慢速的动态控制过程[43-53]。图中给出了由风力机、发电机、变流器和电网所构成的现代风力发电系统的通用控制结构框图。风电机组类型可以是图 6.8 中的 C 型，或者图 6.9 中的 D 型。

通常，需要对发电系统能量的进出流动进行严格控制。风力机产生的能量可以通过机械部分加以控制（例如叶片桨距角和偏航系统）。同时整个控制系统必须遵循输电系统运营商（TSO）给出的发电指令。

控制系统对风电机组的先进特性也做了考虑，如发电最大化、电网故障穿越以及对电网的支持等。对于变速风电机组，通常通过发电机侧变流器来控制发电机电流，从而实现对叶轮转速的调节以达到从可用风能中获取最大能量的目的。考虑电网故障穿越以及对电网支持的要求，需要对风电机组的一些子系统进行协调控制，包括电网侧变流器、制动单元、变桨距控制系统和发电机等。

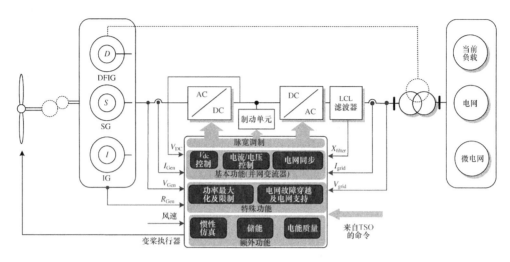

图 6.19 现代风电机组通用控制结构框图

最后，一些基本控制如电流调节、直流回路稳定控制和电网侧同步控制需要由功率变流器快速完成，而相应的控制器通常采用比例积分（PI）和比例谐振（PR）控制。

大多数国家都有自己的风电并网导则且经常进行更新[54-58]。在大多数情况下，这些规定反映了风电在电网中的渗透率，且覆盖了从中压到高压较宽的电压范围。基本上并网导则总是试图站在电网的角度，要求风电场像传统发电企业一样响应电网要求。因此，通常这些导则主要是对电网波动时风力发电系统的功率可控性、电能质量、故障穿越能力和电网支撑能力提出要求。下面给出了不同国家并网导则对有功和无功功率控制、电能质量和穿越能力要求的示例，这些要求对于单个风电机组或是整个风电场都是有效的。

6.6.1 有功功率控制

根据大多数并网导则，单个风电机组必须在给定功率范围内能够控制公共连接点（PCC）的有功功率。通常电网依据系统频率对有功功率进行控制，例如在丹麦、爱尔兰和德国，当电网频率高于 50.1Hz 时必须降低上网功率。图 6.20 给出了丹麦和德国并网导则中频率控制的典型特征。

对于一般和输电网相连的风电场级别大型发电单元，风电机组应根据 TSO 的指令像传统发电企业一样为电网提供宽范围的可控有功功率。此外，这些单元还必须参与电网的一次和二次控制。图 6.21a ~d 给出了丹麦并网导则中对风电场有功功率控制的一些要求。可以看到，这些有功功率控制总是需要从风电场总发电量中预留一部分，一旦电网需要额外的有功功率，则风电场将能提供足够的功率支撑从而降低风电场对储能系统的需求。

6.6.2 无功功率控制

在正常运行中，风电机组或风电场需要按照并网导则，在一定范围内控制所输出的无功功率。不同国家的并网导则要求无功功率控制的方式是不同的。

如图 6.22 所示，丹麦和德国并网导则都限定了风力发电系统相对于有功功率控制下无功功率的范围。此外，TSO 通常会根据电网电压波动来确定风电场输出的无功功率范围，如图 6.23 所示，其中以德国海上风电场并网导则作为示例。需要注意的是这种无功功率控制的基本形式应

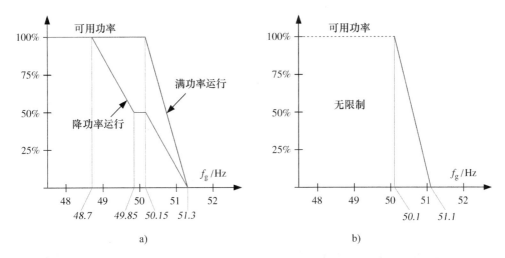

图 6.20　a）丹麦电网对并网风电机组的频率控制要求[57]；
b）德国电网对并网风电机组的频率控制要求[58]

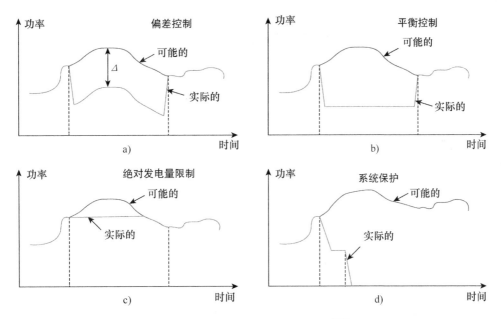

图 6.21　丹麦电网并网导则对有功功率控制的要求[56]：a）偏差控制；
b）平衡控制；c）绝对发电量限制；d）系统保护

以较慢的分钟尺度来实现[54]。

6.6.3　总谐波畸变

电能质量是与中压电网相连的风电机组特别需要关注的问题。然而，例如丹麦和爱尔兰对于输电网的并网导则也有相应的要求。通常情况下，IEC 61000 - x - x 和 EN 50160 这两个标准被用于定义电能质量参数。这两个标准对电压快速波动、短时闪变和长时闪变值进行了规定，还给出了单次谐波畸变的限定值，在某些情况下，例如丹麦规定谐波畸变的限定值可以根据用户自定义的谐波兼容标准来确定。并网准则还应该考虑间谐波。

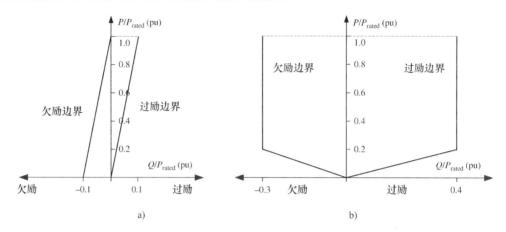

图 6.22　不同发电功率下的无功功率范围：a）丹麦并网导则对单个风电机组的要求；
b）德国并网导则对风电场的要求

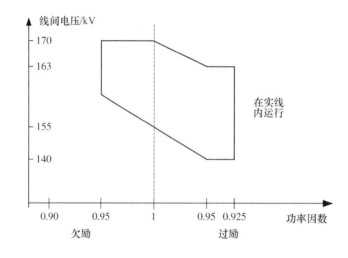

图 6.23　德国并网准则对不同电压等级下无功功率范围的规定

6.6.4　故障穿越能力

在正常运行之外，不同国家的 TSO 都发布了针对风电机组/风电场的严格低电压穿越标准。图 6.24[54-58]所示为针对风电场的电网电压跌落和故障持续时间边界图。不对称电网故障下电压幅值定义是仍在讨论的待定问题之一，而大多数并网导则中对此没有明确规定。

除了故障穿越能力之外，风力发电系统向电网必须提供无功功率（高达 100% 的电流容量），以便在出现电网故障时协助恢复电网电压。图 6.25 所示为德国[58]和丹麦[57]并网导则中依据电网电压幅值提出对风电场无功电流需求值的规定要求。某些类型的风电机组相对难以满足这一要求，例如 A 型（见图 6.6）、B 型（见图 6.7）甚至 C 型（见图 6.7）。

并网导则在过去十年间形成了对风力发电系统的巨大挑战并持续不断地推动风电领域电力电子技术的发展。另一方面，这些要求造成了度电成本上升，但同时使得风电更方便被利用以融入电网。在可以预见的将来，更为严格的并网导则会继续对风力发电系统提出挑战并推动电力电子

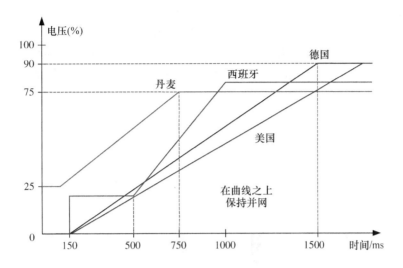

图 6.24　风电机组的低电压故障穿越能力电压轮廓[7]

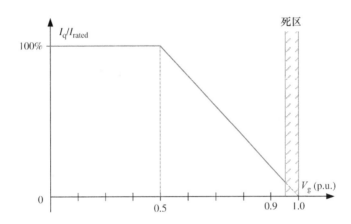

图 6.25　德国和丹麦并网导则中对风电场在电网跌落期间的无功电流规定[57,58]

技术向前发展。

6.7　风力发电系统的可靠性问题

从 TSO 角度出发，随着风电机组总装机数和单机容量急剧增长，更加不可接受风力发电设备的失效。风力发电系统的失效将不仅导致电网由于瞬时失去大量电源而出现稳定性问题，还会导致极高的维护费用，特别是那些处于偏远风电场的大容量风电机组。因此，可靠性是下一代风电变流系统的关键设计因素。

不幸的是，如参考文献［59］所指出，更大的风电机组更容易出现失效。根据图 6.26 中的风电机组单机故障率和停机时间分布数据，可以明显看出控制和电力电子部件的故障率倾向于比其他子系统高 2 ~ 4 倍[60]。需要指出的是，尽管发电机和变速箱的停机时间最长（例如所需维修时间），但它们的失效可能性远低于电气和控制部件。因此，了解和改善电力电子变流器的可靠性对于未来风电机组至关重要，特别是对于多 MW 级大型机组。

　　对电力电子可靠性的研究已经进行了数十年。目前正从已被证明不能满足自动化行业所需的单一统计研究方法向更多物理方法的方向发展，其中不仅包含数据统计，且对失效背后的根本原因进行调查和建模分析[61,62]。如图 6.27 所示，为了获得更高性价比和可靠性的电力电子产品，需要包括应力分析、强度模型、统计学以及变流系统在线监测/控制/维护等在内的多学科知识。

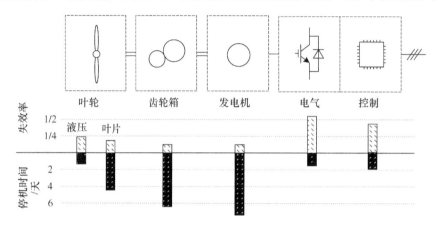

图 6.26　风力发电系统中不同部分的故障率和停机时间[7]

图 6.27　实现更可靠电力电子产品的多学科方法

　　应力分析的重点可能会集中在完整的功能定义、变流器设计以及应力的估计和测量。这组方法将以能精确确定触发关键元件故障的变流器载荷运行特性为目标，例如功率器件的热循环[63]、直流母线的电压上升[64]以及振动和湿度[65,66]情况。

　　强度模型可能包括参数辨识、建模和变流系统失效机理的加速测试，例如引线脱落以及电力设备内部的焊接缺陷等[63]。这组方法的目标是寻求已建立/测量的应力和关键元件量化疲劳/失效量化数据之间的关系。

　　监测和控制方法可能与寿命监控[67,68]、压力释放控制[69,70]和智能维护相关。这组方法以变流器运行寿命的监测和控制为目标。例如，在加速老化测试中发现，IGBT 失效前其集电极 – 发射极电压 V_{CE} 会突然升高[67]，这一点可以用在风力发电系统的预防性维护中。

概率和统计部分可能会在获取的应力、强度和元件配置上增加统计学分布和相关性内容。这组学科是以增强所设计变流器的可靠性为目标，并将严酷的使用条件以及元件的质量不一致性考虑在内。

6.8 小结

本章对用于风电领域的电力电子技术进行了讨论。对不同风电机组类型中电力电子的配置及发挥的作用做了说明，可以看出引入电力电子技术明显地改善了风电机组的性能。通过使用电力电子变流器控制风电机组输出功率，使得将风电机组作为电网频率和电压控制的积极参与者成为可能。

随着风力发电系统容量和电压的上升，在风电变流器中引入多电平拓扑或将变流单元并联成为一种趋势，本章对这样的一些变流器进行了介绍。接着讨论了变流器控制的不同层面，包括对并网导则最新要求的讨论。最后，强调了对可靠性的新挑战以及实现更可靠风电变流器的方法。

参 考 文 献

1. REN21 (2012) REN21 – Renewables 2012 Global Status Report, June, 2012, http://www.ren21.net (accessed 17 December 2013).
2. Liserre, M., Cardenas, R., Molinas, M., and Rodriguez, J. (2011) Overview of Multi-MW wind turbines and wind parks. *IEEE Transactions on Industrial Electronics*, **58** (4), 1081–1095.
3. Chen, Z., Guerrero, J.M., and Blaabjerg, F. (2009) A review of the state of the art of power electronics for wind turbines. *IEEE Transactions on Power Electronics*, **24** (8), 1859–1875.
4. Blaabjerg, F., Chen, Z., and Kjaer, S.B. (2004) Power electronics as efficient interface in dispersed power generation systems. *IEEE Transactions on Power Electronics*, **19** (4), 1184–1194.
5. Hansen, A.D., Iov, F., Blaabjerg, F., and Hansen, L.H. (2004) Review of contemporary wind turbine concepts and their market penetration. *Journal of Wind Engineering*, **28** (3), 247–263.
6. Green Growth Leaders (2010) "Green Energy – the Road to a Danish Energy System without Fossil Fuels," Report of Danish Commission on Climate Change Policy, September 2010. http://www.ens.dk/en/policy /danish-climate-energy-policy/danish-commission-climate-change-policy/green-energy
7. Blaabjerg, F., Liserre, M., and Ma, K. (2012) Power electronics converters for wind turbine systems. *IEEE Transactions on Industry Application*, **48** (2), 708–719.
8. Kazmierkowski, M.P., Krishnan, R., and Blaabjerg, F. (2002) *Control in Power Electronics-Selected Problems*, Academic Press. ISBN: 0-12-402772-5.
9. Website of Vestas Wind Power (2011) Wind Turbines Overview, April 2011, http://www.vestas.com/ (accessed 17 December 2013).
10. EWEA (2011) UpWind Project, Design Limits and Solutions for Very Large Wind Turbines, March 2011, http://www.ewea.org/fileadmin/ewea_documents/documents/upwind/21895_UpWind_Report_low_web.pdf (accessed 17 December 2013).
11. Blaabjerg, F., Iov, F., Chen, Z., and Ma, K. (2010) Power electronics and controls for wind turbine systems. Proceedings of EnergyCon' 2010, pp. 333–344.
12. Ng, C.H., Parker, M.A., Ran, L. *et al.* (2008) A multilevel modular converter for a large, light weight wind turbine generator. *IEEE Transactions on Power Electronics*, **23** (3), 1062–1074.
13. Sun, T., Chen, Z., and Blaabjerg, F. (2003) Voltage recovery of grid-connected wind turbines after a short-circuit fault. Proceedings of IECON'2003, pp. 2723–2728.
14. Muller, S., Deicke, M., and De Doncker, R.W. (2002) Doubly fed induction generator systems for wind turbines. *IEEE Industry Applications Magazine*, **8** (3), 26–33.
15. Xiang, D., Ran, L., Tavner, P.J., and Yang, S. (2006) Control of a doubly fed induction generator in a wind turbine during grid fault ride-through. *IEEE Transactions on Energy Conversion*, **21** (3), 652–662.
16. Teodorescu, R., Liserre, M., and Rodriguez, P. (2011) *Grid Converters for Photovoltaic and Wind Power Systems*, John Wiley & Sons, Ltd/IEEE Press.
17. Blaabjerg, F., Teodorescu, R., Liserre, M., and Timbus, A.V. (2006) Overview of control and grid synchronization for distributed power generation systems. *IEEE Transactions on Industrial Electronics*, **53** (5), 1398–1409.

18. Rodriguez, J., Bernet, S., Bin, W. *et al.* (2007) Multilevel voltage-source-converter topologies for industrial medium-voltage drives. *IEEE Transactions on Industrial Electronics*, **54** (6), 2930–2945.

19. Kouro, S., Malinowski, M., Gopakumar, K. *et al.* (2010) Recent advances and industrial applications of multilevel converters. *IEEE Transactions on Power Electronics*, **57** (8), 2553–2580.

20. Faulstich, A., Stinke, J.K., and Wittwer, F. (2005) Medium voltage converter for permanent magnet wind power generators up to 5 MW. Proceedings of EPE 2005, pp. 1–9.

21. Oliveira, D.S., Reis, M.M., Silva, C. *et al.* (2010) A three-phase high-frequency semicontrolled rectifier for PM WECS. *IEEE Transactions on Power Electronics*, **25** (3), 677–685.

22. Wu, B., Lang, Y., Zargari, N., and Kouro, S. (2011) *Power Conversion and Control of Wind Energy Systems*, John Wiley & Sons, Ltd.

23. Pena, R., Clare, J.C., and Asher, G.M. (1996) Doubly fed induction generator using back-to-back PWM converters and its application to variable speed wind-energy generation. *Electric Power Application*, **143** (3), 231–241.

24. Ma, K., Blaabjerg, F., and Xu, D. (2011) Power devices loading in multilevel converters for 10 MW wind turbines. Proceedings of ISIE 2011, June 2011, pp. 340–346.

25. Ma, K. and Blaabjerg, F. (2011) Multilevel converters for 10 MW wind turbines. Proceedings of EPE'2011, Birmingham, UK, pp. 1–10.

26. Carrasco, J.M., Franquelo, L.G., Bialasiewicz, J.T. *et al.* (2006) Power-electronic systems for the grid integration of renewable energy sources: a survey. *IEEE Transactions on Industrial Electronics*, **53**, 1002–1016.

27. Krug, D., Bernet, S., Fazel, S.S. *et al.* (2007) Comparison of 2.3-kV medium-voltage multilevel converters for industrial medium-voltage drives. *IEEE Transactions on Industrial Electronics*, **54** (6), 2979–2992.

28. Rodriguez, J., Bernet, S., Steimer, P.K., and Lizama, I.E. (2010) A survey on neutral-point-clamped inverters. *IEEE Transactions on Industrial Electronics*, **57** (7), 2219–2230.

29. Teichmann, R. and Bernet, S. (2005) A comparison of three-level converters versus two-level converters for low-voltage drives, traction, and utility applications. *IEEE Transactions on Industry Applications*, **41** (3), 855–865.

30. Bruckner, T., Bernet, S., and Guldner, H. (2005) The active NPC converter and its loss-balancing control. *IEEE Transactions on Industrial Electronics*, **52** (3), 855–868.

31. Senturk, O.S., Helle, L., Munk-Nielsen, S. *et al.* (2009) Medium voltage three-level converters for the grid connection of a multi-MW wind turbine. Proceedings of EPE'2009, pp. 1–8.

32. Hosoda, H. and Peak, S. (2010) Multi-level converters for large capacity motor drive. Proceedings of IPEC'10, pp. 516–522.

33. Andresen, B. and Birk, J. (2007) A high power density converter system for the Gamesa G10x 4.5 MW Wind turbine. Proceedings of EPE'2007, pp. 1–7.

34. Jones, R. and Waite, P. (2011) Optimised power converter for multi-MW direct drive permanent magnet wind turbines. Proceedings of EPE'2011, pp. 1–10.

35. Engel, B., Victor, M., Bachmann, G., and Falk, A. (2003) 15 kV/16.7 Hz energy supply system with medium frequency transformer and 6.5 kV IGBTs in resonant operation. Proceedings of EPE'2003, Toulouse, France, September 2–4, 2003.

36. Inoue, S. and Akagi, H. (2007) A bidirectional isolated DC–DC converter as a core circuit of the next-generation medium-voltage power conversion system. *IEEE Transactions on Power Electronics*, **22** (2), 535–542.

37. Iov, F., Blaabjerg, F., Clare, J. *et al.* (2009) UNIFLEX-PM-A key-enabling technology for future European electricity networks. *EPE Journal*, **19** (4), 6–16.

38. Davies, M., Dommaschk, M., Dorn, J. *et al.* (2008) *HVDC PLUS – Basics and Principles of Operation*, Technical articles,, Siemens Energy Sector.

39. Lesnicar, A. and Marquardt, R. (2003) An innovative modular multilevel converter topology suitable for a wide power range. Proceedings of IEEE Bologna PowerTech Conference, pp. 1–6.

40. Ma, K. and Blaabjerg, F. (2012) The impact of power switching devices on the thermal performance of a 10 MW wind power NPC converter. *Energies*, **5** (7), 2559–2577.

41. Jakob, R., Keller, C., and Gollentz, B. (2007) 3-Level high power converter with press pack IGBT. Proceedings of EPE' 2007, September 2–5, 2007, pp. 1–7.

42. Alvarez, R., Filsecker, F., and Bernet, S. (2011) Comparison of press-pack IGBT at hard switching and clamp operation for medium voltage converters. Proceeding of EPE'2011, pp. 1–10.

43. Prasai, A., Jung-Sik, Y., Divan, D. *et al.* (2008) A new architecture for offshore wind farms. *IEEE Transactions on Power Electronics*, **23** (3), 1198–1204.

44. Iov, F., Soerensen, P., Hansen, A., and Blaabjerg, F. (2006) *Modelling, Analysis and Control of DC-connected Wind Farms to Grid*, International Review of Electrical Engineering, Praise Worthy Prize, p. 10, February 2006, ISSN: 1827–6600.

45. Lima, F.K.A., Luna, A., Rodriguez, P. *et al.* (2010) Rotor voltage dynamics in the doubly fed induction generator during grid faults. *IEEE Transactions on Power Electronics*, **25** (1), 118–130.

46. Santos-Martin, D., Rodriguez-Amenedo, J.L., and Arnaltes, S. (2009) Providing ride-through capability to a doubly fed induction generator under unbalanced voltage dips. *IEEE Transactions on Power Electronics*, **24** (7), 1747–1757.

47. El-Moursi, M.S., Bak-Jensen, B., and Abdel-Rahman, M.H. (2010) Novel STATCOM controller for mitigating SSR and damping power system oscillations in a series compensated wind park. *IEEE Transactions on Power Electronics*, **25** (2), 429–441.
48. Dai, J., Xu, D.D., and Wu, B. (2009) A novel control scheme for current-source-converter-based PMSG wind energy conversion systems. *IEEE Transactions on Power Electronics*, **24** (4), 963–972.
49. Yuan, X., Wang, F., Boroyevich, D. *et al.* (2009) DC-link voltage control of a full power converter for wind generator operating in weak-grid systems. *IEEE Transactions on Power Electronics*, **24** (9), 2178–2192.
50. Rodriguez, P., Timbus, A., Teodorescu, R. *et al.* (2009) Reactive power control for improving wind turbine system behavior under grid faults. *IEEE Transactions on Power Electronics*, **24** (7), 1798–1801.
51. Timbus, A., Liserre, M., Teodorescu, R. *et al.* (2009) Evaluation of current controllers for distributed power generation systems. *IEEE Transactions on Power Electronics*, **24** (3), 654–664.
52. Liserre, M., Blaabjerg, F., and Hansen, S. (2005) Design and control of an LCL-filter-based three-phase active rectifier. *IEEE Transactions on Industry Applications*, **41** (5), 1281–1291.
53. Rodriguez, P., Timbus, A.V., Teodorescu, R. *et al.* (2007) Flexible active power control of distributed power generation systems during grid faults. *IEEE Transactions on Industrial Electronics*, **54** (5), 2583–2592.
54. Altin, M., Goksu, O., Teodorescu, R. *et al.* (2010) Overview of recent grid codes for wind power integration. Proceedings of OPTIM'2010, pp. 1152–1160.
55. Tsili, M. (2009) A review of grid code technical requirements for wind farms. *IET Journal of Renewable Power Generation*, **3** (3), 308–332.
56. Energinet (2003) Energinet – Wind Turbines Connected to Grids with Voltages Below 100 kV, January 2003.
57. Energinet (2010) Energinet – Technical Regulation 3.2.5 for Wind Power Plants with a Power Output Greater than 11 kW, September 2010.
58. E.ON-Netz – Grid Code (2008) Requirements for Offshore Grid Connections in the E.ON Netz Network, April 2008.
59. Faulstich, S., Lyding, P., Hahn, B., and Tavner, P. (2009) Reliability of offshore turbines–identifying the risk by onshore experience. Proceedings of European Offshore Wind, Stockholm, Sweden.
60. Hahn, B., Durstewitz, M., and Rohrig, K. (2007) Reliability of wind turbines – experience of 15 years with 1500 WTs, in *Wind Energy*, pp. 330–332, Spinger, Berlin.
61. Wolfgang, E., Amigues, L., Seliger, N., and Lugert, G. (2005) Building-in reliability into power electronics systems. The World of Electronic Packaging and System Integration, pp. 246–252.
62. Hirschmann, D., Tissen, D., Schroder, S., and De Doncker, R.W. (2005) Inverter design for hybrid electrical vehicles considering mission profiles. IEEE Conference on Vehicle Power and Propulsion, September 7–9, 2005, pp. 1–6.
63. Busca, C., Teodorescu, R., Blaabjerg, F. *et al.* (2011) An overview of the reliability prediction related aspects of high power IGBTs in wind power applications. *Microelectronics Reliability*, **51** (9–11), 1903–1907.
64. Kaminski, N. and Kopta, A. (2011) Failure Rates of HiPak Modules Due to Cosmic Rays, ABB Application Note 5SYA 2042–04, March 2011.
65. Wolfgang, E. (2007) Examples for failures in power electronics systems. Presented at ECPE Tutorial on Reliability of Power Electronic Systems, Nuremberg, Germany, April 2007.
66. Yang, S., Bryant, A.T., Mawby, P.A. *et al.* (2011) An industry-based survey of reliability in power electronic converters. *IEEE Transactions on Industry Applications*, **47** (3), 1441–1451.
67. Yang, S., Xiang, D., Bryant, A. *et al.* (2010) Condition monitoring for device reliability in power electronic converters: a review. *IEEE Transactions on Power Electronics*, **25** (11), 2734–2752.
68. Due, J., Munk-Nielsen, S., and Nielsen, R. (2011) Lifetime investigation of high power IGBT modules. Proceedings of EPE'2011 –Birmingham, UK.
69. Ma, K. and Blaabjerg, F. (2012) Thermal optimized modulation method of three-level NPC inverter for 10 MW wind turbines under low voltage ride through. *IET Journal on Power Electronics*, **5** (6), 920–927.
70. Ma, K., Blaabjerg, F., and Liserre, M. (2012) Reactive power control methods for improved reliability of wind power inverters under wind speed variations. Proceedings of ECCE' 2012, pp. 3105–3122.

第7章 光伏发电系统

Samir Kouro[1]，Bin Wu[2]，Haitham Abu – Rub[3]，Frede Blaabjerg[4]
[1]智利圣玛丽亚技术大学电子系
[2]加拿大瑞尔森大学电气与计算机工程系
[3]卡塔尔得克萨斯农工大学卡塔尔分校电气工程系
[4]丹麦奥尔堡大学能源技术系

7.1 简介

并网光伏（PV）能源是世界上发展最快、最有前途的可再生能源之一。事实上，自2007年以来，其装机容量已经增加了10倍以上（从10GW到100 GW），仅在过去2年中就已安装了60GW，如图7.1所示[1]。此外，光伏发电装机容量已达到风力发电装机容量的35%，尽管其在2007年时仅为后者的10%。即使经过这样的发展，光伏发电在电网的渗透率现在仍然落后风能行业5年左右。尽管如此，并网光伏发电系统正以超过过去20多年风能发展的速度前进，这为太阳能产业提供了一个大有前途的未来。

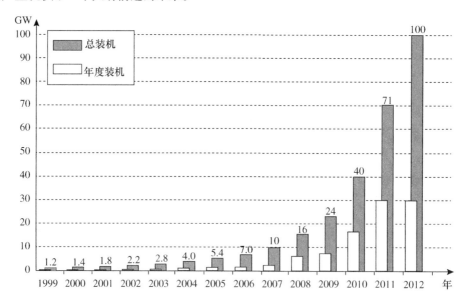

图7.1 全球光伏年度和总装机容量[1]

光伏发电快速发展的主要动力，是来自于光伏组件成本的降低以及引入的经济激励或补贴，从而提高了光伏发电的竞争力。后者是对化石燃料价格的持续上涨及其储备有限、地缘政治集中度以及日益严重环境问题的反应。这使得光伏发电在世界一些太阳光照条件良好的地区，具有较好的成本效益和竞争力。预计未来十年内，光伏发电成本将继续下降，使得大型光伏发电系统越来越具有吸引力。此外，光伏发电系统的规模可大可小，与其他具有较高投资成本的可再生能源

（风力、海洋、地热等）相比，建立个人光伏发电站是完全可能的。

　　虽然光伏发电系统的核心是光伏电池（也称为光伏发电机），但电力电子技术作为一种使能技术，对于光伏发电系统的控制及并网发电起到了根本性的作用[2]。光伏发电系统功率逆变环节的功能包括最大功率点跟踪（MPPT）、直流转换为交流、同步并网、满足电网规范要求（电能质量）、有功功率和无功功率控制以及防孤岛运行检测。

　　并网光伏发电系统的通用功率转换系统框图如图 7.2 所示。该系统包括一个光伏发电系统，可以由单个模块或一组串联模块或多组串联模块并联而成的阵列组成。光伏发电系统的输出通常和由电容构成的无源输入滤波器相连，以便减少光伏侧电流和电压的纹波（以及相应的功率纹波）并将输入电压及电流与后续功率环节解耦。输入滤波器之后可以是 DC - DC 环节，其通常用于实现光伏发电系统的 MPPT 控制，提高其输出电压，并且在某些情况下提供电气隔离［当使用带有高频（HF）变压器的 DC - DC 变换器时］。后面会讨论到的一些光伏发电系统还包括若干 DC - DC 功率变换器用于在直流侧实现分布式功率转换和控制。DC - DC 环节（没有 DC - DC 环节则是输入滤波器）通过直流母线连接到并网 DC - AC 变换器，通常称其为光伏逆变器。在没有 DC - DC 环节的光伏发电系统中，输入滤波器等同于直流母线电容，如图 7.2 所示。光伏逆变器经由输出滤波器连接到电网，输出滤波器通常由电感（*L*）和电容（*C*）组成，典型结构为 *L*、*LC* 或 *LCL*。输出滤波器可抑制谐波并且有助于逆变器的并网控制。根据光伏发电系统要求和电网情况，可以使用低频（LF）变压器来提高电压并提供电气隔离（如果采用了隔离式 DC - DC 环节则不需要）。

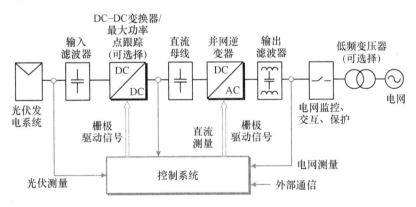

图 7.2　通用并网光伏发电系统结构

　　并网逆变器还包括电网监控和并网控制单元（带有断路器和熔丝），以便在需要时（例如夜间、电网故障或孤岛运行时）断开系统和电网的连接。控制系统的反馈由光伏输入侧（用于 MPPT）、直流母线环节（用于直流母线电压控制）和电网侧（用于并网同步和有功/无功功率控制）的多个电流和电压传感器组成。控制系统还包括模拟 - 数字信号转换器、数字微处理器（或其他类似芯片）和栅极驱动单元，以控制不同功率级的半导体器件。

　　并非所有并网光伏发电系统都有相同的结构；它们的尺寸和功率可以有显著差异，可以从小容量（几百瓦的单个模块）到大型发电厂（目前高达 290MW）。它们也可以排列成不同的组串架构，并连接到不同类型电网［单相或三相，50Hz 或 60Hz，公共连接点（PCC）电压为低压（LV）或中压（MV）等］。为此已经开发了几种功率转换结构，以便更好地适应每个光伏发电系统的需求。本章介绍了最广泛使用的并网光伏发电系统结构，DC - DC 和 DC - AC 功率变换器拓扑结构，包括对应的运行原理和控制方案。此外还介绍了其他一些光伏发电系统概念，如防孤岛检测、最大功率点（MPP）和不同的 MPPT 方法等。最后，简要讨论了基于多电平变换器的光伏发电系统最新发展。

7.2 光伏发电系统的功率曲线和最大功率点

光伏模块由串联的光伏电池组成，其基本上由两层晶体硅半导体材料（单晶和多晶）或所谓的薄膜材料（碲化镉、铜铟镓硒和非晶硅）制成，形成一个 p - n 结场[3]。所有这些技术的基本工作原理都是光电效应，与半导体材料的带隙相等或更大能量的光子可以激发和释放电子。当光伏电路闭合时（通过连接负载或变换器），释放的电子从正极层到负极层产生直流电流以填充"空穴"。因此，光伏模块产生的电流大小直接依赖于入射光子的数量，即更高的光照意味着更多的光子，因此可以产生更多的自由电子并以此得到更大的电流。

7.2.1 光伏电池的电气模型

光伏模块/电池的电气特性是非线性的，并高度依赖于太阳光照和温度[4]。光伏电池的电气模型可以表示为如图 7.3 所示的等效电路，其中光电流源与二极管、电阻 R_{sh} 并联后和电阻 R_s 串联。

图 7.3 的模型被 Kishor 等人[4]用数学公式描述为

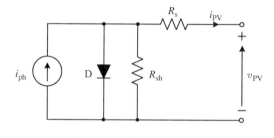

图 7.3 光伏电池电气模型

$$i_{PV} = i_L - i_0 \left[e^{\frac{q(v_{PV} + i_{PV}R_s)}{nKT}} - 1 \right] - \frac{v_{PV} + i_{PV}R_s}{R_{sh}}$$

(7.1)

式中，i_{PV} 是光伏电池的输出电流，为输出电压 v_{PV} 的函数。表 7.1 给出了式（7.1）中变量的定义。

表 7.1 光伏电池参数

变量	参数
v_{PV}	电池输出电压（V）
i_{PV}	电池输出电流（A）
R_s	电池串联寄生电阻（Ω）
R_{sh}	电池并联寄生电阻（Ω）
q	电子电量：1.6×10^{-19}（C）
K	玻耳兹曼常量：1.38×10^{-23}（J/K）
T	绝对温度（K）
n	二极管理想因子：理论上 $n = 1$
i_0	电池反向饱和电流：10^{-12}（A/cm²）
i_{ph}	电池光电流：$35 \sim 40$mA/cm²/太阳能浓度

7.2.2 光伏模块的 $I - V$ 和 $P - V$ 曲线

图 7.4 给出了典型的光伏模块电流 - 电压（$I - V$）曲线和功率 - 电压（$P - V$）曲线。从

$I-V$ 曲线可以看出，即使光伏模块连接到不同的输出电位，光伏模块也表现为一个输出几乎恒定的直流源。当模块上的电压变高时，自由电子开始重组并且不生成电流。这种效应相对于电压不是线性的且会突然跌落。当所有电子都重新组合并且不生成电流时，模块以开路电压 v_{oc} 工作。对于不同等级的太阳光照（在相同温度下），开路电压略有变化，如图 7.4a 所示。相反，短路时模块能产生的最大电流（短路电流 i_{sc}）则非常线性地依赖太阳光照（光子越多，自由电子越多）。因此，光伏模块的 $P-V$ 曲线（通过 $I-V$ 曲线的轴相乘获得）将由三段组成：当产生恒定直流时，曲线斜率 $dp/dv > 0$ 恒定为正；当接近开路电压工作时，斜率 $dp/dv < 0$ 为负；对于给定光照，斜率 $dp/dv = 0$ 对应 MPP[5]。MPP 对应的电压被称为最大功率电压 v_{mp}。可以通过光伏电池模型中的并联电阻 R_{sh} 和串联电阻 R_s 来调整 $I-V$ 曲线的斜率，以更好地表示真实的光伏电池。

尽管受不同程度太阳光照的影响不大，模块开路电压在不同温度时则有很大差异，如图 7.4b 所示。总之，温度越高，开路电压越低，模块产生的最大功率也会随之减少。

太阳辐照水平和温度都会影响可从光伏模块中获得的最大功率。当光伏模块输出和无源负载相连接时，负载的 $I-V$ 曲线将与模块的 $I-V$ 曲线相交，从而确定模块产生的功率。然而，受控功率变换器（无论是 DC–DC 还是 DC–AC）都可以控制负载曲线特性并与光伏曲线在最大功率点（MPP）处相交。这是通过将光伏输出电压控制为 v_{mp} 来实现的。因为光照和温度运行条件有随时间变化的固有特性，所以瞬时 v_{mp} 是未知的（除非以较高成本来测量光照和温度）。可以用功率变换器来执行对 MPP 的寻找，因此电力电子对光伏发电具有重要意义。用于此类任务的控制技术称为最大功率点跟踪（MPPT）方法，并将在本章后面讨论。MPPT 算法的输出即为逆变器输出电压的给定值。

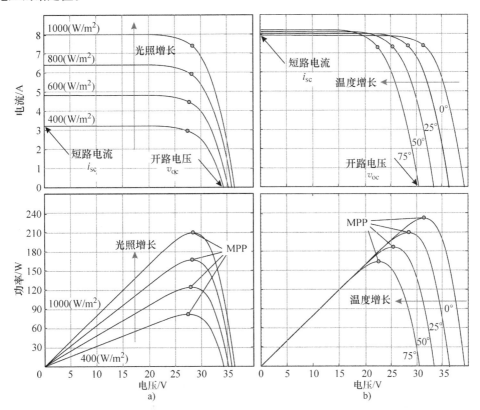

图 7.4 光伏模块的 $I-V$ 和 $P-V$ 曲线：a）在 25℃下不同水平的太阳光照；b）1000W/m² 光照下的不同温度

值得一提的是，图 7.4 所示的功率曲线对应于单个光伏模块；因此串联的光伏模块组串将具有不同组合 MPP，这取决于模块不匹配、温度差和模块被部分遮挡的情况。以上情况同样适用于并联形成的光伏阵列。在这些情况下，$I-V$ 曲线会有几个局部 MPP 和一个全局 MPP，使得真正的 MPPT 更加难以实现。

7.2.3   部分遮挡下的最大功率点

部分遮挡和模块由于制造差异或使用老化引起的差异，已经被确定为光伏组串和光伏阵列能量输出降低的主要原因。此外，这些因素还会在模块单元中产生热点，不仅减少了能量产生而且缩短了模块的使用寿命。

在由两个或更多个模块串联而成的组串中，被遮挡模块将具有非常低以至为零的光电流，因此其他模块产生的电流将只能经过并联电阻形成通路，从而导致出现负电压电位。因为 R_{sh} 通常较大，所以被遮挡的模块会降低组串的整体电压，而不是提高它。为了克服这种影响，通常采用引入二极管与模块并联的方法[5]，以便在部分遮挡的情况下，电流能通过二极管形成通路，此时通路只增加了半导体压降。类似地，在并联的模块或组串中，将二极管串联到每个组串，可以防止反向电流流向低压组串[5]。

图 7.5 分别给出了部分遮挡对带和不带并联旁路二极管的双光伏组串的 $I-V$ 曲线影响的定性示例。将二极管并联到每个模块可避免部分遮挡下短路电流 i_{sc} 的减小，从而提高了整个光伏组串的功率输出能力。

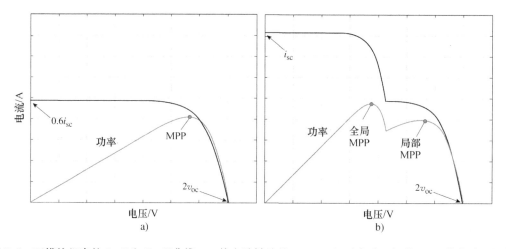

图 7.5   双模块组串的 $I-V$ 和 $P-V$ 曲线，一块电池被遮挡 40%：a）无旁路二极管；b）带旁路二极管

7.3   并网光伏发电系统的架构

并网光伏发电系统可分为 4 种不同类型架构：用于大型光伏电站（三相）的集中式架构、用于中小型光伏发电系统的（单相和三相）组串式架构、用于小型到大型系统（单相和三相）的多组串式架构以及用于小型系统（通常为单相）的交流模块式架构[2]。这些架构的简化图如图 7.6 所示。

集中式架构（见图 7.6a）的主要特点是使用单个三相电压源逆变器（VSI）将整个光伏电站连接到电网[6]，如果光伏电站超过现有集中式逆变器的额定功率，则只将其中一部分连接到电网。光伏发电系统由模块（组串）串联形成，以达到所需的直流母线电压，并通过多个组串的并联以达到逆变器的额定功率。这种架构的优点是结构简单，只需一个工频变压器和一套控制系统（一套传感器、控制平台和电网监控单元）。这些优点是以发电量减少为代价获得的，因为整个光伏发电系统必须采用单一 MPPT 算法。此外，串联阻断二极管引入了二极管导通损耗。目前，集中式架构是大型光伏电站最广泛使用的拓扑结构。

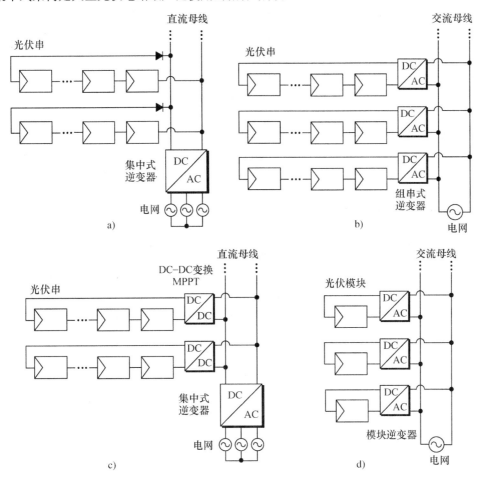

图 7.6 并网光伏发电系统架构：a) 集中式架构；b) 组串式架构；c) 多组串式架构；d) 交流模块式架构

组串式架构（见图 7.6b）中每个光伏组串使用一个逆变器，因此不需要串联阻断二极管。此外，光伏电站由多个组串式逆变器而不是单个集中式逆变器组成，将有更多独立 MPPT 可用，从而增加了总能量输出[7]。部分遮挡和失配在组串级别就被减少而不是在阵列级别。组串式架构还支持模块化增容，可以将新的光伏组串和逆变器添加到光伏电站中而不会影响现有设备。与集中式逆变器相比，这种架构的缺点是需要更多的器件，例如多个工频或高频变压器来实现隔离，同样容量的光伏电站需要多套独立并网控制系统（传感器、控制平台、电网监控单元等）。对于大型光伏电站，组串式逆变器架构的投资成本可能比集中式逆变器架构高出 60%[7]。因此，组串式拓扑被广泛用作中小型光伏发电系统（如屋顶和住宅系统）的解决方案。

多组串式架构（见图 7.6c）结合了集中式和组串式系统的优点[8]。通过独立 DC – DC 变换器将每个组串连接到集中式逆变器，这种架构保留了组串式架构的分布式 MPPT 特性。通过使用高频隔离式 DC – DC 变换器还可实现升压和电气隔离。与集中式拓扑相比，这种系统具有更高的能量输出以及模块化架构特征，同时保留了集中式的主要优点（结构简单和单一电网侧控制系统）。在器件数量方面，因为引入了额外的 DC – DC 变换器，多组串式架构的器件数量高于集中式架构，但 DC – DC 变换需要器件数量比并网逆变器少，所以多组串式架构的器件数量少于组串式架构，但会产生较高的直流电缆损耗，这些损耗是将小容量光伏发电系统和 DC – DC 变换器连接到集中式逆变器所必需的。多组串式架构对于中小型的太阳能光伏发电系统（如屋顶发电）而言很受欢迎。最近，它也被用于大型或电网规模级别的光伏电站。

最后，通常被称为微逆变器（见图 7.6d）的交流模块或模块集成架构是并网光伏发电系统中分布最广的功率变换器架构，在这种架构中每个光伏模块都需要一个逆变器[9]。因此，这种架构在所有架构中具有最佳的 MPPT 性能。考虑到光伏组件通常输出低压（＜50V），所以这种架构需要电压提升以便和电网连接。因此，交流模块拓扑通常使用 DC – DC 环节以提高模块的输出电压。在大多数情况下，DC – DC 部分还包括高频隔离变压器以提供电气隔离。这种架构中，光伏电站所有模块都有电力电子装置、元件、滤波器、控制系统等，因此可能导致更高的成本和更低的逆变器效率（MPPT 效率除外，它的效率更高）。因此，该拓扑适用于小型光伏发电系统和家用设备。

4 种架构的主要特性总结见表 7.2。

表 7.2 并网光伏发电系统架构特性总结

架构	功率范围	成本/W	功率器件	优点	缺点
集中式逆变器	＜1.6MW	低	IGBT	设计简单，单控制系统	有失配损失，能量输出减少，串联阻断二极管损耗
组串式逆变器	＜10kW	中	MOSFET/IGBT	独立的 MPPT，直流连接少	器件数多，多个并网控制系统
多组串式逆变器	＜500kW	中/低	MOSFET/IGBT	独立的 MPPT，单电网控制系统	器件数中等，两级功率转换
交流模块式逆变器	＜300W	高	MOSFET	没有直流线路，能量输出高	器件数最多，每个模块一个控制系统

7.3.1 集中式架构

集中式架构是大型或电网规模级电站中最广泛使用的光伏发电系统。目前，电网规模级光伏电站正在蓬勃发展，为大规模光伏发电的全球发展铺平道路。就在 5 年前，只有屈指可数的几个光伏电站的装机容量超过 20MW，其中最大的是西班牙的 Olmedilla de Alarcon 太阳能发电园区，拥有 60MW 的峰值装机容量（2008 年投产）。目前，有超过 50 个电厂容量超过 40MW[10]，其中最大的为 290MW（美国尤马，阿瓜·卡连特太阳能项目）[11]。而且，美国、中国、希腊和迪拜正在开发更大的电厂（GW 级），在全球范围内将有超过 25 个 250MW 以上的电厂在 10 年内完成建设[12]。图 7.7 所示为位于加拿大安大略省的萨尼亚光伏电站，装机容量达到 97MW，是 2011 年最大的光伏电站（130 万个光伏模块）。

并网光伏发电系统集中式逆变器的典型架构如图 7.8 所示。光伏模块串联形成组串，这些组串依次并联起来形成阵列，然后连接到集中式逆变器。集中拓扑的第一代技术采用功率因数为 0.7 的电网换相逆变器。目前的集中式逆变器通常采用三相两电平电压源逆变器，如图 7.8 所示。这种逆变器使用全控型绝缘栅双极型晶体管（IGBT），基于数字信号处理器（DSP）进行控制，并采用基于载波的脉宽调制（PWM）或基于空间矢量的 PWM（SVM）方法。逆变器的基本功能是完成从直流光伏电源到三相交流电网的 DC – AC 转换。此外，逆变器通过将直流母线电压

图 7.7　萨尼亚光伏电站，加拿大安大略省，130 万个模块（照片由 First Solar 提供）[13]

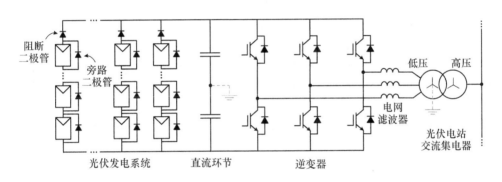

图 7.8　基于两电平电压源逆变器的典型集中式逆变器配置

控制为 v_{mp} 来实现光伏阵列的 MPPT，并控制交流侧电流与电压和电网同步以实现有功和无功功率控制。逆变器通过感性滤波器和工频变压器连接到电网，以实现从低压到几千伏中压（LV/MV）的转换，减少向电网传输光伏能量时的损耗。

图 7.8 所示的并网式逆变器光伏发电系统的典型直流母线电压为 550 ~ 850V。逆变器的最大工作直流母线电压限制为 1000V，因为这是大多数商用光伏模块的绝缘性能水平（一组串不能超过 1000V）。这意味着如果考虑 v_{mp} 为 30V、峰值功率为 250W 的典型模块，则可以用 15 ~ 25 个模块串联组成一个组串，其总峰值功率为 3.75 ~ 6.25kW。受目前 IGBT 性能限制，低压两电平 VSI 功率不大于 800kW，因此可将超过 120 个组串（超过 3000 个模块）连接到一个集中式逆变器。因此，发生部分遮挡和模块失配的可能性非常高，这需要为每个模块安装并联旁路二极管（通常已经集成在模块中）并串联阻断二极管，以防止输出电压较低的模块和组串成为负载而不是发电电源。

由于集中式逆变器是系统的唯一功率变换环节，因此从光伏发电系统到电网的功率转换效率通常可以达到 97%。然而事实上，与分布式 MPPT 系统相比，单逆变器因为只有一个可控直流母线电压，因此使得集中式逆变器的 MPPT 调节能力限制为一个自由度，从而降低了光伏发电的能量输出能力。这种系统的另一个缺点是距离逆变器远的组串需要较长的直流电缆。但是由于成本低、容量大以及简单的结构使得集中式架构成为电网规模级光伏电站中最常用的架构。

图 7.9 展示了类似图 7.7 中的萨尼亚光伏电站的典型电网规模级光伏电站架构。这些大型光伏电站的电池发电功率超过数十甚至达到数百兆瓦，已经超过集中式逆变器的单台最大（800kW）额定输出功率，因此需要多台集中式逆变器。通常集中式逆变器放置在低压/中压变压器旁边，通过变压器提高光伏电站交流汇流母线的电压（通常为 2.3～35kV）。光伏电站的功率传输到变电站，再经过变压器将电压从中压升到高压以便于电力传输。

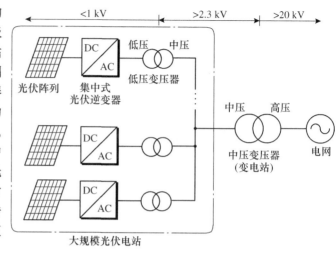

图 7.9　基于集中式逆变器架构的典型电网规模级光伏电站

随着光伏电站的规模越来越大，光伏逆变器行业引入了如图 7.10 所示的双集中式逆变器，其主要结构是通过 12 脉冲变压器将两个集中式逆变器连接到交流汇流母线，以减少低频及谐波。这就是一些制造商可以提供高达 1.6MW 集中式逆变器的原因，其实际上是由两台 800kW 的集中式逆变器所组成的。两台逆变器可以使用同一套电网监控系统，并将控制系统、功率变换器、滤波器甚至变压器集中在同一个壳体内（通常是集装箱）以降低成本。另外，

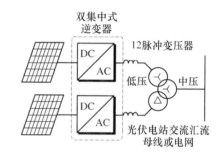

图 7.10　多绕组变压器的双集中式逆变器架构

12 脉冲变压器能够消除或减少某些次谐波。表 7.3 提供了这些逆变器的一些商用应用及其容量等级。

表 7.3　双集中式逆变器的商用实例

参数	Satcon Prism Platform Equinox	ABB PVS800 - MWS	SMA MV Power Platform 1.6
输入电压范围/V	550～850	525～825	641～820
功率/MW	1.5	1.25	1.6
最大直流电压/V	1000	1000	1000/1100
输入电流/A	2820（2×1410）	2480（2×1240）	2800（2×1400）
效率（%）	98.5	97.8	98.6
隔离	最高 35kV 集成中压变压器	最高 20kV 集成中压变压器	最高 34.5kV 集成中压变压器
独立的 MPPT	2	2	2
照片			

作为目前大型光伏电站集中式逆变器最佳解决方案的两电平 VSI 已达到其能力极限边缘。为了进一步提高逆变器效率，减小滤波器尺寸，提高电能质量以满足日益严苛的电网规范要求，已

经开发了新的集中式逆变器拓扑。其中包括三相三电平中性点钳位（3L - NPC）逆变器和三相三电平 T 形逆变器（3L - T），分别如图 7.11a 和 b 所示。这两种逆变器拓扑均属于多电平逆变器系列。

多电平逆变器最初设计用于大功率（ > 1 MW）和中压应用，因为它们能够超越典型半导体器件耐压性能的限制。然而，它们最近已经被引入到低压、低功耗和高性能/高效率/高电能质量要求的应用中，例如不间断电源（UPS）和光伏发电系统。

这些三电平逆变器输出相电压中的额外电平将输出电压的 dv/dt 降低到两电平 VSI 的一半。这样可以降低器件的平均开关频率，从而降低开关损耗并实现在不影响电能质量的情况下提高功率转换效率。一些半导体制造商（英飞凌、Semikron、富士、三菱等）可以提供专门为 UPS 和光伏发电系统所设计的具有特殊器件布局的功率逆变器模块。

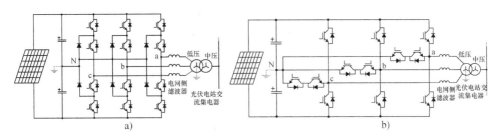

图 7.11　多电平集中式逆变器光伏发电系统：a) 3L - NPC 逆变器光伏发电系统；
b) 3L - T 逆变器光伏发电系统

7.3.2　组串式架构

组串式逆变器是集中式逆变器的简化版本，在某种意义上，如图 7.6b 所示的单个组串（不需要阻断二极管）通过具有独立 MPPT 控制的专用并网逆变器取代了并联组串构成的光伏阵列。由于失配和部分遮挡损耗的减少，这种架构和集中式逆变器拓扑结构相比发电量能提高 1% ~ 3%[7]。由于仅与单个光伏组串连接，这种架构主要针对低功率和单相电网，并且它们非常适用于小型家用系统（通常为屋顶光伏发电）。

根据不同国家和电网的并网标准，组串式逆变器可能需要或不需要电气隔离。当需要进行电气隔离时，可以用电网侧工频变压器或 DC - DC 变换器环节中的高频变压器来实现。两者都可以既实现电气隔离又可以提升电压。与高频变压器相比，工频（电网频率）变压器的功率密度明显较低。然而，具有高频隔离的 DC - DC 变换器环节需要工作在非常高的开关频率下（20 ~ 100kHz），这可能导致更多的损耗。为了减少这种影响，需要使用快速而高效的开关器件。与低频变压器或无变压器解决方案相比，高频隔离环节还需要更复杂的电路结构、更复杂的控制及电磁干扰（EMI）/电磁兼容性（EMC）方面的设计考虑。

在包括西班牙和德国在内的一些国家里，光伏发电系统并网不需要电气隔离，从而使得组串式逆变器的成本更低、结构更紧凑且更高效。由于光伏组串寄生电容的存在[14]，系统中开关共模电压会引起漏电接地电流比较大的风险，因此无变压器方案需要更仔细地考虑逆变器拓扑和选择调制方案。由于光伏模块所直接连接的交流电网为了实现电位均衡，以及光伏组件框架的安全而接地（见图 7.12b），这样在光伏模块的导电层、聚合物、玻璃和框架之间所存在的电容（见图 7.12a）会为漏电流提供一个电流通路。该电容会随着光伏发电系统规模的增加而变得相当大，从而增加了开关共模电压中 dv/dt 引起漏电接地电流大的风险。因为在这些情况下系统中没有变压器，所以根据光伏组串的大小（串联的模块数量）可能需要额外的 DC - DC 环节来提升电压以并网。如果系统中引入了 DC - DC 环节，则系统被称为两级组串式逆变器。

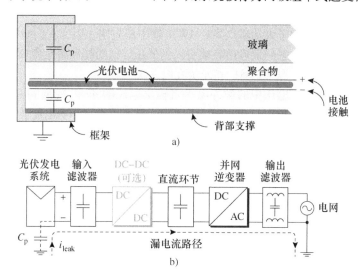

图 7.12　无变压器光伏发电系统中的寄生电容和漏电流：a）寄生电容
（光伏模块的横截面）；b）漏电流路径

　　表 7.4 展示了实际组串式架构中 DC - DC 环节和隔离选项之间的所有组合。许多制造商已经开发并提供了专用拓扑结构产品或由不同 DC - DC 和 DC - AC 的专用拓扑或组合，包括不同类型的隔离，甚至是单相或三相电网连接[15 - 18]。因此，组串式逆变器有很多的选择，本章不做全面介绍。

　　最受欢迎的组串式逆变器是单相全桥逆变器，也称为 H 桥逆变器。许多组串式逆变器的拓扑派生自该拓扑，或将其作为基本构建块并在其基础上增加一些用以改善效率和性能的部件。使用 H 桥组串式逆变器的两级变换和隔离方式的不同组合如图 7.13 和图 7.14 所示。注意，无变压器拓扑必须将电网侧滤波器分为两个对称部分：一个在相线中而另一个在零线中以减少共模电压变化，否则可能导致更大的漏电流。

表 7.4　基于隔离和 DC - DC 环节组合的组串式架构

	有 DC - DC 环节	无 DC - DC 环节
无隔离		
低频隔离		
高频隔离		

图 7.13a 给出了最基本的 H 桥组串式逆变器架构，其配有电网侧工频变压器以代替 DC - DC

环节。这种架构的优点是功率电路结构简单，变压器提供的电气隔离和电压提升使得输入电压可以大幅度增加。单极性 PWM 被用于生成三电平电压波形，其谐波含量为器件开关频率的 2 倍，从而能够获得更高的电能质量。还可以使用混合调制，其中 H 桥的输出相支路由基于载波的 PWM 控制，而中性线支路则由基频方波控制，与单极 PWM 相比其开关损耗有所降低。然而，由于输出电压的等效开关频率较低，因此会在电网电流上产生较高纹波。由于两者都是三电平调制方案，旁路开关状态（零电压电平）可阻止滤波电感和直流母线电容之间无功电流的流动。这种拓扑结构的缺点主要由低频变压器导致：成本高，功率密度低，在低于额定容量运行时由于励磁电流导致的电网侧功率因数低以及运行效率的降低（2% 额外损耗）。许多制造商已将这种拓扑产品化，但由于效率低和体积大使得其市场接受度持续降低。

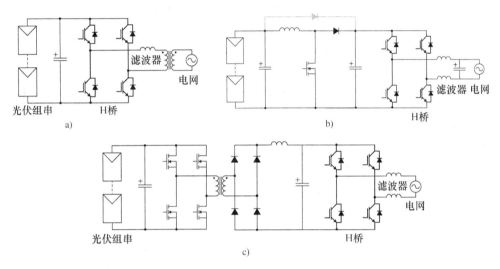

图 7.13　基于 H 桥拓扑的组串式逆变器：a）采用低频隔离变压器；b）无变压器，
带 DC - DC 升压环节；c）使用高频隔离变压器的 DC - DC 环节

　　H 桥组串式逆变器的无变压器形式（也称为 H4 拓扑），必须在电网侧使用对称滤波器（输出和零线采用相同参数的滤波器），此外它不能像带隔离的形式一样使用单极性 PWM 或混合调制控制。这是由于共模电压中的方波分量会导致大的漏电流以及相应的安全隐患[15]。这里使用双极性 PWM（两电平输出电压）方式，因为它和分立对称滤波器一起产生恒定的共模电压，从而在寄生电容上叠加工频电压，这对于无变压器运行是安全的。由于在任何时候直流母线电容都不与电网隔离，因此在使用该调制时，零电压时电路中的无源器件之间通过续流二极管形成无功电流流动从而导致装置的效率降低[16]。这就是为什么在现代组串式逆变器中 H4 拓扑不是普遍架构的主要原因。

　　两种形式（有或没有工频变压器）的 H 桥组串式逆变器都可以使用额外的 DC - DC 升压环节。升压变换器的主要目的是提升光伏组串的输出电压，这是因为最大功率点电压会随着光照和温度而变化。因此，DC - DC 环节将光伏直流电压和逆变器直流母线电压解耦。因为并网逆变器需要高于电网电压峰值的直流母线电压才能正常工作（以便能够控制电网电流），所以这是一个理想特性。这不仅扩展了系统的输入电压范围，并且还能够获得更稳定的直流母线电压，从而提高了电网侧控制性能。无变压器的 H 桥组串式逆变器架构如图 7.13b 所示，在低频变压器隔离版本中也可以使用相同的 DC - DC 变换器。请注意，电路中有一个可选旁路二极管（显示为灰色），当光伏发电系统直流电压高于逆变器直流母线电压时，它将越过 DC - DC 环节向直流母线供电，这样避免了器件开关损耗以及升压二极管反向恢复损耗，以提高在接近额定设计条件下工作时的效率。尽管有额外的 DC - DC 环节，但这种架构仍保留了先前所述的并网 H 桥逆变器所固有的缺点。

最后，图 7.13c 所示为具有高频隔离的两级 H 桥组串式逆变器。在这个示例中，隔离式 DC - DC 环节由 MOSFET 全桥逆变器和二极管全桥整流器组成。尽管在此架构中最常使用的是 MOSFET H 桥，但也可以用其他一些高频隔离 DC - DC 拓扑去代替，包括半桥、推挽式、正激式和反激式变换器。与低频隔离拓扑结构相比，这种拓扑大大减小了逆变器的尺寸，从而提高了逆变器的功率密度（体积和重量）。这种逆变器允许使用单极性 PWM，并将光伏发电系统的输入电压范围扩展到可以和无变压器拓扑输入范围相比较，从而允许更灵活的设计光伏组串以及实现更宽的 MPPT 范围。但是，额外的变换器环节增加了设计的复杂性，带来更高的损耗，导致更高的成本和更低的可靠性。

为了克服无变压器 H 桥组串式逆变器中电网侧滤波器与直流母线电容之间的无功电流交互问题，不同制造商提出了几种专有解决方案[15-17]。图 7.14a 所示为 SMA 公司开发的 H5 组串式逆变器，其中的直流母线和 H 桥逆变器之间增加了一个开关器件，以便于在系统电流通过反并联二极管形成回路时，断开无源组件之间的电流路径，从而提高装置的运行效率。此外，还可以通过引入绕过整个 H 桥逆变器的双向开关，在空转期间将电网侧滤波器与逆变器分离以达到相同的目标，如图 7.14b 所示。该逆变器是由 Sunways 提出，也被称为高效高可靠逆变器（HER-IC）。虽然 HERIC 逆变器与 H5 相比多了一个开关，但是在任何时候只有两个开关在电流通路中，而 H5 正常工作时有三个开关在电流通路中，这将导致更高的导通损耗。

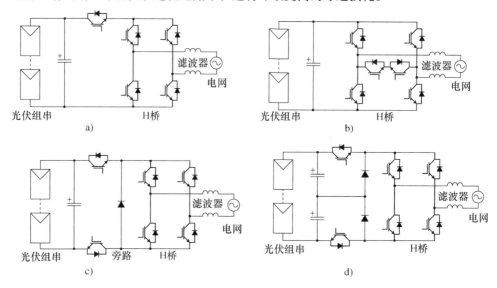

图 7.14　无变压器的 H 桥组串式逆变器的类型：a）H5；b）HERIC；c）H6D1 和 d）H6D2

这些逆变器能够产生包括零电压电平在内的三电平电压输出而不产生开关共模电压，因此适用于无变压器结构。与图 7.13 中只有 H 桥逆变器相比，基于这种结构可以得到高效、低成本、高功率密度的组串式逆变器。此外，这些逆变器还可以引入额外的 DC - DC 环节以扩展输入电压范围，并将光伏发电系统的直流电压和逆变器直流母线电压解耦，以获得更好的电网侧控制性能。

在电流通过反并联二极管形成回路时，将直流侧与交流侧隔离的另一种方法，是在 H5 拓扑的基础上在负直流电压中添加额外的开关，形成如图 7.14c 所示的 H6 拓扑结构。其优点在于在一个工作周期内 H 桥开关器件间的续流均匀分布，确保了所有开关被平均使用[17]。缺点是在正常工作期间有 4 个开关导通会导致更多的通态损耗。如果用一个二极管与 H6 拓扑的 H 桥直流侧并联以增加辅助反并联二极管形成的电流通路，此时可以在 H 桥中使用双极性 PWM 方式以输出单极性电压。该逆变器结构也称为 H6D1。与 H6 相比，这种结构的缺点为在此期间有额外的二极管导通，因此导致更多的损耗。通过添加两个辅助续流二极管代替二极管，就可以形成 H6D2 型组串式逆变器，如图 7.14d 所示，可以看到额外增加的二极管。与 H6D1 相比，这种拓扑将开关器件上承受的电压固定为直流电压的一半从而减少了损耗。H6D1 和 H6D2 逆变器均由 Ingeteam 公司推出[19]。

实际光伏应用中采用的其他组串式逆变器包括单相三电平 NPC（3L – NPC）[20]、晶体管钳位逆变器（也称为 T 形逆变器和 Conergy NPC）[20] 以及五电平 H 桥 NPC（5L – HNPC）[21]，如图 7.15 所示。

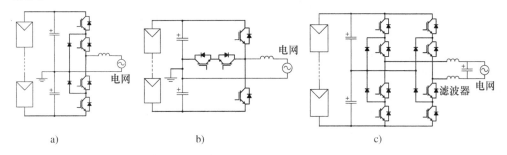

图 7.15   无隔离的中性点钳位组串式逆变器：a) 3L – NPC；b) T 形；c) 5L – HNPC

单相 3L – NPC 组串式逆变器（也称为二极管钳位逆变器），分别通过输出相的节点和直流电容的中性点，实现与电网的输出和中性点相连。根据开关状态，逆变器将电网输出钳位到直流母线的正电压、负电压和中性点电压，因此可以得到三个电平。与中性点的连接是通过开通两个内开关以及通过钳位二极管续流来实现的。因为中性点接地，所以这个开关状态在输出端产生零电压电平。三个电压电平具有与 H 桥产生的单极性电压相同的电能质量，但是在 NPC 拓扑中没有共模电压中的高频换相问题，因为电网的中点直接连接到直流母线中性点上，对于任何开关状态都不会改变中性点对于光伏发电系统的电位。因为共模电压实际上是恒定的（直流电压），所以没有漏电流和 EMI 的问题，这使得 3L – NPC 成为无变压器应用最合适的拓扑。这种拓扑的主要缺点是直流母线电压是 H 桥拓扑的 2 倍，这可能需要额外的升压环节并产生损耗，特别是需要升到较高电压时[15]。需要说明的是在这种情况下，电网侧的滤波器并不需要在网侧两路连接线路中均匀分布，这和前面所述 H 桥拓扑结构不同。Danfoss 公司在实践中推出了 3L – NPC 组串式逆变器。

将电网输出钳位到分离直流母线中性点的另一种方法是通过两点之间的双向开关，因此被称为"晶体管钳位逆变器"。由于双向开关与连接到正负直流母线的半桥逆变器支路形成 T 形，这种结构也被称为 T 形逆变器。特别是在光伏应用中，因为它是由 Conergy 公司推出的，所以更普遍地被称为 Conergy NPC。与之前的拓扑结构一样，这种逆变器可以输出三个电压电平，而不需要额外的两个钳位二极管。然而，如果连接到相同电网，每相支路上的功率开关必须承受 2 倍于通常的电压，而对于钳位开关则共担电压。由于电网的中性点永久连接到直流母线的中性点（接地），这种拓扑产生固定的共模电压，因此不存在漏电流的风险，从而适用于无变压器运行。由于同样的原因，这里不需要对电网滤波器进行对称分布设计。

ABB 公司最近推出了 5L – HNPC 组串式逆变器[21]。与前面两种逆变器不同，该拓扑不需要将电网中性点连接到直流母线的中点并接地。实际上，它是由两个 3L – NPC 支路构成的全桥，能够在两桥臂输出端之间产生五电平电压。该拓扑与 H 桥一样都是全桥拓扑，因此需要一个对称设计的电网滤波器，用于无变压器运行以及特定调制方法。尽管逆变器能够输出五个电平，实际为了避免产生开关共模电压，只能选用其中三个电平。

串联 H 桥（CHB）多电平逆变器实际中也被应用于三菱公司推出的组串式逆变器[22]中。该逆变器由如图 7.16 所示的三个具有不等直流电压比的 H 桥单元串联组成。光伏发电系统通过升压 DC – DC 变换器连接到其中的一个 H 桥单元，这是唯一一个处理电网有功功率的单元。另外两个单元使用浮动直流母线电容并作为辅助的串联有源滤波器，通过产生更多的电平以提高电网侧的电能质量。H 桥中的电压比选择为 1:2:4，从而阻止了浮动单元的再生运行，使得模块间的电压平衡机制成为可能。通过这种不对称

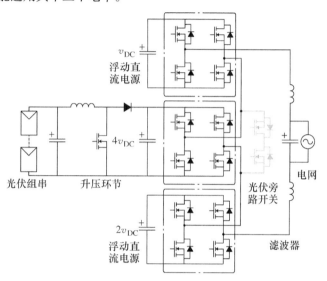

图 7.16 基于具有不等直流母线电压的串联 H 桥的组串式逆变器

的比例可以在电网侧获得 13 电平电压，从而大大降低了功率器件的开关频率而不会影响电能质量并降低了滤波要求。此外，连接到光伏发电系统的功率单元以最低开关频率工作，从而可以进一步提高了运行效率。然而，这种拓扑需要给主单元并联双向旁路开关，以便减少光伏发电系统与地之间电位的变化，从而降低漏电流出现的可能性并实现无变压器运行。该逆变器的主要优点是电能质量和效率高。另一方面，其主要缺点是器件之间承受电压的不对称性以及控制方案更加复杂，其中包括对飞跨电容器的电压平衡的控制。表 7.5 给出了本节中讨论的商用组串式逆变器的一些实例及其主要特性。

表 7.5 商用组串式逆变器产品

参数	Sunways NT 5000	Danfoss DLX 4.6	ABB PVS 300 TL8000	Mitsubishi PV – PN40G
最大输入电压/V	900	600	900	380
额定交流功率/kW	4.6	4.6	8	4
电网连接	单相	单相	单相	单相
拓扑	HERIC		HNPC	1:2:4 – CHB
效率（%）	97.8	97.3	97	97.5
隔离	无变压器	高频变压器	无变压器	无变压器
独立的 MPPT	1（2 个组串）	1（3 个组串）	1（4 个组串）	1
照片				

7.3.3　多组串式架构

集中式和组串式逆变器分别将光伏阵列和光伏组串连接到电网。因此，对于相应的阵列或组串只能有一个 MPPT 控制。为了在光伏发电系统设计中引入更多的灵活性，同时减少部分遮挡和模块失配的影响，可以引入多组串概念[8]。多组串式架构基本上是两级集中式架构，其特点是具有多个 DC – DC 变换器（通常为 2 ~ 4 个）。因此，它结合了组串式逆变器（独立 MPPT 的高能量输出）和集中式逆变器（低成本）的优点。

光伏阵列或组串通过独立的 DC – DC 变换器连接到一个集中式逆变器，这个逆变器集中将所有 DC – DC 变换器连接到电网。该结构将光伏发电系统与逆变器直流母线解耦，实现了稳定可靠的并网控制并扩大了光伏输入电压的范围。光伏发电系统和电网解耦带来的灵活性使得同一光伏电站中能够安装不同类型（例如晶硅或薄膜）以及不同朝向（例如南、东、西）的光伏模块。逆变器的模块化结构使得单个组串故障不会影响整个光伏电站的运行，从而使其更加灵活可靠。

多组串式逆变器可以用在单相和三相电网，功率范围可以从小型系统的几千瓦到中等系统的几十千瓦。商用多组串式逆变器的实例及其主要特性见表 7.6。

表 7.6　商用多组串式逆变器产品

参数	SMA Sunny Boy 5000TL	Danfoss TLX 15	SATCON Solstice
额定输入电压/V	750	700	600
最大输入功率	5250W	15kW	100kW
电网连接	单相	三相	三相
最大输入电流/A	15	3 × 12	182
最大效率（%）	97	98	96.7
隔离	无变压器	无变压器	低频变压器
独立的 MPPT	2（每 2 个组串 1 个）	3	4 ~ 6（每 9 个组串 1 个）
图片			

多组串式架构与集中式和组串式架构之间的主要区别，是有与直流母线并联连接的多个 DC – DC 变换器。因此，将前面章节中给出的所有逆变器拓扑，通过两个或多个 DC – DC 环节连接到直流母线就可以被看成是多组串式逆变器，因此将不再对这些逆变器拓扑进行分析。

最早实用化的一种多组串式逆变器，是 SMA 公司推出的采用 DC – DC 变换器结构的半桥逆变器[8]。接下来被推出的包括 H 桥、H5 逆变器、三相两电平 VSI、3L – NPC 和三相三电平 T 形逆变器（3L – T）[15]。图 7.17 给出了实际多组串式产品的一些实例。

多组串式架构中最常见的 DC – DC 拓扑是升压变换器（见图 7.17a 和 b）和基于 H 桥、高频变压器和二极管整流器的高频隔离 DC – DC 开关变换器（见图 7.17c）。升压变换器的结构简单、设计和控制容易实现，能够提升电压并实现 MPPT 控制。根据光伏模块的不同，升压变换器可以用和正直流母排连接的电感和二极管实现，也可以通过连接在负直流母排上的支路来实现。特别指出，电感和二极管连接在负直流母排上更适用于薄膜光伏模块[15]。

另一方面，通过调整变压器一次侧和二次侧之间的匝数比，高频隔离 DC – DC 变换器可以提

供更多的输入 – 输出电压灵活性。然而，由于开关频率高和变压器的存在，这种拓扑与升压变换器相比，效率较低且元器件数量多。由于在一些国家中必须采用电气隔离结构，因此这种拓扑也是一种可行的选择，其效率与低频变压器相当但功率密度更高。未来出现的开关速度更快、效率更高的半导体器件，将使得这种 DC – DC 变换器比其他 DC – DC 变换器更有竞争力。

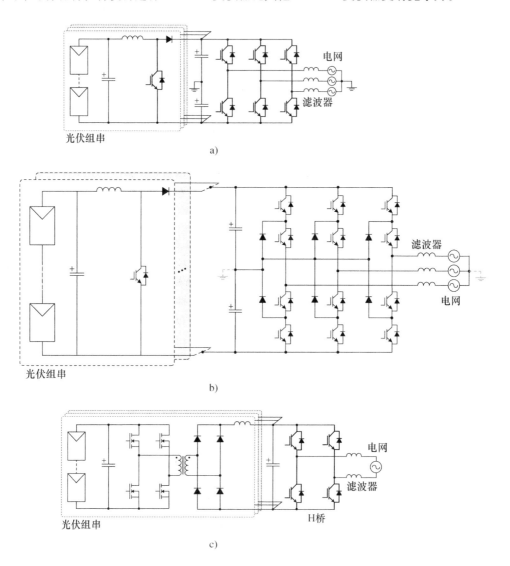

图 7.17 多组串式拓扑示例：a）Steca 公司推出的带升压的三相 2L – VSI；b）Danfoss 公司提出的带升压的三相 3L – NPC；c）Fronius 和 Danfoss 公司推出的带有高频 DC – DC 变换器的 H 桥逆变器

7.3.4 交流模块架构

交流模块架构系统中的每个光伏模块都有专用的并网逆变器。因此，这种架构也被称为模块集成式逆变器或因逆变器体积、功率小而被称为微逆变器。低压光伏模块（通常约为30V）的并网需要进行升压。可以通过在微逆变器之前增加 DC – DC 升压环节，或在电网侧使用工频升压变压器来实现。使用升压变压器不是一个可行的产品解决方案，因为与其他拓扑相比，单个光伏模块所需变压器的额定功率范围为 150 ~ 250W，其尺寸和成本都不具有竞争力。所以，市面上所有的交流模块架构，在微逆变器之前都是采用 DC - DC 环节。如果需要电气隔离，大多数商用交流模块架构会在 DC - DC 环节配置高频变压器。

图 7.18 所示为在文献和实践中最常见的交流模块结构之一：反激/ H 桥拓扑。Enphase Energy 公司开发了该拓扑的实用版本且目前已由西门子公司投入商用[23]。架构中的反激式变换器执行 MPPT 控制、升压并提供电气隔离，而 H 桥逆变器则实现直流母线电压控制（反激式变换器输出电压）、电网同步及有功/无功功率控制。图 7.18 所示的拓扑结构中，多个交错反激式变换器的输入和输出并联并都采用载波移相控制。该拓扑将功率分配到不同反激式变换器之间，从而减小了逆变器开关器件上的电流，这样可以提高反激半导体器件开关频率、降低器件的规格，同时能够使用尺寸更小的高频变压器。该结构不仅减小了 DC - DC 变换器的体积，更重要的是采用载波移相调制可以减小输入输出两端的电流纹波，从而延长了电容的使用寿命。由于电容是电路中最不可靠的部件，因此使用交错式 DC - DC 变换器可提高整个逆变器的使用寿命，从而可以将制造商的保修期延长至光伏模块的使用寿命（通常为 25 年）。逆变器的体积小，可以设计非常紧凑的外壳并将其安装到光伏模块的背面，因此称为"集成模块逆变器"。

图 7.19 所示为另一种商用交流模块集成逆变器，包括谐振 H 桥及一个由高频隔离变压器和二极管桥式整流器构成的 DC - DC 变换器，而没有采用反激式变换器。与反激式相比，H 桥具有更好的功率转换特性（纹波更小、功率容量更高）。因此，这种逆变器虽然需要在高频变压器的两侧增加更多元器件，但并不需要交错运行。该逆变器是由 Enecsys 公司所开发[24]。由同一制造商申请专利的另一种拓扑结构，其 DC - DC 变换器在高频变压器前用半桥和两个电容代替了 H 桥。

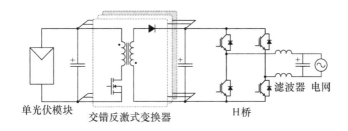

图 7.18　基于交错反激式 DC - DC 变换器和 H 桥逆变器的交流模块光伏发电系统

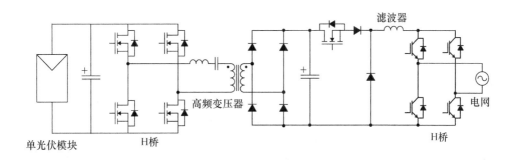

图 7.19　基于谐振 H 桥高频 DC - DC 变换器和 H 桥逆变器的交流模块光伏发电系统

由于变换器的电压低且需要较高开关频率，通常将 MOSFET 器件用于 DC - DC 变换器，而 IGBT 器件则用于并网逆变器回路。表 7.7 所示为交流模块集成逆变器结构的实例以及关键参数列表。

表 7.7　商用交流模块逆变器产品

参数	Power One Aurora MICRO - 0.3 - I	Siemens 微逆变器系统	Enecsys 单微逆变器
最大输入电压/V	60	45	44
输入功率/W	220/300	190 ~ 260	240
交流连接	单相	单相，三相	单相
最大输入电流/A	10.5	10.5	12
峰值效率（%）	96.5	96.3	95
隔离	高频 H 桥 DC - DC	高频反激式 DC - DC	高频 H 桥 DC - DC
独立的 MPPT	每模块 1 个	每模块 1 个	每模块 1 个
照片			

虽然模块集成逆变器的概念已经存在了数十年，但是这种架构还没有被广泛采用，即使在中小型光伏电站中也是如此。其原因之一是模块在每瓦成本中，电力电子器件和控制系统的成本比例较高（以及每瓦的设备体积）（传感器、控制平台、栅极驱动器、半导体器件等数量太多）。此外，尽管有所有架构中最佳的 MPPT 性能（每个模块一个 MPPT），但由于开关频率较高以及并网所需的较高升压比，使得这种架构效率较低。然而，这种拓扑可能会受益于开关速度更快、效率更高的新型半导体器件（SiC 和 GaN），并在未来获得较大应用。

7.4　光伏发电系统的并网控制

根据前面章节的介绍，并网光伏发电系统可以由一级或两级功率转换环节（DC - DC 和 DC - AC）以及不同的逆变器拓扑结构组成。因此，控制系统和调制方案依据拓扑方案确定并随拓扑的不同而改变。然而，不同拓扑的主要控制目标是相同的：包括光伏系统的 MPPT 控制、并网同步、直流母线电压控制、有功和无功功率控制以及包括防孤岛检测在内的电网监测。

7.4.1　最大功率点跟踪控制算法

根据 7.2 节中给出的光伏模块功率曲线分析，为了最大化能量输出，光伏发电系统应该围绕 MPP 运行。MPP 取决于随时间变化的太阳光照和模块温度。通过控制光伏模块或组串的负载曲线使其与 $I - V$ 曲线中 $i_{PV} \times v_{PV}$ 最大点相交来实现 MPP。如 7.2 节所定义的，该点电压被称为最大功率电压 v_{mp}，它也是控制系统给定电压即 $v_{PV}^* = v_{mp}$。通过测量太阳光照和模块温度，可以用光伏模块物理模型直接计算得到 v_{mp}。然而，太阳光照传感器（太阳光照计）因过于昂贵而不实用。因此，基于电气量测量（也是逆变器控制所需要的）的数值方法被用于寻找 MPP。由于此任务在线执行并且定期更新，因此被称为 MPP 跟踪（MPPT）算法。

在实践和文献中有几种 MPPT 算法可以达到 99% 的 MPP 效率[25,26]。最常见的 MPPT 算法的分类如图 7.20 所示。商业光伏发电系统中广泛应用的是爬山法和分数算法。

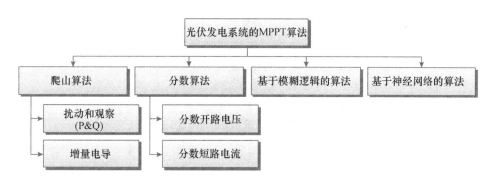

图 7.20 MPPT 算法分类

7.4.1.1 扰动和观察算法

爬山算法是实践中最常用的方法,因其实现简单和对 MPP 的有效跟踪而得到普及。扰动和观察(P&O)是爬山算法中的一种,通过一个连续搜索电压给定的过程以达到 MPP[27]。在电压给定上施加扰动,然后测量系统响应(观察)来搜索确定下一个扰动的方向,持续在功率增加的方向上对电压给定进行扰动。

当光照和温度一定时,如果光伏发电系统运行在 $P-V$ 曲线上 MPP 左侧,加大光伏发电系统的电压给定 v_{PV}^* 会提高系统的功率输出(见图 7.4);而当系统运行在 MPP 的右侧时,同样的扰动则会降低系统的输出功率。当在 MPP 的两侧减小电压给定时,则获得相反的结果。因此,可以通过在电压给定中引入扰动(Δv)来跟踪 MPP。电压给定中的扰动总是具有相同的幅值,而正负号则由功率变化所决定。如果最后一个样本提高了功率,则保持扰动的符号不变。如果功率被降低,则反转扰动的正负符号。图 7.21 给出了算法实现和执行的流程图。

重复上述过程,直到系统到达 MPP 并在其周围振荡,在稳态下系统电压被锁定在如图 7.22 所示的三个电平内。当光照或温度发生变化时,系统 $P-V$ 曲线将发生变化。通过功率计算可以检测到这个变化,根据与前值比较的结果可以将相应的扰动引入到电压基准中。图 7.22 所示为在 Δt_5 处发生了从 50℃跳至 25℃的温度突变。可以看到电压给定是如何漂移到围绕新 MPP 的新一组三电平上的。

MPP 周围的振荡幅值取决于扰动的幅值 $|\Delta v|$。扰动的幅值被设计为至少与逆变器输入电容(或光伏阵列的输出)上的电压纹波一样大。否则,电压波动会导致功率计算不准确,从而可能造成扰动的方向不正确,使得稳态下系统无法锁定在 MPP 周围的三电平内。

扰动和观察算法中需要设计的另一个参数,是参考更新时间间隔 Δt。这个时间段需要足够大,以便在引入新的扰动之前,功率逆变器的控制器能够达到输入电压基准周围的稳定状态。

这种方法的缺点之一,是无法在光照和其他环境条件发生快速变化时有效工作。当运行条件而导致的功率变化大于由算法产生扰动带来的变化时,就会发生这种情况。这种情况可能导致工作点沿功率减小的方向移动。可以通过分别对操作条件改变而引起的功率变化进行估算,然后根据估算值来决定下一个扰动方向的方式来避免这个问题。此外,该算法还对测量噪声和光伏输出电压中的较大纹波比较敏感。后者在光伏输出端电容较小时会发生并导致系统在 MPP 周围产生较大振荡。因为 $P-V$ 曲线在 MPP 的左侧非常陡峭地下降,所以大的光伏电压振荡可能导致输出功率出现较大下降。

7.4.1.2 增量电导算法

该算法与扰动和观察算法相似,是针对快速变化的环境条件而被提出的[25,26]。该算法由图

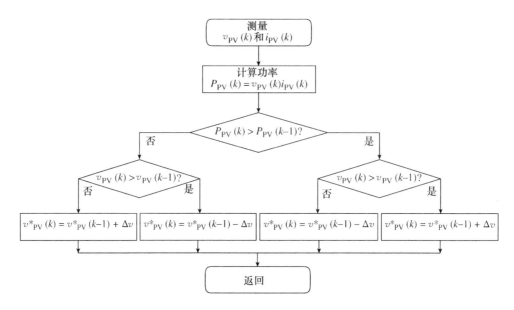

图 7.21 扰动和观察算法

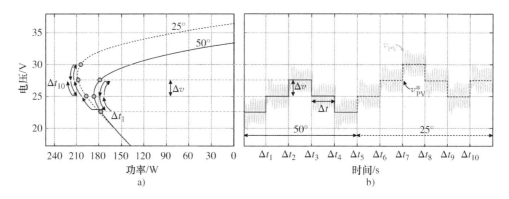

图 7.22 温度阶跃变化下的扰动和观察：a）$P-V$ 曲线（旋转公共电压轴）的
工作原理；b）光伏发电系统的电压给定和电压输出

7.4 的功率曲线推导而来，图中曲线的斜率在左侧为正，右侧为负，峰值为零。功率曲线的斜率可以表示为

$$\frac{\mathrm{d}P_{PV}}{\mathrm{d}v_{PV}} = \frac{\mathrm{d}(i_{PV}v_{PV})}{\mathrm{d}v_{PV}} = i_{PV} + v_{PV}\frac{\mathrm{d}i_{PV}}{\mathrm{d}v_{PV}} \tag{7.2}$$

当功率的导数为零时，此时功率最大，因此

$$\frac{\mathrm{d}P_{PV}}{\mathrm{d}v_{PV}} = 0 \Rightarrow \frac{\mathrm{d}i_{PV}}{\mathrm{d}v_{PV}} = -\frac{i_{PV}}{v_{PV}} \tag{7.3}$$

式中，i_{PV}/v_{PV} 是电导；$\mathrm{d}i_{PV}/\mathrm{d}v_{PV}$ 是增量电导。电压对电流的导数可以近似等于迭代过程中实际值和先前瞬时值之间的差值。因此，如图 7.23 所示，通过将电导 i_{PV}/v_{PV} 与增量电导 $\mathrm{d}i_{PV}/\mathrm{d}v_{PV}$ 进行比较，该算法可以跟踪并保持在 MPP 运行，直到由于环境条件变化而导致 $\mathrm{d}i_{PV}$ 或 $\mathrm{d}v_{PV}$ 发生变化。

7.4.1.3 分数开路电压法

光伏模块、组串或阵列的 $I-V$ 曲线（见图 7.4）表明，对于不同的光照和温度条件，开路

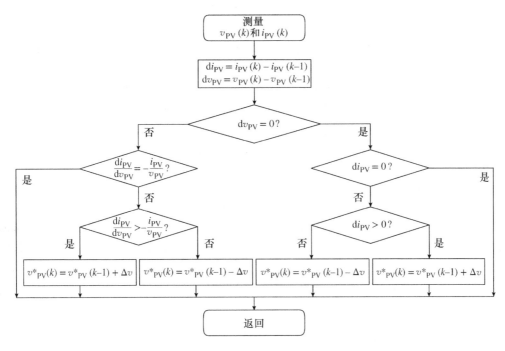

图 7.23 增量电导 MPPT 算法

电压（v_{oc}）和 MPP 电压（v_{mp}）之间存在线性关系。这个线性关系可以描述如下：

$$v_{mp} = k_1 v_{oc}, \text{对于} k_1 < 1 \tag{7.4}$$

比例常数 k_1 取决于光伏发电系统的特性，可以通过在不同的光照和温度条件下对 v_{mp} 和 v_{oc} 测量来确定。虽然常数 k_1 随光伏发电系统的类型而变化，但据文献报告 k_1 的数值范围通常在 0.71 ~ 0.8 之间。为了使用式（7.4）找到 MPP，给定光照和温度条件下必须测量确定 v_{oc} 的值。这可以通过关闭功率变换器（根据连接到光伏发电系统的架构的不同，可以是 DC – DC 或 DC – AC 环节）来实现在线模拟无负载条件以便测量 v_{oc}。为了在可变条件下跟踪 MPP，该过程周期性地每间隔 Δt（通常约 15ms）重复一次。

这种方法简单并易于实现[26]。然而，对光伏模块的线性近似存在误差，且频繁关闭系统测量 v_{oc} 会带来功率损失。通过用单独光伏电池来测量 v_{oc} 可以避免后一个问题，但这种解决方案会带来额外的成本，并且参考光伏电池的特性与实际的光伏发电系统之间的失配，则会引起 MPPT 中的稳态误差。

7.4.1.4　分数短路电流法

这种方法和现行的开路电压法相对立[26]。在不同环境条件下，通过与短路电流 i_{sc} 之间线性关系可以计算 MPP 电流 i_{mp}。这可以表示为

$$i_{mp} = k_2 i_{sc}, \text{对于} k_2 < 1 \tag{7.5}$$

比例常数 k_2 取决于光伏发电系统的特性，其大小通常在 0.78 ~ 0.92 之间。在线测量短路电流 i_{sc} 比测量开路电压更复杂，并且可能需要在主电路增加如旁路开关之类的组件。与开路电压法一样，该方法在测量 i_{sc} 期间会产生额外的损耗。

7.4.2　DC – DC 变换器控制

根据 7.2 节所述，部分组串式架构、所有的多组串式架构和大多数交流模块集成架构，都在

光伏发电系统和并网逆变器之间装有 DC - DC 变换器。DC - DC 变换器的主要作用是将光伏发电系统输出端的 MPP 电压给定与并网逆变器输入端的直流母线电压给定相解耦。DC - DC 变换器的附加功能包括将光伏发电系统输出的低压提升到并网所需直流母线电压，以及带高频变压器的 DC - DC 变换器所提供的电气隔离功能。

DC - DC 变换器不同拓扑的控制方案是不同的，同时控制方案也随控制方法（线性控制、滞环控制、模糊控制等）的不同而变化。然而，在实际中使用的大多数控制结构，都是基于串联线性控制环路，其外环为较慢的直流电压控制环，内环为快速电流控制环。考虑到升压变换器是最具代表性的 DC - DC 变换器，为了不失一般性这里对升压变换器控制进行分析。只需要在升压变换器控制的调制环节上进行微小修改即可得到其他 DC - DC 变换器的控制。

图 7.24 所示为带升压变换器的光伏发电系统 MPPT 运行的典型控制系统框图。任何基于电压的 MPPT 算法，都可用于产生外环电压给定 v_{PV}^*。MPPT 算法（例如扰动和观察）需要测量光伏发电系统的电流 i_{PV} 和电压 v_{PV}。电压外环控制升压变换器的输入电容电压，即光伏发电系统的输出电压。因此，该控制环给定由 MPPT 算法给出。这里使用线性比例积分（PI）调节器来控制电压误差，其输出是流过输入电容器的电流 i_c。由于 DC - DC 变换器不直接控制电容电流，因此可以增加前馈补偿来计算 DC - DC 变换器的电流给定值；对于升压变换器，则使用电感电流 i_L 作为前馈补偿。

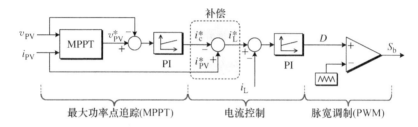

图 7.24 DC - DC 变换器级控制框图（此处针对升压变换器进行了调整）

对升压回路电感电流 i_L 进行测量并作为反馈用于计算电流误差，电流误差作为 PI 调节器的输入（也可使用滞环控制器，但会导致开关频率的波动）。电流控制环的输出是升压变换器载波 PWM 的占空比给定值。最终所得到的栅极信号（S_b）用于控制升压变换器中的半导体开关器件。

根据系统设计，为了使升压变换器能够正常工作并有效控制升压电感电流，系统正常运行的一个必要条件是输出电压大于输入电压（$v_{DC} > v_{PV}$），光伏发电系统中的大多数 DC - DC 变换器都是如此。升压变换器的输出电压 v_{DC} 由并网逆变器控制，考虑到升压控制可以看作是固定电压源。

升压变换器控制系统，主要是通过调整占空比来实现由 MPPT 算法给定和直流母线电压给定所构成的输入 - 输出电压比的期望值。稳态时控制器应该调节升压变换器的占空比 D，以满足电压变换条件

$$\frac{v_{DC}}{v_{PV}} = \frac{1}{1-D} \tag{7.6}$$

7.4.3 并网逆变器控制

并网逆变器的主要功能是实现并网同步并控制有功和无功功率流动，换言之，即控制电网电流和直流母线电容电压。在没有 DC - DC 变换器的光伏发电系统架构中，如集中式拓扑架构和某些组串式逆变器，可以通过直流母线电压控制来实现光伏发电系统的 MPPT 控制。

在三相并网逆变器（电动机驱动行业中也被称为有源前端整流器）中最常用的控制方案是电压定向控制（VOC）和直接功率控制（DPC）[28]。但在光伏发电系统中大部分并网逆变器采用VOC。顾名思义，VOC 使用以电网电压矢量为定向的旋转 dq 参考系进行坐标变换，将所有交流量变换为直流量以简化控制系统设计并使用 PI 调节器进行控制。dq 坐标系中的电网电流，可以分解为与电网电压矢量对应的 d 轴上与有功功率 P 成比例的实部分量（i_{sd}），以及垂直于电网电压矢量的 q 轴上与无功功率 Q 成比例的虚部分量（i_{sq}）。

图 7.25 所示为基于串联电压电流控制环的 VOC 框图。电压外环通过 PI 调节器控制直流母线电压 v_{DC}，其 PI 调节器的输出为与有功功率成正比例，也即是同参考给定 i_{sd} 成正比，而无功功率则由 i_{sq} 控制。两个电流控制环都采用 PI 调节器进行调节，PI 调节器的输出为 dq 轴电压给定。dq 轴电压给定将被转换为相量后由逆变器通过 PWM 实现输出。需要注意的是 q 轴电流给定值可以任意调整，通常 i_{sq} 给定被设置为零。但在电网电压骤降期间，电网调度可能会需要对电网注入无功功率来帮助支撑电网，正如目前电网对风电场的要求。

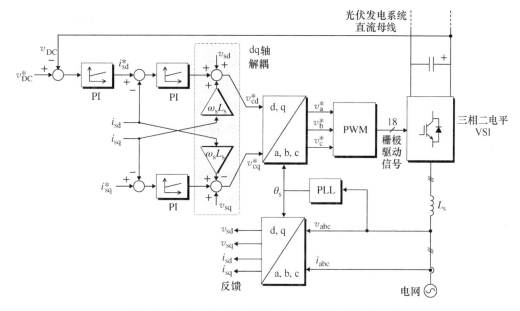

图 7.25　三相并网光伏逆变器的电压定向控制（VOC）

根据反馈需要，这里对三相电流（i_a，i_b，i_c）进行测量并将其转换到 dq 坐标系下。通过提取电网电压矢量角 θ_s 可以实现并网同步，这是使 dq 坐标系与电网电压矢量正确对齐所必需的。通常需要使用锁相环（PLL）来实现电压矢量角的检测，为此需要测量电网相电压（v_a，v_b，v_c）。请注意，图 7.25 所示的 dq 电流控制回路包括用于将 dq 电流轴解耦的前馈交叉补偿环节。这个环节可以用如图 7.26 所示的静止和旋转坐标系中的等效空间矢量电路加以说明。从图 7.26b 可以得出电网侧电压方程为

$$\boldsymbol{v}_s = \boldsymbol{i}_s R_s + L_s \frac{\mathrm{d}\boldsymbol{i}_s}{\mathrm{d}t} + \mathrm{j}\omega_s L_s \boldsymbol{i}_s + \boldsymbol{v}_c \tag{7.7}$$

然后，将式（7.7）分解为 dq 分量得到

$$v_{sd} = i_{ds} R_s + L_s \frac{\mathrm{d}i_{sd}}{\mathrm{d}t} - \mathrm{j}\omega_s L_s i_{sq} + v_{cd}$$

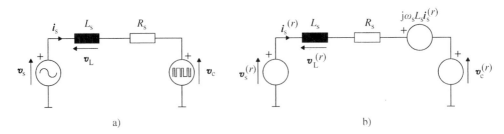

图 7.26 并网逆变器的空间矢量等效电路：a）静止坐标系；b）同步旋转坐标系

$$v_{sq} = i_{dq}R_s + L_s \frac{\mathrm{d}i_{sq}}{\mathrm{d}t} + j\omega_s L_s i_{sd} + v_{cq} = 0 \tag{7.8}$$

可以看到，因为 dq 坐标系与电压空间矢量 $\boldsymbol{v}_s$ 对齐，所以 v_{sq} 为零，因此在 q 轴上没有任何投影。从式（7.8）可以看出，dq 电流之间存在互相耦合关系。为了减少变量间的相互影响，在参数已知和所涉及变量已被测量的基础上，可以对耦合项进行前馈计算。由于要被调制的电压是逆变器输出电压（v_{cd} 和 v_{cq}），因此通过求解式（7.8）将得到图 7.25 框图中所包含的解耦项。有功功率和无功功率可由下式计算得到：

$$P = \frac{3}{2}\mathrm{Re}\{\boldsymbol{v}_s \boldsymbol{i}_s^*\} = \frac{3}{2}v_{sd}i_{sd}$$

$$Q = \frac{3}{2}\mathrm{Im}\{\boldsymbol{v}_s \boldsymbol{i}_s^*\} = -\frac{3}{2}v_{sd}i_{sq} \tag{7.9}$$

注意，当所需无功功率参考不为零时，式（7.9）可用于计算 q 轴电流给定值。

最后一个设计约束是满足电网电流控制所需的最小直流母线电压 v_{DC}。可以从图 7.27 中并网逆变器在第一象限的空间矢量图推导得到这一限值。考虑稳态下的式（7.7）并忽略电阻压降，得到空间矢量 $\boldsymbol{v}_c$ 为

$$\boldsymbol{v}_c = \boldsymbol{v}_s - j\omega_s L_s \boldsymbol{i}_s \tag{7.10}$$

根据图 7.27 的矢量图，为了保证所生成矢量的可行性，逆变器空间矢量必须在半径为 h 的圆周内。半径 h 取决于逆变器的直流母线电压并等于

$$h = \frac{v_{DC}}{3} \tag{7.11}$$

将限制（$h > |v_c|$）代入式（7.10）中，并以所得矢量的幅值求解 v_{DC} 得到

$$v_{DC} \geqslant \sqrt{3[\hat{v}_s^2 + (\omega_s L_s v \hat{i}_s)^2]} \tag{7.12}$$

式（7.12）的结果表明，直流母线电压下限将取决于电网电压幅值、电网频率、电网滤波电感和由峰值并网电流确定的逆变器容量。注意，如果光伏发电系统中不包含 DC - DC 变换器，则这个下限也将为光伏阵列的 MPP 电压设置限制。因此，串联的光伏模块数量需要仔细设计，以确保即使在最不利的环境条件下（发电设备运行时的最低光照和最高温度）也能提供高于该极限的 MPP 电压。

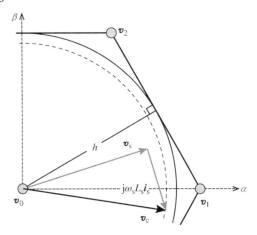

图 7.27 并网逆变器系统的空间矢量图

对于单相并网光伏发电系统，例如一些组串式、多组串式和交流模块集成式架构，先前基于 dq 旋转参考系的 VOC 方案是不可行的。取而代之是将 VOC 修正为电网电流给定直接与单相电网电压同步。单相 VOC 框图如图 7.28 所示，仍然采用相同的串联控制结构并在直流母线电压外环中使用 PI 调节器[16]。电压控制器的输出为有功功率，除以电网电压幅值就可以得到电网电流给定值。此外，采用基于 PLL 重建正弦波函数提取电网电压角度的方法，使得参考电流与电网电压同步以实现单位功率因数运行。采用 PLL 获取电网角度的方法优于直接测量电网电压的方法，因为这样可以避免将电网谐波和其他干扰引入电网电流给定。

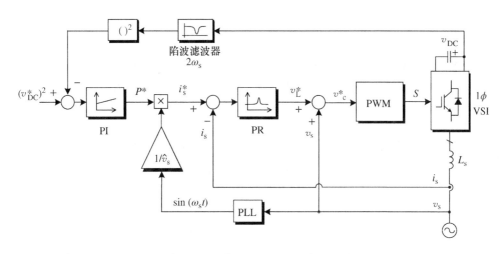

图 7.28 单相并网光伏逆变器的电压定向控制（VOC）

由于电网电流基准为正弦波，PI 调节器会产生稳态误差和相位偏移。因此，采用比例谐振（PR）调节器以调频至电网频率 ω_s。电网侧电流控制器的输出，是电网侧滤波电感端电压的参考给定。忽略电阻产生的压降并考虑到电网电压已被测量，则可以使用前馈来计算逆变器电压给定，有

$$v_c^* = v_L^* + v_s \tag{7.13}$$

然后根据逆变器拓扑结构，使用适当的 PWM 策略调制输出逆变器电压给定 v_c^*。

受整流电路的影响，单相并网系统的直流母线电压中有很强的二次谐波成分（$2\omega_s$）。在反馈过程中必须对该谐波进行滤除，以防止当有功功率给定（含有二次谐波）与基频同步正弦波相乘时因频率卷积而在电网电流给定中出现三次谐波。通过调谐到 $2\omega_s$ 的陷波滤波器可以滤除此谐波，否则电网电流将含有很大的三次谐波分量。另一种补偿方法是尽量降低外部电压环路带宽以排除二次谐波。但是这会大大降低系统的整体性能。

7.4.4 防孤岛检测

根据 IEEE 标准 1547 – 2008[29]，电力系统中的"岛"被定义为"电力系统的一部分区域由一个或多个本地发电系统通过相关联的 PCC 供电，而该部分区域的电力系统与其余电力系统分离。"当并网光伏发电系统与电网断开连接时（例如在电网故障期间），则这些系统可能会孤岛化。如果没有检测到这种工况，则光伏发电系统将继续发电并为本地负载供电。这种情况更可能发生在如图 7.29 所示的分布式发电系统中。

孤岛运行可能对电网工作和维修人员造成严重安全威胁，因为线路会持续带电[30]。当 PCC

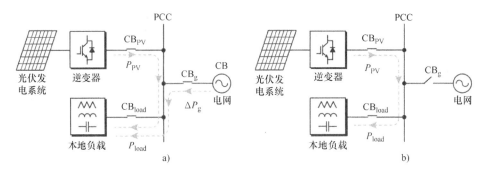

图 7.29 带有本地负载的分布式并网光伏发电系统：a）正常运行；b）孤岛运行

的电压和频率偏离额定值时，也会对本地负载造成损害。此外，一旦孤岛运行结束且重新连接电网，光伏发电系统逆变器将很可能与电网不同步，从而由于电网与逆变器电压之间存在的相位差导致逆变器和本地负载受损。因此，电网连接标准要求当检测到孤岛工况时，分布式发电系统应快速断开电网连接并停止发电。

如图 7.30 所示，根据执行检测环节的不同孤岛检测方法可以分为三类：基于功率逆变器（逆变器检测）、基于额外增加的电力系统器件（外部阻抗插入）或通过电网运营商（电网调度）进行检测[31,32]。

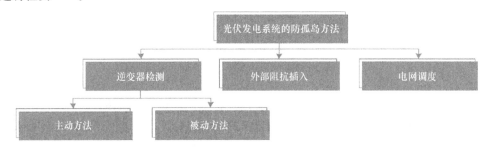

图 7.30 并网光伏发电系统的孤岛检测方法

逆变器检测法可以进一步分为被动和主动方法。被动方法通过测量电网参数（电压、频率、谐波含量等）并将测量结果与边界范围进行比较以检测孤岛运行工况。这些边界范围划定了无法检测到孤岛运行的不可检测区域（NDZ），特别是当本地负载容量与光伏发电系统的功率容量相近并且所有光伏发电系统产生的功率都在本地消耗，这样孤岛运行发生时 PCC 上的电压和电流仅会发生轻微变化从而无法检测是否进入孤岛运行。因此，被动方法的 NDZ 较大。然而，被动方法的概念简单，没有或仅需很少的额外成本且易于实现还不会对系统的电能质量产生任何影响。这种方法可用于中小规模光伏逆变器。典型的被动检测方式是欠电压和过电压检测，欠频和过频检测以及电压相位跳变检测。

请注意，根据图 7.29a 中分布式发电系统的功率流定义，在正常运行期间有

$$P_{\text{load}} = P_{\text{PV}} + \Delta P_{\text{g}}$$
$$Q_{\text{load}} = Q_{\text{PV}} + \Delta Q_{\text{g}} \tag{7.14}$$

有功功率仅与电压有关；根据图 7.29b，在孤岛运行期间 PCC 的电压应该变为

$$\widetilde{v}_{\text{pcc}} = v_{\text{pcc}} \sqrt{\frac{P_{\text{PV}}}{P_{\text{load}}}} \tag{7.15}$$

　　然而，如果本地负载消耗的功率与光伏发电系统产生的功率相近，即 $P_{PV} \approx P_{load}$，代入式 (7.15) 中可以看到 PCC 上电压的变化很小甚至没有变化，使得系统保持在 NDZ 内。

　　逆变器主动检测方法是为减小被动方法的 NDZ。之所以称之为 "主动方法"，是因为该方法通过主动向系统加入扰动，以加速变量的漂移或使系统向边界限值移动来实现检测的。通常，在电网电流给定波形中注入扰动。主动方法之一是主动频率漂移（AFD）[33]，该方法将相位扰动加入到电流给定波形中，这导致孤岛运行时逆变器输出频率的漂移，而电网正常时则不会发生频率漂移。然后，通过相应的边界限制可以很容易地检测到频率漂移。图 7.31 给出了所加入的扰动和产生的电流给定波形。可以看出，采用 AFD 所获得的较小 NDZ 是以增加电流 THD 为代价的，与被动方法相比这种方法降低了并网逆变器输出的电能质量。逆变器主动检测方法也主要用于中小型光伏逆变器中。

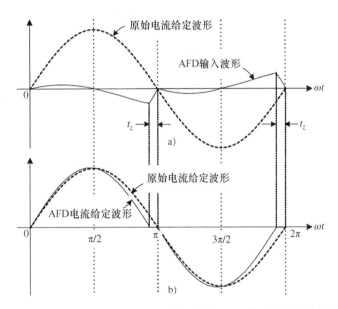

图 7.31　AFD 防孤岛检测方法：a）AFD 输入波形；b）修改后的电流给定波形[30]

　　外部阻抗插入法，可以通过在 PCC 的电网侧连接一个小阻抗（通常是一个电容器组）来实现。当电网断开时，这个阻抗会在逆变器的电流和电压之间产生相位阶跃变化。然后通过逆变器中的被动孤岛检测方法就能容易地检测出该相位的跳变从而确定孤岛运行工况。然而，这种方法的实现需要额外的开关设备和电容器组，不适用于小型光伏发电系统。

　　电网调度法，是建立在电网调度和功率逆变器之间直接通信的基础上的，如 PLCC（电力线载波通信）或 SCADA（监控和数据采集）。电网调度直接向逆变器告知孤岛状态，触发光伏发电系统停止发电。这种方法需要电网的参与，因此不适用于中小型光伏发电系统。然而，它是大规模光伏逆变器的主流解决方案，因为较大光伏发电系统可能会产生更大的危险，因此其对孤岛运行检测的要求更加严格。

　　还有其他几种防孤岛检测方法，其中许多都是专有技术。在参考文献［32］中给出了光伏发电系统主流防孤岛运行检测方法的综述。

7.5 基于多电平逆变器的光伏发电系统最新进展

与 2L – VSC 相比，由于固有的对输出电压电能品质的提升，多电平逆变器可以较低开关频率（低于 1kHz）实现很高的输出电压和功率容量。这使得过去 20 年中它们在大功率中压电动机驱动领域大受欢迎，如风扇、泵、输送机、牵引和推进驱动器等[34]。多电平逆变器之所以具有这些特性，是因为它们能够产生更符合负载所需给定曲线（通常为正弦曲线）的阶梯电压波形。通过将功率开关和容性直流电源布置成可以互相连接的形式，配合适当的调制方法就能输出不同的电平。目前，如图 7.32 中的分类所示，存在多种多电平逆变器拓扑，其中许多已被商业化并应用于工业领域[34]。

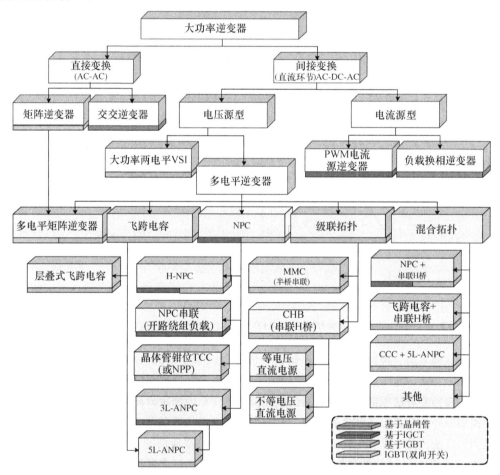

图 7.32　多电平逆变器拓扑分类[34]

如图 7.32 所示，多电平逆变器属于间接变换器，采用容性直流储能元件使其成为电压源型。图中的分类还包括 AC – AC 直接变换器和电流源逆变器，这两种拓扑是目前多电平电压源逆变器技术的主要竞争对手，具体类型包括交交逆变器、负载辅助换相逆变器和 PWM 电流源逆变器。然而，这些功率逆变器主要用于大功率变速电动机驱动器，因此它们并不适用于光伏发电。

尽管多电平逆变器概念始于 20 世纪 60 年代，但是最早得到工业应用的多电平逆变器是

NPC、CHB 和飞跨电容（FC）逆变器。目前，三电平 NPC 和 7~13 级 CHB 逆变器是实际中最常见的多电平逆变器。这些逆变器的电压和功率范围分别为 2.3~6.6kV 和 1~40 MW。这些逆变器主要用于泵、风机、压缩机、调速器和轧机的驱动。然而在过去几年中，多电平逆变器已经通过几种新的拓扑结构和工业应用场景扩展了其在工业领域的作用。其中包括三电平主动钳位式 NPC（3L-ANPC）、五电平 H 桥 NPC（HNPC）、FC 与 ANPC 五电平混合拓扑（5L-ANPC）、三电平可控中性点（NPP）和模块化多电平逆变器（MMC）[34,35]。而新的应用领域则包括轨道牵引、船舶推进、风能转换、高压直流（HVDC）输电和抽水蓄能等。其中许多在参考文献［35］及其参考文献中被提及。

　　由于前面提到的优点，多电平逆变器也被用于光伏发电系统的并网[36]，其中大部分是基于 NPC [37-42] 和 CHB [43-51] 拓扑。根据参考文献［37-41］，基于 NPC 的多电平逆变器拓扑中每个直流母线电容都和一个光伏组串相连。这种拓扑不需要多组串式拓扑中的 DC-DC 变换器，就能有效地提升电压并使得单个组串的 MPPT 控制成为可能。然而它只允许连接几个组串，对三电平 NPC（3L-NPC）拓扑而言只能连接两个组串。这严重限制了采用多电平逆变器的光伏电站的规模，未能充分利用多电平逆变器的功率容量。事实上，商用 NPC 逆变器可用于 0.8~44MW 的电动机驱动应用[34]。因此，要充分利用 0.8MW 逆变器的容量进行光伏发电，需要将几个光伏组串和两个直流母线电容同时并联。此外，没有升压环节，则需要将大量模块串联以达到 NPC 逆变器工作的中压（MV）范围（3.3kV 和 6.6kV）。

　　光伏板的串联和光伏组串的并联带来了和集中式拓扑同样的问题。光伏板失配和部分遮挡会降低系统的功率输出。另外一个问题是对于每个直流母线电容执行 MPPT 必然会引入直流母线电压不平衡（它们必须在不同的电压下工作以确保 MPPT 控制），这会导致交流侧的失真。此外，如果因为太阳光照和温度条件而导致 MPPT 给出的组串输出电压给定值变小，则随之降低的直流侧电压会影响甚至失去对逆变器交流侧的正常控制。这个问题在参考文献［42］中已得到初步解决，其中介绍了如图 7.33 所示的 NPC 多组串式结构。在这种结构中，两个直流母线电压通过 DC-DC 变换器保持恒定并将逆变器与 MPPT 侧分离。这允许每个组串都有独立 MPPT 控制而不影响逆变器运行，并且由于通过两个层叠的直流母线及 DC-DC 变换器实现了升压，因此可以减

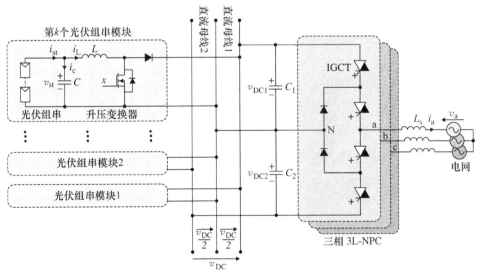

图 7.33　用于兆瓦级光伏应用的三相 NPC 多组串式拓扑[42]

少串联模块的数量。

　　CHB 多电平逆变器的每个单元均需要独立的隔离直流电源，这一特征在电动机驱动应用中作为逆变器运行时被认为是缺点，但光伏发电可以利用这一特征。在光伏发电系统中光伏组串本身就是隔离的直流电源。这样系统中可以包含具有独立 MPPT 的多个组串，并且通过 H 桥的串联很容易实现升压。基于 CHB 的光伏发电系统的主要挑战是每个逆变器支路中各功率单元之间固有的功率不平衡以及不同相之间的功率失衡。因此，文献中大多数的讨论集中在单相解决方案上。

　　在参考文献［49］中，如图 7.34 所示的多电平多组串概念被应用于 CHB。在这种拓扑中，每个 H 桥单元有一个直流母线并通过 DC – DC 变换器和组串连接。这样可以将大量的光伏组串集中在单个逆变器中，逆变器容量最高可达几十兆瓦。H 桥单元的串联可以将电压提升到 3.3kV 和 6.6kV，分别对应 3 个和 6 个串联单元。这种拓扑的主要挑战不仅在于单相功率单元之间的功率不平衡，还在于三相本身也是不平衡的。功率单元不平衡的处理方式与参考文献［45］中提出的单相 CHB 光伏发电系统相同，而相间不平衡则通过移动逆变器电压中性点的方式来使电网电流平衡。通过在调制控制中引入与不平衡反相的简单前馈，来补偿电压给定从而实现电流平衡[49]。

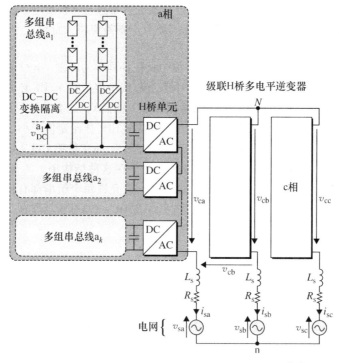

图 7.34　兆瓦级光伏应用的三相 CHB 多组串拓扑[49]

7.6　小结

　　本章给出了并网光伏发电系统的综述，包括功率曲线、并网结构、不同的逆变器拓扑（单相和三相）、控制方案、MPPT 和防孤岛运行检测方法。本章的重点是阐述光伏行业的主流解决方案，目的是对光伏逆变器技术的现状进行说明。文中列出了商用光伏逆变器的一些实例。此外，讨论了一些最近出现的用于大型光伏电站的基于多电平逆变器光伏发电系统的概念，以及光伏逆变器技术的趋势、挑战和未来的前景。

参 考 文 献

1. REN21 (2013) Renewable Energy Policy Network for the 21st Century, Renewables 2013 Global Status Report, http://www.ren21.net (accessed 18 December 2013).
2. Blaabjerg, F., Chen, Z., and Kjaer, S.B. (2004) Power electronics as efficient interface in dispersed power generation systems. *IEEE Transactions on Power Electronics*, **19** (5), 1184–1194.
3. Luque, A. and Hegedus, S. (2011) *Handbook of Photovoltaic Science and Engineering*, 2nd edn, John Wiley & Sons, Inc..
4. Kishor, N., Villalva, M.G., Mohanty, S.R., and Ruppert, E. (2010) Modeling of PV module with consideration of environmental factors. IEEE PES Innovative Smart Grid Technologies Conference Europe (ISGT Europe), October 2010.
5. Haberlin, H. (2012) *Photovoltaics System Design and Practice*, 1st edn, John Wiley & Sons, Ltd.
6. Carrasco, J., Franquelo, L., Bialasiewicz, J. *et al.* (2006) Power-electronic systems for the grid integration of renewable energy sources: a survey. *IEEE Transactions on Industrial Electronics*, **53** (4), 1002–1016.
7. Pavan, A.M., Castellan, S., Quaia, S. *et al.* (2007) Power electronic conditioning systems for industrial photovoltaic fields: centralized or string inverters? International Conference on Clean Electrical Power (ICCEP '07), May 2007, pp. 208–214.
8. Meinhardt, M. and Cramer, G. (2001) Multi-string-converter: the next step in evolution of string-converter technology. Proceedings of the 9th European Power Electronics and Applications Conference.
9. Carbone, R. and Tomaselli, A. (2011) Recent advances on AC PV-modules for grid-connected photovoltaic plants. International Conference Clean Electrical Power (ICCEP 2011), June 2011, pp. 124–129.
10. pvresources.com (2013) Large-Scale Photovoltaic Power Plants: Top 50 Ranking, http://www.pvresources.com /PVPowerPlants/Top50.aspx (accessed 18 December 2013).
11. First Solar Agua Caliente Solar Project, http://www.firstsolar.com/Projects/Agua-Caliente-Solar-Project (accessed 18 December 2013).
12. Wikipedia List of Photovoltaic Power Stations, http://en.wikipedia.org/wiki/List_of_photovoltaic_power _stations (accessed 18 December 2013).
13. First Solar Sarnia PV Power Plant, Ontario, Canada, http://www.firstsolar.com/en/Projects/Sarnia-Solar-Project (accessed 19 December 2013).
14. Kerekes, T., Teodorescu, R., and Liserre, M. (2008) Common mode voltage in case of transformerless PV inverters connected to the grid. IEEE International Symposium on Industrial Electronics (ISIE 2008), pp. 2390–2395.
15. Burger, B. and Kranzer, D. (2009) Extreme high efficiency PV-power converters. 13th Europe Conference Power Electronics and Applications (EPE '09), September 2009.
16. Teodorescu, R., Liserre, M., and Rodríguez, P. (2011) *Grid Converters for Photovoltaic and Wind Power Systems*, IEEE Press/John Wiley & Sons, Ltd.
17. Dreher, J.R., Marangoni, F., Schuch, L. *et al.* (2012) Comparison of H-bridge single-phase transformerless PV string inverters. IEEE/IAS International Conference Industry Applications (INDUSCON 2012), November 2012.
18. Kjaer, S., Pedersen, J., and Blaabjerg, F. (2005) A review of single-phase grid-connected inverters for photovoltaic modules. *IEEE Transactions on Industry Applications*, **41** (5), 1292–1306.
19. Gonzalez, R., Coloma, J., Marroyo, L. *et al.* (2009) Single-phase inverter circuit for conditioning and converting DC electrical energy into AC electrical energy. European Patent EP 2 053 730 A1.
20. Saridakis, S., Koutroulis, E., and Blaabjerg, F. (2013) Optimal design of modern transformerless PV inverter topologies. *IEEE Transactions on Energy Conversion*, **28** (2), 394–404.
21. Karraker, D.W., Gokhale, K.P., and Jussila, M.T. (2011) Inverter for solar cell array. US Patent 2011/0299312 A1.
22. Urakabe, T., Fujiwara, K., Kawakami, T., and Nishio, N. (2010) High efficiency power conditioner for photovoltaic power generation system. International Power Electronics Conference (IPEC 2010), June 2010, pp. 3236–3240.
23. Fornage, M. (2010) Method and apparatus for converting direct current to alternating current. US Patent 7,796,412B2.
24. Garrity, P. (2013) Solar photovoltaic power conditioning unit. US Patent 8,391,031B2.
25. Hohm, D.P. and Ropp, M.E. (2003) Comparative study of maximum power point tracking algorithms, *Progress in Photovoltaics: Research and Applications*, **11**, 1, 47–62.
26. Esram, T. and Chapman, P. (2007) Comparison of photovoltaic array maximum power point tracking techniques. *IEEE Transactions on Energy Conversion*, **22** (2), 439–449.
27. Femia, N., Granozio, D., Petrone, G. *et al.* (2007) Predictive and adaptive MPPT perturb and observe method. *IEEE Aerospace and Electronic Systems Magazine*, **43** (3), 934–950.
28. Malinowski, M., Kazmierkowski, M.P., and Trzynadlowski, A.M. (2003) A comparative study of control techniques for PWM rectifiers in AC adjustable speed drives. *IEEE Transactions on Power Electronics*, **18** (6), 1390–1396.
29. IEEE Standard (2003) 1547-2003. *Standard for Interconnecting Distributed Resources with Electric Power Systems*, IEEE.

30. Yafaoui, A., Wu, B., and Kouro, S. (2012) Improved active frequency drift anti-islanding detection method for grid connected photovoltaic systems. *IEEE Transactions on Power Electronics*, **27** (5), 2367–2375.
31. Singam, B. and Hui, L.Y. (2006) Assessing SMS and PJD schemes of anti-islanding with varying quality factor. IEEE International Power and Energy Conference (PECon '06).
32. Teoh, W.Y. and Tan, C.W. (2011) An overview of islanding detection methods in photovoltaic systems. *World Academy of Science, Engineering and Technology*, **58**, pp. 577–585.
33. Lopes, L. and Sun, H. (2006) Performance assessment of active frequency drifting islanding detection methods. *IEEE Transactions on Energy Conversion*, **21** (1), 171–180.
34. Kouro, S., Rodriguez, J., Wu, B. *et al.* (2012) Powering the future of industry: high-power adjustable speed drive topologies. *IEEE Industry Applications Magazine*, **18** (4), 26–39.
35. Kouro, S., Malinowski, M., Gopakumar, K. *et al.* (2010) Recent advances and industrial applications of multilevel converters. *IEEE Transactions on Industrial Electronics*, **57** (8), 2553–2580.
36. Calais, M. and Agelidis, V.G. (1998) Multilevel converters for single-phase grid connected photovoltaic systems-an overview. Proceedings IEEE International Symposium Industrial Electronics (ISIE '98), July 7–10, 1998, Vol. 1, pp. 224–229.
37. Busquets-Monge, S., Rocabert, J., Rodriguez, P. *et al.* (2008) Multilevel diode-clamped converter for photovoltaic generators with independent voltage control of each solar array. *IEEE Transactions on Industrial Electronics*, **55** (7), 2713–2723.
38. Gonzalez, R., Gubia, E., Lopez, J., and Marroyo, L. (2008) Transformerless single-phase multilevel-based photovoltaic inverter. *IEEE Transactions on Industrial Electronics*, **55** (7), 2694–2702.
39. Kerekes, T., Liserre, M., Teodorescu, R. *et al.* (2009) Evaluation of three-phase transformerless photovoltaic inverter topologies. *IEEE Transactions on Power Electronics*, **24** (9), 2202–2211.
40. Ozdemir, E., Ozdemir, S., and Tolbert, L.M. (2009) Fundamental-frequency modulated six-level diode-clamped multilevel inverter for three-phase stand-alone photovoltaic system. *IEEE Transactions on Industrial Electronics*, **56** (11), 4407–4415.
41. Ma, L., Jin, X., Kerekes, T. *et al.* (2009) The PWM strategies of grid-connected distributed generation active NPC inverters. IEEE Energy Conversion Congress and Exposition (ECCE), September 20–24, 2009, pp. 920–927.
42. Kouro, S., Asfaw, K., Goldman, R. *et al.* (2010) NPC multilevel multistring topology for large scale grid connected photovoltaic systems. 2nd IEEE International Symposium Power Electronics for Distributed Generation Systems (PEDG 2010), pp. 400–4005.
43. Alonso, O., Sanchis, P., Gubia, E., and Marroyo, L. (2003) Cascaded H-bridge multilevel converter for grid connected photovoltaic generators with independent maximum power point tracking of each solar array. IEEE 34th Annual Power Electronics Specialist Conference (PESC'03), June 2003, Vol. 2, pp. 731–735.
44. Villanueva, E., Correa, P., Rodriguez, J., and Pacas, M. (2009) Control of a single-phase cascaded H-bridge multilevel inverter for grid-connected photovoltaic systems. *IEEE Transactions on Industrial Electronics*, **56** (11), 4399–4406.
45. Kouro, S., Moya, A., Villanueva, E. *et al.* (2009) Control of a cascaded H-bridge multilevel converter for grid connection of photovoltaic systems. 35th Annual Conference IEEE Industrial Electronics Society (IECON09), pp. 1–7.
46. Negroni, J., Guinjoan, F., Meza, C. *et al.* (2006) Energy sampled data modeling of a cascade H-bridge multilevel converter for grid-connected PV systems. 10th IEEE International Power Electronics Congress, October 2006, pp. 1–6.
47. Cecati, C., Ciancetta, F., and Siano, P. (2010) A multilevel inverter for photovoltaic systems with fuzzy logic control. *IEEE Transactions on Industrial Electronics*, **57** (12), 4115–4125.
48. Brando, G., Dannier, A., and Rizzo, R. (2007) A sensorless control of H-bridge multilevel converter for maximum power point tracking in grid connected photovoltaic systems. International Conference on Clean Electrical Power (ICCEP '07), May 2007, pp. 789–794.
49. Rivera, S., Kouro, S., Leon, J.I. *et al.* (2011) Cascaded H-bridge multilevel converter multistring topology for large scale photovoltaic systems. 20th IEEE International Symposium Industrial Electronics (ISIE 2011), Gdansk, Poland, June 27–30, 2011.
50. Kouro, S., Fuentes, C., Perez, M., and Rodriguez, J. (2012) Single DC-link cascaded H-bridge multilevel multistring photovoltaic energy conversion system with inherent balanced operation. 38th Annual Conference IEEE Industrial Electronics Society (IECON 2012), Montreal, Canada, October 25–28, 2012.
51. Cortes, P., Kouro, S., Barrios, F., and Rodriguez, J. (2012) Predictive control of a single-phase cascaded H-bridge photovoltaic energy conversion system. 7th International Power Electronics and Motion Control Conference (IPEMC 2012), Harbin, China, June 2–5, 2012.

第 8 章　可再生能源系统可控性分析

Hossein Karimi – Davijani 和 Olorunfemi Ojo
美国田纳西理工大学电气与计算机工程系/能源系统研究中心

8.1　简介

　　近年来，可再生能源得到了加速发展，如光伏（PV）发电和风力发电，以满足日益增长的人口对能源增长的需求。大多数安装的风力机是变速风力机，驱动双馈千瓦至兆瓦级范围内的异步或同步发电机[1-3]。许多大型风力机位于近海，需要可靠耐用的电机和变流器设备，且只能进行很少的维护。由于双馈异步电机和同步电机用电刷和换向器需要频繁的维护和更换，因此正在研究用于替换风力发电机的新的电机结构。内置式永磁（Interior Permanent Magnet, IPM）电机正是这样一种电机，因为它不需要电刷和换向器，用于风力发电具有相当大的潜力。而且，由于IPM 电机中的永磁是埋在转子中进行励磁，没有励磁绕组，也就没有相应的铜损。虽然它价格更昂贵，但与其他电机相比，IPM 电机可以提供更高的效率。

　　可以预期的是，许多可再生能源构成的微电网系统，包括 IPM 发电机，其服务于独立负载或连接到电网都将成为主流。在可控的电网功率因数，以及发电机损耗最小的情况下，IPM 发电机需要提供有功功率给电网。对于所需的额定功率，还必须选择 IPM 发电机、整流器、逆变器、将逆变器输出连接到电网的滤波器的拓扑结构及其电感器和电容器的值等。然后，控制器将被设计为在所有运行条件下确保系统的稳定性、鲁棒性（可靠性）、高动态性能。这个系统设计的顺序［结构（布置）的设计、控制系统设计等］早已建立，以解决复杂、非线性工程及生物系统的最优静态和动态运行等问题。特别是，控制器能通过系统的非线性特性进行约束；非线性特性举例包括输入/输出的多重性、开环不稳定、右半平面零点或非最小相位的现象（限制了可实现控制器的带宽）等。

　　由不同类型的可再生能源和负载组成的微电网往往为非线性系统。能源的动态模型的来源是非线性的，部分负载建模也因此设计为非线性的电压和/或电流模型。最新的研究主要集中在微电网控制系统中，旨在实现可再生能源最大功率输出，以及并联运行的能源之间、独立运行及并网运行可无缝切换等系统的实际功率和无功功率的分配。另一个重要的领域是设计电网和能源之间的接口滤波器，以满足稳态滤波要求，防止变流器引起的谐波流入电网，同时不会因运行条件和系统参数的变化而引起不稳定。尽管人们已经意识到，电感 – 电容 – 电感的 *LCL* 型滤波器是最好的，但系统控制器结构的确定、状态变量的反馈以及滤波器参数的选择仍在研究中[4]。

　　为了阐明实现 *LCL* 型滤波器的最佳控制结构存在的明显困难，本章涉及系统可控性的概念，以突出系统的固有特性。可控性最初定义为系统从一种运行状态快速平稳地切换到另一种运行状态，并能有效处理干扰的能力[7]。可控性分析可以深入了解系统的固有特性和相位特性，从而为系统设计和控制器架构的选择提供信息[8-10]。

　　从线性系统控制的角度看，在一个稳定的系统中，极点的实部应在 *s* 平面的左侧。此外，最小相位系统在左平面上具有其特征方程传递函数的全部零点的实部。因此，使用极点和零点，可以研究或预测系统对任何输入的响应；此外，还可以更清楚地选择改善其响应所需的控制器类型。

光伏发电系统是通过太阳辐射能直接发电的最流行的方法之一。它是环保的、可再生的，并在一次性安装后持续供电。一般来说，目标是从光伏发电系统获得最大可能的功率。对于太阳电池的最大功率点（Maximum Power Point，MPP）跟踪，提出了两种主要算法：开环和闭环控制。开环控制是最简单的，但不考虑太阳辐射度变化的影响，效率可能不令人满意。

在闭环控制中，由于太阳电池的非线性特性和不可预测的环境条件以及对光伏板输出的影响，设计一个精确的控制器非常复杂，有时并不完全适用。光伏发电系统的接近 MPP 控制最流行的方法是电导增量（INC）及扰动和观察（P&O）方法。

实施扰动和观察方法的三种技术已在文献中提出：参考电压扰动法[11-13]、参考电流扰动法[14,15]和直接占空比扰动法[12,16,17]。参考电流扰动法对辐照度变化具有较慢的瞬态响应，对噪声和比例积分（PI）控制器振荡的敏感性较高。参考文献［18］在系统稳定性基础上，比较了电压扰动和直接占空比扰动、独立光伏扬水系统的性能特性和能量利用。关于参考电压扰动法，系统对辐照度具有更快的响应和温度瞬变特性；但是，如果以较高的扰动率运行或者使用低通滤波器进行噪声抑制，则可能会丧失稳定性。直接占空比控制可在较慢的瞬态响应下提供更好的能量利用率和更好的稳定性，但在辐照度迅速变化的情况下性能较差。使用低通反馈滤波器不会影响系统稳定性，并且允许使用高扰动率。

大多数电力系统和微电网是高度复杂的非线性系统。它们也是多输入多输出（MIMO）系统，这使得对它们的分析更为复杂。不同于线性系统，它们的特征方程无法定义，在许多情况下，只能在稳态工作点上使用线性化特征方程的特征值，来局部定义其稳定性。为了定义非线性系统的最小/非最小相位，需要使用零状态的概念[10]。不稳定的零状态可能会导致动态和稳态响应出现问题。从动态的角度来看，它会导致相反的响应，其中响应将花费部分时间在错误的方向运行。因此，它降低了控制器的带宽，延迟了达到稳态值的时间，限制了可实现的控制质量[19-21]。稳态中的非最小相位系统的问题被称为输入多重性，其中相同的输出可以从不同的输入及输出变量的组合得到。因此，从一个稳态输出到另一个稳态输出，可能有一个不可观测的过渡。

因此，本章通过对开环稳定性和零相位行为进行分析，研究了连接到电网的 IPM 风力发电机的可控性，以及使用 L 或 LCL 型滤波器的并网 IPM 发电机的零状态特性。风力发电机在 MPP 跟踪方案以及其他运行目标下工作，包括发电机损耗最小化、电网无功功率控制、变流器直流母线电压控制等。通过对零状态的研究确定滤波器结构对并网发电机固有特性的影响构成了本章的主题。此外还观察到，使用反馈线性化方法对控制器的设计（这里零状态的稳定性允许使用静态控制器增益），能够改善能源系统控制器的设计。本章是参考文献［22］中工作的扩展。

8.2 非线性系统的零状态

具有 m 个输入和输出的非线性系统定义为

$$\begin{cases} \dfrac{\partial x}{\partial t} = f(x) + \sum_{j=1}^{m} g_j(x) u_j(x) \\ y_i = h_i(x), \quad i = 1, \cdots, m \end{cases} \tag{8.1}$$

在方程式中可以看出输出变量对输入变量的导数（微分）的次数（输入与输出之间的显式关系）称为输出的相对阶数。在 MIMO 系统中，总的相对阶数是所有输出的相关阶数的总和。

另一种方式来定义任何输出的相对阶数，则需要满足下列条件：

$$L_g L_f^{r_i-1} h_i(x) = \left[L_{g1} L_f^{r_i-1} h_i(x), L_{g2} L_f^{r_i-1} h_i(x), \cdots, L_{gm} L_f^{r_i-1} h_i(x) \right] \neq [0,0,\cdots,0] \tag{8.2}$$

式中，导数定义是

$$L_f h(x) = \frac{\partial h}{\partial x} f(x) \tag{8.3}$$

$$L_f^2 h(x) = L_f L_f(x), \quad L_g L_f h(x) = L_g \left(\frac{\partial h}{\partial x} f(x) \right) \tag{8.4}$$

MIMO 系统的相对阶数是

$$r = r_1 + r_2 + \cdots + r_m \tag{8.5}$$

如果系统的相对阶数小于系统的阶数（动态数量），则系统的一部分状态是不可观测的，有内部动态特性。在反馈线性化和系统控制设计过程中，并没有考虑内部的状态；因此必须确定其稳定性。零状态是一个特殊情况下的内部动态，是通过修改输入，使得所选择的系统输出设置为零时的内部状态。有两种方法来隔离零状态。

8.2.1　第一种方法

在第一种找到零状态的方法[23]中，在定义内部状态的数量（$n - \sum r_i$）之后，所有输出都应等于零。在这种情况下，一些状态将被删除，留下与输入变量无关的内部状态。

需要注意的是，如果检查零状态稳定性的目的是使用输入/输出线性化方法进行控制器设计，则特征矩阵可以定义为

$$C_h(x) = \begin{bmatrix} L_{g1} L_f^{r_1-1} h_1 & \cdots & L_{gm} L_f^{r_1-1} h_1 \\ \vdots & & \vdots \\ L_{g1} L_f^{r_m-1} h_m & \cdots & L_{gm} L_f^{r_m-1} h_m \end{bmatrix} \tag{8.6}$$

MIMO 系统中的特征矩阵的非奇异性，是通过静态反馈实现输入/输出线性化的充分条件。对于不满足该条件的系统，可以使用具有动态变量的控制器将其转换为满足特征矩阵的新方程[20]。

8.2.2　第二种方法

在基于参考文献 [24] 的第二种方法中，生成了一个带有 $t(x)$ 的新坐标系，其中下面矩阵的元素都是线性独立的

$$\eta = \begin{bmatrix} \eta^{(0)} \\ \eta^{(1)} \\ \vdots \\ \eta^{(m)} \end{bmatrix} = \left[t_1(x) \cdots t_{n-\sum r_i}(x) h_1(x) L_f h_1(x) \cdots L_f^{r_1-1} h_1(x) \cdots h_m(x) L_f h_m(x) \cdots L_f^{r_m-1} h_m(x) \right]^{\mathrm{T}}$$

$$\tag{8.7}$$

原来的系统状态方程现在转换成新的坐标，其中输入变量已被消除。对于 MIMO 系统，可以定义为

$$\begin{cases} F_i = L_f t_i(x) & i = 1, \cdots, \left(n - \sum_{i=1}^{m} r_i \right) \\ G_i = [L_{g1} t_i \cdots L_{gm} t_i] & i = 1, \cdots, \left(n - \sum_{i=1}^{n} r_i \right) \\ C_i = [L_{g1} f L_f^{r_i-1} h_i(x) \cdots L_{gm} L_f^{r_i-1} h_i(x)] & i = 1, \cdots, m \\ W_i = L_f^{r_i} h_i(x) & i = 1, \cdots, m \end{cases} \tag{8.8}$$

将矩阵转换为新坐标后的零状态（输出变量无论是零或是其稳态值）定义为

$$\frac{\mathrm{d}\eta_{n-\Sigma r_i}^{(0)}}{\mathrm{d}t} = F_{n-\Sigma r_i}(\eta) - G_{n-\Sigma r_i}(\eta)\begin{bmatrix} C_1(\eta) \\ \vdots \\ C_m(\eta) \end{bmatrix}^{-1}[W_1(\eta)\cdots W_m(\eta)] \tag{8.9}$$

8.3 通过 L 型滤波器连接到电网的风力发电机的可控性

如图8.1所示，在所研究的系统中，由风力涡轮机驱动的IPM发电机为电网供电。背靠背AC/DC/AC逆变器将交流发电机输出电压转换为直流电压，然后转换为另一个三相交流电压。电网侧逆变器通过 L 型滤波器连接到电网。

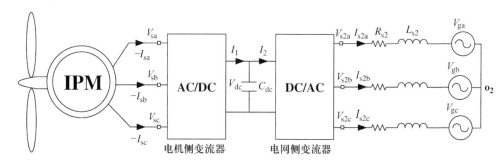

图 8.1 IPM 风力涡轮机通过 L 型滤波器连接到电网的原理框图[23]

在IPM电机内，转子的动态可以忽略不计，因为永磁体导电性能很差。忽略电机的铁心损耗，发电机的动态方程为

$$M_{q1}\frac{V_{dc}}{2} = V_{sq} = R_s I_{sq} + L_{sq}p I_{sq} + \omega_r L_{sd}I_{sd} + \omega_r\lambda_m \tag{8.10}$$

$$M_{d1}\frac{V_{dc}}{2} = V_{sd} = R_s I_{sd} + L_{sd}p I_{sd} - \omega_r L_{sq}I_{sq} \tag{8.11}$$

变流器直流电容方程为

$$C_{dc}pV_{dc} = I_1 - I_2 = -\frac{3}{4}(M_{q1}I_{sq} + M_{d1}I_{sd}) - I_2 \tag{8.12}$$

式中，V_{sq}、V_{sd} 和 I_{sq}、I_{sd} 是dq坐标系中的复数电压和定子电流；M_{q1}、M_{d1} 和 V_{dc} 分别是dq坐标系中的电机侧变流器的调制比和直流电压；R_s 是定子电阻；L_{sq}、L_{sd} 和 λ_m 分别是dq坐标系中的定子电感和发电机磁链。

电网侧变流器及通过 L 型滤波器并入电网的状态方程是

$$\frac{M_{q2}}{2}V_{dc} - V_{gq} = R_{s2}I_{s2q} + L_{s2}p I_{s2q} + \omega_e L_{s2}L_{s2d} \tag{8.13}$$

$$\frac{M_{d2}}{2}V_{dc} - V_{gd} = R_{s2}I_{s2d} + L_{s2}p I_{s2d} - \omega_e L_{s2}I_{s2q} \tag{8.14}$$

IPM电机和电网的参数见表8.1。为使产生的铜损最小，应满足下列要求[25]

$$\gamma = \begin{vmatrix} \dfrac{\partial T_{e}}{\partial I_{sq}} & \dfrac{\partial T_{e}}{\partial I_{sd}} \\ \dfrac{\partial P_{loss}}{\partial I_{sq}} & \dfrac{\partial P_{loss}}{\partial I_{sd}} \end{vmatrix} = f(I_{sq}, I_{sd}) = 0 \tag{8.15}$$

$$\gamma = \left(\frac{9P}{4}\right)\left(R_{s}(L_{sd} - L_{sq})I_{sq}^{2} - R_{s}(L_{sd} - L_{sq})I_{sd}^{2} - R_{s}\lambda_{m}I_{sd}\right) \tag{8.16}$$

表 8.1　用于可控性分析的 IPM 电机的参数

$V_{m-rated}$	180V	$I_{m-rated}$	5.5A
$\omega_{rm-rated}$	1800r/min	P（极数）	4
R_{s}	1.5Ω	λ_{m}	0.21Wb
L_{sd}	0.035H	L_{sq}	0.11H
C_{dc}	$600e^{-6}$F	J	$0.089kg/m^{2}$
V_{gq}	170V	V_{gd}	0V
R_{s2}	0.01Ω	L_{s2}	0.4mH

8.3.1　稳态和稳定运行区

在稳态工作条件下，式（8.10）~式（8.14）中的状态变量的导数可以被设置为零。

通过定义电网无功功率的代数方程式的求解表达式，以及最小发电机损耗条件［见式（8.16）］可以确定稳态运行方程，其已知变量是

$$[\, V_{gq} \ V_{gd} \ Q_{g}(\omega_{r} \Leftrightarrow T_{t}) \ V_{dc} \,] \tag{8.17}$$

未知变量是

$$[\, I_{sq} \ I_{sd} \ M_{q1} \ M_{d1} \ I_{s2q} \ I_{s2d} \ M_{q2} \ M_{d2} \,] \tag{8.18}$$

通过改变转子转速和直流电容电压（ω_{r} 和 V_{dc}）求解给定的稳态方程

$$\begin{cases} -M_{q1}\dfrac{V_{dc}}{2} + R_{s}I_{sq} + \omega_{r}L_{sd}I_{sd} + \omega_{r}\lambda_{m} = 0 \\[2mm] -M_{d1}\dfrac{V_{dc}}{2} + R_{s}I_{sd} - \omega_{r}L_{sq}I_{sq} = 0 \\[2mm] -M_{q2}\dfrac{V_{dc}}{2} + V_{gq} + R_{s2}I_{s2q} + \omega_{e}L_{s2}I_{s2d} = 0 \\[2mm] -M_{d2}\dfrac{V_{dc}}{2} + V_{gd} + R_{s2}I_{s2d} - \omega_{e}L_{s2}I_{s2q} = 0 \\[2mm] -\dfrac{3}{4}(M_{q1}I_{sq} + M_{d1}I_{sd}) - \dfrac{3}{4}(M_{q2}I_{s2q} + M_{d2}I_{s2d}) = 0 \\[2mm] T_{t} - \left(\dfrac{3P}{4}\right)(\lambda_{m}I_{sq} + (L_{sd} - L_{sq})I_{sq}I_{sd}) = 0 \\[2mm] \gamma = \left(\dfrac{9P}{4}\right)(R_{s}(L_{sd} - L_{sq})I_{sq}^{2} - R_{s}(L_{sd} - L_{sq})I_{sd}^{2} - R_{s}\lambda_{m}I_{sd}) = 0 \\[2mm] -Q_{g} + \left(\dfrac{3}{2}\right)(V_{gq}I_{s2d} - V_{gd}I_{s2q}) = 0 \end{cases} \tag{8.19}$$

发电机系统的稳态运行区域如图 8.2 所示。在该图中，给出了 IPM 发电机的输出有功功率和无功功率。电机的定子电流和电压分别如图 8.2b 和图 8.2c 所示。电机的稳态参数只与输入风力或转子速度相关，直接影响其跟踪 MPP 算法。电机侧变流器的调制因数与转子转速及直流母线（中间）电压有关，且始终处于小于 1 以下的线性区。由于来自风能的所有功率都被传输到电

网，且电网的电压是恒定的，因此图8.2中的电网侧变流器调制因数仅与直流母线电压幅值有关。

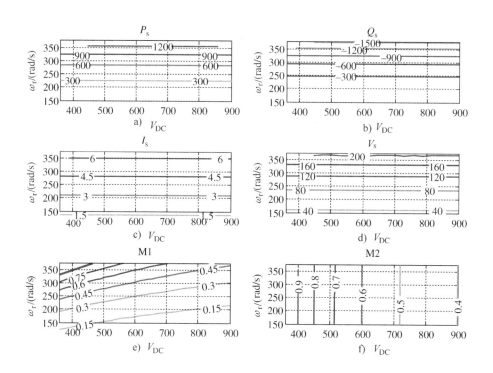

图 8.2　系统稳态运行区域[23]：a）发电机输出有功功率（W）；b）发电机输出的无功功率（var）；
c）定子电流（A）；d）定子电压（V）；e）电机侧变流器的调制因数；
f）电网侧变流器的调制因数

为了研究系统在所有运行范围内的稳定区域，将电气子系统的模型方程进行线性化，其特征方程为6阶方程

$$
\left\{
\begin{aligned}
&p\Delta I_{\mathrm{sq}} = \frac{1}{L_{\mathrm{sq}}}\left(M_{\mathrm{q1}}\frac{\Delta V_{\mathrm{dc}}}{2} - R_{\mathrm{s}}\Delta I_{\mathrm{sq}} - \omega_{\mathrm{r0}}L_{\mathrm{sd}}\Delta I_{\mathrm{sd}} - L_{\mathrm{sd}}I_{\mathrm{sd0}}\Delta\omega_{\mathrm{r}} - \Delta\omega_{\mathrm{r}}\lambda_{\mathrm{m}} \right)\\
&p\Delta I_{\mathrm{sd}} = \frac{1}{L_{\mathrm{sd}}}\left(M_{\mathrm{d1}}\frac{\Delta V_{\mathrm{dc}}}{2} - R_{\mathrm{s}}\Delta I_{\mathrm{sd}} + \omega_{\mathrm{r0}}L_{\mathrm{sq}}\Delta I_{\mathrm{sq}} + L_{\mathrm{sq}}I_{\mathrm{sq0}}\Delta\omega_{\mathrm{r}} \right)\\
&p\Delta I_{\mathrm{s2q}} = \frac{1}{L_{\mathrm{s2}}}\left(M_{\mathrm{q2}}\frac{\Delta V_{\mathrm{dc}}}{2} - R_{\mathrm{s2}}\Delta I_{\mathrm{s2q}} - \omega_{\mathrm{e}}L_{\mathrm{s2}}\Delta I_{\mathrm{s2d}} \right)\\
&p\Delta I_{\mathrm{s2d}} = \frac{1}{L_{\mathrm{s2}}}\left(M_{\mathrm{d2}}\frac{\Delta V_{\mathrm{dc}}}{2} - R_{\mathrm{s2}}\Delta I_{\mathrm{s2d}} + \omega_{\mathrm{e}}L_{\mathrm{s2}}\Delta I_{\mathrm{s2q}} \right)\\
&p\Delta V_{\mathrm{dc}} = -\frac{3}{4C_{\mathrm{dc}}}\left(M_{\mathrm{q1}}\Delta I_{\mathrm{sq}} + M_{\mathrm{d1}}\Delta I_{\mathrm{sd}} + M_{\mathrm{q2}}\Delta I_{\mathrm{s2q}} + M_{\mathrm{d2}}\Delta I_{\mathrm{s2d}} \right)\\
&p\Delta\omega_{\mathrm{r}} = \left(\frac{3p^{2}}{8J}\right)\left(\lambda_{\mathrm{m}}\Delta I_{\mathrm{sq}} + (L_{\mathrm{sd}} - L_{\mathrm{sq}})I_{\mathrm{sq0}}\Delta I_{\mathrm{sd}} + (L_{\mathrm{sd}} - L_{\mathrm{sq}})I_{\mathrm{sd0}}\Delta I_{\mathrm{sq}} \right)
\end{aligned}
\right.
\tag{8.20}
$$

$$
\begin{bmatrix} p\Delta I_{\mathrm{sq}} \\ p\Delta I_{\mathrm{sd}} \\ p\Delta I_{\mathrm{s2q}} \\ p\Delta I_{\mathrm{s2d}} \\ p\Delta V_{\mathrm{dc}} \\ p\Delta\omega_{\mathrm{r}} \end{bmatrix}
\begin{bmatrix}
-\dfrac{R_{\mathrm{s}}}{L_{\mathrm{sq}}} & -\dfrac{\omega_{r0}L_{\mathrm{sd}}}{L_{\mathrm{sq}}} & 0 & 0 & \dfrac{M_{\mathrm{q1}}}{2L_{\mathrm{sq}}} & -\dfrac{L_{\mathrm{sd}}I_{\mathrm{sd0}}+\lambda_{\mathrm{m}}}{L_{\mathrm{sq}}} \\[3mm]
\dfrac{\omega_{r0}L_{\mathrm{sq}}}{L_{\mathrm{sd}}} & -\dfrac{R_{\mathrm{s}}}{L_{\mathrm{sd}}} & 0 & 0 & \dfrac{M_{\mathrm{d1}}}{2L_{\mathrm{sd}}} & \dfrac{L_{\mathrm{sq}}I_{\mathrm{sq0}}}{L_{\mathrm{sd}}} \\[3mm]
0 & 0 & -\dfrac{R_{\mathrm{s2}}}{L_{\mathrm{s2}}} & -\omega_{\mathrm{e}} & \dfrac{M_{\mathrm{q2}}}{2L_{\mathrm{s2}}} & 0 \\[3mm]
0 & 0 & \omega_{\mathrm{e}} & -\dfrac{R_{\mathrm{s2}}}{L_{\mathrm{s2}}} & \dfrac{M_{\mathrm{d2}}}{2L_{\mathrm{s2}}} & 0 \\[3mm]
-\dfrac{3M_{\mathrm{q1}}}{4C_{\mathrm{dc}}} & -\dfrac{3M_{\mathrm{d1}}}{4C_{\mathrm{dc}}} & -\dfrac{3M_{\mathrm{q2}}}{4C_{\mathrm{dc}}} & -\dfrac{3M_{\mathrm{d2}}}{4C_{\mathrm{dc}}} & 0 & 0 \\[3mm]
\dfrac{3p^2\left(\lambda_{\mathrm{m}}+(L_{\mathrm{sd}}-L_{\mathrm{sq}})I_{\mathrm{sd0}}\right)}{8J} & \dfrac{3p^2(L_{\mathrm{sd}}-L_{\mathrm{sq}})I_{\mathrm{sq0}}}{8J} & 0 & 0 & 0 & 0
\end{bmatrix}
$$

$$
\times
\begin{bmatrix}
\Delta I_{\mathrm{sq}} \\ \Delta I_{\mathrm{sd}} \\ \Delta I_{\mathrm{s2q}} \\ \Delta I_{\mathrm{s2d}} \\ \Delta V_{\mathrm{dc}} \\ \Delta\omega_{\mathrm{r}}
\end{bmatrix}
\tag{8.21}
$$

$$
|\lambda I - A| = a_6\lambda^6 + a_5\lambda^5 + a_4\lambda^4 + a_3\lambda^3 + a_2\lambda^2 + a_1\lambda + a_0 = 0 \tag{8.22}
$$

利用劳斯 – 霍尔维茨判据

$$
\begin{array}{c|ccc}
\lambda^6 & a_6 & a_4 & a_2 \quad a_0 \\[2mm]
\lambda^5 & a_5 & a_3 & a_1 \\[2mm]
\lambda^4 & b_1 = \dfrac{a_4 a_5 - a_3 a_6}{a_5} & b_2 = \dfrac{a_2 a_5 - a_1 a_6}{a_5} & a_0 \\[3mm]
\lambda^3 & c_1 = \dfrac{a_3 b_1 - a_5 b_2}{b_1} & c_2 = \dfrac{a_1 b_1 - a_5 a_0}{b_1} & \\[3mm]
\lambda^2 & d_1 = \dfrac{b_2 c_1 - b_1 c_2}{c_1} & a_0 & \\[3mm]
\lambda^1 & e_1 = \dfrac{c_2 d_1 - c_1 a_0}{d_1} & & \\[3mm]
\lambda^0 & a_0 & &
\end{array}
\tag{8.23}
$$

系统的稳定性要求为

$$
\begin{cases}
a_6 > 0,\ a_5 > 0,\ a_4 > 0,\ a_3 > 0,\ a_2 > 0,\ a_1 > 0,\ a_0 > 0 \\
b_1 > 0,\ c_1 > 0,\ d_1 > 0,\ e_1 > 0
\end{cases}
\tag{8.24}
$$

如图 8.3 所示，只有系数 a_0 影响稳定区域，当在特定转速之上运行时，系统会出现不稳定。

8.3.2　零状态分析

为了分析系统的零状态，采用第一种方法。4 个输入和 4 个输出分别是

$$
Y = \begin{bmatrix} \gamma & \omega_{\mathrm{r}} & V_{\mathrm{dc}} & Q_{\mathrm{g}} \end{bmatrix}^{\mathrm{T}},\ U = \begin{bmatrix} M_{\mathrm{q1}} & M_{\mathrm{d1}} & M_{\mathrm{q2}} & M_{\mathrm{d2}} \end{bmatrix}^{\mathrm{T}} \tag{8.25}
$$

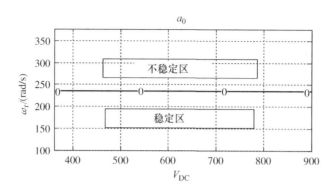

图 8.3 基于劳斯 – 霍尔维茨准则的稳定区域。特征方程的最后系数[23]

通过计算输出微分来定义相对阶数

$$\begin{cases} r_1 = 1, r_2 = 2 \\ r_3 = 1, r_4 = 1 \end{cases} \qquad r = \sum_{i=1}^{4} r_i = 5 \tag{8.26}$$

因此，该系统有一个 $(n - \sum r_i)$ 内部状态。当所有的输出变量被设置为零时，得到零状态。以电网电压作为 dq 同步坐标变换的参考，并设置电网电压在 q 轴（$V_{gq} = V_g$，$V_{gd} = 0$），则有

$$\begin{cases} C_{dc} p V_{dc} = 0 = -\dfrac{3}{4}(M_{q1} I_{sq} + M_{d1} I_{sd}) - \dfrac{3}{4}(M_{q2} I_{s2q} + M_{d2} I_{s2d}) \\ p\omega_r = 0 = T_t - \left(\dfrac{3P}{4}\right)(\lambda_m I_{sq} + (L_{sd} - L_{sq}) I_{sq} I_{sd}) \\ Q_g = 0 = \dfrac{3}{2}(V_{gq} I_{s2d} - V_{gd} I_{s2q}), \omega_r = 0, V_{dc} = 0 \\ \gamma = 0 = \left(\dfrac{9P}{4}\right)(R_s (L_{sd} - L_{sq}) I_{sq}^2 - R_s (L_{sd} - L_{sq}) I_{sd}^2 - R_s \lambda_m I_{sd}) \end{cases} \tag{8.27}$$

则

$$I_{sq} = -\frac{M_{d1} I_{sd}}{M_{q1}} \tag{8.28}$$

系统唯一剩余的动态变量（零状态）是

$$R_s I_{sd} + L_{sd} p I_{sd} = 0 \tag{8.29}$$

因此，由于发电机的电阻和电感为正值，从而零状态始终稳定，这表明非线性发电机通过 L 型滤波器连接到电网系统具有最小相位特性。

8.4 通过 *LCL* 型滤波器连接到电网的风力发电机的可控性

如图 8.4 所示的 *LCL* 型滤波器是一个三阶滤波器，在更高的频率范围，使用较小的无源元件，提供了更好的纹波和谐波衰减性能。所以，它们更适合于大功率变换系统，并已被广泛应用于超过数百千瓦的风电场[26-29]。第二个电感为滤波器、电网、隔离变压器的电感等之和。电阻还包括电网的铜损、变压器损耗和网侧变流器的开关损耗等。

8.4.1 稳态和稳定运行区

带 *LCL* 型滤波器完整的系统动态方程是

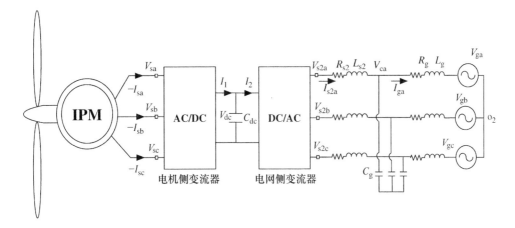

图 8.4　IPM 电机作为风力发电机且通过 *LCL* 型滤波器并入电网

$$\begin{cases} M_{q1}\dfrac{V_{dc}}{2} = R_s I_{sq} + L_{sq}pI_{sq} + \omega_r L_{sd}I_{sd} + \omega_r \lambda_m \\[2mm] M_{d1}\dfrac{V_{dc}}{2} = R_s I_{sd} + L_{sd}pI_{sd} - \omega_r L_{sq}I_{sq} \\[2mm] M_{q2}\dfrac{V_{dc}}{2} - V_{cq} = R_{s2}I_{s2q} + L_{s2}pI_{s2q} + \omega_e L_{s2}I_{s2d} \\[2mm] M_{d2}\dfrac{V_{dc}}{2} - V_{dc} = R_{s2}I_{s2d} + L_{s2}pI_{s2d} - \omega_e L_{s2}I_{s2q} \\[2mm] V_{cq} - V_{gq} = R_g I_{gq} + L_g pI_{gq} + \omega_e L_g I_{gd} \\[2mm] V_{cd} - V_{gd} = R_g I_{gd} + L_g pI_{gd} - \omega_e L_g I_{gq} \\[2mm] pV_{cq} = \dfrac{1}{C_g}(I_{s2q} - I_{gq} - \omega_e C_g V_{cd}) \\[2mm] pV_{cd} = \dfrac{1}{C_g}(I_{s2d} - I_g d + \omega_e C_g V_{cq}) \\[2mm] C_{dc}pV_{dc} = I_1 - I_2 = -\dfrac{3}{4}(M_{q1}I_{sq} + M_{d1}I_{sd}) - \dfrac{3}{4}(M_{q2}I_{s2q} + M_{d2}I_{s2d}) \\[2mm] p\omega_r = \left(\dfrac{p}{2J}\right)(T_t - T_e) = \left(\dfrac{p}{2J}\right)T_t - \left(\dfrac{p}{2J}\right)\left(\dfrac{3P}{4}\right)(\lambda_m I_{sq} + (L_{sd} - L_{sq})I_{sq}I_{sd}) \end{cases} \tag{8.30}$$

在稳定状态下，导数部分为零，8 个方程包含 6 个状态方程，其余 2 个为代数方程，在稳态条件下可以解决无功功率和损耗最小化的问题。因此，已知变量是

$$[V_{gq}\ V_{gd}\ Q_2(\omega_r \Leftrightarrow T_t)\ V_{dc}] \tag{8.31}$$

未知变量为

$$[I_{sq}\ I_{sd}\ M_{q1}\ M_{d1}\ I_{s2d}\ I_{s2d}\ M_{q2}\ M_{d2}\ I_{gq}\ I_{gd}\ V_{cq}\ V_{cd}] \tag{8.32}$$

所以可以通过改变 ω_r 和 V_{dc}，来计算其他 12 个变量。结果如图 8.5 ~ 图 8.11 所示。

可以使用任何稳态点的小信号分析来研究该系统的稳定范围。可以根据该点处系统的特征值检查其稳定性。

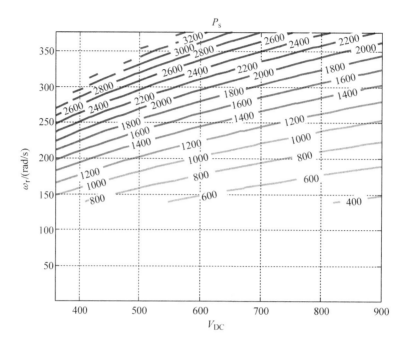

图 8.5 IPM 发电机的输出有功功率

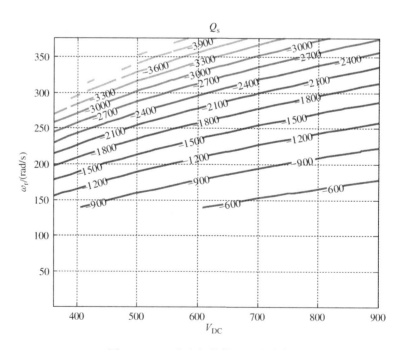

图 8.6 IPM 发电机的输出无功功率

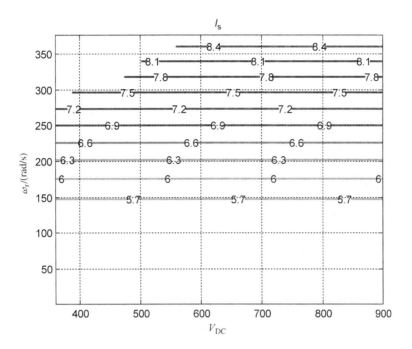

图 8.7　IPM 发电机的定子电流幅值

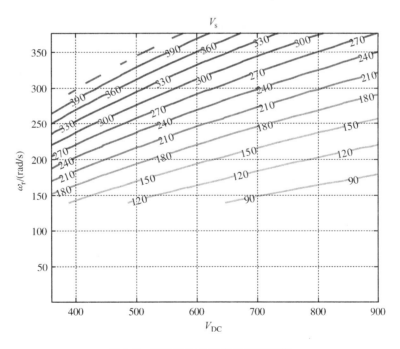

图 8.8　IPM 发电机的定子电压幅值

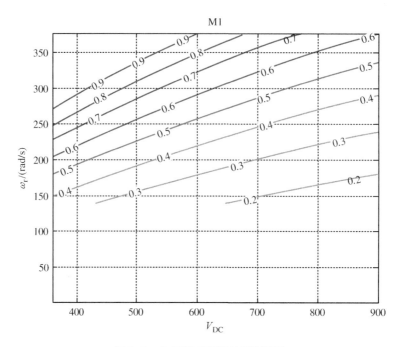

图 8.9   电机侧变流器的调制因数

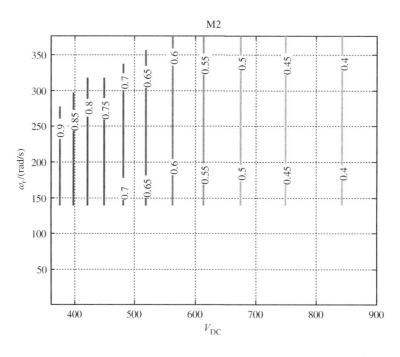

图 8.10   电网侧变流器的调制因数

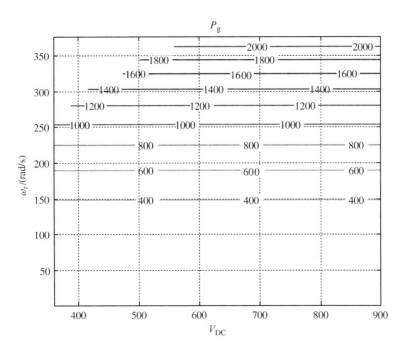

图 8.11　流入电网的有功功率

$$
\begin{cases}
p\Delta I_{sq} = \dfrac{1}{L_{sq}}\left(M_{q1}\dfrac{\Delta V_{dc}}{2} - R_s\Delta I_{sq} - \omega_{r0}L_{sd}\Delta L_{sd} - L_{sd}I_{sd0}\Delta\omega_r - \Delta\omega_r\lambda_m \right) \\[2mm]
p\Delta I_{sd} = \dfrac{1}{L_{sd}}\left(M_{d1}\dfrac{\Delta V_{dc}}{2} - R_s\Delta I_{sd} + \omega_{r0}L_{sq}\Delta I_{sq} + L_{sq}I_{sq0}\Delta\omega_r \right) \\[2mm]
p\Delta I_{s2q} = \dfrac{1}{L_{s2}}\left(M_{q2}\dfrac{\Delta V_{dc}}{2} - \Delta V_{cq} - R_{s2}\Delta I_{s2q} - \omega_e L_{s2}\Delta I_{s2d} \right) \\[2mm]
p\Delta L_{s2d} = \dfrac{1}{L_{s2}}\left(M_{d2}\dfrac{\Delta V_{dc}}{2} - \Delta V_{cd} - R_{s2}\Delta I_{s2d} + \omega_e I_{s2}\Delta I_{s2q} \right) \\[2mm]
p\Delta I_{gq} = \dfrac{1}{L_g}\left(\Delta V_{cq} - R_g\Delta I_{gq} - \omega_e L_g\Delta I_{gd} \right) \\[2mm]
p\Delta I_{gd} = \dfrac{1}{L_g}\left(\Delta V_{cd} - R_g\Delta I_{gd} + \omega_e L_g\Delta I_{gq} \right) \\[2mm]
p\Delta V_{cq} = \dfrac{1}{C_g}\left(\Delta I_{s2q} - \Delta I_{gq} - \omega_e C_g\Delta V_{cd} \right) \\[2mm]
p\Delta V_{cd} = \dfrac{1}{C_g}\left(\Delta I_{s2d} - \Delta I_{gd} + \omega_e C_g\Delta V_{cq} \right) \\[2mm]
p\Delta V_{dc} = -\dfrac{3}{4C_{dc}}\left(M_{q1}\Delta I_{sq} + M_{d1}\Delta I_{sd} + M_{q2}\Delta I_{s2q} + M_{d2}\Delta I_{s2d} \right) \\[2mm]
p\Delta\omega_r = \left(\dfrac{3p^2}{8J}\right)\left(\lambda_m\Delta I_{sq} + (L_{sd}-L_{sq})I_{sq0}\Delta I_{sd} + (L_{sd}-L_{sq})I_{sd0}\Delta I_{sq} \right)
\end{cases}
\tag{8.33}
$$

$$
\begin{bmatrix}
p\Delta I_{sq} \\
p\Delta I_{sd} \\
p\Delta I_{s2q} \\
p\Delta I_{s2d} \\
p\Delta I_{gq} \\
p\Delta I_{gd} \\
p\Delta V_{cq} \\
p\Delta V_{cd} \\
p\Delta V_{dc} \\
p\Delta \omega_r
\end{bmatrix}
= A
\begin{bmatrix}
\Delta I_{sq} \\
\Delta I_{sd} \\
\Delta I_{s2q} \\
\Delta I_{s2d} \\
\Delta I_{gq} \\
\Delta I_{gd} \\
\Delta V_{cq} \\
\Delta V_{cd} \\
\Delta V_{dc} \\
\Delta \omega_r
\end{bmatrix}
\tag{8.34}
$$

特征方程为

$$|\lambda I - A| = a_{10}\lambda^{10} + a_9\lambda^9 + a_8\lambda^8 + a_7\lambda^7 + a_6\lambda^6 + a_5\lambda^5 + a_4\lambda^4 + a_3\lambda^3 + a_2\lambda^2 + a_1\lambda + a_0 = 0 \tag{8.35}$$

可以利用劳斯 – 霍尔维茨判据研究系统的稳定性。因为所有运行范围内的所有特征值均应为负值，所以系统才稳定。

8.4.2 零状态分析

采用包含 LCL 型滤波器的非线性系统状态方程

$$\dot{X} = f(x) + g_1u_1 + g_2u_2 + g_3u_3 + g_4u_4 \tag{8.36}$$

式中

$$
f(x) =
\begin{bmatrix}
-\dfrac{R_s x_1}{L_{sq}} - \dfrac{x_{10}L_{sd}x_2}{L_{sq}} - \dfrac{x_{10}\lambda_m}{L_{sq}} \\[2mm]
-\dfrac{R_s x_2}{L_{sd}} + \dfrac{x_{10}L_{sq}x_1}{L_{sd}} \\[2mm]
-\dfrac{x_7}{L_{s2}} - \dfrac{R_{s2}x_3}{L_{s2}} - \dfrac{\omega_e L_{s2}x_4}{L_{s2}} \\[2mm]
-\dfrac{x_8}{L_{s2}} - \dfrac{R_{s2}x_4}{L_{s2}} + \dfrac{\omega_e L_{s2}x_3}{L_{s2}} \\[2mm]
\dfrac{x_7}{L_g} - \dfrac{V_{gq}}{L_g} - \dfrac{R_g x_5}{L_g} - \dfrac{\omega_e L_g x_6}{L_g} \\[2mm]
\dfrac{x_8}{L_g} - \dfrac{V_{gd}}{L_g} - \dfrac{R_g x_6}{L_g} + \dfrac{\omega_e L_g x_5}{L_g} \\[2mm]
\dfrac{x_3}{C_g} - \dfrac{x_5}{C_g} - \dfrac{\omega_e C_g x_8}{C_g} \\[2mm]
\dfrac{x_4}{C_g} - \dfrac{x_6}{C_g} + \dfrac{\omega_e C_g x_7}{C_g} \\[2mm]
0 \\[2mm]
\left(\dfrac{p}{2J}\right)T_t - \left(\dfrac{3P^2}{8J}\right)(\lambda_m x_1 + (L_{sd} - L_{sq})x_1 x_2)
\end{bmatrix}
\tag{8.37}
$$

$$g_1(x) = \begin{bmatrix} \dfrac{x_9}{2L_{sq}} \\ 0 \\ 0 \\ 0 \\ 0 \\ 0 \\ 0 \\ 0 \\ -\dfrac{3x_1}{4C_{dc}} \\ 0 \end{bmatrix}, \quad g_2(x) = \begin{bmatrix} 0 \\ \dfrac{x_9}{2L_{sd}} \\ 0 \\ 0 \\ 0 \\ 0 \\ 0 \\ 0 \\ -\dfrac{3x_2}{4C_{dc}} \\ 0 \end{bmatrix}, \quad g_3(x) = \begin{bmatrix} 0 \\ 0 \\ \dfrac{x_9}{2L_{s2}} \\ 0 \\ 0 \\ 0 \\ 0 \\ 0 \\ -\dfrac{3x_3}{4C_{dc}} \\ 0 \end{bmatrix}, \quad g_4(x) = \begin{bmatrix} 0 \\ 0 \\ 0 \\ \dfrac{x_9}{2L_{s2}} \\ 0 \\ 0 \\ 0 \\ 0 \\ -\dfrac{3x_4}{4C_{dc}} \\ 0 \end{bmatrix} \quad (8.38)$$

输出方程为

$$Y = \begin{bmatrix} h_1(x) \\ h_2(x) \\ h_3(x) \\ h_4(x) \end{bmatrix} = \begin{bmatrix} \left(\dfrac{9P}{4}\right)\left(R_s(L_{sd}-L_{sq})x_1^2 - R_s(L_{sd}-L_{sq})x_2^2 - R_s\lambda_m x_2\right) \\ x_{10} \\ x_9 \\ \dfrac{3}{2}(V_{gq}x_6 - V_{gd}x_5) \end{bmatrix} \quad (8.39)$$

式中

$$X = \begin{bmatrix} I_{sq} & I_{sd} & I_{s2q} & I_{s2d} & I_{gq} & I_{gd} & V_{cq} & V_{cd} & V_{dc} & \omega_r \end{bmatrix} \quad (8.40)$$

新的状态和输入为

$$U = \begin{bmatrix} M_{q1} & M_{d1} & M_{q2} & M_{d2} \end{bmatrix} \quad (8.41)$$

使用与式（7.39）中定义的相同的 *LCL* 型滤波器，则可以得到新的 10 阶系统，其相对阶数为

$$\begin{cases} r_1 = 1, \ r_2 = 2 \\ r_3 = 1, \ r_4 = 3 \end{cases} \qquad r = \sum_{i=1}^{4} r_i = 7 \quad (8.42)$$

所以，有 3 个（$n - \sum r_i$）内部状态。在这个系统中，采用第二种方法定义零状态。在第一步中，基于式（8.7），系统的新坐标为

$$\eta = \begin{bmatrix} \eta^{(0)} \\ \eta^{(1)} \\ \vdots \\ \eta^{(m)} \end{bmatrix}$$

$$
=\begin{bmatrix}
t_1(x) \\
t_2(x) \\
t_3(x) \\
\left(\dfrac{9P}{4}\right)\left(R_s(L_{sd}-L_{sq})x_1^2 - R_s(L_{sd}-L_{sq})x_2^2 - R_s\lambda_m x_2\right) \\
x_{10} \\
\left(\dfrac{p}{2J}\right)T_t - \left(\dfrac{3P^2}{8J}\right)\left(\lambda_m x_1 + (L_{sd}-L_{sq})x_1 x_2\right) \\
x_9 \\
\dfrac{3}{2}\left(V_{gq}x_6 - V_{gd}x_5\right) \\
\left(\dfrac{3}{2}\dfrac{V_{gd}R_g + V_{gq}\omega_e L_g}{L_g}\right)x_5 + \left(\dfrac{3}{2}\dfrac{V_{gd}\omega_e L_g - V_{gq}R_g}{L_g}\right)x_6 - \dfrac{3}{2}\dfrac{V_{gd}}{L_g}x_7 + \dfrac{3}{2}\dfrac{V_{gq}}{L_g}x_8 \\
\begin{cases}
-\dfrac{3}{2}\dfrac{V_{gd}}{L_g C_g}x_3 + \dfrac{3}{2}\dfrac{V_{gq}}{L_g C_g}x_4 + \dfrac{3}{2}\left(\dfrac{V_{gd}}{L_g C_g} - \dfrac{V_{gd}R_g^2 + V_{gq}\omega_e L_g R_g}{L_g^2} + \dfrac{V_{gd}\omega_e^2 L_g^2 - V_{gq}\omega_e L_g R_g}{L_g^2}\right)x_5 \\
+\dfrac{3}{2}\left(-\dfrac{V_{gq}}{L_g C_g} - \dfrac{V_{gd}\omega_e L_g R_g + V_{gq}\omega_e^2 L_g^2}{L_g^2} - \dfrac{V_{gd}\omega_e L_g R_g - V_{gq}R_g^2}{L_g^2}\right)x_6 \\
+\dfrac{3}{2}\left(\dfrac{V_{gd}R_g + 2V_{gq}\omega_e L_g}{L_g^2}\right)x_7 + \dfrac{3}{2}\left(\dfrac{2V_{gd}\omega_e L_g - V_{gq}R_g}{L_g^2}\right)x_8 \\
+\left(\dfrac{3}{2}\dfrac{V_{gd}R_g + V_{gq}\omega_e L_g}{L_g}\right)\left(-\dfrac{V_{gq}}{L_g}\right) + \left(\dfrac{3}{2}\dfrac{V_{gd}\omega_e L_g - V_{gq}R_g}{L_g}\right)\left(-\dfrac{V_{gd}}{L_g}\right)
\end{cases}
\end{bmatrix}
\tag{8.43}
$$

$$
\eta = \begin{bmatrix} \eta^{(0)} \\ \eta^{(1)} \\ \vdots \\ \eta^{(m)} \end{bmatrix} = \begin{bmatrix} \eta_1^{(0)} \\ \eta_2^{(0)} \\ \eta_3^{(0)} \\ \eta_1^{(1)} \\ \eta_1^{(2)} \\ \eta_2^{(2)} \\ \eta_1^{(3)} \\ \eta_1^{(4)} \\ \eta_2^{(4)} \\ \eta_3^{(4)} \end{bmatrix} = \begin{bmatrix}
t_1(x) \\
t_2(x) \\
t_3(x) \\
a_1 x_1^2 + b_1 x_2^2 + c_1 x_2 \\
x_{10} \\
a_2 x_1 + b_2 x_1 x_2 + c_2 \\
x_9 \\
a_3 x_6 + b_3 x_5 \\
a_4 x_5 + b_4 x_6 + c_4 x_7 + d_4 x_8 \\
a_5 x_3 + b_5 x_4 + c_5 x_5 + d_5 x_6 + e_5 x_7 + h_5 x_8 + i_5 + j_5
\end{bmatrix}
\tag{8.44}
$$

式中，$t(x)$ 设置为

$$
t_1(x) = x_5, t_2(x) = x_4, t_3(x) = x_3
\tag{8.45}
$$

把 $t(x)$ 代入式（8.45），线性矩阵 η 则为

$$\Delta\eta = \begin{bmatrix} \Delta\eta^{(0)} \\ \Delta\eta^{(1)} \\ \vdots \\ \Delta\eta^{(m)} \end{bmatrix} = \begin{bmatrix} 0 & 0 & 0 & 0 & 1 & 0 & 0 & 0 & 0 & 0 \\ 0 & 0 & 0 & 1 & 0 & 0 & 0 & 0 & 0 & 0 \\ 0 & 0 & 1 & 0 & 0 & 0 & 0 & 0 & 0 & 0 \\ 2a_1x_{1o} & 2b_1x_{2o}+c_1 & 0 & 0 & 0 & 0 & 0 & 0 & 0 & 0 \\ 0 & 0 & 0 & 0 & 0 & 0 & 0 & 0 & 0 & 1 \\ a_2+b_2x_{2o} & b_2x_{1o} & 0 & 0 & 0 & 0 & 0 & 0 & 0 & 0 \\ 0 & 0 & 0 & 0 & 0 & 0 & 0 & 0 & 1 & 0 \\ 0 & 0 & 0 & 0 & b_3 & a_3 & 0 & 0 & 0 & 0 \\ 0 & 0 & 0 & 0 & a_4 & b_4 & c_4 & d_4 & 0 & 0 \\ 0 & 0 & a_5 & b_5 & c_5 & d_5 & e_5 & h_5 & 0 & 0 \end{bmatrix} \quad (8.46)$$

式中，线性化矩阵 $\eta(x)$ 的行列式不等于零。

$$\det(\Delta\eta) = -(2b_2x_{1o}{}^2a_1 - 2b_1x_{2o}a_2 - 2b_1x_{2o}{}^2b_2 - c_1a_2 - c_1b_2x_{2o})(c_4h_5 - e_5d_4)a_3 \neq 0$$

$$c_4h_5 - e_5d_4 = -\frac{9}{2}\frac{V_{gd}{}^2\omega_eL_g + V_{gq}{}^2\omega_eL_g}{L_g{}^3} \neq 0 \quad (8.47)$$

所以，矩阵的所有元素都是线性独立的。在新坐标系中的系统方程为

$$\begin{bmatrix} x_1 \\ x_2 \\ x_3 \\ x_4 \\ x_5 \\ x_6 \\ x_7 \\ x_8 \\ x_9 \\ x_{10} \end{bmatrix} = \begin{bmatrix} f_{x1}(\eta_1{}^{(1)}, \eta_2{}^{(2)}) \\ f_{x2}(\eta_1{}^{(1)}, \eta_2{}^{(2)}) \\ \eta_3{}^{(0)} \\ \eta_2{}^{(0)} \\ \eta_1{}^{(0)} \\ f_{x6}(\eta_1{}^{(0)}, \eta_1{}^{(4)}) \\ f_{x7}(\eta_1{}^{(0)}, \eta_2{}^{(0)}, \eta_3{}^{(0)}, \eta_1{}^{(4)}, \eta_2{}^{(4)}, \eta_3{}^{(4)}) + C_{x7} \\ f_{x8}(\eta_1{}^{(0)}, \eta_2{}^{(0)}, \eta_3{}^{(0)}, \eta_1{}^{(4)}, \eta_2{}^{(4)}, \eta_3{}^{(4)}) + C_{x8} \\ \eta_1{}^{(3)} \\ \eta_1{}^{(2)} \end{bmatrix} \quad (8.48)$$

把输出变量设置为零或稳态值，可以得到零状态

$$\begin{cases} h_1(x) = \eta_1{}^{(1)} = \gamma^{ss} = 0 \\ h_2(x) = \eta_1{}^{(2)} = \omega_{r\_ref} \\ h_3(x) = \eta_1{}^{(3)} = V_{dc\_ref} \\ h_4(x) = \eta_1{}^{(4)} = Q_{2\_ref} \end{cases} \quad (8.49)$$

其导数为

$$\begin{cases} \eta_2{}^{(2)} = 0 \\ \eta_2{}^{(4)} = 0 \\ \eta_3{}^{(4)} = 0 \end{cases} \quad (8.50)$$

基于式（8.50），新方程如式（8.51）所示，它们是常数

$$\begin{cases} x_1 = a_{x1} \\ x_2 = a_{x2} \end{cases} \quad (8.51)$$

通过式（8.8），可以计算如下

$$\begin{cases} F_1 = L_f t_1 = \dfrac{x_7}{L_g} - \dfrac{V_{gq}}{L_g} - \dfrac{R_g x_5}{L_g} - \dfrac{\omega_e L_g x_6}{L_g} \\[2mm] F_2 = L_f t_2 = -\dfrac{x_8}{L_{s2}} - \dfrac{R_{s2} x_4}{L_{s2}} + \dfrac{\omega_e L_{s2} x_3}{L_{s2}} \\[2mm] F_3 = L_f t_3 = -\dfrac{x_7}{L_{s2}} - \dfrac{R_{s2} x_3}{L_{s2}} - \dfrac{\omega_e L_{s2} x_4}{L_{s2}} \end{cases} \tag{8.52}$$

其他矩阵为

$$\begin{cases} G_1 = \begin{bmatrix} L_{g1} t_1 & L_{g2} t_1 & L_{g3} t_1 & L_{g4} t_1 \end{bmatrix} = \begin{bmatrix} 0 & 0 & 0 & 0 \end{bmatrix} \\[2mm] G_2 = \begin{bmatrix} L_{g1} t_2 & L_{g2} t_2 & L_{g3} t_2 & L_{g4} t_2 \end{bmatrix} = \begin{bmatrix} 0 & 0 & 0 & \dfrac{x_9}{2 L_{s2}} \end{bmatrix} \\[2mm] G_3 = \begin{bmatrix} L_{g1} t_3 & L_{g2} t_3 & L_{g3} t_3 & L_{g4} t_3 \end{bmatrix} = \begin{bmatrix} 0 & 0 & \dfrac{x_9}{2 L_{s2}} & 0 \end{bmatrix} \end{cases} \tag{8.53}$$

把其中的变量替换为状态变量，则 $C(x)$ 和 $W(x)$ 的方程为

$$\begin{cases} C_1 = \left(\dfrac{9P}{4}\right)\left[\ (R_s(L_{sd} - L_{sq})x_1)\dfrac{x_9}{2L_{sq}}\ (-2R_s(L_{sd} - L_{sq})x_2 - R_s\lambda_m)\dfrac{x_9}{2L_{sd}}\ 0\ 0\right] \\[2mm] C_2 = -\left(\dfrac{3P^2}{8J}\right)\left[\ (\lambda_m + (L_{sd} - L_{sq})x_2)\dfrac{x_9}{2L_{sq}}\ (L_{sd} - L_{sq})x_1\dfrac{x_9}{2L_{sd}}\ 0\ 0\right] \\[2mm] C_3 = -\dfrac{3}{4C_{dc}}\begin{bmatrix} x_1 & x_2 & x_3 & x_4 \end{bmatrix} \\[2mm] C_4 = \begin{bmatrix} 0 & 0 & -\dfrac{3}{4}\dfrac{V_{gd}}{L_g C_g L_{s2}}x_9 & \dfrac{3}{4}\dfrac{V_{gq}}{L_g C_g L_{s2}}x_9 \end{bmatrix} \end{cases} \tag{8.54}$$

$$\begin{cases} W_{11} = \left(\dfrac{9P}{4}\right)\left(\begin{array}{l} 2R_s(L_{sd} - L_{sq})x_1\left(-\dfrac{R_s x_1}{L_{sq}} - \dfrac{x_{10} L_{sd} x_2}{L_{sq}} - \dfrac{x_{10}\lambda_m}{L_{sq}}\right) \\[2mm] -(2R_s(L_{sd} - L_{sq})x_2{}^2 + R_s\lambda_m)\left(-\dfrac{R_s x_2}{L_{sd}} + \dfrac{x_{10}L_{sq}x_1}{L_{sd}}\right) \end{array}\right) \\[4mm] W_{21} = -\left(\dfrac{3P^2}{8J}\right)\left(\begin{array}{l} (\lambda_m + (L_{sd} - L_{sq})x_2)\left(-\dfrac{R_s x_1}{L_{sq}} - \dfrac{x_{10}L_{sd}x_2}{L_{sq}} - \dfrac{x_{10}\lambda_m}{L_{sq}}\right) \\[2mm] + (L_{sd} - L_{sq})x_1\left(-\dfrac{R_s x_2}{L_{sd}} + \dfrac{x_{10}L_{sq}x_1}{L_{sd}}\right) \end{array}\right) \\[4mm] W_{31} = 0 \\[2mm] W_{41} = a_5 f_{31} + b_5 f_{41} + c_5 f_{51} + d_5 f_{61} + e_5 f_{71} + h_5 f_{81} \end{cases} \tag{8.55}$$

上述方程变换到新的坐标系下，可以得到零状态方程为

$$\begin{cases} \dot{\eta}_1^{(0)} = A_{z1}\eta_1^{(0)} + B_{z1}\eta_2^{(0)} + C_{z1}\eta_3^{(0)} + D_{z1} \\[2mm] \dot{\eta}_2^{(0)} = \left(\begin{array}{l} A_{z2}\eta_1^{(0)} + B_{z2}\eta_2^{(0)} + C_{z2}\eta_3^{(0)} + M_{z2} \\[2mm] \dfrac{(D_{z2}\eta_1^{(0)3} + E_{z2}\eta_1^{(0)2} + F_{z2}\eta_1^{(0)} + G_{z2}\eta_3^{(0)}\eta_1^{(0)} + H_{z2}\eta_3^{(0)}\eta_1^{(0)})}{\eta_1^{(0)}V_{gq} + \eta_2^{(0)}V_{gd}} \end{array}\right) \\[6mm] \dot{\eta}_3^{(0)} = \left(\begin{array}{l} A_{z3}\eta_1^{(0)} + B_{z3}\eta_2^{(0)} + C_{z3}\eta_3^{(0)} + M_{z3} \\[2mm] \dfrac{(D_{z3}\eta_1^{(0)2}\eta_2^{(0)} + E_{z3}\eta_1^{(0)}\eta_2^{(0)} + F_{z3}\eta_2^{(0)2} + G_{z3}\eta_3^{(0)}\eta_2^{(0)} + H_{z3}\eta_2^{(0)})}{\eta_1^{(0)}V_{gq} + \eta_2^{(0)}V_{gd}} \end{array}\right) \end{cases} \tag{8.56}$$

零状态方程是非线性的，可以采用相应的线性化方法来检查其稳定性。零状态的特征方程下

面的三次方程

$$z^3 + n_2 z^2 + n_1 z + n_0 = 0 \tag{8.57}$$

这一特征方程稳定性的劳斯 – 霍尔维茨判据为

$$\begin{cases} n_2 > 0, n_1 > 0, n_0 > 0 \\ (n_1 n_2 - n_0) > 0 \end{cases} \tag{8.58}$$

图 8.12 表明了式（8.57）和式（8.58）两个系数的符号是如何受转子转速和直流电容电压值的影响。对于所考虑的工作区域，零状态是不稳定的，这也说明 IPM 发电机系统具有不稳定的零状态；并且在所有运行状态下是非最小相位的。对于选定的受控变量，存在固有的结构约束，不利于设计高性能的控制器。

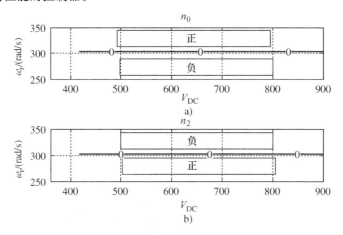

图 8.12　线性化后的零状态方程的两个系数[23]：a）最后一个系数 n_0；b）第二个系数 n_2

8.5　连接到电流源逆变器的光伏发电系统的可控性和稳定性分析

如图 8.13 所示，在所研究的系统中，一个光伏发电系统通过电流源逆变器并入电网。光伏发电系统中，光伏电压对于输出电流的非线性特性方程为

$$I_{pv} = n_p I_{ph} - n_p I_{rs} \left[\exp\left(\frac{q}{k\theta Q} \frac{V_{pv}}{n_s} \right) - 1 \right] \tag{8.59}$$

$$I_{ph} = \left[I_{src} + k_\theta (\theta - \theta_r) \right] \frac{S}{100} \tag{8.60}$$

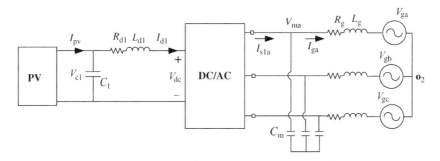

图 8.13　采用电流源逆变器且通过 LCL 型滤波器并入电网的光伏发电系统

式（8.59）和式（8.60）给出了光伏和端电压有关的输出电流的稳态方程。在该方程中，I_{rs} 和 θ 是反向饱和电流和 PN 结温度；I_{src} 是一个光伏电池的短路电流；n_s 和 n_p 分别是一组光伏组件中串联和并联光伏电池的数目；A 是理想因子；S 是太阳辐照度水平；θ_r 是电池参考温度；k_θ 是温度系数；q（$= 1.602\mathrm{e}^{-19}\mathrm{C}$）和 K（$= 1.38\mathrm{e}^{-23}\mathrm{J/K}$）分别是单位电荷和玻尔兹曼常数。电网的状态方程是

$$\begin{cases} V_{mq} - V_{gq} = R_g I_{gq} + L_g p I_{gq} + \omega_e L_g I_{gd} \\ V_{md} - V_{gd} = R_g I_{gd} + L_g p I_{gd} - \omega_e L_g I_{gq} \end{cases} \tag{8.61}$$

式中，V_{gq}、V_{gd} 和 I_{gq}、I_{gd} 分别是 qd 轴电网的电压和电流。逆变器与直流侧状态方程为

$$\begin{cases} I_{s1q} = \dfrac{M_q}{2} I_{d1} \\[2mm] I_{s1d} = \dfrac{M_d}{2} I_{d1} \\[2mm] V_{dc} = \dfrac{3}{4}(M_q V_{mq} + M_d V_{md}) \end{cases} \tag{8.62}$$

$$\begin{cases} \dfrac{M_q}{2} I_{d1} - I_{gq} = C_m p V_{mq} + \omega_e C_m V_{md} \\[2mm] \dfrac{M_d}{2} I_{d1} - I_{gd} = C_m p V_{md} - \omega_e C_m V_{mq} \end{cases} \tag{8.63}$$

$$V_{c1} - \frac{3}{4}(M_q V_{mq} + M_d V_{md}) = R_{d1} I_{d1} + L_{d1} p I_{d1} \tag{8.64}$$

$$C_1 p V_{c1} = I_{pv} - I_{d1} \text{ 和 } V_{c1} = V_{pv} \tag{8.65}$$

为了控制逆变器的输入电流和流入电网的无功功率

$$\begin{cases} R_{d1} I_{d1}{}^2 + \dfrac{1}{2} L_{d1} p I_{d1}{}^2 = V_{d1} I_{d1} - \dfrac{3}{2}\left(\dfrac{M_q}{2} I_{d1} V_{mq} + \dfrac{M_d}{2} I_{d1} V_{md}\right) \\[3mm] Q_g = \dfrac{3}{2}(V_{gq} I_{gd} - V_{gd} I_{gq}) \end{cases} \tag{8.66}$$

如果电网电压与 q 轴坐标系（$V_{gd} = 0$）对齐，且系统在单位功率因数下运行，则

$$Q_g = \frac{3}{2} V_{gq} I_{gd} = 0 \tag{8.67}$$

8.5.1 系统稳态和稳定性分析

在稳态工作条件下，状态的微分可以设置为零。利用电网无功功率并在光伏 MPP 下运行的代数方程式，可以确定稳态运行。它们在图 8.1 ~图 8.17 中给出。已知变量为

$$[V_{gq} \ V_{gd} \ Q_g \ I_{pv} \ V_{pv}] \tag{8.68}$$

未知变量为

$$[M_q \ M_d \ I_{gq} \ I_{gd} \ V_{mq} \ V_{md} \ I_{d1}] \tag{8.69}$$

太阳的照度（S_1）是变化的，且在 MPP 工作的基础上，通过求解光伏电压和电流，可以分析如下稳态方程

$$\begin{cases} V_{mq} - V_{gq} - R_g I_{gq} - \omega_e L_g I_{gd} = 0 \\ V_{md} - V_{gd} - R_g I_{gd} + \omega_e L_g I_{gq} = 0 \\ \dfrac{M_q}{2} I_{d1} - I_{gq} - \omega_e C_m V_{md} = 0 \\ \dfrac{M_d}{2} I_{d1} - I_{gd} + \omega_e C_m V_{mq} = 0 \\ V_{d1} - \dfrac{3}{4}(M_q V_{mq} + M_d V_{md}) - R_{d1} I_{d1} = 0 \\ I_{pv} - I_{d1} = 0 \\ Q_g = \dfrac{3}{2} V_{gq} I_{gd} = 0 \end{cases} \tag{8.70}$$

为了研究系统在所有可运行范围内的稳定区域，对所有电气子系统的模型方程进行线性化，系统的输出、输入和状态变量为

$$h(x) = \begin{bmatrix} I_{d1}^{\;2} \\ Q_g \end{bmatrix}, \quad U = \begin{bmatrix} M_q \\ M_d \end{bmatrix}, \quad X = \begin{bmatrix} V_{mq} & V_{md} & I_{gq} & I_{gd} & I_{d1} & V_{pv} \end{bmatrix} \tag{8.71}$$

内部状态的数量为

$$\begin{cases} p\Delta I_{gq} = \dfrac{1}{L_g}(\Delta V_{mq} - R_g \Delta I_{gq} - \omega_e L_g \Delta I_{gd}) \\ p\Delta I_{gd} = \dfrac{1}{L_g}(\Delta V_{md} - R_g \Delta I_{gd} + \omega_e L_g \Delta I_{gq}) \\ p\Delta I_{mq} = \dfrac{1}{C_m}\left(\dfrac{M_{qo}}{2}\Delta V_{d1} + \dfrac{I_{d1o}}{2}\Delta M_q - \Delta I_{gq} - \omega_e C_m \Delta V_{md}\right) \\ p\Delta I_{md} = \dfrac{1}{C_m}\left(\dfrac{M_{do}}{2}\Delta V_{d1} + \dfrac{I_{d1o}}{2}\Delta M_d - \Delta I_g + \omega_e C_m \Delta V_{mq}\right) \\ p\Delta I_{d1} = \dfrac{1}{L_{d1}}\left(\Delta V_{pv} - \dfrac{3M_{qo}}{4}\Delta V_{mq} - \dfrac{3V_{mqo}}{4}\Delta V_q - \dfrac{3M_{do}}{4}\Delta V_{md} - \dfrac{3M_{mdo}}{4}\Delta M_d - R_{d1}\Delta I_{d1}\right) \\ p\Delta V_{pv} = -\dfrac{q n_p I_{rs}}{C_1 k\theta A n_s}\exp\left(\dfrac{q}{k\theta A}\dfrac{V_{pv}}{n_s}\right)\Delta V_{pv} - \dfrac{1}{C_1}\Delta I_{d1} \end{cases} \tag{8.72}$$

$$A = \begin{bmatrix} -\dfrac{R_g}{L_g} & -\omega_e & \dfrac{1}{L_g} & 0 & 0 & 0 \\ \omega_e & -\dfrac{R_g}{L_g} & 0 & \dfrac{1}{L_g} & 0 & 0 \\ -\dfrac{1}{C_m} & 0 & 0 & -\omega_e & \dfrac{M_{qo}}{2C_m} & 0 \\ 0 & -\dfrac{1}{C_m} & \omega_e & 0 & \dfrac{M_{do}}{2C_m} & 0 \\ 0 & 0 & -\dfrac{3M_{qo}}{4L_{d1}} & -\dfrac{3M_{do}}{4L_{d1}} & -\dfrac{R_{d1}}{L_{d1}} & \dfrac{1}{L_{d1}} \\ 0 & 0 & 0 & 0 & -\dfrac{1}{C_1} & -\dfrac{q n_p I_{rs}}{C_1 k\theta A n_s}\exp\left(\dfrac{q}{k\theta A}\dfrac{V_{pv}}{n_s}\right) \end{bmatrix} \tag{8.73}$$

特征方程为 6 阶方程

$$|\lambda I - A| = a_6\lambda^6 + a_5\lambda^5 + a_4\lambda^4 + a_3\lambda^3 + a_2\lambda^2 + a_1\lambda + a_0 = 0 \qquad (8.74)$$

使用劳斯 – 霍尔维茨判据，稳定的标准为

$$\begin{cases} a_6 > 0, \ a_5 > 0, \ a_4 > 0, \ a_3 > 0, \ a_2 > 0, \ a_1 > 0, \ a_0 > 0 \\ b_1 > 0, \ c_1 > 0, \ d_1 > 0, \ e_1 > 0 \end{cases} \qquad (8.75)$$

式（8.75）的参数定义见式（8.23）。应用稳态参数后，系统在整个运行区域内保持稳定。

8.5.2 光伏的零状态分析

为了分析系统的零状态，两个输入和两个输出分别是

$$h(x) = \begin{bmatrix} I_{d1}^2 & Q_g \end{bmatrix}^T, \quad U = \begin{bmatrix} M_q & M_d \end{bmatrix}^T \qquad (8.76)$$

对输出进行微分得到相对阶（次），其结果为（见图 8.14 ~ 图 8.17）

$$\begin{cases} r_1 = 1, \\ r_2 = 2, \end{cases} \quad r = \sum_{i=1}^{2} r_i = 3 \qquad (8.77)$$

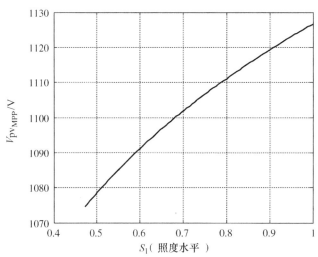

图 8.14 不同照度水平下在 MPP 得到的光伏输出电压

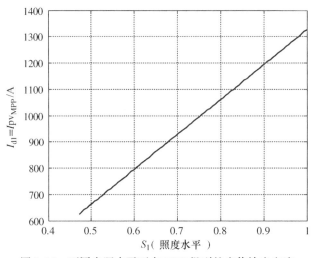

图 8.15 不同光照水平下在 MPP 得到的光伏输出电流

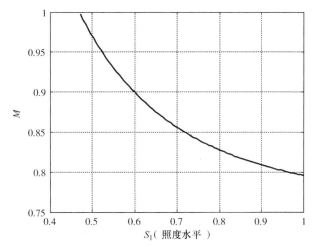

图 8.16　不同照度水平下逆变器的调制因数

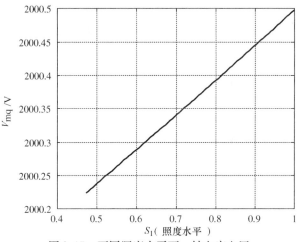

图 8.17　不同照度水平下 q 轴电容电压

所以，该系统有三个（$N - \sum r_i$）内部状态。采用非线性化后的系统状态方程为

$$\dot{X} = f(x) + g_1(x)u_1 + g_2(x)u_2 \tag{8.78}$$

$$
\begin{bmatrix} \dot{x}_1 \\ \dot{x}_2 \\ \dot{x}_3 \\ \dot{x}_4 \\ \dot{x}_5 \\ \dot{x}_6 \end{bmatrix}
=
\begin{bmatrix}
\dfrac{x_3}{L_g} - \dfrac{V_{gq}}{L_g} - \dfrac{R_g}{L_g}x_1 - \omega_e x_2 \\[2mm]
\dfrac{x_4}{L_g} - \dfrac{R_g}{L_g}x_2 + \omega_e x_1 \\[2mm]
-\dfrac{x_1}{C_m} - \omega_e x_4 \\[2mm]
-\dfrac{x_2}{C_m} + \omega_e x_3 \\[2mm]
\dfrac{x_6}{L_{d1}} - \dfrac{R_{d1}}{L_{d1}}x_5 \\[2mm]
\dfrac{I_{pv}}{C_1} - \dfrac{x_5}{C_1}
\end{bmatrix}
+
\begin{bmatrix}
0 \\[2mm]
0 \\[2mm]
\dfrac{x_5}{2C_m} \\[2mm]
0 \\[2mm]
-\dfrac{3x_3}{4L_{d1}} \\[2mm]
0
\end{bmatrix}
u_1
+
\begin{bmatrix}
0 \\[2mm]
0 \\[2mm]
0 \\[2mm]
\dfrac{x_5}{2C_m} \\[2mm]
-\dfrac{3x_4}{4L_{d1}} \\[2mm]
0
\end{bmatrix}
u_2
\tag{8.79}
$$

$$Y = \begin{bmatrix} h_1(x) \\ h_2(x) \end{bmatrix} = \begin{bmatrix} x_5^2 \\ \dfrac{3}{2} V_{gq} x_2 \end{bmatrix} \tag{8.80}$$

系统的新坐标系是

$$\eta = \begin{bmatrix} \eta^{(0)} \\ \eta^{(1)} \\ \vdots \\ \eta^{(m)} \end{bmatrix} = \begin{bmatrix} t_1(x) \\ t_2(x) \\ t_3(x) \\ x_5^2 \\ \dfrac{3}{2} V_{gq} x_2 \\ \dfrac{3}{2} V_{gq} \left(\dfrac{x_4}{L_g} - \dfrac{R_g}{L_g} x_2 + \omega_e x_1 \right) \end{bmatrix} \tag{8.81}$$

若 $\qquad\qquad t_1(x) = x_1, t_2(x) = x_3, t_3(x) = x_6 \tag{8.82}$

$$\Delta\eta \begin{bmatrix} \Delta\eta^{(0)} \\ \Delta\eta^{(1)} \\ \vdots \\ \Delta\eta^{(m)} \end{bmatrix} = \begin{bmatrix} 1 & 0 & 0 & 0 & 0 & 0 \\ 0 & 0 & 1 & 0 & 0 & 0 \\ 0 & 0 & 0 & 0 & 0 & 1 \\ 0 & 0 & 0 & 0 & 2x_{5o} & 0 \\ 0 & \dfrac{3}{2} V_{gq} & 0 & 0 & 0 & 0 \\ \dfrac{3 V_{gq} \omega_e}{2} & -\dfrac{3 V_{gq} R_g}{2 L_g} & 0 & \dfrac{3 V_{gq}}{2 L_g} & 0 & 0 \end{bmatrix} \begin{bmatrix} x_1 \\ x_2 \\ x_3 \\ x_4 \\ x_5 \\ x_6 \end{bmatrix} \tag{8.83}$$

$$\det(\Delta\eta) = \frac{9 V_{gq}^2}{2 L_g} x_{5o} \neq 0 \tag{8.84}$$

参考式（8.82）中的 $t(x)$，矩阵 $\eta(x)$ 线性化后的行列式不等于零，此种情况下 $\eta(x)$ 内部的所有元素都是线性无关的。在新坐标系中，系统方程为

$$\begin{bmatrix} x_1 \\ x_2 \\ x_3 \\ x_4 \\ x_5 \\ x_6 \end{bmatrix} = \begin{bmatrix} \eta_1^{(0)} \\ \dfrac{2}{3 V_{gq}} \eta_1^{(2)} \\ \eta_2^{(0)} \\ \dfrac{2 L_g}{3 V_{gq}} \eta_2^{(2)} - \omega_e L_g \eta_1^{(0)} + \dfrac{2 R_g}{3 V_{gq}} \eta_1^{(2)} \\ \sqrt{\eta_1^{(1)}} \\ \eta_3^{(0)} \end{bmatrix} \tag{8.85}$$

可以得到

$$\begin{cases} F_1 = L_f t_1 = \dfrac{x_3}{L_g} - \dfrac{V_{gq}}{L_g} - \dfrac{R_g}{L_g}x_1 - \omega_e x_2 \\[2ex] F_2 = L_f t_2 = -\dfrac{x_1}{C_m} - \omega_e x_4 \\[2ex] F_3 = L_f t_3 = \dfrac{I_{pv}}{C_1} - \dfrac{x_5}{C_1} \end{cases} \tag{8.86}$$

其他矩阵定义为

$$\begin{cases} G_1 = \begin{bmatrix} L_{g1}t_1 & L_{g2}t_1 \end{bmatrix} = \begin{bmatrix} 0 & 0 \end{bmatrix} \\[2ex] G_2 = \begin{bmatrix} L_{g1}t_2 & L_{g2}t_2 \end{bmatrix} = \begin{bmatrix} \dfrac{x_5}{2C_m} & 0 \end{bmatrix} \\[2ex] G_3 = \begin{bmatrix} L_{g1}t_3 & L_{g2}t_3 \end{bmatrix} = \begin{bmatrix} 0 & 0 \end{bmatrix} \end{cases} \tag{8.87}$$

要用状态变量替代输入变量，$C(x)$ 和 $W(x)$ 的方程可定义为

$$\begin{cases} C_1 = \begin{bmatrix} L_{g1}h_1 & L_{g2}h_1 \end{bmatrix} = \begin{bmatrix} -\dfrac{3x_5 x_3}{2L_{d1}} & -\dfrac{3x_5 x_4}{2L_{d1}} \end{bmatrix} \\[2ex] C_2 = \begin{bmatrix} L_{g1}L_f h_2 & L_{g2}L_f h_2 \end{bmatrix} = \begin{bmatrix} 0 & \dfrac{3V_{gq}x_5}{4C_m L_g} \end{bmatrix} \end{cases} \tag{8.88}$$

$$\begin{cases} W_{11} = L_f h_1 = \dfrac{2x_5 x_6}{L_{d1}} - \dfrac{2R_{d1}}{L_{d1}}x_5^2 \\[2ex] W_{21} = L_f h_2 = \dfrac{3V_{gq}}{2}\left(\dfrac{x_4}{L_g} - \dfrac{R_g}{L_g}x_2 + \omega_e x_1 \right) \\[2ex] W_{31} = L_f^2 h_2 = \begin{pmatrix} \dfrac{3V_{gq}\omega_e}{2}\left(\dfrac{x_3}{L_g} - \dfrac{V_{gq}}{L_g} - \dfrac{R_g}{L_g}x_1 - \omega_e x_2 \right) \\[2ex] -\dfrac{3V_{gq}R_g}{2L_g}\left(\dfrac{x_4}{L_g} - \dfrac{R_g}{L_g}x_2 + \omega_e x_1 \right) + \dfrac{3V_{gq}}{2L_g}\left(-\dfrac{x_2}{C_m} + \omega_e x_3 \right) \end{pmatrix} \end{cases} \tag{8.89}$$

对于零状态的计算，输出应设置为零或其稳态值。因此，它们的微分将是零，所以

$$\begin{cases} h_1(x) = \eta_1^{(1)} = I_{d1\_ref}^2 \\[1ex] h_1(x) = \eta_1^{(2)} = Q_{g\_ref} \Rightarrow \eta_2^{(2)} = 0 \end{cases} \tag{8.90}$$

从上述结果来看，在计算零状态过程中

$$\begin{cases} x_2 = a_{x2} = \dfrac{2Q_{g\_ref}}{3V_{gq}} = cte \\[2ex] x_5 = a_{x5} = I_{d1\_ref} = cte \end{cases} \tag{8.91}$$

且它们没有必要转换到新的坐标系

$$\begin{bmatrix} x_1 \\ x_2 \\ x_3 \\ x_4 \\ x_5 \\ x_6 \end{bmatrix} = \begin{bmatrix} \eta_1^{(0)} \\[1ex] a_{x2} \\[1ex] \eta_2^{(0)} \\[1ex] -\omega_e L_g \eta_1^{(0)} + \dfrac{2R_g Q_{g\_ref}}{3V_{gq}} \\[1ex] a_{x5} \\[1ex] \eta_3^{(0)} \end{bmatrix} \tag{8.92}$$

如果矩阵 F_i、G_i、C_i、W_i 变换到新坐标系，得到

$$\begin{cases} F_1 = L_f t_1 = \dfrac{\eta_2^{(0)}}{L_g} - \dfrac{V_{gq}}{L_g} - \dfrac{R_g}{L_g}\eta_1^{(0)} - \omega_e a_{x2} \\[2mm] F_2 = L_f t_2 = -\dfrac{\eta_1^{(0)}}{C_m} + \omega_e^2 L_g \eta_1^{(0)} - \dfrac{\omega_e 2 R_g Q_{g\_ref}}{3 V_{gq}} \\[2mm] F_3 = L_f t_3 = \dfrac{I_{pv}}{C_1} - \dfrac{a_{x5}}{C_1} \end{cases} \tag{8.93}$$

$$\begin{cases} G_1 = \begin{bmatrix} L_{g1} t_1 & L_{g2} t_1 \end{bmatrix} = \begin{bmatrix} 0 & 0 \end{bmatrix} \\[2mm] G_2 = \begin{bmatrix} L_{g1} t_2 & L_{g2} t_2 \end{bmatrix} = \begin{bmatrix} \dfrac{a_{x5}}{2C_m} & 0 \end{bmatrix} \\[2mm] G_3 = \begin{bmatrix} L_{g1} t_3 & L_{g2} t_3 \end{bmatrix} = \begin{bmatrix} 0 & 0 \end{bmatrix} \end{cases} \tag{8.94}$$

$$\begin{cases} C_1 = \begin{bmatrix} L_{g1} h_1 & L_{g2} h_1 \end{bmatrix} = \begin{bmatrix} -\dfrac{3 a_{x5} \eta_2^{(0)}}{2 L_{d1}} & -\dfrac{3 a_{x5}}{2 L_{d1}}\left(-\omega_e L_g \eta_1^{(0)} + \dfrac{2 R_g Q_{g\_ref}}{3 V_{gq}} \right) \end{bmatrix} \\[3mm] C_2 = \begin{bmatrix} L_{g1} L_f h_2 & L_{g2} L_f h_2 \end{bmatrix} = \begin{bmatrix} 0 & \dfrac{3 V_{gq} a_{x5}}{4 C_m L_g} \end{bmatrix} \end{cases} \tag{8.95}$$

$$\begin{cases} W_{11} = L_f h_1 = \dfrac{2 a_{x5} \eta_3^{(0)}}{L_{d1}} - \dfrac{2 R_{d1}}{L_{d1}} a_{x5}^2 \\[3mm] W_{21} = L_f^2 h_2 = \begin{pmatrix} \dfrac{3 V_{gq} \omega_e}{2}\left(\dfrac{\eta_2^{(0)}}{L_g} - \dfrac{V_{gq}}{L_g} - \dfrac{R_g}{L_g}\eta_1^{(0)} - \omega_e a_{x2} \right) + \dfrac{3 V_{gq}}{2 L_g}\left(-\dfrac{a_{x2}}{C_m} + \omega_e \eta_2^{(0)} \right) \\[3mm] -\dfrac{3 V_{gq} R_g}{2 L_g}\left(\dfrac{\left(-\omega_e L_g \eta_1^{(0)} + \dfrac{2 R_g Q_{g\_ref}}{3 V_{gq}} \right)}{L_g} - \dfrac{R_g}{L_g} a_{x2} + \omega_e \eta_1^{(0)} \right) \end{pmatrix} \end{cases} \tag{8.96}$$

$$\begin{cases} \dot{\eta}_1^{(0)} = \dfrac{\eta_2^{(0)}}{L_g} - \dfrac{V_{gq}}{L_g} - \dfrac{R_g}{L_g}\eta_1^{(0)} - \dfrac{2 \omega_e Q_{g\_ref}}{3 V_{gq}} \\[2mm] \dot{\eta}_2^{(0)} = a_{21} + a_{22}\eta_1^{(0)} + \dfrac{a_{23}}{\eta_2^{(0)}} + \dfrac{a_{24}\eta_1^{(0)2}}{\eta_2^{(0)}} + \dfrac{a_{25}\eta_1^{(0)}}{\eta_2^{(0)}} + \dfrac{a_{26}\eta_3^{(0)}}{\eta_2^{(0)}} \\[2mm] \dot{\eta}_3^{(0)} = \dfrac{I_{pv}}{C_1} - \dfrac{I_{d1\_ref}}{C_1} \end{cases} \tag{8.97}$$

$$\begin{cases} \dot{\eta}_1^{(0)} = a_{11} + a_{12}\eta_1^{(0)} a_{13}\eta_2^{(0)} \\[2mm] \dot{\eta}_2^{(0)} = a_{21} + a_{22}\eta_1^{(0)} + \dfrac{a_{23}}{\eta_2^{(0)}} + \dfrac{a_{24}\eta_1^{(0)2}}{\eta_2^{(0)}} + \dfrac{a_{25}\eta_1^{(0)}}{\eta_2^{(0)}} + \dfrac{a_{26}\eta_3^{(0)}}{\eta_2^{(0)}} \\[2mm] \dot{\eta}_3^{(0)} = a_{31} \end{cases} \tag{8.98}$$

$$\begin{bmatrix} \Delta \dot{\eta}_1^{(0)} \\ \Delta \dot{\eta}_2^{(0)} \\ \Delta \dot{\eta}_3^{(0)} \end{bmatrix} \begin{bmatrix} 0 & a_{12} & a_{13} \\ a_{22} + \dfrac{2 a_{24}\eta_1^{(0)} + a_{25}}{\eta_2^{(0)}} & -\dfrac{1}{\eta_2^{(0)2}}\left(a_{23} + a_{24}\eta_1^{(0)2} + a_{25}\eta_1^{(0)} + a_{26}\eta_3^{(0)} \right) & \dfrac{a_{26}}{\eta_2^{(0)}} \\ 0 & 0 & 0 \end{bmatrix} \begin{bmatrix} \Delta \eta_1^{(0)} \\ \Delta \eta_2^{(0)} \\ \Delta \eta_3^{(0)} \end{bmatrix} \tag{8.99}$$

$$|SI - A| = s(s^2 + b_1 s + b_0) \tag{8.100}$$

$$\begin{cases} b_1 = \dfrac{1}{\eta_{2o}^{(0)^2}} \left(a_{23} + a_{24}\eta_{1o}^{(0)^2} + a_{25}\eta_{1o}^{(0)} + a_{26}\eta_{3o}^{(0)} \right) \\[4mm] b_0 = -\left(a_{12}a_{22} + \dfrac{2a_{12}a_{24}\eta_{1o}^{(0)} + a_{12}a_{25}}{\eta_{2o}^{(0)}} \right) \end{cases} \tag{8.101}$$

该特征方程的劳斯 – 霍尔维茨稳定性判据为（见图 8.18）

$$\begin{cases} b_1 > 0 \\ b_0 > 0 \end{cases} \tag{8.102}$$

$$\begin{cases} \eta_{1o}^{(0)} = x_1 = I_{gqo} \\ \eta_{2o}^{(0)} = x_3 = V_{mqo} \\ \eta_{3o}^{(0)} = x_6 = V_{pvo} \end{cases} \tag{8.103}$$

所以，除了特征方程在原点（$S=0$）的极点之一，劳斯 – 霍尔维茨判据（b_0）在所有工作区域的第二个系数是负的，如图 8.18 所示。这意味着连接到电流源逆变器的光伏发电系统在整个工作区域处于非最小相位。

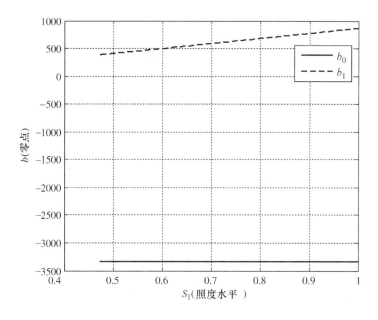

图 8.18　光伏发电系统零状态特性线性化后的两个系数

8.6　小结

本章研究了使用 L 型或 LCL 型滤波器，并入电网的风力涡轮机驱动的 IPM 发电机的可控性。给出了基于风力发电机 MPP 跟踪和发电机损耗最小化的运行稳定区域。借助于零状态提取的两种方法，证明了装有 L 型滤波器的发电机具有稳定的零状态和最小相位特性，确保不会对控制器的设计施加结构限制。当发电机并网接口采用 LCL 型滤波器时，零状态的所有工作点是不稳定的，且系统处于非最小相位。在为系统设计的任何控制器上存在结构约束（例如对电流调节器带宽和响应时间的限制）。即使使用状态反馈线性化方法设计的非线性控制器，也不能用于控制 IPM 发电机的 4 个特定变量，该发电系统是通过 *LCL* 型滤波器进行并网的。但是，通过使用高阶控制器和/或高增益观测器，大多数的动态性能还是能够实现。

此外，还研究了采用电流源逆变器的光伏发电系统的稳定工作区域和零状态。该系统在整个工作区域处于非最小相位。

对 IPM 发电机系统的可控性研究表明，和电网接口滤波器的拓扑结构和受控变量对系统的相位特性、所用任何控制器的灵活性、受控发电机系统的静态和动态性能等，都有重要的影响。本章解释了为什么设计具有 *LCL* 型滤波器并网接口的可再生能源系统，其控制器的设计仍然很具有挑战性。通过使用高增益观测器和使用高阶控制器进行估算，可以适当选择受控变量，这为控制器的设计指明了方向，并将提供良好的静态和动态系统性能。

参 考 文 献

1. Madawala, U.K., Geyer, T., Bradshaw, J.B., and Vilathgamuwa, D.M. (2012) Modeling and analysis of a novel variable-speed cage induction generator. *IEEE Transactions on Industrial Electronics*, **59** (2), 1020–1028.

2. Delli Colli, V., Marignetti, F., and Attaianese, C. (2012) Analytical and multiphysics approach to the optimal design of a 10-MW DFIG for direct-drive wind turbines. *IEEE Transactions on Industrial Electronics*, **59** (7), 2791–2799.

3. Sopanen, J., Ruuskanen, V., Nerg, J., and Pyrhonen, J. (2011) Dynamic torque analysis of a wind turbine drive train including a direct-driven permanent-magnet generator. *IEEE Transactions on Industrial Electronics*, **58** (9), 3859–3867.

4. Liserre, M., Blaabjerg, F., and Hansen, S. (2005) Design and control of an LCLfilter- based three-phase active rectifier. *IEEE Transactions on Industry Applications*, **41** (5), 1281–1291.

5. Malinowski, M., Stynski, S., Kolomyjski, W., and Kazmierkowski, M.P. (2009) Control of three-level PWM converter applied to variable-speed-type turbines. *IEEE Transactions on Industrial Electronics*, **56** (1), 69–77.

6. Gabe, I.J., Montagner, V.F., and Pinheiro, H. (2009) Design and implementation of a robust current controller for VSI connected to the grid through an LCL-filter. *IEEE Transactions on Power Electronics*, **24** (6), 1444–1452.

7. Skogestad, S. and Postlethwaite, I. (2008) *Multivariable Feedback Control*, John Wiley & Sons, Inc.

8. Yuan, Z., Zhang, N., Chen, B., and Zhao, J. (2012) Systematic controllability analysis for chemical processes. *AICHE Journal*, **58** (10), pp. 3096–3109.

9. Yuan, Z., Chen, B., and Zhao, J. (2011) An overview on controllability analysis of chemical processes. *AICHE Journal*, **57** (5), 1185–1201.

10. Yuan, Z., Chen, B., and Zhao, J. (2011) Phase behavior analysis for industrial polymerization reactors. *AICHE Journal*, **57** (10), 2795–2807.

11. Wasynczuk, O. (1983) Dynamic behavior of a class of photovoltaic power systems. *IEEE Transactions on Power Apparatus and Systems*, **PAS-102** (9), 3031–3037.

12. Femia, N., Petrone, G., Spagnuolo, G., and Vitelli, M. (2009) A technique for improving P&O MPPT performances of double-stage grid-connected photovoltaic systems. *IEEE Transactions on Industrial Electronics*, **56** (11), 4473–4482.

13. Alonso, R., Ibáñez, P., Martinez, V. *et al.* (2009) An innovative perturb, observe and check algorithm for partially shaded PV systems. Proceedings Power Electronics and Applications Conference, Barcelona, Spain, September 8-10, 2009, pp. 1–8.

14. Tan, C.W., Green, T.C., and Hernandez-Aramburo, C.A. (2008) Analysis of perturb and observe maximum power point tracking algorithm for photovoltaic applications. Proceedings Power and Energy Conference, Johor Bahru, Malaysia, December 1-3, 2008, pp. 237–242.

15. Tan, C.W., Green, T.C., and Hernandez-Aramburo, C.A. (2007) A current mode controlled maximum power point tracking converter for building integrated photovoltaics. Proceedings Power Electronics and Applications Conference, Aalborg, Denmark, September 2-5, 2007, pp. 1–10.

16. Pandey, A., Dasgupta, N., and Mukerjee, A.K. (2008) High-performance algorithms for drift avoidance and fast tracking in solar MPPT system. *IEEE Transactions on Energy Conversion*, **23** (2), 681–689.

17. Koutroulis, E., Kalaitzakis, K., and Voulgaris, N.C. (2001) Development of a microcontroller-based, photovoltaic maximum power point tracking control system. *IEEE Transactions on Power Electronics*, **16** (1), 46–54.

18. Elgendy, M.A., Zahawi, B., and Atkinson, D.J. (2012) Assessment of perturb and observe MPPT algorithm implementation techniques for PV pumping applications. *IEEE Transactions on Sustainable Energy*, **3** (1), 21–33.
19. Panjapornpon, C. (2005) Model-based controller design for general nonlinear processes. PhD dissertation. Drexel University, USA.
20. Nazrulla, M.Sh. (2010) Control of non-minimum phase systems using extended high-gain observers. PhD dissertation. Michigan State University.
21. Kuhlmann, A. and Bogle, I.D.L. (2003) Design of nonminimum phase processes for optimal switchability. *Journal of Chemical Engineering and Processing*, **43**, 655–662.
22. Slotine, J. and Li, W. (1991) *Applied Nonlinear Control*, Prentice-Hall, Englewood Cliffs, NJ.
23. Ojo, O. and Karimi-Davijani, H. (2012) Controllability analysis of IPM generator connected through LCL filter to the grid. 38th Annual Conference on IEEE Industrial Electronics Society, Montreal, QC, October 25-28, 2012, pp. 2210–2215.
24. Isidor, A. (1995) *Nonlinear Control Systems*, 3rd edn, Springer-Verlag, New York.
25. Ojo, O., Osaloni, F., Zhiqiao, W., and Omoigui, M. (2003) A control strategy for optimum efficiency operation of high performance interior permanent magnet motor drives. Proceedings IEEE Industry Applications Conference, Vol. 45, pp. 604–610.
26. da Costa, J.P., Pinheiro, H., Degner, T., and Arnold, G. (2011) Robust controller for DFIGs of grid-connected wind turbines. *IEEE Transactions on Industrial Electronics*, **58** (9), 4023–4038.
27. Parker, M.A., Chong, N., and Ran, L. (2011) Fault-tolerant control for a modular generator–converter scheme for direct-drive wind turbines. *IEEE Transactions on Industrial Electronics*, **58** (1), 305–315.
28. Geng, H., Xu, D., Wu, B., and Yang, G. (2011) Active damping for PMSG-based WECS with DC-link current estimation. *IEEE Transactions on Industrial Electronics*, **58** (4), 1110–1119.
29. Rockhill, J.A.A., Liserre, M., Teodorescu, R., and Rodriguez, P. (2011) Grid-filter design for a multimegawatt medium-voltage voltage-source inverter. *IEEE Transactions on Industrial Electronics*, **58** (4), 1205–1217.

第9章 中小型可再生能源系统的通用运行控制

Marco Liserre1[1]，Rosa A. Mastromauro[2]和 Antonella Nagliero[2]
[1]德国基尔大学
[2]意大利巴里理工大学电气与信息工程系

9.1 分布式发电系统

近年来，世界各地的电力系统（Electrical Power System，EPS）一定程度上都在进行重建。随着监管放松和技术进步，分布式发电系统（Distributed Power Generation System，DPGS）与大电网的连接不断增多。分布式发电系统的不断发展，为靠近负载侧供电提供一种经济高效的方式。并且，对环境问题的关心鼓励政府和科研团体共同努力，最大限度地利用可再生能源。分布式发电系统的容量已从几千瓦增至 10MW 之多。

除了传统的光伏发电和风力发电，许多新型的分布式能源，例如小型风力发电机、小水电和燃料电池，在分布式发电系统与大电网的联网过程中获得了巨大发展机遇。采用脉宽调制（Pulse Width Modulation，PWM）技术的电压源变流器经常作为分布式发电系统联网的接口设备使用[1,2]。

孤岛运行模式是由分布式发电系统发展带来的一个重要问题。电力电子技术的发展使分布式发电系统可以在并网运行与孤岛运行模式之间切换且不会造成负载供电中断[3,4]。对于敏感及重要负载，孤岛运行模式十分重要，因为在计划或非计划性电网停电时，孤岛运行可以维持不间断的交流供电。IEEE 标准 1547.4 中说明了执行分布式发电系统计划性孤岛运行的必要性[5]。并网分布式发电系统需要遵循以下规定：

- 关于电能质量与保护（并网导则)[6]；
- 关于分布式发电系统的性能，例如：能量效率和电磁兼容性；
- 关于安全性。

在并网运行中，所有的分布式发电系统需要遵守 IEEE 标准 1547 – 2003[7]。在公共耦合点（Point – of – Common Coupling，PCC），要求必须安装检测和控制设备以控制孤岛运行并实现孤岛运行与并网运行之间的切换。

独立分布式发电系统，有时也指微电网，常用于表示含有分布式电源和负载的电力系统中的计划性孤岛运行系统[8]。独立分布式发电系统具有如下特点：

- 含有分布式能源和负载；
- 具有与电网连接和断开的能力；
- 包含一定比例的电力系统；
- 具有计划性。

分布式发电系统的孤岛运行需要满足孤岛内部负载的有功和无功需求。微电网还需要在预期负载和能源变化情况下，提供稳定的频率并在规定的运行电压范围内工作。孤岛模式运行时，系统需要保证在负载阶跃、分布式发电系统切出、孤岛故障等情况下，都维持暂态稳定。所有的故障都需要在孤岛内解决。

在孤岛运行的分布式发电系统重新联网时，检测装置需要给出孤岛与电网同步的适当条件。为了保证重新联网成功，两个系统的电压幅值、频率、相位差需要控制在一定范围内。

9.1.1　单级式光伏发电系统

在几千瓦的功率范围内，单级式无变压器功率变流器是实现低成本、高效率的最佳选择。小功率、高效率和高可靠性的单级式光伏发电系统（Photovoltaic System，PVS）带来控制上的新难点，其中最主要的控制难点是与公共电网的相互作用。因此，为保证电能质量和大电网的稳定性，对 PVS 分布式发电的并网要求不断提高。为了提供注入能力以抑制电网背景谐波，国际标准严格要求电流的总谐波畸变率（Total Harmonic Distortion，THD）[9,7]。通过使用逆变器可以满足 THD 要求，以减小谐波产生同时具有可控性。因此，电流控制非常重要[10,11]。考虑光伏阵列设计，因为光照辐射和温度对光伏模块特性的影响，所以需要采用最大功率点跟踪（Maximum Power Point Tracker，MPPT）算法以获得在每个工作点的最大输出功率[12]。典型的 PVS 控制问题分为两个主要部分：基本控制和辅助控制。基本控制主要包括最大功率提取算法、PVS 谐波抑制能力、单位功率因数（均通过电流控制实现）以及在异常情况下停止 PVS 功率输出的孤岛检测能力。PVS 与低压配电网连接，需满足上述要求；同时 PVS 需设计通过提供辅助控制加强电气系统，例如对本地负载[13,14]或电力系统[15]的电压及频率支撑。此外，光伏逆变器在配电网中还可以提供无功功率。对电网注入无功功率以改善电压波形，同时可以加强配电网、维持供电质量，避免额外投资。这在一定程度上说明了近年来 PVS 的应用发生了很大变化，特别是与以往发表的研究相比。过去的研究主要局限于最大 PVS 渗透率，以避免可能发生的潜在问题，例如电压升高和误跳闸[16]。

PVS 的总体结构包含主电路和控制单元。如图 9.1 所示，主电路可以是单级式变流器（DC - AC 变换器），也可以是带隔离或不带隔离的双级式变流器（例如 DC - DC 和 DC - AC 变换器）。单级式变流器的优点是高效率、低成本和便于安装使用[17]。输出滤波器可以滤除开关引起的主要谐波。电流/电压控制参考信号由输入功率控制环给出，该控制环包括 MPPT 算法和直流电压控制器。

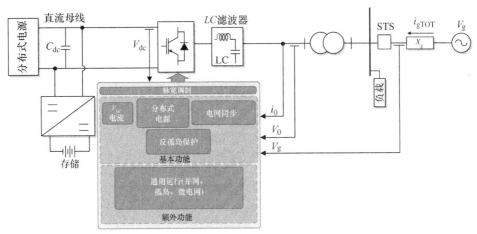

图 9.1　分布式发电系统的总体结构

9.1.2　中小型风力发电系统

为了避免影响户外景观并保证一定收益，在诸多不同的电源中，中小型风力发电机（功率单元小于 200kW）是居住区外供电的首选解决方案。在几十千瓦功率范围内，小型风力发电系统（Wind Turbine System，WTS）市场细分表明：在欧洲，制造商最多采用功率小于 20kW 的风力发电机组建孤岛风力发电系统，但泵类负载应用的风电平均渗透率最高。可以看到，在配备蓄电池的风电 – 柴油独立运行系统中，风力发电的最大输出容量可以提高。

小型发电机主要采用直接连接电网或负载的异步发电机，而近期带有二极管整流器、升压变换器和逆变器的永磁同步发电机（Permanent Magnet Synchronous Generator，PMSG）备受青睐。采用多对极，可使 PMSG 在不降低效率的情况下低速运行，从而避免使用齿轮箱[18]。采用二极管整流桥既减少了成本，又降低了控制算法的复杂性。并且，通过直流电压的六脉波可以对电机转速做简单估算。直流电感可以减少发电机的低频谐波（5 次、7 次），但同时也对功率因数产生负面影响。此外，在高风速下，由于二极管换相会导致输出功率减小；在低风速下，由于 DC – DC 变换器可能断续运行也会导致输出功率下降。因此，在数十千瓦功率等级中，与二极管桥 AC – DC 变换装置相比，发电机会采用背靠背变流器以提升 5% ~15% 的输出功率。

在发电机侧有两个主要问题：第一、要在无风速计情况下完成 MPP 跟踪，而 MPP 跟踪在此功率范围内可能不会出现，或者由于阴影效果产生错误数据；第二、需要估计转子位置和转速，因为变流器置于机舱外，在这种环境下安装传感器可能有实际困难。由于这些风力发电系统通常安装在农村等电网较弱的区域，因此需要通过变速风力发电机提供无功功率支持。

图 9.2 所示 PMSG 通过双向变流器连接到电网。该系统由 2 个电压源 PWM 变流器组成，并与一个储能电容连接。电机侧变流器作为整流装置，电网侧变流器作为逆变装置。为完全控制输出，直流侧电压必须升高到高于电网侧电压。电网侧变流器通过控制功率流动维持直流电压恒定，同时对发电机侧控制进行设置，以满足励磁要求和速度或转矩参考值。这项技术的优势是通过直流电容完成电机侧变流器和电网侧变流器的电容解耦。除了提供保护外，解耦还使得两个变流器可以独立控制，并各自对电机侧和电网侧的不对称进行补偿。

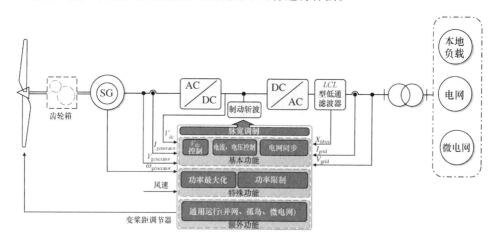

图 9.2 具有背靠背变流器的风力发电系统[19]

9.1.3 控制结构概述

分布式发电系统的总体结构包括主电路和控制单元，如图 9.3 所示。
主电路包含以下部分：
- 输入电源（例如：光伏电源或由风力发电机和整流器组成的小型风力发电系统）；

- 变流器，单级式逆变器（例如 DC – AC 变换器）或者可以完成两次功率转换的双级式变流器（例如带或不带隔离的 DC – DC + DC – AC 变换器或者 AC – DC + DC – AC 变换器）；
- 滤除开关纹波的输出滤波器；
- 储能；
- 本地负载。

分布式发电系统可以连接本地负载或大电网，也可以与其他分布式发电系统相连。

变流器控制需要保证系统灵活运行。控制单元包含不同的控制回路：交流电流回路、交流电压回路和功率控制回路。

为使电压源逆变器在电流控制带宽内以电流源形式工作，需要采用内环电流控制回路对注入电流进行精确控制。电流控制确保逆变器电流不含低次谐波。但是，为满足逆变器并网电能质量标准，由开关频率造成的高频谐波需要通过交流侧滤波器滤除。在并网运行模式或孤岛运行模式都需要电流控制回路。

在孤岛运行模式下，需要电压控制提供电压基准，并保证敏感负载的供电质量，维持电压。在并网过程中，并网点需要电压控制以调整在公共耦合点的电压，并且对于弱电网，也需要电压控制提供电压支撑。根据模拟大电厂运行的下垂特性，功率控制为内环控制提供参考电压幅值和频率。

在微电网运行模式下，功率控制回路是必不可少的；因此，最少需要三级控制系统，功率控制用于在不同单元间分配负载，内环电压回路为电流控制回路提供参考值。电压控制回路和电流控制回路需要给输出 *LCL* 型滤波器提供足够的阻尼。并网型分布式发电系统的总体结构如图 9.3 所示。主电路包含以下部分：

- 输入功率源；
- 变流器；
- 滤除开关纹波的输出滤波器；
- 本地负载。

为了简单起见，图 9.3 中省略了储能系统，因为它超出了分析的范围。系统中包含同步单元。在同步单元内，需要检测电网电压的相角、幅值和频率，用于孤岛检测以及过电压/欠电压（Over/Under Voltage，OUV）或过频/欠频（Over/Under Frequency，OUF）的故障保护。

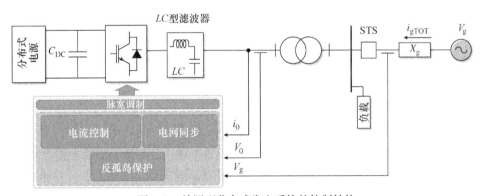

图 9.3　并网型分布式发电系统的控制结构

9.1.3.1　交流电流和电压控制

并网模式和离网模式下的分布式发电系统的基本控制是不同的。在并网模式下，分布式发电系统大多是电流控制，并向配电网提供预先设定的有功功率，这是因为传统分布式发电系统被作为不可调度电源,采用 q 轴参考电流为零的 dq 控制策略。在离网运行模式或组成微电网时,分布式发电系统受电压控制并同时负责实现电压和功率的控制。但是,在并网和离网运行模式下,基本控制结构都是采用级联控制回路。在级联控制回路中,外环控制变流器电压,采用 PI 调节器为内环提供电流参考值;内环控制也采用 PI 调节器,控制 *LC* 型滤波器电流(i_{LC})并提供 PWM 模块的电压参考信号(v_{PWM})。基本控制系统的结构如图 9.4 所示,其中包含对 dq 动态耦合的解耦补偿项,以及提高瞬态特性的前馈项[20]。需要注意到调整电流环和电压环的控制器参数时,电流内环的动态响应应快于电压外环。

IEC 61727 和 IEEE 1547 标准规定电流 THD 要小于 5%。这要求采用的电流控制器具有很高的电网背景谐波抑制能力。在这种情况下,电流控制依据内部模型原理(Internal Model Principle,IMP)进行设计,控制器结构中应包含谐波扰动模型以获得较强的谐波抑制能力。在基于 IMP 的控制器中,谐振控制器和重复控制器均适用于分布式发电系统应用。

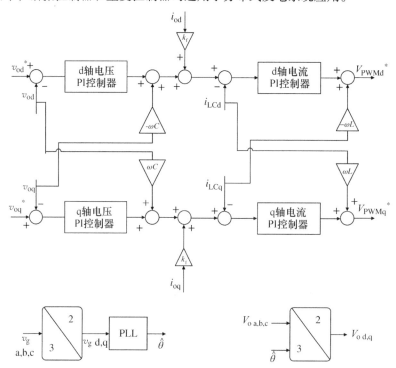

图 9.4 分布式发电系统基本控制系统(i_{od} 和 i_{oq} 分别是电网电流 i_o 的 dq 轴分量)[21]

在三相系统中,基于 IMP 的控制器在 dq 参考坐标系中比较容易设计,在常规 dq 坐标的 PI 控制器中增加谐波补偿 τ,用于补偿部分选定次数的谐波,以提高电能质量。

$$\tau(s) = \sum_{h=h_1,h_2,\cdots,h_n} k_{ih} \frac{s}{s^2 + (h\omega)^2} \tag{9.1}$$

在单相系统中,则不推荐使用 dq 参考坐标系。在该系统中,基于 IMP 的谐振控制器在正弦电流参考下可以实现无稳态误差。谐振控制器由比例控制器和广义积分控制器(Generalized Integrator,GI)组成,即

$$C_{PRes}(s) = k_p + k_i \frac{s}{s^2 + \omega^2} \tag{9.2}$$

式中,$s/(s^2 + \omega^2)$ 是广义积分;ω 是谐振频率。通过将 GI 的谐振频率设置为基波频率以确保基准跟踪。采用重复控制器代替谐振控制器可以达到相同效果。

9.1.3.2　同步技术

在控制电力电子设备连接到电网的过程中，同步是非常重要的问题之一。分布式发电系统的快速发展导致对并网需求（Grid Connection Requirement，GCR）重新定义。并网导则的目的是确保电能产生和传输的效率和可靠性，并且规范在电力行业中各实体的权利和义务。因此，该要求指定相关电压和频率的工作范围以及相应跳闸时间。此外，还考虑了对有功功率和无功功率的要求，并确定了各种故障情况下的控制能力[22]。

锁相环（Phase - Locked Loop，PLL）技术应用在分布式发电系统并网运行中，用于电网同步和电网电压检测[23]。传统锁相策略是估算输入信号和输出信号的相位差，并且通过控制环调节差值趋于零。相位差值是通过相位检测器（Phase Detector，PD）所得，并通过环路滤波器（Loop Filter，LF）后产生误差信号用以驱动压控振荡器（Voltage - Controlled Oscillator，VCO）。在关于分布式发电系统的文献中提出了大量用于电网同步和电网电压检测的方法。不同 PLL 方法的主要差别是 PD 的构造。例如，同步参考坐标系锁相环（Synchronous Reference Frame - PLL，SRF - PLL）的 PD 结构是由输入基波信号频率相移 90°后组成的，以获得正交系统。增强型锁相环（Enhanced Phase - Locked Loop，EPLL）是通过带通自适应滤波器（Band - Pass Adaptive Flter，BPAF）来估计相位误差[24]。二阶广义积分器锁相环（Second - Order Generalized Integrator - PLL，SOGI - PLL）是利用二阶广义积分正交信号发生器（Second - Order Generalized Integrator - Quadrature Signal Generator，SOGI - QSG）滤波器产生频率自适应正交信号。

跟踪技术需要提供以下特性：

- 在噪声、瞬态、稳态扰动下的鲁棒性；
- 在电压跌落时，跟踪电网电压幅值变化的能力；
- 跟踪电网电压频率变化的准确性；
- 在谐波畸变下的滤波特性；
- 易于模拟/数字和硬件/软件实现。

通过传输延时模块引入 90°相移得到一组正交信号，该正交信号应用于 SRF - PLL。在电网电压频率相对其额定值变化时，基于传输延时的 QSG 会产生误差。并且，其不具有滤波功能。因此，电网电压中存在的谐波成为 PLL 中的扰动。

相反，EPLL 是基于频率自适应非线性同步方法[24]。EPLL 的结构由 BPAF、LP、VCO 组成，如图 9.5 所示。自适应滤波器可由陷波滤波器或带通滤波器实现。

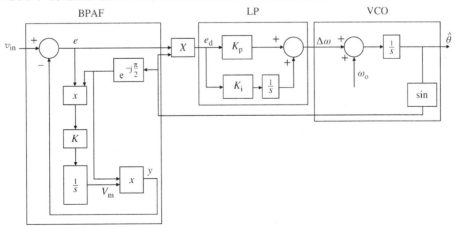

图 9.5　EPLL 框图[21]

在 SOGI – PLL 结构中，使用 SOGI – QSG 滤波器获得频率自适应正交信号，如图 9.6 所示。基于 SOGI 的自适应滤波器的传递函数是

$$G_{SOGI}(s) = \frac{s\omega_0}{s^2 + \omega_0^2} \tag{9.3}$$

式（9.3）产生 2 个相差90°的正弦输出信号v'和qv'。v'与输入信号v有相同的相位和幅值。因为所提出的调谐方案以频率为基准，所以当电网频率发生波动时滤波效果就会出现问题，因此需要基于谐振频率的自适应变化结构。所以，SOGI 的谐振频率可以通过 PLL 提供的频率进行调节。通过提高比例系数k可以获得高滤波能力。如果k减小，滤波器的带宽会变窄，同时系统的动态响应也会变慢。

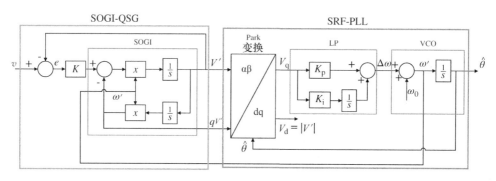

图 9.6 SOGI – PLL 框图

在三相系统中，正序电压的幅值和相角用于同步变换器输出变量和功率计算，或者用于静止坐标系向旋转坐标系的变换。在电网检测技术方面，即使电网电压发生畸变或不平衡，也必须快速准确地获取正序分量的幅值和相位。在三相系统中，基于 SOGI 的同步技术被称为双二阶广义积分锁相环（Dual Second – Order Generalized Integrator PLL，DSOGI – PLL）。基于双 SOGI 的 QSG 用于滤波，并从 αβ 电压中获得90°相移信号。这些信号作为正序计算器（Positive Sequence Calculator，PSC）的输入，来自于在 αβ 域中的瞬时对称分量（Instantaneous Symmetrical Component，ISC）。

$$v_\alpha^+ = v_\alpha^{'} - qv_\beta^{'}$$
$$v_\beta^+ = qv_\alpha^{'} + v_\beta^{'} \tag{9.4}$$

最后，正序 αβ 电压转换为 dq 同步坐标系下，采用 SRF – PLL 使系统频率自适应。在图 9.7 所示系统中，反馈回路将分量 q 调整为 0，以控制 dq 坐标系下的角位置并估算电网频率。估算的电网频率ω'通过外部反馈回路用以动态调整 DSOGI – QSG 的谐振频率。

9.1.3.3 孤岛检测方法

基于逆变器的并网型分布式发电系统的非计划性孤岛会导致本地电力负载的损耗、并网逆变器的损坏并危害检修人员的安全。因此，当上述情况发生时，必须正确操作分布式发电系统。可采用两种方法：电网侧检测或逆变器侧检测。在第一种情况下，需要采用信号系统管理孤岛运行，但这使系统更加复杂且成本增加。在第二种模式下，并网型分布式发电系统的控制器检测孤岛运行模式，并且逆变器进行适当的动作。后者分为 4 种情况：与逆变器集成的被动检测法、与逆变器集成的主动检测法、与逆变器分离的主动检测法和基于电网与光伏逆变器通信的方法。此外，在相差超出范围时，电网断路器或电路重合闸可能将孤岛与电网重新连接，这会导致过电流和系统崩溃。根据该方案，非检测区（Non – Detection Zone，NDZ）属于潜在孤岛内的本地负载

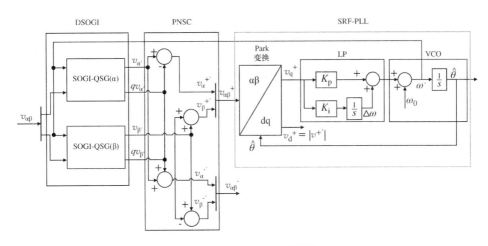

图 9.7　DSOGI – PLL 框图

范围，而在这一范围内孤岛检测方法不能有效检测孤岛。每一种检测方法都有不同的 NDZ。因此，NDZ 可以作为评价不同反孤岛算法的性能指标。所有孤岛检测方法的目的是，在任意情况下检测孤岛时，都能够减小 NDZ 直至为零。

电网侧检测方法可以精确检测孤岛情况，但是随着分布式发电系统的数量和电网电压等级、传感器数量和价格、通信设备和管理的复杂性的改变而改变。因此，当分布式发电系统连接到低压电网时，通常采用与逆变器集成的孤岛检测方法。

1. 过电压/欠电压（OUV）和过频/欠频（OUF）方法

所有的并网型分布式发电系统逆变器需要具有 OUF 和 OUV 保护。如果 PCC 值与设定值不同，则阻止光伏逆变器向电网供电。在开关断开形成孤岛之前，电网断开时系统的行为取决于在那一瞬间所提供的功率。如果 *RLC* 负载的谐振频率与电网频率相同，线性负载不能吸收无功功率。有功功率与电压成正比。在系统断开时，负载功率和分布式发电系统提供的功率保持一致，电压变为

$$V' = K \cdot V \tag{9.5}$$

式中

$$K = \sqrt{\frac{P_{DG}}{P_{load}}} \tag{9.6}$$

P_{DG} 是分布式发电系统的功率；P_{load} 是负载功率。当 $P_{DG} > P_{load}$ 时，电压幅值会增加；相反，当 $P_{DG} < P_{load}$ 时，电压幅值会减小。同时，无功功率由电压的幅值和频率决定[25,26]。

当有功与无功功率平衡时，这是最难检测的孤岛情况。这种工况下没有幅值和频率的变化，即 $\Delta P = 0$ 与 $\Delta Q = 0$。简单地说，小的 ΔP 导致电压幅值变化很小，而小的 ΔQ 导致电压频率变化很小，不足以断开系统和避免孤岛。可以利用有功与无功功率不匹配，通过设置频率和幅值的阈值计算 NDZ 区域面积。需要注意的是，ΔP 和 ΔQ 落入 OUV/OUF 的 NDZ 区域内的概率是很大的。由于这个原因，在反孤岛保护中 OUV 和 OUF 保护装置通常难以满足所有要求。

2. 电压谐波检测方法

正常情况下，PCC 电压由电网控制，但是在孤岛情况下，分布式发电系统逆变器控制 PCC 电压并且 *RLC* 负载上的单个谐波幅值会变化。因此，检测电压谐波畸变可以有效检测孤岛情况的发生。电压谐波检测方法是通过 PCC 电压的 THD 检测谐波或者最高次谐波。在实际电力系统中，PCC 电压明显的谐波畸变可以表明孤岛运行情况。所检测的 PCC 电压谐波幅值取决于电网

阻抗；因此，依靠设置跳闸阈值实现可靠孤岛保护的方法并不总是可行的。

3. 电网阻抗变化检测方法

欧洲标准 EN50330 – 1 描述了一种有效的孤岛检测方法，包括检测在所谓的 ENS 或 MSD（具有本地开关设备的主要检测单元）孤岛瞬变时电网阻抗变化。使用标准 DIN VDE0126 的德国和澳大利亚采用具有 OUV 和 OUF 保护的阻抗检测方法。为了完成阻抗检测，可以使用精密的外部检测设备或者采用集成在逆变器内部的控制方法。目标是在电网故障导致阻抗变化 $\Delta Z = 0.5\Omega$ 之后 5s 内中断供电电源[27]。

通常，用设备产生固定谐波次数 h 的小电流注入系统以检测阻抗，可得

$$\overline{Z}_h = \frac{V \cdot e^{j\phi_V}}{I \cdot e^{j\phi_I}} = Z_h \cdot e^{j\phi_Z} \tag{9.7}$$

或者

$$\overline{Z}_h = R_g + j\omega_h L_g \tag{9.8}$$

这种方法的缺点是通过逆变器增加了注入电网的谐波污染。为克服这一缺点，建议仅在数据采集分析所需的时间内注入电流谐波或间谐波。此外，如果有大量变流器并联，同时注入谐波会影响该方法的有效性，并且带来由控制导致的电能质量和系统稳定性问题。

4. 有功与无功功率变化方法

图9.8是分布式发电系统逆变器基于有功与无功功率注入的孤岛检测方法控制框图。该方法应用于光伏发电系统。当逆变器与电网连接时，假设负载吸收恒定的功率 P_{load}，则产生有功功率变化 ΔP。在孤岛状态运行时，实际功率变化直接流入负载，影响逆变器电流和 PCC 电压。在孤岛状态下，逆变器注入负载的有功功率变化与电压变化的计算关系为

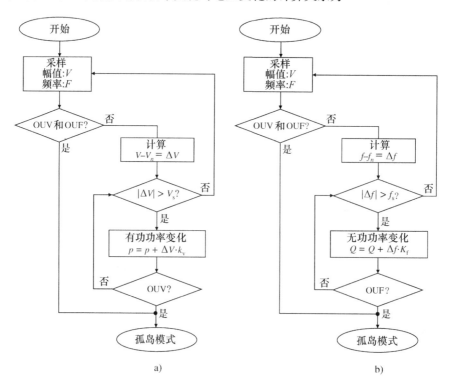

图9.8 a）有功功率；b）无功功率变化孤岛检测方法[26]

$$P_{DG} = P_{load} = \frac{V^2}{R} \tag{9.9}$$

$$V = \sqrt{R \cdot P_{DG}} \tag{9.10}$$

根据式（9.10）对P_{DG}进行微分，得

$$\frac{\partial P_{DG}}{\partial V} = 2 \times \frac{V}{R} = 2 \times \frac{\sqrt{R \times P_{DG}}}{R} = 2 \times \sqrt{\frac{P_{DG}}{R}} \tag{9.11}$$

电压变化可表达为

$$\Delta V = \frac{\Delta P_{DG}}{2} \cdot \sqrt{\frac{R}{P_{DG}}} \tag{9.12}$$

因此，可以改变逆变器有功功率使电压幅值超出正常运行范围，并且当电压变化超过一定阈值范围时，该方法有效。算法的干预时间可以通过K_v来调整，其功率dP随测量电压变化成正比的增加或减小。因此，功率变化为

$$dP = K_v \cdot (V - V_n) \tag{9.13}$$

同样，利用频率和无功功率之间的紧密联系，通过锁相环检测电网电压频率，可以产生另一种孤岛检测方法。频率差异是通过增益放大，无功功率dQ为

$$dQ = K_f \cdot (f_n - f) \tag{9.14}$$

5. 其他集成在逆变器内的主动方法

近年来，基于以电力孤岛不稳定性为目标的系统扰动的其他孤岛检测方法不断发展起来[28]。其中一种方法称为 Sandia 电压偏移（Sandia Voltage Shift，SVS）方法，该方法在 PCC 电压幅值（通常在实际测量中得到有效值）上采用正反馈。另一种方法是滑模频率偏移（Slip - Mode Frequency Shift，SMS）方法，该方法把逆变器的电流 - 电压相角表达为 PCC 电压频率的函数，而不是将其控制为 0。在电网频率附近区域，该逆变器的相位响应曲线设计为逆变器相位增加要快于具有单位功率因数的 *RLC* 负载的相位增加。

主动频率漂移（Active Frequency Drift，AFD）方法通过逆变器注入电流，使电流波形产生轻微畸变，以至于持续改变频率。因此，在孤岛运行时，PCC 电压频率会被迫上下移动。定义 AFD 的斩波因子为

$$cf = \frac{2T_z}{T} \tag{9.15}$$

式中，T_z是 AFD 信号的零时刻；T是电网电压周期。

相反，Sandia 频率偏移（Sandia Frequency Shift，SFS）方法对频率采用正反馈，且该方法所得的斩波因子为

$$cf = cf_0 + K(f - f_n) \tag{9.16}$$

式中，K是加速增益；cf_0是在没有频率误差时的斩波因子；$f - f_n$是估计频率与额定值之间的频率差。SMS、AFD 和 SFS 方法计算公式如表 9.1 所示。

表 9.1　主动方法（SMS、AFD 和 SFS）的计算公式

方法	相位准则
SMS	$\tan^{-1}\left[R\left(\omega C - \frac{1}{\omega L} \right) \right] = - \arg(G(j\omega))$
AFD	$\tan^{-1}\left[R\left(\omega C - \frac{1}{\omega L} \right) \right] = \frac{\pi \cdot cf}{2}$
SFS	$\tan^{-1}\left[R\left(\omega C - 1\frac{1}{\omega L} \right) \right] = \frac{\pi \cdot (cf_0 + K(f - f_n))}{2}$

9.2 与电网互动的分布式发电系统的功率变流器控制

与电网互动的微电网正成为受到广泛关注的用于主动配电网的结构。微电网作为融合分布式发电单元、负载与储能单元的系统，整体表现为一个单一可控的设备[2,17]。前面章节已经对单一分布式发电系统单元的一般拓扑结构进行了分析，并且研究了主要控制方法。因此，当前的关注点是分布式发电系统的能量管理问题，该问题是分布式发电系统统一运行的关键。能量管理目标是在控制结构没有实质性变化的前提下，通过控制系统的断开和重新连接，实现分布式发电系统在孤岛、并网和微电网情况下的运行。

微电网基本架构如图9.9所示，其中各组成部分在物理连接上十分紧凑，但位置上呈分布式排布，并且包含一般负载和重要负载。重要负载需要高可靠性能源及高质量电能。在并网运行模式，静态转换开关（Static Transfer Switch，STS）闭合。根据调度参考值或从能量源获取的最大功率跟踪，每个分布式发电系统单元产生固定的有功功率和无功功率。在孤岛运行模式，分布式发电系统单元需要依据各自的容量实现负载功率分配，并且实现能量生产和消耗之间的平衡。

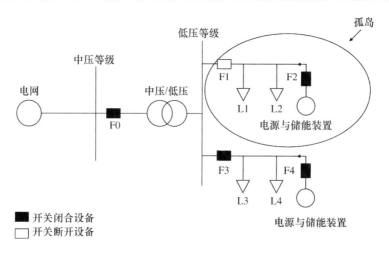

图 9.9 微电网基本架构[29]

因为在过去，分布式发电系统在并网模式下以电流源形式运行，在孤岛模式下以电压源形式运行，所以分布式发电系统功率变流器需要在并网运行和孤岛运行情况下改变其控制架构。在这两种情况下都存在电流环，但是在孤岛运行模式下，需要控制并网滤波器中的电容电压。9.1.3.1节已经说明，电压控制适用于并网和孤岛运行模式。在并网运行模式下，电压控制需要对 PCC 电压实施严格调节，并在电压骤降的情况下支撑本地负载电压。在孤岛和微电网运行模式下，功率变流器的控制只负责调节电压，因为在没有电网支撑下，该控制系统可以保证电压质量，并在负载突变下快速恢复电压。因此，在所有运行情况下，微电网的正确运行需要准确的功率控制和电压调节算法。

为实现上述目标，下面介绍两种控制方法：不基于通信的控制方法和基于通信的控制方法。微电网中，基于通信的控制方法依赖于不同分布式发电系统之间的控制信息交换。这种技术需要采用微电网中央控制器，由其从每个分布式发电系统处收集信息并在不同负载情况下加载分布式发电系统单元。基于通信的控制方法有很多缺点。因为微电网中逆变器之间连接距离很长，所以采用动态共享信息的高带宽通信基础设施不切实际且成本昂贵，并且控制信息对分布式发电系统的正常运行十分重要，分配控制信号降低了微电网系统的可靠性。

可实现的控制算法最好在并联分布式发电系统之间没有通信连接。每个独立的分布式发电系统控制算法应该使用本地测量的反馈变量。采用频率和电压的下垂方法可以实现简单的不基于通信的功率控制。这个概念来源于功率理论，当功率需求增加时，与电网相连的发电机频率会下降。根据总负载需求并由其频率下垂特性确定，每个分布式发电系统根据电压频率下垂分配有功功率，并且利用电压频率作为分布式发电系统控制器之间的通信连接。同样，采用电压幅值与无功功率下垂作为无功功率分配的方法。这种控制方法被称为下垂控制。

9.2.1　下垂控制

如图 9.9 所示，微电网由不同的能源类型组成，例如：太阳电池板、燃料电池和风力发电机。每个单元由逆变器作为接口连接公共母线，连接电缆可以等效为阻抗模型，如图 9.10 所示。

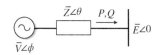

图 9.10　连接到母线的逆变器等效电路[30]

由逆变器流向电网的有功与无功功率表达式为

$$P = \frac{1}{Z}\left[(EV\cos\phi - E^2)\cos\theta + EV\sin\phi\sin\theta \right] \tag{9.17}$$

$$Q = \frac{1}{Z}\left[(EV\cos\phi - E^2)\sin\theta - EV\sin\phi\cos\theta \right] \tag{9.18}$$

式中，V 是逆变器输出电压幅值；E 是公共母线电压幅值；ϕ 是变流器电压相位角；Z 和 θ 是输出阻抗的幅值和相位。

假设输出阻抗是纯电感，即 $X \gg R$，则 R 可以忽略不计。

则式（9.17）和式（9.18）可写为

$$P = \frac{EV}{X}\sin\phi \tag{9.19}$$

$$Q = \frac{EV}{X}\cos\phi - \frac{E^2}{X} \tag{9.20}$$

考虑到 ϕ 非常小，则 $\sin\phi \approx \phi$，并且 $\cos\phi \approx 1$，式（9.19）和式（9.20）可等效为

$$P \approx \frac{EV}{X}\phi \tag{9.21}$$

$$Q \approx \frac{E}{X}(V - E) \tag{9.22}$$

式中，X 是在工频下的输出阻抗。式（9.19）和式（9.20）表明有功功率可以由相位 ϕ 控制，无功功率可以由变流器输出电压幅值 V 控制。

这个结论形成了基本的下垂控制。下垂方法采用频率代替相位控制有功功率流动。这是因为在无负载情况下初始频率可以轻易确定，但分布式发电系统单元在并网点电压的初始相位值并不确定。因此，通常下垂方法可以表示为

$$\omega = \omega^* - m_{\text{p}}(P - P^*) \tag{9.23}$$

$$V = V^* - n_{\text{q}}(Q - Q^*) \tag{9.24}$$

式中，ω^* 和 V^* 分别是额定频率和电压；P^* 和 Q^* 分别是有功功率和无功功率的参考值；m_{p} 和 n_{q} 是比例系数。

频率和电压下垂特性关系如图 9.11 所示。

需要选择合适的逆变器输出阻抗 X。实际上，可通过增加输出阻抗减小由于电力线和分布式发电系统参数差异产生的环流，例如输出滤波器参数或频率和幅值设定值。

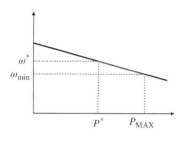 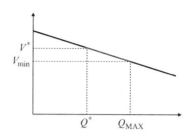

图 9.11 频率和电压下垂特性

如图 9.12 所示，增加 X 也可以减小注入的最大有
功功率，而减小输出阻抗可以使 ϕ 变得更小

$$\phi = \sin^{-1}\left(\frac{PX}{EV}\right) \tag{9.25}$$

因此，在设计输出阻抗时需要均衡考虑。

在低压微电网情况下，线路电阻不能忽略不计。
在这种情况下，由式（9.21）和式（9.22）表达的下
垂关系无效[31]。根据式（9.17）和式（9.18）控制
功率会导致耦合，有功和无功功率不能再独立控制。
如果 $Z = R$，$\theta = 0$，则

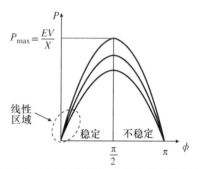

图 9.12 输出阻抗增加对有功功率的影响

$$P = \frac{E}{X}(V - E) \tag{9.26}$$

$$Q = \frac{EV}{X}\phi \tag{9.27}$$

此时，将 P、Q 进行交换为

$$\omega = \omega^* - m'(Q - Q') \tag{9.28}$$
$$V = V^* - n'(P - P') \tag{9.29}$$

所以，基于 $P - \omega$ 和 $Q - V$ 的下垂控制可以用于感性阻抗，而基于 $P - V$ 和 $Q - \omega$ 的下垂控制
可以用于阻性阻抗。为了在每种线路阻抗模型下引入有功与无功功率的解耦，可以使用变换矩阵
T 以修正有功与无功功率 P、Q 为 P_c、Q_c，即

$$\begin{bmatrix} P_c \\ Q_c \end{bmatrix} = T \begin{bmatrix} P \\ Q \end{bmatrix} = \begin{bmatrix} \sin\alpha & -\cos\alpha \\ \cos\alpha & \sin\alpha \end{bmatrix} \begin{bmatrix} P \\ Q \end{bmatrix} = \begin{bmatrix} \dfrac{X}{Z} & -\dfrac{R}{Z} \\ \dfrac{R}{Z} & \dfrac{X}{Z} \end{bmatrix} \begin{bmatrix} P \\ Q \end{bmatrix} \tag{9.30}$$

式中

$$\alpha = \text{atan}(X/R) \tag{9.31}$$

在式（9.19）和式（9.20）中使用该变换，可得

$$P_c = \frac{EV}{X}\sin\phi \tag{9.32}$$

$$Q_c = \frac{EV\cos\phi - E}{Z} \tag{9.33}$$

P_c 和 Q_c 的定义说明两者均可以独立影响电网频率和幅值（见图 9.13）。为得到 P_c 和 Q_c，需
要知道 R/X，但是这种变换需准确知道阻抗信息。

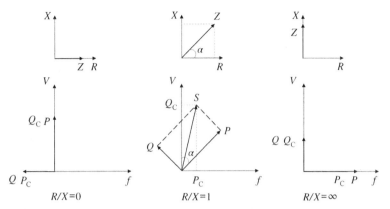

图 9.13　在不同线路阻抗率下有功和无功功率对电压和频率的影响

9.2.2　微电网中的功率控制

基于下垂控制理论，分布式发电系统的功率管理策略可以用于并网和孤岛运行模式，且当分布式发电系统在不同运行模式下切换时，其控制结构变化最小，可保证快速响应。

9.2.2.1　并网运行模式下的功率控制

在并网运行模式下，每个分布式发电系统单元形成微电网或直接连接到主电网，根据参考指令输出固定的有功和无功功率或根据最大功率点（MPP）跟踪产生最大功率。分布式发电系统以可控电流源形式运行并且所有负载均接入电网。

每个分布式发电系统单元实时有功/无功功率与额定有功/无功功率的差值通过下式进行调节：

$$\omega = \omega_e - m_e(P - P^*) \tag{9.34}$$

$$\hat{V} = \hat{E} - n_p \left[(Q - Q^*) + \frac{1}{T_{iQ}} \int_{-\infty}^{t} (Q - Q^*) \mathrm{d}\tau \right] \tag{9.35}$$

式中，ω_e 和 $\hat{E}$ 分别是由 PLL 通过检测 PCC 电压所得到的电压参考频率和幅值；P^* 和 Q^* 分别是有功和无功功率给定参考值；m_p 和 n_p 分别是频率和电压比例系数；T_{iQ} 是无功功率控制器积分时间常数。

当运行在并网模式时，有功功率控制器在电网频率 ω_e 下处理有功功率 P^*。PI 控制器用于无功功率调节，使分布式发电系统无功功率输出达到其期望值且在稳态时无误差。

图 9.14 给出了在含有解耦变换矩阵和不含解耦变换矩阵情况下，分布式发电系统的有功和无功功率。可以看出，在第一种情况下，稳定时间约为 1s；在第二种情况下，稳定时间约为 2s。如图 9.15 所示，采用解耦变换矩阵可以增加阻尼并减小稳定时间。当维持电压和频率在限定范围内，输出电流平缓增加。

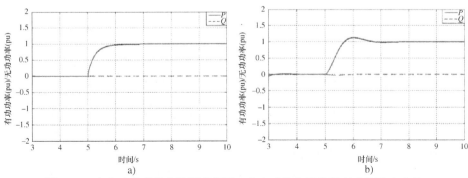

图 9.14　在有功功率给定阶跃变化下，分布式发电系统的有功和无功功率：

a）含解耦变换矩阵；b）不含解耦变换矩阵

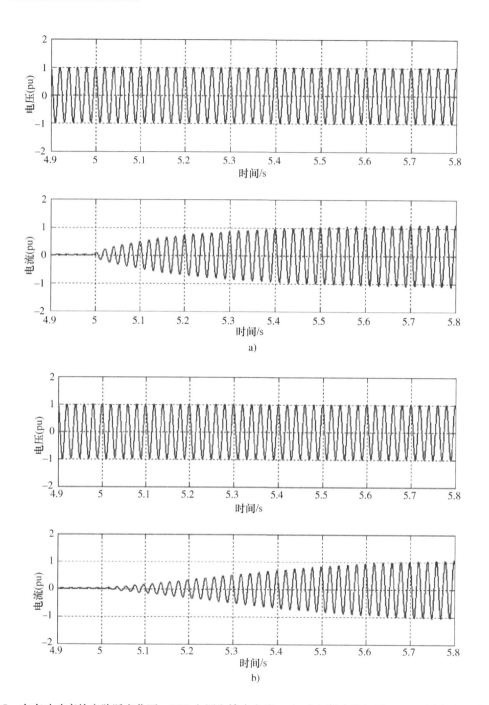

图 9.15 在有功功率给定阶跃变化下，PCC 电压和输出电流：a）含解耦变换矩阵；b）不含解耦变换矩阵

在负载变化时，因为电网吸收多余能量，所以可以观察到有功和无功功率没有变化（见图9.16）。

9.2.2.2 孤岛运行模式下的功率控制

在孤岛运行时，由分布式发电系统根据每个单元的额定功率分配总负载功率需求给负载供电，以达到发电和用电的完美平衡。有功和无功功率可根据负载需求和下列方程进行修正。

$$\omega = \omega_{\text{b}} - m_{\text{ishand}}(P - P_{\text{MAX}}) \tag{9.36}$$

$$\hat{V} = \hat{V}_{\text{Cb}} - n_{\text{island}}(Q - Q_{\text{MAX}}) \tag{9.37}$$

式中，$\hat{V}_{\text{Cb}}$ 和 ω_{b} 分别是参考电压的幅值和相位标幺值；P_{MAX} 和 Q_{MAX} 分别是分布式发电系统可以提供的最大有功和无功功率。

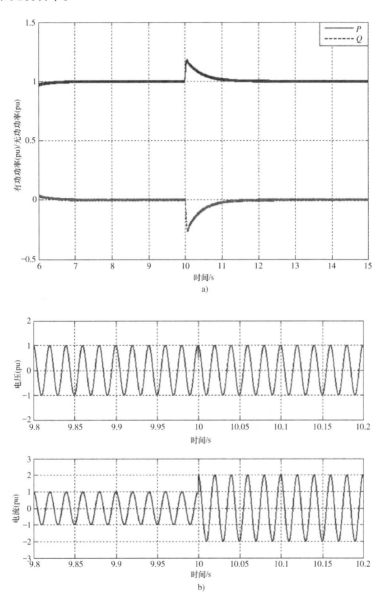

图 9.16　在并网运行模式下的负载变化：a）有功和无功功率；b）负载电压和电流

　　如图 9.17 所示，"监控命令"（Supervisory Command，SC）信号用于功率控制，在并网运行和孤岛运行模式之间进行切换。控制系统的输出作为分布式发电系统电压控制的电压和频率参考。在负载功率增加的情况下，系统提供的有功功率与负载需求相匹配并且暂态过程平滑快速，维持电压和频率在限定范围内（见图 9.18）。

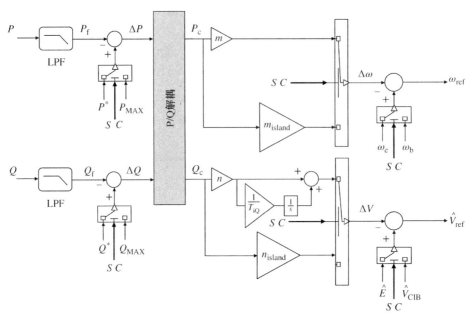

图 9.17 基于下垂控制的功率控制[38]

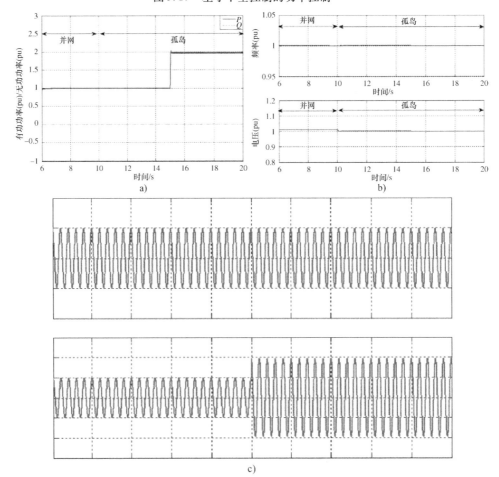

图 9.18 在孤岛运行模式下的负载变化：a）有功和无功功率；b）PCC 电压幅值和频率；c）负载电压和电流

9.2.2.3　不同运行模式下的转换

在孤岛运行模式，分布式发电系统可以运行在与电网不同的频率下。但显而易见，如果相位差不可忽略，则分布式发电系统不能连接到电网，否则会导致很大的过电流、系统损坏或稳定性降低[34]。为避免异相重合闸，需要采用同步以保证平滑切换和快速的暂态过程。

如图 9.19 所示，同步系统通过 PLL 获得电网电压 v_g 和分布式发电系统电压 v_o 的相位和幅值信息并进行比较。采用两个缓存检测相位和幅值误差，在相位和幅值误差小于设定阈值时，输出信号 S 表示可以进行同步并将该信号与 STS 协调。STS 状态决定分布式发电系统的运行模式为并网或孤岛运行模式。

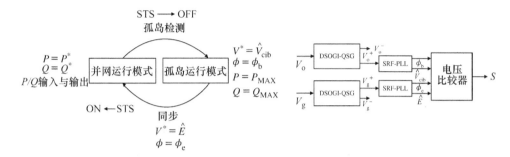

图 9.19　在不同运行模式和同步系统间的切换

为确定电压参考、验证性能并确定重合闸时刻，9.1.3.2 节中详细描述了相序检测器 DSOGI – QSG 和 SFP – PLL。为获得没有谐波和不平衡分量的信号，分布式发电系统变流器的电压参考由基波正序分量（Fundamental Frequency – Positive Sequence ，FFPS）组成。相对于其他技术，DSOGI – QSG 具有最佳抑制谐波功能。

如果分布式发电系统运行于孤岛模式下，在电网故障时，则没有同步问题，只有在电网 PCC 电压恢复正常后，同步系统才能够进行连接。

9.2.3　控制参数设计

在并网和孤岛运行模式下，需要分布式发电系统动态模型和稳态分析来设计合适的 $P - \omega$ 和 $Q - V$ 控制参数。通过对带有 3 个控制回路的逆变器控制结构建模：功率分配控制回路用于产生参考电压的幅值和频率；基于比例谐振控制器的电压控制回路，向电流内环提供参考电流；比例谐振电流控制器用于确定 PWM 模块的参考电压（见图 9.20），其稳态分析用于设计并网运行模式下的控制器参数。功率外环相比于两个内环，其带宽更小。输出电压 v_o 乘以输出电流 i_o 并通过低通滤波器得到平均功率 P_f。通过将输出电压 90°延迟并采用低通滤波器，得到平均无功功率 Q_f。

低通滤波器是二阶巴特沃斯滤波器，其截止频率可以设置在基波频率的 1/10 以下。相比于逆变器的电压控制滤波器，该滤波器的带宽更小；因此，控制性能对滤波器更为敏感。n 阶巴特沃斯低通滤波器的传递函数表达式为

$$H(s) = \frac{1}{\prod_{i=1}^{n}(s - s_i)} = \frac{1}{(s - s_1)(s - s_2)\cdots(s - s_n)} \tag{9.38}$$

式中

$$s_i = e^{j\pi[(si+n-1)/2n]} = \cos\left(\pi\frac{2i + n - 1}{2n}\right) + j\sin\left(\pi\frac{2i + n - 1}{2n}\right) \tag{9.39}$$

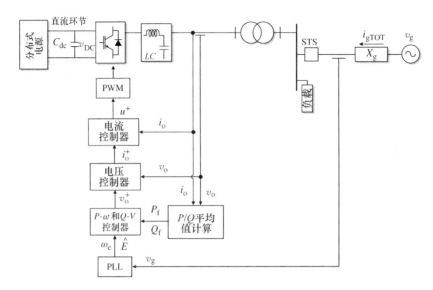

图 9.20　分布式发电系统的多回路控制策略

由于该滤波器带宽远小于电压控制带宽，因此在功率控制中，可以合理地采用延迟近似描述电压控制回路的动态特性。线性化式（9.17）和式（9.18）并假设 P/Q 解耦，可获得有功和无功功率控制回路如图9.21所示。

图9.21 中的变量说明如下：

- P_f 和 Q_f 分别是平均有功和无功输出功率；
- P^* 和 Q^* 分别是有功和无功功率参考值；
- $G_{cP}(s)$ 和 $G_{cQ}(s)$ 分别是有功和无功功率控制器的传递函数；
- $G_{LPF}(s)$ 是二阶巴特沃斯低通滤波器的传递函数；
- $G_{oP}(s)$ 和 $G_{oQ}(s)$ 分别是有功和无功功率控制回路的传递函数。

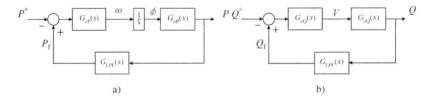

图 9.21　有功功率：a）无功功率；b）控制回路

因此，有功和无功功率控制回路的开环传递函数为

$$G_{olp}(s) = G_{LPF}(s) \frac{EV}{X} \cdot \frac{m(P_f - P^*)}{s}$$

$$G_{olQ}(s) = G_{LPF}(s) \cdot \frac{(V-E)E}{X} \cdot n \left[(Q_f - Q^*) + \frac{1}{T_{iQ}s}(Q_f - Q^*) \right] \qquad (9.40)$$

二阶巴特沃斯低通滤波器的截止频率应选在 5~10Hz 内，以求出有功和无功功率的平均值。考虑到低通滤波器的截止频率 $f_t = 10$Hz，需要评估比例系数 m 变化对稳定性的影响和有功功率回路的响应速度。图 9.22 给出了比例系数变化时有功功率控制回路的结果。随着比例系数的增加，相位裕量减小，但是其变化在一定范围内。当频率比例系数大于 10^{-4} 时，系统变得不稳定。图

9.22c 描述了不同 m 值下的根轨迹曲线簇。可以看出，通过调节极点可以获得所需动态。一方面，通过增加 m，极点向虚轴移动，系统具有过阻尼响应的二阶特性；另一方面，随着比例系数的减小，系统表现出一阶系统响应，阻尼增加，稳定时间变长。

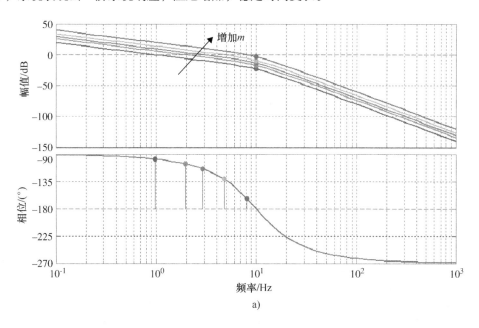

a)

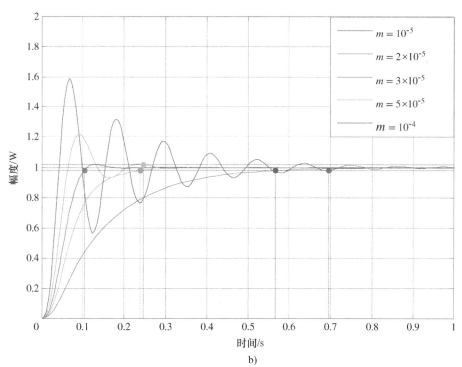

b)

图 9.22　a）开环伯德图；b）阶跃响应；c）比例系数变化时，有功功率回路根轨迹簇

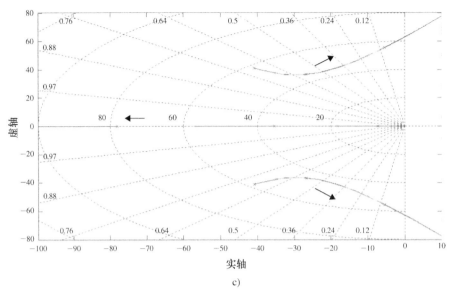

c)

图 9.22　a）开环伯德图；b）阶跃响应；c）比例系数变化时，有功功率回路根轨迹簇（续）

当积分时间常数固定为 $T_{iQ} = 0.03$ 且比例系数变化时，图 9.23 给出了无功功率控制回路的结果。通过伯德图可以看到，随着比例系数的增加，相位裕量在一个固定范围内减小。通过增加比例系数，系统响应变快且稳定时间减小，但因为主导极点接近虚轴，其过冲增加。

在孤岛运行模式下，分布式发电系统需要提供负载所需的有功和无功功率，维持频率在频率敏感设备允许的范围内并保证电压质量。功率控制的比例参数调整为

$$m_{island} = \frac{\Delta\omega_{MAX}}{P_{MAX}} \tag{9.41}$$

$$n_{island} = \frac{\Delta V_{MAX}}{Q_{MAX}} \tag{9.42}$$

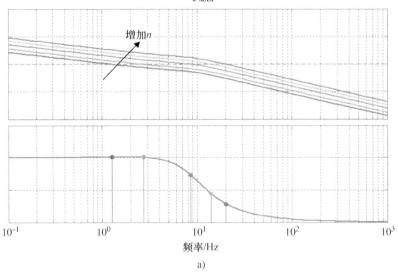

a)

图 9.23　a）开环伯德图；b）阶跃响应；c）在比例系数变化时
（固定积分系数 $T_{iQ} = 0.03$），无功功率回路根轨迹簇

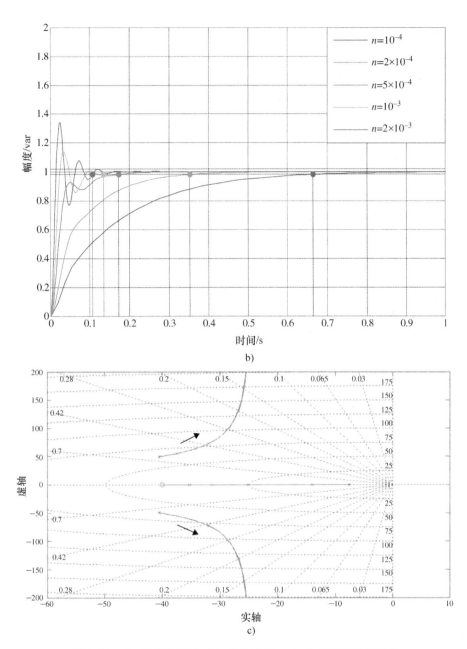

图 9.23　a）开环伯德图；b）阶跃响应；c）在比例系数变化时
（固定积分系数 $T_{iQ} = 0.03$），无功功率回路根轨迹簇（续）

式中，$\Delta\omega_{MAX}$ 和 ΔV_{MAX} 分别是允许的频率和电压最大偏移量；P_{MAX} 和 Q_{MAX} 是分布式发电系统可以提供的最大有功和无功功率。为了按照分布式发电系统额定有功功率成比例的分配所需负载以及最大的频率允许偏差，应选取适当的参数 m_{island} 和 n_{island}，以保证分布式发电系统间良好的无功功率分配和适当的电压调节。

9.2.4 谐波补偿

下垂控制的主要缺点是当分布式发电系统向非线性负载供电时，其谐波补偿特性很差。然而，可以通过修改传统下垂控制结构以满足电能质量要求。解决办法是固定分布式发电系统变流器输出阻抗以提出单一谐波分量。在并网运行模式下，要采用适当的补偿策略，在虚拟阻抗方法的基础上，从输出电压参考值上减去与谐波电流成正比的电压。通过带通滤波器滤除电流谐波，可以得到最大谐波电流的单个输出阻抗。为了向电网注入无谐波电流，可以采用谐振滤波器提取第3、5、7、11 次谐波。虚拟阻抗 $Z_H(s)$ 定义为

$$Z_H(s) = \sum_{\substack{i=3 \\ \text{奇数}}}^{11} \frac{2K_i s}{s^2 + 2K_i s + \omega_i^2} \tag{9.43}$$

式中，ω_i 是第 i 次谐波的频率；K_i 是滤波器系数。系数 K_i 的选取会影响系统的稳定性。通过减去与谐波电流成比例的电压，来调整电压参考 v_{ref}，如图 9.24 所示。

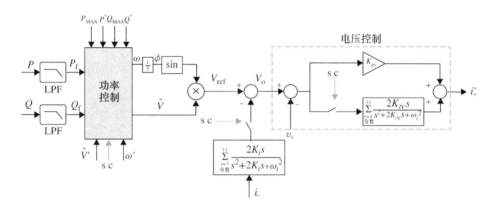

图 9.24 谐波补偿策略框图

所得电压参考可以表达为

$$v_o^* = v_{ref} - Z_H(s)i_o \tag{9.44}$$

式中，v_{ref} 是下垂控制输出参考电压；i_o 是逆变器输出电流。在并网运行模式下采用的谐波补偿回路伯德图如图 9.25a 所示。

与之不同的是，孤岛运行模式的主要目的是为本地负载提供正弦电压，即使负载为非线性或不平衡负载[13]。在孤岛检测情况下，控制结构需要修正。该方案在电压控制回路中直接应用谐振补偿器 H_V，而不影响下垂控制所提供的电压参考值 v_{ref}。

$$H_V(s) = \sum_{\substack{i=3 \\ \text{奇数}}}^{11} \frac{2K_{iv} s}{s^2 + 2K_{iv} s + \omega_i^2} \tag{9.45}$$

在这种运行模式下，可以实现稳态零电压误差和固定次谐波补偿。电压回路的伯德图如图 9.25b 所示。

图 9.26 给出了在并网运行和孤岛运行模式下，输出电流和 PCC 电压的 THD 变化。在孤岛运行模式下，如果系统中存在非线性负载，电压谐波补偿策略会导致分布式发电系统电流畸变。

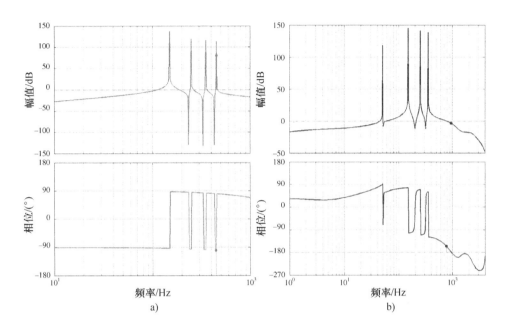

图 9.25　谐波补偿回路伯德图：a）电流谐波补偿回路伯德图；b）电压谐波补偿回路伯德图

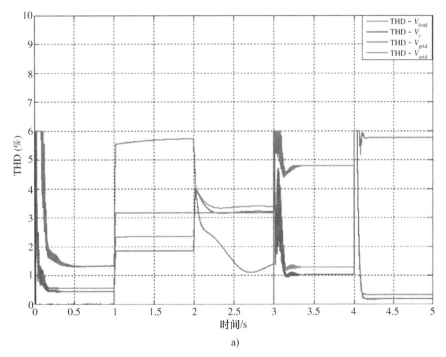

图 9.26　a）PCC 电压和分布式发电系统输出电流 THD；b）不同运行模式时间段[35]

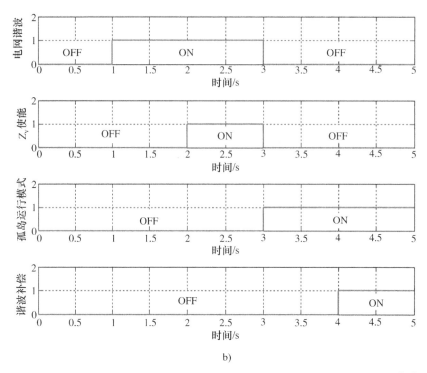

b)

图 9.26　a）PCC 电压和分布式发电系统输出电流 THD；b）不同运行模式时间段[35]　（续）

9.3　辅助功能

　　IEEE 标准 1547.2[36] 中规定，分布式发电系统的主要辅助功能包括：设定、系统控制和调度服务、提供无功和电压频率控制、能量不平衡补偿功能和旋转备用服务。在未来，由分布式发电系统提供的辅助功能将有助于加强分布式网络并且保证电能质量。对于光伏发电系统和小型风力发电系统，可以采用两种不同的方案以实现这一功能。第一种应用柔性控制策略，为本地负载提供电压支撑，并对其谐波进行补偿。第二种更复杂控制策略是在配电系统的运行下，维持大电网系统范围内电压，以优化注入无功功率的线路电压。特别是在增加辅助功能时，这些问题以及由于市场竞争对分布式发电系统的成本及体积造成的限制，都是对设计工作的挑战。

9.3.1　本地负载的电压支持

　　分布式发电系统并网变流器可视为一个并联控制器。一般情况下，在电力系统理论中，并联控制器作为静止无功发生器，用于稳定和改善电压波形，并补偿电流谐波和不平衡负载电流。鉴于此，在电网电压跌落时，串联变流器拓扑可以作为具有穿越功能的多功能逆变器。另外，并联装置可以通过注入无功功率补偿小电压波动。该设备不能同时实现对输出电压和输出电流谐波的控制。其在某一点对基波电压的控制能力依赖于电网阻抗和负载功率因数。由于电网阻抗一般很小，并且需要注入很大电流来增加负载电压，因此通过注入电流实现电压补偿是比较困难的。

　　并联控制器可以是电流控制或电压控制。当变流器是电流控制时，它可以作为电网供电部件（见图 9.27a），根据电网电压变化，通过调节输出的无功功率来支持电网电压。当变流器是电压控制时，它可以作为电网支撑部件来控制输出电压（见图 9.27b）。然而，在第二种情况下，为了稳定电压，控制作用结果也会导致无功功率的注入。图 9.29 显示了仅提供无功功率的并联控制器矢量图。当电网电压是 1pu 时，变流器提供的无功功率被负载吸收，电流控制或电压控制变流器矢量图相同。在第一种情况下，通过补偿电流 I_c 实现控制；在第二种情况下，通过负载电压实现控制，如图 9.28a 和图 9.28b 所示。

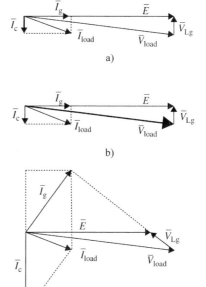

a)

b)

c)

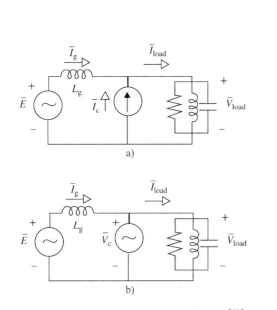

a)

b)

图 9.27　电压下降补偿时使用并联控制器[13]：
a）电流控制并联控制器的简化主电路；b）电压控制并联控制器的简化主电路

图 9.28　仅提供无功功率的并联控制器矢量图[13]：
a）正常情况下的电流控制变流器；b）正常情况下的电压控制变流器；c）补偿电压跌落 0.15pu 的矢量图

当电压跌落时，变流器提供无功功率以支撑负载电压，且电网电流 $\bar{I}_g$ 主要由无功分量组成：

$$\bar{I}_g + \bar{I}_c = \bar{I}_{load} \tag{9.46}$$

电网电流幅值取决于电网阻抗，因为

$$\bar{I}_g = \frac{\bar{V}_{Lg}}{j\omega L_g} \tag{9.47}$$

式中，$\bar{V}_{Lg}$ 是电感压降，如图 9.28c 所示。如果并联控制器提供负载所需的全部有功和无功功率，正常情况下，它提供补偿电流 $\bar{I}_c = \bar{I}_{load}$。因此，系统运行在孤岛状态且 $\bar{I}_g = 0$。

在电压跌落时，变流器需要提供负载所需有功功率，并注入无功功率以稳定负载电压，如图 9.29b 所示。这种情况下，电网电流是无功电流。可以得到

$$\bar{V}_{load} = \bar{E} - \bar{V}_{Lg} \tag{9.48}$$

因此，在电压跌落时，维持负载电压达到期望值需要大量无功电流，该电流与 ωL_g 成反比。这意味着大电感可以有助于减小电压跌落，尽管在正常运行时不希望有大的电感。这一特性可以看作系统提供给本地负载的辅助功能。

通常，由于线路阻抗中的感性元件和输出滤波器的大电感，逆变器被认为输出感性阻抗。但是因为闭环输出阻抗也依赖于控制策略，所以阻抗并不总是感性的。一种可能是在逆变器输出中串联电感以固定输出阻抗。当电网侧出现大电感或电网阻抗主要呈感性时，提出一种分布式发电系统控制结构方案，以提高电压下降时的补偿性能，如图 9.30 所示。其中，直接控制输出滤波

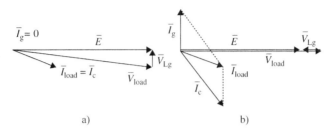

图 9.29 提供有功和无功功率的并联控制器矢量图[13]：
a）正常运行；b）补偿电压跌落 0.15pu 的矢量图

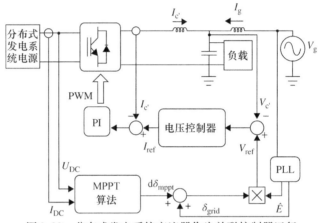

图 9.30 分布式发电系统变流器作为并联控制器运行

器电容 V'_c 的电压，间接控制注入电流时，电流幅值取决于电网电压和交流电容电压 V'_c 的差值。两个电压之间的相位偏移决定注入的有功功率（由 MPPT 算法决定），电压幅值差决定了与电网交换的无功功率。当电压下降大于 15% 时，将强制系统与电网断开连接（标准规定），而这一操作限制了所需的无功功率。为提高系统的电压谐波补偿能力，V_{ref} 与 V'_c 之间的电压差可以通过重复控制器或谐振控制器进行预处理，这些控制器按照基波和所选择谐波的周期运行计算。采用重复控制器或谐振控制器可以精确跟踪所选择的谐波并为内环提供参考值[13]。

在畸变负载下，分布式发电系统变流器采用并联控制器运行模式的优点十分突出。在这种情况下，电压控制器可以补偿畸变负载造成的谐波，提高负载电压波形质量。在图 9.31 所给出的示例中，负载电压 THD 由 17% 左右下降到 2% 左右。与之相关的具体谐波频谱对比如图 9.32 所示。

9.3.2 无功功率容量

在低压主动配电网中，分布式发电系统的结构越来越受欢迎。新的国家并网导则要求分布式发电系统具有无功功率处理能力。其中，印度标准 CEI 0 - 21 规定分布式发电系统通过发出/吸收无功功率参与电压调节。它既可以补偿在 PCC 由于系统有功功率注入导致的电压波动，还可以为 DSO 提供服务。特别是，在第一种情况下，当功率因数维持在 0.9 以下时，无功功率交互需要维持在三角形无功功率曲线中。在第二种情况下（功率因数小于 0.9），维持在无功功率的矩形曲线中（见图 9.33）。为实现这一功能，基于本地控制系统，分布式发电系统需要保证连续的无功功率，通过可变的实时功率因数运行控制进行调节 $[\cos\varphi = f(P)]$。如果需要 DSO，则分布式发电系统应该根据远程控制设置的可变无功功率曲线上的点提供无功功率。

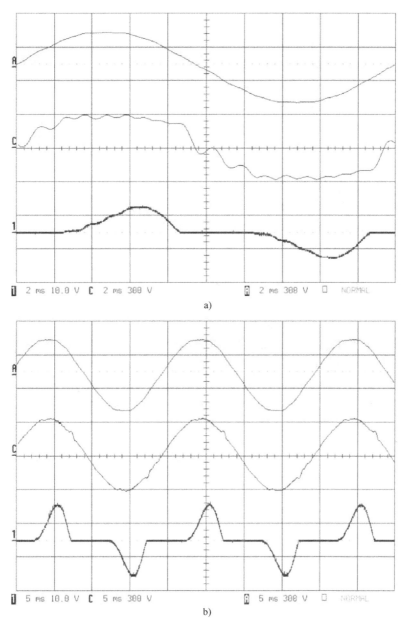

图 9.31　在畸变负载下得到的实验数据[13]：a）没有并联变流器：A 电网电压（300V/格），
C 负载电压（300V/格），1 负载电流（300V/格）；b）连接到电网的并联变流器：A 电网电压
（300V/格），C 负载电压（300V/格），1 负载电流（10V/格）

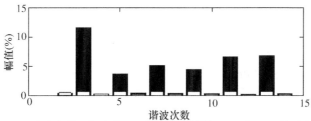

图 9.32　在畸变负载下的负载电压谐波频谱[13]：（黑柱）无并联变流器，
（白柱）连接到电网的并联控制器

9.3.3　电力系统领域的电压支撑

近年来，基于分布式发电系统的可再生能源成为涉及全球不同问题的重要研究领域之一。研究的主要目的是减少成本并提高效率。然而目前，由于功率变换的优化，单个分布式发电系统单元的性能改善与主要电力系统之间仍缺少一个连接，而对于后者，其控制和管理仅用于处于输电网络中的大容量电厂。此外，在分布式管理系统（Distribution Management System，DMS）运行的基础上，真正实现分布式发电系统与配电网的集成，是开发分布式发电系统潜能并实现低压有源网络的最后障碍。

20 年前，某些能量管理系统（Energy Management System，EMS）功能，例如电压注入和损耗优化，开始被整合在 DMS 中。然

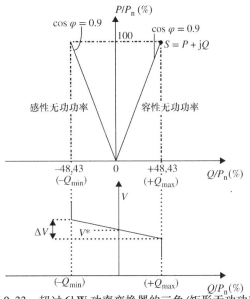

图 9.33　超过 6kW 功率变换器的三角/矩形无功功率曲线（P_n 为额定有功功率）和可能的 V/Q 特性[37]

而在过去，所有的中小型发电设备都被当作"不可调度者"，其中包括风电和光伏发电。这意味着由这些类型的分布式发电系统产生的能量只是简单地注入电网，而并不存在可控性。但是，这种情况正在改变，最新的 DMS 结合优化功能，对于配电网中多种能源和可控资源进行短期调度。

可以基于在电网侧分布式发电系统变流器上执行的本地控制系统（一级和二级），以及为本地控制提供设定值的远程控制系统，实现能够真正集成到配电网中的分层控制（见图9.34）。其

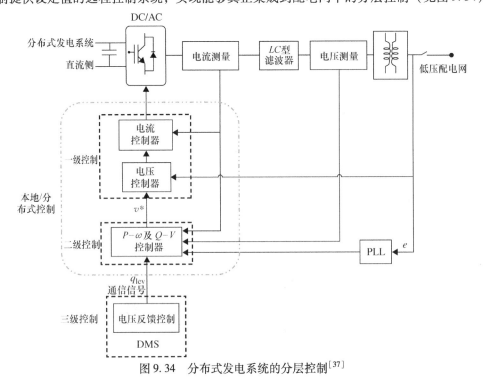

图 9.34　分布式发电系统的分层控制[37]

思想是每个分布式发电系统都应具有分布式/本地控制系统，通过三级级联回路实现有功/无功功率协调控制策略。本地控制系统负责实现本地电压控制，以及与在不同运行情况下（并网、孤岛与微电网）本地负载或电网之间的有功/无功功率交换。三级控制由 DMS 执行，用于给内部控制回路提供设定值，以便分布式发电系统向 DSO 提供服务。

一级控制主要决定系统的可靠性与稳定性，因此需要采用快速控制策略。一级控制结构可以参照 9.1.3.1 节设计。相反，二级控制工作在较慢的时间域，用于处理低压配电网与分布式发电系统之间的功率交换、电压波形优化和频率恢复。一级和二级控制形成了本地/分布式风力发电控制系统，通过通信，分布式发电系统能够从 DSO 的 DMS 接收信号，实现三级控制。三级控制实现了 9.2 节中所阐述的系统。由于内环比外环速度快，因此在重叠级之间的动态解耦得以实现。换而言之，时间解耦指标要求任何外环控制回路的主导时间常数都要大于所有内环回路的主导时间常数[38]。这个指标应用于电压控制单元、有功/无功控制单元和设定值优化单元。

分布式发电系统变流器的传统控制策略，通过最大功率点跟踪（MPPT）算法，允许注入的最大无功功率可以通过下式计算

$$Q_{REF} = \sqrt{(S^2 - P_{MPPT}^2)} \tag{9.49}$$

在这种情况下，可以根据无功功率参考值来动态调整有功功率参考值

$$P^* = \sqrt{(S^2 - (Q^*)^2)} \tag{9.50}$$

因此，为了实现分布式发电系统与高性能功率变换的有效集成，基于式（9.34）和式（9.35）对二级控制进行设计（电压矢量定向于参考坐标系 d 轴）。本地控制系统的目的是至少要限制通信线路（9.2.2.1 节）。因此，为了充分利用每个分布式发电系统在当前或未来的电网运行条件下的容量，中央调度人员需要周期性更新控制器设定的设定值（三级控制级）。

在这一假设下，参考量 Q^* 由无功功率级 q_{LEV} 乘以单元容量限制 Q_{LIM} 得到，根据实际运行情况计算得

$$Q^* = q_{LEV} \cdot Q_{LIM} \tag{9.51}$$

中央调度人员的输出会实时反映在闭环中定义的无功功率级 q_{lev} 并被设定在区间 $[-1; +1]$（分别对应最小值 $Q_{min} = -48.43\% P_n$、最大值 $Q_{max} = +48.43\% P_n$），以便使用标幺值表示线路电压 V_P，以对应于用标幺值表示的参考值 V_{PREF}。

$$q_{lev} = \left[q_{rif} - K_{PV}(V_{PREF} - V_P) - K_{IV} \int_0^t (V_{PREF} - V_P) dt \right]_{-1}^{+1} \tag{9.52}$$

式中，q_{rif} 是无功功率参考值（假设在正常运行时为零）；K_{PV} 和 K_{IV} 分别是三级控制器的比例和积分系数，通过分别调节，使得闭环的主导时间常数是二级控制器的 10 倍以上。

9.4 小结

近年来，基于光伏和小型风力发电机的分布式发电系统得到了快速发展。为了实现分布式发电系统与电网的真正集成，设计了应用于多种运行情况（并网运行模式、孤岛运行模式和微电网）的复杂控制系统。本章中从分析典型光伏发电系统和小型风力发电系统的功率级和控制结构入手，详细介绍了实现多种运行模式的控制单元。其中包括同步变换系统和孤岛检测系统，以配合监控系统和级联回路控制结构，后者根据监控信息对其参考值进行修改。为了限制并网到孤岛运行模式切换时的变化次数，并对不同情况下过渡过程进行优化管理，通用的运行模式需增加柔性控制结构。基于下垂控制的设计保证了灵活性。根据新的并网导则要求，需要对无功功率进行处理，并且为满足电能质量标准，可以将谐波补偿策略集成在控制结构中。

参 考 文 献

1. Lasseter, R.H. and Piagi, P. (2004) Microgrid: a conceptual solution. 2004 Power Electronics Specialist Conference, PESC 2004, Aachen, Germany, pp. 4285–4290.
2. Hatziargyriou, N., Asano, H., Iravani, R., and Marnay, C. (2007) Microgrids. *IEEE Power and Energy Magazine*, **5** (4), 78–94.
3. Katiraei, F., Iravani, M.R., and Lehn, P.H. (2005) Micro-grid autonomous operation during and subsequent to islanding process. *IEEE Transactions on Power Delivery*, **20** (1), 248–257.
4. Villeneuve, P.L. (2004) Concerns generated by islanding. *IEEE Power and Energy Magazine*, **2** (3), 49–53.
5. IEEE Standard (2011) IEEE Std 1547.4. *IEEE Guide for Design, Operation and Integration of Distributed Resource Island Systems with Electric Power Systems*, IEEE.
6. IEEE Standard (2005) IEEE Std 1547.1. *IEEE Conformance Test Procedures for Equipment Interconnecting Distributed Resources with Electric Power Systems*, IEEE.
7. IEEE Standard (2003) IEEE Std 1547–2003. *IEEE Standard for Interconnecting Distributed Resources with Electric Power Systems*, IEEE.
8. Petrone, G., Spagnuolo, G., Teodorescu, R. *et al.* (2008) Reliability issues in photovoltaic power processing systems. *IEEE Transactions on Industrial Electronics*, **55** (7), 2569–2580.
9. IEC Standard (2004) 61727, Ed.2. *Photovoltaic PV Systems Characteristics of the Utility*, IEC.
10. Mastromauro, R.A., Liserre, M., and Dell'Aquila, A. (2008) Study of the effects of inductor nonlinear behavior on the performance of current controllers. *IEEE Transactions on Industrial Electronics*, **55** (5), 2043–2052.
11. Zmood, D.N. and Holmes, D.G. (2003) Stationary frame current regulation of PWM inverters with zero steady-state error. *IEEE Transactions on Power Electronics*, **18** (3), 814–822.
12. Mastromauro, R.A., Liserre, M., and Dell'Aquila, A. (2012) Control issues in single-stage photovoltaic systems: MPPT, current and voltage control. *IEEE Transactions on Industrial Informatics*, **8** (2), 241–254.
13. Mastromauro, R.A., Liserre, M., Kerekes, T., and Dell'Aquila, A. (2009) A single-phase voltage-controlled grid-connected photovoltaic system with power quality conditioner functionality. *IEEE Transactions on Industrial Electronics*, **56** (11), 4436–4444.
14. Vasquez, J.C., Mastromauro, R.A., Guerrero, J.M., and Liserre, M. (2009) Voltage support provided by a droop-controlled multifunctional inverter. *IEEE Transactions on Industrial Electronics*, **56** (11), 4510–4519.
15. Cagnano, A., De Tuglie, E., Liserre, M., and Mastromauro, R.A. (2011) Online optimal reactive power control strategy of PV inverters. *IEEE Transactions on Industrial Electronics*, **58** (10), 4549–4558.
16. Ropp, M., Newmiller, J., Whitaker, C., and Norris, B. (2008) Review of potential problems and utility concerns arising from high penetration levels of photovoltaics in distribution systems. 33rd IEEE Photovoltaic Specialists Conference, PVSC '08, May 11–16, 2008, pp. 1–6.
17. Teodorescu, R., Liserre, M., and Rodriguez, P. (2011) *Grid Converters for Photovoltaic and Wind Power Systems*, IEEE Press/John Wiley & Sons, Ltd. ISBN: 978–0470057513
18. Mirecki, A., Roboam, X., and Richardeau, F. (2007) Architecture complexity and energy efficiency of small wind turbines. *IEEE Transactions on Industrial Electronics*, **54** (1), 660–670.
19. Liserre, M., Nagliero, A., Mastromauro, R.A. *et al.* (2011) Universal operation of small/medium size renewable energy systems. Proceedings of PEIA 2011 (Power Electronics for Industrial Applications and Renewable Energy Conversion), Doha, Qatar, November 3–4, 2011, pp. 162–168.
20. Pogaku, N., Prodanovic, M., and Green, T.C. (2007) Modeling, analysis and testing of autonomous operation of an inverter- based microgrid. *IEEE Transactions on Power Electronics*, **22** (2), 613–625.
21. Nagliero, A., Mastromauro, R.A., Liserre, M., and Dell'Aquila, A. (2010) Monitoring and synchronization techniques for single-phase PV systems. IEEE 2010 International Symposium on Power Electronics Electrical Drives Automation and Motion (SPEEDAM), 14–16 June 2010, pp. 1404–1409.
22. Blaabjerg, F., Teodorescu, R., Liserre, M., and Timbus, A.V. (2006) Overview of control and grid synchronization for distributed power generation systems. *IEEE Transactions on Industrial Electronics*, **53**, 1398–1409.
23. Teodorescu, R. and Blaabjerg, F. (2004) Flexible control of small wind turbines with grid failure detection operating in stand-alone and grid failure detection operating in stand-alone and grid connected mode. *IEEE Transactions on Power Electronics*, **19** (5), 1323–1332.
24. Ghartemani, M.K., Khajehoddin, S.A., Jain, P.K., and Bakhshai, A. (2012) Problems of startup and phase jumps in PLL systems. *IEEE Transactions on Power Electronics*, **27** (4), 1830–1838.
25. De Mango, F., Liserre, M., Dell'Aquila, A., and Pigazo, A. (2006) Overview of anti-islanding algorithms for PV systems. Part I: passive methods. 12th International Power Electronics and Motion Conference, PE-PEMC 2006, Portoroz, Slovenia, August 30 – September 1, 2006, pp. 1878–1883.
26. De Mango, F., Liserre, M., and Dell'Aquila, A. (2006) Overview of anti-islanding algorithms for PV systems. Part II: active methods. 12th International Power Electronics and Motion Conference, EPE_PEMC 2006, Portoroz, Slovenia, August 30 – September 1, 2006, pp. 1884–1889.

27. Timbus, A.V., Teodorescu, R., Blaabjerg, F., and Borup, U. (2004) Online grid measurement and ENS detection for PV inverter running on highly inductive grid. *IEEE Power Electronics Letters*, **2** (3), 77–82.

28. Pigazo, A., Liserre, M., Mastromauro, R.A. *et al.* (2009) Wavelet-based islanding detection in grid-connected PV systems. *IEEE Transactions on Industrial Electronics*, **56** (11), 4445–4455.

29. Orlando, N.A., Nagliero, A., Mastromauro, R.A. *et al.* Small wind turbines in grid-interactive microgrids. 38th Annual Conference on IEEE Industrial Electronics Society IECON 2012, October 25–28, 2012, pp. 1156–1161.

30. Nagliero, A., Mastromauro, R.A., Monopoli, V.G. *et al.* (2010) Analysis of a universal inverter working in grid-connected, stand-alone and micro-grid. 2010 IEEE International Symposium on Industrial Electronics (ISIE), July 4–7, 2010 pp. 650–657.

31. De Brabandere, K., Bolsens, B., Van den Keybus, J. *et al.* (2007) A voltage and frequency droop control method for parallel inverters. *IEEE Transactions on Power Electronics*, **22** (4), 1107–1115.

32. Guerrero, J.M., de Vicuna, L.G., Matas, J. *et al.* (2005) Output impedance design of parallel-connected UPS inverters with wireless load-sharing control. *IEEE Transactions on Industrial Electronics*, **52** (4), 1126–1135.

33. Nagliero, A., Mastromauro, R.A., Ricchiuto, D. *et al.* (2011) Gain-scheduling-based droop control for universal operation of small wind turbine systems. 2011 IEEE International Symposium on Industrial Electronics (ISIE), June 27–30, 2011, pp. 1459–1464.

34. Rocabert, J., Azevedo, G.M., Luna, A. *et al.* (2011) Intelligent connection agent for three-phase grid- connected microgrids. *IEEE Transactions on Power Electronics*, **26** (l0), 2993–3005.

35. Nagliero, A., Mastromauro, R.A., Liserre, M., and Dell'Aquila, A. (2011) Harmonic control strategy for universal operation of wind turbine systems. 2011 International Conference on Power Engineering, Energy and Electrical Drives (POWERENG), May 11–13, 2011, pp. 1–5.

36. IEEE Standard (2008) 1547.2-2008 *IEEE Application Guide for IEEE Std 1547, IEEE Standard for Interconnecting Distributed Resources with Electric Power Systems*, IEEE.

37. Mastromauro, R.A., Orlando, N.A., Ricchiuto, D. *et al.* (2013) Hierarchical control of a small wind turbine system for active integration in LV distribution network. 2013 International Conference on Clean Electrical Power (ICCEP 2013), June 2013, pp. 461–468.

38. Corsi, S., Pozzi, M., Sabelli, C., and Serrani, A. (2004) The coordinated automatic voltage control of the italian transmission grid- Part I: reasons of the choice and overview of the consolidated hierarchical system. *IEEE Transactions on Power Systems*, **19** (4), 1723–1732.

第 10 章　双馈感应电机的特性与控制

Gonzalo Abad[1]和 Grzegorz Iwanski[2]
[1]西班牙蒙德拉贡大学电子和计算机系
[2]波兰华沙工业大学控制和工业电子系

10.1　双馈感应电机的基本原理

10.1.1　电机结构与电气拓扑

　　双馈感应电机（DFIM）和绕线转子异步电机（WRIM）都是常用的电机，在各种应用中被使用了数十年，功率范围往往在兆瓦级而很少为几千瓦范围内。这种电机概念是对更为常见的异步电机和同步电机的一种替代。因为可以减少配套电力电子变流器的尺寸，所以这种电机在速度范围有限的应用中具有一定的优势，例如变速发电、抽水等应用中。

　　双馈感应电机的典型系统结构如图 10.1 所示。其中定子由恒压恒频的电网提供的三相电源供电，从而建立了定子磁场[1,2]。转子也是三相电压供电，但稳态下具有不同的幅值和频率，以满足电机不同运行工况（速度、转矩等）的要求。转子供电是通过使用背靠背的三相变流器来实现的，如图中结构框图所示。结合适当的控制策略，该变流器负责输出所需的转子电压，在全部运行范围内控制双馈感应电机，并完成转子和电网之间的功率交换。虽然这里给出的是电压源变流器（VSC），其他结构的变流器拓扑结构也可以用于转子控制。有关电机运行的进一步细节在后面章节中加以描述。

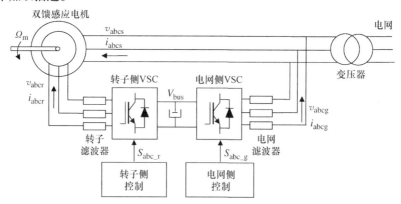

图 10.1　双馈感应电机系统的通用结构框图

10.1.2　稳态等效电路

10.1.2.1　电气方程

　　电机的不同频率之间的关系，是研究双馈感应电机电气方程的基础。ω_s（定子电压和电流的频率）、ω_r（转子电压和电流的频率）和 ω_m（转子电角速度）的关系方程是[1]

$$\omega_s = \omega_r + \omega_m \qquad (10.1)$$

转子机械角速度 Ω_m 和电角速度之间的关系取决于电机的极对数，即

$$\omega_m = p\Omega_m \qquad (10.2)$$

以上两个方程的单位是 rad/s，对电机的转差率 s 定义为

$$s = \frac{\omega_s - \omega_m}{\omega_s} = \frac{\omega_r}{\omega_s} \qquad (10.3)$$

如果采用不同的单位例如 Hz 或 r/min，上述关系仍然成立。在大多数应用中，定子绕组直接接入电网，因而 ω_s 为常数。这个频率也被称为同步频率。然而，ω_r 显然取决于电机转子电角速度 ω_m，这导致电机的三个工作模式依赖于速度：ω_r 显然取决于轴的电角速度 ω_m，而电角速度决定了电机与速度有关的三个工作模式

$$\omega_m < \omega_s \Rightarrow \omega_r > 0 \Rightarrow s > 0 \Rightarrow 次同步运行$$

$$\omega_m > \omega_s \Rightarrow \omega_r < 0 \Rightarrow s < 0 \Rightarrow 超同步运行$$

$$\omega_m = \omega_s \Rightarrow \omega_r = 0 \Rightarrow s = 0 \Rightarrow 同步运行$$

基于以上分析，图 10.2 给出了双馈感应电机的稳态等效电路。这是一个理想模型，并仅给出了定子和转子的一相电路。由于电机的对称性，其他两相的模型基本相同。前面已假定电机是对称且平衡的结构，同时电机磁场是线性的。如前所述，一般认为定子绕组是由电网直接提供的三相电源供电，同样转子绕组电源也是三相但独立于定子电源。该模型最具代表性的量纲和参数如下：

定子和转子电量（相量）：	定子和转子电参数：
$\underline{V}_s$：定子电压	R_s：定子电阻（Ω）
$\underline{V}'_r$：转子电压	R'_r：转子电阻（Ω）
$\underline{I}_s$：定子电流	L_m：互感（H）
$\underline{I}'_r$：转子电流	$L_{\sigma s}$：定子漏电感（H）
$\underline{E}_s$：定子电动势	$L'_{\sigma r}$：转子漏电感（H）
$\underline{E}'_{rs}$：转子感应电动势	N_s、N_r：每相定子、转子绕组匝数

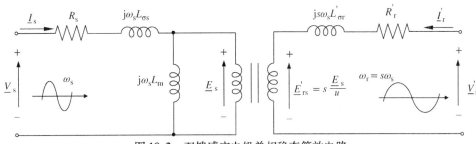

图 10.2　双馈感应电机单相稳态等效电路

定子频率是 ω_s，而转子频率取决于电机转速，如式（10.1）所示。根据定子和转子频率，计算得到定子和转子漏抗。定子和转子之间每相的匝数关系由系数 u 表示

$$u = \frac{N_s}{N_r} \qquad (10.4)$$

部分结构的变化可以影响这个系数，而同时定子和转子的感应电动势间的关系为

$$E'_{rs} = s \frac{E_s}{u} \tag{10.5}$$

需要注意的是，感应电动势幅值的关系取决于转差率（或转速），而在特殊情况下当 $u=1$ 且电机处于停止状态（$s=1$）时，感应的定子和转子的电动势是相等的。

一般来说，为了便于分析，将单相稳态等效电路修正为基于定子侧的等效电路，通过下式将转子参数折算到定子侧

$$R_r = R'_t u^2 \quad L_{\sigma r} = L'_{\sigma r} u^2 \quad I_r = \frac{I'_r}{u} \quad V_r = V'_r u \quad E_{rs} = E'_{rs} u \tag{10.6}$$

带（′）的符号表示实际转子幅值和参数，而折算到定子侧的符号是没有带（′）的。可以得到如图 10.3 所示的等效相位电路。

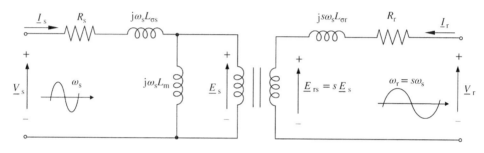

图 10.3 双馈感应电机转子参数/电压/电流折算到定子侧的单相稳态等效电路

对于实际分析，如果定子和转子电路呈现相同的频率会方便很多。因而，通过下式可以将转子等效电路"折算"为定子频率 ω_s

$$V_r - s E_s = (R_r + js\omega_s L_{\sigma r}) I_r \quad \Rightarrow \quad \frac{V_r}{s} - E_s = \left(\frac{R_r}{s} + j\omega_s L_{\sigma r}\right) I_r \tag{10.7}$$

因此，最终的等效电路是将转子相关量及参数折算到定子侧得到，如图 10.4 所示，其中所有的幅值都基于相同的频率。

这个等效稳态电路的电气方程，包括定子和转子磁链，归纳为

电压

$$V_s = R_s I_s + j\omega_s L_{\sigma s} I_s + j\omega_s L_m (I_s + I_r) \tag{10.8}$$

$$\frac{V_r}{s} = \frac{R_r}{s} I_r + j\omega_s L_{\sigma r} I_r + j\omega_s L_m (I_s + I_r) \tag{10.9}$$

磁链

$$\Psi_s = L_m (I_s + I_r) + L_{\sigma s} I_s = L_s I_s + L_m I_r \tag{10.10}$$

$$\Psi_r = L_m (I_s + I_r) + L_{\sigma r} I_r = L_m I_s + L_r I_r \tag{10.11}$$

式中，定子电感 $L_s = L_m + L_{\sigma s}$；转子电感 $L_r = L_M + L_{\sigma s}$。根据所有这些电气方程可以推导出任意运行条件下的电机相量图。图 10.5 给出了兆瓦级双馈感应电机运行在同步和超同步转速下的实例。

10.1.2.2 功率流和运行模式

采用电动机惯例，双馈感应电动机基本的有功功率平衡表明，定子有功功率 P_s 和转子有功功率 P_r 之和，等于机械轴功率减去定子和转子铜损（$P_{cu\_s} = 3R_s |I_s|^2$ 和 $P_{cu\_r} = 3R_r |I_r|^2$）

$$P_s + P_r = P_{cu\_s} + P_{cu\_r} + P_m \tag{10.12}$$

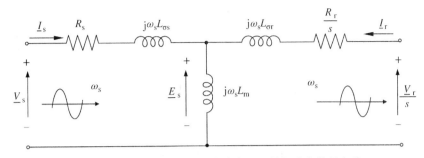

图 10.4　折算到定子侧的双馈感应电机单相稳态等效电路

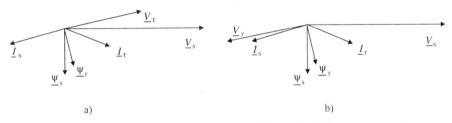

a)　　　　　　　　　　　　b)

图 10.5　$Q_s > 0$ 下的兆瓦级双馈感应电机发电模式相量图[1]：a) $s > 0$；b) $s < 0$

定子有功功率 P_s 和转子有功功率 P_r 为正值，表示电机吸收功率；而轴功率 P_m 为正值，意味电机通过轴输出机械功率。因此，电机特别是以电动机或发电机运行模式的效率可以根据下式计算

$$\eta = \frac{P_m}{P_s + P_r}(\text{如果 } P_m > 0) \quad \eta = \frac{P_s + P_r}{P_m}(\text{如果 } P_m < 0) \tag{10.13}$$

另一方面，定子和转子的有功功率，连同无功功率，可以用以下典型公式计算

$$P_s = 3\mathrm{Re}\{\underline{V}_s \underline{I}_s^*\} \quad P_r = 3\mathrm{Re}\{\underline{V}_r \underline{I}_r^*\} \tag{10.14}$$

$$Q_s = 3\mathrm{Im}\{\underline{V}_s \underline{I}_s^*\} \quad Q_r = 3\mathrm{Im}\{\underline{V}_r \underline{I}_r^*\} \tag{10.15}$$

因此，通过将定子和转子电压方程［式(10.8)~式(10.9)］代入功率方程［式(10.14)~式(10.15)］，可以得到功率与电机参数、电流和转差率关系的表达式

$$P_s = 3R_s |\underline{I}_s|^2 + 3\omega_s L_m \mathrm{Im}\{\underline{I}_s \underline{I}_r^*\} \quad P_r = 3R_r |\underline{I}_r|^2 - 3s\omega_s L_m \mathrm{Im}\{\underline{I}_s \underline{I}_r^*\} \tag{10.16}$$

$$Q_s = 3\omega_s L_s |\underline{I}_s|^2 + 3\omega_s L_m \mathrm{Re}\{\underline{I}_r \underline{I}_s^*\} \quad Q_r = 3s\omega_s L_r |\underline{I}_r|^2 + 3s\omega_s L_m \mathrm{Re}\{\underline{I}_s \underline{I}_r^*\} \tag{10.17}$$

然而，根据定义，转轴上产生的电磁转矩等于

$$P_{mec} = T_{em}\Omega_m = T_{em}\frac{\omega_m}{p} \tag{10.18}$$

因此，通过代入这个表达式，可以得到基于电机参数和电流的等效功率方程［式(10.16)］和转矩表达式

$$T_{em} = 3pL_m \mathrm{Im}\{\underline{I}_r^* \underline{I}_s\} \tag{10.19}$$

如果根据式(10.10)和式(10.11)将磁链代入式(10.19)中，则可以得到进一步的转矩等效表达式

$$T_{em} = 3p\frac{L_m}{L_s}\mathrm{Im}\{\underline{\Psi}_s \underline{I}_r^*\} = 3p\mathrm{Im}\{\underline{\Psi}_s^* \underline{I}_s\} = 3p\mathrm{Im}\{\underline{\Psi}_r \underline{I}_r^*\}$$

$$= 3\frac{L_m}{L_r}p\mathrm{Im}\{\underline{\Psi}_r^* \underline{I}_s\} = 3\frac{L_m}{\sigma L_r L_s}p\mathrm{Im}\{\underline{\Psi}_r^* \underline{\Psi}_s\} \tag{10.20}$$

式中，$\sigma = 1 - L_m^2 / L_s L_r$。此外，通过忽略式（10.16）有功功率中的铜损，可以得到一些仅和电机功率、转矩及速度相关的简化功率表达式。这些简化表达式总结在表 10.1 中且可以用于快速计算。必须注意的是，这里还给出了定子电压和转子电压之间的简化关系式，通过忽略式（10.8）和式（10.9）中的定子和转子电阻，以及漏抗上的压降，可以对关系式进行简化。值得注意的是，由于定子直接和电网连接，则可以假设定子电压 V_s 为恒定值，则所需转子电压大小主要取决于转差率或速度。

因此，可以根据转矩（正或负）和速度（次同步和超同步现象）确定 4 种可能组合，从而对应双馈感应电机[3]四象限运行模式，如图 10.6 所示。请注意，仅在超同步工况且转差率为负时，定子和转子有功功率有相同的正负号。

表 10.1　简化和有用的表达式

$P_s + P_r \cong P_m$	$P_r \cong -sP_s$	$P_m \cong (1-s)P_s$
$\vert \underline{V}_r \vert \approx \vert s \underline{V}_s \vert$		
$P_m = T_{em} \dfrac{\omega_m}{p}$	$P_s \cong T_{em} \dfrac{\omega_s}{p}$	$P_r \cong T_{em} \dfrac{\omega_r}{p}$

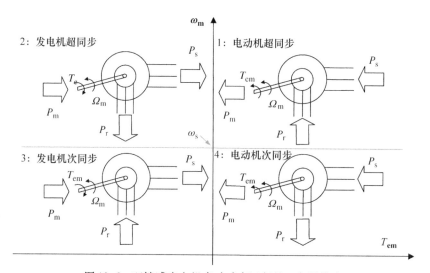

图 10.6　双馈感应电机有功功率运行的四象限模式

10.1.2.3　稳态典型转矩曲线

对图 10.4 电路进一步研究，可以得到如图 10.7 所示在点 *XY* 处导出的戴维南等效电路。用这种方式，可以较为容易地计算得到转子电流，从而得到简洁的稳态电磁转矩表达式。

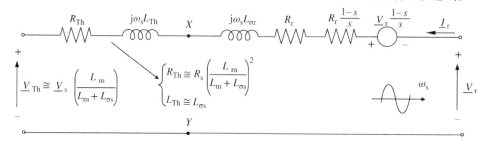

图 10.7　双馈感应电机稳态戴维南等效电路

首先，知道机械功率 P_m 可以通过对等效电路中和转差率相关元件上的功率进行计算获得，则有 $|\underline{V}_r| = \dfrac{1-s}{s}|\underline{I}_r|\cos(\phi) + R_r\dfrac{1-s}{s}|\underline{I}_r|^2$，然后将功率除以转速得到转矩。

$$\left.\begin{array}{l} |\underline{I}_r| = \dfrac{|(\underline{V}_r/s) - (\underline{V}_{Th})|}{\sqrt{(R_{Th} + R_r/s)^2 + \omega_s^2(X_{Th} + X_{\sigma r})^2}} \\[4mm] \phi = |\underline{V}_r - |\underline{I}_r| \end{array}\right\} \Rightarrow T_{em} = \dfrac{3p}{3\omega_s}[R_r|\underline{I}_r|^2 - |\underline{V}_r||\underline{I}_r|\cos(\phi)]$$

$$(10.21)$$

图 10.8 给出了不同的定子和转子电压关系下的转矩曲线。可以看出，当转子电压为零时，可以得到典型的笼型异步电机的曲线。通过增加转子电压，转矩曲线根据定子和转子电压之间的相移向左或者向右移动。例如，注意在比率 $|V_r|/|V_s| = 0.025$，转差率为 ± 0.025 时，转矩为零，而此时定子和转子电压之间的相移为 $0°$ 或 $180°$，此时获得对称的转矩曲线[4]。在给定的恒转矩负载下（发电模式），T_{em} 和 T_{load} 曲线的交叉点为稳态工作点，同时可以得到转差率。因此，通过改变转子电压，可以得到设定速度（转差率）并实现可变转差率。然而，在通常情况下，适当的转子电压（幅值和相位角）是由闭环控制策略得到的，具体将在后面章节中进行描述。

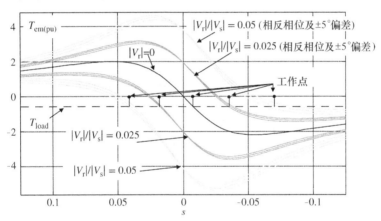

图 10.8 不同转子电压下的转矩与转差率曲线

10.1.3 动态建模

10.1.3.1 αβ 模型

在开发双馈感应电机动态 αβ 模型时，将空间矢量理论再次应用于基本的电机方程且和开发稳态模型时一样，可以假定电机是理想的和线性的。图 10.9 所示为用于双馈感应电机基于空间矢量模型计算的三种常用的旋转参考坐标。定子参考坐标系（αβ）是一个静止的参考坐标系，转子参考坐标系（DQ）以 ω_m 旋转，而同步参考坐标系（dq）以 ω_s 旋转。下标"s""r"和"a"用于表示空间矢量分别对应定子、转子和同步参考坐标。通过使用旋转变换和逆变换，空间矢量可以在任意坐标系中加以表达[1]。

因此，通过采用空间矢量理论，定转子的三个绕组可以分别用对定子的两个静止 αβ 绕组和对转子的两个旋转 DQ 绕组加以表述，从而得到以下电压方程

$$\vec{v}_s^s = R_s\,\vec{i}_s^s + \dfrac{\mathrm{d}\,\vec{\psi}_s^s}{\mathrm{d}t} \qquad \vec{v}_r^r = R_r\,\vec{i}_r^r + \dfrac{\mathrm{d}\,\vec{\psi}_r^r}{\mathrm{d}t} \qquad (10.22)$$

如果两个电压方程都用静止坐标 αβ 参考系表示，那么转子方程必须乘以 $e^{j\theta_m}$，得到下列方程组

$$\vec{v}_s^s = R_s \vec{i}_s^s + \frac{d\vec{\psi}_s^s}{dt} \Rightarrow \begin{cases} v_{\alpha s} = R_s i_{\alpha s} + \dfrac{d\psi_{\alpha s}}{dt} \\ v_{\beta s} = R_s i_{\beta s} + \dfrac{d\psi_{\beta s}}{dt} \end{cases} \tag{10.23}$$

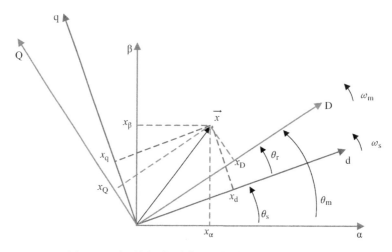

图 10.9　在不同坐标系中的双馈感应电机空间矢量

$$\vec{v}_r^s = R_r \vec{i}_r^s + \frac{d\vec{\psi}_r^s}{dt} - j\omega_m \vec{\psi}_r^s \Rightarrow \begin{cases} v_{\alpha r} = R_r r_{\alpha r} + \dfrac{d\psi_{\alpha r}}{dt} + \omega_m \psi_{\beta r} \\ v_{\beta r} = R_r r_{\beta r} + \dfrac{d\psi_{\beta r}}{dt} - \omega_m \psi_{\alpha r} \end{cases} \tag{10.24}$$

以类似的方式，可以推导出在静止参考坐标系中，定子和转子磁链空间矢量的表达形式

$$\vec{\psi}_s^s = L_s \vec{i}_s^s + L_m \vec{i}_r^s \Rightarrow \begin{cases} \psi_{\alpha s} = L_s i_{\alpha s} + L_m i_{\alpha s} \\ \psi_{\beta s} = L_s i_{\beta s} + L_m i_{\beta s} \end{cases} \tag{10.25}$$

$$\vec{\psi}_r^s = L_m \vec{i}_s^s + L_r \vec{i}_r^s \Rightarrow \begin{cases} \psi_{\alpha r} = L_m i_{\alpha r} + L_r i_{\alpha r} \\ \psi_{\beta r} = L_m i_{\beta s} + L_r i_{\beta r} \end{cases} \tag{10.26}$$

因此，可以从导出的方程组中得到如图 10.10 所示的 αβ 等效电路。每一个 αβ 坐标轴对应一个等效电路，其中所有的电压、电流和磁链幅值都是频率为 ω_s 的正弦波。

另一方面，定子和转子侧的有功和无功功率可以根据以下方程计算

$$P_s = \frac{3}{2}(v_{\alpha s} i_{\alpha s} + v_{\beta s} i_{\beta s}) \quad p_r = \frac{3}{2}(v_{\alpha r} i_{\alpha r} + v_{\beta r} i_{\beta r}) \tag{10.27}$$

$$Q_s = \frac{3}{2}(v_{\beta s} i_{\alpha s} - v_{\alpha s} i_{\beta s}) \quad Q_r = \frac{3}{2}(v_{\beta r} i_{\alpha r} - v_{\alpha r} i_{\beta r}) \tag{10.28}$$

此时双馈感应电机产生的电磁转矩可由下式计算得到

$$T_{em} = \frac{3}{2}p\text{Im}\{\vec{\psi}_r \vec{i}_r^*\} = \frac{3}{2}p(\psi_{\beta r} i_{\alpha r} - \psi_{\alpha r} i_{\beta r}) \tag{10.29}$$

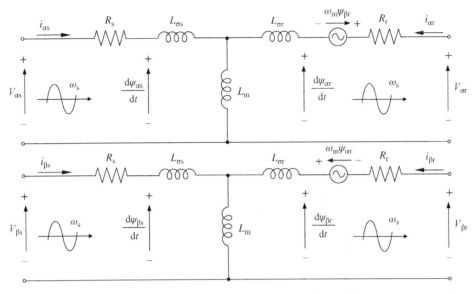

图 10.10　在 αβ 参考坐标系下的双馈感应电机模型

$$T_{em} = \frac{3}{2}p\frac{L_m}{L_s}\text{Im}\{\vec{\psi}_s\ \vec{i}_r^*\} = \frac{3}{2}p\text{Im}\{\vec{\psi}_s^*\ \vec{i}_s\}$$

$$= \frac{3}{2}\frac{L_m}{L_r}p\text{Im}\{\vec{\psi}_r^*\ \vec{i}_s\} = \frac{3}{2}\frac{L_m}{\sigma L_r L_s}p\text{Im}\{\vec{\psi}_r^*\ \vec{\psi}_s\} = \frac{3}{2}L_m p\text{Im}\{\vec{i}_s\ \vec{i}_r^*\} \quad (10.30)$$

式中，$\sigma = 1 - L_m^2/L_s \cdot L_r$。

因此，通过重新排列式（10.23）~式（10.26），可以得到双馈感应电机的几种有用的状态空间表示，例如用于模拟和分析。下面的表达式给出了定子磁链和转子磁链所组成的其中一个状态空间矢量表达式

$$\frac{d}{dt}\begin{bmatrix} \vec{\psi}_s^s \\ \vec{\psi}_r^s \end{bmatrix} = \begin{bmatrix} \dfrac{-R_s}{\sigma L_s} & \dfrac{R_s L_m}{\sigma L_s L_r} \\ \dfrac{R_r L_m}{\sigma L_s L_r} & -\dfrac{R_r}{\sigma L_r}+j\omega_m \end{bmatrix}\begin{bmatrix} \vec{\psi}_s^s \\ \vec{\psi}_r^s \end{bmatrix} + \begin{bmatrix} \vec{v}_s^s \\ \vec{v}_r^s \end{bmatrix} \quad (10.31)$$

因此，通过引入描述转子速度的机械运动方程

$$T_{em} - T_{load} = J\frac{d\Omega_m}{dt} \quad (10.32)$$

考虑转子的转动惯量 J 和转轴上的负载转矩 T_{load} 转矩，上述方程组已经构成了可用于计算机模拟仿真的双馈感应电机数学模型。

10.1.3.2　dq 模型

双馈感应电机的空间矢量模型也可以用同步旋转坐标系表达。为此，给电压表达式（10.22）分别乘以 $e^{-j\theta_s}$ 和 $e^{-j\theta_r}$，可以得到 dq 电压方程

$$\vec{v}_s^a = R_s\vec{i}_s^a + \frac{d\vec{\psi}_s^a}{dt} + j\omega_s\vec{\psi}_s^a \quad\Rightarrow\quad \begin{cases} v_{ds} = R_s i_{ds} + \dfrac{d\psi_{ds}}{dt} - \omega_s\psi_{qs} \\[2mm] v_{qs} = R_s i_{qs} + \dfrac{d\psi_{qs}}{dt} + \omega_s\psi_{ds} \end{cases} \quad (10.33)$$

$$\vec{v}_r^a = R_r \vec{i}_r^a + \frac{\mathrm{d}\vec{\psi}_r^a}{\mathrm{d}t} + \mathrm{j}\omega_r \vec{\psi}_r^a \implies \begin{cases} v_{dr} = R_r i_{dr} + \dfrac{\mathrm{d}\psi_{dr}}{\mathrm{d}t} - \omega_r \psi_{qr} \\ v_{qr} = R_r i_{qr} + \dfrac{\mathrm{d}\psi_{qr}}{\mathrm{d}t} + \omega_r \psi_{dr} \end{cases} \quad (10.34)$$

同样，对磁链则有

$$\vec{\psi}_s^a = L_s \vec{i}_s^a + L_m \vec{i}_r^a \implies \begin{cases} \psi_{ds} = L_s i_{ds} + L_m i_{dr} \\ \psi_{qs} = L_s i_{qs} + L_m i_{qr} \end{cases} \quad (10.35)$$

$$\vec{\psi}_r^a = L_m \vec{i}_s^a + L_r \vec{i}_r^a \implies \begin{cases} \psi_{dr} = L_m i_{ds} + L_r i_{dr} \\ \psi_{qr} = L_m i_{qs} + L_r i_{qr} \end{cases} \quad (10.36)$$

因此，从上面的方程可以得到如图 10.11 所示的 dq 等效电路。然而，可以进一步得到类似 αβ 模型中功率和转矩等效表达模型以及基于计算机的仿真模型。

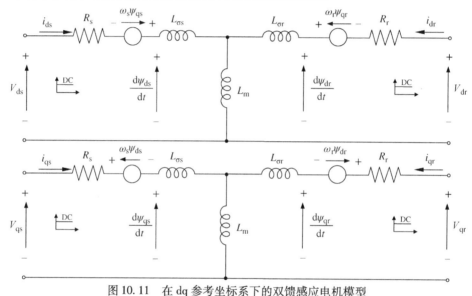

图 10.11 在 dq 参考坐标系下的双馈感应电机模型

10.2 基于 AC – DC – AC 变流器的双馈感应电机矢量控制

10.2.1 并网运行

本节对双馈感应电机的控制进行介绍。考虑到存在控制上的明显差异，有必要将双馈感应电机的控制分为两种工况：并网运行和独立运行。这里将对两种结构存在的明显控制差异进行描述。然而，本节仅对转子侧变流器的控制进行研究，假设 AC – DC – AC 变流器的直流母线电压由电网侧变流器维持在固定值上，其可以采用第 11 章中提出的多种实现方法。

10.2.1.1 转子电流控制环

在为双馈感应电机已开发的不同控制方法中，本节只对矢量控制技术进行了研究，这可能是应用最广泛和最成熟的一个技术。为了更易于理解，对该控制分成几步进行描述：第一步是研究电流控制回路，第二步是开发一些有趣的稳态分析方法，最后一步是在电网电压不平衡下的控制。

采用和其他电机的经典矢量控制技术等效的方法[3-5]，双馈感应电机的矢量控制也在同步旋

转 dq 坐标系中实现。如图 10.12 所示，dq 坐标系的 d
轴与定子磁链空间矢量方向一致[1,2]。基于这种坐标方
向的选择，可以看到转子电流直轴分量和定子无功功
率成正比，以及转子电流正交轴分量与转矩或定子有
功功率成正比。因此，根据双馈感应电机同步参考坐
标系模型，将式（10.35）和式（10.36）代入转子电
压方程（10.34），可以得到以转子电流和定子磁链为
变量的转子电压函数（注意 $\psi_{qs}=0$）

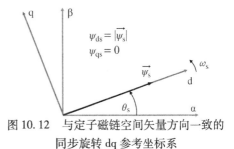

图 10.12　与定子磁链空间矢量方向一致的
同步旋转 dq 参考坐标系

$$v_{dr} = R_r i_{dr} + \sigma L_r \frac{d}{dt} i_{dr} - \omega_r \sigma L_r i_{qr} + \frac{L_m}{L_s}\frac{d}{dt}|\vec{\psi}_s|$$

$$v_{qr} = R_r i_{qr} + \sigma L_r \frac{d}{dt} i_{qr} + \omega_r \sigma L_r i_{dr} + \omega_r \frac{L_m}{L_s}|\vec{\psi}_s|$$

（10.37）

如果假设定子电阻上的电压降很小，根据式（10.23）可以确定定子磁链为常数，因为定子
直接连接到交流恒压电网，由此可得式中的磁链变化率 $d|\vec{\psi}_s|/dt$ 项为零。这最后的两个方程说
明，通过如图 10.13 所示的简单调节器对各电流分量进行调节，实现 dq 转子电流控制是可能的。
为设计调节器，式（10.37）的交叉项可以被包含在每个调节器的输出中。请注意，为了实现这
个目的，必须对定子磁链和 ω_r 进行估算，但这种预测相对简单且不会增加额外难度。为了实现
坐标变换，需要对转子角 θ_r 进行估算。这个控制必须在 dq 坐标系中实现，但转子电压和电流也
必须被转化到 DQ 坐标系。首先，通过估算能够得到定子电压空间矢量的角度，然后从这个估算
角度减去 90°，从而获得 θ_s。一个简单的锁相环（PLL）可用于实现定子电压并网同步，从而提
高了估算的鲁棒性和抑制小的扰动或谐波。在后续的章节中，将提供有关得到电流给定的详细信
息。需要注意的是，如果使用的双馈感应电机具有不同的定转子匝数比，则必须在控制阶段对此
加以考虑。在图 10.13 所示的控制框图中，电流环对折算到定子侧的转子电流进行控制，转子电
流在测量阶段就被转换到定子侧，而电压则在变流器 PWM 模块之前进行转换。

然而，图 10.14 显示，当为两个控制环选择相同的比例积分（PI）调节器，且采用交叉项进

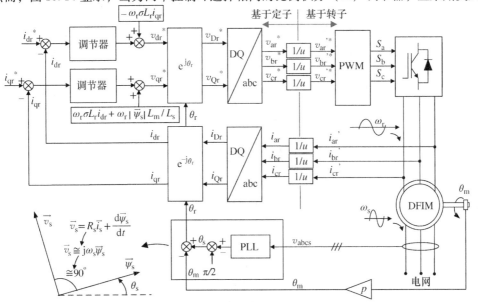

图 10.13　双馈感应电机电流控制环

行补偿修正，且忽略电压源变流器的影响，以及忽略变流器中计算或测量可能导致延误的影响，两个电流环的等效闭环系统相当于一个具有两个极点和一个零点的二阶系统，并且极点和零点可以通过经典控制理论选择 PI 调节器合适的增益来布置。

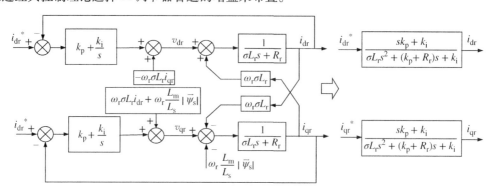

图 10.14　带 PI 调节器闭环电流控制的二阶等效系统

10.2.1.2　功率和速度控制回路

一旦完成对电流控制回路和磁链角的计算的研究，就可以对完整的控制系统进行分析。由于参考坐标的 d 轴与定子磁链空间矢量对齐，在 dq 坐标系下的转矩表达式可以简化为

$$T_{em} = \frac{3}{2}p\frac{L_m}{L_s}(\psi_{qs}i_{dr} - \psi_{ds}i_{qr}) \quad \Rightarrow \quad T_{em} = -\frac{3}{2}p\frac{L_m}{L_s}|\vec{\psi}_s|i_{qr} \quad \Rightarrow \quad T_{em} = K_T i_{qr} \quad (10.38)$$

这意味着 q 轴转子电流分量和转矩成正比，即通过 i_{qr} 可以控制电机转矩，并且如果需要，还可以进一步控制电机的速度。以类似的方式，通过对在 dq 坐标系下的定子无功功率表达式进行简化，可以得到一个紧凑的表达式如式（10.39）所示，其中给出了 i_{dr} 对 Q_s 的影响。

$$Q_s = \frac{3}{2}(v_{qs}i_{ds} - v_{ds}i_{qs}) \Rightarrow Q_s = -\frac{3}{2}\omega_s\frac{L_m}{L_s}|\vec{\psi}_s|\left(i_{dr} - \frac{|\vec{\psi}_s|}{L_m}\right) \Rightarrow Q_s = K_Q\left(i_{dr} - \frac{|\vec{\psi}_s|}{L_m}\right) (10.39)$$

因此，根据所选择坐标系的定向可以看出，可以通过两个转子电流分量独立地控制电机转矩和定子无功功率。基于这些表达式，图 10.15 给出了完整的双馈感应电机矢量控制框图。根据前面章节中（见图 10.13）对电流环的分析，再加入了速度环和定子无功功率控制环。调速的必要性取决于电机的应用需要，且有可能仅要求双馈感应电机输出电磁转矩 T_{em}，而转轴的速度是由其他因素所决定的。

基于 Q_s 控制环可以控制电机的励磁。如前所述，由于电机的定子直接连接到电网，定子磁链幅值是恒定的，并由电网电压决定：$|\vec{\psi}_s| \cong |\vec{v}_s|/\omega_s$，因此，定子磁链方程为

$$|\vec{\psi}_s| = \psi_{ds} = L_s i_{ds} + L_m i_{dr} \qquad \psi_{qs} = 0 = L_s i_{qs} + L_m i_{qr} \qquad (10.40)$$

根据式（10.40），定子磁链 $|\vec{\psi}_s|$ 的大小必须通过选择恰当的 I_{ds} 和 I_{dr} 来实现，也就是可以在转子和定子之间进行电流分配。值得注意的是，i_{qs} 和 i_{qr} 取决于转矩要求，因此没有选择的可能性；然而，根据 Q_s 设定，可以对定子电流和转子电流设置不同大小的电流关系。以风力发电应用为例，不同的 Q_s 设定可能取决于电网并网要求，因而在这种情况下，Q_s 设定将由电网调度直接设置。

另一方面，如电流环一样，图 10.16 显示了 Q_s 和 ω_m 控制环的等效闭环系统，这里假设电流环已被调节为远快于外环，且忽略变流器的动态影响或测量及计算延迟。可以看出，简化的闭环系统变为可以通过选择适当 PI 调节器增益，进行控制调节的一阶和二阶系统。另外，如果应用

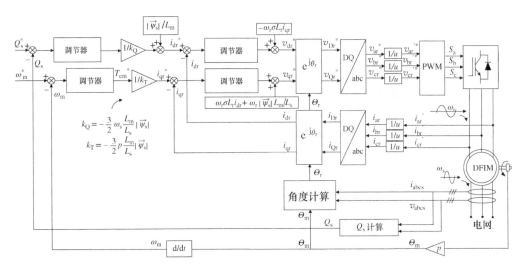

图 10.15　双馈感应电机的完全矢量控制

情况允许，通常可以设定转子 i_{dr} 电流为零（消除 Q_s 控制环），以最大限度地减少所需的转子电流以及减小转子绕组和转子侧变流器尺寸。显然，这是通过增加定子绕组尺寸的方式来实现的。

最后，图 10.17 给出了运行在变速恒转矩电动机模式下，双馈感应电机矢量控制的最具代表性的波形图。由于定子和电网直接连接，定子电压保持恒定。而定子电流由于恒定的 T_{em} 和 Q_s 而维持恒定。在实验中执行的速度斜坡给定引起了转子电压和电流的变化，从而产生了转子有功功率和无功功率的波动。

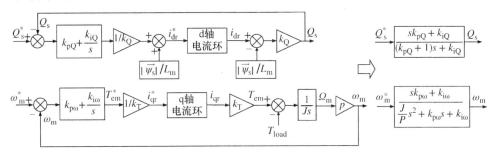

图 10.16　Q_s 和 ω_m 控制环的等效闭环系统（$T_{load}=0$）

10.2.1.3　稳态分析

从前面的章节中已经看到，在 dq 坐标系中的双馈感应电机模型对研究定子磁链定向矢量控制策略很有帮助。在本节中，进一步利用双馈感应电机的 dq 模型，以便在稳态下计算最感兴趣的电机各变量的值[3]。因此，假设控制双馈感应电机在给定的 T_{em}、ω_m 和 Q_s 下运行，则还需要推导出在稳态运行下剩余电机参数，例如定子和转子的电流、功率和转差率等。这种分析也有其用途，例如，根据效率推断最佳励磁策略，并计算给定运行点对应的转子电流，以确定所需的功率变流器规格。

因此，首先有必要计算电机定子磁链幅值。基于稳态运行及定子磁链与 d 轴同向的假设，可以得到下列 5 个方程。根据这些精确方程，很容易计算出定子磁链。

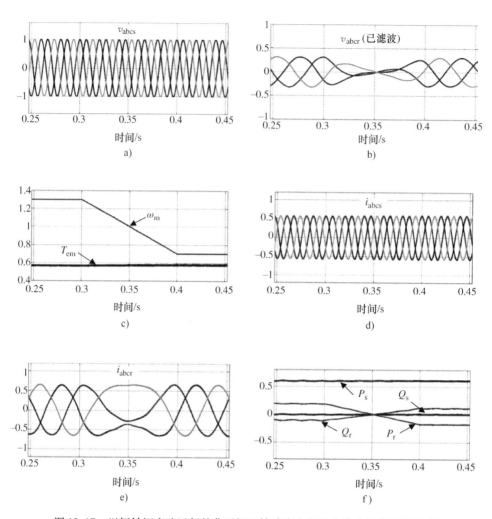

图 10.17 以恒转矩变速运行的兆瓦级双馈感应电机具有代表性的变量波形

$$\left.\begin{array}{l} v_{ds} = R_s i_{ds} \\ v_{qs} = R_s i_{qs} + \omega_s |\vec{\psi}_s| \\ Q_s = \dfrac{3}{2}\omega_s |\vec{\psi}_s| i_{ds} \\ T_{em} = \dfrac{3}{2}p |\vec{\psi}_s| i_{qs} \\ |\vec{v}_s|^2 = v_{ds}^2 + v_{qs}^2 \end{array}\right\} \Rightarrow |\vec{\psi}_s| = \sqrt{\dfrac{-B \pm \sqrt{B^2 - 4AC}}{2A}} \Rightarrow \left\{\begin{array}{l} A = \omega_s^2 \\ B = \dfrac{4}{3}R_s T_{em}\omega_s - |\vec{v}_s|^2 \\ C = \left[\dfrac{2}{3}\dfrac{R_s}{L_m}\right]^2\left[\left(\dfrac{Q_s}{\omega_s}\right)^2 + \left(\dfrac{T_{em}}{p}\right)^2\right] \end{array}\right.$$

(10.41)

需要注意的是，这里只需要电机的参数，以及定子电压、转矩和定子无功功率。因此，一旦得到所需磁链，剩余变量的大小可以用以前章节中给出的方程计算得到。步骤详见表 10.2。

另一种方式，如果用 $I_{dr} = 0$ 替代 Q_s 给定以最小化转子电流，则稳态计算程序略有修正

$$\left.\begin{array}{l} i_{ds} = \dfrac{|\vec{\psi}_s|}{L_s}, \quad i_{qs} = -\dfrac{L_m}{L_s}i_{qr} \\[2mm] v_{ds} = R_s i_{ds} \\[2mm] v_{qs} = R_s i_{qs} + \omega_s |\vec{\psi}_s| \\[2mm] T_{em} = -\dfrac{3}{2}p\dfrac{L_m}{L_s}|\vec{\psi}_s| i_{qr} \\[2mm] |\vec{v}_s|^2 = v_{ds}^2 + v_{qs}^2 \end{array}\right\} \Rightarrow |\vec{\psi}_s| = \sqrt{\dfrac{-B \pm \sqrt{B^2 - 4AC}}{2A}} \Rightarrow \left\{\begin{array}{l} A = \left(\dfrac{R_s}{L_s}\right)^2 + \omega_s^2 \\[3mm] B = \dfrac{4}{3}\dfrac{R_s T_{em}\omega_s}{p} - |\vec{v}_s|^2 \\[3mm] C = \left(\dfrac{2}{3}\dfrac{R_s T_{em}}{pL_m}\right)^2 \end{array}\right. \qquad (10.42)$$

表 10.3 只给出了新的所需计算步骤，其余和表 10.2 中步骤 4 ~ 10 相同。

表 10.2　Q_s 参考坐标系下推导稳态值的公式

给定电网电压：ω_s　$|\vec{v}_s|$　给定工作点：Q_s　ω_m　T_{em}			
1. 定子磁链　$|\vec{\psi}_s| = \sqrt{\dfrac{-B \pm \sqrt{B^2-4AC}}{2A}}$	$C = \left[\dfrac{2}{3}\dfrac{R_s}{L_m}\right]^2 \left[\left(\dfrac{Q_s}{\omega_s}\right)^2 + \left(\dfrac{T_{em}}{p}\right)^2\right]$　$B = \dfrac{4}{3}R_s T_{em}\omega_s - |\vec{v}_s|^2$　$A = \omega_s^2$		
2. 定子电流　$i_{ds} = \dfrac{Q_s}{\dfrac{3}{3}\omega_s|\vec{\psi}_s|}$	$i_{qs} = \dfrac{T_{em}}{\dfrac{3}{2}p|\vec{\psi}_s|}$	$|\vec{i}_s|^2 = i_{ds}^2 + i_{qs}^2$	$\theta_{i_s} = atan\left(\dfrac{i_{qs}}{i_{ds}}\right)$
3. 转子电流　$i_{dr} = \dfrac{|\vec{\psi}_s| - L_s i_{ds}}{L_m}$	$i_{qr} = -\dfrac{L_s}{L_m}i_{qs}$	$|\vec{i}_r|^2 = i_{dr}^2 + i_{qr}^2$	$\theta_{i_s} = atan\left(\dfrac{i_{qs}}{i_{ds}}\right)$
4. 定子电压　$v_{ds} = R_s i_{ds}$	$v_{qs} = R_s i_{qs} + \omega_s|\vec{\psi}_s|$	$|\vec{v}_s|^2 = v_{ds}^2 + v_{qs}^2$	$\theta_{v_s} = atan\left(\dfrac{v_{qs}}{v_{ds}}\right)$
5. 转差率　$\omega_r = \omega_s - \omega_m$		$s = \omega_r/\omega_s$	
6. 转子电压　$v_{dr} = R_r i_{dr} - \omega_r \sigma L_r i_{qr}$	$v_{qr} = R_r i_{qr} + \omega_r \sigma L_r i_{dr} + \omega_r \dfrac{L_m}{L_s}|\vec{\psi}_s|$　$|\vec{v}_r|^2 = v_{dr}^2 = v_{qr}^2$		$\theta_{v_r} = atan\left(\dfrac{v_{qr}}{v_{dr}}\right)$
7. 转子磁链　$\psi_{dr} = L_m i_{ds} + L_r i_{dr}$	$\psi_{qr} = L_m i_{qs} + L_r i_{qr}$	$|\vec{\psi}_r|^2 = \psi_{dr}^2 + \psi_{qr}^2$	$\theta_{\psi_r} = atan\left(\dfrac{\psi_{qr}}{\psi_{dr}}\right)$
8. 有功功率　$P_m = T_{em}\dfrac{\omega_m}{p}$	$P_s = \dfrac{3}{2}(v_{ds}i_{ds} + v_{qs}i_{qs})$	$P_r = \dfrac{3}{2}(v_{dr}i_{dr} + v_{qr}i_{qr})$	
9. 无功功率　$Q_s = \dfrac{3}{2}(v_{qs}i_{ds} - v_{ds}i_{qs})$	$PF_s = \cos(atan(Q_s/P_s))$	$Q_r = \dfrac{3}{2}(v_{qr}i_{dr} - v_{dr}i_{qr})$　$PF_r = \cos(atan(Q_r/P_r))$	
10. 效率　$\eta = \dfrac{P_m}{P_s + P_r}$　（如果 $P_m > 0$）		$\eta = \dfrac{P_s + P_r}{P_m}$（如果 $P_m < 0$）	

表 10.3　$i_{dr} = 0$ 时稳态参数的计算公式（仅给出前三步，后面的同表 10.2）

给定电网电压：ω_s　$|\vec{v}_s|$　给定工作点：$i_{dr} = 0$　ω_m　T_{em}			
1. 定子磁链　$|\vec{\psi}_s| = \sqrt{\dfrac{-B \pm \sqrt{B^2-4AC}}{2A}}$	$C = \left(\dfrac{2}{3}\dfrac{R_s T_{em}}{pL_m}\right)^2$　$B = \dfrac{4}{3}\dfrac{R_s T_{em}\omega_s}{p} - |v_s|^2$　$A = \left(\dfrac{R_s}{L_s}\right)^2 + \omega_s^2$		
2. 转子电流　$i_{dr} = 0$	$i_{qr} = \dfrac{T_{em}}{-\dfrac{3}{2}p\dfrac{L_m}{L_s}|\vec{\psi}_s|}$	$|\vec{r}_r|^2 = i_{dr}^2 + i_{qr}^2$	$\theta_{i_s} = atan\left(\dfrac{i_{qs}}{i_{ds}}\right)$
3. 定子电流　$i_{dr} = \dfrac{|\vec{\psi}_s|}{L_s}$	$i_{qs} = -\dfrac{L_m}{L_s}i_{qr}$	$|\vec{i}_s|^2 = i_{ds}^2 + i_{qs}^2$	$\theta_{i_s} = atan\left(\dfrac{i_{qs}}{i_{ds}}\right)$

10. 2. 1. 4 电流和电压约束

在考虑电压和电流的物理限制的前提下，本节对电机的最大性能曲线进行了计算[4,5]。因此，双馈感应电机的定子和转子的电压和电流，必须在每一个工作点都小于或等于设定的限制，这意味着

$$V_{s\_max}^2 \geq v_{ds}^2 + v_{qs}^2 \qquad V_{r\_max}^2 \geq v_{dr}^2 + v_{qr}^2$$
$$I_{s\_max}^2 \geq v_{ds}^2 + i_{qs}^2 \qquad V_{r\_max}^2 \geq i_{dr}^2 + i_{qr}^2 \tag{10.43}$$

注意，这些限制可以由电机、变流器本身，或由并网条件所确定。由于电机的定子直接并网，定子电压无法改变，因此这个变量被排除在分析之外。对于转子电压，如果在稳态下分析式（10.37），同时忽略转子电阻上的压降，可以得到

$$\left.\begin{array}{l} v_{dr} = -\omega_r \sigma L_r i_{qr} \\[2mm] v_{qr} = \omega_r \left(\sigma L_r i_{dr} + \dfrac{L_m}{L_s} |\vec{\psi}_s| \right) \end{array}\right\} \Rightarrow V_{r\_max}^2 \geq (\omega_r \sigma L_r i_{qr})^2 + \omega_r^2 \left(\sigma L_r i_{dr} + \dfrac{L_m |\vec{\psi}_s|}{L_s} \right)^2$$

$$\Rightarrow \left(\frac{V_{r\_max}}{\omega_r \sigma L_r} \right)^2 \geq (i_{qr})^2 + \left(i_{dr} + \frac{L_m |\vec{\psi}_s|}{\sigma L_r L_s} \right)^2 \tag{10.44}$$

可以看出，转子电压的约束为 i_{dr}、i_{qr} 平面上的以 $-\dfrac{L_m |\vec{\psi}_s|}{\sigma L_r L_s}$ 为圆心、以 $V_{r\_max}/\omega_r \sigma L_r$ 为半径的圆。根据电机的工作点的不同，特别是 ω_r 的变化，电压约束圆半径也将改变。考虑转子电流约束则更为简单，可以直接确定以平面原点为圆心、半径为 i_{r_max} 的圆。最终对定子电流的约束，必须考虑式（10.35），根据该公式得到

$$\left.\begin{array}{l} i_{ds} = \dfrac{|\vec{\psi}_s|}{L_s} - \dfrac{L_m}{L_s} i_{dr} \\[2mm] i_{qs} = -\dfrac{L_m}{L_s} i_{qr} \end{array}\right\} \Rightarrow I_{s\_max}^2 \geq \left(\dfrac{|\vec{\psi}_s|}{L_s} - \dfrac{L_m}{L_s} i_{dr} \right)^2 + \left(\dfrac{L_m}{L_s} i_{qr} \right)^2 \Rightarrow \left(I_{s\_max} \dfrac{L_s}{L_m} \right) \geq \left(\dfrac{|\vec{\psi}_s|}{L_m} - i_{dr} \right)^2 + (i_{qr})^2$$

$$\tag{10.45}$$

式（10.45）也确定了半径为 $I_{s\_max} \dfrac{L_s}{L_m}$ 和圆心点为 $\dfrac{|\vec{\psi}_s|}{L_m}$ 的圆形约束。另一方面，通过式（10.38）和式（10.39）可知，转矩与 i_{qr} 成正比，而定子无功功率与 i_{dr} 成正比；这意味着在平面上，两个变量通过直线来确定，如图 10.18 所示，其中也同时给出了圆形限制曲线。通过研究这些曲线，可以确定是否可以实现所需的电机工作点。

因此，图 10.19 给出了兆瓦级双馈感应电机的两个运行实例，其中定子和转子电流（折算到定子侧）的限制是相等的。对于工况 1，当要求的工作点的 ω_r 很小时，转子电压约束对工作点没有影响。在这种速度下，可达到的转矩和无功功率在阴影区域内。可以看出，发电机模式最大转矩点在 A_1 可实现。B_1 点为一个特定的可能工作点。如果想将 Q_s 改成更大的正值或更小的负值，需要分别移动曲线 $A_1 C_1$ 和 $A_1 D_1$，降低发电机模式的转矩值。然而，在限制点 C_1 和 D_1 处所有的电流都用于产生无功功率，则无法产生转矩。

工况 2 情况下，随着 ω_r 给定的升高，转子电压约束开始发挥作用。在此速度下，可实现的转矩和无功功率在阴影区域内（小于前一个工况）。发电机模式下的最大转矩在 A_2 点实现，且小于 A_1 点。B_2 点为一个特定的可能工作点。如前，通过分别移动曲线 $A_2 C_2$ 和 $A_2 D_2$，可以在 C_2 点和 D_2 点限制下实现不同的 Q_s 值，这里 C_2 点等于 C_1 点而 D_2 点则小于 D_1 点。

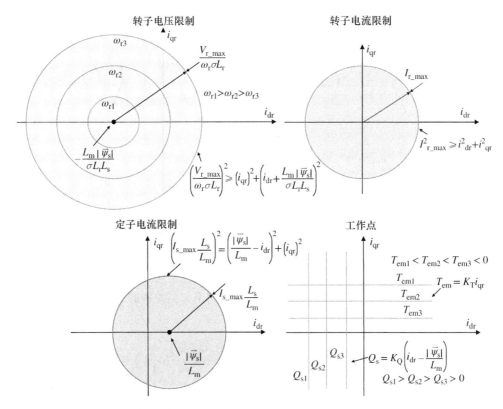

图 10.18　电压和电流的限制圆范围及不同的 Q_s 和 T_{em} 恒值线（其中仅给出了 $Q_s > 0$ 和 $T_{em} < 0$ 的情况）

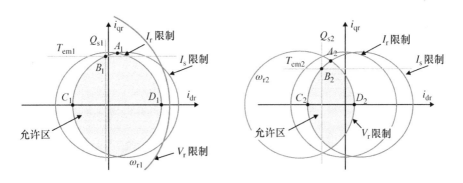

图 10.19　在 ω_r 小（工况 1）和 ω_r 大（工况 2）两种情况下的工作点示例

10.2.1.5　在不平衡电网下运行

在某些情况和应用中，双馈感应电机可能会被迫在不平衡的电网电压下运行[1]。这也可能是永久性的，例如，在弱电网中非线性负载造成的不平衡电网电压，或者在电网故障期间的一段时间内，双馈感应电机的电压变为不平衡。在所有的情况下，不平衡电压都直接影响双馈感应电机的运行，如果不采取进一步措施，则会降低其性能，例如出现转矩振荡和定子电流的不平衡。

在一些专业文献中，对所有可能的电压不平衡进行了分类。图 10.20 只给出由于电网相间故障引起电压不平衡的示例。不平衡的现象可以首先用 Fortescue 所提出的序列分解进行研究。因此，不平衡电压意味着存在正序和负序分量。

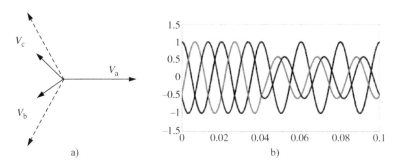

图 10.20　由倾角型 C 相间故障引起的不平衡：a）相量图和 b）abc 电压

　　正如下面所示，由不平衡引起的大多数问题，可以通过在转子电流给定中引入精确的负序分量来解决。在这种方式中，电流给定是两个序列之和：一个与电网电压的正序同步，另一个与负序同步。为了保证这两个序列得到良好调节，必须独立控制每个序列。原来的控制环被两个控制环所替代：第一个工作在正向旋转参考坐标系，另一个工作在反向旋转坐标系。这种控制原理被称为双矢量控制技术。图 10.21 给出了一种双馈感应电机双矢量控制的例子。转子电流环遵循如图 10.15 所示的经典矢量控制基础。

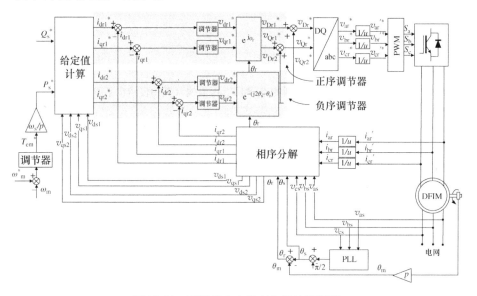

图 10.21　双馈感应电机双矢量控制框图

　　这个例子中，耦合项不包括在控制回路中，但也可以使用（注意负序列的存在要求对其重新进行计算）。测量的转子电流在被引入到电流调节器之前，必须被分成两个序列。序列分解和双矢量控制本身都需要对 θ_r 角进行估算。一般来说，这是按照图 10.13 中描述的原理进行计算的，使用相同的 PLL（锁相环）或按照一些作者所偏好的，使用更复杂的同步方法来获得定子电压的正序和负序，最终实现与正序同步。如下所述，正、负序转子电流给定必须由定子有功和无功功率给定计算得到。注意，如果应用需要，有功功率设定可以来自如图 10.15 中控制原理所使用的速度控制环，而在本例中的无功功率则未采用闭环控制。通常可以根据需要满足的不同最小化目标来产生正、负序转子电流给定：定子功率振荡、定子或转子负序电流、转子电压等。在本节中，仅对这些策略其中的一个进行了详细研究：定子电流的负序分量最小化。这是基于双馈感应电机的风电机组，在电压故障时采用的典型解决方案。因此，在一般情况下，如果没有采取特别措施，不平衡的定子电压和电流会在定子有功和无功功率中产生电网频率两倍频的振荡。平均功率由以下矩阵表达式计算

$$\begin{cases} P_s = P_{s0} + P_{s\cos}\cos(2\omega_s t) + P_{s\sin}\sin(2\omega_s t) \\ Q_s = Q_{s0} + P_{s\cos}\cos(2\omega_s t) + Q_{s\sin}\sin(2\omega_s t) \end{cases} \quad \begin{bmatrix} P_{s0} \\ Q_{s0} \end{bmatrix} = \frac{3}{2} \begin{bmatrix} v_{ds1} & v_{qs1} & v_{ds2} & v_{qs2} \\ v_{qs1} & -v_{ds1} & v_{qs2} & -v_{ds2} \end{bmatrix} \begin{bmatrix} i_{ds1} \\ i_{qs1} \\ i_{ds2} \\ i_{qs2} \end{bmatrix}$$

(10.46)

式中，定子电流负序分量为零。因此，通过将该矩阵方程反转并使 i_{ds2} 和 i_{qs2} 为零，得到定子正序电流。一旦得到定子电流，通过式（10.25）所示双馈感应电机模型中与定子和转子电流有关的方程并假设定子磁链和定子电压正交，得到

$$\begin{bmatrix} i_{dr1} \\ i_{qr1} \\ i_{dr2} \\ i_{qr2} \end{bmatrix} = \frac{1}{\omega_s L_m} \begin{bmatrix} v_{qs1} \\ -v_{ds1} \\ -v_{qs2} \\ v_{ds2} \end{bmatrix} - \frac{L_s}{L_m} \begin{bmatrix} i_{ds1} \\ i_{qs1} \\ i_{ds2} \\ i_{qs2} \end{bmatrix}$$

(10.47)

因此，结合最后两个表达式，获得了实现消除定子电流负序分量的转子电流给定

$$\begin{bmatrix} i_{dr1} \\ i_{qr1} \\ i_{dr2} \\ i_{qr2} \end{bmatrix} = -\frac{2}{3} \frac{L_s}{L_m} \frac{1}{v_{ds1}^2 + v_{qs1}^2} \begin{bmatrix} v_{ds1} & d_{qs1} \\ v_{qs1} & -v_{ds1} \\ 0 & 0 \\ 0 & 0 \end{bmatrix} \begin{bmatrix} P_{s0} \\ Q_{s0} \end{bmatrix} + \frac{1}{\omega_s L_m} \begin{bmatrix} v_{qs1} \\ -v_{ds1} \\ -v_{qs2} \\ v_{ds2} \end{bmatrix}$$

(10.48)

因此，将该表达式直接代入图 10.21 的双矢量控制框图的"给定值计算"模块中。在这里，P_{s0} 和 Q_{s0} 是定子有功和无功功率给定值 P_s^* 和 Q_s^*，这些给定值为平均值且按式（10.46）振荡。注意，对电流控制回路以及电压给定的生成，都必须进行相序分解。此任务以图形方式也表示在图 10.22 中。当进行分解且使用旋转变换时，必须移除出现的双倍基频振荡，以获得一个可接受性能的控制环。这可以通过使用陷波滤波器、低通滤波器或数字信号抵消（DSC）的方法来实现。

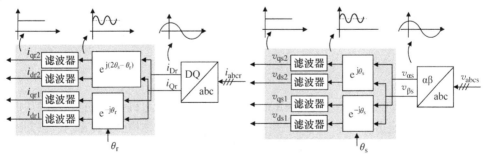

图 10.22　相序分解

10.2.2　转子位置观测

由功率变流器供电的转子电流和电压，是在随转子旋转的坐标系中确定的，而定子电压和电流的测量则是在静止坐标系中。因此，各变量波形有着不同的频率。无论控制方法选取哪种坐标

系实现，系统变量都应被转换到同一坐标系中。由于这个原因，必须掌握转子位置角的信息。转子位置传感器可以被转子角位置观测器所代替。双馈感应发电机最常用的转子位置观测器是模型参考自适应系统（MRAS），其总体思路是将电机测量变量之一与基于电机参数和其他测量量计算（估算）得到的相应变量进行对比。本节中，将对一些已知的转子位置 MRAS 观测器进行描述，并将给出一些改进结构。一个 MRAS 观测器通用方案如图 10.23 所示。

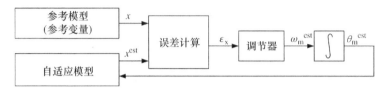

图 10.23 用于双馈感应电机的转子速度和位置的 MARS 观测器通用方案

对于 MARS 观测器方案，可以选择不同的变量对。在第一批提出的双馈感应电机 MRAS 观测器中，有把定子磁链矢量作为误差计算的变量[6]。作为参考模型，根据定子电压的积分可以计算得到定子磁链的矢量分量 $\psi_{\alpha s}^{ref}$、$\psi_{\beta s}^{ref}$ ［根据式（10.23）］，而自适应模型的变量是定子磁链矢量分量 $\psi_{\alpha s}^{est}$、$\psi_{\beta s}^{est}$ 的估算，并根据式（10.25）计算得到，这里使用了电机参数。在式（10.25）中，转子电流矢量分量以静止坐标系表示，

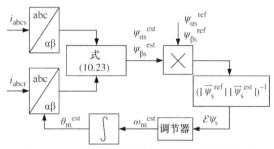

图 10.24 基于定子磁链矢量同步的转子位置 MRAS 观测器

且为了正确计算定子磁链，将转子电流矢量从转子旋转坐标系变换到静止坐标系中。只要给定值和定子磁链估计值之间的误差不等于零，负责估算转子速度 ω_{m}^{est} 的控制器的输出信号将持续变化，因此最终将得到一个适当的变换角 θ_{m}^{est}（见图 10.24）。

最后，当实现和定子磁链矢量同步时，在观测器结构中获得的变换角等于实际转子位置角 θ_{m}^{est}，这样它可以在控制算法进一步使用，代替图 10.13 及后面控制结构图中 θ_{m} 的测量值。PI 控制器误差 ε_{ψ_s} 表示给定值和估计量之间的误差，其是由估计值和给定值的矢量叉乘积除以相应矢量的幅值乘积 ［式（10.49）］ 来计算的。因此，误差 $\varepsilon_{\psi s}$ 由定子磁链矢量估计值和给定值之间角度的正弦函数表示。

$$\varepsilon_{\psi s} = \frac{\psi_{\alpha s}^{ref}\psi_{\beta s}^{est} - \psi_{\beta s}^{ref}\psi_{\alpha s}^{est}}{|\vec{\psi}_{s}^{ref}||\vec{\psi}_{s}^{est}|} \tag{10.49}$$

基于定子磁链矢量同步的转子位置 MRAS 观测器在双馈感应电机并网运行，且仅从定子侧进行励磁的情况下运行会出现问题。因此，另一种基于同样概念的结构已被提出[6]。该方法基于转子电流的估算及测量值的同步，同步误差 ε_{ir} 由下式计算得到

$$\varepsilon_{ir} = \frac{i_{\alpha r}^{est}i_{\beta r} - i_{\beta r}^{est}i_{\alpha r}}{|\vec{i}_{r}^{est}||\vec{i}_{r}|} \tag{10.50}$$

这里使用估算的转子电流矢量分量 $i_{\alpha r}^{est}$、$i_{\beta r}^{est}$ 作为模型参考信号。自适应模型由转换到 αβ 静止坐标系的测得的转子电流矢量分量 $i_{\alpha r}$、$i_{\beta r}$ 表示，坐标变换角度 θ_{m}^{est} 是通过将作为 PI 同步控制器输出信号的转子速度 ω_{m}^{est} 进行积分得到的（见图 10.25a）。通过式（10.25）估算得到转子电流分量

$i_{\alpha r}^{est}$ 和 $i_{\beta r}^{est}$，其中定子磁链仍然通过对定子电压的积分计算得到。转子位置角 θ_m 以及转差角 θ_r，无需计算定子磁链即可估算得到。该方法基于电机的电压–电流方程，通过用式（10.35）替代式（10.33）中的定子磁链，从而可得到式（10.51）。

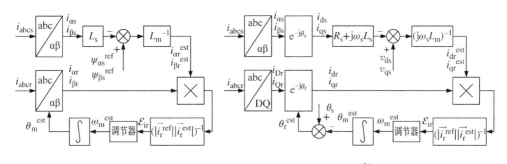

图 10.25　基于不同方法的转子位置 MRAS 观测器：a）磁链–电流模型；b）采用叉乘计算误差的双馈感应电机的电压–电流稳态模型

$$\vec{v}_s^a = R_s \vec{i}_s^a + L_s \frac{d\vec{i}_s^a}{dt} + L_m \frac{d\vec{i}_r^a}{dt} + j\omega_s L_s \vec{i}_s^a + j\omega_s L_m \vec{i}_r^a$$

$$\Rightarrow \begin{cases} v_{ds} = R_s i_{ds} + L_s \dfrac{di_{ds}}{dt} + L_m \dfrac{di_{dr}}{dt} - \omega_s L_s i_{qs} - \omega_s L_m i_{qr} \\ v_{qs} = R_s i_{qs} + L_s \dfrac{di_{qs}}{dt} + L_m \dfrac{di_{qr}}{dt} - \omega_s L_s i_{ds} + \omega_s L_m i_{dr} \end{cases} \quad (10.51)$$

在观测器结构中，忽略了定子和转子电流矢量分量的导数项，这是因为同步过程比实现观测器的 dq 坐标系中电流的变化要慢得多。基于电压电流模型的观测器在图 10.25b 给出。

给出的两种 MRAS 观测器在正常情况下的运行非常相似。两种工况下的控制器的误差都是通过同步矢量之间角度的正弦函数表示。在系统的启动过程中，当矢量在同步之前以不同的频率旋转时，这可能意味着该误差具有振荡特性，直到系统完成同步。通过同时使用矢量叉乘和点积可以对图 10.25a 和 b 中的观测器进行改进。改进后的观测器结构分别如图 10.26a 和 b 所示。同步矢量之间的角度由反正切函数 $\tan^{-1}$ 所决定，该函数以扩展形式返回从 $-\pi$ 到 π 的角度。这使得同步控制器的误差仍然具有周期性，但考虑到很容易发现误差波形的不连续性，误差函数的单调性可以得到保证。新的误差 ε_{lin}，在 $-\pi$ 到 π（在第一周期）范围内是线性的，当反正切函数 $\tan^{-1}$ 溢出时是饱和限幅的。这里也可以实现误差 ε_{lin} 信号的完全线性化，但是没有必要，尤其是使用图 10.27 给出的误差 ε_{lin} 函数时。这是因为在函数每个周期中都可以将误差归零。这意味着，由于同步过程较快，不需要等待一个或多个周期来同步变量。

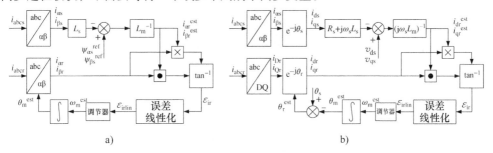

图 10.26　基于下列模型的改进转子位置 MRAS 观测器：a）磁链–电流模型；b）采用点积和叉乘计算误差的双馈感应电机的电压–电流稳态模型

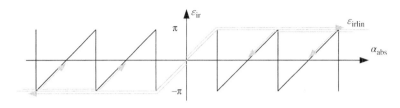

图 10.27 MRAS 观测器的同步回路控制器误差周期性消除方法

使用磁链 – 电流和电压 – 电流改进 MRAS 观测器的同步过程的仿真结果如图 10.28 所示。图 10.28a 和 b 给出了没有误差线性化方法的改进 MRAS 观测器，而图 10.28c 和 d 给出了具有误差线性化的观测器。在这两种情况下，有和没有误差线性化，观测器的响应之间没有太大的区别。然而，根据图 10.27，误差线性化会导致误差信号出现饱和而不是周期变化，从而大大减少了同步过程所需时间。

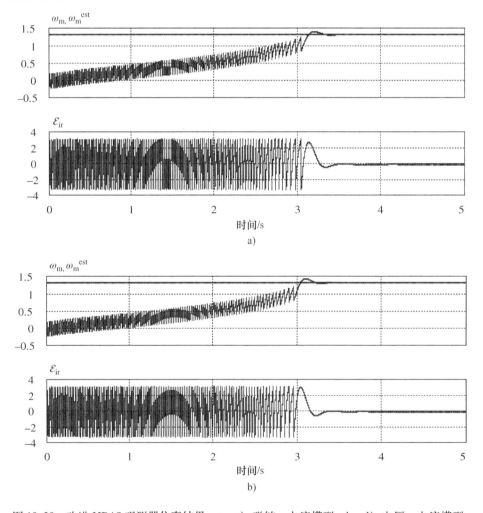

图 10.28 改进 MRAS 观测器仿真结果：a，c）磁链 – 电流模型；b，d）电压 – 电流模型；
a，b）控制器误差未经线性化；c，d）控制器误差线性化

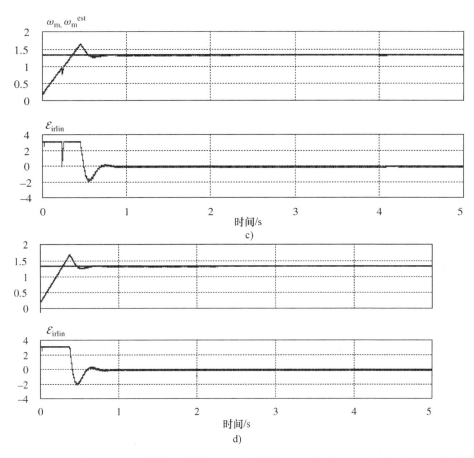

图 10.28　改进 MRAS 观测器仿真结果：a，c）磁链 – 电流模型；b，d）电压 – 电流模型；
a，b）控制器误差未经线性化；c，d）控制器误差线性化（续）

10.2.3　独立运行

10.2.3.1　独立双馈感应电机模型

　　一个独立的双馈感应电机的基本电路如图 10.29 所示。定子电压不再由电网建立，只在背靠背功率变流器运行时产生。考虑到转子侧变流器负责电机的运行状态，比电网侧变流器的运行范围更宽，为了使定子电压更稳定，需要在转子侧变流器的电流环之外再增加一个外环控制。电网侧变流器的主要作用与并网系统中的一样，维持直流电压在参考给定电压水平。除了增加额外的控制以外，通过定子侧的滤波电容保障电压质量，同时也部分补偿了电机或负载的无功功率。独立发电机组所特有的一个问题是为单相负载供电的四线制系统。这可以通过在定子和负载之间采用一个三角形/星形相匹配的变压器来实现（当定子电压比负载电压高时是首选）。另一种方式是将定子星形联结的中性点与四桥臂电网侧变流器连接起来作为中线，如图 10.29 中虚线所示。在大功率系统中，负载电流中零序分量的含量通常较低，通过电网侧变流器产生的零序分量应足以获得足够好的电压品质。此外，转子侧变流器不能用四线制拓扑结构，因为电机通常不是按 4 个集电环设计的。

　　在 dq 坐标系下的双馈感应电机电路，由 10.1.3.2 节中给出的式（10.33）~ 式（10.36）描

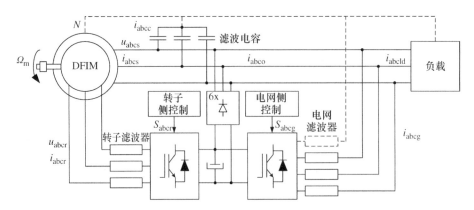

图 10.29　带中性线的独立双馈感应发电机系统总体框图

述。式（10.52）完整描述了一个三线制双馈感应电机作为发电机独立运行的模型，并包括了定子侧滤波电容 C_f。该式描述了一个定子电路，包括滤波电容 C_f 和折合到定子侧的负载。定子电流 i_s 为滤波电容电流与折合到定子侧的负载电流 i_o 之和，后者与整个系统的物理负载并不一样。定子负载电流 i_o 为物理负载电流 i_{ld} 和电网侧变流器电流 i_g 之和，其有功分量可能是正的也可能是负的，这取决于转子的转差率。

转子电流是励磁电流 i_m 和定子电流 i_s 的代数差 [式（10.53）]，而励磁电流取决于定子电压和励磁电感 [式（10.54）]。

$$\vec{i}_s^a = -C_f \frac{d\vec{v}_s^a}{dt} + \vec{i}_0^a - j\omega_s C_f \vec{v}_s^a \quad \Rightarrow \quad \begin{cases} i_{ds} = -C_f \dfrac{dv_{ds}}{dt} + i_{d0} + \omega_s C_f v_{qs} \\ i_{qs} = -C_f \dfrac{dv_{qs}}{dt} + i_{q0} - \omega_s C_f v_{ds} \end{cases} \quad (10.52)$$

$$\vec{i}_r = \vec{i}_m - \vec{i}_s = \vec{i}_m - \vec{i}_0 - \vec{i}_c \quad (10.53)$$

$$\vec{i}_m \approx -j\frac{|\vec{v}_s|}{\omega_s L_m} \quad (10.54)$$

10.2.3.2　定子电压控制

一个独立运行的电源需要外部控制回路，以获得高品质的供电电压。考虑到定子提供的功率高于电网侧变流器所提供的功率，因此最好是通过负责励磁的转子侧变流器来控制产生的电压。从理论上讲，电网侧变流器可以与并网系统中的转子侧变流器采用相同的控制策略，也能够控制发电电压。然而，在电网侧变流器进行稳定交流电压的同时，以次同步转子速度实现整流运行，则很难实现稳定的运行。转子侧变流器对转子电流控制的自然扩展，是一种定子电压控制器的实现。此外，还可以增加一个额外的前馈回路，包括定子电流分量 i_{ds}、i_{qs} 以及励磁电流参考值（见图 10.30）。这样，电压控制器仅提供转子电流参考信号 i_{dr}^*、i_{qr}^* 的一小部分。这意味着，当施加的负载阶跃变化时，控制响应更快。

图 10.31 给出了三种有前馈的外环控制基本结构。第一种结构中（见图 10.31a），所采用的电压控制器与配备 LC 型滤波器的三相逆变器的典型结构相同。这意味着，电压矢量 d 轴控制器的输出信号是转子电流 d 轴分量参考值的一部分；而电压矢量 q 轴控制器的输出则是 q 轴转子电流参考值的一部分。在这种控制下，电压矢量分量有明显的振荡（见图 10.32a），这是因为定子电压和定子电流的 dq 轴矢量分量之间有耦合 [式（10.52）]，而定子和转子电流之间又有很强的关联 [式（10.53）]，因此导致了定子电压和转子电流 dq 轴分量之间的耦合。图 10.32b 给出

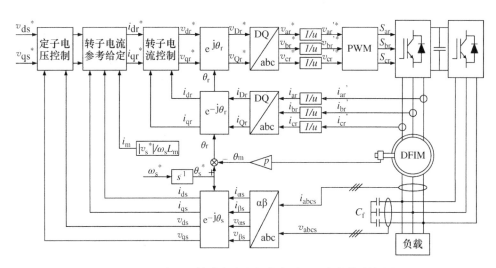

图 10.30　独立双馈感应发电机的定子电压矢量控制框图

了电压控制的第二种结构，其中只用了一个电压控制器来控制电压矢量的幅值，基于 dq 或 αβ 轴定子电压矢量分量，计算得到其实际值。该控制利用了式 (10.54)，式中忽略了定子电阻和漏感。在定子电压矢量定向的坐标系中，上述输出信号为转子电流 d 轴分量参考值的一部分。在定子磁链定向的情况下，控制器的输出信号和励磁电流参考信号两者都以正信号叠加到 d 轴中，而 q 轴的符号则为负。定子电压的幅值控制可以消除负载阶跃的振荡，但电压矢量分量的值无法保持不变，这取决于负载的变化（见图 10.32b）。第三种结构（见图 10.31c）可以用来实现动态响应并消除振荡，同时控制定子电压矢量分量。在同样的条件下，该结构的运行结果如图 10.32c 所示。

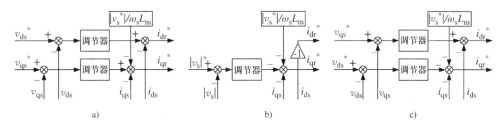

图 10.31　独立双馈感应发电机三种可能的定子电压矢量高级控制结构

对于图 10.31 所示的三种不同的外环控制，图 10.32 给出了一个基于 2MW 双馈感应电机的电力系统的仿真结果。所有情况都是在相同条件下进行仿真。在 $0 \sim 0.5s$ 时间内，转速从 $0.66\omega_s$ 升到 $1.33\omega_s$，此时发电机空载；在 $0.5 \sim 1s$ 时间内，转速从 $1.33\omega_s$ 降到 $0.66\omega_s$，发电机以额定的定子负载运行。接下来，在 $1 \sim 2s$ 时间内重复转速变化循环，但负载循环则反过来，即 $1 \sim 1.5s$ 电机定子满载运行，$1.5 \sim 2s$ 电机空载运行。所提出的控制方法，不仅可用于持续独立运行，还可用于发电机组并网前的同步[7]。

在系统 1.5s 的阶跃卸载过程中，当整个负载断开时，可能出现明显的电压峰值；因此，需要对电力系统与负载进行充分的保护。过电压与控制无关，是由存储在电机漏磁场中的能量所产生的，该能量在突然卸载时被释放。通过用三相二极管整流器把交流侧滤波电容和背对背变流器的直流母线连接起来，可实现简单而可靠的过电压保护。每个电压峰值都将被直流母线消耗掉，

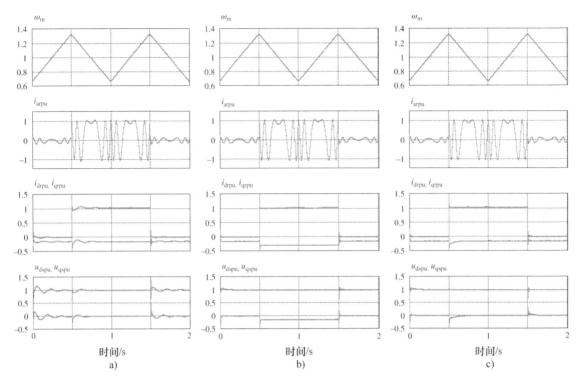

图 10.32　基于图 10.30 的总体控制及图 10.31a ~ c 所示不同的外环控制方法，
分别进行仿真的结果（在相同的转速和负载条件下）

而在正常运行期间，二极管将被直流母线电压阻断，因为直流母线电压通常高于整流后的定子交流电压。

10.2.3.3　电压不平衡补偿

独立的电力系统很少在对称负载下运行。大多数设计为能够给单相负载供电，这就意味着负载电流会出现不平衡。在电机定子和所供负载之间使用匹配变压器，可以消除负载电流中的零序分量，但负序分量仍然会影响所产生的电压。适当控制背靠背变流器，可以消除定子电压中的负序分量。很明显，不平衡的定子电流会产生转矩脉动，因此负序电流最好由电网侧变流器提供。然而，由于变流器的功率相对于电机的额定功率有所降低，因此电网侧变流器可能无法完全补偿负序分量，尤其是当转速接近限速范围，且负载明显不对称的时候。在这种情况下，除了负序电流以外，电网侧变流器还需要提供大量的转差功率，可能在接近饱和的情况下运行。

考虑到上述情况，有必要为转子侧和电网侧变流器引入适当的控制方法，以共同承担双馈感应电机系统内的负序分量。通过在转子电流中产生适当的分量，转子侧变流器可以补偿负序定子电压。由于电机旋转，定子侧不平衡对转子电流的影响在所有三相中都是相同的。转子电流的正序分量表现为转差频率，而其负序分量则表现为 2 倍的同步频率减去转差频率。图 10.33 给出了一种转子侧变流器的控制结构，包括用于消除定子电压负序分量的部分。

转子电流参考值的负序分量部分来自定子电流前馈。转子电流参考值的其余负序分量，由定子电压矢量 v_{ds2}、v_{qs2} 中的负序分量经控制器产生。控制相同的其余部分负责实现正序，如图 10.31c 所示。对于内环的转子电流控制回路，不需要采用相序分解以实现正负序分量的独立控制，因为作为内环控制，允许存在稳态误差。通过对定子电压正负序分量的独立控制，可消除外

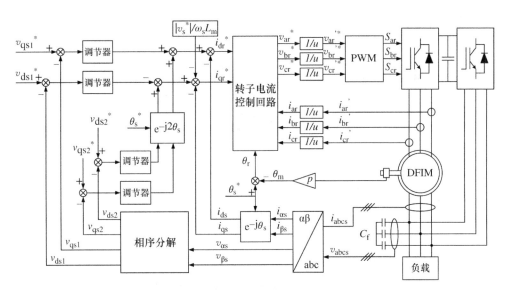

图 10.33　不平衡负载供电时带负序补偿的定子电压矢量控制框图

环控制中的稳态误差。

　　图 10.34 给出了一个独立的双馈感应电机非对称加载运行的仿真结果。仿真条件与对称加载的相同。在定子和负载之间使用一个三角形/星形联结变压器来制造不平衡负载，其中星形联结的两相满载，而另一相空载。在这些条件下，由定子和转子电流的负序分量产生转矩脉动，对机械系统产生负面影响。

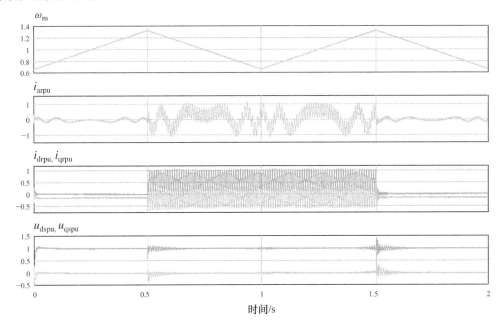

图 10.34　不平衡负载供电时图 10.33 所示带负序补偿的定子电压控制的仿真结果

　　通过对电网侧变流器的适当控制，可以减小转矩脉动。控制方法的一种变化如图 10.35 所示。除了正序，电网侧变流器还提供电流的负序分量，负序分量的参考值由定子电流负序分量

i_{qs2}、i_{ds2}的控制器计算。这改善了定子电流的对称性,从而也减少了转子电流的负序分量。

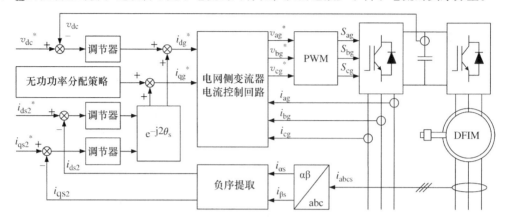

图 10.35 不平衡负载供电时带定子电流负序补偿的电网侧变流器控制结构框图

图中所示的其他控制部分,即负责电网侧变流器电流控制的通用模块,与典型的三相并网逆变器相同。

10.2.3.4 非线性负载供电

与非对称加载的独立双馈感应电机类似,非线性负载会产生机电转矩脉动,这取决于谐波补偿方法。如果所有的负载电流谐波仅从电网侧变流器输出,其中部分以逆变器/整流器运行,部分以定子电流有源滤波器运行,则定子所看到的负载是线性的,不会发生转矩脉动。然而,当电网侧变流器在电流饱和情况下运行时,可能需要转子侧变流器去补偿定子电压谐波。可以对每个谐波采取独立的控制,与不对称补偿所采取的结构类似。需要提取每个谐波分量,并将其变换到与控制频率对应的角速度旋转的坐标系。

获得适当的转子电流参考信号的另一种方法是采用负载电流前馈,而不是定子电流前馈,虽然后者也考虑了定子负载电流 i_o(见图 10.29)。定子负载电流信号 i_{od} 和 i_{oq} 包含了谐波补偿所需的更精确的信息,即使它不是直接测量而是估算得到的。估算是基于定子电压和电流的测量[式(10.52)]。定子负载电流分量在 dq 旋转坐标系中表示,其中的谐波表示为振荡分量;因此,必须使用比 PI 控制器更复杂的方法以获得转子电流参考值,包括谐波含量。可采用一种基于谐振控制器的控制结构变形,其中与主 PI 控制器并联的一些模块负责对选定谐波进行调节[8]。在大功率系统中,最重要的谐波是 5 次负序和 7 次正序,这是三相二极管整流器和其他三相负载的典型谐波。在 dq 坐标系下,这两种谐波均由频率为 300Hz 的信号表示,而且都可以由一个 300Hz 谐振频率的谐振控制器控制。未经定子滤波电容补偿的部分励磁电流,作为转子电流矢量在 q 轴上的参考值,如图 10.36 所示。

图 10.37 给出了与图 10.32 和图 10.34 相同条件下的测试结果;不过,其中采用了图 10.26b 所示的转速与位置观测器,取代了转子位置传感器。

与并网模式不同的是,观测器中的 θ_s 用参考角度来替代,该角度由参考同步转速 ω_s^* 积分得到。在初始状态下,可能会发生定子侧过电压,因此在实际系统中,此时需比正常运行时对转子电流进行更大的限制,以避免过励磁。速度估计误差意味着转子位置估计也存在偏差,因此,定子电压波形会出现明显的电压暂降。然而,必须注意的是,图 10.37 中限速范围附近的加速度与速度变化特性,在实际系统中是永远不会发生的,即使是使用内燃机作为原动机。对于非线性负载,采用了一个三相二极管整流器及占定子功率75%的电阻负载($R_{load} = 0.5\Omega$),定子和整流器

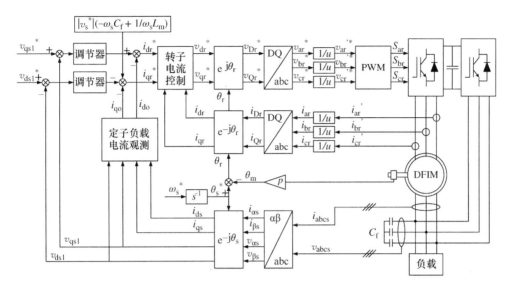

图 10.36　带定子负载电流观测的定子电压矢量控制框图

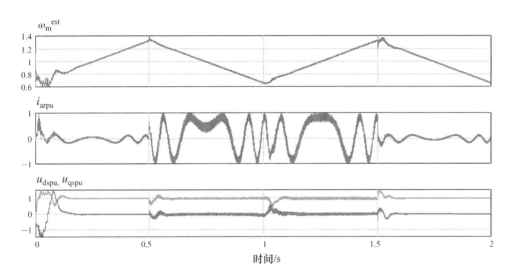

图 10.37　采用转子位置 MRAS 观测器（图 10.26b）的非线性
负载供电期间，使用带定子负载电流估算值（图 10.36）进行定子电压控制的仿真结果

之间的电感值等于 0.1mH。

图 10.38 给出了图 10.37 中 0.56~0.94s 期间定子相电压、负载相电流和三相转子电流的波形，这是系统提供了 75% 额定定子功率的非线性负载的时间段。该控制方法并不需要提取每个单独的谐波，只需补偿主谐波就足够了，因为定子侧滤波电容可用来消除非主要谐波。与不平衡负载的情况类似（见图 10.35），电网侧变流器可引入适当的控制，使变流器部分作为有源滤波器运行，以降低定子电流谐波，从而也降低了电磁转矩的脉动。该控制可包括基于谐波分量提取的特性谐波补偿，也可基于被控变量的瞬时值实现。

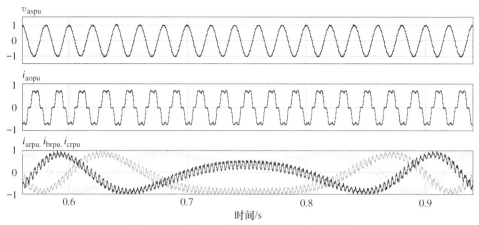

图 10.38 图 10.37 仿真结果的局部放大图

10.3 基于双馈感应电机的风力发电系统

10.3.1 风力发电机空气动力学

本节分析了双馈感应电机变桨变速风力发电机的主要问题。在这种现代风力发电机中，风的能量被叶片捕获，然后由双馈感应电机转换为电能，最终将能量输送到电网[1]。利用动量理论来研究风力发电机的特性。在某些理想假设下，风力发电机从风中捕获的能量可由下式给出

$$P_t = \frac{1}{2}\rho\pi R^2 V_w^3 C_p \tag{10.55}$$

式中，ρ 为空气密度；R 为风力发电机叶片的半径；V_w 为风速；C_p 为功率系数（一个无量纲参数，表示风力发电机将风能转化为机械能的效率），对于一个给定的风力发电机，该系数是一个以风速、风力发电机转速 Ω_t 和桨距角 β 为变量的函数。C_p 通常作为叶尖速比 λ 的函数给出，定义为

$$C_p = f(\lambda, \beta) \quad 其中 \lambda = \frac{R\Omega_t}{V_w} \tag{10.56}$$

C_p 的理论最大值由贝茨极限给出：$C_{p\_theo\_max} = 0.593$。图 10.39 以图形方式给出了 C_p 曲线示例。

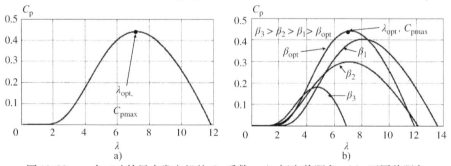

图 10.39　一个三叶轮风力发电机的 C_p 系数：a) 恒定桨距角；b) 不同桨距角

10.3.2 风力发电机的控制域

假设为理想的机械耦合且忽略涡轮转子和双馈感应电机之间变速箱的损耗，则风力发电机产

生的功率 P_t 完全传输到双馈感应电机的轴上，即 $P_m = P_t$。因此，通过在不同风速和风力发电机转速（桨距保持最佳位置 β_{opt} 不变）下计算式（10.55）和式（10.56），可用三维空间方式表示从风中捕获的功率，如图 10.40a 所示。这是已选定特定半径 R 的兆瓦级风力发电机的一个典型例子。可以看出，在每一恒定风速下，该曲线表示在某一特定转速下的最大发电功率点变化。风力发电机的这种特性是通过变速控制实现的，其总是试图在任何给定的风速下选择适当的转速，以便从风中获取最大的可用功率。不过，图 10.40a 也显示了风力发电机的工作点。可以注意到，并不会总是运行在曲线的最大功率点。这是因为风力发电机的最大 Ω_{t_nom} 和最小 Ω_{t_min} 转速受限制。取决于风力发电机的设计，速度受到效率和安全问题的限制。对于大多数风力发电机的设计，这些速度限制产生与转速有关的四个运行区域。图 10.40a 在三个平面上的投影如图 10.40b ~ d 所示，有助于描绘这四个运行区域（注意，变速箱的关系式包含：$N\Omega_t = \Omega_m$）。

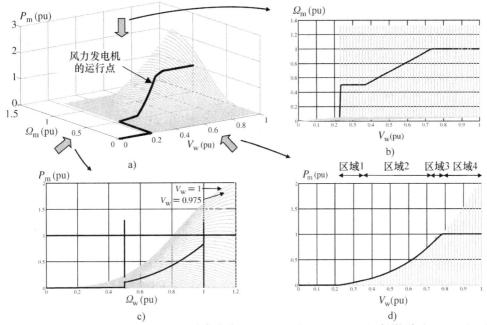

图 10.40 兆瓦级变桨变速风力发电机的功率曲线：a) $P_m = f(V_w, \Omega_m)$；b) 投影到 (V_w, Ω_m) 平面；
c) 投影到 (P_m, Ω_m) 平面；d) 投影到 (P_m, V_w) 平面

注：该曲线通常由制造商提供。

区域 1：在该区域内，转速被限制并保持在其最小值，因此，不可能从风中获取最大功率。在本例中，风速介于 0.235pu 和 0.36pu 之间，风力发电机所捕获的功率不是最大的。

区域 2：在该区域内，转速可以变化以达到功率曲线的最大点。在这个区域，通常会执行最大功率点跟踪（MPPT）策略。因此，风速介于 0.36pu 和 0.73pu 之间时，总是调整转速以自动搜索功率曲线的最大值。

区域 3：该区域会在某些风力发电机的设计中出现，此时达到了最大转速，但并不是最大发电功率。在本例中，尽管不可能从风能中获取最大功率，在风速介于 0.73pu 和 0.78pu 之间时，转速必须保持在最大值，因此它并没有在最大功率曲线下运行。

区域 4：该区域始于捕获功率等于额定功率，本例是在风速为 0.78pu 时。在这个区域中，通过调整桨距角，使发电功率和速度保持在最大值不变。因而，叶片逐渐向顺桨调节，即使风速增加，也可保持恒定的捕获功率。

必须强调的是，对于本节所提出的风力发电机控制区域，可能会在文献中找到略有不同的其他表述方式。

10.3.3 风力发电机控制

我们已看到风力发电机根据转速可在四个不同的区域运行，本节介绍了风力发电机的常规控制策略（见图10.41a）。例如，如图10.15所示，双馈感应电机通过转子侧变流器实现矢量控制，但取消了速度控制环，并转换为风力发电机的控制模块（如有必要），如下文所述[1]。因此，这种新的风力发电机控制模块产生转矩和桨距参考值，以确定四个运行区域。电网侧变流器也采用矢量控制，负责通过电机转子将发电功率输送给电网，并控制背靠背变流器的直流母线电压。Q_s和Q_g参考值由无功功率控制策略产生，根据电网运营商的要求，向电网提供必要的无功功率。

图10.41b显示了每个工作区域的一些可能的风力发电机控制原理框图。可以注意到，区域1和3的控制结构相同。依靠双馈感应电机产生的电磁转矩，将速度调节为最大值或最小值不变。通常在这种情况下，桨距角保持恒定。另外，在区域4中，速度也被调节为最大值不变，但在这种情况下，通过调节桨距角并保持电磁转矩恒定。最后，区域2中可采取不同的控制原理来实现MPPT。例如，可采用一间接速度控制（ISC），其理论依据为：当达到MPPT时（在C_{p_max}下运行），所产生的功率与速度呈三次方关系，如下

$$V_w = \frac{R\Omega_t}{\lambda_{opt}} \Rightarrow P_t \Rightarrow \frac{1}{2}\rho\pi R^2 \left(\frac{R\Omega_t}{\lambda_{opt}}\right)^3 C_{p\_max} \Rightarrow \begin{cases} P_t = k_{opt}\Omega_t^3 \\ k_{opt} = \frac{1}{2}\rho\pi R^5 \frac{C_{p\_max}}{\lambda_{opt}^3} \end{cases} \quad (10.57)$$

最新的变速风力发电的电网规范，也对电网支撑提出了一些附加要求。一方面，运营商可以在预定的范围内，要求与电网交换一定数值的总无功功率Q_{total}。总的来说，这就要求对变流器和/或风力发电机放大设计余量，以便在Q_s和Q_g之间分配总无功功率需求，并实施特殊的无功功率控制策略，如图10.41所示。另一方面，电网规范也可通过使风力发电机保持一定的功率储备，以加强对电网的一次调频支持。这可以通过避免从风中捕获最大功率、不以最佳转速运行或将桨距角从最优位置进一步增大等方式实现。通过这种方式，风力发电也将有助于改善电网中发电量的平衡，而这目前几乎都是由传统发电厂来完成的功能。最后，可能会需要风力发电机对频率变化提供惯性响应，这是传统发电厂的同步发电机自然具备的。因此，与传统发电机一样，风力发电机在正常运行时会在旋转叶片中存储动能。如果不采取额外措施的话，这个能量并不会对电网的惯性产生影响，因为转速是由变流器控制的。因此，还可以通过将仿真模块添加到风力发电机的转矩参考值中来模拟风力发电机中的惯性响应[9]，如图10.42所示。当检测到频率变化超过一定限度时，比例微分控制会施加快速的转矩变化，这也会改变风力发电机输送到电网的功率。这是通过改变叶片的转速来实现的，从而也改变了风力发电机所存储的动能。这种快速反应比传统发电厂的一次调节更快，有助于避免因电力消耗突然变化而引起的频率快速变化，而频率偏差过大则会导致发电厂解列。注意，当转速达到预设的最大或最小限值时，风力发电机无法再满足惯性响应，它将以不同于最佳转速的速度运行，也不能从风中获取到最大功率。不过，在频率变化的第一时间，就可提供额外的功率。然后，为了再次达到最佳速度，风力发电机将与一次频率调节相反的方向运行。注意，采用快速同步的方法，例如锁相环（PLL），对于确保获得快速而准确的频率变化信息至关重要。

10.3.4 基于双馈感应电机的风力发电机的典型分析

一般情况下，基于双馈感应电机的变速风力发电机的设计具有一些典型的共同特性。首先，

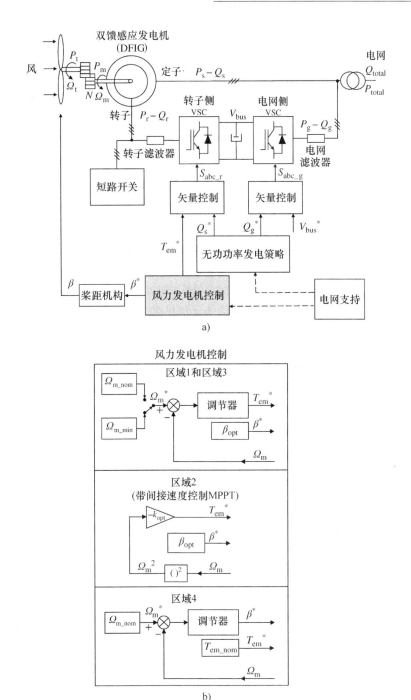

图 10.41 a）基于双馈感应电机的风力发电机的总体控制；b）不同运行区域的控制回路

通常采用两对极或三对极以实现有效的电机设计。为了减小变流器的尺寸、价格和损耗，一般将转子侧变流器的额定电压选为低压，通常为 690V 左右。然后，双馈感应电机的额定转子电压一般选取为该电压的 3 倍左右。这种安排是由表 10.1 提供的方程推导出来的，表明电机只能在转差率 ±1/3 的情况下运行，这意味着运行速度范围只能在同步速的 ±1/3 范围内。因此，在这种降低变流器电压的情况下，不可能实现接近零速运行；不过，实际应用并没有这种需求，因为如

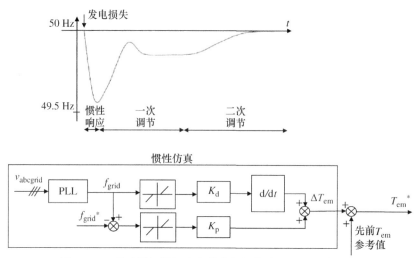

图 10.42　通过增加转矩参考值的惯性仿真的电网频率支持

前节所述，风力发电机只能在某个最低转速之上才能提供有效的功率。电机不能以传统的方式从零速起动，但这并不是一个真正的严重缺点，通常可轻易解决。此外，这种对有效转差率的限制带来了一大优势，即通过转子和变流器传输的功率是定子功率的 1/3（见表 10.1）。这意味着变流器不仅降低了电压，而且也降低了功率，从而使变流器非常经济。

对于定子电压，可以与变流器一样选择低电压，即 690V 左右，这样导致定子和转子的匝数比为 1/3。对于大型兆瓦级风力发电机，这种定子电压比会使得定子电流过大，导致电机设计不合理。因此，对于最高功率的情况，制造商也倾向于中压定子设计，减少所需的定子电流并降低并网变压器的尺寸。然而，如果采用这种方案，还需要为电网侧变流器配备一个部分功率的变压器。在后一种情况下，定子和转子的匝数比往往高于 1。对于大功率风力发电机，如果其转子电流太大而使变流器难以承受，可能的趋势是仍采用低压变流器，通过变流器并联以提高电流能力，而不是提升到中压等级。最后，必须强调的是，这种降压降功率的变流器不允许处理严重电网故障时引起问题的情况。因此，正如后面会介绍的，通常会增加特殊硬件来解决这个问题。

10.3.5　基于双馈感应电机的风力发电机的稳态性能

结合在 10.2 节中所描述的双馈感应电机稳态性能分析，和前面章节中所研究的风力发电机运行原理，本节介绍了在变桨变速风力发电机中运行的兆瓦级双馈感应电机典型的特性。因此，风力发电机的控制将利用图 10.40c 中的 $P_m = f(\Omega_m)$ 特性。考虑最大转速对应最小转差率 $s = -0.2$，这将产生图 10.43a 所示的输入功率和转矩曲线。因此，通过对表 10.2 和表 10.3 中所列方程求解，可推导得到风力发电机在两种不同励磁条件下的稳态特性。例如 $Q_s = 0$ 和 $i_{dr} = 0$。图 10.43 给出了得到的稳态结果。可以推断，电磁转矩 T_{em} 和功率 P_m 为双馈感应电机的轴端输入；因而无论采用哪种励磁策略，两者均保持不变。注意，风力发电机在最高转速（最小转差率）下，产生最高转矩和功率。同样，图 10.43b 说明了输入功率在定子和转子之间是如何分配的，主要取决于转差率。定子和转子无功功率如图 10.43c 和 d 所示。

当双馈感应电机通过定子励磁，可以看出该电机需要恒定的 $Q_s = 0.25\text{pu}$。对于图 10.43e 和 f 中的定子与转子电流曲线，可以看出，它们与图 10.43a 中所示的输入转矩或功率有着非常相似的趋势：输入转矩越高，所需电流就越大。也可以注意到，与转子励磁（$Q_s = 0$）相比，定子励磁（$i_{dr} = 0$）需要更大的定子电流和更小的转子电流。因此，如图 10.43h 所示，对于这个特定的电机，

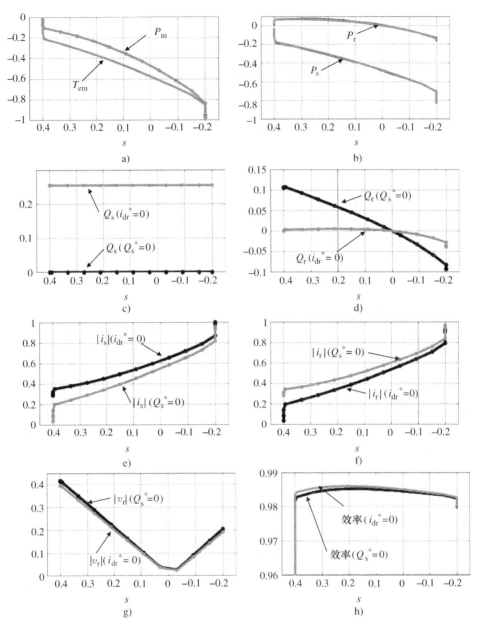

图 10.43　兆瓦级变桨变速风力发电机采用 $Q_s = 0$ 与 $i_{dr} = 0$ 励磁策略的典型稳态幅值（标幺值）

通过定子励磁意味着效率更高。最后，所需的转子电压幅值如图 10.43g 所示。一般可以看出，转差率越大，要求转子电压幅值就越高，转子电压在同步速（$s \cong 0$）下几乎为零。两种励磁策略所需转子电压的差异并不大；而对于本例，变流器的电压是在转差率 $s = 0.4$ 下的工作点确定的。

10.3.6　基于双馈感应电机的风力发电机的电压跌落分析

10.3.6.1　电网电压跌落时的控制损耗

电压跌落也就是因为电网意外事故或故障而导致的电网电压突然下降。本节的研究仅针对称电压跌落，不涉及不对称跌落。当双馈感应电机定子侧发生电压跌落时，为了解由电压跌落引起扰动所导致的问题，需要分析定子磁链的性能。因此，结合式（10.23）和式（10.26），消去

定子电流，得到有趣的表达式

$$\frac{\mathrm{d}\vec{\psi}_s^s}{\mathrm{d}t} = \vec{v}_s^s - \frac{R_s}{L_s}\vec{\psi}_s^s + R_s\frac{L_m}{L_s}\vec{i}_r^s \tag{10.58}$$

可以注意到，当突然发生电压跌落时，定子磁链并不能与定子电压一样很快收敛到其最终稳定状态。每相定子磁链表现为一个正弦分量（永远存在）与一个以时间常数 L_s/R_s（可能是几秒钟）指数衰减（也被称为自然磁链）分量的总和。转子电流可以使磁链衰减更快（使转子电流抵消定子磁链），如图 10.44 所示。值得注意的是，如果没有失控的话，转子电流矢量是由转子侧变流器控制的。

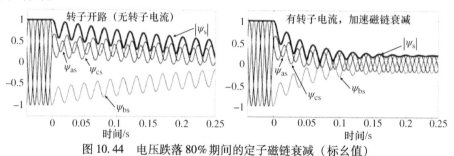

图 10.44　电压跌落 80% 期间的定子磁链衰减（标幺值）

另一方面，对于 10.1.3 节所述的双馈感应电机等效电路，可改进为更加紧凑。出于这个目的，由式（10.23）~式（10.26），可以得到如下方程，其电路如图 10.45a 所示。

$$\vec{v}_r^r = \frac{L_m}{L_s}(\vec{v}_s^r - j\omega_m\vec{\psi}_s^r) + \left[R_r + \left(\frac{L_m}{L_s}\right)^2 R_s\right]\vec{i}_r^r + \sigma L_r\frac{\mathrm{d}}{\mathrm{d}t}\vec{i}_r^r \tag{10.59}$$

可以看出，转子电流可表达为转子电压、定子电压、定子磁链（也依赖转子电流）以及等效电阻和电感的函数。因此，图 10.45b 给出了次同步速度下的空间矢量图。其中的主导矢量 $\vec{v}_r^r$ 与 $j\omega_m\vec{\psi}_s^r$ 之和，应与 $\vec{v}_s^r$ 近似匹配。

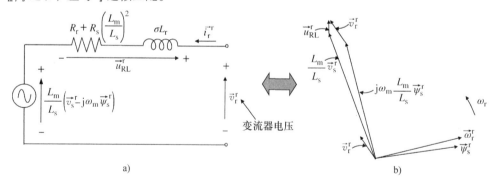

图 10.45　a）用于分析电压跌落的双馈感应电机等效电路；b）次同步发电模式下的矢量图

因此，当电机工作在某一稳定状态下，突然发生定子电压跌落时，定子电压的突然变化应伴随着转子电压的突然变化，以防止转子电流过大。注意，由于定子磁链缓慢下降（几个周期，取决于电机），如图 10.44 所示，所需的转子电压将高于其稳态值，这是由电压骤降的扰动而引起的。图 10.46 以图形方式进行了说明。经过几个周期之后，新的稳定状态与电压跌落之前类似，但由于定子电压降低而导致其幅值也降低，这也导致了较低的 T_{em} 和 Q_s。应当注意的是，为了保持转子电流在安全限制范围内（不再升高）而不失控，需要有足够高的转子电压幅值，特别是在电压刚开始跌落时。最恶劣的情况是定子电压跌落 100% 时，要求转子电压必须完全取代已消失的定子电压。不幸的是，如此前章节所述，转子侧变流器的典型值仅能提供最高约 1/3 的定子电压。因此，在严重的电压跌落期间，由于转子电压限制（变流器的限制），这种类型的风力发电机不能保证转子电流保持在安全限制范围内而不失去控制。一般来说，由于这种电压限制，基于双馈感应电机的风力发电机采用一个额外的低电压保护电路，以解决严重电压跌落而导致的问题。必须强调的是，在超同步速度和非对称电压骤降下，也会发生非常类似的情况。因此，可以得出这样的结论：在严重的电压跌落之后，在定子磁链衰减过程中，通常会有一段很短的时间失去控制，这通常会在电机的定子和转子上产生过电流，直到磁链达到某个水平，使得可以保证变流器输出一定电压，实现对电机的控制。如前所述，为了保护系统免受由失去控制而引起的过电流的影响，启动了撬棒（Crowbar）保护功能，该功能加速了磁链衰减，同时尽可能快地尝试恢复变流器的控制。

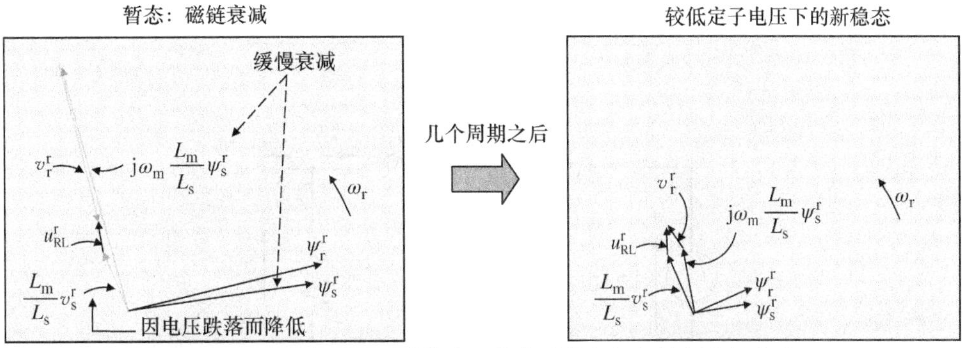

图 10.46 从定子电压跌落直至稳态时的空间矢量幅度的衰减

10.3.6.2 电网电压严重跌落时的性能

如上一节所述，在明显电压跌落期间，系统需要一个低电压保护电路来保护系统，免受电压跌落期间失控而造成的过电流和过电压。在基于双馈感应电机的风力发电机中，Crowbar 保护电路安装在转子的端部，如图 10.47a 所示，以防止转子侧变流器损坏。当检测到异常情况时激活。然后，转子电流被转移到低电压保护电路，并关闭转子侧变流器。基于此前推导的转子模型，图 10.47b 给出了系统的等效电路。可以看出，当低电压保护电路启动时，电路就变成一个阻抗分压电路。在图 10.47a 中，低电压保护电路包括整流器、可控开关和电阻。图中所示的低电压保护电路有几种不同的拓扑结构。

根据电网规范的要求，为了提供低电压穿越（LVRT）能力，风力发电机必须在电压跌落期间保持连接；因此，必须在双馈感应电机不脱离电网的情况下投入和切出低电压保护电路。通过这种方式，通常在严重电压跌落期间发生的一系列事件，可概括如下：

1）双馈感应电机在一个特定的工作点稳态发电。

2）当电压跌落发生时，直到风力发电机控制装置检测到电压跌落，有几个毫秒的延时（通常为 $0.5 \sim 5\mathrm{ms}$）。因此，在此期间，该系统无法有效控制，一般来说，通过转子侧变流器的电流会上升很快，这也会导致直流母线电压的上升。通过监测以下异常来检测跌落：

a）转子过电流；

b）直流母线过电压；

c）锁相环或其他同步方式检测到电网电压下降。

3）一旦检测到电压跌落，就会迅速投入低电压保护电路，从而使电机去磁。关断转子侧变流器以保证其安全，并确保所有转子电流通过低电压保护电路。根据电机的设计，低电压保护投入时间可能有几个周期的差异。

4）一旦磁链已衰减到变流器电压可以控制电机，则断开低电压保护电路，重新启动转子侧变流器。一般来说，由于此时磁链还没有完全衰减，因此最好通过控制注入去磁转子电流来实现定子

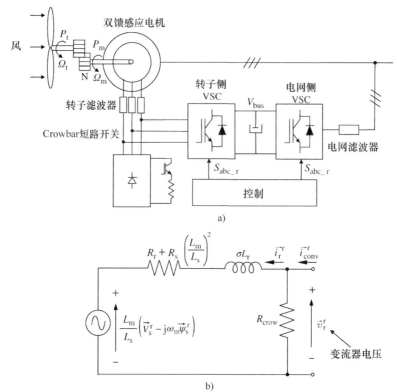

图 10.47　a) 带三相直流撬棒（Crowbar）保护的系统；b) Crowbar 投入时系统的单相等效电路

磁链的完全稳定。同时，根据电网规范的要求，通过增加相应的 d 轴转子电流分量，可在定子侧提供逐渐增加的无功功率。这种情况将持续到电网电压逐步恢复、故障清除和恢复正常运行。

本书以一个兆瓦级风力发电机为例，对其受 80% 对称电压跌落影响的情况进行了仿真研究。本章研究了适用于风力发电机的控制原理，即矢量控制，如图 10.13 所示。因此，图 10.48 给出了双馈感应电机在电压跌落时最典型的性能。一旦发生电压跌落，由于转子中检测到快速过电流，转子侧变流器被关闭。同时投入低电压保护电路，将附加的电路回路接入转子，以抑制电机的大能量波动。一开始跌落，就会出现大转矩和定转子峰值电流。几毫秒后，低电压保护电路断开，同时启动转子侧变流器，通过转子注入去磁电流，同时定子侧以斜坡方式注入容性无功功率。注意，在约为 0.175s 时刻，定子和转子电流为额定值，但由于电网电压降低而使得 Q_s 为 -0.2。最后，必须强调的是，因为电网侧变流器也受到电压跌落的影响，所以直流母线电压通常也会发生瞬变。如果低电压保护电路投入时间很短，这种暂态现象会更明显。

此外，可能发生电压跌落不深的情况，不足以激活低电压保护电路。在这种情况下，变流器本身就可以控制该系统，而无需低电压保护电路保护。

低电压保护电路中的电阻 R_{crow} 的阻值必须慎重选取。通常情况下，可采用仿真分析的方式选择，试图在以下方面之间寻求折中：

● 如果选择一个非常低的值，电压跌落时的电流将会很大。因此，低电压保护电路元件的余量需要比较大，而且电磁转矩的峰值将会很高。

●使用更高的电阻可以减小转子电流。然而，如果电阻太大，低电压保护电路将无法把转子电压拉得足够低，转子电流将通过续流二极管流经转子侧变流器，即使转子侧变流器已被关闭，这也将提高直流母线电压。因此，非常重要的是，一方面电阻应足够高，此外还应使转子侧变流器的二极管不能导通，从而使整个转子电流通过低电压保护电路中的电阻。

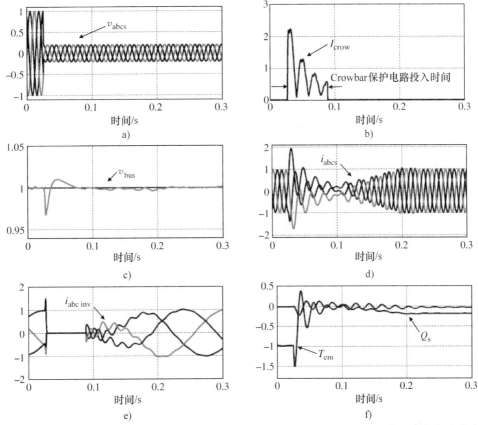

图 10.48　在电压对称跌落 0.8 时的基于双馈感应电机的兆瓦级风力发电机典型参数变化曲线

必须强调的是，低电压保护电路的投入时间是其另一个关键参数。虽然在电压跌落期间投入了低电压保护电路，但此时电机并不完全受控，不可能产生大多数电网规范所要求的无功功率。另一方面，当自然磁链仍然过高时，过早断开可能导致变流器饱和或无法控制电机，从而导致转子过电流和直流母线过电压。投入时间要在安全性和满足电网规范之间进行折中。在过去的几年中，电网规范提出了更高的要求，要求更快地注入无功电流。

参 考 文 献

1. Abad, G., López, J., Rodríguez, M.A. *et al.* (2011) *Doubly Fed Induction Machine: Modeling and Control for Wind Energy Generation*, John Wiley & Sons, Inc.
2. Pena, R., Clare, J.C., and Asher, G.M. (1996) Doubly fed induction generator using back-to-back PWM converters and its application to variable-speed wind energy generation. *IEE Proceedings - Electric Power Applications*, **143**, 231–241.
3. Wu, B., Lang, Y., Zargari, N., and Kouro, S. (2011) *Power Conversion and Control of Wind Energy Systems*, John Wiley & Sons, Inc.
4. Sul, K. (2011) *Control of Electric Machine Drive Systems*, John Wiley & Sons, Inc.
5. Bose, B.K. (2002) *Modern Power Electronics and AC Drives*, Prentice-Hall.
6. Cardenas, R., Pena, R., Clare, J. *et al.* (2008) MRAS observers for sensorless control of doubly-fed induction generators. *IEEE Transactions on Power Electronics*, **23** (3), 1075–1084.
7. Iwanski, G. and Koczara, W. (2008) DFIG based power generation system with UPS function for variable speed applications. *IEEE Transactions on Industrial Electronics*, **55** (8), 3047–3054.
8. Phan, V.-T. and Lee, H.-H. (2012) Performance enhancement of stand-alone DFIG systems with control of rotor and load side converters using resonant controllers. *IEEE Transactions on Industry Applications*, **48** (1), 199–210.
9. Morren, J., Haan, S.W., Kling, W.L., and Ferreira, J. (2006) Wind turbines emulating inertia and supporting primary frequency control. *IEEE Transactions on Power Systems*, **12** (1), 433–434.

第11章 分布式发电系统中的 AC – DC – AC 变流器

Marek Jasinski, Sebastian Stynski, Pawel Mlodzikowski 和 Mariusz Malinowski
波兰华沙工业大学电气工程学院

11.1 简介

图 11.1 所示为两个电压源变流器（VSC）连接构成的间接 AC – DC – AC 变流器。这种变流器可以通过两个单相、三相或多相逆变电路的直流侧，连接两个不同电压幅值 u、相位角 ϕ、频率 f 的交流源。AC – DC – AC 变流器主要应用于速度调节的传动系统中。但是，近年来此类变流器开始在分布式发电系统（DPGS），以及可再生交流和直流电网中扮演越来越重要的作用。

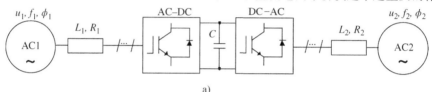

a)

b)

c)

图 11.1 AC – DC – AC 间接变流器[1, 2]：a) 通用结构；b) TWERD 公司开发的商用 AC – DC – AC 变流器照片（型号：MFC810ACR）；c) ABB 公司开发的商用 AC – DC – AC 变流器照片（型号：PCS6000）

目前存在多种 AC – DC – AC 变流器的拓扑[1 – 21]，本章只介绍和探讨具有应用前景的双向拓扑。近年来市场上已经出现不同电压等级的双向 AC – DC – AC 变流器[1, 2]。

变流器的两部分（AC – DC 和 DC – AC）都是可以独立控制的。然而在一些应用场合，需要改善系统控制精度和动态响应，因此需要在两个控制算法之间采用额外的有源功率前馈（Active Power Feedforward，APFF）。APFF 将 AC – DC – AC 变流器中一侧的有功功率信息直接传递到另一侧，因此直流电压稳定性得到明显改善。

11.1.1　双向 AC – DC – AC 变流器拓扑

连接两个三相交流系统的 AC – DC – AC 全桥变流器拓扑主要有 3 种形式，如图 11.2 所示。图 11.2a 广泛应用于低压小功率或中等功率应用场合，比如变频器。另一方面，三电平二极管钳位式变流器（Diode – Clamped Converter，DCC）（见图 11.2b）[11-12]和飞跨电容变流器（Flying Capacitor Converter，FCC）（见图 11.2c）[4, 6, 7]通常应用于中压范围内的中大功率应用场合[4]，比如舰船驱动、新能源发电、轧钢厂和铁路牵引等。多电平变流器具有诸多优点，比如器件电压应力低、电流和电压小、总谐波畸变率低、输入无源滤波器体积小等。以上多电平拓扑主要区别如下[4]：

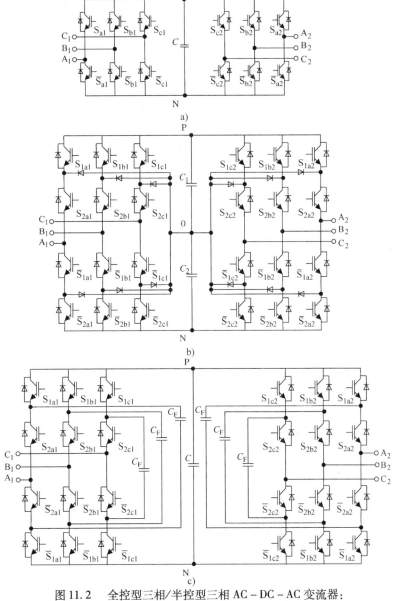

图 11.2　全控型三相/半控型三相 AC – DC – AC 变流器：

a) 二电平（2L – 3/3）；b) 三电平 DCC（3L – DCC – 3/3）；c) 三电平 FCC（3L – FCC – 3/3）

● DCC 应用最为广泛，所需电容较少。然而，在高电压等级应用中，DCC 需要串联钳位二极管，增加了系统损耗。此外，在高压领域应用中，传统的调制方案不能实现直流侧电容电压的平衡。

● FCC 需要初始化飞跨电容电压，因此应用较少。在大功率应用中，由于飞跨电容在容值和体积方面的限制，FCC 需要较高的开关频率（大于 1.2kHz，而在大功率应用场合开关频率通常在 500 ~ 800Hz 之间）。

另一类 AC - DC - AC 变流器，是通过减少功率开关管数量而得到的简化拓扑[8 - 10]，采用分压电容替换其中一相开关桥臂，并将该相连接到分压电容的中点。与经典三相变流器相比，减少了拓扑的开关器件数量，这样可以减少控制通道和绝缘栅双极型晶体管（Insulated - Gate Bipolar Transistor，IGBT）的驱动电路。因此，可以采用一个三桥臂的功率集成模块作为 AC - DC - AC 变流器，连接一个三相交流系统和一个单相交流系统，如图 11.3a 所示。

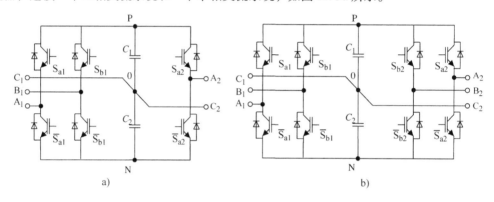

图 11.3　简化的 AC - DC - AC 变流器：a）两电平三相/单相（S2L - 3/1）；
b）两电平三相/三相（S2L - 3/3）

通过增加一个桥臂，可以采用相同的方法以简化连接两个三相系统的 AC - DC - AC 变流器，如图 11.3b 所示。尽管简化电路具有以上优点，但需研究新的调制技术，以保持较高的直流电压，使变流器输出相同的额定线电压，这样会在变流器开关器件上产生较高的电压应力。

这个问题可以通过应用三电平 DCC 来解决。当这项技术出现在工业中时，并没有用于三电平变流器的单一集成功率模块产品。目前制造商正在销售带有钳位二极管且易于应用的集成半桥功率模块。新的紧凑型设备可以更容易地利用直流侧的分压电容来改进拓扑结构。因此，简化的 AC - DC - AC 变流器的改进拓扑如图 11.4 所示，用于三相到单相以及三相到三相系统。第一种拓扑结构适用于低功率应用场合，而第二种则适用于中低功率应用场合。

简化的三电平 DCC 与简化的两电平拓扑结构相比，具有以下几个优点[13]：减小电机的转矩脉动（这样可以减小发电机/电动机的机械应力）、提供额外的零矢量以及减小交流侧无源滤波器的体积等。

11.1.2　AC - DC - AC 变流器的无源器件设计

本节讨论 AC - DC - AC 变流器无源器件的设计方法，包括输入滤波器（L 或 LCL）、直流侧电容和飞跨电容。这些无源器件对 AC - DC - AC 变流器的尺寸、重量和成本都会有重大影响。

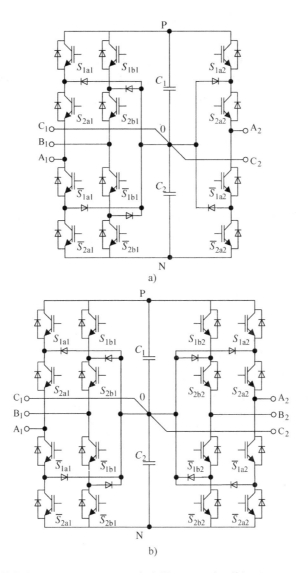

图 11.4 简化的 DCC AC – DC – AC 变流器：a) 三相/单相（S3L – DCC 3/1）；
b) 三相/三相（S3L – DCC 3/3）

11.1.3 直流侧电容额定值

在文献中，提出了许多用于直流侧电容的设计方法[17-20]，通过设计电容的最小取值将直流侧电压纹波限制在特定的范围内。假设三相系统平衡且功率开关器件均为理想开关器件，直流电容电流可以表示为

$$C_{\text{DC}} \frac{\mathrm{d}U_{\text{DC}}}{\mathrm{d}t} = I_{\text{DC}} - I_{\text{load}} \approx \sum_{k=\text{A}}^{\text{C}} I_{\text{Lk}} S_k - \frac{P_{\text{load}}}{U_{\text{DC}}} \qquad (11.1)$$

式中，C_{DC} 为直流侧电容；U_{DC} 为直流侧电压；I_{DC} 为直流侧电流；I_{load} 为直流侧负载电流；A/B/C 为交流电路相位字母；I_{Lk} 和 S_k 分别为交流侧相电流瞬时值和开关状态；P_{load} 为直流侧负载的有功功率。所选择的直流电容计算方法主要有以下几种限制：

- 由于 AC-DC 和 DC-AC 变流器在直流侧调制电流的高频分量而导致的电压纹波，必须保持在期望的范围内；
- 在相当于直流电压控制回路延时的时间内，电容器的能量必须能维持输出功率的需求。

最后的限制条件决定了电容值的大小。假设 T_{UT} 是直流电压控制回路的延迟时间，且 ΔP_{load_max} 是最大负载功率的变化值，直流侧电容交换的能量 ΔW_{DC} 可以估计为

$$\Delta W_{DC} = T_{UT} \Delta P_{load\_max} \tag{11.2}$$

式中，T_{UT} 是小时间常数之和。从该式可以看出，最大功率变化期间的最大直流电压变化与能量变化成正比，为

$$\Delta U_{DC\_max} = \frac{\Delta W_{DC}}{U_{DC} C_{DC\_min}} \tag{11.3}$$

式中，ΔU_{DC_max} 是瞬态负载中考虑的最大直流电压变化值；C_{DC_min} 是最小直流电容值。考虑到最大电压变化值 ΔU_{DC_max}，并通过重新排列式（11.3），得最小电容为[20]

$$C_{DC\_min} = \frac{T_{UT} \Delta P_{load\_max}}{\Delta U_{DC} \Delta U_{DC\_max}} \tag{11.4}$$

相对于不同的额定功率，AC-DC-AC 变流器中的最小直流电容值如图 11.5 所示。因此，可以判断对于给定的额定功率，直流侧电容主要取决于 AC-DC 变流器的开关模式以及 AC-DC-AC 变流器所用控制方法的质量（精度和动态）。也就是说，对于较短的采样时间 T_s，由于直流电压调节精度的提高，直流侧电容值将减小。然而，值得注意的是 AC-DC-AC 变流器中的开关频率受到电力电子器件开关损耗的限制。

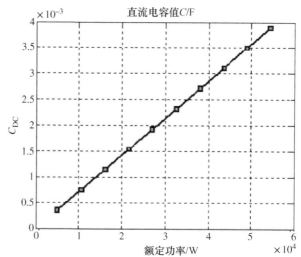

图 11.5 直流电容与额定功率（最高为 55kW）的关系［式（11.4）］

11.1.4 飞跨电容额定值

假设变流器输出正弦电压和电流，飞跨电容的大小为[21]

$$C_{FC} = \frac{I_{RMS}}{\Delta U_{C_{rc}} f_{Sw}} \tag{11.5}$$

式中，I_{RMS} 是流过飞跨电容的相电流的有效值；$\Delta U_{C_{rc}}$ 是飞跨电容上最大电压纹波；f_{Sw} 是飞跨电容变流器开关状态（充电和放电）的变化频率，用于飞跨电容电压平衡。需要注意的是，f_{Sw} 不同于开关频率，因为飞跨电容变流器上的开关状态的变化频率取决于调制方法，而在飞跨电容平衡的情况下，通常是开关频率的 0.5、1 或 2 倍。

11.1.5 L 和 LCL 型滤波器额定值

AC-DC-AC 变流器通过交流滤波器（例如 L 或 LCL）连接到电网。电感通过其自身的压降对电流进行控制。为了获得更小的电流纹波，下面将对 T 形 LCL 型滤波器设计进行介绍。

LCL 型滤波器需满足并网导则或者推荐规程（如 IEEE 519-1992）[21,22]的各种优化标准，例如最小成本、损耗、体积、重量或设计。然而，因为许多参数会影响设计过程，例如直流侧电

压、相电流、调制策略 、调制因数、开关频率、基波频率和谐振频率，所以这是一个复杂的任务。目前，一般采用以下两种不同的方法进行设计：

- 简单的试错法，必须通过仿真来验证满足并网导则（仿真必须考虑到系统的所有元素）。
- 复杂的迭代法，它直接计算满足并网导则的滤波器参数；但是，需要许多参数的详细信息，例如调制策略和调制度[24,25]。

图 11.6 给出了一种简单的试错法设计滤波器的通用算法。设计时首先假设变流器的额定功率、电网频率和开关频率。可以通过这些参数计算基值（基值阻抗 Z_B、电容 C_B 和电感 L_B）为

$$Z_B = \frac{U_{LL}^2}{S_N} \tag{11.6}$$

$$C_B = \frac{1}{\omega_g Z_B}; \ L_B = \frac{Z_B}{\omega_g} \tag{11.7}$$

式中，U_{LL} 是电网线电压；$\omega_g = 2\pi f_g$ 是电网电压角频率。

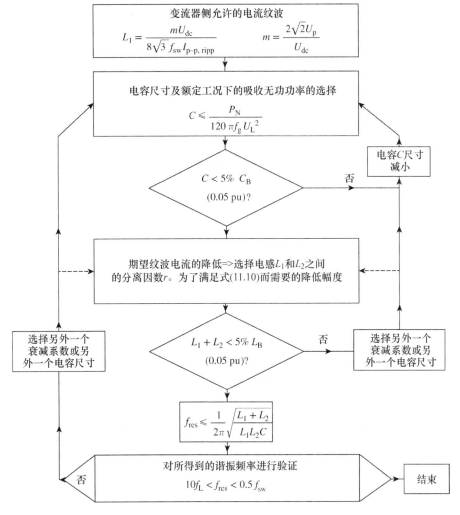

图 11.6　低通 *LCL* 型滤波器通用设计算法（L_1 是变流器侧电感，L_2 是电网侧电感，U_p 是变流器电压有效值，$I_{p-p,ripp}$ 是纹波电流峰 - 峰值）

第一步是设计滤波电感。大滤波电感可以衰减高频分量并抑制电流纹波，但变流器滤波电感尺寸变大、动态性能降低以及运行范围变小。变流器的运行范围受限于电感两端允许达到的最大压降。最大压降间接取决于直流母线电压。因此，为了实现电感流过大电流，需要高直流母线电压或低输入电感。

输入 *LCL* 型滤波器的最大总电感量[14]

$$L_1 + L_2 < \frac{\sqrt{\dfrac{U_{DC}^2}{3} - U_m^2}}{\omega_g I_{Lm}} \tag{11.8}$$

式中，U_m 是电网电压峰值；I_{Lm} 是电网电流峰值。

此外，*LCL* 型滤波器总电感值应低于基准阻抗值的 5%，以限制额定工作时的压降，实现良好的动态性能和合理的成本[14,26]。根据 IEEE 519 - 1992 的限制，假设峰值波动不得超过电网电流的 10%，可以计算出变流器侧电感 L_1，如图 11.6[14,23]所示。通常，变流器侧电感 L_1 大于电网侧电感 L_2，以便衰减大部分电流纹波。在这种情况下，Liserre 等人提出了分离因数 r[26]为

$$r = \frac{L_2}{L_1} \tag{11.9}$$

r 由期望的纹波衰减设置为

$$\frac{I_g(h_{sw})}{I_p(h_{sw})} = \frac{1}{\left| 1 + r(1 - 4\pi^2) L_1 C f_{sw}^2 \right|} \tag{11.10}$$

式中，$I_g(h_{sw})$ 是电网高次谐波电流；$I_p(h_{sw})$ 是变流器高次谐波电流。

为了限制滤波器吸收的谐波电流，电容被限制吸收额定条件下 5% 无功功率（基准电容）[26]。因此，*LCL* 型滤波器（星形联结）选取的电容值不能大于根据图 11.6 所计算出的值。在只有电感滤波的情况下，电感值可以等于 $L_1 + L_2 = L$。

LCL 型滤波器的设计过程中的另一个约束，是将谐振频率 f_{res} 保持在电网频率 f_L 的 10 倍和开关频率 f_{sw} 的一半之间[14,26]。这些限制保证低于谐波频谱或高于谐振频谱的部分不会出现谐振问题。*LCL* 型滤波器的实际谐振频率可以根据图 11.6 计算。

11.1.6　对比

表 11.1 列出了所选传统 AC - DC - AC 变流器拓扑结构的比较，包括两电平三相/三相变流器（2L - 3/3）、三电平三相/三相 DCC 变流器（3L - DCC - 3/3）、三电平三相/三相 FCC 变流器（3L - FCC - 3/3），以及简化的功率开关器件数量减少的拓扑结构：简化的 AC - DC - AC 两电平三相/单相变流器（S2L - 3/1）和三相/三相变流器（S2L - 3/3），简化的 DCC AC - DC - AC 三相/单相变流器（S3L - DCC - 3/1）和三相/三相变流器（S3L - DCC - 3/3）。

表 11.1　所选 AC - DC - AC 变流器拓扑结构的比较

	I	II	III	IV	V	VI	VII
2L - 3/3	12	0/1	8↔8	1	1	$\dfrac{2}{3} \leftrightarrow \dfrac{2}{3}$	$3 \times L \leftrightarrow 3 \times L$
S2L - 3/3	8	0/2	4↔4	$\sqrt{3}$	$\sqrt{3}$	$\dfrac{2\sqrt{3}^{①}}{3} \leftrightarrow \dfrac{2\sqrt{3}^{①}}{3}$	$2 \times \sqrt{3}L^{①} \leftrightarrow 2 \times \sqrt{3}L^{①}$

（续）

	I	II	III	IV	V	VI	VII
S2L – 3/1	6	0/2	$4 \leftrightarrow 2$	$\sqrt{3}$	$\sqrt{3}$	$\dfrac{2\sqrt{3}^{①}}{3} \leftrightarrow \dfrac{\sqrt{3}}{2}$	$2 \times \sqrt{3}L^{①} \leftrightarrow 2 \times \sqrt{3}L$
3L – DCC – 3/3	24	12/2	$27 \leftrightarrow 27$	1	$\dfrac{1}{2}$	$\dfrac{1}{3} \leftrightarrow \dfrac{1}{3}$	$3 \times \dfrac{L}{3} \leftrightarrow 3 \times \dfrac{L}{2}$
S3L – DCC – 3/3	16	8/2	$9 \leftrightarrow 9$	$\sqrt{3}$	$\dfrac{\sqrt{3}}{2}$	$\dfrac{\sqrt{3}^{①}}{3} \leftrightarrow \dfrac{\sqrt{3}}{3}$	$2 \times \dfrac{\sqrt{3}}{2}L^{①} \leftrightarrow 2 \times \dfrac{\sqrt{3}}{2}L^{①}$
S3L – DCC – 3/1	12	6/2	$9 \leftrightarrow 3$	$\sqrt{3}$	$\dfrac{\sqrt{3}}{2}$	$\dfrac{\sqrt{3}^{①}}{3} \leftrightarrow \dfrac{\sqrt{3}}{4}$	$2 \times \dfrac{\sqrt{3}}{2}L^{①} \leftrightarrow \dfrac{\sqrt{3}}{2}L$
3L – FCC – 3/3	24	0/7②	$64 \leftrightarrow 64$	1	$\dfrac{1}{2}$	$\dfrac{1}{3} \leftrightarrow \dfrac{1}{3}$	$3 \times \dfrac{L}{2} \leftrightarrow 3 \times \dfrac{L}{2}$

注：Ⅰ. IGBT 的总数；Ⅱ. 独立二极管/电容的数量；Ⅲ. 变流器的状态总数；Ⅳ. 直流侧电压电平峰值与两电平三相/三相变流器峰值比值；Ⅴ. IGBT 阻断电压峰值与两电平三相/三相变流器比值；Ⅵ. 最小电压电平的阶跃变化；Ⅶ. 所有相的总 *L* 型滤波器电感。

① 对于简化的变流器，仅指桥臂间。

② 包括直流母线中的一个标准电解电容和用于快速放电的六个浮动电容。

11.2　AC – DC – AC 拓扑结构的脉宽调制策略

根据变流器采用单相或三相拓扑，AC – DC – AC 变流器的脉宽调制（Pulse – Width Modulation，PWM）可分为两类。传统单相 H 桥 AC – DC 电压源变流器（VSC）的空间矢量调制（Space Vector Modulation，SVM）技术在第 23 章讲述。在本节中，只介绍以下拓扑的 SVM 技术：

- 传统三相两电平变流器；
- 传统三相三电平变流器：DCC 和 FCC；
- 简化的单相和三相两电平变流器；
- 简化的单相和三相三电平 DCC。

VSC 的调制技术负责产生平均值等于参考电压的平均输出电压（由不同宽度的电压脉冲表示），同时要考虑多电平变流器的直流电压平衡。根据 VSC 拓扑结构和开关频率，参考文献 [27，28] 列出了许多类型的 PWM 技术。其中，有两类是最常用的，即载波 PWM（CB – PWM）和 SVM。然而，近年来数字信号处理器（复杂的控制算法的高精度数字实现）的不断发展和进步意味着 SVM 已经在研究和工业应用中占有优势地位。SVM 的数字实现简单。此外，开关序列对称分布的传统 SVM 与注入 1/4 峰值三次谐波频率零序信号（ZSS）的 CB – PWM 等效[29]。

SVM 是基于单相或三相电路在静止直角坐标系下的空间矢量（SV）理论。空间矢量参考电压 $\underline{U}_{\text{ref}} = U_{\alpha} + jU_{\beta}$ 用其模值和角度描述为

$$U_{\text{ref}} = \sqrt{u_{\alpha,\text{ref}}^2 + u_{\beta,\text{ref}}^2}, \quad \varphi_{\text{m}} = \arctan \frac{u_{\alpha,\text{ref}}}{u_{\beta,\text{ref}}} \tag{11.11}$$

式中，$u_{\alpha,\text{ref}}$ 和 $u_{\beta,\text{ref}}$ 分别是 $\underline{U}_{\text{ref}}$ 在静止直角坐标系下的 α 和 β 分量。要计算 VSC 开关状态的作用时间，需要知道调制度。调制度正比于参考电压空间矢量长度相对于直流母线电压的大小。通常，M 被定义为

$$M = \frac{\pi U_{\text{ref}}}{2 U_{\text{DC}}}(n - 1) \tag{11.12}$$

式中，n 是 VSC 输出相电压电平的数目。在线性运行范围内，每个 φ_{m} 角度内允许的矢量 $\underline{U}_{\text{ref}}$ 的大

小为 $U_{ref} = U_{DC}/\sqrt{3}$。因此，$n$ 电平 VSC 的线性调制范围被限制为

$$M = 0.907(n - 1) \qquad (11.13)$$

这是变流器最大线性运行范围[30]。

11.2.1 传统三相两电平变流器的空间矢量调制

表 11.2 给出了两电平 VSC 一相桥臂所有可能的开关状态（见图 11.2a），在每相端电压 u_x 和直流侧 "N" 点电压 $U_{DC,N}$ 之间产生输出电压 u_{xp}，其中 x 表示各个桥臂。

表 11.2 两电平 VSC 一相桥臂的开关状态

状态	S_x	$u_{xp} = u_x - U_{DC,N}$
0	关断	0
1	导通	U_{DC}

假设三相系统对称，可以采用 Clarke 变换把系统从三相 abc 坐标系变换到 αβ 静止坐标系。图 11.7a 为三相两电平变流器在空间矢量 αβ 电压平面可能的输出电压矢量。所有电压矢量都用桥臂 a、桥臂 b、桥臂 c 的开关状态来表示。一个三相两电平变流器有 8 种开关状态，包括 6 个开关状态（100，110，010，011，001 和 101）和 2 个零开关状态（000 和 111）。6 个开关矢量把平面划分成 6 个扇区，参考矢量 $\underline{U}_{ref}$ 是通过 2 个相邻的开关矢量（在一定时间内）的开通实现电压合成的。可以看出，矢量 $\underline{U}_{ref}$（见图 11.7b）可以由 V_1 和 V_2 不同的开关序列得到，零矢量 V_0 和 V_7 降低了调制度。

在固定采样频率 $f_S = 1/T_S$ 内，参考矢量 $\underline{U}_{ref}$ 是由所选矢量分别作用不同的时间 T_1、T_2、T_0 和 T_7 合成的。在第一扇区的一个简单的三角函数关系基础上，不同的作用时间可以通过式（11.14）数字实现。

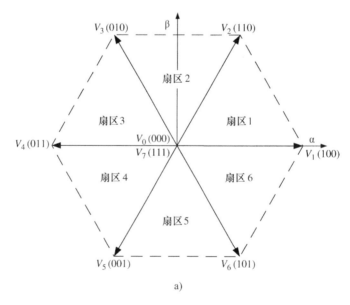

a)

图 11.7 三相两电平变流器的空间矢量法：a）αβ 电压平面；b）$\underline{U}_{ref}$ 在第一扇区中的表示

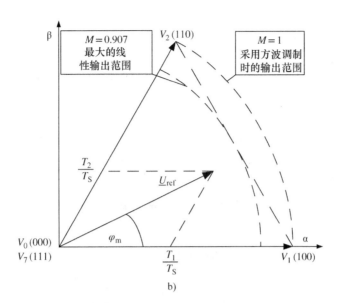

b)

图 11.7　三相两电平变流器的空间矢量法：a）αβ 电压平面；b）$\underline{U}_{\text{ref}}$在第一扇区中的表示（续）

$$T_1 = \frac{2\sqrt{3}}{\pi} M T_s \sin\left(\frac{\pi}{3} - \varphi_m\right), \quad T_2 = \frac{2\sqrt{3}}{\pi} M T_s \sin\varphi_m \tag{11.14}$$

并且其余的扇区（从 2 到 6）也可以通过计算得到。计算出 T_1 和 T_2 后，在 $T_1 + T_2 < T_s$ 的情况下，在一个周期剩余的采样时间内，则输出零矢量 V_0 和 V_7。对于 SVM 的所有变形，式（11.14）是相同的。唯一的区别是零矢量 $V_0(0\ 0\ 0)$ 和 $V_7(1\ 1\ 1)$ 作用的位置不同。不同类型的方法对 T_0 和 T_7 的定义不同，但零矢量的总持续时间必须满足下列条件

$$T_s - T_1 - T_2 = T_0 + T_7 \tag{11.15}$$

最常用的 SVM 方法是对称零状态空间矢量 PWM（SVPWM），有

$$T_0 = T_7 = \frac{T_s - T_1 - T_2}{2} \tag{11.16}$$

图 11.8 显示了门极脉冲中 T_{ON} 和 T_{OFF} 之间的相互关系，以及矢量 V_1、V_2、V_0 和 V_7 的持续时间。对于第一扇区，作用时间可以表示为

$$T_{a,\text{ON}} = \frac{T_0}{2}, \quad T_{a,\text{OFF}} = \frac{T_0}{2} + T_1 + T_2$$

$$T_{b,\text{ON}} = \frac{T_0}{2} + T_1, \quad T_{b,\text{OFF}} = \frac{T_0}{2} + T_2$$

$$T_{c,\text{ON}} = \frac{T_0}{2} + T_1 + T_2, \quad T_{c,\text{OFF}} = \frac{T_0}{2} \tag{11.17}$$

对于传统的 SVM，T_1、T_2 和 T_0 只在一个扇区内计算。其他扇区的作用时间可以通过以下矩阵计算：

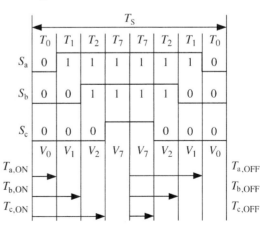

图 11.8　在采样时间内，第一扇区三相 SVM（SVPWM，$T_0 = T_7$）的开关序列

$$
\begin{bmatrix} T_{\mathrm{a,ON}} \\ T_{\mathrm{b,ON}} \\ T_{\mathrm{c,ON}} \end{bmatrix} = \begin{bmatrix} \text{扇区 1} & \text{扇区 2} & \text{扇区 3} & \text{扇区 4} & \text{扇区 5} & \text{扇区 6} \\ 1\ 0\ 0 & 1\ 0\ 1 & 1\ 1\ 1 & 1\ 1\ 1 & 1\ 1\ 0 & 1\ 0\ 0 \\ 1\ 1\ 0 & 1\ 1\ 0 & 1\ 0\ 0 & 1\ 0\ 1 & 1\ 1\ 1 & 1\ 1\ 1 \\ 1\ 1\ 1 & 1\ 1\ 1 & 1\ 1\ 0 & 1\ 0\ 0 & 1\ 0\ 0 & 1\ 0\ 1 \end{bmatrix} \begin{bmatrix} 0.5 T_0 \\ T_1 \\ T_2 \end{bmatrix} \quad (11.18)
$$

$$
\begin{bmatrix} T_{\mathrm{a,OFF}} \\ T_{\mathrm{b,OFF}} \\ T_{\mathrm{c,OFF}} \end{bmatrix} = \begin{bmatrix} \text{扇区 1} & \text{扇区 2} & \text{扇区 3} & \text{扇区 4} & \text{扇区 5} & \text{扇区 6} \\ 1\ 1\ 1 & 1\ 1\ 0 & 1\ 0\ 0 & 1\ 0\ 0 & 1\ 0\ 1 & 1\ 1\ 1 \\ 1\ 0\ 1 & 1\ 1\ 1 & 1\ 1\ 1 & 1\ 1\ 0 & 1\ 0\ 0 & 1\ 0\ 0 \\ 1\ 0\ 0 & 1\ 0\ 0 & 1\ 0\ 1 & 1\ 1\ 1 & 1\ 1\ 1 & 1\ 1\ 0 \end{bmatrix} \begin{bmatrix} 0.5 T_0 \\ T_1 \\ T_2 \end{bmatrix}
$$

$$(11.19)$$

11.2.2 传统三相三电平变流器的空间矢量调制

表 11.3 和表 11.4 分别给出了三电平 DCC 和 FCC 一相桥臂的所有可能的开关状态（见图 11.2b 和 c），在每相端电压 u_x 和直流侧"N"点电压 $U_{\mathrm{DC,N}}$ 之间产生输出电压$_{xp}$，其中 x 表示各个桥臂。

表 11.3 三电平 DCC 一个桥臂的开关状态

状态	S_{1x}	S_{2x}	$u_{xp} = u_x - U_{\mathrm{DC,N}}$
0	关断	关断	0
1	关断	导通	$\dfrac{U_{\mathrm{DC}}}{2}$
2	导通	导通	U_{DC}

表 11.4 三电平 FCC 一个桥臂的开关状态

状态		S_{1x}	S_{2x}	$u_{xp} = u_x - U_{\mathrm{DC,N}}$
0		关断	关断	0
1	A	导通	关断	$U_{\mathrm{DC}} - U_{\mathrm{FCx}}$
	B	关断	导通	U_{FCx}
2		导通	导通	U_{DC}

图 11.9 显示了三相三电平变流器在 $\alpha\beta$ 电压平面的空间矢量图，它是由开关状态 0、1、2 构建出来的。

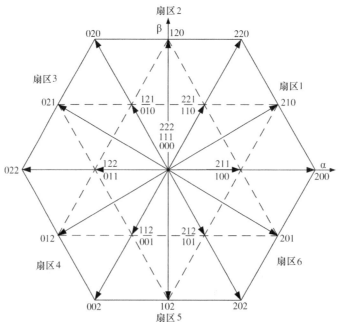

图 11.9 三相三电平变流器的 $\alpha\beta$ 电压平面

对于三相三电平 VSC，27 个电压矢量包括：3 个零矢量（000，111 和 222）；12 个小矢量（100，211，110，221，010，121，011，122，001，112，101 和 212）；6 个中矢量（210，120，021，012，102 和 201）；6 个大矢量（200，220，020，022，002，和 202）。

外部矢量将矢量平面划分为 6 个扇区（见图 11.9），这与两电平 VSC 相同。然而，对于三电平 VSC，每个扇区被划分成 4 个三角形区域。图 11.10a 和 b 分别为 DCC 和 FCC 拓扑结构的所有可能开关状态，这些开关状态把第一扇区划分为 4 个区域。FCC 拓扑结构的开关状态 1 可以被划分为 2 个冗余开关状态：A 和 B（见表 11.4，突出显示在图 11.10b），此拓扑的开关状态数目增加到 64 个。

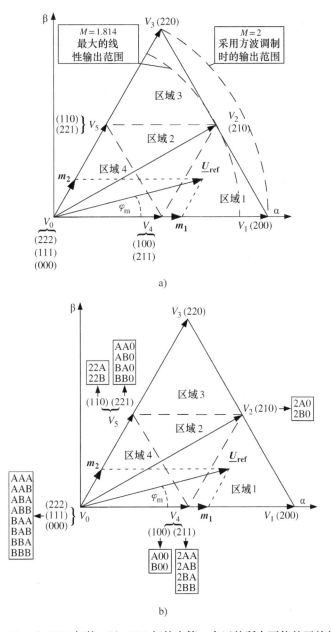

图 11.10 a) DCC 拓扑；b) FCC 拓扑在第一扇区的所有可能的开关状态

假设传统多电平 VSC 的 SVM 的参考矢量U_{ref}是由最近的矢量（包括它们的冗余矢量）合成的，并且使用对称分布的零矢量和内部矢量（在第一个区域使用 V_1、V_2 和 V_5；在第二个区域使用 V_2、V_4 和 V_5；在第三个区域使用 V_2、V_3 和 V_5；在第四个区域使用 V_0、V_4 和 V_5）。

参考矢量U_{ref}所在区域和开关时间的计算，是基于另外两个小调制度（m_1，m_2）。调制度 m_1 和 m_2 是参考矢量在扇区边上的投影，小于外部矢量值（见图 11.10）。根据三角函数的关系，计算出小调制度为

$$m_1 = M\left(\cos\varphi - \frac{\sin\varphi_m}{\sqrt{3}}\right), \quad m_2 = 2M\frac{\sin\varphi_m}{\sqrt{3}} \tag{11.20}$$

在每个扇区中，计算得到的矢量开关时间是相同的，只是在功率器件门极信号的选择上有所不同。因此，将参考矢量转换到第一扇区并且计算出矢量作用时间后，再合理安排功率器件的开关序列，从而合成参考矢量。表 11.5 给出了区域号和相对于 m_1 和 m_2 的开关时间的计算。

表 11.5 区域号和开关时间的计算

条件	区域	开关时间
$m_1 > 1$	第一	$T_1 = (m_1 - 1)T_S, T_2 = m_2 T_S, T_4 = (2 - m_1 - m_2)T_S, T_0 = T_3 = T_5 = 0$
$m_1 \leq 1, m_2 \leq 1, m_1 + m_2 > 1$	第二	$T_2 = (m_1 + m_2 - 1)T_S, T_3 = (m_2 - 1)T_S, T_5 = (1 - m_1)T_S, T_0 = T_1 = T_3 = 0$
$m_2 > 1$	第三	$T_2 = m_1 T_S, T_3 = (m_2 - 1)T_S, T_5 = (2 - m_1 - m_2)T_S, T_0 = T_1 = T_4 = 0$
$m_1 \leq 1, m_2 \leq 1, m_1 + m_2 \leq 1$	第四	$T_4 = m_1 T_S, T_5 = m_2 T_S, T_0 = (1 - m_1 - m_2)T_S, T_1 = T_2 = T_3 = 0$

11.3 二极管钳位变流器的直流电容电压平衡

DCC 正常工作时要求每个直流侧电容的电压稳定在 $U_{DC}/2$。直流侧的不平衡会导致内部冗余矢量的不等效以及中矢量的偏离。在这种情况下，系统输出电压不等于参考电压。在 DCC 中，直流侧电容电压的平衡取决于所有相的开关状态。当相电压被钳位到直流母线的中性点电压时（例如，选择开关状态 1），它使电流流入或流出中性点。因此，在直流侧电容充电和放电时直流侧中点电位不平衡。此外，系统的下列不对称性也会造成电容电压的不平衡。

- IGBT 栅极信号的非线性传输（例如，不同的 IGBT 开通/关断时间）。
- 直流母线电容的等效串联或并联阻抗。
- 电气参数的差异，例如每个桥臂的半导体器件和连接点。

可以看出，选择内部的冗余小矢量总是会导致一相或两相电压钳位到直流侧的中点电位。例如，选择内部小矢量 v_4（开关状态为 100 和 211），这意味着在 $T_4/2$ 时间内 a 相电压钳位到直流侧正母线，与此同时，b、c 相钳位在直流侧电压中点电位。因此，可以引入一个额外的控制器［比例或比例积分（PI）］。这是针对电容电压的不平衡，其将会改变冗余内部小矢量作用时间的分配。用这种简单的方式，可以在不增加损耗的情况下使电容电压实现平衡。

直流环节电压的平衡取决于额外的控制器，仅有电容电压之间的差异信息是不够的[31,32]。第二个需要知道的因素是能量流向。能量流向决定了选择的内部冗余小矢量对直流侧电容充电或者放电。因此，能量流向符号 k 被用以确定作为控制器误差输入的直流电容电压差值的符号。如果假设用内部小矢量 V_4 和一个比例调节器来平衡直流侧电压，$C_{DC1}(T_{4-DC1})$ 与 $C_{DC2}(T_{4-DC2})$ 的充电时间比与 U_{DC1} 和 U_{DC2} 的比成反比。

$$T_{4-\text{DC1}} = \frac{U_{\text{DC}} - \dfrac{1+k}{2}U_{\text{DC1}} - \dfrac{1-k}{2}U_{\text{DC2}}}{U_{\text{DC}}}T_{\text{S}}$$

$$T_{4-\text{DC2}} = \frac{U_{\text{DC}} - \dfrac{1+k}{2}U_{\text{DC2}} - \dfrac{1-k}{2}U_{\text{DC1}}}{U_{\text{DC}}}T_{\text{S}} \tag{11.21}$$

式中，$T_4 = T_{4-\text{DC1}} + T_{4-\text{DC2}}$。直流侧的两个电容在 T_4 时间内将会充电或者放电。在前边例子中的 PI 调节器的情况下，在 T_4 中分配的充电时间的比值，将作为控制器的输出信号。

电机侧 VSC（MC）的能量流向 k 可以通过以下任一变量来确定[33]：瞬时有功功率 p_{MC}、电磁转矩 m_{e}、转矩角 σ，或者电流矢量相对于电压矢量的角度 θ_{MC}。根据变流器的控制目标以及控制的可实施性，选择合适的变量用于调制算法。MC 消耗或产生的有功功率可以简单地从给定变流器电压 U_{xc} 和 U_{yc}（开关状态的重构）及实际定子电流 I_{Sx} 及 I_{Sy} 中来估计。

$$p_{\text{MC}} = \frac{3}{2}(I_{\text{Sx}}U_{\text{xc}} + I_{\text{Sy}}U_{\text{yc}}) \tag{11.22}$$

功率的符号将决定变流器的工作模式：整流或者逆变，也就是说能量是从电容流向电机还是从电机流向电容。使用相似方法计算电磁转矩 m_{e}，它是定子磁链 Ψ_{S} 和定子电流 y 轴的分量 I_{Sy} 的矢量积

$$m_{\text{e}} = p_{\text{b}}\frac{m_{\text{s}}}{2}\Psi_{\text{S}}I_{\text{Sy}} \tag{11.23}$$

式中，p_{b} 是极对数；m_{e} 是相数。在这种情况下，转矩乘以转速 Ω_{m} 所得结果的符号表示能量流向。确定转矩角 σ 不需要增加额外的计算量。只有 σ 的符号是必要的。因此，将电流变换到 dq 定子磁链旋转坐标系，电流 I_{d} 的符号决定能量流向。表 11.6 给出了决定 MC 中能量流向的影响因素。

电网侧 VSC（GC）的能量流向 k 也类似，它由以下一个变量决定[33]：瞬时有功功率 p_{GC}、瞬时有功电流 I_{d}、电流矢量相对于电压矢量角 θ_{GC}。电网侧变流器消耗/产生的有功功率可以简单地通过变流器参考电压 $U_{\alpha\text{c}}$ 和 $U_{\beta\text{c}}$ 及实际的线电流来估计。

$$p_{\text{GC}} = \frac{3}{2}(I_{\alpha}U_{\alpha\text{c}} + I_{\beta}U_{\beta\text{c}}) \tag{11.24}$$

表 11.7 给出了决定电网侧变流器中能量流向的影响因素。

表 11.6　MC 中能量流向的影响因素

参数	逆变侧（电动模式）（$k=1$）	整流侧（发电模式）（$k=-1$）
P_{MC}	$p_{\text{MC}} > 0$	$p_{\text{MC}} < 0$
$m_{\text{e}} \cdot \Omega_{\text{m}}$	$m_{\text{e}}\Omega_{\text{m}} > 0$	$m_{\text{e}}\Omega_{\text{m}} < 0$
$\sigma(I_{\text{d}})$	$\sigma > 0(I_{\text{d}} > 0)$	$\sigma < 0(I_{\text{d}} < 0)$
θ_{MC}	$\theta_{\text{MC}} < \dfrac{\pi}{2}$	$\theta_{\text{MC}} > \dfrac{\pi}{2}$

表 11.7　GC 中能量流向的影响因素

参数	整流模式（$k=1$）	逆变模式（$k=-1$）
p_{GC}	$p_{\text{GC}} > 0$	$p_{\text{GC}} < 0$
I_{d}	$I_{\text{d}} > 0$	$I_{\text{d}} < 0$
θ_{GC}	$\theta_{\text{GC}} < \dfrac{\pi}{2}$	$\theta_{\text{GC}} > \dfrac{\pi}{2}$

假设内部小矢量作用时间划分比是 1/2，图 11.11 给出了在第一扇区中 DCC 开关序列。

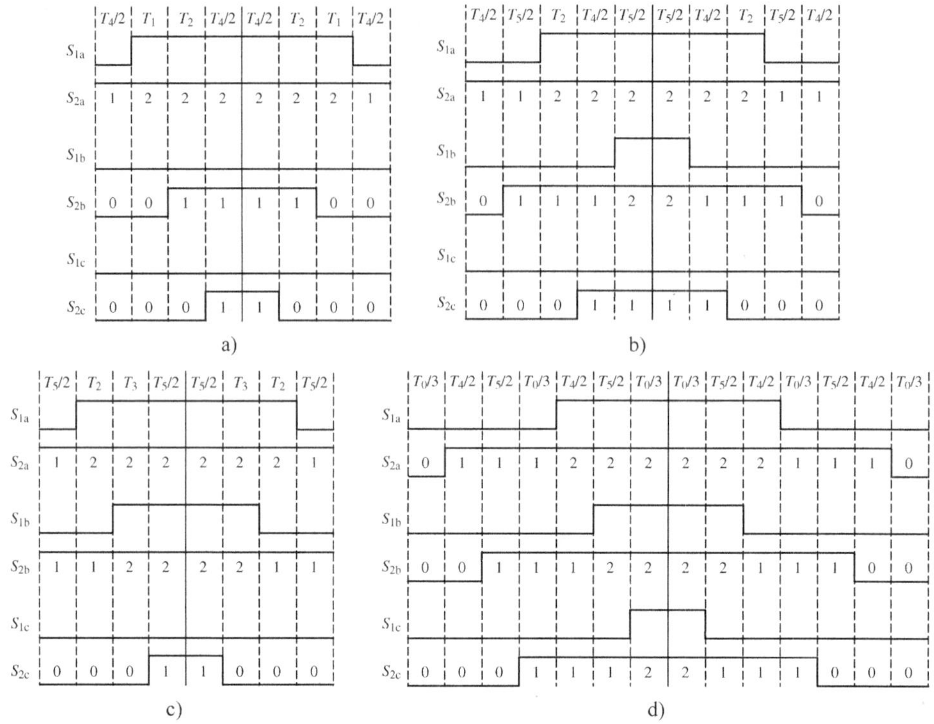

图 11.11　DCC 参考矢量位于第一大扇区时的开关序列：a）第一小扇区；b）第二小扇区；
c）第三小扇区；d）第四小扇区

11.3.1　飞跨电容变流器的飞跨电容电压平衡

正常运行状态中，飞跨电容电压 U_{FCx} 为直流母线电压的一半。在这种条件下，开关状态 1 可以分为两种冗余状态：1A 和 1B（见表 11.4、图 11.10b），这两种状态都产生相同的输出电压 $U_{FCx} = U_{DC}/2$。因为输出电压不取决于选定的状态，所以 1A 和 1B 都可以用来单独控制 U_{FCx}。然而，为了减少换相的开关管数量，在一个采样周期内每相只有一种状态可以被选择。对于飞跨电容电压平衡控制，只需要获得流过飞跨电容相电流的符号信息。表 11.8 给出了基于相电流 i_x 的符号选择冗余状态 1A 和 1B。

图 11.12 和图 11.13 分别为对于所有相来说不同开关状态 1A 和 1B 在第一扇区内开关顺序。当选定的冗余状态改变时，下一个调制周期将在两个采样周期之间引入额外的开关状态：在第二扇区有 2 个，在第一、第三和第四扇区有 4 个。这些额外的开关状态会损坏变流器；此外，所有的开关管同时改变工作状态时会产生过电压。为了消除这种现象，合理分布开关状态，引入一种改进的开关模式的调制策略[6]（见图 11.14）。

表 11.8　飞跨电容电压平衡的冗余开关状态选择

条件	$i_x > 0$	$i_x < 0$
$U_{FCx} < \dfrac{U_{DC}}{2}$	1B	1A
$U_{FCx} > \dfrac{U_{DC}^2}{2}$	1A	1B

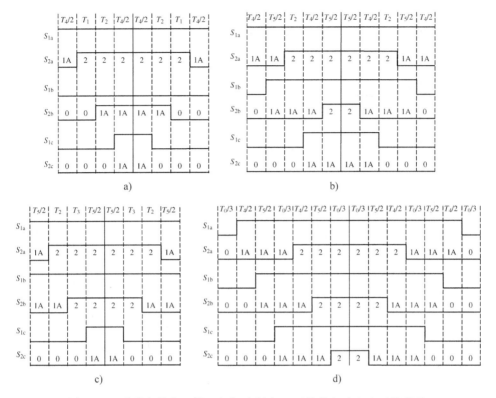

图 11.12　参考矢量位于第一大扇区采用 1A 开关状态时 FCC 开关序列：
a) 第一小扇区；b) 第二小扇区；c) 第三小扇区；d) 第四小扇区

11.3.2　简化 AC – DC – AC 拓扑的脉宽调制

简化的 AC – DC – AC 变流器脉宽调制分别对 DC – AC 和 AC – DC 进行调制。在这种情况下它可以视为一个 DC – AC 部分的单相调制，如图 11.3a 和图 11.4a 所示，或者在 DC – AC 和 AC – DC 部分的三相调制，如图 11.3b 和图 11.4b 所示。

单相两电平逆变器调制简单并且可以由式（11.25）所表示。因为包含附加零状态（见图 11.15），所以单相三电平逆变器[13]的调制稍微复杂一点，如图 11.4b 所示。

$$T_1 = \frac{0.5U_{DC} + \underline{U}_{ref}}{U_{DC}} T_S$$

$$T_0 = T_S - T_1 \tag{11.25}$$

对于单相多电平逆变器可以采用一种时域占空比计算的调制策略［式（11.26）］，参考文献 [34] 提出了一维调制（1DM）。

$$T_2 = \frac{|\underline{U}_{ref}|}{0.5U_{DC}} T_S ; \quad T_1 = T_S - T_2 ; \quad \mathrm{Re}(\underline{U}_{ref}) \geqslant 0$$

$$T_0 = \frac{|\underline{U}_{ref}|}{0.5U_{DC}} T_S ; \quad T_1 = T_S - T_0 ; \quad \mathrm{Re}(\underline{U}_{ref}) < 0 \tag{11.26}$$

简化的三相变流器调制与经典拓扑调制方式不同，因为在 *abc* 坐标系下只有两个参考信号来获得一个平衡的三相电压输出，因此必须提供给直流环节一个更高的电压，以保持参考电压矢量

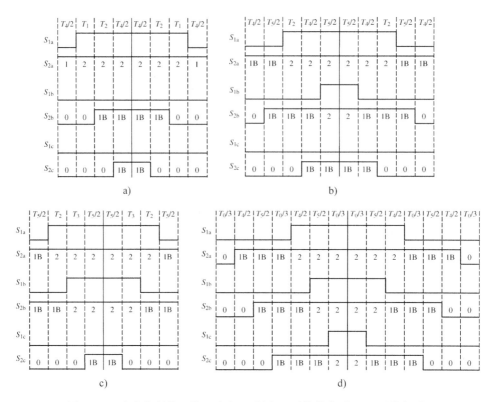

图 11.13　参考矢量位于第一大扇区采用 1B 开关状态时 FCC 开关序列：
a）第一小扇区；b）第二小扇区；c）第三小扇区；d）第四小扇区

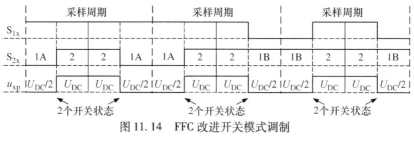

图 11.14　FFC 改进开关模式调制

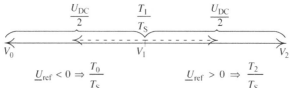

图 11.15　DC/AC 变流器采用 1DM 技术矢量生成

位于线性调制区域（见图 11.16）。

简化变流器的 SVM 基于改进的 αβ 到 ab 变换[35]：

$$U_{a\_ref} = \frac{3}{2}U_{\alpha} + \frac{\sqrt{3}}{2}U_{\beta}$$

$$U_{b\_ref} = \sqrt{3}U_{\beta}$$

(11.27)

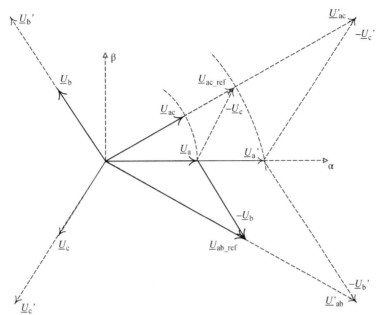

图 11.16　三相简化变流器广义 αβ 电压平面：虚矢量（虚线），$\underline{U}$—标准直流母线电压电平实现矢量，

$\underline{U}'$—高直流电压实现矢量，$\underline{U}_{\text{ref}}$—参考矢量

图 11.17 给出了对于图 11.3b 表示的简化三相两电平变流器在 αβ 电压平面中的四种电压矢量。在第一种情况下（见图 11.17a），所有矢量（00，01，10，11）把 αβ 区域分成四个扇区：扇区 I（$60° \leqslant \varphi_{\text{m}} < 150°$），扇区 II（$150° \leqslant \varphi_{\text{m}} < 240°$），扇区 III（$240° \leqslant \varphi_{\text{m}} < 330°$），以及扇区 IV（$330° \leqslant \varphi_{\text{m}} < 60°$）。就像在传统变流器中一样，这些参考电压矢量 U_{ref} 都可以通过两个相邻的矢量合成，但是这就会造成直流侧电容电压的不平衡。在第一扇区内，开关时间为

$$T_{10} = \frac{|\underline{U}_{\text{ref}}|}{0.5U_{\text{DC}}}\cos(30° + \varphi_{\text{m}})T_{\text{s}} \tag{11.28}$$

$$T_{11} = T_{\text{s}} - T_{10}$$

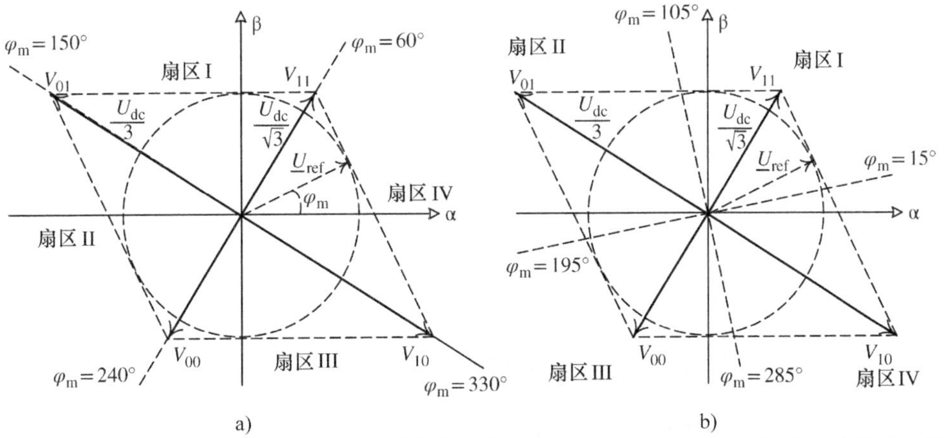

图 11.17　简化的三相两电平 AC – DC – AC 变流器空间矢量 $V_{(S_a,S_b)}$（S_a、S_b 在表 11.2 中给出了定义）：

a）扇区 I（$60° \leqslant \varphi_{\text{m}} < 150°$）和 b）扇区 I（$15° \leqslant \varphi_{\text{m}} < 105°$）

直流侧电容电压不平衡的问题可以通过 αβ 平面不同的划分来解决（见图 11.17b）。扇区的

数量并没有改变，但是扇区都旋转了45° ［比如扇区 I （15°≤φ_m<105°）］，这样可以用更多的矢量来合成$\underline{U}_{ref}$（比如在扇区 I 的 V_{11}、V_{10}、V_{01}）。对于第一扇区来说，开关时间为[10]

$$T_{11} = T_s \frac{3|\underline{U}_{ref}|}{U_{DC1}+U_{DC2}}\cos(\varphi_m-60°) - T_s\frac{U_{DC1}-U_{DC2}}{U_{DC1}+U_{DC2}}$$

$$T_{01} = T_s\frac{U_{DC1}-U_{DC2}}{U_{DC1}+U_{DC2}} - T_s\frac{\sqrt{3}|\underline{U}_{ref}|}{U_{DC1}+U_{DC2}}\cos(\varphi_m-30°)$$

$$T_{10} = T_s\frac{U_{DC1}-U_{DC2}}{U_{DC1}+U_{DC2}} - T_s\frac{\sqrt{3}|\underline{U}_{ref}|}{U_{DC1}+U_{DC2}}\cos(\varphi_m-90°)$$

$$T_s = T_{11}+T_{10}+T_{01} \tag{11.29}$$

简化的三相两电平 AC – DC 或 DC – AC 变流器（见图 11.3b）的开关序列由图 11.18 给出。

简化的三相三电平变流器如图 11.4b 所示。图 11.19 给出了此变流器在 αβ 电压平面中的 9 个电压矢量。

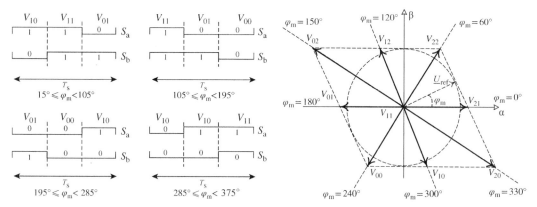

图 11.18　简化的两电平 AC – DC – AC 变流器的四个扇区中的开关序列　　图 11.19　三相三电平简化变流器的电压空间矢量 $V_{(Sa,Sb)}$ 表示

其中有 8 个有源矢量（21，22，12，02，01，00，10，20）和一个零矢量（11）。与传统变流器调制类似，参考电压矢量U_{ref}可以由两个邻近的电压矢量合成，且零电压矢量位于开关周期的中间[12]。扇区 I （0°≤φ_m<60°）的开关时间为

$$T_{21} = \frac{\sqrt{6}U_\alpha}{U_{DC}}T_s - \frac{\sqrt{2}U_\beta}{U_{DC}}T_s$$

$$T_{22} = \frac{2\sqrt{2}U_\beta}{U_{DC}}T_s$$

$$T_{11} = T_s - T_{21} - T_{22} \tag{11.30}$$

并且图 11.20 给出了 8 个扇区中的开关序列。

11.3.3　开关器件的压降以及死区时间的补偿

在功率器件上的压降以及死区时间（两个 IGBT 之间）会造成相电流发生畸变。在这两种情况下都会造成 U_{ref}的参考矢量幅值增大或减小，这取决于相电流的符号。为了避免发生这种情况，要使用管压降和死区效应补偿的算法。传统的两电平和多电平变流器的管压降和死区效应造成的相电流畸变的影响已经被研究出来。这些方法可以分为两组：

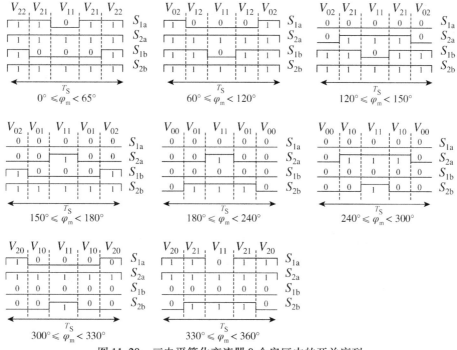

图 11.20 三电平简化变流器 8 个扇区中的开关序列

- 调制参考 SV 的 U_{ref} 幅值[6,36-38];
- 调制调节器输出的占空比[6,36,38-40]。

这个解决方案在简化的拓扑的情况下稍微显得复杂。和传统的拓扑结构相比，因为这些变流器只有两相使用了开关器件，所以由于单个矢量的长度不同，管压降和死区时间的影响比较明显。此外，简化的拓扑结构中对这些问题的研究还不成熟。因此，下面章节中对简化的拓扑进行研究。

受控开关为理想开关的模型和包含开关器件管压降模型的变流器电流如图 11.21 所示。可以看到，包含开关器件管压降的变流器电流畸变严重。

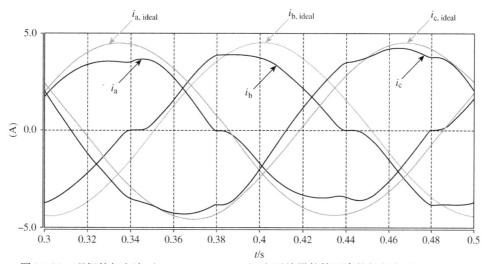

图 11.21 理想的相电流（$i_{\text{a,ideal}}$，$i_{\text{b,ideal}}$，$i_{\text{c,ideal}}$）和开关器件管压降的相电流（i_{a}，i_{b}，i_{c}）

通过对调节器参考输入信号的校正可以补偿管压降对开关器件的影响[41]。为了估计出管压

降，应该预测下一个开关瞬间的相电流。a 相和 b 相预测电流值为

$$i_{\mathrm{a}}^{\mathrm{pred}} = i_{\mathrm{a}} + \frac{i_{\mathrm{a}} - i_{\mathrm{a\_old}}}{2}; \; i_{\mathrm{b}}^{\mathrm{pred}} = i_{\mathrm{b}} + \frac{i_{\mathrm{b}} - i_{\mathrm{b\_old}}}{2} \qquad (11.31)$$

式中，i 是当前时刻采样的电流值；i_{old} 是上一时刻采样的电流值。预测的电流值及通过开关管和二极管的数据手册计算得到的电流值进行比较，来确定两相器件的状态和相应的管压降为

$$i_{\mathrm{on}}^{\mathrm{tr}} = U_{\mathrm{CEon}} G_{\mathrm{off}}^{\mathrm{tr}}; \; i_{\mathrm{on}}^{\mathrm{di}} = U_{\mathrm{FW}}^{\mathrm{di}} G_{\mathrm{off}}^{\mathrm{di}}$$

$$i_{\mathrm{a,b}}^{\mathrm{pred}} \leqslant i_{\mathrm{on}}^{\mathrm{tr}} \rightarrow u_{\mathrm{a,b}}^{\mathrm{tr}} = U_{\mathrm{CEon}}; \; i_{\mathrm{a,b}}^{\mathrm{pred}} \leqslant i_{\mathrm{on}}^{\mathrm{di}} \rightarrow u_{\mathrm{a,b}}^{\mathrm{di}} = U_{\mathrm{FW}}$$

$$i_{\mathrm{a,b}}^{\mathrm{pred}} > i_{\mathrm{on}}^{\mathrm{tr}} \rightarrow u_{\mathrm{a,b}}^{\mathrm{tr}} = U_{\mathrm{CEon}} + \frac{1}{G_{\mathrm{on}}^{\mathrm{tr}}} i_{\mathrm{a,b}}^{\mathrm{pred}}$$

$$i_{\mathrm{a,b}}^{\mathrm{pred}} > i_{\mathrm{on}}^{\mathrm{di}} \rightarrow u_{\mathrm{a,b}}^{\mathrm{di}} = U_{\mathrm{FW}} + \frac{1}{G_{\mathrm{on}}^{\mathrm{di}}} i_{\mathrm{a,b}}^{\mathrm{pred}} \qquad (11.32)$$

式中，$i_{\mathrm{on}}^{\mathrm{tr}}$ 和 $i_{\mathrm{on}}^{\mathrm{di}}$ 分别是开关管和二极管的电流；U_{CEon} 是开关管 CE 结的电压降落；U_{FW} 是二极管的电压降落；$G_{\mathrm{on}}^{\mathrm{tr}}$ 和 $G_{\mathrm{on}}^{\mathrm{di}}$ 分别是开关管和二极管导通状态下的电导；$G_{\mathrm{off}}^{\mathrm{tr}}$ 和 $G_{\mathrm{off}}^{\mathrm{di}}$ 分别是开关管和二极管阻断状态下的电导；$u_{\mathrm{a,b}}^{\mathrm{tr}}$ 和 $u_{\mathrm{a,b}}^{\mathrm{di}}$ 分别是开关管和二极管的管压降。

如式（11.27）所示，用 U_{α_ref} 和 U_{β_ref} 转换为两相坐标系可以估计出每个采样周期的管压降的平均值。假设在开关状态 1 作用时，相电压的误差是 $u_{\mathrm{a,b}}^{\mathrm{di}} + u_{\mathrm{a,b}}^{\mathrm{tr}}$（回路中有一个开关管和一个 DCC 二极管导通），在其余开关状态，相电压的误差是 $\pm 2u_{\mathrm{a,b}}^{\mathrm{di}}$ 或者 $\pm 2u_{\mathrm{a,b}}^{\mathrm{tr}}$，零状态的占空比为

$$D_{\mathrm{a'}\pm} = \frac{|U_{\alpha\beta\mathrm{ref}}^{*}|}{U_{\mathrm{DC}}} - \frac{|U_{\alpha'\mathrm{ref}}^{*}|}{U_{\mathrm{DC}}}; \; D_{\mathrm{a'0}} = 1 - D_{\mathrm{a'}\pm} \qquad (11.33)$$

因此，对于 a 相桥臂补偿管压降的校正信号 $U_{\mathrm{a'}}^{\mathrm{cr}}$（b 相桥臂 $U_{\mathrm{b'}}^{\mathrm{cr}}$）为

如果 $\mathrm{sgn}(i_{\mathrm{a}}) < 0$，则 $\begin{cases} -U_{\mathrm{a'}}^{\mathrm{cr}} = D_{\mathrm{a'2}}(2v_{\mathrm{a}}^{\mathrm{di}}) - D_{\mathrm{a'1}}(u_{\mathrm{a}}^{\mathrm{di}} + u_{\mathrm{a}}^{\mathrm{tr}}) \\ -U_{\mathrm{a'}}^{\mathrm{cr}} = D_{\mathrm{a'0}}(2v_{\mathrm{a}}^{\mathrm{tr}}) - D_{\mathrm{a'1}}(u_{\mathrm{a}}^{\mathrm{di}} + u_{\mathrm{a}}^{\mathrm{tr}}) \end{cases}$

如果 $\mathrm{sgn}(i_{\mathrm{a}}) > 0$，则 $\begin{cases} U_{\mathrm{a'}}^{\mathrm{cr}} = D_{\mathrm{a'2}}(2v_{\mathrm{a}}^{\mathrm{tr}}) - D_{\mathrm{a'1}}(u_{\mathrm{a}}^{\mathrm{di}} + u_{\mathrm{a}}^{\mathrm{tr}}) \\ U_{\mathrm{a'}}^{\mathrm{cr}} = D_{\mathrm{a'0}}(2v_{\mathrm{a}}^{\mathrm{di}}) - D_{\mathrm{a'1}}(u_{\mathrm{a}}^{\mathrm{di}} + u_{\mathrm{a}}^{\mathrm{tr}}) \end{cases} \qquad (11.34)$

式中，$\mathrm{sgn}(i_{\mathrm{a}})$ 表示相电流方向；$D_{\mathrm{a'0}}$ 和 $D_{\mathrm{a'2}}$ 分别是正电压和负电压输出状态的占空比；$D_{\mathrm{a'1}}$ 是零电压输出时的占空比。这些校正的电压信号使用修正后的式（11.27）转化到 $\alpha\beta$ 坐标系下并将它们和调节器的参考电压相加。没有加入补偿时的电流和补偿开关器件管压降后的电流如图 11.22 所示。

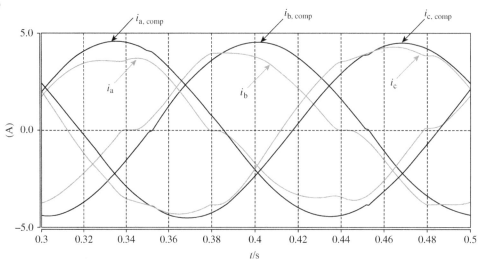

图 11.22　未加补偿时的相电流（i_{a}，i_{b}，i_{c}）和加入管压降补偿后的相电流（$i_{\mathrm{a,comp}}$，$i_{\mathrm{b,comp}}$，$i_{\mathrm{c,comp}}$）

另外一个必要的补偿与死区时间有关。因为 IGBT 器件的关断比开通慢得多，所以需要在互补开关器件的驱动信号之间引入延迟，避免直流母线短路。在低调制因数和低频下，死区时间对电流波形的影响更加明显[41]。图 11.23 给出了在互补的开关器件之间加入死区时间和没有死区时间的相电流比较。

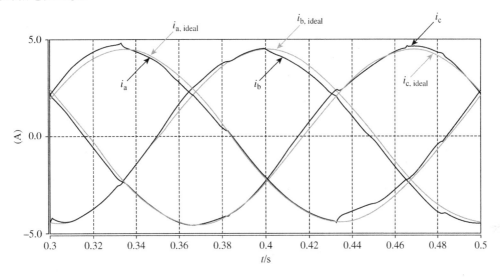

图 11.23　不带有死区时间（$i_{a,ideal}$，$i_{b,ideal}$，$i_{c,ideal}$）和带有死区时间的相电流（i_a，i_b，i_c）波形

限制死区时间 dt 影响的校正信号的计算与电流符号以及饱和电流 $i_{dt,SAT}$ 有关。实验中通常考虑到在电流过零点附近的噪声。测量噪声和控制延迟都会影响相电流的测量极性，如果相电流的极性计算不准确，补偿不足，会导致相电流波形发生畸变。因此，在 $|i_{a,b,c}| < i_{dt,SAT}$ 范围内死区时间校正的值应该限制在线性范围内。图 11.24 给出了两个限制函数的例子，它是通过标记为 1 和 2 的线性函数建模的。

因为简化的变流器生成的电压矢量长度不相等（见图 11.19），所以经过上述的校正环节后，需要增加或减少开关组合，

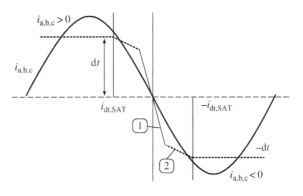

图 11.24　死区补偿的相电流和校正函数

但是在这个过程中要同时乘以一个缩放常数。对于长矢量来说（两电平变流器的 01 和 10 矢量以及三电平变流器的 02 和 20 矢量）缩放常数为 1/3，但是对于小矢量来说（两电平变流器的 00 和 11 矢量以及三电平变流器的 00、01、12、22、21 和 10 矢量）缩放常数为 $1/\sqrt{3}$。变流器互补的开关器件之间有死区补偿和没有死区补偿的补偿效果如图 11.25 所示。可以看出，补偿后的相电流 i_a 和 i_b 波形在过零点附近有所改善。

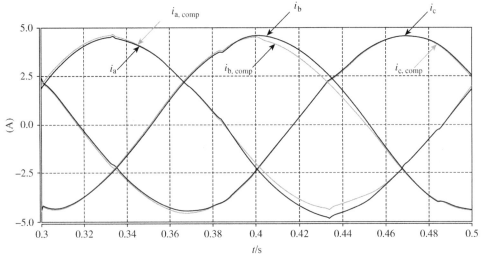

图 11.25　互补开关器件间未加死区补偿的相电流（i_a，i_b，i_c）和
加入死区补偿的相电流（$i_{a,comp}$，$i_{b,comp}$，$i_{c,comp}$）

11.4　AC – DC – AC 变流器的控制算法

AC – DC – AC 变流器的一种典型应用是将电机（电动机/发电机）与电网实现并网连接。在这种情况下，采用先进的控制方法使得电网侧变流器（GC）获得高的电能质量，同时电机侧变流器（MC）能量利用率较好。两个变流器的控制可以被视为一个对偶问题（见图 11.26）[42-44]。电网侧变流器应用广泛的控制方法是电压定向控制（VOC）和直接功率控制的空

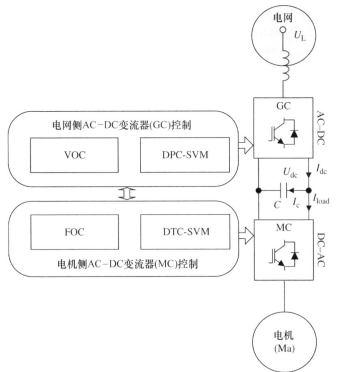

图 11.26　AC – DC – AC 间接变流器中电网侧变流器和电机侧变流器的空间矢量控制方法

间矢量调制（DPC – SVM）；电机侧变流器常用的控制方法是磁场定向控制（FOC）和直接转矩控制的空间矢量调制（DTC – SVM）。所有这些方法在参考文献［42 – 50］中进行了描述。本节介绍了所选控制方法的理论背景，并给出有关控制器设计的基本信息。

11.4.1　AC – DC 电机侧变流器的磁场定向控制

磁场定向控制（FOC）可以分为直接磁场定向控制（DFOC）和间接磁场定向控制（IFOC）。一个简化的 IFOC 框图如图 11.27 所示。IFOC 比 DFOC 更方便，特别是永磁同步电机（PMSM）控制，因为不需要对 PMSM 进行磁链估计。IFOC 需要与转子角速度 Ω_{Ψ_r} 同步旋转的坐标系。在这种情况下，系统坐标系是以转子磁链 d 轴分量为定向，这样

$$\underline{\Psi}_r = \Psi_r = \Psi_{rd} \tag{11.35}$$

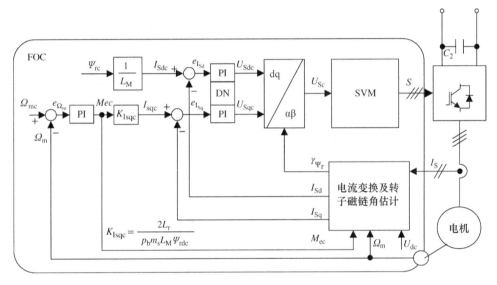

图 11.27　间接磁场定向控制（IFOC），图中 Ψ_{rc} 是指令转子磁通

所有变量都从 abc 坐标系转换到 dq 旋转坐标系。然后，定子参考电流 I_{Sdc} 与 I_{Sqc} 分别与定子实际电流 I_{Sd} 和 I_{Sq} 进行比较。需要强调的是，稳态时 I_{Sd} 等于励磁电流，而动态与稳态下的转矩均与 I_{Sq} 成正比。电流误差 $e_{I_{Sd}}$ 和 $e_{I_{Sq}}$ 分别反馈到两个 PI 控制器，产生定子参考电压分量 U_{Sdc} 和 U_{Sqc}。此外，通过使用转子磁链矢量位置角 γ_{Ψ_r} 将参考电压从 dq 旋转坐标系转换到 αβ 静止坐标系。将得到的参考电压矢量 $\underline{U}_{Sc}$ 传递给 SVM，产生适当的开关信号 S。

应该考虑到，U_{Sdc} 和 U_{Sqc} 相互耦合。d 轴定子电压分量变化不仅会影响 d 轴电流分量，同样会影响 q 轴电流分量（同样适用于 q 分量）。因此，控制回路中的解耦网络（DN）是必要的。对于这种现象的解决方案如图 11.28 所示。应该指出的是，在本章对电网侧变流器和电机侧变流器（VOC 和 FOC）的讨论中，所有的控制方法中均加入 d 轴和 q 轴间的解耦环节。在直接转矩控制和直接功率控制的情况下，需要通过耦合现象进行的 SV 调制将明显减少，因此，解耦网络可省略。

11.4.2　定子电流控制器设计

该模型非常方便可以合成和分析电机侧变流器的电流控制器。在 FOC 的情况下，异步电机可近似地视为直流电机[48,51]。然而，应该指出的是，耦合的存在需要一个解耦网络，如图 11.28

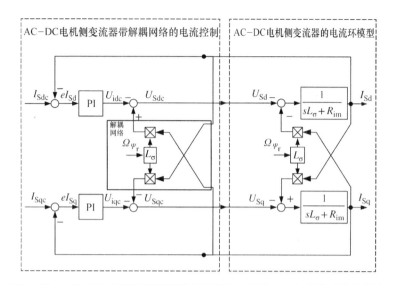

图 11.28 AC – DC 变流器解耦网络电流控制，图中 Ω_{Ψ_r} 为交流系统角频率

所示。

可以看出，电机侧变流器解耦后的参考电压（简化后）可计算为

$$U_{Sdc} = L_\sigma \frac{dI_{Sd}}{dt} + R_{im}I_{Sd} + \Omega_{\Psi_r}L_\sigma I_{Sq} \tag{11.36}$$

$$U_{Sqc} = L_\sigma \frac{dI_{Sd}}{dt} + R_{im}I_{Sq} - \Omega_{\Psi_r}L_\sigma I_{Sd} \tag{11.37}$$

式中，$L_\sigma = \sigma L_S$；$R_{im} = \dfrac{L_r^2 R_S + L_M^2 R_r}{L_r^2}$；$\sigma = 1 - \dfrac{L_M^2}{L_S L_r}$是总的漏感系数。其中 L_S 是定子绕组的自感；R_S 和 R_r 分别是定子和转子绕组的电阻。

简化分析并推导出电流控制器参数的解析表达式。控制结构将运行在不连续域中（数字实现），因此，有必要考虑采样周期 T_S，这可以通过 S&H 模块实现。此外，VSC 的 PWM 中统计的延迟时间 $T_{PWM} = 0.5T_S$ 也需要考虑。在参考文献 [6, 16, 47, 50, 51]，PWM 的延迟近似为0~2个采样周期 T_S。此外，VSC 增益为 $K_C = 1$，τ_0 是 VSC 的死区时间（理想的变流器 $\tau_0 = 0$）。S&H 模块和 VSC 时间常数的总和表示为

$$\tau_\Sigma = T_{PWM} + T_S \tag{11.38}$$

因此，定子电流控制回路的模型可以近似为图 11.29。

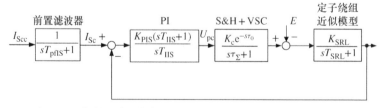

图 11.29 定子电流控制回路近似模型，图中 I_{Sc} 是前置滤波器之前的参考定子电流，T_{pfIS} 是前置波滤器的时间常数

图中，τ_Σ 是小时间常数的总和；$T_{SRL} = L_\sigma/R_{im}$ 是大时间常数；$K_{SRL} = 1/R_{im}$ 是定子绕组的近似

增益。因此，T_{SRL} 给出主导极点。在几个分析的方法中，有两个设计控制器参数的简单方法：模数最佳（MO）和对称最优（SO）[48]。假设电机绕组感应的内部电压（EMF）是 E = 常数，对于图 11.29 所示电路，PI 电流控制器的比例增益和积分时间常数可以由下式推导得到[48,51]

$$K_{PiS} = \frac{T_{SRL}}{2\tau_\Sigma K_{SRL}} \tag{11.39}$$

$$T_{IiS} = 4\tau_\Sigma \tag{11.40}$$

在简化之后，VSC 的闭环传递函数可以近似地由一阶传递函数表示为

$$G_{CiS} \approx \frac{1}{1 + s4\tau_\Sigma} \tag{11.41}$$

11.4.3   直接转矩控制与空间矢量调制

为了避免传统 DTC 开关表中的不足之处，正如 IFOC 一样，引入 PI 控制器和 SVM 模块，而不是滞环比较器和开关表。因此，DTC – SVM 控制将 DTC 和 IFOC 特征综合于一个控制结构中，如图 11.30 所示。DTC – SVM 要求坐标系以定子磁通角速度 Ω_{Ψ_s} 同步旋转。在这种情况下，坐标系以定子磁链的 x 轴分量为定向，此时

$$\underline{\Psi}_S = \Psi_S = \Psi_{Sx} \tag{11.42}$$

基于实际的定子电流 I_S、直流电压 U_{DC}、机械角速度 Ω_m 和开关信号 S，可以从转速外环 PI 控制器得到指令电磁转矩 M_{ec}（见图 11.30）。然后，M_{ec} 和指令定子磁通 Ψ_{Sc} 幅值分别与估计的电磁转矩 M_e 和定子磁通 Ψ_S 进行比较，转矩 e_M 和定子磁通 e_Ψ 输入到 PI 控制器。输出信号分别是参考定子电压分量 U_{Sxc} 和 U_{Syc}。

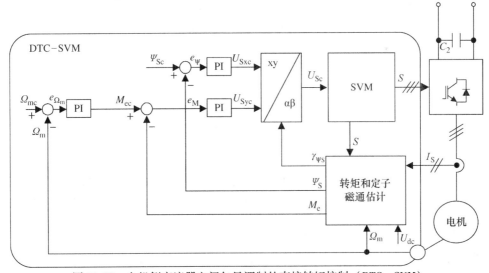

图 11.30   电机侧变流器空间矢量调制的直接转矩控制（DTC – SVM）

此外，利用定子磁通位置角 γ_{Ψ_S} 将旋转坐标 xy 电压分量转化到 αβ 静止坐标系。得到参考定子电压空间矢量 $\underline{U}_{Sc}$ 传送给 SVM，产生电机侧变流器所需的开关信号 S。

11.4.4   电机定子磁链控制器设计

忽略定子电阻的压降，图 11.31 给出定子磁链幅值 PI 控制框图[47]，其中 τ_Σ 为逆变器延迟时间常数。

根据 SO 准则[48,49]，被控对象传递函数可以写为

$$G(s) = \frac{K_c e^{-s\tau_0}}{s(1 + s\tau_0)}$$ (11.43)

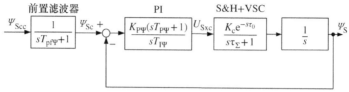

图 11.31 定子磁链幅值闭环控制框图，图中 Ψ_{Scc} 是在前置滤波器之前的参考定子磁通，$T_{pf\Psi}$ 是前置滤波器时间常数，与磁链 PI 控制器的积分时间常数相等

因此，根据 SO 设计技术，定子磁通 PI 控制器的参数，即比例增益 $K_{P\Psi}$ 和积分时间常数 $T_{I\Psi}$ 可以计算为[47,48]

$$K_{P\Psi} = \frac{1}{2K_c(\tau_\Sigma + \tau_0)} = \frac{1}{3T_S}$$ (11.44)

$$T_{I\Psi} = 4(\tau_\Sigma + \tau_0) = 6T_S$$ (11.45)

11.4.5 电机的电磁转矩控制器的设计

忽略转矩和定子磁链之间的耦合关系，图 11.32 给出了一个简化的转矩 PI 控制框图。其中，转矩控制闭环非常简单，因此该模型也没有一个固定的标准可以应用。

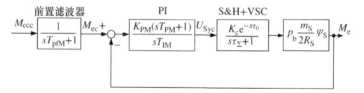

图 11.32 转矩控制框图，图中 M_{ecc} 是前置滤波器之前参考电磁转矩，T_{pfM} 是前置滤波器时间常数，其等于转矩 PI 控制器的积分时间常数

在这种情况下，根据参考文献 [47]，给出了一种简单（非常实用）的设计转矩 PI 控制器的方式。例如，对于比例常数 $K_{PM} = 1$ 和积分时间常数 $T_{IM} = 4T_S$，K_{PM} 的值从初始值开始呈周期性地增加。从这些测试中可以选择 K_{PM} 的最佳值，保证快速转矩响应，同时消除振荡和超调。

11.4.6 机械角速度控制器的设计

如果定子磁链的大小是恒定的，即 $\Psi_S = $ 常数。感应电机的动态过程可以描述为

$$\frac{d\Omega_m}{dt} = \frac{1}{J}(M_e - M_{load})$$ (11.46)

式中，J 是转动惯量；M_{load} 是负载转矩。

因此，图 11.33 给出了 PI 转速控制回路框图，图中 $G'_{MC}(s)$ 是带有前置滤波器的转矩控制闭环的传递函数（补偿转矩控制闭环传递函数中的强迫分量）。

转矩控制回路可以近似为一阶积分环节[47]，简化的 $G'_{MC}(s)$ 传递函数可以写为

$$G'_{MC}(s) = \frac{A'_m}{C'_m s + 1}$$ (11.47)

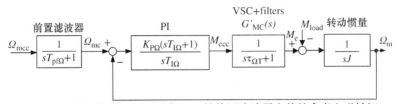

图 11.33 转速控制框图，图中 Ω_{mcc} 是前置滤波器之前的参考电磁转矩，
$T_{pf\Omega}$ 是前置滤波器时间常数，其等于转速 PI 控制器的积分时间常数

式中

$$A'_m = \frac{A_m K_{PM}}{C_m T_{IM} + A_m K_{PM}}; \quad C'_m = \frac{T_{IM}(A_m K_{PM} + B_m)}{C_m T_{IM} + A_m K_{PM}} \tag{11.48}$$

此外

$$A_m = \frac{P_b m_s \Psi_S}{2\sigma L_S}; \quad B_m = \frac{R_S L_r + R_r L_S}{\sigma L_S L_r}; \quad C_m = \frac{P_b^2 m_s \Psi_S^2}{2\sigma L_S} \tag{11.49}$$

式中，P_b 是电机极对数；m_s 是相数；σ 是总的漏感系数；L_S 是定子绕组的自感；L_M 是主励磁电感；L_r 是转子绕组自感；R_S 和 R_r 分别是定子和转子绕组的电阻。

根据 SO 准则[48,49]，传递函数可以写为

$$G(s) = \frac{K_C e^{-sT_0}}{sJ(sT_{\Omega T} + 1)} \tag{11.50}$$

式中，$K_C = A'_m$ 是被控对象增益；$T_{\Omega T}$ 是小时间常数和滤波器时间常数之和，为

$$T_{\Omega T} = T_S + T_{PWM} + T_f = 1.5T_S + T_f \tag{11.51}$$

速度 PI 控制器的参数为比例常数 $K_{P\Omega}$ 和积分时间常数 $T_{I\Omega}$，可以计算得到[47,48]

$$K_{P\Omega} = \frac{J}{2K_C(T_{\Omega T})} = \frac{J}{3(1.5T_S + T_f)} \tag{11.52}$$

$$T_{I\Omega} = 4(T_{\Omega T}) = 4(1.5T_S + T_f) \tag{11.53}$$

11.4.7 AC – DC 电网侧变流器电压定向控制

图 11.34 所示的 VOC 通过内部电流控制，保证良好的动态和静态性能。目前已被广泛地应用并有很多改进[15,53-55]。系统的控制目标是将直流母线电压 U_{DC} 稳定在一定范围内，同时从电网中产生的电流应呈正弦波且与相电压同相位，以实现单位功率因数（UPF）运行。当系统单位功率因数运行时，电网电流矢量 $\underline{I}_L = I_{Lx} + jI_{Ly}$ 与电网相电压矢量 $\underline{U}_L = U_{Lx} + jU_{Ly}$ 重合。

为了实现单位功率因数运行，电网电流 I_{Lyc} 的参考无功分量可以设置为 0。I_{Lxc} 是电网电流有功分量的参考值。比较参考给定电流与实际的电流值，将误差传递到 PI 电流控制器。采用电网电压矢量角 γ_{U_L}，将控制器产生的电压转化到 αβ 坐标系，由 SVM 生成电网侧变流器的开关信号 S。

11.4.8 AC – DC 电网侧变流器的线电流控制器

该模型用于合成和分析并网变流器的电流控制器。然而，由于耦合的存在，需要一个解耦网络（图 11.28 中 FOC 所示），如图 11.35 所示。

因此，参考解耦电网侧变流器电压为

$$U_{pxc} = U_{Lx} - L\frac{dI_{Lx}}{dt} - RI_{Lx} + \omega_L L I_{Ly} \tag{11.54}$$

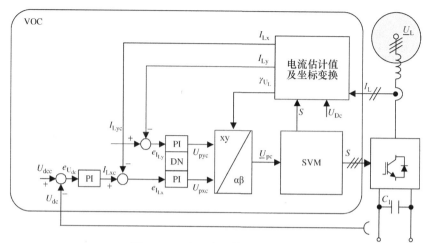

图 11.34 电压定向控制（VOC）

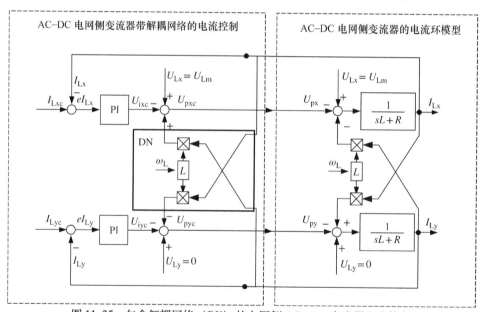

图 11.35 包含解耦网络（DN）的电网侧 AC – DC 变流器电流控制

$$U_{pyc} = U_{Ly} - L\frac{dI_{Ly}}{dt} - RI_{Lx} + \omega_L L I_{Lx} \tag{11.55}$$

因此，电流控制环模型如图 11.36 所示。

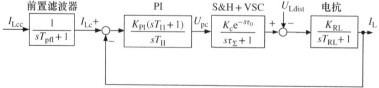

图 11.36 电流控制环，图中 I_{Lcc} 是前置滤波器前参考电网电流，T_{pfl} 是前置滤波器时间常数，等于电流环 PI 控制器的积分时间常数

τ_Σ 是小时间常数的和，$T_{RL} = L/R$ 是大时间常数，$K_{RL} = 1/R$ 是输入电抗器的增益。因此，T_{RL}

提供了一个主导极点。在多种分析方法中，对控制器参数的设计有两种简单方法：MO 和 SO[48]。
假设图 11.5 中电路扰动 U_L = 常数，电流环 PI 控制器的比例增益与积分时间常数可以推导为[16]

$$K_{Pi1} = \frac{T_{RL}}{2\tau_\Sigma K_{RL}} \tag{11.56}$$

$$T_{Ii1} = 4\tau_\Sigma \tag{11.57}$$

简化后，VSC 的闭环传递函数可以近似等效为一阶传递函数为

$$G_{Ci1} \approx \frac{1}{1 + s4\tau_\Sigma} \tag{11.58}$$

为了进行比较，基于 MO 设计的电流环 PI 控制器的参数仅在积分时间常数上不同

$$T_{Ii1} = T_{RL} \tag{11.59}$$

基于 MO 设计 VSC 的电流控制器的传递函数则为

$$G_{Ci1} \approx \frac{1}{1 + s2\tau_\Sigma} \tag{11.60}$$

欲了解更多信息，请见参考文献 [16, 53]。

11.4.9　AC – DC 电网侧变流器具有空间矢量调制的直接功率控制

具有空间矢量调制的直接功率控制（DPC – SVM）[52]，是通过内部功率控制来保证系统具有
良好的动态和静态特性。有功和无功功率用作控制变量（见图 11.37）而不是控制线电流。给定
有功功率 P_c 由外环直流电压控制器产生，为了使系统单位功率因数运行，将给定无功功率 Q_c 设
置为零。给定有功与无功功率分别与估计的 P 和 Q 值进行比较[15,16]。计算得到的误差信号 e_P 和
e_Q 传递到 PI 功率控制器。功率控制器输出的电压是直流量，用以消除稳态误差，这个和 VOC 一
样。然后，转换到 αβ 静止坐标系[16]，用于在 SVM 模块中产生开关信号。

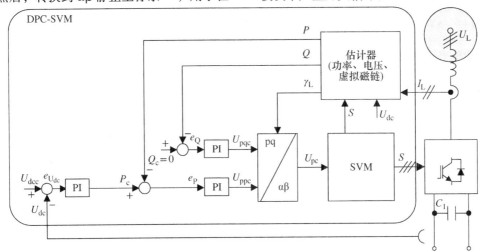

图 11.37　具有空间矢量调制的直接功率控制（DPC – SVM）

11.4.10　AC – DC 电网侧变流器的功率控制器

假设电流控制器设计与 VOC 中的设计一致，这是因为相同的框图都可以应用于有功和无功
功率控制中。本节仅对有功功率 P 的控制回路进行简要描述（见图 11.38）。

VOC 控制中，因为扰动 U_{Ldist} 阶跃变化时系统动态响应较好，所以选择 SO 设计方法。假设 U_L

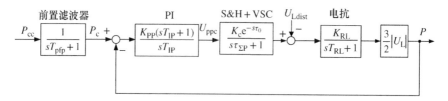

图 11.38 带前置滤波器的功率控制回路，图中 P_{cc} 是前置滤波器之前的参考有功功率；T_{pfp} 是前置滤波器的时间常数，它等于功率 PI 控制器的积分时间常数；U_{Ldist} 是电网电压的扰动，例如，由高次谐波引起的电压扰动

为常数，可以得到系统的开环和闭环传递函数[16]。DPC - SVM 中电流环 PI 控制器的比例增益和积分时间常数的计算公式为

$$K_{PP1} = \frac{T_{RL}}{2\tau_{\Sigma p}K_{RL}} \frac{2}{3|U_L|} \tag{11.61}$$

$$T_{IP1} = 4\tau_{\Sigma p} \tag{11.62}$$

这样设计的 PI 控制器，在进行功率跟踪时会出现近似 40% 的超调。因此，为减少超调量，参考信号上需要增加一阶前置滤波器，即

$$G_{Pfl} \approx \frac{1}{1 + sT_{Pfl}} \tag{11.63}$$

式中，T_{Pfl} 一般取几个 $\tau_{\Sigma p}$[48]。

经过进一步优化研究，取前置滤波器的时间延迟为 $4\tau_{\Sigma p}$。最后，VSC 的闭环控制环路可近似用一个一阶传递函数表示：

$$G_{Cp1} \approx \frac{1}{1 + s4\tau_{\Sigma p}} \tag{11.64}$$

11.4.11 AC - DC 变流器直流侧电压控制器

为计算直流母线电压控制器参数，内部电流或功率控制回路可以用一阶传递函数进行模拟[16]。因此，并网变流器功率控制环可以近似地看作时间常数为 T_{IT} 的一阶传递函数

$$G_{pz} \approx \frac{1}{1 + sT_{IT}} \tag{11.65}$$

式中，依据 MO 准则设计的内部电流或功率控制器的时间常数 $T_{IT} = 2\tau_{\Sigma}$，或依据 SO 准则设计的内部电流/功率控制器时间常数 $T_{IT} = 4\tau_{\Sigma}$。因此，直流母线电压控制回路可以进行建模，如图 11.39 所示。

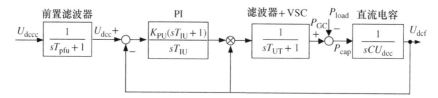

图 11.39 简化的直流母线电压控制环框图，图中 U_{dccc} 是前置滤波器之前的参考直流电压，T_{pfu} 是直流电压的预滤波时间常数，P_{GC} 是电网侧变流器的有功功率

为了简单起见，假定

$$T_{UT} = T_U + T_{IT} \tag{11.66}$$

式中，T_U 是直流电压滤波器时间常数；T_{UT} 是时间常数的总和；CU_{DCC} 是等效的积分时间常数。因此，直流环节电压控制器比例增益 T_{PU} 和积分时间常数 T_{IU} 可以推导为

$$K_{PU} = \frac{C}{2T_{UT}} U_{L\text{ or DCC}} \tag{11.67}$$

$$T_{IU} = 4T_{UT} \tag{11.68}$$

11.5　有功功率前馈控制的 AC – DC – AC 变流器

如果 AC – DC 电网侧变流器和 DC – AC 电机侧变流器的功率匹配准确性得到提高，就可以减小直流侧电容，并且仍然可以提供相同质量的稳定的直流电压。因为直流电压控制更准确，所以直流侧电容的寿命也将得到提高。当电网侧变流器的直流电流 I_{DC} 与电机侧变流器直流电流 I_{load} 相等时，直流侧电容 C 将没有电流流过，直流电压会稳定在一个恒定的理想值。

尽管参考文献［55 – 60］所提出的控制方法具有很好的动态响应，直流电压可以得到有效改善，但从电机侧变流器侧到电网侧变流器侧需要引入 APFF。APFF 是将交流电机侧变流器侧瞬时功率直接传递到电网侧变流器侧有功功率控制环，比直流电压反馈控制环速度更快。因为电网侧变流器和电机侧变流器之间功率流动的控制更加精确，所以直流母线电压的稳定性将显著增加。因此，直流电容的值可以明显降低。另一方面，如果要求较大的直流电容用以存储能量，APFF 方法可以有效提高电容的寿命[57,58]。

图 11.40 给出了 AC – DC – AC 变流器的简化框图，它由电网侧变流器、电机侧变流器、电机和 APFF 所组成。这里应该强调的是，在反向功率流动的工作状态下，当电机侧变流器控制直流电压及电网侧变流器工作在逆变模式时，APFF 也需要反向，尤其是当电网侧变流器离网运行而不是连接在强电网时。

接下来对带有 APFF 的 AC – DC – AC 变流器控制回路进行介绍。在单位功率因数运行情况下，$I_{lyc} = 0$。在这种情况下，电网侧变流器输入的有功功率为

$$P_{GC} = \frac{3}{2}(I_{Lx}U_{px} + I_{Ly}U_{py}) = \frac{3}{2}I_{Lx}U_{px} \tag{11.69}$$

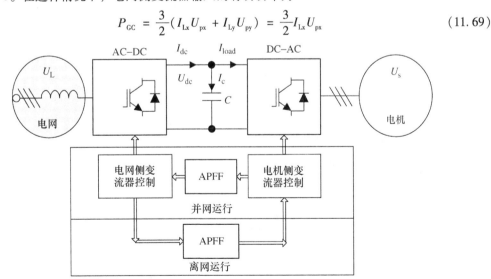

图 11.40　AC – DC – AC 变流器简化框图，由 AC – DC 和 DC – AC 变流器以及 APFF 组成
注：APFF 方向的变化代表并网运行和离网运行。

在稳态条件下，I_{Lx} 为常数，且假设输入电抗器的电阻 $R=0$，从电机侧分析，电机侧变流器所消耗或产生的功率为

$$P_{MC} = \frac{3}{2}(I_{Sx}U_{Sx} + I_{Sy}U_{Sy}) \tag{11.70}$$

如果采用虚拟磁链（VF）[15,16,53,54]，可以发现，电网侧变流器的有功功率与虚拟转矩（VT）成正比[16,45,48]。由此可以得到一个简单的（如同在电机侧的情况下）电网功率计算式为

$$P_{GC} = \frac{3}{2}\omega_L(I_{Ly}\Psi_{Lx} - I_{Lx}\Psi_{Ly}) = \omega_L I_{Ly}\Psi_{Lx} \tag{11.71}$$

式中，I_{Lx} 和 I_{Ly} 分别是旋转坐标系下的线电流分量；Ψ_{Lx} 和 Ψ_{Ly} 分别是旋转坐标系下电网侧 VF 分量。

对于电机侧变流器，电磁功率可以近似（忽略功率损耗）作为一个有功功率传递到电机 $P_e = P_{MC}$，因此

$$P_{MC} = P_b \frac{m_S}{2}\Omega_m I_{Sy}\Psi_{Sx} \tag{11.72}$$

这是一个有缺陷的假设，由于在真实系统中存在功率损耗 P_{losses}，因此，它应该被写成

$$P_{MC} = p_b \frac{m_S}{2}\Omega_m I_{Sy}\Psi_{Sx} + P_{losses} \tag{11.73}$$

当应用额定转矩时，假定 $\Omega_m = 0$。在这种情况下，电磁功率将是 0。但是电机侧变流器功率 P_{MC} 将有一个非零值。功率估计值存在这个问题是因为电机和电力电子设备存在内在参数。因此，为简化控制结构，功率估计可以基于给定的定子电压 U_{Sc} 和实际的定子电流 I_S 计算得到：

$$P_{MC} = \frac{3}{2}(I_{Sx}U_{Sxc} + I_{Sy}U_{Syc}) \tag{11.74}$$

11.5.1 AC-DC-AC 变流器的功率响应时间常数分析

基于式（11.58），确定了电网侧变流器响应的时间常数 T_{IT}。假设变流器的功率损耗可以忽略不计，功率跟踪性能可以表示为

$$P_{GC} = \frac{1}{1 + sT_{IT}}P_{GCc} \tag{11.75}$$

同样，对于电机侧变流器，可以写成

$$P_{MC} = \frac{1}{1 + sT_{IF}}P_{MCc} \tag{11.76}$$

式中，T_{IF} 是电机侧变流器阶跃响应的等效时间常数。

11.5.2 直流母线电容的能量

直流母线电压为

$$\frac{dU_{DC}}{dt} = \frac{1}{C}(I_{DC} - I_{load}) \tag{11.77}$$

因此

$$U_{DC} = \frac{1}{C}\int(I_{DC} - I_{load})dt \tag{11.78}$$

假设初始条件是在稳定状态下，实际直流母线电压 U_{DC} 等于给定的直流母线电压 U_{DCC}。因此，式（11.78）可以改写为

$$U_{\text{DC}} = \frac{1}{CU_{\text{DC}}}\int (U_{\text{DCC}}I_{\text{DC}} - U_{\text{DCC}}I_{\text{load}})\,\mathrm{d}t = \frac{1}{CU_{\text{DCC}}}\int (P_{\text{DC}} - P_{\text{load}})\,\mathrm{d}t \tag{11.79}$$

式中，$P_{\text{DC}} - P_{\text{load}} = P_{\text{cap}}$。因此，可以得到

$$U_{\text{DC}} = \frac{1}{CU_{\text{DCC}}}\int P_{\text{cap}}\,\mathrm{d}t \tag{11.80}$$

如果电网侧变流器和电机侧变流器的功率损耗忽略不计（为简化），直流母线电容的储能变化将是电网侧变流器功率 P_{GC} 和电机侧变流器功率 P_{MC} 之间差的积分。因此，它可以写为

$$P_{\text{GC}} = P_{\text{cap}} + P_{\text{MC}} \tag{11.81}$$

从该方程可以得出结论：为了最准确地控制电网侧变流器功率 P_{GC}，P_{GCe} 给定应为

$$P_{\text{GCe}} = P_{\text{cape}} + P_{\text{MCe}} \tag{11.82}$$

式中，P_{cape} 是直流母线电压反馈控制回路的功率；P_{MCe} 是瞬时 APFF 信号。通过必要的假设，可以得到[16]

$$P_{\text{GCe}} = \frac{K_{\text{PU}}(1 + sT_{\text{IU}})}{sT_{\text{IU}}}eU_{\text{dcf}}U_{\text{DCC}} + \frac{1}{1 + sT_{\text{IF}}}P_{\text{MCe}} \tag{11.83}$$

根据式（11.75）和式（11.76），电网和和电机侧变流器有功功率的开环传递函数可以表示为

$$P_{\text{GCo}} = \frac{P_{\text{GC}}}{P_{\text{GCe}}} = \frac{1}{1 + sT_{\text{IT}}} \tag{11.84}$$

$$P_{\text{MCo}} = \frac{P_{\text{MC}}}{P_{\text{MCe}}} = \frac{1}{1 + sT_{\text{IF}}} \tag{11.85}$$

基于这些公式，可以定义具有 APFF 的 AC – DC – AC 变流器的解析模型，如图 11.41 所示。这个系统可以由开环传递函数表示为

$$G_{\text{Ao}} = \frac{U_{\text{DC}}}{M_{\text{ec}}} \tag{11.86}$$

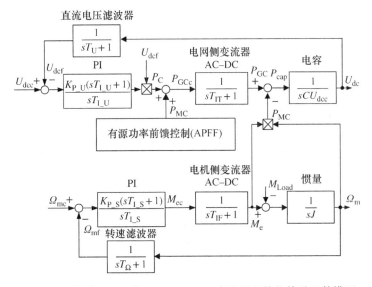

图 11.41　具有 APFF 的 AC – DC – AC 变流器的简化传递函数模型

假设初始时刻稳态运行，$\omega_{\text{m}} = \omega_{\text{mc}} = $ 常数，并且 $U_{\text{DC}} = U_{\text{DCC}} = $ 常数，可以得到 AC – DC – AC 变流器的传递函数。

从定子电压的给定值和实际定子电流中可以计算出电机侧变流器的有功功率。假设 $T_{IT} = T_{IF}$ 情况下，从理论上讲，直流母线电压不会受到负载功率 P_{MC} 变化的影响。然而，在实际系统中，直流母线电压波动的不平衡功率差主要是由于功率估计误差、转速控制回路中转子的转动惯量和低通滤波器以及给定控制变量的饱和度引起。

图 11.42 所示为转矩控制回路的运行波形。当机械速度达到额定转速的 ±71% 时，施加转矩反转。可以看到使用 APFF 可以得到稳定性很好的直流电压。AC – DC – AC 变流器选择的控制方法是采用空间矢量调制的直接功率控制和转矩控制（DPTC – SVM）[16]。这种方法的主要优点是无须改变 APFF 信号。

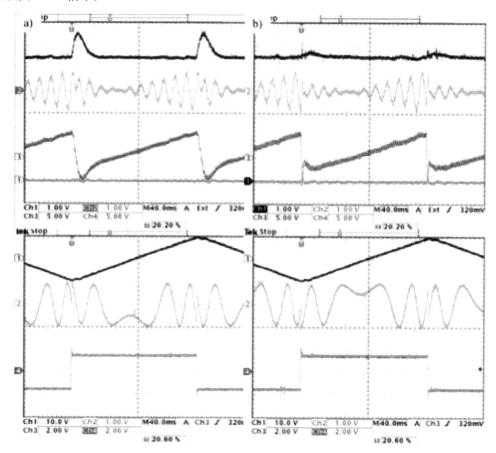

图 11.42　DPTC – SVM 下转矩从 –75% 额定值反向变换到 75% 额定值：a）只有直流侧电压前馈；
b）具有 APFF。从上到下：直流侧电压、并网电流、有功和无功电网功率、
电机机械转速、给定定子电流和估测电磁转矩

此外，基于图 11.42 可以得出结论，对于具有非常高的采样时间的理想控制方法，在减小电容时，直流电压的暂态波动，甚至比没有采用 APFF 控制方法但采用了较大电容值时的直流电压暂态波动更小。此外，对于具有 APFF 的电路，当采样时间足够短时，$C = 1pu$ 和 $C = 0.1pu$ 情况下的直流侧电压暂态波动值几乎相等。基于此，可以认为具有可控电网侧变流器的 AC – DC – AC 变流器，其直流电压的稳定性主要取决于所采用的直流电压、电网和电机侧变流器功率控制方法的质量（闭环控制的精度和带宽）。可以预期的是高开关频率，例如 ≥20kHz，碳化硅器件比硅器件应用于更宽的功率范围，将获得非常精确的功率控制。当传递函数采样频率等于开关频率均

达到 100kHz 时，采用 DPTC‑SVM 控制方法通过简化的模型（忽略开关损耗），得到图 11.43 所示的直流侧电压控制精度的仿真[16]。

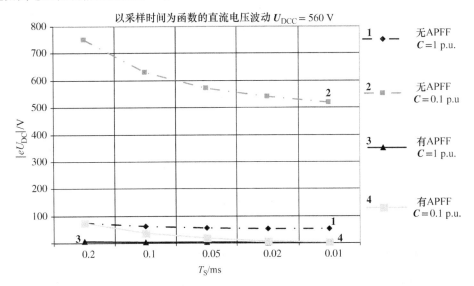

图 11.43　直流侧电压脉动 $|eU_{DC}|$ 是采样时间为 T_c 的函数（当直流电压参考值 $U_{DCC} = 560V$，AC‑DC‑AC 变流器采用 DPTC‑SVM 方法，在暂态范围内负载从 0 到 1pu 变化）

11.6　小结

本章介绍了不同的 AC‑DC‑AC 变流器拓扑结构，这些拓扑结构在工业领域中应用日趋广泛，例如风力发电机、智能电网、驱动及连接两个不同频率或电压等级的电网。本章主要对简化的及传统的两电平和多电平 AC‑DC‑AC 变流器进行了描述和比较。

本章对 AC‑DC‑AC 变流器的调制和控制策略进行了综述。在本章提到的方法中，简要描述了 FOC/VOC 和 DTC‑SVM/DPC‑SVM 方案；研究了电机侧和电网侧的控制问题，主要是 APFF。APFF 的实现不会影响系统的稳态响应性能，同时可以减小直流侧电容，改善系统动态响应性能。本章对 DPTC‑SVM 进行了实验和仿真验证。

随着开关器件的不断发展及成本逐步降低，同时对先进的控制和调制技术进行更加深层次的研究，AC‑DC‑AC 变流器将会对 DPGS 有显著影响。

参 考 文 献

1. Power Electronics Division TWERD (Polish: Zaklad Energoelektroniki TWERD) www.twerd.pl (accessed 18 December 2013).
2. ABB www.abb.com (accessed 18 December 2013).
3. Wu, B., Lang, Y. Zargari., *et al.* (2011) *Power Conversion and control of Wind Energy Systems*, John Wiley & Sons, Inc.
4. Kouro, S., Malinowski, M., Gopakumar, K. *et al.* (2010) Recent advances and industrial applications of multilevel converters. *IEEE Transactions on Industrial Electronics*, 57 (8), 2553‑2580.
5. Friedli, T. (2010) Comparative evaluation of three-phase Si and SiC AC-AC converter systems comparative evaluation of three-phase Si and SiC AC-AC converter systems. PhD dissertation. ETH Zurich.
6. Styński, S. (2011) Analysis and control of multilevel AC–DC–AC flying capacitor converter fed from single-phase. PhD. thesis. Warsaw University of Technology, Warsaw, Poland.

7. Sędłak, M., Styński, S., Kaźmierkowski, M.P., and Malinowski, M. (2012) Three-level four-leg flying capacitor converter for renewable energy sources. *Electrical Review*, **R.88** (12a), 6–11.

8. Enjeti, P. and Rahman, A. (1990) A new single phase to three phase converter with active input current shaping for low cost AC motor drives. Industry Applications Society Annual Meeting, 1990, Conference Record of the 1990 IEEE, October 7–12, 1990, Vol. 2, No. 4, pp. 935–942.

9. Jacobina, C.B., de Rossiter Correa, M.B., da Silva, E.R.C., and Lima, A.M.N. (1999) Induction motor drive system for low-power applications. *IEEE Transactions on Industry Applications*, **35** (1), 52–61.

10. Blaabjerg, F., Neacsu, D., and Pedersen, J. (1999) Adaptive SVM to compensate DC-link voltage ripple for four-switch three-phase voltage-source inverters. *IEEE Transactions on Power Electronics*, **14**, 743–752.

11. Nabae, A., Takahashi, I., and Akagi, H. (1981) A new neutral-point-clamped PWM inverter. *IEEE Transactions on Industry Applications*, **IA-17** (5), 518–523.

12. Bor-Ren, L. and Ta-Chang, W. (2004) Space vector modulation strategy for an eight-switch three-phase NPC converter. *IEEE Transactions on Aerospace and Electronic Systems*, **40** (2), 553–566.

13. Teodorescu, R., Liserre, M., and Rodríguez, P. (2011) *Grid Converters for Photovoltaic and Wind Power Systems*, John Wiley & Sons, Ltd-IEEE Press, p. 416.

14. Teichmann, R., Malinowski, M., and Bernet, S. (2005) Evaluation of three-level rectifiers for low-voltage utility applications. *IEEE Transactions on Industrial Electronics*, **52** (2), 471–481.

15. Malinowski, M. (2001) Sensorless control strategies for three–phase PWM rectifiers. PhD thesis. Warsaw University of Technology, Warsaw, Poland.

16. Jasinski, M. (2005) Direct power and torque control of AC–DC–AC converter–fed induction motor drives. PhD thesis. Warsaw University of Technology, Warsaw, Poland.

17. Carlsson, A. (1998) The back-to-back converter control and design. PhD thesis. Lund Institute of Technology, Lund.

18. Moran, L., Ziogas, P.D., and Joos, G. (1992) Design aspects of synchronous PWM rectifier-inverter systems under unbalanced input voltage conditions. *IEEE Transactions on Industry Applications*, **28** (6), 1286–1293.

19. Winkelnkemper, M. and Bernet, S. (2003) Design and optimalization of the DC-link capacitor of PWM voltage source inverter with active frontend for low-voltage drives. Proceedings of the EPE 2003 Conference.

20. Malesani, L., Rossetto, L., Tenti, P., and Tomasin, P. (1993) AC/DC/AC PWM converter with minimum energy storage in the dc link. Applied Power Electronics Conference and Exposition, 1993. APEC'93. Conference Proceedings 1993, Eighth Annual, March 7–11, 1993, pp. 306–311.

21. Fazel, S.S., Bernet, S., Krug, D., and Jalili, K. (2007) Design and comparison of 4-kV neutral-point-clamped, flying-capacitor, and series-connected H-bridge multilevel converters. *IEEE Transactions on Industrial Electronics*, **43** (4), 1032–1040.

22. IEEE Std 519–1992. (1993) IEEE Recommended Practices and Requirements for Harmonic Control in Electrical Power Systems.

23. Bernet, S., Ponnaluri, S., and Teichmann, R. (2002) Design and loss comparison of matrix converters and voltage source converters for modern ac-drives. Transactions of Industrial Electronics Society, Special Edition Matrix Converters.

24. Jalili, K. (2009) Investigation of control concepts for high-speed induction machine drives and grid side PWM voltage source converters. PhD thesis. Dresden University of Technology.

25. Jalili, K. and Bernet, S. (2009) Design of LCL filters of active-front-end two-level voltage-source converter. *IEEE Transactions on Industrial Electronics*, **56** (5), 1674–1689.

26. Liserre, M., Blaabjerg, F., and Hansen, S. (2001) Design and control of an LCL-filter based three-phase active rectifier. Industry Applications Conference, 2001. Thirty-Sixth IAS Annual Meeting. Conference Record of the 2001 IEEE, September 30–October 4, 2001, Vol. 1, pp. 299–307.

27. Holmes, D.G. and Lipo, T.A. (2003) *Pulse Width Modulation for Power Converters, Principles and Practice*, John Wiley & Sons, New York.

28. Rodriguez, J. (2005) Tutorial on multilevel converters. Proceedings of International Conference PELINCEC 2005, October 2005.

29. Holmes, D.G. (1996) The significance of zero space vector placement for carrier–based pwm schemes. *IEEE Transactions on Industry Applications*, **32** (5), 1122–1129.

30. Jenni, F. and Wueest, D. (1993) The optimization parameters of space vector modulation. Proceedings of EPE 1993, September 1993, pp. 376–381.

31. Marchesoni, M. and Tenca, P. (2002) Diode-clamped multilevel converters: a practicable way to balance DC-link voltages. *IEEE Transactions on Industrial Electronics*, **49** (4), 752–765.

32. Pou, J., Zaragoza, J., Ceballos, S. *et al.* (2007) Optimal voltage-balancing compensator in the modulation of a neutral-point-clamped converter. Proceedings of IEEE International Symposium on Industrial Electronics, June 2007, pp. 719–724.

33. Kolomyjski, W. (2009) Modulation strategies for three-level pwm converter-fed induction machine drives. PhD dissertation. Warsaw University of Technology, Warsaw, Poland.
34. Leon, J., Portillo, R., Vazquez, S. *et al.* (2008) Simple unified approach to develop a time-domain modulation strategy for single-phase multilevel converters. *IEEE Transactions on Industrial Electronics*, **55**, 3239–3248.
35. Jacobina, C., da Silva, E., Lima, A., and Ribeiro, R. (1995) Vector and scalar control of a four switch three phase inverter. Industry Applications Conference, 1995. Thirtieth IAS Annual Meeting, IAS'95, Conference Record of the 1995 IEEE, Vol. 3, pp. 2422–2429.
36. Jeong, S.-G. and Park, M.-.H. (1991) The analysis and compensation of dead-time effects in pwm inverters. *IEEE Transactions on Industrial Electronics*, **38** (2), 108–114.
37. Ben-Brahim, L. (2004) On the compensation of dead time and zero-current crossing for a pwm–inverter–controlled ac servo drive. *IEEE Transactions on Industrial Electronics*, **51** (5), 1113–1118.
38. Dongsheng, Z. and Rouaud, D.G. (1999) Dead-time effect and compensations of three-level neutral point clamp inverters for high-performance drive applications. *IEEE Transactions on Power Electronics*, **14** (4), 782–788.
39. Leggate, D. and Kerkman, R.J. (1997) Pulse-based dead-time compensator for pwm voltage inverters. *IEEE Transactions on Industrial Electronics*, **44** (2), 191–197.
40. Oliveira, A.C., Jacobina, C.B., and Lima, A.M.N. (2007) Improved dead-time compensation for sinusoidal pwm inverters operating at high switching frequencies. *IEEE Transactions on Industrial Electronics*, **54** (4), 2295–2304.
41. Minshull, S.R., Bingham, C.M., Stone, D.A., and Foster, M.P. (2010) Compensation of nonlinearities in diode-clamped multilevel converters. *IEEE Transactions on Industrial Electronics*, **57**, 2651–2658.
42. Kazmierkowski, M.P., Krishnan, R., and Blaabjerg, F. (2002) *Control in Power Electronics*, Academic Press, p. 579.
43. Wu, R., Dewan, S.B., and Slemon, G.R. (1990) A PWM AC-to-DC converter with fixed switching frequency. *IEEE Transactions on Industry Applications*, **26** (5), 880–885.
44. Zhou, D. and Rouaud, D. (1999) Regulation and design issues of a PWM three-phase rectifier. Proceedings of the 25th Annual Conference IECON'99, Vol. 1, pp. 485–489.
45. Manninen, V. (1995) Application of direct torque control modulation technology to a line converter. Proceedings of the EPE 1995 Conference, pp. 1.292–1.296.
46. Blaschke, F. (1971) A new method for the structural decoupling of A.C. induction machines. Proceedings of the Conference Record IFAC, Duesseldorf, Germany, October 1971, pp. 1–15.
47. Zelechowski, M. (2005) Space vector modulated-direct torque controlled (dtc-svm) inverter-fed induction motor drive. PhD dissertation. Warsaw University of Technology, Warsaw, Poland.
48. Kazmierkowski, M.P. and Tunia, H. (1994) *Automatic Control of Converter–Fed Drives*, Elsevier, Amsterdam, London, New York, Tokyo, PWN Warszawa.
49. Levine, W.S. (2000) *Control System Fundamentals*, CRC Press.
50. Liserre, M. (2001) Innovative control techniques of power converters for industrial automation. PhD thesis. Politecnico di Bari, Italy.
51. Blasko, V. and Kaura, V. (1997) A new mathematical model and control of a tree-phase AC-DC voltage source converter. *IEEE Transactions on Power Electronics*, **12** (1), 116–123.
52. Malinowski, M., Jasinski, M. and Kaźmierkowski, M.P. (2004) Simple Direct Power Control of Three-Phase PWM Rectifier Using Space-Vector Modulation (DPC-SVM). *IEEE Transaction on Industrial Electronics*, **51** (2), 447–454.
53. Wilamowski, B.M. and Irwin, J.D. (2011) *The Industrial Electronics Handbook – Power Electronic and Motor Drives*, 2nd edn, CRC Press, Boca Raton, FL, London, New York.
54. Chien, W.S. and Tzou, Y.-Y. (1998) Analysis and design on the reduction of DC-link electrolytic capacitor for AC/DC/AC converter applied to AC motor drives. Power Electronics Specialists Conference, 1998. PESC 98 Record. 29th Annual IEEE Volume 1, May 17–22, 1998, pp. 275–279.
55. Gu, B.G. and Nam, K. (2002) A DC-link capacitor minimization method through direct capacitor current control. Industry Applications Conference, 2002. 37th IAS Annual Meeting. Conference Record of the Volume 2, October 13–18, 2002, pp. 811–817.
56. Liao, J.C. and Yen, S.N. (2000) A novel instantaneous power control strategy and analytic model for integrated rectifier/inverter systems. *IEEE Transactions on Power Electronics*, **15** (6), 996–1006.
57. EPCOS (0000) Aluminium Electrolic Capacitors – Applications, DataSheet, www.epcos.com (accessed 18 December 2013).
58. EPCOS (0000) Aluminium Electrolic Capacitors – General Technical Information, DataSheet, www.epcos.com (accessed 18 December 2013).
59. Sobczuk, D.L. (1999) Application of ANN for control of PWM inverter fed induction motor drives. PhD thesis. Warsaw University of Technology, Warszawa.
60. Jasinski, M., Rafal, K., Bobrowska-Rafal, M., and Piasecki, S. (2011) Grid interfacing of distributed energy sources by three-level BtB NPC converter under distorted grid voltage. 2011 Workshop on Predictive Control of Electrical Drives and Power Electronics (PRECEDE), October 14–15, 2011, pp. 30–35.

第 12 章 多电飞机中的电力电子学

Kaushik Rajashekara

美国得克萨斯大学达拉斯分校电气工程系

12.1 简介

据估计，世界上超过20%的CO_2排放量是由于整个交通运输业造成的。根据联合国政府间气候变化专门委员会统计，全球航空业造成的CO_2排放占人类活动全球CO_2总排放的2%[1]。这个数据考虑了全球所有航空业造成的排放，包括商业航空和军用航空。其中全球商业航空，包括货物运输在内，占比超过80%。如果将氮氧化合物和水蒸气的排放也考虑进去，全球航空业的排放量将从2%上升到3%。根据美国环境保护署的数据统计，美国国内的航空业贡献了美国CO_2总体排放的3%。虽然航空业是导致全球变暖的气体排放中一个相对较小的来源，但是不容忽视，这是因为航空属于高空排放，其对环境造成的危害大于其排放比例。

欧洲的航空研究咨询委员会已经设定了航空运输业要在2020年之前达到的几个大目标[2]。其中包括通过大幅度削减耗油量使CO_2排放量减少50%、NO_x排放减少80%、外部噪声减少50%，以及建立一个包括设计、制造、维护和废弃物回收处理的绿色产品生命周期。国际民航组织也设定了两大目标：一是在2050年前，平均每年提高2%的燃油效率；二是控制2020年后国际航空业的全球净碳排放不再增长[3]。因此，航空业面临着与汽车工业同样的挑战，即改善排放与节约燃料。另外一个相似的趋势是采用电气系统取代机械和气动系统，从而过渡到"多电"的结构体系中来。

为了迎接面临的挑战，汽车工业将纯电动及混合动力汽车技术研发及其商业化列为行业发展的重心。而对于航空业来说，发展飞机的多电结构体系代表了类似的新趋势。其目标是将尽可能多的飞机负载电气化从而得到一个控制更加简单/运行更加高效的飞机系统，因此可以节省耗油量，减少气体排放，节约维护费用从而可能降低成本。飞机负载电气化的典型应用包括电气化环境控制系统、电动作动器和电动除冰系统。而目前正在研究发动机系统的电驱起动功能以及相关附件齿轮箱中所有气动与液压单元的电气化。

民用和军用飞机的电气化应用需求在逐年增长[4-6]。图12.1显示了民用飞机市场电气化的快速增长需求。虽然还无法准确预测未来市场的发展趋势，但估计电能需求会发展到大约10kW/乘客的要求，这与现有应用相比有了显著的增加。为了满足这些要求，航空业正在对机载发电与配电设计从系统级别进行重新评估。考虑到以下几点原因，飞机上电气化负载需求会有显著增长：

- 使用电动作动器和电动起落架引起的电负载的增加。
- 提供更加丰富的机内娱乐设施。
- 信息化与电气化的环境控制系统以提供更加舒适的客舱环境。
- 提高机翼防冻能力的电动除冰系统。
- 电气化飞行控制以及其他电气化负载。

新一代波音787和空中客车380客机，都采用了很多新的电气化技术，例如波音787不使用

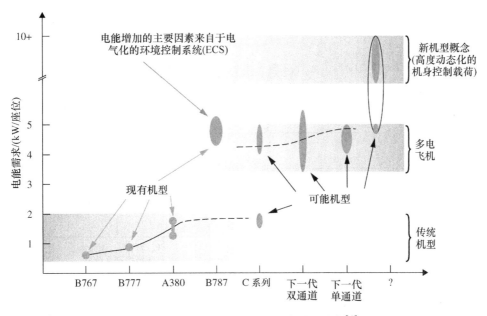

图 12.1　民用飞机市场电力需求增长趋势[4]

发动机引气的环境控制系统。要满足这些新的负载需求，机载发电机功率需要大幅提高。例如，波音 787 的每一个主发动机都可以驱动两个额定功率为 250kVA 的发电机，从而产生 500kVA 的总功率。而未来飞机的用电需求估计会将这个数字提高到 500kVA 以上。表 12.1 列出了一些典型机型的机载发电功率。

表 12.1　典型机型的发电功率[6]

B717	2×40 kVA
B737NG	2×90 kVA
B767 – 400	2×120kVA
B777	2×120kVA 和 2×20kVA 备用
A340	4×90kVA
B747 – X	4×120kVA
A380	4×150kVA 和 2×120kVA APU
B787	4×250kVA 和 2×225kVA APU

12.2　多电飞机

如图 12.2 中所示，在传统的飞机设计中，喷气式发动机产生推力之外还会分别为机载气动、液压和电气系统提供能量。气动系统用于机舱自身的气压与温度控制，还提供主发动机的起动功能以及机翼的除冰功能。液压系统主要用于飞行控制的作动器单元。电气系统用来为所有的机载电气负载提供电源，包括机载计算机系统以及综合航电系统。此外，发动机还需要驱动安装在齿轮箱上的辅件单元，例如燃料泵、油泵和液压泵。如图 12.3 所示，在一个多电飞机系统中，喷气式发动机需要进行优化以产生推力和电力。同一个电机可以设计先作为电动机实现发动机起动功能，然后再作为发电机产生电力。包括除冰系统和环境控制系统在内的大部分负载都实现电气化。燃料泵、液压泵和油泵也均由电动机驱动。

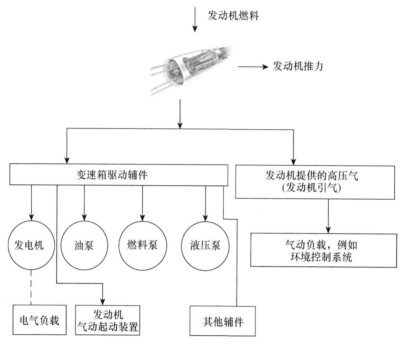

图 12.2 传统的飞机系统

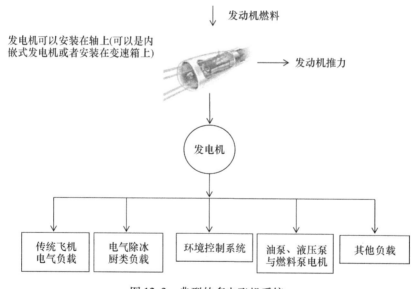

图 12.3 典型的多电飞机系统

多电飞机具有以下优点[5, 6]：

● 变频发电系统的引入，发动机从高压涡轮轴到低压涡轮轴都允许发电，提高了整个飞行过程的供电能力，也增强了发动机本身的可操作性。

● 供电能力的提高，允许更加复杂的机载娱乐系统以及更加舒适的座椅体验等相关功能。

● 供电能力的提高更易于飞机的认证与商业化。

● 由于电气化提升了系统性能的可观性与可预见性，飞机的可靠性与可维护性得到提高。

- 电气化提高了系统的监测与预警能力，从而缩短了飞机的故障时间。
- 飞机电气化后不再需要从发动机引气提供能源，发动机整体性能得到提升。
- 电气化有可能不再需要发动机的辅件齿轮箱，从而降低飞机的复杂性与重量。
- 整体性能的加强可以降低耗油量与节能。
- 飞机电气化后可以淘汰传统飞机大量气动与液压系统所需要的高温管道和易燃液体。
- 电气化可以降低飞机维护与地面服务的需求。

多电系统架构及其子系统与设备的发展受到了飞机制造商、设备供应商和军方用户的高度关注。推动该技术发展的主要原因，是可以用电气系统取代飞机中绝大多数气动和液压系统。空中客车 380（简称空客 380）和波音 787 投入市场后的成功应用更加坚定了人们采纳该技术的决心。多电飞机架构为整个飞机带来了显著的系统总体效益，提升了燃油效率，减少了环境排放并加强了可靠性。同时，多电飞机概念还对飞机电力系统的发电、变换和配电环节提出了更高的需求。由于技术的持续发展，多电飞机在不断优化与改进系统性能方面还有很大的提升空间。多电飞机概念已普遍被认为代表了航空业的未来技术。空客 380 和波音 787 均采用了多电技术，并实现了机载电力系统中许多电力电子技术的应用。

12.2.1　空客 380 电气系统

空客 380 第一次在大型民用飞机上采用了基于变频（VF）发电技术的多电飞机系统架构[6-8]。空客 380 电气系统包含以下部分：

- 主发电系统带有 4 个 150kVA 的变频主发电机（370~770Hz）。
- 辅助供电系统带有 2 个恒频（CF）的辅助动力装置（APU）发电机（额定频率 400Hz）。
- 应急电源系统带有 1 个 70kVA 冲压空气涡轮（RAT）发电机。
- 提供 4 个外接电源接口（400Hz）用于连接地面供电系统。

图 12.4 给出了空客 380 电气系统的主要组成部分。每个 150kVA 交流主发电机由相连的主发动机所驱动。2 个 APU 发电机由它们相应的 APU 驱动。主发电机分别为相应的主交流母线提供电力。由于发电机的输出频率由驱动发动机旋转速度决定，因此不同的交流母线不能直接连接。每个发电机的输出电压由对应的发电机励磁控制装置（GCU）控制。主交流母线同样可以接受来自地面的电源输入用于维修和地面服务支持。

图 12.5 给出了空客 380 功率变换与储能系统的主要特征。AC1~AC4 是 4 个主发电机的输出交流母线，分别由 4 个主发动机驱动。储能电池通过 3 个电池充电调节单元（BCRU）控制，然后再通过可控的变压整流器单元（TRU）连接到交流母线。交流母线同样为机上厨类负载提供电力。而直流系统则为飞机上的控制类电气负荷们机载计算机，以及模块化航电系统提供不间断电源，以保证系统在母线切换过程中不会出现电力中断。

第一架空客 380 的首航发生于 2005 年 4 月 27 日。这架飞机配备型号为 Trent 900 的罗尔斯·罗伊斯发动机，从法国图卢兹布拉涅克国际机场起飞，飞机机组人员共 6 人，在飞行了 3h 54min 后成功着陆。目前空客 380 已按计划交付不同航空公司开始运营。

12.2.2　波音 787 电气系统

波音 787 是目前采用多电飞机技术最多的机型[6,9,10]。图 12.6a 和 b 为其电力系统架构。主要由以下几部分构成：

- 每个主发动机驱动两个 250kVA 起动/发电机，形成 500kVA 的发电能力。
- 配有两个 225kVA 的 APU 起动/发电机，由 APU 发动机驱动。

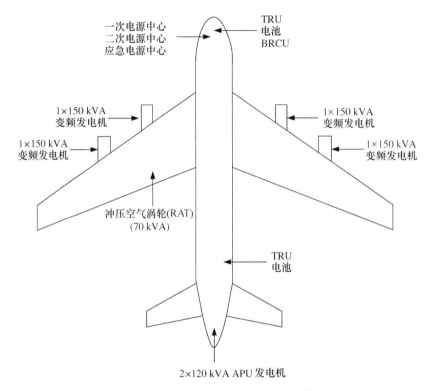

图 12.4　空客 380 的电力系统组成[6]

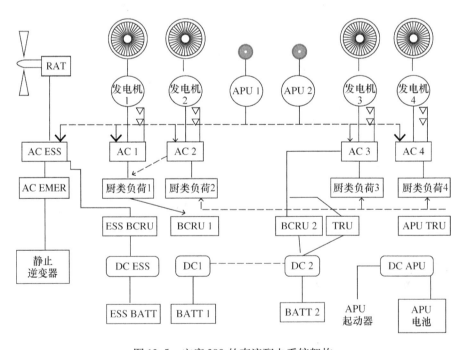

图 12.5　空客 380 的直流配电系统架构

- 将传统的三相 115 V 交流 400 Hz 的恒频发电系统升级为三相 230 V 交流变频（380 ~ 760 Hz）发电系统，并通过电压等级的提升降低配电系统的电缆损耗。

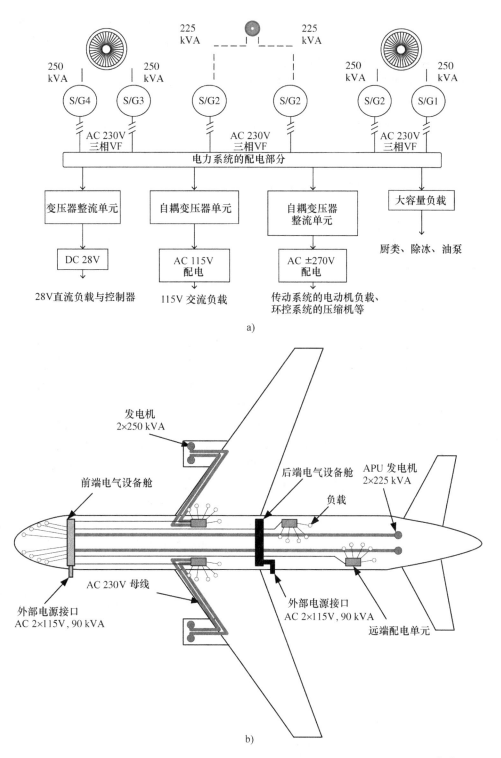

图 12.6　a) 波音 787 配电系统结构；b) 波音 787 配电系统分布（物理位置）[10]

主发动机和 APU 的联合最大发电功率为 1450kVA。系统主要为 230V 交流负载提供电力，同时继续提供三相 115V 交流和 28V 直流电力，以保证飞机负载中需要传统电源的设备可以延续使用。由于不再使用发动机引气为机身供能，环境控制系统、机舱增压系统、机翼防冰系统和其他传统气动子系统都全部改由电气驱动。发动机的引气只局限于将低压风机气动能量应用于发动机整流罩的防冰功能。主要的电气负载包括：

- 环境控制与机舱增压系统，其中机舱增压共使用了 4 台电驱方式的压缩机。
- 货舱的电加热功能。
- 4 个 100kVA 电动机泵，应用于需要大功率电动机控制的冷却系统及厨房冰箱。
- 机翼除冰功能，功率要求在百千伏安级别。
- 飞行控制系统。
- 4 个 88hp（约 65621.6W）的电动机驱动泵。
- 电力制动系统。
- 电力驱动控制的起落架。

波音 787 的首航始于 2009 年 12 月 15 日，飞行试验在 2011 年中期完成，并于 2011 年 10 月 26 日开始商业化应用。

12.3 多电发动机

与发动机一体化的嵌入式发电系统以及电动机驱动泵类负载的应用，促进了多电发动机（More Electric Engine，MEE）系统的发展[11-13]。多电发动机采用电气系统取代了传统的液压、气动和润滑系统，这种改变使得发动机本身重量降低、效率提高以及总体性能得到提升，同时具备更高的可靠性与更低的成本，并因此可以更加方便地与飞机其他系统进行集成。

图 12.7 给出了一个典型的多电发动机系统。一个具有起动/发电机功能的整体驱动发电机安装在双转子发动机的高压（High-Pressure，HP）涡轮传动轴上，另外一个发电机安装在发动机的低压（Low-Pressure，LP）涡轮传动轴上。同时，油泵、燃料泵和液压泵均由它们相应的电动机所驱动。低压轴和高压轴上安装的发电机可以选择传统的绕线转子同步电机、永磁同步电机或开关磁阻电机。泵类负载的驱动电动机可以是永磁无刷直流电动机或者感应电动机。这些电动机均由脉宽调制（PWM）逆变器驱动控制。航电系统的全权限数字式电子控制器（Full Authority Digital Electronic Controller，FADEC）和其他飞行控制需要的 28V 直流电，则通过一个 DC-DC 变

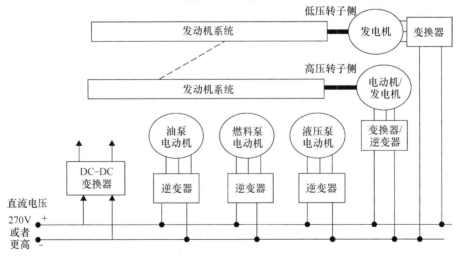

图 12.7 多电发动机系统

换器由 270V 直流电源转换获得。而 270V 直流电源还可以由飞机的 APU 或者电池产生。当发动机在地面进行起动时，所需的 270V 直流电源还可以直接从地面上的 APU 进行转换获得。

12.3.1　功率优化飞机

功率优化飞机（Power Optimized Aircraft，POA）是一项被欧洲基金所支持的有关多电发动机（MEE）的技术示范项目[14-16]。POA 项目开始于 2002 年，目标是研究如何通过系统集成设计，以提高飞机的总体效率，并确认飞机层面的定性分析方法与定量验证示范。通过发掘下一代飞机发电系统及设备的设计潜力，降低目前发动机需要分担的非推力能耗比例。POA 系统的特点如图 12.8 所示，包括以下几个方面：

- 去除了外部齿轮箱。
- 电传驱动燃料泵。
- 电驱叶片作动方式。
- 高压轴侧一体化的起动/发电机。
- 低压扇轴驱动发电机。
- 一体化电力系统。
- 电力电子设备的机载轻量化。
- 低压轴侧免滑油系统的磁悬浮轴承。

2008 年，POA 发动机在起动和发电模式下均实验成功，并开展了一系列多电发动机的相关测试。尽管大部分目标都已达到，但要减少 5% 的飞机总体装备质量和燃油损耗目前看来还有些困难。如果要设计一套完整可行的多电发动机，目前的一体化发电方法仍需重大突破。POA 项目为认识多电飞机系统设计的复杂程度提供了非常有价值的经验，并且为未来的研究和发展指明了方向。

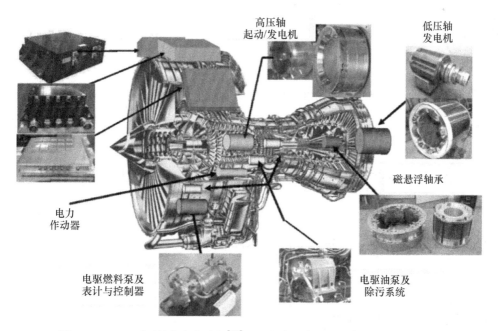

图 12.8　POA 项目的多电发动机[16]（已征得罗尔斯·罗伊斯同意后转载）

12.4 发电系统策略

从喷气机时代开始，飞机系统变得越来越复杂，需要操作一系列庞大数量的电子设备[17-19]。现代军用飞机装备着性能强大的雷达、传感器、武器系统和复杂的驾驶舱显示器，需要使用大量电能来操作。商用飞机则需要为环境系统、厨房设备、驾驶舱显示器、通信系统、气象雷达、飞行仪器以及机载娱乐系统提供电能。因此，飞机电气系统的主要功能是为整个飞机提供电力的产生、转化与分配功能，并最终为所有的电气负荷提供电能。过去，飞机上仅使用小型发电机提供以 28V 为主的直流电源来满足电能需求。未来航空业的趋势是以波音 787 为代表，通过直流与变频交流的多种电压等级来运行许多不同类型的电气设备。但是，目前大部分飞机系统仍在沿用 115V/400Hz 的恒频交流或者 28V 的直流系统。

飞机上配备有多套发电系统，包括主发电系统和冗余设计的备用发电系统，以满足在紧急情况下为关键设备提供电力保障。主电力供应通常由喷射发动机驱动的交流发电机提供。商用和许多军用飞机都配备有 APU，其本身实际上是一个作为附加电源使用的小型喷射发动机。许多飞机还携带有 RAT，在紧急情况下可以用作应急电源。如果主发动机和 APU 都出现故障，RAT 将被起动。RAT 的作用是维持飞机关键系统一直运行到飞机安全着陆。图 12.9 给出了目前正在研究中的不同类型飞机发电系统的架构[6]。

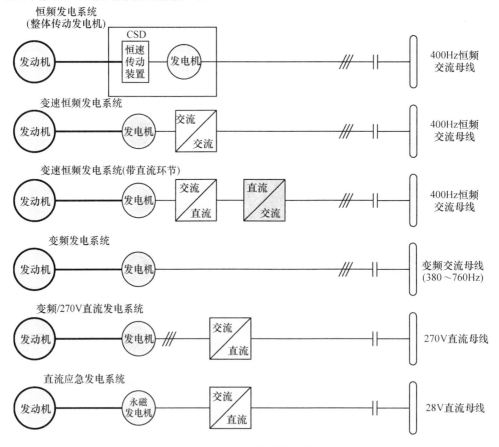

图 12.9 电气系统的发电架构

- 基于整体传动发电机（Integrated Drive Generator，IDG）的 115V/400Hz 三相恒频交流发电系统。
- 基于周波变换器的变速恒频发电系统。
- 基于直流中间环节的变速恒频发电系统。
- 三相 115V 和 230V 的变频发电系统（380~760Hz）。
- 基于 115V 变频发电的 270V 直流母线。
- 基于永磁发电机（Permanent Magnet Generator，PMG）的高可靠性 28V 应急电源直流发电系统。

液压机械恒速传动装置（Constant Speed Drive，CSD）与发电机组成的整体传动发电机（IDG）目前还广泛应用于大多数民用飞机中。CSD 等效于一个可调速齿轮箱，可以工作在发动机从最大功率运行到地面空载运行的全部工作速度范围（2∶1）内，将驱动发电机稳定在固定速度范围内以提供稳定的 400Hz 交流电输出（误差小于 10Hz）。由于其原理是基于液压机械 CSD，因此需要根据油路的清洁程度与消耗水平进行正常的维护才能可靠运行，维护工作量大。

采用变速发电机时，发电机可以连接带有直流中间环节的变换器或者周波变换器，通过功率变换提供 115V/400Hz 的恒频交流输出。采用直流中间环节时，发电机的变频电压先通过 AC - DC 变换器转换为中间环节直流，然后再通过逆变器转换为三相 115V/400Hz 的交流。这种 AC - DC 变换器已经应用于波音 737、麦道 MD - 90 和波音 777 飞机中。周波变换器可以直接将发电机变频电压转换为恒频的交流输出。周波变换器的输入侧一般是超过 3000Hz 基频的六相绕组发电机电压，通过功率半导体器件 IGBT 在各相间的切换与导通，在输出侧调制形成 400Hz 的恒频输出。周波变换器已应用于美国军用飞机如 F - 18、U - 2 和 F - 117 隐形战斗机中。但目前为止还没有在民用飞机中得到应用，这是因为其拓扑结构需要太多开关器件而造成控制过于复杂。

由于飞机上空间有限并且飞机重量将直接影响发动机推力和燃料性能（一般采用单位载荷对应的里程与发动机功率来表示），三相 115V/400Hz 发电系统一直是飞机上采用的主供电电源。同地面通常应用的 60Hz 公共电力系统相比，系统的体积与重量都会显著降低。在诸如空客 380 和波音 787 的多电飞机应用中，发电机输出频率允许在 380~760Hz 之间变化，而不是恒频 400Hz，因此发动机可以在整个 2∶1 的飞行速度范围内提供电力。变频供电系统的频率变化有可能会对飞机上交流电机一类的频率敏感负荷造成影响。解决方法是将变频交流先变换为 270V 直流，然后再变换回交流变频电源用来控制环境控制系统的压缩机电动机和风扇、电驱液压泵、制氮系统等。该电能变换电路还可以用来起动发动机。变频发电系统已广泛应用于公务机机型，因为其传统的双路 28V 电源结构中 28V/12kW 的功率上限已经不能满足公务机的用电需求。例如"环球快车"公务机首次设计就采纳了变频发电系统方案。

表 12.2 总结了不同机型发电系统的类型[6,7]。可以看到，由于安全性设计更加复杂以及飞行控制与机载娱乐系统的发展，机载发电容量的需求正在逐渐增加。但需要注意的是多种发电方式的引入，对于新机型设计中的系统集成问题提出了挑战。功率变流器与新增电气负荷增加了机舱内的散热需求并加重了环境控制系统的负担。此外，功率开关器件所产生的电磁干扰（EMI）对其他电子设备的运行造成很大影响，必须在总体架构级别通过研究对比不同系统方案加以解决。同样的，变频发电方案的采用使得电动机负荷控制、功率变换分配以及故障保护要求都变得更加复杂。由于传统的断路器无法应用于高压直流母线，美国军方已经开始了 270V 直流保护装置产品系列的研发。

目前大多数民用和军用飞机均采用绕线转子同步发电机。开关磁阻电机和永磁发电机只在少数军用飞机上被采纳过。绕线转子同步发电机的优点主要包括：

- 属于在航空业应用多年的成熟技术。

- 通过励磁对定子电压进行控制非常简单。
- 相关电力电子应用与控制技术易于实现。
- 性能可靠。

表 12.2　民用和军用飞机电力系统的近期发展

发电及类型	民用		军用
整体传动发电/恒频	B777	$2 \times 120\,kVA$	
（AC 115V/400Hz）	A340	$4 \times 90\,kVA$	
	B737NG	$2 \times 90\,kVA$	
	MD – 12	$4 \times 120\,kVA$	欧式战斗机 Typhoon
	B747 – X	$4 \times 120\,kVA$	
	B717	$2 \times 40\,kVA$	
	B767 – 400	$2 \times 120\,kVA$	
变速恒频（周波变换器）			F – 18C/D $2 \times 40/45\,kVA$
（AC 115V/400Hz）			F – 18E/F $2 \times 60/65\,kVA$
变速恒频（带中间直流环节）	B777	$2 \times 20\,kVA$	
（AC 115V/400Hz）	MD – 90	$2 \times 75\,kVA$	
变频发电	环球快车	$4 \times 40\,kVA$	波音 JSF $2 \times 50\,kVA$
（AC 115V/380 ~ 760Hz 典型）	地平线	$2 \times 20/25\,kVA$	（X – 32A/B/C）
	A380	$4 \times 150\,kVA$	
变频发电	B787	$4 \times 250\,kVA$	F – 22 猛龙 $2 \times 70\,kVA$
AC 230V			洛克希德·马丁 F – 35
DC 270V			研发中

绕线转子同步发电机的缺点主要包括：

- 和其他电机相比，具有较小的转矩惯量比，因此功率密度偏低。
- 和其他交流电机相比，效率偏低。
- 电动运行模式需要独立的磁场和电枢电压控制。
- 如果采用转子直接励磁，则需要电刷，或者采用旋转电枢设计，则需要集电环。

永磁电机的特点是运行可以不需要换向器或者集电环，而且电机性能受漏感与低功率因数运行影响不大。永磁电机可以采用以下几种不同配置结构：

- 传统的内转子配置。
- 外转子配置，转子位于定子的外径上。
- 轴向气隙配置，该气隙并非传统的柱面结构。
- 径向气隙配置，采用盘状结构并且定子从轴向取代转子位置。

尽管内置式永磁转子结构已被广泛采用，但其他结构由于其具备独特几何特性也都有自身优点。除了可以设计多种转子几何结构，电机的永磁材料也有不同选择，包括采用不同转子极对数与定子槽数的组合方式。永磁电机最可取的优点是它较高的效率、较小的体积与重量以及低噪声的设计潜力。但要发挥这些优势往往需要提高成本，并要面对可靠性与耐久性变差的问题。永磁转子在高温或者过电流时还有可能出现腐蚀与退磁现象，最终造成电机功能失效。

飞机发电系统的一个关键设计要求是要满足一定程度的容错性，即发电机或者相关变换器在单点故障下仍然能够以额定功率或者接近额定功率继续运行。一种实现容错的方法是在设计上将各相绕组从空间、电磁与电气上隔离。例如对于三相或者更高相的发电系统，每一相都分别连接到单相逆变器/变流器。这样当其中一相发生故障时，将不会影响到其他相的正常工作。此外，每一相绕组的自感可以按照额定标幺值设计以控制最大短路电流不超过额定值。还有可以采用多相（>4）设计思路，发电机在单相故障时仍然可以提供有效功率。所有这些方法都需要平衡考虑相数增加后有可能带来更多故障。这些设计思路结合永磁电机高功率密度的特点，使得高容错性永磁电机非常适合安全至上的应用场合。许多研究已经报道了在一体化飞机发电系统中应用五相容错永磁电机的可能性[20]。

飞机发动机一体化起动/发电机以及其他应用的另外一种选择是研究采用开关磁阻电机，以替代绕线转子同步电机[21]。其优点在于高可靠性和容错性。发电机绕组与磁路相互独立且不需要永磁材料的特点提高了可靠性。转子机械上的整体性允许发电机在高速下保持高功率密度的运行特性。由于可以在高温环境下高速运行，因此有可能设计直驱结构而不需要变速箱及相关的液压附件系统。开关磁阻电机因为简单，也成为一个非常低成本与高可靠应用的选择。但是，这类电机通常在运行时噪声非常大并产生更高的转矩脉动，因此效率较低，体积与重量都大于永磁电机；其设计成熟度还无法与异步电机或者永磁电机相比。

由于笼型异步电机工作在发电模式时，电机需要工作在同步速之上，因此异步发电机在飞机上的应用上还没有被普遍接受。另外，异步电机需要考虑设计专门的相关励磁方法。随着功率变流器与控制技术的发展，这些功能都不需要太复杂的设计就可以实现。异步电机比永磁电机具有更好的容错性，作为传动与起动发电机装置，已经在纯电动与混合动力汽车领域有很多成功应用。

12.5　电力电子与功率变换

在飞机电力系统中，发电机类型以及输出电压包括直流、恒频交流或者变频交流。功率变换负责将电能在不同形式之间变换。典型的功率变换设计包括以下几种：

- 直流到交流变换，利用逆变器将 28V 直流变为 115V 单相或者三相交流。
- 115V 交流到 28V 直流变换，该功能通过变压整流器单元（TRU）实现。
- 交流电压幅值变换。
- 电池充电，将 115V 交流变换为 28V 直流为飞机电池提供必要的充电电压。
- 将 270V 直流变换为 115V/400Hz 的三相交流，供机载传统设备使用。

图 12.10 给出了一个典型的具有多种负载类型的功率变换系统。

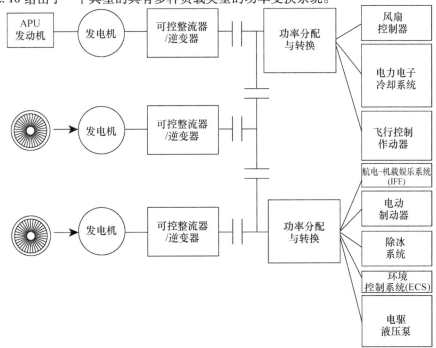

图 12.10　具有各种负载类型的典型功率变换系统

近年来电力电子技术的进步促进了有源可控整流器的发展，使得取代 TRU 成为可能[22, 23]。同时，由于有源整流器可以调节飞机上交流母线的电压，发电系统有可能采用更轻与更小的发动机驱动感应发电机以代替传统的同步发电机，因此在降低发动机重量与体积方面具有明显优势，并且可以对发动机舱进行重新设计以减小最大截面积而降低空气阻力。在图 12.10 中，通过采用有源 PWM 整流器，可以将发电机的变频交流输出变换为可控直流（±270V 直流）。典型结构如图 12.11 所示。在整流模式下，整流器以三相升压斩波器方式将交流变换为直流，其优点是可以将电流和电压谐波控制得很低，功率因数完全可控，并可设置为超前或者滞后，还可以作为一个电压源或者电流源类型的整流器使用。在逆变模式下，同一个功率变流器可以被用作逆变器将直流电压变换为变频变压交流电，从而控制发电机作为电动机来起动发动机。因此，大多数起动/发电机一体化设计都采用了这种结构，即通过将直流电压（电池电压）转换为交流电压来控制发电机作为电动机起动发动机运行。一旦发动机起动并且超过最高反向转矩，发电机转回发电模式工作并产生交流电压输出。如图 12.12 所示，这个交流电通过有源整流器变换为直流电后将为辅助电动机以及飞机上的其他电力负载提供电能。

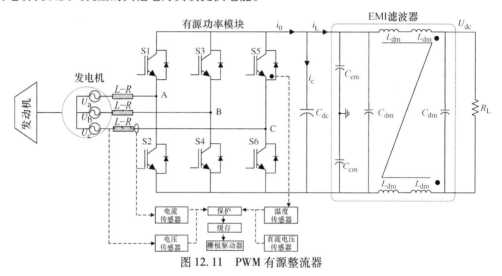

图 12.11　PWM 有源整流器

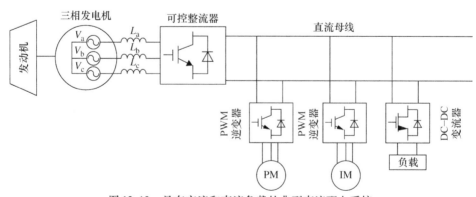

图 12.12　具有交流和直流负载的典型直流配电系统

未来的发展趋势将要求发动机每个轴都输出部分电功率，然后通过母线连接共享。例如罗尔斯·罗伊斯 Trent 1000 的三轴发动机可以驱动 3 个发动机，每个输出分别连接 PWM 整流器。如图 12.13 所示，整流器输出都连接到直流母线。这种结构允许在不同频率和电压的多个发电机之间形成互联集成[17]。

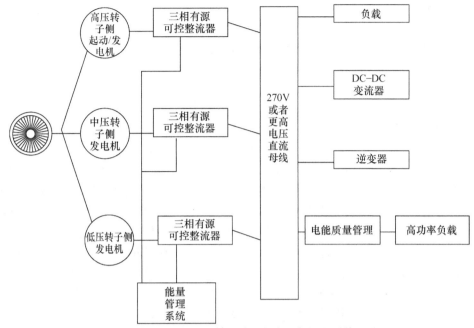

图 12.13　一个三轴发动机的发电与配电系统

虽然电力电子学和电机技术已经取得了长足的进步，但是以下几个方面仍然需要进一步研究，这在多电飞机的应用中尤其重要[18]：

- 克服电磁干扰与电磁兼容，提高电能质量。
- 高温材料与元件、功率器件和无源器件的需求。
- 承受大范围温度变化和高动态热循环能力的功率器件封装。
- 从根本上解决无源器件小型化的新型拓扑结构。
- 降低无源器件的重量与体积，提高了工作频率与高温运行能力。
- 高功率密度和高能量密度元件。
- 航空等级元件的可选性。
- 高容错功率变换拓扑。
- 满足严格振动与温度冲击的长寿命周期元件与系统。

想要达到的主要目标是：

- 更高的电流密度。
- 更高的功率密度：重量和体积必须显著的减少。
- 更高的连接密度。
- 高热导率。
- 更高的可靠性和故障冗余。
- 抵抗恶劣环境的能力。

除了以上内容，电力电子拓扑与电机结构之间也同样需要进行更深入的集成设计。对于多电飞机来说，重量、体积（考虑热管理系统）、可靠性与故障冗余都变得非常重要。除了重量与体积限制，多电飞机应用的工作环境之间也具有显著差别。主要体现在以下几点：

- 高温运行：一些应用由于采用与发动机一体化的发电机，要求电力电子系统在 200 –

250℃的高温环境中运行。这就需要使用具有高温能力的碳化硅和氮化镓功率器件，并且需要采用特殊封装技术的高温无源器件。

● 高空运行：高空环境气压降低，更易导致电晕放电发生。另外，高空飞行会更容易受到宇宙射线的危害，从而造成功率器件的损坏或者误动作。

12.6 配电系统

如图 12.14 和图 12.15 所示，飞机可以选择采用交流配电或者直流配电的方式[22-26]。每一种都有其优点和限制。近年来飞机直流配电方案受到了越来越多的关注。270V 高压直流（High - Voltage DC，HVDC）配电和交流配电相比具有体积与重量的优势，因为供电线路从 3 条减少到了 1 条。由于输送的功率容量在 MW 级别，电缆的尺寸因电流的增加而成为设计瓶颈。为了解决这一问题，飞机配电系统需要考虑采用更高的电压等级。在波音 787 上，这一问题通过采用与基准零电位对称的 ±270V 直流电压（等于 540V 总电压）解决，但是这需要增加一路供电电缆。这种高压直流系统可以更加高效地使用发电机，还有利于共享互连不同的发电机。270V 直流电目前是由变压器整流单元（Transformer Rectifier Unit，TRU）或者自耦变压器整流单元（Autotransformer Rectifier Unit，ATRU），通过连接发动机驱动的发电机输出而获得。但是这些单元对于多电飞机来说太重了，因为多电飞机所需要处理的电能要远远高于传统飞机。直流配电方案非常适用于变频发电系统，因为直接连接同步发电机输出的方法并不可行。图 12.14 给出了一个典型的直流配电系统。采用高效的 DC - DC 变流器与逆变器为航电设备与辅助电动机提供电能。但是，要在飞机上全面应用直流配电系统还需要解决一些问题。直流系统的故障隔离通常需要采用专门设计的笨重直流开关或者断路器来实现，这是因为直流电流没有自然过零点，所以无法在故障状态下实现零电流关断。

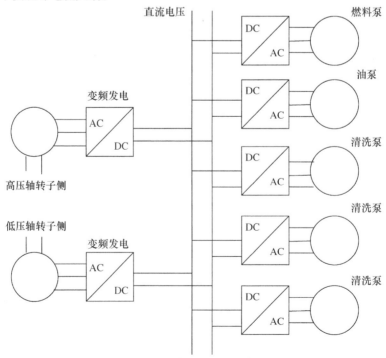

图 12.14　直流配电系统架构

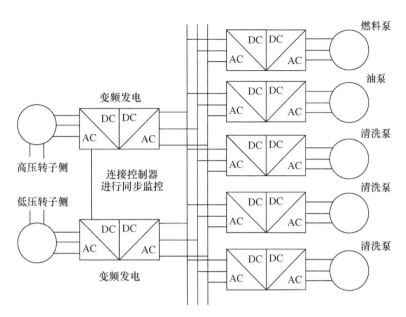

图 12.15　交流配电系统架构

多年以来，飞机上一次配电系统主要采用三相 115V（相电压）/400Hz 交流结构。所有的机场都采用这个电压标准来提供地面设备与飞机直接连接。交流配电的使用允许在很宽的范围内选择接触器、继电器和断路器。由于交流电流拥有自然过零点，因此故障下的隔离比直流配电更加简单容易。

交流配电方式的局限性包括：

• 由于交流电压互连需要满足幅值、相位与频率的同步条件，因此两台交流发电机的输出无法实现简单的直连，即使两台规格相同的发电机以相同的速度运行，其输出电压之间也可能还会有相位差。

• 作动器、电动泵和环境控制系统所采用的电动机几乎全部是交流电动机。为了控制这些电动机的转速和转矩，其输入频率和电压需要在一个很大的范围内变化，因此交流配电的分布式应用需要首先通过电力电子变流器将交流电源转换为直流后，再转换为变频和变压交流电供给负荷。

• 交流配电与系统频率有关，同时配电系统还要考虑系统的无功管理。

• 对于大型负载来说，115V 交流配电系统的供电电缆有可能会很重。例如，机翼除冰保护系统和环境控制系统都需要 115V 交流配电系统提供大电流和较重的供电电缆。

12.6.1　高压运行

不管是交流还是直流配电系统，提高电压都意味着电缆尺寸的减小，因为对于同样的系统功率，系统电流的要求更低[22, 27, 28]。为了最小化 I^2R 损耗和电缆尺寸，地面电力系统总是采用提高电压的运行方式。现有飞机上电力系统的运行规范已经标准化，即 115V 交流，环境条件包括 60000ft（约 18288m）高空上限、−55 ~200℃ 温度区间以及大范围的湿度变化。因此，当升高电压（>270V）运行时，有可能会导致一些新问题的出现。

• 符合航空资格认证，并且能够适应高电压级别（>270V）开关的有源和无源器件，只是在最近几年才进入市场，因此可选择性非常有限；

- 虽然目前已有航空级别的 270V 直流接触器出现，但 270V 电压等级以上的直流接触器及其保护系统在航空的应用技术还非常缺乏；
- 超过 540V 的应用系统配电安全问题还有待研究；
- 由于高空气压偏低，电压增高更加容易导致局部放电从而引起不良的裂纹与破坏性结果。

根据 1889 年以 Friedrich Paschen 而命名的帕刑定律，定义了在均匀电场下空气间隙的击穿电压是气压与间隙宽度的函数。这个定律描述了气体中平行金属板之间的击穿电压是压强和间隙距离的函数。根据他的观察，在间隙之间形成电弧所需要的电压随着压强的减小下降到最低点，然后再缓慢增加，最终超过它的初始值（见图 12.16）。他同样发现了在标准压强下，形成电弧所需要的电压随着距离的减小有着同样的现象。帕邢观察到空气中一个均匀电场中两个导电表面最小的击穿电压可以低至 327V。在实际应用中，这就意味着在大气压下击穿一个 1mm 的间隙需要 5.8kV，而到了 50000ft（约 15240m）的高度，这个电压减小为 1.1kV，因为大气压强在那个高度大概是海平面的 1/10。

功率变换的高频化发展，对传统直流与交流系统中的材料研究提出了新的运行要求。微秒量级的高重复性电磁动态过程，对于电晕放电及绝缘系统的影响目前还没有完全研究清楚；但这对于大量采用 PWM 技术的电气系统至关重要。同交流系统相比，直流系统降低了在同等电流情况下的电缆峰值电压，因此，增大了系统达到电晕放电的电压安全裕度。此外，对于一个电位差假设值为 X 的直流系统，可以采用两根电缆母线传输而形成对地电压分别为 $\pm X/2$ 的结构（例如波音 787），这样可以进一步降低发生电晕的风险。目前电晕的相关研究还在继续发展中。从上面的描述可以清楚地看到，在防止电晕发生这一问题上直流系统比交流系统有着更大的优势，而电力电子变流器的使用是否在一定程度上削弱了这种优势，还有待进一步研究。

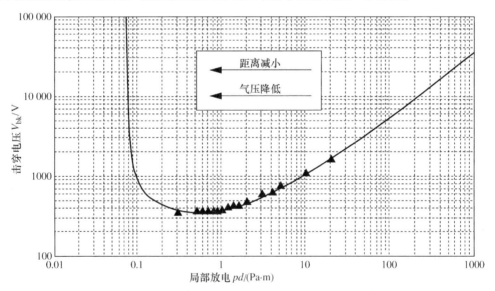

图 12.16　帕邢定律示意图（p 是气压，d 是气隙距离）

提高电压等级并不总是等效于电流容量的减小，因为材料的绝缘厚度是由电压决定的。因此提高电压并不总是意味着系统重量一定会相应减少，而是应该进行降低电流和增加绝缘厚度的方案对比，然后分析决定。通过将多电飞机作为一个整体系统而不是内部分立元件看待，才可以合理地决定系统电压等级以及各个分立元件的相关需求。因此，对于一个给定的机型，研究系统的整体架构，并由此定义每个分立元件的技术要求是非常必要的。

12.7　小结

多电飞机技术还在持续发展中，由于系统在不断的细化与提升，故改进空间很大。多电飞机技术的革新将会用到更小的元件，并促进元件成本的降低与运行效率的提高。多电飞机是未来发展到全电飞机过程中的重要演变环节。全电飞机的变革意味着采用电动机驱动飞机发动机运行，这个目标短期内还很难实现。此外，多电飞机将在两代飞机技术之间起到承上启下的作用，即航空业将淘汰传统的气动和液压系统，转而升级换代为更轻便与更简单的电子化与电气化系统。

在提高系统效率、优化架构与降低尺寸等方面，电力电子技术在多电飞机的发展中起到了重要的作用。在可预见的将来，飞机发电系统最可能的方式依然是通过发动机驱动发电机产生交流电。燃料电池技术开始受到人们的关注，已可以为地面应用提供直流电源，并且比飞机现有的APU 更加安静。但这种技术离军用及商用市场还存在一定的距离。采用混合燃料电池的辅助发电装置包括固体氧化物燃料电池和燃气轮机，该方案已在飞机上进行了相关负载的功率试验，但技术本身仍处在可行性研究阶段。飞机的一次配电系统可以采用交流或者直流方案，每种方案都有其优势与局限性。提高发电与配电系统的电压等级可以降低电缆与负载的重量，具有明显的优点。

多电飞机的主要目标是实现高功率密度、高容量密度、高效率、高可靠性以及抵挡恶劣环境的能力。同时，系统需要电力电子与电机之间形成更加紧凑的集成设计以满足发动机在恶劣环境中的运行要求。除此之外，降低重量和体积对于多电飞机尤为关键。

参 考 文 献

1. Intergovernmental Panel on Climate Change (1999) IPCC Special Report Aviation and the Global Atmosphere, http://www.ipcc.ch/pdf/special-reports/spm/av-en.pdf (accessed 18 December 2013).
2. European Aeronautics: A Vision for 2020 (2001) Meeting Society's Needs and Winning Global Leadership, January 2001, http://www.acare4europe.org/sites/acare4europe.org/files/document/Vision%202020_0.pdf (accessed 18 December 2013).
3. ICAO (International Civil Aviation Organization) Aircraft Engine Emissions, http://www.icao.int/environmental-protection/Pages/aircraft-engine-emissions.aspx (accessed 18 December 2013).
4. McLoughlin, A. (2009) More electric – ready for take-off? European Power Electronics, EPE 2009, Barcelona, Spain.
5. Rosero, J.A., Ortega, J.A., Aldabas, E., and Romeral, L. (2007) Moving Towards a More Electric Aircraft. IEEE A&E Systems Magazine, pp. 3–9.
6. Moir, I. and Seabridge, A. (2008) *Aircraft Systems: Mechanical, Electrical and Avionics Subsystems Integration*, 3rd edn, John Wiley & Sons, Ltd.
7. Moir, I. (1999) More-electric aircraft – system considerations. IEE Colloquium on Electrical Machines and Systems for the More Electric Aircraft (Ref. No. 1999/180).
8. Avionics Today (2001) A380: More Electric Aircraft. Avionics Magazine (Oct. 1, 2001), http://www.aviationtoday.com/av/issue/feature/12874.html (accessed 18 December 2013).
9. Nozari, F. (2005) Boeing 787 no-bleed electrical systems architecture. Electric Platform Conference, April 19, 2005.
10. Sinnett, M. (2007) 787 no-bleed systems: saving fuel & enhancing operational efficiencies. Aero Quarterly, o4/2007.
11. Cloyd, J.S. (1997) A status of the United States Air Force's more electric aircraft initiative. IECEC Proceedings, pp. 681–686.
12. Jones, R.I. (1995) Consideration of all electric (Accessory) engine concept. *Proceedings of the IMechE*, **209**, 273–280.
13. Provost, M.J. (2002) The More Electric Aero-engine: a general overview from an engine manufacturer, *International Conference on Power Electronics, Machines and Drives*, (Conference Publication No. 487), pp. 246–251.

14. Faleiro, L. (2006) Summary of the European Power Optimised Aircraft (POA) project. 25th International Congress of the Aeronautical Sciences, ICAS 2006.
15. Joël, B. (2010) Key enablers for power optimized aircraft. 27th International Congress of the Aeronautical Sciences, ICAS 2010.
16. Hirst, M., McLoughlin, A., Norman, P.J., and Galloway, S.J. (2011) Demonstrating the more electric engine: a step towards the power optimised aircraft. *IET Electric Power Applications*, **5** (1), 3–13.
17. Avery, C.R., Burrow, S.G., and Mellor, P.H. (2007) Electrical generation and distribution for the more electric aircraft. 42nd International Universities Power Engineering Conference, UPEC 2007, September 4–6, 2007.
18. Rajashekara, K. (2010) Converging technologies for electric/hybrid vehicles and more electric aircraft systems. SAE Power Systems Conference, Paper No. 2010-01-1757, Fort Worth, TX, November 2–4, 2010.
19. Emadi, M. (2000) Ehsani, Aircraft Power Systems: Technology, State of the Art and Future Trends. IEEE AES Systems Magazine (Jan. 2000).
20. Sun, Z., Jason Ede, Wang, J. *et al.* (2007) *Experimental Testing of a 250kW fault-tolerant permanent magnet power generation system for large civil aero engine*, 5th International Energy Conversion Engineering Conference and Exhibition (IECEC), St.Louis, Missouri, AIAA 2007-4829.
21. da Silva, E.R. and Kankam, D. (1996) Potential Starter/Generator Technology for Future Aerospace Application. IEEE Aerospace and Electronic Systems Magazine (Oct. 1996), pp. 17–24.
22. Martin, A. (2009) A Review of Active rectification in aircraft ac systems. Proceedings of the More Open Electrical Technologies of the More Electric Aircraft Forum, Barcelona, Spain, September 2009.
23. Chang, J. and Wang, A. (2006) New VF power system architecture and evaluation for future aircraft. *IEEE Transactions on Aerospace and Electronic Systems*, **42** (2), 527–539.
24. Maldonado, M. (1999) Program Management and Distribution System for a More Electric Aircraft. IEEE AES Systems Magazine (Dec. 1999).
25. Buchheit, C., Bulin, G., Poujol, C. *et al.* (2009) More electric propulsion system. Proceedings of the More Open Electrical Technologies of the More Electric Aircraft Forum, Barcelona, Spain, September 2009.
26. Furmanczyk, K. and Stefanich, M. (2004) Demonstration of Very High Power Airborne AC to DC Converter, Paper Number: 2004-01-3210, Aerospace and Electronics 2004.
27. Cotton, I., Nelms, A., Husband, M. *et al.* (2006) High Voltage Aircraft Power Systems. IEEE Aerospace Systems Magazine.
28. McLoughlin, A. (2009) Engine powerplant electrical systems. Proceedings of the More Open Electrical Technologies of the More Electric Aircraft Forum, Barcelona, Spain, September 2009.

第 13 章 电动汽车和插电式混合动力电动汽车

Arash Shafiei，Giampaolo Carli，Sheldon S. Williamson
加拿大康考迪亚大学电气与计算机工程系

13.1 简介

现在绝大部分传统车辆都是以石油作为唯一的能源。然而，全球能源危机公认的最核心问题之一就是石油短缺。传统汽车用户面临的主要挑战不仅是越来越高的燃料成本，最终问题是，由于传统汽车会排放温室气体（GHG），使得其越来越难以满足日益严格的环保条例。

仅消耗电能、零排放的电动汽车（EV）已成为未来最具吸引力的替代方案之一。但目前电动汽车可选择的商用电池组能量密度都很有限，性能无法充分发挥，只能作为短途车辆应用于社区内部。推广中的关键瓶颈问题是电动汽车速度太低、灵活性差以及电池太重。例如，加拿大 ZENN 公司的商业化电动汽车平均时速仅为 25mile，每次充电的行驶里程为 30~40mile。

目前，混合动力电动汽车（HEV）是最有前途和实用的解决方案，其动力来源通常由两种以上的能源系统组成，其中一种通常是电能。HEV 传动可以分为串联和并联两类混合动力系统。串联式 HEV 本质上就是电动汽车，因为其还是以电动机牵引作为唯一的动力来源，而内燃机（ICE）仅仅工作在最大效率点，并通过车载发电机为电池充电。

在能源智慧化、资源高效利用和可持续发展的社会发展目标下，插电式混合动力电动汽车（PHEV）近来被广泛认为是传统汽车和混合动力电动汽车的最佳组合。PHEV 配备有充足的车载电池，允许以全电动模式支持每日行驶（平均每天 40mile），即仅使用蓄电池中存储的能量，而不消耗一滴燃料。这意味着内燃机可以使用最少量的燃油来支持超过 40mile 的行驶，从而减少温室气体排放。

从电网充电可以进一步降低 PHEV 的燃油消耗。因此，可以设想，未来肯定会出现使用大量 PHEV 的用户，从而使得充电式车载储能系统（ESS）的整体影响不容忽视。相关文献指出，到 2020 年，PHEV 的市场份额增长约 25%。根据这些数据，配电网需额外提供大约 50MWh/天的电能，以满足 500 万 PHEV 的充电需求。此外，一般充电时间需要 7~8h，因此电网需要提高峰值能力以分担这些额外的负荷。而这些额外增加的充电容量将最终对公共电力设施的建设产生影响。

如果以常规方式对电力系统增容，将需要建设远离负荷区域的大型发电厂，并对输配电系统进行升级改造。这种方案不仅费用高昂，还可能要多年才能获批输电线建设用地。另外的方案是，基于可再生能源的小型发电厂例如风能和太阳能等进行集成，这样不仅可以避免建设许多新公共设施，还可以把本身就具有成本效益的可再生能源利用起来。例如将太阳能作为一部分安装在配电系统中，实现通常所说的"分布式发电（DG）"。因为光伏（PV）发电本身易于实现模块化设计，所以可以方便地安装在屋顶和建筑物外墙上。许多企业也都在采用绿色的分布式发电方式。例如，谷歌已经在位于加利福尼亚州山景城的 Googleplex 总部安装了每天产生 9MWh 的光伏发电系统，并且直接接入了山景城的电网。另外，它还可以在工作时间为 PHEV 充电，为关注环保的员工提供福利。存储在电池中的能量也可以在电网故障期间作为备用。在加拿大，最新的预测（2000 年）指出，到 2010 年，可再生能源发电至少占总发电量的 5% 和热电联产的 20%，分别比当前实际数据的 1% 和 4% 有所增加。因此，从环境角度来看，用太阳能发电给 PHEV 充电是最有吸引力的解决方案。

本章的主要目的是概述当前和未来 PHEV 商业化的实际问题，重点讨论当前和未来 EV 技术中的电力电子解决方案。其中，详细讨论了新的 PHEV 动力系统架构，对关键的 EV 电池技术进行了描述，并对相关的电池管理问题进行了概述。最后，详细讨论了 EV 和 PHEV 中先进的电力电子充电基础设施。

13.2 纯电动车、混合动力电动汽车以及插电式混合动力电动汽车的结构

13.2.1 纯电动车

纯电动车通常包括驱动电机和储能系统（ESS）如电池、燃料电池、超级电容器或者多种储能形式组成的混合储能系统（HESS）。纯电动车不仅包括纯电动汽车，还包括其他类型如电动自行车、电动船、电动飞机等。本章的重点是电动汽车，除非另有说明，本章中的电动车均指电动汽车。其中，最常见的一类是以电池供电的，被称为电池电动车（BEV）。最早的 BEV 产于 19 世纪中叶，与内燃机相比，其车轴自带的旋转功能，使得 BEV 的电机控制更加简便。然而由于 BEV 电池能量低、行驶距离短，几十年来内燃机逐渐取代 BEV，成为车辆应用的主流。

当前发展 BEV 主要是为了减少环境污染和化石燃料消耗。由于电池是 BEV 的主要能量来源，因此它们的体积设计必须得当，以便使汽车在轻量化的前提下提供合理的行驶距离。同时，电池模块通过串、并联形成电池组，从而为正在运行的电机提供合适的电压和额定功率。设计电池组时应考虑多种因素，如电池组的充电方法对电池组寿命周期影响巨大，这一点将在本章后面进行讨论。典型的 BEV 传动系统拓扑结构如图 13.1 所示。

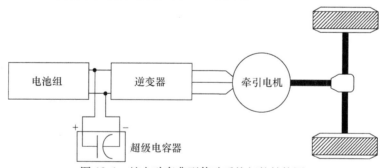

图 13.1 纯电动车典型传动系统拓扑结构图

一般来说，电池与化石燃料相比具有更低的能量密度。为了提供合理的行驶里程，通常需要较大的电池组。因此，如图 13.1 所示，需要结合高功率密度超级电容器，形成 HESS。这种设计在增加 EV 能量密度的同时，又提高了功率密度。然而，除此之外，还存在缺少充电设施等其他问题，这使得目前 HEV 和 PHEV 相比 BEV 更具吸引力。尽管如此，电池技术正在稳步提高，这将最终推动纯电动车的普及应用。

13.2.2 混合动力电动汽车

HEV 是使用两种及以上的能源形式来驱动车辆，例如汽油、天然气、氢气、液态氮、压缩

空气、风能、太阳能以及电能等。对于 HEV 而言，电能是必须的，可以由电池组或燃料电池等提供。HEV 的驱动通常是内燃机和电动机的组合。如前所述，HEV 可能包括汽车外的其他交通工具，但本章指的是最常见的混合动力电动汽车。

与 EV 相同，使用 HEV 主要也是为了减少排放和燃料消耗，这可以通过不同的方式实现。最简单的方法是在堵车时关闭内燃机，例如在等红绿灯时，这就是所谓的启停控制策略。另一种方法则是在汽车制动期间将动能转换为电能，而不是将这些动能以热量的形式浪费在刹车片中。这可以在单位油耗下提高多达 15% 的行驶里程。这种情况随着电池容量对应续航里程的增加而提高。内燃机和电机可以在 HEV 中采用不同配置，下面将对这方面进行介绍。

13.2.2.1　混合动力电动汽车拓扑
1. 串联式混合动力电动汽车
在串联式 HEV 中，内燃机充当发电机的原动机。该发电机为电池组充电，电池组将为电动机供电。事实上，内燃机是电能的主要来源；不过 HEV 是通过电动机直接机械耦合驱动运行的，而不是内燃机。因此与纯内燃机驱动的传统汽车相比，HEV 中的内燃机可以做得更小。此外，与需要在不同工作点运行的普通内燃机汽车相比，串联式 HEV 的内燃机大部分时间都能运行在最高效率点，这进一步提高了整车系统效率。从功率流向分析看，发电机的功率可以直接提供给电动机。同时，为了平滑电动机的功率瞬变或功率的变化需求，采用电池组充当能量缓冲器是必要的。根据设计需求，可以采用超级电容器组来提供瞬态大电流，以此来降低电池组的压力，从而提高电池组的循环寿命。因篇幅限制，这里就不展开讨论了。如前所述，在制动时，发电机可以将动能转换为电能，因此，串联式 HEV 中的电机和电机驱动器可以设计成电动发电机。一般而言，串联式 HEV 在城区低速运行时效率更高。典型的串联式 HEV 的传动系统结构图如图 13.2 所示。

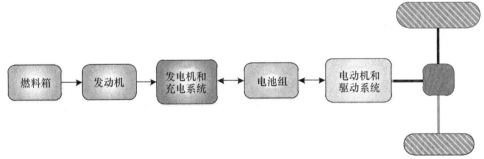

图 13.2　串联式 HEV 的典型结构图

2. 并联式混合动力电动汽车
并联式 HEV 与串联式 HEV 相反，其内燃机可以与电动机同时直接驱动 HEV。换句话说，根据行驶条件和控制策略，内燃机和电动机可以分别或同时控制变速器。并联式 HEV 的典型结构图如图 13.3 所示。一般而言，并联式 HEV 在高速公路上高速行驶时效率更高。在当今的并联式 HEV 市场中，其电动机功率更小，通常小于 30kW，并且与 EV 相比，HEV 需要的电池组尺寸更小。这是因为在并联式 HEV 中，电动机配合内燃机工作，因此不需要提供所有出力。此外，并联式 HEV 可支持回馈制动。

3. 串并联式（组合式或复合式）混合动力电动汽车
这种结构也称为动力分配拓扑，它结合了串联式和并联式 HEV 的特点，如图 13.4 所示。利用动力分配器，将内燃机的输出机械功率分配给传动轴或发电机。这确保了电池组始终可充电，以便能够在需要时驱动电动机。串并联式 HEV 可以根据行驶条件和智能控制策略，以串联混合

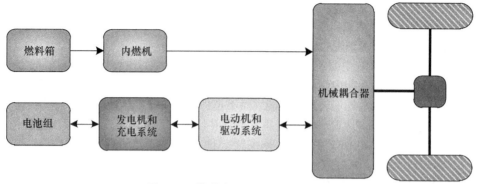

图 13.3 并联式 HEV 的典型结构图

动力模式或并联混合动力模式分别运行。串并联式 HEV 由于结合了串联式和并联式 HEV 的优点，因此无论是在城区还是在高速公路上均可以保持高效运行。

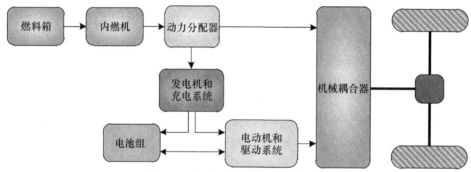

图 13.4 串并联 HEV 的典型结构图

13.2.3 插电式混合动力电动汽车（PHEV）

PHEV 是 HEV 和 EV 的组合，可使用充电插头进行充电。事实上，PHEV 同时具备 HEV 的混合动力特性和 EV 全电动里程（AER）长的特点。AER 代表了 PHEV 或 EV 只在电池供电情况下可以行驶的距离。例如，PHEV - 30 意味着 PHEV 可以仅依靠电池行驶 30mile。对于基本型 HEV，由于其电池组容量较小，因而 AER 相对较短。而 PHEV 可以仅靠电池运行更久。PHEV 的典型配置结构图如图 13.5 所示。

PHEV 的电池组比 HEV 中的大得多，也重得多，以便提供更大的储能容量[1,2]。PHEV 的整体效率比内燃机汽车高得多。PHEV 的最终使用成本将极大地依赖于电价，因为 PHEV 需要相当多的能量来充电。例如，每天给一辆 PHEV 充电一次，大约会使中型家庭的电能消费增加一倍。此外，污染物的减少取决于电动汽车所充电的电力来源是否清洁，即天然气、水力、风能、太阳能等。PHEV 和 HEV 类似，同样具有三种主要的拓扑结构：串联、并联和串并联。

PHEV 通常有三种不同的运行模式：电量消耗、电量维持和混合模式。如果电池充满电，PHEV 可以只用电能驱动，直至达到电池容量的最低限，这就是电量消耗模式。如果电池的荷电状态（SOC）较低，此时电池组不能提供足够的能量和功率进行加速。另一方面，如果电池处于满充状态，将无法利用回馈制动节能。因此，希望电池组的 SOC 可以保持在一个范围内，例如 60% ~ 80%。如果通过优化策略，控制内燃机来实现这个功能，这就是电量维持模式。一些 PHEV 的控制策略为：对于低速情况，例如小于 60km/h，汽车工作在电量消耗模式，而高速运行时，汽车工作在电量维持模式，这就是所谓的混合模式。在其他情况下，PHEV 可能根据行驶

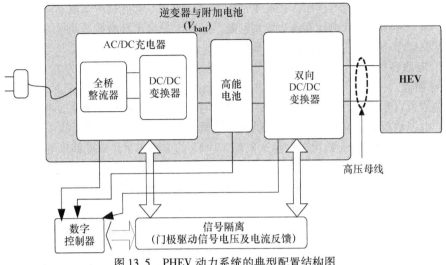

图 13.5　PHEV 动力系统的典型配置结构图

条件和控制策略，在不同的车速下工作于不同的模式，这就是多模式联合运行。

13.3　EV 和 PHEV 充电基础设施

13.3.1　EV/PHEV 电池和充电方式

　　大规模采用 EV 和 PHEV 替代传统的燃油车，可以降低排放、造福社会。其中利用电池作为绿色能源的载体，减少了污染和燃油消耗。电池的化学性能具有高度的非线性，并依赖于许多因素，如反应机理、温度、老化程度、负载曲线、充电算法等。为了提供足够的能量以实现合理的 AER，必须串联和并联数十或数百个电池，以达到所需能量的电池组电压和电流额定值。这导致电池单元的非线性特性被进一步放大。此外，有些只能在电池组中观察到的现象，在单个电池中却观察不到，例如电池组中电池之间的发热不平衡现象。

　　由于使用大量单体电池和复杂的保护电路，EV 和 PHEV 电池组的价格与整个汽车相比相对昂贵。因此这些电池组的使用寿命非常重要。通过提高电池组的寿命可以最终降低用户的成本，同时也可以延长电池更换的时间。为了解电池组的价格，本章调研了一个基于本田思域的真实例子[3]。目前已经有新闻报道本田公司关于 2006 ~ 2008 年期间所生产的思域车型的电池组问题。显然，5 年前投产的第二代本田思域 HEV 的一些电池组发生了过早失效问题。根据加利福尼亚州的规定，对 HEV 的组件有 10 年 15 万 mile 的保修要求。本田公司已采取了一些措施来解决该问题。然而，有些用户并不满意，宁愿自己更换电池组。这些电池组的价格约为 2000 美元，不包括运输和安装成本。

　　上述案例显示了 EV 和 PHEV 在大规模产业化时电池组价格的重要性。充电算法是显著影响电池组寿命的一个因素。然而，充电时间等其他因素直接决定了 EV 和 PHEV 对大众的吸引力。这些问题以及与此相关的其他问题，主要通过一个称为电池管理系统（BMS）的多级控制策略和相关功率执行系统来处理，该系统基本解决了电池使用方面的所有或大部分问题。BMS 越精确、功能越全面，充电过程就越可靠、安全和快速。设计一个高效的 BMS，需要很好地理解单体电芯在不同参数变化下的行为特征，以及这些行为在大量电芯组成电池组时的变化。

　　在下面各节中，首先描述电池领域的一些基本定义，然后在此基础上，给出一些具体的结果，例如如何使用适当的充电算法以提高电池的寿命。本章不会通过对电池不同参数进行数学定义和描述，来解释如何设计电池和解决应用问题，相反，只给出其参数最基本的描述定义，这将有助于对这些概念不熟悉的读者去理解后面的章节。

13. 3. 1. 1　电池参数

1. 电池容量

这个参数可以理解为，一个电池充满后再放电时，可以提供的所有电量。电池应用的一个重要现象是，电池的放电电流越大，所能提供的能量就越少。因此，从理论上说，电池容量通常定义为经过 1h 可以将电池完全放电的能量。例如，10Ah 的电池容量意味着如果电池以 10A 的恒定电流（CC）放电，1h 后将完全放空。然而，在应用中，电池供应商还可能使用其他定义。通常可以提供不同的测试结果，以标定电池在不同的恒流负载下和不同的恒功率负载下电池可放电运行的时间。在应用中，这些标定表格能够提供更实用的信息，而不一定必须要按照标准定义。在应用中，电池可能会驱动不同特性的负载。由于不是所有的负载都是恒流或恒功率特性，因此电池运行时间不是可以完全预测的。即便负载属于这些类型中的一种，这些表格也只适用于新电池而不是老化的电池。因此，在很多电池管理程序的设计中，电池运行时间也只能粗略估算获得。电池容量通常采用字母 "C" 或 "Q" 或其他符号表示。电池容量的主要单位是安培小时（Ah）。实际应用中，根据电池的大小，也可以使用替代单位，例如 mAh 或甚至 mAs。

2. C 率

该参数用于给出当前电池的充电电流大小，或者电池的放电电流。可以考虑之前一个 10Ah 电池的例子。当充电电流下降到低于 C/10 倍率（充电 10h）时，充电过程会终止，这意味着当充电电流小于该倍率值时将停止充电，而该倍率值的物理意义为，电池可以该值放电 10h，即 10Ah/10h = 1A。

3. 荷电状态（SOC）

在最简单的定义中，SOC 可以比作水箱中剩余的水占全部容量的百分比。从电荷的角度看，这意味着电池的可用电荷量占全部容量的百分比。把电池比作水箱是一个很好的类比。然而，这并不能十分准确地描述电池的一些作用，如松弛效应，将在下面的章节描述。此外，因为老化，电池的额定容量随着时间的推移而减少。因此，为了确定 SOC，额定容量应根据测量定期计算。

4. 放电深度（DOD）

再次使用水箱作为例子。DOD 可以定义为水箱流出的水量相对于全部容量的百分比。对于电池放电而言，上面中的水可以用电荷来代替。该参数通常是在放电模式使用。例如，电池供应商可能会建议使用者因电池寿命的问题不要超过 30% DOD。

5. 能量密度

能量密度可以通过两种方式来定义。一个是 "体积能量密度"，它被定义为单位体积的电池满充时的可用能量（Wh/L）。尽管 "L" 主要用于液体体积的测量，但由于大多数电池具有液体电解质，因此很容易理解为什么使用这个单位。同时，对于固态电解质如锂聚合物电池，这一单位也经常使用。能量密度的另一种定义是 "重量能量密度"，通常也被称为 "比能量" 或 "比能"，定义为单位重量的电池满充时的可用能量（Wh/kg）。实际应用中基于体积或重量的关注度，可以使用任一定义。在 EV 和 PHEV 的应用中，重量因素通常比体积因素更重要。因此，比能量通常会在文献中被更多地使用与讨论。

6. 充电效率

电池充放电发生化学反应时会产生损耗，其大小等于充电能量与放电能量之间的差异。这些能量主要通过发热的形式消耗掉了。因此，充电效率通常定义为电池在一个全充电周期中输出与输入能量的比值。这个参数也可以称为库伦效率或者电荷效率。库伦效率主要取决于充电过程中化学反应的损耗，例如水电解或者电池中其他类型的氧化还原反应。通常新电池的库伦效率较高，但随着电池的使用而衰减。

此外，本章还将讨论纯 EV 与 PHEV 电池组充电应用的相关特性。这将有助于设计出更加高效灵活的充电设备，最终可以提高电池组的使用寿命。

13.3.1.2　常见化学电池的主要特点

如电池参考手册[4]所示，目前可选用的化学类电池有多种类型。其中部分类型由于成熟度不高、能量密度偏低、安全性较差、含有毒材料、成本高等多方面原因，还处在实验室级别的研发阶段，尚未得到规模化应用。目前，可商业化应用的电池类型主要包括铅酸、镍镉、镍氢、锂离子以及聚合物锂电池，主要分为一次电池与二次电池两大类。一次电池由于电池内部的化学反应是不可逆的，只能放电使用一次。而二次电池可以通过内部可逆化学反应进行多次充放电。对于汽车和牵引应用，因为一次电池通常无法满足需求，所以二次电池是主要选择。本章除非特殊说明，所有关于电池的讨论都是基于二次电池展开的。

1. 铅酸（Pb - acid）

一个多世纪以来，铅酸电池已在牵引等行业被广泛应用。经过改良的阀控铅酸（VRLA）电池是一种免维护蓄电池，具备 PHEV 所期望的特性。低倍率下可达到 95% ~ 99% 的高效率。铅酸蓄电池的主要缺点是其重量，或者说，与其他电池相比具有较低的比能量（30 ~ 40Wh/kg）。

2. 镍镉（Ni - Cd）

镍 - 镉（Ni - Cd）电池技术成熟，适合于低功率应用，但对于牵引应用来说，其比能量偏低，典型值为 45 ~ 60Wh/kg。该电池更适用于长寿命及高可靠性的场合，其主要应用是便携式设备，尤其在需要提供瞬态大电流的时候具有优势。但因含有毒金属[5]，对环境有一定影响。

3. 镍氢（Ni - MH）

与前面几种类型相比，镍氢电池具有较高的比能量，但循环寿命偏低。通常在相同尺寸下，镍氢电池的能量是镍镉电池的 2 ~ 3 倍。目前，镍氢电池比能量的典型值范围是 75 ~ 100Wh/kg，已被广泛应用于 EV 和 PHEV。

4. 锂离子（Li - ion）

锂离子电池的比能量较其他类型电池有显著增加，并在比功率和技术提升方面还有很大潜力，可以为 EV 和 PHEV 提供较为理想的加速性能等特性。典型比能量范围是 100 ~ 250Wh/kg。基于其本身的化学性质，决定了锂离子电池可以比铅酸和镍氢电池更快地充电和放电，因此成为 EV 和 PHEV 电池的较好选择。此外，在正确的电池管理下，锂离子电池具有长寿命的潜力，但如果管理不善，它们的寿命则可能成为短板。其中一个主要的原因是锂离子电池没有记忆效应。然而，安全问题是锂离子电池的最大薄弱点。锂离子电池应严格限制过充，因为很容易发生热失控而造成爆炸。锂离子电池易被充电的特性可能是其爆炸的主要起因。但当意外情况发生时，依靠先进的 BMS，仍可保证锂离子电池运行在可靠范围内。此外，与镍基电池相比，锂离子电池所含对环境有害的物质要少许多。

5. 锂聚合物（Li - Po）

锂聚合物电池具有和锂离子电池相同的能量密度，但成本更低。这种电池的特殊化学组分是 EV 和 PHEV 最具潜力的选择之一，近年来在技术上有了长足的进步。锂聚合物电池的最大放电倍率由原来的 1C 左右，发展到目前的 30C。这大大提高了 EV 和 PHEV 储能系统的功率密度。在某些场景，甚至可以超过超级电容器。另外，充电时间也是一个研究热点。最新研究表明，一些种类的锂聚合物电池技术可以在充电几分钟后超过 90% SOC，这种快充特性对于 EV 和 PHEV 来说，具有很大的吸引力。由于这是一种采用固体电解质的固态电池，因此在发生事故的情况下材料甚至都不会泄漏。这种类型电池的另一个优点是，它可以被设计制造成任何大小或形状，因此为汽车制造商提供了很大的灵活性。

13.3.1.3 EV/PHEV 电池的基本需求

如参考文献 [6] 所述，PHEV 电池的基本需求可以归纳为以下几点：

1）高能量密度以保证更高的续航里程与更少的充电周次。

2）高功率密度以保证加速性能，并且不会由于高倍率而对电池组造成永久性损坏。

3）高循环充放电周次，以及由于电池组的高功率等级而内嵌的高安全机制。

4）环境友好型设计，可以回收并且仅含少量的有毒材料。

成本也是决定 EV/PHEV 是否可以大规模商业化的关键考虑因素。

13.3.1.4 EV 电池充电方法

通常，充电是指将能量以电荷或电流的形式存储到电池中的过程。不同的化学电池需要不同的充电方法。影响充电方法的其他因素还包括容量、充电时间等。下面将介绍最常见的几种技术。

1. 恒压（CV）

从名字上可以看出，恒压（CV）就是以恒定电压对电池充电。充电电压值一般是电池厂商预设的。这种方法通常要加入一个限流电路，因为在充电开始阶段，由于电池容量偏低，特别容易造成过电流。电流限幅值的选择主要由电池容量决定。同时，恒压充电的预设值一般由电池类型决定。例如，对于锂离子电池，一般选取 4.200V ± 50mV。预设电压要保证精度，因为过电压会损害电池，而欠电压又会造成不完全充电，最终降低电池的寿命。因此，充电电路的设计，需要根据输入输出的电压比选取合理的降压、升压或者升降压拓扑结构，然后通过控制器以补偿电源和负载随时间的波动。当电池电压达到预设电压值时，电池进入待机模式，以备后续使用。不过，这种待机模式的时间不宜过长，应根据制造商的建议加以限制。采用电流限流器以避免电池过热，尤其是在充电的初始阶段[7]，这种方式通常适用于铅酸电池和锂离子电池。

2. 恒流（CC）

恒流充电意味着无论电池的 SOC 或者温度如何，只需要在充电过程中向电池注入低纹波的恒定电流即可。这是通过在控制上改变施加到电池的充电电压实现的，即通过电流控制模式实现恒流充电。恒流技术可以通过"单一速率"或"分段速率"来实现。在单一速率下，只采用一个预设电流值对电池充电，这有利于电池之间的均衡，不过通常需要采用备用电路以避免过充。在分段速率恒流充电时，根据不同充电时间、电池电压或者两者的组合，来决定在充电的不同阶段设定不同的充电电流，以实现更加精确与均衡的充电。同时还需采用备用电路以防过充。在某些情况下，采用高倍率短时恒流充电方法可以延长电池的寿命。不过这是一个非常敏感的过程，需要谨慎实施。镍镉和镍氢电池通常使用这种方法充电。由于镍氢电池易于由于过充而被损坏，因此必须在充电过程中进行精确的监测[8]。

3. 锥形充电

这种充电方法对于使用不可调节的充电电源非常适用。往往通过变压器输出比电池电压略高的电压来实现，然后通过串联电阻对充电进行限流，也可以加入二极管以保证电流不会反向。

采用这种方法，充电电流从额定值开始，然后逐渐减小，直到电池充满。例如，对于 24V／12A 的电池，当电池电压为 24V，初始充电电流为 12A；当电池电压达到 25V 时，电流降至 6A；当电池电压达到 26V 时又降为 3A；最后，在电池电压达到 26.5V 时电流降到 0.5A。这仅仅是一个假设的例子，取值未必完全符合真实情况。该技术仅适用于密封铅酸（SLA）电池。锥形充电也有一些缺点，如前面提到的，这种技术使用变压器，增加了充电器的重量与发热。

4. 脉冲充电

这种方法使用窄脉冲电流进行充电，通过改变电流脉冲的宽度可以控制电流的平均值。此外，这种充电方式还具备两个显著优点：一个是明显减少充电时间，另一个是该技术的养护效应，可大大提高电池的寿命。脉冲电流的时间间隔，称为恢复时间，在其中起到了重要作用。它们为电池内部的化学反应提供了一定的反应时间以保证其稳定性。此外，这种方法还可以减少电极上可能发生的不良化学反应。这些反应可能会造成析气与结晶，是电池寿命降低的最重要原因。

5. 负脉冲充电

电池在充电过程中尤其是快速充电时，有可能在电极上产生气泡，这种现象被称为"打嗝"。为避免电池极化，建立稳定与快速的充电过程，可以在正脉冲充电的间隔期间，对电池施加限流的非常短时的负脉冲，并在幅值上比充电时提高 2～3 倍，形成电池的去极化手段。这种技术通常被称为"打嗝充电"或"负脉冲充电"。相关充电波形和不同的控制模式可以见参考文献 [9]。此外，还有其他的充电方法，例如电流中断（CI）充电，这将在 13.8.1.9 节中详细讨论。

6. 浮充

在一些应用中，当电池满充后仍然需要长期保持 100% 的 SOC，以便在需要时可以立即使用。不间断电源（UPS）就是典型的应用案例，因为需要电池自始至终都保持满电状态。但是，电池随着时间的推移会产生自放电。例如，每月可能会损失 20%～30% 的电量。为了补偿自放电，需要根据电池的电化学成分和环境温度，设定一个"浮动电压"值对电池进行浮充。通常浮充电压随着温度的增加而降低，而充电倍率会相应地降得非常低，例如，采用 C/300 到 C/100 的充电倍率，可以不断地补偿自放电，进而可以防止在极板上形成硫酸盐。浮充技术并不适用于锂离子和锂聚合物电池。同时，对于每天使用的 EV/PHEV 汽车，这种方法也是没有必要的。此外，浮充系统都会设计保护电路以防止过充。该电路可以自动调整浮动电压，并根据电池电压和温度按需要对充电进行启停控制。

7. 涓流充电

涓流充电在很大程度上与浮充相似，仅有很小的区别。一个区别是通常没有避免过充的保护电路。因此，确保所设计的充电电流小于自放电电流是非常重要的。这样一来，就可以长期保持与电池的连接。

13.3.1.5　充电终止方法

在充电设计中，非常重要的一点是选择充电终止的时间与方法。这样做主要有两个原因：一方面是避免欠充，即保证电池达到了满充状态而不是部分充电，以提高电池的利用率；另一方面是避免过充，尤其对于 EV/PHEV 使用的高能量密度锂离子电池组，过充是非常危险的。如果未能及时停止充电，会导致电池内部产生气体，特别对于使用液态电解质的电池，将造成紧密设计的电池组内电池单元体积膨胀，同时引起电池内部过热，尤其对于锂离子电池来说，会导致整个电池组起火爆炸，这是因为锂是很活泼的材料，并容易与空气中的氧气结合。一旦由于过热而结合，将会释放出巨大热量。

选择不同的充电终止原则，将决定不同的设计方法。一般来说，电池的应用场景与环境条件决定了充电过程终止方式的选择。以下是这一过程中可以使用的不同方法。

1. 时间

使用时间是最简单的方法之一，主要用作快速充电的备用方法，或特种类型电池的常规充电方法。这种方法应用成本低，但由于电池老化造成的容量降低，充电时间需要根据老化程度而调整以避免过充。这会使得充电器不能有效地用于新电池，导致电池使用时间降低。

2. 电压

如前所述，可采用电压作为充电终止的依据，当电池电压达到特定阈值时停止充电。这种方法有一定的误差，因为在充电完成后保持开路一段时间，才能获得真正的开路电压。原因在于电池内部发生的化学反应需要一定的时间才能稳定。但这种方法应用较广，通常与恒流技术一起使用，以避免对电池造成过热损坏。

3. 电压降（$\mathrm{d}v/\mathrm{d}t$）

对于镍镉电池，采用恒流方法充电后，电压会先增大到满充状态，然后开始下降。这主要是因为电池内部的氧气积累。这种下降非常明显，可以通过测量电压对时间的负导数来作为电池是否过充的标志。当此参数变为正值时，说明电池已经达到满充状态且温度开始上升。在该点之后，充电方法可以切换为涓流或浮充，或完全终止。

4. 电流

在充电的最后阶段，如果使用恒压法，随着电池达到满充状态，电流会逐渐变小。可以定义例如 C/10 倍率之类的预设电流值，当充电电流低于此值时，充电将被终止。

5. 温度

一般情况下，温度上升是过电压的标志。不过，使用温度传感器往往会大大增加系统的成本。但对于镍氢类化学电池，不推荐采用测量电压降的方法，因为满充后的电压降并不足以作为依据。在这种情况下，温度上升是过电压的标志，可以被采用。

13.3.1.6 电池均衡

对于有高功率和高能量需求的 EV/PHEV 应用，一般采用电池串联成簇形成高电压，然后采用多个簇并联形成大电流，并由此实现牵引应用所需要的高功率和高能量。这种设计看似完美，但也存在一些问题。大多数电池厂商都声称其电池可以被反复充放几百次，然而，当电池串联使用后，其寿命急剧下降，原因主要在于电池间的不均衡。若想了解这种串联方式对电池寿命的关键影响，可以见参考文献［10］中提到的真实实验结果。在一项实验中，12 节电池串联使用。尽管厂商声称单个电池可以提供 400 次的循环寿命，但当电池串联后进行测试时，循环次数减少到只有 25 ~ 30 个，说明了串联对循环次数的影响。为解决这一问题，必须深入研究与理解电池失衡的原因。电池本身是电化学装置。通常一个普通电阻都会有百分之几的误差。对于电池来说，这种误差被放大了。同一工厂同时生产的电池都会在参数上存在轻微差异。其中之一就是电池容量差异。对电池组来说，虽然不同原因都可能造成电池不均衡，但如参考文献［11］所述，从电池本体看，基本可以归纳为四个方面的因素：生产过程造成的差异、自放电率造成的差异、电池老化以及可充电度造成的差异。同样地，参考文献［12］指出从电池系统看，不均衡来自系统内部与系统外部两大方面，系统内部原因主要包括"充电容量的差异"以及"电池内阻的差异"，系统外部原因主要包括"保护电路的差异"以及"电池组温度场分布的差异"。

为了解释电池不平衡的原因，还是以水箱为例说明。假设不同容量的电池单体串联连接，这就好比将不同体积的水箱在底部使用管道连接起来。如果给第一个水箱供水，则所有水箱中的水面均匀上升。一段时间之后，容量较小的水箱装满了水而其他水箱却没有。为了注满更高容量的水箱，只能使较低容量的水箱过满。

回到电池应用的真实场景，很容易判断这种模式对于电池组会发生什么情况。满充的大容量电池与过充的小容量电池将会串联使用。对于铅酸电池来说，这将导致过多的析气以及过早地消耗掉容量较低的电池，同时在未满充电池的电极上形成硫酸盐而导致其寿命的降低。为了解决以上问题，通常需要设计均衡电路并且开发相关控制算法。应当指出的是，对于 EV 来说，电池通常需要满充到 100% SOC，因此，电池均衡成为一个关键的问题。但对于 PHEV 来说，电池一般设计在40%～80%容量之间运行，以便它们在提供足够能量的同时，还可以吸收回馈制动的能量。串联电池的均衡技术可以分为三大类：①充电均衡；②被动均衡；③主动均衡。

需要重视的是，对于电池均衡，关键在于SOC而不是电池电压本身，虽然电压是SOC一个很好的衡量手段。不过，如果有其他技术能够更精确地确定SOC，则可以采用。如参考文献[13]所述，串联电池的均衡实际上指的是SOC的均衡，也在一定程度上等效于电压均衡。电压是衡量SOC的一个有用指标。不同的SOC估算技术将在后面讨论。

1）充电均衡方法：充电均衡方法就是简单地继续给电池充电，直到都充到一个同样的容量水平。这有可能在对高容量电池满充的同时，对低容量电池造成过充。因此更适用于铅酸和镍类电池，因为它们可以承受一定程度的过充而不会有太大影响。但实施中还是要非常小心，因为过度的过充会导致电池过热，进而造成电解质干涸。该方法的优点是简单便宜，但是缺点也很明显，如效率偏低，并且需要长时间调节才能实现电池均衡。参考文献[14]的实验结果表明，通常需要花费几周的时间，才能使含有特定化学成分的48V蓄电池组均衡。此外，参考文献[10]的结果表明，均衡时间随电池数目以二次方的指数关系增长。

2）被动均衡方法：该方法采用电阻消耗方式对高容量电池进行放电，同时对低容量电池进行充电以实现均衡。被动均衡因采用电阻耗能，效率偏低，但均衡时间比充电方法短。其优点还包括成本低、易于实现，以及控制算法简便可行。

3）主动均衡方法：主动均衡方法主要使用可控电子器件，包括晶体管、运算放大器和二极管，控制不同电池之间的能量流动，以减小容量差异。这种方法适用于电池组或电池单体之间的均衡。显然，额外的充电能量从低容量电池转移到了高容量电池。这种方法耗能低并且显著加快了充电过程。通过使用电力电子的零电压或零电流开关技术，还可以进一步降低电路本身的损耗。

这里重点分析锂离子电池，因为它是目前EV/PHEV应用中最具有吸引力的电池技术。根据锂离子电池化学机理，电池电压应当精确测量，并严格将单体电池电压控制在4.1～4.3V的范围内。这是因为锂离子电池的过充失效电压阈值非常接近满充电压。如前所述，锂离子电池不能过充。因此，充电均衡技术并不适用。根据锂离子电池的安全相关问题，主动均衡是唯一可靠的电池均衡技术。

文献中提供了各种类型的电池均衡技术。因此，有必要根据一定的准则进行分类。根据能量流动特征，可以分成四组：①耗能型；②单电池对电池组；③电池组对单电池；④单电池对单电池。其特点在名称中都有体现并各有优缺点。例如，电阻耗能技术是一种低成本方法。因结构简单而使控制实现简捷有效。

除了按照能量流动进行分类，还可以按照电路拓扑分为三类：①分流技术；②转移技术；③转换技术。基于脉冲宽度调制（PWM）控制的分流技术不需要耗能，因此效率较高，但需要精确的电压测量与一定程度的复杂控制[16]。另外，由于元件较多会造成成本增加。采用谐振变换器可以降低损耗而进一步提高效率，但这也增加了控制系统的复杂性[17]。

转移技术先将高容量电池的能量转移到额外的储能元件（例如一只电容器或一组电容器），然后再将其转移到低容量电池[18]。采用单个电容器可以降低成本，但均衡速度会下降。采用电容器组的方式尽管更复杂，但效果更好。

转换技术大多数情况下都需要使用变压器，以发挥变压器隔离的优势，但这同样增加了系统重量。参考文献[19]推导了电池能量转换均衡系统的模型和传递函数，可用于系统控制的设计。

参考文献[20]给出了上述所有电池均衡方法的汇总分析以及电路拓扑。实际应用中需要确认有多少电池需要均衡，以及均衡的范围是伏还是毫伏级别。参考文献［13］显示的铅酸电池实验中，电池之间的均衡匹配电压应该在 10mV 的范围之内，对应电池 SOC，以保证电池提升合理的寿命。这一点非常重要的原因是，如果均衡电压匹配需要在 1mV 范围内，则相应的传感器精度需要精确 10 倍，并且算法在这个例子中也需要改进。这些都会增加成本和复杂性。因此，必须折中考虑成本降低与循环寿命的提高。该参数应在不同的化学机理、环境条件以及应用中进行实验验证。

由于 EV/PHEV 电池组技术目前尚不成熟，可参考的实验数据较少，文献中有时会出现不一致的说法，这里举一个例子。前面讲到，HEV 的电池组通常被控制运行于 SOC 的中间范围。这是由于需要电池组既能接受回馈制动能量，又能在加速时提供足够的功率。如果电池已充满在 100% SOC，则吸收回馈制动能量将造成过充。电池过充通常通过测量电池电压来检测。一些研究人员认为，采用开关电容的电池均衡技术（转移方法）更适合于 HEV 等没有电池满充状态的应用，因为不需要智能控制，而且在充电和放电模式下都能工作[20]。另一些学者则认为，由于 40% ~ 80% SOC 范围内的锂离子电池开路端电压曲线近似平坦，基于转移的电池均衡方法并不适用于 HEV，因为无法区分电池之间的微小电压差异[15]。

13. 3. 1. 7　SOC 估算方法

电池实现安全充电的最重要信息就是电池的 SOC。充电算法都是直接或间接基于 SOC 的。因此，获取 SOC 成为是否能够准确充电的关键。遗憾的是，SOC 基本上无法通过测量直接获得，如果可能也会因成本过高而变得非常困难。因此，SOC 通常基于电池的其他变量与状态估算获得，这就需要对电池建模，在此基础上可实现不同的估算方法或者设计观测器。SOC 的精确估计难度很大，通常基于 SOC 的标志——电池电压来实现。对于 EV/PHEV 中的高功率/高能量电池组，建议采用更加精确的方法，尽管成本更高且实现复杂。因为 SOC 估算得越准确，将可以使用更好的充电算法，最终提高电池的寿命。

如前所述，SOC 主要代表电池当前容量与额定容量的比率。SOC 估算的一个重点是电池的额定容量随时间而变化，这是由于电解质退化等原因造成的老化现象。这个问题属于电池健康程度分析领域，被称为"电池健康度（SOH）估计"，在这里就不展开了。

不过，本小节会讨论一些基本的 SOC 估算技术。最简单的方法之一是通过完全放空电池来测量 SOC。虽然简单，但非常耗时，而且为测量 SOC 而对电池进行完全放电也不合理。SOC 的信息对于评估电池当前的状态非常有用；因此，如果电池通过放电已经改变了当前的状态，那先前估算的 SOC 就没有用了。此外，对于 EV/PHEV，这种方法也是不可行的。虽然这种方法不适用于正在运行的电池组，但可以在电池长时静置后定期执行，以用来校准其他的 SOC 估算方法。

另一种方法是安培小时计数法。通过对电池电流进行积分，以测量与计算进入或者离开电池的电荷量。这是目前最常用的方法之一，但也有一些不足之处。传感器都会有测量误差，由于采用积分方法计算，即使误差很微小，也会随着时间的累积变得不可忽视。此外，假设电流传感器精度很高，但经过数字电路与相关数值方法的处理后，都会引入误差，这种误差随着时间累积也会变大。上面两种误差即使可以解决，还有一个原因会导致不准确。假设进入电池的电量是可以被精确计算的，但由于前面提到的库仑充电效率，可用电量也会减少，而这也取决于放电倍率。减少这些误差的一种方式是在特定的已知状态点进行重新校准，例如完全放电状态。

另外一种 SOC 的估算方法是测量电解质的物理特性。很显然，这种方法主要适用于液体电解质电池，而不适用于像锂聚合物一类的固体电解质电池。该方法基于一种化学特性，即电解质中的某些参数会随着 SOC 变化，其中之一是酸的浓度。众所周知，对于铅酸蓄电池，酸的浓度和 SOC 变化之间几乎是线性关系。酸的浓度可以通过黏度、电导率、离子浓度、折射率和超声波等方法直接或间接测量得到。

如前面所述,采用开路电压的方法也可以估算 SOC。但该方法有很大不确定性,原因是电池在运行结束后需要开路稳定一段时间,才能准确体现其开路电压值。有时这个时间可以长达几小时。但这种方法还是被广泛采用。该方法的关键在于在特定的 SOC 范围内,开路电压与 SOC 呈线性关系。当然,对于不同的电池类型,该线性区的范围与斜率是不同的。

还有一些方法借助于软件计算,例如模糊神经网络方法[21]或自适应神经模糊建模方法[22]等,对 SOC 进行估算。其他还包括参考文献 [23] 中提到的基于测量结果的启发式方法,如 CDF 现象、线性模型、人工神经网络、阻抗谱、内阻和卡尔曼滤波器等,这些都属于更精确的技术,但是实现起来更加复杂。

13.3.1.8　充电算法

充电算法可定义为:基于前面提到的电池 SOC 估算,对影响电池性能与寿命的全部或者部分关键参数进行控制,从而安全高效地对电池实施充电并且能够及时终止充电。如前所述,对包含数百个单体电池的高功率电池组进行充电管理会涉及许多问题。这些都需要高效准确的算法与安全可靠的电路去实现。作为发展趋势的快充模式,由于对电池注入的大电流会产生大量的热量,因此需要准确与可靠的监测控制算法以保证充电的安全性。这些复杂的任务可以采用先进的算法支持,如模糊逻辑、监督学习与分布式控制。一般来说,不同类型的化学电池都需要与其对应的充电算法。但是,根据算法设计的思路,也可以设计适合多种电池类型的充电方法,但应根据寿命参数进行准确的处理。

为对电池进行精确的充电,最好采用电池厂商提供的电池充放电曲线。但是,这些曲线仅适用于新电池,所以最好也使用其他技术 (如数据采集方法) 来获取电池的充电/放电曲线进行验证。文献中经常会出现有关这方面的新技术[24]。

如前所述,铅酸电池技术成熟且配套设施完整,但只有短短的 300 ~ 400 次充放电循环寿命。基于其低成本与高可用性的优点,许多研究都致力于提高其使用寿命。这类电池充电时具有共同的特性,理论上包括四个不同的阶段,实际应用也可以简化为三个阶段。在第一阶段,预定的恒流充电被施加到电池组,实现对电池的快速充电。在这个阶段,电池电压随 SOC 的提高而逐渐增加。这就是所谓的大电流充电阶段。该过程一直持续到电池达到预设的最大电压值。预设值的选取可以参考电池厂商的电池参数表。第二阶段,称为吸收充电阶段,给电池组施加恒定电压。在这个阶段,充电电流逐渐减小,直到它到达预定 C 率的电流值。至此,电池基本被充满,但还没有实现均衡。第三阶段,一个比第二阶段稍微高一些的电压被施加到电池组,以平衡组内的所有电池单元,被称为均衡充电阶段。以上过程也可以用前面提到的其他技术来实现,特别是在前面的两个阶段。一段时间后,充电器切换到浮动充电模式,以保持电池处于就绪状态。根据应用需求,该阶段也可以省略。这个阶段被称为浮充阶段。图 13.6 给出了整个充电过程。

随着电池的老化,其内部特征也发生变化,因此,需要在充电时考虑到这些变化,采用自适应的充电算法。实验表明,第三阶段的充电电压值应该随时间增加,以使得老化电池可以获得相同的充电能量[25-27]。均衡充电阶段是解决老化电池充电的关键环节,对电池的寿命影响很大。如前所述,这一阶段的电压应该增加,但是这同样会增加产生的电流并且造成发热,对电池寿命产生负面影响。为解决这个问题,可以将电流用脉动的方式进行充电,以获得同样的充电容量但产生更少的发热量。这种方式与脉冲充电相似。但不同的是,时间间隔比脉冲充电的要大得多,后者的频率一般是 kHz 级别。这种方法被称为电流中断 (CI) 充电。这种技术已经体现出改善电池寿命的明显效果[28]。采用这种算法,电池在 500 次循环后可以达到初始容量的 50%,这对

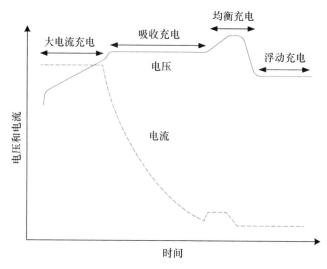

图 13.6 典型铅酸电池的不同充电算法

于电池循环寿命的改善很显著。尽管这种算法有效，但随着过充电压阈值的增加，电池在后期都存在过度充电的问题。这个算法还可以用另外一种方式来实现，可每 10 个周期使用一次，从而不需要每个充电周期都执行，后者给电池带来很大的应力。这种算法被称为部分充电状态循环（PSOR）[28]，充电效果基本相同，优点是对电池的应力更小。该算法据称可以在电池经历 780 个充放电循环周期后，还保有 80% 的初始容量，显著改善了电池的寿命。

从上面可以看到，这些复杂算法不能依靠简单的比例 - 积分（PI）或比例 - 积分 - 微分（PID）控制器来实现，而是需要依据电池的化学性能、健康状态及其他因素，采用基于数字信号处理器（DSP）的控制器通过编程实现。为了提高电池的循环寿命，每天都会提出许多算法并进行实验。这是一个广阔的研究领域，随着 EV/PHEV 的日益普及，这一领域的研究日新月异，受到了更多的关注。

13.4 电力电子技术在 EV 和 PHEV 充电架构中的应用

在最简单的情况下，EV 的充电设施中仅包含连接到电网的基于单相 AC/DC 变换的充电器。电能通过功率变换器按照需求从电网流向 EV 的电池组。一旦电池充电完成，这个与电网相连的功率变换器便不再执行任何其他的工作。这种简单的设计可能仅适合于小型私人商用车队，或者 EV 所占比例较小的场景。然而，随着全社会对于交通系统电气化的推广，很明显需要更智能化的车辆 - 电网（V2G）交互模式。对于电力公司而言，这些与电网相连的大规模 EV 可以作为储能资源，其重要性不容忽视。这一观点得到了几项统计研究结果[29]的证实，这些研究表明，在任何时刻都有超过 90% 的车辆处于停放状态，因此有与电网连接的可能。假设电动汽车的市场占有率为 50%，粗略计算表明，其等效可用储能容量将达到数千 GWh。因此，V2G 连接应该是双向的，使车主可以一个相对有利的价格，将部分存储的能量"售回"给电网公司。当 EV 连接到由分布式电源供电的微电网时，同样需要能量进行双向流动。例如在太阳能充电车库中，EV 可以由光伏电池板（或通过电网或两者同时）充电，而太阳能发电受负载或日照（一天中的日照时间、气象条件、一年中的日照时间等）影响。在太阳能发电过剩的情况下，多余的能量可以回馈电网以获利，而 EV 的电池组则起到平抑光伏发电间歇特征的缓冲作用。同样地，连接太阳电池与 EV 的 DC/DC 变换器也应该是双向的,以便允许插电式电动汽车(PEV)的车主与微电网运营商之间进行部分能量交换(见图 13.7)。

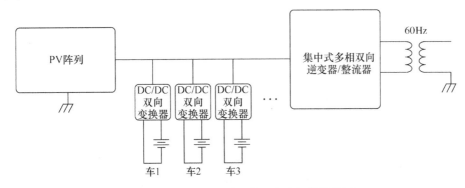

图 13.7 典型的 PV 并网供电车库拓扑结构图

分析表明,能量双向流动是电动汽车充放电所用功率变换器的一个非常令人期待的特性,包括与电网、微电网或住宅负荷以及可再生能源发电之间的相互作用。在此基础上,提醒读者注意,下文讨论中并没有区分电网 – 车辆互连以及车辆 – 电网互连,统一使用缩写 V2G。同样地,车辆 – 家庭互连和家庭 – 车辆互连均用 V2H 表示。

目前还很难确定最佳充电架构的其他要求。这是因为普遍缺乏相关的标准化,例如,电池技术、标称电压、安全策略、连接器配置、通信协议和充电器的位置(车载或非车载)等。下面将会就这些问题讨论其对本地发电和用电的影响。

13.4.1 充电设备

与其他交通方式一样,EV/PHEV 也能从减轻重量中获益匪浅。由于必须使用较重的电池/超级电容器组,电动汽车对于重量的问题更加敏感。基于电力电子变换器的充电器一般体积庞大、比较重,因此从工程上讲,将它们安装在车上是不明智的。不过,在撰写本文时,北美绝大多数 PEV 都配有自己的车载充电器,可以直接连到 120V 或 240V 家用插头。原因主要有两个:

首先,尽管家用交流电压是完全标准化的(至少在某个国家内部),但 PEV 的标称直流电压并没有标准化。不同的厂商采用了专属的储能电池和安全充电策略,这就导致需要采用不同的直流电压和电流。一个简单的功率变换器,通常只针对某个具体的车辆品牌或型号进行优化。

其次,一些对车辆重量影响不大的充电技术已被开发出来了。关键思想是利用已有的车载电力电子变换器实现充电。该充电电路通常被称为"集成充电器",它利用驱动电动机的双向变换器以及电动机本身的绕组实现充电功能,典型示意图如图 13.8 所示。

图 13.8 的关键是要认识到电感器 LS1、LS2 和 LS3 不是额外的磁性元件,而是电动机的实际绕组漏感。因此,唯一增加的部件是两个继电器 K1 和 K2。控制继电器,可以使电气回路从车辆正常运行时的三相电动机驱动的结构,配置为充电时的单相升压整流器。

以上两方面的考虑,与慢充设备的设计策略基本一致。第一种情况下,受住宅供电条件所限,家用插头的可用功率通常不超过 10kW;第二种情况下,用于驱动 PEV 电机的电气设备的尺寸适合其驱动功率要求。因此,平均充电功率通常限定为与电机额定功率相当的水平,对于小型轿车,其功率范围为 10~50kW。

慢充策略通常分为 1 级和 2 级,前者与常规家用交流插头(120V,15A)的连接相匹配,而后者的充电功率可高达 14.4kW(240V,60A),通常也适用于住宅。此外,这些慢充设备的功率

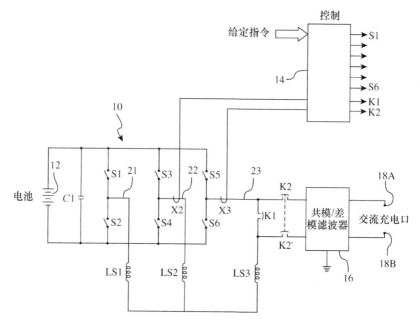

图 13.8 基于升压变换器的集成充电器[30]

级别与微电网的平均发电量以及相应的分布式电源容量基本匹配。这样看来,无论汽车通过住宅墙上插座还是通过微电网插座充电,可用的功率水平决定了采用车载充电器是正确的。

但是,电动汽车制造商很快意识到,尽管快速充电的成本很高,但只有在快充也可用的情况下,慢充的长充电周期才能被消费者所接受。目前的快充方法主要考虑两种解决方案。

第一个就是所谓的换电方案,即车主只需驾车前往服务站,就可以让自动化系统将用过的电池安全地更换为充满电的电池。另一种类似的思路则是给电池灌满氧化还原液。在这种情况下,不需要更换电池壳体,仅需将其排空,注入新鲜的液体电解质。但无论哪种形式,其明显的缺点是需要对电池尺寸、化学成分和容量都要实现精确的标准化。

第二种解决方案是允许直接接入电池组的直流端口,这样就可以通过一个非车载充电器以高达几百千瓦的功率对电池组进行充电。一般称为 3 级充电,可以在几分钟之内完成。在这种情况下,虽然电池本身可能不需要很高的标准化,但电池组需要在高电压充电过程中承受极高的充电电流。这使得该方案在很大程度上依赖于对电池和超级电容技术的必要改进。此外,同时为多辆汽车提供快充服务的公共充电站,将成为本地电网中的兆瓦级负荷。

尽管存在这些困难,但极有可能最终普遍采用换电或快速充电方案来补充甚至替换车载充电器。

13.4.2 并网基础设施

假定直连 DC 快充最终成为一种可选方式,车主将有两种选择。他们可能仍然倾向于使用 AC/DC 充电器(或电动汽车供电设备(EVSE)),选择在家中慢充。如前所述,由于住宅本身的局限性,这种充电器只能提供 5 ~ 10kW 相对较低的功率。然而,正如 13.5 节中进一步讨论的那样,这种方法可能会得到一些经济回报。另一种方法则是使用快速充电的公共设施,其功能类似于能够提供数兆瓦功率传输能力的加油站。虽然每千瓦时的成本会很高,但车主只需要等几分钟而不是几小时。

在以上两种情况下，智能电网技术支持的 V2G 功能将成为所有 EVSE 的标准功能，无论它们是公共、商业、半公共还是私有的。这将成为一个非常重要的分布式储能资源，可以供电力公司使用。更具体地说，PEV 设备将成为一些电网辅助服务的重要提供者，并且在调峰应用中发挥重要作用。这些功能将会后续单独进行分析。

13.4.2.1　PEV 作为"调峰器"

调峰器是一种小型但灵活的发电机组，可以较快地响应电网需求。历史上，天然气涡轮机或小型水力发电厂是调峰的首选设备。它们每天只运行几小时，因此只能提供有限的能量。同样地，大量的 PEV 也可以作为一种高度分散的储能资源来执行这项任务，而不会明显地消耗电池容量。不幸的是，尽管峰值响应需求较高，但如果峰值功率补偿不被视为一项"服务"，则电网公司将只补偿车主出售的能源[31]。这可能不会吸引到车主，因为车主必须考虑其他相关因素，例如额外造成的电池容量以及电力电子设备的损耗。不过据了解，随着未来能源市场模式的调整，该问题以及其他很多问题都将得以解决。

13.4.2.2　PEV 作为旋转备用和非旋转备用

旋转备用和非旋转备用是电网最有利可图的辅助服务之一。前者由并网发电机提供，但通常以非常低的容量运行。在供电中断的情况下，例如发电机或传输线路故障，这些备用发电机会迅速提供缺失功率。它们必须能够在 10min 内投入使用，并维持 1h 或更长时间的供电。非旋转备用是离线备用，需要在 30min 内提升到满功率运行。因为这属于一项辅助服务，电力公司将支付费用给这些备用的电能。事实上，即使没有提供能量，电力公司也会付费给提供这项服务的用户。PEV 车主自然可以提供这项服务，在其将车辆连接到电网时就开始获得收益，即使电池从未放电。此外，需要注意的是，PHEV 的电池容量比 AEV 的小，但其内燃机可以通过 V2G 指令启动，向电网提供电能，并起到旋转备用的作用。

13.4.2.3　PEV 作为电压/频率调节器

对于 PEV 而言，另一种更合适的辅助服务是调压/调频，包括按需实时地提供或吸收有限的能量。通常，请求是自动执行的，以便将所提供的瞬时电量与瞬时负载精确匹配，否则会导致电网频率和电压超限形成危险。能量的调度持续时间很短，只有几分钟的量级，但调度需求相对频繁。因此，这是一项持续的辅助服务。必须强调的是，由于所涉及的能量相对较小，并相当快速且有规律地改变方向，这意味着在相对很短的时间间隔内，PEV 电池的充放电量很小。从电力公司运营的角度来看，这种近乎瞬时的响应时间和 PEV 的分布式特征，使得调压、调频可能成为 V2G 最具竞争力的应用。

13.4.2.4　PEV 作为无功功率补偿器

对于 PEV 与电网接口的逆变器/整流器，其拓扑结构大都能够实现网侧电流谐波与功率因数的完全控制[32]。这意味着，可以按电网的需求实时注入无功功率。此外，由于无功功率转换不需要消耗电池存储的能量，因此可以在不给 PEV 电池增加任何额外负担的情况下提供此项服务。

13.5　V2G 和 V2H 概念

由于缺乏必要的通用化硬件基础设施以及包括 V2G 概念在内的新商业模式，目前还无法利用前面所描述的电动汽车优势。实现这一目标的路线图可能需要经历以下几个里程碑。

1）第一个阶段是最基本的，甚至不需要采用双向变换器。它将包括一个简单的由车辆 BMS 用户界面提供的可供车主选择的选项，允许电网计划何时启动或停用充电。作为回报，车主所需缴纳的单位电费更低。电网运营商和 BMS 之间的通信可以通过现有的移动通信技术来完成，不需要额外的基础设施或硬件。

2）第二个阶段是从前述简单直接的"电网友好型"充电时间窗口策略演变为更复杂的算法。例如，电网可以实时广播当前每千瓦时的成本，让车辆的 BMS 选择是否启动充电。使得一些辅助服务的向下调度功能成为可能，而向上调度则受限于现阶段 EVSE 的反向供电能力不足。能量聚合器功能的使用也将变得普遍。能量聚合器是连接车辆的通信和配电节点，彼此相邻并与电网相连。这使得电网可以从宏观上管理多个车辆的独立投入，以与具有某些行为可预测的重要的功率级模块相对应，类似于其他分布式能源。此外，由于聚合器的耗能将在兆瓦级，因此将允许从电力市场批发购电，从而降低每辆参与车辆的用电成本。

3）第三个阶段是双向能量流动将成为所有 EVSE 的标准功能。这种功能并不会立即用于控制反向输入的电网潮流。相反，PEV 电池可以先开始服务周边的就近应用，例如，满足用户家庭的用电需求。这种情况被称为 V2H，可能会先于 V2G 全面实施[33]，因为它有效地绕过了 V2G 需要建设许多大型基础设施的技术问题，却可以实现许多相同的目标。通过定价激励，可以利用停在住宅区并连接在电表用户侧的 PEV，使其在用电低谷时从电网吸收能量，并在用电高峰时为家用负荷供电。从而间接降低了电网的峰值功率，同时也减少了用户的电费。它还将减少 V2G 策略的整体传输损耗，因为电网电流将仅在一个方向流动，从电网到车辆，最后消耗在本地。

4）第四个阶段是，如果家庭装有可再生能源发电设备，车辆即可作为其储能装置，并在停电期间作为备用电源。虽然 V2H 和 V2G 在概念上有一些相似之处，但也有一些重要的区别。实际上，这些差异源于这样一个事实，即 V2G 可以利用大规模车辆使用的统计规律带来高预见性，但 V2H 不具备这方面的优势。简单地说，V2H 的实际效益较难估算，因为其依赖于许多不确定的变量，包括可用电动车的数量、通勤时间表、续航时间和距离、PEV 储能能力、可预测的本地发电量（如太阳电池板）的数量、不可预测的本地发电量（如风力发电）的存在与数量、居民区特有的能源消耗概况以及可利用的额外储能容量等。尽管这些问题需要复杂的管理算法来优化 V2H 的使用，但在对住宅基础设施进行相对较小的升级后，可以立即获得一些好处，如应急供电。这些升级主要包括安装转换开关，以便在应急供电期间断开住宅与电网的连接，并增强功率变换器的设计以检测孤岛条件。此外，当并网运行时，EVSE 必须采用电流模式以控制其对电网的输出电流，但离网运行时，则必须恢复到电压模式以控制输出电压。

5）第五个阶段是实现完整的 V2G 能量管理，并自动配置 V2H 所需的选项。这将包括电网侧与分布式发电侧的所有能量管理功能。

13.5.1 电网改造升级

为充分发挥电动汽车作为分布式电源的价值，大多数工业化国家的输电和配电网络必须考虑改造和升级。首先，要考虑电网目前需要的扩容程度。各种研究[34]表明，如果对电动汽车的典型充电模式进行仔细调研并优化选择为以夜间充电为主，则分布式发电的新增往往是不必要的，或者降到很少。事实上，由于 24h 整体电量需求曲线将更接近基本负荷曲线，这将减少电网对更高成本的负荷跟踪型发电单元的需求。因此，关键是如何有效地使电网更智能。实现这种智能的硬件和通信标准目前尚在研究之中。宽带数字接口可以考虑电力线通信（PLC）形式，也可以利用已经市场化的独立通信信道。在这两种情况下，电动汽车都和其他设备一样被视为这个智能电网的可控负荷，区别在于需要与电网的定价模型相协调，以实现复杂的车载电费计量。目前，使用电动汽车作为分布式电源应用主要存在两个问题：一是功率变换器缺乏双向性，二是缺乏实现智能电网功能的软件协议和硬件标准。目前在这两个问题中，前者是最容易实现的，因为已经确定了合适的电力电子拓扑的特征。

13.5.1.1　可再生能源和其他间歇性能源的市场化

近期的发展趋势表明,可再生能源在多元化能源市场的占有率日益增加。在市场占有率较低时,现有架构的管理控制依然可行。但以目前的增长速率看,这种情况在未来必须改变。对于太阳能和风力发电的间歇性,需要建立一个比目前更为灵活的补偿机制。基于此,大型电池组储能作为发电机和电网之间的缓冲,成为可再生能源接入时的必然选择。尤其对于风力发电,不仅具有间歇性,而且缺乏日均预测性,因为风在夜间和白天的小时数往往并不相同,这为变化的负荷增加了额外的不规则性。这意味着电动汽车不仅需要对电网提供易于控制的功率调节功能,还需要辅助调峰。但如前所述,除非修改电网定价模型,否则电动汽车车主将不会同意参与。不管怎样,都有理由对采用国家规模的电动车群完成辅助服务有所疑问。参考文献 [35] 的研究表明,这是完全可行的。假设基于50%的风能接入率和7000万辆电动汽车的可调用度,那么每辆车每天提供7kWh的电池能量或等效于电动汽车10% ~ 20%的储能容量,即可完成调峰功能。

13.5.1.2　专用的可再生能源充电基础设施

传统的微电网往往依赖柴油发电机作为单一能源。即使在这种情况下,仅依靠发电机本身的动态调节能力,很难适应任何负荷波动。而目前微电网的发展趋势是集成更多的可再生能源,其间歇性特征进一步恶化了这一问题。另一方面,由于采用可再生能源对电动汽车充电可以降低输电损耗,并显著减少了与电动汽车相关的碳足迹,因此还是获得了越来越多的认可。可再生能源充电设施主要分为两类:①离网或并网的小型装置;②并网的大型装置。一般低于250kW峰值功率可以看作是小型系统,可以满足约20辆车的日充电需求,并且需要额外配有储能系统,以缓冲本地能源的高峰和低谷。在离网情况下,这一点尤为重要。如果有多余电量无法就地消纳,又不能回馈电网,就需要相对长期的储能系统。并网的大型系统可以向电网注入或获取电能,以作为电网峰值调节的手段。不过,这些需要根据连接到电网的电动汽车数量,并通过统计方法对其调峰能力进行准确预测,最终才能发挥电动汽车的储能功能,尽可能地减少对额外储能配置的需求。因此,电动汽车虽然不可能彻底解决这样的固有问题,但仍然在相当程度上可以通过充电基础设施的运行,缓解本地可再生能源的就地消纳问题。

13.6　PEV 充电的电力电子技术

电动汽车供电设备的充电过程是通过复杂的电力电子电路实现的,一般需要根据充电的接入点与电源类型进行优化设计。下面先研究并网的电动汽车供电设备,然后分析双电源系统,如专用于电动汽车充电的并网可再生能源充电装置。最后简单讨论下基本的安全规范问题。

13.6.1　安全注意事项

对于非车载充电器,只有少数几个重要的安全需求会显著影响功率变换器的设计:①电池组与底盘和电网端子之间的隔离;②接地故障断路器 (GFI),以检测电网或电池侧的危险漏电流;③充电接口;④软件。典型的电动汽车供电设备及相关连接如图 13.9 所示。

充电系统可以采用两个GFI分别检测隔离变压器两边的故障或漏电流,以确保对用户的完全保护,并在故障发生时切断电路。因为车体在充电期间无法保证通过粗电缆接地,因此电池组与底盘之间完全隔离。事实上,现有的一些安全准则要求在电池组的每次充电循环之前都要进行安

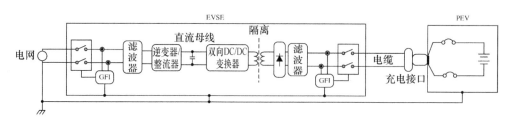

图 13.9 典型的电动汽车供电设备安全拓扑结构图

全隔离自检。在撰写本章期间，3 级直流充电实际采用的是东京电力公司开发的 **CHAdeMO** 标准。尽管与其竞争的其他标准可能最终普及并取代它，但 CHAdeMO 充电接口还是能够用来说明设计时应当考虑的安全问题。充电接口的机械部分可以与汽车插座自锁，以防止充电时意外脱落。充电接口的电气部分则包括电源线与通信线，通信线包括一个 CAN 总线以及几个基于光耦隔离的硬节点用来传输关键命令，例如开/关、启/停等。由电动汽车发送到充电器（或反之亦然）的关键信息都通过硬节点传输并确认。与总线相比，硬节点更加稳定且不易受电磁干扰。只有在传输的信息更复杂时，CAN 总线才会被激活。在发送充电指令前，会执行兼容性自检：EVSE 将其参数传送给 PEV（最大输出电压和电流、错误标志约定等），PEV 同样将其参数传送给 EVSE（目标电压、电池容量、过热阈值等）。在充电期间，PEV 不断地向 EVSE 更新瞬时充电电流指令（每 100ms 左右）和所有相关的状态标志。充电完成后，操作员可以安全地解锁充电接口，并驾车离开。

如上所述，充电系统中诸如安全性设备 GFI 的使用，以及硬节点与总线通信互补的可靠设计，都可以保证充电过程非常安全，电力电子设计仅需确保相对简单的电网侧和 PEV 电池侧的隔离设计。事实上，有效采用隔离变压器不仅可以简化设计，还可以利用变压器的匝数比获得电压放大能力，从而有利于提升电动汽车的储能容量。

13.6.2 住宅型并网充电系统

如前所述，住宅应用一般采用 1 级和 2 级充电标准，并且通过车载充电器或外部的 EVSE 实现。后者一般连接到 240V/60A 交流电源，通过单相双向整流器/逆变器，再经过双向 DC/DC 隔离变换器来进行充电。图 13.10 所示为大多数并网系统所广泛使用的一个单相 EVSE 的典型拓扑结构。

在北美，住宅配电变压器的 240V 供电

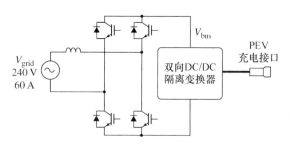

图 13.10 典型的单相 EVSE 拓扑结构图

一般由两个分立的 120V 电源组成。图 13.11 显示了在经典拓扑上做了微小改动后的两种可能情况。

图 13.11 中的这两种拓扑结构是相似的，但图 13.11b 具有更好的电压利用率，并且更适合于应对分布式电源上的不平衡负载[36]。对于 DC/DC 变换器，已有多种双向隔离型电路拓扑结构[37]。典型电路如图 13.12a 和 b 所示。

当两个 H 桥分别由各自的相移调制（PSM）独立驱动与控制时，通常被称为双有源桥（DAB）拓扑结构。在最简单的运行模式下，当需要变换器从左侧电路向右侧电路传送电能时，可保持右侧开关管（IGBT）关断，其反并联二极管将以常规二极管整流桥方式运行。在这种情

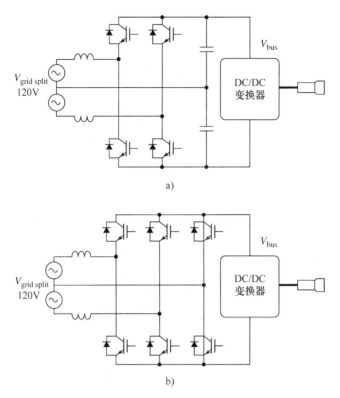

图 13.11　分立电源组合供电的 EVSE 典型拓扑结构

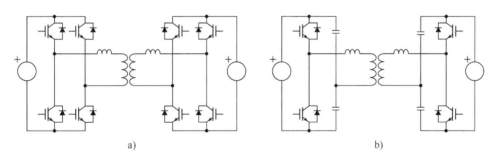

图 13.12　典型的双向降压 - 升压隔离 DC/DC 变换器拓扑结构

况下，拓扑简化为常规的 PSM 变换器，操作简单，但无法灵活调节电压增益。另外的工作模式是，两个 H 桥分别进行调制，则可以对功率进行双向传输，并且输入和输出电压的变化范围很大。此外，还可以通过零电压开关（ZVS）技术降低开关损耗，并抑制所产生的电磁干扰（EMI）。参考文献［38，39］提出了基于 DAB 的其他拓扑结构，并声称具有更好的开关利用率、可延长 ZVS 的运行区间以及更灵活的电压增益范围等优点。

13.6.3　公共型并网充电系统

考虑到相对较长的充电时间，公共停车场/充电桩一般只提供 2 级供电能力。由于公共区域大都会有几个停车场，因此住宅使用的充电结构并不是最优选择。此外，可以在电网安装一台变压器，向所有车辆提供隔离电源。通过这种方法，在满足安全规范的同时，可以采用更高效、更便宜的非隔离 DC/DC 变换器。图 13.13 给出了这种充电站的基本配置。对于整个充电网络，可参考图 13.14a 和 b 所示的拓扑结构。

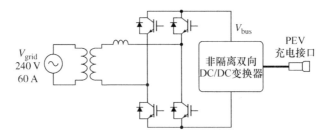

图 13.13　电网侧隔离的典型拓扑结构

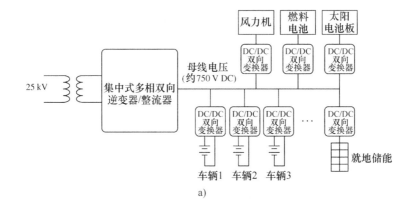

a)

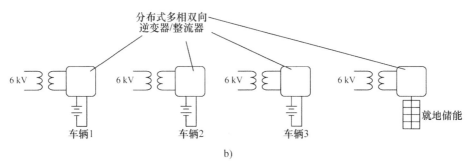

b)

图 13.14　a) 集中式结构；b) 分布式结构

在集中式结构[40]中，电网侧配置了一个大型多相 50/60Hz 降压变压器，为整个充电系统提供隔离。然后通过连接一个大型双向可控整流器，形成高压直流母线。各停车场使用廉价高效的非隔离 DC/DC 变换器，将母线电压转化为需要的电压等级，以满足不同电动汽车的充电要求。其他储能以及分布式电源，如风力机、燃料电池以及按当地电网规范选择隔离标准的光伏电池板等，都可以通过连接到高压直流母线而简化设计。此外，单变压器隔离结构可以保证没有直流电流注入电网，因此在相同目标下，不需要用到复杂的有源补偿技术。

然而，集中配置的这些优点在一定程度上被以下缺点所抵消：①需要笨重且通常效率较低的工频变压器；②大功率多相逆变器/整流器成本高；③变压器和中央逆变整流器的单点故障影响大；④每个非隔离 DC/DC 变换器的电压增益不足（否则需要采用隔离拓扑，通过调节高频变压器的匝数比获得电压增益）。

在 3 级（快速充电）公共充电系统中，还必须考虑其他技术方面的挑战。例如，对于额定电压在 200～600V 范围内的电池组，快速充电所需的总电流将高达数千安[43]。这些电流流过电缆，特别是连接器，会导致局部过热的问题，并且因电阻损耗而导致效率下降。此外，当充电站作为集中载荷连接到电网时，充电站的任何功率瞬变都极有可能造成电网局部电压波动。

第一个问题可以通过采用诸如先进的超低电阻充电接口来部分解决，同时还可将电网侧的隔离变压器就近部署在充电车辆附近，以尽可能减少电缆长度。另外，不到万不得已不要添加电能质量补偿调节装置。这些都说明充电站更优化的结构应该是分布式的，而不是集中式的。如图 13.15a 和 b 所示，分布式架构可将电网到电池的功率变化环节减少一半。但当输入输出电压增益范围较大时，这种单级方案可能不可行，特别是在需要降压 – 升压操作的情况下（参见本节后面关于 Z 变换器的讨论）。不过，如果需要额外增加一级 DC/DC 环节，最好的方式是与逆变器一体化集成，以提高效率。此外，如前所述，集中式功率变换架构除了存在单点故障外，还必须考虑系统的总功率，可能是兆瓦级。相比之下，分布式架构可以基于模块化设计形成规模化生产以降低成本，并保证更高的冗余可靠性，同时就近实现充电的功率调节功能，以减少相关的电阻损耗。

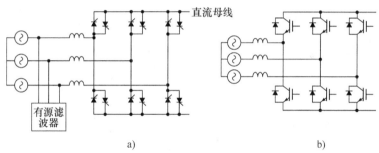

直流母线

有源滤波器

a)　　　　　　　　　　　b)

图 13.15　a）晶闸管全桥和有源滤波器；b）IGBT 全桥

仅针对特定地理位置，参考文献［41］研究了充电站动态运行对电网电能质量的影响。其中配电线路长度的影响，可能会造成高达 10% 的电压波动。将诸如飞轮、电池或超级电容器等储能系统集成到充电站，或许是解决这一问题的明显且可能是唯一的方法。这些储能设备在电网供电不足时提供能量，并在负载降低时存储电能，以此来平滑负载瞬态。此外，通过储能的平滑功能，可以采用较低功率等级的分布式电源，就能满足峰值负荷要求（低至峰值的 40%）[42]。

基于储能补偿动态功率冲击的功能，250kW 以下充电站设计的拓扑选型变得相对容易。显然，拓扑结构必须满足高效要求，具有低噪声及低元件数量特征，并且能够高频操作以减少物理尺寸。对于逆变器/整流器部分，还必须满足网侧电流的谐波要求。为了获得正弦且无纹波噪声的输入电流，存在几种较为复杂的方法。

一种方法是使用三相晶闸管桥。该装置可靠并且由于导通损耗小而效率高，同时也具有足够的可控性，可以调节直流母线[15]。为了滤除不必要的电流谐波成分，可以添加有源滤波器。该滤波器基于 IGBT 器件，变换功率只占总功率的一小部分。另一种方法使用完全受控的 IGBT 可控整流器，可以实现优异的电流特性，包括极低的输入电流失真，以及良好的稳压，并输出无纹波直线母线电压。

众所周知，采用更少的部件和更高的开关频率，还可以进一步减小电磁元件的尺寸。但是 IGBT 的开关损耗和导通损耗都比晶闸管大。因此还有一类简单的拓扑，可以在不使用有源滤波器的情况下，满足电流的谐波要求。比如图 13.16a、b 所示的 12 脉冲不控整流器，尽管需要增加电感滤波器配合运行。这种拓扑由于输出的直流母线不可调节，会造成后级 DC/DC 变换器无法实现最优设计。这时，可以考虑替换二极管为晶闸管，以实现直流母线的调节，并能满足输入电流的谐波要求。需要指出的是，这里提到的四个拓扑里，只有图 13.15a 和 b 所示的拓扑是双向的，因此，如果要实现 V2G，这是唯一的选择。对于后续的 DC/DC 变换器，常用的基本拓扑有升压、降压 – 升压、降压、Cuk、SEPIC 与 ZETA 等，一般来说，通过用晶体管替代二极管，就可以实现双向变换，如图 13.17a ~ d 所示，这些拓扑在不同功率流向下可以实现不同的功能。

不同的设计要求决定了采用不同的拓扑结构[40]，而其中有些设计实现后客观上很难更改。例如，采用降压 – 升压/降压 – 升压电路（见图 13.17c）实现的电压反向功能，并非所有应用都需要。并且其对开关应力提出了更高要求，需要设计一个更加复杂的电感，以保证能够吸收电池的脉冲电流。同样，ZETA/SEPIC 拓扑需要更多数量的器件，并且采用电容而非电感作为能量的缓冲单元。总体来说，只要可以保证直流母线电压高于电池电压——这也是前面讨论使用可控整流桥需要保证的要求——采用降压 – 升压拓扑结构（见图 13.17a）是非常适合的。此外，这种拓扑也容易通过并联运行实现模块化，以满足大容量功率的要求[41]。

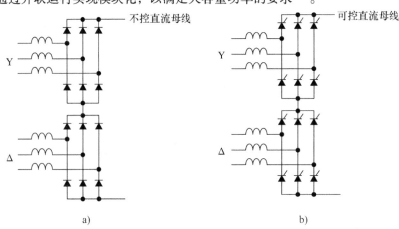

图 13.16　12 脉冲整流器电路

如图 13.18 所示，可以将需要转换的功率分割成 n 个相同的部分，然后使用众所周知的移相调制技术，以大大降低电池电流纹波。利用该电路，且 $n = 3$、开关频率为 2kHz 时，对于典型的 125kW 应用，可以实现高达 98.5% 的效率。

13.6.4　分布式可再生能源的并网系统

如前所述，当大量间歇性分布式电源系统接入电网时，可以通过预测 PEV 储能的统计分布，来优化降低本地专用储能容量的配置。这种场景基本符合城市中利用风能或太阳能供电的停车场，要求电动车辆能够与分布式发电和城市配电网同时进行智能的能量交互。图 13.14a 所示的场景可能并不理想，因为可再生能源将在 PEV 充电中占主导份额。相反，通过发挥分布式配置的优势，如图 13.14b 所示，只要能够采用宽输入输出电压运行范围的高增益变换器拓扑，就可以省掉一级变换。

图 13.19a ~ c 展示了几种可以用于太阳能停车场的充电站拓扑结构图。图 13.19a 所示架构的主要缺点在于，需要采用一个单独的 DC/DC 变换器从光伏向电池充电。此外，由于单相

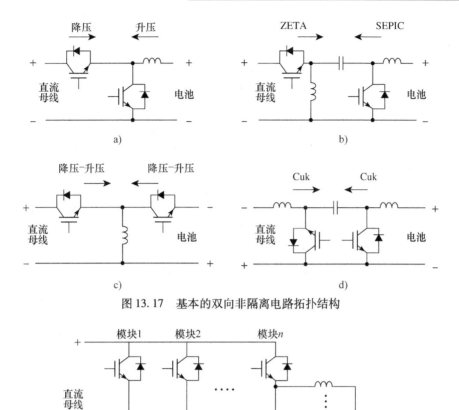

图 13.17　基本的双向非隔离电路拓扑结构

图 13.18　交错并联模块化 DC/DC 变换器拓扑结构

变换结构会形成二倍频，所以需要加入滤波环节，以免高频纹波电流注入电池。图 13.19b 所示的结构解决了相关纹波问题，但在电网和电池之间增加了一个额外的变换器。图 13.19c 所示的拓扑结构，需要一个能够在 PEV 和电网之间实现电能双向传递的变换器，并且控制光伏发电输出到 PEV 或者电网。此外，在理想情况下，应尽量采用一个单级变换器，以满足功率流动方向和宽范围电压增益调节能力。图 13.20a 和 b 所示的 Z 负载逆变器/整流器拓扑，就是一种不错的选择。

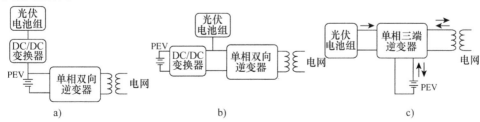

图 13.19　采用太阳能充电停车场的几种可行拓扑结构

参考文献［44 - 46］描述了 Z 负载变换器的工作特性。这种功率变换拓扑最显著的特点是，在同一个开关周期内通过两种不同的调制方式实现可控性，分别是占空比 *D* 和"直通"占空比

D_0。图 13.20b 所示的门极驱动模式描述了 D 和 D_0 的含义。可以看到，在 D_0 期间，所有四个开关都同时闭合，使电感充电，并最终使电容器、电池和电网侧的电压上升。因此，D_0 可以理解为与运行点相关的占空比，类似于一个电流源逆变器。另一方面，在 D 期间，变换器的工作方式与电压源逆变器相似，本质上是一个降压变换器。因此，适当地调节 D 和 D_0，可实现降压和升压运行，使得电池电压可高于或低于交流电压的峰值。这样可适用于较宽的交流与电池电压范围。最重要的是，由于双重调制，电网和电池电流的幅值和波形都可以精确地控制（电网电流为正弦，电池为无纹波直流）。通过简单地加入这两个额外的功率流管理，还可以实现光伏阵列的最大功率点跟踪（MPPT）。

图 13.20a 所示的拓扑结构，必须经过改进才能实现电池组的隔离。因此，需要加入如图 13.12b 所示的 DAB 变换器，从而得到图 13.21a 和 b 所示的详细示意图。其隔离环节看起来十分复杂，但实际上，其只不过是一个简单的双向变换器，带有小型且廉价的高频变压器，并在全占空比下开环运行，其中所有八个开关都由相同的信号驱动。此外，由于占空比总是 100%，可以有效保证 ZVS，因此通过相对较小的设备，就可以实现高效地运行。

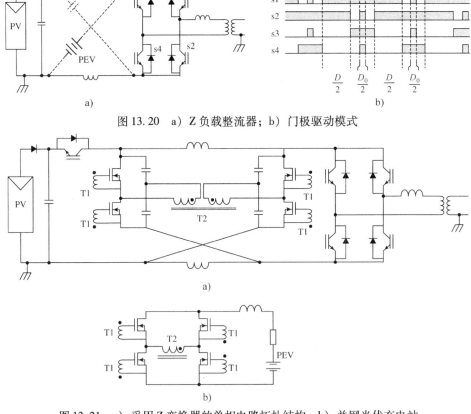

图 13.20 a）Z 负载整流器；b）门极驱动模式

图 13.21 a）采用 Z 变换器的单相电路拓扑结构；b）并网光伏充电站

因为采用了隔离 DC/DC 变换器，是否还需要 50/60Hz 隔离变压器值得商榷。在北美，通常光伏电池板这一侧在规范上必须要接地。尽管美国国家电气规范最近允许有条件的例外情况，但电网公司抵制该变化，主要原因是 AC/DC 变换器的直连结构可能会向配电变压器注入危险水平的直流电流。另外，如果北美像欧洲一样解除这种限制，就可以考虑采用其他更加高效可靠的电路。参考文献［47，48］提出了一些无变压器的拓扑结构，图 13.22 描述了这种无变压器结构的简化示意图。

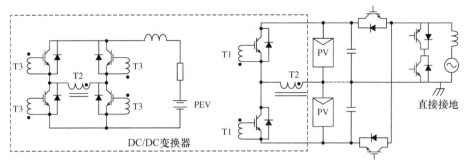

图 13.22　无变压器拓扑结构

无变压器结构中，DC/DC 变换器和整流/逆变部分是分开控制的，使得系统控制策略相对简单。其中，DC/DC 变换器实现 PWM 反馈回路控制，这意味着它不再具有 100% 占空比运行所带来的低开关损耗优点。在安全标准允许下，只要电路中有 GFI 额外保护设计，并在正常运行中不会对地产生漏电流，光伏电池板就不需要接地。最后一个要求是，在正常运行中，需要确保光伏电池板只有很小的共模电压（注意，这不能通过 Z 变换器实现）。尽管如此，中点仍然可以接地，如图中的虚线框所示，但性能会有所降低。

很显然，无论选择哪种架构，能量传递的控制肯定无法同时完全满足光伏、电网和 EV/PHEV 电池的任意电流需求。事实上，许多可再生能源本身都基于 MPPT 控制，因此必须满足式（13.1）中简单的功率平衡：

$$P_{MPPT} = P_{PEV} + P_G \tag{13.1}$$

式中，MPPT 的功率输出由分布式电源决定，其必须与电网和 PEV 电池吸收的功率（分别为 P_{PEV} 和 P_G）总和相等。由于 MPPT 会受到外部因素的影响，例如光伏电池板工作在多云天气下，因此 P_{PEV} 或 P_G 可以单独控制，但因为关联性而不能同时控制。采用哪个进行控制，很大程度上取决于 PEV 车主利用其车载储能的策略。因此，在以间歇性电源为主要能量来源的充电设施中，通过 PEV 分布式储能的互动参与，可以降低但很难完全消除对额外储能单元的需求。

参 考 文 献

1. Ehsani, M., Gao, Y., and Emadi, A. (2010) *Modern Electric, Hybrid Electric and Fuel Cell Vehicles, Fundamentals, Theory and Design*, 2nd edn, CRC Press, New York.
2. Husain, I. (2005) *Electric and Hybrid Vehicles, Design Fundamentals*, CRC Press, New York.
3. IEEE Spectrum Software Fix Extends Failing Batteries in 2006-2008 Honda Civic Hybrids: Is Cost Acceptable? http://spectrum.ieee.org/riskfactor/green-tech/advanced-cars/software-fix-extends-failing-batteries-in-20062008-honda-civic-hybrids-is-cost-acceptable (accessed 19 December 2013).
4. Crompton, T.R. (2000) *Battery Reference Book*, 3rd edn, Newnes.
5. Buchmann, I. (2001) *Batteries in a Portable World: A Handbook on Rechargeable Batteries for non-Engineers*, 2nd edn, Cadex Electronics Inc.
6. Dhameja, S. (2002) *Electric Vehicle Battery Systems*, Newnes.
7. Chen, L.R. (2008) Design of duty-varied voltage pulse charger for improving li-ion battery-charging response. *IEEE Transaction on Industrial Electronics*, **56** (2), 480–487.
8. Park, S.Y., Miwa, H., Clark, B.T. *et al.* (2008) A universal battery charging algorithm for Ni-Cd, Ni-MH, SLA, and Li-Ion for wide range voltage in portable applications. Proceedings IEEE Power Electronics Specialists Conference, Rhodes, Greece, pp. 4689–4694.
9. Hua, C.C. and Lin, M.Y. (2000) A study of charging control of lead acid battery for electric vehicles. Proceedings IEEE International Symposium on Industrial Electronics, Vol. 1, pp. 135–140.
10. West, S. and Krein, P.T. (2000) Equalization of valve-regulated lead acid batteries: issues and life tests. Proceedings IEEE International Telecommunications Energy Conference, pp. 439–446.

11. Brost, R.D. (1998) Performance of valve-regulated lead acid batteries in EV1 extended series strings. Proceedings of IEEE Battery Conference on Applications and Advances, Long Beach, CA, pp. 25–29.

12. Bentley, W.F. (1997) Cell balancing considerations for lithium-ion battery systems. Proceedings IEEE Battery Conference on Applications and Advances, Long Beach, CA, pp. 223–226.

13. Krein, P.T. and Balog, R.S. (2002) Life extension through charge equalization of lead-acid batteries. Proceedings IEEE International Telecommunications Energy Conference, pp. 516–523.

14. Lohner, A., Karden, E., and DeDoncker, R.W. (1997) Charge equalizing and lifetime increasing with a new charging method for VRLA batteries. Proceedings IEEE International Telecommunications Energy Conference, pp. 407–411.

15. Moore, S.W. and Schneider, P.J. (2001) A review of cell equalization methods for lithium ion and lithium polymer battery systems. Proceedings SAE 2001 World Congress, Detroit, MI.

16. Nishijima, K., Sakamoto, H., and Harada, K. (2000) A PWM controlled simple and high performance battery balancing system. Proceedings IEEE 31st Annual Power Electronics Specialists Conference, Galway, Ireland, Vol. 1, pp. 517–520.

17. Isaacson, M.J., Hoolandsworth, R.P., and Giampaoli, P.J. (2000) Advanced lithium ion battery charger. Proceedings IEEE Battery Conference on Applications and Advances, pp. 193–198.

18. Pascual, C. and Krein, P.T. (1997) Switched capacitor system for automatic series battery equalization. Proceedings 12th Annual Applied Power Electronics Conference and Exposition, Atlanta, GA, Vol. 2, pp. 848–854.

19. Hung, S.T., Hopkins, D.C., and Mosling, C.R. (1993) Extension of battery life via charge equalization control. *IEEE Transactions On Industrial Electronics*, **40** (1), 96–104.

20. Cao, J., Schofield, N., and Emadi, A. (2008) Battery balancing methods: a comprehensive review. Proceedings IEEE Vehicle Power and Propulsion Conference, Harbin, China, pp. 1–6.

21. Lee, Y.S., Wang, W.Y., and Kuo, T.Y. (2008) Soft computing for battery state-of-charge (BSOC) estimation in battery string systems. *IEEE Transactions on Industrial Electronics*, **55** (1), 229–239.

22. Shen, W.X., Chan, C.C., Lo, E.W.C., and Chau, K.T. (2002) Adaptive neuro-fuzzy modeling of battery residual capacity for electric vehicles. *IEEE Transactions on Industrial Electronics*, **49** (3), 677–684.

23. Piller, S., Perrin, M., and Jossen, A. (2001) Methods for state-of-charge determination and their applications. *Journal of Power Sources*, **96** (1), 113–120.

24. Ullah, Z., Burford, B., and Dillip, S. (1996) Fast intelligent battery charging: neural-fuzzy approach. *IEEE Aerospace and Electronics Systems Magazine*, **11** (6), 26–34.

25. Atlung, S. and Zachau-Christiansen, B. (1994) Failure mode of the negative plate in recombinant lead/acid batteries. *Journal of Power Sources*, **52** (2), 201–209.

26. Feder, D.O., Jones, W.E.M. (1996) Gas evolution, dryout, and lifetime of VRLA cells an attempt to clarify fifteen years of confusion and misunderstanding. Proceedings IEEE International Telecommunications Energy Conference, pp. 184–192.

27. Jones, W.E.M. and Feder, D.O. (1996) Behavior of VRLA cells on long term float. II. The effects of temperature, voltage and catalysis on gas evolution and consequent water loss. Proceedings IEEE International Telecommunications Energy Conference, pp. 358–366.

28. Nelson, R.F., Sexton, E.D., Olson, J.B. *et al.* (2000) Search for an optimized cyclic charging algorithm for valve-regulated lead–acid batteries. *Journal of Power Sources*, **88** (1), 44–52.

29. Kempton, W., Tomic, J., Brooks, A., and Lipman, T. (2001) Vehicle-to-Grid Power: Battery, Hybrid, and Fuel Cell Vehicles as Resources for distributed Electric Power in California. UCD-ITS-RR-01-03.

30. Cocconi, A.G. (1994) Combined motor drive and battery recharge system. US Patent 5, 341, 075.

31. Kempton, W. and Kubo, T. (2000) Electric-drive vehicles for peak power in Japan. *Energy Policy*, **28**, 9–18.

32. Kisacikoglu, M.C., Ozpineci, B., and Tolbert, L.M. (2010) Examination of a PHEV bidirectional charger system for V2G reactive power compensation. IEEE Applied Power Electronics Conference, Palm Springs, CA.

33. Tuttle, D.P. and Baldick, R. (2012) The Evolution of Plug-in Electric Vehicle-Grid Interactions. The University of Texas at Austin Department of Electrical and Computer Engineering.

34. Jenkins, S.D., Rossmaier, J.R., and Ferdowsi, M. (2008) Utilization and effect of plug-in hybrid electric vehicles in the United States. Power Grid, Vehicle Power and Propulsion Conference.

35. Kempton, W. and Tomic, J. (2005) Vehicle-to-grid power implementation: from stabilizing the grid to supporting large-scale renewable energy. *Journal of Power Sources*, **144** (1), 280–294.

36. Wang, J., Peng, F.Z., Anderson, J. *et al.* (2004) Low cost fuel cell converter system for residential power generation. *IEEE Transactions on Power Electronics*, **19** (5), 1315–1322.

37. Han, S. and Divan, D. (2008) Bi-directional DC/DC converters for plug-in hybrid electric vehicle (PHEV). Applications, Applied Power Electronics Conference and Exposition, APEC.

38. Peng, F.Z., Li, H., Su, G.-J., and Lawler, J.S. (2004) A new ZVS bidirectional DC–DC converter for fuel cell and battery application. *IEEE Transactions on Power Electronics*, **19** (1), 54–65.
39. Xiao, H., Guo, L., and Xie, L. (2007) A new ZVS bidirectional DC-DC converter with phase-shift plus PWM control scheme. Applied Power Electronics Conference, APEC, pp. 943–948.
40. Du, Y., Zhou, X., Bai, S. *et al.* (2010) Review of non-isolated bi-directional DC-DC converters for plug-in hybrid electric vehicle charge station application at municipal parking decks. Applied Power Electronics Conference and Exposition (APEC), pp. 1145–1151.
41. Aggeler, D., Canales, F., Zelaya, H. *et al.* (2010) Ultra-fast DC-charge infrastructures for EV-mobility and future smart grids. Innovative Smart Grid Technologies Conference Europe (ISGT Europe), IEEE PES.
42. Bai, S., Du, Y., and Lukic, S. (2010) Optimum design of an EV/PHEV charging station with DC bus and storage system. Energy Conversion Congress and Exposition (ECCE), pp. 1178–1184.
43. Buso, S., Malesani, L., Mattavelli, P., and Veronese, R. (1998) Design and fully digital control of parallel active filters for thyristor rectifiers to comply with IEC-1000-3-2 standards. *IEEE Transactions on Industry Applications*, **34** (3), 508–517.
44. Peng, Z. (2003) Z-source inverter. *IEEE Transactions on Industry Applications*, **39** (2), 504–510.
45. Peng, F.Z., Shen, M., and Holland, K. (2007) Application of Z-source inverter for traction drive of fuel cell – battery hybrid electric vehicles. *IEEE Transactions on Power Electronics*, **22** (3), 1054–1061.
46. Carli, G. and Williamson, S. (2009) On the elimination of pulsed output current in Z-loaded chargers/rectifiers. Proceedings IEEE Applied Power Electronics Conference and Exposition, Washington, DC.
47. González, R., López, J., Sanchis, P., and Marroyo, L. (2007) Transformer-less inverter for single-phase photovoltaic systems. *IEEE Transactions on Power Electronics*, **22** (2), 693–697.
48. Kerekes, T., Teodorescu, R., and Borup, U. (2007) Transformer-less photovoltaic inverters connected to the grid. Proceedings IEEE Applied Power Electronics Conference and Exposition.

第 14 章　多电平变流器/逆变器拓扑结构与应用

Baoming Ge[1]，彭方正[1]，李永东[2]
[1]美国密歇根州立大学电气与计算机工程系
[2]中国清华大学电机系

14.1　简介

　　清洁能源和节能的需求激发了可持续能源发电和可调速传动系统（Adjustable Speed Drives，ASD）的快速增长。目前，风能和太阳能发电作为广泛应用的可再生能源，其发电厂的功率等级可达数十兆瓦。许多层压机、磨机、输送机、泵、风机、鼓风机和压缩机都需要大型中压 ASD（几千伏至几十千伏）。此外，柔性交流输电系统（Flexible AC Transmission System，FACTS）设备具备控制电网潮流、电压和频率的能力，可用于提高电网的输送能力、减少拥塞、提高可控性并消纳更多的可再生能源。FACTS 通常用于中压配电或高压输电系统。上述应用若采用传统的两电平逆变器，则需要利用升压变压器和/或曲折连接变压器以实现中高压电平输出，并将输出电压合成为多脉波的波形。然而，变压器体积庞大、存在损耗、成本高且有非线性/饱和问题，导致系统控制困难。

　　多电平逆变器提供了一种新颖的方法，可以在不使用变压器的情况下实现高电压输出并降低谐波。由于没有变压器且开关频率较低，多电平逆变器可实现更高的效率、更小的尺寸和更低的成本。目前已有不少多电平变流器/逆变器拓扑结构，包括典型的串联式、二极管钳位式以及电容钳位式等多电平结构[1-9]。其中，串联式多电平逆变器（Cascaded Multilevel Inverter，CMI）具有器件数量少和模块化结构的特点，已广泛用于 FACTS、中压 ASD 和可再生能源发电。

　　本章主要阐释多电平变流器/逆变器的基本概念，着重介绍了三种典型拓扑，并就各自最适合的应用来描述其优缺点。广义多电平逆变器拓扑将三种典型的多电平逆变器结合起来，并且具有衍生其他多电平拓扑结构的能力，如模块化多电平变流器（MMC）、无磁性器件多电平 DC/DC 变换器和层叠式多单元变流器。作为本章的应用实例，星接、角接和面对面连接的串联式多电平逆变器应用于静止无功发生器（Static Var Generation，SVG）、静止同步补偿器（Static Synchronous Compensator，STATCOM）和 FACTS。其中，角接串联式多电平逆变器是应用于变频器和光伏（photovoltaic，PV）发电系统的最有前景的一种拓扑。

　　多电平概念的另一个新兴应用是多电平 DC/DC 变换器，其可以在无磁性器件的情况下实现很高的升压比。无磁性器件不仅降低了变换器的尺寸和损耗，而且可以避免在高温应用下磁性器件由于磁导率随温度升高而急剧下降导致的磁饱和及不稳定因素，更适用于高温应用。本章对小型化、高效率、适用于高温应用的无磁性器件多电平 DC/DC 变换器进行了详细介绍。首先介绍了无磁性器件 3X DC/DC 变换器的广义多电平拓扑结构。随后，逐步讨论了其 3X 简化方案、多电平模块化电容钳位式直流变换器（Multilevel Modular Capacitor Clamped DC/DC Converter，MMC-CC）以及 nX 变换器。为进一步降低功率损耗，引入了零电流开关（Zero Current Switching，ZCS）方法。

　　由于器件数量众多，多电平变流器发生故障的概率较高。为此，本章分析了多电平变流器的容错性和可靠性,并以串联式多电平逆变器为例加以说明。

14.2 多电平变流器/逆变器基础

14.2.1 什么是多电平变流器/逆变器

标准三相逆变器如图 14.1a 所示,其中以理想开关代表功率半导体开关。每相桥臂能够输出两个电压值,也即所谓的两电平电压。我们以 A 相桥臂为例加以说明。如图 14.1b 所示,当开关 S_2 导通时,$u_A = V_{DC}$(此时 S_1 关断以避免桥臂直通);当开关 S_1 导通时,$u_A = 0$(此时 S_2 关断以避免直通),图 14.1c 给出了两电平输出电压的波形。为使三电平桥臂输出三个电平,则必须增加一个电压值,如图 14.2a 所示。采用类似的方式,对于 N 电平的桥臂,应增加 $N-2$ 个电压值,如图 14.2c 所示。例如,如果 $N=6$,则图 14.2d 可提供六电平输出电压。

对于具有三个以上电平的多电平逆变器,图 14.2 仅仅说明了多电平的概念,而不是实际可行的实现方式。因为其中某些开关的电压应力很高,例如 S_2 和 S_1 应该具有支撑整个直流母线电压的能力。后面将给出几种实际可行的拓扑结构。

多电平逆变器具有以下优点:①较低的 dv/dt;②电平数越高,电压波形的畸变率越小;③即使在较低开关频率下也可产生近似正弦波电压,相应地降低了系统损耗,因而适用于大功率系统。

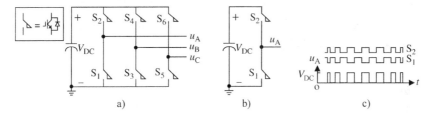

图 14.1 标准的三相两电平逆变器:a) 标准三相逆变器;b) 单相两电平逆变器;c) 两电平电压波形

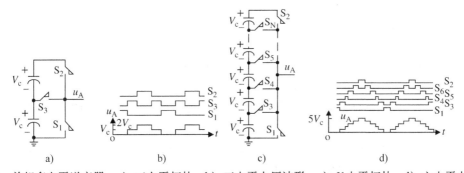

图 14.2 单相多电平逆变器;a) 三电平拓扑;b) 三电平电压波形;c) N 电平拓扑;d) 六电平电压波形

14.2.2 三种典型多电平实现拓扑

14.2.2.1 二极管钳位式多电平逆变器

二极管钳位也被称为中性点钳位(Neutral Point Clamped,NPC),这种多电平逆变器是最早的一种多电平拓扑[1]。图 14.3 给出了 NPC 三电平逆变器的一相桥臂结构。与图 14.2a 相同,其直流母线电压由两个串联的电容器支撑，中性点位于两个电容器的中点。输出电压 u_A 可以是三个电压值：$+V_{C1}$、0 和 $-V_{C2}$。开关 S_{a1} 和 S_{a2} 导通，则输出电压 u_A 为 $+V_{C1}$；开关 S'_{a1} 和 S'_{a2} 导通，则输出电压为 $-V_{C2}$；开关 S_{a2} 和 S'_{a1} 导通，则输出电压 $u_A = 0$。当 S_{a1}、S_{a2} 导通或者 S'_{a1}、S'_{a2} 导通时，二极管 D 和 D′将开关电压钳位到 V_{C1} 或 V_{C2}。对于 N 电平，每个开关器件所承受的电压只有一个电容的电压，即 V_{DC}/N，其中 V_{DC} 是直流母线电压。理论上，这种拓扑结构可以在高压应用中采用低压器件扩展到任意电平数。

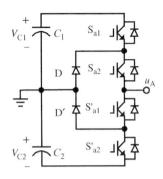

图 14.3　二极管钳位式三电平逆变器

然而，如果包括二极管、有源开关器件以及电容等在内的所有器件的电压等级相同，则每相需要 $(N-1) \times (N-2)$ 个额外的钳位二极管才能实现 N 电平，因此二极管数量的增长呈指数形式。对高压应用，大量的钳位二极管会带来成本高和体积大的问题，另外还需要特殊控制策略以平衡电容电压。因此在大多数实际应用中，二极管钳位式多电平逆变器被限制在五电平以下。

14.2.2.2　飞跨电容式多电平逆变器

飞跨电容式逆变器是多电平逆变器的另一种实现方式，也被称作电容钳位式多电平逆变器[2]。这里采用电容器钳位开关器件电压而不是二极管。图 14.4 给出了该方案的三电平拓扑。当 S_{a1} 和 S_{a2} 导通时，$u_A = +V_{C1}$；当 S'_{a1} 和 S'_{a2} 导通时，$u_A = -V_{C2}$；当 S_{a1} 和 S'_{a1}（或 S_{a2} 和 S'_{a2}）导通时，$u_A = 0$。这种拓扑需要的电容较多。如果所有器件包括电容和功率开关的电压等级相同，则 N 电平逆变器每相将需要 $(N-1) \times (N-2)/2$ 个电容。此外，必须采用复杂的控制策略和较高的开关频率来平衡每个电容器的电压。对于电网应用，需要很多的电容数量才能达到所需高电压等级。

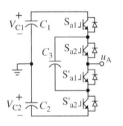

图 14.4　电容钳位式三电平逆变器

14.2.2.3　串联式多电平逆变器

如图 14.5a 所示，为了实现 N 电平的输出电压，一相逆变桥臂由 $(N-1)/2$ 个全桥逆变模块级联而成[3-6]。每个全桥模块可输出三种电平：$+V_C$、0 和 $-V_C$。下面采用串联式九电平逆变器来阐释其工作原理，如图 14.5b 和 c 所示。四个模块的输出电压构成相电压 u_{An}，即 $u_{An} = V_{Ca1} + V_{Ca2} + V_{Ca3} + V_{Ca4}$，其中 V_{Cax} 是模块 x 的输出电压，$x = 1$、2、3、4。

与二极管钳位式和电容钳位式多电平逆变器相比，串联式多电平逆变器需要的器件较少，非常适合高压应用。对于谐波或无功补偿应用，甚至都不需要单独的直流电源。如果有单独的直流电源，例如光伏电池板和隔离变压器，则串联式多电平逆变器可用于中压 ASD、光伏发电等应用场合，且每个全桥模块都有均衡的直流电压。

除了图 14.5c 所示的堆波调制之外，串联式多电平逆变器还可以采用许多其他的调制策略，例如最流行的基于载波的脉宽调制（Pulse Width Modulation，PWM）和空间矢量调制（Space Vector Modulation，SVM）。大多数载波调制方法源自载波层叠调制法，例如，相邻反相层叠法、正负反相层叠法和同相层叠法（Phase Disposition，PD）。基于 PD 的载波移相 PWM 广泛应用于串联式多电平逆变器，这是因为该调制方法可在各模块之间实现开关瞬态的自动均衡。

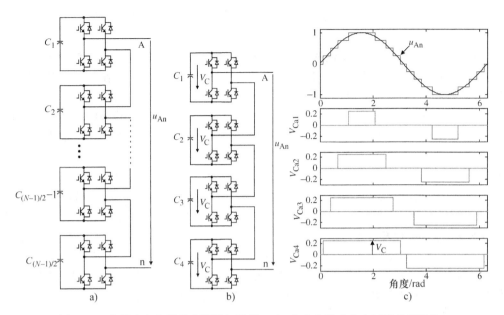

图 14.5 串联式多电平逆变器单相桥臂：a）广义串联式多电平逆变器结构；
b）九电平逆变器；c）九电平逆变器输出电压波形

14.2.3 多电平变流器/逆变器的广义拓扑及其衍生拓扑

14.2.3.1 广义多电平拓扑

图 14.6 给出了一种广义多电平逆变器拓扑结构，所有开关器件、二极管和电容只需要承受直流母线电压的 $1/(N-1)$ [10]。如图 14.6 所示，到"两电平"这条线可以得到两电平逆变器，到"三电平"这条线则为三电平逆变器，以此类推，到"N 电平"这条线则可以构建出 N 电平

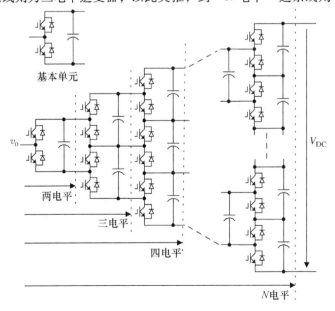

图 14.6 广义多电平逆变器拓扑

逆变器。所有这些都是由"基本单元"构建而成，整体看起来就像是一个基于基本单元的水平放置的金字塔。

下面以图 14.7 所示的五电平逆变器为例来阐释其工作原理。外侧开关（虚线框内）是产生所需电压波形的主要功率开关器件。内侧开关（虚线框外）用于平衡电容电压。该拓扑结构具有自平衡能力，每个功率器件承受电压均为 $V_{DC}/4$。图 14.8 所示为零电压输出的开关状态，图 14.9 和图 14.10 则展示了输出 $V_{DC}/4$ 电压的两种方式，其中，实线圈和虚线圈内的器件导通，其余的器件关断。此外，实线圈内的主功率开关器件导通以产生所需的电压电平；虚线圈内的器件则使电容电压平衡。如图 14.8 所示，开关 $S_{n1} \sim S_{n4}$ 导通，则输出零电压，此时电容 C_1、C_3、C_6 和 C_{10} 通过导通开关 S_{c1}、S_{c5} 和 S_{c11} 实现并联，以平衡其电容电压，即 $V_{C1} = V_{C3} = V_{C6} = V_{C10}$。类似地，$S_{c3}$ 和 S_{c9} 导通使得 $V_{C2} = V_{C5} = V_{C9}$；开关 S_{c7} 导通以使电容 C_4 和 C_8 的电压平衡，即 $V_{C4} = V_{C8}$。图 14.9 展示了如何生成 $v_o = V_{DC}/4$，并使得 $V_{C1} = V_{C3} = V_{C6} = V_{C10}$，$V_{C2} = V_{C5} = V_{C9}$ 以及 $V_{C4} = V_{C8}$。可生成 $v_o = V_{DC}/4$ 的其他可选开关状态在表 14.1 中一一列出，图 14.10 所示为其中一种，此时有 $V_{C3} = V_{C6} = V_{C10}$，$V_{C1} = V_{C2} = V_{C5} = V_{C9}$ 以及 $V_{C4} = V_{C8}$。表 14.10 还列出了生成 $V_{DC}/2$、$3V_{DC}/4$ 以及 V_{DC} 所需的所有开关状态，其中，$S_{p1} \sim S_{p4}$ 的开关状态是独立的，其各种组合表示了整个电路的所有状态，而其他开关的状态则可根据与其相邻开关状态互补的原则来推导得出。

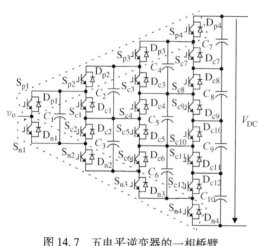

图 14.7　五电平逆变器的一相桥臂

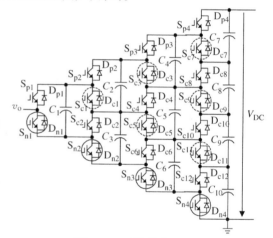

图 14.8　开关状态 $v_o = 0$

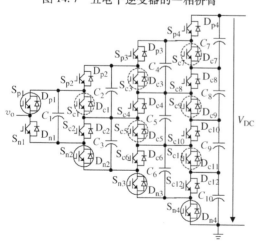

图 14.9　开关状态 $v_o = V_{DC}/4$

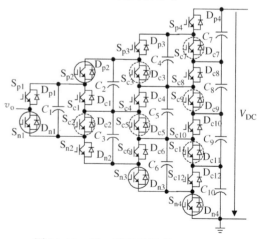

图 14.10　另一种开关状态 $v_o = V_{DC}/4$

表 14.1　生成五种电平的开关状态[10]

输出电压	电容① 路径	开关状态②			
		S_{p1}	S_{p2}	S_{p3}	S_{p4}
$0V_{DC}$	无	0	0	0	0
$V_{DC}/4$	$+C_1$	1	0	0	0
	$-C_1+C_2+C_3$	0	1	0	0
	$-C_3-C_2+C_4+C_5+C_6$	0	0	1	0
	$-C_6-C_5-C_4+C_7+C_8+C_9+C_{10}$	0	0	0	1
$V_{DC}/2$	$+C_2+C_3$	1	1	0	0
	$-C_1+C_4+C_5+C_6$	0	1	1	0
	$-C_3-C_2+C_7+C_8+C_9+C_{10}$	0	0	1	1
	$+C_1-C_3-C_2+C_4+C_5+C_6$	1	0	1	0
	$+C_1-C_4-C_5-C_6+C_7+C_8+C_9+C_{10}$	1	0	0	1
	$-C_1+C_2+C_3-C_6-C_5-C_4+C_7+C_8+C_9+C_{10}$	0	1	0	1
$3V_{DC}/4$	$+C_4+C_5+C_6$	1	1	1	0
	$-C_1+C_7+C_8+C_9$	0	1	1	1
	$+C_2+C_3-C_4-C_5-C_6+C_7+C_8+C_9+C_{10}$	1	1	0	1
	$+C_1-C_2-C_3+C_7+C_8+C_9+C_{10}$	1	0	1	1
V_{DC}	$+C_7+C_8+C_9+C_{10}$	1	1	1	1

① 电容被用于生成所需输出电平，"+"表示电容正向串接在输出回路中；"－"则表示电容反向连接。
② "1"表示导通，"0"表示关断。

　　对于无功功率和谐波补偿，不需要隔离直流电源来给串联式、二极管钳位式和电容钳位式多电平逆变器的直流馈送能量，通过恰当的控制策略即使电平数 $N>3$ 也可以维持电容电压的稳定。对于电动机驱动或其他涉及有功功率传输的相关应用时，这三种多电平拓扑必须采用隔离直流电源或复杂的电压平衡电路。然而，无论是有功功率还是无功功率转换，广义多电平逆变器在每个电平下都可以实现自平衡。此外，二极管钳位式、电容钳位式、串联式多电平甚至传统的两电平逆变器都可从这种广义拓扑中推导得到。将图 14.6 中的钳位开关和电容移除并交换二极管钳位路径，即可得到传统的二极管钳位式多电平逆变器，如图 14.11 所示。通过移去图 14.6 中的钳位开关和二极管，可得到如图 14.12 所示的电容钳位（或飞跨电容）式多电平逆变器。图 14.13 则显示了从图 14.6 推导得到的串联式多电平逆变器。

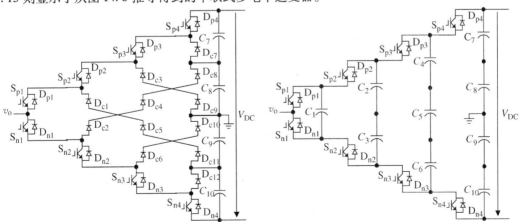

图 14.11　推导得到的二极管钳位式五电平逆变器　　图 14.12　推导得到的电容钳位式五电平逆变器

14.2.3.2 其他多电平衍生拓扑

广义多电平逆变器拓扑很容易派生出新的多电平逆变器。例如，移去图 14.6 中所有的钳位开关后，可得到图 14.14 所示的二极管与电容混合钳位的多电平逆变器；去除图 14.6 中的钳位开关与电容，则得到一种新型的二极管钳位式多电平逆变器，如图 14.15 所示。图 14.16 为 Z 形多电平拓扑[11]。图 14.17 则为推导得到的 MMC，在实际应用中，MMC 的上下桥臂应分别串接电感以进行保护。

MMC 于 2001 年被提出，目前是适用于中高压领域的一种非常有吸引力的拓扑[12-14]。如图 14.17 所示，该拓扑中每个模块都是受控电压源。假设所有模块具有相同的电容电压 V_C，则端电压 V_{pi} 或 V_{ni}

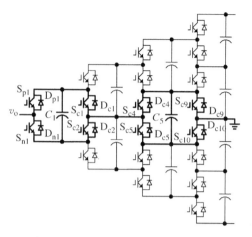

图 14.13　只采用中间单元（粗实线）而推导得到的串联式多电平逆变器

（$i = 1, 2$）可以是 0V 或 V_C，而与电流 $i_{a,i}$ 的符号无关。通过控制上下桥臂的模块可以调节电压 V_{DC} 和 V_{AC}，但它们必须满足以下等式的要求：

$$V_{DC} + |2V_{AC}| \leqslant 2 \times 2V_C \tag{14.1}$$

如果 V_{DC} 为恒值且 $V_{DC} = 2V_C$，则输出电压的限制为

$$|V_{AC}| \leqslant 2V_c \tag{14.2}$$

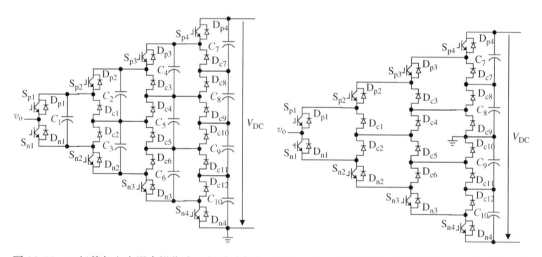

图 14.14　二极管与电容混合钳位式五电平逆变器　图 14.15　一种新型的二极管钳位式五电平逆变器

图 14.18 与图 14.19 分别给出了推导得到的 Marx 多电平变流器及层叠式多单元变流器[15]。图 14.20 ~ 图 14.22 则给出了三种有源钳位 NPC 变流器[15]。

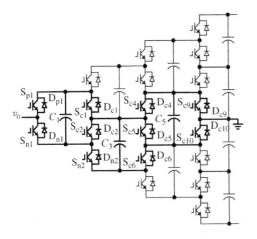

图 14.16　Z 形多电平逆变器（粗实线）

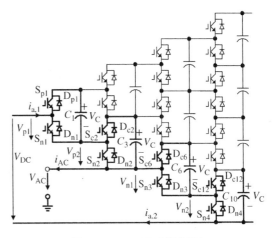

图 14.17　MMC（粗实线）

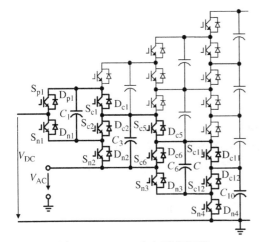

图 14.18　Marx 多电平变流器

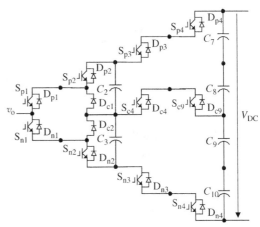

图 14.19　层叠式多单元变流器

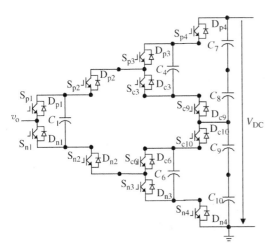

图 14.20　I 型有源钳位 NPC 变流器

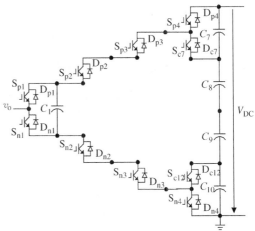

图 14.21　II 型有源钳位 NPC 变流器

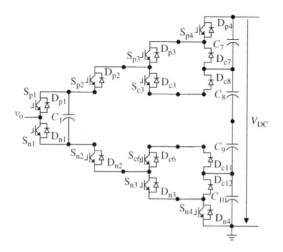

图 14.22 III 型有源钳位 NPC 变流器

14.3 串联式多电平逆变器及其应用

14.3.1 串联式多电平逆变器的实用优势

随着长距离交流输电和负载的增长，为了稳定电力系统，需要对无功功率进行控制。为此，传统的 48 脉波逆变器采用 8 个 6 脉波逆变器和 8 个曲折连接变压器来使 SVG 实现高电压运行。然而这些变压器价格昂贵、损耗大、体积大，同时由于存在磁饱和、直流偏置、浪涌电压等问题使得控制变得困难。

多电平逆变器无需传统 SVG 的变压器即可实现高电压运行，但是二极管钳位式多电平逆变器则需要 $(N-1) \times (N-2) \times 3$ 个附加钳位二极管来提供 N 电平电压，电容钳位多电平逆变器则需要 $(N-1) \times (N-2) \times 3/2 + (N-1)$ 个电容器。此外，飞跨电容逆变器需要很高的开关频率来均衡每个电容电压，控制起来非常复杂。

串联式多电平逆变器能够很好地克服上述问题[16,17]。只需要 $(N-1) \times 3/2$ 个电容器和 $2(N-1) \times 3$ 个开关器件就可以实现 N 电平的三相电压输出，这一数量是三种拓扑中最少的。

14.3.2 星接串联式多电平逆变器及其应用

14.3.2.1 应用于静止无功发生器的星接串联式多电平逆变器

图 14.23 所示为三相星接 11 电平串联式多电平逆变器，该逆变器使用开关器件代替曲折连接变压器来合成所需电压波形[16-18]。逆变器每相由 5 个 H 桥功率模块级联组成，11 电平输出电压 U_{Can} 如图 14.24 所示，其中 V_{Cai}（$i = 1, 2, \cdots, 5$）表示 a 相第 i 个模块的输出电压。

14.3.2.2 用于中压电动机驱动的星接混合串联式多电平逆变器

通过额外的独立电源，串联式多电平逆变器可用于控制有功功率的传输，如 ASD[4,19] 和光伏发电系统[20]。事实上，尽管需要多个变压器绕组，串联式多电平逆变器在中压 ASD 领域仍被大量使用。

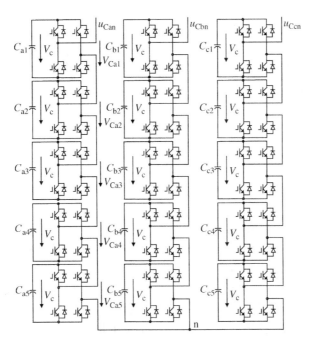

图 14.23　三相星接 11 电平串联式多电平逆变器

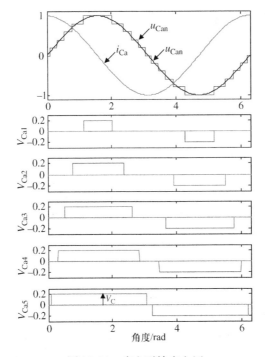

图 14.24　多电平输出电压

　　在中高压和大功率应用中，为减少独立直流电源数量，可以用二极管钳位式或电容钳位式多电平桥臂，以替代 H 桥模块中的传统两电平桥臂。图 14.25a 所示为用级联 NPC 多电平逆变器驱动三相感应电动机的示例图[21]。该系统中每相由 4 个基于 NPC 的 H 桥模块串联组成，每个模块

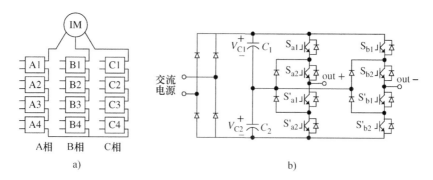

图 14.25 a）基于级联 NPC 多电平逆变器的感应电动机驱动系统；b）基于 NPC 的 H 桥模块

可以输出 5 电平，模块内部结构如图 14.25b 所示。尽管图 14.25a 中所示逆变器每相只有 4 个功率模块，仍可以输出 17 电平的相电压和 33 电平的线电压。逆变器每相只需要 4 个独立直流电源，整个级联多电平逆变器也只需 12 个独立直流电源。而对于传统的级联多电平逆变器，每相需要 8 个 H 桥功率模块和 8 个独立直流电源，对应到整个三相逆变器则需要 24 个独立直流电源。

14.3.2.3 用于光伏发电的星接串联式多电平逆变器

串联式多电平逆变器最适用于光伏发电，主要有以下几个原因：

1）在有功功率控制应用中，串联式多电平逆变器需要独立的直流电源，而独立的光伏电池板正好满足这个要求。

2）串联式多电平逆变器可以通过低压器件来实现高电压，因此无变压器解决方案是可行的。

3）可以实现分布式最大功率点跟踪，以最大限度提高太阳能利用率，从而避免或者减轻串联光伏电池板失配造成的电力损失。

4）与二极管钳位和电容钳位式多电平逆变器相比，串联式多电平逆变器具有模块化结构、布局简单、元器件数量少和可靠性高的特点。

图 14.26 所示为基于星接串联式多电平逆变器的光伏发电系统，该系统接入 4160V 电网，这就要求级联直流母线电压大于 3397V[22]。假设光伏电池板电压变化范围为 1∶2，则直流母线电压最小为 3397V，最大可达到 6794V。对于传统的串联式多电平逆变器，级联母线电压等同于级联光伏电池电压。如果把每个模块的最大直流母线电压设计为 800V，则它的最低运行电压为 400V，为满足串联式多电平逆变器直接并网的电压要求，9 个模块是必不可少的。

但是这种串联式多电平逆变器没有升压功能，为应对光伏电池板较大范围的电压波动，逆变器将会以 2 倍过载系数运行。此外，局部遮光会造成一些电池板与其他电池板的最大功率点不同，继而引发直流母线电压不均衡问题。

准 Z 源逆变器拓扑提供了另外一种合适的解决方案，可以将光伏电池板的低电压提升到高电压，同时在单级变换中实现电压反转[23,24]。图 14.27 给出了准 Z 源串联式多电平逆变器拓扑结构，其中每个电池板通过一个准 Z 源网络连接到 H 桥[22,25,26]。每个准 Z 源逆变模块能够将直流母线峰值电压维持在恒定值，而不用考虑光伏电池板电压波动的影响。这一特性将保证每个模块具有相同的直流母线电压。根据上述说明，可以将直流母线峰值电压设计为 800V，模块串联数为 X，在光伏电池板电压为最低的 400V 时对应最大调制因数为 M，于是有

$$800XM = \frac{4160\sqrt{2}}{\sqrt{3}} = 3397V \qquad (14.3)$$

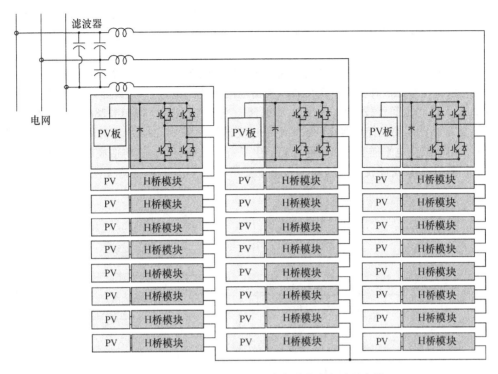

图 14.26　用于光伏发电的星接串联式多电平逆变器

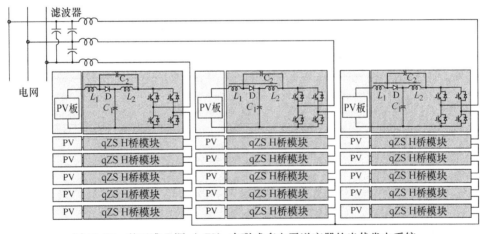

图 14.27　基于准 Z 源（qZS）串联式多电平逆变器的光伏发电系统

当 $D = 0.25$，最大调制因数 $M = 0.75$ 时，400V 的光伏电池板电压便可以被提升到 800V，通过求解式（14.3），则可得 $X = 5.66$。于是在新设计的串联式多电平逆变器中，只需要 6 个准 Z 源 H 桥模块。显而易见的是，准 Z 源串联式多电平变器相比图 14.26 中的传统串联式多电平逆变器能够节省 1/3 的功率模块。

14.3.3　角接串联式多电平逆变器及其应用

14.3.3.1　星接串联式多电平逆变器的不平衡负载（负序）问题

如图 14.28a 所示，星接串联式多电平逆变器通过电感连接到电网，并控制输出电压 u_{Ca}、u_{Cb}

和 u_{Cc} 分别与电网电压 u_{Sa}、u_{Sb} 和 u_{Sc} 同相，此时在串联多电平逆变器和电网之间不存在有功功率交换。相电压和电网注入电流相位有 90° 相差，这时串联式多电平逆变器相当于无功功率发生器。

然而，电力系统可能会存在不平衡负载，在这种情况下，即使星接串联式多电平逆变器可以提供无功补偿，但却无法补偿不平衡负载以平衡电网系统的电流[27]。如图 14.28a 和 b 所示，由于 c 相和 a、b 两相之间负载开路，造成 c 相电流 i_{Lc} 为 0。若想得到图 14.28c 所示的对称电网电流 i_{Sa}、i_{Sb} 及 i_{Sc}，则需要三相星接串联式多电平逆变器输出图 14.28d 所示的电流。同时从图中也可以看出，串联式多电平逆变器和电网之间产生了有功功率交换，这将造成串联式多电平逆变器的直流电容器过充电或过放电。因此，三相星接串联式多电平逆变器无法对不平衡负载进行补偿。

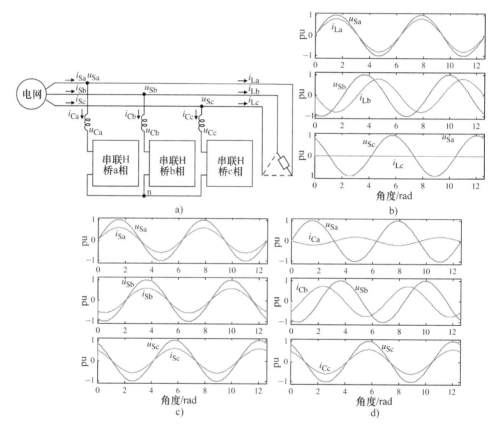

图 14.28　星接静止无功补偿器的不平衡负载问题：a) 系统结构；b) 不平衡负载电流；
c) 所需并网电流波形；d) 需要静止无功补偿器输出的电流波形

14.3.3.2　基于角接串联式多电平逆变器的静止同步补偿器

图 14.29a 所示为基于角接串联式多电平逆变器的静止同步补偿器[27]。每相桥臂由串联的 H 桥模块和电感组成，三相桥臂采用角接。线电压即为每相桥臂的输出电压，如图 14.29b 所示。基于角接串联式多电平逆变器的静止同步补偿器可以对不平衡负载、无功功率和谐波进行补偿，其中对无功功率和谐波的补偿与星接串联式多电平逆变器是一样的。对不平衡负载电流的补偿原理如图 14.30 所示。图 14.30a 所示为使用对称三相电压源供电的三相负载，其中各相负载导纳可表示为

$$Y_{ab}^l = G_{ab}^l + jB_{ab}^l, \quad Y_{bc}^l = G_{bc}^l + jB_{bc}^l, \quad Y_{ca}^l = G_{ca}^l + jB_{ca}^l \tag{14.4}$$

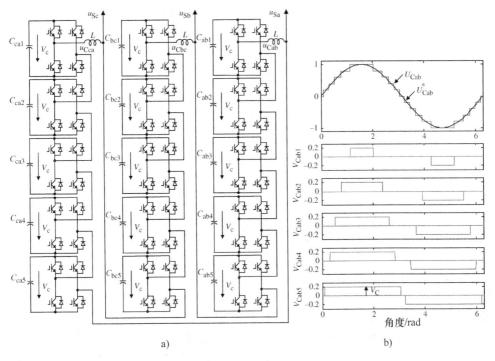

a)

b)

图 14.29　a) 基于角接串联式多电平逆变器的静止同步补偿器；b) 单相电压波形

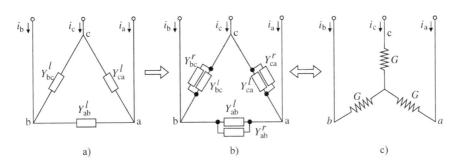

a)　　　　　　　　b)　　　　　　　　c)

图 14.30　不平衡负载补偿原理图：a) 不平衡负载；b) 补偿方法；c) 补偿后的负载

众所周知，无功功率和系统不平衡可以通过角接的无功网络进行补偿。如图 14.30b 所示，基于角接串联式多电平逆变器的静止同步补偿器根据式（14.5）~ 式（14.7）可以提供纯无功补偿。

$$Y_{ab}^r = jB_{ab}^r = j\left[-B_{ab}^l + \frac{(G_{ca}^l - G_{bc}^l)}{\sqrt{3}} \right] \tag{14.5}$$

$$Y_{bc}^r = jB_{bc}^r = j\left[-B_{bc}^l + \frac{(G_{ab}^l - G_{ca}^l)}{\sqrt{3}} \right] \tag{14.6}$$

$$Y_{ca}^r = jB_{ca}^r = j\left[-B_{ca}^l + \frac{(G_{bc}^l - G_{ab}^l)}{\sqrt{3}} \right] \tag{14.7}$$

这样一来，等效星接负载将变成如图 14.30c 所示的三相对称纯阻性负载，每相的等效导纳

满足公式 $G = G_{ab}^l + G_{bc}^l + G_{ca}^l$ [27]。因此，通过补偿可以使得系统变为三相对称系统。图 14.31 给出了带有不平衡负载的系统示例。基于角接串联式多电平逆变器的静止同步补偿器可以提供图 14.28d 所示的电流，来实现具有图 14.28c 中所示对称电流的系统。

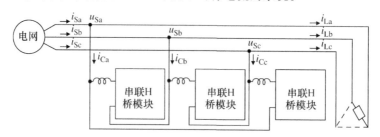

图 14.31　带有不平衡负载的基于角接串联式多电平逆变器的静止同步补偿器

14.3.4　用于统一潮流控制的面对面连接串联式多电平逆变器

14.3.4.1　传统的统一潮流控制的原理、结构和缺点

　　传统的统一潮流控制（Unified Power Flow Control，UPFC）装置采用如图 14.32 所示的背靠背逆变器拓扑结构，其中逆变器 1 和传输线并联，逆变器 2 则和传输线串联。这两个逆变器共用一个直流母线，且每个逆变器都通过耦合变压器和传输线相连。由于共用直流母线，两个逆变器之间可以实现有功功率的相互交换。逆变器 2 可以向传输线注入与线电流存在任意相位差的串联电压，使得 UPFC 在控制向电网输送的有功和无功功率时更加灵活。逆变器 1 可以向逆变器 2 提供有功功率，或者从逆变器 2 处吸收有功功率，同样也可以为传输线提供或者从传输线上吸收无功功率。因此，UPFC 装置是一种最为全面的柔性交流输电系统设备。它可以有效平衡所有线路的负载，并允许整个系统以其理论最大容量运行。

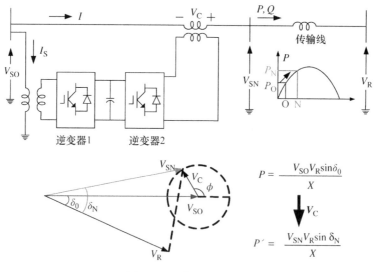

图 14.32　传统的 UPFC

　　如图 14.32 所示，电压 V_C 使系统的输入端电压从初始电压 V_{so} 变化为 V_{SN}，且系统输入端和输出端电压之间的相角从 δ_0 变为 δ_N。因此，从输入端向输出端传递的有功和无功功率也从

$$P = \frac{V_{SO}V_R\sin\delta_0}{X}, Q = -\frac{(V_R\cos\delta_0 - V_{SO})V_{SO}}{X} \tag{14.8}$$

变换为

$$P' = \frac{V_{SN}V_R\sin\delta_N}{X}, Q' = -\frac{(V_R\cos\delta_N - V_{SN})V_{SN}}{X} \tag{14.9}$$

传统的 UPFC 已经被投入到实际应用中，并具有以下特点：①两个逆变器共用一个直流母线；②两个逆变器与传输线之间均存在有功功率的交换；③每个逆变器都通过一个变压器耦合到传输线。另外，电网级潮流控制装置都需要两个高压大功率（从几 MVA 到几百 MVA）逆变器。通常情况下，这些高压大功率逆变器必须通过庞大而复杂的曲折连接变压器，来达到所需的功率和电压等级。然而，基于曲折连接变压器的潮流控制装置在动态响应方面仍然太慢（由于电感与电阻比值所代表的时间常数可达数分钟），另外由于变压器饱和、励磁电流和浪涌电压等问题的存在使得控制面临诸多挑战。

14.3.4.2 用于统一潮流控制的面对面连接串联式多电平逆变器

串联式多电平逆变器不能直接应用在传统的 UPFC 结构中，主要有以下几方面原因：

1）串联式多电平逆变器没有共用的直流母线，但是传统的 UPFC 需要两个逆变器共用的直流母线。

2）串联式多电平逆变器不允许有功功率从交流侧流向直流侧，也不允许从直流侧流向交流侧，因为串联式多电平逆变器模块没有能量来源。

为了采用串联式多电平逆变拓扑，可对 UPFC 结构进行改进。图 14.33 所示为面对面连接串联式多电平逆变器，具有以下特点[28]：

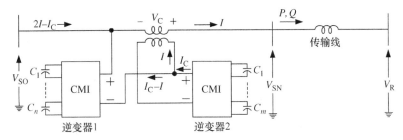

图 14.33 用于 UPFC 的面对面连接串联式多电平逆变器

1）每个模块只有用来传递无功功率的直流电容器，而没有其他电源。

2）两个串联式多电平逆变器相互之间没有有功功率的交换，与传输线之间也不存在有功功率的交换。

3）两个串联式多电平逆变器采用的是在交流端面对面连接，而不是在直流母线侧背靠背的连接形式。

在图 14.33 中，逆变器 2 在传输线上产生所需的电压 V_c，来控制通过传输线流动的有功和无功功率。逆变器 1 并联在传输线上，输入电流（$I_c - I$）相位必须垂直于其电压（$V_{so} - V_c$）。同时逆变器 2 的电流 I_c 也必须和其输出电压 V_c 相差 90°，从而保证两个级联多电平逆变器没有有功功率流入。对于这种新型 UPFC，逆变器 1 不再为逆变器 2 提供或者从逆变器 2 处吸收有功功率。图 14.34 和图 14.35 所示分别为等效电路图和相位图。

根据图 14.34 和图 14.35，逆变器 1 和逆变器 2 的有功功率计算式分别为

$$P_1 = (V_{so} - V_c) \cdot (I_c - I) = -V_{so}I\cos\rho + V_{so}I_c\cos(90° - \delta) + V_cI\cos(\delta + \rho) = 0 \tag{14.10}$$

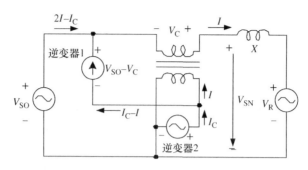

图 14.34　等效电路图

$$P_2 = V_C \cdot I_C = 0 \qquad (14.11)$$

通过求解以上两个方程，可得电流 I_C 为

$$I_C = \frac{V_{SO} I \cos\rho - V_C I \cos(\delta + \rho)}{V_{SO} \sin\delta} \angle (\delta - 90°) \qquad (14.12)$$

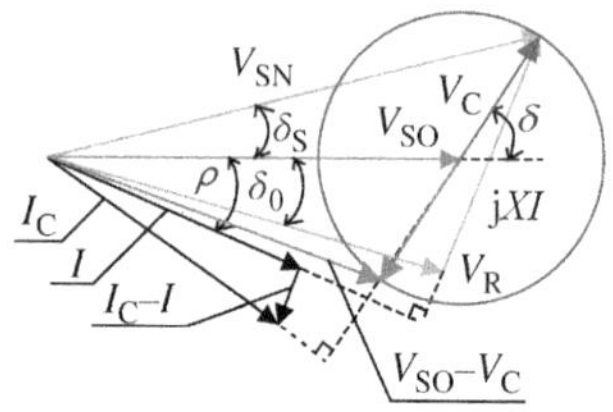

传输的有功功率 P 和无功功率 $-jQ$ 可以表示为

$$P - jQ = V_R \cdot \left(\frac{V_{SO} + V_C - V_R}{jX} \right) = \frac{V_{SO} V_R}{X} \sin\delta_0 + \frac{V_C V_R}{X} \sin(\delta_0 + \delta)$$

$$+ j\left(\frac{V_{SO} V_R \cos\delta_0 - V_R^2}{X} + \frac{V_C V_R}{X} \cos(\delta_0 + \delta) \right) \qquad (14.13)$$

图 14.35　相位图

在未采用 UPFC 时，系统输出的有功功率和无功功率为

$$P_0 = \frac{V_{SO} V_R}{X} \sin\delta_0, \quad Q_0 = -\frac{V_{SO} V_R \cos\delta_0 - V_R^2}{X} \qquad (14.14)$$

系统在采用 UPFC 之前的初始功率和采用 UPFC 之后的现有功率之间的差值就是 UPFC 产生的可控有功和无功功率，可以表示为

$$P_C = \frac{V_C V_R}{X} \sin(\delta_0 + \delta), \quad Q_C = -\frac{V_C V_R}{X} \cos(\delta_0 + \delta) \qquad (14.15)$$

因为向传输线注入的电压相量 V_C 的幅值 V_C 及相角 δ 可以根据需要被设定为任意值，新型 UPFC 可以在 $-V_C V_R / X \sim +V_C V_R / X$ 的整个范围内提供可控有功功率 P_C 和无功功率 Q_C，且不受输入端初始电压 V_{SO} 和相位 δ_0 的影响。因此，上述理论证明新的 UPFC 具有与传统的 UPFC 相同的功能。

面对面结构为将串联式多电平逆变器应用在 UPFC 中提供了一种新思路。串联式多电平逆变器的诸多优点使得 UPFC 呈现出新的特点。例如，无需复杂的升压变压器而仅增加 H 桥的数量，基于串联式多电平逆变器的 UPFC 就可以实现任何电压等级（从 15kV 到 35kV、69kV 等）。可以通过将 H 桥单元模块化来获得更低的生产成本，由 n 个 H 桥模块组成的桥臂可增加一个冗余模块来提高系统的可靠性，此时任何故障模块都会被旁路以确保整个系统能够在故障状态下安全运行。

14.4　新兴应用与探讨

14.4.1　无磁性器件的直流变换

直流变换被广泛应用于光伏发电系统、混合动力电动汽车（Hybrid Electrical Vehicle，HEV）、热电发电机（Thermoelectric Generator，TEG）以及航空航天领域等，而这些应用领域的环境温度可能会很高。传统直流变换器会采用一个电感和/或变压器,如图 14.36 所示。相应地,在高温环境下电感和变压器的磁心就会成为一个瓶颈,这是因为磁心材料的磁导率会随着温度的升高而急剧下降。当温度超过一定限度时,电感和变压器容易饱和并且变得不稳定,这将导致输出与输入关系非线性化,使得高效控制变得非常困难。此外,作为系统里最热的部件中的一部分,电感和/或变压器既笨重又存在能量损耗,成为功率变换器在高温环境下应用以及减小体积、降低成本的障碍。

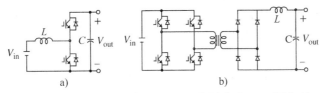

图 14.36 传统的直流变换器:a) 非隔离型;b) 隔离型

无磁性器件直流变换器是克服上述问题的一个很好的选择。图 14.37 给出了一个变换器示例,该变换器是从图 14.6 中广义多电平逆变器扩展而来的[29],具有四电平和双向功率变换功能且无需磁性器件。图 14.38 为变换器控制所需的门极控制时序图,采用 1:3 的固定占空比。变换器上部开关 S_{1P}、S_{2P} 和 S_{4P} 都是独立的,通过这几个开关的状态就可以描述整个变换器的状态。变换器其他开关状态则是通过两个相邻开关的互补关系得出的。根据图 14.38 所示的状态 I 、II 和 III,就可以得出每个开关的状态,如图 14.39 ~ 图 14.41 所示。

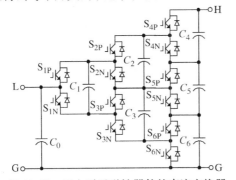

图 14.37 四电平无磁性器件的直流变换器　　图 14.38 变换器门极控制时序

图 14.39 所示为变换器状态 I,此时电容 C_1、C_3、C_6 的电压与 L 和 G 之间的端电压相同,即 $V_{LG} = V_{C1} = V_{C3} = V_{C6}$,而且电容 C_2 和 C_5 具有相同的电压,即 $V_{C2} = V_{C5}$。图 14.40 所示为变换器状态 II,此时有 $V_{LG} = V_{C3} = V_{C6}$ 和 $V_{C1} = V_{C2} = V_{C5}$。图 14.41 所示为变换器状态 III,此时有 $V_{LG} = V_{C6}$,

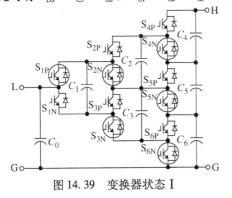

图 14.39 变换器状态 I

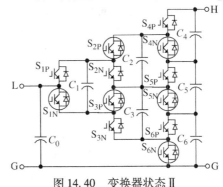

图 14.40 变换器状态 II

$V_{C1} = V_{C3} = V_{C5}$ 和 $V_{C2} = V_{C4}$。在经过一个控制周期内的这三种状态后，所有的电容电压又恢复平衡，即有 $V_{LG} = V_{C1} = V_{C2} = V_{C3} = V_{C4} = V_{C5} = V_{C6}$，同时有 H 和 G 两端电压 $V_{HG} = V_{C4} + V_{C5} + V_{C6}$，且 $3V_{LG} = V_{HG}$。该四电平变换器能分别实现 3 倍升压或 1/3 降压功能[29]。

图 14.37 中的电路可以简化为图 14.42 中所示的飞跨电容式变换器[30]。变换器上部开关 S_{1P}、S_{2P} 和 S_{3P} 可以用来描述整个变换器的状态，因为相同数字标记的下部开关和上部开关具有互补的开关状态。例如，开关 S_{1P} 和 S_{1N} 有相同的下标数字"1"。图 14.42 中的状态 I、II、III 分别对应变换器的三个状态，如图 14.43 ~ 图 14.45 所示。

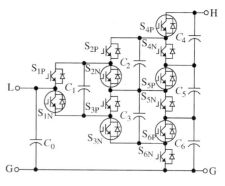

图 14.41　变换器状态 III

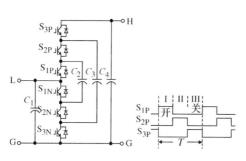

图 14.42　飞跨电容式直流变换器和
门极控制时序

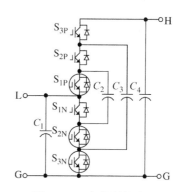

图 14.43　变换器状态 I

在图 14.43 中，$V_{LG} = V_{C1} = V_{C2}$。在图 14.44 中，$V_{C3} = V_{C1} + V_{C2}$。同样在图 14.45 中，$V_{HG} = V_{C1} + V_{C3}$。在每个控制周期结束后，电容 C_1、C_2 和 C_3 的电压满足式 $V_{C1} = V_{C2}$ 和式 $V_{C3} = 2V_{C1}$。通过采用 1:3 的固定占空比来控制此双向变换器，使得 V_{HG} 和 V_{LG} 之间存在一个固定的比例关系，即 $V_{HG} = 3V_{LG}$。

除此之外，还可以控制图 14.42 中的变换器实现 $V_{HG} = V_{LG}$ 和 $V_{HG} = 2V_{LG}$。总的来说，有三种电压关系：$V_{HG} = V_{LG}$，$V_{HG} = 2V_{LG}$ 和 $V_{HG} = 3V_{LG}$，分别对应所谓的 1X、2X 和 3X 变换器[31]。图 14.46 给出了 1X 变换器的开关状态，其中 S_{1P}、S_{2P}、S_{3P}、S_{2N} 和 S_{3N} 一直处于开通状态。因此，所有并联的电容都有相同的电压，而且有 $V_{HG} = V_{LG}$。图 14.47 和图 14.48 所示为 2X 变换器的开关

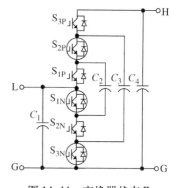

图 14.44　变换器状态 II

状态，其中开关 S_{3P} 和 S_{3N} 处于开通状态，且并联电容 C_3 和 C_4 有相同的电压，即 $V_{HG} = V_{C4} = V_{C3}$。变换器的两种状态 I 和 II 按照 50% 的占空比依次交替运行。如图 14.47 所示，2X 变换器处在开关状态 I 时，开关 S_{1P} 和 S_{2N} 开通，并联电容 C_2 和 C_1 有相同的电压，即 $V_{LG} = V_{C1} = V_{C2}$。如图 14.48 所示，2X 变换器处在开关状态 II 时，两个开关 S_{1N} 和 S_{2P} 开通，此时电容 C_3 和 C_4 均与串接的 C_1 和 C_2 相并联，从而有电压关系式 $V_{HG} = V_{C4} = V_{C3} = V_{C1} + V_{C2} = 2V_{C1}$。

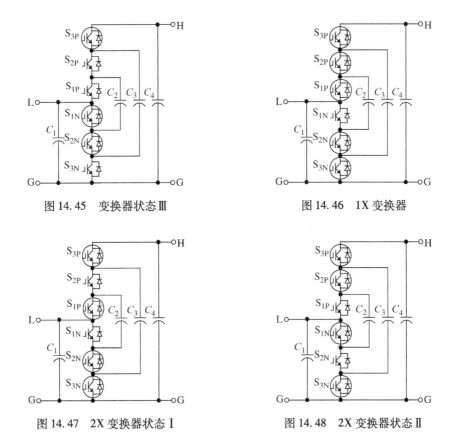

图 14.45　变换器状态Ⅲ　　　　　　　图 14.46　1X 变换器

图 14.47　2X 变换器状态 I　　　　　　图 14.48　2X 变换器状态Ⅱ

对于 1X、2X 和 3X 变换器，在稳定状态下，所有的电容电压都会达到平衡。然而，如果想让 1X 和 2X 变换器，或者 2X 和 3X 变换器之间做一个过渡变换，则流经开关器件和电容的瞬态电流很大。这是因为不同变换器之间存在很大的瞬态电压差。为了限制瞬态电流，可采用占空比逐渐变化且开关频率很高的 PWM。此外，在电容 C_1 和开关桥臂之间需要一个小电感或者借助杂散电感[31]。

在 1X 向 2X 的过渡过程中，为抑制浪涌电流将 PWM 的占空比 D 从 1 逐渐减小为 1/2，其中 D=1 对应 1X 模式，D=1/2 对应 2X 模式。这种方法同样适用于 2X 向 3X 的过渡过程，相应的占空比 D 会从 1/2 逐渐减小为 1/3，且 D=1/3 对应为 3X 模式[31]。

14.4.2　多电平模块化飞跨电容式直流变换器

相比广义多电平变换器，图 14.42 所示的飞跨电容式变换器元器件数量更少，同时施加在开关器件两端的电压也会更低。然而，变换器升压比越大，充电回路中需要增加的开关器件越多，所产生的损耗也就越大。这是因为在飞跨电容式变换器中输入电流通常会流经 n 个开关器件，器件的压降和功率损耗是不可避免的。同时升压比越大，变换器控制也越复杂。此外，飞跨电容结构不是模块化的，这意味着不能制造出一个用于主电路的功能完整的基本单元。这些问题使飞跨电容式拓扑结构在高升压比的应用中存在很大争议。

在改善飞跨电容式变换器性能的尝试中的一个代表是多电平模块化飞跨电容式直流变换器（MMCCC）[32]。图 14.49 所示为 MMCCC 的一个示例，该变换器为输出电压为 4 倍输入电压的四电平变换器。图 14.50 所示为 MMCCC 的变换模块，变换器以此作为基本单元来扩大升压比。

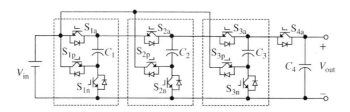

图 14.49 采用三个模块的四电平 MMCCC

图 14.49 中所示的 MMCCC 的门极控制时序如图 14.51 所示，在每个控制周期内存在如图 14.52 所示的两种开关状态。对于状态 I，有 $V_{C4} = V_{C3} + V_{in}$ 和 $V_{C2} = V_{C1} + V_{in}$。对于状态 II，有 $V_{C1} = V_{in}$ 和 $V_{C3} = V_{C2} + V_{in}$。因此，在一个周期结束后，有 $V_{C2} = 2V_{in}$，$V_{C3} = 3V_{in}$ 和 $V_{C4} = 4V_{in}$。图 14.53 给出了以飞跨电容电路形式重新绘制的 MMCCC。

MMCCC 具有很高的效率，这是因为①1 个电容最多只需要 3 个开关来进行充电，即使在升压比很大的情况下；②流经 MMCCC 开关器件和电容的电流大约只占到飞跨电容式变换器的 $2/n$，从而减小了总器件额定容量（Total Device Power Rating，TDPR）。此外，变换器控制比较简单且为模块化设计。但是 MMCCC 需要 $(3n-2)$ 个开关器件，且有 $(n-2)$ 个开关器件承受的电压为输入电压的两倍。对应的飞跨电容式变换器则只需要 $2n$ 个开关器件且每个开关器件所承受的电压都等于输入电压。

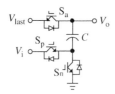

图 14.50 MMCCC 单元模块

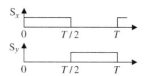

图 14.51 门极控制时序图（$x = 4a$、2a、3p、1p 和 2n；$y = 3a$、1a、2p、3n 和 1n）

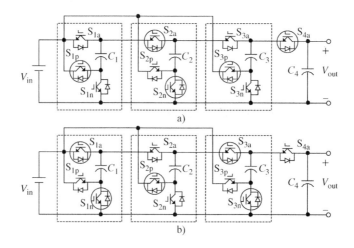

图 14.52 四电平 MMCCC 的两种开关状态：a）开关状态 I；b）开关状态 II

14.4.3　*n*X 直流变换器

*n*X 直流变换器结合了 MMCCC 的模块化结构和控制简单的特点以及飞跨电容变换器开关器件数量少的特点[33]。图 14.54 所示为 6X 直流变换器，在降压和升压运行时其功率变换都是双向的。下面以升压运行为例来阐述这种变换器的工作原理。图 14.55 所示为基于模块化结构重新绘制的 6X 直流变换器，该变换器由 3 个图 14.56 所示的单元模块级联而组成，每个单元模块能实现 2 倍的升压输出。直流变换器仅有两种开关状态，从而简化了其控制。所有相关半导体器件的门极驱动为图 14.57 所示互补的 50% 占空比的方波。图 14.58 给出了 6X 直流变换器的开关状态，其中带圆圈的开关处于开通状态。根据图 14.58a，可得到 $V_{C2b} = V_{C1b} + v_{in}$，$V_{C1a} = v_{in}$ 和 $V_{C3a} = V_{C2a} + v_{in}$；根据图 14.58b，则有 $V_{C2a} = V_{C1a} + v_{in}$，$V_{C1b} = v_{in}$ 和 $V_{C3b} = V_{C2b} + v_{in}$。最后有 $V_{C1a} = V_{C1b} = V_{in}$，$V_{C2a} = V_{C2b} = 2V_{in}$，$V_{C3a} = V_{C3b} = 3V_{in}$ 和 $V_{out} = 6V_{in}$。

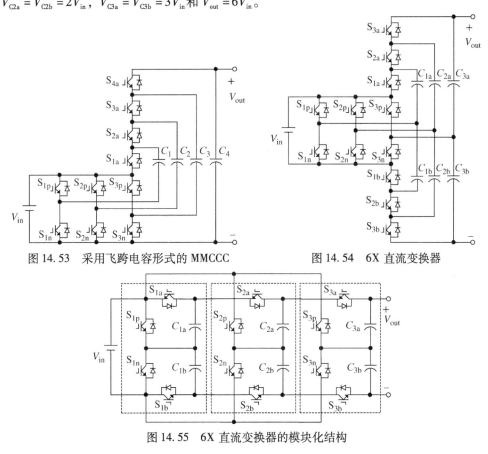

图 14.53　采用飞跨电容形式的 MMCCC　　　图 14.54　6X 直流变换器

图 14.55　6X 直流变换器的模块化结构

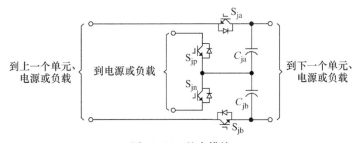

图 14.56　基本模块

nX 变换器的其他特性还包括：

1）共有两条回路为负载供电，从而降低了能量转换过程中的功率损耗。

2）最大电容电压为 $n \times V_{in}/2$。

3）两个输出电容的容值较低，这是因为它们交错充放电降低了输出电压纹波。同时由于电容交替充电并持续为负载供电，从而降低了输出电流纹波。

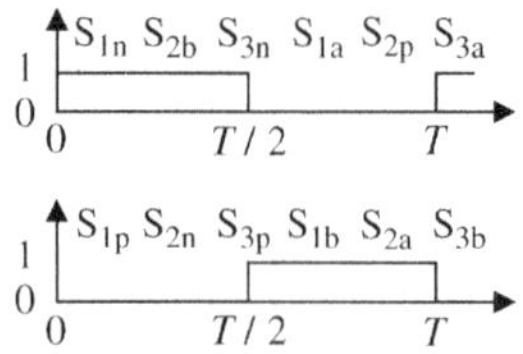

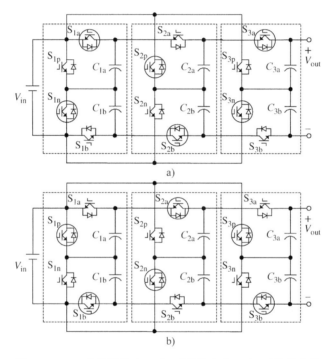

图 14.57　门极控制时序

4）nX 变换器只需要 $2n$ 个开关器件，而 MMCCC 需要 $3n-2$ 个开关器件。因此，在设计高电压升压变换器时，nX 变换器相比 MMCCC 和飞跨电容式变换器效率更高、结构更加紧凑和重量更轻。

图 14.58　6X 变换器状态：a）开关状态 I；b）开关状态 II

14.4.4　器件成本对比：飞跨电容变流器、MMCCC 与 nX 直流变换器

飞跨电容变流器、MMCCC 和 nX 直流变换器都只由电容和开关器件组成。电容的成本取决于电容的电压等级、额定电流和电容值。开关器件的成本与所使用的硅面积相关。TDPR 是一个能够给出变换器或逆变器所需要总硅面积的有效指标。

14.4.4.1　TDPR

变换器或逆变器的 TDPR 可以定义为

$$\text{TDPR} = \sum_{m=1}^{N} V_m I_{m-AV} \qquad (14.16)$$

式中，N 表示开关的数量，I_{m-AV} 表示流经第 m 个开关的平均电流，V_m 表示第 m 个开关的峰值电压。

1）从图 14.42 中的 3X 变换器扩展而来的 nX 飞跨电容变流器，具有 $2n$ 个开关器件且所有

开关器件的最大电压和平均电流分别等于输入电压和输入电流。该变换器的 TDPR 可表示为

$$\text{TDPR} = 2n \cdot V_{\text{in}} \cdot I_{\text{in}} = 2n \cdot P_{\text{in}} \tag{14.17}$$

式中，V_{in} 表示输入电压，I_{in} 表示输入电流[33]。

2）对于图 14.49 所示的 MMCCC，可以清楚地得出结论：输出电容 C_4 为负载提供的电流平均值 I_{out}，也即电容充电电流，在一个周期内流过电容 C_4 的平均电流为 0。因为占空比为 50%，流经 S_{4a} 的电流在其开通时必然是输出电流 I_{out} 的 2 倍。当处于两种开关状态的其中之一时，流经其余开关器件的平均电流也是 2 倍的 I_{out}，这是因为当变换器工作时，某个电容的充电电流即是前一个电容的放电电流，从而将电荷从一个电容传递到下一个电容。如图 14.52 所示，开关 S_{2a} 和 S_{3a} 必须承受 2 倍的输入电压 V_{in}，其余开关只需承受 V_{in}。将这些结果推广到 nX 拓扑，则有 $n-2$ 个开关器件必须能够承受 2 倍的 V_{in}，其余 $2n$ 个开关则只需要承受 V_{in}。在所有这些信息都被确定后，TDPR 可以通过 Qian 等人[33]给出的公式进行计算

$$\text{TDPR} = 2n \cdot V_{\text{in}} \cdot 2I_{\text{out}} + (n-2) \cdot 2V_{\text{in}} \cdot 2I_{\text{out}} = \frac{8n-8}{n}P_{\text{in}}, \quad n = 2, 3, 4, \cdots \tag{14.18}$$

3）图 14.54 所示的 nX 直流变换器中，电容 C_{3a} 和 C_{3b} 提供的负载电流平均值为 I_{out}，因为占空比为 50%，使得流经开关 S_{3a} 和 S_{3b} 的电流为 2 倍的 I_{out}。开关 S_{1p}、S_{1n}、S_{2p} 和 S_{2n} 需要传输两条充电线路的电流，因此流经它们的电流将会是 4 倍的 I_{out}，流经其余开关的电流为 2 倍的 I_{out}。开关 S_{2a}、S_{3a}、S_{2b} 和 S_{3b} 能够承受 2 倍的输入电压 V_{in}，剩余开关只需能够承受 V_{in}。通常情况下，两条互补桥臂有 $(n-2)$ 个开关必须承载 4 倍于 I_{out} 的电流，尽管剩余的开关只承载 2 倍于 I_{out} 的电流。同时，这 $(n-2)$ 个开关必须能够承受 2 倍的 V_{in}，其余开关则只需要承受 V_{in}。通过上述分析，则有[33]

$$\text{TDPR} = (n-2) \cdot V_{\text{in}} \cdot 4I_{\text{out}} + (2+2) \cdot V_{\text{in}} \cdot 2I_{\text{out}} + (n-2) \cdot 2V_{\text{in}} \cdot 2I_{\text{out}}$$

$$= \frac{8n-8}{n}P_{\text{in}}, n = 2, 4, 6, \cdots \tag{14.19}$$

根据式（14.18）和式（14.19），在电压增益 n 趋于无穷大时，nX 变换器和 MMCCC 的 TDPR 将会趋近于 $8P_{\text{in}}$ 的上限，但是飞跨电容变流器的 TDPR 却会不断增大。这就表明 nX 变换器和 MMCCC 相比飞跨电容式变流器只需要更小的硅面积，因此在实现高电压增益时 nX 变换器将具有更高的性价比。

14.4.4.2 三种变换器的电容电压、电流与电容值

为了比较 nX 直流变换器、飞跨电容变流器和 MMCCC，表 14.2 列出了三种变换器各自的总电容额定电压、平均充放电电流和所需电容值[33]。从表 14.2 中可以看出，在输入电压相同的情况下，飞跨电容变流器和 MMCCC 以相同总电容额定电压可以实现同样的电压增益 n，但是 nX 变换器的总电容额定电压大约为前者的一半。nX 变换器和 MMCCC 输出电容的平均充放电电流为飞跨电容变流器的 $1/(n-1)$，其他电容的平均充放电电流则是飞跨电容变流器的 $2/n$。此外，相比飞跨电容变流器，nX 变换器和 MMCCC 的输出电容电流的纹波更小且电容值更低。

14.4.5 零电流开关：MMCCC

零电流开关（Zero Current Switching, ZCS）可以有效地减小开关器件的开关损耗，对于 MMCCC、nX 直流变换器、飞跨电容变流器以及广义多电平直流变换器同样适用。我们可以利用寄生电感来实现这些变换器的零电流开关，从而维持变换器的无磁性元件特性。另外，从理论上讲，零电流开关可以减小变换器的瞬态峰值并缓解电磁噪声。我们以 MMCCC 中的零电流开关为

例阐述其基本原理。

表 14.2 总电容额定电压、平均电流和电容值的比较

	总电容额定电压	平均充放电电流	所需电容值
飞跨电容变流器	$\dfrac{(1+n)n}{2}V_{in}$	$I_j = \begin{cases} n \cdot I_{out}, & j=1,2,\cdots,n \\ (n-1) \cdot I_{out}, & j=n+1 \end{cases}$	$C_j = \begin{cases} \dfrac{I_{out}}{f_s \Delta V_j}, & j=1,2,\cdots,n \\ \dfrac{(n-1) \cdot I_{out}}{nf_s \Delta V_j}, & j=n+1 \end{cases}$
MMCCC	$\dfrac{(1+n)n}{2}V_{in}$	$I_j = \begin{cases} 2I_{out}, & j=1,2,\cdots,n-1 \\ I_{out}, & j=n \end{cases}$	$C_j = \begin{cases} \dfrac{I_{out}}{f_s \Delta V_j}, & j=1,2,\cdots,n-1 \\ \dfrac{I_{out}/2}{f_s \Delta V_j}, & j=n \end{cases}$
nX 变换器	$\dfrac{(1+n/2)n}{2}V_{in}$ $(n=2,4,6,\cdots)$	$I_{ja}=I_{jb} \begin{cases} 2I_{out}, & j=1,2,\cdots,\dfrac{n}{2}-1 \\ I_{out}, & j=\dfrac{n}{2} \end{cases}$	$C_{ja}=C_{jb} \begin{cases} \dfrac{I_{out}}{f_s \Delta V_j}, & j=1,2,\cdots,\dfrac{n}{2}-1 \\ \dfrac{I_{out}/2}{f_s \Delta V_j}, & j=\dfrac{n}{2} \end{cases}$

当考虑到连接线寄生电感 L_{SW}、电容寄生电感 L_{ESL} 和 IGBT 封装寄生电感 L_{Sp} 的存在时，可以得到图 14.59 所示的 MMCCC 模块结构图[34]。为了方便阐述零电流开关的工作原理，图 14.60 给出了该模块的简化电路图，其中用 L_s 来表示 L_{SW}、L_{ESL}、L_{Sp} 的总和，这是因为当有电流流经时这些杂散电感呈串联状态。实现零电流开关所需的谐振电感很小（nH 级）。所有模块的杂散电感需要均匀分布，因此模块的设计至关重要。如果杂散电感不够大，则可以在连接线中添加小的空心线圈。

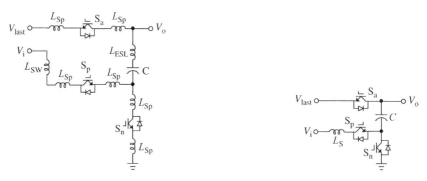

图 14.59　带有杂散电感的 MMCCC 模块图　　图 14.60　简化等效电路

可以用 3 个图 14.60 中所示的单元模块来组成 1 个四电平 MMCCC，该变换器的两个开关状态 I 和状态 II 分别如图 14.61a 和 b 所示。为了简化起见，我们假定电路采用：①理想开关器件、②理想输入电压源和③理想电容，即电容不含等效串联电阻。在设计电路中的电容和杂散电感时，应满足 $C_1 = C_2 = C_3 = C_4$ 和 $L_{S2} = L_{S3} = L_{S4} = 2L_{S1}$，以保证相同谐振频率。图 14.61a 给出了两个谐振回路，分别如图 14.62a 和 b 所示[34]。图 14.62a 中所示的电路具有如下状态方程

$$V_{in} = L_{S1} \frac{di_{L_{S1}}}{dt} + v_{C1} \tag{14.20}$$

$$i_{L_{S1}} = C_1 \frac{dv_{C1}}{dt} \tag{14.21}$$

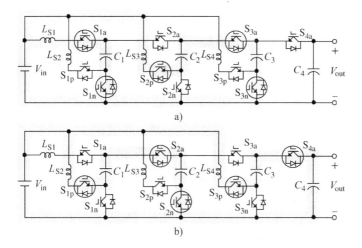

图 14.61　零电流开关 MMCCC 的两种状态：a）状态 I；b）状态 II

求解得

$$i_{L_{S1}}(t) = \frac{\pi P_o}{4 V_{in}} \sin \omega_r t \qquad (14.22)$$

$$v_{C1}(t) = V_{in} - \frac{\pi P_o}{4 V_{in} C_1 \omega_r} \cos \omega_r t \qquad (14.23)$$

式中，V_{in} 表示输入电压，L_{S1} 表示杂散电感，ω_r 表示谐振频率，且 $\omega_r = 1/\sqrt{L_{S1} C_1}$，$P_o$ 表示输出功率。

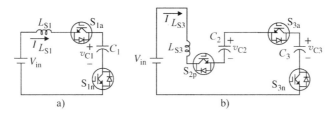

图 14.62　状态 I 的两个谐振回路：a）回路 I；b）回路 II

图 14.62b 中所示的电路具有如下状态方程

$$V_{in} = L_{S3} \frac{d i_{L_{S3}}}{dt} + v_{C3} - v_{C2} \qquad (14.24)$$

$$i_{L_{S3}} = C_3 \frac{d v_{C3}}{dt} \qquad (14.25)$$

$$i_{L_{S3}} = -C_2 \frac{d v_{C2}}{dt} \qquad (14.26)$$

求解得

$$i_{L_{S3}}(t) = \frac{\pi P_o}{4 V_{in}} \sin \omega_r t \qquad (14.27)$$

$$v_{C3}(t) = 3 V_{in} - \frac{\pi P_o}{4 V_{in} C_1 \omega_r} \cos \omega_r t \qquad (14.28)$$

图 14.61b 也给出了两个谐振回路，如图 14.63a 和 b 所示。图 14.63a 中所示的电路具有如下

状态方程

$$V_{in} = L_{S2}\frac{di_{L_{S2}}}{dt} + v_{C2} - v_{C1} \tag{14.29}$$

$$i_{L_{S2}} = C_2 \frac{dv_{C2}}{dt} \tag{14.30}$$

$$i_{L_{S2}} = -C_1 \frac{dv_{C1}}{dt} \tag{14.31}$$

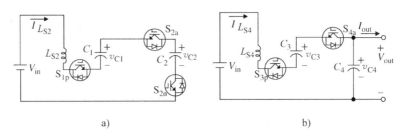

a)   b)

图 14.63 状态 Ⅱ 的两个谐振回路：a）回路Ⅰ；b）回路Ⅱ

求解得

$$i_{L_{S2}}(t) = -\frac{\pi P_o}{4V_{in}}\sin\omega_r t \tag{14.32}$$

$$v_{C2}(t) = 2V_{in} + \frac{\pi P_o}{4V_{in}C_1\omega_r}\cos\omega_r t \tag{14.33}$$

图 14.63b 中所示的电路具有如下状态方程

$$V_{in} = L_{S4}\frac{di_{L_{S4}}}{dt} + v_{C4} - v_{C3} \tag{14.34}$$

$$i_{L_{S4}} = C_4 \frac{dv_{C4}}{dt} + I_{out} \tag{14.35}$$

$$i_{L_{S4}} = -C_3 \frac{dv_{C3}}{dt} \tag{14.36}$$

式中，I_{out} 表示输出电流。

求解得

$$i_{L_{S4}}(t) = -\frac{\pi P_o}{4V_{in}}\sin\omega_r t \tag{14.37}$$

$$v_{C4}(t) = 4V_{in} + \frac{\pi P_o}{4V_{in}C_1\omega_r}\cos\omega_r t \tag{14.38}$$

    为实现零电流开关，变换器的开关频率必须等于谐振频率。每个开关的导通状态和同步谐振各 50% 的占空比确保了开关在零电流时开通或关断。谐振使得流经 L_S 的电流在每个谐振周期内出现两个过零点，且零电流点的周期为谐振周期的一半。通过让开关动作与零电流点同步就可以实现零电流开关。例如，图 14.62a 的谐振出现在 L_{S1} 和 C_1 之间，在每个周期内，流经开关 S_{1a} 和 S_{1n} 的电流从 0 开始增大，半个周期后又减小为 0。因此，通过开关 S_{1a} 和 S_{1n} 实现零电流开关。对于图 14.62b，L_{S3} 与串接的 C_2 和 C_3 发生谐振，零电流开关是通过开关 S_{2p}、S_{3a}

和 S_{3n} 完成的。对于图 14.63a，因为 L_{S2}、C_1 和 C_2 之间存在谐振，将会通过开关 S_{1p}、S_{2a} 和 S_{2n} 来实现零电流开关。对于图 14.63b，因为 L_{S4}、C_3 和 C_4 之间存在谐振，将通过开关 S_{3p} 和 S_{4a} 来实现零电流开关[34]。

14.4.6 多电平变流器的容错性与可靠性

由于采用大量的半导体器件和电容，多电平变流器具有很高的故障率。然而，多电平变流器的冗余状态和结构有效地提高了运行可靠性，这是因为在出现故障的情况下变流器仍然能够通过使用冗余模块或者调整调制策略来继续运行。对于二极管钳位式和飞跨电容式多电平逆变器以及串联式多电平逆变器，有许多不同的容错运行方法[35-38]。

这里以串联式多电平逆变器为例来说明容错性和高可靠性的实现方式。如图 14.64 所示，串联式多电平逆变器通常会使用冗余模块，且如图 14.65 所示逆变器的每个模块都包含一个旁路开关。可以通过将故障模块的旁路开关 S 转换到故障位置 F 来旁路故障模块。将冗余模块的旁路开关 S 恢复到位置 O 来使冗余模块投入运行，从而逆变器又恢复正常运行。

除了使用冗余模块，控制和调制技术也可以被用来支持串联式多电平逆变器的容错运行。当出现故障时，三相桥臂可能会有不同的模块数量，所造成的三相不平衡输出电压会产生不平衡负载电流。可以通过旁路更多的模块来使其恢复平衡运行。图 14.66a 和 b 分别给出了在正常情况和故障情况下 11 电平串联式多电平变流器的相量图。其中 c 相桥臂存在 2 个故障模块，b 相桥臂存在 1 个故障模块。通过旁路每相的 2 个模块，即 a 相旁路 2 个正常模块，b 相旁路 1 个正常模块和 1 个故障模块，c 相旁路 2 个故障模块，系统又恢复到较低电压下的对称运行，如图 14.66c 所示。如果让正常模块继续运行，而只旁路故障模块，三相之间的线电压仍可保持对称，即使三相间相角是不对称的。如图 14.66d 所示，在 b 相和 c 相发生相移之后，逆变器输出幅值对称的线电压[35]。

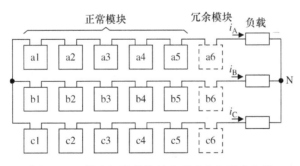

图 14.64 带有冗余模块的串联式多电平逆变器

另一种常见的冗余运行方法就是利用冗余开关状态。在故障情况下，调制模块会使用尽可能多的正常模块和各种可能的开关状态，以产生最大的线电压。此时与故障模块相关的开关状态将被移除。

然而，不论采用何种方法，可输出最大电压仍会小于逆变器的额定电压，且输出电压具体数值和故障情况有关。

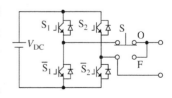

图 14.65 带有旁路开关的模块

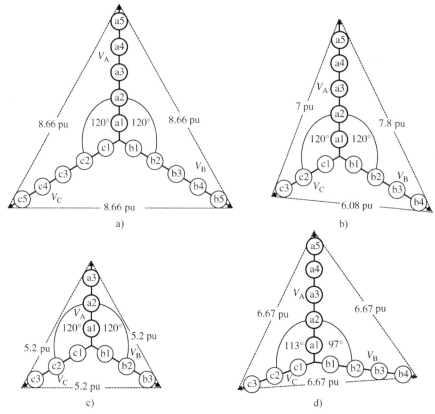

图 14.66　串联式多电平逆变器的容错运行：a) 正常运行；b) 故障运行；
c) 模块旁路后新平衡系统；d) 移相运行

14.5　小结

本章介绍了多电平变流器/逆变器的基本原理，并对二极管钳位多电平逆变器、飞跨电容式多电平逆变器和串联式多电平逆变器进行了比较分析。广义多电平逆变器拓扑将以上三种拓扑结构结合起来，并且提供了推导新型多电平变流器/逆变器的途径。例如，MMC、无磁性器件多电平 DC/DC 变换器、飞跨电容式 DC/DC 变换器，以及几种新型多电平逆变器都是从广义多电平逆变器拓扑结构发展而来的。介绍了串联式多电平逆变器在实际中的应用，并将星接和角接两种结构形式在无功功率补偿和不平衡电流补偿方面的应用进行了对比分析。角接串联式多电平逆变器能够很好地补偿无功功率和不平衡电流，而星接串联式多电平逆变器只能对无功功率进行补偿。本章提出了基于串联式多电平的统一潮流控制方案，即面对面统一潮流控制，取消了传统的统一潮流控制中使用的复杂变压器。此外，串联式多电平逆变器被证明在电动机驱动和光伏发电应用方面具有很多优势，本章给出了几个应用实例。

准 Z 源串联式多电平逆变器相比传统的串联式多电平逆变器在光伏发电应用方面具有更多的优势，这是因为它可以平衡所有模块的直流母线电压，并且可以将光伏电池板的低电压水平提升到更高的电压水平。多电平变流器/逆变器因为使用大量的组件而具有很高的故障率。但是多电平变流器/逆变器的冗余结构使其能够容错运行，从而提高系统的可靠性。本章以串联式多电平逆变器为例讨论了多电平逆变器的容错性和可靠性。

本章介绍了 4 种无磁性器件的多电平 DC/DC 变换器。首先使用广义多电平逆变器来构造无磁性器件的多电平 DC/DC 变换器,该变换器采用固定的占空比来实现升压或降压功能。作为简化的多电平 DC/DC 变换器,飞跨电容变流器被提出来用于减少功率开关数量。此外,相比飞跨电容变流器,MMCCC 具有结构模块化、控制简单和损耗低的特点,但是却需要更多的开关器件。nX 变换器则结合了飞跨电容变流器和 MMCCC 的优势,采用模块化结构,控制简单,损耗较低。同时将飞跨电容直流变流器、MMCCC 和 nX 变换器的元器件成本进行了对比,结果表明,nX 变换器相对另外两种拓扑结构具有更多的优势。

致谢

本章由卡塔尔国家研究基金会(卡塔尔基金会成员)提供支持,NPRP – EP 授权基金号 X – 033 – 2 – 007。本章中的陈述完全由作者负责。

参 考 文 献

1. Nabae, A., Takahashi, I., and Akagi, H. (1981) A new neutral-point-clamped PWM inverter. *IEEE Transactions on Industrial Applications*, **IA-17**, 518–523.
2. Meynard, T.A. and Foch, H. (1992) Multi-level conversion: high voltage choppers and voltage-source inverters. 23rd Annual IEEE Power Electronics Specialists Conference, PESC'92 Record, 29 June 29– July 3, 1992, Vol. 1, pp. 397–403.
3. Peng, F.Z. and Lai, J. (1994) A static var generator using a staircase waveform multilevel voltage-source converter. Proceedings PCIM/Power Quality, Dallas/Ft. Worth, TX, pp. 58–66.
4. Hammond, P.W. (1997) A new approach to enhance power quality for medium voltage AC drives. *IEEE Transactions on Industrial Applications*, **33**, 202–208.
5. Rodriguez, J., Lai, J.-S., and Peng, F.Z. (2002) Multilevel inverters: a survey of topologies, controls, and applications. *IEEE Transactions on Industrial Electronics*, **49**, 724–738.
6. Peng, F.Z., Lai, J.-S., and McKeever, J. (1995) A multilevel voltage-source converter system with balanced DC voltages. 26th Annual IEEE Power Electronics Specialists Conference, PESC'95, pp. 1144–1150.
7. Abu-Rub, H., Holtz, J., Rodriguez, J., and Ge, B. (2010) Medium-voltage multilevel converters – state of the art, challenges, and requirements in industrial applications. *IEEE Transactions on Industrial Electronics*, **57** (8), 2581–2596.
8. Lai, J.-S. and Peng, F.Z. (1995) Multilevel converters-a new breed of power converters. Thirtieth IAS Annual Meeting, IAS'95, pp. 2348–2356.
9. Sinha, G. and Lipo, T.A. (2000) A four-level inverter based drive with a passive front end. *IEEE Transactions on Power Electronics*, **15**, 285–294.
10. Peng, F.Z. (2001) A generalized multilevel inverter topology with self voltage balancing. *IEEE Transactions on Industrial Applications*, **37**, 611–618.
11. Zhang, F., Yang, S., Peng, F. Z., and Qian, Z. (2008) A zigzag cascaded multilevel inverter topology with self voltage balancing. Twenty-Third Annual IEEE Applied Power Electronics Conference and Exposition, APEC 2008, pp. 1632–1635.
12. Lesnicar, A. and Marquardt, R. (2003) An innovative modular multilevel converter topology suitable for a wide power range. Proceedings of 2003 IEEE Bologna Power Tech Conference, pp. 1–6.
13. Marquardt, R. (2010) Modular multilevel converter: an universal concept for HVDC-networks and extended dc-bus-applications. 2010 International Power Electronics Conference, pp. 502–507.
14. Hagiwara, M. and Akagi, H. (2009) Control and experiment of pulse width-modulated modular multilevel converters. *IEEE Transactions on Power Electronics*, **24**, 1737–1746.
15. Wang, C. and Li, Y. (2009) A survey on topologies of multilevel converters and study of two novel topologies. IEEE 6th International Power Electronics and Motion Control Conference, IPEMC'09, May 17–20, 2009, pp. 860–865.
16. Peng, F.Z., Lai, J.-S., McKeever, J., and VanCOevering, J. (1996) A multilevel voltage-source inverter with separate dc sources for static var generation. *IEEE Transactions on Industry Applications*, **32**, 1130–1138.
17. Peng, F.Z. and Lai, J.-S. (1996) Dynamic performance and control of a static var generator using cascade multilevel inverters. Conference Record IEEE-IAS Annual Meeting, pp. 1009–1015.
18. Peng, F.Z., McKeever, J.W., and Adams, D.J. (1998) A power line conditioner using cascade multilevel inverters for distribution systems. *IEEE Transactions on Industry Applications*, **34** (6), 1293–1298.

19. Tolbert, L.M., Peng, F.Z., and Habetler, T.G. (1999) Multilevel converters for large electric drives. *IEEE Transactions on Industry Applications*, **35**, 36–44.

20. Villanueva, E., Correa, P., Rodriguez, J., and Pacas, M. (2009) Control of a single-phase cascaded H-bridge multilevel inverter for grid-connected photovoltaic systems. *IEEE Transactions on Industrial Electronics*, **56** (11), 4399–4406.

21. Ge, B., Peng, F.Z., de Almeida, A.T., and Abu-Rub, H. (2010) An effective control technique for medium-voltage high-power induction motor fed by cascaded neutral-point-clamped inverter. *IEEE Transactions on Industrial Electronics*, **57** (8), 2659–2668.

22. Xue, Y., Ge, B., and Peng, F.Z. (2012) Reliability, efficiency, and cost comparisons of MW-scale photovoltaic inverters. 2012 IEEE Energy Conversion Congress and Exposition (ECCE), September 15–20, 2012, pp. 1627–1634.

23. Anderson, J. and Peng, F. Z. (2008) Four quasi-Z-source inverters. IEEE PESC 2008, June 15–19, 2008, pp. 2743–2749.

24. Ge, B., Abu-Rub, H., Peng, F.Z. *et al.* (2013) An energy-stored quasi-Z-source inverter for application to photovoltaic power system. *IEEE Transactions on Industrial Electronics*, **60** (10), 4468–4481.

25. Sun, D., Ge, B., Peng, F.Z. *et al.* (2012) A new grid-connected PV system based on cascaded H-bridge quasi-Z source inverter. 2012 IEEE International Symposium on Industrial Electronics (ISIE), May 28–31, 2012, pp. 951–956.

26. Liu, Y., Ge, B., Abu-Rub, H., and Peng, F. Z. (2013) A modular multilevel space vector modulation for Photovoltaic quasi-Z-source cascade multilevel inverter. APEC2013, March 17–21, 2013, pp. 714–718.

27. Peng, F.Z. and Jin, W. (2004) A universal STATCOM with delta-connected cascade multilevel inverter. IEEE 35th Annual Power Electronics Specialists Conference, PESC 04, pp. 3529–3533.

28. Wang, J. and Peng, F.Z. (2004) Unified power flow controller using the cascade multilevel inverter. *IEEE Transactions on Power Electronics*, **19** (4), 1077–1084.

29. Peng, F.Z., Zhang, F., and Qian, Z. (2003) A magnetic-less dc-dc converter for dual-voltage automotive systems. *IEEE Transactions on Industrial Applications*, **39** (2), 511–518.

30. Zhang, F., Du, L., Peng, F.Z., and Qian, Z. (2008) A new design method for high-power high-efficiency switched-capacitor dc-dc converterse. *IEEE Transactions on Power Electronics*, **23** (2), 832–840.

31. Qian, W., Cha, H., Peng, F.Z., and Tolbert, L.M. (2012) 55-kW variable 3X dc-dc converter for plug-in hybrid electric vehicles. *IEEE Transactions on Power Electronics*, **27** (4), 1668–1678.

32. Khan, F.H. and Tolbert, L.M. (2007) A multilevel modular capacitor-clamped dc-dc converter. *IEEE Transactions on Industrial Applications*, **43** (6), 1628–1638.

33. Qian, W., Cao, D., Cintron-Rivera, J.G. *et al.* (2012) A switched-capacitor dc–dc converter with high voltage gain and reduced component rating and count. *IEEE Transactions on Industrial Applications*, **48** (4), 1397–1406.

34. Cao, D. and Peng, F.Z. (2010) Zero-current-switching multilevel modular switched-capacitor dc–dc converter. *IEEE Transactions on Industrial Applications*, **46** (6), 2536–2544.

35. Lezana, P., Pou, J., Meynard, T.A. *et al.* (2010) Survey on fault operation on multilevel inverters. *IEEE Transactions on Industrial Electronics*, **57** (7), 2207–2218.

36. Song, W. and Huang, A.Q. (2010) Fault-tolerant design and control strategy for cascaded H-bridge multilevel converter-based STATCOM. *IEEE Transactions on Industrial Electronics*, **57** (8), 2700–2708.

37. Ma, M., Hu, L., Chen, A., and He, X. (2007) Reconfiguration of carrier-based modulation strategy for fault tolerant multilevel inverters. *IEEE Transactions on Power Electronics*, **22** (5), 2050–2060.

38. Khomfoi, S. and Tolbert, L.M. (2007) Fault diagnosis and reconfiguration for multilevel inverter drive using AI-based techniques. *IEEE Transactions on Industrial Electronics*, **54** (6), 2954–2968.

第15章　多相矩阵变换器的拓扑和控制

SK. Moin Ahmed[1,2]，Haitham Abu – Rub[1]，Atif Iqbal[3,4]
[1]卡塔尔得克萨斯农工大学卡塔尔分校电气与计算机工程系
[2]马来西亚理工大学电气工程系
[3]卡塔尔大学电气工程系
[4]印度阿里格尔穆斯林大学电气工程系

15.1　简介

电力电子变换器目前已应用于众多工业企业及家用电器中，例如电机驱动、电力系统运行和控制（FACTS（柔性交流输电系统）、HVDC（高压直流）、静止无功补偿、电能质量治理及有源滤波、不同频率如50Hz和60Hz电网之间的连接等）。电力电子变换器的主要功能是将不可控电力转换为可控电力。通常将电力电子变换器分为AC/DC、DC/AC、DC/DC和AC/AC四种类型。实现AC/AC变换的经典方法是使用基于晶闸管器件的交交变频器。这种拓扑的主要缺点是输出频率范围有限（只有输入频率值的1/4）。另一种可以实现AC/AC变换的拓扑是基于双向功率开关器件，并以阵列或矩阵形状排列的矩阵变换器[1-3]。矩阵变换器无需任何中间转换环节就可以将不可控的交流电（电压幅值和频率固定不变）转换为可控交流电（电压幅值和频率可变）。矩阵变换器的主要优点，是电源侧电流可以维持正弦波形不变且电源侧功率因数可控，无需笨重的直流电容且输出频率范围没有限制。其主要缺点是输出电压较低：三相输入三相输出矩阵变换器输出电压会低至输入电压的86.6%。三相输入五相输出矩阵变换器的输出电压会进一步低至78.86%，而三相输入七相输出电压则为76.94%。矩阵变换器大体上可分为两种类型：直接型和间接型。间接型拓扑被看作可控整流器和带有虚拟直流回路逆变器的组合。在直接型拓扑中，所有的开关被看作是独立单元。两种拓扑采用不同的控制方法。本章详细介绍了已有和新兴的多相[4-6]AC/AC电力电子变换器的拓扑和控制。主要对三种控制方法进行了讨论：载波脉宽调制（PWM）、直接占空比PWM（DPWM）和空间矢量PWM（SVPWM）。随后介绍了理论背景、分析细节和仿真模型并给出了实验结果。

15.2　三相输入五相输出矩阵变换器

15.2.1　拓扑结构

图15.1给出了三相到五相矩阵变换器功率电路的一般拓扑结构。该拓扑有五个桥臂，每个桥臂由三个串联的双向功率开关构成。每个功率开关在本质上具有双向控制能力，由反并联的IGBT和二极管组成。其中输入电源和参考文献［7-9］中所开发的三相到三相矩阵变换器相同。电源侧采用一个小型LC滤波器以消除电流纹波，输出为每相间有72°相位差的五相输出。

这里定义开关函数为：$S_{jp} = \{1(开关闭合),0(开关打开)\}$，$j = \{a,b,c\}$（输入），$p = \{A,B,C,D,E\}$（输出）。开关状态约束条件为$S_{ap} + S_{bp} + S_{cp} = 1$。

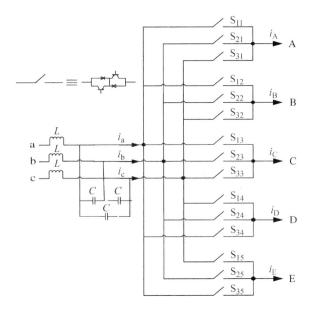

图 15.1　三相到五相矩阵变换器的原理框图[10]　（经 IEEE 许可转载）

15.2.2　控制算法

矩阵变换器的控制取决于它是间接型还是直接型。间接型矩阵变换器可以分为两个单元：电源侧整流器、负载侧逆变器以及虚拟直流回路。基于这种观点，该拓扑的控制技术是可控 AC/DC 和 PWM DC/AC 变换器的扩展。因此，可以采用与传统 AC/DC 和 DC/AC 变换器类似的控制方法。对于直接型矩阵变换器，则需要使用和前述方法不同的定制化控制技术。下面对直接型矩阵变换器控制技术进行讨论。直接型矩阵变换器的 PWM 技术可以采用正弦载波 PMW 方法[11,12]、直接占空比 PWM 方法和空间矢量 PWM 方法来实现。这些技术都可以应用于非方波的直接矩阵变换器，下面对其中三相输入到多相（五相和七相）输出矩阵变换器进行讨论[13-16]。

15.2.2.1　正弦载波 PWM 技术

1. 概述

在本节中，考虑输入侧为三相对称系统，则输入电压和输出电压有下面的公式

$$u_a = U\sin(\omega t)$$
$$u_b = U\sin(\omega t - 2\pi/3)$$
$$u_c = U\sin(\omega t - 4\pi/3)$$
$$v_A = V\sin(\omega_o t - \varphi) \tag{15.1}$$

$$v_B = V\sin\left(\omega_o t - 2\frac{\pi}{5} - \varphi\right)$$

$$v_C = V\sin\left(\omega_o t - 4\frac{\pi}{5} - \varphi\right)$$

$$v_D = V\sin\left(\omega_o t - 6\frac{\pi}{5} - \varphi\right) \tag{15.2}$$

$$v_E = V\sin\left(\omega_o t - 8\frac{\pi}{5} - \varphi\right)$$

式中，小写字母下标表示输入电压，大写字母下标表示输出电压。PWM 控制首先需要计算双向

开关占空比。然而，为了在输出电压频率和输入电压频率之间实现解耦，假定输出为同步旋转参考坐标系而输入则为静止坐标系。通过这种变换，输出电压公式中将不会出现输入频率项。则"A"相输出占空比可以假定为[1,2]

$$d_{aA} = k_A\cos(\omega t - \varphi)$$
$$d_{bA} = k_A\cos(\omega t - 2\pi/3 - \varphi)$$
$$d_{cA} = k_A\cos(\omega t - 4\pi/3 - \varphi) \tag{15.3}$$

因此，使用上述占空比公式得到如下五相输出电压为

$$v_A = u_a d_{aA} + u_b d_{bA} + u_c d_{cA}$$
$$v_B = u_a d_{aB} + u_b d_{bB} + u_c d_{cB}$$
$$v_C = u_a d_{aC} + u_b d_{bC} + u_c d_{cC}$$
$$v_D = u_a d_{aD} + u_b d_{bD} + u_c d_{cD}$$
$$v_E = u_a d_{aE} + u_b d_{bE} + u_c d_{cE} \tag{15.4}$$

对"A"相则有

$$v_A = k_A U [\cos(\omega t)\cdot\cos(\omega t - \varphi) + \cos(\omega t - 2\pi/3)\cdot\cos(\omega t - 2\pi/3 - \varphi) + \cos(\omega t - 4\pi/3)$$
$$\cdot\cos(\omega t - 4\pi/3 - \varphi)] \tag{15.5}$$

通过余弦展开的几何变换，对"p"相可以得到

$$v_p = \frac{3}{2}k_p U\cos(\varphi) \quad p \in A, B, C, D, E \tag{15.6}$$

在式（15.6）中，$\cos(\varphi)$ 项表明输出电压取决于相移角 φ。因此，输出电压与输入频率无关，而只受输入电压幅值 U 的影响，k_p 是以预期输出频率 ω_o 调制的参考输出电压时变信号。五相参考输出电压可表示为

$$k_A = m\cos(\omega_o t)$$
$$k_B = m\cos(\omega_o t - 2\pi/5)$$
$$k_C = m\cos(\omega_o t - 4\pi/5)$$
$$k_D = m\cos(\omega_o t - 6\pi/5)$$
$$k_E = m\cos(\omega_o t - 8\pi/5) \tag{15.7}$$

因此，根据式（15.6），输出电压也可以表示为

$$v_p = \left[\frac{3}{2}mV\cos(\varphi)\right]\cos\left(\omega_o t - \frac{2n\pi}{5}\right) \quad n = 0,1,2,3,4 \tag{15.8}$$

式中，m 为调制因数。

2. 偏置占空比的应用

在上述讨论中，式（15.3）所示占空比为正弦曲线，因此将有半个周期占空比为负值，而这并没有任何实际物理意义[13-15]。由于实际上占空比代表了半导体开关开通的持续时间，因而永远不可能出现负值。占空比必须满足约束条件 $0 \leq d_{ap}$，d_{bp}，$d_{cp} \leq 1$，其中 p 为任意一相输出。因此，应向占空比（式15.3）中插入偏置量使得单个开关管的净占空比维持正值。同时，应向全部输出相中加入同样的占空比偏置，以保证占空比偏置对输出电压矢量所产生的影响不会出现在负载上。这意味着只能在输出共模电压增加占空比偏置。一般来说，占空比相加结果应为 0，即

$$d_{ap} + d_{bp} + d_{cp} = k_p\cos(\omega t - \varphi) + k_p\cos(\omega t - 2\pi/3 - \varphi) + k_p\cos(\omega t - 4\pi/3 - \varphi) = 0 \tag{15.9}$$

将占空比绝对值（正值）和占空比相加以消除单个占空比的负值分量；换言之，通过占空比上移以降低其负值。因此，每个占空比偏置的最小值应为

$$D_{ap}(t) = |k_p \cos(\omega t - \varphi)|$$
$$D_{bp}(t) = |k_p \cos(\omega t - 2\pi/3 - \varphi)| \quad (15.10)$$
$$D_{cp}(t) = |k_p \cos(\omega t - 4\pi/3 - \varphi)|$$

根据上式，有效占空比为 $d_{ap} + D_{ap}(t)$、$d_{bp} + D_{bp}(t)$、$d_{cp} + D_{cp}(t)$，则占空比净值 $d_{ap} + D_{ap}(t)$ 应在 0~1 之间。因此有

$$0 \leq d_{ap} + D_{ap}(t) \leq 1 \quad (15.11a)$$

可以将上式写成

$$0 \leq k_p \cos(\omega t - \rho) + |k_p \cos(\omega t - \rho)| \leq 1 \quad (15.11b)$$

对于极端情况有 $0 \leq 2|k_p| \leq 1$。换句话说，k_p 的最大值或式（15.7）中 m 等于 0.5。因此，三相输入对应的占空比偏置为

$$D_{ap}(t) = |0.5\cos(\omega t - \varphi)|, D_{bp}(t) = |0.5\cos(\omega t - 2\pi/3 - \varphi)|, D_{cp}(t) = |0.5\cos(\omega t - 4\pi/3 - \varphi)|$$
$$(15.12)$$

如果将 "m" 数值代入式（15.8）中，可以得到的最大输出电压值为 $0.75V$，其中 V 为输入电压幅值。通过这种方式，可以修改占空比来增大调制因数。通过插入偏置对初始占空比修改，得到的结果为[15]

$$d_{aA} = D_{aA}(t) + k_A \cos(\omega t - \rho)$$
$$d_{bA} = D_{bA}(t) + k_A \cos(\omega t - 2\pi/3 - \rho) \quad (15.13)$$
$$d_{cA} = D_{cA}(t) + k_A \cos(\omega t - 4\pi/3 - \rho)$$

在一个开关周期内，输出相必须连接到任意一个输入相。这意味着式（15.13）给出的占空比之和必须等于1。然而，可以看到 $D_{ap}(t) + D_{bp}(t) + D_{cp}(t)$ 之和并不等于1。因此，还需要进一步对占空比进行修改。从而需要给式（15.13）中的 $D_{ap}(t)$、$D_{bp}(t)$、$D_{cp}(t)$ 加上另一个占空比偏移 $[1 - \{D_{ap}(t) + D_{bp}(t) + D_{cp}(t)\}]/3$。需要注意的是，给所有开关插入新的占空比偏置将不会影响输出电压和输入电流。同样，在式（15.14）中对其他输出相的占空比进行了修改。图 15.2 给出了修改后的所有五相占空比。

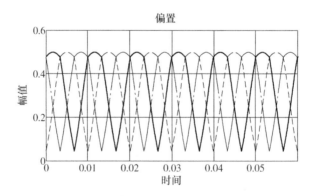

图 15.2　修改后的所有输入相的占空比偏置[14]

$$d_{ap} = D_{ap}(t) + k_p \cos(\omega t - \rho)$$
$$d_{bp} = D_{bp}(t) + k_p \cos(\omega t - 2\pi/3 - \rho) \quad (15.14)$$
$$d_{cp} = D_{cp}(t) + k_p \cos(\omega t - 4\pi/3 - \rho) \quad p = A, B, C, D, E$$

当假定调制信号 k_A、k_B、k_C、k_D、k_E 为式（15.7）所给出的五相正弦参考量时，输入电压

不能完全用于产生输出电压。这是因为占空比幅值还有未被使用的空间。为了充分利用占空比，需要额外插入大小为 $-0.5\{\max(k_A,k_B,k_C,k_D,k_E)+\min(k_A,k_B,k_C,k_D,k_E)\}$ 的共模项，从而可以进一步增大调制因数。这一技术最容易用于电压源逆变器[17]。通过这种技术，五相输出电压可以增加 5.15%。这样，k_A、k_B、k_C、k_D、k_E 的幅值可以从 0.5 提高到 0.5257，即 5.15% 的增加。这一点在图 15.3 中得以体现。

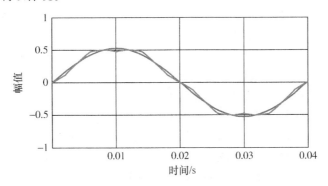

图 15.3　有和没有共模增量的输出相参考[14]

3. 无共模电压增量

在增加偏置和其他常量后，所得到的输出 "A" 相总占空比为[15]

$$d_{aA}=D_{aA}(t)+(1-\{D_{aA}(t)+D_{bA}(t)+D_{cA}(t)\})/3+k_A\times\cos(\omega t-\rho)$$
$$d_{bA}=D_{aA}(t)+(1-\{D_{aA}(t)+D_{bA}(t)+D_{cA}(t)\})/3+k_A\times\cos(\omega t-2\pi/3-\rho)\quad(15.15)$$
$$d_{cA}=D_{aA}(t)+(1-\{D_{aA}(t)+D_{bA}(t)+D_{cA}(t)\})/3+k_A\times\cos(\omega t-4\pi/3-\rho)$$

4. 有共模电压增量

输出 "A" 相的占空比可以表示为[15]

$$\begin{aligned}
d_{aA}=&D_{aA}(t)+(1-\{D_{aA}(t)+D_{bA}(t)+D_{cA}(t)\})/3\\
&+[k_A-\{\max(k_A,k_B,k_C,k_D,k_E)+\min(k_A,k_B,k_C,k_D,k_E)\}/2]\times\cos(\omega t-\rho)\\
d_{bA}=&D_{aA}(t)+(1-\{D_{aA}(t)+D_{bA}(t)+D_{cA}(t)\})/3\\
&+[k_A-\{\max(k_A,k_B,k_C,k_D,k_E)+\min(k_A,k_B,k_C,k_D,k_E)\}/2]\times\cos(\omega t-2\pi/3-\rho)\\
d_{cA}=&D_{aA}(t)+(1-\{D_{aA}(t)+D_{bA}(t)+D_{cA}(t)\})/3\\
&+[k_A-\{\max(k_A,k_B,k_C,k_D,k_E)+\min(k_A,k_B,k_C,k_D,k_E)\}/2]\times\cos(\omega t-4\pi/3-\rho)
\end{aligned}$$

式中，

$$\begin{aligned}
D_{aA}(t)&=|0.5\cos(\omega t-\rho)|\\
D_{bA}(t)&=|0.5\cos(\omega t-2\pi/3-\rho)|\quad(15.16)\\
D_{cA}(t)&=|0.5\cos(\omega t-4\pi/3-\rho)|
\end{aligned}$$

五相输出电压可以表示为

$$\begin{aligned}
k_A&=m\cos(\omega_o t)\\
k_B&=m\cos(\omega_o t-2\pi/5)\\
k_C&=m\cos(\omega_o t-4\pi/5)\quad(15.17)\\
k_D&=m\cos(\omega_o t-6\pi/5)\\
k_E&=m\cos(\omega_o t-8\pi/5)
\end{aligned}$$

式中，ω 是输入频率（rad/s），ω_o 是输出频率（rad/s），m 是调制因数。为使功率因数为 1，功

率因数角 ρ 必须选择为 $0°$。功率因数控制由相移角 ρ 决定。

15.2.2.2 直接占空比 PWM 技术

本节描述了基于直接计算占空比的 PWM 技术与三相到 k 相矩阵变换器广义拓扑的结合[18-21]。DPWM 方法是基于每开关周期内平均每相输出的概念。这种 PWM 方法本质具有灵活的模块化特性，因此可用于任意输出相数的变流器电路广义拓扑[22]。

可以将开关时长为 T_s 的一个开关周期分为两个子周期。这两个子周期对应三角形载波信号的上升段 T_1 和下降段 T_2。在不同时间点上的三相正弦输入信号可以具有不同的值。其中最大值用 Max 表示，中等幅值信号用 Mid 表示，最小值信号用 Min 表示。在时间段 T_1 内（载波正斜率段），最大和最小相间的线电压（$\text{Max}\{v_A, v_B, v_C\} - \text{Min}\{v_A, v_B, v_C\}$）被用于直接计算占空比。在计算中，无需考虑中等幅值的输入信号。输出电压最初应跟随输入 Max 信号，随后则跟随输入 Min 信号。在时间段 T_2 内，首先计算 Max 和 Mid 间（$\text{Max}\{v_A, v_B, v_C\} - \text{Mid}\{v_A, v_B, v_C\}$）以及 Mid 和 Min 间（$\text{Mid}\{v_A, v_B, v_C\} - \text{Min}\{v_A, v_B, v_C\}$）的两个线电压。计算所得结果之间较大的一个被用于占空比的计算，以获得较高的调制因数以及满足伏秒定律。根据输入电压的相对幅值，在时间段 T_2 内可能出现两种不同的情况。如果 Max - Mid 大于 Mid - Min，输出应在跟随 Max 一段时间后继续跟随 Mid 一段时间。这种情况称为工况 I 并将在后面进行解释。类似地，如果 Max - Mid 小于 Mid - Min，则输出应先跟随输入信号的 Mid 然后再跟随输入信号的 Min，这种情况被称为工况 II。因此，DPWM 方法中使用了三个输入线电压中的两个来合成输出电压。每个开关周期内三相输入都被用于传输电流。下面将进一步解释工况 I 和 II 以及如何生成门极驱动信号。

1. 工况 I

当 Max - Mid ≥ Mid - Min 时，图 15.4 说明了第 k 相输出在一个开关周期内的门极信号是如何产生的。为了得到开关模式，首先计算占空比 D_{k1}，$k \in a, b, c, \cdots$，并将结果和高频三角载波信号进行对比以得到第 k 相输出的开关模式。矩阵变换器第 k 支路的开关模式可以直接由输出开关模式推得。假定 Max 为输入"A"相，Mid 为"B"相以及 Min 为"C"相，则可以得到开关模式。

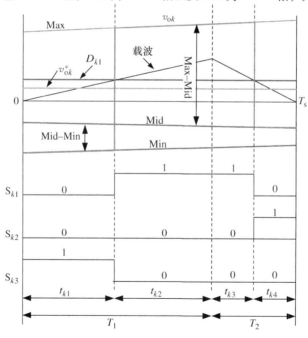

图 15.4　工况 I 下 k 相输出和开关模式[21]（经 IEEE 许可转载）

开关模式根据输入相的相对幅值变化而改变。如果占空比的幅值大于载波幅值且载波斜率为正，则输出跟随输入信号的 Min。如果载波的幅值大于占空比的幅值，则不管载波斜率如何，输出都跟随输入信号的 Max。最后，如果载波信号的幅值小于占空比的幅值且载波斜率为负，则输出跟随 Mid。因此，最终相电压输出按照 Min→Max→Max→Mid 的顺序变化。这些过渡周期被称为 t_{k1}、t_{k2}、t_{k3} 和 t_{k4}，可以表示为

$$t_{k1} = D_{k1}\delta T_s$$
$$t_{k2} = (1 - D_{k1})\delta T_s$$
$$t_{k3} = (1 - D_{k1})(1 - \delta)T_s \tag{15.18}$$
$$t_{k4} = D_{k1}(1 - \delta)T_s$$
$$T_s = t_{k1} + t_{k2} + t_{k3} + t_{k4}$$

式中，D_{k1} 为第 k 相占空比，考虑工况为工况 I 并同时定义 δ 为（$\delta = T_1/T_s$），此为载波斜率的分数表达式。同时，基于 PWM 控制的伏秒定律，可以得到[22]

$$v_{ok}^* T_s = \int_0^{T_s} v_{ok} dt = \text{Min}\{v_A, v_B, v_C\} t_{k1} + \text{Max}\{v_A, v_B, v_C\}(t_{k2} + t_{k3}) + \text{Mid}\{v_A, v_B, v_C\} t_{k4}$$
$$\tag{15.19}$$

将式（15.18）中的时间区段表达式代入式（15.19）得到

$$v_{ok}^* = \frac{1}{T_s}\int_0^{T_s} v_{ok} dt = D_{k1}\left(\begin{array}{c} \delta\text{Min}\{v_A, v_B, v_C\} - \delta\text{Mid}\{v_A, v_B, v_C\} + \\ \text{Mid}\{v_A, v_B, v_C\} - \text{Max}\{v_A, v_B, v_C\} \end{array}\right) + \text{Max}\{v_A, v_B, v_C\} \tag{15.20}$$

式中，T_s 为采样周期，v_{ok}^* 和 v_{ok} 分别为 "k" 相平均输出电压的参考值和实际值，v_A、v_B、v_C 为输入侧三相电压。Max、Mid 和 Min 分别对应最大、中等和最小值，D_k 表示功率开关的占空比。

从式（15.20）得到的占空比为

$$D_{k1} = \frac{\text{Max}\{v_A, v_B, v_C\} - v_{ok}^*}{\Delta + \delta(\text{Mid}\{v_A, v_B, v_C\} - \text{Min}\{v_A, v_B, v_C\})} \tag{15.21}$$

式中，$\Delta = (\text{Max}\{v_A, v_B, v_C\} - \text{Mid}\{v_A, v_B, v_C\})$。

类似地，可以得到其他输出相的占空比，随后可以用于实现 PWM 方法。

2. 工况 II

此时考虑 Max - Mid < Mid - Min 时的工况。通过和工况 I 所述的相同方法可以再次推导得到输出电压和所需开关序列。图 15.5 给出了输出电压信号和开关模式。和工况 I 类似，这里高频三角形载波信号也用来和占空比 D_{k2} 的值对比以生成开关模式。这个工况和前面工况唯一的不同在于当载波幅值大于占空比幅值且载波斜率为负值时，输出将跟随 Mid 而不是 Max。在这种情况下，和工况 I 相反，输出必须跟随输入的 Mid。时间区段 t_{k1}、t_{k2}、t_{k3} 及 t_{k4} 和式（15.18）相同，此时输出相电压的变换顺序为 Min→Max→Mid→Min。现在应用伏秒定律来推导占空比方程。伏秒定律公式可以写成

$$v_{ok}^* T_s = \int_0^{T_s} v_{ok} dt = \text{Min}\{v_A, v_B, v_C\}(t_{k1} + t_{k4}) + \text{Max}\{v_A, v_B, v_C\} t_{k2} + \text{Mid}\{v_A, v_B, v_C\} t_{k3}$$
$$\tag{15.22}$$

现在，将式（15.18）中的时间表达式再次代入式（15.22），可以得到

$$v_{ok}^* = \frac{1}{T_s}\int_0^{T_s} v_{ok} dt = D_{k2}(\text{Min}\{v_A, v_B, v_C\} - \delta\text{Max}\{v_A, v_B, v_C\} - \text{Mid}\{v_A, v_B, v_C\} + \delta\text{Mid}\{v_A, v_B, v_C\})$$
$$+ \delta\text{Max}\{v_A, v_B, v_C\} - \delta\text{Mid}\{v_A, v_B, v_C\} + \text{Mid}\{v_A, v_B, v_C\} \tag{15.23}$$

则占空比可以写成[22]

$$D_{k2} = \frac{\delta\Delta + (\text{Mid}\{v_A, v_B, v_C\} - v_{ok}^*)}{\delta\Delta + (\text{Mid}\{v_A, v_B, v_C\} - \text{Min}\{v_A, v_B, v_C\})} \qquad (15.24)$$

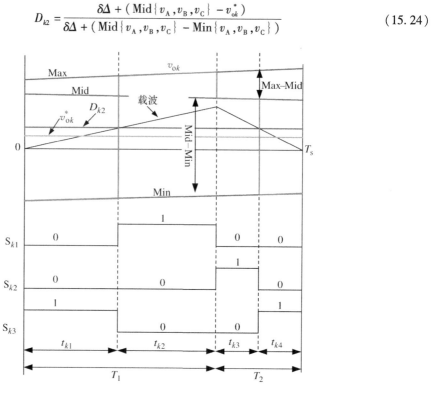

图 15.5　工况 II 下 k 相输出和开关模式[21]（经 IEEE 许可转载）

　　通过图 15.4 和图 15.5 中的开关状态可以得到双向功率开关器件的开关模式。根据输出模式则可以得到开关信号。如果 "k" 相输出模式为 Max（或 Mid，Min），则输出相 "k" 和电压为 Max（或 Mid，Min）的输入相连。图 15.6 中给出的框图可以用于理解 PWM 算法。

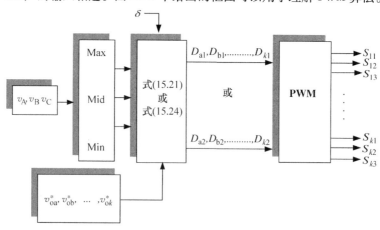

图 15.6　三相到 k 相矩阵变换器的门极驱动信号生成框图[21]（经 IEEE 许可转载）

　　在框图中，首先对输入电压的最大、最小和中间值进行计算。将幅值相对大小信息以及所需输出相电压参考值传递到下一个计算模块中。计算模块根据输入电压幅值的相对大小使用式（15.21）或式（15.24）来计算占空比。计算所得占空比作为 PWM 模块输入。PWM 模块用式

（15.18）计算得到子区段时间。接下来推导得到相应的门极驱动模式并给到矩阵变换器的双向功率半导体开关。

3. 用于三相到五相矩阵变换器的 DDPWM

这里以三相输入五相输出的矩阵变换器拓扑为例，阐述了直接 DPWM 的工作原理[22]。图 15.7～图 15.11 所示为仅考虑工况 I 的特定开关周期中 a、b、c、d 和 e 相的输出模式。由于工况 II 和工况 I 情况相似，只有微小的修正，则工况 II 的输出模式及开关模式可以通过类似方法推导得到，因此这里不再进一步详述。

直接 DPWM 主要优点为模块化，因此每相输出可以单独调制以跟随它们的参考信号。依据参考信号或目标输出电压的产生方式，创建了两种方法。一种方法被称为"无谐波注入法"，而另外一种则称为"谐波注入法"。如果采用简单正弦信号作为参考电压，则最大输出电压只能达到输入电压幅值的一半。通过输入电压减去输入信号本身的共模分量（三次谐波）可以提高输出电压的幅值或输出输入电压之比。这里所需减掉的共模电压幅值是可以变化的。有时共模电压幅值是输入电压幅值的 1/6。输入电压最大幅值的 25% 被认为是最优注入谐波幅值。因此，通过采用增加共模电压法，输出电压幅值可以达到输入电压值的 0.75 倍，增加近 50%。

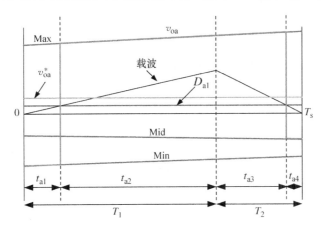

图 15.7　"a"相输出模式[21]（经 IEEE 许可转载）

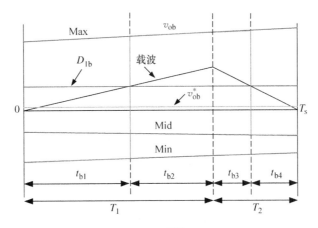

图 15.8　"b"相输出模式[21]（经 IEEE 许可转载）

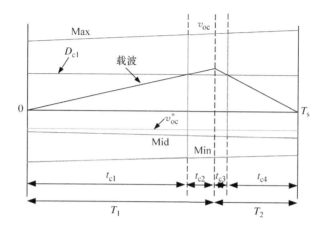

图 15.9　"c" 相输出模式[21]（经 IEEE 许可转载）

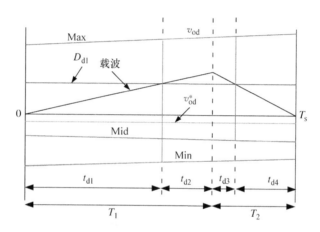

图 15.10　"d" 相输出模式[21]（经 IEEE 许可转载）

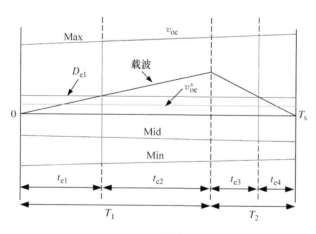

图 15.11　"e" 相输出模式[21]（经 IEEE 许可转载）

通过在输出电压参考信号或调制信号中注入输出频率的三次谐波，可以进一步提高输出电压的幅值。因此，通过注入 1/6 幅值的输出三次谐波，电压转化率在三相到三相矩阵变换器上可以达到 0.866。与只在输入侧电压中注入谐波相比，这种方法将输出电压提高了 15.5%。需要注意的是，这里在输入侧和输出侧都采用了谐波注入。同样重要的是，在三相电压源逆变器中采用谐波注入，和简单的正弦形载波方案相比，同样可以使得输出幅值提高 15.5%。

对于多相电压源逆变器，可以使用类似概念的 n 次谐波来增大调制因数。通过注入幅值为 $M_n = -(M_1 \sin(\pi/2n))/n$ 的 n 次谐波（其中 n 为相数），输出电压可以增加 $1/\cos(\pi/2n)$。同样的方法可以用于提高矩阵变换器的输出电压幅值。仅仅通过注入三次谐波就可使逆变器输出电压达到输入电压的 75%。这个增加量和三相到三相矩阵变换器上所获得的增加量是相同的。而对于三相到五相矩阵变换器，需要用输出频率的五次谐波注入而不能用三次谐波。通过在线性调制区同时注入三次（输入侧）和五次（输出侧）谐波可以使最大输出电压幅值达到输入电压幅值的 78.86%。因此，总输出电压增加量为 5.15%。需要注意的是，五相电压源逆变器通过五次谐波注入可以得到相同的提高量[23]。在此给出最终的输出电压参考为[22]

$$v_{oa}^* = \sqrt{\frac{2}{5}} q V_{in-rms} \cos(\omega_o t) - \varphi(t)$$

$$v_{ob}^* = \sqrt{\frac{2}{5}} q V_{in-rms} \cos\left(\omega_o t - 2\frac{\pi}{5}\right) - \varphi(t)$$

$$v_{oc}^* = \sqrt{\frac{2}{5}} q V_{in-rms} \cos\left(\omega_o t - 4\frac{\pi}{5}\right) - \varphi(t) \qquad (15.25)$$

$$v_{od}^* = \sqrt{\frac{2}{5}} q V_{in-rms} \cos\left(\omega_o t + 4\frac{\pi}{5}\right) - \varphi(t)$$

$$v_{oe}^* = \sqrt{\frac{2}{5}} q V_{in-rms} \cos\left(\omega_o t + 2\frac{\pi}{5}\right) - \varphi(t)$$

式中，

$$\varphi(t) = \frac{\sqrt{6}}{12} V_{in-rms} \cos(3\omega_i t) + \frac{\sqrt{6}}{48.5} q V_{in-rms} \cos(5\omega_o t) \qquad (15.26)$$

输出参考值为基波和三次、五次谐波分量之和，其中正弦输出参考位于三次和五次谐波分量组合而成的共模电压 $\varphi(t)$ 之上。其中参数 ω_i、ω_o 分别为输入和输出频率。输入和输出参考给定值、它们的共模电压、输入电压幅值相对大小等，都作为“占空比计算”模块的输入。图 15.12 所示为所提出的 PWM 方法的实现流程框图。

输出信号（D_{ax}，D_{bx}，D_{cx}，D_{dx}，D_{ex}，$x = 1$ 或 2）和高频载波信号相比较以生成输出电压模式。门极信号则直接从所产生的输出电压模式中推导得到。后面将给出仿真和实验结果。

15.2.2.3　空间矢量 PWM 技术

1. 概述

由于具有较高直流母线电压利用率和易于实现数字化的特点，空间矢量 PWM 在电压源逆变器中得到了广泛的应用。空间矢量的概念也可以推广到矩阵变换器。对于矩阵变换器，其空间矢量算法[24-30]基于空间矢量平面上输入电流和输出线电压矢量表达式。在矩阵变换器中，根据开关状态，每个输出相和特定的输入相连接。对于三相到五相矩阵变换器[10,31]，所需双向功率半导体开关的个数为 15 个。

15 个开关有总共 2^{15} 种组合，然而为了保护开关必须考虑下列运行条件：

- 在运行中永远不能将输入相短路（以防止电源短路）。
- 在运行中永远不能将输出相开路（以保护感性负载）。

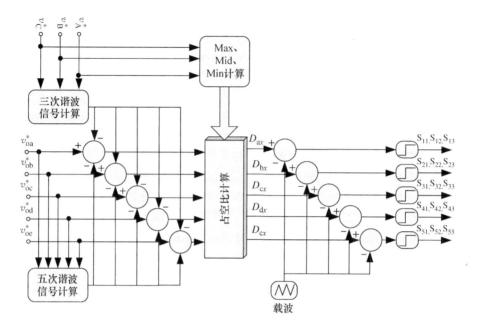

图 15.12　谐波注入调制的实现框图[21]（经 IEEE 许可转载）

基于上面两条约束条件，可以将连接输出相和输入相的开关组合减少到 3^5，即 243 种。这些开关组合可以分为五组。

开关组合可以表示为[31]

$$\{p,\ q,\ r\}$$

式中，p、q 和 r 分别代表连接到 A 相、B 相和 C 相输入的输出相编号。

1）p，q，$r\in0,0,5\,|\,p\neq q\neq r$：所有输出相都和同一个输入相相连。这一组由三个可能的开关组合组成：所有输出相或和 A 相、或和 B 相、或和 C 相相连。$\{5,0,0\}$ 代表所有输出相都和输入 A 相相连的开关状态。$\{0,5,0\}$ 代表所有输出相都和输入 B 相相连的开关状态。$\{0,0,5\}$ 代表所有输出相都和输入 C 相相连的开关状态。这些矢量的幅值和频率都为 0，因此称为零矢量并用于实现空间矢量 PWM[31]。

2）p，q，$r\in0,1,4\,|\,p\neq q\neq r$：四个输出相和同一个输入相相连，第五个输出相和其他两个输入相中任意一个相连。这里的 4 表示有四个不同的输出相和输入 A 相相连。而 1 表示前述四相之外的一个输出相和输入 B 相相连，同时输入 C 相不和任意输出相相连。这样的开关状态有六种不同组合（$\{4,1,0\}$，$\{1,4,0\}$，$\{1,0,4\}$，$\{0,1,4\}$，$\{0,4,1\}$，$\{4,0,1\}$）。每一种开关状态还可以进一步产生五种不同组合，即 ${}^5C_4\times{}^1C_1=5$。因此，这一组总共有 $6\times5=30$ 种开关组合。这些矢量在空间中频率固定而幅值可变。这意味着输出电压幅值取决于所选择输入相的电压。在这种情况下，输出电压空间矢量的相角不取决于输入电压空间矢量的相角。这组中的 30 个开关组合确定了输出电压空间矢量 10 个和 α_i 无关的预设位置。类似的条件对于电流矢量也是适用的。这组中 30 个开关组合同样确定了六个和 α_o 无关的输入电流空间矢量预设位置。

3）p，q，$r\in0,2,3\,|\,p\neq q\neq r$：三个输出相和同一个输入相相连，其他两个输出相和其他两个输入相中任意一个相连。这样的开关状态有六种不同组合（$\{3,2,0\}$，$\{2,3,0\}$，$\{2,0,3\}$，$\{0,2,3\}$，$\{0,3,2\}$，$\{3,0,2\}$）。每一种开关状态还可以进一步产生 10 种不同组合，即 ${}^5C_3\times{}^2C_2=10$。因此，这一组总共有 $6\times10=60$ 种开关组合。这些矢量也在空间中频率固

定而幅值可变。这组 60 个开关组合确定了 10 个和 α_i 无关的输出电压空间矢量预设位置。同样的情况对于电流矢量也是适用的。这组 60 个开关组合确定了 6 个和 α_o 无关的输入电流空间矢量预设位置。

4）p，q，$r \in 1$，1，3 $|p \neq q \neq r$：三个输出相和同一个输入相相连，其他两个输出相分别和其他两个输入相相连。这样的开关状态有三种不同组合（$\{3,1,1\}$，$\{1,3,1\}$，$\{1,1,3\}$）。每一种开关状态还可以进一步产生 20 种不同组合，即 $^5C_3 \times {}^2C_1 \times {}^1C_1 = 20$。因此，这一组总共有 $3 \times 20 = 60$ 种开关组合。这些矢量在空间中频率和幅值都是变化的。这意味着输出电压的幅值取决于特定的输入线电压。同样，输出电压空间矢量的相角取决于输入电压空间矢量的相角。这组中的 60 个开关组合不能确定任何输出电压空间矢量预设位置。输出电压空间矢量的轨迹随着 α_i 的变化在空间中以不同取向形成椭圆。对于电流矢量有着类似的情形。对于空间矢量调制技术，由于这些组合中输入输出矢量的相角不能独立控制，因此在矩阵变换器中不能使用这些开关状态。

5）p，q，$r \in 1$，2，2 $|p \neq q \neq r$：两个输出相和同一个输入相相连，其他两个输出相和另一个输入相相连，第五个输出相则和第三个输入相相连。这样的开关状态有三种不同组合（$\{1,2,2\}$，$\{2,1,2\}$，$\{2,2,1\}$）。每一种开关状态还可以进一步产生 30 种不同组合，即 $^5C_3 \times {}^3C_2 \times {}^1C_1 = 30$。因此，这一组总共有 $3 \times 30 = 90$ 种开关组合。这些矢量在空间中也具有可变的频率和幅值。也就是说，输出电压的幅值就取决于所选定的输入线电压。在这种情况下，输出电压矢量的相角也取决于输入电压空间矢量的相角。这组中 90 个开关组合同样不能确定任何输出电压空间矢量预设位置。输出电压空间矢量的轨迹随着 α_i 的变化在空间中以不同取向形成椭圆。对于电流矢量有着类似的情形。对于空间矢量调制技术，由于不能独立控制输入输出矢量的相角而无法在矩阵变换器中使用这些组合。

三相到五相矩阵变换器的空间矢量 PWM 可用的开关矢量为

组 1：$\{5,0,0\}$ 由三个矢量组成。

组 2：$\{4,1,0\}$ 由 30 个矢量组成。

组 3：$\{3,2,0\}$ 由 60 个矢量组成。

2. 空间矢量控制策略

对三相到五相矩阵变换器有 243 种开关组合可以用于空间矢量 PWM。然而，只有 93 个有效开关矢量被用在矩阵变换器空间矢量调制中。这些有效矢量被分为四组[31]：

组 1：$\{5,0,0\}$ 由三个矢量组成，被称为"零矢量"。

组 2：$\{4,1,0\}$ 由 30 个矢量组成，被称为"中矢量"。

组 3：$\{3,2,0\}$ 由 30 个矢量组成，此时两相邻输出相和同一输入相相连，被称为"大矢量"。

组 4：$\{3,2,0\}$ 由 30 个矢量组成，此时两间隔输出相和同一输入相相连，被称为"小矢量"。

这些矢量的命名是根据其长度或幅值来确定的。

对用于三相到五相矩阵变换器的空间矢量 PWM 控制，只有组 1、2 和 3 开关状态可以采用。由于相应的开关空间矢量（Switching Space Vector，SSV）随时间旋转而不适用，因此不能使用组 4 开关状态。图 15.13 和图 15.14 分别给出组 2 和组 3 中每个开关状态的输入电流 SSV 和输出电压 SSV。

大矢量和中矢量分别用"L"和"M"表示。实现空间矢量 PWM 不需要考虑小矢量。字母"L"和"M"分别代表大矢量和中矢量，字母前的数字表示矢量编号。

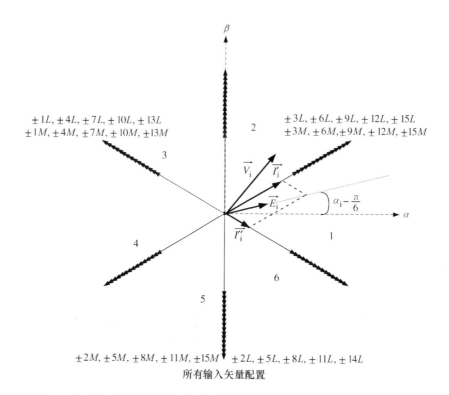

图 15.13 组 3：{3，2，0} 中可用开关组合对应的输入电流空间矢量（全部矢量）[10]（经 IEEE 许可转载）

对每一种组合，输入和输出线电压可以用空间矢量表示为

$$\overrightarrow{V_i} = \frac{2}{3}\left(V_{ab} + V_{bc} \cdot e^{j\frac{2\pi}{3}} + V_{ca} \cdot e^{j\frac{4\pi}{3}}\right) = V_i e^{j\alpha_i} \tag{15.27}$$

$$\overrightarrow{V_o} = \frac{2}{3}\left(V_{AB} + V_{BC} \cdot e^{j\frac{2\pi}{3}} + V_{CD} \cdot e^{j\frac{4\pi}{3}} + V_{DE} \cdot e^{j\frac{6\pi}{3}} + V_{EA} \cdot e^{j\frac{8\pi}{3}}\right) = V_o \cdot e^{j\alpha_o} \tag{15.28}$$

通过类似的方法，输入和输出线电流空间矢量定义为[31]

$$\overrightarrow{I_i} = \frac{2}{3}\left(I_a + I_b \cdot e^{j\frac{2\pi}{3}} + I_c \cdot e^{j\frac{4\pi}{3}}\right) = I_i \cdot e^{j\beta_i} \tag{15.29}$$

$$\overrightarrow{I_o} = \frac{2}{5}\left(I_A + I_B \cdot e^{j\frac{2\pi}{3}} + I_C \cdot e^{j\frac{4\pi}{3}} + I_E \cdot e^{j\frac{8\pi}{3}}\right) = I_o \cdot e^{j\beta_o} \tag{15.30}$$

式中，α_i 和 α_o 分别为输入和输出电压矢量相角，同时 β_i 和 β_o 分别为输入和输出电流矢量相角。

SVM 算法可以表述为

1）选择合适的开关状态。

2）计算每个开关状态的占空比。

在一个开关周期 T_s 内，应选择开关状态向量与期望的输出电压（和输入电流）矢量相邻的开关状态，并应用零开关状态完成整个开关周期以获得最大输出输入电压转换比。

空间矢量控制策略的目的是在单位输入功率因数的约束下产生所需的输出电压矢量，不过功率因数也可以是变化的。为此，设 V_o 为在给定时间点的所需输出线电压空间矢量，V_i 为输入线电压空间矢量。输入相电压矢量 $\overrightarrow{E_i}$ 定义为

$$\overrightarrow{E_i} = \frac{1}{\sqrt{3}} \overrightarrow{V_i} \cdot e^{-j\frac{\pi}{6}} \tag{15.31}$$

为获得统一的输入功率因数，输入电流空间矢量$\overrightarrow{I_i}$的方向必须和$\overrightarrow{E_i}$保持一致。假设$\overrightarrow{V_o}$和$\overrightarrow{I_i}$在第一扇区（对于三相输入五相输出，输入侧有 6 个扇区而输出侧有 10 个扇区）。图 15.14 中，$\overrightarrow{V'_o}$和$\overrightarrow{V''_o}$为$\overrightarrow{V_o}$沿着两个相邻矢量方向上的分量。类似地，$\overrightarrow{I_i}$可以沿着两个相邻矢量方向分解为分量$\overrightarrow{I'_i}$和$\overrightarrow{I''_i}$。可以用于合成分解后的电压和电流分量（假设输入和输出矢量都在第一扇区）的开关状态有[31]

$$\overrightarrow{V'_o}: \quad \pm 10L, \ \pm 11L, \ \pm 12L \ 和 \pm 7M, \ \pm 8M, \ \pm 9M$$
$$\overrightarrow{V''_o}: \quad \pm 1L, \ \pm 2L, \ \pm 3L \ 和 \pm 13M, \ \pm 14M, \ \pm 15M$$
$$\overrightarrow{I'_i}: \quad \pm 3L, \ \pm 6L, \ \pm 9L, \ \pm 12L, \ \pm 15L \ 和 \pm 3M, \ \pm 6M, \ \pm 9M, \ \pm 12M, \ \pm 15M$$
$$\overrightarrow{I''_i}: \quad \pm 1L, \ \pm 4L, \ \pm 7L, \ \pm 10L, \ \pm 13L \ 和 \pm 1M, \ \pm 4M, \ \pm 7M, \ \pm 10M, \ \pm 13M$$

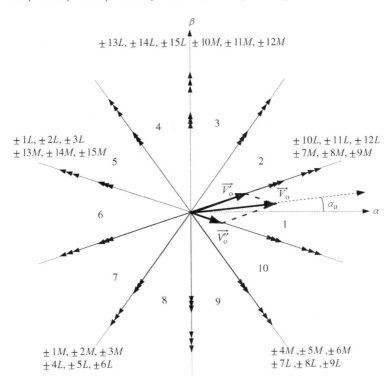

图 15.14　组 3：{3, 2, 0} 中可用开关组合对应的输出电压空间矢量
（大矢量和中矢量）[10]（经 IEEE 许可转载）

通过选择共用的输出电压分量和输入电流分量，开关状态可以同时合成输出电压和输入电流矢量。从第一扇区看，电压和电流之间的共用开关状态为 $\pm 10L$、$\pm 12L$、$\pm 7M$、$\pm 9M$ 和 $\pm 1L$、$\pm 3L$、$\pm 13M$、$\pm 15M$。具有相同编号但符号相反的开关状态，其对应的电压或电流空间矢量的方向正好相反，所以只能在其中选择一个。一般选择带有正号的开关状态用于计算占空比。用于实现空间矢量 PWM 的开关状态选择也可以做如下解释[31]。

考虑到输入电压在开关循环周期内变化很小，所需的 V_o 可以用和 V_o 方向一致的四个空间矢量（两个中矢量和两个大矢量）所对应的开关组态，以及一个零电压组态来近似合成。

在六种可能的开关组态中，应选择和 $\overrightarrow{V'_o}$ 方向一致的两个较高输出电压的大矢量，及两个和 $\overrightarrow{V'_o}$ 方向一致的中等输出电压的中矢量。基于同样的方法，可以用四个不同的开关组态和一个零电压组态来合成 $\overrightarrow{V''_o}$。参考图 15.13 和图 15.14 所示的示例，输出电压 $\overrightarrow{V_i}$ 的相角范围为 $0 \leqslant \alpha_i \leqslant \dfrac{\pi}{3}$。在这种情况下，假设线电压 V_{AB} 和 $-V_{CA}$ 为较高电压值。根据大矢量和中矢量的开关表，用大矢量 $+10L$ 和 $-12L$ 以及中矢量 $+7M$ 和 $-9M$ 可以得到矢量 $\overrightarrow{V'_o}$，而 $+1L$、$-3L$ 和 $+13M$、$-15M$ 则用来得到 $\overrightarrow{V''_o}$。如图 15.13 所示，这八个空间矢量组合可以决定输入电流矢量的方向。这些配置与输入电流矢量位置相邻的矢量方向有关。

不同扇区的组合可以形成 60 种开关组合。这些大矢量和中矢量的组合在表 15.1 中给出。

通过采用空间矢量调制技术，可以对两组代数方程求解得到每个组态的开通时间比例 δ。特别是当用组态 $+10L$、$-12L$ 和 $+7M$、$-9M$ 来输出 $\overrightarrow{V'_o}$ 并确定输入电流矢量方向时，可以写成

$$\delta_{+10L} \cdot |L| \cdot V_{ab} - \delta_{-12L} \cdot |L| \cdot V_{ca} + \delta_{+7M} \cdot |M| \cdot V_{ab} - \delta_{-9M} \cdot |M| \cdot V_{ca} = V'_o$$

$$= \frac{5}{3} |\overrightarrow{V_o}| \cdot |L + M| \cdot \sin\left(\frac{\pi}{10} + \alpha_o\right) \tag{15.32}$$

$$\delta_{+10L} \frac{2}{\sqrt{3}} i_D = I'_i = |\overrightarrow{I'_i}| \frac{2}{\sqrt{3}} \sin\left[\frac{\pi}{6} - \left(\alpha_i - \frac{\pi}{6}\right)\right]$$

$$\delta_{-12L} \frac{2}{\sqrt{3}} i_D = I''_i = |\overrightarrow{I'_i}| \frac{2}{\sqrt{3}} \sin\left[\frac{\pi}{6} + \left(\alpha_i - \frac{\pi}{6}\right)\right]$$

$$\tag{5.33}$$

$$\delta_{+7M} \frac{2}{\sqrt{3}} i_C = I'_i = |\overrightarrow{I'_i}| \frac{2}{\sqrt{3}} \sin\left[\frac{\pi}{6} - \left(\alpha_i - \frac{\pi}{6}\right)\right]$$

$$\delta_{-9M} \frac{2}{\sqrt{3}} i_C = I''_i = |\overrightarrow{I'_i}| \frac{2}{\sqrt{3}} \sin\left[\frac{\pi}{6} + \left(\alpha_i - \frac{\pi}{6}\right)\right]$$

表 15.1　不同扇区空间矢量 PWM 的空间矢量选取[31]　（经 IEEE 许可转载）

V_o 的扇区号	I_i 的扇区号		
	1 或 4	2 或 5	3 或 6
1 或 6	$\pm 10L$，$\pm 12L$，$\pm 1L$，$\pm 3L$	$\pm 12L$，$\pm 11L$，$\pm 3L$，$\pm 2L$	$\pm 11L$，$\pm 10L$，$\pm 2L$，$\pm 1L$
	$\pm 7M$，$\pm 9M$，$\pm 13M$，$\pm 15M$	$\pm 15M$，$\pm 14M$，$\pm 9M$，$\pm 8M$	$\pm 14M$，$\pm 13M$，$\pm 8M$，$\pm 7M$
2 或 7	$\pm 10L$，$\pm 12L$，$\pm 4L$，$\pm 6L$	$\pm 12L$，$\pm 11L$，$\pm 6L$，$\pm 5L$	$\pm 11L$，$\pm 10L$，$\pm 5L$，$\pm 4L$
	$\pm 7M$，$\pm 9M$，$\pm 1M$，$\pm 3M$	$\pm 3M$，$\pm 2M$，$\pm 9M$，$\pm 8M$	$\pm 2M$，$\pm 1M$，$\pm 8M$，$\pm 7M$
3 或 8	$\pm 13L$，$\pm 15L$，$\pm 4L$，$\pm 6L$	$\pm 15L$，$\pm 14L$，$\pm 6L$，$\pm 5L$	$\pm 14L$，$\pm 13L$，$\pm 5L$，$\pm 4L$
	$\pm 1M$，$\pm 3M$，$\pm 10M$，$\pm 12M$	$\pm 12M$，$\pm 11M$，$\pm 3M$，$\pm 2M$	$\pm 11M$，$\pm 10M$，$\pm 2M$，$\pm 1M$
4 或 9	$\pm 13L$，$\pm 15L$，$\pm 7L$，$\pm 9L$	$\pm 15L$，$\pm 14L$，$\pm 9L$，$\pm 8L$	$\pm 14L$，$\pm 13L$，$\pm 8L$，$\pm 7L$
	$\pm 10M$，$\pm 12M$，$\pm 4M$，$\pm 6M$	$\pm 12M$，$\pm 11M$，$\pm 6M$，$\pm 5M$	$\pm 11M$，$\pm 10M$，$\pm 5M$，$\pm 4M$
5 或 10	$\pm 1L$，$\pm 3L$，$\pm 7L$，$\pm 9L$	$\pm 3L$，$\pm 2L$，$\pm 9L$，$\pm 8L$	$\pm 2L$，$\pm 1L$，$\pm 8L$，$\pm 7L$
	$\pm 4M$，$\pm 6M$，$\pm 13M$，$\pm 15M$	$\pm 15M$，$\pm 14M$，$\pm 6M$，$\pm 5M$	$\pm 14M$，$\pm 13M$，$\pm 5M$，$\pm 4M$

考虑到三相对称正弦电压的表达式为

$$V_{ab} = |\overrightarrow{V_i}| \cos(\alpha_i)$$

$$V_{bc} = |\overrightarrow{V_i}| \cos\left(\alpha_i - \frac{2\pi}{3}\right)$$

$$V_{ca} = |\overrightarrow{V_i}| \cos\left(\alpha_i - \frac{4\pi}{3}\right) \tag{15.34}$$

求解式（15.32）和式（15.33）可得到

$$\delta_{+10L} = q \cdot |L| \cdot \frac{10}{3\sqrt{3}} \sin\left(\frac{\pi}{10} + \alpha_o\right) \cdot \sin\left(\frac{\pi}{3} - \alpha_i\right)$$

$$\delta_{-12L} = q \cdot |L| \cdot \frac{10}{3\sqrt{3}} \sin\left(\frac{\pi}{10} + \alpha_o\right) \cdot \sin(\alpha_i)$$

$$\delta_{+7M} = q \cdot |M| \cdot \frac{10}{3\sqrt{3}} \sin\left(\frac{\pi}{10} + \alpha_o\right) \cdot \sin\left(\frac{\pi}{3} - \alpha_i\right) \tag{15.35}$$

$$\delta_{-9M} = q \cdot |M| \cdot \frac{10}{3\sqrt{3}} \sin\left(\frac{\pi}{10} + \alpha_o\right) \cdot \sin(\alpha_i)$$

式中，$q = \dfrac{|\overrightarrow{V_o}|}{|\overrightarrow{V_i}|}$ 为输入源和输出负载之间的电压转换比。L 和 M 分别对应大矢量和中矢量。采用同样的过程，用组态 $+1L$、$-3L$ 和 $+13M$、$-15M$ 可以生成 $\overrightarrow{V_o''}$ 并确定输入电流矢量方向，则有[31]

$$\delta_{+1L} = q \cdot |L| \cdot \frac{10}{3\sqrt{3}} \sin\left(\frac{\pi}{10} - \alpha_o\right) \cdot \sin\left(\frac{\pi}{3} - \alpha_i\right)$$

$$\delta_{-3L} = q \cdot |L| \cdot \frac{10}{3\sqrt{3}} \sin\left(\frac{\pi}{10} - \alpha_o\right) \cdot \sin(\alpha_i)$$

$$\delta_{+13M} = q \cdot |M| \cdot \frac{10}{3\sqrt{3}} \sin\left(\frac{\pi}{10} - \alpha_o\right) \cdot \sin\left(\frac{\pi}{3} - \alpha_i\right) \tag{15.36}$$

$$\delta_{-15M} = q \cdot |M| \cdot \frac{10}{3\sqrt{3}} \sin\left(\frac{\pi}{10} - \alpha_o\right) \cdot \sin(\alpha_i)$$

所得结果适用于 $-\pi/10 \leqslant \alpha_o \leqslant \pi/10$ 和 $0 \leqslant \alpha_i \leqslant \pi/3$。

通过对其他可能的扇区采用类似过程，可以确定所需的开关组态及每个组态的占空比。

在此需要注意各占空比应为正值。而且这些占空比之和必须小于或等于 1。将式（15.35）和式（15.36）相加并代入这一约束，得到

$$\delta_{+10L} + \delta_{-12L} + \delta_{+1L} + \delta_{-3L} + \delta_{+7M} + \delta_{-9M} + \delta_{+13M} + \delta_{-15M} \leqslant 1 \tag{15.37}$$

对于三相到五相矩阵变换器，可以确定其最大电压转换比为 $q = 0.7886$。

3. n 相到 m 相矩阵变换器的最大输出

可以将 n 相到 m 相矩阵变换器的最大输出电压，和等效的 m 相电压源逆变器所能实现的最大输出电压，以及 n 相电压源逆变器的最大空间矢量长度进行关联。其一般关系式如下[31]：

n 相到 m 相矩阵变换器的最大可能输出 $= m$ 相逆变器在线性区的最大输出$/n$ 相逆变器的最大空间矢量长度

n 相到 m 相矩阵变换器最大输出表达式与 n 相及 m 相逆变器相关。n 相到 m 相矩阵变换器的输入为 n 相而输出为 m 相。可以把它想象成两个逆变器（一个是 n 相输出，另一个是 m 相输出）背靠背连接在一起。对于 m 相逆变器，线性区内的最大输出可以表示为[23]

$$\frac{1}{\{2 \cdot \cos(\pi/(2 \cdot m))\}} \tag{15.38}$$

将上面的表达式除以 n 相逆变器的最大矢量长度，可以获得 n 相到 m 相矩阵变换器在线性调制区内的最大输出值。V_{DC} 以表 15.2 中的公式来表示逆变器精确矢量长度方程。在此情况下，

V_{DC} 等于 1pu。

4. 换相要求

一旦已知输入电流和输出线电压的相角,则需要八个空间矢量来合成空间矢量 PWM (由于是三相输入)。只要 α_i 或 α_o 所在扇区不变就可以使用这八个空间矢量。每个开关周期都应使用一个零空间电压矢量以获得对称开关波形。最终九个空间矢量 (八个有效矢量和一个零矢量) 所确定的开关顺序应使开关切换次数最少[31]。

表 15.2 最大调制因数公式[10] (经 IEEE 许可转载)

矩阵变换器结构 (n 输入 $\times m$ 输出)	最大输出/输入电压公式	最大调制因数 (%)
3×3	$\dfrac{1/\{2 \cdot \cos(\pi/6)\}}{2/3 V_{DC}}$	86.66
3×5	$\dfrac{1/\{2 \cdot \cos(\pi/10)\}}{2/3 V_{DC}}$	78.86
3×6	$\dfrac{1/\{2 \cdot \cos(\pi/12)\}}{2/3 V_{DC}}$	77.65
3×7	$\dfrac{1/\{2 \cdot \cos(\pi/14)\}}{2/3 V_{DC}}$	76.93
3×9	$\dfrac{1/\{2 \cdot \cos(\pi/18)\}}{2/3 V_{DC}}$	76.15
5×3	$\dfrac{1/\{2 \cdot \cos(\pi/6)\}}{0.6472 V_{DC}}$	89.21
5×5	$\dfrac{1/\{2 \cdot \cos(\pi/10)\}}{0.6472 V_{DC}}$	81.23

参考图 15.13 和图 15.14 中 α_i 和 α_o 的值,表 15.3 给出了当输入和输出参考矢量都位于第一扇区时的可用空间矢量及其开关顺序。列表的第一列为用于空间矢量 PWM 控制的不同空间矢量。第二到第六列为开关周期内将连接的输入输出相。大写字母代表输出相 (五相),小写字母代表输入相 (三相)。确定空间矢量应用顺序时,应使得一个采样周期内的开关数最小。表 15.3 给出了第一扇区一个采样周期内的开关顺序 (包括输入和输出参考矢量)。

表 15.3 空间矢量开关序列[10] (经 IEEE 许可转载)

空间矢量	A	B	C	D	E	矢量号
0/2	b	b	**b**	b	b	0
+7M/2	b	b	**a**	b	**b**	I
+13M/2	**b**	b	**b**	b	**a**	II
−10L/2	a	**b**	b	**b**	a	III
+1L/2	a	**b**	**b**	**a**	a	IV

（续）

空间矢量	A	B	C	D	E	矢量号
−3L/2	a	**c**	**c**	**a**	a	V
+12L/2	**a**	c	c	**c**	a	VI
−15M/2	**c**	c	**c**	c	**a**	VII
−9M/2	c	c	**a**	c	**c**	VIII
0	c	c	**c**	c	c	IX
−9M/2	c	c	**a**	c	**c**	VIII
−15M/2	**c**	c	**c**	c	**a**	VII
+12L/2	**a**	c	c	**c**	a	VI
−3L/2	a	**c**	**c**	**a**	a	V
+1L/2	a	**b**	**b**	**a**	a	IV
−10L/2	**a**	b	b	**b**	a	III
+13M/2	**b**	b	**b**	b	**a**	II
+7M/2	b	b	**a**	b	**b**	I
0/2	b	b	**b**	b	b	0

为获得对称的开关顺序，首先在前半采样周期中用一个零矢量，随后是八个有效矢量。后半周期采用和前半周对称的开关顺序。有效矢量和零矢量的应用时间被分为两部分，因此总的应用时间也可以分为两部分。可以观察到在零矢量之后用 +7M 矢量，则只有一个状态发生改变：输入 "a" 相和输出 "C" 相相连。下面从 +7M 到 +13M 的转换中，有两个状态发生变化。转换中的每一次改变都用黑体和带下划线的字母给出。

需要注意的是，在每半个采样周期中只需要 12 次换相。一旦组态被选择并排序，将采用适当扇区中的式（15.35）和式（15.36）来计算每个组态的开通时间比。

15.3 仿真和实验结果

用基于 Matlab/Simulink 的模型可以验证上述 PWM 算法。这里用一个仿真示例说明。示例中输入电压维持在 100V 峰值，以准确显示输出端的电压转换比例，同时器件的开关频率保持在 6kHz（可以在 Matlab/Simulink 模型中设置不同参数）。矩阵变换器的负载为 $R-L$，其参数为 $R=15\Omega$，$L=10\text{mH}$。以上这些参数被用于载波调制方法。类似地，DDPWM 的参数为 $R=15\Omega$，$L=12\text{mH}$，输出频率为 40Hz，开关频率为 10kHz。对空间矢量调制技术，其参数为 $R=12\Omega$，$L=40\text{mH}$，输出频率为 4Hz 且开关频率为 6kHz。对矩阵变换器拓扑在很宽频率范围内进行了测试，频率从 1Hz 到更高频率的范围内，并考虑了深度弱磁运行。下面给出了在不同调制技术下的仿真结果（见图 15.15 ~ 图 15.23）。

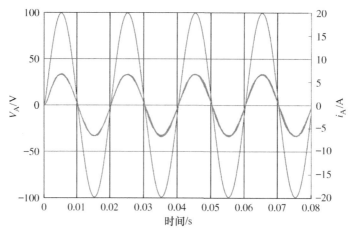

图 15.15 50Hz 下的输入电压和电流（载波调制）

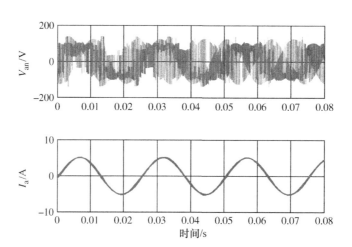

图 15.16 40Hz 下的输出相电压和电流（载波调制）

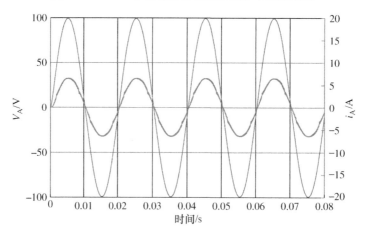

图 15.17 50Hz 下的输入电压和电流（DDPWM）

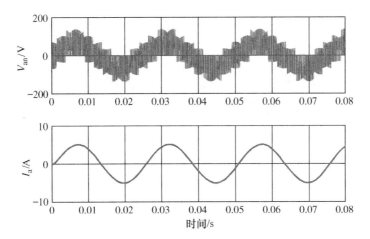

图 15.18　40Hz 下的输入电压和电流（DDPWM）

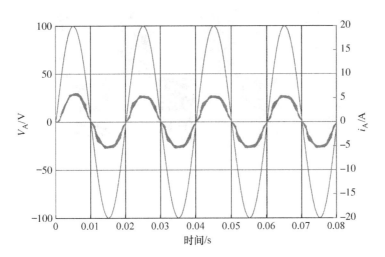

图 15.19　50Hz 下的输入电压和电流（SVPWM）

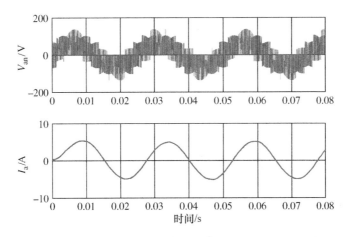

图 15.20　40Hz 下的输入电压和电流（SVPWM）

图 15.21 采用载波 PWM 技术的输出线电压实验波形（200V/格，10ms/格）

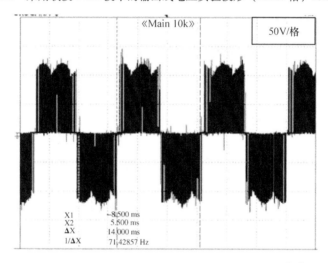

图 15.22 采用 DDPWM 技术的输出相电压实验波形（50V/格，5ms/格）[21]（经 IEEE 许可转载）

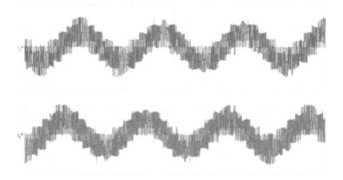

图 15.23 采用 SVPWM 技术的输出相电压实验波形（100V/格，5ms/格）[10]

15.4 五相输入三相输出矩阵变换器

15.4.1 拓扑结构

图 15.24 所示为五相到三相矩阵变换器的功率电路拓扑结构。该结构有三个桥臂，每个桥臂由五个并联的双向功率开关构成。每个功率开关由反并联 IGBT 和二极管构成并具有双向导通能

力。这种拓扑输出和三相到三相矩阵变换器类似，而输入则为带有小型 *LC* 滤波器且具有 72°相差的五相结构。这样的拓扑可以配合五相风力发电机使用。定义开关函数为 $S_{kj} = \{1$（开关闭合），0（开关打开）$\}$，$k = \{a, b, c, d, e\}$（输入），$j = \{A, B, C\}$（输出）。开关约束条件为 $S_{aj} + S_{bj} + S_{cj} + S_{dj} + S_{ej} = 1$。矩阵变换器可以驱动电动机负载，也可以连接电网。对矩阵变换器控制的要求取决于负载类型。这种变换器拓扑（输入相 > 输出相）的调制方式和输出相 > 输入相的变换器类似。载波 PWM 和空间矢量 PWM 都可以用于这种拓扑，下面将做进一步详述。

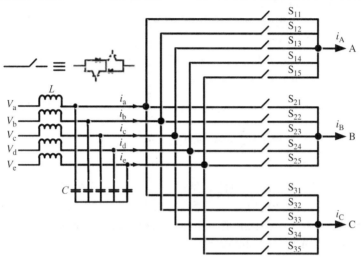

图 15.24　五相到三相直接矩阵变换器[33]

15.4.2　控制技术

15.4.2.1　载波 PWM 模型

1. 概述

假定五相输入系统为

$$v_a = |V|\cos(\omega t), v_b = |V|\cos(\omega t - 2\pi/5), v_c = |V|\cos(\omega t - 4\pi/5)$$
$$v_d = |V|\cos(\omega t + 4\pi/5), v_e = |V|\cos(\omega t + 2\pi/5) \tag{15.39}$$

对三相输出电压占空比的计算，应保证输出电压频率和输入频率无关[31]。换言之，三相输出电压可以看作是同步参考坐标系而五相输入电压为静止坐标系，因此在输出电压中将不会出现输入频率项。基于以上考虑，输出相 j 的占空比应为

$$\delta_{aj} = k_j\cos(\omega t - \rho), \delta_{bj} = k_j\cos(\omega t - 2\pi/5 - \rho)$$
$$\delta_{cj} = k_j\cos(\omega t - 4\pi/5 - \rho), \delta_{dj} = k_j\cos(\omega t + 4\pi/5 - \rho) \tag{15.40}$$
$$\delta_{ej} = k_j\cos(\omega t + 2\pi/5 - \rho)$$

输入和输出电压间关系式为

$$\begin{bmatrix} V_A \\ V_B \\ V_C \end{bmatrix} = \begin{bmatrix} \delta_{aA} & \delta_{bA} & \delta_{cA} & \delta_{dA} & \delta_{eA} \\ \delta_{aB} & \delta_{bB} & \delta_{cB} & \delta_{dB} & \delta_{eB} \\ \delta_{aC} & \delta_{bC} & \delta_{cC} & \delta_{dC} & \delta_{eC} \end{bmatrix} \begin{bmatrix} v_a \\ v_b \\ v_c \\ v_d \\ v_e \end{bmatrix} \tag{15.41}$$

因此，利用上述占空比可以得到 j 相输出电压为

$$V_j = k_j |V| [\cos(\omega t) \cdot \cos(\omega t - \rho) + \cos(\omega t - 2\pi/5) \cdot \cos(\omega t - 2\pi/5 - \rho) + \cos(\omega t - 4\pi/5) \cdot$$
$$\cos(\omega t - 4\pi/5 - \rho) + \cos(\omega t + 4\pi/5) \cdot \cos(\omega t + 4\pi/5 - \rho) + \cos(\omega t + 2\pi/5) \cdot$$
$$\cos(\omega t + 2\pi/5 - \rho)] \tag{15.42}$$

通常，式（15.42）可以简化为

$$V_j = \frac{5}{2} k_j |V| \cos(\rho) \tag{15.43}$$

在式（15.43）中，$\cos(\rho)$ 项表示输出电压受到 ρ 的影响。因此，输出电压 V_j 只和输入电压幅值 $|V|$ 有关而不受输入频率影响，k_j 是输出相 j 的参考输出电压时变调制信号，其输出频率为 ω_o。三相参考输出电压可以表示为

$$k_A = m\cos(\omega_o t), k_B = m\cos(\omega_o t - 2\pi/3), k_C = m\cos(\omega_o t - 4\pi/3) \tag{15.44}$$

因此，从式（15.43）可以得到输出电压为

$$V_A = \left[\frac{5}{2} m |V| \cos(\rho)\right] \cos(\omega_o, t), V_B = \left[\frac{5}{2} m |V| \cos(\rho)\right] \cos\left(\omega_o t - 2\frac{\pi}{3}\right)$$

$$V_C = \left[\frac{5}{2} m |V| \cos(\rho)\right] \cos\left(\omega_o t - 4\frac{\pi}{3}\right) \tag{15.45}$$

2. 占空比偏置的应用

在上述讨论中[32]，占空比出现了负值（见式（15.44）），这在实际运行中是不可能出现的。对与输出 j 相相连的开关，在任何时候约束条件 $0 \leqslant d_{aj}$，d_{bj}，d_{cj}，d_{dj}，$d_{ej} \leqslant 1$ 和 $d_{aj} + d_{bj} + d_{cj} + d_{dj} + d_{ej} = 1$ 都应成立。因此，应向已有的占空比加入偏置以保证最终单个开关的占空比总是正值。此外，应向全部输出相加上相同的占空比偏置，以确保占空比偏置对最终输出电压矢量的影响不会出现在负载上。也就是说，占空比偏置只能在输出上叠加共模电压。对输出 j 相有

$$d_{aj} + d_{bj} + d_{cj} + d_{dj} + d_{ej} = k_j\cos(\omega t - \rho) + k_j\cos(\omega t - 2\pi 5 - \rho) + k_j\cos(\omega t - 4\pi/5 - \rho) +$$
$$k_j\cos(\omega t + 4\pi/5 - \rho) + k_j\cos(\omega t + 2\pi/5 - \rho) = 0 \tag{15.46}$$

由于占空比包含等量的正值和负值分量，所有占空比之和必然为 0。给每相占空比加上占空比的绝对值可以消除其负值分量。这样，每相最小占空比偏置应为

$$D_a(t) = |d_{aj}| = |k_j\cos(\omega t - \rho)|$$
$$D_b(t) = |d_{bj}| = |k_j\cos(\omega t - 2\pi/5 - \rho)|$$
$$D_c(t) = |d_{cj}| = |k_j\cos(\omega t - 4\pi/5 - \rho)| \tag{15.47}$$
$$D_d(t) = |d_{dj}| = |k_j\cos(\omega t + 4\pi/5 - \rho)|$$
$$D_e(t) = |d_{ej}| = |k_j\cos(\omega t + 2\pi/5 - \rho)|$$

则有效占空比为

$$\delta'_{aj} = d_{aj} + D_a(t), \delta'_{bj} = d_{bj} + D_b(t), \delta'_{cj} = d_{cj} + D_c(t), \delta'_{dj} = d_{dj} + D_d(t), \delta'_{ej} = d_{ej} + D_e(t) \tag{15.48}$$

最终净占空比 δ'_{aj}，δ'_{bj}，δ'_{cj}，δ'_{dj}，δ'_{ej} 应在 0 ~ 1 的范围内。对于五相输入的最差情况为

$$0 \leqslant 2 |k_j| \times 2\cos(\pi/5) \leqslant 1 \tag{15.49}$$

式中，k_j 的最大值为 0.309 或 $\sin(\pi/10)$。在任何开关周期内，输出相不应为开路状态。因此，式（15.47）中的占空比之和必须为 1。但 $D_a(t) + D_b(t) + D_c(t) + D_d(t) + D_e(t)$ 之和则小于或等于 1。所以，需要在式（15.47）中的 $D_a(t)$，$D_b(t)$，$D_c(t)$，$D_d(t)$ 和 $D_e(t)$ 上叠加另一个占空比偏置 $[1 - \{D_a(t) + D_b(t) + D_c(t) + D_d(t) + D_e(t)\}]/5$。

在全部开关上增加占空比偏置将不会影响输出电压和输入电流。基于上述说明从式（15.45）中最终推导得到五相到三相矩阵变换器的最大调制因数为 $\frac{5}{2} k_j = \frac{5}{2} \times \sin\left(\frac{\pi}{10}\right) = 0.7725$ 或 77.25%。如果选择式（15.44）中给出的 k_A、k_B、k_C 为三相正弦参考，则输入电压不能完全

用于生成输出电压且输出电压幅值仅为输入幅值的 77.25%。为了克服这个问题，可以像两电平逆变器载波 PWM 原理一样，增加一个等于 $[\{\max(k_A,k_B,k_C) + \min(k_A,k_B,k_C)\}/2]$ 的共模项。这样，(k_A, k_B, k_C) 的幅值可以从 0.309 提高到 0.3568。

3. 无共模电压增量

前面通过在初始占空比上叠加两个偏置，形成与三角形载波相比较的有效占空比，以产生双向功率开关的门极驱动信号。基于这种方法，输出相电压幅值可以达到输入电压幅值的 77.25%。为进一步提高输出电压幅值，又叠加了输出电压参考信号的共模分量以形成新占空比，下面将对此展开讨论。

4. 有共模电压增量

通过叠加参考输出电压共模分量以进一步修改占空比，可以提高输出电压幅值。输出电压幅值的上限可以增加到输入幅值的 89.2%。用于得到新占空比而增加的共模电压为

$$V_{cm} = -\frac{V_{Max} - V_{Min}}{2} \tag{15.50}$$

式中，

$$V_{Max} = \max\{k_A,k_B,k_C\}, \quad V_{Min} = \min\{k_A,k_B,k_C\} \tag{15.51}$$

输出 j 相的占空比可写成[32]

$$\delta_{aj} = D_a(t) + (1 - \{D_a(t)+D_b(t)+D_c(t)+D_d(t)+D_e(t)\})/3 + [k_j + V_{cm}] \times \cos(\omega t - \rho)$$
$$\delta_{bj} = D_b(t) + (1 - \{D_a(t)+D_b(t)+D_c(t)+D_d(t)+D_e(t)\})/3 + [k_j + V_{cm}] \times \cos(\omega t - 2\pi/5 - \rho)$$
$$\delta_{cj} = D_c(t) + (1 - \{D_a(t)+D_b(t)+D_c(t)+D_d(t)+D_e(t)\})/3 + [k_j + V_{cm}] \times \cos(\omega t - 4\pi/5 - \rho)$$
$$\delta_{dj} = D_d(t) + (1 - \{D_a(t)+D_b(t)+D_c(t)+D_d(t)+D_e(t)\})/3 + [k_j + V_{cm}] \times \cos(\omega t + 4\pi/5 - \rho)$$
$$\delta_{ej} = D_e(t) + (1 - \{D_a(t)+D_b(t)+D_c(t)+D_d(t)+D_e(t)\})/3 + [k_j + V_{cm}] \times \cos(\omega t + 2\pi/5 - \rho)$$
$$\tag{15.52}$$

式中，j ∈ A，B，C。

15.4.2.2 五相到三相矩阵变换器的空间矢量模型

1. 概述

空间矢量算法基于空间矢量平面上的五相输入电流和三相输出线电压的矢量表达[33]。在矩阵变换器中，各相输出根据开关状态和各相输入相连。对于五相到三相矩阵变换器，由其 15 个开关可以得到 $2^{15} = 32768$ 种可能的开关组合。然而，为了保证矩阵变换器开关过程的安全，必须满足以下约束条件（正如对三相输入多相输出矩阵变换器的要求）：

- 输入相不应短路，以保护电源。
- 输出相应在任何时候都不应开路，以保护感性负载。

基于上述两个约束条件，可以将开关组合减少到 5^3 即 125 个连接输出和输入相的不同开关组合。这些开关组合可以分为三种不同类型进行分析。

开关组合可以表示成 $\{p, q, r, s, t\}$，其中 p，q，r，s 和 t 表示和输入相 A，B，C，D 和 E 相连的输出相个数，可以是 0，1，2 或 3。

1) $\{p,q,r,s,t\} \in \{0,0,0,0,3\} | p \neq q \neq r \neq s \neq t$：所有的输出相和同一输入相相连。这一组由五种可能的开关组合构成，即所有输出相都和输入相 A，B，C，D 或 E 中的一相相连。$\{3, 0, 0, 0, 0\}$ 表示所有输出相和输入 A 相相连的开关状态。$\{0, 3, 0, 0, 0\}$ 表示所有输出相和输入 B 相相连的开关状态。$\{0, 0, 3, 0, 0\}$ 表示所有输出相和输入 C 相相连的开关状态。$\{0, 0, 0, 3, 0\}$ 表示所有输出相和输入 D 相相连的开关状态。$\{0, 0, 0, 0, 3\}$ 表示所有输出相和输入 E 相相连的开关状态。这些具有零幅值和频率的组合被称为零矢量。

2) $\{p,q,r,s,t\} \in \{0,0,0,1,2\} | p \neq q \neq r \neq s \neq t$：两个输出相和同一输入相相连，第三个输出相和其他四个输入相中的任意一个相连。这里数字"2"表示两个不同的输出相和输入 E 相相

连，而数字"1"表示剩余的输出相和输入 D 相连。输入相 A、B 和 C 不和任何输出相相连。这样就有 $^5P_3 = 20$ 种不同的排列组合。除此之外，开关状态"1"可以有三种不同的组合。这样，每个开关排列有 $^3C_2 \times {}^1C_1 = 3$ 种组合。因此，总共有 $20 \times 3 = 60$ 种开关组合。这些矢量的幅值可变但空间频率恒定，说明输出电压的幅值取决于所选择的输入线电压。此外，输入电压空间矢量的相角和输入电压空间矢量的相角无关。这组中的 60 个组合确定了和 α_i 无关的输出电压空间矢量的 6 个预设位置。同样的情况对电流矢量也适用，相同的 60 个组合确定了与 α_o 无关的输入电流空间矢量的 10 个预设位置。

3）$\{p, q, r, s, t\} \in \{0, 0, 1, 1, 1\} | p \neq q \neq r \neq s \neq t$：所有输出相和五个输入相中的三个相连，其他两个输入相则为开路状态。这样就有 $^5C_3 = 10$ 种不同的组合存在。其次，对于 $^3P_3 = 6$ 的交换组合，数字"1"代表的开关组合可以进一步形成六种不同排列，从而产生共 $10 \times 6 = 60$ 种开关组合。这些组合对应矢量的空间幅值和频率都是可变的，意味着输出电压的幅值取决于所选择的输入线电压。在这种情况下，输出电压空间矢量相角取决于输入电压空间矢量相角。同样值得注意的是，这类中的 60 个组合并不能确定任何输出电压空间矢量的预设位置。输出电压空间矢量随 α_i 的变化而在空间中以不同取向形成椭圆。类似地，电流矢量随 α_o 变化的情况也是一样的。对于本章提出的空间矢量调制技术，由于不能独立控制输入输出矢量的相位角，因而无法使用这些开关状态。

总之，用于五相到三相矩阵变换器空间矢量 PWM 的可选有效开关矢量为

类 1：$\{3, 0, 0, 0, 0\}$ 由 5 个矢量构成。

类 2：$\{2, 1, 0, 0, 0\}$ 由 60 个矢量构成。

类 3：$\{1, 1, 1, 0, 0\}$ 由 60 个矢量构成。

2. SVPWM 控制策略

图 15.24 所示为五相到三相矩阵变换器的一般拓扑结构。这种结构由 15 个双向开关组成并可以连接任意输出相和任意输入相。当变换器由电压源供电时，输入相应避免短路，同时由于感性负载的存在输出相应避免开路。在这些约束条件下，如前面所讨论的，共有 125 个允许的开关组合。然而，用于这种矩阵变换器的调制技术只有 65 个有效开关矢量，这些矢量被分为三组：

组 1：$\{3, 0, 0, 0, 0\}$ 由 5 个零矢量构成，此时所有的输出相和同一个输入相相连。

组 2：$\{2, 0, 1, 0, 0\}$ 由 30 个矢量构成，此时两个输出相和同一个输入相相连，另一个输出相则和一个不相邻的输入相相连。这种连接可以在图 15.25 中的组 2 配置中看到。

组 3：$\{2, 1, 0, 0, 0\}$ 由 30 个矢量构成，和组 2 类似，两个输出相连接到同一个输入相，不同之处在于剩余的输出相和相邻的输入相相连。可以在图 15.25 中的组 3 配置中看到这种连接。这些矢量被称为中矢量。

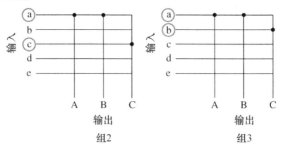

图 15.25　组 2 和组 3 的简化配置图[33]

在五相到三相矩阵变换器的 SVPWM 控制策略中，只用到了前面所给出的类 1 和类 2 中的开关状态。类 3 开关状态由于各开关状态对应的 SSV 随时间旋转而无法采用。类 2 由前面定义的中矢量和大矢量组成。

在此提出的空间矢量控制策略将使用组 2 开关状态组态以及组 1 零矢量，包括总数 30 + 5 = 35 的空间矢量。图 15.26 和图 15.27 分别给出各开关状态对应的输入电流 SSV 和输出电压 SSV。

对每种组合，输入和输出线电压可以用空间矢量表达为

$$\overrightarrow{V_{i-LL}} = \frac{2}{5}\left(V_{ac} + V_{bd}\cdot e^{j\frac{2\pi}{5}} + V_{ce}\cdot e^{j\frac{4\pi}{5}} + V_{da}\cdot e^{j\frac{6\pi}{5}} + V_{eb}\cdot e^{j\frac{8\pi}{5}}\right)$$

$$= \frac{2}{5}\times 2\cos\left(\frac{\pi}{10}\right)V_i e^{j\alpha_i} = \frac{1}{5}\sqrt{10 + 2\sqrt{5}}\,V_i\cdot e^{j\alpha_i}$$

$$= 0.7608 V_i\cdot e^{j\alpha_i} \tag{15.53}$$

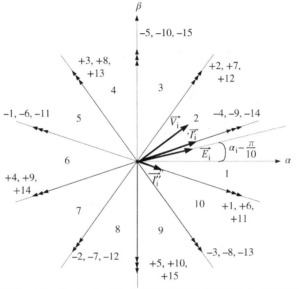

图 15.26　组 2：{2，0，1，0，0} 允许开关组合对应的输入电流空间矢量[33]

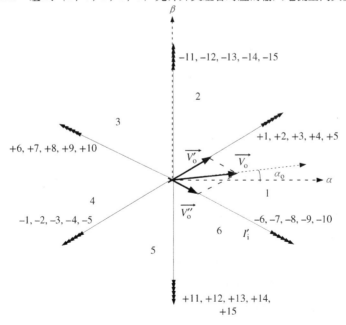

所有输出矢量配置

图 15.27　组 2：{2，0，1，0，0} 允许开关组合对应的输出电压空间矢量[33]

$$\overrightarrow{V_{o-LL}} = \frac{2}{3}\left(V_{AB} + V_{BC} \cdot e^{j\frac{2\pi}{3}} + V_{CA} \cdot e^{j\frac{4\pi}{3}}\right)$$

$$= \frac{2}{3} \times 2\cos\left(\frac{\pi}{6}\right)V_{o}e^{j\alpha_{o}} = \frac{2}{\sqrt{3}}V_{o} \cdot e^{j\alpha_{o}} \tag{15.54}$$

式中，V_{i-LL} 和 V_{o-LL} 分别为输入和输出相电压。V_i 和 V_o 分别为输入和输出线电压。

通过同样的方式，可以定义输入和输出线电流空间矢量为

$$\overrightarrow{I_i} = \frac{2}{5}\left(I_a + I_b \cdot e^{j\frac{2\pi}{5}} + I_c \cdot e^{j\frac{4\pi}{5}} + I_d \cdot e^{j\frac{6\pi}{5}} + I_e \cdot e^{j\frac{8\pi}{5}}\right) = I_i \cdot e^{j\beta_i} \tag{15.55}$$

$$\overrightarrow{I_o} = \frac{2}{3}\left(I_A + I_B \cdot e^{j\frac{2\pi}{3}} + I_C \cdot e^{j\frac{4\pi}{3}}\right) = I_o \cdot e^{j\beta_o} \tag{15.56}$$

式中，α_i 和 α_o 分别为输入和输出电压矢量相角，同时 β_i 和 β_o 分别为输入和输出电流矢量相角。

在 SVPWM 算法中，首先选择合适的开关状态，然后计算所选开关状态的占空比。在一个开关周期 T_s 内，应选择和所需输出电压（输入电流）矢量相邻 SSV 对应的开关状态，零开关状态则用于完成整个开关周期以取得最大的输出到输入电压传输比。

在此所提出的空间矢量控制策略目标是在输入功率因数为 1 的约束下产生所需的输出电压矢量。为此，在给定时间点上定义 $\overrightarrow{V_o}$ 为所需输出线电压空间矢量，且 $\overrightarrow{V_i}$ 为输入线电压空间矢量。输入中性点电压矢量 $\overrightarrow{E_i}$ 为

$$\overrightarrow{E_i} = \frac{1}{2\cos\left(\frac{\pi}{10}\right)}\overrightarrow{V_i} \cdot e^{-j\frac{\pi}{10}} \tag{15.57}$$

为使输入功率因数为 1，输入电流矢量 $\overrightarrow{I_i}$ 的方向必须和 $\overrightarrow{E_i}$ 的方向一致。假设 $\overrightarrow{V_o}$ 和 $\overrightarrow{I_i}$ 分别在输出侧六个扇区和输入侧 10 个扇区的第一扇区。在图 15.27 中，矢量组态 $\overrightarrow{V_o'}$ 和 $\overrightarrow{V_o''}$ 代表 $\overrightarrow{V_o}$ 沿着两个相邻矢量方向的分量。类似地，$\overrightarrow{I_i}$ 也可以被分解为沿着两个相邻矢量方向的分量 $\overrightarrow{I_i'}$ 和 $\overrightarrow{I_i''}$。下面给出了可以用于合成电压和电流分解分量（假定输入和输出矢量都在第一扇区）的开关状态为

$$\overrightarrow{V_o'}:\ +1,\ +2,\ +3,\ +4,\ +5$$
$$\overrightarrow{V_o''}:\ -6,\ -7,\ -8,\ -9,\ -10$$
$$\overrightarrow{I_i'}:\ -4,\ -9,\ -14$$
$$\overrightarrow{I_i''}:\ +1,\ +6,\ +11$$

通过选择输出电压分量和输入电流分量共用的开关状态，可以同时合成输出电压和输入电流矢量，这些共用开关状态为 +1、-4、-6 和 +9。两个具有相同数字但符号相反的开关状态对应电压或电流空间矢量的方向也是相反的，因此只能使用一个 SSV。一般采用带正号的 SSV 来计算开关状态的占空比。如果占空比为正，选择带有正号的开关状态，否则选择带有负号的开关状态。用于实现 SVPWM 的开关状态选择也可以做如下解释：

由于输入电压在开关周期内变化很小，所需的 $\overrightarrow{V_o'}$ 可以用和 $\overrightarrow{V_o}$ 方向一致的五个空间矢量所对应的两个开关组态及一个零电压组态近似合成。

在五个可能的开关组态中，选择和 $\overrightarrow{V_o'}$ 方向一致的大矢量所对应的两个输出最高电压值的 SSV。同样，可以用两个不同的开关组态和一个零电压组态合成 $\overrightarrow{V_o''}$。参照图 15.26 和图 15.27 中所示的例子，输入电压 $\overrightarrow{V_i}$ 的相角为 $0 \leqslant \alpha_i \leqslant \frac{\pi}{5}$。在这种情况下，假设线电压 V_{ac} 和 $-V_{da}$ 为最高值。根据大矢量和中矢量的开关表，用组态 +1 和 -4 可获得矢量 $\overrightarrow{V_o'}$，而 -6 和 +9 用来获得 $\overrightarrow{V_o''}$。如图 15.26 所示，这四个组态还可以用来决定输入电流矢量的方向。这些配置与输入电流矢量位置

相邻的矢量方向有关。不同扇区的组合可以形成 60 种开关组合。这些矢量组合在表 15.4 中给出。

表 15.4　不同扇区中 SVPWM 的空间矢量选择

I_i 扇区号	V_o 扇区号		
	1 或 4	2 或 5	3 或 6
1 或 6	±1，±4，±6，±9	±1，±4，±11，±14	±6，±9，±11，±14
2 或 7	±2，±4，±7，±9	±2，±4，±12，±14	±7，±9，±12，±14
3 或 8	±2，±5，±7，±10	±2，±5，±12，±15	±7，±10，±12，±15
4 或 9	±3，±5，±8，±10	±3，±5，±13，±15	±8，±10，±13，±15
5 或 10	±1，±3，±6，±8	±1，±3，±11，±13	±6，±8，±11，±13

正弦波不相邻线电压平衡系统可以表达为

$$V_{ac} = 0.7608 \times |\vec{V_i}| \cos(\alpha_i)$$

$$V_{bd} = 0.7608 \times |\vec{V_i}| \cos\left(\alpha_i - \frac{2\pi}{5}\right)$$

$$V_{ce} = 0.7608 \times |\vec{V_i}| \cos\left(\alpha_i - \frac{4\pi}{5}\right) \tag{15.58}$$

$$V_{da} = 0.7608 \times |\vec{V_i}| \cos\left(\alpha_i + \frac{4\pi}{5}\right)$$

$$V_{eb} = 0.7608 \times |\vec{V_i}| \cos\left(\alpha_i + \frac{2\pi}{5}\right)$$

采用空间矢量调制技术，每种组态的开通时间 δ 可以通过求解两个代数方程组得到。特别地，利用 +1、-4 组态来生成 $\vec{V'_o}$ 并设定输入电流矢量方向，可以得到

$$\delta_1^+ \times V_{ac} - \delta_4^- \times V_{da} = V'_o = \frac{3}{5}|\vec{V_o}| \cdot \left(\frac{2}{\sqrt{3}}\right) \cdot \sin\left(\frac{\pi}{6} + \alpha_o\right) \tag{15.59}$$

$$\delta_1^+ P \cdot i_A = I'_i = |\vec{I'_i}| P \cdot \sin\left[\frac{\pi}{10} - \left(\alpha_i - \frac{\pi}{10}\right)\right]$$

$$\delta_4^- P \cdot i_A = I''_i = |\vec{I'_i}| P \cdot \sin\left[\frac{\pi}{10} + \left(\alpha_i - \frac{\pi}{10}\right)\right] \tag{15.60}$$

式中，$P = \frac{2}{5} \times 2\cos\left(\frac{\pi}{10}\right) = \frac{2}{5}\left[\frac{\sqrt{2(5+\sqrt{5})}}{2}\right] = 0.7608$

从式 (15.58) 推导式 (15.59) 得到

$$\delta_1^+ \times 0.7608\cos(\alpha_i) - \delta_4^- \times 0.7608\cos\left(\alpha_i + \frac{4\pi}{5}\right) = \frac{3}{5} \frac{|\vec{V_o}|}{|\vec{V_i}|} \cdot \left(\frac{2}{\sqrt{3}}\right) \cdot \sin\left(\frac{\pi}{6} + \alpha_o\right)$$

或

$$\delta_1^+ \cos(\alpha_i) - \delta_4^- \cos\left(\alpha_i + \frac{4\pi}{5}\right) = q \times 0.9106 \times \sin\left(\frac{\pi}{6} + \alpha_o\right) \tag{15.61}$$

式中，$q = \frac{|\vec{V_o}|}{|\vec{V_i}|}$ 为调制因数或电压转换比。

结合式 (15.60) 和式 (15.61) 得到

$$\delta_1^+ \cos\left(\alpha_i - \frac{\pi}{2}\right) - \delta_4^- \cos\left(\alpha_i + \frac{3\pi}{10}\right) = 0 \tag{15.62}$$

求解超越方程式 (15.61) 和式 (15.62) 可得

$$\delta_1^+ = q \times 1.549 \times \sin\left(\frac{\pi}{6} + \alpha_o\right) \cdot \cos\left(\frac{3\pi}{10} + \alpha_i\right) \tag{15.63}$$

$$\delta_4^- = q \times 1.549 \times \sin\left(\frac{\pi}{6} + \alpha_o\right) \cdot \cos\left(\alpha_i - \frac{\pi}{2}\right) \tag{15.64}$$

采用同样的步骤，使用组态 -6、$+9$ 来生成 $\overrightarrow{V''_o}$ 和设定输入电流矢量方向得到

$$\delta_6^- = q \times 1.549 \times \sin\left(\frac{\pi}{6} - \alpha_o\right) \cdot \cos\left(\frac{3\pi}{10} + \alpha_i\right) \tag{15.65}$$

$$\delta_9^+ = q \times 1.549 \times \sin\left(\frac{\pi}{6} - \alpha_o\right) \cdot \cos\left(\alpha_i - \frac{\pi}{2}\right) \tag{15.66}$$

所得结果对 $-\pi/6 \leq \alpha_o \leq \pi/6$ 和 $0 \leq \alpha_i \leq \pi/5$ 是适用的。

通过对其他可能的扇区采用类似步骤，可以确定所需的开关组态及每个组态的开通时间比。

需要注意，开通时间比值应大于 0，这是保证控制策略可行性的要求。此外，比值之和必须小于 1。通过将式（15.63）和式（15.66）相加并考虑下面的约束为

$$\delta_1^+ + \delta_4^- + \delta_6^- + \delta_9^+ \leq 1$$

则可以确定电压转换比的最大值应为 $q = 1.0444$ 或 104.44%。

3. n 相到三相矩阵变换器的广义最大输出

n 相到三相输出矩阵变换器的空间矢量 PWM 算法的最大可能输出是可以计算得到的。在空间矢量图上，n 相输入三相输出结构的矩阵变换器有 $2n$ 个输入扇区和 6 个输出扇区。经过详细的三角分析，$-\pi/6 \leq \alpha_o \leq \pi/6$ 和 $0 \leq \alpha_i \leq \pi/n$ 区间的占空比的开通时间为

$$\delta_I^+ = q \times k \times \sin\left(\frac{\pi}{6} + \alpha_o\right) \cdot \cos\left(\frac{(n-2)\pi}{2n} + \alpha_i\right) \tag{15.67}$$

$$\delta_{II}^- = q \times k \times \sin\left(\frac{\pi}{6} + \alpha_o\right) \cdot \cos\left(\alpha_i - \frac{\pi}{2}\right) \tag{15.68}$$

$$\delta_{III}^- = q \times k \times \sin\left(\frac{\pi}{6} - \alpha_o\right) \cdot \cos\left(\frac{(n-2)\pi}{2n} + \alpha_i\right) \tag{15.69}$$

$$\delta_{IV}^+ = q \times k \times \sin\left(\frac{\pi}{6} - \alpha_o\right) \cdot \cos\left(\alpha_i - \frac{\pi}{2}\right) \tag{15.70}$$

式中，$k = \dfrac{\sqrt{3}}{2 \times \sin\dfrac{\pi}{n} \times \cos\dfrac{\pi}{2n}}$。

对其他可能的扇区对采用类似过程，可以确定所需的开关组态及不同扇区配置的开通时间比。将式（15.67）和式（15.70）相加，考虑前面的约束条件，一般情况下开通时间比之和为

$$\delta_I^+ + \delta_{II}^- + \delta_{III}^- + \delta_{IV}^+ \leq 1 \tag{15.71}$$

n 相到三相矩阵变换器的最大电压转换比可以确定为

$$q = \frac{2\cos^2\left(\dfrac{\pi}{2n}\right)}{\sqrt{3}} \tag{15.72}$$

表 15.5 所示为 n 相到三相矩阵变换器不同结构下的最大调制因数。

表 15.5　最大调制因数公式

矩阵变换器结构（$n \times 3$）	最大输出/输入电压公式	最大调制因数（%）
3×3	$\dfrac{2\cos^2\left(\dfrac{\pi}{6}\right)}{\sqrt{3}}$	86.66
5×3	$\dfrac{2\cos^2\left(\dfrac{\pi}{10}\right)}{\sqrt{3}}$	104.44
6×3	$\dfrac{2\cos^2\left(\dfrac{\pi}{12}\right)}{\sqrt{3}}$	107.74
7×3	$\dfrac{2\cos^2\left(\dfrac{\pi}{14}\right)}{\sqrt{3}}$	109.76
9×3	$\dfrac{2\cos^2\left(\dfrac{\pi}{18}\right)}{\sqrt{3}}$	111.99
11×3	$\dfrac{2\cos^2\left(\dfrac{\pi}{22}\right)}{\sqrt{3}}$	113.13

可以观察到输出电压增益系数随着输入相数的增加而增加。

15.5　示例结果

利用 Matlab/Simulink 模型可对采用载波控制和空间矢量控制的矩阵变换器运行验证[31,33]。在此给出了五相到三相矩阵变换器在不同电压和频率输入（考虑变速发电机）及用于电网应用的固定频率和电压输出条件下的运行情况。图 15.28 和图 15.29 分别给出了载波 PWM 技术下输出占空比和输出电压的频谱图。

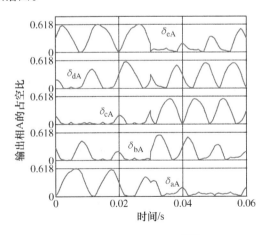

图 15.28　输出占空比[31]

图 15.30 所示为这种方案下输入和输出电压波形。首先，输入电压被设定为 100V 峰值电压及 50Hz 频率，以便在 SVPWM 技术下显示精确输出侧增益。根据电源侧电压幅值，输入相数大于输出相数的矩阵变换器可以运行在降压或升压模式。为便于仿真，器件开关频率设定为 6kHz。100V 输入对应的输出电压为 104.4V。0.1s 时输入电压增加到 110V，同时频率增加到 55Hz，而

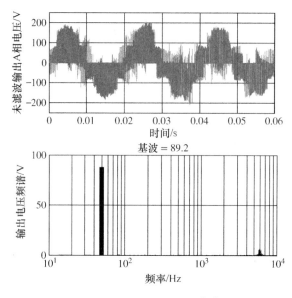

图 15.29　输出电压频谱[31]

输出电压和频率维持恒定。矩阵变换器的 *RL* 负载参数为 $R = 10\Omega$ 和 $L = 30\text{mH}$。图中给出了输入电压和输出"A"相电压。图 15.31 和图 15.32 为实验结果。

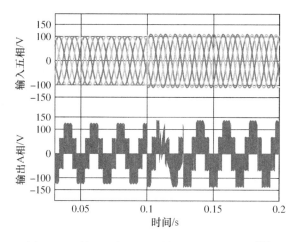

图 15.30　输入五相电压和输出"A"相电压[33]

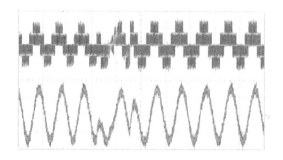

图 15.31　输出相电压（100V，20ms/格）和相电流（5A，20ms/格）[33]

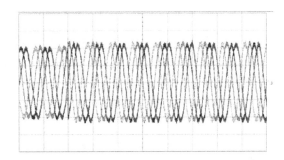

图 15.32　输入侧五相电压（50V，20ms/格）（受示波器通道限制给出四个电压）

致谢

本章受到卡塔尔国家研究基金（卡塔尔基金成员）的 NPRP 批准号 04 - 152 - 2 - 053 项目支持。本章中的陈述完全由作者负责。

参 考 文 献

1. Empringham, L., Kolar, J.W., Rodriguez, J. *et al.* (2013) Technological issues and industrial application of matrix converters: a review. *IEEE Transaction Industrial Electronics*, **60** (10), 4260–4271.
2. Clare, J. and Wheeler, P. (2005) New technology: matrix converters. *IEEE IES Newsletter*, **52** (1), 10–12.
3. Szczepanik, J. and Sienko, T. (2007) A new concept of application of multiphase matrix converter in power systems. Proceedings EUROCON'07, September 9–12, 2007, pp. 1535–1539.
4. Szczepanik, J. and Sienko, T. (2008) New control strategy for multiphase matrix converter. Proceedings International Conference on System Engineering, Las Vegas, NV, August 19–21, 2008, pp. 121–1267.
5. Szczepanik, J. and Sienko, T. (2009) Control scheme for a multiphase matrix converter. Proceedings EURO-CON'09, Saint Petersburg, Russia, May 18–23, 2009, pp. 545–551.
6. Helle, L., Larsen, K.B., Jorgensen, A.H. *et al.* (2004) Evaluation of modulation schemes for three-phase to three-phase matrix converters. *IEEE Transactions on Industrial Electronics*, **51** (1), 158–171.
7. Apap, M., Clare, J.C., Wheeler, P.W., and Bradley, K.J. (2003) Analysis and comparison of AC-AC matrix converter control strategies. Proceedings IEEE Power Electronics Specialists Conference, Vol. 3, pp. 1287–1292.
8. Pena, R., Cardenas, R., Reyes, E. *et al.* (2009) A topology for multiple generation system with doubly fed induction machines and indirect matrix converter. *IEEE Transactions on Industrial Electronics*, **56** (10), 4181–4193.
9. Wang, B. and Venkataramanan, G. (2006) A carrier-based PWM algorithm for indirect matrix converters. Proceedings IEEE-PESC 2006, pp. 2780–2787.
10. Iqbal, A., Ahmed, S.K., and Abu-Rub, H. (2012) Space vector PWM technique for a three to five phase matrix converter. *IEEE Transactions on Industry Applications*, **48** (2), 697–707.
11. Satish, T., Mohapatra, K.K., and Mohan, N. (2007) Carrier-based control of matrix converter in linear and over-modulation modes. Proceedings 2007 Summer Computer Simulation Conference, San Diago, CA, pp. 98–105.
12. Ahmed, S.K.M., Iqbal, A., Abu-Rub, H., and Khan, M.R. (2010) Carrier-based PWM technique of a novel three-to-seven-phase matrix converter. International Conference on Electrical Machiones (ICEM'10), Rome, Italy, September 3–6, 2010, CD-ROM Paper No. RF-004944.
13. Ahmed, S.M., Iqbal, A., Abu-Rub, H. *et al.* (2011) Simple carrier-based PWM technique for a three to nine phase matrix converter. *IEEE Transactions on Industrial Electronics*, **58** (11), 5014–5023.
14. Iqbal, A., Ahmed, S.K.M., Abu-Rub, H., and Khan, M.R. (2010) Carrier based PWM technique for a novel three-to-five phase matrix converter. Proceedings European PCIM, Nuremberg, Germany, May 2–6, 2010, CD-ROM Paper No. 173.
15. Lee, K.-B. and Blaabjerg, F. (2008) Sensorless DTC-SVM for induction motor driven by a matrix converter using parameter estimation strategy. *IEEE Transactions on Industrial Electronics*, **55** (2), 512–521.
16. Abu-Rub, H., Iqbal, A., and Guzinski, J. (2012) *High Performance Control of AC Drives with Matlab/Simulink Models*, John Wiley & Sons, Ltd, ISBN: 978-0-470-97829-0.

17. Yoon, Y.-D. and Sul, S.-K. (2006) Carrier-based modulation technique for matrix converter. *IEEE Transactions on Power Electronics*, **21** (6), 1691–1703.
18. Loh, P.C., Rong, R., Blaabjerg, F., and Wang, P. (2009) Digital carrier modulation and sampling issues of matrix converter. *IEEE Transactions on Power Electronics*, **24** (7), 1690–1700.
19. Li, Y. and Choi, N.-S. (2009) Carrier based pulse width modulation for matrix converter. Proceedings Applied Power Electronics Conference Exposition, pp. 1709–1715.
20. Li, Y., Choi, N.-S., Han, B.-M. *et al.* (2008) Direct duty ratio pulse width modulation method for matrix converter. *International Journal of Control Automation and System*, **6** (5), 660–669.
21. Ahmed, S.K.M., Iqbal, A., and Abu-Rub, H. (2011) Generalized duty ratio based pulse width modulation technique for a three-to-*k* phase matrix converter. *IEEE Transactions on Industrial Electronics*, **58** (9), 3925–3937.
22. Iqbal, A., Levi, E., Jones, M., and Vukosavic, S.N. (2006) Generalised sinusoidal PWM with harmonic injection for multi-phase VSIs. IEEE 37th Power Electronics Specialists Conference (PESC), Jeju, Korea, CD-ROM Paper No. ThB2-3.0, pp. 2871–2877.
23. Dujic, D., Jones, M., and Levi, E. (2009) Generalised space vector PWM for sinusoidal output voltage generation with multiphase voltage source inverter. *International Journal of Industrial Electronics and Drives*, **1** (1), 1–13.
24. Huber, L. and Borojevic, D. (1991) Space vector modulator for forced commutated cycloconverters. Proceedings IEEE IAS Annual Meeting, pp. 1032–1041.
25. Huber, L. and Borojevic, D. (1995) Space vector modulated three-phase to three-phase matrix converter with input power factor correction. *IEEE Transactions on Industry Applications*, **31** (6), 1234–1246.
26. Igney, J. and Braun, M. (2005) Space vector modulation strategy for conventional and indirect matrix converters. Proceedings EPE Conference Dresden, Germany, CD-ROM Paper.
27. Casadei, D., Serra, G., Tani, A., and Zarri, L. (2002) Matrix converter modulation strategies: a new general approach based on space vector representation of the switch state. *IEEE Transactions on Industrial Electronics*, **49** (2), 370–381.
28. Bradaschia, F., Cavalcanti, M.C., Neves, F.A.S., and de Souza, H.E.P. (2009) A modulation technique to reduce switching losses in matrix converter. *IEEE Transactions on Industrial Electronics*, **56** (4), 1186–1195.
29. Casadei, D., Serra, G., Tani, A., and Zarri, L. (2009) Optimal use of zero vectors for minimizing the output current distortion in matrix converters. *IEEE Transactions on Industrial Electronics*, **56** (2), 326–336.
30. Ahmed, S.K., Iqbal, A., Abu-Rub, H., and Khan, M.R. (2010) Space vector PWM technique for a novel 3 to 5 phase matrix converter. IEEE Energy Conversion Congress and Exposition (ECCE), Atlanta, GA, pp. 1875–1880.
31. Ahmed, S.M., Abu-Rub, H., and Iqbal, A. (2012) Pulse width modulation control of a direct AC-AC power converter with five-phase input and three-phase output. *International Journal of Automation and Power Engineering*, **1** (8), 186–192.
32. Saleh, M., Iqbal, M.A., Ahmed, S.K.M. *et al.* (2011) Carrier based PWM technique for a three-to-six phase matrix converter for supplying six-phase two-motor drives. IEEE IECON'11, Melbourne, Australia, November 7–10, 2011, pp. 3470–3475.
33. Ahmed, S.K.M., Abu-Rub, H., and Salam, Z. (2013) Space vector PWM technique for a direct five-to-three-phase matrix converter. IEEE IECON'13, Vienna, Austria, November 10–13, 2013.

第 16 章　基于升压电路的单相整流器功率因数调节器

Hadi Y. Kanaan[1]，Kamal Al – Haddad[2]
[1]黎巴嫩圣约瑟夫大学机电工程系
[2]加拿大魁北克高等技术学院电气工程系

16.1　简介

　　大多数工业和民用设备都采用单相交流电源供电。在当今社会，单相整流器是一种非常常见的电能转换设备，尤其在供电系统和电信领域。由于单相整流器固有的非线性特性，导致其在交流系统中产生谐波电流，当这些谐波电流流过系统阻抗时，便导致电压产生畸变，从而造成系统电能质量的下降。

　　这些谐波电流的出现会导致线路损耗增加，以及部分线路产生过电压。此外，高频谐波还会产生电磁干扰现象，导致附近的电子设备受到干扰。为了避免谐波电流造成的危害，提高电力系统的可靠性和效率，这些电力电子设备必须符合国际标准[1-8]。通过在基本整流电路中集成功率因数校正（Power Factor Correction，PFC）电路或预调节器来模拟纯阻性负载运行模式，以保证电源侧的功率因数为 1，并消除谐波电流。参考文献［12-14］对一级调节高功率因数整流器进行了讨论。尽管能保证电源侧有较好的电流总谐波畸变率（Total Harmonic Distortion，THD），以及在负载或电网电压波动时较好的直流侧电压可控性和鲁棒性，但这一类型的变换器需要采用数目较多的高频开关电力电子器件，从而导致效率的降低，控制复杂性加大。同时实现这些功能需要采用驱动隔离及调整器件保护的消隐时间，故对控制故障的鲁棒性不强。采用两级拓扑可以避免这些缺点，两级拓扑结构是将传统的 4 个二极管的整流桥与一个高频 DC/DC 变换器串联。其中二极管整流桥用以实现整流功能，而 DC/DC 变换器的作用是调节二极管整流桥直流侧的输出电流，从而令电网侧电流成为正弦波电流。目前存在三种类型的两级整流器，其中的降压[16]和升降压整流器[17]通常运行于电流断续模式。因此，这些整流器的交流侧的谐波较多，需要在交流侧采取较多的滤波措施。其他类型的升降压预调节器，例如级联式升压[18]、库克[19-22]、SEPIC[22-37]和 Sheppard – Taylor[38-52]拓扑等，其交流侧含有电感器件，使得交流侧电流更加平滑。但是这些优势是以电感和电容加倍为代价实现的。

　　升压型 PFC 是单相高功率因数电源中最常用的拓扑结构，这主要是因为这种拓扑采用的开关器件数目较少且交流侧电流比较平滑。将在 16.2 节中进行讨论的基本升压变换器是这类应用中最常见的结构[53-59]。但是这种拓扑结构的主要缺点是在电网电压过零点处仍有控制失谐现象，这会导致电网电流畸变率上升并限制了这种 PFC 拓扑结构的性能。为了克服这个问题，将在 16.3 节中介绍并讨论一种双开关不对称半桥变换器[60-62]。此外，为了降低在高频开关时的损耗，提出了一种交错双升压变换器[63-77]，将在 16.4 节中对这种高效率变换器进行介绍。

　　另一方面，学术界和工业界越来越需要一种可信的功率变换器数学模型。其目的是采用高精度的数学模型来表示被广泛应用的变换器。这种虚拟模型的作用着重在下面几个方面。具体而言，该模型首先可以用于系统性设计和调谐控制系统，以改善变换器的时域响应；其次，可以预先评估运行模式，以及对变换器进行动静态性能分析；第三，可以用于优化系统参数和器件选型；第四，有助于实现快速仿真，这可以使该模型更加贴近于实时仿真，比如硬件在环技术，该技术已广泛应用于测试那些将应用到实际系统中的控制器[78]；第五，避免采用昂贵且耗时耗力的真实物理平台。在参考文献［79 - 95］中，提出了一些开关变换器的建模方法，然而，状态空间平均法对于控制系统设计而言是最简单、最适用的方法。

在本章中，分别讨论了单开关升压电路、两级不对称半桥升压电路和交错双升压电路拓扑。提出了针对前两种拓扑的开关平均模型，相同的方法可以系统地应用于第三种拓扑。基于提出的模型，给出并设计了实用的控制算法。仿真和实验结果表明了该控制系统应用于相关变换器的有效性，验证了本章提出的理论方法。

16. 2　基本升压型 PFC

16. 2. 1　变换器拓扑结构和平均模型

变换器的基本拓扑结构如图 16.1 所示，由一个单相二极管整流桥与一个典型升压 DC/DC 变换器串联构成。该变换器在几乎整个周波中都运行于连续电流模式（Continuous Current Mode，CCM）（在电网电压过零点附近除外）。因此，整流器交流侧可以采用慢恢复二极管。可控开关器件 Q 通常采用 MOSFET，而升压二极管 D 则采用快恢复二极管。开关器件 Q 采用脉宽调制（PWM）控制方法，以保证由载波决定的固定开关频率。通过调整 Q 的占空比可以使变换器输入端功率因数为 1，且直流电压以可忽略的纹波在期望值上下波动。

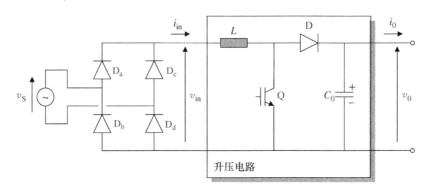

图 16.1　单相升压电路 PFC 整流器

如图 16.2 所示，在 CCM 下基本升压变换器有两种运行状态，两种运行状态的电路的方程分别为

$$v_{in} = L \frac{di_{in}}{dt} + (1 - s_Q) v_0 \tag{16.1a}$$

$$(1 - s_Q) i_{in} = \frac{v_0}{R_0} + C_0 \frac{dv_0}{dt} \tag{16.1b}$$

式中，v_{in} 为二极管整流电路的直流侧电压，v_0 为输出电压，i_{in} 是电感 L 中的电流，R_0 是直流侧负载，s_Q 是开关器件 Q 的开关函数，其定义为

$$s_Q = \begin{cases} 0, & \text{当 Q 关断时} \\ 1, & \text{当 Q 开通时} \end{cases} \tag{16.2}$$

单个开关周期内的电流波形如图 16.3a 所示，假定在整个周期内满足如下两个条件，则其具

有跟踪参考电流 i_{in}^* 的能力。

$$v_0 > v_{in} \tag{16.3}$$

和

$$\left| \frac{\mathrm{d}i_{in}}{\mathrm{d}t} \right| > \left| \frac{\mathrm{d}i_{in}^*}{\mathrm{d}t} \right| \tag{16.4}$$

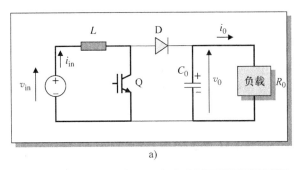

a)

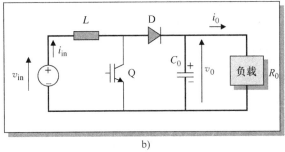

b)

图 16.2 基本升压电路的原理图：a) 开关管 Q 开通时；b) 开关管 Q 关断时

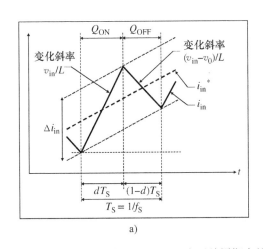

a)

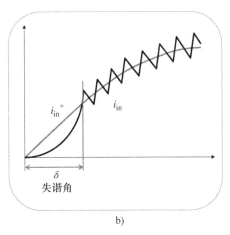

b)

图 16.3 a) 一个开关周期内的电流波形；b) 控制失谐角

不幸的是，对于这个拓扑结构来说，条件方程式（16.4）并不是总能够满足。实际上，如图 16.3b 所示，在交流侧电压过零点附近的 v_{in} 是一个很小的值，开关管 Q 打开时电流 i_{in} 增长得很慢，以至于需要相对较长的时间才能达到设定值。这种在每个基波周期内发生两次电流不能跟踪给定的现象称为控制失谐现象。其特征失谐角可以表示为

$$\delta = 2\arctan\left(\frac{L\omega_0\hat{i}_s}{\hat{v}_s}\right) \tag{16.5}$$

式中，$\hat{v}_s$ 和 $\hat{i}_s$ 分别表示电源电压和电流峰值，ω_0 是基波角频率。

对式（16.1）采用平均技术，可以得到变换器的非线性状态方程为[56,57]

$$v_{in} = L\frac{\mathrm{d}i_{in}}{\mathrm{d}t} + (1-d)v_0 \tag{16.6a}$$

$$(1-d)i_{in} = \frac{v_0}{R_0} + C_0\frac{\mathrm{d}v_0}{\mathrm{d}t} \tag{16.6b}$$

式中，d 为开关管 Q 的占空比。式（16.6）是以 d 为控制输入，i_{in} 和 v_0 为输出变量的单输入双输出系统。从控制的角度看，这里输入电压 v_{in} 被视为扰动量。

16.2.2　稳态分析

在期望的稳态模式下，输入电流 i_{in} 波形被修正为正弦波（其波形与 v_{in} 相似），而输出电压 v_0 则保持在参考值 v_0^* 上下。将这些代入式（16.6a）理论上可以得到

$$d^*(t) = \begin{cases} 1 - \dfrac{\hat{v}_s}{v_0^*\cos\varphi}\sin(\omega_0 t - \varphi), & 0 \leqslant \omega_0 t \leqslant \pi \\[3mm] 1 + \dfrac{\hat{v}_s}{v_0^*\cos\varphi}\sin(\omega_0 t - \varphi), & \pi \leqslant \omega_0 t \leqslant 2\pi \end{cases} \tag{16.7}$$

式中，d^* 为所需的占空比瞬时值，

$$\varphi = \arctan\left(\frac{L\omega_0\hat{i}_s}{\hat{v}_s}\right) = \frac{\delta}{2} \tag{16.8}$$

图 16.4 清晰地说明了控制的饱和现象，其持续角度为 ϕ。为了减小饱和持续时间，需要对电感 L 的值进行限制。另外，将式（16.7）代入式（16.6b），可以得到输出电压波动分量的近似表达式

$$\left(\frac{\Delta v_0}{v_0}\right)^* \approx \frac{\hat{v}_s\hat{i}_s}{2C_0\omega_0 v_0^{*2}\cos\varphi} \tag{16.9}$$

式（16.9）给出了输出电压波动分量的最大值，可以用于输出电容的设计。

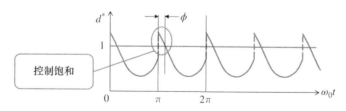

图 16.4　控制饱和

16.2.3　控制电路

变换器的控制电路结构如图 16.5 所示。图中，PWM 比较器根据电流调节器给出的电流控制信号 v_{ci} 与锯齿波载波做比较，得到开关管 Q 的开关信号。载波频率根据变换器的运行限制进行选择。乘法器/除法器模块用于产生电流参考波形。根据下面的关系式得到参考电流为[55]

$$i_{\text{in,ref}} = \frac{R_{\text{MD}} K_{\text{iAC}} v_{\text{in}} \ (v_{\text{cv}} - 1.5)}{K_{\text{rms}}^2 V_{\text{in}}^2} \tag{16.10}$$

式中，v_{cv} 表示电压控制信号，V_{in} 表示整流后电压 v_{in} 的平均值。其中 V_{in} 是 v_{in} 经过二阶低通滤波器之后的结果，二阶低通滤波器的传递函数为

$$F(s) = \frac{1}{\left(1 + \dfrac{s}{2\pi \cdot 18}\right)} \tag{16.11}$$

最后，K_{i} 和 K_{v} 分别是电流内环控制和电压外环控制的反馈增益。R_{sense} 是电流传感器的等效阻抗。

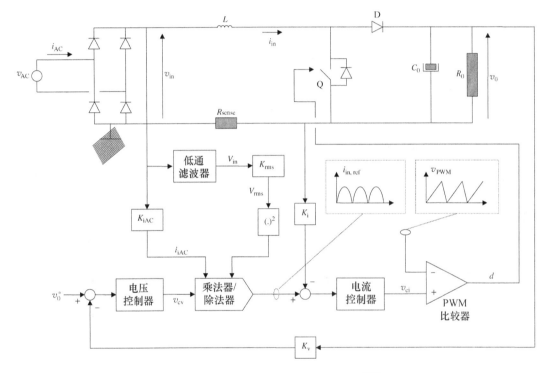

图 16.5　基本升压电路的控制器框图[56]

16.2.4　线性控制设计

16.2.4.1　小信号建模

本小节中，基于变换器的小信号模型频域表达，设计了内环电流和外环电压的控制器。根据参考文献 [56]，该模型可以表示为如图 16.6 所示的框图，对应的传递函数为

$$G_{\text{di}}(s) = G_{\text{di0}} \cdot \frac{1 + \dfrac{s}{\omega_{\text{zdi}}}}{1 + \dfrac{2\xi_{\text{pdi}} s}{\omega_{\text{pdi}}} + \dfrac{s^2}{\omega_{\text{pdi}}^2}} \tag{16.12}$$

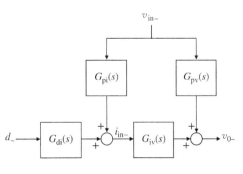

图 16.6　变换器的等效小信号模型框图

$$G_{iv}(s) = G_{iv0} \cdot \frac{1 - \dfrac{s}{\omega_{ziv}}}{1 + \dfrac{s}{\omega_{piv}}} \qquad (16.13)$$

$$G_{pi}(s) = G_{pi0} \cdot \frac{1 + \dfrac{s}{\omega_{zpi}}}{1 + \dfrac{2\xi_{ppi}s}{\omega_{ppi}} + \dfrac{s^2}{\omega_{ppi}^2}} \qquad (16.14)$$

$$G_{pv}(s) = G_{pv0} \cdot \frac{1}{1 + \dfrac{s}{\omega_{ppv}}} \qquad (16.15)$$

式中,

$$G_{di0} = \frac{2V_0}{R_0(1-D)^2}, G_{iv0} = \frac{R_0(1-D)}{2}, G_{pi0} = \frac{1}{R_0(1-D)^2}, G_{pv0} = \frac{1}{2(1-D)}$$

$$\omega_{zdi} = 2\omega_{zpi} = \omega_{piv} = \omega_{ppv} = \frac{2}{R_0 C_0}, \omega_{ziv} = \frac{R_0(1-D)^2}{L}$$

$$\omega_{pdi} = \omega_{ppi} = \frac{1-D}{\sqrt{LC_0}}, \xi_{pdi} = \xi_{ppi} = \frac{1}{2R_0(1-D)}\sqrt{\frac{L}{C_0}}$$

需要注意的是, 其中 $v_{in\sim}$、$i_{in\sim}$、$v_{0\sim}$ 和 $d_\sim$ 分别表示 v_{in}、i_{in}、v_0 和 d 的小信号分量, V_0 和 D 表示 v_0 和 d 的静态值。

16.2.4.2　线性控制器的设计

忽略扰动信号 $v_{in\sim}$, 可以得到如图 16.7 所示的控制框图, 其中 PWM 比较器以及乘法/除法器已由相应的小信号增益 K_{PWM} 和 K_{MD} 替代。电流控制器的设计目标为: ①确保闭环控制的稳定性; ②补偿受控电流的高频分量; ③大幅减小低频域的动态误差。同时, 电压控制器设计的一个优化目标为控制闭环传递函数最终为一个二阶低通滤波器, 且阻尼系数为 0.707。基于以上考虑, 控制器的传递函数为

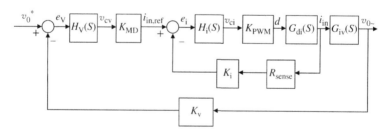

图 16.7　基本升压预调节器的线性控制框图

$$H_i(s) = K_{Hi} \cdot \frac{1 + \dfrac{s}{\omega_{zHi}}}{s\left(1 + \dfrac{s}{\omega_{pHi}}\right)} \qquad (16.16)$$

$$H_v(s) = K_{Hv} \cdot \frac{1 + \dfrac{s}{\omega_{zHv}}}{s\left(1 + \dfrac{s}{\omega_{pHv}}\right)} \qquad (16.17)$$

仿真中用到的控制系统参数如下所示：

额定功率：$P_0 = 500\text{W}$

交流电压有效值：$V_{AC} = 120\text{V}$

输出电压期望值：$v_0^* = 410\text{V}$

交流电压频率：$f_0 = 60\text{Hz}$

开关频率：$f_s = 250\text{kHz}$

直流电感：$L = 200\mu\text{H}$

直流输出电容：$C_0 = 440\mu\text{F}$

交流侧等效阻抗：$L_s = 30\mu\text{H}$

交流侧输出电容：$C_s = 1\mu\text{F}$

PWM 比较器的动态增益：$K_{PWM} = 0.181/\text{V}$

乘法器/除法器参数：$R_{MD} = 3300\Omega$，$K_{iAC} = 1.28\mu\text{S}$，$K_{rms} = 1/51$，$K_{MD} = 0.1$

电流传感器等效阻抗：$R_{sense} = 0.1\Omega$

电流闭环控制增益：$K_i = 1$

电压闭环控制增益：$K_v = 3/410$

内环调节器参数：$K_{Hi} = 1880\text{krad/s}$，$\omega_{zHi} = 100\pi\text{krad/s}$，$\omega_{zHi} = 250\pi\text{krad/s}$

外环调节器参数：$K_{Hv} = 190\text{rad/s}$，$\omega_{zHv} = 13.52\text{rad/s}$，$\omega_{zHv} = 40\pi\text{rad/s}$

16.2.5　仿真结果

为了评估所提出控制策略的动态性能，在 Matlab/Simulink 中对变换器的数字模型进行了仿真，并对其动态和暂态特性进行了分析。此外，电路中加入了一阶低通滤波器以滤除输出电压 v_{in} 中的开关频率分量。占空比 d 的最大值被一个饱和模块限制为 0.94。图 16.8 ~ 图 16.10 所示为线性控制策略的仿真效果。电流畸变率在正常稳态运行时为 9.38%。即便在电压给定发生偏移或施加负载扰动时，输出电压总是趋向稳定在给定值附近，其纹波波动大约为 2%。

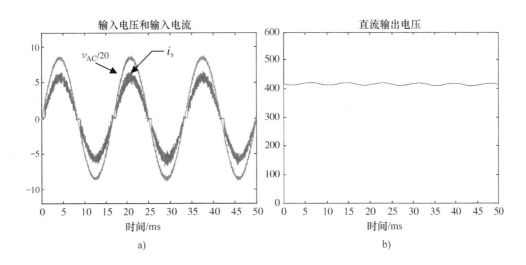

图 16.8　稳态输入电流和输出电压波形

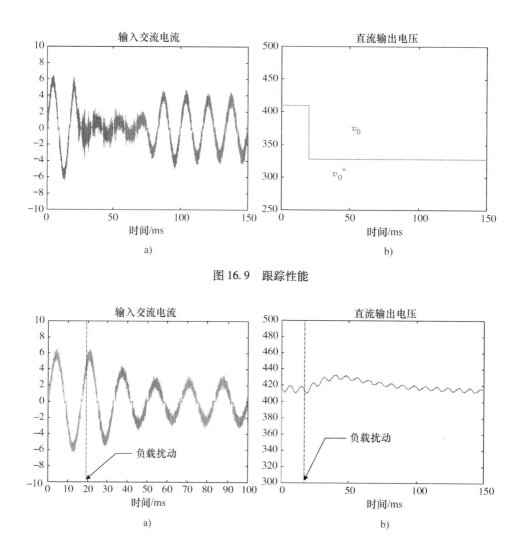

图 16.9　跟踪性能

图 16.10　调节性能

16.3　不对称半桥升压型 PFC

在本节中，采用了一种双开关不对称半桥升压型 PFC，来改善单相二极管整流电路输入侧的功率因数。该电路的拓扑结构如图 16.11 所示。需要通过控制一对同步开关管 Q_1 和 Q_2，实现交流侧电流完美正弦波形跟踪，同时完成输出电压的控制。为了达到这些目标，这里给出并比较了双开关不对称半桥升压型 PFC 的三种 PWM 控制策略。第一种控制策略采用了简单的滞环电流控制器，而另外两种方案则分别采取了基于载波控制的传统比例积分（PI）控制器和模型非线性补偿控制器。后两种控制器的设计是基于变换器的状态空间平均模型。通过 Matlab/Simulink 对所提出的控制策略的动态性能进行了仿真分析，并针对交流电源电流总谐波畸变率（THD）、输入功率因数以及启动后的直流电压调节这几方面进行了对比评价。

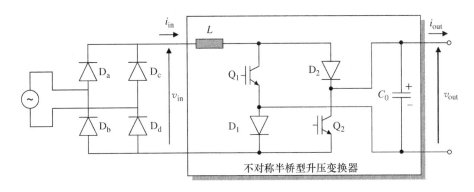

图 16.11　双开关不对称半桥升压型 PFC

16.3.1　CCM/CVM 运行模式和平均模型建模

图 16.12 所示是变换器在输入电感 L 电流为 CCM、输出电容 C_0 电压为连续电压模式（CVM）工况下的运行时序图。根据主开关管 Q_1 和 Q_2 的状态，电路可以分为两种工作模式。在一个开关周期内的变换器电流和电压波形如图 16.13 所示，其中 S_Q 为开关管 Q_1 和 Q_2 共同的开关信号。为了确保周期性，输出电压应始终设置为大于输入电压的值。在本节中，需要特别注意的是，在输入电压过零点时以及开关管 Q_1 和 Q_2 开通或关断时，输入电流变化率都不为 0，因而避免了困扰传统升压型 PFC 的失谐现象。这被认为是这种拓扑结构相比传统升压型 PFC 的主要优势所在。

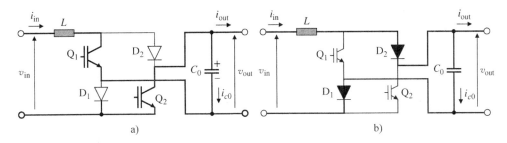

图 16.12　在 CCM/CVM 时的电流通路，当 Q_1 和 Q_2 开通（a）和关断（b）时的电路图

另外，当采用滞环控制器对电流波形进行校正时，开关管 Q_1 和 Q_2 的开关频率是变化的；而当采用基于锯齿载波的脉宽调制且采用电流连续控制时，开关管 Q_1 和 Q_2 的开关频率是固定的。此外，在这两种情况下，并考虑到无功元件 L 和 C_0 的计算，都需要假设其开关器件最低开关频率远高于电压和电流控制环的带宽。因此，采用变换器的简化平均模型来分析变换器稳态下的低频运行，并根据分析结果选择所需的无功元件。

在平均模型中，CCM/CVM 工况下的变换器状态方程表示为

$$
\begin{cases}
L \dfrac{\mathrm{d}i_{\mathrm{in}}}{\mathrm{d}t} = v_{\mathrm{in}} - (1-2d) \cdot v_{\mathrm{out}} \\[2mm]
C_0 \dfrac{\mathrm{d}v_{\mathrm{out}}}{\mathrm{d}t} = (1-2d) \cdot i_{\mathrm{in}} - i_{\mathrm{out}}
\end{cases}
\tag{16.18}
$$

式中，$d(t)$ 表示开关管 Q_1 和 Q_2 的共同占空比。

当变换器运行在 v_{in} 和 i_{in} 为正弦波且 v_{out} 为固定值的期望模式下时，对应占空比为

$$d^*(t) = \begin{cases} \dfrac{1}{2} - \dfrac{\hat{v}_{in}}{2v_{out}\cos\varphi}\sin(\omega_0 t - \varphi), & 0 \leq \omega_0 t \leq \pi \\ \dfrac{1}{2} + \dfrac{\hat{v}_{in}}{2v_{out}\cos\varphi}\sin(\omega_0 t - \varphi), & \pi \leq \omega_0 t \leq 2\pi \end{cases} \tag{16.19}$$

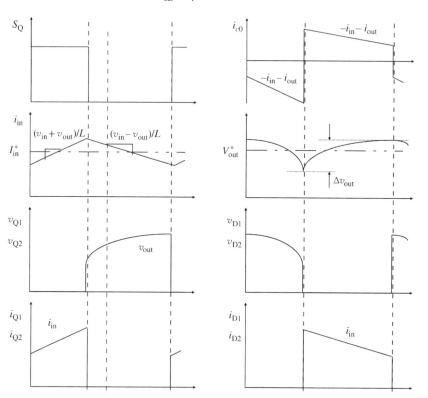

图 16.13　一个开关周期内的波形

同时，当输出电压 v_{out} 大于 $\hat{v}_{in}/\cos\varphi$，其中 $\hat{v}_{in}$ 为输入电压 v_{in} 的峰值时，则这种拓扑结构就能避免传统的基本升压型拓扑结构必然遇到的控制饱和问题。

16.3.2　小信号平均模型和传递函数

为了对基于 PI 控制器的线性控制系统进行设计，需要建立变换器的小信号模型。该小信号模型可以通过围绕下式所定义静态工作点的线性化系统［式（16.18）］获得。

$$V_{out}^* = \frac{V_{in}}{1 - 2D^*} = \frac{1}{1 - 2D^*} \cdot \frac{2\hat{v}_{in}}{\pi}$$

$$I_{in}^* = \frac{I_{out}^*}{1 - 2D^*} = \frac{V_{out}^*}{R_0(1 - 2D^*)} \tag{16.20}$$

此外，在静态运行时，占空比通常被限制在 $0 \sim 0.5$ 之间，而在动态模式下，理论上占空比会在 $0 \sim 1$ 之间。

线性化之后可以得到

$$\frac{\mathrm{d}}{\mathrm{d}t}\begin{bmatrix} \Delta i_{\mathrm{in}} \\ \Delta v_{\mathrm{out}} \end{bmatrix} = \boldsymbol{A} \cdot \begin{bmatrix} \Delta i_{\mathrm{in}} \\ \Delta v_{\mathrm{out}} \end{bmatrix} + \boldsymbol{B} \cdot \Delta d + \boldsymbol{P} \cdot \Delta v_{\mathrm{in}} \tag{16.21}$$

$$\boldsymbol{A} = \begin{bmatrix} 0 & -\dfrac{1-2D^*}{L} \\ \dfrac{1-2D^*}{C_0} & -\dfrac{1}{R_0 C_0} \end{bmatrix}, \boldsymbol{B} = \begin{bmatrix} \dfrac{2V_{\mathrm{out}}^*}{L} \\ -\dfrac{2I_{\mathrm{in}}^*}{C_0} \end{bmatrix}, \boldsymbol{P} = \begin{bmatrix} \dfrac{1}{L} \\ 0 \end{bmatrix}$$

式中，$R_0 = v_{\mathrm{out}}/i_{\mathrm{out}}$ 代表直流负载。在式（16.21）中，$\boldsymbol{A}$ 表示状态矩阵，$\boldsymbol{B}$ 为输入矩阵，$\boldsymbol{P}$ 为扰动矩阵。此外，对于状态变量 $z \in \{i_{\mathrm{in}}, v_{\mathrm{out}}\}$，$\Delta z$ 表示稳态值 Z^* 附近的变化量，即 $\Delta z = z - Z^*$。对状态空间方程式（16.21）进行拉普拉斯变换，即可以得到变换器的频域模型

$$\boldsymbol{X}(s) = (s\boldsymbol{I}_2 - \boldsymbol{A})^{-1} \boldsymbol{B} D(s) + (s\boldsymbol{I}_2 - \boldsymbol{A})^{-1} \boldsymbol{P} V_{\mathrm{in}}(s) \tag{16.22}$$

式中，$\boldsymbol{I}_2$ 为 2×2 的单位矩阵，s 是拉普拉斯运算符，$\boldsymbol{X}(s) = [I_{\mathrm{in}}(s), V_{\mathrm{out}}(s)]^{\mathrm{T}}$，$D(s)$ 和 $V_{\mathrm{in}}(s)$ 是状态向量 $[\Delta i_{\mathrm{in}}, \Delta v_{\mathrm{out}}]^{\mathrm{T}}$ 的拉普拉斯变换，Δd 为控制输入量，Δv_{in} 为扰动输入。由式（16.22）可以得到如下的输入输出传递函数

$$G_{i_{\mathrm{in}}d}(s) \equiv \frac{I_{\mathrm{in}}(s)}{D(s)}\bigg|_{V_{\mathrm{in}}=0} = \frac{2V_{\mathrm{out}}^*}{L} \cdot \frac{s + \omega_{z1}}{s^2 + \omega_{p1}s + \omega_{p2}^2} \tag{16.23a}$$

$$G_{v_{\mathrm{out}}d}(s) \equiv \frac{V_{\mathrm{out}}(s)}{D(s)}\bigg|_{V_{\mathrm{in}}=0} = -\frac{2V_{\mathrm{out}}^*}{R_0 C_0 (1-2D^*)} \cdot \frac{s - \omega_{z2}}{s^2 + \omega_{p1}s + \omega_{p2}^2} \tag{16.23b}$$

式中，

$$\omega_{z1} = \frac{2}{R_0 C_0}, \omega_{z2} = \frac{R_0 (1-2D^*)^2}{L}, \omega_{p1} = \frac{1}{R_0 C_0}, \omega_{p2} = \frac{1-2D^*}{\sqrt{LC_0}}$$

　　基于以上传递函数，可以设计线性控制系统，以保证交流侧输入功率为单位功率因数，同时保证直流输出电压的稳定。

　　同理，扰动传递函数也可以由式（16.22）推导得到

$$F_{i_{\mathrm{in}},v_{\mathrm{in}}}(s) \equiv \frac{I_{\mathrm{in}}(s)}{V_{\mathrm{in}}(s)}\bigg|_{D=0} = \frac{1}{L} \cdot \frac{s + \omega_{z1}'}{s^2 + \omega_{p1}s + \omega_{p2}^2} \tag{16.24a}$$

$$F_{v_{\mathrm{out}},v_{\mathrm{in}}}(s) \equiv \frac{V_{\mathrm{out}}(s)}{V_{\mathrm{in}}(s)}\bigg|_{D=0} = \frac{1-2D^*}{LC_0} \cdot \frac{1}{s^2 + \omega_{p1}s + \omega_{p2}^2} \tag{16.24b}$$

式中，

$$\omega_{z1}' = \omega_{p1} = \frac{1}{R_0 C_0}$$

16.3.3　控制系统设计

　　如图 16.14a 所示的控制电路采用双闭环控制：电流内环控制和电压外环控制，其中电流内环控制用于保证直流输入电流 i_{in} 的波形调节，并改善输入功率因数。电压外环控制用于调整直流侧输出电压使其稳定在设定值附近。

　　电流内环控制可以采用三种形式：滞环比较控制、基于载波调制的线性控制、基于输入 - 输出反馈线性化技术设计的载波调制非线性补偿控制。电压外环控制是线性 PI 控制，其传递函数为 $H_{\mathrm{v}}(s)$。K_{i}、K_{v0} 和 K_{v1} 为电流环和电压环的比例系数。为了确保控制系统的高稳定性，外环控制器的时间常数要比内环控制器的时间常数足够大。

　　此外，为了模拟纯电阻负载，电流给定必须与整流输入电压 v_{in} 的波形一致，且幅值可调。通过一个模拟乘法器可以实现这个目标。更进一步，为了避免电流参考值出现畸变，电压控制信

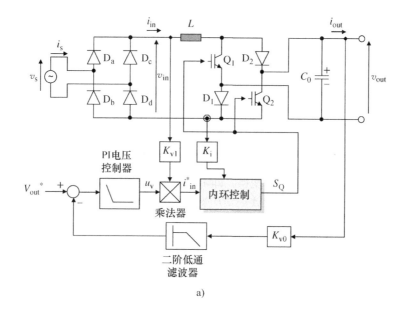

a)

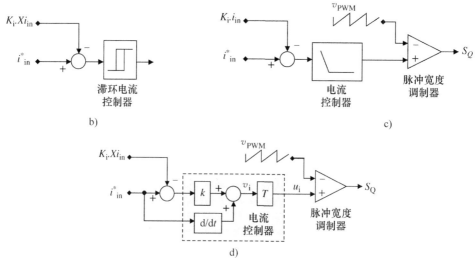

图 16.14　a）不同电流内环控制策略控制系统；b）滞环控制；

c）基于载波调制的线性控制；d）基于载波调制的非线性补偿控制[97]

号 u_c 必须是无谐波的。可以通过调整外环控制器使其滤除输出电压 v_{out} 中的 120Hz（基波二倍频），或是在电压反馈回路中引入一个合适的传递函数为 $F_v(s)$ 的二阶低通滤波器来实现。

16.3.3.1　滞环控制

第一种电流控制策略如图 16.14b 所示，内环控制器采用环宽为 1.5A 的滞环比较控制。其中电流环宽的设计需要确保在一个工频周期内获得接近 50kHz 的最大开关频率。这样可以很方便地与其他开关频率为固定 50kHz 的基于载波控制的控制策略进行比较。

尽管这种控制器设计简单，对扰动的鲁棒性强，但这种控制策略下的开关频率不固定，当参数变化时整个系统的可靠性不高，并且由于电流的谐波频谱比较丰富，增加了滤波投入。

16.3.3.2　基于载波调制的线性控制

第二种电流控制策略如图 16.14c 所示，内环控制器采用传递函数为 $H_i(s)$ 的线性 PI 控制器。

基于前面给出的传递函数，内环和外环控制器的参数设计采用超前滞后设计方法。设计的准则是确保在系统带宽内具有高动态性能。考虑到电流控制器是嵌入在电压闭环控制中，因此电压外环控制可以使用下面给出的设计，其已经考虑了内环的开关传递函数。

$$G_{v_{out},i_{in}^*} \equiv \frac{V_{out}(s)}{I_{in}^*(s)}\bigg|_{V_{in}=0} = -\frac{L}{K_i R_0 C_0 (1-2D^*)} \cdot \frac{s-\omega_{z2}}{s+\omega_{z1}} \tag{16.25}$$

将电流内环控制器给出的控制信号 u_i 与锯齿载波进行比较，得到用于开关对的固定开关频率的 PWM 信号。

尽管这种控制器具有较高的动态性能和高可靠性，但是由于其没有考虑变换器的非线性，使得当变换器设定工作点大范围变化时，其动态性能无法满足要求。

16.3.3.3 基于载波调制的非线性补偿控制

在第三种方案中，电流内环控制器是非线性控制器，其控制器的设计是基于单输入单输出的反馈线性化原理，以达到对内环子系统的非线性补偿效果。采用如图 16.14d 所示的非线性模块 T，将非线性的内环子系统转化成线性规范模型，这将大幅简化内环控制器的设计。将非线性模块产生的控制信号 u_i 与锯齿波进行比较，得到用于开关对的固定开关频率的 PWM 信号。外环控制器仍然是一个线性 PI 控制器。

式（16.18）所示的系统相对阶次为 1。因此，基于式（16.8）中的第一个方程的内环控制规律进行微分，可以得到

$$d \triangleq \frac{1}{2}\left(1+\frac{u_i}{\hat{v}_{PWM}}\right) = \frac{Lv_i - v_{in} + v_{out}}{2v_{out}} \tag{16.26}$$

式中，u_i 为内环控制器的输出信号，v_i 为线性化内环系统的新输入控制信号，$\hat{v}_{PWM}$ 是锯齿波的幅值。将式（16.26）代入式（16.18）可以得到内环子系统为

$$\frac{di_{in}}{dt} = v_i \tag{16.27}$$

对于当前的跟踪问题，可以选择如下的控制规律

$$v_i = \frac{di_{in}^*}{dt} - k(i_{in} - i_{in}^*), k>0 \tag{16.28}$$

其内部状态可以表示为一阶特性的子系统

$$C_0 \frac{d(v_{out}^2)}{dt} = 2v_{in}i_{in}^* - 2\frac{v_{out}^2}{R_0} \tag{16.29}$$

16.3.4 数字化实现和仿真结果

为了突出双开关器件不对称半桥升压变换器应用于 PFC 时的性能，在 Matlab/Simulink 中搭建了控制系统的仿真模型。变换器的参数和控制器的系数如下所示：

交流输入电压的有效值：$V_S = 120V$

负载额定功率：$P_{out} = 1kW$

输出电压参考值：$V_{out}^* = 250V$

输入电压频率：$f_0 = 60Hz$

载波频率：$f_s = 50kHz$

载波峰值：$\hat{v}_{PWM} = 1V$

直流电感：$L = 1mH$

电感内阻：$R_L = 0.1\Omega$

直流电容：$C_0 = 1\text{mF}$

反馈控制增益系数：$K_i = 1\Omega$，$K_{v0} = 0.05$

反馈增益系数：$K_{v1} = 0.05$

滞环宽度：$h = 1.25\text{A}$

内环 PI 控制器：$H_i(s) = 15\dfrac{1 + \dfrac{s}{15}}{s}$

内环非线性控制器参数：$k = 30000$

外环电压 PI 控制器：$H_v(s) = 20\dfrac{1 + \dfrac{s}{20}}{s}$

电压滤波器：$F_v(s) = \dfrac{1}{1 + \dfrac{\sqrt{2}}{300}s + \left(\dfrac{s}{300}\right)^2}$

基于开关函数模型实现了变换器模型[62]。采用固定步长的 ode5 算法进行仿真，仿真步长为 $1\mu\text{s}$。在 1kW 负载下的滞环比较算法，基于载波调制的线性控制器和基于载波调制的非线性补偿控制策略的仿真结果分别如图 16.15 ~ 图 16.17 所示。

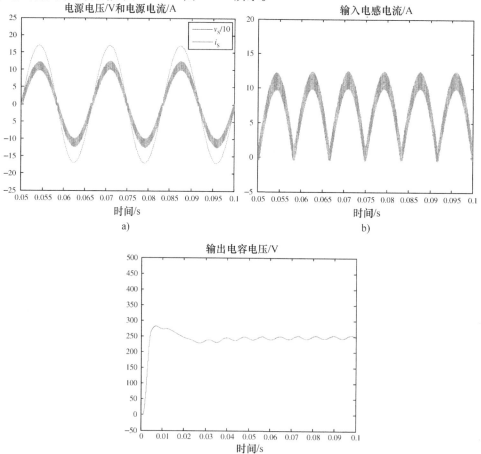

图 16.15 采用滞环比较控制，运行于额定功率时的稳态运行的仿真波形：a) 电源电压和电源电流；b) 输入电感电流；c) 输出功率阶跃变化时，输出电容电压的波形[97]

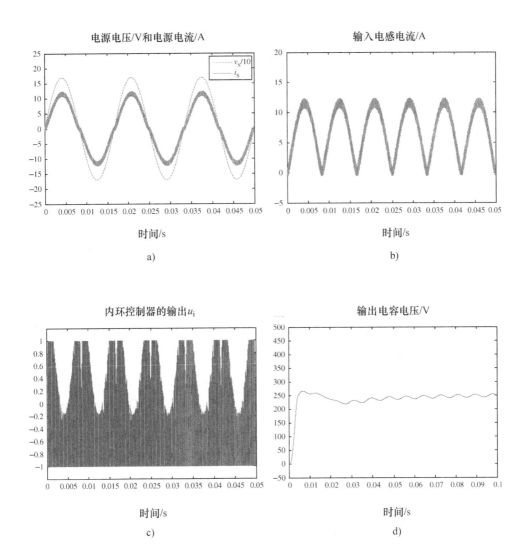

图 16.16　采用线性控制，运行于额定功率时的稳态运行的仿真波形：a）电源电压和电源电流；b）输入电感中的电流；c）内环控制器的输出；d）输出功率阶跃变化时，输出电容电压的波形[97]

　　表 16.1 对所提出控制算法的如下性能进行了对比：输入电流的电流总谐波畸变率（THD）、输入电源的功率因数、最大开关频率、电源电流正负峰值附近的高频电流纹波、输出直流电压的 120Hz 纹波等。从中可以发现，基于载波控制策略的控制方法在稳态时，输入电流谐波畸变率和功率因数要优于滞环比较控制策略时的结果。对于基于载波调制的控制系统，非线性补偿控制器产生的控制输入位于饱和极限内（见图 16.17c），并且输出电压只出现相对较小的高频波动分量，这一点优于采用传统 PI 控制器时的输出电压（见图 16.16c）。此外，仿真结果还显示，在以上三种控制策略中，i_{in} 和 v_{out} 均为正值，这也验证了之前 CCM/CVM 运行模式下的假设。重要的是，这三种控制策略都避免了传统升压型 PFC 普遍存在的失谐现象。

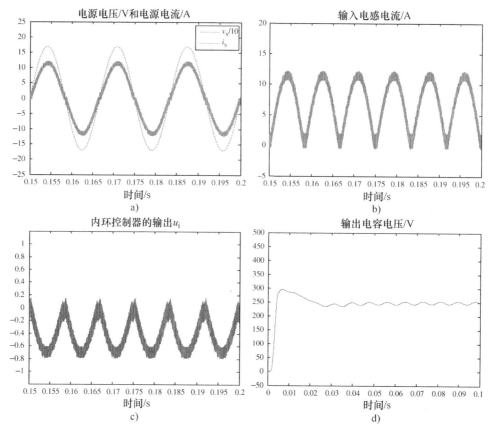

图 16.17　采用非线性补偿控制，运行于额定功率时的稳态运行的仿真波形：
a）电源电压和电源电流；b）输入电感中的电流；c）内环控制器的输出；
d）输出功率阶跃变化时，输出电容电压的波形[97]

表 16.1　双开关不对称半桥升压型 PFC 应用三种控制策略的对比

运行特性	滞环控制	线性控制	非线性控制
电流总谐波畸变率（%）	9.2	9	8.6
功率因数	0.9958	0.9959	0.9962
最大开关频率/kHz	50	50	50
电流纹波（%）	10.6	10.9	10.4
电压纹波（%）	4	4	4

16.4　交错双升压型 PFC

　　为了提高升压变换器 PFC 的效率和功率密度，并降低注入电网的 EMI 水平，交错技术作为解决单相 AC/DC 升压型 PFC 的所有缺陷的重要候选方案，被应用于 PFC[63-67]。这些所说的缺陷包括开关频率附近的谐波电流含量，以及注入电网的 EMI 水平。此外，电能变换效率的提升也是关键因素之一。为了达到这些目标，已提出了不同的解决方案。近几年对双开关主动和被动电流调节技术的研究重点,在于拓扑结构和非常简单的控制器[68-74]。对这种技术的初步研究,发现可以提升变换器的功率密度、降低低频段的谐波水平、略微增加了功率变换单元的效率等。另外,当对低频开关产生的电流整形时,可以通过采用高频环节来减小用于升压环节的较大储能电感的尺寸。这种主动控制技术通过采用有源器件代替无源器件,引入了被动变主动谐波滤波的思路与优点,这种技术广泛用于电网污染治理[75]。尽管无源器件成本低廉,但其体积大,对电源的阻抗变换敏感,导致变换器控制困难。与此相反,使用有源器件可以很好地跟踪电流变化并进行控制,从而提高了该系统在电网扰动下的鲁棒性。交错变换型 PFC 接到电网上会产生两种类型的谐波:在低频开关器件 Q_{LF} 运行频率的倍频处,所产生的范围在千赫兹左右的低频开关谐波;在高频开关器件 Q_{HF} 运行频率的倍频处,所产生的范围在百千赫兹范围的高频开关谐波。低频部分受 IEEE -519 标准的限制,规定了注入电网中的电流波形。而高频部分受传导电磁干扰标准 IEC 61000 - 2 的约束,规定了所允许的电磁辐射水平及电网电流尖峰等。虽然已有单相以及三相拓扑的连续电流模式和非连续电流模式的对比研究[71,72],但仍需要对交错型变换器的建模与控制技术进一步分析。基于滞环控制的简单控制方法已被广泛用于该拓扑[68,70,74]。在本节中,介绍了基于模型的固定开关频率控制系统的开发,及其在 1kW 原型交错式单相升压变换器上的验证。

参考文献 [68] 中的拓扑结构有两个开关器件:Q_{HF} 和 Q_{LF},各自运行在不同的开关频率下。主开关器件大约将 90% 的能量传送到负载中,其开关频率为 5kHz。低容量开关器件运行在高开关频率 50kHz,大约贡献 10% 的能量,并用于消除开关器件 Q_{LF} 产生的低频谐波。低频开关器件运行于连续电流模式,而高频开关器件运行于非连续电流模式。

16.4.1 拓扑结构

单相交错双升压型 PFC 整流器如图 16.18 所示,其包括:

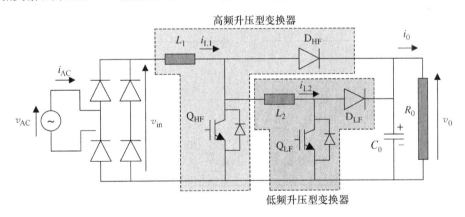

图 16.18　单相交错双升压型 PFC 整流器

1) 用于交流到直流变换的二极管整流桥。

2) 大容量低开关频率的典型升压型变换器,用于对电感 L_2 中电流 (i_{12}) 波形的调节以及控制传递到负载中的功率。

3) 小电流高开关频率的升压型变换器,其目的是通过调制 i_{12} 中的低频纹波来补偿输入电流 i_{L1} 中的高频谐波分量。

一个纯电阻负载 R_0 跨接到直流滤波电容 C_0 两端。另外,高频开关器件 Q_{HF} 和低频开关器件

Q_{LF}以倍频关系进行同步控制且Q_{LF}的开通总是对应着Q_{HF}的开通。f_{LF}和f_{LF}分别表示Q_{HF}和Q_{LF}的开关频率，因此

$$f_{HF} = m \cdot f_{LF}, \quad m \in N, \quad m \gg 1 \tag{16.30}$$

16.4.2 开关时序

由于该PFC含有两个开关，因此，有四种可能的结构。

16.4.2.1 工况1：Q_{HF}开通，Q_{LF}开通

当Q_{HF}和Q_{LF}均处于开通状态时，电路的结构如图16.19所示。如果输入电感的电流i_{L1}（一直为正）大于i_{L2}，且i_{L2}大于0，可以得到如下公式（见图16.19a）

$$L_1 \frac{di_{L1}}{dt} = v_{in} > 0$$

$$L_1 \frac{di_{L2}}{dt} = 0$$

$$C_0 \frac{dv_0}{dt} + \frac{v_0}{R_0} = 0 \tag{16.31}$$

当i_{L1}小于i_{L2}时，开关器件Q_{HF}的反并联二极管开通，电路结构图如图16.19b所示，此时式（16.31）仍然适用。同理，当i_{L2}变为负时式（16.31）也可以使用（见图16.19c）。这种情况下，开关器件Q_{LF}的反并联二极管处于导通状态。

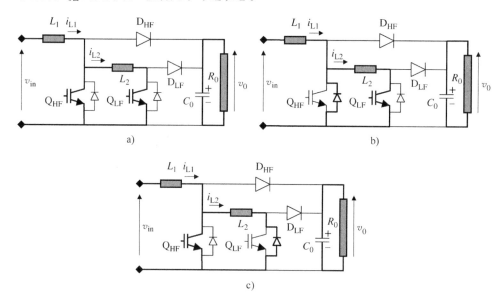

图16.19 当开关器件Q_{HF}和Q_{LF}均处于开通时的PFC结构图：
a) $0 < i_{L2} < i_{L1}$；b) $0 < i_{L1} < i_{L2}$；c) $i_{L2} < 0 < i_{L1}$

16.4.2.2 工况2：Q_{HF}关断，Q_{LF}开通

当只有Q_{LF}开通时，PFC的结构图如图16.20所示。如果输入电感的电流i_{L1}大于i_{L2}，并且i_{L2}大于0，高频升压二极管D_{HF}导通，可以得到如下公式（见图16.20a）

$$L_1 \frac{di_{L1}}{dt} = v_{in} - v_0$$

$$L_2 \frac{\mathrm{d}i_{L2}}{\mathrm{d}t} = v_0 > 0$$

$$C_0 \frac{\mathrm{d}v_0}{\mathrm{d}t} + \frac{v_0}{R_0} = i_{L1} - i_{L2} \tag{16.32}$$

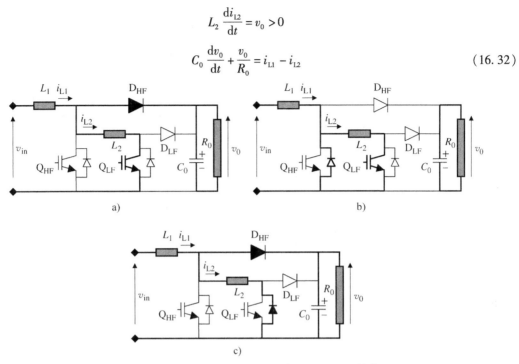

图 16.20　当开关器件 Q_{HF} 关断、Q_{LF} 开通时的 PFC 结构图：
a) $0 < i_{L2} < i_{L1}$；b) $0 < i_{L1} < i_{L2}$；c) $i_{L2} < 0 < i_{L1}$

对电流 i_{L1} 的调制需要输出电压 v_0 大于输入电压的峰值 v_{in}。另一方面，当 i_{L1} 小于 i_{L2} 时，开关器件 Q_{HF} 的反并联二极管取代升压二极管 D_{HF} 流过电流（$i_{L2} - i_{L1}$）。在这种情况下，PFC 的结构如图 16.20b 所示，而系统的方程变为式（16.31）。这时的结构与图 16.19b 所示的相同。

当 i_{L2} 小于 0 时（见图 16.20c），开关器件 Q_{LF} 的反并联二极管导通，式（16.32）仍然适用。

16.4.2.3　第三种情况：Q_{HF} 开通，Q_{LF} 关断

当只有开关器件 Q_{HF} 开通时，PFC 的结构图如图 16.21 所示。如果输入电感电流 i_{L1} 比 i_{L2} 大，并且 i_{L2} 大于 0，则低频升压二极管 D_{LF} 导通，可以得到如下所示的方程（见图 16.21a）

$$L_1 \frac{\mathrm{d}i_{L1}}{\mathrm{d}t} = v_{in} > 0$$

$$L_2 \frac{\mathrm{d}i_{L2}}{\mathrm{d}t} = -v_0 < 0$$

$$C_0 \frac{\mathrm{d}v_0}{\mathrm{d}t} + \frac{v_0}{R_0} = i_{L2} \tag{16.33}$$

另一方面，当 i_{L1} 小于 i_{L2} 时，开关器件 Q_{HF} 的反并联二极管导通，PFC 的结构图如图 16.21b 所示，而系统的方程仍然为式（16.33）。

当 i_{L2} 小于 0 时（见图 16.21c），开关器件 Q_{LF} 的反并联二极管流过电流 i_{L2}，而不是 D_{LF}。PFC 的结构变为与图 16.19c 所示的相同，式（16.31）仍然适用。

16.4.2.4　第四种情况：Q_{HF} 关断，Q_{LF} 关断

当开关器件 Q_{HF} 和 Q_{LF} 均处于关断状态时，PFC 的结构图如图 16.22 所示。如果输入电感的电流 i_{L1} 大于 i_{L2}，并且 i_{L2} 大于 0，低频升压二极管 D_{LF} 和高频升压二极管 D_{HF} 同时导通。系统的方程

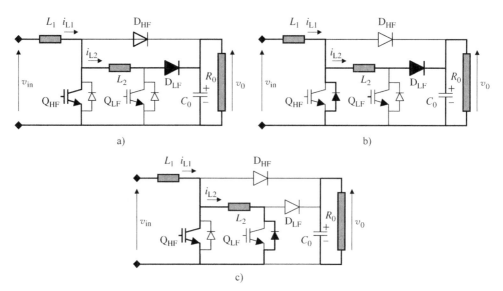

图 16.21 当开关器件 Q_{HF} 开通、Q_{LF} 关断时的 PFC 结构图:

a) $0 < i_{L2} < i_{L1}$; b) $0 < i_{L1} < i_{L2}$; c) $i_{L2} < 0 < i_{L1}$

为 (见图 16.22a)

$$L_1 \frac{di_{L1}}{dt} = v_{in} - v_0$$

$$L_2 \frac{di_{L2}}{dt} = 0$$

$$C_0 \frac{dv_0}{dt} + \frac{v_0}{R_0} = i_{L1} \quad\quad (16.34)$$

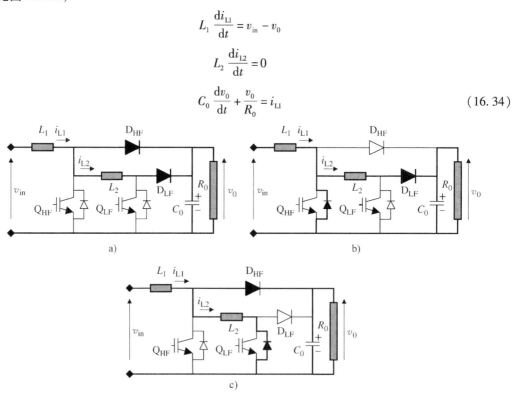

图 16.22 当开关器件 Q_{HF} 关断、Q_{LF} 关断时的 PFC 结构图:

a) $0 < i_{L2} < i_{L1}$; b) $0 < i_{L1} < i_{L2}$; c) $i_{L2} < 0 < i_{L1}$

另一方面,当 i_{L1} 小于 i_{L2},开关器件 Q_{HF} 的反并联二极管流过电流 ($i_{L2} - i_{L1}$),而不是 D_{HF},PFC 的结构图如图 16.22b 所示。这种情况与图 16.21b 所示的相同,系统的方程为式 (16.33)。

当 i_{L2} 为负时（见图 16.22c），开关器件 Q_{LF} 的反并联二极管流过电流 i_{L2}，而不是 D_{LF}，PFC 的结构变为图 16.20c 相同，方程为式（16.32）。

16.4.3　线性控制器设计和实验结果

图 16.23 所示为控制系统的框图，开关器件 Q_{HF} 和 Q_{LF} 的开关信号由电流环控制信号（内环控制器的输出）分别和调制信号 $v_{PWM,HF}$ 和 $v_{PWM,LF}$ 对比产生。两个开关频率固定的调制信号均为锯齿波且在开关器件 Q_{LF} 的开通时刻进行同步。K_{iL1}、K_{iL2} 和 K_v 为电流环和电压环的反馈增益。为了降低控制电路中 v_{in} 输入的大小，这里引入了反馈增益系数 $K_{v,in}$。

在内环控制器 $H_{iL1}(s)$ 和 $H_{iL2}(s)$ 设计时，一方面忽略了占空比 d_{HF} 与电流 i_{L2} 的交叉耦合，另一方面忽略了占空比 d_{LF} 与电流 i_{L1} 的交叉耦合[76,77]。这些控制器的参数和结构的设计需要确保内环闭环传递函数对应二阶低通滤波器。另一方面，对于电压外环来说，类似地设计内环控制器 $H_{v0}(s)$，以确保外环具有与优化线性二阶低通滤波器相同的动态特性。

包含图 16.23 所示控制系统在内的变换器实验平台参数如下所示：

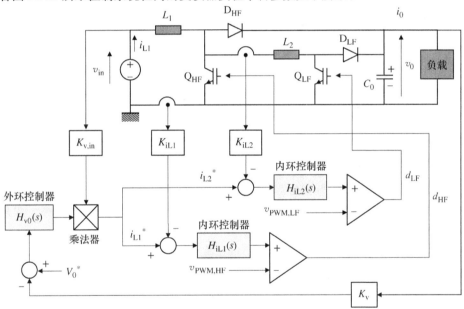

图 16.23　控制系统[77]

额定功率：$P_0 = 1\text{kV}$

电源电压有效值：$V_{AC} = 110\text{V}$

电源频率：$f_0 = 60\text{Hz}$

低开关频率：$f_{LF} = 5\text{kHz}$

高开关频率：$f_{HF} = 50\text{kHz}$

输入直流电感：$L_1 = 1\text{mH}$，$R_{L1} = 10\text{m}\Omega$

低频电感：$L_2 = 2\text{mH}$，$R_{L2} = 10\text{m}\Omega$

输出直流电容：$C_0 = 2400\mu\text{F}$

输出电压：$V_0 = 250\text{V}$

内环控制器：$H_{iL1}(s) = \dfrac{5000 + \dfrac{5}{\pi}s}{s \cdot \left(1 + \dfrac{s}{50000\pi}\right)}$　$H_{iL2}(s) = \dfrac{500 + \dfrac{s}{2\pi}}{s \cdot \left(1 + \dfrac{s}{5000\pi}\right)}$

电压控制器：$H_{v0}(s) = 20 \cdot \dfrac{s+5}{s \cdot (s+70)}$

反馈增益：$K_{iL1} = K_{iL2} = K_v = 1$

前馈增益：$K_{v,in} = 1/24$

PWM 比较器增益：$K_{PWM,HF} = K_{PWM,LF} = 1$

图 16.24 所示为电源电压和电流，此时变换器传递给负载的功率为 800W。可以看出，变换器工作在单位功率因数下。

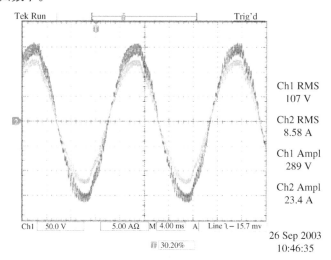

图 16.24　功率为 800W 时电源的电流与电压（50V/格，5A/格）[77]

图 16.25 所示为在三种控制模式下，变换器效率随输出功率的变化函数。第一种模式为开关器件 Q_{LF} 单独工作时，最大效率为 90%，此时功率为 940W。第二种模式为开关器件 Q_{HF} 和 Q_{LF} 同时工作，最大效率为 92%。第三种模式为开关器件 Q_{HF} 单独工作，最大效率为 87%。双开关升压型变换器实现了电能质量与效率的平衡。

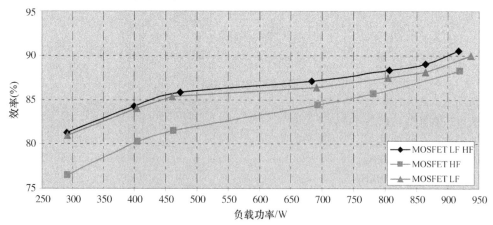

图 16.25　在三种控制模式下，变换器随负载功率变化时的效率[77]

16.5　小结

升压型预调节器是在工业界的低功率应用中被采用最多的拓扑结构，其优点包括对电源波动、尖峰、电压暂降、闪变的鲁棒性，且易于设计。由于通常基于电流控制模式，其控制电路开发也比较简单。这种拓扑充分利用了半导体开关器件的优势，使得其成本非常具有竞争力。

　　基本的升压变换器拓扑结构得到了广泛应用，但是其最主要的缺点包括：第一，这种变换器在交流电压过零点时有失谐现象，从而增加了这种交流侧电流的总谐波畸变率，使这种变换器的性能受到限制；第二，其固有的功率损耗会随着变换器的开关频率提高而大幅增加。为了克服第一个问题，可以采用含有两个开关器件的不对称半桥升压型变换器拓扑。对于第二个问题，可以采用交错升压型预调节器拓扑，使开关器件工作在不同的开关频率下。

参 考 文 献

1. De Keulenaer, H. (2003) *The Hidden Cost of Poor Power Quality*, European Copper Institute, October 2003.
2. Billinton, R. (2001) Methods to Consider Customer Interruption Costs in Power System Analysis. Technical Report Task Force 38.06.01, CIGRE, Paris.
3. Gutierrez Iglesias, J. and Bartak, G. (2002) Power Quality in European Electricity Supply Networks – 1st Edition. Technical Report, Eurelectric, Brussels.
4. Chapman, D. (2002) The cost of poor power quality. *Power Quality Application Guide*, **2** (1).
5. IEEE (1992) IEEE Std 519-1992. *IEEE Recommended Practices and Requirements for Harmonic Control in Electric Power Systems*, June 1992, IEEE.
6. IEC (International Electrotechnical Commission) Subcommittee 77A (1992) IEC 555–2 (EN 60555–2). *Disturbance in Supply Systems Caused by Household Appliance and Similar Electrical Equipment, Part 2: Harmonics*, September 1992.
7. IEC (International Electrotechnical Commission) 61000-3-2 (2009), Electromagnetic compatibility (EMC) – Part 3-2: *Limits – Limits for harmonic current emissions*, Edition 3.2.
8. Key, T.S. and Lai, J.-S. (1993) Comparison of standards and power supply design options for limiting harmonic distortion in power systems. *IEEE Transactions on Industry Applications*, **29** (4), 688–695.
9. Singh, B., Singh, B.N., Chandra, A. *et al.* (2003) A review of single-phase improved power quality AC-DC converters. *IEEE Transactions on Industrial Electronics*, **50** (5), 962–981.
10. Kanaan, H.Y. and Al-Haddad, K. (2011) A unified approach for the analysis of single-phase power factor correction converters. Proceedings 37th Annual Conference of the IEEE Industrial Electronics Society (IECON'11), Melbourne, Australia, November 7–10, 2011.
11. Kanaan, H.Y. and Al-Haddad, K. (2012) A comparative study of single-phase power factor correction converters: Modeling, steady-state characteristics, current tracking ability and design settings. Proceedings 21st International Symposium on Power Electronics, Electrical Drives, Automation and Motion (SPEEDAM'12), Sorrento, Italy, June 20–22, 2012.
12. Hui, S.Y., Chung, H.S.–.H., and Yip, S.–.C. (2000) A bidirectional AC-DC power converter with power factor correction. *IEEE Transactions on Power Electronics*, **15** (5), 942–949.
13. Qiao, C. and Smedley, K.M. (2000) A topology survey of single-stage power factor corrector with a boost type input-current-shaper. APEC 2000, 15th IEEE Annual Meeting, Vol. 1, pp. 460–467.
14. Salmon, J.C. (1993) Techniques for minimizing the input current distortion of current-controlled single-phase boost rectifiers. *IEEE Transactions on Power Electronics*, **8** (4), 509–520.
15. Mohan, N., Undeland, T.M., and Robbins, W.P. (1995) *Power Electronics: Converters, Applications, and Design*, 2nd edn, John Wiley & Sons, Inc.
16. Kanaan, H., Al-Haddad, K., Chaffaï, R., and Duguay, L. (2001) Averaged modeling and linear control of a new buck-type single-phase single-switch PWM rectifier. Proceedings IETA'01, Cairo, Egypt, December 19–21, 2001.
17. Ghanem, M.C., Al-Haddad, K., and Roy, G. (1996) A new control strategy to achieve sinusoidal line current in a cascade buck-boost converter. *IEEE Transactions on Industrial Electronics*, **43** (3), 441–449.
18. Redl, R., Balogh, L., and Sokal, N.O. (1994) A new family of single-stage isolated power-factor-correctors with fast regulation of the output voltage. IEEE PESC'94 Record, pp. 1137–1144.
19. Tseng, C.-J. and Chen, C.-L. (1999) A novel ZVT PWM Cuk power-factor corrector. *IEEE Transactions on Industrial Electronics*, **46**, 780–787.
20. Costa, D.B. and Duarte, C.M.C. (2004) The ZVS-PWM active-clamping Cuk converter. *IEEE Transactions on Industrial Electronics*, **51** (1), 54–60.
21. Fuad, Y., de Koning, W.L., and van der Woude, J.W. (2004) On the stability of the pulse-width-modulated Cuk converter. *IEEE Transactions on Circuits and Systems II: Express Briefs*, **51** (8), 412–420.
22. Sabzali, A.J., Ismail, E.H., Al-Saffar, M.A., and Fardoun, A.A. (2009) A new bridgeless PFC SEPIC and Cuk rectifiers with low conduction and switching losses. Proceedings International Conference on Power Electronics and Drive Systems (PEDS'09), pp. 550–556.

23. Ismail, E.H. (2009) Bridgeless SEPIC rectifier with unity power factor and reduced conduction losses. *IEEE Transactions on Industrial Electronics*, **56** (4), 1147–1157.
24. Petersen, L. (2001) Input-current-shaper based on a modified SEPIC converter with low voltage stress. Proceedings IEEE PESC'01, pp. 666–671.
25. Al-Saffar, M.A., Ismail, E.H., Sabzali, A.J., and Fardoun, A.A. (2008) An improved topology of SEPIC converter with reduced output voltage ripple. *IEEE Transactions on Power Electronics*, **23** (5), 2377–2386.
26. Chung, H.S.-H., Tse, K.K., Hui, S.Y.R. *et al.* (2003) A novel maximum power point tracking technique for solar panels using a SEPIC or Cuk converter. *IEEE Transactions on Power Electronics*, **18** (3), 717–724.
27. de Melo, P.F., Gules, R., Romaneli, E.F.R., and Annunziato, R.C. (2010) A modified SEPIC converter for high-power-factor rectifier and universal input voltage applications. *IEEE Transactions on Power Electronics*, **25** (2), 310–321.
28. Ye, Z., Greenfeld, F., and Liang, Z. (2009) Single-stage offline SEPIC converter with power factor correction to drive high brightness LEDs. Proceedings 24th Annual IEEE Applied Power Electronics Conference and Exposition (APEC'09), pp. 546–553.
29. Lam, J., Jain, P.K., and Agarwal, V. (2008) A novel SEPIC type single-stage single switch electronic ballast with very high power factor and high efficiency. Proceedings IEEE Power Electronics Specialists Conference (PESC'08), pp. 2861–2866.
30. Shen, C.-L., Wu, Y.-E. and Chen, M.-H. (2008) A modified SEPIC converter with soft-switching feature for power factor correction. Proceedings International Conference on Industrial Technology (ICIT'08), pp. 1–6.
31. Kanaan, H.Y., Al-Haddad, K., Sauriole, G., and Chaffaï, R. (2012) Modeling, design and control of a SEPIC power factor corrector for single-phase rectifiers: Experimental validation. *International Journal of Power Electronics (IJPELEC)*, **4** (3), 221–239.
32. Kanaan, H.Y., Al-Haddad, K., and Fnaiech, F. (2004) Switching-function-based modeling and control of a SEPIC power factor correction circuit operating in continuous and discontinuous current modes. Proceedings IEEE ICIT'04, Hammamet, Tunisia, December 8–10, 2004, Vol. 1, pp. 431–437.
33. Kanaan, H.Y. and Al-Haddad, K. (2005) A novel averaged-model-based control of a SEPIC power factor corrector using the input/output feedback linearization technique. Proceedings of IEEE PESC'05, Recife, Brazil, June 12–16, 2005, pp. 565–571.
34. Kanaan, H.Y. and Al-Haddad, K. (2005) A comparative analysis of nonlinear current control schemes applied to a SEPIC power factor corrector. Proceedings 31st Annual Conference of the IEEE Industrial Electronics Society (IECON'05), Raleigh, NC, November 6–10, 2005, pp. 1104–1109.
35. Kanaan, H.Y. and Al-Haddad, K. (2008) Small-signal averaged model and carrier-based linear control of a SEPIC-type power factor correction circuit. Proceedings INTELEC'08, San Diego, CA, September 14–18, 2008.
36. Kanaan, H.Y. and Al-Haddad, K. (2011) Design, study, modeling and control of a SEPIC power factor corrector in single-phase rectifiers. Proceedings ELECTRIMACS'11, Paris, France, June 6–8, 2011.
37. Kanaan, H.Y., Al-Haddad, K., Sauriole, G., and Chaffaï, R. Practical design of a single-phase SEPIC power factor corrector with DC-voltage regulation. Proceedings IEEE ISIE'06, Montreal, Quebec, July 09–13, 2006.
38. Zhao, L., Zhang, B., Ma, H., and Liu, X. (2005) Research and experiment of Sheppard-Taylor topology. Proceedings IECON'05, November 6–10, 2005.
39. Tse, C.K. and Chow, M.H.L. (1998) New single-stage PFC regulator using the Sheppard-Taylor topology. *IEEE Transactions on Power Electronics*, **13** (5), 842–851.
40. Tse, C.K. and Chow, M.H.L. (1996) Single stage high power factor converter using the Sheppard-Taylor topology. 27th Annual IEEE Power Electronics Specialists Conference Records (PESC'96), June 23–27, 1996, Vol. 2, pp. 1191–1197.
41. Kanaan, H.Y., Al-Haddad, K., and Salloum, G. (2009) Study, modelling and control of a single-phase power factor corrector based on the Sheppard-Taylor topology. *International Journal of Power Electronics (IJPELEC)*, **1** (4), 434–459.
42. Kanaan, H.Y., Hayek, A., and Al-Haddad, K. (2006) Modeling and control of a single-phase Sheppard-Taylor based power factor corrector. Proceedings IEEE International Conference on Industrial Technology (ICIT'06), Mumbai, India, December 15–17, 2006, pp. 2785–2790.
43. Kanaan, H.Y., Hayek, A., and Al-Haddad, K. (2007) Averaged model based control of a Sheppard-Taylor PFC with nonlinearity compensation. Proceedings 20th IEEE Canadian Conference on Electrical and Computer Engineering (CCECE'07), Vancouver, BC, April 22–26, 2007.
44. Kanaan, H.Y., Hayek, A., and Al-Haddad, K. (2007) Small-signal averaged model and carrier-based linear control of a Sheppard-Taylor PFC. Proceedings IEEE International Symposium on Industrial Electronics (ISIE'07), Vigo, Spain, June 4-7, 2007, pp. 527–532.

45. Kanaan, H.Y., Hayek, A., and Al-Haddad, K. (2007) Comparative study of two average-model-based PWM control schemes for a Sheppard-Taylor PFC. Proceedings 38th IEEE Power Electronics Specialists Conference (PESC'07), Orlando, FL, June 17–21, 2007.

46. Kanaan, H.Y., Hayek, A., and Al-Haddad, K. (2008) Study, modeling and control of a single-phase power factor corrector based on the Sheppard-Taylor topology. Proceedings ELECTRIMACS'08, Quebec, Canada, June 8–11, 2008.

47. Kanaan, H.Y., Al-Haddad, K., Hayek, A., and Mougharbel, I. (2009) Design, study, modelling and control of a new single-phase high power factor rectifier based on the single-ended primary inductance converter and the Sheppard–Taylor topology. *IET Proceedings – Power Electronics*, **2** (2), 163–177.

48. Kanaan, H.Y., Hayek, A., and Al-Haddad, K. (2007) A new single-phase power factor corrector based on the SEPIC and Sheppard-Taylor topologies. Proceedings 29th International Telecommunications Energy Conference (INTELEC'07), Rome, Italy, September 30–October 4, 2007.

49. Kanaan, H.Y., Hayek, A., and Al-Haddad, K. (2008) Multi-loops control design for a new Sheppard-Taylor based power factor corrector with model-nonlinearity compensation. Proceedings IEEE International Symposium on Industrial Electronics (ISIE'08), Cambridge, UK, June 30–July 2, 2008.

50. Kanaan, H.Y., Hayek, A., and Al-Haddad, K. (2008) Small-signal averaged model and carrier-based linear control of a new Sheppard-Taylor-based PFC. Proceedings 34th Annual Conference of the IEEE Industrial Electronics Society (IECON'08), Orlando, FL, November 10–13, 2008.

51. Kanaan, H.Y. and Al-Haddad, K. (2009) Design, study, modeling and control of a modified Sheppard-Taylor PFC. Proceedings 35th Annual Conference of the IEEE Industrial Electronics Society (IECON'09), Porto, Portugal, November 3–5, 2009.

52. Kanaan, H.Y. and Al-Haddad, K. (2011) A modified Sheppard-Taylor power factor corrector operating in discontinuous capacitor voltage mode. Proceedings 20th IEEE International Symposium on Industrial Electronics (ISIE'11), Gdansk, Poland, June 27–30, 2011.

53. Fallaha, C., Kanaan, H.Y., and Al-Haddad, K. (2004) Implementation of a dSPACE-based digital controller for a single-phase UPF two-stage boost rectifier. Proceedings IEEE PESC'04, Aachen, Germany, June 20–25, 2004.

54. Zhou, C., Ridley, R.B., and Lee, F.C. (1990) Design and analysis of a hysteretic boost power factor correction circuit. Proceedings IEEE PESC'90, pp. 800–807.

55. Noon, J.P. (1998) UC3855A/B high performance power factor pre-regulator. Unitrode Application Notes, Section U-153, pp. 3.460-3.479.

56. Kanaan, H., Al-Haddad, K., Chaffaï, R., and Duguay, L. (2000) Susceptibility and input impedance evaluation of a single phase unity power factor rectifier. 7th IEEE ICECS'2 K Conference, Beirut, Lebanon, December 17–20, 2000.

57. Kanaan, H., Al-Haddad, K., Chaffaï, R., and Duguay, L. (2003) Impédance d'entrée et susceptibilité d'un redresseur monophasé non polluant. *Revue Internationale de Génie Electrique, Hermès*, **6** (1–2), 187–224.

58. Kanaan, H. and Al-Haddad, K. (2002) A comparative evaluation of averaged model based linear and non-linear control laws applied to a single-phase two-stage boost rectifier. Proceedings RTST'02, Beirut & Byblos, Lebanon, March 4–6, 2002.

59. Fallaha, C., Kanaan, H.Y., and Al-Haddad, K. (2004) Design of a digital linear controller for a single-phase UPF two-stage boost rectifier using the D-Space Tool of Matlab/Simulink. Proceedings IEEE ISCCSP'04, Hammamet, Tunisia, March 21–24, 2004, pp. 11–14.

60. Salmon, J.C. (1993) Circuit topologies for single-phase voltage-doubler boost rectifiers. *IEEE Transactions on Power Electronics*, **8** (4), 521–529.

61. Kanaan, H.Y., Al-Haddad, K. and Fadel, M. (2011) Modeling and control of a two-switch asymmetrical half-bridge Boost power factor corrector for single-phase rectifiers. Proceedings Workshop on Power Electronics in Industrial Applications and Renewable Energy (PEIA'11), Doha, Qatar, November 3–4, 2011.

62. Kanaan, H.Y. and Al-Haddad, K. (2009) Modeling and simulation of a DC-DC dual-Boost converter in continuous and discontinuous current modes using the switching functions approach. Proceedings 3rd International Conference on Modeling, Simulation, and Applied Optimization (ICMSAO'09), Sharjah, United Arab Emirates, January 20–22, 2009.

63. Balog, R. and Redl, R. (1993) Power factor correction with interleaved Boost converter in continuous inductor current mode. APEC 93, pp. 167–174.

64. Miwa, B.A., Otten, D.M., and Schlect, M. (1992) High efficiency power factor correction using interleaving techniques. Proceedings IEEE Applied Power Electronics Conference 1992, pp. 557–568.

65. Pinto, J.A.C. *et al.* (1997) A power factor correction pre-regulator AC-DC interleaved Boost with soft-commutation. INTELEC 97, pp. 121–125.

66. Chen, C.H. and Pong, M.H.(1998) Input current analysis of interleaved Boost converters operating in discontinuous inductor current mode. IEEE PESC 1998, pp. 905–910.

67. Braga, H.A.C. and Barbi, I. (1999) A 3 KW unity power factor rectifier based on a two cell Boost converter using a new parallel-connection technique. *IEEE Transactions on Power Electronics*, **14**, 209–217.

68. Yoshida, T., Shiizuka, O., Miyachita, O., and Ohniwa, K. (2000) An improved technique for the efficiency of high-frequency switch-mode rectifiers. *IEEE Transactions on Power Electronics*, **15** (6).

69. Barbosa, P. *et al* (2001) Interleaved three-phase Boost rectifiers operated in the discontinuous conduction mode: Analysis, design considerations and experimentation. *IEEE Transactions on Power Electronics*, **16** (5).

70. Zumel, P., Gracia, O., Cobos, J. A., and Uceda, J. (2002) Exploring interleaved converters as an EMI reduction technique in power converters. IEEE- PESC 2002, pp. 1219–1224.

71. Saito, T., Yashizawa, M., Torikai, H., and Tazaki, S. (2002) Analysis of interleaved converters with WTA based switching. INTELEC 2002, Vol. 3, pp. 405–415.

72. Gallo, C.A. *et al.* (2002) Soft-switched PWM high frequency with PFC converter using Boost-Flyback converter interleaved. PESC 2002, pp. 356–360.

73. Singh, B.N., Chandra, A., Rastgoufard, P., and Al-Haddad, K. (2002) Single-phase switch mode boost rectifier: an improved design/control applied to three phase AC-DC converters to power up telecommunication system. 24th Annual International Telecommunications Energy Conference (INTELEC'02), September 29–October 3, 2002.

74. Veerachary, M., Senjyu, T., and Uezato, K. (2003) Maximum power point tracking of coupled inductor interleaved Boost converter supplied PV system. *IEEE Proceedings Electric Power Application*, **150** (1), 71–80.

75. Zhang, J., Lee, F.C., and Jovanhovic, M. (2003) An improved CCM single stage PFC converter with a low frequency auxiliary switch. *IEEE Transactions on Power Electronics*, **18** (1).

76. Kanaan, H.Y., Sauriole, G., and Al-Haddad, K. (2009) Small-signal modelling and linear control of a high efficiency dual boost single-phase power factor correction circuit. *IET Proceedings – Power Electronics*, **2** (6), 665–674.

77. Kanaan, H.Y., Marquis, A., and Al-Haddadvz, K. (2004) Small-signal modeling and linear control of a dual boost power factor correction circuit. Proceedings IEEE PESC'04, Aachen, Germany, June 20–25, 2004, Vol. 4, pp. 3127–3133.

78. Abourida, S. and Murere, G. (2001) *Simulateur temps-réel de systèmes électriques*, RT-LAB & Artémis, RT-Opal, UQTR, April 2001.

79. Wester, G.W. and Middlebrook, R.D. (1972) Low-frequency characterization of switched DC-to-DC converters. Proceedings IEEE Power Processing and Electronics Specialists Conference, Atlantic City, NJ, May 22–23, 1972.

80. Musavi, F., Al-Haddad, K., and Kanaan, H. (2004) A novel large signal modeling and dynamic analysis of paralleled DC/DC converters with automatic load sharing control. Proceedigs IEEE ICIT'04, Hammamet, Tunisia, December 8–10, 2004, Vol. 1, pp. 536–541.

81. Musavi, F., Al-Haddad, K., and Kanaan, H. (2005) A large signal averaged modelling and control of paralleled DC/DC converters with automatic load sharing. Proceedings IEEE APEC'05, Austin, TX, March 6–10, 2005, Vol. 2, pp. 1353–1358.

82. Middlebrook, R.D. and Cuk,S. (1976) A general unified approach to modeling switching-converter power stages. Proceedings IEEE PESC'76, Cleveland, OH, June 8–10, 1976.

83. Erickson, R.W., Cuk, S., and Middlebrook, R.D. (1982) Large-scale modeling and analysis of switching regulators. *IEEE PESC Record*, 240–250.

84. Sanders, S.R., Noworolski, J.M., Liu, X.Z., and Verghese, G.C. (1991) Generalized averaging method for power conversion circuits. *IEEE Transactions on Power Electronics*, **6** (2), 251–259.

85. Vorperian, V. (1990) Simplified analysis of PWM converters using the model of the PWM switch: Parts I and II. *IEEE Transactions on Aerospace and Electronic System*, **26**, 490–505.

86. Jatskevich, J., Wasynczuk, O., Walters, E.A., and Lucas, C.E. (2000) A globally continuous state-space representation of switched networks. CCECE'00, Vol. 1, pp. 559–563.

87. Krein, P.T., Bentsman, J., Bass, R.M., and Lesieutre, B.L. (1990) On the use of averaging for the analysis of power electronic systems. *IEEE Transactions on Power Electronics*, **5** (2), 182–190.

88. Sun, J. and Grotstollen, H. (1997) Symbolic analysis methods for averaged modeling of switching power converters. *IEEE Transactions on Power Electronics*, **12** (3), 537–546.

89. Aoun, M., El-Maalouf, M., Rouhana, N., Kanaan, H.Y., and Al-Haddad, K. (2012) Average modeling and linear control of a Buck-Boost KY converter. Proceedings ISCCSP'12, Rome, Italy, May 2–4, 2012.

90. Kanaan, H.Y. and Al-Haddad, K. (2005) A comparison between three modeling approaches for computer implementation of high-fixed-switching-frequency power converters operating in a continuous mode. Proceedings CCECE'02, Winnipeg, Canada, May 12–15, 2002, Vol. 1, pp. 274–279.

91. Kanaan, H.Y. and Al-Haddad, K. (2005) Modeling and simulation of DC-DC power converters in continuous and discontinuous modes using the switching functions approach. Proceedings ICMSAO'05, Sharjah, United Arab Emirates, February 1–3, 2005.

92. Kanaan, H.Y. and Al-Haddad, K. (2005) Modeling and simulation of DC-DC power converters in CCM and DCM using the switching functions approach: application to the Buck and Cùk converters. Proceedings 6th IEEE PEDS'05, Kuala Lumpur, Malaysia, November 28–December 1, 2005, Vol. 1, pp. 468–473.

93. Kanaan, H.Y., Al-Haddad, K., and Hayek, A. (2008) Modeling techniques applied to switch-mode power converters: Application to the Boost-type single-phase full-bridge rectifier. Proceedings HSI'08, Krakow, Poland, May 25–27, 2008.

94. Wu, R., Dewan, S.B., and Slemon, G.R. (1991) Analysis of an AC-to-DC voltage source converter using PWM with phase and amplitude control. *IEEE Transactions Industry Applications*, **27** (2), 355–364.

95. Lee, J.W., Nowicki, E., and Alfred, C. (2000) A computational small-signal modeling technique for switch mode converters, CCECE'00, Vol. 1, pp. 587–591.

96. Slotine, J.-J.E. and Li, W. (1991) *Applied Nonlinear Control*, Prentice-Hall.

97. Kanaan, H.Y., Al-Haddad, K., and Fadel, M. (2013) Modeling and control of a two-switch asymmetrical half-bridge boost power factor corrector for single-phase rectifiers. Proceedings 22nd IEEE International Symposium on Industrial Electronics (ISIE'13), Taipei, Taiwan, May 28–31, 2013.

第17章 有源电力滤波器

Ahmed M. Massoud [1,3], Shehab Ahmed[2], Ayman S. Abdel – Khalik [3]
[1] 卡塔尔大学电气工程系
[2] 卡塔尔得克萨斯农工大学卡塔尔分校电气与计算机工程系
[3] 埃及亚历山大大学电气工程系

17.1 简介

电力电子装置和设备的广泛使用在电网中产生了大量谐波，改变了电网电压原有的正弦特性，从而严重影响了电网电能品质。电力电子技术的应用已渗透到了人们日常生活中的多个方面。在家用电器方面，电力电子装置不仅用于个人计算机等设备，还被用在冰箱、冷柜、空调系统、炊具和照明等设备中。在商用方面，电力电子应用于包括空调系统、加热器、集中式制冷、不间断电源、电梯和照明等设备中。在工业方面，电力电子技术应用于各种泵类、压缩机、风扇、鼓风机、电弧炉、感应加热和电弧焊接等设备中。另外，可再生能源并网发电装置需要借助电力电子变流器使其满足电网对电压和频率的要求。电力电子设备提高了非线性负载在电网中的比例，从而导致了电网电能品质的下降。同时，这类设备本身又极易受到谐波的影响。本章首先介绍了谐波的定义、谐波的危害、谐波的国际标准、谐波类型、电流型谐波源及电压型谐波源，然后介绍了不同的谐波抑制方法，包括无源滤波器和有源滤波器，还介绍了三维空间电流坐标系中负载功率和功率因数的定义。本章讨论了用作有源电力滤波器（Active Power Filter，APF）的电压源逆变器（Voltage Source Inverter，VSI）和电流源逆变器（Current Source Inverter，CSI）。接着，介绍了串联和并联 APF 以及混合滤波器的不同配置，并对 APF 在大功率场合中的应用进行了讨论。此外，还给出了 APF 开关频率选择方法，介绍和讨论了不同谐波提取技术如 $P-Q$ 理论、交叉矢量理论、基于 $P-Q-R$ 旋转坐标系的瞬时功率理论、同步参考坐标系、自适应干扰消除技术、电容电压控制、时域相关函数法和傅里叶级数检测等方法。通过对并联 APF 进行建模，给出了计算机仿真结果及基于低压原型机的实际测试结果。然后介绍了串联有源滤波器的工作原理。最后介绍了统一电能质量调节器（Unified Power Quality Conditioner，UPQC）。

17.2 谐波

谐波是频率为电网基波频率整数倍的周期波分量，且可以通过傅里叶级数表示。谐波不是瞬态现象，因此不应该与电压尖峰、电压跌落以及振荡等瞬态现象相混淆。谐波通常是电力电子负载的副产品，近年来这些负载在电力系统中大量涌现。由于大量个人计算机和电子设备（单相负载）、变频驱动器（AC 和 DC）、开关电源、低功耗照明设备、电弧炉、电弧焊机、饱和运行的变压器和感应电动机以及其他具有非线性电压/电流特性的设备（非线性负载）的使用，导致谐波经常出现。大多数非线性负载会导致负载电流的畸变，且由于电网等效阻抗的存在使得电网电压也随之畸变。随着电网短路容量的增加（刚性电网系统），电网阻抗随之变小。因此，畸变电流对其电网电能质量的影响小于对较低短路容量电网（弱电网）的影响。例如，IEEE519 标准的目标是限制来自各个用户的谐波注入，从而限制电网电压中的总体谐波畸变。这是用户和公共电网之间相互作用的过程，也就是说，用户应该按照标准进行运行以限制畸变电流注入，而公共电网应该采取措施限制电网电压的畸变。谐波含量通过电压或电流的总谐波畸变率（Total Harmonic Distortion，THD）来测量。THD 在国际标准中被用作一种度量以确定在一定电压等级和短路容量下电网所允许的 THD 水平。THD 被定义为谐波分量的方均根与基波分量的方均根之间的比值。电力系统中的测量位置对于评估谐波很重要，因此出现了公共连接点（Point of Common Coupling，PCC）这一术语。PCC 是电网中测量或计算谐波电压和电流畸变的位置。PCC 可以位于电网变压器的一次绕组或二次绕组上，也可以在所考虑设施的进线处。

17.3　谐波的作用和负面影响

较高水平的谐波畸变可能导致配电系统出现问题，并可能导致其他设备的停机，特别是运行对过零点敏感的设备[1]。在等效电网阻抗很大的小/弱电网中，畸变问题可能很严重，从而导致 PCC 电压畸变增加。谐波可能会导致导线、电容器、变压器、电动机和发电机等大部分电网部件过热，从而对它们产生不利影响。在变压器和电抗器中，谐波会导致涡电流和磁滞损耗增加，变压器电感和线路电容之间可能会发生谐振。对于电容器，随着谐波导致无功功率的增加，介质损耗也会增加，从而导致电容器失效、寿命降低以及过电压和谐振。对于电缆，趋肤效应和邻近效应会引起电缆发热，从而使其绝缘层会发生介电击穿。谐波会改变瞬态恢复电压的上升速率以及灭弧线圈的操作，从而影响开关装置的运行，并且开关的载流部分还会受到趋肤和邻近效应的影响。延时继电器的延时特性也可能会受到谐波的影响。继电器也可能因为谐波干扰而受到影响，特别是基于微处理器的继电器。此外，继电器还可能因谐波而发生误脱扣。对于发电机，谐波会使得转子发热增加并产生转矩波动，从而增加了维护要求并可能最终导致发电机故障。谐波和涡流以及趋肤效应都会导致电动机损耗增加。此外，谐波还可能导致电子设备的误操作（这取决于设备对电压过零检测或对电压波形的敏感性）。取决于装置设计特点和操作原理，谐波还会影响保护装置并对电话造成干扰。它还可能在电力系统网络中导致串联或并联谐振。

17.4　谐波国际标准

1981 年 IEEE 引入 IEEE 519 "IEEE 推荐电力系统谐波控制实践与要求"，为处理非线性负载带来的谐波提供指导，以减少电能质量问题。IEEE 519—1992 规定的电压和电流谐波限制见表 17.1 ~表 17.4，包括配电系统中的电流畸变限制、次输电系统中的电流畸变限制、输电系统中的电流畸变限制和电压畸变限制。

THD_V 的定义为电压谐波的方均根与基波分量方均根的比值，如式（17.1）所示。

$$THD_V = \frac{\sqrt{V_2^2 + V_3^2 + V_4^2 + \cdots + V_h^2}}{V_1} \tag{17.1}$$

表 17.1　一般配电系统（120 ~69000V）电流畸变限制（与 I_L 的百分比）[3]

I_{SC}/I_L	$h < 11$	$11 \leqslant h < 17$	$17 \leqslant h < 23$	$23 \leqslant h < 35$	$35 \geqslant h$	TDD
<20	4	2	1.5	0.6	0.3	5
20 ~ 50	7	3.5	2.5	1	0.5	8
50 ~ 100	10	4.5	4	1.5	0.7	12
100 ~ 1000	12	5.5	5	2	1	15
>1000	15	7	6	2.5	1.4	20

注：I_{SC} 为短路电流，I_L 为最大基波所需电流，TDD 为电流总允许畸变率，h 为谐波次数。

表 17.2　一般次输电系统（69001～161000V）电流畸变限制（与 I_L 的百分比）[3]

I_{SC}/I_L	$h<11$	$11 \leqslant h < 17$	$17 \leqslant h < 23$	$23 \leqslant h < 35$	$35 \geqslant h$	TDD
<20	2	1	0.75	0.3	0.15	2.5
20～50	3.5	1.75	1.25	0.5	0.25	4
50～100	5	2.25	2	0.75	0.35	6
100～1000	6	2.75	2.5	1	0.5	7.5
>1000	7.5	3.5	3	1.25	0.7	10

注：I_{SC} 为短路电流，I_L 为最大基波所需电流，TDD 为电流总允许畸变率，h 为谐波次数。

表 17.3　一般输电系统（>161000V）电流畸变极限（与 I_L 的百分比）[3]

I_{SC}/I_L	$h<11$	$11 \leqslant h < 17$	$17 \leqslant h < 23$	$23 \leqslant h < 35$	$35 \geqslant h$	TDD
<50	2	1	0.75	0.3	0.15	2.5
≥50	3	1.5	1.15	0.45	0.22	3.75

注：I_{SC} 为短路电流，I_L 为最大基波所需电流，TDD 为电流总允许畸变率，h 为谐波次数。

表 17.4　电压畸变限制（与 V_L 的百分比）[3]

PCC 电压	单谐波量（%）	THD_V（%）
≤69kV	3	5
69～161kV	1.5	2.5
≥161kV	1	1.5

注：THD_V 为电压 THD。

THD_I 为电流谐波含有率，仍然按照式（17.1）所定义。TDD 的定义同 THD_I，除了它是相对于最大基波允许电流计算得到的。

EN 61000（EN 代表欧洲标准，等同国际电工委员会（IEC））分为六个主要部分：第一部分，总则部分，涉及一般考虑因素（IEC 61000 - 1 - x）；第二部分，环境部分，规定应用设备环境特性（IEC 61000 - 2 - x）；第三部分，规定允许产生的排放水平（IEC 61000 - 3 - x）；第四部分为测量设备和测试程序提供详细的指导（IEC 61000 - 4 - x）；第五部分，提供设备应用指南以确保电气和电子设备或系统之间的电磁兼容性（IEC 61000 - 5 - x）；其他部分为通用标准，规定了一般类别或特定类型设备所要求的抗扰度和排放水平（IEC 61000 - 6 - x）。EN 61000 - 3 - x 主要涉及电网的允许谐波水平。EN 61000 - 3 - 2 规定了所有额定电流不超过 16A 的设备的电流畸变水平，EN 61000 - 3 - 3 规定了额定电流不超过 16A 的设备对交流电网造成的电压变化水平。以前，谐波标准被称为 IEC 555 第 2 部分（1987），闪变标准被称为 IEC 555 第 3 部分（1987），这些现在被分别称为 EN 61000 - 3 - 2 和 EN 61000 - 3 - 3 标准。

17.5　谐波类型

17.5.1　谐波电流源

在带感性负载的负载（自然）换流变流器中，谐波电流含量和特性与交流侧关系不大。因此，这种谐波源类似于谐波电流源，从而称其为谐波电流源并表示为电流源。图 17.1a 所示为一个带感性负载的三相不控整流器，这是谐波电流源的常见示例。图 17.1b ~e 分别给出电源电流及其频谱、PCC 的电压及其频谱，其中电源电压为 220V/50Hz，电源阻抗为 0.1mH 和 0.1Ω。非刚性电源（内阻抗较高）会显著影响 PCC 处的电压，因此导致谐波在电源系统中传播。当模拟相同的系统但电源阻抗为 1mH 和 0.1Ω 时，可以明显看到这一点。图 17.2a ~d 分别表示电源电流及其频谱和 PCC 的电压及其频谱。

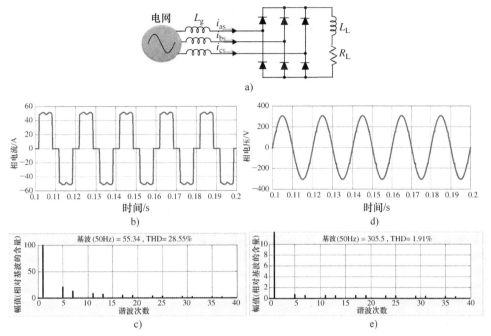

图 17.1　谐波电流源：a）三相不控整流器；b）和 c）电源电流及其频谱；
d）和 e）电源电压及其频谱（电源阻抗为 0.1mH 和 0.1Ω）

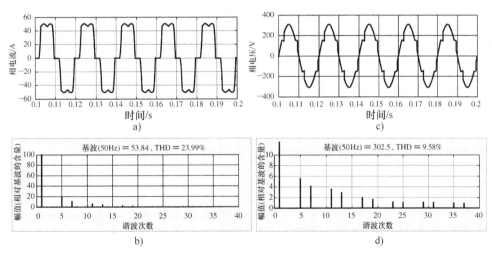

图 17.2　谐波电流源：a）和 b）电源电流及其频谱；
c）和 d）电源电压及其频谱（电源阻抗为 1mH 和 0.1Ω）

17.5.2　谐波电压源

另一个典型的谐波源是带直流电容的二极管整流器。由于电容器的阻抗在较高频率下会降低，将大容量电容连接到二极管整流器直流侧会导致较低的谐波阻抗。图 17.3a 为带容性负载的三相不控整流器。图 17.3b ~e 分别表示电源电流及其频谱、PCC 电压及其频谱，其中电源电压为 220V/50Hz，电源阻抗为 0.1mH 和 0.1Ω。AC 侧的谐波电流幅值受 AC 侧的阻抗影响，因此，二极管整流器类似于电压源（而不是电流源）。当模拟相同的系统但电源阻抗为 1mH 和 0.1Ω 时，这种影响就很清楚。图 17.4a ~d 分别表示电源电流及其频谱、PCC 电压及其频谱。

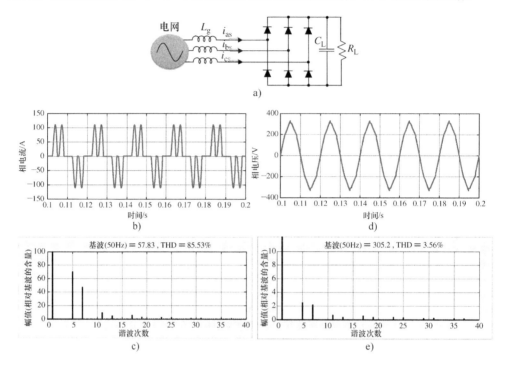

图 17.3 谐波电压源：a) 三相不控整流器；b) 和 c) 电源电流及其频谱；d) 和 e) 电源电压及其频谱（电源阻抗为 0.1mH 和 0.1Ω）

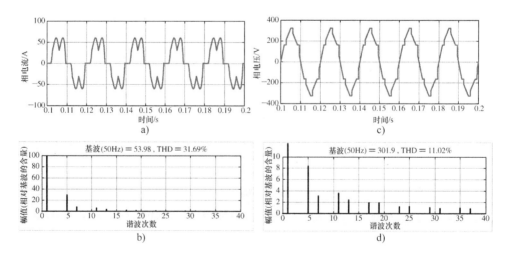

图 17.4 谐波电压源：a) 和 b) 电源电流及其频谱；c) 和 d) 电源电压及其频谱（电源阻抗为 1mH 和 0.1Ω）

17.6　无源滤波器

为了消除或减轻谐波，在过去几十年中主要考虑了两种方法。第一种方法是使电力电子负载的交流输入电流尽可能接近正弦波形并与交流电源电压同相。在这种情况下，只要电力电子设备具有足够的可控性（带宽）来达到指定要求，负载实际上就可表现为电阻负载。这可以在有源前端整流器（强迫换流变流器）中见到。然而，这种方法不适用于负载换流变流器。

第二种方法是增加额外的系统部件对谐波进行抑制，即电力滤波器。首先引入的电力滤波器采用无源滤波器对谐波进行补偿。无源滤波器由电感、电容和阻尼电阻串联或并联组成。不同类型的无源滤波器可以获得不同的滤波特性，适用于不同的应用要求。无源滤波器可以串联或并联形式接入电网。并联无源滤波器按所需要滤除的谐波分量进行调谐。根据滤波要求，滤波频次可以为一次、二次或三次谐波。并联无源滤波器受电源阻抗的影响极大，且电源阻抗难以测量。串联无源滤波器串联在电网中形成谐波电流的高阻抗路径，从而阻止谐波电流的流动。传统上，使用晶闸管控制电抗器（Thyristor Controlled Reactor，TCR）的无源滤波器除了补偿无功电流分量之外还可以滤除谐波。无源滤波器的优点是维护方便、较低的成本以及较低的复杂度。然而，实际应用中这些滤波器也有如下所列的很多缺点[7-11]：

- 当谐波电流和基波电流分量都流入滤波器时，滤波器额定容量应同时考虑这两个分量。
- 当谐波电流增加时，滤波器可能会过载。
- 交流电源和无源滤波器之间的并联谐振会引起过电压。
- 无源元件老化会使谐波频率失谐。
- 滤波特性取决于电源阻抗，但其不能准确获得并可能随电网配置而改变。
- 无源滤波器可能会引起串联谐振，使交流电源产生流过滤波器的大电流。
- 随着电网负载发生变化，交流系统的工作频率会围绕其标称值波动，因此在滤波器设计时应对这一点予以考虑。
- 无源滤波器仅能减轻调谐频率的谐波。
- 滤波器器件的参数选择会受到一些约束，以便在交流电流滤波效果和无功功率补偿上达到平衡。

17.7　功率定义

为了避免无源滤波器的缺点，有人提出了 APF。在详细介绍 APF 之前，作者需要先阐明一些定义，以便理解 APF 的概念和运行原理。

17.7.1　负载功率和功率因数

当仅考虑正弦波形时，传统定义为电压和电流乘积平均值的有功功率，被认为反映了两个子系统之间真实的电能流动[12]。相反，定义为有功功率正交项的无功功率，被认为不会产生电能的流动，而是增加了正弦系统中的稳态电流值。从而定义功率因数为有功功率和视在功率（有功功率和无功功率分量的合成）之间的比值。但是，考虑到谐波，功率因数的定义将随着以下部分中阐述的新术语的引入而改变。

17.7.2 负载功率的定义

如图 17.5 所示，负载功率[13]可分为以下几部分：

• 有功功率，定义为在一段时间内从电源传递到负载的能量平均值。有功电流[14]被定义为与预定周期内传输到负载的平均功率相关联的最小有效电流。

• 虚拟功率包括导致负载功率中除有功功率之外的所有功率分量。

• 无功功率可分为基波功率和剩余功率。基波无功功率是电压和电流基波分量的向量积，而剩余无功功率是无功功率与基波无功功率之差。对于单相电路，无功功率是在电源和负载之间循环的功率；而在多相电路中，无功功率是在电源和负载相之间循环的功率以及在相间循环的功率。

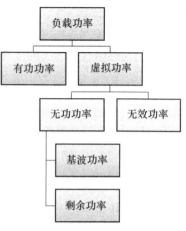

图 17.5 负载功率分量

• 无效功率与不相关的电压和电流波形相关联。因此，无效功率可以称为不相关虚拟功率。

17.7.3 3D 空间电流坐标系中的功率因数定义

传统 2D 电流坐标系将负载电流分解为有功和无功分量，这只在线性负载的情况下才有效。但是，在非线性负载的情况下，非基波电流不能在 2D 中表示，因此在非线性负载中，需要新的电流坐标系（3D 坐标）来直接表示系统电流的畸变部分。在这个定义中，电流用三个相互正交的分量表示[13]：有功、无功和畸变分量，如图 17.6 所示。因此，它们的有效值满足下列关系

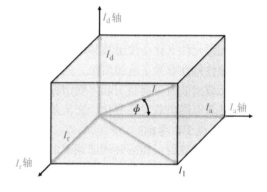

$$I^2 = I_a^2 + I_r^2 + I_d^2 \qquad (17.2)$$

$$I^2 = I_1^2 + I_d^2 \qquad (17.3)$$

$$I_1^2 = I_a^2 + I_r^2 \qquad (17.4)$$

图 17.6 3D 空间电流坐标系

式中，I 是系统有效电流，I_a 是 I 的基波有功有效值分量，I_r 是 I 的基波无功有效值分量，I_d 是 I 的畸变有效值分量，I_1 是 I 的基波有效值分量。

如果电源电压是无畸变正弦波形，则只有电流的基波分量对平均功率有贡献。因此，图 17.4 所示的功率因数角可以表示为

$$\cos\varphi = \frac{I_a}{I} = \frac{I \text{ 的基波有功有效值分量}}{\text{系统有效电流}} \qquad (17.5)$$

如果电源电压为畸变正弦波形，那么只有电流的基波分量及与电源电压中谐波分量相对应的谐波电流分量才对平均功率有贡献。但谐波分量对有功功率的贡献很小，相对于基波分量可以忽略。因此，功率因数一般可以定义为

$$\cos\varphi = \frac{\text{基波有功功率}}{\text{视在功率}} \qquad (17.6)$$

这有助于评估 APF 的性能。如果只有 I_r 被补偿，则该电力电子设备被称为 STATCOM。如果

I_d或两者（I_d和I_r）均被补偿，则被称为 APF。然而，直到 I_d 和 I_r 被完全补偿，系统功率因数才能达到 1。在 2D 坐标系中定义的传统功率因数（位移因数）具有误导性，特别是会向电网注入较多谐波的产业（例如钢铁和铝工业）中，减少畸变电流分量是提高功率因数的关键因素。

17.8　有源滤波器

和无源滤波器类似，APF 可分为交流和直流电力滤波器[15]。直流 APF 用于补偿大功率应用（例如高压 DC（HVDC）系统和大功率驱动）的晶闸管变换器 DC 侧的电流和/或电压谐波[16-20]。直流 APF 可以被看作是交流 APF 的特例。交流 APF 通常被简称为 APF，也可以被称为有功功率线路调节器、有源滤波器和有功电能质量调节器[21]。APF 可用于补偿电力系统谐波、无功功率和/或中性线电流。APF 也可用于消除电压谐波，调节端电压，抑制电压闪烁，改善三相系统的电压平衡度[21]。与无源滤波器相比，在交流电源阻抗发生变化以及谐波电流频率发生变化时，APF 具有更好的谐波补偿特性。APF 和无功补偿器通常采用电压源型脉宽调制（Pulse Width Modulation，PWM）逆变器作为主电路拓扑形式。电压源型 APF 在直流侧采用电容来稳定直流电压，而电流源型 APF 则采用电感来稳定直流电流。虽然电压源型 APF 的损耗和滤波性能较好且具有消除 PWM 载波谐波的能力，但电流源型 APF 具有更好的动态补偿性能、可靠性和保护[8]。但是，通常 APF 都有以下缺点[11]：

- APF 的初始投资、运行成本、损耗和复杂性都高于无源滤波器。
- APF 的设计需要在大功率和快速动态电流响应之间做一定的取舍。

依据拓扑结构，APF 可分为串联型、并联型或串并联组合型（UPQC），如图 17.7 所示。将 APF 和无源滤波器组合在一起称为混合滤波器[21]。

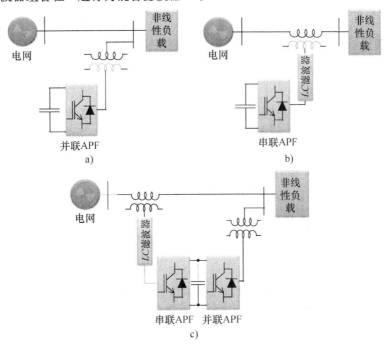

图 17.7　a）并联 APF；b）串联 APF；c）UPQC

APF 所能抑制的最大谐波次数理论上没有限制，但受 APF 所采用开关频率的限制。理论上，注入 PWM 电流能够减少的谐波次数不超过每半周期的脉冲数[22]。如果谐波分量的幅度和频率发生变化，APF 将继续有效工作而无需系统硬件的任何变化。与无源滤波器相比，这是一个明显的优势。

17.8.1　电流源逆变器 APF

　　CSI 作为非正弦电流源，可以提供非线性负载所需的谐波电流。CSI 采用二极管与自关断器件［绝缘栅双极型晶体管（IGBT）］串联以阻断反向电压，如图 17.8 所示，也可以采用具有双向电压阻断能力的 IGBT 或集成门极换流晶闸管（IGCT）替代[21]。此外，还可以使用基于 GTO 的拓扑结构，但其开关频率受限。CSI 被认为可靠性足够高，但是损耗更高并且需要大电感。此外，与 VSI 相比，CSI 在多电平应用中有些困难。

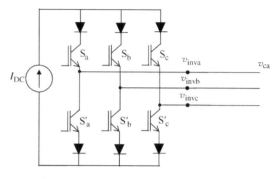

图 17.8　电流源逆变器

17.8.2　电压源逆变器 APF

　　VSI APF 基于 VSI 拓扑（见图 17.9），具有带大电容的自保持直流母线[21]。因为更轻、更便宜，更容易扩展到级联型、二极管钳位式和飞跨电容式多电平逆变器拓扑，VSI APF 越来越成为主流拓扑。

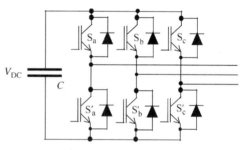

图 17.9　电压源逆变器

17.8.3　并联有源电力滤波器

　　并联 APF 具有除了需要较小的用来补偿系统损耗并维持直流电容器两端的恒定电压的有功基波电流分量外只需要承载补偿电流的优点[23]。此外，并联 APF 也可用于无功功率补偿。并联 APF 通常被用于对谐波电压源进行谐波补偿。然而，由于二极管整流器的谐波阻抗并不比电源侧谐波阻抗高多少，因此，由并联 APF 注入的补偿电流会同时流入电源侧和二极管整流器。因此，并联 APF 不能完全消除谐波，还会引起诸如造成二极管整流器的直流纹波和交流峰值电流被放大等问题。为避免这些问题，相关专家（彭方正）表示如果使用并联 APF，则需要在系统中增加串联电感[5]。在参考文献［5］中，提出了使用串联 APF 来克服这些问题。

17.8.4　串联有源电力滤波器

　　串联 APF 不补偿负载电流谐波，但会对电源侧电流谐波呈现出高阻抗。串联 APF 在工业应用上没有并联 APF 常见，这是因为它们必须处理满载电流。因此与并联 APF 相比，它们的额定电流值大大增加。对于耦合变压器的二次侧，这种影响更严重，并导致 $I^2 - R$ 损耗的增加及滤波器物理尺寸的增大。串联 APF 相对于并联 APF 的主要优点是可以消除电压波形谐波并平衡 PCC 处的三相电压。检测谐波电压的方法类似于在并联 APF 中检测谐波电流的方法。表 17.5 给出了串/并联 APF 的明显特征。

17.8.5　混合滤波器

对于高次谐波具有较高阻抗的串联 APF 可以配合并联无源滤波器，为负载谐波电流提供通路，如图 17.10c 所示[23]。另外，并联 APF 可被设计为仅消除部分低次电流谐波，而无源滤波器则被设计为消除大部分负载电流谐波，如图 17.10a 所示[23]。这种组合主要缺点是包含许多功率元件，特别是无源滤波器。由于滤波器永久性连接到电网，因此该方法仅适用于谐波源已确定的单个负载。

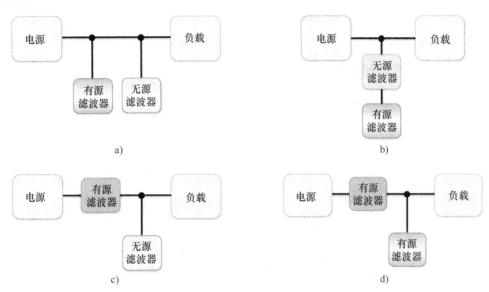

图 17.10　滤波器组合：a）并联有源和无源滤波器；b）与并联无源滤波器串联的有源滤波器；
c）串联有源和并联无源滤波器；d）UPQC

与无源滤波器串联的并联 APF 如图 17.10b 所示，这种结构适用于中高压应用场合，其中无源滤波器能够降低 APF 的开关电压应力[23]。为了降低有源和无源滤波器的复杂性，有源滤波器与电网串联，而无源滤波器则与电网并联，如图 17.10c 所示[23]。该结构克服了电源阻抗与无源滤波器的相互作用问题。

用于配电系统的 UPQC 结构如图 17.10d 所示，其在运行、目标和控制策略上与用于输电系统的统一潮流控制器是不同的[15]。串联 APF 的功能是隔离次输电系统与配电系统之间的谐波、调节电压以及补偿 PCC 处的电压闪变/不平衡。并联 APF 的功能是补偿谐波电流和/或负序电流以及在两个 APF 之间调节直流母线电压。

表 17.5　串/并联 APF 比较

	并联 APF	串联 APF
连接方式	在配电网中并联	在配电网中串联
APF 工作模式	电流源	电压源
额定值	满载电压，但电流额定值部分是谐波和无功电流分量	满载电流，额定电压部分是补偿电压分量

（续）

	并联 APF	串联 APF
功能	电流谐波滤除 无功电流补偿 电流不平衡抑制	电压谐波抑制 电压骤降或暂升抑制 电压不平衡抑制 电流谐波滤除 无功电流补偿 电流不平衡抑制
补偿特征	与电流源负载的电源阻抗无关	与电源阻抗和电压源负载的负载阻抗无关
应用注意事项	注入电流流入负载侧，且应用到电压源负载时可能引起过电流	当应用于感性或电流源负载时，需要一个低阻抗并联支路（并联无源滤波器或功率因数改善电容器组）
适用负载	感性或电流源负载或谐波电流源	容性或电压源负载或谐波电压源

17.8.6 大功率应用

由于缺乏大功率高频开关器件来控制大功率应用的电流，用常规两电平 VSI 实现大功率 APF 可能并不合算[23,25]。与低功率应用不同，大功率应用的谐波污染不是主要问题。大功率应用包括次输电系统、大功率交流和直流驱动以及直流输电系统。谐波影响除了随功率降低而自然削弱之外，还可以通过安装在低压侧的中小功率 APF 进行滤波。这些 APF 还有助于系统无功补偿。静态无功补偿是大功率应用主要关注的问题，通常采用传统的静态功率调节器/滤波器来解决，如并联的多组同步电容器或多电平无功补偿器。APF 在大功率系统中的一个应用是日本高速列车（新干线），它使用了多个 APF 的并联组合。

17.9 APF 开关频率的选择方法

APF 设计中的一个重要参数是需要被减小的谐波最高阶次 "m_h"[26]。APF 所需的滤波能力可以定义为

$$f_{af} = m_h \cdot f_s \tag{17.7}$$

式中，f_s 是电网的基本频率。基于 APF 的最大开关频率（f_{maxAPF}）可以确定频率 f_{af}。如果需要的 f_{af} 高于 APF 最大开关频率 f_{maxAPF}，则无法控制 APF 线电流，因此谐波不能被完全补偿。通过关系式 $2f_{af} < f_{maxAPF} < 10f_{af}$，可以确定 APF 的最大开关频率 f_{maxAPF}，从而确定 APF 的滤波性能，如图 17.11 所示。当半导体器件是限制性因素时可以采用最低系

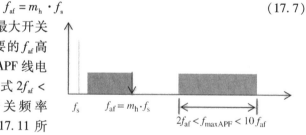

图 17.11 APF 开关频率选择方法

数，而最高系则适用于使用高开关频率半导体器件，例如金属氧化物场效应晶体管（MOSFET）和 IGBT 的低功率 APF。高通无源滤波器可用于抑制超出 APF 能力的谐波。另一个设计步骤是基于数字化结构实现的控制系统。控制算法通常在 DSP 中实现，大多数可用的 DSP 具有很强的处理能力，一般不会限制 APF 的能力。对于 VSI，开关频率 f_{maxAPF} 取决于对逆变器的功率需求。一般来说，功率需求清晰地确定了 f_{VSI} 的最大值。为了规避大功率 VSI 的开关频率限制，两

电平 VSI 拓扑可以改为多电平 VSI（电平数大于 2）。

17.10　谐波电流提取技术

尽管本节讲的是并联 APF 及其谐波电流提取技术，但是类似地，相应技术同样可以适用于串联 APF 及其电压谐波提取技术。目前已为谐波电流提取技术（Harmonic Current Extraction Technique，HCET）开发了各种功率理论和技术，而本节所介绍的是其中最重要和常用的技术。HCET 可以分为基于时域和频域的技术，如图 17.12 所示。

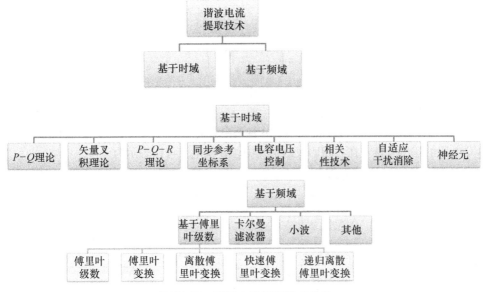

图 17.12　谐波电流提取技术分类

17.10.1　*P-Q* 理论

基于瞬时值概念的 *P-Q* 理论（瞬时功率理论或瞬时无功功率理论）于 1983 年提出[24,27]。在瞬时功率理论中使用 Clarke 变换，三相电压和电流可以表示为

$$\begin{pmatrix} v_\alpha \\ v_\beta \\ v_0 \end{pmatrix} = \sqrt{\frac{2}{3}} \begin{pmatrix} 1 & \dfrac{-1}{2} & \dfrac{-1}{2} \\ 0 & \dfrac{\sqrt{3}}{2} & \dfrac{-\sqrt{3}}{2} \\ \dfrac{1}{\sqrt{2}} & \dfrac{1}{\sqrt{2}} & \dfrac{1}{\sqrt{2}} \end{pmatrix} \begin{pmatrix} v_a \\ v_b \\ v_c \end{pmatrix}, \quad \begin{pmatrix} i_\alpha \\ i_\beta \\ i_0 \end{pmatrix} = \sqrt{\frac{2}{3}} \begin{pmatrix} 1 & \dfrac{-1}{2} & \dfrac{-1}{2} \\ 0 & \dfrac{\sqrt{3}}{2} & \dfrac{-\sqrt{3}}{2} \\ \dfrac{1}{\sqrt{2}} & \dfrac{1}{\sqrt{2}} & \dfrac{1}{\sqrt{2}} \end{pmatrix} \begin{pmatrix} i_a \\ i_b \\ i_c \end{pmatrix} \quad (17.8)$$

如果是三相三线制系统，则不存在零序电流分量，因此仅存在 $\alpha-\beta$ 分量。

在 $\alpha-\beta$ 坐标系中，三相电路的瞬时有功功率定义为

$$p = v_\alpha i_\alpha + v_\beta i_\beta = \tilde{p} + \bar{p} \quad (17.9)$$

式中，$\bar{p}$ 是平均瞬时有功功率。它与通过三相线（这是电力系统中的主要部分）从电源传输到负载的有功功率有关。$\tilde{p}$ 是交变瞬时有功功率（电源和负载之间交换的有功功率）。瞬时无功功率定义为

$$q = v_\beta i_\alpha - v_\alpha i_\beta = \tilde{q} + \bar{q} \tag{17.10}$$

式中，$\bar{p}$ 是平均瞬时无功功率；$\tilde{p}$ 是交变瞬时无功功率。

瞬时零序功率定义为

$$p_0 = v_0 i_0 = \tilde{p_0} + \bar{p_0} \tag{17.11}$$

式中，$\bar{p_0}$ 是瞬时零序有功功率的平均值，并与通过零序电压和电流分量从电源传输到负载的有功功率有关。$\tilde{p_0}$ 是交变瞬时零序有功功率，它是电源和负载之间交换的功率（见图 17.13）。

振荡的有功和无功功率不是所需要的，因为它们是谐波作用的结果。在某些情况下，平均无功功率是不希望的（在实现单位功率因数运行的无功功率补偿中）。振荡有功和无功功率可以通过滤除总有功功率和无功功率来提取。

对于三相非线性负载，如果要补偿无功和产生的谐波电流，补偿电流可以表示为

$$\begin{pmatrix} i_{c\alpha} \\ i_{c\beta} \end{pmatrix} = \begin{pmatrix} v_\alpha & v_\beta \\ -v_\beta & v_\alpha \end{pmatrix}^{-1} \begin{pmatrix} \tilde{p} \\ q \text{ 或 } \tilde{q} \end{pmatrix} \tag{17.12}$$

式中，$\tilde{p}$ 是瞬时有功功率的交流分量。然后使用 Clarke 逆变换，可以计算有源滤波器贡献的三相电流。如果 PCC 处的电压不平衡且/或非正弦波，则补偿电流不再是正弦波。通过滤波可以消除 PCC 电压中的谐波分量。当叠加的谐波电压分量为高频时，该方法效果较好。锁相环可以被用来提取 PCC 电压的正序分量。在三相四线制系统中，补偿电流可以表示为

$$\begin{pmatrix} i_{c\alpha} \\ i_{c\beta} \\ i_{c0} \end{pmatrix} = \frac{1}{v_{\alpha\beta}^2 v_0} \begin{pmatrix} v_0 v_\alpha & -v_0 v_\beta & 0 \\ v_0 v_\beta & v_0 v_\alpha & 0 \\ 0 & 0 & v_{\alpha\beta}^2 \end{pmatrix} \begin{pmatrix} \tilde{p} \\ q \text{ 或 } \tilde{q} \\ p_0 \end{pmatrix} \tag{17.13}$$

式中，$v_{\alpha\beta}^2 = v_\alpha^2 + v_\beta^2$

如果 PCC 的电压不平衡且为正弦，补偿后的电源电流也是不平衡的正弦波[28]。如果施加的电压是平衡且非正弦的，则电源电流会畸变。因此，在不平衡且/或非正弦电压的情况下，补偿电流应与 PCC 的基波正序电压分量成比例。因此，电源电流可以表示为

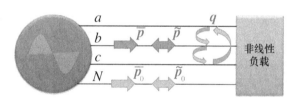

图 17.13 传输到负载的功率/电源和
负载之间的振荡功率

$$\vec{i_s} = \frac{P}{V_f^{+2}} \vec{v_f^+} \tag{17.14}$$

式中，V_f^+ 为电压矢量基波正序的有效值，可以定义为

$$V_f^{+2} = \frac{1}{T} \int_T (v_{1f}^{+2} + v_{2f}^{+2} + v_{3f}^{+2}) \, dt \tag{17.15}$$

式中，v_{1f}^{+2}、v_{2f}^{+2} 和 v_{3f}^{+2} 分别为电压矢量基波正序分量。

17.10.2 矢量叉积理论

矢量叉积理论或改进型 $P-Q$ 理论定义了一个瞬时实功率 p 和三个瞬时虚功率[29,30]。瞬时无功功率理论可以在 $a-b-c$ 参考系中定义为

$$q = v \times i = \begin{pmatrix} q_a \\ q_b \\ q_c \end{pmatrix}, \quad p = v \cdot i \tag{17.16}$$

在 $\alpha - \beta - 0$ 参考系中可定义为

$$\begin{pmatrix} p \\ q_0 \\ q_\alpha \\ q_\beta \end{pmatrix} = \begin{pmatrix} v_0 & v_\alpha & v_\beta \\ 0 & -v_\beta & v_\alpha \\ v_\beta & 0 & -v_0 \\ v_\alpha & v_0 & 0 \end{pmatrix} \begin{pmatrix} i_0 \\ i_\alpha \\ i_\beta \end{pmatrix} \qquad (17.17)$$

式中，瞬时虚功率（q_0、q_α、q_β）不是独立的，关系为

$$q_\alpha v_\alpha + q_\beta v_\beta + q_0 v_0 = 0 \qquad (17.18)$$

电流可表示为

$$\begin{pmatrix} i_0 \\ i_\alpha \\ i_\beta \end{pmatrix} = \frac{1}{v_{0\alpha\beta}^2} \begin{pmatrix} v_0 & 0 & v_\beta & -v_\alpha \\ v_\alpha & -v_\beta & 0 & v_0 \\ v_\beta & v_\alpha & -v_0 & 0 \end{pmatrix} \begin{pmatrix} p \\ q_0 \\ q_\alpha \\ q_\beta \end{pmatrix} \qquad (17.19)$$

式中，

$$v_{0\alpha\beta}^2 = v_0^2 + v_\alpha^2 + v_\beta^2 \qquad (17.20)$$

$P - Q$ 理论中三相四线部分与矢量叉积理论的异同可概括如下。$P - Q$ 理论把零序电路视为独立于 α 相和 β 相电路的单相电路，仅将零序电流作为瞬时有功电流处理[31]。这意味着在零序电路中不存在瞬时无功电流。而在矢量叉积理论中，零序中考虑了 α 相和 β 相电路。这意味着零序电流可以分为零序瞬时有功和无功电流分量。矢量叉积理论中的补偿电流可以表示为

$$\begin{pmatrix} i_{c0} \\ i_{c\alpha} \\ i_{c\beta} \end{pmatrix} = \frac{1}{v_{0\alpha\beta}^2} \begin{pmatrix} v_0 & 0 & v_\beta & v_\alpha \\ v_\alpha & -v_\beta & 0 & v_0 \\ v_\beta & v_\alpha & -v_0 & 0 \end{pmatrix} \begin{pmatrix} \tilde{p} \\ q_0 \\ q_\alpha \\ q_\beta \end{pmatrix} \qquad (17.21)$$

矢量叉积理论并不将瞬时有功功率分为 $\alpha\beta$ 和零序分量。因此，在这个理论中，不可能消除中性电流[31]。

17.10.3　基于 $P - Q - R$ 旋转坐标系的瞬时功率理论

在 $P - Q - R$ 参考坐标系中，三个功率分量被定义为线性独立[32]。因此，通过对 $P - Q - R$ 坐标系中的三个瞬时功率分量进行补偿可以独立地控制三个电流分量。如图 17.14a 所示，把 $\alpha - \beta - 0$ 参考系的 0 轴旋转 θ_1，将 α 轴与 $\alpha - \beta$ 平面上投影的电压空间矢量对齐来建立新的 $\alpha' - \beta' - 0$ 参考系。$\alpha' - \beta' - 0$ 参考系中的当前空间矢量可以用下式表示为

$$\begin{pmatrix} i'_\alpha \\ i'_\beta \\ i_0 \end{pmatrix} = \begin{pmatrix} \cos\theta_1 & \sin\theta_1 & 0 \\ -\sin\theta_1 & \cos\theta_1 & 0 \\ 0 & 0 & 1 \end{pmatrix} \begin{pmatrix} i_\alpha \\ i_\beta \\ i_0 \end{pmatrix} \qquad (17.22)$$

式中，$\theta_1 = \arctan\left(\dfrac{e_\beta}{e_\alpha}\right)$

如图 17.14b 所示，$P - Q - R$ 坐标系可以通过将 $\alpha' - \beta' - 0$ 参考系的 β' 轴旋转角度 θ_2，将 α' 轴和电压空间矢量对齐。$P - Q - R$ 参考系中的电流空间矢量表示为

$$\begin{pmatrix} i_p \\ i_q \\ i_r \end{pmatrix} = \begin{pmatrix} \cos\theta_2 & 0 & \sin\theta_2 \\ 0 & 1 & 0 \\ -\sin\theta_2 & 0 & \cos\theta_2 \end{pmatrix} \begin{pmatrix} i'_\alpha \\ i'_\beta \\ i_0 \end{pmatrix} \qquad (17.23)$$

式中，$\theta_2 = \arctan\left(\dfrac{e_0}{e_{\alpha\beta}}\right)$，$e_{\alpha\beta} = \sqrt{e_\alpha^2 + e_\beta^2}$

瞬时有功/无功功率可以分别由电压和当前空间矢量的标量/矢量积定义。

$$p = \overrightarrow{e_{pqr}} \cdot \overrightarrow{i_{qpr}} = e_p i_p \tag{17.24}$$

$$p = \overrightarrow{e_{pqr}} \times \overrightarrow{i_{qpr}} = [0, -e_p i_r, e_p i_q]^T \tag{17.25}$$

因此，瞬时有功和无功功率可以表示为

$$\begin{pmatrix} p \\ q_r \\ q_q \end{pmatrix} = e_\varphi \begin{pmatrix} 1 & 0 & 0 \\ 0 & 1 & 0 \\ 0 & 0 & -1 \end{pmatrix} \begin{pmatrix} i_\varphi \\ i_q \\ i_r \end{pmatrix} \tag{17.26}$$

电流空间矢量可表示为

$$\begin{pmatrix} i_\varphi \\ i_q \\ i_r \end{pmatrix} = \frac{1}{e_\varphi} \begin{pmatrix} 1 & 0 & 0 \\ 0 & 1 & 0 \\ 0 & 0 & -1 \end{pmatrix} \begin{pmatrix} p \\ q_r \\ q_q \end{pmatrix} \tag{17.27}$$

这里可以注意到，瞬时有功和无功功率由三个线性独立的主电流分量定义。补偿瞬时无功功率（q_r和q_q）时，可以独立控制两个电流分量。为了消除中性电流，电流空间矢量位于 $\alpha - \beta$ 平面上。因此，在下面方程中通过适当地补偿 q 轴瞬时无功功率来控制 i'_r，可以消除系统的中性电流。

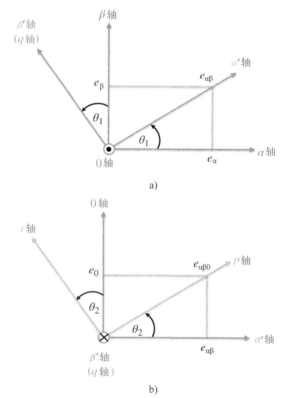

图 17.14　$P - Q - R$ 参考系的物理含义：a）$\alpha - \beta - 0$ 参考系与 $\alpha' - \beta' - 0$ 参考系（从 0 轴顶部观察）之间的关系；b）$\alpha' - \beta' - 0$ 参考系和 $P - Q - R$ 参考系的关系（从 q 轴的底部看）

$$i'_r = -i_p \tan\theta_2 = -i_p \frac{e_0}{e_{\alpha\beta}} \tag{17.28}$$

如果通过补偿 r 轴瞬时无功功率 q_r 将 i_q 控制为 0，则电流空间矢量为位于电压空间矢量到 $\alpha-\beta$ 平面的投影线上的 $\vec{i_{rp}}$。在这种情况下，当中性电流被去除时，电流空间矢量达到最小。

注意，$P-Q$ 理论不遵守功率守恒，因为瞬时零序无功功率没有在该理论中被定义。矢量叉积理论所定义的一个瞬时实功率和三个瞬时虚功率都遵守功率守恒，其中三个瞬时无功功率是线性相关的，这意味着它们不能被分别补偿。$P-Q-R$ 理论结合了 $P-Q$ 理论和矢量叉积理论的优点，所定义的瞬时功率遵守功率守恒[33,34]。瞬时实功率和虚功率可以在三相四线制系统的零序电路中得到定义。这三个功率分量是线性独立的。

17.10.4　同步坐标系

基于同步坐标系定义瞬时功率[2,7]。负载电流从 $a-b-c$ 静止坐标系变换为 $d-q$ 同步旋转坐标系，变换公式为

$$\begin{pmatrix} i_d \\ i_q \end{pmatrix} = \frac{2}{3} \begin{pmatrix} \sin\theta & \sin\left(\theta-\dfrac{2\pi}{3}\right) & \sin\left(\theta+\dfrac{2\pi}{3}\right) \\ \cos\theta & \cos\left(\theta-\dfrac{2\pi}{3}\right) & \sin\left(\theta+\dfrac{2\pi}{3}\right) \end{pmatrix} \begin{pmatrix} i_a \\ i_b \\ i_c \end{pmatrix} \tag{17.29}$$

式中，θ 是 $d-q$ 坐标系旋转的角度，等于 ωt，其中 ω 为电源角频率，d 和 q 电流分量表示电流的有功和无功功率分量。电流可分解为

$$i_d = \bar{i}_d + \tilde{i}_d \tag{17.30}$$

$$i_q = \bar{i}_q + \tilde{i}_q \tag{17.31}$$

式中，$\bar{i}_d$ 和 $\bar{i}_q$ 分别为基波有功和无功电流分量，而 $\tilde{i}_d$ 和 $\tilde{i}_q$ 分别为谐波有功和无功电流分量。这里采用低通滤波器来提取直流分量。移动平均处理法是另一种过滤方法[35]。

17.10.5　自适应干扰消除技术

自适应干扰消除技术通过连续自动调谐和自动调整使系统保持在最佳运行状态[27]。噪声消除技术如图 17.15 所示。信号通过信道传输给接收叠加了不相关噪声 n_q 的信号 s 的传感器。信号和噪声组合 $s+n_q$ 构成了消除器的"主要输入"[27]。辅助传感器接收到与该信号不相关的噪声 n_1，但 n_1 以某种未知方式与噪声 n_q 相关。该传感器为消除器提供"参考输入"[27]。噪声 n_1 被滤除后得到输出 y，为 n_q 的近似复制。将该输出从主要输入 $s+n_q$ 中减去，得到系统输出 $s+n_q-y$（见图 17.15）[27]。

负载电流和交流电源电压的基本分量是相互关联的。在图 17.15 的检测系统中，交流电源电压作为参考输入，负载电流作为主要输入，即基波分量充当噪声，而谐波作为信号。

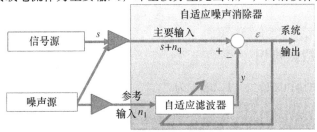

图 17.15　自适应干扰消除技术

17.10.6 电容电压控制

这种技术依赖于功率逆变器的直流母线电压的调节[34]。通过使用参考文献 [28, 36 - 39] 中的电容电压控制来实现谐波提取。这种技术基于电源有功功率应等于负载有功功率加逆变器损耗这个功率平衡关系。为了保持功率平衡，电容应立即补偿电源和负载功率之间的差异（见图17.16）。使用 PI 控制器控制电容电压会导致输出与瞬时功率平衡变化成正比。将该输出乘以 PCC 的电压标幺值得到电源电流给定。利用这个概念，控制电路可以得到显著简化。为了在非理想电源电压下获得平衡电流，只能使用电网电压（v_{sm}）的基波正序作为相位基准来计算所需要的电源电流。

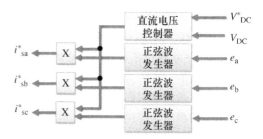

图 17.16　电容电压控制技术

e_a、e_b 和 e_c 是检测的三相电压。因此，u_a、u_b 和 u_c 可以定义为

$$u_a = \frac{e_a}{v_{sm}}, \quad u_b = \frac{e_b}{v_{sm}}, \quad u_c = \frac{e_c}{v_{sm}} \tag{17.32}$$

电源电流给定可以表示为

$$i_{sa}^* = I_{sm}u_a, \quad i_{sb}^* = I_{sm}u_b, \quad i_{sc}^* = I_{sm}u_c \tag{17.33}$$

17.10.7 时域相关函数技术

Enslin[11] 提出将视在功率分为两个正交分量，即有功功率和虚拟功率。虚拟功率又被分为两个正交分量：基于相关技术的无功和无效功率。Enslin 使用自相关来计算周期 T 内所测量电流和电压的有效值。周期 dT 内的电流和电压之间的互相关用于计算有功功率。自相关定义为

$$R_{vv}(\tau) = \frac{1}{dT}\int_0^{dT} v(t) \cdot v(t-\tau)\,dt \tag{17.34}$$

根据式 (17.34)，电压有效值定义为

$$V = (R_{vv}(0))^{\frac{1}{2}} \tag{17.35}$$

互相关为

$$R_{vi}(\tau) = \frac{1}{T}\int_0^{dT} v(t) \cdot i(t-\tau)\,dt \tag{17.36}$$

根据式 (17.36)，有功功率可以定义为

$$P = R_{vi}(0) \tag{17.37}$$

因此，有功电流分量为

$$i_a(t) = \frac{P}{V^2} \cdot v(t) \tag{17.38}$$

17.10.8 傅里叶级数辨识

直流分量为 0 的周期电流 $i(t)$ 可以表示为[40]

$$i(t) = \sum_{n=1}^{\infty} \left[a_n\cos(n\omega_f t) + b_n\sin(n\omega_f t) \right] \tag{17.39}$$

式中，ω_f 为基波角频率。利用滑动傅里叶级数的数值实现，系数变为

$$a_n(k) = \frac{2}{N}\sum_{j=k-(N-1)}^{k} i(jT_s)\cos(n\omega_f jT_s) \tag{17.40}$$

$$b_n(k) = \frac{2}{N}\sum_{j=k-(N-1)}^{k} i(jT_s)\sin(n\omega_f jT_s) \tag{17.41}$$

式中，T_s 为采样周期，N 为整数。

系数也可用递归关系表示为

$$a_n(k) = a_n(k-1) + \frac{2}{N}\big[i(kT_s) + i((k-N)T_s)\big]\cos(n\omega_f kT_s) \tag{17.42}$$

$$b_n(k) = b_n(k-1) + \frac{2}{N}\big[i(kT_s) + i((k-N)T_s)\big]\sin(n\omega_f kT_s) \tag{17.43}$$

式中，$N = T_f/(2T_s)$。辨识响应时间对应于基波周期的一半。通过这种方式，可以辨识单个电流谐波。

17.10.9 其他方法

参考文献［41］用神经网络技术从畸变的负载电流波形中提取基本正弦波，为并联 APF 提供了一种生成电流给定的方法。参考文献［42］使用了具有大量输入和神经元的人工神经网络，其中谐波估计使用训练来确定不同神经元的权重。参考文献［43］中使用了一种自适应神经网络来自适应地确定基波和谐波分量，取代了神经元训练。DFT 和 FFT 在谐波电流提取的应用可见参考文献［44］。然而，递归离散傅里叶变换（RDFT）[44] 可以在输入新数据集之后立即更新频谱值。因此，RDFT 比 DFT 和 FFT 更适合于实时实现。卡尔曼滤波器使用待预估状态数学模型，卡尔曼滤波器递归预估算法见参考文献［45］。小波基是基于使用复小波变换在时频域中定义有功和无功功率[46]。涵盖基波的子带也是让人感兴趣的子带。

17.11 并联有源滤波器

并联 APF 是应用最广泛的滤波器[47-61]。它作为一个谐波电流源，通过注入同幅反相电流以消除负载谐波和无功电流分量。图 17.17 所示为并联 APF 的单线图。

并联 APF 设计中有两个重要的控制部分[62-67]。第一个是本章前面所讨论的谐波提取技术，第二个是电流控制技术。电流控制技术可以是预测电流控制技术[43,63]、斜坡比较电流控制技术[43]或滞环电流控制技术[43]。参考电流可以是要提取的谐波电流（有源滤波器电流）或电源电流（电网电流），使电网电流尽可能接近正弦波形，必要时保证其功率因数为 1。图 17.18 给出了使用

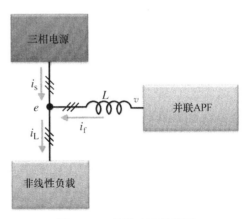

图 17.17 并联 APF 单线图

瞬时无功功率理论作为 HCET 的并联 APF 框图。图 17.19 给出了使用电容电压控制作为 HCET 的并联 APF 的框图。图 17.20 给出了使用同步参考坐标系作为 HCET 的并联 APF 框图。

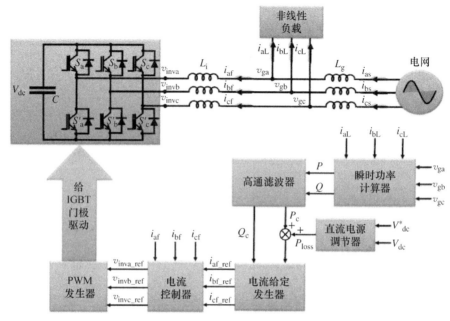

图 17.18   使用瞬时无功功率理论的并联 APF 框图

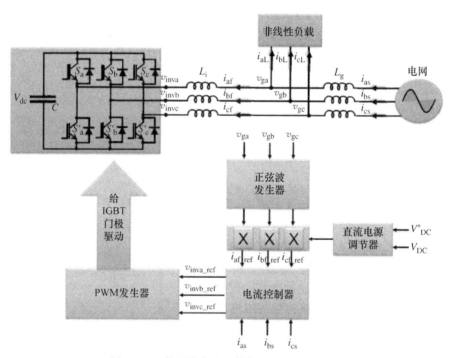

图 17.19   使用电容电压控制的并联 APF 框图

17.11.1   并联 APF 建模

如图 17.18 所示，逆变器输出线电压为

$$v_{ab}(t) = v_{DC}(t) \cdot [s_a - s_b]$$

$$v_{bc}(t) = v_{DC}(t) \cdot [s_b - s_c]$$

$$v_{ca}(t) = v_{DC}(t) \cdot [s_c - s_a] \tag{17.44}$$

式中，s_a、s_b 和 s_c 是逆变器上部开关的开关状态，"1"代表通态，"0"代表断态。$v_{DC}(t)$ 是电容电压瞬时值。对于对称电源电压和等效连接电感来说，相对电源中性点的 APF 电压被定义为

$$v_{an}(t) = \frac{1}{3}[v_{ab}(t) - v_{ca}(t)]$$

$$v_{bn}(t) = \frac{1}{3}[v_{bc}(t) - v_{ab}(t)]$$

$$v_{cn}(t) = \frac{1}{3}[v_{ca}(t) - v_{bc}(t)] \tag{17.45}$$

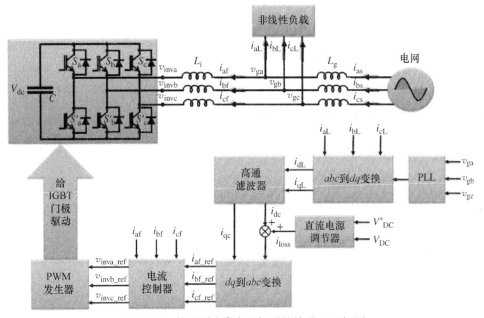

图 17.20　使用同步参考坐标系的并联 APF 框图

从式 (17.44)、式 (17.45) 可得到相对中性点电压为

$$v_{an}(t) = \frac{1}{3}v_{DC}(t) \cdot [2 \cdot s_a - s_b - s_c]$$

$$v_{bn}(t) = \frac{1}{3}v_{DC}(t) \cdot [2 \cdot s_b - s_a - s_c]$$

$$v_{cn}(t) = \frac{1}{3}v_{DC}(t) \cdot [2 \cdot s_c - s_a - s_b] \tag{17.46}$$

有源滤波器电流 i_a、i_b 和 i_c 可以表示为

$$L\frac{di_a(t)}{dt} = v_{an}(t) - e_a(t)$$

$$L\frac{di_b(t)}{dt} = v_{bn}(t) - e_b(t)$$

$$L\frac{di_c(t)}{dt} = v_{cn}(t) - e_c(t) \tag{17.47}$$

把式 (17.46) 代入式 (17.47)，可得

$$L\frac{\mathrm{d}i_a(t)}{\mathrm{d}t} = \frac{1}{3}v_{DC}(t) \cdot [2 \cdot s_a - s_b - s_c] - e_a(t)$$

$$L\frac{\mathrm{d}i_b(t)}{\mathrm{d}t} = \frac{1}{3}v_{DC}(t) \cdot [2 \cdot s_b - s_a - s_c] - e_b(t)$$

$$L\frac{\mathrm{d}i_c(t)}{\mathrm{d}t} = \frac{1}{3}v_{DC}(t) \cdot [2 \cdot s_c - s_a - s_b] - e_c(t) \tag{17.48}$$

式（17.48）显示了三个独立的电流。在仿真中，需确认三个电流值之和为0。式（17.48）不能用于不对称电源电压或连接电感不等的情况。电容电流可以用滤波器电流表示为

$$i_{DC}(t) = [2s_a - 1] \cdot i_a(t) + [2s_b - 1] \cdot i_b(t) + [2s_c - 1] \cdot i_c(t) \tag{17.49}$$

直流电压为

$$i_{DC}(t) = -C \cdot \frac{\mathrm{d}v_{DC}(t)}{\mathrm{d}t} \tag{17.50}$$

把式（17.48）代入式（17.49），可得

$$-C \cdot \frac{\mathrm{d}v_{DC}(t)}{\mathrm{d}t} = [2s_a - 1] \cdot i_a(t) + [2s_b - 1] \cdot i_b(t) + [2s_c - 1] \cdot i_c(t) \tag{17.51}$$

式（17.48）和式（17.50）代表状态空间模型，表示为

$$\dot{X} = A \cdot C + B \cdot U \tag{17.52}$$

式中，A、B 和 U 分别定义为

$$A = \begin{bmatrix} 0 & 0 & 0 & \frac{2 \cdot s_a - s_b - s_c}{3 \cdot L} \\ 0 & 0 & 0 & \frac{2 \cdot s_b - s_a - s_c}{3 \cdot L} \\ 0 & 0 & 0 & \frac{2 \cdot s_c - s_b - s_a}{3 \cdot L} \\ \frac{1 - 2 \cdot s_a}{C} & \frac{1 - 2 \cdot s_b}{C} & \frac{1 - 2 \cdot s_c}{C} & 0 \end{bmatrix}$$

$$C = \begin{bmatrix} i_a(t) \\ i_b(t) \\ i_c(t) \\ v_{dc}(t) \end{bmatrix}, \quad B = \begin{bmatrix} \frac{-1}{L} & 0 & 0 \\ 0 & \frac{-1}{L} & 0 \\ 0 & 0 & \frac{-1}{L} \\ 0 & 0 & 0 \end{bmatrix}, \quad U = \begin{bmatrix} e_a(t) \\ e_b(t) \\ e_c(t) \end{bmatrix}$$

通过提高开关频率、采样频率和电容容量可以使并联 APF 获得更好的性能，但也存在一定的局限性。

1）增加开关频率会增加半导体开关损耗。

2）采样频率取决于控制算法的执行时间。

3）增加电容容量会增加电容器的尺寸和成本。

因此，APF 的主要目标是用可接受的最低电容容量和开关频率进行滤波并满足 IEEE519 标准。在对称 PWM 中，采样频率和开关频率相同，而在非对称 PWM 中采样频率是开关频率的两倍。

电力电子技术的快速发展有望为 APF 在设计和推广中所面临的局限（问题）提供一个解决方

案，特别是在中压领域。在 APF 设计中，应考虑几个因素，例如缓冲元件、半导体器件、带宽、连接电感、采用的控制技术和谐波电流提取技术。在 VSI 中，缓冲元件是电容；在 CSI 中，缓冲元件是电感。在 APF 中，电网电压等级、连接的非线性负载和 APF 的开关频率决定了 VSI 或 CSI 所需的电容或电感的尺寸和成本。此外，还应考虑波纹的限制，以避免电容或电感的热过载。半导体器件类型及其额定容量决定其在 APF 中是否适用。在基于 VSI 的 APF 中，需要具有续流二极管的半导体器件，而在基于 CSI 的 APF 中，需要具有阻断电压能力的半导体器件。随着半导体器件的额定容量增加，其允许开关频率随之下降。可以通过串联或并联半导体器件来扩展其额定容量范围。此外，多电平配置也是扩展额定容量范围的一个途径。如本章前面所述，可以通过将无源滤波器与 APF 结合起来实现混合配置。通常使用 Matlab/Simulink 软件对有源滤波器的状态空间模型进行仿真。仿真以及实验所使用的参数见表 17.6。非线性负载是带 70Ω 电阻负载的三相不控桥式整流器。图 17.21a~c 分别代表负载电流、电源电流、有源滤波器电流及其频谱。

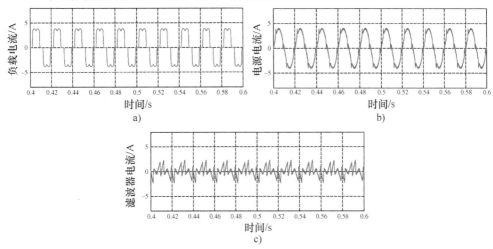

图 17.21 仿真结果：a) 负载电流；b) 电源电流；c) 有源滤波器电流

图 17.22 给出了在 0.6s 时，负载突然减少了 50% 时的负载电流、电源电流、有源滤波器电流和直流电压。图 17.23 给出了通过并联 APF 补偿谐波电流之后的负载和电源电流。图 17.24a~c 显示了负载电流、电源电流、有源滤波器电流及其频谱的实验结果。

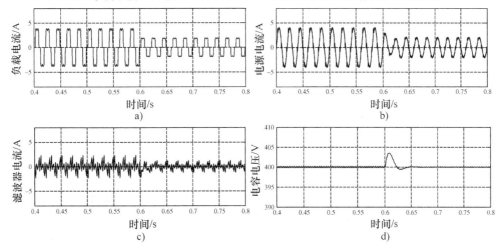

图 17.22 降低 50% 负载的仿真结果：a) 负载电流；b) 电源电流；c) 有源滤波器电流；d) 直流电压

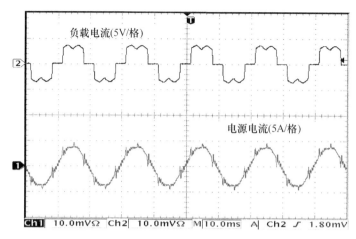

图 17.23　负载和电源电流的实验结果（5A/格）

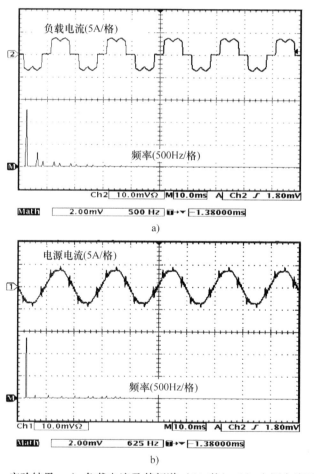

图 17.24　实验结果：a）负载电流及其频谱（5A/格）；b）电源电流及其频谱
（5A/格）；c）有源滤波器电流及其频谱（2.5A/格）[62]

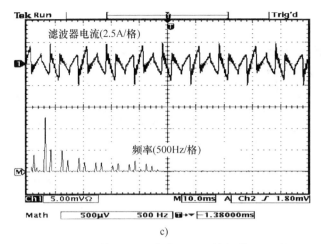

c)

图 17.24　实验结果：a) 负载电流及其频谱（5A/格）；
b) 电源电流及其频谱（5A/格）；c) 有源滤波器电流及其频谱（2.5A/格）（续）[62]

表 17.6　系统参数（仿真和实验）

参数	值
V_{DC}^{*}	400V
电源电压	110V
C	2200μF
L	10mH
采样频率	24.42kHz
开关频率	12.21kHz
二极管整流桥负载	70Ω

17.11.2　三相四线制并联 APF

　　单相非线性负载产生谐波电流的主要来源是计算机的开关电源。这些开关电源连接到三相四线制系统中相和中性点之间，从而产生了零序谐波（三次谐波），这导致了中性电流的增加。为了减少这种谐波，可以采用一种专用于四线制系统的 APF 结构。在三相四线制并联 APF 应用中，通常使用基于 VSI 的 APF 的两个主要拓扑结构，即三相四桥臂 APF 和三桥臂分压电容 APF。这两个配置在 20 世纪 90 年代初提出。四线制并联 APF 可以更好地控制输出电压，但是电流控制将变得更复杂（例如，使用 3D SVM 而不能用常规 SVM）。

　　三桥臂分压电容 APF 只有三个桥臂，这降低了电流控制的复杂性；然而，零序电流需要流过直流电容器，这会导致电容电压的不平衡。图 17.25 给出了三相四线制并联 APF 的框图，而图 17.26 给出了分压电容三相并联 APF 的框图。

　　在对称和电压正弦的前提条件下，可以使用前面提到的所有谐波提取技术来减少谐波和无功功率[52]。然而，在畸变/不对称电网中，谐波提取技术在提取补偿电流的能力上有所不同。

　　谐波提取技术的主要目的是使电源仅提供负载所需的平均有功功率。此外，电源不能提供零序有功功率，也就是说，PCC 上的电压不会对电源功率有任何贡献。因此，在矢量叉积理论中，所需的电源电流（被补偿后）可以表示为

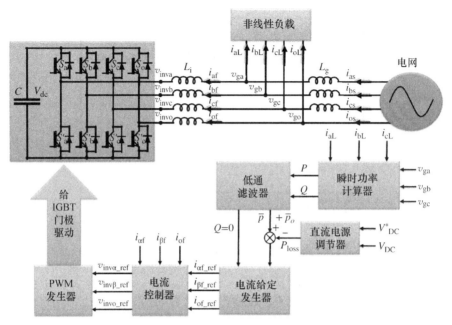

图 17.25　三相四线制并联 APF 框图

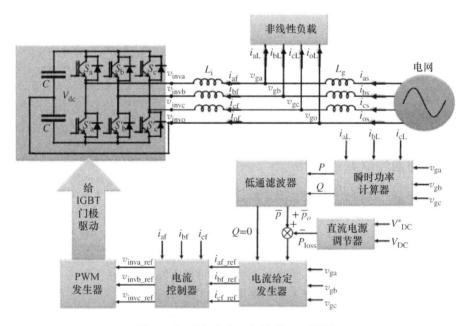

图 17.26　分压电容三相并联 APF 框图

$$\begin{pmatrix} i_0 \\ i_\alpha \\ i_\beta \end{pmatrix} = \frac{1}{v_{0\alpha\beta}^2} \begin{pmatrix} 0 & 0 & v_\beta & -v_a \\ v_\alpha & -v_\beta & 0 & v_0 \\ v_\beta & v_\alpha & -v_0 & 0 \end{pmatrix} \begin{pmatrix} \overline{p} + \overline{p_0} \\ 0 \\ 0 \\ 0 \end{pmatrix} \tag{17.53}$$

式中

$$v^0_{0\alpha\beta} = v^2_\alpha + v^2_\beta \tag{17.54}$$

而在电容电压控制中，所需电源电流可以表示为[52]

$$\begin{pmatrix} i_0 \\ i_\alpha \\ i_\beta \end{pmatrix} = \frac{\bar{p} + \bar{p}_0}{(v^2_{0\alpha\beta})_{DC}} \begin{pmatrix} v_0 \\ v_0 \\ v_0 \end{pmatrix} \tag{17.55}$$

式中，$(v^2_{0\alpha\beta})_{DC}$ 是 $v^2_{0\alpha\beta}$ 的直流分量。

而在同步参考坐标系中，所需电源电流可以表示为[52]

$$\begin{pmatrix} i_0 \\ i_\alpha \\ i_\beta \end{pmatrix} = \left(\frac{p}{\sqrt{v^2_\alpha + v^2_\beta}} \right)_{DC} \frac{1}{\sqrt{v^2_\alpha + v^2_\beta}} \begin{pmatrix} 0 \\ v_\alpha \\ v_\beta \end{pmatrix} \tag{17.56}$$

另一种选择是考虑 PCC 电压的基波正序分量。电源电流（经补偿后）应与该电压同相。因此，电源参考电流可以表示为[52]

$$\begin{pmatrix} i_0 \\ i_\alpha \\ i_\beta \end{pmatrix} = \frac{\bar{p} + \bar{p}_0}{v^{+2}_{1\alpha} + v^{+2}_{1\beta}} \begin{pmatrix} 0 \\ v^+_{1\alpha} \\ v^+_{1\beta} \end{pmatrix} \tag{17.57}$$

17.12 串联有源电力滤波器

串联 APF[68-80]串联在配电系统中，通过作为串联电压源或串联阻抗来补偿电流和电压谐波以及电压的不平衡。串联阻抗作为谐波隔离器，通过在待补偿谐波分量的对应频率处表现为无限大阻抗而在基频处呈现零阻抗，从而允许基波电流流过同时阻止谐波电流的流动。串联电压源则通过注入所需的电压矢量来补偿电网电压中的干扰（谐波、不平衡等）。并联 APF 具有双重的运行原理。它可以补偿电压不平衡、电压畸变、电流畸变和电压骤降。基于干扰的性质和所需的功能，串联 APF 通过向电网电压注入电压矢量来实现指定的任务。实践中，配电系统中串联 APF 会与并联无源滤波器连在一起，以提高无源滤波器的性能，减少其在配电系统中导致的问题。在这种情况下，串联 APF 通过在谐波电流的路径中插入高阻抗从而迫使谐波电流通过与负载并联的无源滤波器，来补偿由非线性负载引起的系统电流畸变。通过与待补偿电流谐波分量相同频率的电压，串联 APF 生成插入的高阻抗。电网电压不对称是通过补偿系统基波的负序和零序分量来补偿的。图 17.27 给出了串联 APF 的框图。串联 APF 可有效地补偿电压谐波。串联 APF 的主要缺点是逆变器额定电流必须是满载电流。串联 APF 的主要结构是电压控制的 VSI。然而，也可以采用诸如 CSI 的其他逆变器。通常采用瞬时功率理论作为谐波电压提取方法。混合滤波器（串联 APF 和无源滤波器）也存在多种配置。串联 APF 的额定容量主要取决于所要注入的电压矢量，因为串联 APF 承载的电流是线电流。图 17.28 为带并联无源滤波器的串联 APF 结构。无源滤波器主要包括三个部分：三次谐波、五次谐波和高通滤波器。

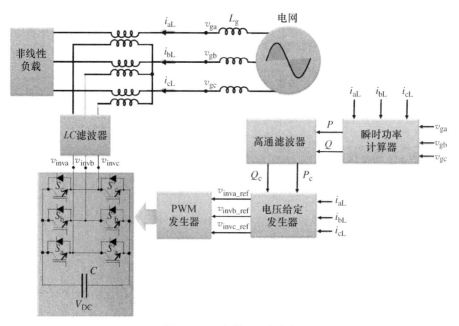

图 17.27 串联 APF 框图

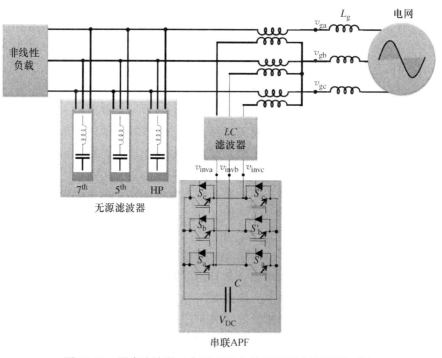

图 17.28 混合滤波器 (串联 APF 和并联无源滤波器的组合)

17.13 统一电能质量调节器

图 17.29 所示的 UPQC[81-85] 的主要目的是补偿电压谐波/电压不对称/电压闪变、无功功率、

负序电流和谐波电流，从而提高配电系统中 PCC 处的电能质量。UPQC 设备与统一潮流调节器
（UPFC）的配置相似。UPQC 通常是由从直流侧背靠背连接的并联 APF 和串联 APF 组合而成。两
个 APF（并联和串联）的功能被整合到 UPQC 中，同时完成并联和串联补偿功能。UPQC 的主要
缺点是其结构过于复杂和较高的成本。

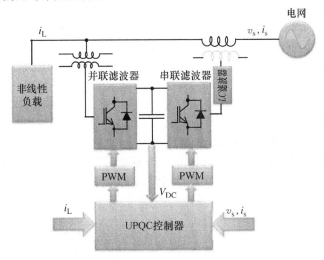

图 17.29　UPQC

UPQC 可以根据结构进行分类（单相、三相三线、三相四线等）。它也可以根据变换器类型
（电压源、电流源等）进行分类。如本章前面所述，并联 APF 用于减少与电流有关的电能质量问
题，而串联 APF 则用于减少与电压有关的电能质量问题。

如果配电系统正在同时遭受较低品质电源电压和电流的困扰，则安装一个 UPQC 比使用两个
独立设备（并联 APF 和串联 APF）来补偿较低的电能质量更划算。UPQC 的主要功能是补偿电源
电压质量问题，如电压骤降、电压骤升、电压不平衡、电压闪烁、谐波以及负载电流质量问题，
如谐波、电流不平衡、无功电流和中性电流。

图 17.29 给出了 UPQC 系统配置的单线图。UPQC 由以下系统部件组成：

- 两个背靠背逆变器，其中一个跨接在负载两端用作并联 APF，另外一个与负载串联作为
串联 APF。

- 并联接口电感用作并联 APF 和电网的连接。它作为一个一阶滤波器使逆变器输出电流更
平滑。也可用隔离变压器实现逆变器与电网的电气隔离。

- 公共直流母线（用于 VSI 的电容或 CSI 的电感）。

- *LC* 滤波器，作为低通滤波器以消除高频开关纹波。

- 串联的变压器用于将串联 APF 接入电网。

在 UPQC 中，以电流模式控制并联 APF 以跟踪由控制算法所产生的电流给定。例如，为了抑
制电流谐波分量，并联 APF 应根据下式注入电流

$$i_{shf}(t) = i_s^*(t) - i_L(t) \qquad (17.58)$$

式中，$i_{shf}(t)$、$i_s^*(t)$ 和 $i_L(t)$ 分别表示并联 APF 电流、电源电流给定和负载电流。

在电压模式下控制串联 APF 产生与电源串联的电压并使得 PCC 处的电压为给定值。串联
APF 的运行原理可以表示为

$$v_{ser}(t) = v_L^*(t) - v_s(t) \qquad (17.59)$$

式中，$v_{ser}(t)$、$v_L^*(t)$ 和 $v_s(t)$ 分别代表串联 APF 电压、负载电压给定和电源电压

UPQC 可以根据相数或线数进行分类，如三相三线、三相四线和单相二线。在单相系统中，无功和谐波电流是需要处理的分量（待补偿）。而在三相三线制系统中，无功、谐波和不平衡电流分量是需要处理的分量（待补偿）。三相四线制系统还具有减少中性电流的功能。根据结构 UPQC 可以分为左并联 UPQC 和右并联 UPQC，这取决于并联 APF 相对于串联 APF 的位置。右并联 UPQC 在 PCC 上并联 APF，然后在 PCC 和电源之间串联 APF，而左并联 UPQC 在 PCC 和电源之间串联 APF，在串联的 APF 和电源之间并联 APF。最常用的拓扑结构是右串联 APF，因为流过串联变压器的电流是正弦波，因此可以使 UPQC 性能更好。

这里使用 Matlab/Simulink 软件对 UPQC 进行仿真。负载为带有 70Ω 电阻的三相不控整流桥。电源为 110V/50Hz 的三相对称电源，但是含有 10% 的谐波畸变。电源阻抗为 0.1mH。并联 APF 用于控制直流电容电压并消除由非线性负载引入的谐波电流。这里采用电容电压谐波提取技术提取谐波电流。并联 APF 通过匝数比为 1:1 的变压器与电网连接。并联 APF 的开关频率为 12kHz，也是串联 APF 的开关频率。串联 APF 用于消除谐波电压，使 PCC 处的电压为纯正弦波。串联 APF 通过 $20\mu F$、2mH 的 LC 滤波器和匝数比为 1:10 的变压器连接。采用同步参考坐标系谐波提取技术进行谐波电压的提取。图 17.30 给出了 UPQC 的仿真结果。图 17.30a ~ g 分别给出了直流

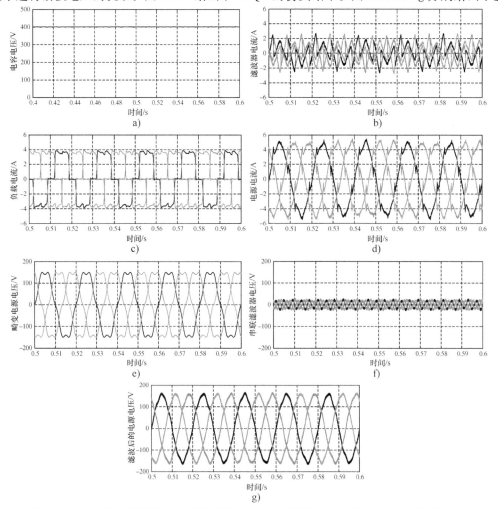

图 17.30　UPQC 仿真结果：a）直流电压；b）三相并联 APF 电流；c）三相负载电流；
d）三相电源电流；e）三相电源电压；f）三相串联 APF 电压；g）滤波后的三相电源电压

电压、三相并联 APF 电流、三相负载电流、三相电源电流、三相电源电压、三相串联 APF 电压和滤波后的三相电源电压。

致谢

本章受到卡塔尔国家研究基金（卡塔尔基金会成员）的 NPRP 批准号 04 – 250 – 2 – 080 项目支持。本章中的陈述完全由作者负责。

参 考 文 献

1. Rukonuzzaman, M. and Nakaoka, M. (2002) Single-phase shunt active power filter with knowledge-based harmonic detection algorithm. Power Conversion Conference (PCC), Osaka, Japan, 2002, Vol. 2, pp. 778–783.
2. Soares, V., Verdelho, P., and Marques, G.D. (2000) An instantaneous active and reactive current component method for active filters. *IEEE Transactions on Power Electronics*, **15** (4), 660–669.
3. IEEE Std 519-1992. (1993) *IEEE Recommended Practices and Requirements for Harmonic Control in Electrical Power Systems. IEEE Std*. 519–1992 pp. 1–112
4. IEC/TR EN 61000-1-1. *Electromagnetic Compatibility (EMC)*.
5. Peng, F.Z. (1998) Application issues of active power filters. *IEEE Industry Applications Magazine*, **4** (5), 21–30.
6. Rahmani, S., Hamadi, A., and Al-Haddad, K. (2009) A new combination of shunt hybrid power filter and thyristor controlled reactor for harmonics and reactive power compensation. Electrical Power and Energy Conference (EPEC), IEEE, October 22–23, 2009, pp. 1–6.
7. Takeda, M., Ikeda, K., Teramoto, A., and Aritsuka, T. (1988) Harmonic current and reactive power compensation with an active filter. 19th Annual IEEE Power Electronics Specialists Conference 1988. PESC'88 Record, April 11–14, 1988, Vol. 2, pp. 1174–1179.
8. Moran, L.A., Dixon, J.W., and Wallace, R.R. (1995) A three-phase active power filter operating with fixed switching frequency for reactive power and current harmonic compensation. *IEEE Transactions on Industrial Electronics*, **42** (4), 402–408.
9. Cheng, P.T., Bhattacharya, S., and Divan, D.M. (1998) Control of square-wave inverters in high-power hybrid active filter systems. *IEEE Transactions on Industry Applications*, **34** (3), 458–472.
10. Plaisant, A. and Reeve, J. (1999) An active filter for AC harmonics from HVDC converters. Basic concepts and design principles. Power Engineering Society Summer Meeting, 1999. IEEE, July 18–22, 1999, Vol. 1, pp. 395–400.
11. Pittorino, L.A., Horn, A., and Enslin, J.H.R. (1996) Power theory evaluation for the control of an active power filter. IEEE 4th AFRICON, 1996, Vol. 2, pp. 676–681.
12. Kim, H. and Akagi, H. (1997) The instantaneous power theory based on mapping matrices in three-phase four-wire systems. Power Conversion Conference, Vol. 1, pp. 361–366.
13. Lim, Y.C., Park, J.K., Jung, Y.G. *et al.* (1995) Development of a simulator for compensation performance evaluation of hybrid active power filter using three-dimensional current co-ordinate. International Conference on Power Electronics and Drive Systems, 1995, Vol. 1, pp. 427–432.
14. Marshall, D.A. and Van Wyk, J.D. (1991) An evaluation of the real-time compensation of fictitious power in electric energy networks. *IEEE Transactions on Power Delivery*, **6**, 1774–1780.
15. Akagi, H. (1996) New trends in active filters for power conditioning. *IEEE Transactions on Industrial Applications*, **32** (6), 1312–1322.
16. Xiao, G. Liu, J., Yang, J., and Wang, Z. (2000) The experimental studies on active power filter for HVDC system. PIEMC 2000 Proceedings: Third International Power Electronics and Motion Control Conference, August 15–18, 2000, Vol. 3, pp. 1376–1379.
17. Verdelho, P. and Marques, G.D. (1993) Multiple applications control system for the PWM voltage converter connected to the AC mains. Fifth European Conference on Power Electronics and Applications, September 13–16, 1993, Vol. 8, pp. 42–46.
18. Pereira, M., Wild, G., Huang, H., Sadek, K. (2002) Active filters in HVDC systems: actual concepts and application experience. 2002 International Conference on Power System Technology Proceedings. PowerCon 2002, October 13–17, 2002, Vol. 2, pp. 989–993.
19. Gole, A.M. and Meisingset, M. (2001) An AC active filter for use at capacitor commutated HVDC converters. *IEEE Transactions on Power Delivery*, **16** (2), 335–341.
20. Akagi, H. (2001) Large static converters for industry and utility applications. *Proceedings of the IEEE*, **89** (6), 976–983.

21. Singh, B., Al-Haddad, K., and Chandra, A. (1999) A review of active filters for power quality improvement. *IEEE Transactions on Industrial Electronics*, **46** (5), 960–971.
22. Choe, G.H., Wallace, A.K., and Park, M.H. (1988) Control technique of active power filter for harmonic elimination and reactive power control. IEEE Industry Applications Society Annual Meeting, 1988, Vol. 1, pp. 859–866.
23. El-Habrouk, M., Darwish, M.K., and Mehta, P. (2000) Active power filters: a review. *IEEE Proceedings Electric Power Applications*, **147** (5), 403–413.
24. Akagi, H., Kanazawa, Y., and Nabae, A. (1984) Instantaneous reactive power compensators comprising switching devices without energy storage components. *IEEE Transactions on Industry Applications*, **IA-20** (3), 625–630.
25. Pahmer, C., Capolino, G.A., and Henao, H. (1994) Computer-aided design for control of shunt active filter. 20th International Conference on Industrial Electronics, Control and Instrumentation, IECON'94, Vol. 1, pp. 669–674.
26. Akagi, H., Kanazawa, Y., and Nabae, A. (1983) Generalized theory of the instantaneous reactive power in three-phase circuits. IPEC'83, International Power Electronics Conference, Tokyo, Japan, pp. 1375–1386.
27. Luo, S. and Hou, Z. (1995) An adaptive detecting method for harmonic and reactive currents. *IEEE Transactions on Industrial Electronics*, **42** (1), 85–89.
28. Herrera, R.S. and Salmeron, P. (2009) Instantaneous reactive power theory: a reference in the nonlinear loads compensation. *IEEE Transactions on Industrial Electronics*, **56** (6), 2015–2022.
29. Peng, F.Z., Ott, G.W., and Adams, D.J. (1998) Harmonic and reactive power compensation based on the generalized instantaneous reactive power theory for three-phase four-wire systems. *IEEE Transactions on Power Electronics*, **13** (6), 1174–1181.
30. Peng, F.Z. and Lai, J.S. (1996) Generalized instantaneous reactive power for three-phase power systems. *IEEE Transactions on Instrumentation and Measurement*, **45** (1), 293–297.
31. Herrera, R.S., Salmeron, P., and Kim, H. (2008) Instantaneous reactive power theory applied to active power filter compensation: different approaches, assessment, and experimental results. *IEEE Transactions on Industrial Electronics*, **55** (1), 184–196.
32. Kim, H. and Akagi, H. (1999) The instantaneous power theory on the rotating p-q-r reference frames. IEEE 1999 International Conference on Power Electronics and Drive Systems, PED'99, July, Hong Kong, pp. 422–427.
33. Kim, H., Blaabjerg, F., Bak-Jensen, B., and Jaeho, C. (2002) Instantaneous power compensation in three-phase systems by using p–q–r theory. *IEEE Transactions on Power Electronics*, **17** (5), 701–710.
34. Kim, H., Blaabjerg, F., and Jensen, B.B. (2002) Spectral analysis of instantaneous powers in single-phase and three-phase systems with use of p–q–r theory. *IEEE Transactions on Power Electronics*, **17** (5), 711–720.
35. De Oliveira, L.E.L., da Silva, L.E.B., da Silva, V.F. *et al.* (2002) Improving the dynamic response of active power filters based on the synchronous reference frame method. Seventeenth Annual IEEE Applied Power Electronics Conference and Exposition, 2002, Vol. 2, pp. 742–748.
36. Huang, H.J. and Wu, J.C. (1999) A control algorithm for three-phase three-wired active power filters under non-ideal mains voltages. *IEEE Transactions on Power Electronics*, **14**, 753–760.
37. Singh, B. and Kothari, A.D.P. (1998) Analysis of a novel active filter for balancing and reactive power compensation. Power Electronics and Variable Speed Drives, 1998, Conference Publication No. 456, IEEE, pp. 57–62.
38. Furuhashi, T., Okuma, S., and Uchikawa, Y. (1990) A study on the theory of instantaneous reactive power. *IEEE Transactions on Industrial Electronics*, **37**, 86–90.
39. Bruyant, N. and Machmoum, M. (1998) Simplified digital-analogical control for shunt active power filters under unbalanced conditions. Seventh International Conference on Power Electronics and Variable Speed Drives, 1998. (IEE Conference Publication No. 456), September 21–23, pp. 11–16.
40. Abrahamsen, F. and David, A. (1995) Adjustable speed drive with active filtering capability for harmonic current compensation. 26th Annual IEEE Power Electronics Specialists Conference, June 18–22, 1995, Vol. 2, pp. 1137–1143.
41. Gao, D., Lu, Q., and Sun, X. (2002) Design and performance of an active power filter for unbalanced loads. International Conference Power System Technology, 2002, Vol. 4, pp. 2496–2500.
42. Round, S.D. and Mohan, N. (1993) Comparison of frequency and time domain neural network controllers for an active power filter. Proceedings of IEEE Industrial Electronics, Control and Instrumentation, Vol. 2, pp. 1099–1104.
43. Massoud, A.M., Finney, S.J., Grant, D.M., and Williams, B.W. (2006) Predictive current controlled shunt active power filter using three-level cascaded type inverter. The 3rd IET International Conference on Power Electronics, Machines and Drives, 2006, pp. 388–393.
44. Dolen, M. and Lorenz, R.D. (2000) An industrially useful means for decomposition and differentiation of harmonic components of periodic waveforms. IEEE Industry Applications Society (IAS) Conference, Vol. 2, pp. 1016–1023.

45. Girgis, A.A., Chang, W.B., and Makram, E.B. (1991) A digital recursive measurement scheme for online tracking of power system harmonics. *IEEE Transactions on Power Delivery*, **6**, 1153–1160.
46. Driesen, J. and Belmans, R. (2002) Active power filter control algorithms using wavelet-based power definitions. 10th International Conference Harmonics and Quality of Power, October 6–9, 2002, Vol. 2, pp. 466–471.
47. Aredes, M. and Watanabe, E.H. (1995) New control algorithms for series and shunt three-phase four-wire active power filters. *IEEE Transactions on Power Delivery*, **10** (3), 1649–1656.
48. Akagi, H. (1997) Control strategy and site selection of a shunt active filter for damping of harmonic propagation in power distribution systems. *IEEE Power Engineering Review*, **17** (1), 58.
49. Hafner, J., Aredes, M., and Heumann, K. (1997) A shunt active power filter applied to high voltage distribution lines. *IEEE Power Engineering Review*, **17** (1), 51–52.
50. Hafner, J., Aredes, M., and Heumann, K. (1997) A shunt active power filter applied to high voltage distribution lines. *IEEE Transactions on Power Delivery*, **12** (1), 266–272.
51. Akagi, H. (1997) Control strategy and site selection of a shunt active filter for damping of harmonic propagation in power distribution systems. *IEEE Transactions on Power Delivery*, **12** (1), 354–363.
52. Montero, M.I.M., Cadaval, E.R., and Gonzalez, F.B. (2007) Comparison of control strategies for shunt active power filters in three-phase four-wire systems. *IEEE Transactions on Power Electronics*, **22** (1), 229–236.
53. Akagi, H., Fujita, H., and Wada, K. (1999) A shunt active filter based on voltage detection for harmonic termination of a radial power distribution line. *IEEE Transactions on Industry Applications*, **35** (3), 638–645.
54. Mishra, M.K., Joshi, A., and Ghosh, A. (2000) A new algorithm for active shunt filters using instantaneous reactive power theory. *IEEE Power Engineering Review*, **20** (12), 56–58.
55. Elmitwally, A., Abdelkader, S., and El-Kateb, M. (2000) Neural network controlled three-phase four-wire shunt active power filter. *IEEE Proceedings on Generation, Transmission and Distribution*, **147** (2), 87–92.
56. Chandra, A., Singh, B., Singh, B.N., and Al-Haddad, K. (2000) An improved control algorithm of shunt active filter for voltage regulation, harmonic elimination, power-factor correction, and balancing of nonlinear loads. *IEEE Transactions on Power Electronics*, **15** (3), 495–507.
57. Chang, G.W. (2001) A new method for determining reference compensating currents of the three-phase shunt active power filter. *IEEE Power Engineering Review*, **21** (3), 63–65.
58. Al-Zamil, A.M. and Torrey, D.A. (2001) A passive series, active shunt filter for high power applications. *IEEE Transactions on Power Electronics*, **16** (1), 101–109.
59. Jintakosonwit, P., Fujita, H., and Akagi, H. (2002) Control and performance of a fully-digital-controlled shunt active filter for installation on a power distribution system. *IEEE Transactions on Power Electronics*, **17** (1), 132–140.
60. Jintakosonwit, P., Akagi, H., Fujita, H., and Ogasawara, S. (2002) Implementation and performance of automatic gain adjustment in a shunt-active filter for harmonic damping throughout a power distribution system. *IEEE Transactions on Power Electronics*, **17** (3), 438–447.
61. Mendalek, N., Al-Haddad, K., Fnaiech, F., and Dessaint, L.A. (2003) Nonlinear control technique to enhance dynamic performance of a shunt active power filter. *IEEE Proceedings on Electric Power Applications*, **150** (4), 373–379.
62. Massoud, A.M., Finney, S.J., and Williams, B.W. (2004) Predictive current control of a shunt active power filter. 2004 IEEE 35th Annual Power Electronics Specialists Conference. PESC 04, June 20–25 2004, Vol. 5, pp. 3567–3572.
63. Massoud, A.M., Finney, S.J., Cruden, A.J., and Williams, B.W. (2007) Three-phase, three-wire, five-level cascaded shunt active filter for power conditioning, using two different space vector modulation techniques. *IEEE Transactions on Power Delivery*, **22** (4), 2349–2361.
64. Massoud, A.M., Finney, S.J., and Williams, B.W. (2004) Practical issues of three-phase, three-wire, voltage source inverter-based shunt active power filters. 11th International Conference on Harmonics and Quality of Power, September 12–15, 2004, pp. 436–441.
65. Zhang, H., Finney, S.J., Massoud, A., and Williams, B.W. (2008) An SVM algorithm to balance the capacitor voltages of the three-level NPC active power filter. *IEEE Transactions on Power Electronics*, **23** (6), 2694–2702.
66. Massoud, A.M., Finney, S.J., and Williams, B.W. (2004) Review of harmonic current extraction techniques for an active power filter. 11th International Conference on Harmonics and Quality of Power, 2004, September 12–15, pp. 154–159.
67. Peng, F.Z., Akagi, H., and Nabae, A. (1990) A new approach to harmonic compensation in power systems-a combined system of shunt passive and series active filters. *IEEE Transactions on Industry Applications*, **26** (6), 983–990.

68. Peng, F.Z., Akagi, H., and Nabae, A. (1990) A new approach to harmonic compensation in power systems-a combined system of shunt passive and series active filters. *IEEE Transactions on Industry Applications*, **26** (6), 983–990.

69. Peng, F.Z., Akagi, H., and Nabae, A. (1990) A study of active power filters using quad-series voltage-source PWM converters for harmonic compensation. *IEEE Transactions on Power Electronics*, **5** (1), 9–15.

70. Akagi, H., Tsukamoto, Y., and Nabae, A. (1990) Analysis and design of an active power filter using quad-series voltage source PWM converters. *IEEE Transactions on Industry Applications*, **26** (1), 93–98.

71. Fujita, H. and Akagi, H. (1991) A practical approach to harmonic compensation in power systems-series connection of passive and active filters. *IEEE Transactions on Industry Applications*, **27** (6), 1020–1025.

72. Aredes, M. and Watanabe, E.H. (1995) New control algorithms for series and shunt three-phase four-wire active power filters. *IEEE Transactions on Power Delivery*, **10** (3), 1649–1656.

73. Fujita, H. and Akagi, H. (1997) An approach to harmonic current-free AC/DC power conversion for large industrial loads: the integration of a series active filter with a double-series diode rectifier. *IEEE Transactions on Industry Applications*, **33** (5), 1233–1240.

74. Barbosa, P.G., Santisteban, J.A., and Watanabe, E.H. (1998) Shunt-series active power filter for rectifiers AC and DC sides. *IEEE Proceedings on Electric Power Applications*, **145** (6), 577–584.

75. Fujita, H. and Akagi, H. (1998) The unified power quality conditioner: the integration of series and shunt-active filters. *IEEE Transactions on Power Electronics*, **13** (2), 315–322.

76. Moran, L.A., Pastorini, I., Dixon, J., and Wallace, R. (1999) A fault protection scheme for series active power filters. *IEEE Transactions on Power Electronics*, **14** (5), 928–938.

77. Moran, L., Pastorini, I., Dixon, J., and Wallace, R. (2000) Series active power filter compensates current harmonics and voltage unbalance simultaneously. *IEEE Proceedings on Generation, Transmission and Distribution*, **147** (1), 31–36.

78. Al-Zamil, A.M. and Torrey, D.A. (2001) A passive series, active shunt filter for high power applications. *IEEE Transactions on Power Electronics*, **16** (1), 101–109.

79. Salmeron, P. and Litran, S.P. (2010) Improvement of the electric power quality using series active and shunt passive filters. *IEEE Transactions on Power Delivery*, **25** (2), 1058–1067.

80. Tian, J., Chen, Q., and Xie, B. (2012) Series hybrid active power filter based on controllable harmonic impedance. *IET Power Electronics*, **5** (1), 142–148.

81. Fujita, H. and Akagi, H. (1998) The unified power quality conditioner: the integration of series and shunt-active filters. *IEEE Transactions on Power Electronics*, **13** (2), 315–322.

82. Khadkikar, V. and Chandra, A. (2008) A new control philosophy for a unified power quality conditioner (UPQC) to coordinate load-reactive power demand between shunt and series inverters. *IEEE Transactions on Power Delivery*, **23** (4), 2522–2534.

83. Han, B., Bae, B., Kim, H., and Baek, S. (2006) Combined operation of unified power-quality conditioner with distributed generation. *IEEE Transactions on Power Delivery*, **21** (1), 330–338.

84. Kwan, K.H., So, P.L., and Chu, Y.-C. (2012) An output regulation-based unified power quality conditioner with kalman filters. *IEEE Transactions on Industrial Electronics*, **59** (11), 4248–4262.

85. Teke, A., Saribulut, L., and Tumay, M. (2011) A novel reference signal generation method for power-quality improvement of unified power-quality conditioner. *IEEE Transactions on Power Delivery*, **26** (4), 2205–2214.

第 18A 章　带有电力电子的硬件在环仿真系统：强大的仿真工具

Ralph M. Kennel[1]，Till Boller[2]，Joachim Holtz[2]
[1]德国慕尼黑工业大学电气传动系统与电力电子研究所
[2]德国伍珀塔尔大学电机与驱动研究所

18A. 1　背景

与通常的硬件在环（Hardware - in - the - Loop，HiL）系统不同，电力电子硬件在环（Power Electronics Hardware - in - the - Loop，PHiL）系统由于在仿真中包含了真实的能量流动而具备一些特殊功能。以交流传动应用的工业电压源逆变器（VSI）的三相电力负载为例，被测逆变器（IUT）不会连接到真实机组，而是连接到另一台逆变器或逆变器组来模拟电机的外特性。通过顺序切换相关并联的标准逆变器可以增加虚拟机（VM）的整体调制频率，而并联的逆变器可以与被测逆变器的类型相同，因此制造商的变频器产品测试就不存在功率的限制。

18A. 1. 1　硬件在环仿真系统概述

在过去的十年中，硬件在环（HiL）系统的应用已经成为发展热点。特别是带有电力电子的 HiL 系统（所谓的电力电子硬件在环（PHiL）系统）已成为电力工程师关注的焦点。与 20 ~30 年前使用的 HiL 系统不同，PHiL 系统在仿真中集成了真实能量流动。最初，HiL 系统在交付给市场之前被用于测试诸如可编程序逻辑控制器（PLC）之类的产品。对于被测产品而言，HiL 系统的主要目的是提供和现场运行方式相同的用于被测设备的数字和模拟通信信号。在测试过程中，必须确保模拟系统中包含的硬件的信号处理性能。然而，现代 PHiL 系统有不同的背景用途。它不仅模拟被测硬件的信号（模拟或数字），而且还有可能在仿真过程中包含实际能量的流动。

通常的仿真过程仅仅是程序处理数字和相关数学公式的过程。所有的物理极限或限制则需要由各自的模型来考虑，而模型中的任何错误都会导致仿真过程的失败。能量本身是有一些特定的物理特性，如果在仿真过程中涵盖了真正的能量流动的自然特性，就不再需要设计相应的准确的仿真模型。

电力电子设备提供了保留模拟中实际能量流动的可能性。通过将能量从一个储存装置（电感、电容等）转移至另一个，并将相应的物理量反馈给仿真程序，这样就形成了 PHiL 系统，其中真实能量是仿真的一部分。

以下各节将详细介绍采用 PHiL 系统测试电力电子产品。

18A. 1. 2　"虚拟机"的应用

逆变器的功率测试（例如，老化测试），是在产品交付给客户之前为避免早期故障的一个重要测试。通常，用于传动场合的功率逆变器的制造商必须使用多种电气机械单元（见图 18A. 1），以尽可能接近真实的工业应用环境。然而，在大多数情况下，被测逆变器（IUT）连接到一台空载电机上。由此，逆变器只能在短时间内进行最大功率的加速和减速操作，有时甚至这种测试都无法实现。因此，对于不同的时间常数的电气设备和电力电子设备，逆变器通常要选择容量大于实际情况的。因此，IUT 并未在真实的功率水平下测试，且这种类型的测试对电机的压力比对 IUT 的压力更大。

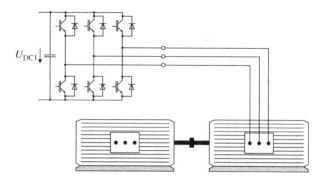

图 18A.1 电力电子产品（传动系统中的逆变器）的成品测试[1]

另一种方法是将 IUT 连接到电源测试平台，即所谓的虚拟机（VM）来代替真机[2-7]。实际上，这就是一个电力电子硬件在环（PHiL）系统。大体上，VM 的功率等级可以与 IUT 的相当，例如一个产品功率等级的两电平电压源逆变器（VSI）。为了节能，可以给 VM 的逆变器配置一个有源前端。

根据参考文献［5］，此方案的缺点是 IUT 和 VM 之间需要设置复杂的滤波器，以消除比例积分（PI）电流控制器分别在 IUT 和 VM 内的相互配合问题。参考文献［7］给出了另一种方法，可以避免上述方法中对特殊滤波器的需求。然而，因为电流当前已经由 VM 控制，IUT 只能在开环控制下工作，例如 V/F 控制模式。

然而逆变器制造商希望能够测试整个逆变器，可是其控制单元在大多数情况下是一种针对现场应用而定制的控制器。为了克服前面提到的缺点，这里介绍另一种方法。该方法中所给出的装置由另一个逆变器、有源可控前端和耦合电感组成，如图 18A.2 所示。从输出端来看，VM 必须能够准确地模拟相应的电机。为此，采用基于数字信号处理器（DSP）的控制系统来计算不同 IUT 输出下的电机状态，并调制出电机的响应。采用这种方法，VM 与真机的特性是一致。

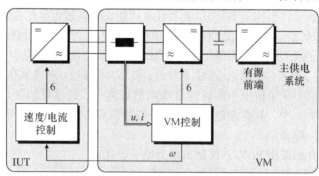

图 18A.2 试验台结构[1]

18A.2 功率性能提升

由于 VM 需要具备把给定电压和/或电流加到 IUT 的要求，其性能必须略优于 IUT 的性能。正如电机模型所定义的那样，直流母线电压必须略高一点以提供电流，其必须有比 IUT 更高的动态响应。稍高的直流母线电压并不是一个真正的问题，因为增加 20 ~50V 已经是绰绰有余了，而大多数逆变器产品的偏差和裕量多可以满足这样的修改。因此，所需要的仅仅是调整控制参数。

然而，较高的动态响应要求更高的开关频率。考虑到逆变器产品有限的散热设计和余量，实现加倍或三倍开关频率在工业逆变器中并不容易。因此，工业逆变器不允许以较高的开关频率长时间工作，为了克服该问题，在 VM 中广泛使用了"顺序切换"的概念。

18A. 2. 1　顺序切换

顺序切换是公认的提高开关频率的方法[8-16]，特别是在升压变换器中。该方法的基本思想是使用并联功率器件并进行顺序切换，第一列脉冲切换第一台设备，第二列脉冲切换第二台设备，依此类推（见图 18A. 3），与此同时将开关损耗分配给所有并联器件。

采用该方法，每个半导体器件的开关损耗均可以降低，而不会降低整个逆变器的脉宽调制（PWM）频率。相反，并联器件的调制频率甚至会增加，因为由三个功率级并联组成的整个逆变器的总 PWM 频率是每个单独功率器件的开关频率的三倍（见图 18A. 3 和图 18A. 4）。

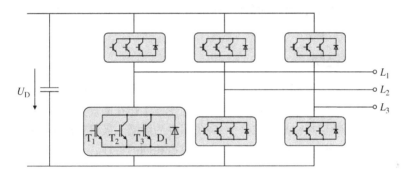

图 18A. 3　电压源逆变器并联功率器件的顺序切换[1]

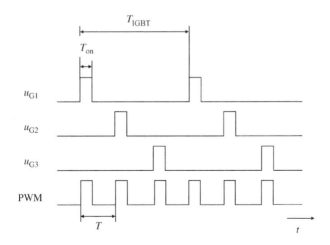

图 18A. 4　并联功率器件的顺序切换驱动脉冲示例[1]

考虑到所增加的元器件成本，这个方法更适用于小批量但是高开发成本的项目。为此，一台逆变器的测试平台，即"VM"，是开发类似产品性价比高的选择。

参考文献［8-16］以两种不同的方式使用"交错切换"。在一些论文中，"交错切换"用于描述功率器件在相应设备仍然处于导通状态时接通的概念。门极驱动信号实际上是"交错"的。然而，在大多数情况下，特别是对于升压变换器，"交错切换"用于描述并联功率器件不会进行并联运行的情况。只有当其他所有器件都关断的情况下，才能导通特定的功率器件。实际上，"交错切换"并没有恰当地描述这个概念，更正确的描述应是"顺序切换"。

将这个概念应用于三个并联绝缘栅双极型晶体管（IGBT）（见图18A.3）的结构中，每个功率器件的开关频率仅为总开关频率的1/3（见图18A.4）。PWM脉冲不是同时传送到IGBT门极，而是依次传送。脉冲信号1触发IGBT T1，脉冲信号2触发IGBT T2以及脉冲信号3触发IGBT T3。在这个例子中，顺序切换将每个功率器件的开关频率降低到整个逆变器开关频率的1/3。

在图18A.4中，每个半导体的最大导通时间 T_{on} 被限定为开关周期 T_{IGBT} 的1/3。即使调制因数为100%，每个功率器件的导通时间也仅为整个导通时间的1/3。这一特性为功率器件提供了一些额外的热裕量，可用于进一步提高开关频率。

与有源功率器件（例如IGBT）不同，图18A.3中的二极管始终以全负载和PWM频率工作。这就是为什么"交错切换"迄今只在没有并联续流二极管的DC-DC中应用的原因。但是，在三相VSI的情况下，不可能在没有附加条件的情况下使反向二极管进入顺序切换模式。"磁性续流控制"的方法是一个适当的解决方案。

18A.2.2 磁性续流控制

使用标准的IGBT并联，能够实现比通常的逆变器更高的开关频率。电流和热损耗可以在并联的器件之间进行分配。因为逆变器并联可以避免逆变器工作在高开关频率，因而更有利于中小企业（SME）。但是，顺序切换会导致在每个IGBT器件的续流二极管中产生一些问题。这些并联的二极管不能主动地被切换。由于这些二极管并不具有相同的特性，具有最低内阻的二极管将承担大部分负载电流，并且比其他二极管发热更严重。由于负温度系数，这个特定器件的电导率将"增大"，从而导致其承担更大的负载电流。这种影响将持续恶化，直到过载而破坏。

当然，可以使用像晶闸管那样的可控器件来代替二极管，在"续流"期间也可以保证顺序切换。然而，在这种情况下，标准的IGBT模块就不能使用了，并且需要对功率电路进行特殊的设计。

为了使带集成续流二极管的标准IGBT模块可用于顺序切换，必须有一种装置提供续流电流，以与并联IGBT中相同的顺序方案流过并联二极管。这就可以通过所谓的"磁性续流控制"的磁性概念来实现[1,17-20]。

为了实现磁性续流，耦合电感的绕组被分开，并以几个平行的线圈方式安装在同一个磁心上。每个IGBT/二极管支路分别连接到其中一个线圈，半桥的所有线圈都使用相同的磁心（见图18A.5）。耦合电感是IUT和VM之间必不可少的部分（见图18A.2），对于逆变器输出的应用则只需要对去耦电感稍作修改即可。

基本电路图如图18A.5所示。集成在IGBT模块中的并联的内部续流二极管（标记为 D_1、D_2、D_3）通过具有单独线圈的电感进行并联。用于磁性续流控制的电感（这里表示为理想耦合电感 L_m 和杂散电感 L_σ 的串联）必须可以处理电流脉冲的高开关频率。主（互）电感 L_m 保证负载电流从一个功率器件到下一个功率器件的换流，以及IUT和VM的去耦（注意，在后面的应用中，点"A"连接到IUT）。每个输出相的漏感 L_σ 则是磁性续流控制概念的重要组成部分。设计电感时必须考虑以下几个方面：
- 显著的漏电感，以保证负载电流在IGBT关断期间不会转换为错误的续流路径。
- 从一个功率器件到下一个功率器件的负载电流的换流时间与漏感值要成比例。

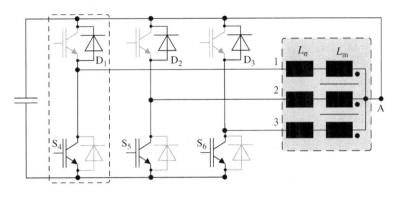

图 18A.5　磁性续流控制的基本电路图[1]

- 在关断期间，漏电感与二极管的内部电容之间的相互影响。

此外，当连接完整的逆变器而不是单个功率器件或逆变器桥臂时，每相中的所有寄生漏电感都不能影响磁性续流控制，但在计算每相总的漏感时需要考虑进去。当然，为了保证负载电流从上一个逆变器到下一个逆变器的换流，以及通过磁性续流控制顺序切换反并联二极管，必须选择一个合适的互感和漏电感值。以这种方式，磁性续流控制（根据参考文献［17-20］）强制负载电流在续流期间，仅流过与以前接通的 IGBT 相对应的二极管。

图 18A.6 给出了图 18A.5 所示电路的实验结果。可以看出，续流电流仅在每个第三脉冲期

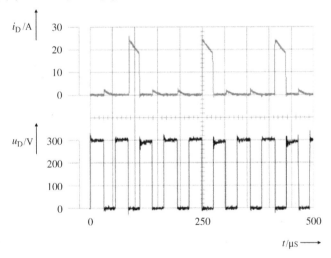

图 18A.6　三个 IGBT 并联并采用磁性续流控制时的反并联续流二极管的实验波形[1]

间流过各二极管。当一个并联二极管处于工作状态时，该二极管中只有非常小的电流。在导通期间（每三个脉冲），负载电流的主要部分必须由相应的续流二极管承担。尽管如此，负载电流的一小部分换流到另外两个续流二极管，其本不应被激活。但是，这种电流对二极管的开关损耗或导通损耗没有显著影响，因此也可以忽略不计。

"磁性续流控制"概念允许通过各个并联的 IGBT 之间的磁耦合顺序切换续流二极管。这可以通过专门设计功率电路使并联 IGBT 模块在散热片上尽可能贴近来实现（见图 18A.7）。然而，这个概念被用于仅通过电缆连接的逆变器的顺序切换，适用于许多制造商生产的标准三相 VSI[17]，其相应的结构如图 18A.8 所示。

图 18A. 7　采用 5 个 IGBT 进行并联的逆变器桥臂

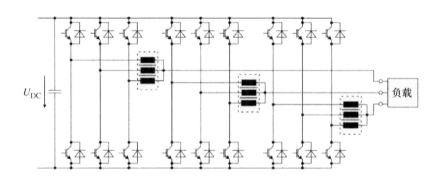

图 18A. 8　三相电压源逆变器的顺序切换[1]

　　多个逆变器的每相输出分别连接到一个线圈。由于线圈之间的漏感，负载电流不会换流到并联逆变器的所有二极管，而是换流到同桥臂另外一个导通 IGBT 的续流二极管中。如果下一个逆变器的 IGBT 导通，则负载电流从前一个逆变器换流到通过互感连接的下一个逆变器。与常用的共模电感相比，该电感的大小不会显著增加，因为其磁路与单线圈的电感相同。

　　作为额外的好处，磁性续流控制的概念使电力电子制造商能够在不使用专门设计的电力设备的情况下增加其产品的功率范围。尤其是，中小企业可以将其作为一种工具，用相同的电力电子模块（例如，标准的 IGBT 模块）以扩大其产品的应用范围。

　　由于顺序切换，二极管的关断过程和 IGBT 的导通过程被解耦。实际上，这是一种软开关过程，而不是负载电流从一个逆变器桥臂到下一个逆变器桥臂的换流的硬开关过程。IGBT 在零电流时开关（见图 18A. 9），由于在关断时有限的 $\mathrm{d}i/\mathrm{d}t$，二极管的反向恢复电流减小（见图 18A. 9）。在换流期间，二极管和 IGBT 的电压为零，因此两个漏电感上的电压达到均衡分配。因此，这可以使得开关损耗进一步降低。

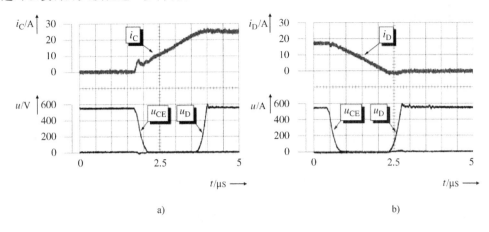

图 18A.9　磁性续流控制中的软开关过程：a）IGBT 电流；b）二极管电流[1]

18A.2.3　增加开关频率

在五个逆变器并联的情况下，每个 IGBT 的开关频率仅为 PWM 频率的1/5。此外，IGBT 的最大导通时间被限制在 IGBT 开关周期的1/5，因此导通损耗又会进一步降低。开关损耗和导通损耗的减少使得提高功率容量和设备寿命成为可能，并且可以在不克服单个逆变器的最大开关损耗的情况下提高整体开关频率。

图 18A.10 比较了单个逆变器的热效应，以及采用磁性续流控制的顺序切换时五个并联逆变器的热效应。在使用五个并联逆变器时，即使将总的开关频率提高 40kHz，散热器的温度也比单个逆变器（开关频率为 8kHz）的温度低。相对于前面提到的效应（导通损耗控制、通过磁性续流控制的软开关等）的影响，还有额外的热裕量可用于以更高的开关频率工作。

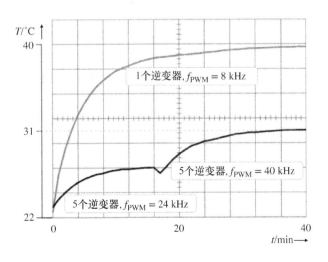

图 18A.10　在正常开关模式及顺序切换模式下散热器的温度变化，
其中 PWM 控制频率在第 16min 时进行切换[1]

18A.3 异步电机模型

18A.3.1 控制问题

作为磁场定向控制的一部分，IUT 通常包含电流控制，因此 VM 内的另外一个电流控制器可能会引起一些问题。两个电流控制器将试图控制同一个电流，而且 IUT 的输出电流只有给 VM，除此外没有其他输出通道（见图 18A.2）。根据参考文献［5］的方法，通过增加 T 形滤波器可以解决这个问题，而不是在 IUT 和 VM 之间简单地增加电感。这种情况下，在 IUT 和 VM 之间电流可以是两个不同的电流，因此这两个电流控制器不会再互相影响。然而在这种情况下，VM 的电流不再接近于 IUT 的电流，因为"VM"具有一定的"漏电流"。

另一种解决方案是在 VM 内使用一个状态空间控制器来"控制" IUT 的 PI 电流控制器。然而，为了建立一个状态空间控制器，需要专门开发技能，而这在许多中小企业中并不实用。

还有一种方法，就是 VM[6] 使用一个专门设计的功率电路，这对于中小企业来说也不是经济的解决方案。

一个非常成功的解决方案是使用"逆变器"模型，这将在下一节中介绍。

18A.3.2 基于"逆变器"的电机模型

测试平台必须在其输出端要模拟测试电机。作为一个例子，在这个项目中模拟了一台感应电机。为了避免使用电流控制器，电机的模型不再基于电机电压来计算电机电流，而是相反。一个基于"逆变器"的电机模型，计算电机的电压作为电机电流的响应（电流由 IUT 控制），在 VM 侧则不再需要电流控制器。因此，图 18A.11 所示的等效电路可以用来控制基于转子模型的感应电机[21]。根据电压响应，由 VM 内的"逆变器"模型计算电机电压（见图

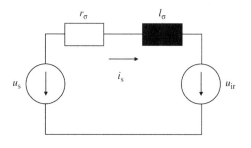

图 18A.11 感应电机的等效电路[1]

18A.12），感应电机的感应电压随 VM 的功率等级的变化而调整。这种方法不再需要任何额外的电流控制器。

不过，这种方法能够代表真实设备的特征。电流取决于定子漏电感 $L_{s\sigma}$。在所给出的例子中，通过两台逆变器之间的耦合电感，保证了顺序切换二极管的磁性续流控制，如前面章节所述。定子电流 i_s 产生一个转子磁通 Ψ_r（见图 18A.12）。电机在其端子的感应电压取决于角速度 ω 和转子磁链 Ψ_r，角速度则是电磁转矩减去负载转矩的积分（见图 18A.12），这是一个重要的变量，因为它作为 IUT 速度控制器的输入，可以模拟不同的负载变化。为了模拟变频调速系统的转速，设计并实现了一个基于 FPGA 的编码器模拟器。这个模拟器基于电机模型所计算的角速度，生成光学编码器的输出信号（包括 A、B、0 等输出）。模拟器的输出是一个标准的增量编码器兼容接口（见图 18A.13），因此可以连接到任何有增量编码器输入的逆变器。

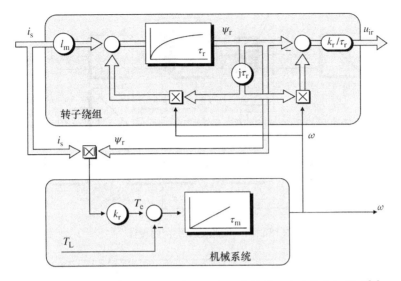

图 18A. 12　用于计算感应电压和 VM 角速度的基于电流的电机模型[1]

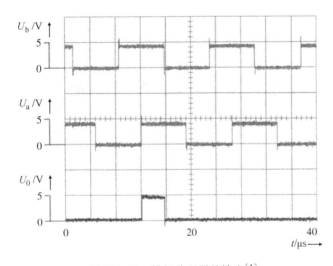

图 18A. 13　模拟编码器的输出[1]

18A. 4　实验结果和小结

18A. 4.1　实验结果

图 18A. 14 给出用于获得实验结果的完整的 VM 拓扑的系统框图。

图 18A. 15 给出了实验室的测试平台。测试平台由五个工业标准的 14kVA 两电平 VSI（见图 18A. 16）并联组成，并顺序切换。额定开关频率为 8kHz，电机模型的计算和 PWM 脉冲的产生由 DSP 控制器完成（见图 18A. 17）。PWM 输出脉冲通过现场可编程门阵列（FPGA）分配给各个逆变器。

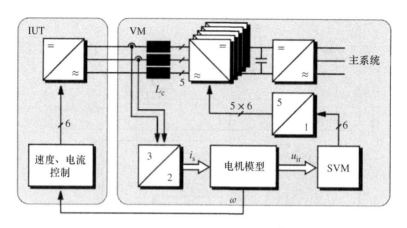

图 18A. 14 实验测试平台的设计[1]

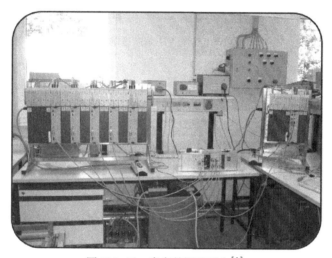

图 18A. 15 真实的测试平台[1]

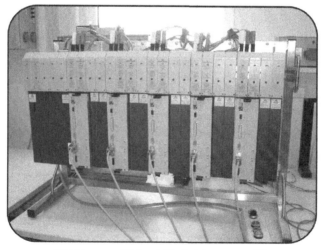

图 18A. 16 采用五个并列逆变器的 VM[1]

VM 可以通过 PC 用户控制界面进行参数设置（见图 18A.18）。在测试期间，可以通过改变负载转矩来模拟负载突变。表 18A.1 列出了 VM 模拟的感应电机的参数。IUT 与测试平台上的并联逆变器类型相同，且由磁场定向控制器进行控制。

图 18A.17　提供 VM 控制的真实系统[1]

PARAMETEREINGABE
FÜR DEN ELEKTRONISCHEN PRÜFSTAND

STATUS

			Übertragene Daten:
Hauptinduktivität:	Lh	86,58	mH	86,58 Lh
Statorstreuinduktivität:	Ls	1,3	mH	1,3 Ls
Rotorstreuinduktivität:	Lr	2,202	mH	2,202 Lr
Statorimpedanz:	Rs	0,211	Ohm	0,211 Rs
Rotorimpedanz:	Rr	0,1586	Ohm	0,1586 Rr
Nennspannung:	Un	770	V	770 Un
Nennstrom:	In	51	A	51 In
Nenndrehzahl:	Nn	1476	1/min	1476 Nn
Polpaarzahl:	P	2		2
Mechanische Zeitkonstante:	Tm	2	s	2 s
Lastmoment:		0	Nm	0 Nm

send　clear screen

EMAD
Electrical Machines and Drives
Wuppertal University

close

图 18A.18　VM 的用户控制界面[1]

表 18A.1　VM 参数

$U_N = 380V$	$m = 81.49mH$
$I_N = 22A$	$L_s = 84.18mH$
$f_N = 50Hz$	$L_r = 86.36mH$
$p = 2$	$R_s = 292m\Omega$
$J = 0.01kgm^2$	$R_r = 232m\Omega$

    VM 在额定转速和轻载下的运行状态如图 18A.19 所示。这些都是从电机模型（见图 18A.12）直接计算的结果。电流波形表明，VSI 电源典型电流值——IUT 电压降的非线性是无法通过 IUT 的磁场定向控制完全补偿的。但是，电压和磁通是完全正弦的，因为这些结果都是来自 VM 电机模型的计算。

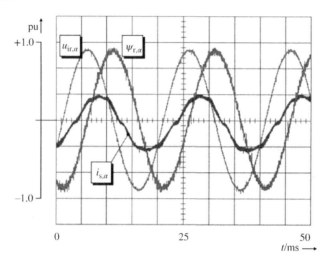

图 18A.19　电机模型输入电流的部分分量、转子磁链、感应电压、额定速度、负载转矩等

    图 18A.20 给出了五台逆变器并联时，一台逆变器的桥臂电流和整体 VM 的模拟"负载电流"波形。可以清晰地看到流过功率器件的电流脉冲。

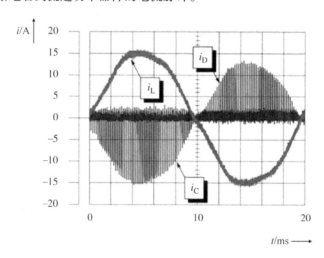

图 18A.20　模拟的负载电流及逆变器桥臂电流

    图 18A.21 给出了反转时的定子电流以及速度波形。

    图 18A.22 给出了从静止到额定转速的动态变化过程。该 IUT 工作在速度控制模式。很明显，只有在加速过程中逆变器才能输出最大转矩，而且 VM 的特性与真实感应电动机相同。图 18A.23 显示出了定子电流、电压以及磁链。给定速度缓慢增加，叠加在 IUT 上的磁场定向控制器实现对输出转速和电流的控制。转子磁链由磁场定向控制器控制并保持恒定。在额定转子磁链下，随着实际转速增加到额定值，感应电压也随之增加到额定值。这和真实感应电机的特性相符。如图

18A. 21 所示，所有值都是由 VM 计算得到。

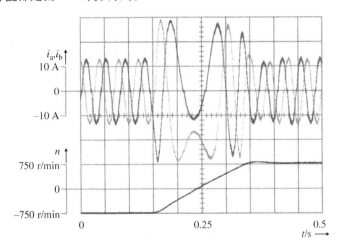

图 18A. 21 在速度反转过程中的定子电流变化（定子坐标系）

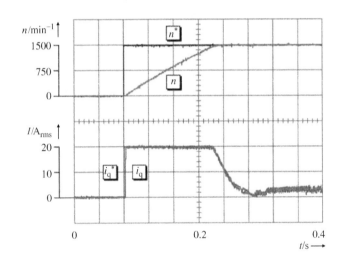

图 18A. 22 速度从静止到额定转速的阶跃变化（IUT 磁场定向电流控制器的输出）

图 18A. 24 显示了额定转速下的负载阶跃变化情况，在 $t = 0.08\text{s}$ 时，负载阶跃变化由 VM 模拟产生。IUT 的速度控制器和转矩电流控制，可以确保 VM 的额定转速保持恒定。因此，仅通过调整 VM 的负载转矩就可以在实际功率水平下对 IUT 进行测试。

18A. 4. 2 小结

顺序切换不仅适用于集成二极管安装在散热器上的 IGBT 模块，也适用于工业标准的两电平 VSI。因此，可以通过并联两电平 VSI 并采用顺序切换来提高系统总的功率和总的等效开关频率。使用该方法，可以以设计成本开发出一套新的逆变器测试平台。这也为逆变器制造商提供了一种可选设计方案，可以在实际功率水平下测试其完整的产品系列，且不需要多台真实设备。

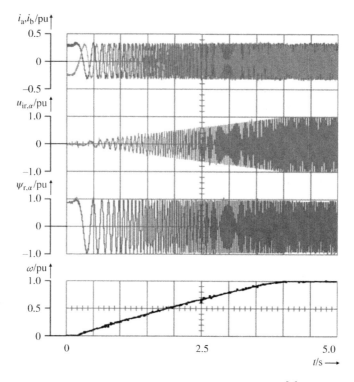

图18A.23 电机从静止到额定转速的加速过程[1]

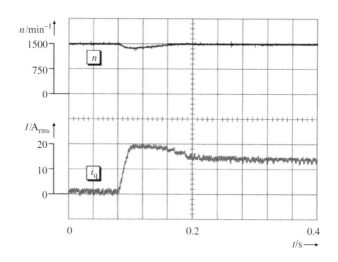

图18A.24 额定转速情况下负载从0到75%的变化过程

结果证明，所提出的 VM 是一个允许逆变器以实际功率水平进行测试的硬件系统，而不需要安装和操作真机。VM 可以模拟一个真正的感应电机的特性。不同的设备和不同的负载条件，都可以通过软件来模拟实现，这意味着可以控制 IUT 使其运行在正常的工作模式，且无需对逆变器或控制单元做任何修改。

参 考 文 献

1. Kennel, R.M., Boller, T., and Holtz, J. (2011) Hardware-in-the-loop systems with power electronics – a powerful simulation tool. Workshop on Power Electronics in Industrial Applications and Renewable Energies (PEIA 2011), Doha, Qatar, December 2011.
2. Boller, T., Holtz, J., and Kennel, R. (2010) *Sequentiell schaltende Umrichter als elektronische Last für Antrieb-sumrichter*, SPS/IPC/Drives, Nürnberg (in German).
3. Ralph, K. (2009) Virtual machine – replacement of electrical (Load) machines by a hardware-in-the-loop system. 13th European Conference on Power Electronics and Applications, EPE 2009, Barcelona, Spain, September 2009.
4. Boller, T. and Kennel, R. (2009) Virtual machine – a hardware in the loop test for drive inverters. 13th European Conference on Power Electronics and Applications, EPE 2009, Barcelona, Spain, September 2009.
5. Monti, A., D'Arco, S., and Deshmukh, A. (2008) A new architecture for low cost power hardware in the loop testing for power electronics equipment. IEEE International Symposium on Industrial Electronics, ISIE 2008, June 30 2008-July 2 2008, pp. 2183–2188.
6. Wenzel, A. (2008) *Gröling, Schumacher: "Hoch-dynamische, elektronische HiL-Echtzeit-Lastsimu-lation zur Umrichterprüfung", 3*, VDE/VDI-Tagung, Böblingen (in German).
7. Slater, H.J., Atkinson, D.J., and Jack, A.G. (1998) Real-time emulation for power equipment development. Part 2: the virtual machine. *IEE Proceedings - Electric Power Applications*, **145** (3), 153–158.
8. Kleveland, F., Undeland, T.M., and Langelid, J.K. (2000) Increase of output from IGBTs in high power high frequency resonant load inverters. IEEE Annual Meeting of Industry Applications Society, Rome, 2000, CD-ROM.
9. Abo Zied, H., Makky, A.-R.A.M., Mutschler, P., and Stier, S. (2002) A modular IGBT converter system for high frequency induction heating applications. 23rd International Conference and Exhibition on Power Electronics, Intelligent Motion, Power Quality PCIM 2002 Europe, Nürnberg, Germany, 2002, CD-ROM.
10. Stier, S.H. and Mutschler, P. (2004) A modular IGBT converter system for high frequency induction heating applications. German-Korean Symposium 2004 on Power Electronics and Electrical Drives KOSEF 2004, Aachen, Germany, 2004, S. 164–171.
11. Pérez-Pinal, F.J. and Cervantes, I. (2006) Simple almost zero switching losses for interleaved boost converter. 3rd International Conference on Power Electronics Machines and Drives PEMD 2006, Dublin, Republic of Ireland, 2006.
12. Chang, H.-H., Tseng, S.-Y., and Huang, J.G. (2006) Interleaving boost convertsers with a single-capacitor Turn-off Snubber. 37th Annual IEEE Power Electronics Specialists Conference PESC, Jeju, 2006, CD-ROM.
13. Hu, Y., Xie, Y., Tian, H., and Mei, B. (2006) Characterisitics analysis of two-channel interleaved boost converter with intergrated coupling inductors. 37th Annual IEEE Power Electronics Specialists Conference PESC, Jeju, 2006, CD-ROM.
14. Singh, R.P., Khambadkone, A.M., Samudra, G.S., and Liang, Y.C. (2006) An FPGA based digital control design for high-frequency DC-DC converters. 37th Annual IEEE Power Electronics Specialists Conference PESC, Jeju, 2006, CD-ROM.
15. Zhang, X. and Huang, A. (2006) MVRC and its tolerance analysis for microprocessor power management. 37th Annual IEEE Power Electronics Specialists Conference PESC, Jeju, 2006, CD-ROM.
16. Asiminoaei, L., Aeloiza, E., Kim, J.H. *et al.* (2006) Parallel interleaved inverters for reactive power and harmonic compensation. 37th Annual IEEE Power Electronics Specialists Conference PESC, Jeju, 2006, CD-ROM.
17. Boller, T., Kennel, R., and Holtz, J. (2010) Increased power capability of standard drive inverters by sequential switching. IEEE-ICIT 2010, Valparaiso, Chile, March 2010.
18. Kennel, R. and Holtz, J. (2007) Industrial servo drives - interleaved or sequential switching for increasing the switching frequency. ICPE07 (International Conference on Power Electronics), Daegu, Korea, October 2007.
19. Ferreira, A.C. (2007) Improved output power of multiphase inverters by sequential switching. PhD thesis. Wuppertal University, Germany, June 2007 (in German).
20. Kennel, R.M., Boller, T., and Holtz, J. (2011) Replacement of electrical (Load) drives by a hardware-in-the-loop system. International Aegean Conference on Electric Machines and Power Electronics and Electromotion (ACEMP 2011), Istanbul, Turkey, September 2011.
21. Holtz, J. (1995) The representation of AC machine dynamics by complex signal flow graphs. *Transactions on Industrial Electronics*, **42** (3), 263–271.
22. Ferreira, A.C. and Kennel, R. (2007) Emissionsfreier elektronischer Prüfstand. *Antriebstechnik*, **5**, 44–45 (in German).
23. Holtz, J. (1994) Pulsewidth modulation for electronic power conversion. *Proceedings of the IEEE*, **82** (8), 1194–1214.

第 18B 章　模块化多电平换流器的实时仿真

Luc A. Grégoire[1], Jean Bélanger[2], Christian Dufour[2], Handy. F. Blanchette [1], Kamal Al – Haddad[1]

[1]加拿大魁北克高等技术学院电气工程系

[2]加拿大欧泊实时技术有限公司

18B.1　简介

实时仿真为加快新产品的开发提供了若干优势。其中之一就是在硬件就绪之前就可进行控制器的开发与测试。这对于像模块化多电平换流器（MMC）之类的高阶多电平换流器来说至关重要。因为要建立这么一套复杂的系统，先不提成本有多昂贵，对大多数实验室来说，需要占用的空间就是一个严重的问题。实时仿真的优点，还在于可用来分析接入同一电网的多个 MMC 及传统高压直流（HVDC）输电系统之间的相互影响。此外，实时仿真也可以用来在现场安装之前，对控制系统进行出厂测试。现如今，实时仿真器也经常用来加速传统的仿真，因为传统方法采用基于单处理器的仿真软件，为了仿真一个带有两个或三个换流器装置的电网系统的几秒钟运行，常常要耗时几小时。本章将介绍实时仿真的基础内容及其优点与局限性，并基于此建立 MMC 的实时仿真。MMC 拓扑最早在参考文献［1］中提出，它是由多个相同的功率单元串联而成。其模块化特点适用于多种应用场合，例如仅使用几个功率单元的中压传动系统[2]，以及包括大量功率单元的大型高压直流输电系统[3,4]。采用大量功率单元串联的方法，降低了每个单元承受的电压，从而降低了每个元件的成本，同时降低了开关损耗，在交流侧获得了更低的 dV/dt，因而最终可以无需笨重的无源滤波器而生成具有极低总谐波畸变率（THD）的正弦波形。

18B.1.1　MMC 的工业应用

ABB 在 1997 年首先测试了 MMC 拓扑结构。它在瑞典的 Hällsjön 与 Grängesberg 之间建立了一条 10km 的架空输电线，可以在 ±10kV 母线上传递 3MW 的功率。用以验证 MMC 这种新技术的基本概念以及该拓扑的实现能力。ABB 将其命名为轻型高压直流（HVDC Light），并将其首次应用于建立在澳大利亚 Mullumbimby 与 Bungalora 之间的一个商业化项目中。电压等级为 ±80kV，功率等级为 180MW，在 2000 年完成了调试。不久之后，西门子将相似的技术商业化，并命名为增强型高压直流（HVDC Plus）。其第一个商业化应用是连接旧金山市中心与匹兹堡地区变电站的海底高压直流输电线路，并在 2010 年完成调试[5]。

迄今为止，在建的 MMC 项目都仅限于点对点连接。虽然实际的高压直流电网在理论上已经有了许多探讨，但该网络的保护系统仍需开发。ABB 在 2012 年 11 月宣布实现了一种高压直流输电的断路器，命名为混合型高压直流断路器[6]。目前已在点对点系统中进行了应用，很快将在高压直流电网中进行测试和商业化。这些新技术将改变未来的电力输送方式。

18B.1.2　电力电子换流器实时仿真的限制

至今，离线或标准仿真软件与实时仿真器所能达到的性能还存在比较大的差距。主要的限制来自于求解微分方程可用的时间。微分方程用以描述电力电子电路的运行时序。离线仿真通常采用精确的变步长算法。通过采用两种不同阶次的离散化方法，一种的阶数高于另一种，然后在每次迭代计算后减小计算步长，直到两种方法结果之间的误差小于预先设定的误差容限[7]。该方法对于典型无扰动系统的仿真非常有效。但是，用于电力电子电路却会非常慢，这是因为仿真半导体器件的快速重复开关特性，需要解决刚性系统的算法问题。另一方面，实时仿真系统采用多处理器结构，基于定步长的并行处理并需要在一定时间内求解微分方程。如果采用 50μs 作为步长来进行系统的离散化变换，实时仿真器需要在这个步长周期内完成微分方程的求解。大型系统的模型具有更复杂的状态方程，自然需要更多的时间求解；在这种情况下，只有很少的方法可以获得可接受的结果。一种方案是加大步长，但会有不稳定与误差大的风险。基于摩尔定律[8]，实时仿真器的计算能力在过去十年中大大提高了，并且适用于仿真相对小型的模型。但是，超大型电网系统的实时仿真需要将系统解耦成许多小型子系统，才能用并行算法求解。目前，大多数实时仿真器在使用多个通用处理器或者数字信号处理器时，都可以实现 10 ~ 50μs 的步长，在使用 FPGA 时则可以实现 100ns ~ 1μs 的步长。

在电力电子电路中含有快速开关器件时，选择步长最为关键，因为它将决定脉宽调制电路产生驱动信号所能获得的精度。开关频率在 10kHz 时的步长周期是 100μs，如果实时仿真器步长选择为 50μs，将在开关事件发生时产生最大 50% 的误差。这一误差将导致错误的动态过程与谐波，直接影响控制器的错误判断。这种情况促进了超级快速计算机子系统的应用，进一步降低仿真步长，或者采用插值方法以实现精确的开关频率[11]。此外，这也是采用 FPGA 来解决类似问题的原因，并使之成为更加流行的技术。FPGA 芯片采用 100 ~ 400MHz 的时钟频率，比通用处理器的 2 ~ 4GHz 低得多。但是，FPGA 芯片内部有几百个 DSP 模块并按并行算法运行，从而实现非常小的 100ns ~ 1μs 的步长。由于处理器通信延迟，基于通用处理器的最强大的商用计算机仍然无法实现这一目标。此外，实际电力电子控制器产生的功率器件的触发信号，可以直接连接到 FPGA 的数字输入口，然后连接到同一 FPGA 芯片内部的换流器仿真模型。这样的结果是，整个系统的延迟，即从控制器输出所产生的导通信号到 FPGA 模型计算出电流结果之间的时间，可以低于 200ns ~ 1μs。对于大多数工作在 10 ~ 100μs 采样时间的控制器，这么小的延迟是可以接受的，适用于开关频率低于 500kHz 的系统。在这种情况下，其精度可以与变步长的算法相当。目前，通用计算机还无法实现如此低的延迟与精度，因为 PCI 总线的基本延迟都在 2 ~ 3μs。

此外，另一个需要考虑的重要参数是对电路进行离散化处理时所采用的建模技术。两种最著名的技术分别是节点法与状态空间法。根据电路拓扑的特点，两种都具有各自的应用优势。采取便捷和简化的方式，实时仿真的执行时间可以归根于矩阵的大小和稀疏度；后者影响求逆运算的计算量，而每次在开关事件引起电路拓扑变化时都需要求逆。在图 18B.1 的电路图中，由于只有两个状态参量，状态空间法会生成一个 2×2 的矩阵，用来进行离散化处理或者求逆，如式（18B.1）所示。而节点法则

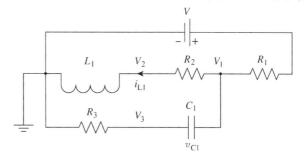

图 18B.1　对比展示状态空间法与节点法的电路

会生成一个 4×4 的矩阵，如式（18B.2）所示。这一简单的例子所阐述的方法可应用到大型电路中。

$$
\begin{bmatrix} \dot{v}_{C1} \\ \dot{i}_{L1} \end{bmatrix}\begin{bmatrix} -\dfrac{1}{(R_1+R_3)C_1} & -\dfrac{R_1}{(R_1+R_3)C_1} \\ \dfrac{R_1}{(R_1+R_3)L_1} & -\dfrac{R_2+(R_1/\!/R_3)}{L_1} \end{bmatrix}\times\begin{bmatrix} v_{C1} \\ i_{L1} \end{bmatrix}+\begin{bmatrix} -\dfrac{1}{(R_1+R_3)C_1} \\ -\dfrac{R_3}{(R_1+R_3)L_1} \end{bmatrix}\times V \quad (18\mathrm{B}.1)
$$

$$
\begin{bmatrix} i_1 \\ i_2 \\ i_{L1} \\ i_3 \end{bmatrix}=\begin{bmatrix} \dfrac{1}{R_1} & -\dfrac{1}{R_1} & 0 & 0 \\ -\dfrac{1}{R_1} & \dfrac{1}{R_1}+\dfrac{1}{R_2}+C_1 s & -\dfrac{1}{R_2} & -C_1 s \\ 0 & -\dfrac{1}{R_2} & \dfrac{1}{L_1 s}+\dfrac{1}{R_2} & 0 \\ 0 & -C_1 s & 0 & C_1 s+\dfrac{1}{R_3} \end{bmatrix}\times\begin{bmatrix} V \\ V_1 \\ V_2 \\ V_3 \end{bmatrix} \quad (18\mathrm{B}.2)
$$

大多数的仿真软件只采用了其中一种方法，并没有给用户选择的权利。这里仅仅是提出思路，从而尽可能地保持广泛通用性。FPGA 实现的时候也遇到同样的情况，基本没有现成的工具可用[12,13]。尽管很复杂，许多用户仍不得不开发自己的 FPGA 模型，研究人员也还在尝试开发通用的解决方案，从而避免在 FPGA 芯片中进行复杂的建模和解算工作。此外，我们必须要清楚地知道，在 FPGA 中最难完成的操作是除法，因此，如何以适合实时仿真的方式实现矩阵的即时求逆，是一个重要的研究课题。

18B. 1. 3　MMC 拓扑介绍

MMC 拓扑分为上下桥臂，分别由相同数量的功率单元组成，如图 18B. 2 所示。每一单元包括开关 S1、S2 和直流母线电容器。当一个单元导通，则通过上管 S1 输出电容器电压；当一个单元关断，则通过下管 S2 旁路。

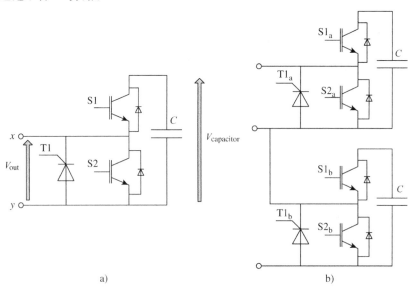

图 18B. 2　a) 单个 MMC 单元及其保护电路；b) MMC 桥臂支路

换流器桥臂中点的电压由该支路的导通功率单元的数量决定。在任意时刻，一个桥臂中均有一半的单元是导通的。比如说，如果一个换流器桥臂有 100 个单元，那么对于分布在上下桥臂的所有单元，在任意时刻只有 50 个是导通的。图 18B. 3 给出了下面几种情况下中点处的电压：

- 上臂中的 1 个单元和下臂中的 49 个单元导通，中点电压接近于 HVDC 的正母线电压。
- 上臂中的 25 个单元和下臂中的 25 个单元导通，中点电压为 0。
- 上臂中的 49 个单元和下臂中的 1 个单元导通，中点电压接近于 HVDC 的负母线电压。

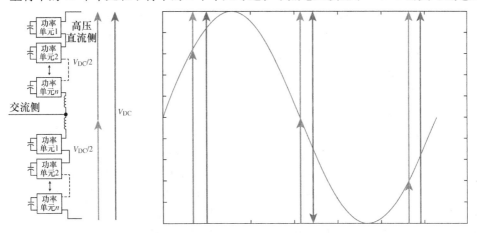

图 18B. 3　高压直流输电线路中一个 MMC 桥臂的标准示例

当功率单元导通时，其电压将会随桥臂电流的变化而变化。通过严格的算法选择哪个单元导通或关断，从而实现对电压的调节控制。虽然这种拓扑结构是在几年前提出的，但是只有增加控制器的计算能力，才能对其进行精确控制。从那时起，为对这种需要对每个单元的电容电压进行单独控制的换流器拓扑实施有效控制，人们提出了许多方法[14-16]，所引用的仅仅是其中很少一部分。

这种拓扑结构中的功率单元数目有两个作用。单元的数量与产生电压的品质有关。当使用了超过 12 个电平时，其对 THD 继续提升的效果也就可以忽略了，如图 18B. 4 所示[17]。

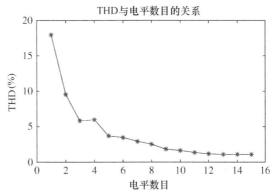

图 18B. 4　THD 与电平数目的关系

当 MMC 用于 HVDC 时，采用大量的功率单元以降低每个组件的电压应力，并可通过提供冗余以提高可靠性。此外，增加单元的数量可以使每个单元的开关频率降低到每周期 1 次[4]。

由于该拓扑是一种电压源换流器（Voltage Source Converter，VSC），因此其对有功功率和无功功率都有完全的控制能力。与传统 HVDC 拓扑不同的是，由于换流器本身可提供电压，因此并不需要与电网同步，允许无电源启动。但是伴随这些优点而来的是因控制复杂而带来的成本的提高，这也需要进一步的优化与测试。

18B. 1. 4　MMC 仿真约束条件

要实现 MMC 的实时仿真，有两大问题需要解决。第一个问题是不管采用状态空间法还是节点法，模型规模都是相当大；第二个问题是控制换流器所需的输入输出接口数量也很巨大。考虑到实时仿真的主要目的是与真正的控制器进行连接，当需要控制数以千计的功率单元的时候，只能假定需要更多的信号来控制换流器。这样，大多数的处理时间用于外部控制器与 MMC 模型之间的 I/O 管理和数据传输。因此很显然，要仿真一个每桥臂 1000 个单元的 MMC 时，所需要的 I/O 处理时间将远超过 25μs，而这是不可接受的。

18B.1.4.1 解决大型状态空间问题

克服第一个问题的一种方法是利用 MMC 拓扑的某些优势。每个桥臂都有很大的电感，这会在交流侧生成一个"强态"，使得电流变化缓慢。直流侧通常与直流电缆相连，电缆的电容会在直流侧生成一个"强态"，使得 HVDC 电压变化缓慢。这两个"强态"可以用来为每个桥臂解耦。一旦解耦，就可以将计算量分担到多个计算单元并行处理。此外，一个桥臂可分为更小的子电路，而不需要额外的计算时间。

18B.1.4.2 解决 I/O 管理问题

通过对大型系统解耦，解决了第一个问题，下面就是要解决 I/O 需求量的问题。稍后会讨论实时仿真装置的架构，现在需要弄明白的是，大多数实际控制器和仿真平台通过具有通信链路的定制板卡与其计算单元通信。更多的 I/O 意味着需要通过通信链路收发更多的数据，因此需要更多的时间。如果 I/O 通信花费了很多时间，那么给模型计算留下的时间就更少了。解决第一个问题所做的事情也有助于解决这第二个问题。将模型扩展到更多的计算单元，可以减少每个计算单元必须与 I/O 交换的数据量，这样也就解决了第二个问题。此外，直接在管理 I/O 通道的 FPGA 芯片上对 MMC 单元进行仿真，同样减少了外部控制器与仿真主处理器之间的数据传输。这一技术目前被大多数高级实时仿真器所使用。

为了实现并行处理，将 MMC 与交流电网耦合形成的大型状态空间系统进行分割，可以有几种不同的方法，可能涉及使用模拟延迟[18]或多速率仿真[19]。到目前为止，还没有比较规范并且简单的方法，可用来对耦合了大型交流电路的复杂电力电子电路进行并行处理。

18B.1.4.3 比实时更快的系统级仿真

目前有一些研究是针对大型网络中多个换流器的行为，或者在制造控制器原型板卡之前进行控制器的开发。在这些实例中，控制器算法可与 MMC 系统和电网在同一仿真器中进行仿真。这样不再需要外部 I/O，因此就有可能实现比实时更快的仿真。也就是说，一个典型的 60s 仿真，在实时仿真器中需要 60s，但是在这个快速仿真器中可能仅仅只需要几秒的时间。在实时仿真中，加速系数是 1，也就是说，所用的时间步长和执行模型所需时间的比值是 1。对于快速仿真，加速系数会大于 1，这是因为求解模型方程所需的时间比时间步长要小。如前所述，如果模型解耦并分布于许多计算单元中，其加速系数会大于 1；而在传统的信号处理仿真软件中，加速系数可能远小于 1，也就是说，对于一个 10s 的实例，其仿真时间依赖于网络和 MMC 的规模，有可能需要几分钟甚至几小时。由于控制的开发需要分析数以百计的突发事件并优化多个参数，因此，随着模型复杂性的增加，利用多核处理器和 FPGA 的快速仿真工具将变得非常必要。

18B.2 MMC 建模的选择及其局限性

如前所述，时间在实时仿真中是一个很重要的限制条件。对于特定的例子，选择合适的建模级别有助于缩短计算时间。建模级别可以主要分为三类：详细模型、开关函数和平均模型。每一种模型都可以给出精确的结果，但是它们具有不同的限制条件。

18B.2.1 详细模型

在所谓的详细模型中，也有不同层次的建模。其中大部分都涉及了太多的细节，这对于设计、优化和测试控制系统的实时仿真并没有帮助。"SPICE"模型是其中最详细的模型,其中考虑了功率开关的寄生电容和电路板的应变电感等所有参数。这种类型的模型可用来计算开关过程的损耗。虽然这是实际设计中很重要的一部分,但实时仿真不应该也不能用于计算开关损耗和电磁干扰。考虑到数值方法,诸如皮法和 nH 级器件的时间常数为 ns 级;对于这种级别的时间步长,目前即使用 FPGA 也无法实时实现。不过在未来十年内,处理器技术的进步可能使这一梦想成为可能。

将开关和二极管作为线性元件的模型也可当作是一种详细模型。每一个半导体都以一个阻抗来表示:导通的时候阻抗小,关断的时候阻抗大。无论是采用状态空间法还是节点法,每当开关状态发生改变,一个新的矩阵序列需要计算和求逆。这种方法已使用 Hypersim[20] 或状态空间节点法(State-Space Nodal,SSN)[21, 22]进行了展示,对于每桥臂 100 个单元的 MMC 系统,时间步长约为 30μs。

18B. 2. 2 开关函数

开关函数或者事件驱动的动态系统[23]可理解为 C 语言中的条件判断切换:对于某个输入,预期会有某些反应。在图 18B. 2 中,开关函数可以采取以下形式
- 如果 S1 = 1,且 S2 = 0,则 $V_{out} = V_{capacitor}$
- 如果 S1 = 0,且 S2 = 1,则 $V_{out} = 0$
- 否则 $V_{out} = 0$

这就意味着开关切换具有互补性,并且没有通态损耗,也就是理想开关。为了引入开关的损耗,需要将电流考虑进来。这样,开关函数即变为
- 如果 S1 = 1,且 S2 = 0,则 $V_{out} = V_{capacitor} - I_s R_{on}$
- 如果 S1 = 0,且 S2 = 1,则 $V_{out} = 0 - I_s R_{on}$
- 否则 $V_{out} = 0$

开关函数的灵活性使其成为一个非常强有力的工具,但是为了预测和应对每种可能的情况,需要对电路有非常好的理解。与详细模型不同,这可能会导致现实中并不会出现的非自然性和非连续性。该算法具有执行速度快的特点,是一种很好的实时仿真算法。此外,当已知有各种局限性时,还可在所有其他支持的模式下使用该模型。在该模型中,状态数目并没有减少,意味着仿真每个电容单元都需要一个积分器。18. 4. 2 节给出了一个详细的示例。

18B. 2. 3 平均模型

这里的平均模型并不仅仅是以经典的方式设计的。在经典的平均模型中,以占空比替代 PWM 作为输入,但这样也会将每个单元电容电压进行了平均处理,使得所有单元的电压都得到了理想的调节。这种类型的建模是最容易实现的,但也是具有最多局限性的。实施这一模型的最大目的是为了研究大型网络中的换流器,而不考虑每个单元的调节。与开关函数类似,单元输出由一个简单的方程给出,将其与大系统分离。系统的其余部分会将换流器视为一个可变阻抗,可用详细模型描述。同样,18. 4. 1 节给出了详细的实施示例。

这种建模的一个缺点是,当没有脉冲施加于换流器时,会出现高阻抗模式,需要采取特殊的措施来应对。在这种模式下,只有当没有脉冲施加到开关上时,电压源换流器的输出才由其电流控制。正常情况下,如果施加于某一桥臂的电压高于该桥臂中所有电容器电压的总和,电流会流过单元开关中的反并联二极管,对单元中的电容器充电,直至达到桥臂的输入电压值。待所有单元充完电,反并联二极管将截止,桥臂电流将降为零并一直保持,直至再次有脉冲施加到换流器

上，或者反并联二极管导通。电压源由电压控制，可使用不同的方案来实现，但是如果实现得不好，会导致模型响应不稳定。

这里介绍的三种不同类型的建模都有特定的用途，了解每个模型的局限性，有助于确定该方式是否适合其应用。

18B. 3   实时仿真的硬件技术

在 20 世纪 60 年代中期，实时仿真是通过模拟仿真器完成的，使用真实的线性和非线性元件对电路进行建模和仿真[24]。不久之后，出现了混合仿真器，也就是一部分模拟一部分数字，然后随着微处理器的快速发展，全数字仿真器问世。尽管第一代数字仿真器也存在其局限性，但更小的尺寸和多功能性使其更具吸引力，而且在过去的 15 年中，计算机计算能力的增强也大力推动了数字仿真器的普及。由于这些原因，模拟仿真器和混合仿真器现在很少使用了，这里也就不多做介绍。对于数字仿真器来说，主要可分为两种技术：第一种是嵌入 DSP 或微处理器的顺序编程，第二种是基于 FPGA 的并行编程。因为这两种技术的差异和互补性，在同一仿真器中使用这两种技术并不稀奇，这样可以充分利用各自的优势。下面将会讨论其各自的特性。

18B. 3. 1   基于 DSP 的顺序编程仿真

DSP 是为特定应用而优化的数字信号处理器。其接受顺序编程设计，即可以被顺序执行的一系列指令，并且循环重复。这些指令需要被处理器解读，可以称为低级语言。但它必须由用户以高级语言输入。这两个层次之间的差距是不同的编程语言，如 C、C + + 和 Java。每个制造商都有不同的机器代码，只能由自己的硬件来解读。采用 C 这样的用户通用语言，制造商可以制定与其自身硬件兼容的编译器。如今，高端处理器每秒可以执行数十亿条指令。为了获得如前所述更强大的计算能力，可以采用共享高速通信链路的多核处理器，并行处理一系列不同的指令。

在实时仿真中，最复杂的处理器被用于特殊设计的硬件中。所需的代码通过 Matlab/Simulink 等软件生成，因此用户不需要耗时费心地编写代码。当多核处理器可以并行使用的时候，用户同样依赖软件来轻松地分配计算任务。

并行实时仿真一个最著名的例子，是魁北克水电研发中心 IREQ 开发的 Hypersim 仿真器[25]。它可以仿真一个大型网络、数千个节点、数百个 CPU 集群，对每一个网络子系统进行仿真时，其处理器单元的分配全部是自动化的[26]。其他实时仿真器通常需要高级用户的介入，才能为多个计算单元分配计算负载[27,28]。

18B. 3. 2   基于 FPGA 的并行编程仿真

在执行指令时，FPGA 提供了更大的灵活性：实际上允许用户开发自己的指令集。FPGA 有一些可用的组件，例如与非门、异或门等逻辑算子，以及加法、乘法等基础算法。通过使用这些功能，用户可以为特定应用制作一组优化的指令集合。在旧一代的 FPGA 上，数据只能用定点表示，但从 2009 年开始，已出现支持浮点的内置运算符。

在 FPGA 的实现中，信号的传输速度非常快。可完成的运算数量取决于设计，以及信号所采取的路径方式，以实现所需的逻辑。在 FPGA 中，时钟信号用以确保预期结果已就绪，并与其他信号同步。图 18B. 5 说明了一个简单电路的信号传递及其输出的同步。

从图 18B. 5 中可以看出，由于得到 A 只需要一级逻辑门，所以可以假定它将在需要两级逻辑的 B 之前就已就绪。在 A 就绪后，C 可能改变，而当 B 准备好后又会再次改变。为了避免输

出值的不确定性,增加了一个寄存器并与时钟信号同步。这样,只要时钟的周期足够长,输入
1、2 和 3 就可以通过逻辑运算产生 C,而 D 则与时钟同步,其值也就准确了。在图 18B.5 中,结
果 A 和 B 是同时独立地进行处理的,这种并行处理是 FPGA 的主要优点。从简单的逻辑到大型矩
阵乘法都可以并行执行,把所有并行处理的结果都同步结合起来,最终将得到整体的结果。

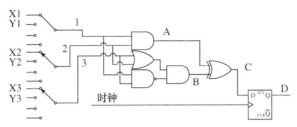

图 18B.5 逻辑信号传递示例

由于进程可通过特定的时钟同步,所以有可能采用时分复用或者流水线技术,从而将相同的
逻辑门应用于不同的进程。如果进程的时钟比 FPGA 的时钟慢,则可采用相同的逻辑门执行相同
的进程。比如说,如果图 18B.5 中所示进程可
以在一个 FPGA 周期内完成,但是其输入要准
备好被执行,则需要 5 个 FPGA 时钟周期。通
过利用选择器对输入多重复用、对输出多路分
解,那么计算相同的进程,相同的逻辑可以被
重复利用 5 次。图 18B.6 所示的时序图展示了
两个不同进程的时分复用。进程 X 有输入 X1、
X2 和 X3;进程 Y 有输入 Y1、Y2 和 Y3;X 和
Y 每个进程都会即时生成结果 A、B 和 C。在
每一个时钟,不同进程 X 和 Y 的值应用于逻辑
门,其结果如时序图所示。经过这两个进程
后,逻辑门不再使用,其结果也不重要了。

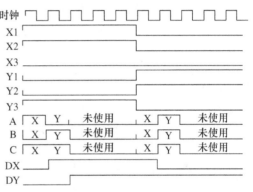

图 18B.6 时分复用过程的时序图

DX 和 DY 的结果将在可用时更新,并一直保持到处理过程(速度较慢)的下一个时钟周期。

这种设计可以保证在不同的进程中没有资源处于空闲状态,但这需要非常精确的同步和
设计。

下一个例子与仿真的关系更大:前向欧拉
积分器的实现。FPGA 时钟周期为 5ns,积分器
的时间步长为 20ns;然后可以采用流水线方
式。图 18B.7 展示了本例所采用的模块原理

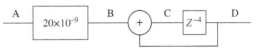

图 18B.7 采用流水线的 FPGA 积分器

图。输入 A 接收多路复用时间值,用于积分;A 乘以积分时间步长 20ns 得到 B;累加值 C 经四
步延迟后得到 D,实现前向欧拉积分器。然后可以对 D 中的结果进行分解复用,将积分值发送到
正确的进程中。图 18B.8 所示为系统时序图,其中选择了合适的积分时间步长,以方便展现。一
般情况下不会选择如此小的时间步长,因为使用定点或者浮点表征,都需要非常高的精度。

FPGA 的多功能性同样也带来了一些主要缺点:模型实现的复杂性和生成数据流的时间过
长。前面的例子清楚地表明,其编程的复杂性远远高于 C++ 等高级语言或者 Simulink 和代码生
成器(RTW)等更高级语言。这种复杂性限制了能够开发和维护模型的专业人员的数量。调试
也同样非常困难和耗时。

对于 FPGA，生成代码时需要对每个单独的逻辑门进行编程和互连。随着 FPGA 和模型的规模越来越大，编译代码或者数据流所需要的时间也不断增加。这意味着，如果模型配置发生改变，则需要重新编译新版本的数据流，这可能要花费几小时的时间。

要避免这两个缺点，一个选择是在 FPGA 上使用嵌入式解算器[29]。这样可以测试许多不同的电路配置，如果需要，还可以进行一些更改并重新编译新的数据流。

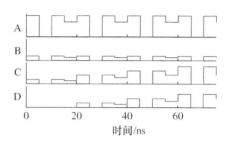

图 18B. 8　流水线积分器时序图

18B. 4　用不同方法实现实时仿真器

本节为读者准备了一些简单的例子，作为实现其设计的基础。其中使用 Matlab/Simulink 来实现和测试，但使用任何其他仿真软件也都可以获得类似的结果。对于这两个例子，一个桥臂上的所有单元都由一个等效电压源代替。唯一的区别是如何计算电压。等效电路如图 18B. 9 所示。V_{UA}、V_{UB} 和 V_{UC} 代表了上桥臂的等效电压；V_{LA}、V_{LB} 和 V_{LC} 则代表下桥臂的等效电压。

由于在模型中有两个大型状态矩阵，因此适合采用解耦的方法：大的桥臂电感保证了电流的缓慢变化，大的单元电容保证了电压的缓慢变化。测量桥臂电感的电流，计算出所有导通单元的等效电压。为了避免代数环，采用了前向欧拉积分法，因为原本有主导极点，因此对电路的稳定性影响不大。

图 18B. 9　等效解耦电路

18B. 4. 1　平均模型算法的顺序编程

这一类型的建模可用于测试连接到大型网络的换流器的内部和外部控制。这样就可以估算负载潮流、验证应急测试或整个网络的一般行为，而无需对每个电容器单元进行调节控制。

对于该模型，有如下假定：

• 对于某一桥臂的所有单元，其电流都是相同的，因为都是串联。

• 所有的电容都具有相同的值；对于所有导通单元的电容器，对电流进行积分均会导致电压的变化相同。

• 只需要将导通单元的数量作为该模型的输入，而一个桥臂中具体选择哪个单元打开，则是由本地的独立控制器控制，无需在该模型中体现。

图 18B. 10 给出了一个桥臂的控制框图。其输入为桥臂电流和导通单元数量，而将所有导通单元电压的总和作为输出。

桥臂电流乘以时间步长，再除以电容值，即得到导通单元的电压变化。然后，将电压变化乘以导通单元的数量，并将结果与之前所有单元的总电压相加，即得到新的总电压。总电压值除以单元的数量即得到单个单元的电容电压。这就是如何将所有单元调节到相同电压的方法。最后，

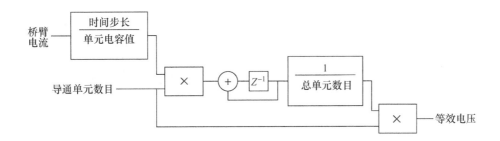

图 18B.10　MMC 平均模型的控制框图

将单个单元的电压乘以该桥臂导通单元的数量，即得到该桥臂的等效输出电压。

这一技术非常简单，甚至稍做修改即可在可变步长解算器中应用。唯一的缺点是，该方法未考虑利用单元开关器件的反并联二极管进行自然整流，也未考虑仿真桥臂内部故障和测试单个单元电压调节算法的可能性。

使用这种方法，图 18B.11 中的高压直流电网的仿真速度比实时仿真快。该配置结构是直流电网的测试基准，由 CIGRE 工作组 B4-57 提出。其中，换流器 A1 连接到一个更大的网络，由两个电压源模拟。换流器 B1、B2 和 B3 连接到另一个不同的网络，但它们之间也有交流链路。换流器 C1、C2、D1 和 F1 为海上风电场，E1 为孤立的海上负载。所有的海上换流器都通过高压直流输电线路的地下电缆连接在一起。陆上换流器采用架空输电线互相连接。

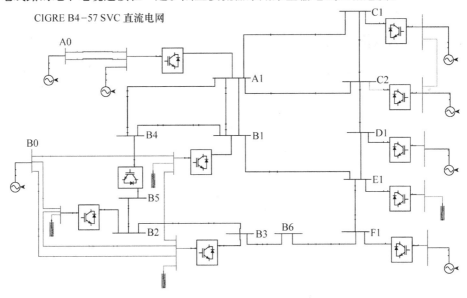

图 18B.11　CIGRE B4-57 高压直流电网

图 18B.12 所示为换流器 C1 和 C2 的响应。本实例只检测了 A 相，实际上所有其他相也都是可用的。在本测试中，C1 和 C2 之间的交流侧存在三相故障。当故障发生时，C1 和 C2 之间的线路在每一端断开两个周期，然后重新闭合。此时，故障已被清除。图 18B.12 给出了每个换流器的电压。在 C2 侧，在重合闸时刻可以看到过电压。过电压会根据断路器重合闸时的角度而变化。利用该模型和序列，可以通过一系列测试以进行蒙特卡罗分析，以识别 V2%[30]。

由于该模型不用 I/O 端口，因此其仿真可能比实时仿真更快。利用 eMEGAsim 仿真器的 11

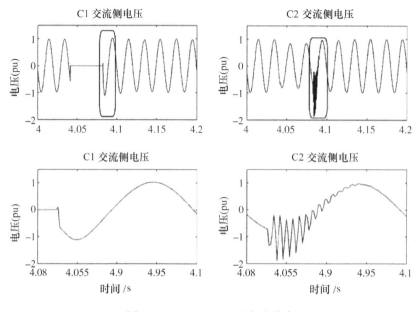

图 18B. 12　CIGRE 基准交流故障

个处理器，可实现加速系数为 4。在进行蒙特卡罗分析的情况下，需要进行数以千计的仿真，这一加速系数就非常重要了。

18B. 4. 2　开关函数算法的并行编程

正如前面所讨论的，并行编程可以在 FPGA 上实现。利用并行处理和时分复用的优点，一个非常大的 MMC 系统可以在 FPGA 上以非常小的时间步长 250ns 进行仿真。选择 250ns 的时间步长，并不是基于电路的稳定性，而是为了使每个单元的触发时刻非常精确。

表 18B. 1 给出了图 18B. 2 中的开关函数，用于 FPGA 实现。

表 18B. 1　MMC 单元的开关函数

情况	桥臂电流	S1	S2	单元输出电压 $V_{\text{out}}(T)$	电容电压 $V_c(T)$
1	X	0	1	0	$V_c(T - T_s)$
2	X	1	0	$V_c(T)$	$V_c(T - T_s) + (1/C) I(T - T_s) dt$
3	X	1	1	不考虑	
4	>0	0	0	$V_c(T)$	$V_c(T - T_s) + (1/C) I(T - T_s) dt$
5	<0	0	0	0	$V_c(T - T_s)$
6	=0	0	0	高阻	$V_c(T - T_s)$

可以注意到，这个模型背后的数学运算相对来说仍然比较简单。实现过程中的挑战主要是获得小的计算步长。桥臂电流由运行在 DSP 上的模型得到，采用标准仿真软件，可以很容易地在 DSP 上实现整个网络。门极信号 S1 和 S2 来自连接到 FPGA 的数字输入。DSP 上的仿真时间步长比 FPGA 的要大 100 倍。因此，只能发送所有单元在 DSP 时间步长的输出电压平均值，而不用发送电压的实时值。类似的是，当仿真步长大于 PWM 周期时，需要采用 PWM 的占空比。

需要实现两个不同的过程：开关函数和积分器。积分器采用图 18B. 7 中相同的方法，在本实例中，10 个信号形成流水线式，用时 250ns 或者 25 个 FPGA 时钟周期。在对积分器结果进行分解复用的过程中，对导通单元的电容电压进行求和，以获得桥臂的等效电压。另一个重要部分是开关函数的实现，用以决定哪个单元导通，哪个电容器充电。图 18B. 13 给出了该过程的框图以及每个过程所需的 FPGA 时钟周期。

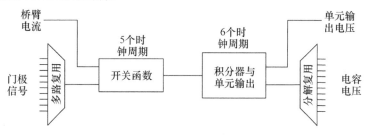

图 18B. 13 FPGA 实现框图

注意到所有的进程需要 11 个时钟周期，而 FPGA 的内部时钟为 10ns，这意味着第一个电容电压值将在 110ns 后可用。由于所有这些的时分复用以 10 个为一组，因此最后一个电容电压值在 21 个时钟周期也就是 210ns 后可用。在这里，明显体现出了流水线的优点，通过向流水线中增加更多的电容，只需要再多一个时钟周期就可得到其取值。在这种情况下，如果需要添加更多逻辑，仍然还有 4 个时钟周期可用，这样就具有更多的灵活性[19]。

图 18B. 13 中的方法被用来仿真一个换流器，其每半个桥臂有 500 个单元，系统共有 3000 个单元。它既可以采用基于 FPGA 的内部控制器，也可以通过光纤使用外部控制器。在本例中，每个单元使用两条光纤进行通信：一条用于接收数据，另一条用于发送数据。图 18B. 14 所示为用于仿真换流器的仿真器。在图片的中间是主仿真器，具有 250ns 的时间步长。两侧的其他机架仅用于管理控制仿真所需要的所有光纤。

图 18B. 14 带有 I/O 机箱的实时仿真器

图 18B. 15 给出了改变功率参考给定值得到的结果。无功功率稳定在 - 0.3pu，有功功率从 0 变化到 0.5pu。通过观察电压和电流，随着有功功率的增加，可以看到电流的相移。

这只是可以应用于此类系统的许多测试中的一个。采用 FPGA，使得 I/O 和模型之间的延时非常低。在本实例中，只有 MMC 在 FPGA 上仿真，而网络的其余部分则采用处理器进行仿真。

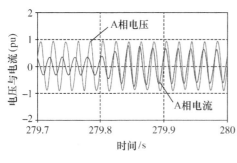 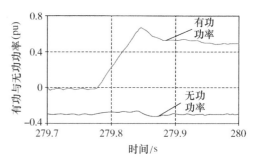

图 18B. 15 功率参考值阶跃变化的结果

2011 年，中国的南瑞继保电气有限公司将硬件在环仿真结果用于南汇 MMC 示范项目中，该项目是容量为 20MVA/60kV 的双端 MMC 高压直流项目。

18B. 5 小结

本章概要介绍了实时仿真及其结合不同技术的实际应用。如前所述，数字仿真器被广泛使用，但也有不同的技术路线。如今，在实现实时仿真器之前先了解应用，有助于确定最适用于该应用的类型。

标准的单处理器离线仿真工具无法为实现实时仿真提供妥善的解决方法，但是可以利用本章中提供的不同方法来实现其自身设计。多核处理器、DSP 和 FPGA 发展得非常迅速，由此带动了实时仿真的飞速发展。

目前已有通用的电气解算器，而且与通用处理器类似，通过抽象化 FPGA 的内部指令，促进了 FPGA 技术的发展与应用。这种基于 FPGA 的解算器在未来几年会迅速发展。本章主要介绍 EMTP 仿真，它最适合电力电子仿真，但一些软件现在提供 EMTP 与相量法的混合仿真；输电网络中的慢变部件采用相量算法进行了仿真，然后与 EMTP 仿真相配合，后者可以用于快速系统（例如电力电子）的仿真。回顾过去 10 年的发展，我们有理由预期，实时仿真的应用以后将持续增长，而且似乎只是受到行业需求的限制。

参 考 文 献

1. Lesnicar, A. and Marquardt, R. (2003) An innovative modular multilevel converter topology suitable for a wide power range. 2003 IEEE Power Tech Conference Proceedings, Bologna, Italy, p. 6.
2. Hiller, M., Krug, D., Sommer, R., and Rohner, S. (2009) A new highly modular medium voltage converter topology for industrial drive applications. 2009 13th European Conference on Power Electronics and Applications (EPE'09), pp. 1–10.
3. Rajasekar, S. and Gupta, R. (2012) Solar photovoltaic power conversion using modular multilevel converter. 2012 Students Conference on Engineering and Systems (SCES), pp. 1–6.
4. Peralta, J., Saad, H., Dennetiere, S., and Mahseredjian, J. (2012) Dynamic performance of average-value models for multi-terminal VSC-HVDC systems. 2012 IEEE Power and Energy Society General Meeting, pp. 1–8.
5. Zhang, X.Y., Wu, Z.J., Hao, S.P., and Xu, K. (2012) A study on the new grid integration solutions of offshore wind farms. *Advanced Materials Research*, **383**, 3610–3616.
6. Callavk, M., Blomberg, A., Häfner, J., and Jacobson, B. (2012) The Hybrid HVDC Breaker an Innovation Breakthrough Enabling Reliable HVDC Grids, http://new.abb.com/docs/default-source/default-document-library/hybrid-hvdc-breaker – an-innovation-breakthrough-for-reliable-hvdc-gridsnov2012finmc20121210 _clean.pdf?sfvrsn=2 (accessed 27 December 2013).

7. Hartley, T.T., Beale, G.O., and Chicatelli, S.P. (1994) *Digital Simulation of Dynamic Systems: A Control Theory Approach*, Prentice Hall, Englewood Cliffs, NJ.

8. Schaller, R.R. (1997) Moore's law: past, present and future. *Spectrum IEEE*, **34**, 52–59.

9. Baracos, P., Murere, G., Rabbath, C., and Jin, W. (2001) Enabling PC-based HIL simulation for automotive applications. 2001 IEEE International Electric Machines and Drives Conference (IEMDC 2001), pp. 721–729.

10. Abourida, S., Dufour, C., Bélanger, J. *et al.* (2002) Real-time PC-based simulator of electric systems and drives. Seventeenth Annual IEEE Applied Power Electronics Conference and Exposition, 2002. APEC 2002, pp. 433–438.

11. Dufour, C., Bélanger, J., Ishikawa, T., and Uemura, K. (2005) Advances in real-time simulation of fuel cell hybrid electric vehicles. Proceedings of 21st Electric Vehicle Symposium (EVS-21), Monte Carlo, Monaco.

12. Typhoon-HIL http://www.typhoon-hil.com/ (accessed 27 December 2013).

13. OPAL-RT Technologies Inc. eFPGAsim Power Electronic Real-Time Simulator. http://www.opal-rt.com /new-product/efpgasim-power-electronic-real-time-simulator(accessed 27 December 2013).

14. Hagiwara, M. and Akagi, H. (2009) Control and experiment of pulsewidth-modulated modular multilevel converters. *IEEE Transactions on Power Electronics*, **24**, 1737–1746.

15. Antonopoulos, A., Angquist, L., and Nee, H.P. (2009) On dynamics and voltage control of the modular multilevel converter. 13th European Conference on Power Electronics and Applications, 2009. EPE'09, pp. 1–10.

16. Zhao, Y., Hu, X.-H., Tang, G.-F., and He, Z.-Y. (2010) A study on MMC model and its current control strategies. 2nd IEEE International Symposium on Power Electronics for Distributed Generation Systems (PEDG), 2010, pp. 259–264.

17. Arrillaga, J., Liu, Y.H., and Watson, N.R. (2007) *Flexible Power Transmission: The HVDC Options*, John Wiley & Sons, Inc..

18. Hui, S. and Fung, K. (1997) Fast decoupled simulation of large power electronic systems using new two-port companion link models. *IEEE Transactions on Power Electronics*, **12**, 462–473.

19. Gregoire, L.-A., Belanger, J., and Li, W. (2012) FPGA-based real-time simulation of modular multilevel converter HVDC systems. *Journal of Energy and Power Engineering*, **6**, 1119–1125.

20. Le-Huy, P., Giroux, P., and Soumagne, J. (2011) Real-time simulation of modular multilevel converters for network integration studies. Proceedings of IPST, p. 6.

21. Dufour, C., Mahseredjian, J., and Bélanger, J. (2011) A combined state-space nodal method for the simulation of power system transients. *IEEE Transactions on Power Delivery*, **26**, 928–935.

22. Saad, C.D.H., Mahseredjian, J., Dennetière, S., and Nguefeu, S. (2013) Real time simulation of MMCs using the state-space nodal approach. Presented at the International Conference on Power Systems Transients, Vancouver, Canada.

23. Zeigler, B.P., Praehofer, H., and Kim, T.G. (2000) *Theory of Modeling and Simulation: Integrating Discrete Event and Continuous Complex Dynamic Systems*, Academic Press, San Diego, CA.

24. Hudson, J.E., Hunter, E.M., and Wilson, D.D. (1966) EHV-DC simulator. *IEEE Transactions on Power Apparatus and Systems*, **PAS-85**, 1101–1107.

25. OPAL-RT Technologies Inc. HYPERSIM Power System Real-Time Simulator, http://www.opal-rt.com /new-product/hypersim-power-system-real-time-simulator (accessed 27 December 2013).

26. Gagnon, R., Fecteau, M., Prud'Homme, P. *et al.* (2012) Hydro-Québec strategy to evaluate electrical transients following wind power plant integration in the Gaspésie transmission system. *IEEE Transactions on Sustainable Energy*, **3**, 880.

27. OPAL-RT Technologies Inc. ePOWERgrid Product Family Overview, http://www.opal-rt.com/epowergrid -product-family-overview (accessed 27 December 2013).

28. RTDS Technologies High Speed Power System Studies, http://www.rtds.com/applications/high-speed-power -system-studies/high-speed-power-system-studies.html (accessed 27 December 2013).

29. Dufour, C., Cense, S., Ould-Bachir, T. *et al.* (2012) General-purpose reconfigurable low-latency electric circuit and motor drive solver on FPGA. IECON 2012-38th Annual Conference on IEEE Industrial Electronics Society, pp. 3073–3081.

30. Paquin, J.-N., Bélanger, J., Snider, L.A. *et al.* (2009) Monte-carlo study on a large-scale power system model in real-time using emegasim. 2009 IEEE Energy Conversion Congress and Exposition (ECCE 2009), San Jose, CA, pp. 3194–3202.

第 19 章　基于模型预测的电机转速控制方法

José Rodríguez[1], Marcelo A. Pérez[1], Héctor Young[1], Haitham Abu – Rub[2]
[1]智利圣玛利亚理工大学电子系
[2]卡塔尔得克萨斯农工大学卡塔尔分校电气与计算机工程系

19.1　简介

转速控制提高了电机在不同工作条件下的效率，这在需要宽调速范围的场合尤为重要，比如泵和风扇。当负载变化但转速要求恒定时，也需要加入转速控制，比如造纸厂和机器人设备。电机控制通常使用逆变器等电力电子设备，逆变器的功率器件工作在导通或者关断状态，因此效率高，并且可以合成频率和幅度完全可控的交流波形。

过去的几十年里，电气传动只有两种转速控制策略在工业中得到了广泛应用：磁场定向控制（FOC）和直接转矩控制（DTC）。然而，微处理器技术的巨大进步使得人们有望开发出更智能、更复杂的电驱动控制策略。模型预测控制（MPC）便是其一[1, 2]，近年来被公认为现代控制理论中最成功的技术之一。预测控制这个术语指的是一系列控制方法，这些方法有着共同的工作原理：通过系统模型的优化处理，计算系统的调节参数，在一段时间内，使系统的输出能沿着期望轨迹运行[4]。模型预测控制在电力电子中的应用非常直观，这是由于变流器的模型精确，且变流器开关状态的控制变量数目有限。

预测控制最初是用来取代磁场定向控制的内环电流控制器[5, 6]，然后用来控制转矩和磁通[7, 8]。最近，已经提出了直接控制转速的预测方案[9]。预测算法的主要优点是实现简单和灵活，并且容易适应不同的交流电机，如永磁同步电动机[10]和无刷[11]或双馈感应发电机[12]。该算法已成功地应用到不同的变流器中，例如，串联 H 桥式[13, 14]、飞跨电容式[15]和矩阵变换器（MC）[16,17]，以及不同的拓扑结构，如多相驱动器[18]和带 LC 输出滤波器的变流器[19]。

本章首先介绍了电机驱动的经典转速控制的理论，其次介绍了模型预测控制策略，随后描述了电流控制算法和控制方案。通过将预测转矩控制（PTC）应用于矩阵变换器（MC），验证其应用于不同变流器和控制目标的可行性。最后，该技术也适用于直接控制电机转速的场合，以及基于相同预测模型的机电过程与价值函数。

19.2　电机转速经典控制方案综述

在过去的几十年里，使用电力电子变流器的交流电机转速控制已开展了大量深入的研究工作。然而，自 20 世纪 70 年代提出以来，只有少数的电机转速控制器广泛应用于工业传动，第一种工业应用的方法是磁场定向控制[20 – 22]。虽然最初是为感应电动机设计的[23,24]，后来也成功地应用于同步电动机[25, 26]及其他电机[27, 28]。磁场定向控制基于线性控制原理，使用脉宽调制（PWM）[29]把变流器的离散特性线性化，同时对电流和磁通也进行线性建模。另一种有效的转速控制策略是直接转矩控制[30]，该方法在 20 世纪 80 年代被提出，它与磁场定向控制的主要区别是它在控制策略中考虑了变流器的离散性。它是基于非线性滞环控制器和预先定义好的切换表来运行的[31]，与磁场定向控制一样，这种方法先为感应电动机提出[32, 33]，而后也应用到永磁同步电机（PMSM）[34,35]和无刷直流电机[36]以及其他电机中。上述每种交流电机控制技术都有自己的优点和缺点，但它们都已经是行业中的标准控制策略了[37]。

在本节中，先给出了感应电机的模型，并且描述了两个标准的电机转速控制策略。

19.2.1　电机模型

任何旋转电机都可以通过定子和转子电路的方程建模，以笼型感应电动机为例，公式为

$$\boldsymbol{v}_s = r_s \boldsymbol{i}_s + \frac{\mathrm{d}\boldsymbol{\psi}_s}{\mathrm{d}t} \tag{19.1}$$

$$0 = r_r \boldsymbol{i}_r + \frac{\mathrm{d}\boldsymbol{\psi}_r}{\mathrm{d}t} - \mathrm{j}\omega\boldsymbol{\psi}_r \tag{19.2}$$

式中，$\boldsymbol{v}_s$ 是加在电机端的电压；$\boldsymbol{i}_s$ 是定子电流；$\boldsymbol{\psi}_s$ 是定子磁链；r_s 是定子电阻；$\boldsymbol{i}_r$ 是转子电流；$\boldsymbol{\psi}_r$ 是转子磁链；r_r 是转子电阻；ω 是电机转速。

虽然这些方程定义了电流和磁通的动态变化，但是必须包括磁链方程才能形成完整的模型。这些方程是

$$\boldsymbol{\psi}_s = l_s \boldsymbol{i}_s + l_m \boldsymbol{i}_r$$
$$\boldsymbol{\psi}_r = l_m \boldsymbol{i}_s + l_r \boldsymbol{i}_r \tag{19.3}$$

式中，l_s 是定子自感；l_r 是转子自感；l_m 是互感。

通过转子和定子磁通的矢量叉积的幅值，可以得到电机转矩 T_e 为

$$T_e = \frac{p}{2} \frac{l_m}{l_m^2 - l_s l_r} |\boldsymbol{\psi}_r \times \boldsymbol{\psi}_s| \tag{19.4}$$

式中，p 是电机的极对数。

19.2.2　磁场定向控制

当电机以旋转坐标表示时，利用磁场定向控制可以对电磁转矩和转子磁通的实部（或直轴）分量进行动态解耦[38]。当以转子磁链直轴分量为坐标进行相位旋转坐标变换时（$\psi_{rd} = 0$），转子磁通的直轴分量的动态特性为

$$\psi_{rd} = \frac{l_m}{\tau_r s + 1} i_{sd} \tag{19.5}$$

式中，$\tau_r = l_r / r_r$，由于正交分量为零，转子磁通的幅值为

$$\boldsymbol{\psi}_r = \psi_{rd} \tag{19.6}$$

另一方面，转矩可以表示为

$$T_e = \frac{p}{2} \frac{l_m}{l_r} |\boldsymbol{\psi}_r \times \boldsymbol{i}_s| = \frac{p}{2} \frac{l_m}{l_r} |\boldsymbol{\psi}_r i_{sq}| \tag{19.7}$$

考虑到磁通的变化比电流慢，因此可以用定子电流的虚部去控制转矩，根据式（19.5）和式（19.7），通过定子电流的实部分量可直接控制转子磁通，由于磁通通常被定义为常数，因此可以通过电流的虚部分量来控制转矩。

磁场定向控制的标准实现如图 19.1 中的框图所示。使用线性比例积分（PI）控制器控制定子电流的实部和虚部，能够得到需要的定子电压。通过旋转坐标反变换到静止三相坐标系后，由 PWM 生成开关脉冲，使得定子输出电压基波将正比于线性电流控制器给出的电压参考值。使用线性 PI 控制器控制转速，并由此得到定子电流虚部分量的参考值。在控制器图 19.1 中可以看

到，为了正确计算控制器的输出，必须进行多次坐标变换。

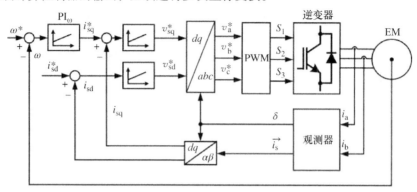

图 19.1 磁场定向控制框图

在 PWM 技术中，载波和空间矢量技术是驱动控制中最常用的两种技术。图 19.2a 中基于载波的 PWM 策略，通过比较正弦参考波与高频三角波，产生触发脉冲。开关频率由载波信号所决定。使用模拟或数字电路实现这类调制非常简单，但电压利用率较低。而空间矢量 PWM，如图 19.2b 所示，通过变流器产生的相邻矢量合成参考电压，并计算出矢量应施加的时间。这种技术需要采用数字方法来实现，但其电压利用率优于基于载波 PWM 的方法。最近，提出了一种提高基于载波 PWM 信号电压利用率的方法，这种方法被称为最小－最大调制，通过添加共模量来获得修改后的参考波

$$\boldsymbol{m}_s^* = \boldsymbol{m}_s + \frac{\max(\boldsymbol{m}_s) - \min(\boldsymbol{m}_s)}{2} \tag{19.8}$$

式中，$\boldsymbol{m}_s$ 是原来的调制信号；$\boldsymbol{m}_s^*$ 是修改后的调制信号。这种调制在某些条件下具有类似于空间矢量调制（SVM）的利用率。

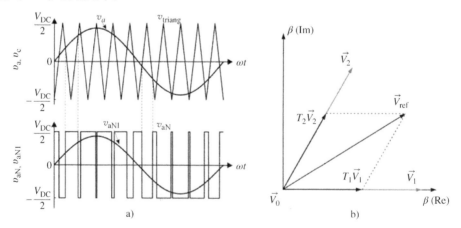

图 19.2 a) 基于载波的 PWM；b) 空间矢量调制的工作原理图

矢量控制策略具有非常好的性能，图 19.3 所示为感应电机的转速反转示意图。电机能够平滑地反转，具有非常快的动态转矩响应。同时可以看到，转矩、磁通和电流的纹波都很低。

19.2.3 直接转矩控制

直接转矩控制策略不使用诸如磁场定向控制的调制方法，因为它主要通过分析变流器的离散

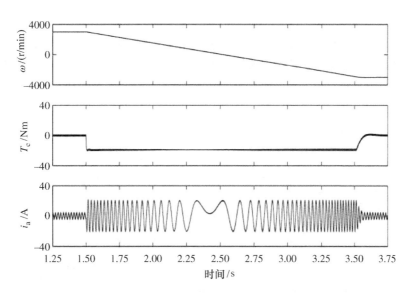

图 19.3　采用磁场定向控制的感应电机转速反转图

性质，以及每个开关状态对转矩和磁通的影响来实现[30]。如果忽略电阻损耗，逆变器输出的电压可以非常迅速地改变定子的磁通，如图 19.4 所示，根据下式

$$\Delta \boldsymbol{\psi}_s \approx \boldsymbol{v}_s T_s \tag{19.9}$$

式中，$\Delta \boldsymbol{\psi}_s$ 为定子磁链的变化量；T_s 是采样时间，直接转矩控制的工作原理是基于定子电压的变化导致定子磁通的变化，转子和定子磁通之间的关系为

$$\boldsymbol{\psi}_r = \frac{k_s}{\tau'_r s + 1} \boldsymbol{\psi}_s \tag{19.10}$$

式中，k_s 和 τ'_r 是电机的参数。

转矩可以用转子和定子的磁通来表示[39]

$$\begin{aligned} T_e &= \frac{p}{2} \frac{l_m}{l_m^2 - l_s l_r} \boldsymbol{\psi}_r \times \boldsymbol{\psi}_s \\ &= \frac{p}{2} \frac{l_m}{l_m^2 - l_s l_r} \psi_r \psi_s \sin(\delta) \end{aligned} \tag{19.11}$$

式中，δ 是定、转子磁通之间的夹角；ψ_r 和 ψ_s 分别是转子和定子磁通幅值。

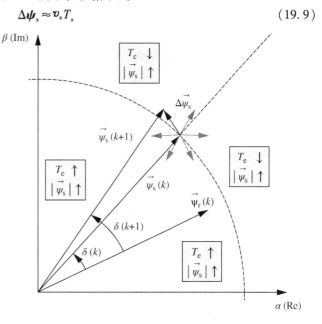

图 19.4　直接转矩控制工作原理图

因此，输入电压可以同时控制定子磁通的幅值和角度，由于转子磁通变化比定子磁通变化慢，通过定子输入电压就可以控制转矩和转速。

直接转矩控制的主要思想是，变流器可以产生有限数量的电压组合，根据磁通角，可以选择其中的四个来产生转矩和磁通的正向和负向变化。这些选择的组合预先存储在一个表里面供查询，该表包含转矩、磁通的变化趋势以及定子磁通角的应用区间。

直接转矩控制系统的框图如图 19.5 所示，通过测量定子电流来估计转矩和磁通矢量值。通过 PI 控制器输出的转矩参考值去控制转速。通过比较转矩和定子磁通的参考值与实际值，然后将误差作为滞环比较器的输入，依次生成每个变量所需的变化信号。这些变量与磁通角的组合包含在查询表中。该表还包含生成可以跟随参考值变化的电压组合所需的开关驱动信号。

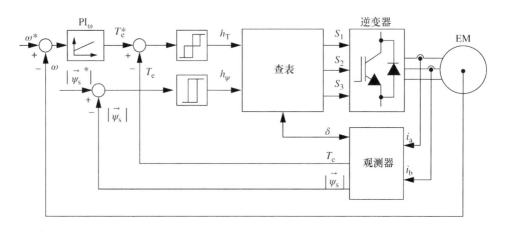

图 19.5 直接转矩控制框图

直接转矩控制的动态性能略高于磁场定向控制，如图 19.6 所示，将该控制器应用于电机反转的控制。当开关频率不固定时[40-42]，纹波大于磁场定向控制。但是，可以采用变滞环宽度的滞环控制器实现开关频率的控制。

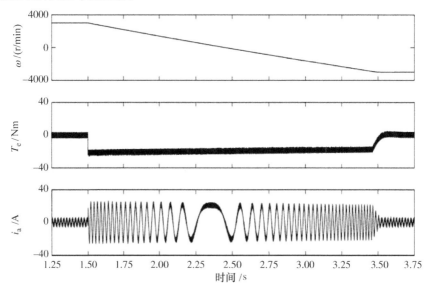

图 19.6 采用直接转矩控制的感应电机的反转图

可以看出，直接转矩控制相比磁场定向控制是一种完全不同的控制方法，因为它是基于变流器的离散性质，而形成的非线性控制和预定义控制方法。直接转矩控制的实现比磁场定向控制简单，因为直接转矩控制不需要调制，也不需要基于角度的任何坐标变换。

19.3　预测电流控制

模型预测控制是一种非常有前景的控制技术。由于其工作原理直观，易于实现，以及随着数字处理器技术的进步，使得其能进行实时控制。

模型预测控制的工作原理是根据每个开关状态的模型来预测系统的行为，然后基于定义的价值函数选择能优化系统行为的开关状态。

当控制目标是定子电流时，磁场定向控制可以使用预测控制器代替 PI 控制器。这种方法，即预测电流控制（PCC）是最简单的方法，可以用它来解释预测模型、价值函数、预测算法和控制方案等。

从电机模型出发，可以用电流替换定子方程中的定子磁通，这是实现 PCC 所需的唯一公式

$$\boldsymbol{v}_\mathrm{s} = r_\mathrm{s}\boldsymbol{i}_\mathrm{s} + l_\mathrm{s}\frac{\mathrm{d}\boldsymbol{i}_\mathrm{s}}{\mathrm{d}t} + l_\mathrm{m}\frac{\mathrm{d}\boldsymbol{i}_\mathrm{r}}{\mathrm{d}t} \tag{19.12}$$

19.3.1　预测模型

预测控制中最重要的因素之一是模型。就交流电机而言，是指电流和/或磁通方程的离散模型，通常是一阶前向欧拉函数。在这种情况下，忽略转子电流的导数项，可以计算下一个采样时间的定子电流为

$$\boldsymbol{i}_\mathrm{s}(k+1) = \left(1 - \frac{r_\mathrm{s}}{l_\mathrm{s}}T_\mathrm{s}\right)\boldsymbol{i}_\mathrm{s}(k) + \frac{1}{l_\mathrm{s}}T_\mathrm{s}\boldsymbol{v}_\mathrm{s}(k) \tag{19.13}$$

值得注意的是，本章的模型中，定子电流常用一阶离散模型描述。定子电压 v_s 由逆变器的输出进行合成计算，可表示为

$$\boldsymbol{v}_\mathrm{s}(k) = \boldsymbol{s}(k)V_\mathrm{DC} \tag{19.14}$$

式中，V_DC 是逆变器的恒定直流母线电压，$\boldsymbol{s}(k)$ 是开关状态的矢量表达。该模型必须能描述逆变器可能产生的每种开关状态。传统上在低压传动中使用的逆变器是两电平电压源逆变器（2L - VSI），如图 19.7a 所示。该变流器具有 6 个有效开关矢量状态和 2 个零矢量开关状态，如图 19.7b 所示。作为开关状态函数的输出电压矢量见表 19.1。

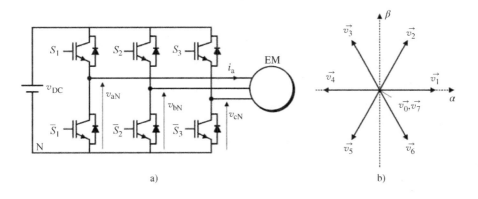

a)　　　　　　　　　　　　　　　　　　b)

图 19.7　a）两电平电压源逆变器电源电路；b）逆变器产生的电压矢量图

表 19.1 开关状态和电压矢量

S_1	S_2	S_3	电压矢量
0	0	0	$\vec{v}_0 = 0$
1	0	0	$\vec{v}_1 = \dfrac{2}{3} v_{DC}$
1	1	0	$\vec{v}_2 = \dfrac{1}{3} v_{DC} + j \dfrac{\sqrt{3}}{3} v_{DC}$
0	1	0	$\vec{v}_3 = -\dfrac{1}{3} v_{DC} + j \dfrac{\sqrt{3}}{3} v_{DC}$
0	1	1	$\vec{v}_4 = -\dfrac{2}{3} v_{DC}$
0	0	1	$\vec{v}_5 = -\dfrac{1}{3} v_{DC} - j \dfrac{\sqrt{3}}{3} v_{DC}$
1	0	1	$\vec{v}_6 = \dfrac{1}{3} v_{DC} - j \dfrac{\sqrt{3}}{3} v_{DC}$
1	1	1	$\vec{v}_7 = 0$

19.3.2 价值函数

价值函数通常与控制变量的误差有关。对于定子电流，为了优化，可以使用绝对值函数或诸如二次函数的凸函数。在本章中，使用误差二次方作为价值函数。对于预测电流控制，价值函数则为

$$g = \left[\boldsymbol{i}_s^* - \boldsymbol{i}_s(k+1) \right]^2 \qquad (19.15)$$

式中，$\boldsymbol{i}_s^*$ 是参考电流值。重要的是由于当前变量为三相值，因此价值函数由三个误差的二次方和组成。此价值函数需要下一个时刻的采样数据，如果其动态性比采样时间慢，参考信号可以通过以前的值进行推断或直接采用实际值得到。

19.3.3 预测算法

预测方法的主要优点之一是控制算法总是一致的。其他部分，如模型、价值函数和开关状态可能会随负载、控制目标和变流器的拓扑结构的不同而变化。

如图 19.8 所示，该算法从电压和电流的测量开始。在低采样频率中，如果需要，可以用观测器估计得到控制变量来弥补延迟误差[43]。然后，在硬件条件允许的情况下，依次或者并行地使用离散模型，来预测每个开关状态的下一个采样时间变量的值，并评估价值函数以获得最小值。最后选择最优的开关状态并应用于变流器。

19.3.4 控制方案

如图 19.9 所示，将预测控制替换 PI 控制器用于

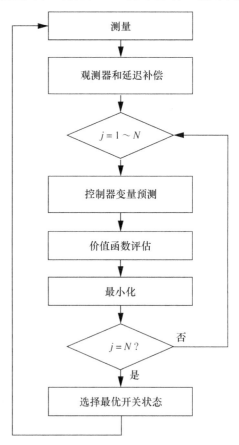

图 19.8 预测控制算法流程图

磁场定向控制方案中。值得注意的是，该控制方案不需要调制模块，因此所需的坐标变换的次数远低于传统磁场定向控制。

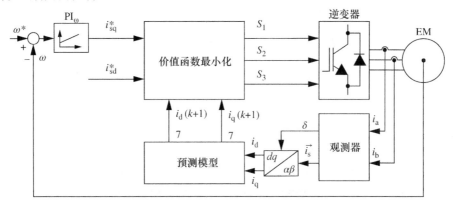

图 19.9　预测电流控制的磁场定向控制框图

图 19.10 中的转速反转，显示了预测控制有着比原始磁场定向控制更快的电流、转矩和磁通的动态性能，但同时会产生更高的纹波。

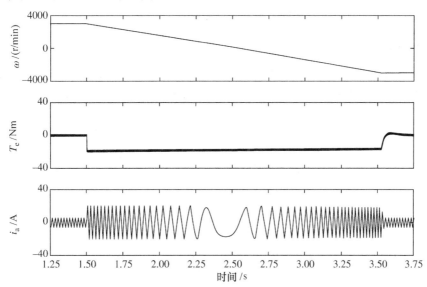

图 19.10　预测电流控制的磁场定向控制下感应电机反转示意图

19.4　预测转矩控制

除了控制电流之外，预测控制还可以有效地控制其他变量，如磁通和转矩甚至转速。在本节中所介绍的控制系统称为预测转矩控制（PTC），而且它被视为一种可以替代矢量控制和直接转矩控制的方案。

19.4.1　预测模型

使用定子电压方程［见式（19.1）］和转矩方程［见式（19.4）］获得电机的模型。使用一阶欧拉离散方式展开，得到预测磁链方程为

$$\boldsymbol{\psi}_s(k+1) = \boldsymbol{\psi}_s(k) + T_s[\boldsymbol{v}_s(k) - r_s\boldsymbol{i}_s(k)] \tag{19.16}$$

考虑到转子磁链比定子磁链动态响应慢,下一步是利用当前实际的转子磁链值去近似估算未来的转子磁链值,$\boldsymbol{\psi}_r(k+1) \approx \boldsymbol{\psi}_r(k)$。转矩预测值为

$$T_e(k+1) = \frac{p}{2}\frac{l_m}{l_m^2 - l_s l_r}\boldsymbol{\psi}_r^T(k)\boldsymbol{J}\boldsymbol{\psi}_s(k+1) \tag{19.17}$$

式中,l_s、l_r 和 l_m 是定子电感、转子电感和互感。矩阵 $\boldsymbol{J}$ 用来计算矢量叉积的幅值。可以在三相 abc 坐标系、两相 $\alpha\beta$ 静止坐标系或 dq 旋转坐标系中定义[44]。

19.4.2 价值函数

用于控制转矩和磁通的价值函数为

$$g = [T_e(k+1) - T_e^*]^2 + \lambda_\psi[|\boldsymbol{\psi}_s(k+1)| - |\boldsymbol{\psi}_s^*|]^2 \tag{19.18}$$

式中,T_e^* 是参考转矩;$\boldsymbol{\psi}_s^*$ 是参考磁链;λ_ψ 是将两者连接起来的加权因子。这个加权因子对应于预测转矩控制的一个设计参数[45]。

19.4.3 预测算法

与预测电流控制相同,预测算法也需要对每一种开关状态进行评估。唯一的区别是对转矩和磁通进行评估,而不是对电流及其价值函数进行评估。

19.4.4 控制方案

预测转矩控制的控制方案框图如图 19.11 所示,观测器利用负载电流计算转子磁通、定子磁通和考虑延迟补偿的采样电流。这些变量被用来为变流器的每个开关状态预测转矩和定子磁通。

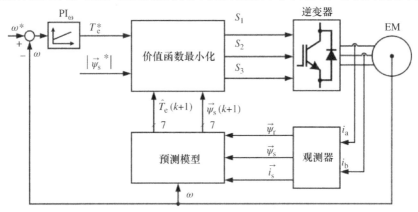

图 19.11 预测转矩控制框图

如前所述,使用磁通和转矩参考值,采用价值函数对预测进行评估,选择最优状态并将其直接应用于变流器。在这种控制方案中,转矩参考值由转速外环 PI 控制器产生。图 19.12 给出了使用预测转矩控制的转速反转的实验波形。结果表明,其控制效果在转矩和电流上与直接转矩控制有着相似的动态特性。对于直接转矩控制而言,参考文献 [46, 47] 中也给出了开关频率的控制方法。

和直接转矩控制相比,预测转矩控制的主要优点之一是当电路拓扑结构发生变化时控制实现比较简单[48,49]。比如,一个中点钳位式三电平逆变器需要使用几个开关表和一个算法来为每个采样时间选择一个表。预测转矩控制的另一个优点是可以灵活地控制不同的目标,例如控制开关频率最小[50]、降低共模电压[16]或控制输入的无功功率[51,52]等。下一节将讨论这两个概念:拓扑

结构变化和扩展控制目标。

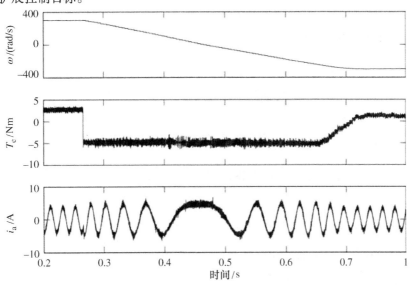

图 19.12　采用预测转矩控制的感应电机转速反转图

19.5　使用矩阵变换器的预测转矩控制

矩阵变换器（MC）是一种直接进行变换的变流器，其输出与输入直接关联，中间没有能量存储元件。矩阵变换器的电路拓扑如图 19.13 所示。它是由输入三相与输出三相相连的 9 个双向功率开关组成。通过适当的开关组合，将输入电压连接到负载，从而得到输出电压。变换器的输入电流为 PWM 波形，所以需要一个 LC 滤波器去减少开关谐波，并产生正弦输入电流。在本节中，该变换器用来验证预测控制在不同变换器拓扑和不同控制目标应用时的灵活性。

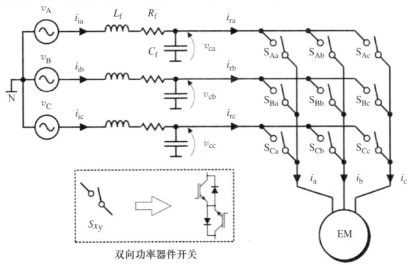

图 19.13　矩阵变换器供电的电机电路图

19.5.1　预测模型

本节的预测模型与前面的模型非常相似。电压源逆变器和矩阵变换器之间的主要区别在于开关状态。与两电平逆变器不一样，矩阵变换器具有 27 种可能的输出电压组合，而不是两电平逆变器的 8 种开关状态。此外，这些输出电压取决于输入电压，产生了移动变化的开关状态。因此模型的唯一变化在于输出电压的产生：

$$\boldsymbol{v}_\text{s}(k) = \boldsymbol{S}(k)\boldsymbol{v}_\text{i} \tag{19.19}$$

这一特性使得该变换器很难使用经典的控制技术。然而，和在电压源逆变器中的应用一样，可以直接采用预测控制。这是预测控制的主要优点之一，因为无论一个变流器有多复杂，预测控制只需要评估可能的开关状态即可。

19.5.2 价值函数

用于控制电机的价值函数与式（19.18）相同，即通过第二项中的加权因子来控制转矩和磁通。

19.5.3 预测算法

因为矩阵变换器有 27 个可能的组合，因此预测算法在这里的唯一的区别是评估的数量。因此，该算法与两电平逆变器中的应用相同。

19.5.4 控制方案

由矩阵变换器供电的预测转矩控制方案如图 19.14 所示。该方案与电压源逆变器的预测转矩控制非常类似，但需要用输入电压的组合来计算输出电压。预测控制用来控制转矩和磁通，外环 PI 用于控制转速。

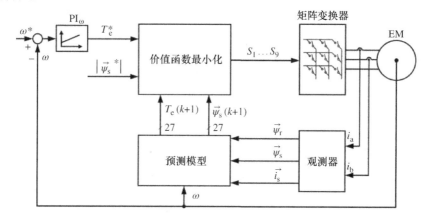

图 19.14　由矩阵变换器供电的电机预测转矩控制框图

使用矩阵变换器的转速反转实验结果如图 19.15 所示。类似于两电平电压源逆变器，转矩、磁链和输出电流都有很好的动态性能。但是需要注意的是，输入电流畸变非常大，并且无功功率不受控制。这是因为没有对这些变量进行建模，也没有出现在价值函数中。这个问题将在下一节讨论。

19.5.5 无功功率的控制

为了控制无功功率和降低电流谐波，需要建立输入滤波器和无功功率的预测模型。
输入滤波器的模型为

$$\boldsymbol{v}_\text{i} = R_\text{f}\boldsymbol{i}_\text{i} + L_\text{f}\frac{\mathrm{d}\boldsymbol{i}_\text{i}}{\mathrm{d}t} + \boldsymbol{v}_\text{e}$$

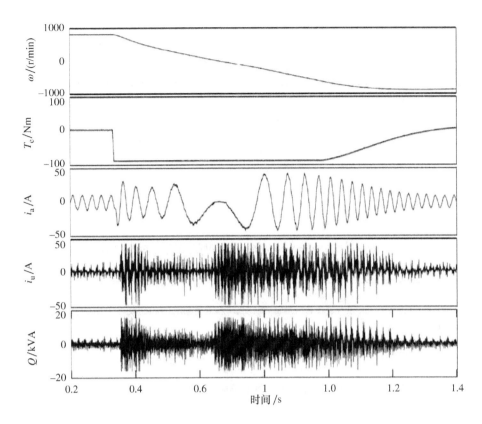

图 19.15　采用预测转矩控制的矩阵变换器供电的感应电机的转速反转图（无输入无功功率控制）

$$\boldsymbol{i}_\mathrm{i} = \boldsymbol{i}_\mathrm{r} + C_\mathrm{f} \frac{\mathrm{d}\boldsymbol{v}_\mathrm{c}}{\mathrm{d}t} \tag{19.20}$$

式中，$\boldsymbol{v}_\mathrm{i}$ 和 $\boldsymbol{v}_\mathrm{c}$ 是电网和电容端电压；$\boldsymbol{i}_\mathrm{i}$ 和 $\boldsymbol{i}_\mathrm{r}$ 是输入和变流器电流；R_f、L_f 和 C_f 是滤波器的参数。

　　将以上方程离散近似化后用来预测输入电流。在这种情况下，为避免谐振，必须使用二阶离散近似方程[53]或精确的离散模型[54]。

$$\boldsymbol{i}_\mathrm{i}(k+1) = a_{11}\boldsymbol{i}_\mathrm{i}(k) + a_{12}\boldsymbol{v}_\mathrm{c}(k) + b_{11}\boldsymbol{i}_\mathrm{r}(k) + b_{12}\boldsymbol{v}_\mathrm{i}(k) \tag{19.21}$$

式中，a_{11}、a_{12}、b_{11}、b_{12} 是精确离散模型的参数。如果输入电压在两个连续的采样点之间不变，则输入的无功功率可计算为

$$Q(k+1) = \boldsymbol{v}_\mathrm{i}^\mathrm{T}(k)\boldsymbol{J}\boldsymbol{i}_\mathrm{i}(k+1) \tag{19.22}$$

式中，矩阵 $\boldsymbol{J}$ 与 19.4.1 节用来计算转矩的矩阵是相同的。为了控制输入的无功功率，价值函数必须包括该变量展开后方程的第三项

$$g = \left[T_\mathrm{e}(k+1) - T_\mathrm{e}^* \right]^2 + \lambda_\psi \left[\boldsymbol{\psi}_\mathrm{s}(k+1) - \boldsymbol{\psi}_\mathrm{s}^* \right]^2 + \lambda_Q \left[Q(k+1) - Q^* \right]^2 \tag{19.23}$$

式中，Q^* 是无功功率的参考值；λ_ψ 和 λ_Q 是代表各物理量相关性的加权因子。

　　因此，该算法包括输入电流和无功功率模型，并且在价值函数中还包含与无功功率有关的物理量。该控制方案与前述类似，主要差别是在预测模型中使用了滤波器变量（电压和电流）。图 19.16 中的实验结果表明，转速、转矩和输出电流都与以前的算法类似，但输入电流为正弦波且无功功率为零，并且纹波非常小。

　　本节证明了当应用于非常复杂的功率拓扑（例如矩阵变换器）时，预测控制可以将输入无功功率作为附加控制目标，因而具有较强的灵活性。

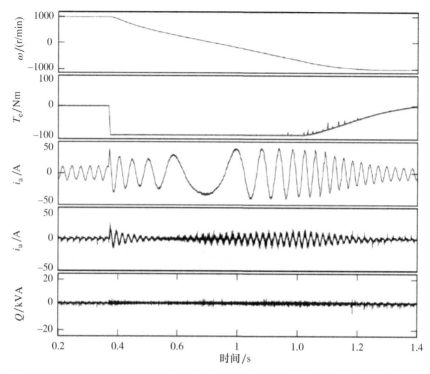

图 19.16　采用预测转矩控制的矩阵变换器供电的感应电机的转速反转图（有无功输入功率控制）

19.6　预测转速控制

前面使用的方法都是通过线性 PI 控制器去产生参考转矩和控制转速。然而，将电机的机械动力学体现在模型中，预测控制可以直接控制转速。

本节介绍永磁同步电动机（PMSM）的预测转速控制。在 dq 旋转坐标系下永磁同步电动机的定子模型为[9]

$$\boldsymbol{v}_s = R_s \boldsymbol{i}_s + L_s \frac{\mathrm{d}\boldsymbol{i}_s}{\mathrm{d}t} + \omega_m \frac{\partial L_s}{\partial \theta_m} \boldsymbol{i}_s + j\omega_m \boldsymbol{\psi}_{pm} \qquad (19.24)$$

式中，ω_m 是机械转速；θ_m 是机械角；$\boldsymbol{\psi}_{pm}$ 为永磁体磁链矢量；R_s 和 L_s 为定子绕组参数，最后一项 j 则代表正交分量。永磁同步电动机的转矩可表示为

$$T_e = \frac{3}{2} p \left[\boldsymbol{\psi}_{pm} i_{sq} + (L_{sd} - L_{sq}) i_{sd} i_{sq} \right] \qquad (19.25)$$

式中，L_{sd} 和 L_{sq} 是定子电感在磁通及其正交方向上的分量，$\boldsymbol{\psi}_{pm}$ 是永磁体磁链幅值。预测控制方法进行转速控制时，需要电机的机械模型。该模型为

$$J_m \frac{\mathrm{d}\omega_m}{\mathrm{d}t} = p(T_e - T_1) \qquad (19.26)$$

式中，J_m 是转子的转动惯量；T_1 是负载转矩。

电机转速使用二阶离散模型，这样可以直接使用 $\boldsymbol{v}_s$ 的反馈量。负载转矩可通过观测器获得。

19.6.1　预测模型

通过观测器，可采用负载电流和转速对电流、机械转速和负载采样值进行一个步长的延时补

偿。在下一时刻，负载电流、电磁转矩和转速的预测如下

$$i_s(k+1) = i_s(k) - \frac{T_s}{L_s}\left(R_s + \omega_m(k)\frac{\partial L_s}{\partial \theta_m}\right)i_s(k) + \frac{T_s}{L_s}(v_s(k) - \omega_m(k)J\psi_{pm}(k)) \qquad (19.27)$$

$$T_e(k+1) = \frac{3}{2} \cdot p \cdot \psi_{pm}i_{sq}(k+1) + \frac{3}{2} \cdot p \cdot (L_{sd} - L_{sq})i_{sd}(k+1)i_{sq}(k+1) \qquad (19.28)$$

$$\omega_m(k+1) = \omega_m(k) + \frac{T_s p}{J_m} \cdot (T_e(k) - T_1(k)) \qquad (19.29)$$

式中，T_s 为采样时间，J 是 19.4.1 节定义的转矩运算矩阵，这里被用来计算正交分量。值得注意的是，式（19.27）是在三相 *abc* 坐标下表示的，因此，定子电流必须旋转到同步旋转 *dq* 坐标下才能使用式（19.28）。

19.6.2　价值函数

转速预测控制中使用的价值函数由三部分组成：稳态量 F_{ss}、转速暂态量 F_{st}、一组约束条件 F_{cn}，有

$$g = F_{ss} + \lambda_{st}\delta(\Delta\omega_m)F_{st} + \lambda_{cn}F_{cn} \qquad (19.30)$$

加权因子 λ_{st} 和 λ_{cn} 用来定义各部分对于速度误差的相对权重。

稳态运行的价值函数定义为

$$F_{ss} = (\omega_m^* - \omega_m)^2 + \lambda_T(T_1 - T_e)^2 + \lambda_d i_d^2 \qquad (19.31)$$

第一项使用转速误差来生成跟踪参考值，第二项将转矩稳定在负载转矩，最后一项优化转矩电流比，从而减小电流的直流分量。

$\delta(\Delta\omega_m)$ 函数决定了转速暂态过程的变化范围，与转速误差有关，可表示为

$$\delta(\Delta\omega_m) = \begin{cases} \Delta\omega_m^2 & , \Delta\omega_m^2 < \hat{\delta} \\ \hat{\delta} & , \Delta\omega_m^2 \geq \hat{\delta} \end{cases} \qquad (19.32)$$

式中，$\hat{\delta}$ 是与允许的最大转速变化相关的设计参数。当转速变化小于 $\hat{\delta}$ 时，给予 F_{st} 二次方权重；当转速变化大于 $\hat{\delta}$ 时，给予 F_{st} 常量权重。

转速暂态量 F_{st} 的价值函数为

$$F_{st} = \lambda'_T(\text{sign}(\Delta\omega_1)\hat{T}_e - T_e)^2 + \lambda'_d i_d^2 \qquad (19.33)$$

第一项取决于实际转矩值与其最大允许值之间的误差，因而控制住了其动态变化量；第二项则降低了转矩电流比的变化。

最后，F_{cn} 包含了用于保护驱动器的所有约束条件，可以表示为

$$F_{cn} = \sum_{k=1}^{N} f_k \qquad (19.34)$$

从上面的方程可以看出，每一个都由几项组成，它们中的每一项都由非线性函数定义。当对应的受约束变量的幅度增长超过由变流器能够输出的限制时，该非线性函数取上限值。例如，对定子电流的限制，f_{is} 定义为

$$f_{is} = \begin{cases} |i_s|^2 - \hat{i}_s^2 & , |i_s| > \hat{i}_s \\ 0 & , |i_s| \leq \hat{i}_s \end{cases} \qquad (19.35)$$

如果定子电流幅值小于预设的最大值 $\hat{i}_s$，则该函数为零，如果定子电流幅值超过极限值，则该函数以二次方增长。

19.6.3 预测算法

预测算法与前述相同,但模型预测和价值函数不同。

19.6.4 控制方案

图 19.17 为预测转速控制的框图。图中,控制全部在预测算法内完成,不需要外部电流控制器或转速控制器。

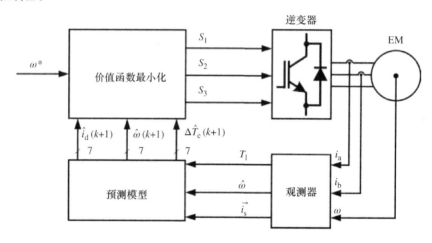

图 19.17 预测转速控制的框图

加权因子可以通过仿真实验进行调整,在函数 F_{ss} 和 F_{st} 中,分别调整 λ_T 和 λ_d 因子以获得较好的转矩跟踪性能和可以接受的电流纹波值。作为对比,调整 λ_{st} 可以在转速控制精度和响应速度之间进行权衡。换句话说,较高的控制精度必须以牺牲响应速度为前提。有关加权因子设计可以在相关参考文献〔55,56〕中获得。

图 19.18 中的实验结果表明,转速控制效果非常好,且没有超调。转矩和电流也表现出快速的动态响应。值得注意的是,该控制策略不需要使用正弦参考量,不需要调制,也不需要线性控制器。

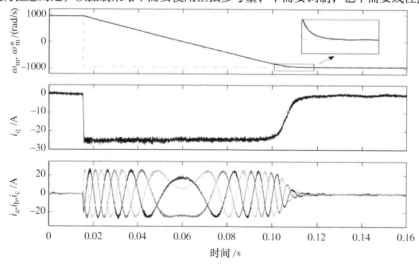

图 19.18 预测转速控制的永磁同步电机的反转图

19.7　小结

在过去 50 多年的发展里，根据经典线性控制理论，为了能在交流电机的定子中注入受控的正弦电流，正弦参考量、线性控制器和 PWM 调制器一直被认为是必不可少的。本章的分析表明这并非严格正确。

本章阐明了模型预测控制在概念上与磁场定向控制和直接转矩控制等经典技术不同。模型预测控制是一种更简单的技术。由于模型预测控制的高灵活性，它可以控制不同的电路拓扑并管理多个控制目标且不会增加复杂性。

现代控制理论和微处理器的进步使得把模型预测控制应用在电力电子和驱动器中成为可能，并且更加直观、自然、简单。本章分析结果表明，从根本上说，模型预测控制允许对交流电机进行高性能转速控制。该方法与成熟的驱动控制器有类似的作用。在不久的将来，为了将模型预测控制带入驱动器的工业应用中，有几点必须澄清：首先，必须与现有技术进行严格的比较，以便能在性能和简单性方面评估模型预测控制可能存在的优点；其次，类比于其他控制策略，模型预测控制的设计程序必须改进为更简单与更系统化的形式；最重要的，必须找到更简单和更系统的流程来计算在价值函数中的加权因子。

最后，作者认为在利用功率半导体器件控制电能的场合，模型预测控制可以根本性地改变现有的控制方式，对促进电力电子与电气传动的发展与研究具有积极意义。

致谢

本章受到卡塔尔国家研究基金（卡塔尔基金会成员）的 NPRP 批准号 04 - 077 - 2 - 028 和智利国家科学与技术研究委员会（CONICYT）奖学金的资助。本章中的陈述完全由作者负责。

参 考 文 献

1. Garcia, C.E., Prett, D.M., and Morari, M. (1989) Model predictive control: theory and practice – a survey. *Automatica*, **11**, 335–348.
2. Kouro, S., Cortes, P., Vargas, R. *et al.* (2009) Model predictive control – a simple and powerful method to control power converters. *IEEE Transactions on Industrial Electronics*, **56** (6), 1826–1838.
3. Goodwin, G.C. and Quevedo, D.E. (2003) Finite alphabet control and estimation. *International Journal of Control*, **1**, 412–430.
4. Qin, S.J. and Badgwell, T.A. (2003) A survey of industrial model predictive control technology. *Control Engineering Practice*, **11**, 733–764.
5. Hua, C.-C., Wu, C.-W., and Chuang, C.-W. (2009) A digital predictive current control with improved sampled inductor current for cascaded inverters. *IEEE Transactions on Industrial Electronics*, **56** (5), 1718–1726.
6. Rodriguez, J., Pontt, J., Silva, C.A. *et al.* (2007) Predictive current control of a voltage source inverter. *IEEE Transactions on Industrial Electronics*, **54** (1), 495–503.
7. Correa, P., Pacas, M., and Rodriguez, J. (2007) Predictive torque control for inverter-fed induction machines. *IEEE Transactions on Industrial Electronics*, **54** (2), 1073–1079.
8. Miranda, H., Cortes, P., Yuz, J.I., and Rodriguez, J. (2009) Predictive torque control of induction machines based on state-space models. *IEEE Transactions on Industrial Electronics*, **56** (6), 1916–1924.
9. Fuentes, E.J., Rodriguez, J., Silva, C. *et al.* (2009) Speed control of a permanent magnet synchronous motor using predictive current control. Proceedings of the. IEEE 6th International Power Electronics and Motion Control Conference IPEMC'09, May 17–20, 2009, pp. 390–395.
10. Morel, F., Lin-Shi, X., Retif, J.-M. *et al.* (2009) A comparative study of predictive current control schemes for a permanent-magnet synchronous machine drive. *IEEE Transactions on Industrial Electronics*, **56** (7), 2715–2728.
11. Wipasuramonton, P., Zhu, Z., and Howe, D. (2006) Predictive current control with current-error correction for PM brushless AC drives. *IEEE Transactions on Industry Applications*, **42** (4), 1071–1079.

12. Xu, L., Zhi, D., and Williams, B. (2009) Predictive current control of doubly fed induction generators. *IEEE Transactions on Industrial Electronics*, **56** (10), 4143–4153.
13. Cortes, P., Wilson, A., Kouro, S. *et al.* (2010) Model predictive control of multilevel cascaded H-bridge inverters. *IEEE Transactions on Industrial Electronics*, **57** (8), 2691–2699.
14. Perez, M., Cortes, P., and Rodriguez, J. (2008) Predictive control algorithm technique for multilevel asymmetric cascaded H-bridge inverters. *IEEE Transactions on Industrial Electronics*, **55** (12), 4354–4361.
15. Lezana, P., Aguilera, R., and Quevedo, D. (2009) Model predictive control of an asymmetric flying capacitor converter. *IEEE Transactions on Industrial Electronics*, **56** (6), 1839–1846.
16. Vargas, R., Ammann, U., Rodriguez, J., and Pontt, J. (2008) Predictive strategy to control common-mode voltage in loads fed by matrix converters. *IEEE Transactions on Industrial Electronics*, **55** (12), 4372–4380.
17. Correa, P., Rodriguez, J., Rivera, M. *et al.* (2009) Predictive control of an indirect matrix converter. *IEEE Transactions on Industrial Electronics*, **56** (6), 1847–1853.
18. Barrero, F., Prieto, J., Levi, E. *et al.* (2011) An enhanced predictive current control method for asymmetrical six-phase motor drives. *IEEE Transactions on Industrial Electronics*, **58** (8), 3242–3252.
19. Laczynski, T. and Mertens, A. (2009) Predictive stator current control for medium voltage drives with LC filters. *IEEE Transactions on Power Electronics*, **24** (11), 2427–2435.
20. Blaschke, F. (1972) The principle of field orientation as applied to the new TRANSVECTOR closed-loop control system for rotating field machines. *Siemens Reviews*, **39** (5), 217–220.
21. Leonhard, W. (2001) *Control of Electrical Drives*, Springer.
22. Novotny, D.W. and Lipo, T.A. (eds) (1996) *Vector Control and Dynamics of AC Drives*, Oxford University Press.
23. Zhen, L. and Xu, L. (1998) Sensorless field orientation control of induction machines based on a mutual MRAS scheme. *IEEE Transactions on Industrial Electronics*, **45** (5), 824–831.
24. Kerkman, R., Rowan, T., and Leggate, D. (1992) Indirect field-oriented control of an induction motor in the field-weakening region. *IEEE Transactions on Industry Applications*, **28** (4), 850–857.
25. Hofmann, H., Sanders, S., and EL-Antably, A. (2004) Stator-flux-oriented vector control of synchronous reluctance machines with maximized efficiency. *IEEE Transactions on Industrial Electronics*, **51** (5), 1066–1072.
26. Jain, A. and Ranganathan, V. (2011) Modeling and field oriented control of salient pole wound field synchronous machine in stator flux coordinates. *IEEE Transactions on Industrial Electronics*, **58** (3), 960–970.
27. Xu, L., Zhen, L., and Kim, E.-H. (1998) Field-orientation control of a doubly excited brushless reluctance machine. *IEEE Transactions on Industry Applications*, **34** (1), 148–155.
28. Singh, G., Nam, K., and Lim, S. (2005) A simple indirect field-oriented control scheme for multiphase induction machine. *IEEE Transactions on Industrial Electronics*, **52** (4), 1177–1184.
29. Holtz, J. (1994) Pulsewidth modulation for electronic power conversion. *Proceedings of the IEEE*, **82** (8), 1194–1214.
30. Takahashi, I. and Noguchi, T. (1986) A new quick-response and high-efficiency control strategy of an induction motor. *IEEE Transactions on Industry Applications*, **22** (5), 820–827.
31. Buja, G. and Kazmierkowski, M. (2004) Direct torque control of PWM inverter-fed ac motors – a survey. *IEEE Transactions on Industrial Electronics*, **51** (4), 744–757.
32. Lascu, C., Boldea, I., and Blaabjerg, F. (2000) A modified direct torque control for induction motor sensorless drive. *IEEE Transactions on Industry Applications*, **36** (1), 122–130.
33. Bertoluzzo, M., Buja, G., and Menis, R. (2006) Direct torque control of an induction motor using a single current sensor. *IEEE Transactions on Industrial Electronics*, **53** (3), 778–784.
34. Faiz, J. and Mohseni-Zonoozi, S. (2003) A novel technique for estimation and control of stator flux of a salient-pole pmsm in dtc method based on mtpf. *IEEE Transactions on Industrial Electronics*, **50** (2), 262–271.
35. Tang, L., Zhong, L., Rahman, M.F., and Hu, Y. (2003) A novel direct torque control for interior permanent-magnet synchronous machine drive with low ripple in torque and flux-a speed-sensorless approach. *IEEE Transactions on Industry Applications*, **39** (6), 1748–1756.
36. Liu, Y., Zhu, Z., and Howe, D. (2005) Direct torque control of brushless dc drives with reduced torque ripple. *IEEE Transactions on Industry Applications*, **41** (2), 599–608.
37. Casadei, D., Profumo, F., Serra, G., and Tani, A. (2002) FOC and DTC: two viable schemes for induction motors torque control. *IEEE Transactions on Power Electronics*, **17** (5), 779–787.
38. Holtz, J. (1995) The representation of ac machine dynamics by complex signal flow graphs. *IEEE Transactions on Industrial Electronics*, **42** (3), 263–271.
39. Sorchini, Z. and Krein, P. (2006) Formal derivation of direct torque control for induction machines. *IEEE Transactions on Power Electronics*, **21** (5), 1428–1436.
40. Tang, L., Zhong, L., Rahman, M., and Hu, Y. (2004) A novel direct torque controlled interior permanent magnet synchronous machine drive with low ripple in flux and torque and fixed switching frequency. *IEEE Transactions on Power Electronics*, **19** (2), 346–354.
41. Casadei, D., Serra, G., Tani, A. *et al.* (2003) Performance analysis of a speed-sensorless induction motor drive based on a constant-switching-frequency DTC scheme. *IEEE Transactions on Industry Applications*, **39** (2),

476–484.

42. Idris, N. and Yatim, A. (2004) Direct torque control of induction machines with constant switching frequency and reduced torque ripple. *IEEE Transactions on Industrial Electronics*, **51** (4), 758–767.

43. Cortes, P., Rodriguez, J., Silva, C., and Flores, A. (2012) Delay compensation in model predictive current control of a three-phase inverter. *IEEE Transactions on Industrial Electronics*, **59** (2), 1323–1325.

44. Fuentes, E. and Kennel, R. (2011) Sensorless-predictive torque control of the PMSM using a reduced order extended Kalman filter. 2011 Symposium on Sensorless Control for Electrical Drives (SLED), September 2011, pp. 123–128.

45. Cortes, P., Kazmierkowski, M., Kennel, R. *et al.* (2008) Predictive control in power electronics and drives. *IEEE Transactions on Industrial Electronics*, **55** (12), 4312–4324.

46. Preindl, M., Schaltz, E., and Thogersen, P. (2011) Switching frequency reduction using model predictive direct current control for high-power voltage source inverters. *IEEE Transactions on Industrial Electronics*, **58** (7), 2826–2835.

47. Cortes, P., Rodriguez, J., Quevedo, D., and Silva, C. (2008) Predictive current control strategy with imposed load current spectrum. *IEEE Transactions on Power Electronics*, **23** (2), 612–618.

48. Escalante, M., Vannier, J.-C., and Arzande, A. (2002) Flying capacitor multilevel inverters and DTC motor drive applications. *IEEE Transactions on Industrial Electronics*, **49** (4), 809–815.

49. Casadei, D., Serra, G., and Tani, A. (2001) The use of matrix converters in direct torque control of induction machines. *IEEE Transactions on Industrial Electronics*, **48** (6), 1057–1064.

50. Lee, K.-B., Song, J.-H., Choy, I., and Yoo, J.-Y. (2002) Torque ripple reduction in dtc of induction motor driven by three-level inverter with low switching frequency. *IEEE Transactions on Power Electronics*, **17** (2), 255–264.

51. Vargas, R., Rodriguez, J., Ammann, U., and Wheeler, P. (2008) Predictive current control of an induction machine fed by a matrix converter with reactive power control. *IEEE Transactions on Industrial Electronics*, **55** (12), 4362–4371.

52. Vargas, R., Ammann, U., Hudoffsky, B. *et al.* (2010) Predictive torque control of an induction machine fed by a matrix converter with reactive input power control. *IEEE Transactions on Power Electronics*, **25** (6), 1426–1438.

53. Fuentes, E.J., Silva, C.A. and Yuz, J.I. (2012) Predictive Speed Control of a Two-Mass System Driven by a Permanent Magnet Synchronous Motor. *IEEE Transactions on Industrial Electronics*, **59** (7), 2840–2848, doi: 10.1109/TIE.2011.2158767.

54. Cortes, P., Ortiz, G., Yuz, J. *et al.* (2009) Model predictive control of an inverter with output LC filter for ups applications. *IEEE Transactions on Industrial Electronics*, **56** (6), 1875–1883.

55. Cortes, P., Kouro, S., La Rocca, B. *et al.* (2009) Guidelines for weighting factors design in model predictive control of power converters and drives. IEEE International Conference on Industrial Technology, 2009. ICIT 2009, February 2009, pp. 1–7.

56. Chang, Y.-T. and Lai, Y.-S. (2009) Parameter tuning method for digital power converter with predictive current-mode control. *IEEE Transactions on Power Electronics*, **24** (12), 2910–2919.

第 20 章　电流源变流器电气传动系统

Marcin Morawiec，Zbigniew Krzeminski
波兰格但斯克工业大学电气传动自动控制系

20.1　简介

　　数字电路工程发展使得在电力电子中应用高效微处理器或信号处理器成为可能。这些高性能处理器具有高频时钟和高速缓存功能。浮点处理器处理算术和逻辑已不是问题，而且运行时间比几年前更短。这些技术进步的结果使得更复杂的先进控制系统的应用成为可能。用于异步电机（IM）传动系统的功率变换电路可以分为两种：电压源逆变器（VSI）和电流源逆变器（CSI）。由于 VSI 具有更好的特性，因而得到比 CSI 更多的应用。目前电力电子器件的发展，对基于 CSI 的传动系统应用产生了巨大影响，并为其创造了新的机会和可能性。

　　在 20 世纪 80 年代，CSI 是得到普遍应用的主要电机传动设备。这些传动系统的特点是电机磁场脉动大、电压和电流谐波含量高。CSI 的主要组成部件，包括晶闸管桥臂、大电感以及换相电容。随着 CSI 的电流在直流环节、电机相绕组之间的循环流动，CSI 传动系统在晶闸管换相过程中会出现无法避免的严重过电压问题。用于 CSI 的晶闸管已经被晶体管反向阻断 IGBT（RBIGBT）的功率器件所取代，其中二极管和晶体管串联并封装在一起。用于现代 CSI 的功率器件，如 RBIGBT 或碳化硅（SiC），可以保证系统具有优异的稳态和动态传动特性。

　　电传动系统的发展趋势集中在高性能系统上。使用 CSI 传动系统控制电机，可以获得比 VSI 更好的传动特性，其中 VSI 需在输出端额外增加无源滤波器。而对 CSI 传动系统，采用脉宽调制（PWM）控制并选择合适的直流回路电抗和输入及输出电容，就可以得到正弦的逆变器输出电流和电压。参考文献［1-6］中给出了直流回路电感的计算方法。电流源变流器（CSC）的直流回路特性，使得电机传动系统中必须采用两个全控逆变器。第一个为 CSI，用于产生电流输出矢量以驱动异步电机；第二个为电流源整流器（CSR），用于产生直流回路所需的直流电压。CSI 输出电流矢量控制的策略可以用两种方式实现[1-8]。第一种方式，是基于对调制因数的控制，同时维持直流回路电流值不变[5,6]；第二种方式，则是基于对直流回路电流的控制。在第二种控制方式下，CSI 以恒定的最大 PWM 调制因数工作。对传动系统的 CSI 采用调制因数控制，这样可以得到较好的电磁转矩动态性能[5,6]。直流回路的大电流是 CSI 损耗高的原因。CSI 的简化控制方法为标量控制，即电流与转差比控制（I/s）。这种方法实现起来非常简单，但系统性能一般（只需要一个控制器，通过 PI 控制器将直流回路电流值维持在恒定值）。

　　传动系统的性能和电机控制算法紧密相关。1959 年由 Kovacs 和 Racz 引入了空间矢量的概念，在电机数学模型领域开辟了一条新路。关于该主题的国际文献，具体介绍了采用转子磁链矢量坐标系定向控制（磁场定向控制，FOC）的 CSI 驱动异步电机传动系统。这种控制包括直流回路电流稳定控制[5,6,8]。在这种控制系统中，控制变量为逆变器输出电流分量。参考文献［9］介绍了这种控制方法，作者基于直接转矩控制对控制系统进行了分析。控制变量为逆变器输出电流的控制，被称为异步电机 CSI 传动系统的电流控制。

　　异步电机 CSI 驱动系统的另一种控制方法，则是以直流回路电压和电机转差作为控制变量。

这种控制称为异步电机 CSI 驱动系统的电压控制，以直流回路电压和电流矢量角频率为控制变量。这种控制对应的控制策略则为基于非线性的多标量控制[1-4]。采用非线性控制可以在异步电机 CSI 驱动系统中获得更好的特性。为实现磁通和转速的独立控制，参考文献 [1-4, 10] 的作者提出了一种新的非线性控制方法。在这种控制方法中，不把逆变器输出电流作为受控变量，而是将通过非线性变换获得的直流回路电压，以及输出电流矢量脉动作为受控变量。由于数学模型中包含直流回路电流和输出电容方程，多标量模型被称为扩展模型。这种异步电机 CSI 驱动系统的完整数学模型，可以用于推导新的多标量模型。在上述文献中，输出电流矢量因数不是受控变量。输出电流矢量和磁通矢量被用于获得新的多标量变量和新的多标量模型。这种控制系统结构可以采用 PI 控制器和非线性结构，或者采用不同的控制器，例如滑模控制器、反推控制器或模糊神经控制器等。

20.2　传动系统结构

图 20.1 所示为 CSI 传动系统的结构。直流回路的电抗和输出电容是这种传动系统不可或缺的主要部件。图 20.1 中给出结构中的斩波器可作为可调电压源工作。

带小电感 L（mH 数量级）的斩波器，对电流源表现为大的动态阻抗。在给出的系统中，晶体管构成把直流电流变换成交流电流的换向器，并通过直流回路的电压 e_d 控制电流。这样，CSI 传动系统保持电压受控的同时，可以把直流回路微分方程和定子微分方程结合在一起。电感的作用是在晶体管换相期间限制电流纹波。这种结构所采用的晶体管被称为 RBIGBT，同一个晶体管模块中有串联的二极管和 IGBT。图 20.2 所示为双 CSC 六晶体管桥结构，这种结构可以实现双向能量传输。

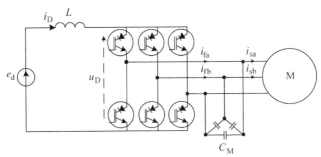

图 20.1　带斩波器的 CSI

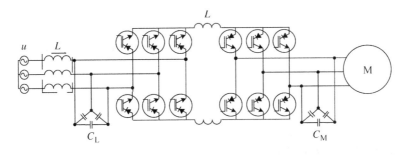

图 20.2　电流源变流器

为避免出现谐振问题，应合理选择 CSI 或 CSC 的主要部件参数（输入 - 输出电容和电抗）。如果通过迭代算法选择参数，则晶体管 CSI 或 CSC 主要部件参数应保证异步电机定子电流和电压为正弦波形[11]。

用图 20.3 中的方法可以简化 CSC 方案。RBIGBT 可以看成连接电源到直流回路及直流回路到负载的单向开关。下面将对电容和直流回路的模型进行介绍。

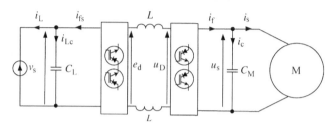

图 20.3   CSC 简化图

参考文献［4］中给出了由换相函数所确定的 CSC 数学模型。下面将给出电容 C_L 和 C_M 的微分方程以及直流回路模型。在 $\alpha\beta$ 静止坐标系上的输入电容模型为

$$\frac{\mathrm{d}v_{s\alpha}}{\mathrm{d}\tau} = \frac{1}{C_L}(i_{fs\alpha} - i_{L\alpha}) \tag{20.1}$$

$$\frac{\mathrm{d}v_{s\beta}}{\mathrm{d}\tau} = \frac{1}{C_L}(i_{fs\beta} - i_{L\beta}) \tag{20.2}$$

$$\frac{\mathrm{d}u_{s\alpha}}{\mathrm{d}\tau} = \frac{1}{C_M}(i_{f\alpha} - i_{s\alpha}) \tag{20.3}$$

$$\frac{\mathrm{d}u_{s\beta}}{\mathrm{d}\tau} = \frac{1}{C_M}(i_{f\beta} - i_{s\beta}) \tag{20.4}$$

$$\frac{\mathrm{d}i_D}{\mathrm{d}\tau} = \frac{1}{L}(e_d - R_d i_D - u_D) \tag{20.5}$$

式中，$\alpha\beta$ 为静止坐标系；$i_{f\alpha}$、$f_{f\beta}$ 为六晶体管桥的输出电流；$i_{fs\alpha}$、$i_{fs\beta}$ 为六晶体管桥输入电流；$i_{s\alpha}$、$i_{s\beta}$ 为定子电流矢量系数；$u_{s\alpha}$、$u_{s\beta}$ 为定子电压矢量系数；$v_{s\alpha}$、$v_{s\beta}$ 为电源电压矢量系数；L 为直流回路电抗；R_d 为内电抗电感；C_M 为输出电容值；C_L 为输入电容值；i_D 为直流回路电流。

直流回路的电压 u_D 为电机侧 CSI 的输入电压。这个电压为

$$u_D \approx \frac{i_{f\alpha}u_{s\alpha} + i_{f\beta}u_{s\beta}}{i_D} \tag{20.6}$$

输出电流矢量 $\vec{i_f}$ 为

$$i_{fx} = K \cdot i_D \tag{20.7}$$

当 $K \approx 1$ 时有输出电流 $|\vec{i_f}| = i_{fx} = i_D$。如果在 xy 坐标系上，则有 $i_{fs} = i_D$，其中 x 轴和输出电流矢量 $\vec{i_f}$ 重合，则有

$$\frac{\mathrm{d}i_{fx}}{\mathrm{d}\tau} = \frac{1}{L}(e_d - R_d i_{fx} - u_{sx}) \tag{20.8}$$

20.3   CSC 的 PWM 控制

用于控制输出基波电流 i_f 的方法就是文献中所提到的调制控制。在所有的调制方法中，应特

别关注 PWM 调制方法。PWM 是一种基于参考空间
矢量旋转的调制方法，并在参考文献［1，2，
12 - 14］得到详细介绍。在采样周期内，输出电流
矢量分量的平均值是通过循环切换开关状态得到的。
依据空间矢量原理，在 αβ 静止坐标系下将三相电流
投影到空间矢量上是可能的。三相电流（i_{sa}，i_{sb}，
i_{sc}）可以由标记为 I_0，并在 αβ 直角坐标系上以角
速度 ω_0 旋转的空间矢量来确定（见图 20.4）。

PWM CSI 在两个桥臂中使用 6 个单相开关，上
桥臂为第一组（开关 1、3、5），下桥臂为第二组
（开关 4、6、2）。图 20.5 中开关组合的选择应保证
直流回路电流的连续性。可以看到一般有两个开关
合理导通就可以满足这个条件。这里用 $I_1 \sim I_6$ 表示有
效矢量。三个无效矢量（零矢量）在图 20.5 中用
I_7、I_8、I_9 表示。表 20.1 给出了 $I_1 \sim I_9$ 的逆变器输出
电流矢量。

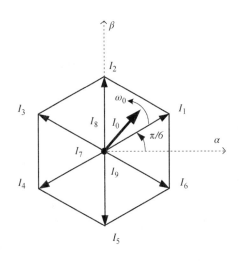

图 20.4　当前空间矢量投影

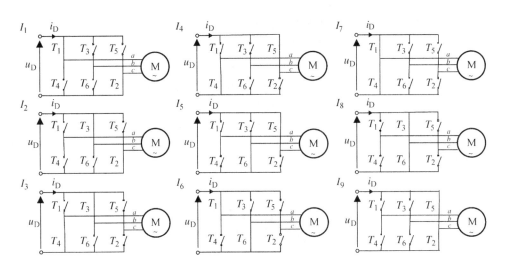

图 20.5　CSI 开关配置

表 20.1　空间矢量状态表

开关	I_1	I_2	I_3	I_4	I_5	I_6	I_7	I_8	I_9
1	1	0	0	0	0	1	1	0	0
2	1	1	0	0	0	0	0	0	1
3	0	1	1	0	0	0	0	1	0
4	0	0	1	1	0	0	1	0	0
5	0	0	0	1	1	0	0	0	1
6	0	0	0	0	1	1	0	1	0

如图 20.6 所示, 参考矢量 I_0 可以由相邻的有效空间矢量合成。在 $\alpha\beta$ 直角坐标系统中, I_0 从三相值变换到两相系统, 这里设定变换前后功率不变

$$|I_0| = \sqrt{2} \cdot i_D \qquad (20.9)$$

式中, $|I_0|$ 为输出电流矢量的模, i_D 为直流回路电流。

当使用无效矢量时, 输出电流矢量的值为零, 因此有

$$I_{n\alpha} = I_{n\alpha}(i) + I_{n\alpha}(i+1) \qquad (20.10)$$

$$I_{n\beta} = I_{n\beta}(i) + I_{n\beta}(i+1) \qquad (20.11)$$

$$I_{n\alpha} = \frac{t_1(i)}{T_{imp}} I_{n\alpha}(i) + \frac{t_2(i+1)}{T_{imp}} I_{n\alpha}(i+1)$$

$$(20.12)$$

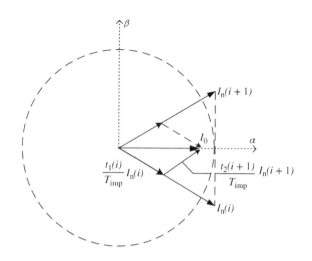

图 20.6　循环周期内平均空间矢量值的计算方法

$$I_{n\beta} = \frac{t_1(i)}{T_{imp}} I_{n\beta}(i) + \frac{t_2(i+1)}{T_{imp}} I_{n\beta}(i+1)$$

$$(20.13)$$

式中, t_1、t_2 为有效矢量时间; t_0 为无效矢量时间; T_{imp} 为循环周期; I_α、I_β 为 $\alpha\beta$ 坐标系下的空间矢量 (索引 i 为有效矢量编号, n 为扇区编号)。

$$t_1 = \frac{I_{n\alpha} \cdot I_{n\beta}(i+1) - I_{n\beta} \cdot I_{n\alpha}(i+1)}{I_{n\alpha}(i) \cdot I_{n\beta}(i+1) + I_{n\beta}(i) \cdot I_{n\alpha}(i+1)} \qquad (20.14)$$

$$t_2 = \frac{-I_{n\alpha} \cdot I_{n\beta}(i) + I_{n\beta} \cdot I_{n\alpha}(i)}{I_{n\alpha}(i) \cdot I_{n\beta}(i+1) + I_{n\beta}(i) \cdot I_{n\alpha}(i+1)} \qquad (20.15)$$

$$t_0 = T_{imp} - (t_1 + t_2) \qquad (20.16)$$

逆变器输出电流系数如图 20.7 所示。

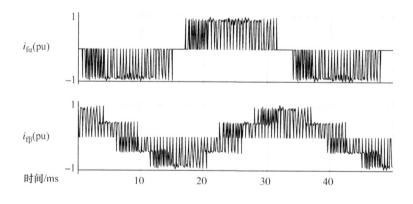

图 20.7　逆变器输出电流矢量系数

定子电流和定子电压的 FFT 如图 20.8 和图 20.9 所示。

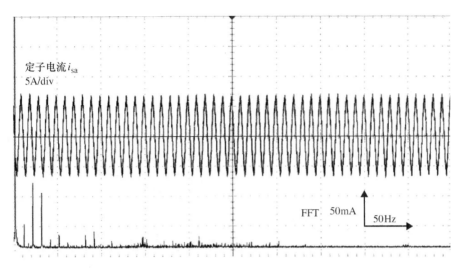

图 20.8　5.5kW 异步电机定子电流的 FFT 分析

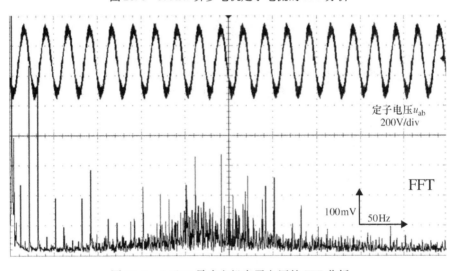

图 20.9　5.5kW 异步电机定子电压的 FFT 分析

20.4　CSR 的通用控制方法

可将 CSC 中的 CSR 看作受控电压源。CSR 中晶体管的调制方法和 CSI 中的类似（见 20.3 节）。参考文献［15，16］中给出了 CSR 的电流控制方法，而参考文献［14］则给出了电压控制方法。

假设 CSR 为理想的能量变换器，则有下述关系式

$$i_{fsd} |v_s| \approx e_d i_D \tag{20.17}$$

式中，dq 为和电源电压矢量相关的坐标系统（见图 20.10）。

考虑到 CSR 电流控制中，电机控制的参数为定子电流矢量分量[15,16]，可得

$$i_{fsd}^* \approx \frac{e_d^* i_f^*}{|v_s|} \tag{20.18}$$

式中，用"＊"表示参考值，i_f^* 为电机控制系统中的输出电流矢量模量，而 e_d^* 则为电流 PI 控制

器的输出（见图20.11）。

参考电流模块为

$$i_{fs}^* = \sqrt{i_{fsd}^{*2} + i_{fsq}^{*2}} \qquad (20.19)$$

式中，i_{fsq}^* 可由下式得到

$$i_{fsq}^* = \frac{v_{s\alpha} i_{fs\beta} - v_{s\beta} i_{fs\alpha}}{|v_s|} = \frac{e_q^* i_{fs}^*}{|v_s|} \qquad (20.20)$$

e_q^* 为

$$e_q^* = \frac{q^*}{i_D}$$

式中，

$$q^* = v_{s\alpha} i_{L\beta} - v_{s\beta} i_{L\alpha} \qquad (20.21)$$

参考电流矢量 $\vec{i}_{fs}^*$ 的矢量角为

$$\varphi_i = \arctan\left(\frac{i_{fsq}^*}{i_{fsd}^*}\right) \qquad (20.22)$$

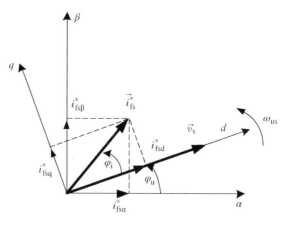

图20.10 dq 坐标系下的电流矢量和电压

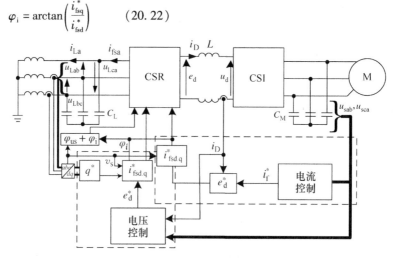

图20.11 可采用电机电压或电流控制的 CSC 控制方案

当采用电机电压控制时，上述方程必须修改成

$$i_{fsd}^* \approx \frac{e_d^* i_D}{|v_s|} \qquad (20.23)$$

$$i_{fsq}^* \approx \frac{e_q^* i_D}{|v_s|} \qquad (20.24)$$

$$i_{fs}^* = \frac{i_D}{|v_s|} \sqrt{e_d^{*2} + e_q^{*2}} \qquad (20.25)$$

PWM 控制的参考输入电流为

$$i_{fs\alpha}^* = M_i i_{fs}^* \cos(\varphi_{us} + \varphi_i) \qquad (20.26)$$

$$i_{fs\beta}^* = M_i i_{fs}^* \cos(\varphi_{us} + \varphi_i) \qquad (20.27)$$

式中，调制因数 $M_i < 1.0\text{pu}$。

有效矢量和无效矢量对应的时间和式（20.14）~式（20.16）类似

$$t_{1s} = \frac{i_{fs\alpha}^* \cdot I_{n\beta}(i+1) - i_{fs\beta}^* \cdot I_{n\alpha}(i+1)}{(I_{n\alpha}(i) \cdot I_{n\beta}(i+1) + I_{n\beta}(i) \cdot I_{n\alpha}(i+1))} \qquad (20.28)$$

$$t_{2s} = \frac{i_{fs\alpha}^* \cdot I_{n\beta}(i) - i_{fs\beta}^* \cdot I_{n\alpha}(i)}{(I_{n\alpha}(i) \cdot I_{n\beta}(i+1) + I_{n\beta}(i) \cdot I_{n\alpha}(i+1))} \tag{20.29}$$

$$t_{0s} = T_{imp} - (t_{1s} + t_{2s}) \tag{20.30}$$

式中，t_{1s}、t_{2s} 为有效矢量时间；t_{0s} 为无效矢量时间；i 为有效矢量编号而 n 为扇区编号。

图 20.12 中给出了电流 $i_{fs\alpha}$、$i_{fs\beta}$ 和电压 e_d 的波形，图 20.13 中给出了线电流 i_{La} 和电源电压 u_{Lab} 的波形。在 i_{La} 中可以看到包含谐波，这是因为 CSC 实验装置没有安装输入电抗 L。

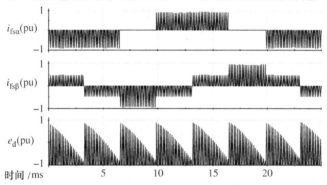

图 20.12　输入电流矢量分量和电压 e_d 测量值

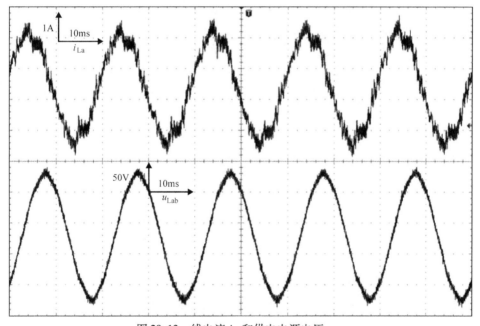

图 20.13　线电流 i_{La} 和供电电源电压 u_{Lab}

20.5　异步和永磁同步电机的数学模型

基于参考文献 [1 - 4，10] 中的设定，可以得到异步电机和同步电机的数学模型。异步电机矢量（$\vec{i}_s$，$\vec{\psi}_r$）的微分方程为

$$\frac{di_{sx}}{d\tau} = -\frac{R_s L_r^2 + R_r L_m^2}{L_r w_\sigma} i_{sx} + \frac{R_r L_m}{L_r w_\sigma} \psi_{rx} + \omega_0 i_{sy} + \omega_r \frac{L_m}{w_\sigma} \psi_{ry} + \frac{L_m}{w_\sigma} u_{sx} \tag{20.31}$$

$$\frac{\mathrm{d}i_{\mathrm{sy}}}{\mathrm{d}\tau} = -\frac{R_{\mathrm{s}}L_{\mathrm{r}}^2 + R_{\mathrm{r}}L_{\mathrm{m}}^2}{L_{\mathrm{r}}w_{\sigma}}i_{\mathrm{sy}} + \frac{R_{\mathrm{r}}L_{\mathrm{m}}}{L_{\mathrm{r}}w_{\sigma}}\psi_{\mathrm{ry}} - \omega_0 i_{\mathrm{sx}} - \omega_{\mathrm{r}}\frac{L_{\mathrm{m}}}{w_{\sigma}}\psi_{\mathrm{rx}} + \frac{L_{\mathrm{m}}}{w_{\sigma}}u_{\mathrm{sy}} \qquad (20.32)$$

$$\frac{\mathrm{d}\psi_{\mathrm{rx}}}{\mathrm{d}\tau} = -\frac{R_{\mathrm{r}}}{L_{\mathrm{r}}}\psi_{\mathrm{rx}} + (\omega_0 - \omega_{\mathrm{r}})\psi_{\mathrm{ry}} + \frac{R_{\mathrm{r}}L_{\mathrm{m}}}{L_{\mathrm{r}}}i_{\mathrm{sx}} + u_{\mathrm{rx}} \qquad (20.33)$$

$$\frac{\mathrm{d}\psi_{\mathrm{ry}}}{\mathrm{d}\tau} = -\frac{R_{\mathrm{r}}}{L_{\mathrm{r}}}\psi_{\mathrm{ry}} - (\omega_0 - \omega_{\mathrm{r}})\psi_{\mathrm{rx}} + \frac{R_{\mathrm{r}}L_{\mathrm{m}}}{L_{\mathrm{r}}}i_{\mathrm{sy}} + u_{\mathrm{ry}} \qquad (20.34)$$

$$\frac{\mathrm{d}\omega_{\mathrm{r}}}{\mathrm{d}\tau} = \frac{L_{\mathrm{m}}}{JL_{\mathrm{r}}}(\psi_{\mathrm{rx}}i_{\mathrm{sy}} - \psi_{\mathrm{ry}}i_{\mathrm{sx}}) - \frac{1}{J}T_{\mathrm{L}} \qquad (20.35)$$

式中，ω_0、ω_{r} 为 xy 坐标系的旋转角速度和转子转速；J 为电机转动惯量；T_{L} 为负载转矩；R_{s} 为定子电阻；R_{r} 为转子电阻；L_{s} 为定子电感；L_{r} 为转子电感；L_{m} 为电机互感。

$$w_{\sigma} = \sigma L_{\mathrm{r}}L_{\mathrm{s}}$$

损耗系数 σ 的定义为

$$\sigma = 1 - \frac{L_{\mathrm{m}}^2}{L_{\mathrm{s}}L_{\mathrm{r}}}$$

矢量系数用 x 和 y 表示。xy 坐标系则以角速度 ω_0 旋转。

永磁同步电机（PMSM）在 $\alpha\beta$ 静止坐标系下的微分方程为[17-19]

$$\frac{\mathrm{d}i_{\alpha}}{\mathrm{d}\tau} = -\frac{R_{\mathrm{s}}}{L_{\mathrm{s}}}i_{\alpha} + \frac{1}{L_{\mathrm{s}}}\omega_{\mathrm{r}}\psi_{\mathrm{f\beta}} + \frac{1}{L_{\mathrm{s}}}u_{\mathrm{s\alpha}} \qquad (20.36)$$

$$\frac{\mathrm{d}i_{\beta}}{\mathrm{d}\tau} = -\frac{R_{\mathrm{s}}}{L_{\mathrm{s}}}i_{\beta} - \frac{1}{L_{\mathrm{s}}}\omega_{\mathrm{r}}\psi_{\mathrm{f\alpha}} + \frac{1}{L_{\mathrm{s}}}u_{\mathrm{s\beta}} \qquad (20.37)$$

$$\frac{\mathrm{d}\omega_{\mathrm{r}}}{\mathrm{d}\tau} = \frac{1}{J}(\psi_{\alpha}i_{\beta} - \psi_{\beta}i_{\alpha}) - \frac{1}{J}T_{\mathrm{L}} \qquad (20.38)$$

以及

$$\psi_{\alpha} = L_{\mathrm{s}}i_{\alpha} + \psi_{\mathrm{f\alpha}} \qquad (20.39)$$

$$\psi_{\beta} = L_{\mathrm{s}}i_{\beta} + \psi_{\mathrm{f\beta}} \qquad (20.40)$$

$$\psi_{\mathrm{f\alpha}} = \psi_{\mathrm{f}}\cos\theta_{\mathrm{r}} \qquad (20.41)$$

$$\psi_{\mathrm{f\beta}} = \psi_{\mathrm{f}}\sin\theta_{\mathrm{r}} \qquad (20.42)$$

$$e_{\alpha} = \frac{\mathrm{d}\psi_{\mathrm{f\alpha}}}{\mathrm{d}\tau} = -\psi_{\mathrm{f}}\omega_{\mathrm{r}}\sin\theta_{\mathrm{r}} \qquad (20.43)$$

$$e_{\beta} = \frac{\mathrm{d}\psi_{\mathrm{f\beta}}}{\mathrm{d}\tau} = \psi_{\mathrm{f}}\omega_{\mathrm{r}}\cos\theta_{\mathrm{r}} \qquad (20.44)$$

式中，i_{α}、i_{β} 为定子电流矢量系数；$\psi_{\mathrm{f\alpha}}$、$\psi_{\mathrm{f\beta}}$ 为永磁体磁链系数；$u_{\mathrm{s\alpha}}$、$u_{\mathrm{s\beta}}$ 为定子电压矢量系数；ω_{r} 为转子角速度；θ_{r} 为转子位置角；R_{s} 为定子电阻；L_{s} 为定子电感；T_{L} 为负载转矩；J 为电机转动惯量。

内嵌式永磁电机（IPMSM）的数学模型如下[18,19]

$$\frac{\mathrm{d}i_{\mathrm{d}}}{\mathrm{d}\tau} = -\frac{R_{\mathrm{s}}}{L_{\mathrm{d}}}i_{\mathrm{d}} + \frac{L_{\mathrm{q}}}{L_{\mathrm{d}}}\omega_{\mathrm{r}}i_{\mathrm{q}} + \frac{1}{L_{\mathrm{d}}}u_{\mathrm{d}} \qquad (20.45)$$

$$\frac{\mathrm{d}i_{\mathrm{q}}}{\mathrm{d}\tau} = -\frac{R_{\mathrm{s}}}{L_{\mathrm{q}}}i_{\mathrm{q}} - \frac{L_{\mathrm{d}}}{L_{\mathrm{q}}}\omega_{\mathrm{r}}i_{\mathrm{d}} - \frac{1}{L_{\mathrm{q}}}\omega_{\mathrm{r}}\psi_{\mathrm{f}} + \frac{1}{L_{\mathrm{q}}}u_{\mathrm{q}} \qquad (20.46)$$

$$\frac{\mathrm{d}\omega_{\mathrm{r}}}{\mathrm{d}\tau} = \frac{1}{J}[\psi_{\mathrm{f}}i_{\mathrm{q}} + (L_{\mathrm{d}} - L_{\mathrm{q}})i_{\mathrm{d}}i_{\mathrm{q}} - T_{\mathrm{L}}] \qquad (20.47)$$

$$\frac{\mathrm{d}\theta_{\mathrm{r}}}{\mathrm{d}\tau} = \omega_{\mathrm{r}} \qquad (20.48)$$

式中，ω_r 为转子角速度；θ_r 为转子位置角；i_d、i_q 为定子电流 dq 轴矢量参数；L_d、L_q 为定子电感；R_s 为定子电阻；J 为电机转动惯量；T_L 为负载转矩；ψ_f 为磁链矢量的模；u_d、u_q 为定子电压 dq 轴矢量参数。

20.6 异步电机的电流和电压控制

20.6.1 磁场定向控制（FOC）

FOC 是一种电流控制方法，也是电传动系统中最流行的控制方法，已出现在很多论文中，例如参考文献 [5 – 7, 20]。最简化 FOC 控制的版本是不带解耦的。这种控制所用的数学模型基于 dq 坐标系，且坐标系中 d 轴方向和转子磁通矢量方向一致。控制所用变量为 PI 控制器输出以及 PWM 控制的参考给定。PI 控制器的输出为定子电流分量 i_{sq} 和 i_{sd}。通过额外的 PI 控制器可以得到电压 e_d。图 20.14 和图 20.15 为 FOC 控制方法的框图。

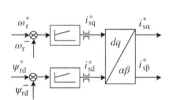
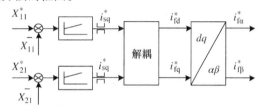

图 20.14　具有 PI 控制器且没有解耦　　　　图 20.15　具有 PI 控制器和解耦变量的
变量的 FOC 控制系统结构　　　　　　　　　　FOC 控制系统结构

dq 坐标系下的异步电机数学模型及转子磁链矢量为

$$\frac{\mathrm{d}i_{sd}}{\mathrm{d}\tau} = -\frac{R_s L_r^2 + R_r L_m^2}{L_r w_\sigma} i_{sd} + \frac{R_r L_m}{L_r w_\sigma} \psi_{rd} + \omega_r i_{sq} + \frac{L_r}{w_\sigma} u_{sd} \tag{20.49}$$

$$\frac{\mathrm{d}i_{sq}}{\mathrm{d}\tau} = -\frac{R_s L_r^2 + R_r L_m^2}{L_r w_\sigma} i_{sq} - \omega_r \frac{L_m}{w_\sigma} \psi_{rd} - \omega_r i_{sd} + \frac{L_r}{w_\sigma} u_{sq} \tag{20.50}$$

$$\frac{\mathrm{d}\psi_{rd}}{\mathrm{d}\tau} = -\frac{R_r}{L_r} \psi_{rd} + \frac{R_r L_m}{L_r} i_{sd} \tag{20.51}$$

$$\frac{\mathrm{d}\psi_{rq}}{\mathrm{d}\tau} = -(\omega_r - \omega_r)\psi_{rd} + \frac{R_r L_m}{L_r} i_{sq} \tag{20.52}$$

$$\frac{\mathrm{d}\omega_r}{\mathrm{d}\tau} = \frac{L_m}{JL_r} \psi_{rd} i_{sq} - \frac{1}{J} T_L \tag{20.53}$$

从上述公式可得电容模型为

$$\frac{\mathrm{d}u_{sd}}{\mathrm{d}\tau} = \frac{1}{C_M}(i_{fd} - i_{sd}) + \omega_{\psi r} u_{sq} \tag{20.54}$$

$$\frac{\mathrm{d}u_{sq}}{\mathrm{d}\tau} = \frac{1}{C_M}(i_{fq} - i_{sq}) - \omega_{\psi r} u_{sd} \tag{20.55}$$

式中，由式（20.52）可以得到 $\omega_{\psi r} = \omega_r + \frac{R_r L_m}{L_r} \frac{i_{sq}}{\psi_{rd}}$。

在笼形异步电机数学模型表达方程式（20.49）~ 式（20.53）中，出现了定子电流矢量分量而没有直接控制变量。因此，必须在数学模型式（20.49）~ 式（20.53）中引入控制变量。将分量 i_{sd} 从式（20.49）中减去和加上，同时将分量 i_{sq} 从式（20.50）加上和减去，可以得到

$$\frac{\mathrm{d}i_{sd}}{\mathrm{d}\tau} = -\frac{R_s L_r^2 + R_s L_m^2 + L_r w_\sigma}{L_r w_\sigma} i_{sd} + \frac{R_r L_m}{L_r w_\sigma} \psi_{rd} + \frac{L_r}{w_\sigma} u_{sd} + v_1 \qquad (20.56)$$

$$\frac{\mathrm{d}i_{sq}}{\mathrm{d}\tau} = -\frac{R_s L_r^2 + R_r L_m^2 + L_r w_\sigma}{L_r w_\sigma} i_{sq} - \omega_r \frac{L_m}{w_\sigma} \psi_{rd} + \frac{L_r}{w_\sigma} u_{sq} + v_2 \qquad (20.57)$$

式中，控制变量为 i_{sd}^*、i_{sq}^*。

采用参考文献 [10] 中描述的线性化方法，可以获得下列结论，其中 m_1 为速度控制环控制器的输出而 m_2 为磁通控制环控制器的输出

$$v_1 = \frac{1}{T_1} m_1 - \frac{R_r L_m}{L_r w_\sigma} \psi_{rd} - \frac{L_r}{w_\sigma} u_{sd} \qquad (20.58)$$

$$v_2 = \frac{1}{T_1} m_2 + \omega_r \frac{L_m}{w_\sigma} \psi_{rd} - \frac{L_r}{w_\sigma} u_{sd} \qquad (20.59)$$

式中，$\dfrac{1}{T_i} = \dfrac{R_s L_r^2 + R_r L_m^2 + L_r w_\sigma}{L_r w_\sigma}$

控制变量可以写成

$$i_{sd}^* = \frac{v_1 - \omega_{\psi r} v_2}{\omega_{\psi r}^2 + 1}$$

$$i_{sq}^* = \frac{v_2 + \omega_{\psi r} v_1}{\omega_{\psi r}^2 + 1}$$

以上这些方程都是在 $C_M \approx 0$ 的假设下得到的。

图 20.16 给出了 FOC 下各状态变量在电机起动过程中的暂态波形，而图 20.17 为电机反转到 -0.8pu 过程的波形。

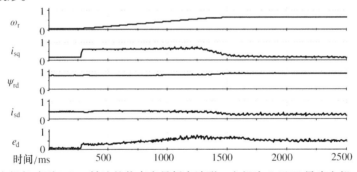

图 20.16　电机起动到 0.7pu 转速的状态变量暂态波形，电机为 5.5kW 异步电机（实验测试）

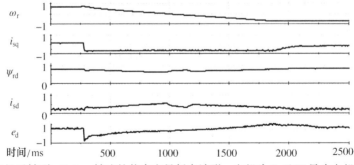

图 20.17　电机反转到 -0.8pu 转速的状态变量暂态波形，电机为 5.5kW 异步电机（实验测试）

20.6.2　电流多标量控制

参考文献［10］所给出的异步电机数学模型被称为多标量模型。这里选择了下面的新变量状态

$$x_{11} = \omega_r \tag{20.60}$$

$$x_{12} = \psi_{r\alpha} i_{s\beta} - \psi_{r\beta} i_{s\alpha} \tag{20.61}$$

$$x_{21} = \psi_{r\alpha}^2 + \psi_{r\beta}^2 \tag{20.62}$$

$$x_{22} = \psi_{r\alpha} i_{s\alpha} + \psi_{r\beta} i_{s\beta} \tag{20.63}$$

式中，x_{11} 为转子角速度；x_{12} 为电磁转矩；x_{21} 为转子磁通的二次方；x_{22} 为额外变量；$\alpha\beta$ 为静止坐标系。

参考式（20.31）~ 式（20.35），并对式（20.60）~ 式（20.63）进行微分，可以得到 VSI 驱动异步电机的多标量模型为

$$\frac{\mathrm{d}x_{11}}{\mathrm{d}\tau} = \frac{L_m}{L_r J} x_{12} - \frac{T_L}{J} \tag{20.64}$$

$$\frac{\mathrm{d}x_{12}}{\mathrm{d}\tau} = -T_i x_{12} - x_{12}\left(x_{22} + \frac{L_m}{w_\sigma} x_{21}\right) + \frac{L_r}{w_\sigma} u_{11} \tag{20.65}$$

$$\frac{\mathrm{d}x_{21}}{\mathrm{d}\tau} = -2\frac{R_r}{L_r} x_{21} + 2\frac{R_r L_m}{L_r} x_{22} \tag{20.66}$$

$$\frac{\mathrm{d}x_{22}}{\mathrm{d}\tau} = -T_i x_{22} + x_{11} x_{22} \frac{R_r L_m}{w_\sigma L_r} x_{21} + \frac{R_r L_m}{L_r} i_s^2 + \frac{L_r}{w_\sigma} u_{22} \tag{20.67}$$

式中，

$$T_i = \frac{R_s L_r + R_r L_s}{w_\sigma}$$

$$i_s^2 = i_{s\alpha}^2 + i_{s\beta}^2$$

$$u_{11} = \psi_{r\alpha} u_{s\beta} - \psi_{r\beta} u_{s\alpha} \tag{20.68}$$

$$u_{22} = \psi_{r\alpha} u_{s\alpha} + \psi_{r\beta} u_{s\beta} \tag{20.69}$$

下面为 VSI 驱动异步电机的解耦控制：

$$u_{11} = \frac{w_\sigma}{L_r}\left[x_{11}\left(x_{22} + \frac{L_m}{w_\sigma} x_{21}\right) + \frac{1}{T_i} m_1 \right] \tag{20.70}$$

$$u_{22} = \frac{w_\sigma}{L_r}\left[-x_{11} x_{12} - \frac{R_r L_m}{L_r} i_s^2 - \frac{R_r L_m}{L_r w_\sigma} x_{21} + \frac{1}{T_i} m_2 \right] \tag{20.71}$$

CSI 驱动的异步电机可以采用和 VSI 驱动系统相同的控制方法。通用控制方法可以采用 VSI 驱动的异步电机的多标量模型方程式（20.64）~ 式（20.67）来表示。变量 u_{11} 和 u_{22} 可以被看作扩展多标量变量。将式（20.68）和式（20.69）微分可得

$$\frac{\mathrm{d}u_{11}}{\mathrm{d}\tau} = -\frac{R_r}{L_r} u_{11} - x_{11} u_{22} + \frac{R_r L_m}{L_r} q_s - \frac{1}{C_M} x_{12} + v_{11} \tag{20.72}$$

$$\frac{\mathrm{d}u_{22}}{\mathrm{d}\tau} = -\frac{R_r}{L_r} u_{22} + x_{11} u_{11} + \frac{R_r L_m}{L_r} p_s + \frac{1}{C_M} x_{22} + v_{22} \tag{20.73}$$

式中，

$$p_s = u_{s\alpha} i_{s\alpha} + u_{s\beta} i_{s\beta} \tag{20.74}$$

$$q_s = i_{s\alpha} i_{s\beta} - i_{s\beta} u_{s\alpha} \tag{20.75}$$

式（20.70）和式（20.71）中的变量可以被看作内部控制系统的输入变量并用"＊"表示。

扩展变量的跟随误差为

$$e_{u1} = u_{11}^* - u_{11} \tag{20.76}$$

$$e_{u2} = u_{22}^* - u_{22} \tag{20.77}$$

根据式（20.72）和式（20.73）通过对反馈的线性化处理可以得到非线性解耦控制

$$v_{11} = -\frac{R_r}{L_r}v_{p1} - \frac{R_r L_m}{L_r}q_s + \frac{1}{C_M}x_{12} + x_{11}u_{22} \tag{20.78}$$

$$v_{22} = -\frac{R_r}{L_r}v_{p2} - \frac{R_r L_m}{L_r}p_s + \frac{1}{C_M}x_{22} - x_{11}u_{11} \tag{20.79}$$

CSI 驱动异步电机的控制变量为

$$i_{f\alpha} = -C_M \frac{v_{11}\psi_{r\beta} - v_{22}\psi_{r\alpha}}{x_{21}} \tag{20.80}$$

$$i_{f\beta} = C_M \frac{v_{11}\psi_{r\alpha} + v_{22}\psi_{r\beta}}{x_{21}} \tag{20.81}$$

图 20.18 所示为采用 PI 控制器的扩展多标量变量控制系统。

图 20.19 所示为电流多标量控制系统中状态变量的暂态波形。可以看到两个子系统是解耦的。由于应用了 i_D 额外的 PI 控制器，电流 i_D 和 x_{12} 成比例关系。

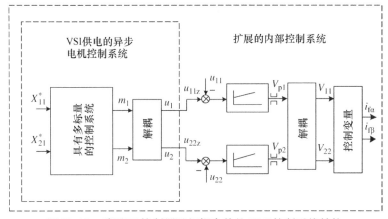

图 20.18　采用 PI 控制器及解耦参数的 FOC 控制系统结构

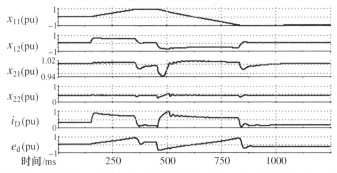

图 20.19　5.5kW 异步电机起动和反转过程中电流多标量控制系统中状态变量的暂态波形（实验测试）

20.6.3　电压多标量控制

CSI 驱动异步电机的另一种控制方法被称为电压控制。这种控制方法将直流回路电压 e_d 和电流矢量角频率 ω_{if} 作为受控变量，而对应控制策略则基于非线性多标量控制[1-4,10]。为实现磁通和转速的独立控制，需要采用一种新的非线性控制方法。在这种新的控制方法中，逆变器的输出电流不是受控变量，直流回路电压 e_d 和输出电流矢量角速度 ω_{if} 是控制变量，这两个变量可以通过参考文献 [1-4] 中给出的非线性变换得到。由于数学模型包括了直流回路电流和输出电容方程，多标量模型也被称为扩展模型。CSI 驱动异步电机系统的完整数学模型可用来推导新的多标量模型。这里输出电流矢量系数也不是受控变量。基于输出电流矢量和磁通矢量可以获得多标量变量和多标量模型。控制系统结构可以采用 PI 控制器和非线性解耦或其他不同的控制器，例如滑模控制器、反推控制方法或模糊神经控制器等。参考文献 [4] 给出了在 CSI 参数为最优选择下的简化多标量控制的稳定证明。当电容值 C_M 被简化忽略时，会造成定子电流矢量 $\vec{i}_s$ 和 $\vec{i}_f$ 之间有大约 5% 的相位差异，此时转矩设定为标称值。这样就不能得到精确的控制变量及精确实现解耦。但由于 PI 控制器的作用使得最终误差小于 2%。

为了补偿这些误差，在数学模型中引入了电容值 C_M。

图 20.20 所示为旋转 xy 参考坐标系下的变量。

对于静态 xy 系统，由式（20.3）和式（20.4）有

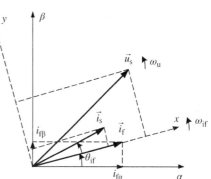

$$i_{sx} = i_{fx} + \omega_{if} C_M u_{sy} - C_M \frac{\mathrm{d} u_{sx}}{\mathrm{d}\tau} \tag{20.82}$$

$$i_{sy} = -\omega_{if} C_M u_{sx} - C_M \frac{\mathrm{d} u_{sy}}{\mathrm{d}\tau} \tag{20.83}$$

在 xy - 系统（$\frac{\mathrm{d} u_{sx}}{\mathrm{d}\tau}$，$\frac{\mathrm{d} u_{sy}}{\mathrm{d}\tau} \approx 0$）或在静态下，

图 20.20 旋转参考坐标系下的变量

$$i_{vx} = i_{sx} \approx i_{fx} + \omega_{if} C_M u_{sy} \tag{20.84}$$

$$i_{vy} = i_{sy} \approx -\omega_{if} C_M u_{sx} \tag{20.85}$$

从式（20.84）、式（20.85）可以得到传动系统的新数学模型，通过对这两个方程进行微分并将式（20.3）、式（20.4）和式（20.8）代入 xy 坐标系中得到

$$\frac{\mathrm{d} i_{vx}}{\mathrm{d}\tau} = -\frac{R_d}{L} i_{fx} + \frac{1}{L} e_d - \frac{1}{L} u_{sx} - \omega_{if} C_M i_{vy} - \omega_{if}^2 C_M^2 u_{sx} \tag{20.86}$$

$$\frac{\mathrm{d} i_{vy}}{\mathrm{d}\tau} = -\omega_{if} C_M i_{fx} + \omega_{if} C_M i_{vx} - \omega_{if}^2 C_M^2 u_{sy} \tag{20.87}$$

$$\frac{\mathrm{d}\psi_{rx}}{\mathrm{d}\tau} = -\frac{R_r}{L_r}\psi_{rx} + (\omega_{if} - \omega_r)\psi_{ry} + \frac{R_r L_m}{L_r} i_{sx} \tag{20.88}$$

$$\frac{\mathrm{d}\psi_{ry}}{\mathrm{d}\tau} = -\frac{R_r}{L_r}\psi_{ry} - (\omega_{if} - \omega_r)\psi_{rx} + \frac{R_r L_m}{L_r} i_{sy} \tag{20.89}$$

$$\frac{\mathrm{d} u_{sx}}{\mathrm{d}\tau} = \frac{1}{C_M}(i_{fx} - i_{sx}) + \omega_{if} u_{sy} \tag{20.90}$$

$$\frac{\mathrm{d} u_{sy}}{\mathrm{d}\tau} = -\frac{1}{C_M} i_{sy} - \omega_{if} u_{sx} \tag{20.91}$$

将多标量变量式（20.84）、式（20.85）代入 xy 坐标系下的式（20.60）~式（20.63）和式（20.68）、式（20.69）得到

$$x_{11} = \omega_r \tag{20.92}$$

$$x_{12} = \psi_{rx} i_{sy} - \psi_{ry} i_{sx} \approx \psi_{rx} i_{vy} - \psi_{ry} i_{vx} = -i_{fx}\psi_{r\psi} - \omega_{if} C_M x_{32} \tag{20.93}$$

$$x_{21} = \psi_{rx}^2 + \psi_{ry}^2 \tag{20.94}$$

$$x_{22} = i_{sx}\psi_{rx} + i_{sy}\psi_{rx} \approx i_{vx}\psi_{rx} + i_{vy}\psi_{rx} = i_{fx}\psi_{rx} + \omega_{if}C_M x_{31} \tag{20.95}$$

以及

$$d_{31} = \psi_{rx}u_{sy} - \psi_{ry}u_{sx} \tag{20.96}$$

$$d_{32} = \psi_{rx}u_{sx} + \psi_{ry}u_{sy} \tag{20.97}$$

对于闭环系统有 $(\omega_{if} - \omega_r) \approx 0$：$d_{31} \approx \omega_r$ 和 $d_{32} \approx 0$，因此控制系统的稳定性不会受到简化的影响。

多标量变量的多标量模型可以表示为

$$\frac{dx_{11}}{d\tau} = \frac{L_m}{JL_r}x_{12} - \frac{1}{J}T_L \tag{20.98}$$

$$\frac{dx_{12}}{d\tau} = -\left(\frac{R_d}{L} + \frac{R_r}{L_r}\right)x_{12} + \frac{1}{L}u_{sx}\psi_{ry} - x_{11}x_{22} - \frac{R_r L_m}{L_r}i_{sy}i_D + v_1 \tag{20.99}$$

$$\frac{dx_{21}}{d\tau} = -\frac{R_r}{L_r}x_{21} + R_r\frac{L_m}{L_r}x_{22} \tag{20.100}$$

$$\frac{dx_{22}}{d\tau} = -\left(\frac{R_d}{L} + \frac{R_r}{L_r}\right)x_{22} - \frac{1}{L}u_{sx}\psi_{rx} + \frac{R_r L_m}{L_{rsx}}i_D + x_{11}x_{12} + v_2 \tag{20.101}$$

式中

$$v_1 = -\frac{1}{L}e_d\psi_{ry} + \omega_{if}A_1$$

$$v_2 = \frac{1}{L}e_d\psi_{rx} + \omega_{if}A_2 \tag{20.102}$$

$$A_1 = x_{22} - \frac{R_d}{L}C_M d_{32} - C_M\frac{R_r L_m}{L_r}p_s$$

$$A_2 = -x_{12} + \frac{R_d}{L}C_M d_{31} + C_M\frac{R_r L_m}{L_r}q_s \tag{20.103}$$

微分方程中的非线性补偿，使得在微分方程式（20.99）和式（20.101）中出现的控制变量 v_1 和 v_2 可以表示为

$$v_1 = \frac{1}{T_i}m_1 - \frac{1}{L}u_{sx}\psi_{ry} + x_{11}x_{12} + \frac{R_r L_m}{L_r}i_{sy}i_D \tag{20.104}$$

$$v_2 = \frac{1}{T_i}m_2 + \frac{1}{L}u_{sx}\psi_{ry} - x_{11}x_{22} - \frac{R_r L_m}{L_r}i_{sx}i_D \tag{20.105}$$

其他控制变量有

$$e_d = L\frac{v_2 A_1 - v_1 A_2}{\psi_{rx}A_1 + \psi_{ry}A_2} \tag{20.106}$$

$$\omega_{if} = \frac{v_1\psi_{rx} + v_2\psi_{ry}}{\psi_{rx}A_1 + \psi_{ry}A_2} \tag{20.107}$$

式中

$$\frac{1}{T_i} = \frac{R_d}{L} + \frac{R_r}{L_r}$$

两个解耦子系统为

- 机电子系统为

$$\frac{dx_{11}}{d\tau} = \frac{L_m}{JL}x_{12} - \frac{1}{J}T_L \tag{20.108}$$

$$\frac{\mathrm{d}x_{12}}{\mathrm{d}\tau} = \frac{1}{T_i}(-x_{12} + m_1) \qquad\qquad (20.109)$$

- 电磁子系统为

$$\frac{\mathrm{d}x_{21}}{\mathrm{d}\tau} = -\frac{R_r}{L_r}x_{21} + \frac{R_r L_m}{L_r}x_{22} \qquad\qquad (20.110)$$

$$\frac{\mathrm{d}x_{22}}{\mathrm{d}\tau} = \frac{1}{T_i}(-x_{22} + m_2) \qquad\qquad (20.111)$$

图 20.21 所示为电压多标量控制系统。

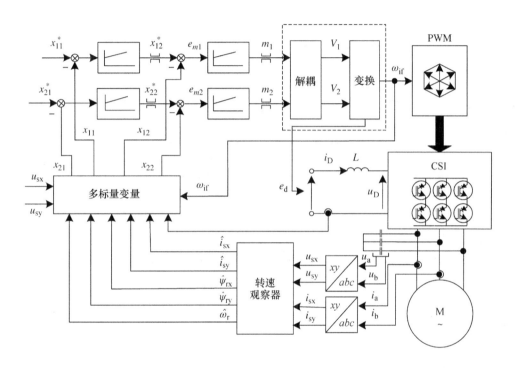

图 20.21　电压多标量控制系统框图

图 20.22 所示为异步电机从起动到 1.0pu 转速过程中的多标量变量和 i_D 的暂态波形。图 20.23 中，电机从 0.7pu 转速反转至 -0.7pu。图 20.24 所示为在 900ms 后负载转矩发生变化的过程波形。

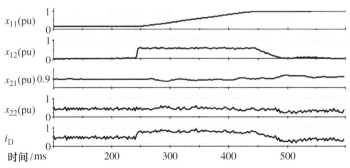

图 20.22　电机起动过程的多标量变量和 i_D 波形，电机为 5.5kW 异步电机（实验测试）

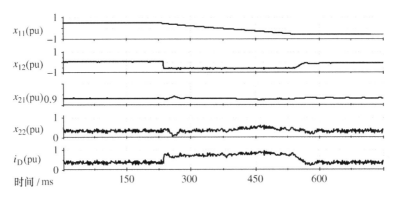

图 20.23　电机反转过程的多标量变量和 i_D 波形，电机为 5.5kW 异步电机（实验测试）

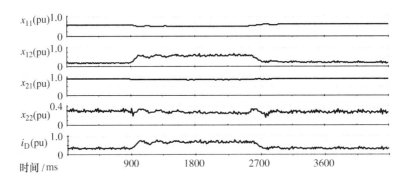

图 20.24　对电机施加负载过程的多标量变量和 i_D 波形，电机为 5.5kW 异步电机（实验测试）

20.7　永磁同步电机的电流和电压控制

20.7.1　PMSM 的电压多标量控制

参考文献［17－19］给出了 PMSM 的控制方法和策略。这些策略中电机功角都为固定值（定子电流分量角 $\delta = \pi/2$）。这些策略同样可以用在 CSI 驱动的 PMSM 控制系统（可以简化控制器的开发）。对功角的设定使得电机不能在全部工况下都实现最优运行[22]。为了实现 PMSM 的最优工作，这里提出定子电流的每安培最大转矩控制策略[22]。

CSI 驱动 PMSM 的电压控制方法和异步电机控制系统相似。传动系统在 xy 坐标系下的数学模型由下列公式及式（20.8）、式（20.90）和式（20.91）所确定

$$\frac{\mathrm{d}i_x}{\mathrm{d}\tau} = -\frac{R_s}{L_s}i_x + \frac{1}{L_s}\psi_{fy}\omega_r + \frac{1}{L_s}u_{sx} + \omega_{if}i_y \tag{20.112}$$

$$\frac{\mathrm{d}i_y}{\mathrm{d}\tau} = -\frac{R_s}{L_s}i_y - \frac{1}{L_s}\omega_r\psi_{fx} + \frac{1}{L_s}u_{sy} - \omega_{if}i_x \tag{20.113}$$

$$\frac{\mathrm{d}\psi_x}{\mathrm{d}\tau} = -R_s i_x + u_{sx} + \omega_{if}\psi_y \tag{20.114}$$

$$\frac{\mathrm{d}\psi_y}{\mathrm{d}\tau} = -R_s i_y + u_{sy} - \omega_{if}\psi_x \tag{20.115}$$

式中，ψ_x、ψ_y 为定子磁通矢量参数。

考虑 xy 坐标系下的式（20.82）、式（20.83）和式（20.60）、式（20.61）及式（20.63），多标量变量有如下表达式[23]

$$x_{11} = \omega_r \tag{20.116}$$

$$x_{12} = -i_{fx}\psi_y - C_M\omega_{if}g_{32} \tag{20.117}$$

$$x_{22} = \psi_{fx}i_{fx} + L_s(i_x^2 + i_y^2) + C_M\omega_{if}g_{31} \tag{20.118}$$

这里引入

$$g_{31} = \psi_{fx}u_{sy} - \psi_{fy}u_{sx} \tag{20.119}$$

$$g_{32} = \psi_{fx}u_{sx} + \psi_{fy}u_{sy} \tag{20.120}$$

对于闭环系统有 $(\omega_{if} - \omega_r) \approx 0$：$g_{31} \approx \omega_r$ 及 $g_{32} \approx 0$，因此控制系统的稳定性不会受到简化的影响。

根据式（20.116）~式(20.118)和式（20.36）~式（20.38），可以得到多标量模型为

$$\frac{dx_{11}}{d\tau} = \frac{1}{J}x_{12} - \frac{1}{J}T_L \tag{20.121}$$

$$\frac{dx_{12}}{d\tau} = -\frac{R_d}{L}x_{12} + \frac{1}{L}u_{sx}\psi_{fy} + L_sx_{11}i_s^2 - x_{11}x_{22} + v_1 \tag{20.122}$$

$$\frac{dx_{22}}{d\tau} = -\frac{R_d}{L}x_{22} + \left(\frac{R_dL_s}{L} - 2R_s\right)i_s^2 + 2p_s - \frac{1}{L}u_{sx}\psi_{fx} + v_2 \tag{20.123}$$

式中

$$v_1 = \omega_{if}\left(x_{22} - \frac{R_dC_M}{L}g_{32} - L_si_s^2 - \frac{1}{L}e_d\psi_{fy}\right)$$

$$v_2 = \frac{1}{L}e_d\psi_{fx} + \omega_{if}\left(\frac{R_dC_M}{L}g_{31} - x_{12}\right)$$

微分方程中的非线性补偿，使得微分方程式（20.122）和式（20.123）中出现的控制变量 v_1 和 v_2 有如下表达式

$$v_1 = \frac{1}{T_i}m_1 - \frac{1}{L}u_{sx}\psi_{fy} - L_sx_{11}i_s^2 + x_{11}x_{22} \tag{20.124}$$

$$v_2 = \frac{1}{T_i}m_2 - \left(\frac{R_dL_s}{L} - 2R_s\right)i_s^2 - 2p_s + \frac{1}{L}u_{sx}\psi_{fx} \tag{20.125}$$

控制变量为

$$\omega_{if} = \frac{\psi_{fx}v_1 + \psi_{fy}v_2}{A_1\psi_{fx} + A_2\psi_{fy}} \tag{20.126}$$

$$e_d = L\frac{A_1v_2 - A_2v_1}{A_1\psi_{fx} + A_2\psi_{fy}} \tag{20.127}$$

式中

$$A_1 = C_MR_s - \frac{R_d}{L}C_Mg_{32} - C_Mu_s^2 + x_{22}$$

$$A_2 = \frac{R_2}{L}C_Mg_{31} - x_{12} - C_MR_sq_s$$

$$u_s^2 = u_{sx}^2 + u_{sy}^2$$

$$i_s^2 = i_x^2 + i_y^2$$

$$\frac{1}{T_i} = \frac{R_d}{L}$$

p_s、q_s 为式（20.74）和式（20.75）给出的定子有功和无功功率。

图20.25 给出了 xy 坐标系下的变量图，图20.26 给出了 PMSM 的控制框图。

图20.27 中给出了 PMSM 反转到 -1.0pu 转速的多标量变量和 e_d、i_D 的暂态波形。此时有 $x_{22}^* \approx 0$。

图20.28 中给出了 i_D 和 u_a 以及定子电压的静态波形。由于电感 L 非常小导致 i_D 出现振荡。这些直流回路电流的振荡不会在定子电流和电压上产生影响。

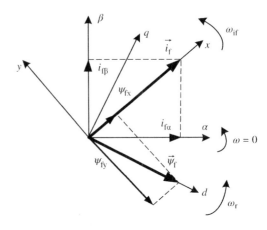

图20.25 $\alpha\beta$、xy 和 dq 坐标系下的变量

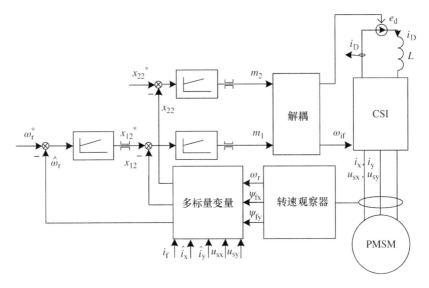

图20.26 PMSM 多标量控制系统

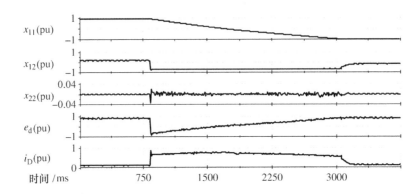

图20.27 PMSM 从 1.0pu 反转到 -1.0pu 的暂态波形（实验测试）

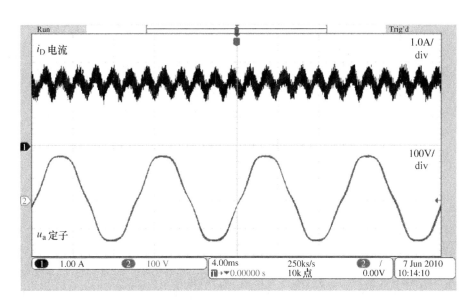

图 20.28　直流回路电流 i_D 和定子电压 u_a 暂态波形（实验测试）

20.7.2　内嵌式永磁电机的电流控制

基于和转子相关联的 dq 坐标系中，定子电流分量的控制系统被称为 CSI 驱动 PMSM/IPMSM 的电流控制。在参考文献［18，19，22］中对这类控制系统进行了重点介绍。在参考文献［21，24］中，作者使用了输出电容模型来获得扩展电流控制变量。考虑输出电容可以实现更准确的电流控制。电流控制可以实现对电源侧无功功率的控制并获得功率因数为 1 的结果[21,24]。

PMSM 简化控制所得到的输出电流矢量方向和永磁体磁场矢量之间的夹角 $\gamma = \pi/2$。图 20.29 给出了这种控制系统的框图。

对于短脉冲时间 T_{imp}，dq 坐标系下的电容模型方程式（20.3）和式（20.4）可以用差分方程来近似表示。电压矢量系数有如下表达式

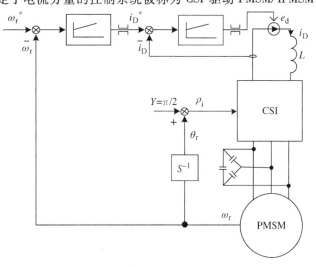

图 20.29　PMSM 电流控制，输出电流矢量相对永磁体磁场矢量偏移 π/2

$$u_d = -\frac{\omega_r T_{imp} u_{qprev}}{a_1} + \frac{u_{dprev}}{a_1} - \frac{\omega_r T_{imp}^2}{C_M a_1}(u_{fq} - i_q) + \frac{T_{imp}}{C_M a_1}(i_{fd} - i_d) \qquad (20.128)$$

$$u_q = \frac{\omega_r T_{imp} u_{dprev}}{a_1} + \frac{u_{pprev}}{a_1} + \frac{\omega_r T_{imp}^2}{C_M a_1}(u_{fd} - i_d) + \frac{T_{imp}}{C_M a_1}(i_{fq} - i_q) \qquad (20.129)$$

式中，下标 prev 表示变量在上一个采样点的数值，$a = \omega_r^2 T_{imp}^2 + 1$，$i_{fd}$、$i_{fq}$ 为输出矢量分量。

将式（20.128）和式（20.129）代入式（20.45）和式（20.46），则可以得到传动系统的数

学模型为

$$\frac{\mathrm{d}i_d}{\mathrm{d}\tau} = -\frac{1}{T_{i1}}i_d + \frac{L_q}{L_d}\omega_r i_q - \frac{\omega_r T_{imp} u_{qprev}}{L_d a_1} + \frac{\omega_r T_{imp}^2}{C_M L_d a_1}i_q + \frac{u_{dprev}}{L_d a_1} + v_1 \tag{20.130}$$

$$\frac{\mathrm{d}i_q}{\mathrm{d}\tau} = -\frac{1}{T_{i2}}i_q - \frac{L_d}{L_q}\omega_r i_d - \frac{1}{L_q}\omega_r\psi_f + \frac{\omega_r T_{imp} u_{dprev}}{L_q a_1} - \frac{\omega_r T_{imp}^2}{C_M L_q a_1}i_d + \frac{u_{qprev}}{L_q a_1} + v_2 \tag{20.131}$$

式中

$$\frac{1}{T_{i1}} = \frac{R_s}{L_d} + \frac{T_{imp}}{C_M L_d a_1}$$

$$\frac{1}{T_{i2}} = \frac{R_s}{L_q} + \frac{T_{imp}}{C_M L_d a_1}$$

$$v_1 = \frac{T_{imp}}{C_M L_d a_1}i_{fd} - \frac{\omega_r T_{imp}^2}{C_M L_d a_1}i_{fd}$$

$$v_2 = \frac{\omega_r T_{imp}^2}{C_M L_q a_1}i_{fd} + \frac{T_{imp}}{C_M L_q a_1}i_{fq}$$

微分方程中的非线性补偿使得差分方程式（20.130）和式（20.131）中控制变量 v_1 和 v_2 表示为

$$v_1 = \frac{1}{T_i}m_1 - \frac{L_q}{L_d}\omega_r i_q + \frac{\omega_r T_{imp} u_{qprev}}{L_d a_1} - \frac{\omega_r T_{imp}^2}{C_M L_d a_1}i_q - \frac{u_{dprev}}{L_d a_1} \tag{20.132}$$

$$v_2 = \frac{1}{T_i}m_2 + \frac{L_d}{L_q}\omega_r i_d + \frac{1}{L_q}\omega_r\psi_f - \frac{\omega_r T_{imp} u_{dprev}}{L_q a_1} + \frac{\omega_r T_{imp}^2}{C_M L_q a_1}i_d - \frac{u_{qprev}}{L_q a_1} \tag{20.133}$$

IPMSM 的控制变量表示为

$$i_{fd} = C_M a_1 \frac{L_q T_{imp}\omega_r v_2 + v_1 L_d}{T_{imp} a_1} \tag{20.134}$$

$$i_{fq} = -C_M a_1 \frac{\omega_r T_{imp} L_d v_1 - v_2 L_q}{T_{imp} a_1} \tag{20.135}$$

图 20.30 和图 20.31 给出了 IPMSM 系统电流控制下的暂态波形结果。此时定子电流系数 i_d 稳定在零值附近 $i_d \approx 0$。在起动 100ms 后转子速度变为 0.8pu（见图 20.30）和从 0.9pu 变到 −0.9pu（见图 20.31）。

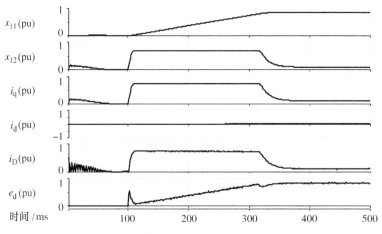

图 20.30　电机从起动到 1.0pu 转速过程的 IPMSM 电流控制暂态波形（仿真结果）

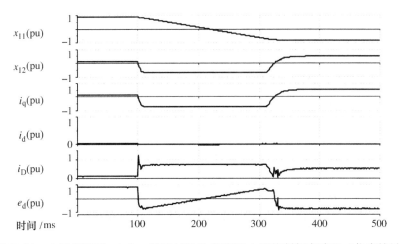

图 20.31　电机反转到 $-1.0\mathrm{pu}$ 转速过程的 IPMSM 电流控制暂态波形（仿真结果）

20.8　CSC 驱动双馈电机的控制系统

电机可以用 CSC 驱动转子侧，同时由电网驱动定子侧。这样的传动系统在 19 世纪就有应用，并被称为双馈异步电机传动系统。这种系统采用晶闸管器件，并包括直流回路中的高感抗电感和换相电容。现在，CSC 中可使用的器件增加了 RBIGBT 和 SiC 器件。现代 CSC 中可以采用多种成熟控制技术，如反推控制、滑模控制或多标量控制等，同时定子有功和无功采用 PI 控制器。双馈电机的控制系统可以采用电压控制，也可以使用电流控制（和笼型异步电机类似）。本节只对电压控制系统进行介绍。

如果电机转子由 CSC 驱动，则有下列方程

$$\frac{\mathrm{d}i_{\mathrm{rfx}}}{\mathrm{d}\tau} = \frac{1}{L}(e_{\mathrm{d}} - R_{\mathrm{d}}i_{\mathrm{rfx}} - u_{\mathrm{rx}}) \tag{20.136}$$

$$\frac{\mathrm{d}u_{\mathrm{rx}}}{\mathrm{d}\tau} = \frac{1}{C_{\mathrm{M}}}(i_{\mathrm{rfx}} - i_{\mathrm{rx}}) + \omega_{\mathrm{irf}}u_{\mathrm{ry}} \tag{20.137}$$

$$\frac{\mathrm{d}u_{\mathrm{ry}}}{\mathrm{d}\tau} = -\frac{1}{C_{\mathrm{M}}}i_{\mathrm{ry}} - \omega_{\mathrm{irf}}u_{\mathrm{rx}} \tag{20.138}$$

式中，$i_{\mathrm{rfx}} = Ki_{\mathrm{D}} \approx i_{\mathrm{D}}$，$K = 1$。

图 20.32 所示为 $\alpha\beta_{\mathrm{rotor}}$ 和 $\alpha\beta_{\mathrm{stator}}$ 坐标系中的矢量图。

当选择 xy 坐标系时，式（20.31）~式（20.34）中的 ω_0 为 $\omega_0 = \omega_{\mathrm{irf}} + \omega_{\mathrm{r}}$。$xy$ 坐标系中（$\vec{i}_{\mathrm{r}}$，$\vec{\psi}_{\mathrm{s}}$）的双馈电机数学模型为[20]

$$\frac{\mathrm{d}i_{\mathrm{rx}}}{\mathrm{d}\tau} = -\frac{L_{\mathrm{s}}^2 R_{\mathrm{r}} + L_{\mathrm{m}}^2 R_{\mathrm{s}}}{L_{\mathrm{s}}w_{\sigma}}i_{\mathrm{rx}} + \frac{R_{\mathrm{s}}L_{\mathrm{m}}}{L_{\mathrm{s}}w_{\sigma}}\psi_{\mathrm{sx}} + \omega_{\mathrm{irf}}i_{\mathrm{ry}} - \frac{L_{\mathrm{m}}}{w_{\sigma}}\omega_{\mathrm{r}}\psi_{\mathrm{sy}} + \frac{L_{\mathrm{s}}}{w_{\sigma}}u_{\mathrm{rx}} - \frac{L_{\mathrm{m}}}{w_{\sigma}}u_{\mathrm{sx}} \tag{20.139}$$

$$\frac{\mathrm{d}i_{\mathrm{ry}}}{\mathrm{d}\tau} = -\frac{L_{\mathrm{s}}^2 R_{\mathrm{r}} + L_{\mathrm{m}}^2 R_{\mathrm{s}}}{L_{\mathrm{s}}w_{\sigma}}i_{\mathrm{ry}} + \frac{R_{\mathrm{s}}L_{\mathrm{m}}}{L_{\mathrm{s}}w_{\sigma}}\psi_{\mathrm{sy}} - \omega_{\mathrm{irf}}i_{\mathrm{rx}} - \frac{L_{\mathrm{m}}}{w_{\sigma}}\omega_{\mathrm{r}}\psi_{\mathrm{sx}} + \frac{L_{\mathrm{s}}}{w_{\sigma}}u_{\mathrm{ry}} - \frac{L_{\mathrm{m}}}{w_{\sigma}}u_{\mathrm{sy}} \tag{20.140}$$

$$\frac{\mathrm{d}\psi_{\mathrm{sx}}}{\mathrm{d}\tau} = -\frac{R_{\mathrm{s}}}{L_{\mathrm{s}}}\psi_{\mathrm{sx}} + \frac{R_{\mathrm{s}}L_{\mathrm{m}}}{L_{\mathrm{s}}}i_{\mathrm{rx}} + (\omega_{\mathrm{irf}} + \omega_{\mathrm{r}})\psi_{\mathrm{sy}} + u_{\mathrm{sx}} \tag{20.141}$$

$$\frac{\mathrm{d}\psi_{\mathrm{sy}}}{\mathrm{d}\tau} = -\frac{R_{\mathrm{s}}}{L_{\mathrm{s}}}\psi_{\mathrm{sy}} - (\omega_{\mathrm{irf}} + \omega_{\mathrm{r}})\psi_{\mathrm{sx}} + u_{\mathrm{sy}} \tag{20.142}$$

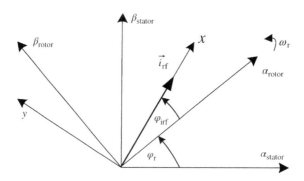

图 20.32 $\alpha\beta_{\text{rotor}}$（和转子相关坐标系）和 $\alpha\beta_{\text{stator}}$（和定子相关坐标系）及 xy

坐标系（和输出电流矢量 $\vec{i}_{\text{rf}}$ 相关坐标系）中的矢量

$$\frac{\mathrm{d}\omega_{\text{r}}}{\mathrm{d}\tau} = \frac{L_{\text{m}}}{JL_{\text{s}}}(\psi_{\text{sx}}i_{\text{ry}} - \psi_{\text{sy}}i_{\text{rx}}) - \frac{1}{J}T_{\text{L}} \tag{20.143}$$

式中，i_{rx}、i_{ry} 为转子电流矢量分量；ψ_{sx}、ψ_{sy} 为定子磁场矢量分量；其余变量定义见 20.5 节。

$\alpha\beta$ 坐标系下的多标量变量为[20]

$$z_{11} = \omega_{\text{r}} \tag{20.144}$$

$$z_{12} = \psi_{\text{s}\alpha}i_{\text{r}\beta} - \psi_{\text{s}\beta}i_{\text{r}\alpha} \tag{20.145}$$

$$z_{21} = \psi_{\text{s}\alpha}^2 + \psi_{\text{s}\beta}^2 \tag{20.146}$$

$$z_{22} = \psi_{\text{s}\alpha}i_{\text{r}\alpha} + \psi_{\text{s}\beta}i_{\text{r}\beta} \tag{20.147}$$

式中，x_{11} 为转子角速度；x_{12} 为电磁转矩；x_{21} 为转子磁通的二次方；x_{22} 为附加变量；$\alpha\beta$ 为静止坐标系。

考虑到式（20.136）~ 式（20.147）在 xy 坐标系下有 $\left(\dfrac{\mathrm{d}u_{\text{rx}}}{\mathrm{d}\tau}, \dfrac{\mathrm{d}u_{\text{ry}}}{\mathrm{d}\tau} \approx 0\right)$ 的假设，则式（20.144）和式（20.146）的多标量变量表示为

$$z_{12} = -i_{\text{rfx}}\psi_{\text{sy}} - C_{\text{M}}\omega_{\text{ifr}}e_{32} \tag{20.148}$$

$$z_{22} = i_{\text{rfx}}\psi_{\text{sx}} - C_{\text{M}}\omega_{\text{ifr}}e_{31} \tag{20.149}$$

式中，ω_{irf} 为输出电流矢量角速度，$i_{\text{rfx}} = Ki_{\text{D}} \approx i_{\text{D}}$，（$K = 1$）及 e_{31}、e_{32} 的定义为

$$e_{31} = u_{\text{rx}}\psi_{\text{sy}} - u_{\text{ry}}\psi_{\text{sx}} \tag{20.150}$$

$$e_{32} = u_{\text{rx}}\psi_{\text{sx}} + u_{\text{ry}}\psi_{\text{sy}} \tag{20.151}$$

在式（20.148）和式（20.149）中，$C_{\text{M}}\omega_{\text{ifr}}e_{32}$ 和 $C_{\text{M}}\omega_{\text{ifr}}e_{31}$ 的值都接近零，因此不会影响闭环系统的稳定性。

将式（20.150）和式（20.151）代入多标量模型有

$$\frac{\mathrm{d}z_{12}}{\mathrm{d}\tau} = -\left(\frac{R_{\text{s}}}{L_{\text{s}}} + \frac{R_{\text{d}}}{L}\right)z_{12} + \frac{1}{L}u_{\text{rx}}\psi_{\text{sy}} - \frac{R_{\text{s}}L_{\text{m}}}{L_{\text{s}}}i_{\text{ry}}i_{\text{D}} + z_{11}z_{22} - u_{\text{sy}}i_{\text{D}} + v_1 \tag{20.152}$$

$$\frac{\mathrm{d}z_{22}}{\mathrm{d}\tau} = -\left(\frac{R_{\text{s}}}{L_{\text{s}}} + \frac{R_{\text{d}}}{L}\right)z_{22} - \frac{1}{L}u_{\text{rx}}\psi_{\text{sx}} + \frac{R_{\text{s}}L_{\text{m}}}{L_{\text{s}}}i_{\text{rx}}i_{\text{D}} - z_{11}z_{12} + u_{\text{sx}}i_{\text{D}} + v_2 \tag{20.153}$$

式中

$$v_1 = -\frac{1}{L}e_{\text{d}}\psi_{\text{sy}} + \omega_{\text{irf}}A_1 \tag{20.154}$$

$$v_2 = \frac{1}{L}e_{\text{d}}\psi_{\text{sx}} + \omega_{\text{irf}}A_2 \tag{20.155}$$

$$A_1 = \left(\left(i_{rx}\psi_{sx} + i_{ry}\psi_{sy} \right) - \frac{R_s L_m}{L_s} C_M \left(i_{rx}u_{rx} + i_{ry}u_{ry} \right) - C_M \left(u_{sx}u_{rx} + u_{sx}u_{ry} \right) - \frac{R_d}{L_d} C_M e_{32} \right) \quad (20.156)$$

$$A_2 = \left(\left(i_{rx}\psi_{sy} - i_{ry}\psi_{sx} \right) - \frac{R_s L_m}{L_s} C_M \left(i_{ry}u_{rx} + i_{rx}u_{ry} \right) - C_M \left(u_{sy}u_{rx} - u_{sx}u_{ry} \right) - \frac{R_d}{L_d} C_M e_{13} \right) \quad (20.157)$$

CSI 驱动双馈电机的控制变量为

$$e_d = L \frac{v_2 A_1 - v_1 A_2}{\psi_{sx}A_1 + \psi_{sy}A_2} \quad (20.158)$$

$$\omega_{ifr} = \frac{v_1\psi_{sx} + v_2\psi_{sy}}{\psi_{sx}A_1 + \psi_{sy}A_2} \quad (20.159)$$

稳态下，p_s 和 q_s 的表达式为[20]

$$p_s = \frac{1}{L_s}u_{sf2} + \frac{L_m}{L_s} \frac{u_{sf1}z_{12} - u_{sf2}z_{22}}{z_{21}} \quad (20.160)$$

$$q_s = -\frac{1}{L_s}u_{sf1} + \frac{L_m}{L_s} \frac{u_{sf1}z_{22} + u_{sf2}z_{12}}{z_{21}} \quad (20.161)$$

式中

$$u_{sf1} = u_{s\alpha}\psi_{s\beta} - u_{s\beta}\psi_{s\alpha} \approx 1 \quad (20.162)$$

$$u_{sf2} = u_{s\alpha}\psi_{s\alpha} + u_{s\beta}\psi_{s\beta} \approx 0 \quad (20.163)$$

式（20.160）和式（20.161）由于过于复杂而不能直接用于控制系统。为获得更简便的表达式，可以考虑 $u_{sf1} \approx 1$、$u_{sf2} \approx 0$ 的电机稳态工况。在稳态下 p_s 和 q_s 的表达式为[20,25]

$$p_s \sim \frac{L_m}{L_s}z_{12} \quad (20.164)$$

$$q_s \sim -\frac{1}{L_s} + \frac{L_m}{L_s}z_{22} \quad (20.165)$$

这里需要注意，所有的变量都必须在一个坐标系下确定。

图 20.33 给出了双馈电机的无速度传感器控制系统框图。在控制系统中引入了无功和有功控制器及 z_{12} 和 z_{22} 的控制器。

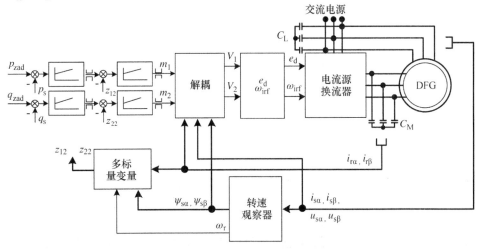

图 20.33　CSC 驱动双馈电机的无速度传感器多标量控制系统框图

图 20.34 和图 20.35 给出了有功和无功给定变化过程中的系统暂态波形。图中有功给定从

-0.8pu 变为 0.8pu。当 p_s、$q_s > 0$ 时，表示有功或无功功率的方向为从电机流向电网，反之则表明电网驱动电机运行。

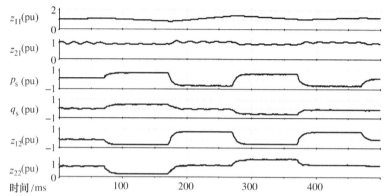

图 20.34　CSC 驱动双馈电机的多标量变量及有功和无功暂态波形（仿真结果）

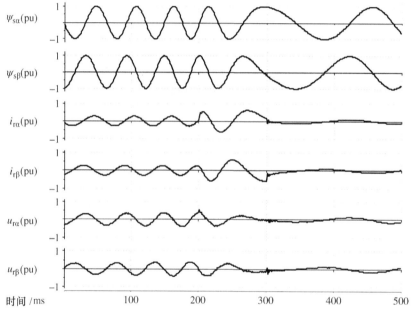

图 20.35　$\alpha\beta$ 坐标系下暂态波形（仿真结果）

20.9　小结

本章给出了 CSC 电机传动系统的两种控制方法。第一种是基于 PI 控制器的电压多标量控制。虽然控制系统结构比第二种电流控制复杂一些，但电压控制仍然优于电流控制。电压控制中，直流回路电压是直接解耦得到的控制变量，直流回路电流是随电机工作点变化而改变的不定值。电流控制和电压控制相比，会产生更多的直流电感损耗以及晶体管功率损耗。虽然通过调制因数控制可以将损耗最小化，但代价是控制系统更为复杂。当采用空间矢量调制时，两种控制都可以实现控制的解耦以及正弦的电压及电流。

参 考 文 献

1. Glab (Morawiec), M., Krzeminski, Z., and Włas, M. (2005) The PWM current source inverter with IGBT transistors and multiscalar model control system. 11th European Conference on Power Electronics and Applications, IEEE 2005.

2. Glab (Morawiec), M., Krzeminski, Z., and Lewicki, A. (2007) Multiscalar control of induction machine supplied by current source inverter. PCIM 2007, Nuremberg 2007.

3. Morawiec, M., Krzeminski, Z., and Lewicki, A. (2010) Voltage multiscalar control of induction machine supplied by current source converter. IEEE International Symposium on Industrial Electronics (ISIE) 2010.

4. Morawiec, M. (2007) Sensorless control of induction machine supplied by current source inverter. PhD thesis. Gdansk University of Technology.

5. Fuschs, F. and Kloenne, A. (2004) dc-link and dynamic performance features of PWM IGBT current source converter induction machine drives with respect to industrial requirements. IPEMC 2004, August 14–16, 2004, Vol. 3.

6. Klonne, A. and Fuchs, W.F. (2003) High dynamic performance of a PWM current source converter induction machine drive. EPE 2003, Toulouse, France.

7. Kwak, S. and Toliyat, H.A. (2006) A current source inverter with advanced external circuit and control method. *IEEE Transactions on Industry Applications*, **42** (6), 1496–1507.

8. Salo, M. and Tuusa, H. (2005) Vector-controlled PWM current-source-inverter-fed induction motor drive with a new stator current control method. *IEEE Transactions on Industrial Electronics*, **52** (2), 523–531.

9. Nikolic, A.B. and Jeftenic, B.I. (2006) Improvements in direct torque control of induction motor supplied by CSI. IEEE Industrial Electronics - 32nd Annual Conference on Industrial Electronics, IECON 2006.

10. Krzeminski, Z. (1987) Nonlinear control of induction motor. Proceedings of the 10th IFAC World Congress, Munich, Germany, 1987.

11. Morawiec, M. Sensorless control of induction motor supplied by current source inverter, *Induction Motors, Modelling and Control* R. Araujo, InTech, Open Science Open Minds, (2005), **52** (2), pp. 523–531.

12. Ledwich, G. (1991) Current source inverter modulation. *IEEE Transactions on Industrial Electronics*, **6** (4), 618–623.

13. Lee, D., Kim, D., and Chung, D. (1996) Control of PWM current source converter and inverter system for high performance induction motor drives. *IEEE Transactions on Power Electronics*, **2**, pp: 1100–1105.

14. Lewicki, A., Krzemiński, Z., and Morawiec, M. (2008) Sterowanie mocą bierną w falowniku prądu sterowanym napięciowo. *Polish Electrical Review*, **R84** (11), 344–347.

15. Zhang, C., Li, Y., Wang, Q., and Li, C. (2009) The optimal control policies of three-phase current source rectifier based on over-modulation technique. International Conference on Sustainable Power Generation and Supply, SUPERGEN '09.

16. Wiseman, J.C. and Wu, B. (2005) Active damping control of a high-power PWM current-source rectifier for line-current THD reduction. *IEEE Transactions on Industrial Electronics*, **52** (3), 758–764.

17. Zhou, J. and Wang, Y. (2002) Adaptive backstepping speed controller design for a permanent magnet synchronous motor. *IEE Proceedings-Electric Power Applications*, **149** (2), 165–172.

18. Tang, L. and Su, G.-J. (2011) A novel current angle control scheme in a current source inverter fed surface-mounted PMSM drive. Energy Conversion Congress and Exposition 2011.

19. Lee, H.-J., Jung, S., and Sul, S.-K. (2011) A current controller design for current source inverter-fed PMSM drive system. 8th International Conference on Power Electronics 2011.

20. Krzeminski, Z. (2002) Sensorless multiscalar control of double fed machine for wind power generators. Power Conversion Conference, PCC, Osaka, Japan, 2002.

21. Wu, B. (2006) *High-Power Converters and AC Drives*, Wiley-IEEE Press.

22. Uddin, M.N. and Chy, M.M.I. (2007) Development and implementation of a nonlinear controller incorporating flux control for IPMSM. The 33rd Annual Conference of the IEEE Industrial Electronics Society (IECON), Taipei, Taiwan, November 5–8, 2007.

23. Morawiec, M. (2012) The adaptive backstepping voltage control of permanent magnet synchronous motor supplied by current source inverter. *IEEE Transactions on Industrial Informatics*, TII, **9**, (2).

24. Li, Y.W., Pande, M., Zargari, N.R., and Wu, B. (2009) DC-Link current minimization for high-power current-source motor drives. *IEEE Transactions on Power Electronics*, **24**, 232–240.

25. Blecharz, K., Krzeminski, Z., and Bogalecka, E. (2009) Control of a doubly-fed induction generator in wind park during and after line-voltage distortion. ELECTROMOTION 2009. 8th International Symposium on Advanced Electromechanical Motion Systems and Electric Drives Joint Symposium 2009.

第 21 章　PWM 逆变器共模电压和轴承电流：原因、影响和抑制

Jaroslaw Guzinski

波兰格但斯克理工大学电气与控制工程学院

21.1　简介

由逆变器驱动的异步电机轴承加速老化是寄生电流影响的结果，这个寄生电流被定义为轴承电流。第一份关于轴承电流的报告发表于近 100 年前[1]。报告中观察到的现象是磁场不对称时的影响，且仅限于大功率电机上[2]。与逆变器驱动电机情况下的轴承电流相比，这个电流值几乎可忽略不计[3]。轴承失效是当前可调速传动系统（ASD）中，交流电机运行时最常见的失效形式。由于现在 ASD 数量众多，这种失效问题值得特别注意。现代 ASD 中的轴承电流与采用脉宽调制（PWM）的电压源逆变器运行所产生的共模（CM）电压密切相关。在这种工况下，轴承电流长期流过电机轴承，且电流密度超过滚动部件允许值，则可以彻底损坏轴承。据相关报告，电流密度 $J_{\mathrm{b}} \geqslant 0.1\mathrm{A/mm^2}$ 时对轴承寿命没有明显的影响；但当电流密度 $J_{\mathrm{b}} \geqslant 0.7\mathrm{A/mm^2}$ 时电机轴承寿命会明显缩短[3]。

三相系统中的共模电压为三相星形负载中性点与保护接地之间的电压。图 21.1 所示为三相电压源变流器及相应电机、电缆和电网的等效电路[4]。

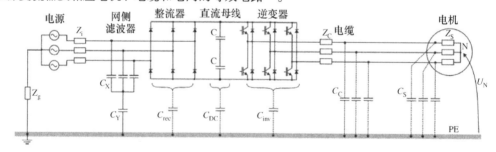

图 21.1　用于共模电流通路分析的异步电机驱动系统结构图

在图 21.1 中，共模电压用 u_{N} 表示。虚线所画的电路部分为电路和 PE 之间的寄生电容。

由于缺少变流器电源侧各寄生元件的完整信息，对整个电路的共模电压进行分析是非常困难的。然而由于共模电路元件的串联阻抗很小，因此允许在信息不全的情况下进行分析。通常将直流回路中性点作为参考点并和 PE 相连（见图 21.2a）。然而在实际变流器中，很难直接接触直流回路的中性点，因此对图 21.2a 中的共模电压进行观测是比较困难的。为方便起见并从实际出发，可以采用直流回路的正极或负极作为参考点。为此，本章中的分析都采用直流母线负极作为参考点（见图 21.2b）。

根据图 21.2，电压 u_{U}、u_{V} 和 u_{W} 有下列表达式

$$u_{\mathrm{U}} = u_{\mathrm{UN}} + u_{\mathrm{N}} \tag{21.1}$$

$$u_{\mathrm{V}} = u_{\mathrm{VN}} + u_{\mathrm{N}} \tag{21.2}$$

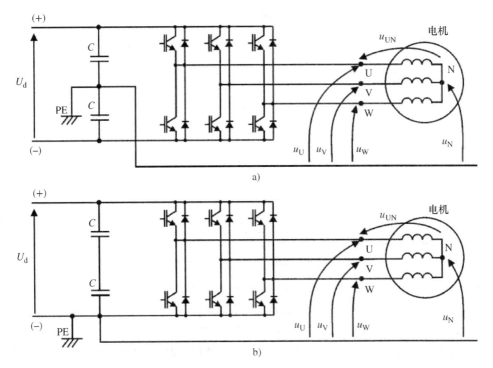

图 21.2　三相电压源逆变器简化结构及用于共模电压分析的输出电压示意图：a）以电容中性点
为基准点；b）以负母线为基准点

$$u_W = u_{WN} + u_N \tag{21.3}$$

从而有

$$u_U + u_V + u_W = u_{UN} + u_{VN} + u_{WN} + 3u_N \tag{21.4}$$

因为是三相系统，则有

$$u_{UN} + u_{VN} + u_{WN} = 0 \tag{21.5}$$

因此共模电压为

$$u_N = \frac{u_U + u_V + u_W}{3} \tag{21.6}$$

目前采用 PWM 控制的电压源逆变器中，最流行的调制算法为矢量调制，这种调制通常被称为空间矢量调制（SVM）。对于采用 SVM 的三相逆变器，逆变器开关组合能满足逆变器输出的需要。逆变器的 6 个开关可以形成 $2^6 = 64$ 种组合，但只有 8 种组合具有实际应用价值。8 种组合中的 6 个为非零矢量组合，2 个为零矢量组合。非零矢量组合下的逆变器输出不为零，而零矢量组合下的输出为零，对应负载端为短路状态。表 21.1 给出了 8 个矢量所对应逆变器的输出电压。

当采用下面的等功率坐标变换时，表 21.1 中的电压 u_0 对应 $\alpha\beta$ 正交坐标系中 u_N

$$\begin{bmatrix} x_0 \\ x_\alpha \\ x_\beta \end{bmatrix} = \begin{bmatrix} \dfrac{1}{\sqrt{3}} & \dfrac{1}{\sqrt{3}} & \dfrac{1}{\sqrt{3}} \\ \dfrac{\sqrt{2}}{\sqrt{3}} & -\dfrac{1}{\sqrt{6}} & -\dfrac{1}{\sqrt{6}} \\ 0 & \dfrac{1}{\sqrt{2}} & -\dfrac{1}{\sqrt{2}} \end{bmatrix} \begin{bmatrix} x_A \\ x_B \\ x_C \end{bmatrix} \tag{21.7}$$

式中，x 表示任意变量，例如电流或电压。

表 21.1　逆变器输出电压矢量组合表[①]

	逆变器开关状态的二进制组合及对应的输出电压[②]							
	100	110	010	011	001	101	000	111
u_U	U_d	U_d	0	0	0	U_d	0	U_d
u_V	0	U_d	U_d	U_d	0	0	0	U_d
u_W	0	0	0	U_d	U_d	U_d	0	U_d
u_0		$\dfrac{2U_d}{\sqrt{3}}$	$\dfrac{U_d}{\sqrt{3}}$	$\dfrac{2U_d}{\sqrt{3}}$	$\dfrac{U_d}{\sqrt{3}}$	$\dfrac{2U_d}{\sqrt{3}}$	0	$\sqrt{3}U_d$
u_α	$\dfrac{\sqrt{2}U_d}{\sqrt{3}}$	$\dfrac{U_d}{\sqrt{6}}$	$-\dfrac{U_d}{\sqrt{6}}$	$-\dfrac{\sqrt{2}U_d}{\sqrt{3}}$	$-\dfrac{U_d}{\sqrt{6}}$	$\dfrac{U_d}{\sqrt{6}}$	0	0
u_β	0	$\dfrac{U_d}{\sqrt{2}}$	$\dfrac{U_d}{\sqrt{2}}$	0	$-\dfrac{U_d}{\sqrt{2}}$	$-\dfrac{U_d}{\sqrt{2}}$	0	0

① 以逆变器输入电路负极为电压参考点（见图 21.1）。

② 二进制数值表示在对应状态下，1 为上桥臂开通，0 为断开。下桥臂开关则正好相反。

分析表 21.1 可以发现，三相电压源逆变器的零电压分量 u_0 并不等于零。u_0 的波形具有明显的瞬态变化特征。在 $\alpha\beta$ 正交坐标系中，u_0 的最大值和最小值之间的差值为 $\sqrt{3}\,U_d$。实际系统中，可以通过测量定子绕组中性点电压得到零电压分量（见图 21.3）。

逆变器输出所产生的共模电压（见图 21.3），与电机和其他 ASD 部件上存在的寄生电容，共同导致了零序电流的出现（见图 21.4）。

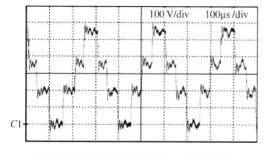

图 21.3　逆变器驱动下的 u_N 电压波形

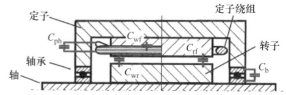

图 21.4　异步电机的寄生电容

电缆上的压降与共模电压 u_0 相比很小，因此可以得到图 21.5 所示的共模电流的等效电路。电缆输入处为电压 u_0，即逆变器表现为电源 u_0。图 21.5 所示为电机和供电电缆的共模电流等效电路。

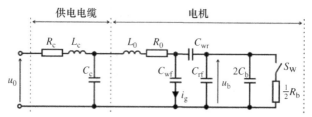

图 21.5　异步电机和电机电缆的共模等效电路[5]

图 21.5 所示结构中的元件参数为

电缆参数：

－R_c：电缆电阻

- L_c：电缆电抗
- C_c：电缆电容

电机参数：
- C_{wf}：电机绕组对机座电容
- C_{wr}：电机绕组对转子电容
- C_{rf}：电机转子对机座电容
- C_b：电机轴承等效电容
- R_b：电机轴承等效电阻
- S_w：轴承润滑膜击穿的开关模型

共模电压具有较高的 dv/dt，会在电机上产生轴承电流和轴电压。参考文献［5］中给出了存在于逆变器驱动系统中的几种轴承电流类型：容性轴承电流，放电轴承电流，轴电压效应相关的轴承环流电流或轴电流，转子接地电流。

电机机端电压的高 dv/dt 是产生这些电流的主要原因，但每种电流都和不同的电机物理现象有关（见图 21.6）。

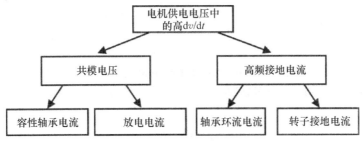

图 21.6 轴承电流的成因框图

21.1.1 容性轴承电流

容性轴承电流 i_{bcap} 在包含轴承等效电容 C_b 的电路中流动。根据参考文献［5］，当轴承温度 $T_b \approx 25℃$ 且电机机械转速 $n \geqslant 100r/min$ 时，容性轴承电流大小在 5～10mA 之间。轴承温度 T_b 上升或电机转速加快或两者都增大将导致 i_{bcap} 也随之增大。然而，和共模电流的其他分量相比 i_{bcap} 很小，因此通常不认为 i_{bcap} 会对电机轴承寿命产生不利影响。

21.1.2 放电电流

放电（EDM）电流 i_{bEDM} 是轴承油膜被击穿的结果。轴承油膜是润滑油在轴承上形成的绝缘薄层，其绝缘强度为 15kV/mm。油膜厚度取决于轴承类型和尺寸[6]，典型电机轴承油膜厚度接近 0.5μm，对应的击穿电压约为 7.5V[5]。根据 C_{wr} 和 C_{rf} 所组成容性分压器上的电压分布，轴承电压 u_b 对应于共模电压 u_0。如果 u_b 超过油膜击穿应力则会发生击穿，从而产生放电脉冲电流。根据图 21.5 所示电路的结构，此时对应 S_w 开关的导通状态。参考文献［3，7］中给出的数据表明，i_{bEDM} 的最大值在 0.5～3A 之间。由于轴承电压 u_b 和电机尺寸无关[8]，因而 i_{bEDM} 对小功率电机威胁更大。这是因为小型电机的轴承滚珠和滚道之间的弹性接触面很小，从而增大了电流密度。

21.1.3 轴承环流电流

轴承环流电流和轴电压，与经过电机定子绕组和机座之间电容的电流有关。这个电流是高频

对地电流 i_g。i_g 的流动感应出经过电机轴流通的磁通 ψ_{circ}。磁通 ψ_{circ} 则会在电机转轴上感应出轴电压 u_{sh}。如果 u_{sh} 足够大就会击穿轴承油膜并导致轴承环流电流 i_{bcir} 的出现。i_{bcir} 的电流通路包括电机机座、电机转轴和两端的轴承（见图 21.7）。

根据参考文献［3］中的数据，i_{bcir} 的最大值范围根据电机尺寸在 $0.5 \sim 20A$ 之间，且最大值都出现在大功率电机上。i_{bcir} 的测量需采用罗戈夫斯基（Rogowski）线圈在电机轴上进行。罗戈夫斯基线圈放置位置必须尽可能地远离定子线圈端部[10]（见图 21.8）。

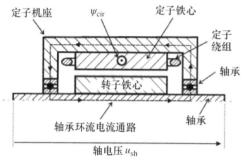

图 21.7　轴承环流电流 i_{bcir} 的通路[9]

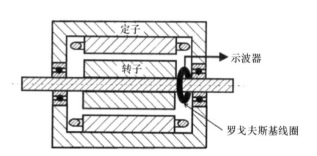

图 21.8　用罗戈夫斯基线圈
测量轴承环流电流 i_{bcir}[10]

对 i_{bcir} 的测量很复杂，需采用特殊的设备及接触电机内部。所以从实际出发，可以根据接地电流测量值 i_g 和电机轴承的类型来估算 i_{bcir}。对于采用传统轴承的标准电机，其轴承环流电流为[3]

$$i_{bcir(max)} \leqslant 0.4 \cdot i_{g(max)} \tag{21.8}$$

如参考文献［3］所述，用简单方法来估算轴电压是可能的。通过对一系列测试的结果观察，总结得到经验结果：轴电压 u_{sh} 和接地电流及定子铁心长度 l_{Fe} 成比例关系

$$u_{sh} \sim i_g l_{Fe} \tag{21.9}$$

显然，电机铁心长度 l_{Fe} 和电机机座尺寸 H 成正比

$$l_{Fe} \sim H \tag{21.10}$$

接地电流 i_g 则与定子绕组和机座之间的寄生电容 C_{wf} 成正比，而寄生电容与电机机座尺寸的二次方成正比

$$i_g \sim C_{wf} \sim H^2 \tag{21.11}$$

则最终得到经验关系式为[3]

$$u_{sh} = i_g l_{Fe} \sim H^2 \cdot H = H^3 \tag{21.12}$$

对轴电压的测量很复杂，需用高品质电刷连接电机轴的两端以保证接触良好。由于 u_{sh} 非常小，必须用放大器对其进行放大处理（见图 21.9）。

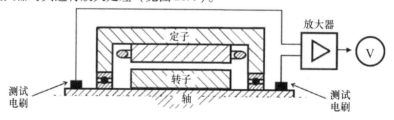

图 21.9　轴电压测量

在实验室条件下对轴电压测量的结果范围在零点几伏到几伏不等[2,11]（见图 21.10）。当电压 u_{sh} 较高时，可以通过在电机轴上加装集电环，并用电刷将集电环和大地相连来保护电机。然而，这种保护存在持久耐用性和机械问题，从而限制了其应用。

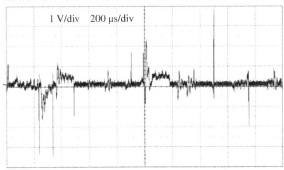

1 V/div　200 μs/div

图 21.10　轴电压波形示例（1.5kW 电机）

21.1.4　转子接地电流

只有当电机转子通过驱动负载和地电位有电连接时，才可能出现转子接地电流 i_{rg}。如果定子 - 转子间电路阻抗明显小于定子 - 机座阻抗，则总接地电流 i_g 中的一部分分流为转子接地电流 i_{rg}。i_{rg} 的幅值可以达到很高并迅速破坏电机轴承[3]。

21.1.5　轴承电流的主要分量

轴承电流的主要分量取决于电机的机械尺寸 H。参考文献［3］中给出了两者之间的关系：当 $H < 100$mm 时主要分量为放电电流 i_{bEDM}；当 100mm $< H < 280$mm 时则为放电电流 i_{bEDM} 和轴承环流电流 i_{bcir}；当 $H > 280$mm 时则以轴承环流电流为主。随着电机尺寸的增大，电机轴承环流电流也同步增大。

21.2　异步电机共模参数的确定

了解电机的共模参数是逆变器驱动系统建模必不可少的。如 21.1 节所述，电机的详细共模电路非常复杂（见图 21.5）。此外电路中一些参数的可变性也给建模带来新的困难。参考文献［3，5，12 - 14］中给出了一些用于计算图 21.5 中电路参数的分析关系式。然而，尽管参考文献［1］中给出了一些计算结果，但这些参数的计

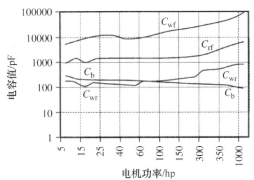

图 21.11　电机功率与共模参数关系图[1]

算仍然非常复杂，并需要很多难以从数据表或通过简单测量就能获得的电机参数。

从实际出发，在大多数情况下仅采用图 21.12 所示的简化电机共模电路进行分析[8,9,14]。图 21.12 中的电抗 L_0 和电阻 R_0 分别为电机定子绕组的漏抗和等效电阻。在图 21.13 所示电路中很容易通过测量得到这些参数。

对寄生电容 C_0 的测量则需要更为深入的分析。如图 21.5 所示，简化共模电路模型中的等效电容 C_0 是 C_{wr}、C_{wf}、C_{rf} 和 C_b 这几个寄生电容的组合。当油膜被击穿时，共模电路拓扑结构还会

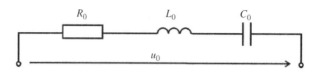

图 21.12　电机共模电路简化结构图

发生变化。此外，轴承电容值是主要取决于电机转速的非线性量。这些现象会在使用如 RLC 电桥等传统测量设备测量共模参数时产生测量误差。RLC 电桥是设计用于低电压和低频电路测量的，应用条件与共模电压幅值及频率有明显不同。因此，应在与逆变器正常运行工况相似的电压和频率下测量 C_0。

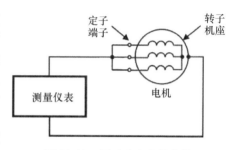

图 21.13　用于确定电机参数 L_0 和 R_0 的测量电路

通过建立串联谐振电路可以解决 C_0 的测量问题（见图 21.14）。谐振电路的电源可以是在正常运行时驱动电机的逆变器，这样就可以在传动系统正常运行工况的电压和频率下对 C_0 进行测量。这一方法需用 PWM 算法产生固定的调制因数为 0.5 且调制频率可变的方波电压。

逆变器输出连接到由 L_{res}、C_{res} 及阻尼电阻 R_{res} 构成的谐振电路上。测量是在共模电压频率分量对应的频率 f_{res} 也即逆变器开关频率 f_{imp} 下完成

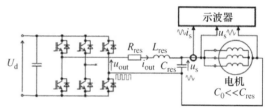

图 21.14　电机共模电容值测量系统

$$f_{imp} = f_{res} = \frac{1}{2\pi \sqrt{L_{res} C_{res}}} \qquad (21.13)$$

C_{res} 的值必须明显大于电机共模电容 C_0 的预期值。在满足这一条件的前提下，C_0 对谐振频率的影响可以忽略。由于 C_0 的值在纳法范围内，故电容 C_{res} 应在微法级上。电阻 R_{res} 的阻值应为可以将逆变器输出电流限制在安全水平以内并使谐振电路具有较好品质因数的数值。

图 21.15 所示为在图 21.14 中测试平台上得到的电压和电流波形。根据测量得到的电机电压和电流方均根（RMS）值，可得电机的共模阻抗为

$$Z_{s0} = \frac{U_{S(RMS)}}{I_{S(RMS)}} \qquad (21.14)$$

容抗为

$$X_{C0} = \sqrt{Z_{s0}^2 - R_0^2} - X_{L0} \qquad (21.15)$$

式中

$$X_{C0} = 2\pi f_{imp0} \qquad (21.16)$$

则最终的电机共模电容值应为

$$C_0 = \frac{1}{2\pi f_{imp} X_{C0}} \qquad (21.17)$$

表 21.2 中给出了一些典型工业异步电机的 C_0 实测值。

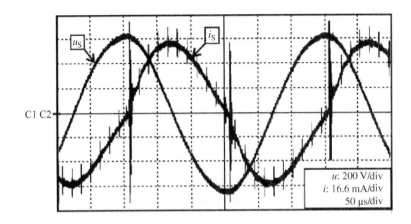

图 21.15　在图 21.14 所示测试平台上测得的 u_S 和 i_S 波形（电机：1.5kW，$U_{S(RMS)} = 430V$，
$I_{0(max)} = 46mA$，$f_{res} \approx f_{imp} = 3.3kHz$，$C_0 = 2.7nF$）

表 21.2　使用图 21.14 所示测试平台和串联谐振法测得的异步电机 C_0

H/mm	P_n/kW	p	U_nY/V	$n_n/(r/min)$	C_0/nF
90	1.5	2	300	1420	2.9
90	1.5	2	400	1410	3.53
112	1.5	8	400	720	4.57
132	10	2	173	1455	6.4

表 21.2 中给出的电机 C_0 是在转子静止不动的工况下测得的。而在共模电路的精确模型中，轴承电容值是电机转速的函数[12,13]。因此出于准确测量的目的，应用另一台电机拖动被测电机在不同转速下运行。通过这种测试可以得到 $C_0 = f(\omega_r)$ 的特性曲线。然而，由于 C_b 远小于其他寄生电容，故其对共模总电容值的影响可以忽略。轴承电容的典型电容值约为 190pF，对于尺寸在 80~315 之间的电机，这个数值远小于定子绕组和电机机座之间的主要寄生电容值。这些电机的主要寄生电容在几纳法到几十纳法之间[1,13]。

21.3　抑制共模电流的无源方法

减小共模电压和电流对传动系统影响的首要且最重要的措施是合适的布线工艺和接地系统。变流器生产商推荐在系统中使用多芯对称电机电缆以抑制基频共模电压。同样必须为共模电流流回逆变器提供短且阻抗低的通路。实现这一要求的最佳方法是两端使用 360°端接的屏蔽电缆。此外，必须在电机及负载底座与大地之间建立高频连接。一般推荐使用扁平铜线编制带来连接且编制带的宽度应不小于 50mm[15]。

如果以上条件都可以满足，则可以通过增加共模阻抗或采用特殊设计的电机来消除或减小高频共模电流。表 21.3 给出了一些解决方案。

表 21.3 减小和消除共模电流的方法[5]

减小放电电流 i_{bEDM}

陶瓷绝缘轴承

共模无源滤波器

共模电压有源补偿系统

降低逆变器开关频率

电机轴通过电刷接地

轴承采用导电润滑脂

减少环绕轴承电流 i_{beir}

共模电抗

共模电压有源补偿系统

降低逆变器开关频率

采用单个或一对隔离轴承

采用单个或一对陶瓷轴承

dv/dt 滤波器

减少转子接地电流 i_{rg}

共模电抗

共模电压有源补偿系统

降低逆变器开关频率

采用单个或一对隔离轴承

采用单个或一对陶瓷轴承

采用屏蔽电缆连接电机和逆变器

21.3.1 降低逆变器开关频率

降低逆变器开关频率是减小共模电流的最简单的方法。多数工业逆变器都有在较宽范围内调整开关频率的能力。当开关频率 f_{imp} 降低时，dv/dt 不会变化，且共模电流峰值也不会减小。然而，共模电流的频率会减小且其总方均根值会降低（见图 21.16）。

这种方法的缺点是电机驱动电流的 THD 会随着 f_{imp} 的降低而增大。

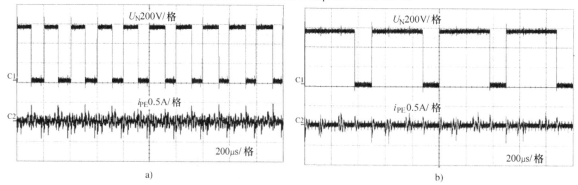

图 21.16 通过降低开关频率来减小共模电流：a) $f_{imp}=5kHz$；b) $f_{imp}=2kHz$

21.3.2 共模电抗器

限制共模电流的最常用器件是共模电抗器（见图 21.17）。

共模电抗器的结构为环形铁心上缠绕三相对称绕组。绕组之间的互感 M 大小一致。电抗器的电感值对差模（DM）电流可以忽略，因为在三相对称电流下铁心中的总磁通为零。然而在共模电路中共模电抗器的 L_{CM} 则表现出较大电感值。图 21.18 给出了采用共模电抗器系统的等效电路。

共模电抗器选型设计的流程需要先对共模电压 u_0 进行测量，从而可以确定电抗芯体磁通为[16]

$$\psi_0 = \frac{1}{N_{CM}} \int u_0 \mathrm{d}t \qquad (21.18)$$

式中，N_{CM} 为一个共模绕组的匝数。

共模电抗器中的磁通密度为

$$B_0 = \frac{\psi_0}{S_{CM}} = \frac{1}{S_{CM} N_{CM}} \int u_0 \mathrm{d}t \qquad (21.19)$$

式中，S_{CM} 为共模电抗器铁心的截面积。

B_{CM} 值应小于铁心材料的饱和值 B_{sat}。目前制造商提供的可用于共模铁心的材料的 $B_{sat} = 1 \sim 1.2T$。

已知尺寸的共模电抗器电感值由下面的关系式确定

$$L_{CM} = \frac{\mu S_{CM} N_{CM}^2}{l_{Fe0}} \qquad (21.20)$$

式中，l_{Fe0} 为共模电抗器铁心中磁通路径的平均长度。

零序电流的最大值 I_{0max} 和 l_{Fe0}/N_{CM} 成正比[16]。减小铁心尺寸带来了磁通路径长度 l_{Fe0} 的减短，或增大匝数 N_{CM} 最终都可以减小 I_{0max}。同时还应考虑最大绕组的允许尺寸。

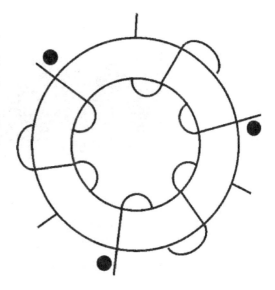

图 21.17　三相系统的共模电抗器

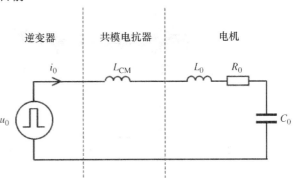

图 21.18　采用共模电抗器的系统等效电路

确定共模电抗器最优参数是一个复杂的迭代过程，同时需要用合适的设备测量 u_0 和 I_{0max}。因此，磁性材料制造商建议对不同功率电机应采用相应的解决方案及一体式的共模电抗器铁心。采用非晶材料制造的环形铁心具有优异的特性。

对于大功率电机采用简单结构的共模磁心是一种好的解决方案。此时可以直接用电机电缆作为共模电抗器的绕组（$N_{CM} = 1$）。这种结构由于共模磁心直接安装在电缆上且不需要端子而易于实现产业化应用。只是需要在磁心安装处切除电缆的屏蔽层。

图 21.19 和图 21.20 中的共模电流波形为使用共模电抗器前后的效果对比。图 21.19 中为 1.5kW 异步电机运行在没有共模电抗器的传动系统中的波形。可以看到共模电流尖峰达到 1.4A。而当系统中安装了感抗为 $L_{CM} = 14mH$ 的共模电抗器后电流尖峰得到极大抑制（见图 21.20）。

21.3.3　共模无源滤波器

组成共模无源滤波器的元件，在加大共模电路阻抗的同时通过创建的电机旁路为共模电流提供替代路径。图 21.21 给出了这种滤波器的典型结构[16,17]。

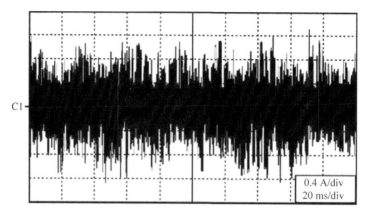

图 21.19　逆变器驱动 1.5kW 异步电机在无共模电抗器时保护接地线（PE）电缆中
共模电流测量波形（开关频率：3.3kHz）

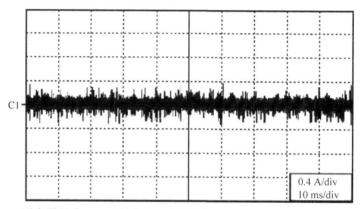

图 21.20　逆变器驱动 1.5kW 异步电机在有共模电抗器时保护接地线（PE）电缆中
共模电流测量波形（开关频率：3.3kHz）

　　图 21.21 中的逆变器输出滤波器是两种滤波器的组合：差模滤波器和共模滤波器。差模滤波器是用于平滑电机驱动电压的 LC 低通滤波器。利用差模滤波器可以使电机驱动电压趋近正弦波形。

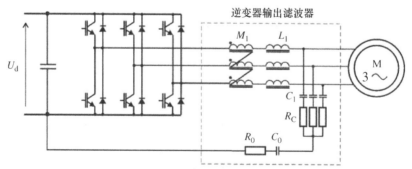

图 21.21　逆变器差模和共模输出滤波器[16,17]

　　差模滤波器的组成部件为 L_1、C_1 和 R_1，而 M_1、R_0 和 C_0 则为共模滤波器的组成部件。共模电抗 M_1 提高了共模电路的感抗值。电阻 R_0 和电容 C_0 则形成一条和高阻抗电机共模电路并行的低阻抗电路。这样就为共模电流创造了一条新的通路，且将大部分共模电流从电机上分流到新通路上。

差模滤波器的设计流程可以在参考文献 [18] 等中找到。对于共模滤波器，共模电抗器电感值 M_1 应选择远大于 L_1 的数值。根据已知的电抗 M_1 和 M_2 及谐振频率 f_{res} 可以确定 C_0 电容值为

$$C_0 = \frac{1}{4\pi^2 f_{res}^2 M_1} \tag{21.21}$$

同时电阻 R_0 为

$$R_0 = \frac{\sqrt{M_1/C_0}}{Q_{CM}} \tag{21.22}$$

Q_{CM} 为共模滤波器的品质因数（$Q_{CM} = 5 \sim 8$）。

图 21.22 为逆变器输出滤波器的等效电路。

对于共模电流，差模滤波器元件为并联结构。在 $L_1 \ll M_1$ 的条件下，L_1 对共模电路的影响可以忽略。

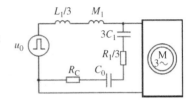

图 21.22　逆变器输出滤波器
等效电路[16,17]

21.3.4　共模变压器

通过使用共模变压器，可以进一步加强共模电抗器对共模电流抑制的效果[14]。共模变压器的结构和共模电抗器几乎一样，只是增加了第四个绕组（见图 21.23）。

这个额外的绕组匝数和其他绕组是一样的。借助共模变压器，共模电流可以被减小到 25%[14]。

当使用共模变压器时，等效电路中会出现图 21.24 所示的额外电抗 L_t 和电阻 R_t。

电抗 $L_{\sigma t}$ 为共模变压器的一次和二次绕组间的漏抗。磁抗则用 L_t 表示。在共模变压器的等效电路中，一次绕组包括如图 21.23 所示并联的三个绕组：$U - U'$、$V - V'$、$W - W'$。

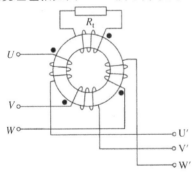

图 21.23　共模变压器

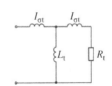

图 21.24　共模变压器等效电路

图 21.25 所示为逆变器、共模变压器和电机的等效电路结构。

电阻 R_t 在谐振电路中作为阻尼电阻工作。在忽略漏抗 $L_{\sigma t}$ 的前提下，共模电流有如下关系式[14]

$$I_0(s) = \frac{sL_t C_0 + R_t U_d}{s^3 L_t L_0 C_0 + s^2 (L_t + L_0) C_0 R_t + s L_t + R_t} \tag{21.23}$$

分析关系式（21.23）可以看出，选择合适的 R_t 可以同时降低共模电流的峰值和方均根值。根据参考文献 [14]，可接受范围内的电阻 R_t 应满足条件

$$2Z_{00} \leq R_t \leq \frac{1}{2} Z_{0\infty} \tag{21.24}$$

式中，Z_{00} 和 $Z_{0\infty}$ 分别为 $R_t=0$ 和 $R_t=\infty$ 时图 21.25 所示电路的特征阻抗。

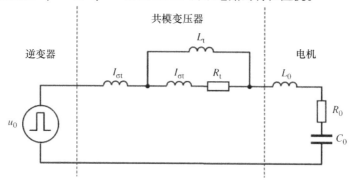

图 21.25　逆变器、共模变压器和电机等效电路

21.3.5　带滤波器系统的半有源共模电流抑制

半有源共模电流抑制的方法已在参考文献［19］中给出。这种方法是通过在串联的差模电抗器上增加额外的绕组来实现的。新绕组安装在滤波器中性点 N 和逆变器直流回路中性点 N′ 之间（见图 21.26）。

在图 21.26 中，滤波器结构中的绕组电抗 L_1、电容 C_1 和电阻 R_c 为差模 LC 滤波器的组成元件。此外，电感可以检测共模电压并起到共模变压器的作用。N－N′ 之间流过 L_2 绕组的共模电流会在 L_1 绕组上感应出电压，从而补偿由逆变器产生的共模电压。

参考文献［20］也给出了共模电流的半有源抑制方案，其中使用了典型的共模变压器（见图 21.27）。

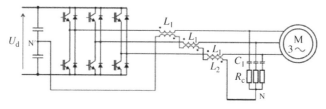

图 21.26　采用耦合电感的共模电流半有源抑制系统[19]

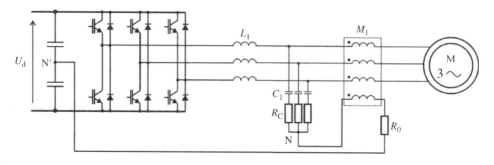

图 21.27　采用共模变压器的共模电流半有源抑制系统[19]

在图 21.27 中，元件 L_1、C_1 和 R_c 作为差模滤波器运行并用于检测共模电压。N 和 N′ 之间的连接为共模电流提供了通路，并在共模变压器 M_1 中感应出一次电流。这样，逆变器产生的共模电压也被减小。

21.3.6　共模和差模集成式电抗器

在一些逆变器中可以采用共模和差模集成式电抗器来减少共模电流[21]。将两个电抗器集成在一起的目的是缩小电抗器的几何尺寸，并通过减少用铜量以降低材料成本。在图 21.28 ~ 图 21.30 中给出了这种电抗器的机械结构、等效电路和在变流器中的应用形式。

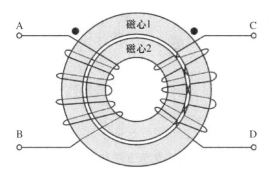

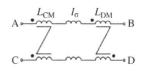

图 21.28　共模和差模集成式电抗器的结构[21]　　　图 21.29　共模和差模集成式电抗器的等效电路

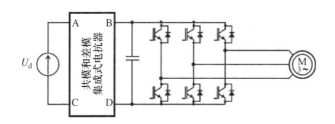

图 21.30　共模和差模集成式电抗器在变流器中的应用

集成式电抗器的结构形式为两组线圈绕在两个同心环形磁心上。在选择环形磁心的尺寸时应使磁心 2 的外直径稍小于磁心 1 的内直径。磁心 1 由高磁导率的磁性材料制成，而磁心 2 为低磁导率材料。磁心 1 用铁氧体而磁心 2 用铁粉制作就可以获得所需的磁导率差异。线圈 AB 同时绕在两个磁心上，而线圈 CD 则以节距为 8 的交错绕线形式缠绕在两个磁心上。线圈 AB 和 CD 的匝数是相同的，即 $N_{AB} = N_{CD} = N$。如果忽略漏抗，则 L_{CM} 和 L_{DM} 的比率取决于磁心的磁抗 $\Re_1$、$\Re_2$

$$\frac{L_{CM}}{L_{DM}} = \frac{\Re_2}{4\Re_1} \tag{21.25}$$

集成式电抗器的缺点是线圈 CD 复杂的交错式绕线形式所造成的较高生产成本。这种电抗器只能用于逆变器的直流电路，从而限制了其应用。因此，电抗器的共模部分只能对外部激励如网侧逆变器产生的共模电压产生作用。

21.3.7　电机结构和轴承保护环

通过合理的电机结构设计也可以减少或消除轴承电流。这类结构解决方案如下所列[3]：

● 通过在定子和转子之间放置金属屏蔽层，并将屏蔽层和地电位相连以屏蔽转子——这种解决方案被称为静电屏蔽式异步电机[12]（见图 21.31）。

- 使用外圈外表面覆盖非导电氧化物层的绝缘轴承。
- 使用陶瓷滚动元件的混合轴承。

在上述解决方案中，只有绝缘轴承已得到商业化应用，其余的都还在研发之中。

另一种已商用的轴承保护解决方案为采用轴承保护环。圆环通过内置电刷和保护接地线（PE）相连并安装在电机转轴的一端或两端。这个环在电机转轴和大地之间建立了一条低阻抗的通路。这样不经过轴承电抗，轴电流就可直接流入大地。

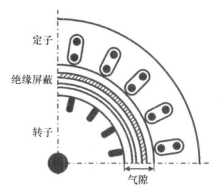

图 21.31　静电屏蔽式异步电机的结构[12]

21.4　用于减小共模电流的有源系统

减少共模电流除了采用无源方法之外，还可以采用有源方法。有源方法包括有源串联滤波器[21,22]（见图 21.32）或小功率辅助逆变器[23,24]（见图 21.33）。

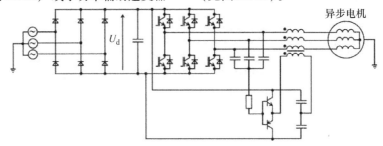

图 21.32　用于降低共模电流的有源滤波器[22,25]

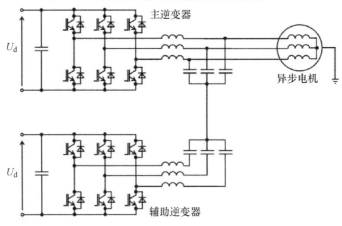

图 21.33　用辅助逆变器降低共模电流[23,24]

图 21.32 所给出的实际方案需要用一对互补的双极晶体管。无需复杂的逆变器数字控制系统就可以实现对晶体管的控制。通过共模电压信号可以直接触发晶体管。可惜的是，由于缺乏合适的高速高压双极晶体管，这一方案只能用于小功率电气系统。

图 21.33 所示的系统克服了这一缺点。辅助逆变器所用的晶体管和主逆变器所用的是一种类型的器件，只是由于共模电流小而采用较小功率等级的器件。为了消除共模电流，辅助逆变器将产生反相的共模电压。这样辅助逆变器就可以几乎完全消除共模电流。然而由于两个逆变器晶体

管开关参数的差异及死区补偿算法的不规则性，使得系统中还可能出现小的共模电压。通过死区补偿校正算法可以完全消除共模电压[24]。

21.5　减小共模电流的 PWM 修正算法

用于减小共模电流的无源方法和基于变流器的经典方法都有成本高并需要安装额外部件且/或需要修改变流器结构的缺点。

然而，可用一种不需要对逆变器拓扑做复杂改变的简单方法来降低共模电流。这种方法通过改变 PWM 控制算法以消除或降低逆变器产生的共模电压。在参考文献［26，27］中已给出对 PWM 进行修改的不同方法。

目前空间矢量 PWM 方法在电压源逆变器上已得到广泛应用。基于 SVM 可以通过下列方法降低共模电压：

- 移除零/无效矢量。
- 使用产生相同共模电压值的非零/有效矢量。

这种降低共模电压方法的可行性可用表 21.4 中的数据解释。

表 21.4　电压源逆变器输出矢量对应共模电压

矢量类型	非零矢量（有效矢量）						零矢量（无效矢量）	
表示符号	U_{w4}	U_{w6}	U_{w2}	U_{w3}	U_{w1}	U_{w5}	U_{w0}	U_{w7}
二进制码	100	110	010	011	001	101	000	111
十进制码	4	6	2	3	1	5	0	7
u_N	$\frac{1}{3}U_d$	$\frac{2}{3}U_d$	$\frac{1}{3}U_d$	$\frac{2}{3}U_d$	$\frac{1}{3}U_d$	$\frac{2}{3}U_d$	0	U_d
u_0（$\alpha\beta$ 坐标系）	$\frac{1}{\sqrt{3}}U_d$	$\frac{2}{\sqrt{3}}U_d$	$\frac{1}{\sqrt{3}}U_d$	$\frac{2}{\sqrt{3}}U_d$	$\frac{1}{\sqrt{3}}U_d$	$\frac{2}{\sqrt{3}}U_d$	0	$\sqrt{3}U_d$
表示符号①	NP	P	NP	P	NP	P	Z	Z

① 矢量符号：NP 表示奇性；P 表示偶性；Z 表示零。

在表 21.4 中，可以看到每个奇性和偶性矢量对应的 u_0 是一致的。图 21.34 给出了矢量的图形表示。

当逆变器采用经典 SVM 控制时，负载星接中点相对直流回路负极的电压波形如图 21.35 所示。

从图 21.35 所示的波形中可以看出，u_N 的最大波动发生在零矢量之间，其值从 0V 变为 540V。因此，消除这些矢量可以显著减小共模电压及相应的共模电流。同时可以看出如果连续有效矢量对应相同的 u_0，则共模电压将变为直流电压，共模电流将不会流过电机寄生电容。

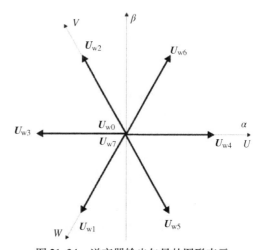

图 21.34　逆变器输出矢量的图形表示

基于对电压矢量和对应 u_0 值之间关系的分析，可以提出实现减小轴承电流的 PWM 修正方法。这一方法在参考文献［28，29］中被提出，其中通过消除零矢量并只使用偶性或奇性有效矢量得到修改后的 SVM 算法。

只使用偶性或奇性有效矢量时会产生逆变器最大输出电压受到限制的问题。当逆变器被限制在调制区工作时,这个问题会变得更为严重。这是由于在经典 SVM 算法中,每个调制周期的输出电压矢量 u_{out}^{com} 是两个有效矢量和两个无效矢量的组合(见图 21.36)。

在 SVM 中只使用有效矢量时逆变器输出电压的最大可能幅值如图 21.37 所示。

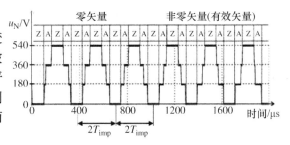

图 21.35　采用经典 SVM 控制的逆变器共模电压
（直流回路电压 $U_d = 540V$）

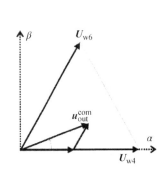

图 21.36　经典 SVM 算法生成的逆变器输出电压矢量

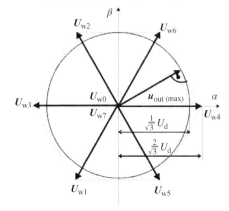

图 21.37　经典 SVM 算法下逆变器输出电压的范围

21.5.1　三个奇性有效矢量（3NPAV）

如果取消零矢量,则逆变器输出电压可以只用如奇性有效矢量来阐述,如图 21.38 所示。这种方法被称为三个奇性有效矢量法（3NPAV）。

图 21.38 中使用矢量 U_{w4}、U_{w2} 和 U_{w1} 合成逆变器输出电压矢量 u_{out}^{com},这三个矢量在表 21.4 中为奇性矢量。矢量对应开通时间用 t_4、t_2 和 t_1 表示且有

$$u_{out}^{com} \cdot T_{imp} = U_{w4}t_4 + U_{w2}t_2 + U_{w1}t_1 \qquad (21.26)$$

$$T_{imp} = t_4 + t_2 + t_1 \qquad (21.27)$$

矢量对应的开通时间可由下列关系式确定[30]

$$t_4 = \frac{1}{3}\left(1 + \frac{2U_{out}^{com}}{U_d}\left(\cos\left(\frac{\pi}{3}+\rho_u\right) + \sin\left(\frac{\pi}{6}+\rho_u\right)\right)\right)$$
$$(21.28)$$

$$t_2 = \frac{1}{3}\left(1 - \frac{2U_{out}^{com}}{U_d}\cos\left(\frac{\pi}{3}+\rho_u\right)\right) \qquad (21.29)$$

$$t_1 = \frac{1}{3}\left(1 - \frac{2U_{out}^{com}}{U_d}\sin\left(\frac{\pi}{6}+\rho_u\right)\right) \qquad (21.30)$$

式中,U_{out}^{com} 和 ρ_u 为逆变器输出电压参考矢量 u_{out}^{com} 的幅值和位置角。

使用奇性有效矢量得到的共模电压为恒定值

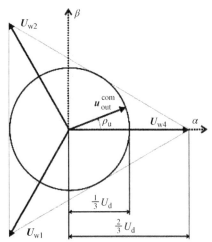

图 21.38　3NPAV 算法生成的逆变器
输出电压矢量

$$u_0 = \frac{U_d}{\sqrt{3}} \qquad\qquad (21.31)$$

显然这样的共模电压不会产生共模电流。

PWM修正方法的主要缺点是逆变器输出相电压最大值被限制在$U_d/3$，这会导致在较高电机转速下电机电流出现变形。

21.5.2　三个有效矢量调制（3AVM）

使用类似于标准SVM的方法，可以在降低共模电压的同时增大逆变器输出电压。对SVM的修正可以全部使用有效矢量而不用零矢量[28,29]。在参考文献[30]中，修正后的调制方法被称为三个有效矢量调制（3AVM）。在3AVM中，电压矢量平面被分为6个扇区（见图21.39）。

如果偶性和奇性有效矢量都被用于控制，则当输出矢量从一个扇区转换到相邻扇区时共模电压值为$U_d/3$。因此，共模电压的频率为逆变器输出电压基频的六倍。这一频率远低于经典SVM中u_0的频率。因此，尽管u_0出现了波动，共模电流仍得到明显减小。同时，逆变器输出电压幅值和3NPAV算法相比提高了15.5%。

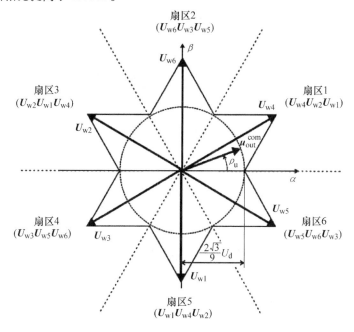

图21.39　3AVM下的矢量和扇区图

21.5.3　有效零电压控制（AZVC）

另一种抑制共模电流的PWM方法为有效零电压控制（AZVC）。参考文献[30,31]给出的这种方法，是将零矢量用互为反向的两个有效矢量（AZVC-2）或一个有效矢量（AZVC-1）所代替。

图21.40给出了AZVC-2方法的调制原理。

图21.40所示的示例中，输出电压矢量由矢量U_{w4}和U_{w6}合成。输出电压矢量的位置角由这两个矢量对应的时长t_4和t_6决定。这两个矢量对应标准SVM中的有效矢量。与SVM相比，这里用互为反向的两个有效矢量U_{w5}和U_{w2}来代替零矢量。因为t_5和t_2数值一样，反向矢量不会改变输

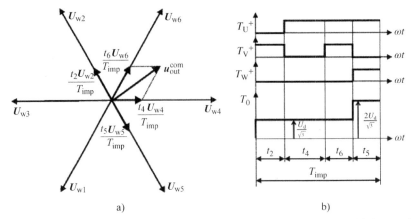

图 21.40 AZVC – 2 调制原理：a) 矢量；b) 控制信号（T_U^+，T_V^+，T_W^+）和输出电压波形 u_{out}

出电压矢量的位置角而只会减小矢量长度。这样可得如下 AZVC – 2 方法中开通时间的计算公式为

$$\boldsymbol{u}_{out}^{com} \cdot \boldsymbol{T}_{imp} = \boldsymbol{U}_{w4}t_4 + \boldsymbol{U}_{w6}t_6 + \boldsymbol{U}_{w2}t_2 + \boldsymbol{U}_{w5}t_5 \tag{21.32}$$

$$t_4 = \boldsymbol{T}_{imp} \cdot \frac{u_{wy\alpha} \cdot \boldsymbol{U}_{w6\beta} - u_{wy\beta} \cdot \boldsymbol{U}_{w6\alpha}}{\boldsymbol{U}_d \cdot w_t} \tag{21.33}$$

$$t_6 = \boldsymbol{T}_{imp} \cdot \frac{-u_{wy\alpha} \cdot \boldsymbol{U}_{w4\beta} + u_{wy\beta} \cdot \boldsymbol{U}_{w4\alpha}}{\boldsymbol{U}_d \cdot w_t} \tag{21.34}$$

$$t_2 = t_5 = \frac{1}{2}(\boldsymbol{T}_{imp} - t_4 - t_6) \tag{21.35}$$

式中，

$$w_t = \boldsymbol{U}_{w4\alpha} \cdot \boldsymbol{U}_{w6\beta} - \boldsymbol{U}_{w4\beta} \cdot \boldsymbol{U}_{w6\alpha} \tag{21.36}$$

在图 21.41 中对参考文献［27］所提出的 AZVC – 1 方法的调制原理进行了说明。在图 21.41 的例子中，合理选择矢量 $\boldsymbol{U}_{w4}$ 和 $\boldsymbol{U}_{w3}$ 以保证减小输出矢量 $\boldsymbol{U}_{out}$ 的幅值。这两个矢量分别和时间 t_4^* 及 t_3 相关联，且 $t_4^* = t_3$。在经典 SVM 控制中时间段 t_4^* 和 t_3 之和为 t_0。而在 AZCV – 1 中，对反向矢量的选择必须保证其中一个与确定 $\boldsymbol{u}_{out}^{com}$ 位置角的有效矢量中的一个同向，即在图 21.41 中所给出的组合中的 $\boldsymbol{U}_{w4}$。在 AZVC – 1 中，矢量和开通时间的关系为

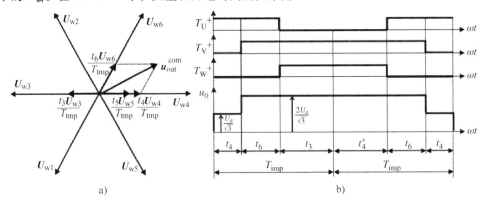

图 21.41 AZVC – 1 调制原理：a) 矢量；b) 控制信号（T_U^+，T_V^+，T_W^+）和输出电压波形 u_{out}

$$\boldsymbol{u}_{out}^{com} \cdot \boldsymbol{T}_{imp} = \boldsymbol{U}_{w4}t_4 + \boldsymbol{U}_{w6}t_6 + \boldsymbol{U}_{w3}t_3 + \boldsymbol{U}_{w4}t_4^* \tag{21.37}$$

开通时间 t_4 和 t_6 则由式（21.33）和式（21.34）确定，其中 t_4^* 和 t_3 的值为

$$t_3 = t_4^* = \frac{1}{2}(T_{imp} - t_4 - t_6) \tag{21.38}$$

两种 AZVC 控制方法都可以获得与 SVM 控制一样的输出电压最大值。与经典 SVM 控制对比，共模电压的幅值和频率都被减小，从而限制了共模电流的大小。

21.5.4　单零矢量空间矢量调制（SVM1Z）

前面给出的方法都没有用到零矢量。这是这些方法的一个缺点，因为这样会在逆变器输出电流测量上出现问题。采用经典 SVM 的电压源逆变器，必须与 SVM 同步地对输出电流采样。同时采样必须在零矢量段的中间。在这个点采样的电流瞬时值接近逆变器输出电压的基波分量值[32-34]（见图 21.42）。

如果只取消零矢量 U_{w0} 或 U_{w7} 中的一个，则可以在不改变同步采样的同时减小共模电流。这种对 SVM 算法的修正被称为单零矢量空间矢量调制（SVM1Z）。图 21.43 给出了在这种调制方法下的控制信号和输出电压波形的示例。

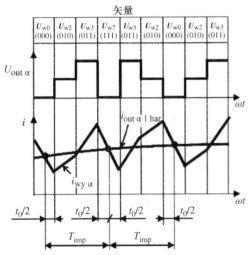

图 21.42　经典 SVM 中逆变器输出矢量与电流采样点的关系

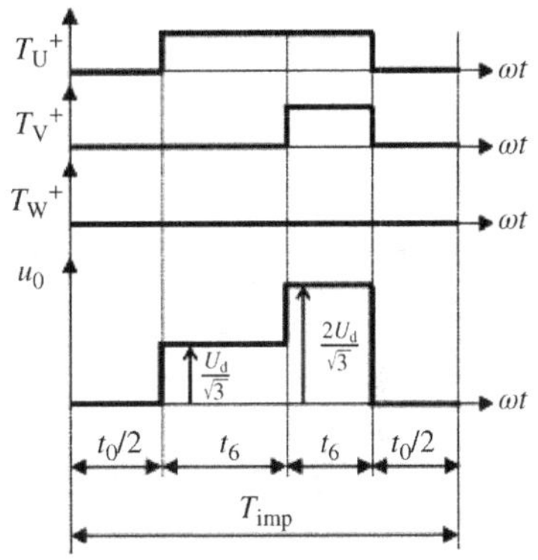

图 21.43　SVM1Z 调制中控制信号和逆变器输出电压波形示例

图 21.45 给出的示例，由包括一个零矢量 U_{w0} 和两个有效矢量 U_{w4} 及 U_{w6} 在内的矢量序列组成。当 U_{w6} 结束时，后续零矢量仍为 U_{w0}。这样一个 PWM 周期中晶体管开关次数会增加但不会影响到逆变器输出电流的同步采样。

在取消一个零矢量的情况下，共模电压幅值会降低 33%。不幸的是，当从有效矢量向零矢量切换即从 U_{w6} 到 U_{w0} 时 dv/dt 会增大。图 21.44 给出这种调制和经典 SVM 调制的对比。

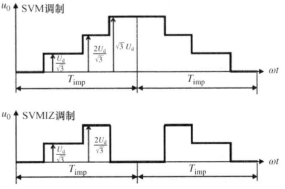

图 21.44　SVM 和 SVM1Z 算法下共模电压波形的比较

SVM1Z 算法对共模电流的定量影响效果难以分析和评估。这是由于电机共模模型的非线性及参数的不精确。因此，SVM1Z 方法的有效性需要在实际应用中测试验证。

当使用共模滤波器时，SVM1Z 方法可以带来明显的好处。随着 u_0 频率的增加，共模电抗器的磁心尺寸可以随之减小或在原尺寸基础上进一步减小共模电流。

图 21.45 ~ 图 21.47 给出了 SVM、AZVC – 2 和 AZVC – 1 方法的比较。

从图 21.45 ~ 图 21.47 中的波形可以看出，SVM 和 SVM1Z 调制具有相同的电机电流波形。对于 SVM1Z，共模电压幅值被减小。AZVC – 2 具有最小的共模电压，但相应的电流波形最差。

SVM1Z 的实现比 NPAV、AVM 和 AZVC 容易一些，同时不会减小逆变器的输出电压。因此目前 SVM1Z 已在一些工业逆变器上得到应用（见图 21.48）。

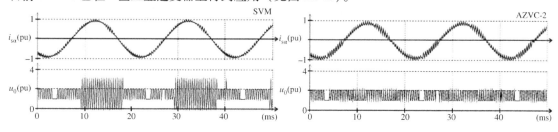

图 21.45　经典 SVM 控制下电机电流
和共模电压波形

图 21.46　AZVC – 2 控制下电机电流
和共模电压波形

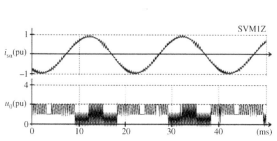

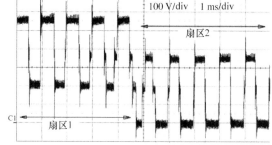

图 21.47　SVM1Z 控制下电机电流和
共模电压波形

图 21.48　零矢量随输出电压所在扇区变化的
SVM1Z 控制下电机电流和共模电压波形

在 SVM1Z 控制中，在逆变器输出电压矢量的每个扇区中可以用不同的零矢量。这样可以在输出矢量跨越扇区边界时得到最少的开关器件动作次数。

21.6　小结

采用 PWM 控制的电压源逆变器作为共模电压源会在系统上产生共模电压。这个电压使得共模电流流过电机的寄生电容。部分共模电流会流过电机轴承从而加速电机轴承的老化。

目前异步电机最常见的损坏原因是轴承失效。因此，最合理的行动是寻找和应用有助于抑制这种损坏的解决方案。

适当增加共模电路阻抗或降低共模电压，都可以减小共模电流。通过使用适当的无源滤波器：共模滤波器，则可以增大共模电路阻抗。共模电压的减小则是通过有源方案实现的，这些方案主要是对 PWM 控制进行修正。

PWM 修正方案与滤波器的方案相比更便宜。PWM 修正方法无需额外元件，只需对控制软件进行修改和功能扩展。然而，PWM 的改变将导致开关动作次数的增加，从而降低逆变器的运行效率，最终导致逆变器需要配置更有效的冷却系统。

由于电机共模电路的复杂性和一些元件的非线性，不同 PWM 控制方法的有效性需要在实际应用条件下才能得以验证。目前，已有的分析或仿真模型并不足以对共模电流进行预估。

参 考 文 献

1. Busse, D., Erdman, J., Kerkman, R.J. *et al.* (1995) Bearing currents and their relationship to PWM drives. IEEE 21st International Conference on Industrial Electronics, Control, and Instrumentation, IECON 1995, November 6–10, 1995, Vol. 1, pp. 698–705.
2. Conraths H.J., Giebler F., and Heining H.D. (1999) Shaft-voltages and bearing currents – new phenomena in inverter driven induction machines. 8th European Conference on Power Electronics and Applications EPE'99, Lausanne, France, September 7–9, 1999, pp. 1–9.
3. Muetze, A. and Binder, A. (2007) Practical rules for assessment of inverter-induced bearing currents in inverter-fed AC motors up to 500 kW. *IEEE Transactions on Industrial Electronics*, **54** (3).
4. Pairodamonchai, P. and Sangwongwanich, S. (2011) Exact common-mode and differential-mode equivalent circuits of inverters in motor drive systems taking into account input rectifiers. IEEE 11th International Conference on Power Electronics and Drive Systems (PEDS), Singapore, December 5–8, 2011.
5. Muetze, A. and Binder, A. (2003) High frequency stator ground currents of inverter-fed squirrel-cage induction motors up to 500 kW. 10th European Conference on Power Electronics and Applications, EPE'03, Toulouse, France, September 2–4, 2003.
6. Bhushan, B. (2002) *Introduction to Tribology*, John Wiley &Sons, Inc., New York.
7. Muetze, A. and Binder, A. (2006) Calculation of influence of insulated bearings and insulated inner bearing seats on circulating bearing currents in machines of inverter-based drive systems. *IEEE Transactions on Industry Applications*, **42** (4), 965–972.
8. Binder, A. and Muetze, A. (2008) Scaling effects of inverter-induced bearing currents in AC machines. *IEEE Transactions on Industry Applications*, **44** (3), 769–776.
9. Muetze, A. and Binder, A. (2007) Calculation of circulating bearing currents in machines of inverter-based drive systems. *IEEE Transactions on Industrial Electronics*, **54** (2), 932–938.
10. Dymond, J.H. and Findlay, R.D. (1997) Comparison of techniques for measurement of shaft currents in rotating machines. *IEEE Transactions on Energy Conversion*, **12** (4), 363–367.
11. Strom, J.P., Koski, M., Muittari, H., and Silventoinen, P. (2007) Analysis and filtering of common mode and shaft voltages in adjustable speed AC drives, 12th European Conference on Power Electronics and Applications, EPE'07, Aalborg, Denmark, September 2–5, 2007.
12. Busse, D.F., Erdman, J., Kerkman, R. *et al.* (1996) The effects of PWM voltage source inverters on the mechanical performance of rolling bearings. Eleventh Annual Applied Power Electronics Conference, APEC'96, San Jose, CA, March 3–7, 1996.
13. Busse, D.F., Erdman, J.M., Kerkman, R.J., Schlegel, D.W., and Skibinski, G.L. (1997) An evaluation of the electrostatic shielded induction motor: a solution for rotor shaft voltage buildup and bearing current. *IEEE Transactions on Industry Applications*, **33** (6), 1563–1570.
14. Ogasawara, S. and Akagi, H. (1996) Modeling and damping of high-frequency leakage currents in PWM inverter-fed AC motor drive systems. *IEEE Transactions on Industry Applications*, **22** (5).
15. ABB Drives (2011) Bearing Currents in Modern AC Drive Systems. Technical Guide No. 5. ABB.
16. Akagi, H., Hasegawa, H., and Doumoto, T. (2004) Design and performance of a passive EMI filter for use with a voltage-source PWM inverter having sinusoidal output voltage and zero common-mode voltage. *IEEE Transactions on Power Electronics*, **19** (4), 1069–1076.
17. Akagi, H. (2002) Prospects and expectations of power electronics in the 21st century. Power Conversion Conference, PCC'02, Osaka, Japan, April 2–5, 2002.
18. Abu-Rub, H., Iqbal, A., and Guzinski, J. (2012) *High Performance Control of AC Drives with Matlab/Simulink Models*, John Wiley & Sons, Inc., New York.
19. Wang, X., Huang, K., and Xu, B. (2007) A new inverter output passive filter topology for PWM motor drives, 8th International Conference on Electronic Measurement and Instruments ICEMI'2007, Xi'An, China, August 16–18, 2007.
20. X. Chen, D. Xu, F. Liu, J. Zhang: A novel inverter-output passive filter for reducing both differential – and common-mode dv/dt at the motor terminals in PWM drive systems, *IEEE Transactions on Industrial Electronics*,

54 (1), 419–426.

21. Lai, R., Maillet, Y., Wang, F., Wang, S., Burgos, R., and Boroyevich, D. (2010) An integrated EMI choke for differential-mode and common-mode noise suppression. *IEEE Transactions on Power Electronics*, **25** (3).

22. Sun, Y., Esmaeli, A., and Sun, L. (2006) A new method to mitigate the adverse effects of PWM inverter. 1st IEEE Conference on Industrial Electronic and Applications, ICIEA'06, Singapore, May 24–26, 2006.

23. Kikuchi, M. and Kubota, H. (2009) A novel approach to eliminating common-mode voltages of PWM inverter with a small capacity auxiliary inverter. 13th European Conference on Power Electronics and Applications EPE'09, Barcelona, Spain, September 8–10, 2009.

24. Kikuchi, M., Naoyuki, A.Z., Kubota, H. *et al.* (2009) Investigation of common-mode voltages of PWM inverter with a small capacity auxiliary inverter. 12th International Conference on Electrical Machines and Systems, ICEMS'09, Tokyo, Japan, November 15–18, 2009.

25. Kempski, A., Smolenski, R., Kot, E., and Fedyczak, Z. (2004) Active and passive series compensation of common mode voltage in adjustable speed drive system. 39th IEEE Industry Applications Conference, IAS 2004, Seattle, WA, October 3–7, 2004.

26. Zitselsberger, J. and Hofmann, W. (2003) Reduction of bearing currents by using asymmetric space-vector-based switching patterns. European Conference on Power Electronics and Applications, EPE'03, Toulouse, France, September 2–4, 2003.

27. Zitzelsberger, J. and Hofmann, W. (2004) Reduction of bearing currents in inverter fed drive applications by using sequentially positioned pulse modulation. *EPE Journal*, **14** (4), 19–25.

28. Cacciato, M., Consoli, A., Scarcella, G., and Testa, A. (1999) Reduction of common-mode currents in PWM inverter motor drives. *IEEE Transactions on Industry Applications*, **35** (2), 469–476.

29. Cacciato, M., Consoli, A., Scarcella, G. *et al.* (2009) Modified space-vector-modulation technique for common mode currents reduction and full utilization of the DC bus. Twenty-Fourth Annual IEEE Applied Power Electronics Conference and Exposition, APEC 2009, Singapore, November 14–15, 2009.

30. Hofmann, W. and Zitzelsberger, J. (2006) PWM-control methods for common mode voltage minimization – a survey. International Symposium on Power Electronics, Electrical Drives, Automation and Motion, SPEEDAM 2006, Taormina (Sicily), Italy, May 23–26, 2006.

31. Lai, Y.S. and Shyu, F.-S. (2004) Optimal common-mode voltage reduction PWM technique for inverter control with consideration of the dead-time effects – part I: basic development. *IEEE Transactions on Industry Applications*, **40** (6), 1605–1612.

32. Blasko, V., Kaura, V., and Niewiadomski, W. (1998) Sampling of discontinuous voltage and current signals in electrical drives – a system approach. *IEEE Transactions on Industry Applications*, **34** (5), 1123–1130.

33. Briz, F., Díaz-Reigosa, D, Degner, M.W. *et al.* (2010) Current sampling and measurement in PWM operated AC drives and power converters. The 2010 International Power Electronics Conference IPEC, Sapporo, Japan, June 21–24, 2010.

34. Holtz, J. and Oikonomou, N. (2008) Estimation of the fundamental current in low-switching-frequency high dynamic medium-voltage drives. *IEEE Transactions on Industrial Applications*, **44** (5), 1597–1605.

第 22 章　大功率驱动系统在工业上的应用：实例

Lazhar Ben - Brahim[1], Teruo Yoshino[2]
[1]卡塔尔大学电气工程系
[2]日本东芝三菱电气工业系统公司电力电子系统部

22.1　简介

大多数天然气（NG）储量位于中东或非洲，远离诸如美国、中国和日本这样的主要消费国。因此，这些气体需要长距离输送。然而，天然气体积大，在运输之前，有必要优先考虑其体积的减小。天然气的体积通过液化的方式大约可以减小 600 倍，因此可以使其更经济的存储和运输[1]。所获得的液化天然气（LNG）是一种被冷却到 -160℃ 从而转变为液体的天然气。为了完成这项进程，一些大型制冷压缩机在各个液化天然气工厂已投入使用。这些大功率压缩机的操作需要大的驱动系统。传统上，这些压缩机由大型燃气轮机（GT）驱动，其功率超过 100MW[2]。起动一台燃气轮机通常需要一台 10 ~ 20MW 的电机，该电机被称为燃气轮机起动器或者辅助器[3]。近年来电力电子技术的发展已经为现代液化天然气工厂中大功率压缩机的改良提供了希望，今后将通过兆瓦级的电力驱动而不是燃气轮机起动器去驱动大功率压缩机。这些电力驱动装置，也叫变频驱动器（VFD），赋予了液化天然气工厂的驱动压缩机更多运行上的灵活性。与燃气轮机起动器相比，变频驱动器具有高效、低停机时间、低维护成本以及低排放等优点。总的来说，在液化应用方面变频驱动器比燃气轮机更加适用，且更加环保。在液化天然气工厂中，兆瓦级变频驱动器通过电源变流器/逆变器进行并网。由于一些技术上的困难，当前技术很难将单个功率变流器直接连接到中压电网。因此，作为这个问题的解决方案，出现了多种不同结构的多电平逆变器。变频驱动器根据变流器的拓扑结构进行分类。本章对于这些供液化天然气工厂使用的变流器的适用性，以及用来控制兆瓦级变频驱动器的技术进行了讨论。本章首先介绍了液化天然气工厂，概述了传统的燃气轮机驱动、驱动技术以及环境的影响，并且介绍了用于液化天然气工厂的不同电力驱动技术，突出其局限性、技术性问题和它们对未来液化天然气工厂的影响。

22.2　液化天然气工厂

作为一种设施，液化天然气工厂可以加工处理并且液化从气井中所提取的天然气，并将其运输给远方的客户。通常，工厂包括几个加工生产线。许多工厂从一个生产线开始，随后安装额外的生产线以应付额外的天然气储备。图 22.1a 所示为一个液化天然气装置总体流程方案的简化示例。在一个典型的方案中，首先对原料气进行预处理，以除去任何可能妨碍液化过程或影响最终产品质量的杂质。酸性气体、硫化合物、水和汞都是需要从原料气中除去的杂质。然后通过冷却的气流从去除杂质后所获得的被称为脱硫干气的产品中，分离出较重的碳氢化合物。再将剩余的气体进一步冷却到约 -160℃，便得到了完全的液化天然气。由此产生的液化天然气需妥善存储，并将由特定的船只准备运输。这样的一个液化过程的成本将占液化天然气工厂总成本的 30% ~ 40%[4]。许多液化处理工艺都能在市场上找到，图 22.1b 所示为被广泛应用的飞利浦经过优化的串联液化天然气处理工艺。液化过程包含多个不同的阶段，而在各阶段根据其压力水平分别使用丙烷、乙烯和甲烷三组制冷剂。制冷剂需要通过由燃气轮机或电机驱动的离心式压缩机流通从而循环使用。通常由功率超过 100MW 的大型燃气轮机来驱动液化压缩机。通常需要联合一台 10 ~ 20MW 的电机来起动一台燃气轮机，该电机被称为燃气轮机起动器或者辅助器。

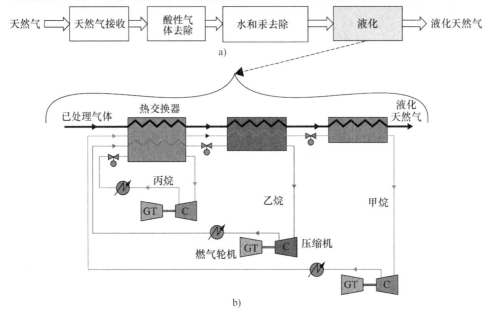

图 22.1　a）简化的液化天然气工作流程，b）液化过程

22.3　燃气轮机：传统的压缩机驱动器

传统上，大型燃气轮机用于发电应用。燃气轮机的可靠性和性能通过这些应用得到了提升。燃气轮机在发电领域的成功使用，帮助了更大功率燃气轮机在特定机械传动领域的应用。

一些主要的液化天然气工厂正将燃气轮机作为液化压缩机的驱动装置。然而，由发电机应用到机械传动应用的这一转变带来了新的问题，如变速操作、起动方法、扭转和弯曲可接受性、连续服务的可靠性等[5]。

22.3.1　机组起动要求

当一个单轴发电机传动燃气轮机开始驱动一个未带载发电机，一个适当功率的起动电机（或其他起动方式）就能够使燃气轮机维持自身的速度和转矩。根据标准燃气轮机起动系统（起动电机/变流器），用单轴燃气轮机机械传动，其可用的净转矩是不足以起动一台典型的负载压缩机。为了克服这一不足，在大多数燃气轮机压缩机驱动的应用中，都使用调速电机驱动器（ADS），如图 22.2 所示。这种调速电机驱动也可以用于生产线上的辅助驱动。调速电机驱动器提供了全部的起动转矩，其大小将根据加工压缩机的特性，以及卸载方法和程度的不同而不同[5]。起动的需求只是燃气轮机驱动中的一个问题。燃气轮机具有有限速度/功率特性，如图 22.3 所示。随着功率的增大，其转速下降，液化天然气压缩机需要大功率高速运行。

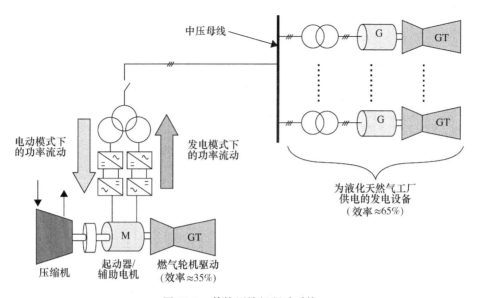

图 22.2 传统压缩机驱动系统

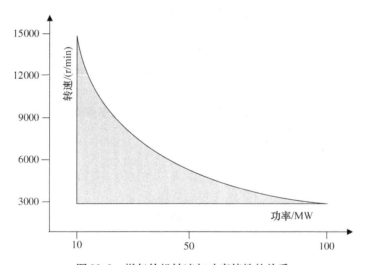

图 22.3 燃气轮机转速与功率特性的关系

22.3.2 温度对燃气轮机输出的影响

燃气轮机是一种吸气式发动机，它的性能会受到环境天气条件等的影响，如湿度和环境温度。通常认为，温度的变化对燃气轮机的输出影响比湿度对其影响更大。图 22.4 表明了环境温度对燃气轮机输出的显著影响关系。这是燃气轮机驱动器最关键的问题之一，为了克服这一问题，需要通过一台辅助电机来补偿损失的功率。

22.3.3 可靠性和持久性

一般来说，燃气轮机控制系统具有充分的灵活性，可以满足设备/过程的功率与过程顺序要求，包括生产线中精确的转速控制。燃气轮机控制系统采用冗余控制器和冗余传感器来提高其可靠性。

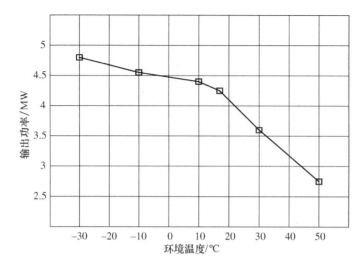

图 22.4　环境温度对燃气轮机输出功率的影响

如前面所述，由于物理和设计方面的原因，所有的燃气轮机都有其固有的局限性：

1）有限的转速范围（尤其是大功率燃气轮机）。

2）非自起动，起动慢并且不能加速负载压缩机。

3）在机械传动方式中，其效率比用于发电的联合循环燃气轮机低。

4）由于高环境温度引起的高热和机械压力使其寿命较短。

5）输出功率取决于环境温度，并且随着温度的升高，效率将降低。

6）设备的复杂性和敏感性。

7）必须进行定期维护。

8）供应商数量有限。

22.4　变频驱动器对技术和经济的影响

在液化天然气工厂中，燃气轮机驱动的压缩机额定功率约为 100 ~ 120MW。为了取代这种规模的燃气轮机，应使得电机能够在液化天然气压缩机达到一定速度时提供一定的功率。这类电机被广泛用作发电机（容量超过 250MW）。在液化天然气应用中，可以使用这种尺寸的双极电机。为达到所要求的液化天然气功率范围，可以使用双极电机的变频驱动器，其在技术和经济方面都是可行的。在这样的情况下，变频驱动器可以用来驱动高效压缩机，如图 22.5 所示。电机和变频驱动器的供应商提出采用不同的驱动来控制这些大功率电机。以下部分将展现这些领域的最新技术成果。

表 22.1 提供了燃气轮机和变频驱动器特性的比较。相比于传统的燃气轮机，使用变频驱动器在维护、可靠性、效率以及空气和噪声污染方面有着明显的优势。传统的燃气轮机需要广泛地进行昂贵的定期维护。然而，变频驱动器则只需要少量的维护，并且能为液化天然气的生产提供更佳的可用性和更高的效率。此外，相比于使用燃气轮机，使用变频驱动器生产液化天然气不受环境温度的影响。环境温度的变化对燃气轮机的性能有影响，如图 22.4 所示。这就是为什么在燃气轮机驱动的情况下，为了克服在较高的环境温度下的功率损失，起动电机要被用作辅助电机。

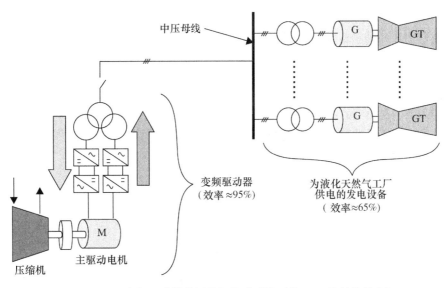

图 22.5　基于变频驱动器的压缩机驱动系统（约 55% 的整体效率）

表 22.1　燃气轮机驱动和变频驱动器对液化天然气压缩机性能影响的比较

	燃气轮机驱动	变频驱动
初始投资费用	低	高（包括发电设备）
运行维护费用	高	低
效率	< 35%	>95%（约 55% 包括为变频驱动发电的联合循环燃气轮机机组在内）
利用率	95%（每年 15 天的停机维护）	几乎 100%（不需要专门的停机维护）
维护	周期性维护（每年 15 天）	几乎免维护
轴长	长	短
噪声水平	非常高	中等
速度范围	有限	宽
产生的温室气体	高	低（包括联合循环发电机组在内）

22.5　大功率电机

在如液化天然气工厂这样的大容量应用中，主要使用两种类型的电机：异步电机（IM）和/或同步电机（SM）。每种类型的电机都有其独特的特点，实际中应根据应用类型、电网和环境条件来选择相应的电机类型[6]。在实际情况下，根据实际应用的情况需要对各种电机进行详细的比较，以便选择最合适的类型。在电机选型中要注意以下情况。尽管由于需要一个励磁机和控制器，使得同步电机相对复杂，但是其特点是更加高效，具有可控的功率因数，并且不论负载如何变化都具有恒定的转速。另一方面，异步电机更简单，成本更低。对于高速旋转的系统来说应首选异步电机，因为其转子结构简单且其机械硬度高。同步电机更适用于大容量系统，因为其更容易实现大转矩输出。图 22.6 显示了电机容量和转速之间的利弊关系。注意，图中给出的数字是电机功率和速度的近似范围。图 22.6 还显示了制造电机的物理极限。转速越高，施加到转子上的离心力（随着转子半径的增大而增大）越高。当转子的转速相同时，电机越大，承受的离心力越大。离心力 F 与转子转速二次方和转子半径成正比。

$$F \propto r\omega^2 = r\left(2\pi\frac{n}{60}\right)^2 \tag{22.1}$$

式中，r 是转子的半径；ω 是转子角速度（rad/s）；n 是转速（r/min）。

转子可以由多种类型的材料制造，如钢铝混合物或钢铜混合物。这些材料的机械强度决定转子的硬度。因此，转子具有有限的硬度并且其所能承受的最大离心力也是有限的。因此，电机的转速越高，其容量往往越小。

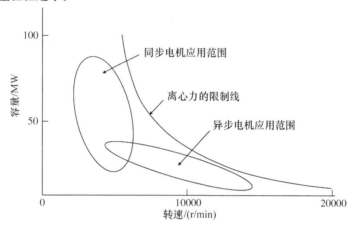

图 22.6 异步电机和同步电机的使用范围

22.5.1 新型大功率电机

通过比较电机实例，引入了关于超高速和大容量电机（容量已经达到几十兆瓦的范围）的技术。对于非常高速的应用，应该特别注意转子和轴承的机械结构。虽然其具有更高的效率，但是对于大容量应用来说，更需要考虑散热系统以进一步减少电机的损耗。此外，在如液化天然气工厂这样的危险场所中使用大功率电机时，通常需要安装防爆结构[7]。

22.5.1.1 异步电机

图 22.7 所示为一台高速大容量的异步电机，其额定值为 3.3MW、11430r/min。这个电机可以与驱动逆变器共同作用，用于转速控制和调节。图示的异步电机为一台笼型电机，其拥有全封闭水-空气冷却外壳。空气冷却器和冷却风扇安装在电机主体结构的顶部，冷却空气在电机外壳内循环。冷却空气由辅助风扇强制循环，如图 22.7 所示。值得注意的是，当冷却系统关闭时则不可以从外部大气吸入空气。此时通过用水来交换热量使空气冷却。该电机为两极且其转子类型适用于高速应用。为设计出最理想的转子，可以预先用有限元的方法对其机械强度进行分析检测。在超高速电机中，轴承是另一个非常重要的部件。如图 22.7 所示，倾

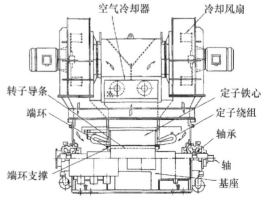

图 22.7 3.3MW、11430r/min 的异步电机结构

斜轴瓦的轴承为套筒式，以保证在很宽的速度范围内稳定运行。

图 22.8 是另一台超高速电机的外部视图，其额定值为 8MW、10000r/min。该电机和图 22.7 所示的电机类似，但其转子采用磁轴承使转轴悬浮。没有机械接触，使其拥有良好的可维护性和较小的旋转损失。然而，系统需要一个控制器来对轴位置进行控制。

图 22.8　8MW、10000r/min 的磁轴承异步电机（由 TMEIC 授权转载）

22.5.1.2　同步电机

图 22.9a 所示为一台同步电机结构图，其额定值为 25MW、3600r/min。该电机由转子、定子和全封闭式水 - 空气冷却外壳组成，并且符合液化天然气以及类似应用场合的安全要求。冷却系统不从外侧引入空气，空气流被迫在外壳内循环，如图 22.9b 所示。在这种情况下，空气由安装在转轴的风扇驱动。热空气通过与外部二次冷却介质的热交换进行冷却，在这种情况下外部二次

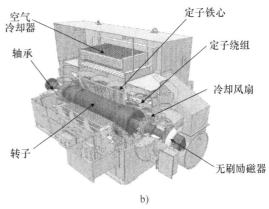

a)　　　　　　　　　　　　　　　　　　b)

图 22.9　额定值为 25MW、3600r/min 的同步电机的外部视图和结构：a）外部视图；
b）结构（由 TMEIC 授权转载）

冷却的介质是水。圆柱形转子有两个极，是由一大块锻造合金切割而成。该轴很灵活并且具有很好的平衡结构，其可调速范围为额定转速的70%～105%。该电机适用于高电压大容量驱动逆变器的调速运行，在以下部分将介绍。其定子由弹簧结构支撑，降低了机械振动。

通过应用上述技术，可以实现大容量的两极同步电机。图22.10所示为一个两极同步电机，其额定值为53MW和3000r/min。

图 22.10　53MW、3000r/min 的同步电机（由 TMEIC 授权转载）

22.5.2　无刷励磁同步电机

同步电机在转子绕组中需要励磁电流。一般来说，直流电流是由采用晶闸管整流器的外部励磁回路提供的。励磁电流流过转子轴上电刷与集电环之间的滑动触头。励磁电路的结构如图22.11所示。然而，励磁电刷需要进行定期维护。此外，由于流过电刷的电流大并且提高集电环的旋转速度也会提高设计难度，想要获得更高的速度以及更大的容量都非常困难。

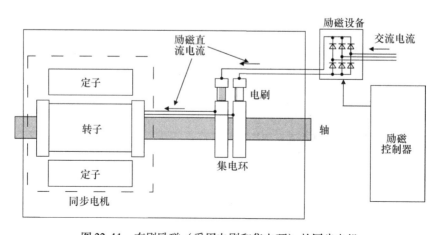

图 22.11　有刷励磁（采用电刷和集电环）的同步电机

近年来,通过在转子轴上安装辅助励磁发电机和整流器,无刷励磁已开始应用。无刷励磁同步电机(见图22.12)的励磁电流是由定子提供的,这是与有刷励磁同步电机(见图22.11)的主要区别。在同步电机的转子中,辅助励磁发电机输出交流电流并通过旋转整流器变为直流电流。事实上,有两种方法被应用于辅助励磁发电机定子的供电。一种方法是采用直流电流,另一种方法是采用交流电流,如图22.12所示。

在交流电流激励的情况下,辅助励磁发电机如在绕线转子异步发电机中一样运行。这种类型的电路适用于大容量的可调速同步发电机,因为当主电机的转速变化时它可以产生稳定的功率。通过调节由使用晶闸管开关或等效电路的外部电源提供的交流电流,可以控制辅助励磁发电机的输出交流电流,进而控制励磁电流。

在直流电流激励的情况下,辅助励磁发电机如在同步发电机中一样运行。在这种情况下,当主电机处于静止状态时,辅助励磁发电机不能产生电力。因此,该电路仅适用于恒速运行的同步电机。

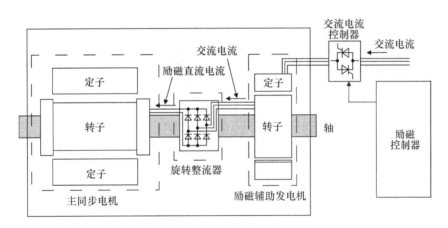

图 22.12 无刷励磁同步电机

22.6 大功率电力驱动

通过前面描述的技术,了解已经实现了额定功率为几十兆瓦的大容量电机。对于这种大容量电机的调速运行,为了匹配变流器的容量,可以使用多个逆变器的组合来驱动电机。为了合成来自多个逆变器的输出,在实践中常使用以下连接方法:
- 逆变器在输出端通过平衡电抗器并联。
- 通过多绕组变压器合成逆变器的输出。

具有双变流器的两种类型的连接如图22.13所示。对于这些系统,除了电机和逆变器之外,平衡电抗器或变压器都需要安装空间。

多绕组电机由多个变流器驱动。在这种情况下,电枢绕组被分成几组,每组的输入端子与其中一组变流器/逆变器连接。图22.14所示为由双变流器驱动的双绕组电机。

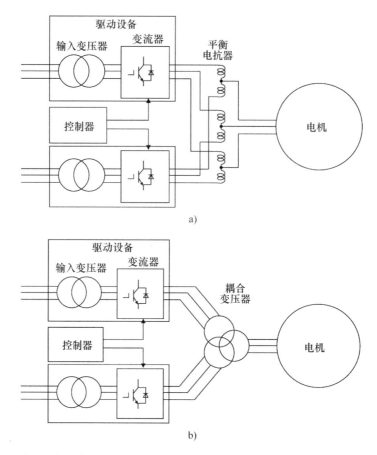

图 22.13　用于驱动电机的双变流器的两种可能的连接：a）使用电抗器的并联；b）通过变压器的合成

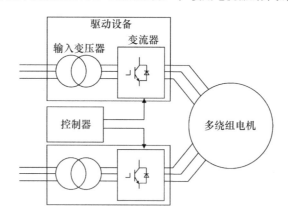

图 22.14　使用双变流器的多绕组电机驱动

22.7　开关器件

　　随着用于更高电压和更大容量的半导体开关器件的发展，驱动逆变器也被开发用于更高电压和更大容量的场合[8]。本节简要介绍用于高功率变频器的半导体开关器件的发展历史。晶闸管、绝缘栅双极型晶体管（IGBT）、注入增强型绝缘栅晶体管（IEGT）和门极换流晶闸管（GCT）

是用于高压大容量驱动逆变器的主要开关器件。

晶闸管是首个为大容量使用开发的半导体开关器件。晶闸管在 1952 年商业化，并开发了更高的电压额定值和更大的电流额定值。在 20 世纪 90 年代，额定电压为几千伏、额定电流为几千安的晶闸管被商业化，如图 22.15 所示。

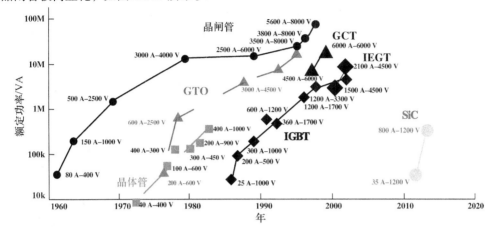

图 22.15　半导体开关器件的发展

晶闸管是唯一的半控型器件，门极关断（GTO）晶闸管作为全控型晶闸管已经完成了设计开发。然而，GTO 晶闸管需要阳极电抗器、缓冲电路和庞大的栅极驱动电路。由于半导体技术的发展，GCT 取代了 GTO 晶闸管。GCT 表现出更好的栅极可控性，并且可以通过更简单的电路配置实现大容量驱动逆变器。

能够处理大功率的晶体管在 20 世纪 80 年代被商业化。此后不断开发 IGBT 以处理比常规晶体管更高的电压。第一代 IGBT 于 20 世纪 80 年代开发。在每年应用的基础上 IGBT 获得持续发展，不断改善性能。目前，第六代 IGBT 已被商业化。此外，IEGT 也已经被开发用于处理数千安的大电流。通过注入增强效应，IEGT 可以在大电流工况下保持低的电压降。

先前介绍的半导体开关器件都由硅晶片制成。正在积极开发的下一代半导体开关器件将由碳化硅（SiC）晶片制成，其材料特性比硅的更好，更适合于高电压和大电流应用。然而，目前，开发仅处在适用于小容量和低电压应用的阶段。技术足够先进以应用于额定兆瓦范围的高电压和大容量驱动逆变器似乎还是需要一些时间。

22.7.1　大功率半导体器件

本节介绍大容量逆变器中应用的高电压大电流半导体开关器件的控制和特点。

22.7.1.1　晶闸管

如图 22.16 所示，其为晶闸管的符号和大功率晶闸管的样品照片[9,10]。晶闸管主要由电机感应的交流电压关断，即晶闸管桥的负载。因此，这种设备被称为负载换相逆变器（LCI）。过去，通过使用具有辅助电路的晶闸管来使晶闸管强制关断，以开发自换相电压源逆变器（VSI）。近来，这种类型的逆变器很少使用，因为自换相半导体开关器件的发展已经能够获得更好的结果。

22.7.1.2　IGBT

如图 22.17 所示，其为 IGBT 的符号和样品照片[11]。IGBT 通过简单地施加栅极电压信号可以很容易地导通和关断。IGBT 常用于电压源自换相逆变器，特别是用于低功率驱动器。通常在 IGBT 的封装中反并联一个二极管，如符号所示。

22.7.1.3 IEGT

IEGT 也是一种可以通过栅极电压控制其开启和关闭的半导体开关器件。相比于 IGBT，IEGT 有两个改进点帮助它处理高电压和大电流。图 22.18 所示为 IEGT 的一个例子[12]。与 IGBT 不同，高电压 IEGT 应用其内部结构来增加晶片中的载流子密度，以便保持低的导通电压，从而也可以维持低损耗。通常，IGBT 是模块化封装，只有封装的底部可以由散热器进行冷却。相反，IEGT 封装是平板压接类型，如图 22.18 所示，封装的两侧都可以使用散热器进行冷却。这种封装结构适用于大电流应用。

图 22.16　晶闸管符号和典型产品示例
（由 ABB 提供）

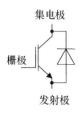

图 22.17　IGBT 符号和典型产品示例
（由 Mitsubishi Electric 提供）

22.7.1.4 GCT

GCT 是与晶闸管的硅晶片有类似内部结构的半导体开关器件。然而，它和晶闸管有明显的不同，因为它是自关断器件。为了处理电源电路中的大电流，栅极端子是环形的，如图 22.19 所示[13]。GCT 是适合于 VSI 的半导体开关器件，并且具有以下特征：

- 在额定电压下具有低导通损耗。
- 由于其压接式封装结构使得可以双面冷却。

GCT 装置及其栅极驱动单元（GDU）通常被合在一起形成集成 GCT，即 IGCT。

图 22.18　IEGT 器件（由 Toshiba 提供）　　　图 22.19　GCT 器件（由 Mitsubishi Electric 提供）

22.8　大功率变流器的拓扑结构

根据所使用的电力电子逆变器结构来对 VFD 进行分类。主要使用如下两种结构：电流源逆变器（CSI）和电压源逆变器（VSI）。每种结构都可由不同的拓扑实现。对于 CSI 驱动器，最常使用的拓扑结构为 LCI，将在以下部分中进行描述。

22.8.1　LCI

　　LCI 依赖于由其所连接的电机（或负载）进行换相。LCI 可以满足功率范围高达 100MW 的大量工业应用的需求[14]。使用晶闸管作为主要的换相装置，基于负载换相逆变器的大容量驱动器是可能实现的。图 22.20a 所示为 LCI 电路，其包括一个晶闸管整流器桥和一个晶闸管逆变器桥。串联的晶闸管可以使 LCI 产生高压输出。晶闸管逆变器在电机反电动势的帮助下换相。因此，LCI 驱动器仅限于同步电机。由于晶闸管的可靠性和低成本，LCI 已广泛用于大功率应用中。虽然这种技术因其简单而闻名，但 LCI 仍存在许多缺点，如电网谐波大、功率因数低和电机转矩波动大等[3]。因此，需要采用 LC 滤波器来减轻由 LCI 驱动器注入到电网中的谐波干扰。LC 滤波器中的电容器可能在电网中引起一些不良现象，例如谐振。

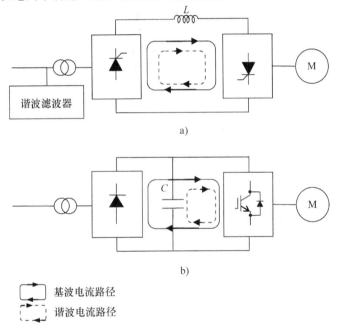

图 22.20　LCI 和 VSI 中的逆变器类型和谐波电流：a）LCI；b）VSI

22.8.2　VSI

　　目前，GCT、IGBT 和 IEGT 均可用于大功率应用并构成用于 VSI 的主要开关器件。相比于负载换相逆变器（LCI），基于 VSI 的驱动器的特点是谐波含量较低、功率因数较高且转矩脉动较低。图 22.20b 显示了一个低成本的基于 VSI 的驱动系统。可以用二极管整流器（图 22.20b 的情况）或 PWM 整流器作为前端 AC/DC 整流器，以实现四象限运行（包括功率回馈）。

　　由于 VSI 的电流谐波含量比 LCI 低，故对于次同步扭振相互作用以及间谐波的影响的关注很少[15]。

　　为了简化对基于 LCI（见图 22.20a）和基于 VSI（见图 22.20b）的驱动器的谐波影响的理解，谐波通路如图 22.20 所示。LCI 中的这些谐波和间谐波取决于电机的速度，并可能引起转矩间相互作用[15]。值得注意的是，图中所示的谐波电流并未考虑 AC/DC 变流的影响。LCI 中逆变器和整流器相互影响引起的谐波需要重点关注[16]。由 LCI 产生的这些电网谐波的频率取决于速度，因此，为了匹配驱动系统的扭振谐振频率，有可能需降低该频率[15]。典型 LCI 设计中，笨重的中间电抗器不足以降低 DC 电路中谐波电流，这将影响电网中的谐波，如图 22.20 所示。与 LCI 不同，VSI 主要谐波分量位于相对较高的开关频率处，并能够被大的直流电容部分吸收，如图 22.20b 所示。因此，整流器的交流线路中电流谐波显著降低。此外，线路阻抗会进一步降低电流谐波，这使得 VSI 驱动系统优于 LCI 驱动系统。

22.8.3 小结

表 22.2 比较了 LCI 和 VSI 驱动的特点和性能。对于液化天然气工厂来说，VSI 优于 LCI。VSI 更适用于大功率 VFD 应用。尽管近来 VSI 开关器件（IEGT、IGCT）的额定功率已得到提高，但是它们仍然不能处理液化天然气工厂所需的 VFD 的兆瓦额定值。现已出现了一种被称为多电平逆变器（MLI）的新型逆变器拓扑结构，可以为大功率应用提供更好的性能[17-20]。

表 22.2 LCI 和 VSI 驱动的比较

比较参数	LCI 驱动	VSI 驱动
电网侧谐波	对于 12 脉波的 LCI，< 11%，需要谐波滤波器以消除电网侧振荡	< 5%，不需要谐波滤波器（如果采用 PWM 整流器的话）
穿越能力	有限	鲁棒
转矩纹波	<7%（12 脉波）大的转矩纹波。需要特殊压缩机设计；扭振需要考虑	<0.5%，用于标准的压缩机，不需要考虑扭振
效率	高	高
可靠性	应用历史长，范围广，经验丰富	现场已经证明的技术；大功率应用的新技术；其他应用良好

22.9 多电平 VSI 拓扑

为电机提供必要的可变频率的驱动设备的主电路为逆变器（DC/AC 变流器）。逆变器可以通过改变其输出电压和频率来控制电机的转速和转矩。

本节简要介绍了主要逆变器的电路结构和多电平逆变器的工作原理。这些逆变器用于大功率场合，如液化天然气工厂。通常，输出电压波形中的电压阶数大于或等于 3 的逆变器被称为多电平逆变器[21]。为了更好地理解多电平逆变器，本节从最简单的逆变器（即两电平逆变器）开始介绍。

22.9.1 两电平逆变器

两电平逆变器电路的拓扑结构如图 22.21a 所示。这个逆变器是由直流电压源 E 和六个半导体开关器件组成的三相桥。三相桥由三个相似的支路组成。在本节中，假设直流电压源的中性点接地。以 A 相支路结构为例来描述其作用原理。该支路有两个开关器件 U 和 X。U 连接直流电压的正端和交流端。X 连接直流电压源的负端和交流端。当器件 U 接通时，A 相输出 $+E_d/2$ 的电压电平。当器件 X 接通时，输出 $-E_d/2$ 的电压电平。因此，A 相输出两个电压电平 $+E_d/2$ 和 $-E_d/2$，如图 22.21b 所示。

通过使用 PWM 控制的方法适当地控制 $+E_d/2$ 和 $-E_d/2$ 之间的宽度比例，可以获得期望的电压幅值和频率的电压波形。将所得电压波形施加到电机上，由于电机的阻抗，PWM 载波频率周围的高频电流分量被阻断，电机中的电流主要为所期望频率的电流分量。两电平 PWM 逆变器的输出电压波形如图 22.22 所示，分别为相对中性点的电压波形及相与相之间的电压波形。

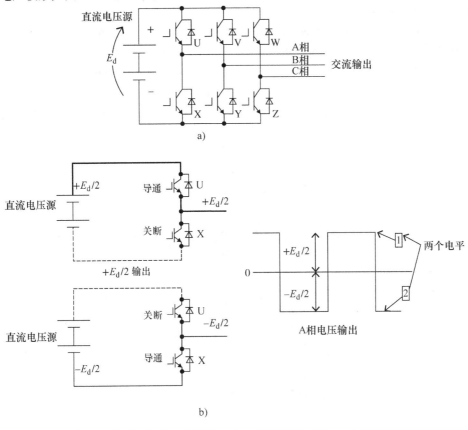

图 22.21　两电平逆变器的电路拓扑和工作原理：a）三相 VSI 桥；b）一个支路的运行和输出电压电平

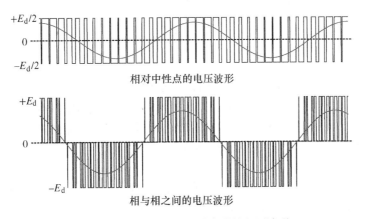

图 22.22　两电平 PWM 逆变器的电压波形

22.9.2　多电平逆变器

由于多电平逆变器可以使用 IGBT、IEGT 或 IGCT 处理高电压/大电流，因此它们在大功率应用中占主导地位。使用相同的开关频率，输出波形比传统的两电平逆变器拓扑结构具有更好的性能。多电平逆变器的特征在于不需要滤波器或滤波器很小、模块化好、灵活性好、具有较少谐波分量的多电平电压输出。因此，多电平逆变器拓扑更适合于大功率驱动系统。

22.9.2.1 三电平逆变器

在多电平逆变器的电路拓扑中有三电平逆变器，这是一种中性点（NP）0 通过二极管连接到交流输出的电路拓扑。电路拓扑如图 22.23 所示。这种三电平逆变器称为中性点钳位（NPC）逆变器[22]。直流电压源由两个电压源组成：正电压源和负电压源。两个电压源的连接点是 NP0。电路中使用了 12 个半导体开关器件。A 相支路由 A1、A2、A3、A4 四个半导体开关器件组成。当 A1 和 A2 导通时，A 相的输出连接到直流电压源的正端 P；当 A3 和 A4 导通时，A 相的输出连接到直流电压源的负端 N；二极管 AP 和 AN 连接到 NP。输出电压如下：

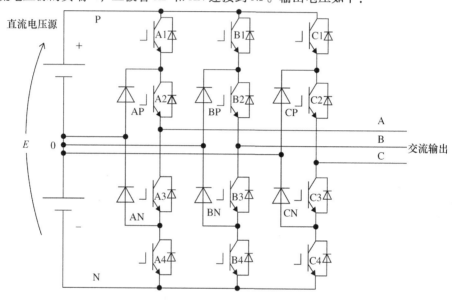

图 22.23　NPC 型三电平逆变器的电路配置

- A1 和 A2 导通，则 $v_A = +E/2$。
- A3 和 A4 导通，则 $v_A = -E/2$。
- A2 和 A3 导通，则 $v_A = 0$。

相电压输出有三个电平：$+E/2$，$-E/2$ 或 0，如图 22.24 所示。

通过使用 PWM 适当地控制 $+E/2$、0 和 $-E/2$ 之间的宽度比，则能够控制输出电压的幅值和频率。输出电流的高频分量由电机的阻抗可以抑制。因此，只有电流的基频分量在电机中流动。NPC 型（三电平）逆变器的相对中性点的电压的波形，以及相与相之间输出电压的波形图如图 22.25 所示。

当使用类似的半导体开关器件（相同的额定电压）时，三电平逆变器可以处理的电压等级为两电平逆变器的两倍。因此，三电平逆变器的电路拓扑适用于高电压应用。此外，由于三电平逆变器能够输出更多的电压电平，所以其电压波形比两电平逆变器输出波形更接近于正弦波。

此外，还存在其他拓扑结构的三电平逆变器。但是只有 NPC 类型广泛用于工业，特别是用于液化天然气传输。其他三电平逆变器拓扑结构很少应用于额定功率为几十兆瓦的大容量场合。

22.9.2.2　五电平逆变器（两个 NPC 型逆变器的星形联结）

将 NPC 作为一个单元，引入五电平逆变器，将其用于大功率应用。电路拓扑由上面介绍的三电平逆变器的组合构成。电路拓扑如图 22.26 所示[23]。

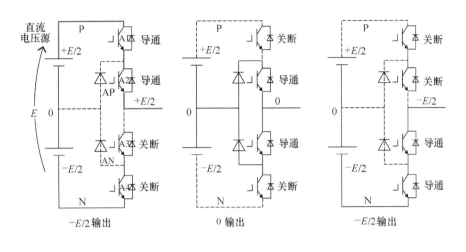

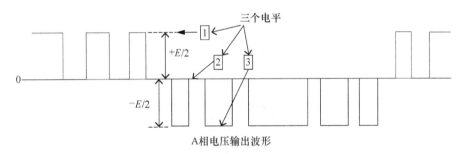

图 22.24 NPC 型三电平逆变器的工作原理

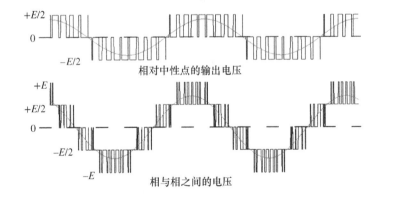

图 22.25 NPC 型三电平逆变器的电压波形

单相逆变器由三电平逆变器的两个桥臂组成。单相逆变器的一个输出端子连接到中性点，而另一个输出为连接到电机端子的五电平逆变器的一相输出。值得注意的是，单相逆变器的直流电压源的中性点 0 与星形联结的总系统的中性点具有不同的电动势。该电路拓扑可以输出以下五个电压电平：+E、+E/2、0、−E/2 和 −E。这些电平的参考点是中性点，通过组合单相逆变器两个桥臂的输出电压获得，见表 22.3。此外，其电压幅值是三电平逆变器的两倍，电压波形如图 22.27 所示。电压电平的数目越大，电压波形比三电平逆变器越接近正弦波形。由于相间电压具有九个电压水平，故电机电流纹波较小，并且电流几乎是正弦波形。

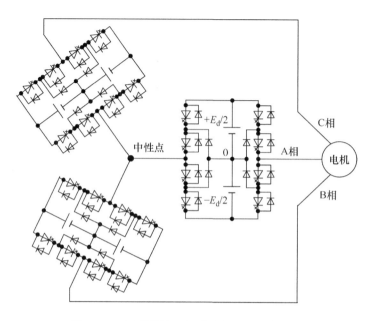

图 22. 26　星形联结五电平逆变器的电路配置

表 22. 3　星形联结电路的电压电平组合

A 相对中性点电压 V_{AN}	A1 桥臂输出电压 V_1（0 点对中性点）	A2 桥臂输出电压 V_2（0 点对 A 相）
$-E$	$-E/2$	$+E/2$
$-E/2$	$-E/2$	0
	0	$+E/2$
	$-E/2$	$-E/2$
0	0	0
	$+E/2$	$+E/2$
$+E/2$	0	$-E/2$
	$+E/2$	0
$+E$	$+E/2$	$-E/2$

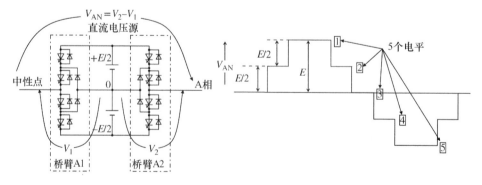

图 22. 27　星形五电平逆变器的工作原理

图 22. 28 所示为一个 30MW、使用 NPC 单元的五电平逆变器，其输出电压和电流的波形如图 22. 29 所示。在该实例中，或者在类似的驱动逆变器中，使用的是前面所介绍的大容量半导体开

关器件，例如 IEGT 或 GCT。半导体开关器件的数量为 24 个，如图 22.26 中的电路拓扑所示。通过使用大容量的半导体开关器件，能够使用少量的半导体开关器件实现大约 20~30MW 的大容量驱动逆变器。图 22.28 所示逆变器的额定输出电压为 7.2kV。驱动逆变器被认为具有高可靠性，因为它以简单的电路拓扑和少量的器件实现了高电压和大容量。

此外，图 22.28 所示的五电平逆变器通过特殊 PWM 脉冲模式来消除低频谐波。这种脉冲模式抑制了低频转矩波动，其与液化天然气中的大容量压缩机的低机械共振一致[24]。

图 22.28 30MW 基于 NPC 单元的五电平逆变器组（由 TMEIC 授权转载）

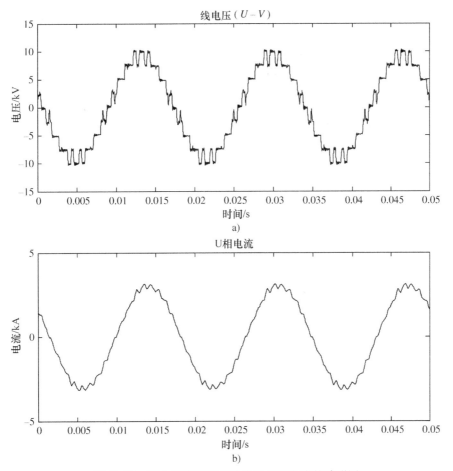

图 22.29 五电平逆变器的输出电压和电流的波形图

为了测试30MW、基于NPC的电驱动系统并评估其性能，开发了一个适当的测试台。如图22.30所示，该平台通过25MW的同步发电机可以将机械能转化为电能回馈到电网。因此，测试可在从电网获取的最小功率下进行，这是电网所需要承担的系统损耗。

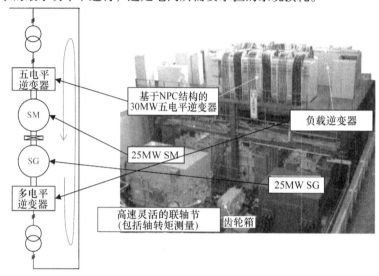

图22.30　25MW驱动系统测试台

22.9.2.3　多电平逆变器（单元串联）

多电平逆变器最流行的电路拓扑之一是多个单元的串联结构。单元中的电路拓扑和详细电路如图22.31所示。单元的输出部分由单相逆变器组成。在实际应用中，单相逆变器由具有模块封

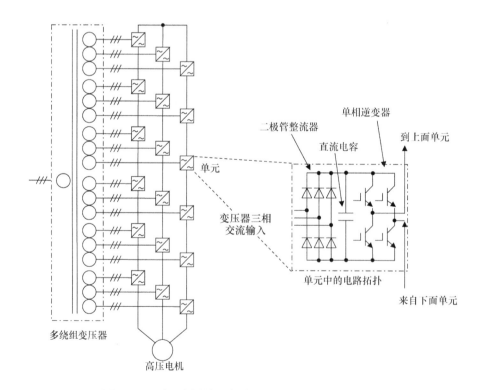

图22.31　采用全桥单相多单元串联的典型多电平逆变器

装的 IGBT 制成，并且其交流输出电压约为有效值
1000V。然而，为了获得6kV输出，需要6个单元
串联，并且在基于逆变器的驱动系统中需使用大
量的 IGBT。

　　图 22.32 显示了 6 个单元串联的驱动逆变器
的输出电压波形。电压电平的数目大，且能获得
接近正弦波的波形。

　　为了向每个单元提供直流功率，需要使用多
绕组变压器。多绕组变压器使每个单元之间绝缘，
并且通过使绕组的相位彼此偏移来降低交流系统
中的低次谐波电流分量。

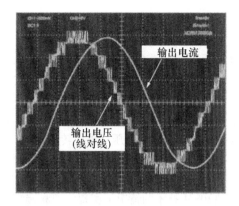

图 22.32　6 个单元串联的驱动系统的输出波形

22.10　大功率电力驱动控制

　　VFD 的一般框图如图 22.33 所示，其中强调了一些实际问题。如果驱动系统在诸如液化天然
气现场的工业环境中运行，则驱动系统应当克服这些技术问题。对于液化天然气现场来说，电力
驱动的效率、可靠性以及对电网干扰的鲁棒性等都是运行人员主要的关注点。这些问题对于设计
师、研究人员和驱动器制造商仍然都是具有一定挑战性的任务。

　　制造商可以使用以下三种主要技术来实现驱动控制：

1）电压/频率（*V/f*）控制。

2）磁场定向控制（FOC）或者矢量控制（VC）。

3）直接转矩控制（DTC）。

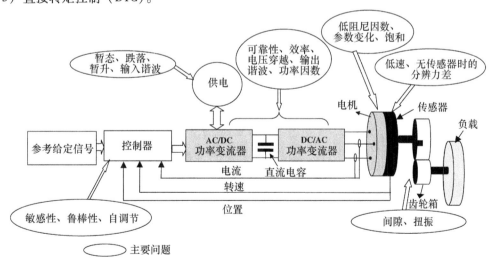

图 22.33　驱动系统的实际问题

　　当控制异步电机时，*V/f* 控制方式使 *V/f* 比保持恒定。它包括以开环方式按比例控制电压和
频率，以便在异步电机中保持磁通恒定，如图 22.34a 所示。该标量开环频率控制方法在没有速
度传感器的情况下运行。虽然简单，但具有许多缺点，例如稳态不准确和动态性能差。在该控制
技术中，磁链和转矩之间的解耦控制是不可能的，因此，不可能独立地控制磁通和转矩。在实际

V/f 方法中可以观察到在低速下其性能较差。在 V/f 控制驱动器中，瞬态操作是不可控制的，且系统可能变得不稳定。随着技术的发展，V/f 控制技术的稳定性也得到提高[25]。FOC 或者 VC 控制（见图 22.34b）能够独立地控制转矩和磁通分量。因此，可以实现直接磁通控制。一般来说，需要速度/位置传感器来实现 VC 控制方式，其包括两个电流控制器：一个用于磁通分量控制，另一个用于转矩分量控制。这些控制器是在与转子磁链对应的 dq 坐标系下得以实现。同时参考电压（电流控制器的输出）也需要从旋转的坐标系变换到静止的坐标系中。PWM 逆变器将输出与参考电压成比例的电压。直接转矩控制（DTC）于 1985 年被提出[26,27]。在这些最初提出的控制方法中，使用两个滞环控制器来控制电机的定子磁通和转矩。通过避免坐标变换，并通过使用查找表来选择逆变器的适当电压矢量，使得该 DTC 技术得到了简化。DTC 可以在不使用速度传感器和 PWM 技术的情况下实现磁通和转矩之间的解耦控制。由于磁通和转矩的同步控制，DTC 方案表现出更良好的动态性能。然而，在逆变器控制中采用直接转矩控制，具有可变开关频率和有限数目的电压矢量的滞后控制，都将引起电机中的转矩纹波和低速下较差的稳态性能。

与小型电机不同，大型电机具有较低的定子/转子电阻值；因此，可获得低阻尼因数。低阻尼因数使得大功率电机的控制变得困难并且极易不稳定。小型电机（例如 IM）具有更高的阻尼因数，更容易控制且更加稳定。为了说明这一点，图 22.35 表示出了大型异步电机和小型异步电机的极点位置，并将其作为工作频率的函数。大型异步电机的低阻尼因数使得它们的控制较脆弱并且可能容易引起振荡[25]。在参考文献［25］中提出了一种改进使用电流反馈的大功率电机的阻尼因数的新方法。可通过获得基于电流反馈的虚拟电阻，来实现主动阻尼；因此，为小型电机开发的控制器也可用于控制大功率电机。

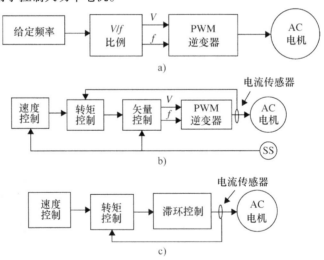

图 22.34　交流电机驱动控制方法的演变：a) V/f 控制；b) FOC 或 VC；c) DTC

22.10.1　PWM 方法

在很多大功率的应用中，节能是非常重要的。因此，能量损耗的最小化是非常必要的。变频驱动器的损耗可能来自电机以及功率变流器。为了减少环境污染，应合理选择电机、变流器和控制器，以便获得较高的效率和节约能源。PWM 功率变流器中的损耗主要是由于器件的开关损耗。在大容量应用中，开关损耗可能达到总驱动能量很可观的一部分；因此，使开关损耗达到最小是一个关键任务。

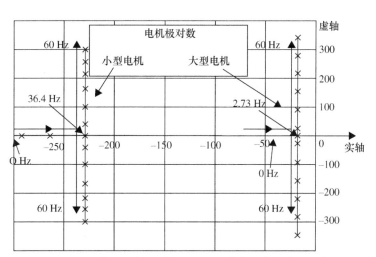

图 22.35　小型和大型异步电机的极点与工作频率的示例

许多 PWM 技术都是用于进行逆变器的控制，例如正弦脉宽调制（SPWM）和空间矢量脉宽调制（SVPWM）策略。为了减小逆变器的开关损耗，还开发了多种不连续脉宽调制（DPWM）策略[28-38]。DPWM 技术基于以下原理：每个桥臂中的功率器件在输出电压的周期期间的预定时间段内不切换。因此，DPWM 策略减少了逆变器中的开关损耗。

基于 NPC 拓扑结构的多电平逆变器广泛用于大功率的变频驱动器应用中，特别是在液化天然气现场。NPC 型逆变器输出相电压可以被钳位到正、负或 NP（图 22.37 中的 O 点）电压。NP 电压假定为零电平。实际上，NP 电压会产生波动，即使在平衡负载下也可能引起 PWM 逆变器的不稳定[39]。已经提出了许多 PWM 技术，来减小 NPC 型逆变器 NP 电压的变化[40-48]。

在大多数变频驱动器应用中，都使用三相星形联结负载，其中中性线电流路径并未连接，这为逆变器电压矢量选择提供了更多余地。事实上，在这样的应用中，负载只会响应输入的线电压。一个理想的 DPWM 技术将基于以下原则：施加非正弦相电压的同时保持输入线电压为正弦电压。图 22.36 阐明了传统 PWM 和 DPWM 的输入参考电压。注意，在 DPWM 方法下运行的电机不受相电压的影响，如图 22.36b 所示。该 DPWM 方法的实现如图 22.37 所示，可以方便地应用于任何 NPC 型逆变器的控制，以同时实现三个目标：①防止自换相半导体开关器件出现最小导通脉冲；②减小开关损耗；③减小 NPC 型逆变器中的 NP 波动。图 22.38 给出了在 NPC 型多电平逆变器中使用 DPWM 方法的示例，以避免开关器件的最小导通脉冲，降低开关损耗和降低 NP 电压波动，图 22.39[49] 展示了实测的控制效果。

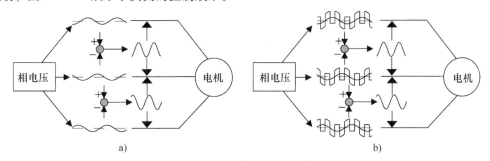

图 22.36　NPC 型多电平逆变器的 PWM 调制技术：a）传统 PWM 方法；b）DPWM 方法

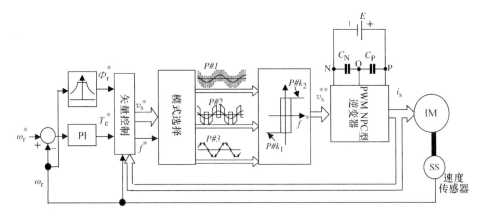

图 22.37 参考文献 [49] 中 DPWM 的实现

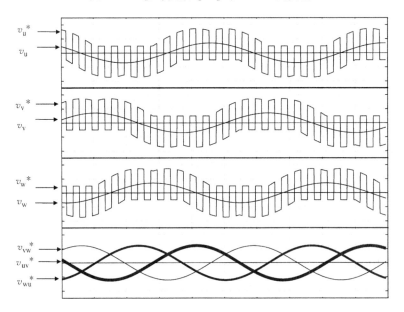

图 22.38 参考文献 [49] 实现的 NPC 型多电平逆变器的 DPWM 方法

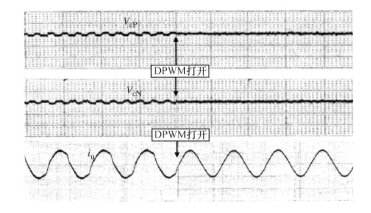

图 22.39 使用 DPWM 技术和不使用 DPWM 技术的 NPC 型逆变器的实验结果，如参考文献 [49] 所述（上图：中性点电容电压；下图：U 相电流波形）

22.11　小结

本章讨论了兆瓦级变频驱动器（VFD）对液化天然气（LNG）装置的影响。LNG 运营商正在寻找一种可用性更高且操作更加灵活的设备，其可以独立于环境温度的影响。使用电传动变频器驱动液化天然气的压缩机，比使用传统的燃气轮机驱动提供了更好的性能。与燃气轮机不同，VFD 降低了维护成本和停机时间，减少了温室气体的排放并且提高了安全性。根据最近的技术发展，从原则上来说 VFD 驱动的 LNG 设备是可以实现的。电机和 VFD 制造商正在利用最近开发的电力电子变流器技术，开发额定值为 100 ~ 120MW 的大型驱动设备。本章介绍了几个实际大功率 VFD 的例子，其利用四套 30MW 基于 NPC 的多电平 VSI 实现高达 100MW 的功率。这种基于 NPC 单元的 VFD 通过使用大容量半导体器件提高了可靠性。对于兆瓦级驱动系统，其损耗意味着大量的电力损失。因此，本章介绍了一些可减少损耗的 PWM 技术，还包括了 VFD 的其他技术，以使其具有足够的鲁棒性，在电网电压暂降时实现低电压穿越。

致谢

本章工作得到了卡塔尔国家研究基金（卡塔尔基金会成员）的 NPRP 批准号 08 - 548 - 2 - 223 和 09 - 426 - 2 - 160 的支持。本章中的陈述完全由作者负责。L. Ben - Brahim 也感谢 RasGas 公司提供赞助。

参 考 文 献

1. Sannino, A., Liljestrand, L., Rothman, B. *et al.* (2007) All-electric LNG liquefaction plants: technical challenges and possible concept solutions. IEEE Industry Applications Conference, 42nd IAS Annual Meeting. Conference Record 2007.

2. Tessarolo, A., Zocco, G., and Tonello, C. (2011) Design and testing of a 45-MW 100-Hz quadruple-star synchronous motor for a liquefied natural gas turbo-compressor drive. *IEEE Transactions on Industry Applications*, **47** (3), 1210–1219.

3. Ben-Brahim, L., Benammar, M., Yoshino, T. *et al.* (2012) Electric drives for LNG plants. Proceedings of the 3rd Gas Processing Symposium, Doha, Qatar, March 2012.

4. Shukri, T. (2004) LNG selection technology. *Hydrocarbon Engineering*, **9** (2), 71–76.

5. Ekstrom, T.E. and Garrison, P.E. Gas Turbines for Mechanical Drive Application. (1994) Report GER-3701B, GE Industrial and Power Systems, Schenectady, NY, http://site.ge-energy.com/prod_serv/products/tech_docs/en/downloads/ger3701b.pdf (accessed 23 December 2013).

6. Dabbousi, R., Savinovic, D., and Anundsson, Y. (2008) A comparison between IMs and SMs for applications in the oil and gas industry. Petroleum and Chemical Industry Technical Conference, 2008 PCIC 2008, September 22–25, 2008.

7. Dabbousi, R., Balfaqih, H., Anundsson, Y., and Savinovic, D. (2008) A comparison of totally enclosed motor coolers commonly used in the COG industry. Proceedings of the 5th Petroleum and Chemical Industry Conference Europe – Electrical and Instrumentation Applications, 2008. PCIC Europe 2008, pp. 1–5.

8. Yoshino, T., Yoshimura, M., Tobita, M., Ota, S. *et al.* (2008) Power electronics conserves the environment for better future. Proceedings of PESC 2008, pp. XCIX–CIV.

9. IEC 60617 *Graphical Symbols for Diagrams*, http://std.iec.ch/iec60617 (accessed: 9 May 2013).

10. ABB Phase Control and Bi-directionally Controlled Thyristors, ABB Web sitehttp://www05.abb.com/global/scot/scot256.nsf/veritydisplay/f71d894539bb0d22c125787e002b5b88/$file/ABB_Flyer_PCT-BCT_2012_Web.pdf (accessed 23 December 2013).

11. Mitsubishi Electric HVIGBT Module (High Voltage Insulated Gate Bipolar Transistor), Mitsubishi Electric Web site, http://www.MitsubishiElectric.com/semiconductors/ (accessed 9 May 2013).

12. Kitagawa, M., Omura, I., Hasegawa, S. *et al.* (1993) A 4500 V injection enhanced insulated gate bipolar transistor

(IEGT) operating in a mode similar to a thyristor. Electron Devices Meeting, 1993. IEDM '93.

13. Yamamoto, M., Satoh, K., Nakagawa, T., and Kawakami, A. (1998) GCT (gate commutated turn-off) thyristor and gate drive circuit. Power Electronics Specialists Conference, 1998. PESC 98 Record, May 17–22, 1998, Vol. 2, pp. 1711–1715.

14. Beuermann, M., Fischer, W., Kalbfleisch, P. *et al.* (2008) Modular load commutated inverters: a proven concept for high power applications. Industry Applications Society Annual Meeting, 2008. IAS '08. IEEE.

15. Fujii, T., Masuda, H., Ogashi, Y. *et al.* (2011) Study of subsynchronous torsional interaction with voltage source inverter drive for LNG plant. IEEE PSEC Conference Proceedings 2011.

16. Huetten, V., Zurowski, R.M., and Hilscher, M. (2008) Torsional interharmonic interactions study of 75MW direct-driven VSDS motor compressor trains for LNG duty. Proceedings of the 37th Turbomachinery Symposium, 2008, pp. 57–66.

17. Hosoda, H. and Peak, S. (2010) Multi-level converters for large capacity motor drive. The 2010 International Power Electronics Conference, IPEC 2010, June 2010.

18. Baccani, R., Zhang, R., Toma, T. *et al.* (2007) Electric systems for high power compressor trains in oil and gas applications-system design, validation approach, and performance. Proceedings of the 36th Turbomachinery Symposium, 2007.

19. Rodrigues, J., Lai, J., and Peng, F. (2002) Multilevel Inverters: a survey of topologies, controls, and applications. *IEEE Transactions on Industrial Electronics*, **49** (4), 724–738.

20. Abu-Rub, H., Holtz, J., Rodriguez, J., and Baoming, G. (2010) Medium-voltage multilevel converters-state of the art, challenges, and requirements in industrial applications. *IEEE Transactions on Industrial Electronics*, **57** (8), 2581–2596.

21. Kouro, S., Malinowski, M., Gopakumar, K., *et al.* (2010) Recent Advances and Industrial Applications of Multilevel Converters. *IEEE Transactions on Industrial Electronics*, **57** (8), 2553–2580.

22. Nabae, A., Takahashi, I., and Akagi, H. (1981) A new neutral-point clamped PWM inverter. *IEEE Transactions on Industry Applications*, **IA-17**, 518–523.

23. Tsukakoshi, M., Al Mamun, M., Hashimura, K., and Hosoda, H. (2009) Study of large VSI drive system for oil and gas industry. Proceedings of the 38th Turbomachinery Symposium, 2008, pp. 261–265.

24. Tsukakoshi, M., Al Mamun, M., Hashimura, K. *et al.* (2010) Novel torque ripple minimization control for 25 Mw variable speed drive system fed by multilevel voltage source inverter. Proceedings of 29th Turbomachinery Symposium, 2010, pp. 193–200.

25. Ben-Brahim, L. (1998) Improvement of the stability of a V/f controlled Induction Motor drive system. Proceeding IEEE IECON'98, Aachen, Germany, August/September 1998, Vol. 2, pp. 859–864.

26. Takahashi, I. and Noguchi, T. (1986) A new quick response and high efficiency control strategy of an induction motor. *IEEE Transactions on Industry Applications*, **22**, 820–827.

27. Depenbrock, M. (1988) Direct Self-Control (DSC) of inverter-fed induction machine. *IEEE Transactions on Power Electronics*, **3**, 420–429.

28. Ahmet, M. and Onur, N. (2011) A generalized scalar PWM approach with easy implementation features for three-phase, three-wire voltage-source inverters. *IEEE Transactions on Power Electronics*, **24** (5), 1385–1395.

29. Depenbrock, M. (1977) Pulse width control of a 3-phase inverter with non-sinusoidal phase voltages. 1977 IEEE International Semiconductor Power Conversion Conference, pp. 399–403.

30. Kolar, J.W., Ertl, H., and Zach, F.C. (1991) Influence of the modulation method on the conduction and switching losses of a PWM converter system. *IEEE Transactions on Industry Applications*, **27**, 1063–1075.

31. Alexander, D.R. and Williams, S.M. (1993) An optimal PWM algorithm implementation in a high performance 125 kVA inverter. 1993 IEEE Applied Power Electronics Conference and Exposition Conference, pp. 771–777.

32. Zhao, D. and Pavan Kumar Hari, V.S.S. (2010) Space-vector-based hybrid pulse width modulation techniques for reduced harmonic distortion and switching loss. *IEEE Transactions on Power Electronics*, **25** (3), 760–774.

33. Nguyen, N.V., Nguyen, B.X., and Lee, H.H. (2011) An optimized discontinuous PWM method to minimize switching loss for multilevel inverters. *IEEE Transactions on Industrial Electronics*, **58** (9), 3958–3966.

34. Khan, H., Miliani, E.H., and Drissi, K.E.K. (2012) Discontinuous random space vector modulation for electric drives: a digital approach. *IEEE Transactions on Power Electronics*, **27** (12), 4944–4951.

35. Sun, P., Liu, C., and Lai, J.S. (2012) Three-phase dual-buck inverter with unified pulsewidth modulation. *IEEE Transactions on Power Electronics*, **27** (3), 1159–1167.

36. Ojo, O. (2004) The generalized discontinuous PWM scheme for three-phase voltage source inverters. *IEEE Transactions on Industrial Electronics*, **51** (6), 1280–1289.

37. Hava, A.M., Kerkman, R.J., and Lipo, T.A. (1998) A high-performance generalized discontinuous PWM algorithm. *IEEE Transactions on Industry Applications*, **34** (5), 1059–1071.

38. Younis, M.A.A., Rahim, N.A., and Mekhilef, S. (2010) High efficiency THIPWM three-phase inverter for grid connected system. 2010 IEEE Symposium on Industrial Electronics and Applications Conference, pp. 88–93.

39. Liu, H., Choi, N., and Cho, G. (1991) DSP based space vector PWM for three-level inverter with DC-link voltage balancing. IEEE IECON'91, pp. 197–203.

40. Kim, H.-J., Lee, H.-D., and Sul, S.-K. (2001) A new PWM strategy for common-mode voltage reduction in neutral-point-clamped inverter-fed AC motor drives. *IEEE Transactions on Industry Applications*, **37** (6), 1840–1845.

41. Newton, C. and Sumner, M. (1997) Neutral Point Control for Multi-Level Inverters: theory, design and operational limitations. IEEE Industry Applications Society Conference Record, pp. 1336–1343.

42. Liu, H.L. and Cho, G.H. (1994) Three-level space vector PWM in low index modulation region avoiding narrow pulse problem. *IEEE Transactions on Power Electronics*, **9** (5), 481–486.

43. Lee, Y.H., Suh, B.S., and Hyun, D.S. (1996) A novel PWM scheme for a three-level voltage source inverter with GTO thyristors. *IEEE Transactions on Industry Applications*, **32** (2), 260–268.

44. Tanaka, S., Miura, K., Watanabe, T., Tadakuma, S., and Ikeda, H. (1992) Consideration on PWM control for Neutral-Point-Clamped inverter. *Transactions IEE of Japan*, **112-D** (6), 553–560 (in Japanese).

45. Miyazaki, S., Kurosawa, R., and Ben-Brahim, L. (1993) Characteristics improvement of a PWM controlled three level GTO inverter. National Convention Record I.E.E. Japan, March 1993 (in Japanese).

46. Ben-Brahim, L. (1999) Improvement of a PWM controlled NPC GTO inverter for AC motor drives. ISIE99 Proceedings, Slovenia, July 1999.

47. Ben-Brahim, L. and Tadakuma, S. (2001) A new PWM control for GTO minimum on-pulse compensation. Industry Applications Conference, IAS Annual Meeting, 2001, Vol. 2, pp. 1015–1022.

48. Ben-Brahim, L. and Tadakuma, S. (2006) A novel multilevel carrier-based PWM control method for GTO inverter in low index modulation region. *IEEE Transactions on Industry Applications*, **42** (1), 121–127.

49. Ben-Brahim, L. (2008) A discontinuous PWM method for balancing the neutral point voltage in three-level inverter-fed variable frequency drives (VFDs). *IEEE Transactions on Energy Conversion*, **23** (4), 1057–1063.

第 23 章　单相电网侧变流器的调制与控制

Sebastian Styński, Mariusz Malinowski
波兰华沙工业大学电气工程学院

23.1　简介

能量转换领域的最新进展（例如分布式发电系统、牵引和调速驱动器（ASD）等），显示了业界对电压源变流器（VSC）的关注[1-5]。VSC 的设计旨在满足高效率、强鲁棒性、低网侧谐波、低转矩脉动（由于转轴振动减小，相应地就延长了电机寿命）等高性能要求。由于具有如下特征，结合对节能和电能品质的期望[6]，导致越来越多的应用使用有源前端（AFE）替代二极管整流电路作为输入：

- 双向功率流动（允许再生制动）。
- 低谐波失真的近似正弦波形输入电流。
- 高输入功率因数（包括功率因数为 1）运行。
- 动态性能满足负荷变化跟踪要求。
- 稳定且可调的直流母线电压 U_{DC}（100Hz 失真振荡）。
- 电网畸变（谐波、暂降等）下能够维持运行。

如今，在 AC - DC - AC 能量转换系统中，采用 AFE 已经开始成为标准解决方案。中等功率的 AC - DC - AC 型 ASD 的重要应用领域之一是高速铁路（HSR）。世界上已有几种不同类型的铁路牵引供电系统（RTPS）投入使用[7,8]；然而现代 HSR 中，目前趋向于主要使用中压交流单相 RTPS。所以，用于 HSR 的 ASD 相关能量转换问题变得非常重要。在这种系统中，通过降压变压器连接到电网的 VSC 作为 AC - DC AFE 得到广泛应用。

最初，单相 RTPS 中采用通过降压变压器单相低压绕组供电的 H 桥变流器（H - BC）作为 AC - DC VSC[8,9]。H - BC 输出 u_{CONV} 为三电平电压 0 和 $\pm U_{\mathrm{DC}}$。然而，由于大功率变流器的开关频率较低，注入 RTPS 的谐波很高[9]。VSC 在变压器高压侧产生的电流谐波，可能对 RTPS 的部件和其他荷载有不利影响，需要加以关注。因此，引入了由降压变压器的两个对称低压绕组，对并联 H - BC 供电，以替代单相 H - BC[10-14]。这种解决方案的主要优点是由于并联 H - BC 模块之间采用了交错脉宽调制（PWM），降低了变压器高压侧的电流谐波畸变（变压器高压侧变流器输出五电平电压：0、$\pm U_{\mathrm{DC}}$、$\pm 2U_{\mathrm{DC}}$）。

近年来，其他多电平 VSC 拓扑结构逐渐成为中等功率变换应用的研究热点[15,16]。多电平变流器基于将多个直流电压源供电的半导体器件串联在一起的思路来实现的。VSC 能够在典型半导体电压限制之上工作，且电压应力小，共模电压低，谐波失真小，以及对滤波器要求较低等，这些优点使得这种拓扑结构得到学术界和工业界的青睐。特别是两种多电平拓扑结构已经被广泛应用于 ASD：二极管钳位式变流器（DCC）、飞跨电容器型变流器（FCC）。H - DCC 在 1995 年由日立（日本）[17]引入单相 RTPS，多年来受到了越来越多的关注[18-21]。尽管发表了许多相关文章，H - FCC 在单相 RTPS 中尚未得到商业化应用。其他一些多电平级联和混合拓扑结构，虽然可与已投入使用的典型并联 H - BC 相提并论[15]，但还没有被运输系统业界完全接受。在使用相同电压和电流规格半导体器件的前提下，对多电平 H‐DCC、H‐FCC 和并联 H‐BC 之间的比较结果可以概括如下：

- H‐DCC 和 H‐FCC 输入电压和输出直流母线电压可能会加倍，以保持输入电流大小恒定。
- H‐DCC 和 H‐FCC 是由一个低压绕组供电，且输入电流与并联 H‐BC 一致，但输入电压加倍。
- H‐DCC 使用了额外的半导体器件（钳位二极管）。
- H‐FCC 采用额外了的直流电压源（飞跨电容器（FC））。
- H‐DCC 和 H‐FCC 需要更复杂的 PWM 策略。

对 H‐DCC、H‐FCC 和并联 H‐BC 来说，这些拓扑结构以及输入电压 U_{line} 的选择（尤其对于 H‐DCC 和 H‐FCC），不仅取决于功率电路的技术要求（如直流母线电压），还取决于同样重要的经济指标（或许更加重要）：VSC 和变压器的体积大小、尺寸、重量、部件价格（特别是功率半导体器件）等。因此不可能明确指出用于 HSR 的最佳 VSC 解决方案，只能做到在类似条件下进行比较。

本章主要讨论应用于 RTPS 中的单相电网侧变流器的调制和控制，并分为两部分。第一部分对应用于上述变流器拓扑结构，如并联 H‐BC、H‐DCC 和 H‐FCC 的单极性开关 PWM 控制进行了分析与比较研究。特别重点研究了独立调制技术，及这些拓扑结构对电网电流质量和由变流器所产生谐波含量的影响。第二部分专门介绍了单相 VSC 电流控制，提出了 dq 同步坐标系的基本控制结构：比例积分电流控制（PI‐CC）、abc 静止坐标系的控制结构、比例谐振电流控制（PR‐CC）等。此外，还对 PI 和 PR 调节器的电流和直流环节电压控制器设计方法进行了讨论。最后，给出了用于改善直流回路动态稳定性的有功前馈（APFF）算法（减少暂态过电压）。

23.2　单相 VSC 调制技术

VSC 采用 PWM 控制所产生的电流谐波对于单相 RTPS 尤为重要。电流谐波畸变程度取决于从变压器高压侧可见的输出电压组成模式的数量。输出电压组成模式的数量定义如下：当一个有效开关状态和一个零开关状态对称地应用于 VSC 时，输出波形会由三个电压组成模式并排列为零‐有效‐零。因此，VSC 的开关状态数量越多，则电流谐波畸变越小。输出电压组成模式的增加将导致输入电流 i_{line} 畸变的降低。

每个 VSC 拓扑都具有不同的输出电压组成模式的产生方法，这取决于所采用的调制技术。此外，每种调制技术可以得到不同数量的输出电压组成模式状态。因此，对单相 RTPS 不同拓扑结构的调制技术之间的比较，应在严格限定的条件下进行。在本节中，给出下列单相 VSC PWM 控制方法：

- 并联 H‐BC 的混合脉宽调制（HPWM）和单极性脉宽调制（UPWM）。
- H‐DCC 的一维最相邻双矢量（1D‐N2V）和一维最相邻三矢量（1D‐N3V）调制。
- H‐FCC 的 1D‐N2V、1D‐N3V 和带两个冗余矢量的一维最近三矢量（1D‐N(3+2R)V）调制。

考虑到 PWM 策略和其可能产生的改进策略的巨大数量，给出的方法将基于下列假设：

- 每个拓扑结构的开关周期 T_s 都是相同的。
- 每个开关器件在每个开关周期只能动作两次（以开‐关‐开或关‐开‐关次序进行，其中开关被定义为开‐关或关‐开的状态变化）。

- 对于每种调制类型，开关状态数为实现调制目标所需的最小值。

其次，将对前面所给出的 VSC 拓扑结构和 PWM 技术进行比较。为了在相似条件下进行比较研究，对控制系统做以下假设：

- 开关器件是理想开关（忽略开关损耗）。
- 忽略开关器件占空比计算与实现之间的时间延迟。
- 互补开关器件之间没有死区时间。
- 电网电压 U_{grid} 是理想正弦波。
- 变压器低压侧短路阻抗按标称阻抗的 25% 计算（通常在 20% ~ 30%）。
- 不管电网电压 u_{grid} 和直流母线电压 U_{DC} 幅值如何变化，直流环节电容器 C_{DC} 和 FC 的电荷恒定不变。

23.2.1 并联 H – BC

图 23.1 所示为共直流母线的单相并联 H – BC，直流母线由变压器的两个低压绕组供电[10-14]。这种拓扑结构的主要优点是

- 在混合和单极性调制下，变压器高压侧电流 i_{grid} 谐波畸变较低。
- 高可靠性：当一个模块发生故障时，H – BC 仍可以在相同幅值的 U_{DC} 下运行，但功率减少一半，电流 i_{grid} 的 THD（总谐波畸变率）增大。

尽管 VSC 的并联带来了明显优势，但这也是一个主要缺点，因为

- 双二次绕组造成降压变压器的体积增大、重量增大且成本升高。
- 半导体器件电流和电压额定值增大。

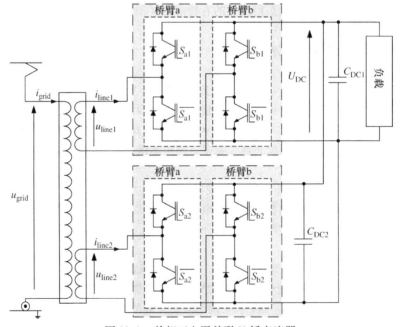

图 23.1　单相五电平并联 H 桥变流器

图 23.1 所示变流器的每个模块有两个桥臂，每个桥臂上有表示为 S_x 和 $\overline{S_x}$ 的绝缘栅双极型晶体管（IGBT），其中 $\overline{S_x}$ 是 S_x 的反向（非）且 x 表示不同桥臂，即 a 或 b。当门极信号为 1 时，IGBT开关状态为"开"，当门极信号为 0 时，开关状态为"关"。单个模块的所有开关状态见表 23.1。

表 23.1 开关状态的单相 H – BC 模块

开关编号	输出电压电平 u_{CONV}		
	$-U_{DC}$	0	U_{DC}
S_a	0	0 1	1
S_b	1	0 1	0

为计算开关状态的持续时间，调制因数 M 是必不可少的，它是控制算法的参考电压 $u_{CONV,ref}$ 与直流母线电压 U_{DC} 的比值：

$$M = \frac{u_{CONV,ref}}{U_{DC}} \tag{23.1}$$

式中，$u_{CONV,ref}$ 是变流器输出电压幅值的给定值。注意，$| u_{CONV,ref} |$ 不能大于 U_{DC}；因此，$M \in \langle -1, 1 \rangle$。

输出电压采用哪种电平（正或负）则取决于 M（式 (23.1)）：

$$\begin{aligned} 正 \quad & 0 \leftrightarrow U_{DC} \leftrightarrow 0, M \in (0,1 \rangle \\ 负 \quad & 0 \leftrightarrow -U_{DC} \leftrightarrow 0, M \in \langle -1, 0 \rangle \end{aligned} \tag{23.2}$$

u_{CONV} 的每个电平开关状态持续时间表示如下：T_0 对应 $u_{CONV} = 0$，T_1 对应 $u_{CONV} = \pm U_{DC}$，分别通过下式计算得到

$$对于 M \in (0,1 \rangle \begin{cases} T_1 = M T_s \\ T_0 = T_s - T_1 \end{cases} \tag{23.3}$$

$$对于 M \in \langle -1, 0 \rangle \begin{cases} T_1 = -M T_s \\ T_0 = T_s - T_1 \end{cases} \tag{23.4}$$

IGBT 状态及其持续时间取决于应用的 PWM 技术：HPWM 或 UPWM。

应用于单相 H – BC 模块的 HPWM[22-24]，是基于每个采样周期中四个开关器件中只有两个需要调制的假设（见图 23.2）。这意味着在每个开关周期中只有一个桥臂需要进行调制，所以只需要使用 $u_{CONV} = 0$ 电压电平对应的两个可以使用的冗余状态中的一个。

各开关状态以采样周期中点为轴对称排布。根据 u_{CONV} 的符号标志决定调制哪个桥臂

$$桥臂 \begin{cases} a, 对于正 u_{CONV} 符号 \\ b, 对于负 u_{CONV} 符号 \end{cases} \tag{23.5}$$

用于单个 H – BC 模块的 HPWM，在每个采样周期中采用两个开关状态，从而使得模块 1（见图 23.2a）和模块 2（见图 23.2b）具有三种输出电压 u_{CONV} 的模式状态。对于两个并联 H – BC 模块，会采用交错调制。这意味着每个模块都可以使用相同开关模式和占空比的 HPWM，但模块之间的采样周期错开 $1/2 T_s$。交错调制使得变压器高压侧出现五个电平，即 0、$\pm U_{DC}$、$\pm 2 U_{DC}$ 以及五个输出电压 u_{CONV} 的模式状态（见图 23.2c）。

另一种用于单相 H – BC 模块的调制技术 UPWM[22,24]，是基于在每个采样周期内所有开关器件都进行调制的假设（见图 23.3）。因此，使用了零电压电平 $u_{CONV} = 0$ 对应的两种冗余状态。这样，用于单个 H – BC 的 UPWM 在每个采样周期中采用三个开关状态，使得模块 1（见图 23.3a）和模块 2（见图 23.3b）具有五个输出电压 u_{CONV} 模式状态。对于并联 H – BC 则使用交错调制，这意味着可以使用相同的开关模式和占空比的 UPWM，但模块之间采样周期错开 $1/4 T_s$。交错调制使得变压器高压侧出现五个电平：0、$\pm U_{DC}$、$\pm 2 U_{DC}$ 以及九个输出电压 u_{CONV} 模式状态（见图 23.3c）。

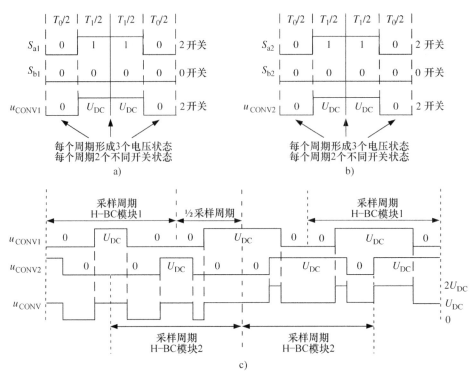

图 23.2　混合调制并联 H – BC 占空比：a）模块 1；b）模块 2；c）
模块之间在交错采样周期 1/2T_s 时并联 H – BC 电压 u_{CONV}

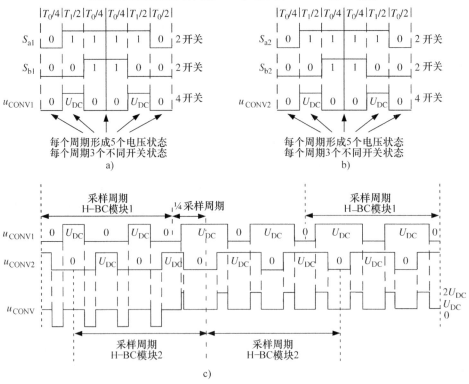

图 23.3　单极性调制并联 H – BC 占空比：a）模块 1；b）模块 2；c）模块之间在交错采样
周期 1/4T_s 时并联 H – BC 电压 u_{CONV}

23.2.2 H - DCC

DCC 是在 1981 年由 Nabae 等所提出的[25]。图 23.4 所示的单相 H - DCC[18-21]有两条桥臂，用 S_{x1}、S_{x2}、$\overline{S_{x1}}$ 和 $\overline{S_{x2}}$ 代表桥臂上的 IGBT，其中 $\overline{S_{x1}}$ 和 $\overline{S_{x2}}$ 分别是与 S_{x1} 和 S_{x2} 的相反状态（非），x 是桥臂标识：a 或 b。两个钳位二极管 D_{x1} 和 D_{x2} 和每个桥臂的 S_{x1} 和 S_{x2} 并联，且钳位点 N 与直流母线串联电容器 C_{DC1} 和 C_{DC2} 的中点相连。当 H - DCC 输出中间电平时钳位二极管提供电流通路。

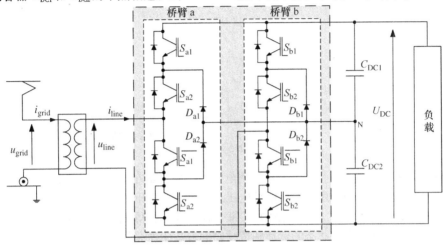

图 23.4 单相五电平 H - DCC

单个桥臂在三种开关状态产生三种不同的输出电压：

- 0，当 S_{x1} 和 S_{x2} 关闭（输出电压等于 0）。
- 1，当 S_{x1} 关闭，S_{x2} 打开（输出电压等于 $1/2U_{DC}$，桥臂被 D_{x1} 和 D_{x2} 二极管所钳位）。
- 2，当 S_{x1} 和 S_{x2} 打开（输出电压等于 U_{DC}）。

单相 H - DCC 给出了九种可能的开关状态，允许获得五个输出电平：$u_{CONV} = 0$ 对应三个冗余开关状态，任意 $u_{CONV} = \pm 1/2U_{DC}$ 对应两个冗余开关状态，而任意 $u_{CONV} = \pm U_{DC}$ 对应一个开关状态；具体输出电压电平取决于由式（23.1）计算得到的 M

$$
\begin{aligned}
&\text{上正} \quad 1/2U_{DC} \leftrightarrow U_{DC} \leftrightarrow 1/2U_{DC}, \text{对于 } M \in (0.5, 1\rangle \\
&\text{下正} \quad 0 \leftrightarrow 1/2U_{DC} \leftrightarrow 0, \text{对于 } M \in (0, 0.5\rangle \\
&\text{下负} \quad 0 \leftrightarrow -1/2U_{DC} \leftrightarrow 0, \text{对于 } M \in (-0.5, 0\rangle \\
&\text{上负} \quad -1/2U_{DC} \leftrightarrow -U_{DC} \leftrightarrow -1/2U_{DC}, \text{对于 } M \in \langle -1, -0.5\rangle
\end{aligned}
\tag{23.6}
$$

H - DCC 所有可能的开关状态见表 23.2。对于每个输出电压 u_{CONV} 电平，开关状态持续时间表示如下：

- T_0 对应 $u_{CONV} = 0$。
- T_1 对应 $u_{CONV} = \pm 1/2U_{DC}$。
- T_2 对应 $u_{CONV} = \pm U_{DC}$。

表 23.2 H - DCC 开关状态

开关编号	输出电压电平 u_{CONV}				
	$-U_{DC}$	$-1/2U_{DC}$	0	$1/2U_{DC}$	U_{DC}
S_{a1}	0	0 0	0 0 1	1 0	1
S_{a2}	0	1 0	0 1 1	1 1	1

（续）

开关编号	输出电压电平 u_{CONV}				
	$-U_{\text{DC}}$	$-1/2U_{\text{DC}}$	0	$1/2U_{\text{DC}}$	U_{DC}
S_{b1}	0	1　0	0　0　1	0　0	0
S_{b2}	1	1　1	0　1　1	1　0	0

各状态持续时间计算如下:

$$M \in (0.5, 1\rangle \begin{cases} T_2 = 2(M - 0.5)T_s \\ T_0 = T_s - T_2 \end{cases} \tag{23.7}$$

$$M \in (0, 0.5\rangle \begin{cases} T_1 = 2MT_s \\ T_0 = T_s - T_1 \end{cases} \tag{23.8}$$

$$M \in (-0.5, 0\rangle \begin{cases} T_1 = -2MT_s \\ T_0 = T_s - T_1 \end{cases} \tag{23.9}$$

$$M \in \langle -1, -0.5\rangle \begin{cases} T_2 = -2(M + 0.5)T_s \\ T_1 = T_s - T_2 \end{cases} \tag{23.10}$$

为了保证 H - DCC 正常运行，每个直流侧电容电压应稳定在 $1/2U_{\text{DC}}$。表 23.3 所示为根据输出电平和线电流符号选择的，用于平衡电容电压 U_{DC1} 和 U_{DC2} 的开关状态。对于每个采样周期，可使用一个（在整个计算所得 T_1 中）或两个（每个各占计算所得 T_1 的一部分）可以影响直流母线电容电压的冗余状态。开关状态的选择和持续时间取决于所采用的 PWM 技术，即后续描述的 1D - N2V 或 1D - N3V 调制。

用于 H - DCC 的 1D - N2V 调制，是基于在每个采样周期只有两个开关状态的假设[20,26]。为了减少开关次数，当输出电压从 $u_{\text{CONV}} = 0$ 变为 $u_{\text{CONV}} = \pm 1/2U_{\text{DC}}$ 时，从 $u_{\text{CONV}} = 0$ 对应的三个冗余开关状态中只选取了 $S_{x1}S_{x2}$（01）（见表 23.2）。图 23.5 给出了 1D - N2V 调制下的 H - DCC 正输出电压对应开关模式。1D - N2V 调制允许所有输出电压电平的三个 u_{CONV} 输出电压模式对称放置。

表 23.3　用于直流电容电压平衡的 H - DCC 开关状态

输出电压电平 u_{CONV}	直流环节电压	线电流	开关状态			
			S_{a1}	S_{a2}	S_{b1}	S_{b2}
$1/2U_{\text{DC}}$	$U_{\text{DC1}} > U_{\text{DC2}}$	$i_{\text{line}} > 0$	0	1	0	0
		$i_{\text{line}} < 0$	1	1	0	1
	$U_{\text{DC1}} < U_{\text{DC2}}$	$i_{\text{line}} > 0$	1	1	0	1
		$i_{\text{line}} < 0$	0	1	0	0
$-1/2U_{\text{DC}}$	$U_{\text{DC1}} > U_{\text{DC2}}$	$i_{\text{line}} > 0$	0	1	1	1
		$i_{\text{line}} < 0$	0	0	0	1
	$U_{\text{DC1}} < U_{\text{DC2}}$	$i_{\text{line}} > 0$	0	0	0	1
		$i_{\text{line}} < 0$	0	1	1	1

H - DCC 另一种调制技术是 1D - N3V。图 23.6 给出了 1D - N3V 调制下正输出电压对应的开关模式。该调制假设在每个采样周期中，输出电平 $u_{\text{CONV}} = \pm 1/2U_{\text{DC}}$ 对应的两个冗余开关状态都被采用[20,26,27]。1D - N3V 调制允许将较低和较高输出电压水平对应的七个（见图 23.6a）和五个（见图 23.6b）输出电压 u_{CONV} 模式状态对称放置。计算所得 T_1 中一部分采用冗余开关状态，对应于直流母线电容器 C_{DC1} 和 C_{DC2} 之间的电压比。这意味着，如果 U_{DC1} 大于 U_{DC2}，C_{DC1} 的充电时间将低于 C_{DC2}。C_{DC1}（$T_{1-\text{DC1}}$）和 C_{DC2}（$T_{1-\text{DC2}}$）在 T_1 中充电时间的比与 U_{DC1} 和 U_{DC2} 的电压比成反比：

$$T_{1-\text{DC1}} = \frac{U_{\text{DC1}}}{U_{\text{DC2}}}T_1, \quad T_{1-\text{DC2}} = \frac{U_{\text{DC2}}}{U_{\text{DC1}}}T_1 \tag{23.11}$$

式中，$T_1 = T_{1-\text{DC1}} + T_{1-\text{DC2}}$。因此，在采样周期内，计算 T_1 段内两个直流电容器都将处于充电或放

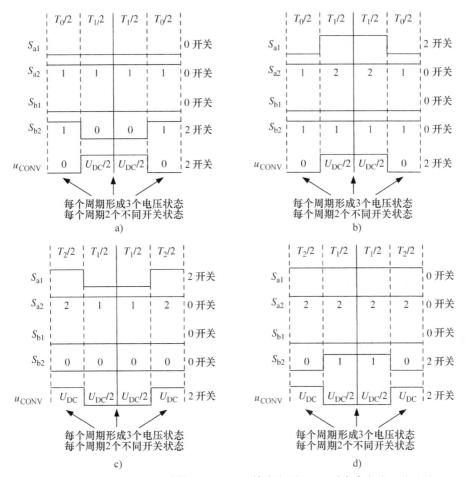

图 23.5　采用 1D – N2V 调制的 H – DCC 正输出电压 u_{CONV} 对应占空比：a）、b）
低正 $0 \leftrightarrow 1/2U_{DC} \leftrightarrow 0$；c）、d）高正 $1/2U_{DC} \leftrightarrow U_{DC} \leftrightarrow 1/2U_{DC}$，分别对应 10 和 21 冗余开关状态的选取

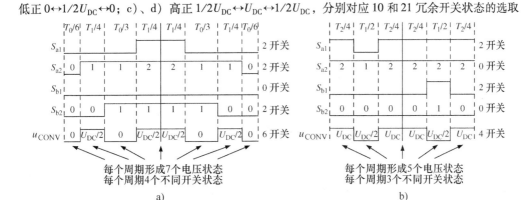

图 23.6　用 1D – N3V 调制产生正输出电压 u_{CONV} 电平对 H – DCC 占空比：a）低正 $0 \leftrightarrow 1/2U_{DC} \leftrightarrow 0$；
b）高正 $1/2U_{DC} \leftrightarrow U_{DC} \leftrightarrow 1/2U_{DC}$

电的时间。

应该指出，实际中即使在平衡的 U_{DC1} 和 U_{DC2} 电压下，具有对称分布 T_1 的直流电容器自平衡也是不可能的，因为

● IGBT 门极信号传输存在非线性。

- 不同 IGBT 的开/关时间不一致。
- 直流（中间）母线电容器存在等效串联和并联电阻。
- 电气参数存在差异，如每个桥臂的半导体器件及连接点。

因此，应使用附加控制器（比例或比例积分（PI））来确定 T_1 的分配，从而均衡 U_{DC1} 和 U_{DC2} 电压。

23.2.3 H – FCC

图 23.7 所示的单相 H – FCC [28-30] 包含两个桥臂，IGBT 为 S_{x1}、S_{x2}、$\overline{S_{x1}}$ 和 $\overline{S_{x2}}$ 一个桥臂上的器件，其中 $\overline{S_{x1}}$ 和 $\overline{S_{x2}}$ 分别与 S_{x1} 和 S_{x2} 为相反状态（非），x 表示桥臂 a 或 b。被称为 FC 的 C_{FCx} 则和每个桥臂的 S_{x2} 和 $\overline{S_{x2}}$ 并联。FC 用于产生 H – FCC 的中间输出电平，相比 H – DCC，每个桥臂中间输出电压的获得和其他桥臂开关状态无关。每个 H – FCC 桥臂用两冗余开关状态来平衡 FC 电压，而与其他桥臂开关状态无关。

变流器的每个桥臂可以有四种不同的开关状态（包括用于 FC 电压平衡的两冗余状态）来产生三种不同的输出电压

- 0，当 S_{x1} 和 S_{x2} 关闭（输出电压等于 0）。
- 1：S_{x1} 关闭，S_{x2} 打开；

  S_{x1} 打开，S_{x2} 关闭。

这两个状态都能产生相同的 $1/2 U_{DC}$ 输出电压（取决于所选的状态，$u_{CONV} = U_{FCx}$ 或 $u_{CONV} = U_{DC} - U_{FCx}$）。

- 2，当 S_{x1} 和 S_{x2} 打开（输出电压等于 U_{DC}）。

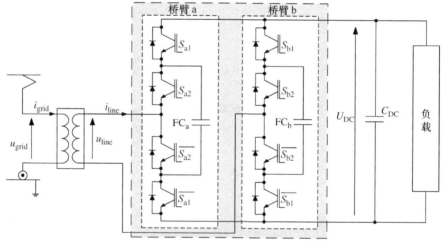

图 23.7 单相五电平 H – FCC

对于单相 H – FCC 共有 16 种可能的开关状态组合。因此，H – FCC 模块输出电压 u_{CONV} 有五个电平（见表 23.4）：输出电压 $u_{CONV} = 0$ 对应六个开关状态，任意 $u_{CONV} = \pm 1/2 U_{DC}$ 各对应四个开关状态，以及任意 $u_{CONV} = \pm U_{DC}$ 各对应一个开关状态。输出哪个电平取决于由式（23.1）和式（23.6）得到的 M。对于每个 u_{CONV} 输出电平，开关状态持续时间表示如下

- T_0 对应 $u_{CONV} = 0$。
- T_1 对应 $u_{CONV} = \pm 1/2 U_{DC}$，根据所使用的调制技术，$T_1$ 可以划分为分配到桥臂 a 和桥臂 b 上的两段时间：T_A 和 T_B（$T_1 = T_A + T_B$）（在每个采样周期中只有一个或两个 FC 被用于实现调制目标）。
- T_2 对应 $u_{CONV} = \pm U_{DC}$。

这些时间的计算方式与 H – DCC 中的计算一致（式（23.7）~式（23.10））。

表 23.4　H - FCC 开关状态

开关代码	输出电压电平 u_{CONV}															
	$-U_{\text{DC}}$	$-1/2U_{\text{DC}}$				0						$1/2U_{\text{DC}}$				U_{DC}
S_{a1}	0	0	0	0	1	0	0	1	1	0	1	0	1	1	1	1
S_{a2}	0	0	0	1	0	0	1	0	0	1	1	1	0	1	1	1
S_{b1}	1	0	1	1	1	0	0	0	1	1	1	0	0	0	1	0
S_{b2}	1	1	0	1	1	0	1	1	0	0	1	0	0	1	0	0

正如前面提到的，为了维持 H - FCC 的正常运行，每个 FC 电压应稳定在 $1/2U_{\text{DC}}$。单个 FC C_{FCa} 或 C_{FCb} 的电压平衡与另一个桥臂的开关状态无关。因此，根据输出电压电平和线电流符号决定的，且仅用于桥臂 a 上 FC 电压平衡（桥臂 b 是类似的）的开关状态见表 23.5。

表 23.5　用于 C_{FCa} 电容电压平衡的 H - FCC 开关状态

输出电压电平 u_{CONV}	直流环节电压	线电流	开关状态			
			S_{a1}	S_{a2}	S_{b1}	S_{b2}
$1/2U_{\text{DC}}$	$U_{\text{FCa}} > 1/2U_{\text{DC}}$	$i_{\text{line}} > 0$	1	0	0	0
		$i_{\text{line}} < 0$	0	1	0	0
	$U_{\text{FCa}} < 1/2U_{\text{DC}}$	$i_{\text{line}} > 0$	0	1	0	0
		$i_{\text{line}} < 0$	1	0	0	0
$-1/2U_{\text{DC}}$	$U_{\text{FCa}} > 1/2U_{\text{DC}}$	$i_{\text{line}} > 0$	0	1	1	1
		$i_{\text{line}} < 0$	1	0	1	1
	$U_{\text{FCa}} < 1/2U_{\text{DC}}$	$i_{\text{line}} > 0$	1	0	1	1
		$i_{\text{line}} < 0$	0	1	1	1

每个采样周期中影响 FC 电容电压的冗余状态使用个数：

- 1（在整个计算所得 T_1 中，当只使用一个 FC 时）。
- 2（分别对应时间 T_{A} 和 T_{B}，当使用两个 FC 时）。
- 4 个全部使用（每个对应计算所得 T_{A} 和 T_{B} 的适当部分）。开关状态的选择和持续时间取决于应用的 PWM 技术，分别为 1D - N2V、1D - N3V，或 1D - N（3 + 2R）V 调制。

1D - N2V 调制假设在只有一个桥臂被调制时，每个采样周期只有两个开关状态[20,26]。和并联 H - BC ［式 (23.5)］类似，对哪个桥臂调制取决于 u_{CONV} 符号。因此，当 u_{CONV} 为正时，每个较低或较高电平只能选择 $u_{\text{CONV}} = \pm 1/2U_{\text{DC}}$ 所对应两个冗余开关状态中的一个。在适当的 $u_{\text{CONV}} = 0$ 和 $u_{\text{CONV}} = \pm U_{\text{DC}}$ 输出电压开关状态下，桥臂 a 上冗余状态 T_{A} 的持续时间等于 T_1。桥臂 b 长期处于 0 状态下。桥臂 a 两种可能冗余状态之一的选择取决于表 23.5 中给出的条件。如果 u_{CONV} 为负，则桥臂 b 被调制，桥臂 a 永久固定在 0 状态。为了减少 $u_{\text{CONV}} = 0$ 和 $u_{\text{CONV}} = \pm 1/2U_{\text{DC}}$ 冗余输出状态之间的开关次数，从 $u_{\text{CONV}} = 0$ 对应的六个冗余输出状态中选取 $S_{x1} S_{x2}$（00）（见表 23.4 和表 23.6）。经过简化的 1D - N2V 调制开关状态列于表 23.6 中。图 23.8 给出了 1D - N2V 调制下 H - FCC 正输出电压的开关模式。对全部电平输出电压 u_{CONV} 的三个形成状态，允许对称布置且在每个采样周期中使用两种不同的开关状态。

下一种 1D - N3V 调制假设每个采用周期中两个桥臂 a 和 b 都工作以产生输出电平 $u_{\text{CONV}} = 1/2U_{\text{DC}}$[20,26,27]。

表 23.6　用于 1D - N2V 调制的 H - FCC 开关状态

开关代码	输出电压电平 u_{CONV}				
	$-U_{\text{DC}}$	$-1/2U_{\text{DC}}$	0	$1/2U_{\text{DC}}$	U_{DC}
S_{a1}	0	0　0	0	1　0	1
S_{a2}	0	0　0	0	0　1	1
S_{b1}	1	1　0	0	0　0	0
S_{b2}	1	0　1	0	0　0	0

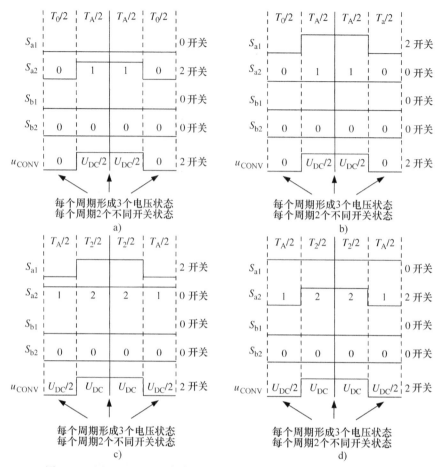

图 23.8　用 1D – N2V 调制产生 u_{CONV} 输出电压电平时 H – FCC 的占空
比：a)、b) 正低 $0 \leftrightarrow 1/2U_{DC} \leftrightarrow 0$；c)、d) 正高 $1/2U_{DC} \leftrightarrow U_{DC} \leftrightarrow 1/2U_{DC}$

　　然而，对于每个桥臂对较低或较高电压电平只能选择 u_{CONV} = ± $1/2U_{DC}$ 对应的两种开关状态之一，冗余状态的持续时间为 T_A = T_B = $1/2T_1$。类似 1D – N2V 调制，桥臂 b 开关状态的选择取决于表 23.5 中给出的条件。这样导致输出电压 u_{CONV} = ± $1/2U_{DC}$ 对应四种可能的开关组合状态。为减少输出电压 u_{CONV} = 0 和 u_{CONV} = ± $1/2U_{DC}$ 之间的开关次数，对上述的每个组合，只有两种（来自 u_{CONV} = 0 对应的六个输出电压状态）可以选择

● 一个永久性：$S_{x1}S_{x2}$（00）或 $S_{x1}S_{x2}$（11）（分别对应正、负电平）。

● 一个取决于选定的组合：（0101）对于（0100）和（1101），（0110）对于（0100）和（1110），（1001）对于（1000）和（1101），最终（0110）对于（1000）和（1110）。

　　全部 $0 \leftrightarrow 1/2U_{DC} \leftrightarrow 0$ 和 $1/2U_{DC} \leftrightarrow U_{DC} \leftrightarrow 1/2U_{DC}$ 正输出电压开关状态的组合，分别如图 23.9 和图 23.10 所示。

　　用于输出电平的四种不同的开关状态进行对称式布置时的输出占空比，图 23.9 给出了输出电压 u_{CONV} 的七种模式状态；但输出高的正电压电平的冗余状态相对于采样周期中点是不对称的；然而 u_{CONV} 输出脉冲整体是对称产生的（见图 23.10）。用于产生高电压 u_{CONV} 电平的三种不同开关状态（中间冗余状态与 $S_{x1}S_{x2}$（20）或 $S_{x1}S_{x2}$（02）状态的组合）给出了 u_{CONV} 电压的四种模式状态。

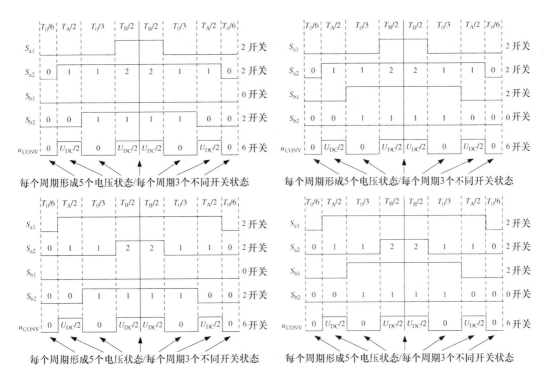

图 23.9　用 1D – N3V 调制产生的 u_{CONV} 输出电压 $0 \leftrightarrow 1/2U_{DC} \leftrightarrow 0$ 时 H – FCC 的输出占空比

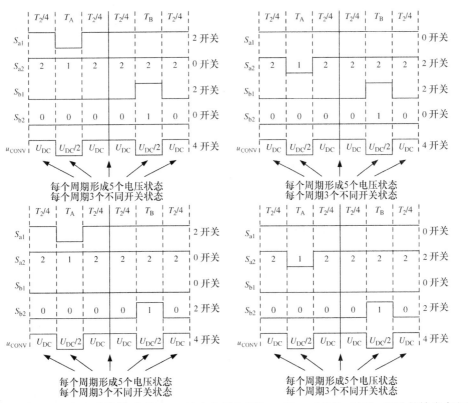

图 23.10　用 1D – N3V 调制产生的 u_{CONV} 输出电压 $1/2U_{DC} \leftrightarrow U_{DC} \leftrightarrow 1/2U_{DC}$ 时 H – FCC 的输出占空比

可以在由 $1D - N3V$ 调制产生的频率上,增加 $H - FCC$ 的输出频率,这对 $H - DCC$ 是不可用的。这可以通过参考文献 [31] 中提出的 $1D - N(3 + 2R)V$ 调制方法来实现。$1D - N(3 + 2R)V$ 调制假设在每个采样周期中使用 $u_{CONV} = \pm 1/2U_{DC}$ 对应的全部四个冗余电压开关状态 (见图 23.11)。因此,在每个周期内两个 FC 都会充电和放电,其中对 FC 进行充电和放电的冗余开关状态应用于计算所得 $T_A = T_B = 1/2T_1$ (分别对应 FC_a 和 FC_b)。例如,如果 U_{FCa} 大于 $1/2U_{DC}$,C_{FCa} 的充电量将大于放电量,充电 (T_{A+},T_{B+}) 和放电 (T_{A-},T_{B-}) 状态时段之间的 T_A 和 T_B 之比是 U_{DC} 与 FC 电压 U_{FCa} 和 U_{FCb} 的比例函数。

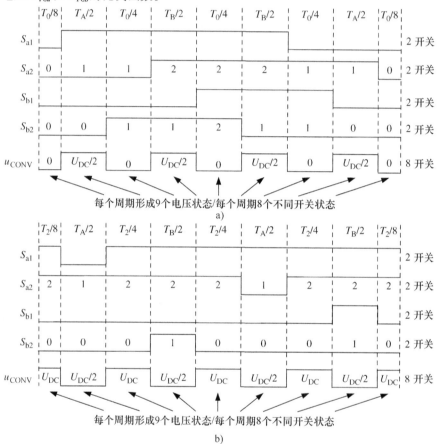

图 23.11 用 $1D - N(3 + 2R)V$ 调制产生 u_{CONV} 输出电压电平时 $H - FCC$ 的
占空比:a) 正低 $0 \leftrightarrow 1/2U_{DC} \leftrightarrow 0$;b) 正高 $1/2U_{DC} \leftrightarrow U_{DC} \leftrightarrow 1/2U_{DC}$

$$T_{A+} = \frac{U_{DC} - U_{FCa}}{U_{DC}}\frac{T_1}{4}, T_{A-} = \frac{U_{FCa}}{U_{DC}}\frac{T_1}{4}, T_{B+} = \frac{U_{DC} - U_{FCb}}{U_{DC}}\frac{T_1}{4}, T_{B-} = \frac{U_{FCb}}{U_{DC}}\frac{T_1}{4} \qquad (23.12)$$

式中,$1/2T_1 = T_{A+} + T_{A-} = T_{B+} + T_{B-}$。这种对每个 IGBT 进行非对称开关状态的方法,可以获得与采用 UPWM 的并联 $H - BC$ 相同的输出电压波形,对所有电平的输出电压 u_{CONV} 的九个模式状态有

- 对低 u_{CONV} 输出电压,每周期使用 8 个不同开关状态。
- 对高 u_{CONV} 输出电压,每周期使用 5 个不同开关状态。

FC 电压自平衡 (假设 $T_{A+} = T_{A-}$ 和 $T_{B+} = T_{B-}$) 在实际中是不可能的,原因类似于 $1D - N3V$ 调制的 $H - DCC$ (除了 FC 的等效串联和并联电阻之外)。

23.2.4　比较

对所提出的单相 VSC 拓扑和 PWM 技术所进行的比较研究，是以应用于 RTPS 中采用单极性调制的单相并联 H – BC 为参考基准的。这种变流器由于采用了交错调制，增加了输出电压 u_{CONV} 模式状态数目，并使得变压器高压侧的电流谐波畸变极低。表 23.7 给出了变压器高压侧的输出电压 u_{CONV} 模式状态数目，以及一个采样周期内用于 u_{CONV} 电压波形生成所使用的切换次数。PWM 技术的比较说明，采用 UPWM 的并联 H – BC 与采用 1D – N（3 + 2R）V 调制的 H – FCC 具有最高的模式状态数目。

表 23.7　每个采样周期输出电压 u_{CONV} 的模式状态数目/切换次数

PC – H – BC		H – DCC		H – FCC		
HPWM	UPWM	1D – N2V	1D – N3V	1D – N2V	1D – N3V	1D – N（3 + 2R）V
输出电压 u_{CONV} 低电平：$0 \leftrightarrow \pm 1/2 U_{DC} \leftrightarrow 0$						
5/4	9/8	3/2	7/6	3/2	7/6	9/8
输出电压 u_{CONV} 高电平：$\pm 1/2 U_{DC} \leftrightarrow U_{DC} \leftrightarrow \pm 1/2 U_{DC}$						
5/4	9/8	3/2	5/4	3/2	5/4	9/8

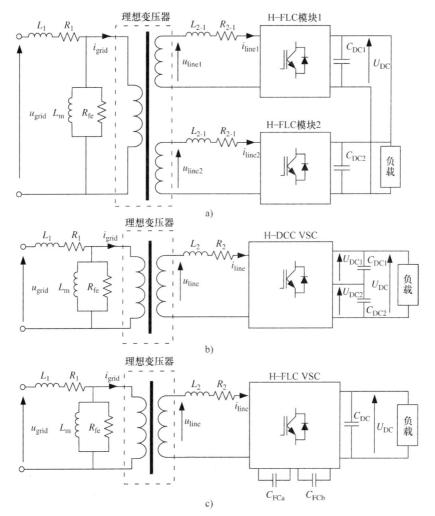

图 23.12　1MW 单相变流器简化模型：a) 并联 H – BC；b) H – DCC；c) H – FCC

图 23.13 ~ 图 23.15 给出了 1MW 并联 H – BC、H – DCC 和 H – FCC 分别采用 UPWM、1D – N3V 和 1D – N(3 + 2R)V 调制时的稳态运行情况。上述情况的简化仿真模型如图 23.12 所示，表 23.8 为仿真模型功率回路的主要电气参数和控制数据。在所有情况下，变流器的电压谐波总畸变率 THD（u_{CONV}）是相似的。然而，以与输出脉冲频率相关的 1kHz 采样频率为基准，则有

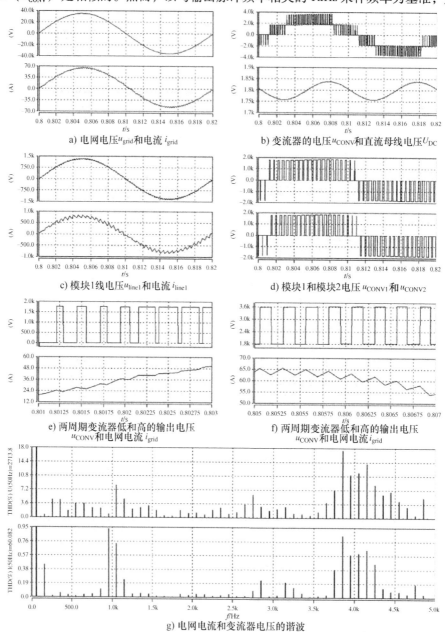

a) 电网电压u_{grid}和电流i_{grid} b) 变流器的电压u_{CONV}和直流母线电压U_{DC}

c) 模块1线电压u_{line1}和电流i_{line1} d) 模块1和模块2电压u_{CONV1}和u_{CONV2}

e) 两周期变流器低和高的输出电压 u_{CONV}和电网电流i_{grid} f) 两周期变流器低和高的输出电压 u_{CONV}和电网电流i_{grid}

g) 电网电流和变流器电压的谐波

图 23.13　并联 H – BC 用 UPWM 工作：a）电网电压 u_{grid} 和电流 i_{grid}；b）变流器的电压 u_{CONV} 和直流母线电压 U_{DC}；c）模块 1 线电压 u_{line1} 和电流 i_{line1}；d）模块 1 和 2 电压 u_{CONV1} 和 u_{CONV2}；e）、f）两周期变流器低和高的输出电压 u_{CONV} 和电网电流 i_{grid}；g）电网电流和变流器电压的谐波

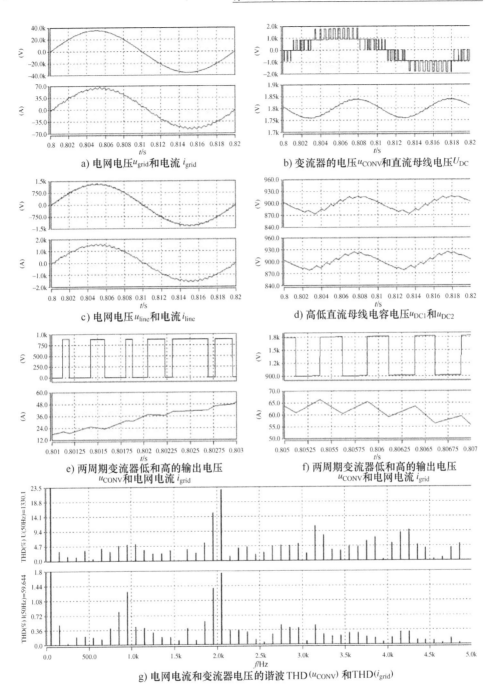

a) 电网电压 u_{grid} 和电流 i_{grid}

b) 变流器的电压 u_{CONV} 和直流母线电压 U_{DC}

c) 电网电压 u_{line} 和电流 i_{line}

d) 高低直流母线电容电压 u_{DC1} 和 u_{DC2}

e) 两周期变流器低和高的输出电压
u_{CONV} 和电网电流 i_{grid}

f) 两周期变流器低和高的输出电压
u_{CONV} 和电网电流 i_{grid}

g) 电网电流和变流器电压的谐波 THD(u_{CONV}) 和THD(i_{grid})

图 23.14　H – DCC 用 1D – N3V 调制的工作：a）电网电压 u_{grid} 和电流 i_{grid}；b）变流器的电压 u_{CONV} 和直流母线电压 U_{DC}；c）线电压 u_{line} 和电流 i_{line}；d）高低直流母线电容电压 u_{DC1} 和 u_{DC2}；e）、f）两周期变流器的高/低输出电压电平 u_{CONV} 和电网电流 i_{grid}；g）电网电流和变流器电压的谐波频谱 THD（u_{CONV}）和 THD（i_{grid}）

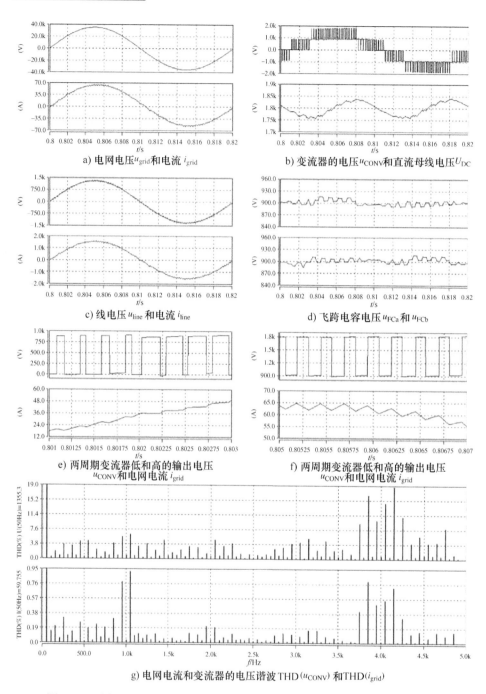

图 23.15 用 1D – N(3 + 2R)V 调节的 H – FCC 运行：a）电网电压 u_{grid} 和电流 i_{grid}；
b）变流器的电压 u_{CONV} 和直流母线电压 U_{DC}；c）线电压 u_{line} 和电流 i_{line}；d）飞跨电容
电压 U_{FCa} 和 U_{FCb}；e）、f）两周期变流器的高/低输出电压电平 u_{CONV} 和电网电流 i_{grid}；
g）电网电流和变流器电压的谐波频谱总谐波畸变率 THD（u_{CONV}）和 THD（i_{grid}）

表 23.8　1MW 单相变流器参数：PC – H – BC、H – DCC 和 H – FCC

模拟参数	符号	参数值		
		PC – H – BC	H – DCC	H – FCC
拓扑结构				
变压器功率/一次侧	S_{n1}	1MVA		
电网电压/一次侧	$u_{grid,RMS}$	25kV/50Hz		
电网电流/一次侧	$i_{grid,RMS}$	40A		
变压器功率/二次侧	$S_{n2-1} = S_{n2-2}$，S_{n2}	500kVA	1MVA	
线电压/二次侧	$u_{line1,RMS} = u_{line2,RMS}$，$u_{line,RMS}$	950V/50Hz	1900V/50Hz	
线电流/二次侧	$i_{line1,RMS} = i_{line2,RMS}$，$i_{line,RMS}$	526A	1052A	
一次漏电感	L_1	24mH		
一次绕组电阻	R_1	3Ω		
磁场电感	L_m	24H		
铁心损耗电阻	R_{fe}	60kΩ		
二次漏电感	$L_{2-1} = L_{2-2}$，L_2	1.44mH	0.72mH	
二次绕组电阻	$R_{2-1} = R_{2-2}$，R_2	15mΩ		
采样频率	f_s	1kHz		
直流中间电容	$C_{DC1} = C_{DC2}$，C_{DC}	23.4mF	46.8mF	23.4mF
直流中间电压	U_{DC}	1800V		
飞跨电容	$C_{FCa} = C_{FCb}$			11.7mF

- 并联 H – BC 的输出开关频率四倍于基准（图 23.13e、f）。
- H – DCC 输出低电压电平时为两倍于基准（图 23.14e），高电平为三倍于基准（图 23.14f）。
- H – FCC 为四倍于基准（图 23.15e、f）。

可以观察到高次谐波频率为

- 并联 H – BC 为 4kHz（图 23.13g）。
- H – DCC 为 2kHz 和 3kHz（图 23.14g）。
- H – FCC 为 4kHz（图 23.15g）。

高频率的电压谐波总畸变率 THD（u_{CONV}）会在电网电流上会产生较低谐波畸变。

表 23.9 给出了在不同负载值下，所有的拓扑结构和调制技术的电网电流谐波总畸变率 THD（i_{grid}）的比较。可以看出，采用 UPWM 的并联 H – BC 以及采用 1D – N(3 + 2R)V PWM 的 H – FCC，由于输出电压 u_{CONV} 模式状态数增加，得到的电网电流畸变率 THD（i_{grid}）最低。然而，如果在以下条件前提下对采用 1D – N(3 + 2R)V 调制的 H – FCC 和用 UPWM 的并联 H – BC 进行比较：

- 向电力系统注入谐波基本相同。
- 在采样周期内使用所有开关产生输出电压。
- 使用相同电压和电流等级的半导体（确保开关损耗基本一致）。

则 H – FCC 解决方案具有如下的优势：

- 变压器低压侧绕组数量较少。
- 变压器体积、尺寸和重量较小。
- 由于半导体电压等级降低而带来元件成本的下降。

另一方面，并联 H – BC 在一个模块故障时可靠性高，未发生故障的 VSC 工作在相同的 U_{DC}

幅值，但总功率降低一半并增加了 i_{grid} 的 THD 值。

表 23.9　电网电流谐波畸变率 THD（i_{grid}）比较

PC – H – BC		H – DCC		H – FCC		
HPWM	UPWM	1D – N2V	1D – N3V	1D – N2V	1D – N3V	1D – N(3 + 2R)V
1MW 输出功率,满载,$R_{Load}=3.25\Omega$						
3.11%	2.03%	6.93%	3.61%	6.47%	3.46%	2.11%
0.33MW 输出功率,33% 负载,$R_{Load}=9.75\Omega$						
8.39%	5.30%	21.13%	9.78%	17.66%	9.56%	6.46%

对于 H – FCC（H – DCC 类似），在一个桥臂故障的情况下，可以关闭故障桥臂并将对应相从故障的桥臂连接到直流母线电容的中性点。这种解决方法的优点是可以为负载提供满功率，但以增加 i_{grid} 的 THD 为代价。为了实现这个解决方法需要修改 PWM 策略，而对于并联 H – BC 则不需要。

23.3　交流 – 直流单相 VSC 的控制

图 23.16 所示为 VSC 的单相等效电路。根据图 23.16，VSC 可以描述为

$$u_{line} = u_{CONV} + u_i \qquad (23.13)$$

式中，电抗电压降 u_i 定义为

$$u_i = L\frac{di_{line}}{dt} + Ri_{line} \qquad (23.14)$$

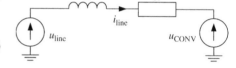

L 和 R 分别表示电抗中的电感值和电阻值。变流器的输出电压 u_{CONV} 是可控的且取决于开关状态 S 的具体选

图 23.16　VSC 的单相等效电路

取，见表 23.1、表 23.2 和表 23.4，这些表由独立开关状态和直流母线电压电平组成（见图 23.17）。

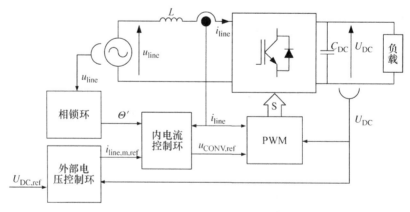

图 23.17　单相 VSC 简化的电流控制结构

$$u_{CONV} = U_{DC}S \qquad (23.15)$$

通过输出电压 u_{CONV} 幅值和相位调节，可以直接控制电感上的电压降 u_i，从而间接控制线电流 i_{line}。图 23.17 给出了单相 VSC 的简化电流控制架构，它由电流控制内环和电压控制外环构成。通过锁相环（PLL）算法实现高（包括功率因数为 1）输入功率因数运行所需的电网电压同步。

根据式（23.13），图 23.18 给出了单位功率因数/非单位功率因数的条件下，整流和逆变模式运行 VSC 的一般相量图。电压控制外环的目标是按照参考值 $U_{DC,ref}$ 来调节直流母线电压 U_{DC}，而电流控制内环的设计是为保持线电流 i_{line} 正弦且与线电压 u_{line} 同相。这意味着电流控制应在整流和逆变工作模式下都实现 VSC 的单位功率因数运行（功率因数为 1）。

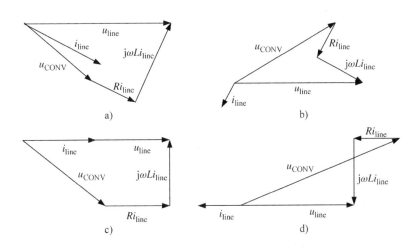

图 23.18　VSC 的相量图：a）、c）整流模式；b）、d）逆变模式；
a）、b）功率因数非 1；c）、d）功率因数为 1

23.3.1　单相控制算法的分类

从滤波器设计的角度看，电流控制应确保指定模式下的开关频率恒定。这样的要求只能用基于 PWM 的电流控制来实现，从而允许利用现代 PWM 技术实施[32]。除非有高动态要求，否则线性控制器最适合基于 PWM 的电流控制。

线性控制器是基于采用 PWM 的变流器平均模型设计的，PWM 负责将连续开关函数转换成离散开关模式函数。基于 PI 和比例谐振（PR）方案的电流控制（分别称为 PI - CC 和 PR - CC）已在变流器控制上取得了非常好的效果[33-36]。

基于 PI 的电流控制，主要用于随电网电压同步旋转的 dq 坐标系中，在该坐标系中控制变量变为直流值。PI 控制器由比例增益和积分器组成，通过追踪直流基准能够消除稳态误差。然而，在 abc 静止参考坐标系中，PI 控制器表现出两个众所周知的缺点：跟踪 AC 参考值时存在稳态误差及抗干扰能力差。

基于 PR 的电流控制，可以解决在 abc 静止参考坐标系中周期信号的跟踪和周期扰动消除问题。由比例增益和谐振积分器组成的 PR 控制器可在谐振频率附近获得很高增益，且在此频率之外几乎没有增益。因此，PR 控制器不仅能够消除稳态幅值误差，而且也能消除相位误差。在 abc 静止参考坐标系中 PR 控制器的实现比较简单，且与基于 PI 的控制相比控制算法复杂程度也大大降低。

相比可以直接使用的 PR - CC，PI - CC 就需要从静止坐标系变换到同步参考坐标系。在三相系统中，坐标变换是比较简单的。然而，在单相系统中，则需要创建一个与实际量正交的第二变量。已有几种数学方法可根据测量到的单相电网电压[37,38]获得一组正交信号：

- $T/4$ 延时技术，其中 T 是电网基波频率周期。
- 希尔伯特变换。

- 逆 Park 变换。

能够正确完成正交信号产生（QSG）的这些方法是复杂的、非线性的，且明显依赖于电网基波频率变化。能够消除这些缺点的算法可以基于自适应滤波，允许基于相位和频率同步的正交生成，包括：二阶自适应算法和二阶广义积分器（SOGI），其中 SOGI 最为适用[39]。

与电网电压同步，是两种电流控制下实现高（包括功率因数为 1）输入功率因数运行所必需的。典型电网电压过零检测的硬件解决方案（不连续且取决于事件的发生时间），是基于对线电压的测量。经过滤波的测量信号用于确定过零点时会引入误差，因为其同步速度很低且在畸变电压下的过零点检测会有失真。基于数学算法的解决方案包括锁相环，则允许快速准确的同步并同时消除干扰的影响。锁相环所需要的正交信号，可从采用 SOGI 的单相系统获得。SOGI – PLL 检测输入信号相位角快于传统锁相环且无稳态振荡[39]。

如前所述，与 PR – CC 不同的是，PI – CC 需要从静止坐标系到同步参考坐标系的坐标转换。对于这两种解决方案，PLL 都是必要的，采用 SOGI 也不增加控制算法的复杂性。然而，PI – CC 需要从 *abc* 到 *dq* 的坐标变换及逆变换，这使得 PI – CC 变得复杂一些。

电流控制的另一个重要问题，是对电网谐波补偿以提高电源质量的能力。电源质量（幅度和相位超出控制）是电流控制器的目标之一。在 *dq* 同步坐标系中，谐波补偿是基于 PI 调节器的低通和高通滤波。对于特定的谐波，可以采用基于谐波频率的旋转坐标系。滤波后的信号由 *dq* 坐标系中两个 PI 调节器控制，并再转化为基频旋转坐标系。将经过上述处理后得到的信号添加到 PWM 调制器的参考信号中。在 *abc* 静止参考坐标系中的谐波补偿基于谐振控制器。对于特定谐波，无需额外的坐标变换和滤波。对单次谐波，将附加谐振控制器和基频 PR 控制器并联在一起。因此，在 *dq* 坐标系中的控制系统需要两个 PI 控制器，而在 *abc* 静止坐标系中只需要一个谐振控制器。

在本节中，分别介绍了 *dq* 同步坐标系电流控制的基本结构 PI – CC，及 *abc* 静止坐标系中的电流控制结构 PR – CC。此外，还讨论了采用 PI、PR 和 PMR 的电流和直流母线电压控制器设计方法。最后，提出用于改善直流母线动态稳定性的 APFF 算法。

23.3.2 *dq* 同步坐标系下的电流控制——PI – CC

dq 同步旋转坐标系下的电流控制的一个特征，是从静止到同步旋转 $\alpha\beta/dq$ 的坐标变换以及从 $dq/\alpha\beta$ 的逆变换，这对三相系统来说非常自然

$$\begin{bmatrix} k_{\mathrm{d}} \\ k_{\mathrm{q}} \end{bmatrix} = \begin{bmatrix} \cos(\gamma_{u_{\mathrm{line}}}) & \sin(\gamma_{u_{\mathrm{line}}}) \\ -\sin(\gamma_{u_{\mathrm{line}}}) & \cos(\gamma_{u_{\mathrm{line}}}) \end{bmatrix} \begin{bmatrix} k_{\alpha} \\ k_{\beta} \end{bmatrix} \tag{23.16}$$

$$\begin{bmatrix} k_{\alpha} \\ k_{\beta} \end{bmatrix} = \begin{bmatrix} \cos(\gamma_{u_{\mathrm{line}}}) & -\sin(\gamma_{u_{\mathrm{line}}}) \\ \sin(\gamma_{u_{\mathrm{line}}}) & \cos(\gamma_{u_{\mathrm{line}}}) \end{bmatrix} \begin{bmatrix} k_{\mathrm{d}} \\ k_{\mathrm{q}} \end{bmatrix} \tag{23.17}$$

式中，电压矢量的角度 $\gamma_{u_{\mathrm{line}}}$ 定义为

$$\sin(\gamma_{u_{\mathrm{line}}}) = \frac{u_{\beta,\mathrm{line}}}{\sqrt{u_{\alpha,\mathrm{line}}^2 + u_{\beta,\mathrm{line}}^2}}$$

$$\cos(\gamma_{u_{\mathrm{line}}}) = \frac{u_{\alpha,\mathrm{line}}}{\sqrt{u_{\alpha,\mathrm{line}}^2 + u_{\beta,\mathrm{line}}^2}} \tag{23.18}$$

在电压定向的 *dq* 坐标系中，线电流矢量 $i_{\underline{\mathrm{line}}}$ 被分成两个正交分量 $i_{\underline{\mathrm{line}}} = \begin{bmatrix} i_{\mathrm{d,line}}, & i_{\mathrm{q,line}} \end{bmatrix}$（见图 23.19）。线电流分量 $i_{\mathrm{q,line}}$ 对应无功功率，而线电流分量 $i_{\mathrm{d,line}}$ 决定有功功率流动。因此，对无功功率和有功功率可以分别独立控制。当线电流矢量 $i_{\underline{\mathrm{line}}}$ 和线电压矢量 $u_{\underline{\mathrm{line}}}$ 方向一致时，即可实现单位

功率因数运行。

在单相系统中情况稍微复杂些,因为坐标是虚拟的且需要特殊算法来获得 $\alpha\beta$ 或 dq 系统。最有吸引力的解决方案之一,是通过将 α 轴延迟 1/4 线电压的周期得到 β 轴(见图 23.20a),或使用调谐为两倍电网频率的窄阻带陷波滤波器(例如,二阶巴特沃斯)来获得 dq 系统[40,41](见图 23.20b)。

根据前面提出的变换方程(式(23.16)和式(23.17)),dq 同步参考坐标系下的电压方程〔式(23.13)〕为

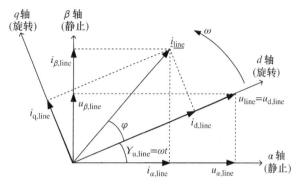

图 23.19　线电流 i_{line} 和线电压 u_{line} 从静止 $\alpha\beta$ 坐标系到同步 dq 坐标系的坐标变换

$$u_{d,\text{line}} = Ri_{d,\text{line}} + L\frac{di_{d,\text{line}}}{dt} + u_{d,\text{CONV}} - \omega Li_{q,\text{line}}$$

$$(23.19)$$

$$u_{q,\text{line}} = Ri_{q,\text{line}} + L\frac{di_{q,\text{line}}}{dt} + u_{q,\text{CONV}} + \omega Li_{d,\text{line}}$$

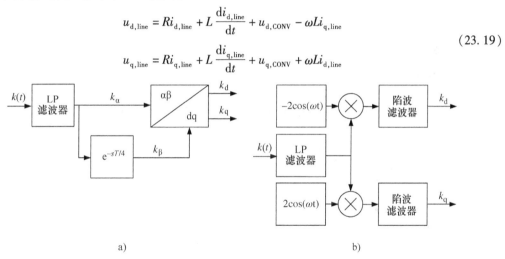

图 23.20　单相变流器获取一个虚拟 dq 同步旋转坐标系的方法:

a)根据 α 轴 1/4 延迟;b)基于两个陷波滤波器调谐在两倍线路的频率

dq 同步旋转坐标系下的单相变流器的控制框图如图 23.21 所示。测得的 $i_{d,\text{line}}$ 和 $i_{q,\text{line}}$ 分别与参考给定值 $i_{d,\text{line,ref}}$、$i_{q,\text{line,ref}}$ 相比较并将所得误差传递到 PI 控制器。然后,依据式(23.19)应用解耦项 $\omega Li_{q,\text{line}}$ 和 $\omega Li_{d,\text{line}}$。最后,基于式(23.17)计算静止坐标系中变流器的参考电压,其中 $u_{\alpha,\text{CONV,ref}}$ 作为调制器的输入使用,而 $u_{\beta,\text{CONV,ref}}$ 不使用:

$$u_{\text{CONV,ref}} = u_{\alpha,\text{CONV,ref}} = u_{d,\text{CONV,ref}}\cos(\omega t) - u_{q,\text{CONV,ref}}\sin(\omega t)\qquad(23.20)$$

如图 23.22[42]所示,图 23.21 中给出的控制可大大简化。由于这里简单假设电流控制下虚拟 β 轴误差 $\Delta i_{d,\text{line}}$ 等于零,则下列方程

$$\Delta i_{d,\text{line}} = i_{d,\text{line,ref}} - i_{d,\text{line}} =$$
$$[i_{\alpha,\text{line,ref}}\cos(\omega t) + i_{\beta,\text{line,ref}}\sin(\omega t)] - [i_{\alpha,\text{line}}\cos(\omega t) + i_{\beta,\text{line}}\sin(\omega t)] =$$
$$(i_{\alpha,\text{line,ref}} - i_{\alpha,\text{line}})\cos(\omega t) + (i_{\beta,\text{line,ref}} - i_{\beta,\text{line}})\sin(\omega t)\qquad(23.21)$$

$$\Delta i_{q,\text{line}} = i_{q,\text{line,ref}} - i_{q,\text{line}} =$$
$$[-i_{\alpha,\text{line,ref}}\sin(\omega t) - i_{\beta,\text{line,ref}}\cos(\omega t)] - [-i_{\alpha,\text{line}}\sin(\omega t) - i_{\beta,\text{line}}\cos(\omega t)] =$$
$$-(i_{\alpha,\text{line,ref}} - i_{\alpha,\text{line}})\sin(\omega t) + (i_{\beta,\text{line,ref}} - i_{\beta,\text{line}})\cos(\omega t)\qquad(23.22)$$

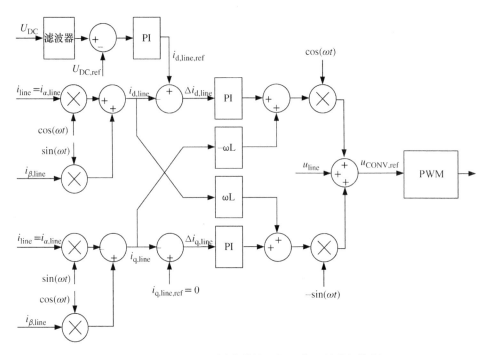

图 23.21   在虚拟 *dq* 同步旋转坐标系典型的单相控制

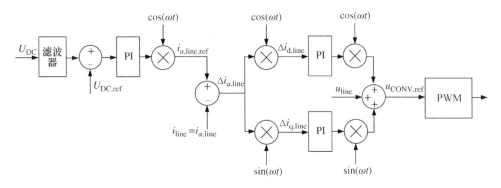

图 23.22   在虚拟 *dq* 同步旋转坐标系简化的单相控制

可简化为

$$\Delta i_{\mathrm{d,line}} = (i_{\alpha,\mathrm{line,ref}} - i_{\alpha,\mathrm{line}})\cos(\omega t) \qquad (23.23)$$

$$\Delta i_{\mathrm{q,line}} = -(i_{\alpha,\mathrm{line,ref}} - i_{\alpha,\mathrm{line}})\sin(\omega t) \qquad (23.24)$$

因此，只需要一个简单的锁相环，就可以获得同步旋转坐标系，而不需要使用从静止到同步旋转 $\alpha\beta/dq$ 的坐标变换（式（23.17）），陷波滤波器或对采样结果进行存储以实现 1/4 周期延迟。

23.3.3   *abc* 静止参考坐标系电流控制——PR – CC

图 23.23 给出了由两个串联控制环构成的、基于 PR 控制器的电流控制算法框图。直流环电压给定 $U_{\mathrm{DC,ref}}$ 与实测 U_{DC} 值相比较，并将比较结果作为后级输入。50Hz 基频的单相输入电流 i_{line} 产生的 100Hz 交流振荡在电压 U_{DC} 上产生畸变。因为 $U_{\mathrm{DC,ref}}$ 为恒定 DC 值，100Hz 失真将在直流母线电压误差信号 σU_{DC} 中出现。将 σU_{DC} 信号传送给 PI 控制器，PI 控制器产生线电流幅值参考给定

$i_{\text{line,m,ref}}$。由于 PI 调节器不能够消除相位误差，为了防止 100Hz 失真通过电流给定 $i_{\text{line,m,ref}}$ 传输，用一个截止频率为 30Hz 的低通滤波器对测量电压 U_{DC} 滤波处理。滤波器引入的延迟会导致电压环动态性能降低，因此直流母线电压暂态误差会变高。事实上，对于较低的开关频率，有没有低通滤波器对直流母线 PI 控制器的阶跃响应影响不大。这是因为电压环的带宽有限，这对带宽的影响比滤波器引入的带宽减少更大。然而，对于较高采样频率，电压环的动态性能将会降低。还应指出的是，对于较低采样频率，阶跃响应的时间将比在较高采样频率情况下要长。为了提高直流母线动态稳定性，功率前馈信号（包含负载变化信息）应加入直流电压控制器的输出信号中（见 23.3.4 节）。在暂态状态下，APFF 提供了很好的直流电压稳定性，并大大降低了直流电压的超调。

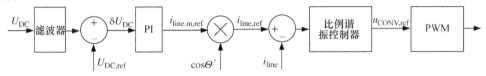

图 23.23　电流控制算法的 PR 控制器框图

电流控制内环通过控制电网电流来保证系统的电能品质。当线电流给定 $i_{\text{line,ref}}$ 如下式所示时，在 PR - CC 中可以实现单位功率因数运行：

$$i_{\text{line,ref}} = i_{\text{line,m,ref}} \cos(\Theta') \tag{23.25}$$

使用余弦函数是因为当 u_{line} 幅值为最大正值时，SOGI - PLL 相位角 Θ' 产生 $-\Theta' = 0$。$i_{\text{line,ref}}$ 参考给定值与线电流测量值 i_{line} 比较，并将结果误差传递到 PR 控制器。PR 控制器结构如图 23.24a 所示，由比例增益和谐振积分器组成[33,36]。

谐振积分器的核心是广义积分器，它在谐振频率附近可以获得很高的增益，而在此以外的频率上几乎没有增益。理想 PR 控制器的传递函数为

$$G_{\text{PR}}(s) = K_{\text{PRp}} + \frac{2K_{\text{PRi}}s}{s^2 + \omega^2} \tag{23.26}$$

式中，K_{PRp} 是比例增益，而 K_{PRi} 是谐振积分增益。PR 控制器的传递函数包含一个调整到 u_{line} 基波频率 ω 的双虚极点。所以，PR 控制器能够跟踪 ω 的输入相位角而没有任何稳态误差。注意，这里不需要 u_{line} 电压前馈。为了避免无限大增益的稳定性问题，可以用下面的传递函数来代替式（23.26）

$$G_{\text{PR}}(s) = K_{\text{PRp}} + \frac{2K_{\text{PRi}}\omega_{\text{c}}s}{s^2 + 2\omega_{\text{c}} + \omega^2} \tag{23.27}$$

式中，截止频率 $\omega_{\text{c}} << \omega$。式（23.27）的增益是有限的（但仍然足够大，使得可以以较小的稳态误差跟踪输入相位角 Θ'）且带宽可以由 ω_{c} 设置。

电流控制器必须避免电流频谱中最突出谐波的影响，典型的如三次、五次、七次，有时还有九次谐波。在单相系统中，这意味着对于每次谐波都需要单独补偿器。对于 *abc* 静止参考坐标系，还需要三个补偿回路，其中每个谐振控制器与基波 PR 控制器的增益一起起作用。然而，还应考虑补偿器谐振部分的单独设计；但是，它可以使用基本 PR 控制器的谐振增益。由于比例控制器只补偿非常接近所选谐波频率的频率，谐振补偿器不会影响基波 PR 控制器的动态性能。这种结构被称为比例多谐振（PMR）控制器[43-45]。图 23.24b 所示为用于三次、五次、七次和九次谐波补偿的 PMR 控制器框图示例，其中各补偿器并联到基波 PR 控制器。PMR 的传递函数为

$$G_{\text{PR}}(s) = K_{\text{PRp}} + \frac{2K_{\text{PRi}}s}{s^2 + \omega^2} + \sum_{h=3,5,7,9} \frac{2K_{\text{PRi}h}s}{s^2 + (h\omega)^2} \tag{23.28}$$

式中，h 是谐波阶次。谐波补偿器可以使用与所有控制环的基波控制器相同的 K_{PRi} 增益。PR 控制器产生变流器输出电压 $u_{CONV,ref}$ 的幅值，并传送给脉宽调制器。

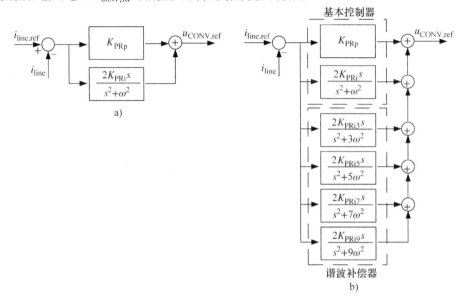

图 23.24　a）比例谐振（PR）控制器；b）比例多谐振（PMR）控制器

23.3.4　控制器设计

23.3.4.1　基于 PI 的电流控制环设计

图 23.25 所示为 PI – CC 控制框图。这里考虑了由控制算法引入的采样延迟 T_S 以及 PWM 产生的统计延迟 $T_S/2$。因此，在 VSC 框图采样保持模块中的时间延迟——所有小时间常数的总和用 τ_t 表示

$$\tau_t = T_S + T_{PWM} = 1.5 T_S \tag{23.29}$$

同时，还应包括 VSC 的增益 K_{VSC} 和死区时间 D_T。进一步考虑，将 VSC 考虑为 $K_{VSC} = 1$ 的理想放大器，时间常数 $\tau_0 = 0$。

假设扰动电压 u_{line} 为常数，则开环传递函数可以写成

$$G_{iPlo} = \frac{K_{PIp}(1 + sT_{PIi})K_{RL}}{sT_{PIi}(1 + s\tau_t)(1 + sT_{RL})} \tag{23.30}$$

式中，$T_{RL} = L/R$ 是电抗时间常数，$K_{RL} = 1/R$ 是电抗增益。将 $(1 + sT_{RL})$ 简化为 sT_{RL} 则闭环传递函数可以写成[46]

$$G_{iPlz} = \frac{K_{PIp}(1 + sT_{PIi})K_{RL}}{K_{PIp}K_{RL}(1 + sT_{PIi}) + s^2 T_{PIi}T_{RL} + s^3 T_{PIi}T_{RL}\tau_t} \tag{23.31}$$

参考文献［47，48］中给出了电流 PI 控制器的设计方法，为了在暂态状态下获得良好的抗干扰性能，两者都采用对称最优（SO）[49]设计准则。因此，对于式（23.31），假定扰动电压 u_{line} 为常数，PI 控制器的比例增益 K_{PIp} 和时间常数 T_{PIi} 可以用下式计算

$$K_{PIp} = \frac{T_{RL}}{2\tau_t K_{RL}} \tag{23.32}$$

$$T_{PIi} = 4\tau_t \tag{23.33}$$

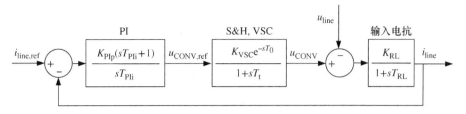

图 23.25　比例积分电流控制回路框图

23.3.4.2　基于 PR 的电流控制环设计

图 23.26 所示为 PR - CC 控制框图。这里所考虑的延迟包括由控制算法引入的采样延迟 T_S 以及 PWM 的统计延迟 $T_S/2$。因此，在 VSC 框图 S&H 中延迟时间——小时间常数总和用 τ_t 表示

$$\tau_t = T_S + T_{PWM} = 1.5T_S \tag{23.34}$$

同时，应包括 VSC 增益 K_{VSC} 和死区时间 D_T。进一步考虑，将 VSC 考虑为 $K_{VSC} = 1$ 的理想放大器，时间常数 $\tau_0 = 0$。假设扰动电压 u_{line} 为常数，开环传递函数可以写成

$$G_{iPRo} = \frac{K_{PRp}K_{RL}}{(1+s\tau_t)(1+sT_{RL})} + \frac{2K_{PRp}K_{RL}}{(s^2+\omega^2)(1+s\tau_t)(1+sT_{RL})} \tag{23.35}$$

如参考文献［39］所示，PR 控制器的比例增益 K_{PRp} 决定系统的动态性能，具体指标包括带宽、相位和增益裕度。可以按照 PI 电流控制器相同的方式进行调整[47,48]。根据 SO[49] 的设计准则，假定扰动电压 u_{line} 为常数，则 PR 控制器的比例增益可以计算为

$$K_{PRp} = \frac{T_{RL}}{2\tau_t K_{RL}} \tag{23.36}$$

为了调节 PR 控制器的谐振增益 K_{PRi}，可以使用图形频率响应方法。其目的是保证系统有足够的相位裕度，并避免在闭环控制中的高谐振[50-52]。图 23.27 给出了所设计的带有三次、五次、七次和九次谐波补偿的 PMR 电流控制的闭环频率响应示例。对 PMR 控制器，可以使用与基于 PR 电流控制相同的增益值，其中谐波补偿器的增益 $K_{PRih} = K_{PRi}$。

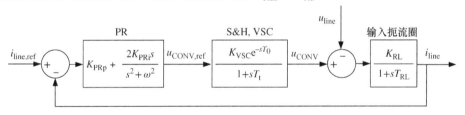

图 23.26　比例谐振电流控制回路框图

23.3.4.3　直流母线电压控制环设计

图 23.28 所示为带电流控制内环的直流母线电压控制回路框图。具有 SO 设计规范[49] 的电流内环表示为等效时间常数如下的一阶传递函数

$$T_{VSC} = 4\tau_t \tag{23.37}$$

为了阻止 100Hz 扰动对参考给定电流 $i_{line,m,ref}$ 的影响，U_{DC} 电压测量回路上需要一个截止频率为 f_{UDC} 的低通滤波器。该滤波器的时间常数表示为

$$T_{UDCf} = \frac{1}{2\pi f_{UDC}} \tag{23.38}$$

参考电流 $i_{line,m,ref}$ 的幅值与直流环节电流之间的关系为 $\dfrac{u_{line,RMS}}{\sqrt{2}U_{DC}}$。考虑到这一点并假设电流关系

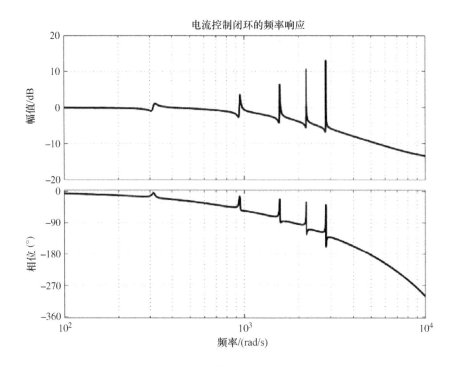

图 23.27 基于 PMR 电流控制器和三、五、七、九次谐波补偿后的电流控制环频率响应

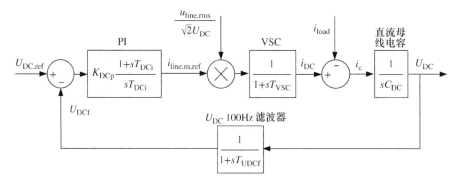

图 23.28 具有内部电流控制器直流母线电压控制回路框图

包含在比例增益 K_{DCp} 中，图 23.29 给出了直流母线电压控制回路的改进框图，开环电压控制回路传递函数可以写成

$$G_{uo} = \frac{K_{DCp}(1 + sT_{DCi})}{sT_{DCi}(1 + s(T_{VSC} + T_{UDCf}))sC_{DC}} \tag{23.39}$$

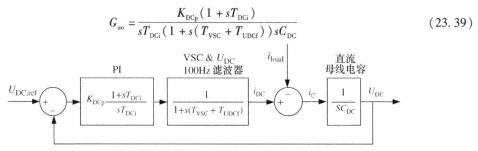

图 23.29 带内部电流控制器的直流母线电压控制回路简化框图

在 SO 设计标准的基础上，比例增益 K_{DCp} 和直流电压控制环积分时间常数 T_{DCi} 可以计算为

$$K_{\text{DCp}} = \frac{C_{\text{DC}}}{2(T_{\text{VSC}} + T_{\text{UDCf}})} \frac{u_{\text{line,RMS}}}{\sqrt{2} U_{\text{DC}}} \tag{23.40}$$

$$T_{\text{DCi}} = 4(T_{\text{VSC}} + T_{\text{UDCf}}) \tag{23.41}$$

由于直流母线参考电压 $U_{\text{DC,ref}}$ 认为是恒定的，对 $U_{\text{DC,ref}}$ 电压不需要额外增加预处理的滤波器。

23.3.5　有功功率前馈算法

为防止在线电流 i_{line} 上传输 100Hz 畸变波形，在测量电压 U_{DC} 上增加了具有特定（通常为 30Hz）截止频率的低通滤波器。由滤波器引入的延迟导致直流环节电压动态性能降低。因此，直流母线电压暂态误差变高，且 AC – DC – AC 系统的动态特性必然降低。但有两种方法来改善直流母线电压的动态稳定性：

- 在直流母线电压控制器的输出上，增加负载电流的前馈，在这种情况下需要额外的直流母线电流传感器，且 AC – DC 变流器独立于系统的驱动控制。
- 在直流母线电压控制器的输出上，增加一个来源于有源负载（DC – AC 变流器驱动电机）的功率前馈，在这种情况下，AC – DC 变流器的运行取决于系统的驱动控制，且不需要额外的传感器。

因此，对 AC – DC – AC 变流器控制，APFF（基于控制信号）看起来很有吸引力。

根据参考文献 [31，48]，基于 DC – AC 变流器的功率消耗/产生的两种 APFF 可描述为

- AC – DC 变流器的有功功率，其是从机械速度、转矩给定、DC – AC 变流器损耗计算得到的 PF_{Ω}。
- AC – DC 变流器的有功功率，是根据变流器参考电压、开关状态和实际定子电流计算得到的 PF_{UI}。

通常情况下，在高铁中应用异步电机（IM）。异步电机电磁功率定义为

$$P_{\text{e}} = m_{\text{e}} \Omega_{\text{m}} \tag{23.42}$$

式中，Ω_{m} 是机械传动速度。考虑电磁转矩 m_{e} 的方程为

$$m_{\text{e}} = p_{\text{b}} \frac{m_{\text{s}}}{2} \Psi_{\text{S}} I_{\text{Sy}} \tag{23.43}$$

式中，p_{b} 是异步电机的极对数，m_{s} 是异步电机相数，Ψ_{S} 是异步电机定子磁链，I_{Sy} 是异步电机定子电流的 y 分量，异步电机的电磁功率可以表示为

$$P_{\text{e}} = p_{\text{b}} \frac{m_{\text{s}}}{2} \Psi_{\text{S}} I_{\text{Sy}} \Omega_{\text{m}} \tag{23.44}$$

提供给异步电机的功率还包括功率损耗，PF_{Ω} 应写成

$$\text{PF}_{\Omega} = P_{\text{e}} + P_{\text{losses}} = p_{\text{b}} \frac{m_{\text{s}}}{2} \Psi_{\text{S}} I_{\text{Ey}} \Omega_{\text{m}} + P_{\text{losses}} \tag{23.45}$$

在机械速度 $\Omega_{\text{m}} = 0$、输出额定转矩的情况下，电磁功率 $P_{\text{e}} = 0$。然而，P_{losses} 会比较大，因此不能忽视 P_{losses}。但 P_{losses} 的估算是比较困难的，因为需要准确了解异步电机的参数。所以，用变流器参考电压 $U_{\text{x,rec}}$、$U_{\text{y,rec}}$（根据开关状态得到）和实际定子电流计算得到的 PF_{UI}，提供了一个 DC – AC 变流器消耗/产生有功功率损耗的简单估计方法

$$\text{PF}_{\text{UI}} = \frac{3}{2}(I_{\text{Sx}} U_{\text{x,rec}} + I_{\text{Sy}} U_{\text{y,rec}}) \tag{23.46}$$

由开关状态重构得到的 $U_{\text{x,rec}}$ 和 $U_{\text{y,rec}}$ 电压中，包含死区时间与开关器件压降补偿等额外信息。因此，PF_{UI} 包括了功率损耗 P_{losses}。

如果假设忽略 AC – DC 变流器损耗，直流母线电容器能量变化应为 AC – DC 平均输入功率 P_{in} 和传递到异步电机功率 PF_{UI} 之差的积分[31,48]。因此，输入功率可以写成

$$P_{in} = P_c + PF_{UI} \qquad (23.47)$$

式中，P_c 表示直流母线电压反馈控制环的功率

$$P_c = i_{DC} U_{DC} \qquad (23.48)$$

根据直流母线控制回路框图（见图 23.29），P_c 可以写成

$$P_c = \frac{K_{DCp}(1 + sT_{DCi})}{sT_{DCi}}(U_{DC,ref} - U_{DCf}) U_{DC} \qquad (23.49)$$

直流母线电压控制器产生线电流幅值参考给定 $i_{line,m,ref}$。如果假设 AC – DC 变流器以单位功率因数工作（线电流 i_{line} 和线电压 u_{line} 之间的相移 ϕ 等于 0），AC – DC 瞬时输入功率可以计算为

$$p_{in}(t) = i_{line,m} u_{line,m} \sin^2(\omega t) \qquad (23.50)$$

根据式（23.50），AC – DC 平均输入功率可以计算为

$$P_{in} = \frac{i_{line,m} u_{line,m}}{2} \qquad (23.51)$$

所以，线电流参考幅值 $i_{line,m,ref}$ 应是

$$i_{line,m,ref} = \frac{2P_{in}}{u_{line,m}} \qquad (23.52)$$

如果假设功率 PF_{UI} 传递到异步电机，而直流环节没有任何变化（这是理想的情况），那么可以假定 P_c 等于 0。在这种情况下，式（23.46）可以写成

$$P_{in} = PF_{UI} \qquad (23.53)$$

因此，结合式（23.52）与式（23.53），APFF 控制下的线电流幅值参考给定 $i_{PF,line,m,ref}$ 为

$$i_{line,m,ref} = \frac{2P_{in}}{u_{line,m}} \qquad (23.54)$$

图 23.30 所示为 AC – DC – AC 变流器驱动异步电机的控制框图，其中，$P_{load,ref}$ 和 P_{load} 分别是 DC – AC 变流器的输出功率给定和输出功率。图 23.31 给出了低压 AC – DC – AC 变流器瞬态运行波形：在速度闭环控制模式下带与不带 APFF，机械速度 Ω_m 在额定速度的 −85% ~ 85% 的阶跃变化条件下，AC – DC 五电平单相 FCC、DC – AC 三电平三相 FCC 的运行波形。带主动 APFF 的 AC – DC – AC 变流器有如下优点：

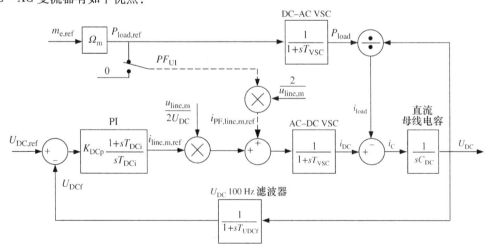

图 23.30 AC – DC – AC 变流器驱动异步电机且带有 APFF 控制的框图（虚线表示 APFF 的影响）

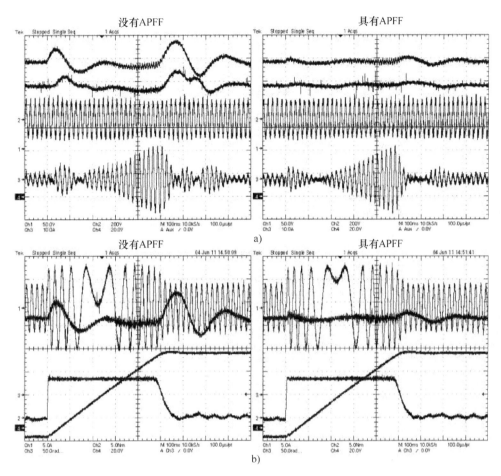

图 23.31　AC – DC – AC FCC 带 APFF 和不带 APFF 的暂态波形。从上到下：a）直流母线电压 U_{DC}（Ch1）、整流器桥臂 a 的飞跨电容电压（Ch4）、线电压 u_{line}（Ch2）、线电流 i_{line}（Ch3）；b）异步电机的 a 相定子电流 i_{Sa}（Ch1）、逆变器桥臂 a 的飞跨电容电压 U_{FCa}（Ch4）、异步电机机械转速 Ω_m（Ch3）、异步电机电磁转矩 m_e（Ch4）

- 直流母线电压暂态过程有非常好的稳定性，直流母线电压的过冲明显降低。
- 对稳态系统性能没有负面影响。

因此，APFF 通过降低直流母线的暂态电压过冲，可以有效延长直流环节电容的寿命。

23.4　小结

本章回顾了单相并网 VSD 的调制技术和控制方法，并给出了下面的单相 VSC 的 PWM 技术：
- 并联 H – BC 的 HPWM 技术和 UPWM 技术。
- H – DCC 的 1D – N2V 和 1D – N3V 调制。
- H – FCC 的 1D – N2V、1D – N3V 和 1D – N（3 + 2R）V 调制。

特别强调了独立调制技术、拓扑结构等对并网电流质量，以及由变流器产生的谐波含量的影响。对 PWM 技术的比较表明，采用 UPWM 的并联 H – BC 和用 1D – N（3 + 2R）V 调制的 H – FCC 在模式状态数量上有明显优势。

对 DC/AC 变流器的不同控制技术进行了讨论。在所提出的方法中，静止坐标系和 PR 控制器的控制看起来更有优势，因而已有工业应用。其他控制方法的算法复杂度则较高。

由此看来，随着不断发展的功率半导体器件和数字信号处理能力，电压源 PWM 控制的 DC/AC 变流器对功率变换将有较大的影响，特别是在牵引、可再生能源和分布式能源系统中。

参 考 文 献

1. Rodriguez, J., Lai, J.S., and Peng, F.Z. (2002) Multilevel inverters: a survey of topologies, controls, and applications. *IEEE Transactions on Industrial Electronics*, **49** (4), 724–738.
2. Rodriguez, R.J., Bernet, S., Wu, B. *et al.* (2007) Multilevel voltage-source-converter topologies for industrial medium-voltage drives. *IEEE Transactions on Industrial Electronics*, **54** (6), 2930–2945.
3. Franquelo, L.G., Rodriguez, J., Leon, J.I. *et al.* (2008) The age of multilevel converters arrives. *IEEE Industrial Electronics Magazine*, **2** (2), 28–39.
4. Rodriguez, J., Franquelo, L.G., Kouro, S. *et al.* (2009) Multilevel converters: an enabling technology for high-power applications. *Proceedings of the IEEE*, **97** (11), 1786–1817.
5. Bose, B.K. (2009) Power electronics and motor drives recent progress and perspective. *IEEE Transactions on Industrial Electronics*, **56** (2), 581–588.
6. Boora, A.A., Zare, F., Ghosh, A., and Ledwich, G. (2007) Applications of power electronics in railway systems. Proceedings of AUPEC 2007, December 2007.
7. Steimel, A. (2008) *Electric Traction – Motive Power and Energy Supply*, Oldenbourg Industrieverlag.
8. Watanabe, T. (1999) Trend of railway technologies and power semiconductor devices. Proceedings of ISPSD 1999, pp. 11–18, May 1999.
9. Shen, J., Taufiq, J.A., and Mansell, A.D. (1997) Analytical solution to harmonic characteristics of traction pwm converters. *IEE Proceedings of Electric Power Applications*, **144** (2), 158–168.
10. Yang, B., Zelaya, H., and Taufiq, J.A. (1990) Computer simulation of a three-phase induction motor traction system fed by single-phase ac/dc pulse converters with current control scheme. Proceedings of IEEE IAS 1990 Annual Meeting, October 1990, pp. 1171–1177.
11. Ryoo, H.-J., Kim, J.-S., Rim, G.-H. *et al.* (2001) Unit power factor operation of parallel operated ac to dc pwm converter for high power traction application. Proceedings of IEEE PESC 2001, June 2001, Vol. 2, pp. 631–636.
12. Chang, G.W., Hsin-Wei, L., and Shin-Kuan, C. (2004) Modeling characteristics of harmonic currents generated by high-speed railway traction drive converters. *IEEE Transactions on Power Delivery*, **19** (2), 766–773.
13. Eini, H.I., Farhangi, S., and Schanen, J.L. (2008) A modular ac/dc rectifier based on cascaded h-bridge rectifier. Proceedings of EPE-PEMC 2008, September 2008, pp. 173–180.
14. Jacobina, C.B., dos Santos, E.C., Rocha, N., and Fabricio, E.L.L. (2010) Single-phase to three-phase drive system using two parallel single-phase rectifiers. *IEEE Transactions on Power Electronics*, **25** (5), 1285–1295.
15. Kouro, S., Malinowski, M., Gopakumar, K. *et al.* (2010) Recent advances and industrial applications of multilevel converters. *IEEE Transactions on Industrial Electronics*, **57** (8), 2553–2580.
16. Akagi, H. (2011) New trends in medium-voltage power converters and motor drives. Proceedings of IEEE ISIE 2011, June 2011, pp. 5–14.
17. Akagawa, E., Kawamoto, S., Tamai, S. *et al.* (1995) Three-level PWM converter-inverter system for next-generation shinkansen. IEE Japan IAS Annual Meeting Rec, pp. 81–82.
18. Wu, C.M., Lau, W.H., and Chung, H. (1999) A five-level neutral-point-clamped h-bridge PWM inverter with superior harmonics suppression: a theoretical analysis. Proceedings of IEEE International Symposium on Circuits and Systems, May/June 1999, pp. 198–201.
19. Cheng, Z. and Wu, B. (2007) A novel switching sequence design for five-level npc/h-bridge inverters with improved output voltage spectrum and minimized device switching frequency. *IEEE Transactions on Power Electronics*, **22** (6), 2138–2145.
20. Etxeberria-Otadui, I., de Heredia, A.L., San-Sebastian, J. *et al.* (2008) Analysis of a h-npc topology for an ac traction front-end converter. Proceedings of EPE-PEMC 2008, September 2008, pp. 1555–1561.
21. Guennegues, V., Gollentz, B., Leclere, L. *et al.* (2009) Selective harmonic elimination PWM applied to h-bridge topology in high speed applications. Proceedings of POWERENG 2009, March 2009, pp. 152–156.
22. Mohan, N., Undeland, T., and Robbins, P.W. (2003) *Power Electronics: Converters, Applications and Design*, John Wiley & Sons, Inc..
23. Ray-Shyang, L. and Ngo, K.D.T. (1995) A PWM method for reduction of switching loss in a full-bridge inverter. *IEEE Transactions on Power Electronics*, **10** (3), 326–332.
24. Holmes, D.G. and Lipo, T.A. (2003) *Pulse Width Modulation for Power Converters, Principles and Practice*, Wiley-IEEE Press.
25. Nabae, A., Takahashi, I., and Akagi, H. (1981) A new neutral-point-clamped PWM inverter. *IEEE Transactions*

on Industrial Applications, **17** (5), 518–523.

26. Leon, J.I., Portillo, R., Franquelo, L.G. *et al.* (2007) New space vector modulation technique for single-phase multilevel converters. Proceedings of IEEE ISIE 2007, June 2007, pp. 617–622.

27. Salaet, J. (2006) Contributions to the use of rotating frame control and space vector modulation for multilevel diode-clamped single-phase ac–dc power converters. PhD dissertation, Polytechnic University of Catalonia, Barcelona, Spain.

28. Meynard, T.A. and Foch, H. (1992) Multi-level conversion: high voltage choppers and voltage-source inverters. Proceedings of IEEE PESC 1992, June/July 1992, Vol. 1, pp. 397–403.

29. Lin, B.R. and Hou, Y.L. (2001) High-power-factor single-phase capacitor clamped rectifier. *IEE Proceedings on Electric Power Applications*, **148** (2), 214–224.

30. Meynard, T.A., Foch, H., Thomas, P. *et al.* (2002) Multicell converters: basic concepts and industry applications. *IEEE Transactions on Power Electronics*, **49** (5), 955–964.

31. Stynski, S. (2011) Analysis and control of multilevel AC–DC–AC flying capacitor converter fed from single-phase grid. PhD dissertation, Warsaw University of Technology, Warsaw, Poland.

32. Kazmierkowski, M.P., Krishnan, R., and Blaabjerg, F. (2002) *Control in Power Electronics Selected Problems*, Academic Press.

33. R. Teodorescu, R. Blaabjerg, M. Liserre, and P. C. Loh, "Proportional-resonant controllers and filters for grid-connected voltage-source converters," *IEE Proceedings on Electric Power Applications*, **153**, (5), 750–762, 2006.

34. Dell'Aquila, A., Liserre, M., Monopoli, V.G., and Rotondo, P. (2008) Overview of pi-based solutions for the control of dc buses of a single-phase h-bridge multilevel active rectifier. *IEEE Transactions on Industrial Applications*, **44** (3), 857–866.

35. Blaabjerg, F., Teodorescu, R., Liserre, M., and Timbus, A.V. (2006) Overview of control and grid synchronization for distributed power generation systems. *IEEE Transactions on Industrial Electronics*, **53** (5), 1398–1408.

36. Timbus, A., Liserre, M., Teodorescu, R. *et al.* (2009) Evaluation of current controllers for distributed power generation systems. *IEEE Transactions on Power Electronics*, **24** (3), 654–664.

37. Franklin, G.F., Powell, J.D., and Emami-Naeini, A. (2002) *Feedback Control of Dynamics Systems*, 4th edn, Prentice-Hall.

38. Best, R.E. (2003) *Phase-Locked-Loops: Design, Simulation and Applications*, 5th edn, McGraw-Hill Professional, New-York.

39. Teodorescu, R., Liserre, M., and Rodriguez, P. (2011) *Grid Converters for Photovoltaic and Wind Power Systems*, John Wiley & Sons, Ltd.

40. Salaet, J. (2006) Contributions to the use of rotating frame control and space vector modulation for multilevel diode-clamped single-phase AC–DC power converters. PhD dissertation, Universitat Politecnica de Catalunya, Barcelona, Spain.

41. Salaet, J., Alepuz, S., Gilabert, A., and Bordonau, J. (2004) Comparison between two methods of DQ transformation for single-phase converters control. Application to a 3-level boost rectifier. IEEE PESC 2004, June 2004, pp. 214–220.

42. Miranda, U.A., Aredes, M., and Rolim, L.G.B. (2004) A DQ synchronous reference frame current control for single-phase converters. IEEE PESC 2004, June 2004, pp. 1377–1381.

43. Liserre, M., Blaabjerg, F., and Teodorescu, R. (2006) Multiple harmonics control for three-phase systems with the use of PI-RES current controller in a rotating frame. *IEEE Transactions on Power Electronics*, **21** (3), 836–841.

44. Teodorescu, R., Blaabjerg, F., Liserre, M., and Loh, P.C. (2006) A new breed of proportional-resonant controllers and filters for grid-connected voltage-source converters. *IEE Proceedings on Electric Power Applications*, **153** (5), 750–762.

45. Maknouninejad, A., Simoes, M.G., and Zolot, M. (2009) Single phase and three phase P+ resonant based grid connected inverters with reactive power and harmonic compensation capabilities. Proceeidngs of IEEE Electric Machines and Drives Conference (IEMCD 2009), May 2009, pp. 385–391.

46. Kazmierkowski, M.P. and Tunia, H. (1994) *Automatic Control of Converter-Fed Drives*, Elsevier, Amsterdam, London, New York, Tokyo, PWN Warszawa.

47. Malinowski, M. (2001) Sensorless control strategies for three-phase PWM rectifiers. PhD dissertation, Warsaw University of Technology, Warsaw, Poland.

48. Jasinski, M. (2005) Direct power and torque control of ac–dc–ac converter-fed induction motor drives. PhD dissertation, Warsaw University of Technology, Warsaw, Poland.

49. Levine, W.S. (2000) *Control System Fundamentals*, CRC Press.

50. Lascu, C., Asiminoaei, L., Boldea, I., and Blaabjerg, F. (2009) Frequency response analysis of current controllers for selective harmonic compensation in active power filters. *IEEE Transactions on Industrial Electronics*, **56** (2), 337–347.

51. Castilla, M., Miret, J., Matas, J. *et al.* (2009) Control design guidelines for single-phase grid-connected photovoltaic inverters with damped resonant harmonic compensators. *IEEE Transactions on Industrial Electronics*, **56** (11), 4492–4501.

52. Yepes, A.G., Freijedo, F.D., Lopez, O., and Doval-Gandoy, J. (2011) Analysis and design of resonant current controllers for voltage-source converters by means of nyquist diagrams and sensitivity function. *IEEE Transactions on Industrial Electronics*, **58** (11), 5231–5250.

第 24 章　阻抗源逆变器

Yushan Liu[1,2], Haitham Abu - Rub[1], Baoming Ge[2,3]
[1]卡塔尔得克萨斯农工大学卡塔尔分校电气与计算机工程系
[2]中国北京交通大学电气工程学院
[3]美国得克萨斯农工大学电气工程系

24.1　多电平逆变器

多电平逆变器是最适用于光伏（PV）系统的功率拓扑结构之一。虽然在这一领域有许多常规的两电平逆变器，但多电平逆变器有着以下优点：①更小的器件电压应力；②电压波形中的总谐波可忽略不计；③更小的输出滤波器尺寸；④效率更高[1-4]；⑤实现了所谓的分布式最大功率点跟踪（DMPPT）[5-7]。通过避免直接串联的结构，光伏阵列可以将 MPPT 扩展到光伏系统的每个光伏电池板，而传统系统中，直接串联的光伏阵列常采用两电平逆变器。这使得即使在发生不匹配情况时功率损耗也能达到最小。有以下三个主要的多电平变流器：二极管钳位式、飞跨电容式和串联 H 桥式，其中串联 H 桥式通常出现在光伏应用的文献中[8,9]。

24.1.1　无变压器技术

为了将逆变器的低压（LV）输出连接到电网，需要一个庞大的低频变压器，这会带来大尺寸、低效率、大噪声和高成本的问题[10]。如果不使用变压器，另一种选择是直接串联大量光伏板以产生比电网电压更高的电压，但是这将在不匹配的情况下导致光伏电池的功率损耗。

无变压器拓扑结构特别值得关注，是因为它们具有更高的效率、更小的尺寸和更轻的重量，以及更低的光伏系统的价格[10]。无变压器技术对于获得电网等级功率额定值和中等电压是优选的[10]。串联多电平逆变器（CMI）结构可以达到这一目的。此外，其分布式模块增强了系统的可靠性。目前，已经发表了三种用于光伏发电系统的 CMI 结构[11-15]。

所谓的电力电子变压器（PET）系统方案[11]，是在低压侧使用串联 H 桥式多电平 DC / AC 变流器，且对于光伏电站的每个部分使用单独的直流环节。该系统方案允许不同直流环节具有不同电压。因此，针对不同的光伏部分可以执行单独的 MPPT 控制算法。由多电平变流器组成的三相逆变器，通过中频变压器连接到中压电网。多电平变流器的电平数量根据额定电网电压和所使用的开关装置的特性来选择。然而，该技术存在以下缺点：①即使与电网隔离，一个或三个中频变压器会存在成本高及体积大的问题；②太多的开关器件导致系统的高成本和高损耗、控制复杂以及低可靠性问题。即使滤波器的体积由于多电平电压而变小，但这些缺点限制了其在大功率光伏系统的实际应用。

24.1.2　传统 CMI 或混合 CMI

传统 CMI 或混合 CMI（见图 24.1）可以直接连接到电网而无需变压器，并实现高效率[12-14]。与其他多电平逆变器（如中性点钳位式逆变器、飞跨电容式多电平逆变器等）相比，它是一种有吸引力的拓扑结构，因为它具有模块化、系统结构简单、更少的元件和更高的可靠性等优势。

对隔离的直流源要求使得这种拓扑结构成为一种适用于光伏的理想逆变器。参考文献［12］报道了一种240kW的传统的基于CMI的光伏逆变器，在没有变压器的情况下其效率为98.6%。混合CMI的直流母线电压为等比数列，其具有以下几个优点：①在不同直流母线电压等级下的H桥中，可以使用不同类型的功率器件，在具有较低直流母线电压的H桥中可以使用小容量功率器件，从而降低导通损耗；②由于在拓扑中有低电压的直流母线和需要较少的功率器件，降低了系统的成本和复杂性；③可以显著降低开关频率。然而，这种CMI不具有升压功能，这将导致逆变器需要2倍的额定电压去应对光伏电压的宽范围（1:2）变化。例如，1MW光伏电力系统需要2MW逆变器，这使得逆变器更大、更加昂贵，并且对于电网规模的应用更加困难。

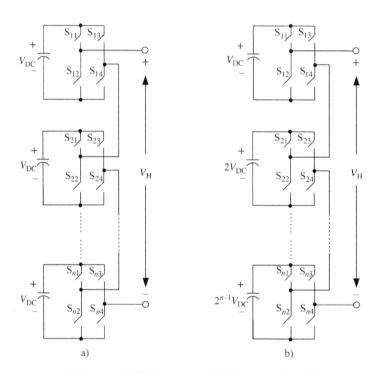

图 24.1　a）传统 CMI；b）混合 CMI 拓扑结构图

24.1.3　单级逆变器拓扑

在光伏系统中包含若干常见功率变流器拓扑，其特征在于两级或单级，有变压器或无变压器，两电平或多电平逆变器[1,11-14]。与两级结构相比，单级逆变器由于其紧凑性、低成本和高可靠性而更具吸引力[15]，然而，常规逆变器必须具有更大的功率，以应对光伏阵列的电压变化，其输出虽然是低的输出电压，但因为光伏电池板基于辐照和温度而具有比较大的变化（通常以1:2的比率）。

两级逆变器利用 DC - DC 升压变流器，而非变压器使逆变器所需的 kVA 额定值最小化，并将宽范围变化的电压升高到恒定的期望值。不过，DC - DC 变流器中的开关器件会增加系统成本和降低效率。出于安全原因，一些光伏系统通过带高频变压器的 DC - DC 升压变流器，或交流输出侧的工频变压器实现电气隔离。这两种电隔离设备都增加了整个系统的成本、尺寸，并降低了系统的总效率。

24.2 准 Z 源逆变器

24.2.1 准 Z 源逆变器的原理

Z 源逆变器（ZSI）作为具有升压/降压功能的单级功率变流器，可以匹配宽范围的光伏电压，且在光伏系统的应用有很多报道[16]。它无需额外增大系统的器件耐压，就可在宽范围内处理光伏直流电压变化，并在单个功率变换级中同时实现升压和变换功能，减小系统成本，减少器件数量，并提高系统可靠性。最近提出的准 Z 源逆变器（qZSI）具有一些新的特点，使其更适合于光伏系统中的应用。这将使得光伏系统更简单和更便宜，因为 qZSI 会从光伏电池板吸取恒定电流，这意味着不需要额外的滤波电容。此外，它还具有较低的器件（电容）额定值，更小的光伏板开关波纹[16-23]。

光伏板的输出电压会随着温度和太阳辐射的变化在较宽范围内变化，通常在 1:2 的比率内变化。如果既不设计更高的逆变器器件耐压又不使用 DC – DC 升压变流器，那么传统的 VSI 将无法处理这样宽范围的变化。如图 24.2a[24,25] 所示，对于常规单级逆变器，其用于常规光伏系统中使光伏阵列与电网和/或负载相连接，最小光伏直流电压为交流相电压峰值的两倍，即 $2v_{ln}$。因此，考虑到光伏电压变化范围为 1:2，光伏阵列可以产生 $2v_{ln} \sim 4v_{ln}$ 的电压到逆变器。因此，逆变器应设计为大于交流相电压的峰值的 4 倍，即 $4v_{ln}$。例如，对于三相 VSI 系统需要最小 340V 的直流电压，才能在逆变侧产生 208V 的交流线电压。考虑到光伏电压在 1:2 范围内变化，光伏电压应该在 340~680V 范围内变化。因此，逆变器中的开关器件需要采用耐压值为 1200V 的 IGBT，这样逆变器需要的电压耐压增加 1 倍。为了克服这个问题，可以采用 DC – DC 升压电路，如图 24.2b[26-31] 所示，从而 600V 的 IGBT 就可用于该系统。然而，额外的升压电路将造成成本的增加以及效率的降低。

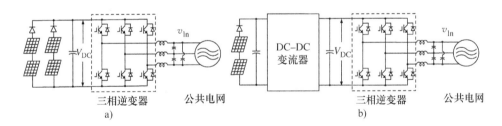

图 24.2 光伏系统的传统典型配置：a）单级 VSI；b）两级 VSI

与 VSI 加 DC – DC 升压的配置相比，基于 ZSI 的光伏系统使开关器件的耐压会达到最小，且具有更低的成本和更高的可靠性[19,32]。最近，我们团队又发表了一类具有一些新优点的 qZSI[16,33]，其来源于原始的 ZSI[19]。通过使用这种新的准 Z 源拓扑，光伏系统的逆变器将会变得更加简单，并且其成本可以进一步降低。这是因为所提出的 qZSI 能从光伏电池板中抽取恒定的电流，因此，不需要额外的滤波电容器，并且具有较低的元件（电容器）额定值，可减少光伏板承受的开关波纹[17]。

图 24.3a、b 所示分别为传统的电压馈电 qZSI 和最近提出的电压馈电 qZSI，与常规 ZSI 相似，qZSI 在直流侧具有两类运行状态：非直通状态（六个活动状态和两个常规零状态）和直通状态

（至少一相中的两个开关同时导通）。在非直通状态时，从直流侧看逆变器桥相当于一个电流源；而在直通状态时，逆变器桥为短路状态。两种状态的等效电路分别如图 24.4a、b 所示。众所周知，在传统的 VSI 中严格禁止出现直通状态，因为这会导致电压源短路并损坏器件。然而，在 qZSI 和 ZSI 中，连接到逆变器桥的 *LC* 和二极管网络改变了电路的运行模式，允许存在直通状态。此外，通过使用直通状态，（准）Z 源网络能够提高直流母线电压。同时直通状态将有效地保护电路免受损坏。因此，也提高了系统的可靠性。由于存在输入电感器 L_1，qZSI 将会从直流源吸收持续恒定的直流电流。与吸收不连续电流的 ZSI 方法相比，这种持续吸收电流的方法将显著地降低输入应力。因此，qZSI 特别适合应用于光伏系统[17]。

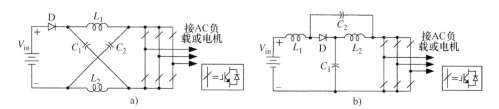

图 24.3 电压馈电 ZSI 和 qZSI 的拓扑：a）电压馈电 ZSI；b）电压馈电 qZSI

假设在一个开关周期 T 中，直通状态的时间为 T_0，则非直通状态的时间为 T_1，因此，$T = T_0 + T_1$ 且直通占空比为 $D = T_0/T$。由图 24.4a，在非直通状态 T_1 期间，存在

$$v_{L1} = V_{in} - V_{C1}, v_{L2} = -V_{C2}, v_{PN} = V_{C1} - v_{L2} = V_{C1} + V_{C2}, v_{diode} = 0 \qquad (24.1)$$

由图 24.4b，在直通状态 T_0 期间，可得到

$$v_{L1} = V_{C2} + V_{in}, v_{L2} = V_{C1}, v_{PN} = 0, v_{diode} = -(V_{C1} + V_{C2}) \qquad (24.2)$$

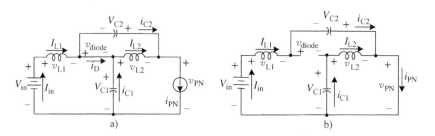

图 24.4 qZSI 的等效电路：a）非直通状态；b）直通状态

在稳态时，在一个开关周期上电感的平均电压为零。由式（24.1）、式（24.2）可得到

$$\begin{cases} V_{L1} = \bar{v}_{L1} = \dfrac{T_0(V_{C2} + V_{in}) + T_1(V_{in} - V_{C1})}{T} = 0 \\[3mm] V_{L2} = \bar{v}_{L2} = \dfrac{T_0(V_{C1} + T_1(-V_{C2})}{T} = 0 \end{cases} \qquad (24.3)$$

则

$$V_{C1} = \frac{1-D}{1-2D}V_{in}, V_{C2} = \frac{D}{1-2D}V_{in} \qquad (24.4)$$

通过式（24.2）和式（24.4），可以得到逆变器桥两端的直流母线电压的峰值为

$$v_{PN} = V_{C1} + V_{C2} = \frac{T}{T_1 - T_0}V_{in} = \frac{1}{1-2D}V_{in} = BV_{in} \qquad (24.5)$$

式中，B 是 qZSI 的升压因子。

电感 L_1 和 L_2 的平均电流可以通过系统额定功率 P 来计算

$$I_{L1} = I_{L2} = I_{in} = \frac{P}{V_{in}} \tag{24.6}$$

根据基尔霍夫定律和式（24.6），可以得到

$$I_{C1} = I_{C2} = I_{PN} - I_{L1}; I_D = 2I_{L1} - I_{PN} \tag{24.7}$$

总之，qZSI 的电压和电流应力见表 24.1，其中，

- M 是调制因数；v_{ln} 是交流相电压的峰值。
- $m = (1 - D)/(1 - 2D)$；$n = D/(1 - 2D)$；$B = 1/(1 - 2D)$。

ZSI 上的电压和电流应力也同样进行了比较。

从表 24.1 可以看出，qZSI 继承了 ZSI 的所有优点。它能升降电压，可以处理变化范围大的输入电压，得到负载或电网的期望电压。这种特征使得在光伏系统中使用的开关数量大大减少，从而降低成本并提高系统效率。当光伏板的电压低时，它能提高直流母线电压，避免冗余的光伏电池板产生高压或逆变器额外的器件耐压需求。如上所述，它能够处理直通状态。因此，它比常规 VSI 更可靠，而且还不需要在控制方案中添加任何死区时间，减少了输出波动的失真。

此外，与传统的 ZSI 相比，qZSI 还有一些独特的优点[16,17]。ZSI 在升压模式下输入电流不连续；而由于存在输入电感 L_1，qZSI 的输入电流是连续的，这显著地降低了输入应力。因此，光伏板的输出电容得以减少。ZSI 中的两个电容器维持相同的高电压，而 qZSI 中电容 C_2 上的电压较低，只需要额定电压较低的电容器。对于 qZSI，电源和逆变器有一个公共直流电流回路，这使得结构设计更容易，并且引起的 EMI 问题更小。

表 24.1　qZSI 和 ZSI 网络的电压和平均电流

	$v_{L1}=v_{L2}$		v_{PN}		v_{diode}		V_{C1}	V_{C2}	v_{in}	$I_{in}=I_{L1}=I_{L2}$	$I_{C1}=I_{C2}$	I_D
	T_0	T_1	T_0	T_1	T_0	T_1						
ZSI	mV_{in}	$-nV_{in}$	0	BV_{in}	BV_{in}	0	mV_{in}	mV_{in}	$MBV_{in}/2$	P/V_{in}	$I_{PN}-I_{L1}$	$2I_{L1}-I_{PN}$
qZSI	mV_{in}	$-nV_{in}$	0	BV_{in}	BV_{in}	0	mV_{in}	nV_{in}	$MBV_{in}/2$	P/V_{in}	$I_{PN}-I_{L1}$	$2I_{L1}-I_{PN}$

24.2.2　qZSI 的控制方法

24.2.2.1　降压/升压变换模式

如图 24.4a 所示，如果逆变器完全处于非直通状态，二极管将导通，并且电容器 C_1 上的电压等于输入电压，而电容器 C_2 上的电压将为零。因此，$v_{PN} = V_{in}$，qZSI 相当于常规 VSI

$$v_{ln} = \frac{v_{PN}}{2}M = \frac{V_{in}}{2}M \tag{24.8}$$

对于正弦脉宽调制（SPWM），调制因数 M 满足 $0 \leqslant M \leqslant 1$，对于空间矢量调制（SVM），调制因数 M 满足 $0 \leqslant M \leqslant 2/\sqrt{3}$。因此当 $D = 0$ 时，v_{ln} 总是小于 $V/\sqrt{3}$，这被称为 qZSI 的降压变换模式。

当 qZSI 工作在升压变换模式时，除了常规的三相参考给定 v_a^*、v_b^* 和 v_c^* 外，还有两个与调制相关的参考给定量 V_P^* 和 V_N^*。如图 24.5 所示，通过用直通状态替换掉两个常规零状态的部分或全部，非直通状态和直通状态将在一个开关周期中交替循环，然后，峰值直流电压 v_{PN} 可以被升高 B 倍，其值取决于直通占空比，如式（24.5）所定义。注意，六个非零开关状态是不变的，因此峰值交流电压变为

$$v_{\mathrm{ln}} = \frac{v_{\mathrm{PN}}}{2}M = \frac{V_{\mathrm{in}}}{2}BM \tag{24.9}$$

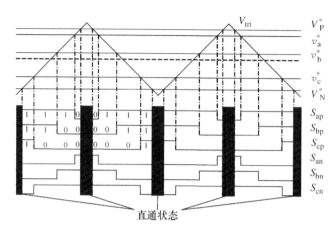

图 24.5　升压变换模式下 qZSI 的 SPWM

24.2.2.2　升压控制方法

　　所有适用于传统 ZSI 的升压控制方法，如简单升压、最大升压、最大恒定升压，也都可以应用于 qZSI，如图 24.6[19,20,34]所示。值得注意的是，qZSI 的电压增益为 $G = MB$，逆变器桥上的器件电压应力为 BV_{in}，为了最大化电压增益和最小化逆变器开关器件的电压应力，需要尽可能地减小升压因子 B 并且增加调制因数 M。

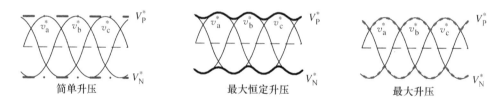

图 24.6　具有不同 V_{P}^* 和 V_{N}^* 的三种升压控制方法

　　图 24.7 展示了三种升压控制方法的电压增益与调制因数的关系，很明显都比传统的 VSI 具有更高的增益，在三种升压控制方法中，最大升压控制能最好地利用常规零状态。因此，在相同电压增益下其逆变器两端具有最大 M 和最小的电压应力。

　　但是，它的缺点是会在 qZSI 的无源部件上出现低频纹波，这会导致 qZSI 网络中的电感和电容需要更大的体积、更多的重量和更高的成本。简单升压控制的直通状态是均匀分配的。因此，它不涉及与输出频率相关联的低频纹波，但是对于给定电压增益，其电压应力是最大的。最大恒定升压控制为上面介绍的两种方法的折中。

　　当最大恒定升压控制注入三次谐波时，最大调制因数 $M = 2/\sqrt{3}$，并且在逆变器桥上电压应力也较低。利用这种方法，当载波大于 V_{P}^* 或小于 V_{N}^* 时，直通状态被引入开关周期，其在每个开关周期中均匀分布。因此，qZSI 拓扑不包含低频纹波，并且直通占空比为

$$D = \frac{T_0}{T} = 1 - \frac{\sqrt{3}M}{2} \tag{24.10}$$

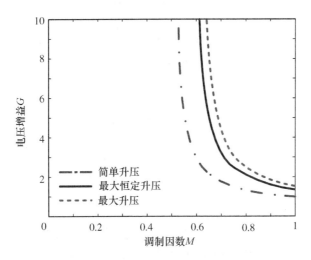

图 24.7　电压增益与调制因数的关系

升压因子为

$$B = \frac{1}{1-2D} = \frac{1}{\sqrt{3}M-1} \tag{24.11}$$

电压增益为

$$G = MB = \frac{M}{\sqrt{3}M-1} \tag{24.12}$$

交流相电压峰值为

$$v_{ln} = \frac{V_{in}}{2}G = \frac{MV_{in}}{2\sqrt{3}M-2} \tag{24.13}$$

24.2.3　适用于带电池的光伏系统的 qZSI

　　太阳能板产生的功率取决于照射到板上的太阳能功率、电池板温度和电池板工作电压等。由于天气和季节的缘故，前两个因素是不可预测的。随机波动的功率将对电网产生负面影响。迄今为止，还未因为这些随机波动导致明显的电网故障。然而，越来越多的太阳能发电厂的出现迫使我们研究这个问题和实施新的解决方案。除了对电网和电力容量扩展进行投资，以及对光伏系统选择性关闭，引入配套的储能系统也是一个创新性的想法，因为它可以平衡预测值和实际值之间的差异使负面影响减到最小[35]。

　　此外，功率消耗也呈现出一些与季节和人类生活习惯相关的特点。与其他季节相比，在春季和秋季，由于晴天相对更多，因此日照更充足，并且这两个季节天气状况良好，可以尽量少使用诸如空调类的用电负载。因此，光伏系统发电的增加和负载的减少将会使配电线上的电压升高。在周末，光伏系统继续输出相同大小的功率，如果工业负载很轻，电网电压和频率就易升高[36]。过电压可能超过公共耦合点的允许上限；通常，如果交流电压超过允许的控制范围，则电网将通过调节光伏系统的输出功率来实现过电压保护。因此，在晴天将可能浪费大量的能量。可以通过安装在每个光伏系统中的能量存储单元，来将过量电力充电到能量存储单元，而不将其馈送到电网，从而避免电压的上升。能量存储单元类似于能量缓冲器，可以使用光伏功率与电网的输出功率之间的差额功率来充电，并且光伏阵列通过 MPPT 算法实现传输功率最大化，使得整个系统效率非常高[4]。此外，通过获知光伏发电系统能够协助提供更多辅助服务的可能性，光伏并网发电将变得更加可靠[35]。如图24.8所示，当常规VSI连接到电网和/或负载，通常使用双向DC-DC变流器来控制电池的荷电状态（SOC）时，通常有一个可用于此应用程序的装置。显然，DC-DC变流器增加了成本和系统复杂性，并降低了可靠性和效率。

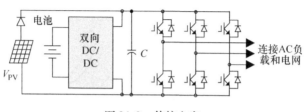

图24.8 传统方案

qZSI有两个独立的控制自由度：直通占空比和调制因数，具有向电网输送任何期望的交流电压的能力。它可以同时调节电池的SOC，并控制光伏电池板的输出功率（或电压）。第二，qZSI与DC-DC升压逆变器具有相同的特征（即降压/升压），但其单级结构更加简单且更加有效。第三，qZSI还具有更高的可靠性，因为瞬时直通不会损坏逆变器（即同一桥臂的两个器件可以在一段时间内导通）。此外，如图24.9所示，建议在没有附加DC-DC变流器的光伏系统的qZSI中，可以考虑安装储能（电池）。这一创新功能将进一步降低成本并减小系统的复杂性，在下一节中将详细解释。

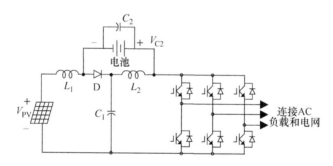

图24.9 光伏系统中带有电池组的qZSI的结构图

在图24.9的系统中，有三个电源/负载：光伏板、电池和电网/负载，只需要控制其中两个的功率流动，则第三个部分将自动地匹配其功率差。根据qZSI的式（24.4），电容器 C_2 电压和光伏电池板电压之间的关系为

$$V_{C2} = \frac{D}{1-2D} V_{PV} \tag{24.14}$$

式中，D 是直通占空比。

在图24.9中，电池电压 V_b 等于电容器 C_2 的电压 V_{C2}。由于内部电阻较小，电池的输出电压与电流的关系相对较小。

电池的电压随着电池的SOC而变化，并且在某个SOC范围相对恒定，光伏板的电压与电流密切相关，因此，对于给定的电池电压 V_b，光伏板的电压被控制在

$$V_{PV} = \frac{1-2D}{D} V_b \tag{24.15}$$

同时，可以通过调节调制因数来控制qZSI的输出功率，以产生所需的输出电压。逆变器的

输出相电压峰值为

$$v_{\text{ln}} = (V_{\text{C1}} + V_{\text{b}})\left(\frac{M}{2}\right) \tag{24.16}$$

式中，M 是基于参考波和三角波的调制因数。

输送到电网的输出功率可以表示为

$$P_{\text{out}} = \frac{3pf}{\sqrt{2}} v_{\text{ln}} I \tag{24.17}$$

式中，I 是输送到电网的电流有效值，pf 是功率因数。

因此，系统能够同时控制光伏板的输出功率和注入电网的功率，它们的差别就是对电池充放电的功率。

总之，光伏板的功率由 qZSI 的直通占空比所控制，注入电网的功率由输出电压和与调制信号控制的电流来控制。如果注入电网的功率高于光伏板的功率，则电池放电；如果注入电网的功率低于光伏板的功率，则电池充电。如果电池的 SOC 太低，则光伏电池板将提供电力来对电池进行充电。但是，电池只能在未完全充满电时充电。

下面用实例解释其原理。

情况 1：对于固定的太阳辐照度和固定的温度，如果光伏电池板保持最大输出功率，则光伏电池板的功率和电压将是恒定的。正如预期，当电网的功率等于光伏板的功率时，电池 SOC 应该保持恒定，且电池的平均功率应该为零。当电网的功率增加到大于光伏板的功率时，电池应当提供电网所需的附加功率，因此，电池的 SOC 将减小。当注入的电网功率减小到低于光伏板的功率时，光伏板的附加功率将对电池充电，从而增加电池的 SOC。

情况 2：电网的功率保持恒定，由于太阳辐照度的变化，光伏板的功率将改变。同样地，在注入电网的功率与光伏板的功率匹配时，电池的 SOC 应当保持恒定。当光伏板的功率增加到大于提供给电网的功率时，电池将充电，从而增加电池的 SOC。当光伏板的功率下降到低于电网的功率时，电池将提供附加功率，从而减小电池的 SOC。

24.3 基于 qZSI 的串联多电平光伏系统

24.3.1 工作原理

在并网系统中，电池板通常被布置成串（串联），从而用于所需的功率和电压等级，其中串联的所有电池板有着相同的输出电流。通常，希望使用的电池板特性相同，并使其远离任何遮挡。然而，在住宅安装中，由于一天中日照方向的改变，并不容易避免遮挡。此外，诸如树木、鸟类和其他结构的障碍物也可能导致部分遮挡。一些研究表明，小型遮挡可能导致光伏阵列太阳能发电量的大幅下降[37]。

当电池板被遮蔽时，会产生较小的输出电流，并且当与其他电池板串联时系统总能量将下降。因为非阴影电池板也输出低电流而非其固有的大电流[38]。这需要使用旁路二极管来维持光伏阵列电压，并且减小局部热点的温升以及被遮挡电池板可能的失效[5,8,37]。图 24.10a 所示为两个电池板在不同辐照度水平下的 $I-V$ 特性，图 24.10b 所示为由两个电池板组成的光伏串的 $P-V$ 和 $I-V$ 特性，该电池板具有旁路二极管。因为与被遮挡电池板并联的旁路二极管进入导通状态，被遮挡的电池板将短路，电池组串的电流为未被遮挡模块输出的电流。以这种方式，串联产生的功率和电压将大于没有旁路二极管的阵列串联产生的功率和电压。然而，串级电源电压变成了多峰曲线，如图 24.10b 所示。其细节会在以下部分解释[5]。

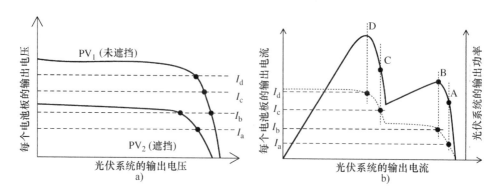

图 24.10　由在相同温度和不同太阳辐照度水平下的两个电池板组成的小型串的特性[5]：a) 每个
　　　　　电池板的电流与电压的关系；b) 不同的太阳辐照度水平对光伏阵列串的影响

当在图 24.10b 的 A 点处操作时，两个光伏电池板都产生功率，但是没有一个产生最大功率。当在 B 点操作时，被遮挡模块产生最大功率，但未遮挡模块不产生最大功率。当在 C 点操作时，非遮挡模块产生功率，但是遮挡模块不产生任何功率，因为电流流过其旁路二极管。当在点 D 操作时，非遮挡模块产生其最大功率，但是遮挡模块不产生任何功率，因为组串电流流过其旁路二极管。最后，在不匹配条件和旁路二极管存在的情况下，$P-V$ 特性曲线是具有多个峰值的多峰曲线。由于在光伏串的 $P-V$ 特性中存在不止一个峰值，使得其难以达到光伏串的绝对最大功率。此外，对于这种情况，光伏串的最大输出功率小于所有光伏电池板的最大发电功率之和。另外，根据系统要求，MPP 处的组串电压的减小可能是不可接受的[8]。

参考文献 [37] 显示，阴影电池板占到了功率损耗的 14.06%，并且当两个电池板串联时，由于 MPP 电压的减少将导致额外的 11.57% 的功率损失。当三个或更多电池板串联时，情况甚至更加恶劣。遮光条件在实际的光伏应用中可能更复杂，比如多于一个的阴影电池板，将使得实现 MPPT 变得更加困难。找到对于该问题的有效且经济的解决方案与光伏系统的应用密切相关。

如果每个电池板都能够独立控制，并且所有电池板的电流和电压不同，则将显著改善产生的总功率和总电压。分布式最大功率点跟踪（DMPPT）是实现此目的的最佳方法。它包括两个主要方案。

一种方案是使用光伏 AC 模块逆变器避免电池板串联。当电池板被遮蔽时，只有该逆变器会产生较低的功率，而其他电池板的逆变器将继续运行在最佳水平[38]。然而，常规的两电平逆变器输出低压，因为其工作在降压模式且每个电池板的输出电压较低，则必须通过在逆变器的输出和电网之间使用低频变压器，或者通过在光伏板和逆变器的输入之间使用 DC - DC 升压变流器来升高其电压与电网连接。因为设备数量的增加，以及由于添加 DC - DC 变流器或变压器而导致的功率损耗增加，这两种配置都将更加昂贵。

另一种方案是采用多电平逆变器来代替对应的两电平结构，在这种情况下，每个光伏电池板被用作多电平逆变器每个模块的独立电源[2-4,8,39]，并且可以独立地控制每个光伏模块的发电并使其达到最大值。这就是所谓的 DMPPT，特别在光伏设施被部分覆盖遮蔽或者在光伏电池板不匹配的时候起作用。除了能使从光伏电池板获得的功率达到最大，多电平逆变器通常还具有以下优点：降低器件电压应力、更高效、能产生输出交流电压并且总谐波几乎忽略不计、允许在没有变压器的情况下升高电压。在众多的多电平逆变器中，串联 H 桥式逆变器是最受欢迎的。它使用相对较少的功率器件，并且每个 H 桥单元工作在非常低的开关频率下，使低开关频率器件在高功率下工作并产生低开关损耗成为可能。这种结构允许其工作在类似于普通集中式逆变器拓扑的功率范围内，但又能以更有效的方式提供能量[4]。

我们的方案中将如图 24.9 所示的 qZSI 模块，用于构建串联 H 桥式逆变器，去实现上述所介绍的 DMPPT 技术。图 24.11 实现了前面提出的直接连接到电网的三相逆变器。每相由 n 个 qZSI 模块组成，B 和 C 相具有与 A 相相同的结构。通常，这种结构能使每个模块传送相同的功率，然而，在 qZSI 模块的输出电压不同时情况并非如此，即使它们具有相同的电流有效值，这取决于调制方式。对于整个系统而言，无论太阳辐照度和温度如何变化，从每个电池板提取瞬时最大功率是最重要的目标。光伏板产生的功率可能由于太阳辐照度和温度水平的不同而改变，例如，夏季和冬季、晴天和阴天、部分阴影等。对于每个模块，当使用 MPPT 时，太阳能功率的随机波动可能导致与所期望注入到电网的功率不一致。它们之间的差距可以通过在每个 qZSI 模块中用电池组来补偿。这种拓扑能独立控制每个模块提供的功率，电池组可以进行充电和放电以平衡输送给电网的功率。利用 DMPPT，即使在光伏电池板不匹配的条件下（如图 24.11 所示，例如，假设无阴影、部分阴影和大面积阴影的电池板分别为相应模块 A1、A2 和 An），每个光伏电池板的发电也能达到最大。每个 qZSI 模块都有助于降低成本，提高效率和可靠性，且由于其在单级功率变流器中具有特殊升压/降压的功能，故能适应于光伏电池板的宽电压变化范围。

图 24.11 中所提出的光伏系统的控制需要考虑多电平调制、每个 qZSI 模块的独立 MPPT、电池组的 SOC 和电网需求的功率。$3n$ 个 qZSI 模块则包含 $3n$ 个独立的直通占空比控制以实现每个模块工作在 MPP 处。多电平的合成是通过不同模块的载波的移相来实现的[40]，直通占空比应当结合到多电平 PWM 中以形成所有器件的最终驱动信号。电网功率的需求可通过多电平调制来实现。光伏电池板所产生的最大功率与注入电网的功率之间的功率差，将对电池组进行充电或放电。

在运行期间应对每个 qZSI 模块的电池 SOC 进行监控，并通过调整注入到电网的功率把电池 SOC 保持在允许的范围内。

电感器、电容器、电池组和逆变器及模块的工作电压的参数设计，是一个很关键的内容。这些参数的最优化将是研究的对象。基于其独有的和整个光伏发电系统的控制目标，每个模块的控制都要进行详细阐述。

对于 qZS 的 H 桥臂，直通零状态不会影响输出电压，也不会导致负载电流中的谐波含量变化。然而，由于频率为 2ω 的无功功率流过每个模块，因此 2ω 的（ω 是电网的基频）电压纹波是传统 H 桥 CMI 和 ZS / qZS H 桥 CMI 的直流母线中常见的问题。对于 qZS 的 H 桥 CMI，由于多电平的输出电压非常接近正弦波，故当连接到电网时，用小型的 LC 滤波器就足够了。如果在 CMI 中使用传统的升压变换器 + H 桥结构，则 2ω 的电压纹波仍然存在于直流母线中（除此之外，还需要额外的开关）。在传统升压变流器 VFI 系统中，需要额外的电路来实现能量存储。

24.3.2　控制策略和电网同步

电网系统是一种动态的和复杂的系统，并且受到许多因素和扰动的影响。可再生能源的高渗透率导致了对供给电网系统的功率变流器要求更严格。几种控制策略被应用于连接到电网系统的功率变流器中：电压定向控制（VOC）、模型预测控制（MPC）、直接功率控制（DPC）、模型预测直接功率控制（MPDPC）、基于空间矢量调制的直接功率控制（DPC - SVM）、基于虚拟磁链（VF）的控制方法等[41-56]。对于 VOC 和 MPDPC，已经开发了几种通过改变电压调制器的改进方法，并可以用于多电平变流器。用于网侧 PWM 整流器的虚拟磁链定向控制（VFOC）是基于静

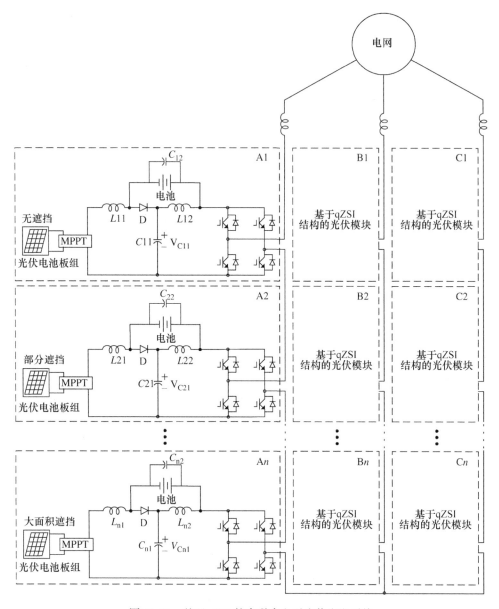

图 24.11　基于 qZSI 的串联多电平光伏发电系统

止 α - β 坐标系和同步旋转 d - q 参考系下的坐标变换[41,42]。这种策略通过内部电流控制环，实现快速的动态响应和精确的稳态性能。因此，系统的最终配置和性能在很大程度上取决于所使用的电流控制策略的优劣。最简单的技术是滞环电流控制，具有快速动态响应，良好的精度，且没有直流偏移和高鲁棒性。然而，滞环控制的主要问题是功率变流器开关频率不固定。这造成了开关模式的不均匀性和随机性，且导致开关器件上的附加应力并给滤波器的设计带来困难。因此，在文献中，已经提出了几种用于改善电流控制性能的策略[41,43]。在具有恒定开关频率，用于高性能电流控制的方案中，d - q 同步控制器是最广泛使用的，其中被调节的电流是直流量，并且容易消除稳态误差和偏移。DPC 是在并网变流器中最常用的技术，通过选择合适的功率变流器的开关状态，可以直接控制有功功率和无功功率[44-49]。该技术类似于直接转矩控制，通过使用查找表和滞环比较方法来选择最佳开关状态。DPC 预测方法也应用于有源整流器[54,55]。MPDPC 是 DPC 的扩展，其中开关查找表被替换为在线优化控制[56]。MPDPC 是通过使变流器的开关损耗达到最小以实现最佳性能，同时控制有功功率和无功功率的输出。

　　因此，基本的和高级的控制方法应当被合并，并用于任何解决方案。所采用的控制技术应当在电网阻抗大幅度变化时确保其稳定性，并且能够在电网电压干扰时仍然工作。直流母线电压控制、对电网电压变化的适应和电网同步以及单位功率因数运行应该被合并考虑。MPPT 策略和防孤岛效应还需要分析（根据 IEEE 1574 要求），尽管监测和保护功能有待发展。其他控制目标包括有功功率和无功功率控制、谐波补偿控制、本地电压控制，以及在变流器和电网故障期间的容错控制。此外，应该开发电池能量管理系统，并将其考虑进控制系统。

24.4　硬件实现

24.4.1　阻抗参数

　　阻抗网络的参数是系统正常运行的重要问题之一。几项研究均为寻求合适的 Z 源参数做出了贡献[17,57-59]。根据卡塔尔的电网标准，下面将介绍并网光伏系统的设计过程。

　　变流器的理想工作参数见表 24.2。qZS - CMI 系统是 18kW，7 电平串联逆变器，即每相由 3 个功率为 2kW 的单元串联而成。直流输入电压的范围为 60 ~ 120V（由于光伏电池板的电压变化，选择 1:2 的最大变化）。每个准 Z 源网络由两个电感器（L_1 和 L_2）和两个电容器（C_1 和 C_2）组成。如图 24.4 所示的等效电路，在直通状态下，光伏电池板和 qZS 电容器对电感器充电；在非直通状态下，光伏电池板和电感器对负载和电容器充电。图 24.12 给出了电感器 L_1、L_2 的电流和电容器 C_1 的电压的充放电波形。电容器 C_2 的电压波形与 C_1 相同，只是其稳态值不同于电容器 C_1。在图中，t_1 是非直通状态的时间间隔，t_{sh} 是直通时间间隔，其值等于（DT_s/n_{sh}）。注意，n_{sh} 是每个控制周期中的分割直通占空比的部分。对于空间矢量调制，n_{sh} 为 4；对于 PSSPWM，n_{sh} 为 2。可以看出，电感器的作用是在直通状态期间将高频电流纹波限制为最大电感器电流的 r_i%。

表 24.2　设计的工作参数

参数	值
最大光伏电池板组电压 $v_{PV,max}$	120V
最小光伏电池板组电压 $v_{PV,min}$	60V
每个 qZS - HBI 的额定功率 P_{max}	2kW
电网电压	230V
电网频率	50Hz
载波频率 f_c	2kHz
期望的 qZS 电感器上的电流峰峰值纹波 r_i%	20%
期望的 qZS 电容器上的电压纹波 r_v%	1%

　　器件的选择是针对最恶劣情况设计的，即变流器工作在额定功率下，光伏阵列电压为最小值，并且所有串联的 qZS - HBI 单元具有相同的工作条件。在这种情况下，直通占空比达到最大值，并且光伏电池板电压的升压比也达到最大。结合最大调制因数 M_{max}，每个单元所需的最小 DC 母线电压 V_{DC} 为

$$\hat{v}_{DC\,min} = \hat{v}_g / M_{max} / n \tag{24.18}$$

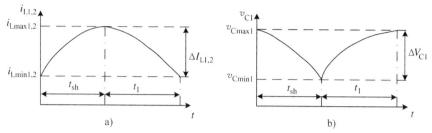

图 24.12　a）电感器电流；b）电容器电压的波形

式中，带有"∧"的 v_g 是指电网电压的幅度，n 是串联单元的数量。qZSI 的最大电压增益 G 为

$$G_{\max} = \frac{(2\hat{v}_g/n)}{v_{PV,\min}} \quad (24.19)$$

然后，最小调制因数 $M_{\min}$、最大直通占空比 D 和升压因子 B 为

$$M_{\min} = \frac{\pi G_{\max}}{3\sqrt{3}\,G_{\max} - \pi}, D_{\max} = 1 - \frac{3\sqrt{3}}{2\pi}M_{\min}, B_{\max} = \frac{1}{1 - 2D_{\max}} \quad (24.20)$$

为了即使在最坏的工作条件下电感器仍可避免工作在不连续导通模式，电感器可以通过下式计算

$$L_1 = L_2 = \frac{v_L \Delta T}{\Delta I_L} = \frac{V_{C1}(T_s D_{\max}/n_{sh})}{(P_{\max}/v_{PV,\min}) r_i\%} = \frac{D_{\max}(1 - D_{\max}) v_{PV,\min}^2}{n_{sh} f_c P_{\max}(1 - 2D_{\max}) r_i\%} \quad (24.21)$$

同时，在非直通状态中，qZSI 网络中两个电容器串联。为保持输出电压为正弦波，它们能够吸收电流纹波，并将逆变器桥上的高频电压纹波限制为最大直流母线电压的 $r_v\%$。因此，电容可以取值为

$$C_1 = C_2 = \frac{2i_C \Delta T}{\Delta v_{DC}} = \frac{2I_{L,\max}(T_s D_{\max}/n_{sh})}{v_{DC,\min} r_v\%} = \frac{2D_{\max}(1 - 2D_{\max}) P_{\max}}{n_{sh} f_c v_{PV,\min}^2 r_v\%} \quad (24.22)$$

根据表 24.2 列出的理想工作参数和商业化器件，可以选择 qZS 所需的电感器和电容器。

24.4.2　控制系统

所提出的用于光伏功率变换，带有电池且无变压器的 qZS – CMI 拓扑结构，需要一定的 LC 滤波器。为达到电网水平，每相由多个串联的 qZSI 光伏模块组成。qZSI 光伏模块包括一组光伏电池板和具有分布式 MPPT 的 qZSI，用于产生最大能量、升压、DC – AC 变换和能量存储，所有这些功能都存在于这一个单级功率变换单元中。基于现场可编程门阵列（FPGA）或 DSP 和电路，以用于进行设计和测试。然后可以制造和搭建整个功率变流器和光伏发电系统。之后传感器可以进行校准，并编程和实现控制算法。

所提出的整体系统的通用控制结构如图 24.13 所示，光伏发电系统控制的基本功能如相关框图所示。在提出的解决方案中，涵盖了基本和高级控制功能。对于所采用的控制技术需要许多功能：①在大的电网阻抗变化时确保稳定性；②在电网电压扰动期间能够运行；③实现直流母线电压控制；④适应电网电压变化及同步运行，能够实现单位功率因数控制；⑤实现 MPPT 策略；⑥具备反孤岛效应能力（根据 IEEE 1574 监测）；⑦相关保护特性。其他控制特性为有功功率和无功功率控制、谐波补偿、本地电压控制及变流器和电网故障下的容错控制等。除此之外还需要电池能量管理系统。

在电池应用中，无论光伏电池板组串是不是处在 MPP，系统中的每个模块均可以输出任何分配的功率，因为功率差可以通过电池的充电或放电来保持恒定。因此，所有的模块都可以输出相

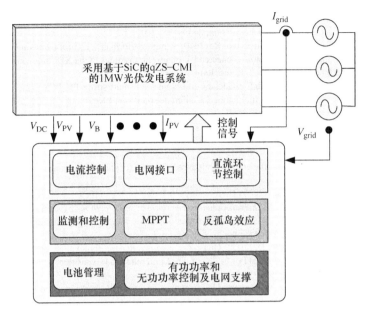

图 24.13　光伏系统的控制功能图

同的功率，所有的三相将相同的功率馈送到电网。

致谢

本章得到了卡塔尔国家研究基金（卡塔尔基金会成员）的 NPRP 批准号 09 - 233 - 2 - 096 和 NPRP - EP 批准号 X - 033 - 2 - 007 的支持。本章中的陈述完全由作者负责。

参 考 文 献

1. Busquets-Monge, S., Rocabert, J., Rodríguez, P. *et al.* (2008) Multilevel diode-clamped converter for photovoltaic generators with independent voltage control of each solar array. *IEEE Transactions on Industrial Electronics*, **55** (7), 2713–2723.

2. Kerekes, T., Teodorescu, R., Liserre, M. *et al.* (2009) Evaluation of three-phase transformerless photovoltaic inverter topologies. *IEEE Transactions on Power Electronics*, **24** (9), 2202–2211.

3. Negroni, J.J., Guinjoan, F., Meza, C. *et al.* (2006) Energy-sampled data modeling of a cascade H-bridge multilevel converter for grid-connected pv systems. 10th IEEE International Power Electronics Congress, Puebla, October 16–18, 2006, pp. 1–6.

4. Flores, P., Dixon, J., Ortúzar, M. *et al.* (2009) Static var compensator and active power filter with power injection capability, using 27-level inverters and photovoltaic cells. *IEEE Transactions on Industrial Electronics*, **56** (1), 130–138.

5. Carbone, R. (2009) Grid-connected photovoltaic systems with energy storage. Proceedings of International Conference on Clean Electrical Power, Capri, Italy, June 9–11, 2009, pp. 760–767.

6. Femia, N., Lisi, G., Petrone, G. *et al.* (2008) Distributed maximum power point tracking of photovoltaic arrays: novel approach and system analysis. *IEEE Transactions on Industrial Electronics*, **55** (7), 2610–2621.

7. Shimizu, T., Hashimoto, O., and Kimura, G. (2003) A novel high-performance utility-interactive photovoltaic inverter system. *IEEE Transactions on Power Electronics*, **18** (2), 704–711.

8. Busquets-Monge, S., Rocabert, J., Rodríguez, P. *et al.* (2008) Multilevel diode-clamped converter for photovoltaic generators with independent voltage control of each solar array. *IEEE Transactions on Industrial Electronics*, **55** (7), 2713–2723.

9. Negroni, J.J., Guinjoan, F., Meza, C. *et al.* (2006) Energy-sampled data modeling of a cascade H-bridge multilevel converter for grid-connected PV systems. 10th IEEE International Power Electronics Congress, Puebla, October 16–18, 2006, pp. 1–6.

10. Patel, H. and Agarwal, V. (2009) A single-stage single-phase transformer-less doubly grounded grid-connected PV interface. *IEEE Transactions on Energy Conversion*, **24** (1), 93–101.

11. Brando, G., Dannier, A., Del Pizzo, A., and Rizzo, R. (2010) A high performance control technique of power electronic transformers in medium voltage grid-connected PV plants. Proceedings of the XIX International Conference on Electrical Machines – ICEM 2010, Rome, Italy.

12. Lee, J., Min, B., Kim, T. *et al.* (2011) High efficiency grid-connected multi string PV PCS using H-bridge multi-level topology. Proceedings of the 8th International Conference on Power Electronics – ECCE Asia, Shilla-Jeju, Korea, May 30–June 3, 2011, pp. 2557–2560.

13. Xiao, B., Filho, F., and Tolbert, L.M. (2011) Single-phase cascaded H-bridge multilevel inverter with non-active power compensation for grid-connected photovoltaic generators. ECCE2011, Phoenix, AZ, September 17–22, 2011, pp. 2733–2737.

14. Lu, X., Sun, K., Ma, Y. *et al.* (2009) High efficiency hybrid cascade inverter for photovoltaic generation. TENCON 2009, pp. 1–6.

15. Dehbonei, H., Lee, S.R., and Nehrir, H. (2009) Direct energy transfer for high efficiency photovoltaic energy systems part I: concepts and hypothesis. *IEEE Transactions on Aerospace and Electronic Systems*, **45** (1), 31–45.

16. Anderson, J. and Peng, F.Z. (2008) A class of quasi-Z-source inverters. IEEE Industry Applications Society Annual Meeting, IAS '08, Edmonton, Alta, October 5–9, 2008, pp. 1–7.

17. Li, Y., Anderson, J., Peng, F.Z., and Liu, D. (2009) Quasi-Z-source inverter for photovoltaic power generation systems. Twenty-Fourth Annual IEEE Applied Power Electronics Conference and Exposition, APEC2009, Washington, DC, February 15–19, 2009, pp. 918–924.

18. Park, J., Kim, H., Nho, E. *et al.* (2009) Grid-connected PV system using a quasi-Z-source inverter. Twenty-Fourth Annual IEEE Applied Power Electronics Conference and Exposition, APEC2009, Washington, DC, February 15–19, 2009, pp. 925–929.

19. Peng, F.Z. (2003) Z-source inverter. *IEEE Transactions on Industry Applications*, **39** (2), 504–510.

20. Badin, R., Huang, Y., Peng, F.Z., and Kim, H.G. (2007) Grid interconnected Z-source PV system. Proceedings of IEEE PESC'07, Orlando, FL, June 2007, pp. 2328–2333.

21. Park, J.H., Kim, H.G., Chun, T.W. *et al.* (2008) A control strategy for the grid-connected PV system using a Z-source inverter. The 2nd IEEE International Conference on Power and Energy (PECon 08), Johor Baharu, Malaysia, December 1–3, 2008, pp. 948–951.

22. Vilathgamuwa, D.M., Gajanayake, C.J., and Loh, P.C. (2009) Modulation and control of three-phase paralleled Z-source inverters for distributed generation applications. *IEEE Transactions on Energy Conversion*, **24** (1), 173–183.

23. Xu, P., Zhang, X., Zhang, C.W. *et al.* (2006) Study of Z-source inverter for grid-connected PV systems. The 37th IEEE Power Electronics Specialists Conference, PESC'06, Jeju, June 18–22, 2006, pp. 1–5.

24. Calais, M., Myrzik, J., Spooner, T., and Agelidis, V.G. (2002) Inverters for single-phase grid connected photovoltaic systems – an overview. Proceedings of IEEE PESC'02, Vol. 4, pp. 1995–2000.

25. Myrzik, J. and Calais, M. (2003) String and module integrated inverters for single-phase grid connected photovoltaic systems – a review. Proceedings of IEEE Bologna PowerTech Conference, Bologna, Italy, June 2003.

26. Kramer, W., Chakraborty, S., Kroposki, B., and Thomas, H. (2008) Advanced Power Electronic Interfaces for Distributed Energy Systems, Part 1: Systems and Topologies. Technical Report NREL/TP-581-42672, U.S. Department of Commerce, March 2008.

27. Carrasco, J.M., Franquelo, L.G., Bialasiewicz, J.T. *et al.* (2006) Power electronics systems for the grid integration of renewable energy sources: a survey. *IEEE Transactions on Industrial Electronics*, **53** (4), 1002–1016.

28. Li, Q. and Wolfs, P. (2008) A review of the single phase photovoltaic module integrated converter topologies with three different dc link configurations. *IEEE Transactions on Power Electronics*, **23** (3), 1320–1333.

29. Asiminoaei, L., Teodorescu, R., Blaabjerg, F., and Borup, U. (2005) Implementation and test of an online embedded grid impedance estimation technique for PV inverters. *IEEE Transactions on Industrial Electronics*, **52** (4), 1136–1144.

30. Barbosa, P.G., Braga, H.A.C., do Carmo Barbosa Rodrigues, M., and Teixeira, E.C. (2006) Boost current multilevel inverter and its application on single-phase grid-connected photovoltaic systems. *IEEE Transactions on Power Electronics*, **21** (4), 1116–1124.

31. Armstrong, M., Atkinson, D.J., Johnson, C.M., and Abeyasekera, T.D. (2006) Auto-calibrating dc link current sensing technique for transformer-less, grid connected, H-bridge inverter systems. *IEEE Transactions on Power Electronics*, **21** (5), 1385–1396.

32. Peng, F.Z., Shen, M., and Qian, Z. (2005) Maximum boost control of the Z-source inverter. *IEEE Transactions on Power Electronics*, **20** (4), 833–838.

33. Anderson, J. and Peng, F.Z. (2008) Four quasi-Z-source inverters. IEEE Power Electronics Specialists Conference, PESC2008, Rhodes, Greece, June 15–19, 2008, pp. 2743–2749.

34. Shen, M., Wang, J., Joseph, A. *et al.* (2006) Constant boost control of the Z-source inverter to minimize current

ripple and voltage stress. *IEEE Transactions on Industry Applications*, **42** (3), 770–778.

35. Bärwaldt, G. and Kurrat, M. (2008) Application of energy storage systems minimizing effects of fluctuating feed-in of photovoltaic systems. CIRED Seminar 2008: SmartGrids for Distribution, Frankfurt, Germany, June 23–24, 2008, pp. 1–3.

36. Ueda, Y., Kurokawa, K., Tanabe, T. *et al.* (2008) Analysis results of output power loss due to the grid voltage rise in grid-connected photovoltaic power generation systems. *IEEE Transactions on Industrial Electronics*, **55** (7), 2744–2751.

37. Xiao, W., Ozog, N., and Dunford, W.G. (2007) Topology study of photovoltaic interface for maximum power point tracking. *IEEE Transactions on Industrial Electronics*, **54** (3), 1696–1704.

38. Rodriguez, C. and Amaratunga, G.A.J. (2008) Long-lifetime power inverter for photovoltaic ac modules. *IEEE Transactions on Industrial Electronics*, **55** (7), 2593–2601.

39. Peng, F.Z., McKeever, J.W., and Adams, D.J. (1997) Cascade multilevel inverters for utility applications. The 23rd International Conference on Industrial Electronics, Control and Instrumentation, IECON97, New Orleans, LA, November 9–14, 1997, pp. 437–442.

40. Kanchan, R.S., Baiju, M.R., Mohapatra, K.K. *et al.* (2005) Space vector PWM signal generation for multilevel inverters using only the sampled amplitudes of reference phase voltages. *IEE Proceedings of Electric Power Applications*, **152** (2), 297–309.

41. Teodorescu, R., Liserre, M., and Rodriguez, P. (2011) *Grid Converters for Photovoltaic and Wind Power Systems*, John Wiley & Sons, Ltd.

42. Wu, B., Lang, Y., Zargari, N., and Kouro, S. (2011) *Power Conversión and Control of Wind Energy Systems*, John Wiley & Sons, Ltd.

43. Blaabjerg, F., Teodorescu, R., Liserre, M., and Timbus, A.V. (2006) Overview of control and grid synchronization for distributed power generation systems. *IEEE Transactions on Industrial Electronics*, **53** (5), 1398–1409.

44. Eloy-Garcia, J., Arnaltes, S., and Rodriguez-Amenedo, J.L. (2007) Extended direct power control for multilevel inverters including DC link middle point voltage control. *Electric Power Applications, IET*, **1** (4), 571–580.

45. Rivera, S., Kouro, S., Cortes, P. *et al.* (2010) Generalized direct power control for grid connected multilevel converters. Proceedings of IEEE International Conference on Industrial Technology (ICIT), Chile, March 14–17, 2010, pp. 1351–1358.

46. Malinowski, M. and Kazmierkowski, M.P. (2003) Simple direct power control of three-phase PWM rectifier using space vector modulation – a comparative study. *EPE Journal*, **13** (2), 28–34.

47. Malinowski, M., Jasiński, M., and Kazmierkowski, M.P. (2004) Simple direct power control of three-phase PWM rectifier using space-vector modulation (DPC-SVM). *IEEE Transaction on Industrial Electronics*, **51** (2), 447–454.

48. Noguchi, T., Tomiki, H., Kondo, S., and Takahashi, I. (1998) Direct power control of PWM converter without power source voltage sensors. *IEEE Transaction on Industrial Electronics*, **34** (3), 473–479.

49. Zhi, D., Xu, L., and Williams, B.W. (2009) Improved direct power control of grid connected DC/AC converter. *IEEE Transaction on Industrial Electronics*, **24** (5), 1280–1292.

50. Malinowski, M., Kazmierkowski, M.P., Hansen, S. *et al.* (2000) Virtual flux based direct power control of three-phase PWM rectifiers. Proceedings of IEEE Thirty-Fifth IAS Annual Meeting and World Conference on Industrial Applications of Electrical Energy, Roma, Italy, October 8–12, 2000, Vol. 4, pp. 2369–2375 (in English).

51. Malinowski, M., Kazmierkowski, M.P., Hansen, S. *et al.* (2001) Virtual flux based direct power control of three-phase PWM rectifiers. *IEEE Transaction on Industry Application*, **37** (4).

52. Serpa, L.A., Barbosa, P.M., Steimer, P.K., and Kolar, J.W. (2008) Five-level virtual-flux direct power control for the active neutral-point clamped multilevel inverter. Proceedings of the IEEE Power Electronics Specialists Conference PESC, June 15–19, 2008, pp. 1668–1674.

53. Antoniewicz, P. and Kazmierkowski, M.P. (2008) Virtual flux based predictive direct power control of ac/dc converters with on-line inductance estimation. *IEEE Transaction on Industrial Electronics*, **55** (12), 4381–4390.

54. Cortes, P., Rodriguez, J., Antoniewicz, P., and Kazmierkowski, M.P. (2008) Direct power control of an afe using predictive control. *IEEE Transaction on Power Electronics* **23** (5), pp. 2516–2523.

55. Cortes, P., Rodriguez, J., Antoniewicz, P., and Kazmierkowski, M.P. (2008) Direct power control of an AFE using predictive control. *IEEE Transaction on Industrial Electronics*, **23** (5), 2516–2523.

56. Geyer, T. (2010) Model predictive direct current control for multi-level converters. Proceedings of IEEE Energy Conversion Congress and Exposition, Atlanta, GA, September 2010.

57. Rajakaruna, S. and Jayawickrama, L. (2010) Steady-state analysis and designing impedance network of Z-source inverters. *IEEE Transactions on Industrial Electronics*, **57**, 2483–2491.
58. Ellabban, O., van Mier, J., and Lataire, P. (2011) Experimental study of the shoot-through boost control methods for the Z-source inverter. *EPE Journal*, **21**, 18–29.
59. Roasto, L. and Vinnikov, D. (2010) Analysis and evaluation of PWM and PSM shoot-through control methods for voltage-fed qZSI based DC/DC converters. 2010 14th International Power Electronics and Motion Control Conference (EPE/PEMC), September 6–8, 2010, pp. T3-100, T3-105.